"十四五"时期国家重点出版物
出版专项规划项目

药理活性海洋天然产物手册

HANDBOOK OF PHARMACOLOGICALLY ACTIVE MARINE NATURAL PRODUCTS

第二卷

生物碱
Alkaloids

周家驹 —— 编著

化学工业出版社
·北京·

内容简介

本手册数据信息取材于中国科学院过程工程研究所分子设计组研制的"海洋天然产物数据库"的活性数据，从19715种海洋天然产物中遴选出具有药理活性的海洋天然产物8344种，并按照物质的结构特征分类介绍。手册的编排注重化学结构的多样性、生物资源的多样性和药理活性的多样性。对每一种化合物，分别描述了其中英文名称、生物来源、化学结构式和分子式、所属结构类型、基本性状、药理活性及相应的参考文献。本卷总结了生物碱类化合物的相关数据及相应的结构与药效的关系。

本手册适合海洋天然产物化学、药理研究以及新药开发的人员参考。

图书在版编目（CIP）数据

药理活性海洋天然产物手册. 第二卷, 生物碱 / 周家驹编著. —北京：化学工业出版社，2022.11
ISBN 978-7-122-41786-2

I. ①药⋯ II. ①周⋯ III. ①生物碱-海洋生物-手册②生物碱-海洋药物-药理学-手册 IV. ①Q178.53-62②R282.77-62

中国版本图书馆 CIP 数据核字（2022）第 112645 号

责任编辑：李晓红　　　　　　　　　　装帧设计：刘丽华
责任校对：王　静

出版发行：化学工业出版社（北京市东城区青年湖南街13号　邮政编码100011）
印　　装：北京科印技术咨询服务有限公司数码印刷分部
787mm×1092mm　1/16　印张35½　字数1067千字　2023年4月北京第1版第1次印刷

购书咨询：010-64518888　　　　　　　售后服务：010-64518899
网　　址：http://www.cip.com.cn
凡购买本书，如有缺损质量问题，本社销售中心负责调换。

定　价：298.00元　　　　　　　　　　　　　　　　　　　　　　　版权所有　违者必究

贡献者名单

本书是周家驹及中国科学院过程工程研究所分子设计研究组全体人员集体智慧的结晶,在此向所有为本书的编写做出贡献的成员表示感谢。

下面是 11 位贡献者的名单及对本书的贡献,按姓氏笔画先后顺序排列。

姓 名	对本书的贡献	当前工作单位
乔颖欣	数据源搜寻,原始论文收集,关键信息查找	中国国家图书馆
刘 冰	早期数据收集	Lead Dev. Prophix Software Inc.(加拿大)
刘海波	编辑转换专用软件研制	中国医学科学院药用植物研究所
何险峰	早期数据收集	中国科学院过程工程研究所
唐武成	部分原始论文收集	中国科学院过程工程研究所
彭 涛	自动产生索引软件研制	北京联合大学计算机学院
谢桂荣	数据收集、整理和编辑	中国科学院过程工程研究所
谢爱华	部分数据收集	河北中医学院药学院
雷 静	博士毕业论文	中华人民共和国教育部教学设备研究发展中心
裴剑锋	早期数据收集	北京大学交叉学科研究院定量生物学中心
廖晨钟	原始论文收集	合肥科技大学生物药物工程学院药学系

序

《药理活性海洋天然产物手册》（以下简称"手册"）是编著者所在的中国科学院过程工程研究所分子设计研究组研制的"海洋天然产物数据库"的活性数据选集。海洋天然产物数据库收录了海洋天然产物19715种，本手册选录了其中具有药理活性的海洋天然产物8344种。

广袤的海洋是地球上最后也是最大的资源宝库，迄今为止人类尚未对其进行系统研究和开发。

海洋的性质及其生态环境和陆地有很大的不同。首先它是一个全面联通的，又永远流动的盐水体系。其次，在一定深度以下，它又是一个高压、缺氧、缺光照的特殊体系。海洋特殊的性质及其生态环境决定了海洋生物具有和陆地生物迥然不同的多样性，其分布和景观更加多姿多彩。因此，海洋生物的二级代谢产物在结构类型、药理活性等方面也具有和陆地天然产物很不相同的多样性。

本手册论及的"海洋天然产物"是一个化学概念，它是指源于海洋生物的次生代谢有机小分子，而不是指海洋生物本身。有机化学把有机分子分为两类：一类是天然产物；另一类是人工合成的化合物。对于天然产物，应该是研究探索其产生和变化的自然规律，进而根据自然规律加以利用，以利于人类和自然的和谐共存与发展。

海洋天然产物小分子的分子结构千变万化，具有极为丰富的药理活性和结构多样性，无论从资源的角度，还是从信息的角度，对于研制开发新型药物的人们都具有巨大的吸引力。根据分子结构的类型不同，我们把本手册划分为四卷，分别是：

第一卷　萜类化合物

第二卷　生物碱

第三卷　聚酮、甾醇和脂肪族化合物

第四卷　氧杂环、芳香族和肽类化合物

这些化合物的天然来源是3025种海洋生物，包括各类海洋微生物、海洋植物和各类海洋无脊椎动物，但不包括鱼类等海洋脊椎动物。所有的内容都是由全世界的海洋生物学家、化学家、药物学家进行分离、鉴定和生物活性测定，并公开发表在有关领域核心杂志上的实验结果，因而数据全面、翔实、可靠。

手册系统收集范围截止到2012年，并包括了直至2016年的部分核心期刊新数据。这些化合物中大约有85%是1985~2014年这30年间发表的，而在此前发表的只占20%。要查找1984年以前发表的"老"化合物，不建议使用本手册，推荐使用文献[R1]和[R2]。查找1985~2016年发表的"新"化合物，推荐使用本手册。

手册编著分两个时间段，其中1998~2001年为准备阶段，2011~2020年为主要编著阶段。在最初的原始版本中，收集的化合物约为25000种，其中3000多种是来自不同作者的重复化合物，因此收集的化合物真正种类约为22000种。经过数据定义规范化、交叉验证、评估确认、重复结构识别和相关数据整合等全面的数据整理过程，最终完成的数据集含有 19715 种化合物，其中有药理活性数据的为 8344 种。

编著过程分四个步骤。首先，从 D. J. Faulkner 1986~2002 年发表在 *Nat. Prod. Rep.* 上的连续 17 篇综述[R3] 和 J. W. Blunt 等 2003~2015 年发表在 *Nat. Prod. Rep.* 上的连续 13 篇综述[R4] 中得到 25000 多种海洋天然产物的名单、来源和结构等信息；第二步，根据此名单处理数千篇原始文献，核实和完善各种数据，并使用网上的化合物信息系统，以交叉验证法确定各类数据的准确性；第三步，以人工识别和计算机程序相结合，对整理过的 22000 种化合物重新检查，并对信息进行整合，得到 19715 种化合物的数据全集；最后一步，从此数据全集中提取全部有药理活性数据的化合物 8344 种，编成本手册。

编制多学科工具书要解决三个问题：一是对涉及的所有定义和概念都应明确其知识的内涵和外延；二是对所有类型的数据进行可靠性评估；三是对重复数据的搜索识别和信息集成。十分幸运的是，我们自行开发的几款实用型软件可以帮助自动进行许多种作业，例如自动识别绝大多数重复的化合物等。剩下的问题则是结合手动过程来解决的。

本手册的特点可以用"三种多样性"来描述，即"化学结构的多样性""生物资源的多样性"和"药理活性的多样性"。在化学结构多样性方面，我们采用了以前在中药数据库和中药有关书籍中使用过的行之有效的分类体系[R5]，该体系可以根据最新的研究和发展随时改进分类框架的结构，使之具有随时能更新的可持续发展性，建议读者浏览参看本手册各卷的目录，这些目录都是按照化学结构的详尽分类排序的，结构的分类又有三个详细的层次。

在编写过程中我们采用了两项方便读者阅读的新举措。一是对所有化合物都根据一般规则给出了中文名称，书中 15% 已经有中文名称者均保留已有的名称，另外 85% 没有中文名称的新化合物，则根据一般规则由编者定义中文名称。二是对 3025 种海洋生物都给出了"捆绑式"的中文-拉丁文生物名称，为读者在阅读中自然而然地熟悉大批海洋生物提供可能。

使用文后的 7 个索引，不但能方便地进行一般性查询，更重要的是从这些索引出发，读者可以方便地开展许许多多以前难以进行的信息之间关系的系统研究。

本手册将帮助海洋资源管理者、研究者和教学者，以及对海洋资源感兴趣的社会各界读者了解海洋生物资源及海洋天然产物的概貌和详情。对相关专业的大学生、研究生等也有助益。

是为序。

周家驹

2022 年于京华寓所

参考文献

[R1] J. Buckingham (Executive Editor), Dictionary of Natural Products, Chapman & Hall, London, Vol 1~Vol 7, 1994; Vol 8, 1995; Vol 9, 1996; Vol 10, 1997; Vol 11, 1998.

[R2] CRC Press, Dictionary of Natural Products on DVD, Version 20.2, 2012.

[R3] D. J. Faulkner. Marine Natural Products (综述). Nat. Prod. Rep., 1986~2002, Vol 3~Vol 19.

[R4] J. W. Blunt, et al. Marine Natural Products (综述). Nat. Prod. Rep., 2003~2015, Vol 20~Vol 32.

[R5] 周家驹, 谢桂荣, 严新建. 中药药理活性成分丛书. 北京：科学出版社, 2015.

新海洋天然产物中文名称的命名

本手册收集了 8344 种海洋天然产物化合物,绝大部分在原始文献中都只有英文名称。为了使中国读者能尽快熟悉这一大批新的海洋天然产物,更方便、顺畅地阅读和掌握它们的相关信息并进而不失时机地开展研究,编著者根据化合物命名的一般规则,基于英文名称,定义了目前各种工具书中都没有中文名的新化合物的中文名称,约占总数的 85%。新化合物中文名称的命名依据有下面五种情况。

(1) 根据系统命名法把英文名称译成中文名称,各卷举例如下:

卷	代码	化合物英文名称	化合物中文名称
1	63	(3Z,5E)-3,7,11-Trimethyl-9-oxododeca-1,3,5-triene	(3Z,5E)-3,7,11-三甲基-9-氧代十二烷基-1,3,5-三烯
2	1958	2-Amino-8-benzoyl-6-hydroxy-3H-phenoxazin-3-one	2-氨基-8-苯甲酰基-6-羟基-3H-吩噁嗪-3-酮
3	1163	2-Amino-9,13-dimethylheptadecanoic acid	2-氨基-9,13-二甲基十七烷酸
4	782	N-Phenyl-1-naphthylamine	N-苯基-1-萘胺

(2) 根据化合物半系统命名法命名,各卷举例如下:

卷	代码	化合物英文名称	化合物中文名称
1	116	1-Hydroxy-4,10(14)-germacradien-12,6-olide	1-羟基-4,10(14)-大根香叶二烯-12,6-内酯
2	898	3,4-Dihydro-6-hydroxy-10,11-epoxymanzamine A	3,4-二氢-6-羟基-10,11-环氧曼扎名胺 A
3	1076	(24R)-Stigmasta-4,25-diene-3,6-diol	(24R)-豆甾-4,25-二烯-3,6-二醇
4	871	Physcion-10,10′-cis-bianthrone	大黄素甲醚-10,10′-cis-二蒽酮

(3) 根据化合物结构类别+通用词尾命名,各卷举例如下:

卷	代码	化合物英文名称	化合物中文名称	结构类型		通用词尾	
				英文	中文	英文	中文
1	115	(+)-Germacrene D	(+)-大根香叶烯 D	Germacrane	大根香叶烷倍半萜	-ene	-烯
2	784	1-Methyl-9H-carbazole	1-甲基-9H-咔唑	Carbazole	咔唑类生物碱	-zole	-唑
3	696	Cholest-4-ene-3,24-dione	胆甾-4-烯-3,24-二酮	Cholestane	胆甾烷甾醇	-dione	-二酮
4	1416	Anabaenopeptin A	鱼腥藻肽亭 A	Anabaenopeptin	鱼腥藻肽亭类	-tin	-亭

(4) 根据化合物源生物的名称+通用词尾命名,各卷举例如下:

卷	代码	化合物英文名称	化合物中文名称	生物来源		通用词尾	
				中文	拉丁文	英文	中文
1	40	Plocamene D	海头红烯 D	红藻蓝紫色海头红	*Plocamium violaceum*	-ene	-烯

续表

卷	代码	化合物英文名称	化合物中文名称	生物来源		通用词尾	
				中文	拉丁文	英文	中文
2	6	Acarnidine C	丰肉海绵定 C	丰肉海绵属	*Acarnus erithacus*	-dine	-定
3	2	Aureoverticillactam	金黄回旋链霉菌内酰胺	金黄回旋链霉菌	*Streptomyces aureoverticillatus*	-lactam	-内酰胺
4	2	Salinosporamide B	热带盐水孢菌酰胺 B	热带盐水孢菌	*Salinispora tropica*	-amide	-酰胺

（5）根据化合物源生物名称+结构类型或特征+通用词尾命名，各卷举例如下：

卷	代码	化合物英文名称	化合物中文名称	结构类型或特征	生物来源	
					中文	拉丁文
1	4	Plocamenone	海头红烯酮	烯酮	海头红属红藻	*Plocamium angustum*
2	135	Flavochristamide A	黄杆菌酰胺 A	酰胺类生物碱	黄杆菌属海洋细菌	*Flavobacterium* sp.
3	722	Dendronesterol B	巨大海鸡冠珊瑚甾醇 B	胆甾烷甾醇类	巨大海鸡冠珊瑚	*Dendronephthya gigantean*
4	295	Terrestrol D	土壤青霉醇 D	苄醇类	海洋真菌土壤青霉	*Penicillium terrestre*

此外，还有极少数化合物不便归入上述五类者，直接采用英文名称音译为中文名称。

海洋生物捆绑式中-拉名称

本手册正文包含了 8344 种海洋天然产物化合物，它们当中大约 85%都是 1985~2014 年这 30 年来新发现的海洋天然产物，源自 3000 多种海洋生物。这些海洋生物包括：海洋细菌、海洋真菌等海洋微生物；红藻、绿藻、棕藻、甲藻、金藻、微藻等海洋藻类；红树、半红树等海洋植物；以及海绵、珊瑚、海鞘、软体动物等各类海洋无脊椎动物。这一大批海洋生物对于绝大部分读者都是不熟悉的。为了方便广大中国读者和海洋生物及其天然产物研究者尽快熟悉这批数以千计的各类海洋生物，本手册对所有的海洋生物都采用了"捆绑式"中-拉名称来表达。

对 3025 种海洋生物，首先根据有关的工具书[1-8]编辑审定其中文名称，进而使用网上的软件 "世界海洋物种注册表"（WoRMS, World Register of Marine Species）审定、确认该种海洋生物在生物分类体系中的正确位置；最后定义其中文名称。本手册各卷中的索引 6 就系统地给出了全部"捆绑式"中-拉海洋生物名称。

本手册对于海洋生物中文名称有下列四种不同的表达格式。

(1) 标准格式

只有属名或属种名的格式称为标准格式，例如：

卷 1 中的埃伦伯格肉芝软珊瑚 *Sarcophyton ehrenbergi*，凹入环西柏柳珊瑚 *Briareum excavatum*。

卷 1 中的巴塔哥尼亚箱海参 *Psolus patagonicus*，白底辐肛参 *Actinopyga mauritiana*，碧玉海绵属 *Japsis* sp.。

卷 2 中的阿拉伯类角海绵 *Pseudoceratina arabica*，巴厘海绵属 *Acanthostrongylophora* sp.，碧玉海绵属 *Jaspis duoaster*。

卷 2 中的豹斑褶胃海鞘 *Aplidium pantherinum*，骶骨海鞘属 *Lissoclinum vareau*，柄雷海鞘 *Ritterella tokioka*。

卷 3 中的柏柳珊瑚属 *Acabaria undulate*，斑锚参 *Synapta maculate*，斑沙海星 *Luidia maculata*。

卷 3 中的埃伦伯格肉芝软珊瑚 *Sarcophyton ehrenbergi*，矮小拉丝海绵 *Raspailia pumila*，爱丽海绵属 *Erylus* cf. *lendenfeldi*。

卷 4 中的碧玉海绵属 *Jaspis* sp.，扁板海绵属 *Plakortis* sp.，不分支扁板海绵 *Plakortis simplex*。

卷 4 中的艾丽莎美丽海绵 *Callyspongia aerizusa*，澳大利亚短足软珊瑚 *Cladiella australis*。

(2) 类别信息+标准格式的复合格式

在属种名前面加上红藻、绿藻、棕藻、红树、半红树、软体动物、半索动物等类别信息（用下划线标出的部分），例如：

卷 1 中的<u>红藻</u>顶端具钩海头红 *Plocamium hamatum*，<u>红藻</u>钝形凹顶藻 *Laurencia obtuse*，<u>红藻</u>粉枝藻 *Liagora viscid*。

卷 1 中的<u>绿藻</u>瘤枝藻 *Tydemania expeditionis*，<u>绿藻</u>石莼属 *Ulva* sp.，<u>绿藻</u>小球藻属 *Chlorella zofingiensis*。

卷 2 中的<u>软体动物</u>前鳃蛾螺属 *Turbo stenogyrus*，<u>软体动物</u>褶纹冠蚌 *Cristaria plicata*。

卷 2 中的<u>棕藻</u>鼠尾藻 *Sargassum thunbergii*，<u>棕藻</u>黏皮藻科辐毛藻 *Actinotrichia fragilis*。

卷 3 中的<u>海蛇尾</u>卡氏筐蛇尾 *Gorgonocephalus caryi*，<u>海蛇尾</u>南极蛇尾 *Ophionotus victoriae*。

卷 3 中的<u>甲藻</u>共生藻属 *Symbiodinium* sp.，<u>甲藻</u>前沟藻属 *Amphidinium* sp.。

卷 4 中的<u>半索动物</u>翅翼柱头虫属 *Ptychodera* sp.，<u>半索动物</u>肉质柱头虫 *Balanoglossus cornosus*。

卷 4 中的<u>半红树</u>黄槿 *Hibiscus tiliaceus*，<u>红树</u>海桑 *Sonneratia caseolaris*，<u>红树</u>金黄色卤蕨 *Acrostichum aureum*。

(3) 生物分类系统中的位置+标准格式的复合格式
例如：

卷 1 中的软体动物腹足纲囊舌目海天牛属 *Elysia* sp.。软体动物裸鳃目海牛亚目海牛科疣海牛 *Doris verrucosa*。

卷 1 中的刺胞动物门珊瑚纲八放亚纲海鸡冠目软珊瑚 *Plumigorgia terminosclera*，六放珊瑚亚纲棕绿纽扣珊瑚 *Zoanthus* sp.。

卷 2 中的钵水母纲根口目根口水母科水母属 *Nemopilema nomurai*，脊索动物背囊亚门海鞘纲海鞘 *Atapozoa* sp.。

卷 2 中的棘皮动物门海百合纲羽星目句翅美羽枝 *Himerometra magnipinna*，棘皮动物门真海胆亚纲海胆亚目毒棘海胆科喇叭毒棘海胆 *Toxopneustes pileolus*。

卷 3 中的棘皮动物门真海胆亚纲海胆科秋葵海胆 *Echinus esculentus*，棘皮动物门真海胆亚纲心形海胆目心形棘心海胆 *Echinocardium cordatum*。

卷 3 中的匍匐珊瑚目绿色羽珊瑚 *Clavularia viridis*，软体动物翼足目海若螺科南极裸海蝶 *Clione antarctica*。

卷 4 中的软体动物门腹足纲囊舌目树突柱海蛞蝓 *Placida dendritica*，水螅纲软水母亚纲环状加尔弗螅 *Garveia annulata*。

卷 4 中的百合超目泽泻目海神草科二药藻属海草 *Halodule wrightii*。

(4) 来源说明+标准格式的复合格式
例如：

卷 1 中的海洋导出的真菌新喀里多尼亚枝顶孢 *Acremonium neo-caledoniae*，海绵导出的放线菌珊瑚状放线菌属 *Actinomadura* sp.。

卷 2 中的红树导出的真菌黄柄曲霉 *Aspergillus flavipes*，红树导出的放线菌诺卡氏放线菌属 *Nocardia* sp.。

卷 3 中的海洋导出的灰色链霉菌 *Streptomyces griseus*，海洋导出的产黄青霉真菌 *Penicillium chrysogenum*。

卷 4 中的海洋导出的原脊索动物 *Amaroucium multiplicatum*，红树导出的真菌红色散囊菌 *Eurotium rubrum*。

总之，对海洋生物采用"捆绑式"中-拉名称来表达，首先是为了读者能无障碍地顺畅地阅读本手册，同时又便于读者在不经意间逐步扩大海洋生物的有关知识。

工具性参考文献：

[1] 杨瑞馥等主编. 细菌名称双解及分类词典. 北京：化学工业出版社, 2011.
[2] 蔡妙英等主编. 细菌名称. 2 版. 北京：科学出版社, 1999.
[3] P. M. Kirk, et al. Dictionary of the Fungi. 10th Edition. CABI, 2011, Europe-UK.
[4] C. J. Alexopoulos 等编. 菌物学概论. 4 版. 姚一建，李玉主译. 北京：中国农业出版社, 2002.
[5] 中国科学院植物研究所. 新编拉汉英植物名称. 北京：航空工业出版社, 1996.
[6] 赵毓堂, 吉金祥. 拉汉植物学名辞典. 长春：吉林科学技术出版社, 1988.
[7] 齐钟彦主编. 新拉汉无脊椎动物名称. 北京：科学出版社, 1999.
[8] 陆玲娣, 朱家柟主编. 拉汉科技词典. 北京：商务印书馆, 2017.
[9] WoRMS, World Register of Marine Species.

体 例 说 明

在国际上常用的科学数据库和英文信息表达体系中，每一个化合物及其各种属性信息的集合称为一个"入口 (entry)"。本手册沿用这一普遍使用的概念。

对每一个化合物入口，按顺序最多给出 12 项数据。其中，加粗标题行包括 3 项数据：各卷中的化合物唯一代码、化合物英文名、化合物中文名。数据体部分包括 8 项数据：化合物英文别名、中文别名、分子式、物理化学性质、结构类型、天然来源、药理活性、参考文献。最后第 12 项是包含立体化学信息的化合物化学结构式。

其中，化合物代码、英文名称、中文名称、分子式、结构类型、天然来源、药理活性、参考文献和化学结构式等 9 项是非空项目，其它 3 项是可选项。应该指出，在看似复杂纷纭的诸多类别信息中，分子结构及其类型、规范化的药理活性以及用中文名和拉丁文名"捆绑"表达的天然来源这三项是最有价值的核心信息。

(1) 化合物唯一代码 即本手册正文中化合物的顺序号，用加粗字体给出，是一个非空项。在后面的 7 个索引中，也都是用化合物代码来代表化合物，从索引中查到化合物代码之后，就可以方便地从正文部分查到该化合物的全部信息。

(2) 化合物英文名 用加粗字体给出，首字母大写，是一个非空项。前缀中所用的 α-, β-, γ-, δ-, ε-, ξ-, ψ-; dl-, R-, S-; cis-, $trans$-, Z-, E-; Δ (双键符号)；o-, m-, p-; O-, N-, S-; sec-, n-, t-, ent-, $meso$-, epi-, rel-, all- 等符号均为斜体。但 D-, L-, iso-, abeo-, seco-, nor- 等用正体。对极少数没有英文名的化合物，采用一种可以自解释其原始参考文献来源的英文名称代码。

(3) 化合物中文名 用加粗字体给出。有星号*标记的化合物中文名都是由本手册编著者命名的。

(4) 别名 此项数据为可选项，本手册对部分化合物给出了英文别名和中文别名。

(5) 基本信息 包括分子式和物理化学性质。其中分子式各元素按国际上通用的 Hill 规则排序；物理化学性质为可选项，包括形态、熔点、沸点、旋光性等性质。

(6) 结构类型 是一个非空项。在小标题【类型】后面给出。有两种情形，一种是用本手册目录中的最后一个层次的结构类型表达，另一种是用分类更细的结构类型表达。

(7) 天然来源 是一个非空项。在小标题【来源】后面给出每一个化合物的海洋生物来源信息。为方便读者在无障碍的条件下顺畅地阅读本手册，对所有的海洋生物天然来源都给出了"捆绑式中-拉海洋生物名称"。由本手册编著者命名的海洋生物中文名在正文和索引中出现时右上角处标有星号*。

(8) 药理活性 是一个非空项。在小标题【活性】后面给出每一入口化合物的药理活性实验数据。同一化合物有多项药理活性时，各项数据平行排列，用分号隔开。来自不同原始文献的同种药理活性数据一般不予合并。各项活性数据的出现先后顺序是随机的，并不表示其重要性的顺序，只有 LD_{50} 等毒性数据统一规定放在最后。在每一项药理活性数据中，按照下面的规范化格式进行细节的描述：关于该项药理性质的进一步描述、实验对象、定量活性数据、对照物及定量活性数据、关于作用机制等的补充描述。对于发表了实验数据但是未发现明显活性甚至没有活性的数据，同样作为有价值的科学实验数据加以收集，因此数据收集范围不仅包括活性成分，也包括少量无活性成分，这些无活性结果的表达格式是"活性条目 + 实验无活性"。这样的格式保证了在药理活性索引（索引 4）中无活性结果紧随在同一条目有活性结果之后，便于读者查找相关信息。

(9) 参考文献 是一个非空项。在小标题【文献】后面给出参考文献，包括第一作者、期刊名称、卷、期、页码及年代等。多篇参考文献用分号";"隔开，例如：C. Klemke, et al. JNP, 2004, 67, 1058; M.

D. Lebar, et al. NPR, 2007, 24, 774 (Rev.); S. S. Ebada, et al. BoMC, 2011, 19, 4644.

（10）化学结构式　是一个非空项。化学结构及其类型是本手册的核心信息。其立体化学一般根据最新的文献。所有的化学结构式都和分子式数据进行过一致性检验。

（11）索引　在本手册各卷的正文后面都编制了7个索引，索引词对应的数字是化合物的编号（即化合物在该卷中的唯一代码），而不是页码。通过这些化合物的编号来查找定位化合物最为方便。

导　读

　　编者在此试图用实例说明如何从本手册数据库出发，用极为简单有效的方法获得系统的知识，从而引领重大领域的开拓性综合研究。和本手册完全对应的数据库是由一系列 WORD 表格形式的"数据库根文件"组成的，需要该数据库部分文件的读者可致函本手册编者（jjzhou@mail.ipe.ac.cn）无偿得到这些文件。

　　科学研究方法总体上可划分为"分析"和"综合"两大类，二者相辅相成，共同构成完整的科研体系，不应偏废。手册类工具书的编著就是一个典型的综合研究课题。综合研究有 3 个灵魂因素：严格的定义，合理的分类，以及用数理统计、逻辑推理、人工智能等方法找出不同类别研究对象之间有统计意义的关系。简言之，综合研究的目标就是寻找"关系"。近年来社会上开始看重人工智能，殊不知只有了量大质精的数据集合，才有人工智能的用武之地。精准数据集合是"水"，而人工智能是"渠"，只有"水到"，才能"渠成"！

　　近一二十年，大数据应用得到迅猛发展，明确预示长期坐冷板凳的综合方法将迎来李时珍、林奈、达尔文时代之后的第二个春天。只要有了规模足够大的精准数据集合后，只需要初级人工智能，就完全可以方便快捷地开展许许多多综合研究课题，包括综合理论研究、综合比较研究和综合应用研究。反之，如果面对良莠不齐、杂乱无章的被我们戏称为"荆棘丛数据"的数据，再高级的人工智能也无能为力，根本无法工作，更谈不上得到任何有意义的结果。

　　本手册以及相应的数据库作为我们综合研究的成果，不仅得到一个实用有效的查找工具，还可以作为系统、综合地研究海洋天然产物的基础平台，用来综合提取各种知识。也就是说，用科学的大数据研究方法，建立一个多学科的、支撑新药开发及其它有关领域研究的精准数据系统，打开低成本、高效率、科学、丰产的综合研究大门。

　　从知识计算机化角度看，科学知识就是不同类型研究对象之间相互关系的表达，寻找规律就是寻找"关系"。在过去没有电脑的时期，人们通过传统方式学习和传播知识，包括教育、阅读和相互信息交换等。我们通过本手册的编著，将提供一种全新的方法，用来研究、管理和保存系统的完整的知识。而且系统的更新还非常方便，可以与时俱进，有良好的可扩展性，可持续发展性。概而言之，这一新方法的学习过程就是寻找许许多多的"关系"，这在过去是根本无法进行的。

　　这里给出的问题是：某研究团队以生物碱为主要工作领域，要开展创制抗非小细胞肺癌 A549 新药的项目。他们面临的关键问题是"从哪一类或哪几类结构的生物碱设计先导物的候选物，如何设计希望最大？或哪些生物碱有资格作为该课题先导化合物的候选化合物？"

　　解决此类问题传统的途径是：首先总结本组过往处理类似课题的经验；同时尽量查找相关文献，并总结（应该是系统地总结，而不是随机、零散地总结！）。完成这两项后，才有可能提出研究方案等等。显然，这个过程是极为艰难而高风险的！

　　应用本手册的信息，用下面的简单步骤，就可得出有说服力的可靠结果。

　　首先，从本卷 WORD 表格文件（这个表格文件就是我们研发的数据库"根文件"）出发，用拷贝、排序等基本功能得出全部 2137 个生物碱的信息表，这是一个 12 行 2137 列的二维数据表（注意，以下操作也都是处理这张二维表）。第二，从中取出全部有抗 A549 活性的化合物共 833 个。第三，以半抑制浓度 $IC_{50} \leqslant 0.5\mu g/mL$（或 $IC_{50} \leqslant 2\mu mol/L$）作为高活性的判据。在此我们强调这一判据比文献中通用的活性判据 $IC_{50} \leqslant 4\mu g/mL$ 要严格很多！因为我们的目标是活性最高的化合物。同样利用匹配、替换、删除、排序等基本功能产生下面两个信息表（表 1 和表 2）。

表 1　库中 50 个抗 A549 高活性生物碱信息表

化合物序号	化合物代码	化合物名称	结构类型	定量活性数据
1	55	深蓝褶胃海鞘宁 B*	胍类生物碱	$GI_{50} = 0.66\mu mol/L$
⋮	⋮	⋮	⋮	⋮
50	1943	娄凯甾醇胺 B*	多板海绵胺类甾醇生物碱	$IC_{50} = 0.5\mu g/mL$

表 2　库中 85 个抗 A549 中低活性生物碱信息表

化合物序号	化合物代码	化合物名称	结构类型	定量活性数据
1	57	深蓝褶胃海鞘宁 E*	胍类生物碱	$GI_{50} = 8.70\mu mol/L$
⋮	⋮	⋮	⋮	⋮
85	2063	有杆绣球海绵素 O*	杂项四环及以上生物碱	$IC_{50} = 33.1\mu mol/L$

对比观察表 1 和表 2，不难总结得出：高活性化合物主要有吲哚并[2,3-*a*]咔唑类生物碱、番红霉素类生物碱、胍类生物碱和多板海绵胺类甾醇生物碱 4 种结构类型。而中低活性化合物主要有吡啶类、卤代酪氨酸、细胞松弛素、简单吡咯生物碱、β-咔啉类生物碱、三氮杂苊生物碱、类毛壳素类和吡嗪类生物碱 8 种结构类型。结论是，分属 4 种结构类型的下列 11 个高活性化合物就是先导物的候选物（表 3）。

表 3　11 个先导候选物

化合物序号	化合物代码	先导化合物候选物	结构类型	定量活性数据	对照物
1	793	弗氏链霉菌咔唑 B*	吲哚并[2,3-*a*]咔唑类生物碱	$IC_{50} = 0.001\mu mol/L$	阿霉素，$IC_{50} = 0.08\mu mol/L$
2	794	弗氏链霉菌咔唑 C*	吲哚并[2,3-*a*]咔唑类生物碱	$IC_{50} = 0.02\mu mol/L$	阿霉素，$IC_{50} = 0.08\mu mol/L$
3	799	7-氧代-8,9-二羟基-4'-*N*-去甲基星形孢菌素	吲哚并[2,3-*a*]咔唑类生物碱	$GI_{50} = 17.5\sim90nmol/L$	
4	1759	海鞘素 583	番红霉素类生物碱	$IC_{50} = 10ng/mL$	
5	1760	海鞘素 594	番红霉素类生物碱	$IC_{50} = 20ng/mL$	
6	1761	海鞘素 729	番红霉素类生物碱	$IC_{50} = 0.2ng/mL$	
7	1763	海鞘素 743	番红霉素类生物碱	$IC_{50} = 0.2ng/mL$	
8	55	深蓝褶胃海鞘宁 B*	胍类生物碱	$GI_{50} = 0.66\mu mol/L$	
9	56	深蓝褶胃海鞘宁 D*	胍类生物碱	$GI_{50} = 0.63\mu mol/L$	
10	1942	娄凯甾醇胺 A*	多板海绵胺类甾醇生物碱	$IC_{50} = 0.5\mu g/mL$	
11	1943	娄凯甾醇胺 B*	多板海绵胺类甾醇生物碱	$IC_{50} = 0.5\mu g/mL$	

此外，还有另外 13 个化合物，虽然在结构类别上不具备明显的优越性，但实验得到的定量活性数据极高，GI_{50} 值甚至达到 nmol/L 量级或 $0.04\mu g/mL$ 量级！涉及简单酰胺、环内酰胺、杂项吲哚、噁唑啉、大环噁唑啉、噻唑、噁唑啉-噻唑类、吡啶类等生物碱结构类型，有关数据也强烈支持它们作为研发抗非小细胞肺癌 A549 新药的先导候选物（表 4）。

表4　13个活性极高的先导候选物

化合物序号	化合物代码	先导化合物候选物	结构类型	定量活性数据
1	**158**	PM050489	简单酰胺生物碱	$GI_{50} = 0.38$ nmol/L
2	**159**	PM060184	简单酰胺生物碱	$GI_{50} = 0.59$ nmol/L
3	**184**	环庚内酰胺 A*	环内酰胺	$IC_{50} = 0.019$ μmol/L
4	**185**	环庚内酰胺 B*	环内酰胺	$IC_{50} = 0.0019$ μmol/L
5	**1119**	断巴采拉海绵素 A*	杂项吲哚类生物碱	$IC_{50} = 0.04$ μg/mL
6	**1186**	岩屑海绵内酯*	噁唑啉类生物碱	$IC_{50} = 1.2$ nmol/L
7	**1196**	菲律宾海鞘酰胺 A*	大环噁唑啉类生物碱	$GI_{50} = 0.029$ μmol/L
8	**1276**	土壤杆菌车林*	噻唑类生物碱	$IC_{50} = 0.05 \sim 0.2$ μg/mL
9	**1329**	海湖放线菌他汀 A*	噁唑啉-噻唑类大环生物碱	$IC_{50} = 0.04$ μmol/L
10	**1336**	乌鲁萨培尔他汀 A*	噁唑啉-噻唑类大环生物碱	$IC_{50} = 12$ nmol/L
11	**1343**	青兰霉素 A	吡啶类生物碱	$IC_{50} = 0.26$ μmol/L
12	**1471**	蜂海绵林*	喹啉类生物碱	$IC_{50} = 0.012$ μg/mL
13	**1555**	海鞘得明*	吡啶并[2,3,4-*kl*]吖啶类	$IC_{50} = 0.02$ μmol/L

完成这个课题，大约只需要半天时间。

目 录

1 胺类、胍类和酰胺类生物碱

1.1 胺类生物碱　　002　　1.3 酰胺类生物碱　　024
1.2 胍类生物碱　　011

2 苯胺和苯乙胺类生物碱

2.1 苯胺类生物碱　　041　　2.3 卤代酪氨酸类生物碱　　045
2.2 简单酪胺类生物碱　　042　　2.4 杂项苯乙胺类生物碱　　062

3 吡咯、吲哚和咪唑类生物碱

3.1 吡咯类生物碱　　066　　3.10 类毛壳素类生物碱　　186
3.2 吡咯烷类生物碱　　104　　3.11 吲哚-咪唑类生物碱　　190
3.3 吲哚类生物碱　　127　　3.12 吲哚内酰胺类生物碱　　195
3.4 双吲哚类生物碱　　136　　3.13 吲哚菇类生物碱　　196
3.5 咔唑类生物碱　　145　　3.14 青霉震颤素类生物碱　　199
3.6 吲哚[2,3-a]咔唑类生物碱　　147　　3.15 异吲哚类生物碱　　204
3.7 β-咔啉类生物碱　　151　　3.16 杂项吲哚类生物碱　　206
3.8 曼扎名胺类生物碱　　167　　3.17 咪唑类生物碱　　212
3.9 色胺类生物碱　　178

4 噁唑啉、噻唑、噻二唑和三唑类生物碱

4.1 噁唑啉类生物碱　　220　　4.3 噁唑啉-噻唑大环生物碱　　251
4.2 噻唑和噻二唑类生物碱　　243　　4.4 三唑类生物碱　　254

5 吡啶和哌啶类生物碱

5.1 吡啶类生物碱　　256　　5.2 哌啶类生物碱　　270

6 喹啉、异喹啉和喹唑啉类生物碱

6.1	喹啉类生物碱 279	6.3	喹唑啉类生物碱 309
6.2	异喹啉类生物碱 303		

7 嘧啶和吡嗪类生物碱

7.1	嘧啶类生物碱 313	7.2	吡嗪类生物碱 319

8 嘌呤和蝶啶类生物碱

8.1	嘌呤及其类似物 346	8.2	蝶啶及其类似物 349

9 倍半萜和二倍半萜类生物碱

9.1	倍半萜类生物碱 352	9.2	二倍半萜类生物碱 367

10 甾醇类及杂项生物碱

10.1	甾醇类生物碱 370	10.2	杂项生物碱 378

附 录

附录 1	缩略语和符号表 415	附录 2	癌细胞代码表 421

索 引

索引 1	化合物中文名称索引 427	索引 5	海洋生物拉丁学名及其成分索引 515
索引 2	化合物英文名称索引 453	索引 6	海洋生物中-拉（英）捆绑名称及成分索引 531
索引 3	化合物分子式索引 479		
索引 4	化合物药理活性索引 492	索引 7	化合物取样地理位置索引 547

1

胺类、胍类和酰胺类生物碱

1.1 胺类生物碱 /002
1.2 胍类生物碱 /011
1.3 酰胺类生物碱 /024

1.1 胺类生物碱

1 Calcareous sponge *Leucetta* acetylenic alkaloid 白雪海绵乙炔生物碱*
【基本信息】$C_{19}H_{31}NO$.【类型】无环胺.【来源】钙质海绵白雪海绵属 *Leucetta* sp. (0.088%, 久米岛, 冲绳, 采样深度 50m).【活性】细胞毒 (NBT-T2, IC_{50} = 2.5μg/mL).【文献】I. Hermawan, et al. Mar. Drugs, 2011, 9, 382.

2 Homopahutoxin 高箱鲀毒素
【基本信息】$C_{24}H_{48}NO_4^+$.【类型】无环胺.【来源】鲀形目无斑箱鲀 *Ostracion immaculatus*.【活性】溶血的.【文献】N. Fusetani, et al. Toxicon, 1987, 25, 459.

3 Homotaurine 高牛磺酸
【别名】3-Amino-1-propanesulfonic acid; Tramiprosate; 3-氨基-1-丙磺酸.【基本信息】$C_3H_9NO_3S$, 针状晶体 (乙醇水溶液, mp 290~292°C, dec 270~271°C.【类型】无环胺.【来源】红藻舌状蜈蚣藻 *Grateloupia livida*, 多种红藻 spp., 绿藻稠密刚毛藻 *Cladophora densa*.【活性】抗阿尔茨海默病 [抑制淀粉样蛋白 A (amyloid A) 原纤维形成和沉积, 用于处理阿尔茨海默病和大脑淀粉样血管病]; 阿尔茨海默病临床实验 (进行的临床实验编号为 NCT00314912, 2007 年 7 月贝尔鲁斯健康公司, 题目: 对中等程度阿尔茨海默病的病人进行高牛磺酸 (3APS) 疗效的三期研究. 研究设计: 随机, 双盲, 安慰剂对照, 平行组研究在跨越美国和加拿大的 67 个中心进行. 目的: 评估长期安全性. 二次结果测量: 对高牛磺酸的疗效提供附加的长期数据. 结果: 没有值得注意的处理效果).【文献】CRC Press, DNP on DVD, 2012, version 20.2; P. Russo, et al. Mar. Drugs, 2016, 14, 5 (Rev.).

4 Taurine 牛磺酸
【别名】Aminoethylsulfonic acid; 牛胆碱.【基本信息】$C_2H_7NO_3S$, 带强烈味道的单斜棱柱棒条晶体, mp 328°C, mp 320~325°C (分解).【类型】无环胺.【来源】绿藻岗村蕨藻 *Caulerpa okamurai*, 绿藻总状花序蕨藻* *Caulerpa racemosa*, 绿藻绿毛藻 *Chlorodesmis comosa*, 绿藻匍匐松藻 *Codium adhaerens*, 绿藻刺松藻 *Codium fragile* 和绿藻缘管浒苔 *Enteromorpha linza*, 花萼海绵属 *Calyx nicaeensis* 和钵海绵属 *Geodia gigas*, 蓝贻贝 *Mytilus edulis*, 真瓣鳃 *Macrocallista nimbosa*, 软体动物前鳃蝾螺属* *Turbo stenogyrus*, 环节动物多毛纲海洋 *Vestimentarian* 蠕虫 *Riftia pachyptila*, 陆地高等植物 (例如豆类籽苗).【活性】高胆固醇血症处理中的助剂; 代谢调节器; 半胱氨酸代谢的中间体; LD_{50} (小鼠, scu) = 6000mg/kg.【文献】CRC Press, DNP on DVD, 2012, version 20.2.

5 (2S,3E,5Z)-3,5,13-Tetradecatrien-2-amine (2S,3E,5Z)-3,5,13-十四(碳)三烯-2-胺
【基本信息】$C_{14}H_{25}N$, 黏性浅黄色油状物, $[α]_D^{25}$ = +17.8° (c = 1, 氯仿) (95% e.e.).【类型】无环胺.【来源】Pseudodistomidae 科伪二气孔海鞘属* *Pseudodistoma novaezelandiae*.【活性】细胞毒.【文献】N. B. Perry, et al. Aust. J. Chem., 1991, 44, 627; D. Enders, et al. Liebigs Ann. Chem., 1993, 551.

6 Acarnidine C 丰肉海绵定 C*
【基本信息】$C_{26}H_{49}N_5O_2$.【类型】多胺.【来源】丰肉海绵属 *Acarnus erithacus*.【活性】抗病毒; 抗微生物.【文献】J.-W. Blunt, et al. Tetrahedron Lett., 1982, 23, 2793.

7 Cathestatin C 卡色斯它亭 C*

【基本信息】$C_{18}H_{25}N_3O_6$.【类型】多胺.【来源】海洋导出的真菌小囊菌属 *Microascus longirostris* SF-73，来自未鉴定的海绵 (新西兰).【活性】半胱氨酸蛋白酶抑制剂 (木瓜蛋白酶，IC_{50} = 20.0nmol/L，组织蛋白酶 B，IC_{50} = 114.3nmol/L，组织蛋白酶 L，IC_{50} = 11.1nmol/L).【文献】C.-M. Yu, et al. J. Antibiot., 1996, 49, 395.

8 Convolutamine I 旋花愚苔虫胺 I*

【基本信息】$C_{14}H_{21}Br_3N_2O$.【类型】多胺.【来源】苔藓动物弯曲愚苔虫 *Amathia tortuosa* (巴斯海峡，塔斯马尼亚，澳大利亚).【活性】细胞毒 (HEK-293); 抗锥虫 (布氏锥虫 *Trypanosoma brucei brucei*).【文献】R. A. Davis, et al. BoMC, 2011, 19, 6615.

9 Crambescidin 816 甘蓝海绵定 816*

【基本信息】$C_{45}H_{80}N_6O_7$，油状物，$[\alpha]_D^{25}$ = −20.4° (c = 0.4, 甲醇).【类型】多胺.【来源】甘蓝海绵 *Crambe crambe* 和 Chondropsidae 科海绵 *Batzella* sp.【活性】细胞毒 [外皮神经元，在 1μmol/L 细胞几乎全死 (86.3%±6.8%)]; 细胞毒 (L_{1210}, 0.1μg/mL，细胞生长抑制 98%); 抗病毒 (HSV-1 病毒，1.25μg/槽，完全抑制弥漫细胞毒); Ca^{2+}拮抗剂; 鱼毒.【文献】E. A. Jares-Erijman, et al. JOC, 1991, 56, 5712; 1993, 58, 4805; R. G.S. Berlinck, et al. JNP, 1993, 56, 1007; S. G. Bondu, et al. RSC Advances, 2012, 2, 2828.

10 Didemnidine A 星骨海鞘啶 A*

【基本信息】$C_{17}H_{26}N_4O_2^{2+}$，棕色油状物.【类型】多胺.【来源】星骨海鞘属 *Didemnum* sp. (南岛，蒂瓦伊角，新西兰).【活性】抗锥虫 (布氏锥虫 *Trypanosoma brucei rhodesience*, IC_{50} = 59μmol/L，对照美拉申醇，IC_{50} = 0.01μmol/L; 克氏锥虫 *Trypanosoma cruzi*, IC_{50} = 130μmol/L，对照苄硝唑，IC_{50} = 1.35μmol/L); 抗利什曼原虫 (杜氏利什曼原虫 *Leishmania donovani*, IC_{50} > 180μmol/L，对照米替福新，IC_{50} = 0.52μmol/L); 杀疟原虫的 (恶性疟原虫 *Plasmodium falciparum* K1, IC_{50} = 41μmol/L，对照氯喹，IC_{50} = 0.20μmol/L); 细胞毒 (L-6 大鼠骨骼肌成肌细胞株，IC_{50} = 24μmol/L，对照鬼白毒素，IC_{50} = 0.01μmol/L).【文献】R. Finlayson, et al. JNP, 2011, 74, 888.

11 Didemnidine B 星骨海鞘啶 B*

【基本信息】$C_{17}H_{25}BrN_4O_2^{2+}$，棕色油状物.【类型】多胺.【来源】星骨海鞘属 *Didemnum* sp. (南岛，蒂瓦伊角，新西兰).【活性】抗锥虫 (布氏锥虫 *Trypanosoma brucei rhodesience*, IC_{50} = 44μmol/L，对照美拉申醇，IC_{50} = 0.01μmol/L; 克氏锥虫 *Trypanosoma cruzi*, IC_{50} = 82μmol/L，对照苄硝唑，IC_{50} = 1.35μmol/L); 抗利什曼原虫 (杜氏利什曼原虫 *Leishmania donovani*, IC_{50} > 160μmol/L，对照米替福新，IC_{50} = 0.52μmol/L); 杀疟原虫的 (恶性疟原虫 *Plasmodium falciparum* K1, IC_{50} = 15μmol/L，对照氯喹，IC_{50} = 0.20μmol/L); 细胞毒 (L-6 大鼠骨骼肌成肌细胞株，IC_{50} = 25μmol/L，对照鬼白毒素，IC_{50} = 0.01μmol/L).【文献】R. Finlayson, et al. JNP, 2011, 74, 888.

12 Estatin A 伊他汀 A*

【基本信息】$C_{18}H_{25}N_5O_5$，针状晶体 (+1 H_2O), mp

223~225℃（分解），$[\alpha]_D^{24}$ = +41.8°（c = 0.6，水）.
【类型】多胺.【来源】海洋导出的真菌小囊菌属 *Microascus longirostris*，来自未鉴定的海绵.【活性】蛋白酶抑制剂（半胱氨酸蛋白酶：组织蛋白酶 L，IC_{50} = 0.004μg/mL；组织蛋白酶 B，IC_{50} = 0.270μg/mL；木瓜蛋白酶，IC_{50} = 0.130μg/mL；无花果蛋白酶，IC_{50} = 0.032μg/mL；菠萝蛋白酶，IC_{50} = 0.600μg/mL；丝氨酸蛋白酶：人胰蛋白酶，IC_{50} > 100μg/mL；胰凝乳蛋白酶，IC_{50} > 100μg/mL；金属蛋白酶：嗜热菌蛋白酶，IC_{50} > 100μg/mL；天冬氨酸蛋白酶：组织蛋白酶 D，IC_{50} > 100μg/mL）.
【文献】J.-T. Woo, et al. Biosci., Biotechnol., Biochem., 1995, 59, 350.

13　Estatin B　伊他汀 B*

【基本信息】$C_{18}H_{25}N_5O_6$，针状晶体（+1 H_2O），mp 217~218℃（分解），$[\alpha]_D^{24}$ = +46.8°（c = 0.2，0.1mol/L 盐酸）.【类型】多胺.【来源】海洋导出的真菌小囊菌属 *Microascus longirostris*，来自未鉴定的海绵.【活性】蛋白酶抑制剂（半胱氨酸蛋白酶：组织蛋白酶 L，IC_{50} = 0.006μg/mL；组织蛋白酶 B，IC_{50} = 0.320μg/mL；木瓜蛋白酶，IC_{50} = 0.180μg/mL；无花果蛋白酶，IC_{50} = 0.038μg/mL；菠萝蛋白酶，IC_{50} = 0.260μg/mL；丝氨酸蛋白酶：人胰蛋白酶，IC_{50} > 100μg/mL；胰凝乳蛋白酶，IC_{50} > 100μg/mL；金属蛋白酶：嗜热菌蛋白酶，IC_{50} > 100μg/mL；天冬氨酸蛋白酶：组织蛋白酶 D，IC_{50} > 100μg/mL）.【文献】J.-T. Woo, et al. Biosci., Biotechnol., Biochem., 1995, 59, 350.

14　Eusynstyelamide A　叶海鞘酰胺 A*

【别名】Eusynstyelamide；叶海鞘酰胺*.【基本信息】$C_{32}H_{40}Br_2N_{10}O_4$.【类型】多胺.【来源】叶海鞘属* *Eusynstyela misakiensis*，砖红叶海鞘* *Eusynstyela latericius*（大堡礁）.【活性】神经元的 NO 合成酶（nNOS）抑制剂（IC_{50} = 41.7μmol/L）；丙酮酸磷酸双激酶 PPDK 抑制剂（IC_{50} = 19mmol/L）.【文献】J. C. Swersey, et al. JNP, 1994, 57, 842 (Eusynstyelamide); D. M. Tapiolas, et al. JNP, 2009, 72, 1115; M. Tadesse, et al. JNP, 2011, 74, 837.

15　Eusynstyelamide B　叶海鞘酰胺 B*

【基本信息】$C_{32}H_{40}Br_2N_{10}O_4$，浅黄色油状物.【类型】多胺.【来源】砖红叶海鞘* *Eusynstyela latericius*，砖红叶海鞘* *Eusynstyela latericius*（大堡礁）.【活性】神经元的 NO 合成酶（nNOS）抑制剂（IC_{50} = 4.3μmol/L）；丙酮酸磷酸双激酶 PPDK 抑制剂（IC_{50} = 20mmol/L）；细胞毒（MDA-MB-231，有潜力的细胞循环抑制剂）；抑制 LNCaP 细胞增殖（G_2 阶段）；拓扑异构酶Ⅱ抑制剂（LNCaP 细胞中）；抗菌（金黄色葡萄球菌 *Staphylococcus aureus*，大肠杆菌 *Escherichia coli*，铜绿假单胞菌 *Pseudomonas aeruginosa*，谷氨酸棒杆菌 *Corynebacterium glutamicum* 和 MRSA，对叶海鞘酰胺 B，D，E 和 F，IC_{50} 在 6.25μmol/L 至 50μmol/L 以上）.【文献】D. M. Tapiolas, et al. JNP, 2009, 72, 1115; M. Tadesse, et al. JNP, 2011, 74, 837; M. Liberio, et al. Eur. J. Cancer, 2013, 49 (Suppl. 2), S177; M. Liberio, et al. Mar. Drugs, 2014, 12, 5222.

16 *ent*-Eusynstyelamide B   *ent*-叶海鞘酰胺 B*

【基本信息】$C_{32}H_{40}Br_2N_{10}O_4$.【类型】多胺.【来源】苔藓动物斯岛蛛苔虫 *Tegella* cf. *spitzbergensis* (熊岛, 北大西洋).【活性】抗菌 (金黄色葡萄球菌 *Staphylococcus aureus*); 抗真菌 (白色念珠菌 *Candida albicans*, 适度活性).【文献】M. Tadesse, et al. JNP, 2011, 74, 837.

17   Eusynstyelamide C   叶海鞘酰胺 C*

【基本信息】$C_{32}H_{40}Br_2N_{10}O_4$, 浅黄色油状物, $[\alpha]_D^{19} = +17°$ ($c = 0.1$, 甲醇).【类型】多胺.【来源】砖红叶海鞘* *Eusynstyela latericius*, 砖红叶海鞘* *Eusynstyela latericius* (大堡礁).【活性】神经元的 NO 合成酶 (nNOS) 抑制剂 (IC_{50} = 5.8μmol/L).【文献】D. M. Tapiolas, et al. JNP, 2009, 72, 1115.

18   Eusynstyelamide D   叶海鞘酰胺 D*

【基本信息】$C_{30}H_{36}Br_2N_6O_4$.【类型】多胺.【来源】苔藓动物斯岛蛛苔虫 *Tegella* cf. *spitzbergensis* (熊岛, 北大西洋).【活性】抗菌 (金黄色葡萄球菌 *Staphylococcus aureus*, 大肠杆菌 *Escherichia coli*, 铜绿假单胞菌 *Pseudomonas aeruginosa*, 谷氨酸棒杆菌 *Corynebacterium glutamicum* 和 MRSA, 对叶海鞘酰胺 B, D, E 和 F, IC_{50} 在 6.25μmol/L 至 50μmol/L 以上); 细胞毒 (黑色素瘤细胞株 A2058).【文献】M. Tadesse, et al. JNP, 2011, 74, 837.

19   Eusynstyelamide E   叶海鞘酰胺 E*

【基本信息】$C_{31}H_{38}Br_2N_8O_4$.【类型】多胺.【来源】苔藓动物斯岛蛛苔虫 *Tegella* cf. *spitzbergensis* (熊岛, 北大西洋).【活性】抗菌 (金黄色葡萄球菌 *Staphylococcus aureus*, 大肠杆菌 *Escherichia coli*, 铜绿假单胞菌 *Pseudomonas aeruginosa*, 谷氨酸棒杆菌 *Corynebacterium glutamicum* 和 MRSA, 对叶海鞘酰胺 B, D, E 和 F, IC_{50} 在 6.25μmol/L 至 50μmol/L 以上); 细胞毒 (A2058); 抗真菌 (白色念珠菌 *Candida albicans*, 适度活性).【文献】M. Tadesse, et al. JNP, 2011, 74, 837.

20   Eusynstyelamide F   叶海鞘酰胺 F*

【基本信息】$C_{31}H_{38}Br_2N_8O_4$.【类型】多胺.【来源】苔藓动物斯岛蛛苔虫 *Tegella* cf. *spitzbergensis* (熊岛, 北大西洋).【活性】抗菌 (金黄色葡萄球菌 *Staphylococcus aureus*, 大肠杆菌 *Escherichia coli*, 铜绿假单胞菌 *Pseudomonas aeruginosa*, 谷氨酸棒杆菌 *Corynebacterium glutamicum* 和 MRSA, 对叶海鞘酰胺 B, D, E 和 F, IC_{50} 在 6.25μmol/L 至 50μmol/L 以上).【文献】M. Tadesse, et al. JNP, 2011, 74, 837.

21 *Fromia monilis* Alkaloid 珠海星生物碱
【基本信息】$C_{23}H_{49}N_3O_3$, $[\alpha]_D = +3.5°$.【类型】多胺.【来源】珠海星 *Fromia monilis* 和西奈海星 *Celerina heffernani* [新喀里多尼亚（法属）].【活性】抗 HIV-1 病毒（HIV-1 感染的 CEM 4 细胞，$CC_{50} = 2.7\mu g/mL$).【文献】E. Palagoano, et al. Tetrahedron, 1995, 51, 3675.

22 Ianthelliformisamine A 兰瑟里科海绵胺 A*
【基本信息】$C_{20}H_{32}Br_2N_4O_2$.【类型】多胺.【来源】Aplysinellidae 科海绵 *Suberea ianthelliformis*（蝠鲼湾礁石，史翠瑞克岛，澳大利亚）.【活性】抗菌（铜绿假单胞菌 *Pseudomonas aeruginosa*, 选择性活性）.【文献】M. Xu, et al. JNP, 2012, 75, 1001.

23 Ianthelliformisamine B 兰瑟里科海绵胺 B*
【基本信息】$C_{17}H_{25}Br_2N_3O_2$.【类型】多胺.【来源】Aplysinellidae 科海绵 *Suberea ianthelliformis*（蝠鲼湾礁石，史翠瑞克岛，澳大利亚）.【活性】抗菌（铜绿假单胞菌 *Pseudomonas aeruginosa*, 选择性活性）.【文献】M. Xu, et al. JNP, 2012, 75, 1001.

24 Ianthelliformisamine C 兰瑟里科海绵胺 C*
【基本信息】$C_{30}H_{38}Br_4N_4O_4$.【类型】多胺.【来源】Aplysinellidae 科海绵 *Suberea ianthelliformis*（蝠鲼湾礁石，史翠瑞克岛，澳大利亚）.【活性】抗菌（铜绿假单胞菌 *Pseudomonas aeruginosa*, 选择性活性）.【文献】M. Xu, et al. JNP, 2012, 75, 1001.

25 Lipogrammistin A 脂格拉米斯亭 A*
【基本信息】$C_{35}H_{66}N_4O_3$, 作为四种构象异构体的混合物存在于溶液中，$[\alpha]_D = +18.5°$（$c = 0.86$, 甲醇）.【类型】多胺.【来源】肥皂鱼 *Diploprion bifasciatum*（分泌的黏液，日本水域）.【活性】鱼毒；LD（青鳉鱼 *Oryzias latipes* 细胞）= $10\mu g/mL$（致死时间 50min), (小鼠 ip) = $100mg/kg$（致死时间 14min); 细胞溶解的（兔红细胞，受精海胆卵，$10\mu g/mL$).【文献】H. Onuki, et al. Tetrahedron Lett., 1993, 34, 5609; H. Onuki, et al. JOC, 1998, 63, 3925; A. Fujiwara, et al. Synlett, 2000, 11, 1667.

26 Monodontamide A 单齿螺酰胺 A*
【基本信息】$C_{25}H_{30}N_4O_5$, 无定形固体.【类型】多胺.【来源】软体动物腹足纲马蹄螺科单齿螺 *Monodonta labio*（日本水域）.【活性】丝氨酸蛋白酶抑制剂（低活性）.【文献】H. Niwa, et al. Tetrahedron Lett., 1993, 34, 7441; H. Niwa, et al. Tetrahedron 1994, 50, 6805.

27 Monodontamide B 单齿螺酰胺 B*
【基本信息】$C_{26}H_{32}N_4O_7$, 无定形固体.【类型】多胺.【来源】软体动物腹足纲马蹄螺科单齿螺

Monodonta labio（日本水域）.【活性】丝氨酸蛋白酶抑制剂（低活性）.【文献】H. Niwa, et al. Tetrahedron Lett., 1993, 34, 7441; H. Niwa, et al. Tetrahedron, 1994, 50, 6805.

28 Monodontamide C 单齿螺酰胺 C*
【基本信息】$C_{25}H_{32}N_4O_6$，无定形固体.【类型】多胺.【来源】软体动物腹足纲马蹄螺科单齿螺 *Monodonta labio*（日本水域）.【活性】丝氨酸蛋白酶抑制剂（低活性）.【文献】H. Niwa, et al. Tetrahedron Lett., 1993, 34, 7441; H. Niwa, et al. Tetrahedron, 1994, 50, 6805.

29 Monodontamide D 单齿螺酰胺 D*
【基本信息】$C_{27}H_{31}N_5O_5$，无定形固体.【类型】多胺.【来源】软体动物腹足纲马蹄螺科单齿螺 *Monodonta labio*（日本水域）.【活性】丝氨酸蛋白酶抑制剂（低活性）.【文献】H. Niwa, et al. Tetrahedron, 1994, 50, 6805.

30 Monodontamide E 单齿螺酰胺 E*
【基本信息】$C_{26}H_{31}N_5O_4$，无定形固体.【类型】多胺.【来源】软体动物腹足纲马蹄螺科单齿螺 *Monodonta labio*（日本水域）.【活性】丝氨酸蛋白酶抑制剂（低活性）.【文献】H. Niwa, et al. Tetrahedron, 1994, 50, 6805.

31 Motuporamine A 默突坡胺 A*
【基本信息】$C_{18}H_{39}N_3$，油状物（双乙酰化）.【类型】多胺.【来源】小锉海绵* *Xestospongia exigua*（巴布亚新几内亚）.【活性】细胞毒（人实体肿瘤细胞株 *in vitro*, IC_{50} = 0.6μg/mL）.【文献】D. E. Williams, et al. JOC, 1998, 63, 4838; J. E. Baldwin, et al. Tetahedron Lett., 1999, 40, 5401; W. P. D. Goldring, et al. Org. Lett., 1999, 1, 1471.

32 Motuporamine B 默突坡胺 B*
【基本信息】$C_{19}H_{41}N_3$，油状物（双乙酰化）.【类型】多胺.【来源】小锉海绵* *Xestospongia exigua*（巴布亚新几内亚）.【活性】细胞毒（人实体肿瘤细胞株 *in vitro*, IC_{50} = 0.6μg/mL）.【文献】D. E. Williams, et al. JOC, 1998, 63, 4838; J. E. Baldwin, et al. Tetahedron Lett., 1999, 40, 5401; W. P. D. Goldring, et al. Org. Lett., 1999, 1, 1471.

33 Motuporamine C 默突坡胺 C*
【基本信息】$C_{20}H_{41}N_3$.【类型】多胺.【来源】小锉海绵* *Xestospongia exigua*（巴布亚新几内亚）.【活性】细胞毒（人实体肿瘤细胞株 *in vitro*, IC_{50} = 0.6μg/mL）.【文献】D. E. Williams, et al. JOC, 1998, 63, 4838.

34 Nigribactin 弧菌亭*
【基本信息】$C_{30}H_{32}N_4O_9$.【类型】多胺.【来源】海洋导出的细菌弧菌属 *Vibrio nigripulchritudo*.【活性】病毒性基因表达调节（金黄色葡萄球菌 *Staphylococcus aureus*）.【文献】A. Nielsen, et al. Mar. Drugs, 2012, 10, 2584.

35 *Oceanapia* Bromotyrosine alkaloid 大洋海绵溴酪氨酸生物碱*

【基本信息】$C_{17}H_{26}Br_2N_6O_3$.【类型】多胺.【来源】大洋海绵属 *Oceanapia* sp.【活性】真菌硫醇 S 缀合的酰胺水解酶抑制剂.【文献】G. M. Nicholas, et al. Org. Lett., 2001, 3, 1543.

36 Phidianidine A 裸鳃啶 A*

【基本信息】$C_{17}H_{22}BrN_7O$.【类型】多胺.【来源】软体动物裸鳃目灰翼科 *Phidiana militaris* (海南岛).【活性】细胞毒 [C6, IC$_{50}$ = (0.642±0.2)μmol/L; HeLa, IC$_{50}$ = (1.52±0.3)μmol/L; CaCo-2, IC$_{50}$ = (35.5±4)μmol/L; H9c2, IC$_{50}$ = (2.26±0.6)μmol/L; 3T3-L1, IC$_{50}$ = (0.14±0.2)μmol/L]; 趋化因子受体 CXCR4 配体; CXCL12 抑制剂 (C-X-C 基序趋化因子 12 诱发的 DNA 合成); 细胞迁移抑制剂; 胞外信号控制的激酶 ERK1/2 活化抑制剂; 多巴胺转运蛋白 (DAT) 抑制剂; μ-阿片样物质受体配体 (选择性的和有潜力的); 神经保护剂 [在 SH-SY5Y 细胞, 抗 Aβ$_{25-35}$、过氧化氢和缺氧缺糖 (OGD) 导致的神经毒性].【文献】M. Carbone, et al. Org. Lett., 2011, 13, 2516; R. M. Vitale, et al. ACS Chem. Biol., 2013, 8, 2762; J. T. Brogan, et al. ACS Chem. Neurosci., 2012, 3, 658; C.-S. Jiang, et al. BoMCL, 2015, 25, 216.

37 Phidianidine B 裸鳃啶 B*

【基本信息】$C_{17}H_{23}N_7O$.【类型】多胺.【来源】软体动物裸鳃目灰翼科 *Phidiana militaris* (海南岛, 中国).【活性】细胞毒 [C6, IC$_{50}$ = (0.98±0.3)μmol/L; HeLa, IC$_{50}$ = (0.417±0.4)μmol/L; CaCo-2, IC$_{50}$ = (100.2±8.5)μmol/L; H9c2, IC$_{50}$ = (5.42±0.8)μmol/L; 3T3-L1, IC$_{50}$ = (0.786±0.3)μmol/L]; 多巴胺转运蛋白 (DAT) 抑制剂; μ-阿片样物质受体配体 (选择性的和 μ-阿片样物质受体配体 (选择性的和有潜力的); 神经保护剂 [在 SH-SY5Y 细胞, 抗 Aβ$_{25-35}$、过氧化氢和缺氧缺糖 (OGD) 导致的神经毒性].【文献】M. Carbone, et al. Org. Lett., 2011, 13, 2516; J. T. Brogan, et al. ACS Chem. Neurosci., 2012, 3, 658; C.-S. Jiang, et al. BoMCL, 2015, 25, 216.

38 Pseudoceramine B 类角海绵胺 B*

【基本信息】$C_{33}H_{48}Br_4N_6O_5$.【类型】多胺.【来源】类角海绵属 *Pseudoceratina* sp. (厄斯金岛, 大堡礁).【活性】抑制毒力因子耶尔森氏菌外蛋白 E 的分泌.【文献】S. Yin, et al. Org. Biomol. Chem., 2011, 9, 6755.

39 Pseudoceratidine 类角海绵啶*

【基本信息】$C_{17}H_{21}Br_4N_5O_2$, 固体, mp 62~65℃.【类型】多胺.【来源】肥厚类角海绵* *Pseudoceratina crassa* 和紫色类角海绵* *Pseudoceratina purpurea*.【活性】抗污剂 (纹藤壶 *Balanus amphitrite*, 抑制幼虫定居和变形, ED$_{50}$ = 8.0μg/mL); 抗微生物.【文献】S. Tsukamoto, et al. Tetrahedron Lett., 1996, 37, 1439; J. A. Ponasik, et al. Tetrahedron Lett.,

1996, 37, 6041; J. A. Ponasik, et al. Tetrahedron, 1998, 54, 6977.

40　Rexostatine　列克叟他汀*

【基本信息】$C_{15}H_{27}N_5O_5$，针状晶体（丙酮水溶液），$[\alpha]_D^{25} = +24.4°$ ($c = 1$, 0.1mol/L 盐酸)．【类型】多胺．【来源】海洋导出的真菌小囊菌属 *Microascus longirostris*，来自未鉴定的海绵．【活性】蛋白酶抑制剂（半胱氨酸蛋白酶：组织蛋白酶 L，$IC_{50} = 0.050μg/mL$；组织蛋白酶 B，$IC_{50} = 0.018μg/mL$；木瓜蛋白酶，$IC_{50} = 0.036μg/mL$；无花果蛋白酶，$IC_{50} = 0.023μg/mL$；菠萝蛋白酶，$IC_{50} = 0.103μg/mL$；丝氨酸蛋白酶：人胰蛋白酶，$IC_{50} > 100μg/mL$；胰凝乳蛋白酶，$IC_{50} > 100μg/mL$；金属蛋白酶：嗜热菌蛋白酶，$IC_{50} > 100μg/mL$；天冬氨酸蛋白酶：组织蛋白酶 D，$IC_{50} > 100μg/mL$）．【文献】J.-T. Woo, et al. Biosci., Biotechnol., Biochem., 1995, 59, 350.

41　Rhapsamine　白雪海绵胺*

【基本信息】$C_{34}H_{60}N_4O_2$，无定形固体，$[\alpha]_D = 0°$ ($c = 0.006$, 甲醇)．【类型】多胺．【来源】钙质海绵白雪海绵属 *Leucetta leptorhaphis*（南极地区）．【活性】细胞毒（KB，$LC_{50} = 1.8μg/mL$）．【文献】G. S. Jayatilake, et al. Tetrahedron Lett., 1997, 38, 7507.

42　Sinulamide　短指软珊瑚酰胺*

【基本信息】$C_{34}H_{66}N_4O^{2+}$，粉末（盐酸）．【类型】多胺．【来源】短指软珊瑚属 *Sinularia* sp.（日本水域）．【活性】氢/钾-腺苷三磷酸酶抑制剂（$IC_{50} = 5.5μmol/L$，有潜力的抗溃疡药，氢/钾-腺苷三磷酸酶是胃的质子泵和主要负责胃内容物酸化的酶）；细胞毒（L_{1210}，$IC_{50} = 3.1μg/mL$；P_{388}，$IC_{50} = 4.5μg/mL$）．【文献】N. U. Sata, et al. Tetrahedron Lett., 1999, 40, 719.

43　Symphyocladin G　鸭毛藻定 G*

【基本信息】$C_{15}H_{10}Br_6N_2O_5$．【类型】多胺．【来源】红藻鸭毛藻 *Symphyocladia latiuscula*（青岛，山东，中国）．【活性】抗真菌（适度活性）．【文献】X. Xu, et al. Tetrahedron Lett., 2012, 53, 2103.

44　Tenacibactin A　黏着杆菌亭 A*

【基本信息】$C_{15}H_{28}N_2O_5$，粉末．【类型】多胺．【来源】海洋导出的细菌黏着杆菌属 *Tenacibaculum* sp. A4K-17．【活性】铁载体．【文献】J.-H. Jang, et al. JNP, 2007, 70, 563.

45　Tenacibactin B　黏着杆菌亭 B*

【基本信息】$C_{14}H_{26}N_2O_5$，粉末．【类型】多胺．【来源】海洋导出的细菌黏着杆菌属 *Tenacibaculum* sp. A4K-17．【活性】铁载体．【文献】J.-H. Jang, et al. JNP, 2007, 70, 563.

46　Tenacibactin C　黏着杆菌亭 C*

【基本信息】$C_{23}H_{42}N_4O_8$，粉末．【类型】多胺．【来源】海洋导出的细菌黏着杆菌属 *Tenacibaculum* sp. A4K-17．【活性】螯合铁的活性（$IC_{50} = 110\sim115μmol/L$）；铁载体．【文献】J.-H. Jang, et al.

JNP, 2007, 70, 563.

47　Tenacibactin D　黏着杆菌亭 D*
【基本信息】$C_{28}H_{54}N_6O_8$，粉末.【类型】多胺.【来源】海洋导出的细菌黏着杆菌属 *Tenacibaculum* sp. A4K-17.【活性】螯合铁的活性（IC_{50} = 110~115µmol/L）；铁载体.【文献】J.-H.Jang, et al. JNP, 2007, 70, 563.

48　Tokaradine C　头卡拉定 C*
【基本信息】$C_{17}H_{25}Br_2N_3O_2$，无定形黄色固体.【类型】多胺.【来源】紫色类角海绵* *Pseudoceratina purpurea*（日本南部）.【活性】有毒的（蟹 *Hemigrapsus sanguineus*）.【文献】N. Fusetani, et al. Tetrahedron, 2001, 57, 7507.

49　N',N'',N''-Trimethyl-N-(3-methyl-2Z,4E-dodecadienoyl)spermidine　N',N'',N''-三甲基-N-(3-甲基-2Z,4E-十二(碳)二烯酰)亚精胺
【基本信息】$C_{23}H_{45}N_3O$，浅黄色油状物（放置快速变深）.【类型】多胺.【来源】短指软珊瑚属 *Sinularia* sp.【活性】抗微生物（*in vivo*）.【文献】R. Kazlauskas, et al. Aust. J. Chem., 1982, 35, 69; D. J. Faulkner, Nat. Prod. Rep., 1984, 1, 551.

50　N',N',N'-Trimethyl-N-(3-methyl-2,4-dodecadienoyl)spermidine　N',N',N'-三甲基-N-(3-甲基-2,4-十二(碳)二烯酰)亚精胺
【基本信息】$C_{23}H_{45}N_3O$.【类型】多胺.【来源】短指软珊瑚属 *Sinularia* sp.（瑙鲁，大洋洲，该样本很像是短指软珊瑚属 *Sinularia compacya*).【活性】细胞毒.【文献】Y.-H. Choi, et al. JNP, 1997, 60, 495.

51　N',N',N'-Trimethyl-N-(3-methyldodecanoyl)spermidine　N',N',N'-三甲基-N-(3-甲基十二酰) 亚精胺
【基本信息】$C_{23}H_{49}N_3O$.【类型】多胺.【来源】短指软珊瑚属 *Sinularia* sp.（瑙鲁，大洋洲，该样本很像是短指软珊瑚属 *Sinularia compacya*) 和短指软珊瑚属 *Sinularia brongersmai*.【活性】细胞毒（P_{388}，ED_{50} = 0.04µg/mL）；细胞毒（人肿瘤细胞株，IC_{50} = 17ng/mL；诱导细胞凋亡).【文献】F. J. Schmitz, et al. Tetrahedron Lett., 1979, 3387; Y.-H. Choi, et al. JNP, 1997, 60, 495; M. Ojika, et al. Biosci., Biotechnol., Biochem., 2003, 67, 1410.

52　N',N'',N''-Trimethyl-N-(3-methyl-2Z-dodecenoyl)spermidine　N',N'',N''-三甲基-N-(3-甲基-2Z-十二酰基)亚精胺
【基本信息】$C_{23}H_{47}N_3O$，浅黄色油状物.【类型】多胺.【来源】短指软珊瑚属 *Sinularia* sp.（瑙鲁，大洋洲；该样本很像是短指软珊瑚属 *Sinularia compacya*).【活性】细胞毒（人肿瘤细胞株，IC_{50} = 17ng/mL；诱导细胞凋亡).【文献】R. Kazlauskas, et al. Aust. J. Chem., 1982, 35, 69; Y.-H. Choi, et al. JNP, 1997, 60, 495; M. Ojika, et al. Biosci., Biotechnol., Biochem., 2003, 67, 1410.

53 N',N',N'-Trimethyl-N-(3-methyl-2E-dodecenoyl)spermidine N',N',N'-三甲基-N-(3-甲基-2E-十二酰基)亚精胺

【基本信息】$C_{23}H_{47}N_3O$【类型】多胺.【来源】短指软珊瑚属 *Sinularia* sp. (瑙鲁, 大洋洲, 该样本很像是短指软珊瑚属 *Sinularia compacya*) 和短指软珊瑚属 *Sinularia brongersmai*.【活性】细胞毒 (P_{388}, ED_{50} = 0.04μg/mL); 细胞毒 (人肿瘤细胞株, IC_{50} = 17ng/mL; 诱导细胞凋亡).【文献】F. J. Schmitz, et al. Tetrahedron Lett., 1979, 3387; Y.-H. Choi, et al. JNP, 1997, 60, 495; M. Ojika, et al. Biosci., Biotechnol., Biochem., 2003, 67, 1410.

54 N',N'',N''-Trimethyl-N-(5-methyl-3-tetradecenoyl)spermidine N',N'',N''-三甲基-N-(5-甲基-3-十四(碳)烯酰基)亚精胺

【基本信息】$C_{25}H_{51}N_3O$, 油状物, $[α]_D$ = +7° (c = 0.2, 二氯甲烷).【类型】多胺.【来源】短指软珊瑚属 *Sinularia* sp. (瑙鲁, 大洋洲, 该样本很像是短指软珊瑚属 *Sinularia compacya*).【活性】细胞毒 (P_{388}, ED_{50} = 0.04μg/mL).【文献】Y.-H. Choi, et al. JNP, 1997, 60, 495.

1.2 胍类生物碱

55 Aplicyanin B 深蓝褶胃海鞘宁 B*

【基本信息】$C_{14}H_{15}BrN_4O$, 浅黄色油状物, $[α]_D^{25}$ = +8.7° (c = 0.1, 氯仿).【类型】胍类生物碱.【来源】深蓝褶胃海鞘* *Aplidium cyaneum* (南极洲).【活性】细胞毒 (A549, GI_{50} = 0.66μmol/L, HT29, GI_{50} = 0.39μmol/L, MDA-MB-231, GI_{50} = 0.42μmol/L), 抗有丝分裂 (HeLa, 细胞有丝分裂率的测定采用特异性微板免疫分析法 ELISA, IC_{50} = 1.19μmol/L).【文献】F. Reyes, et al. Tetrahedron, 2008, 64, 5119; M. Šíša, et al. JMC, 2009, 52, 6217.

56 Aplicyanin D 深蓝褶胃海鞘宁 D*

【基本信息】$C_{15}H_{17}BrN_4O_2$, 浅黄色油状物, $[α]_D^{25}$ = +9.5° (c = 0.1, 氯仿).【类型】胍类生物碱.【来源】深蓝褶胃海鞘* *Aplidium cyaneum* (南极洲).【活性】细胞毒 (A549, GI_{50} = 0.63μmol/L, HT29, GI_{50} = 0.33μmol/L, MDA-MB-231, GI_{50} = 0.41μmol/L), 抗有丝分裂 (HeLa, 细胞有丝分裂率的测定采用特异性微板免疫分析法 ELISA, IC_{50} = 1.09μmol/L).【文献】F. Reyes, et al. Tetrahedron, 2008, 64, 5119; M. Šíša, et al. JMC, 2009, 52, 6217.

57 Aplicyanin E 深蓝褶胃海鞘宁 E*

【基本信息】$C_{13}H_{14}Br_2N_4O$, 浅黄色油状物, $[α]_D^{25}$ = +0.5° (c = 0.1, 氯仿).【类型】胍类生物碱.【来源】深蓝褶胃海鞘* *Aplidium cyaneum* (南极洲).【活性】细胞毒 (A549, GI_{50} = 8.70μmol/L, HT29, GI_{50} = 7.96μmol/L, MDA-MB-231, GI_{50} = 7.96μmol/L), 抗有丝分裂 (HeLa, 细胞有丝分裂率的测定采用特异性微板免疫分析法 ELISA, 温和活性).【文献】F. Reyes, et al. Tetrahedron, 2008, 64, 5119; M. Šíša, et al. JMC, 2009, 52, 6217.

58 Aplicyanin F 深蓝褶胃海鞘宁 F*

【基本信息】$C_{15}H_{16}Br_2N_4O_2$, 浅黄色油状物, $[α]_D^{25}$ = +1.9° (c = 0.1, 氯仿).【类型】胍类生物碱.【来源】

深蓝褶胃海鞘* *Aplidium cyaneum* (南极洲).【活性】细胞毒 (A549, GI_{50} = 1.31µmol/L, HT29, GI_{50} = 0.47µmol/L, MDA-MB-231, GI_{50} = 0.81µmol/L), 抗有丝分裂 (HeLa, 细胞有丝分裂率的测定采用特异性微板免疫分析法 ELISA, IC_{50} = 0.18~0.036µmol/L).【文献】F. Reyes, et al. Tetrahedron, 2008, 64, 5119; M. Šíša, et al. JMC, 2009, 52, 6217.

59 (+)-7-Bromotrypargine (+)-7-溴揣帕进*
【基本信息】$C_{15}H_{20}BrN_5$, 棕色胶状物 (双三氟乙酸盐), $[α]_D^{22}$ = +20º (c = 0.02, 甲醇) (双三氟乙酸盐).【类型】胍类生物碱.【来源】小锚海绵属 *Ancorina* sp. (瀑布湾, 塔斯马尼亚, 澳大利亚).【活性】杀疟原虫的 (恶性疟原虫 *Plasmodium falciparum* Dd2 和 3D7 细胞株, IC_{50} = 3.5~5.4µmol/L).【文献】R. A. Davis, et al. Tetrahedron Lett., 2010, 51, 583.

60 *Cypridina* Luciferin 海萤荧光素
【基本信息】$C_{22}H_{27}N_7O$, 晶体 (甲醇) (2HBr 盐), mp 252~254ºC (分解) (2HBr 盐).【类型】胍类生物碱.【来源】甲壳动物海萤属 *Cypridina hilgendorfii*.【活性】生物荧光物质.【文献】Y. Kishi, et al. Tetrahedron Lett., 1966, 3437; H. Nakamura, et al. Tetrahedron Lett., 2000, 41, 2185.

61 3′-Deoxytubastrine 3′-去氧石珊瑚胺*
【基本信息】$C_9H_{12}N_3O^+$, 油状物 (单盐酸盐三水合物).【类型】胍类生物碱.【来源】丘海绵属 *Spongosorites* sp. (澳大利亚).【活性】抗微生物.【文献】S. Urban, et al. Aust. J. Chem., 1994, 47, 2279.

62 Fuscusine 褐色培克海星新*
【基本信息】$C_{13}H_{20}N_4O_2$, 油状物.【类型】胍类生物碱.【来源】褐色培克海星 *Perknaster fuscus antarcticus* (体壁, 南极地区).【活性】鱼毒 (南极对鱼最毒的物质).【文献】F. Kong, et al. Nat. Prod. Lett., 1992, 1, 71.

63 Monanchomycalin C 单锚海绵麦卡林 C*
【基本信息】$C_{47}H_{85}N_6O_5^+$.【类型】胍类生物碱.【来源】单锚海绵属 *Monanchora pulchra* (两个挖掘样本, 千岛群岛, 俄罗斯).【活性】细胞毒 (MDA-MB-231, 适度活性).【文献】K. M. Tabakmakher, et al. Nat. Prod. Commun., 2013, 8, 1399.

64 Nagelamide U 日本群海绵酰胺 U*
【基本信息】$C_{13}H_{18}Br_2N_6O_5S$, 无色无定形固体, $[α]_D^{21}$ = −32.0º (c = 0.025, 甲醇).【类型】胍类生物碱.【来源】群海绵属 *Agelas* sp. (庆连间群岛, 冲绳, 日本).【活性】抗真菌 (白色念珠菌 *Candida albicans*, IC_{50} = 4µg/mL).【文献】N. Tanaka, et al. Tetrahedron Lett., 2013, 54, 3794.

65 (E)-Narain (E)-纳拉因

【基本信息】$C_{11}H_{17}N_3O_6S$.【类型】胍类生物碱.
【来源】碧玉海绵属 *Jaspis* sp. (日本水域).【活性】
诱导海鞘幼虫变态.【文献】S. Ohta, et al.
Tetrahedron Lett., 1994, 35, 4579; S. Tsukamoto, et
al. Tetrahedron Lett., 1994, 35, 1752; S. Ohta, et al.
Biosci. Biotech. Biochem., 1994, 58, 1752.

66 (Z)-Narain (Z)-纳拉因

【基本信息】$C_{11}H_{17}N_3O_6S$.【类型】胍类生物碱.
【来源】碧玉海绵属 *Jaspis* sp. (日本水域).【活性】
诱导海鞘幼虫变态.【文献】S. Ohta, et al.
Tetrahedron Lett., 1994, 35, 4579; S. Tsukamoto, et
al. Tetrahedron Lett., 1994, 35, 1752; S. Ohta, et al.
Biosci. Biotech. Biochem., 1994, 58, 1752.

67 Pulchranin A 单锚海绵宁 A*

【基本信息】$C_{14}H_{29}N_3O$.【类型】胍类生物碱.【来
源】单锚海绵属 *Monanchora pulchra* (两个挖掘
样本, 千岛群岛, 俄罗斯 (Makarieva, 2013), 单
锚海绵属 *Monanchora pulchra* (产率 = 0.02%干
重, 乌鲁普岛, 南鄂霍次克海, 俄罗斯, 深度
175m, 2008 年 8 月采样) (Guzii, 2013).【活性】
瞬时型 V1 亚科受体高活性阳离子 TRPV1 抑制
剂 (V1 亚科瞬时受体有潜力的阳离子通道,
EC_{50} = 41.2μmol/L) (Guzii, 2013); 瞬时型 V1 亚
科受体高活性阳离子 TRPV1 抑制剂 [EC_{50} =
(27.5±1.4)μmol/L]; 瞬时型 V3 亚科受体电位阳离
子通道TRPV3 抑制剂 [EC_{50} = (71.8±9.4)μmol/L];
瞬时型 A1 亚科受体电位阳离子通道 TRPA1 抑
制剂 [EC_{50} = (174.2±7.4)μmol/L].【文献】A. G.
Guzii, et al. Tetrahedron Lett., 2013, 54, 1247;
T. N. Makarieva, et al. Nat. Prod. Commun.,
2013, 8, 1229.

68 Pulchranin B 单锚海绵宁 B*

【基本信息】$C_{13}H_{27}N_3O$.【类型】胍类生物碱.【来
源】单锚海绵属 *Monanchora pulchra* (两个挖掘样
本, 千岛群岛, 俄罗斯).【活性】瞬时型 V1 亚科
受体高活性阳离子 TRPV1 抑制剂 [EC_{50} =
(95.4±13.1)μmol/L]; 瞬时型 V3 亚科受体电位阳
离子通道TRPV3 抑制剂 [EC_{50} = (117.9±11.8)μmol/L];
瞬时型 A1 亚科受体电位阳离子通道 TRPA1 抑制
剂 (EC_{50} > 200μmol/L).【文献】T. N. Makarieva, et
al. Nat. Prod. Commun., 2013, 8, 1229.

69 Pulchranin C 单锚海绵宁 C*

【基本信息】$C_{12}H_{25}N_3O$.【类型】胍类生物碱.【来
源】单锚海绵属 *Monanchora pulchra* (两个挖掘样
本, 千岛群岛, 俄罗斯).【活性】瞬时型 V1 亚科
受体高活性阳离子 TRPV1 抑制剂 [EC_{50} =
(182.7±27.0)μmol/L]; 瞬时型 V3 亚科受体电位阳
离子通道 TRPV3 抑制剂 (EC_{50} > 200μmol/L); 瞬
时型 A1 亚科受体电位阳离子通道 TRPA1 抑制剂
(EC_{50} > 200μmol/L).【文献】T. N. Makarieva, et al.
Nat. Prod. Commun., 2013, 8, 1229.

70 Pyraxinine 派瑞克西宁*

【基本信息】$C_6H_8N_4$, 无定形固体.【类型】胍类
生物碱.【来源】小轴海绵科海绵 *Cymbastela
cantharella* [新喀里多尼亚 (法属)].【活性】抑制

LPS 诱导的巨噬细胞 NO 合成酶.【文献】A. Al Mourabit, et al. JNP, 1997, 60, 290.

71　Tubastrine　石珊瑚胺*

【基本信息】$C_9H_{11}N_3O_2$, 亮黄色固体, mp 173~175°C.【类型】胍类生物碱.【来源】华丽筒星珊瑚石珊瑚 *Tubastraea aurea*, 褶胃海鞘属 *Aplidium orthium* 和烘焙豆海鞘 *Dendrodoa grossularia*.【活性】抗病毒.【文献】R. Sakai, et al. Chem. Lett., 1987, 127.

72　Isoptilocaulin　异小轴海绵林*

【基本信息】$C_{15}H_{25}N_3$.【类型】小轴海绵林类生物碱.【来源】小轴海绵科海绵 *Ptilocaulis* aff. *spiculifer*.【活性】细胞毒 (L_{1210}, ID_{50} = 1.4µg/mL); 抗菌 (革兰氏阳性菌: 酿脓链球菌 *Streptococcus pyogenes*, MIC = 25µg/mL, 肺炎链球菌 *Streptococcus pneumoniae*, MIC = 100µg/mL, 粪链球菌 *Streptococcus faecalis*, MIC > 100µg/mL, 金黄色葡萄球菌 *Staphylococcus aureus*, MIC = 100µg/mL, 大肠杆菌 *Escherichia coli*, MIC > 100µg/mL).【文献】G. C. Harbour, et al. JACS, 1981, 103, 5604.

73　Mirabilin B　山海绵林 B*

【基本信息】$C_{15}H_{23}N_3$, 晶体, $[\alpha]_D$ = +41.6º (c = 0.48, 甲醇).【类型】小轴海绵林类生物碱.【来源】山海绵科海绵 *Arenochalina mirabilis*, Chondropsidae 科海绵 *Batzella* sp. 和单锚海绵属 *Monanchora unguifera*.【活性】抗真菌 (新型隐球酵母 *Cryptococcus neoformans*, IC_{50} = 7.0µg/mL); 抗利什曼原虫 (杜氏利什曼原虫 *Leishmania donovani*, IC_{50} = 17µg/mL).【文献】R. A. Barrow, et al. Aust. J. Chem., 1996, 49, 767; A. D. Patil, et al. JNP, 1997, 60, 704; H.-M. Hua, et al. BoMC, 2004, 12, 6461.

74　(+)-Ptilocaulin　(+)-小轴海绵林*

【基本信息】$C_{15}H_{25}N_3$, 晶体 (硝酸盐), mp 183~185°C (硝酸盐), $[\alpha]_D$ = +74.4º (甲醇).【类型】小轴海绵林类生物碱.【来源】小轴海绵科海绵 *Ptilocaulis* aff. *spiculifer*.【活性】细胞毒 (L_{1210}, ID_{50} = 0.39µg/mL); 抗菌 (革兰氏阳性菌: 酿脓链球菌 *Streptococcus pyogenes*, MIC = 3.9µg/mL, 肺炎链球菌 *Streptococcus pneumoniae*, MIC = 15.6µg/mL, 粪链球菌 *Streptococcus faecalis*, MIC = 62.5µg/mL, 金黄色葡萄球菌 *Staphylococcus aureus*, MIC = 62.5µg/mL, 大肠杆菌 *Escherichia coli*, MIC = 62.5µg/mL).【文献】G. C. Harbour, et al. JACS, 1981, 103, 5604.

75　Batzelladine A　加勒比海绵啶 A*

【基本信息】$C_{42}H_{73}N_9O_4$, 无定形粉末, $[\alpha]_D^{25}$ = +8.9º (c = 2.3, 甲醇).【类型】三氮杂苊生物碱.【来源】Chondropsidae 科海绵 *Batzella* sp. (加勒比海).【活性】杀疟原虫的 [in vitro 恶性疟原虫 *Plasmodium falciparum* FcB1, IC_{50} = 0.3µmol/L, HeLa, TC_{50} = 2.9µmol/L, SI (TC_{50}/IC_{50}) = 9.7]; HIVgp-120-人 CD4 结合抑制剂.【文献】A. D. Patil, et al. JOC, 1995, 60, 1182; B. B. Snider, et al. JOC, 1999, 62, 1707; A. S. Franklin, et al. JOC, 1999, 64, 1512; R. Laville, et al. JNP, 2009, 72, 1589.

76　Batzelladine B　加勒比海绵啶 B*

【基本信息】$C_{40}H_{67}N_9O_4$，无定形粉末，$[\alpha]_D^{25}$ = +44.3° (c = 3.7, 甲醇). 【类型】三氮杂苊生物碱. 【来源】Chondropsidae 科海绵 *Batzella* sp. (加勒比海). 【活性】人免疫缺损病毒 HIVgp-120-人 CD4 结合抑制剂；白介素结合抑制剂. 【文献】A. D. Patil, et al. JOC, 1995, 60, 1182; A. S. Franklin, et al. JOC, 1999, 64, 1512.

77　Batzelladine D　加勒比海绵啶 D*

【基本信息】$C_{25}H_{46}N_6O_2$，无定形粉末，$[\alpha]_D^{25}$ = −1.2° (c = 0.9, 甲醇). 【类型】三氮杂苊生物碱. 【来源】Chondropsidae 科海绵 *Batzella* sp. (加勒比海). 【活性】人免疫缺损病毒 HIVgp-120-人 CD4 结合抑制剂；细胞毒 (Vero, IC_{50} = 0.5μmol/L). 【文献】D. Patil, et al. JOC, 1995, 60, 1182; A. S. Franklin, et al. JOC, 1999, 64, 1512; A. F. Cohen, et al. Org. Lett., 1999, 1, 2169.

78　Batzelladine E　加勒比海绵啶 E*

【基本信息】$C_{27}H_{46}N_6O_2$，树胶状物，$[\alpha]_D^{25}$ = +87.1° (c = 1.9, 甲醇). 【类型】三氮杂苊生物碱. 【来源】Chondropsidae 科海绵 *Batzella* sp. (巴哈马, 加勒比海). 【活性】人免疫缺损病毒 HIVgp-120-人 CD4 结合抑制剂. 【文献】D. Patil, et al. JOC, 1995, 60, 1182; B. B. Snider et al. Tetrahedron Lett., 1998, 39, 5697.

79　Batzelladine F　加勒比海绵啶 F*

【基本信息】$C_{37}H_{64}N_6O_2$, $[\alpha]_D$ = +19.4° (c = 0.87, 甲醇). 【类型】三氮杂苊生物碱. 【来源】单锚海绵属 *Monanchora arbuscula* [Syn. *Batzella arbuscula*] (加勒比海). 【活性】激活 p56lck (酪氨酸激酶)-CD4 的解离实验 (微摩尔浓度). 【文献】A. D. Patil, et al. JOC, 1997, 62, 1814; G. P. Black, et al. Tetrahedron, 1999, 55, 6547; B. B. Snider, et al. JNP, 1999, 62, 1707.

80　Batzelladine L　加勒比海绵啶 L*

【基本信息】$C_{39}H_{68}N_6O_2$，树胶状物，$[\alpha]_D$ = +5° (c = 0.1, 甲醇). 【类型】三氮杂苊生物碱. 【来源】单锚海绵属 *Monanchora unguifera*. 【活性】抗菌 (金黄色葡萄球菌 *Staphylococcus aureus* 和 MRSA, MIC = 0.25~5.0μg/mL); 艾滋病条件感染病原体; 杀疟原虫的 [*in vitro*, 恶性疟原虫 *Plasmodium falciparum* FcB1, IC_{50} = 0.3μmol/L, HeLa, TC_{50} < 0.1μmol/L, SI (TC_{50}/IC_{50}) < 1]. 【文献】H.-M. Hua, et al. Tetrahedron, 2007, 63, 11179; R. Laville, et al. JNP, 2009, 72, 1589.

81　Batzelladine M　加勒比海绵啶 M*

【基本信息】$C_{35}H_{58}N_6O_2$，树胶状物，$[\alpha]_D$ = +41.1° (c = 0.09, 甲醇). 【类型】三氮杂苊生物碱. 【来源】单锚海绵属 *Monanchora unguifera*. 【活性】抗菌 (金黄色葡萄球菌 *Staphylococcus aureus* 和 MRSA, MIC = 0.25~5.0μg/mL); 艾滋病条件感染病原体. 【文献】H.-M. Hua, et al. Tetrahedron, 2007, 63, 11179.

82 Celeromycalin 西奈海星麦卡林*

【别名】36R-Hydroxy-ptilomycalin A; 36R-羟基-坡替娄麦卡林 A*【基本信息】$C_{45}H_{80}N_6O_6$, $[α]_D$ = -4.5°.【类型】三氮杂苊生物碱.【来源】珠海星 *Fromia monilis* 和西奈海星 *Celerina heffernani* [新喀里多尼亚 (法属)].【活性】抗 HIV-1 病毒 (被 HIV-1 感染的 CEM 4 细胞, CC_{50} = 0.32μg/mL); 细胞毒 (高活性).【文献】E. A. Jares-Erijman, et al. JOC, 1991, 56, 5712; E. Palagiano, et al. Tetrahedron, 1995, 51, 3675.

83 Clathriadic acid 格海绵酸*

【基本信息】$C_{18}H_{28}N_3O_2^+$, 油状物, $[α]_D^{24}$ = +13° (c = 0.2, 甲醇).【类型】三氮杂苊生物碱.【来源】格海绵属 *Clathria calla* (法属瓜德罗普岛).【活性】细胞毒 (MDA-MB-231, GI_{50} = 13.5μmol/L, TGI >30μmol/L, LC_{50} > 30μmol/L; A549, GI_{50} > 30μmol/L, TGI > 30μmol/L, LC_{50} > 30μmol/L; HT29, GI_{50} > 30μmol/L, TGI > 30μmol/L, LC_{50} > 30μmol/L); 杀疟原虫的 (*in vitro* 恶性疟原虫 *Plasmodium falciparum* FcB1, IC_{50} = 2.3μmol/L).【文献】R. Laville, et al. JNP, 2009, 72, 1589.

84 Crambescidin 800 甘蓝海绵定 800*

【别名】13-Deoxycrambescidin 816; 13-去氧甘蓝海绵定 816*.【基本信息】$C_{45}H_{80}N_6O_6$, 油状物.【类型】三氮杂苊生物碱.【来源】甘蓝海绵 *Crambe crambe* 和 Chondropsidae 科海绵 *Batzella* sp., 珠海星 *Fromia monilis* 和西奈海星 *Celerina heffernani* [新喀里多尼亚 (法属)].【活性】抗 HIV-1 病毒 (被 HIV-1 感染的 CEM 4 细胞, CC_{50} = 0.11μg/mL) (Palagiano, 1995); 抗病毒 (HSV-1, 1.25μg/盘, 完全抑制弥漫细胞毒); 细胞毒 (L_{1210}, 0.1μg/mL, 细胞生长抑制 98%); 钙离子拮抗剂; 鱼毒.【文献】E. A. Jares-Erijman, et al. JOC, 1991, 56, 5712; 1993, 58, 4805; R. G. S. Berlinck, et al. JNP, 1993, 56, 1007; E. Palagiano, et al. Tetrahedron, 1995, 51, 3675.

85 Crambescidin 826 甘蓝海绵定 826*

【基本信息】$C_{47}H_{82}N_6O_6$, 玻璃体, $[α]_D^{20}$ = -7.7° (c = 0.09, 甲醇).【类型】三氮杂苊生物碱.【来源】单锚海绵属 *Monanchora* sp.【活性】人免疫缺损病毒 HIV-1 融合抑制剂.【文献】L. C. Chang, et al. JNP, 2003, 66, 1490.

86 Crambescidin 830 甘蓝海绵定 830*

【基本信息】$C_{46}H_{82}N_6O_7$, 油状物.【类型】三氮杂苊生物碱.【来源】甘蓝海绵 *Crambe crambe*.【活性】抗病毒; 细胞毒.【文献】E. A. Jares-Erijman, et al. JOC, 1991, 56, 5712.

87 Crambescidin 844 甘蓝海绵定 844*

【基本信息】$C_{47}H_{84}N_6O_7$, 油状物, $[α]_D^{25}$ = -10.32°

(c = 0.19, 甲醇).【类型】三氮杂䓬生物碱.【来源】甘蓝海绵 *Crambe crambe*.【活性】抗病毒 (HSV-1, 1.25μg/盘, 完全抑制弥漫细胞毒); 细胞毒 (L_{1210}, 0.1μg/mL, 细胞生长抑制 98%).【文献】E. A. Jares-Erijman, et al. JOC, 1991, 56, 5712.

88 Dihomodehydrobatzelladine C 双高去氢巴采拉海绵啶 C*

【基本信息】$C_{29}H_{51}N_6O_2^+$, 油状物, $[\alpha]_D^{24}$ = +19º (c = 0.05, 甲醇).【类型】三氮杂䓬生物碱.【来源】单锚海绵属 *Monanchora arbuscula* [马提尼克岛 (法属), 加勒比海].【活性】细胞毒 (MDA-MB-231, GI_{50} = 6.1μmol/L, TGI = 9.8μmol/L, LC_{50} = 15.6μmol/L; A549, GI_{50} = 4.7μmol/L, TGI = 8.2μmol/L, LC_{50} = 13.1μmol/L; HT29, GI_{50} = 3.1μmol/L, TGI = 5.1μmol/L, LC_{50} = 8.2μmol/L); 杀疟原虫的 (*in vitro* 恶性疟原虫 *Plasmodium falciparum* FcB1, IC_{50} = 4.5μmol/L).【文献】R. Laville, et al. JNP, 2009, 72, 1589.

89 Dinorbatzelladine A 二去甲巴采拉海绵啶 A*

【基本信息】$C_{40}H_{69}N_9O_4$, 油状物.【类型】三氮杂䓬生物碱.【来源】单锚海绵属 *Monanchora arbuscula* [马提尼克岛 (法属), 加勒比海].【活性】细胞毒 (MDA-MB-231, GI_{50} = 3.0μmol/L, TGI = 3.8μmol/L, LC_{50} = 4.6μmol/L; A549, GI_{50} = 4.9μmol/L, TGI = 5.1μmol/L, LC_{50} = 5.4μmol/L; HT29, GI_{50} = 1.9μmol/L, TGI = 4.2μmol/L, LC_{50} = 7.6μmol/L); 杀疟原虫的 (*in vitro* 恶性疟原虫 *Plasmodium falciparum* FcB1, IC_{50} = 0.9μmol/L).【文献】R. Laville, et al. JNP, 2009, 72, 1589.

90 Dinordehydrobatzelladine B 二去甲去氢巴采拉海绵啶 B*

【基本信息】$C_{38}H_{62}N_9O_4^+$, 油状物, $[\alpha]_D^{24}$ = +28º (c = 0.05, 甲醇).【类型】三氮杂䓬生物碱.【来源】单锚海绵属 *Monanchora arbuscula* [马提尼克岛 (法属), 加勒比海].【活性】细胞毒 (A549, GI_{50} = 7.9μmol/L, TGI = 14μmol/L, LC_{50} = 14 μmol/L; HT29, GI_{50} = 6.2μmol/L, TGI = 14μmol/L, LC_{50} = 14μmol/L); 杀疟原虫的 (*in vitro* 恶性疟原虫 *Plasmodium falciparum* FcB1, IC_{50} = 0.8μmol/L).【文献】R. Laville, et al. JNP, 2009, 72, 1589.

91 Fromiamycalin 珠海星麦卡林*

【基本信息】$C_{45}H_{78}N_6O_5$, $[\alpha]_D$ = -12º (盐酸).【类型】三氮杂䓬生物碱.【来源】珠海星 *Fromia monilis* 和西奈海星 *Celerina heffernani* [新喀里多尼亚 (法属)].【活性】抗 HIV-1 病毒 (被 HIV-1 感染的 CEM 4 细胞, CC_{50} = 0.11μg/mL); 细胞毒.【文献】E. A. Jares-Erijman, et al. JOC, 1991, 56, 5712; E. Palagiano, et al. Tetrahedron, 1995, 51, 3675.

92 Isocrambescidin 800 异甘蓝海绵啶 800*

【基本信息】$C_{45}H_{80}N_6O_6$, 油状物, $[\alpha]_D^{25}$ = -48º (c = 0.53, 甲醇).【类型】三氮杂䓬生物碱.【来源】甘蓝海绵 *Crambe crambe* (地中海).【活性】鱼毒.【文献】E. A. Jares-Erijman, et al. JOC, 1991, 56,

5712; 1993, 58, 4805; R. G. S. Berlinch, et al. JNP, 1993, 56, 1007; D. S. Coffey, et al. JACS, 1999, 121, 6944; 2000, 122, 4893; 4904.

93 Merobatzelladine A 局部巴采拉海绵啶 A*
【基本信息】$C_{23}H_{42}N_3^+$, 浅棕色油状物 (三氟乙酸盐), $[\alpha]_D^{25} = +37°$ ($c = 0.68$, 甲醇) (三氟乙酸盐). 【类型】三氮杂芘生物碱. 【来源】单锚海绵属 *Monanchora* sp. (奄美大岛, 日本). 【活性】杀疟原虫的 (恶性疟原虫 *Plasmodium falciparum*); 抗锥虫 (布氏锥虫 *Trypanosoma brucei*, 昏睡病). 【文献】S. Takishima, et al. Org. Lett., 2009, 11, 2655; S. Takishima, et al. Org. Lett., 2010, 12, 896.

94 Merobatzelladine B 局部巴采拉海绵啶 B*
【基本信息】$C_{19}H_{36}N_3^+$, 浅棕色油状物 (三氟乙酸盐), $[\alpha]_D^{25} = +27°$ ($c = 0.15$, 甲醇) (三氟乙酸盐). 【类型】三氮杂芘生物碱. 【来源】单锚海绵属 *Monanchora* sp. (奄美大岛, 日本). 【活性】杀疟原虫的 (恶性疟原虫 *Plasmodium falciparum*); 抗锥虫 (布氏锥虫 *Trypanosoma brucei*, 昏睡病). 【文献】S. Takishima, et al. Org. Lett., 2009, 11, 2655; S. Takishima, et al. Org. Lett., 2010, 12, 896.

95 Monanchocidin 单锚海绵啶*
【别名】Monanchocidin A; 单锚海绵啶 A*. 【基本信息】$C_{47}H_{82}N_6O_8$, 油状物, $[\alpha]_D = -12°$ ($c = 0.4$, 乙醇). 【类型】三氮杂芘生物碱. 【来源】单锚海绵属 *Monanchora pulchra* (嗜冷生物, 冷水域, 靠近乌鲁普岛, 南鄂霍次克海, 俄罗斯). 【活性】细胞毒 (THP-1, $IC_{50} = 5.1\mu mol/L$; HeLa, $IC_{50} = 11.8\mu mol/L$; JB6 Cl41, $IC_{50} = 12.3\mu mol/L$); 导致较早细胞凋亡 (THP-1, 3.0μmol/L, 66%); 细胞毒 (HL60, $IC_{50} = 540nmol/L$, 细胞凋亡诱导剂). 【文献】A. G. Guzii, et al. Org. Lett., 2010, 12, 4292; S. Abbas, Mar. Drugs, 2011, 9, 2423 (Rev.)

96 Monanchocidin B 单锚海绵啶 B*
【基本信息】$C_{45}H_{78}N_6O_8$, 无色油状物, $[\alpha]_D^{20} = -10.4°$ ($c = 0.52$, 乙醇). 【类型】三氮杂芘生物碱. 【来源】单锚海绵属 *Monanchora pulchra* (嗜冷生物, 冷水域, 靠近乌鲁普岛, 南鄂霍次克海, 俄罗斯). 【活性】细胞毒 (HL60, $IC_{50} = 200nmol/L$, 细胞凋亡诱导剂). 【文献】T. N. Makarieva, et al. JNP, 2011, 74, 1952; S. Abbas, Mar. Drugs, 2011, 9, 2423 (Rev.)

97 Monanchocidin C 单锚海绵啶 C*
【基本信息】$C_{46}H_{80}N_6O_8$, 无色油状物, $[\alpha]_D^{20} = -23°$ ($c = 0.13$, 乙醇). 【类型】三氮杂芘生物碱. 【来源】单锚海绵属 *Monanchora pulchra* (嗜冷生物, 冷水域, 靠近乌鲁普岛, 南鄂霍次克海, 俄罗斯). 【活性】细胞毒 (HL60, $IC_{50} = 110nmol/L$, 细胞凋亡诱导剂). 【文献】T. N. Makarieva, et al. JNP, 2011, 74, 1952; S. Abbas, Mar. Drugs, 2011, 9, 2423 (Rev.)

98　Monanchocidin D　单锚海绵啶 D*
【基本信息】$C_{45}H_{78}N_6O_8$，无色油状物，$[\alpha]_D^{20}$ = −10º (c = 0.08, 乙醇).【类型】三氮杂䓬生物碱.【来源】单锚海绵属 *Monanchora pulchra* (嗜冷生物，冷水域，靠近乌鲁普岛，南鄂霍次克海，俄罗斯).【活性】细胞毒 (HL60, IC_{50} = 830nmol/L, 细胞凋亡诱导剂).【文献】T. N. Makarieva, et al. JNP, 2011, 74, 1952; S. Abbas, Mar. Drugs, 2011, 9, 2423 (Rev.)

99　Monanchocidin E　单锚海绵啶 E*
【基本信息】$C_{46}H_{80}N_6O_8$，无色油状物，$[\alpha]_D^{20}$ = −10º (c = 0.09, 乙醇).【类型】三氮杂䓬生物碱.【来源】单锚海绵属 *Monanchora pulchra* (嗜冷生物，冷水域，靠近乌鲁普岛，南鄂霍次克海，俄罗斯).【活性】细胞毒 (HL60, IC_{50} = 650nmol/L, 细胞凋亡诱导剂).【文献】T. N. Makarieva, et al. JNP, 2011, 74, 1952; S. Abbas, Mar. Drugs, 2011, 9, 2423 (Rev.)

100　Neofolitispate 1　新佛理替斯帕海绵素 1*
【基本信息】$C_{40}H_{67}N_3O_6$.【类型】三氮杂䓬生物碱.【来源】Crambeidae 科海绵 *Neofolitispa dianchora* (安达曼群岛，印度).【活性】抗病毒 (抑制肝炎 B 病毒，5μg/mL).【文献】Y. Venkateswarlu, et al. Ind. J. Chem., Sect. B, 1999, 38, 254.

101　Neofolitispate 2　新佛理替斯帕海绵素 2*
【基本信息】$C_{39}H_{65}N_3O_6$，油状物，$[\alpha]_D$ = −18º (c = 1, 氯仿).【类型】三氮杂䓬生物碱.【来源】Crambeidae 科海绵 *Neofolitispa dianchora* (安达曼群岛，印度).【活性】抗病毒 (抑制肝炎 B 病毒，5μg/mL).【文献】Y. Venkateswarlu, et al. Ind. J. Chem., Sect. B, 1999, 38, 254.

102　Neofolitispate 3　新佛理替斯帕海绵素 3*
【基本信息】$C_{38}H_{63}N_3O_6$.【类型】三氮杂䓬生物碱.【来源】Crambeidae 科海绵 *Neofolitispa dianchora* (安达曼群岛，印度).【活性】抗病毒 (抑制肝炎 B 病毒，5μg/mL).【文献】Y. Venkateswarlu, et al. Ind. J. Chem., Sect. B, 1999, 38, 254.

103　Norbatzelladine A　去甲巴采拉海绵啶 A*
【基本信息】$C_{41}H_{71}N_9O_4$，油状物，$[\alpha]_D^{24}$ = +5º (c = 0.05, 甲醇).【类型】三氮杂䓬生物碱.【来源】单锚海绵属 *Monanchora arbuscula* [马提尼克岛 (法属)，加勒比海].【活性】细胞毒 (MDA-MB-231, GI_{50} = 3.8μmol/L, TGI = 6.4μmol/L, LC_{50} = 11.4μmol/L; A549, GI_{50} = 2.1μmol/L, TGI = 4.6μmol/L, LC_{50} = 8.6μmol/L; HT29, GI_{50} =

1.6μmol/L, TGI = 3.2μmol/L, LC$_{50}$ = 5.7μmol/L); 杀疟原虫的 (in vitro 恶性疟原虫 Plasmodium falciparum FcB1, IC$_{50}$ = 0.2μmol/L, HeLa, TC$_{50}$ = 4.7μmol/L, SI (TC$_{50}$/IC$_{50}$) = 23.5).【文献】R. Laville, et al. JNP, 2009, 72, 1589.

104 Norbatzelladine L 去甲巴采拉海绵啶 L*
【基本信息】C$_{38}$H$_{66}$N$_6$O$_2$, 油状物, [α]$_D^{24}$ = −2º (c = 0.2, 甲醇).【类型】三氮杂萘生物碱.【来源】格海绵属 Clathria calla (法属瓜德罗普岛).【活性】细胞毒 (MDA-MB-231, GI$_{50}$ = 0.7μmol/L, TGI = 1.9μmol/L, LC$_{50}$ =4.8μmol/L; A549, GI$_{50}$ = 1.1μmol/L, TGI = 2.1μmol/L, LC$_{50}$ = 4.2μmol/L; HT29, GI$_{50}$ = 1.2μmol/L, TGI = 2.2μmol/L, LC$_{50}$ = 4.0μmol/L); 杀疟原虫的 (in vitro 恶性疟原虫 Plasmodium falciparum FcB1, IC$_{50}$ = 0.4μmol/L).【文献】R. Laville, et al. JNP, 2009, 72, 1589.

105 Ptilomycalin A 海绵麦卡林 A*
【基本信息】C$_{45}$H$_{80}$N$_6$O$_5$, [α]$_D^{25}$ = −2.5º (c = 0.70, 氯仿).【类型】三氮杂萘生物碱.【来源】小轴海绵科海绵 Ptilocaulis spiculifer (加勒比海), 寻常海绵纲异骨海绵目海绵 Hemimycale sp. (红海) 和 Chondropsidae 科海绵 Batzella sp., 西奈海星 Celerina heffernani [新喀里多尼亚 (法属)].【活性】杀疟原虫的 [in vitro 恶性疟原虫 Plasmodium falciparum FcB1, IC$_{50}$ = 0.1μmol/L, HeLa, TC$_{50}$ = 0.1μmol/L, SI (TC$_{50}$/IC$_{50}$) = 1.4】; 抗 HIV-1 病毒 (被 CEM 4 感染的 HIV-1 细胞, CC$_{50}$ = 0.11μg/mL); 细胞毒 (P$_{388}$, IC$_{50}$ = 0.1μg/mL); 抗真菌 (白色念珠菌 Candida albicans, MIC = 0.8μg/mL); 抗病毒.【文献】Y. Kashman, et al. JACS, 1989, 111, 8925; I. Ohtani, et al. JACS, 1992, 114, 8472; E. Palagiano, et al. Tetrahedron, 1995, 51, 3675; L. E. Overman, et al. JACS, 1995, 117, 2657; A. D. Patil, et al. JOC, 1995, 60, 1182; R. Laville, et al. JNP, 2009, 72, 1589.

106 11-Deoxytetrodotoxin 11-去氧河豚毒素
【基本信息】C$_{11}$H$_{17}$N$_3$O$_7$, 针状晶体 (乙酸水溶液), mp 202℃ (分解), [α]$_D^{25}$ = +5.4º (c = 0.3, 乙酸水溶液).【类型】河豚毒素类.【来源】鲀形目四齿鲀科东方鲀属河豚 Fugu spp., 鲀形目四齿鲀科黑斑叉鼻鲀 Arothron nigropunctatus, 蝾螈 Cynops ensicauda.【活性】麻痹性毒药; 藻毒素; 钠离子通道阻滞剂; LD$_{50}$ (小鼠, ipr) = 0.71mg/kg.【文献】T. Yasumoto, et al. Agric. Biol. Chem., 1986, 50, 793.

107 11-Nortetrodotoxin 11-去甲河豚毒素
【别名】11-Nortetrodotoxin-6S-ol; 11-去甲河豚毒素-6S-醇.【基本信息】C$_{10}$H$_{15}$N$_3$O$_7$.【类型】河豚毒素类.【来源】鲀形目四齿鲀科黑斑叉鼻鲀 Arothron nigropunctatus.【活性】毒素.【文献】M. Yotsu, et al. Biosci., Biotechnol., Biochem., 1992, 56, 370.

108 Tetrodotoxin 河豚毒素
【别名】TTX.【基本信息】C$_{11}$H$_{17}$N$_3$O$_8$, 晶体, [α]$_D^{25}$ = −8.64º (c = 8.55, 乙酸水溶液).【类型】河豚毒素类.【来源】亚历山大甲藻属 Alexandrium tamarense, 软体动物前鳃日本象牙壳 Babylonia

japonica, 鲀形目四齿鲀科棕色圆鲀 *Sphoeroides rubripes*, 鲀形目四齿鲀科棕色圆鲀 *Sphoeroides vermicularis* 和鲀形目四齿鲀科圆鲀属河豚 *Sphoeroides phyreu* (卵巢和肝，日本水域)，蝾螈 *Taricha torosa* (皮肤，加利福尼亚，美国)和蝾螈属 *Cynops ensicauda*，真虾总目十足目扇蟹科花纹爱洁蟹 *Atergatis floridus*.【活性】多种钠离子通道(Ⅰ，Ⅱ，Ⅲ，μ1 和 h1) 阻滞剂；有潜力的毒素 (非蛋白，低分子量有潜力的神经毒素，每年导致许多人中毒和死亡)；高度有毒的 (哺乳动物、鸟类、爬行动物、两栖动物和鱼类)；镇痛 (用作癌症的镇痛剂)；LD$_{50}$ (小鼠，orl) = 435μg/kg；LD$_{50}$ (小鼠，ivn) = 9μg/kg；LD$_{50}$ (小鼠，ipr) = 0.08mg/kg.【文献】A. Yokoo, et al. Nippon Kagaku Kaishi, 1950, 71, 590; J. W. J. Daly, Nat. Prod., 2004, 67, 1211 (Rev.); T. Noguchi, et al. Mar. Drugs, 2008, 6, 220 (Rev., 活性); CRC Press, DNP on DVD, 2012, version 20.2; J. Lago, et al. Mar. Drugs 2015, 13, 6384 (Rev.).

109 4-*epi*-Tetrodotoxin 4-*epi*-河豚毒素

【基本信息】C$_{11}$H$_{17}$N$_3$O$_8$，无定形物质.【类型】河豚毒素类.【来源】鲀形目四齿鲀科黑斑叉鼻鲀 *Arothron nigropunctatus*, 蝾螈 *Cynops ensicauda*, 鲀形目四齿鲀科东方鲀属河豚 *Fugu* spp., 头足目动物章鱼 *Octopus maculosus*.【活性】藻毒素；钠离子通道阻滞剂；麻痹性毒药.【文献】T. Yasumoto, et al. Agric. Biol. Chem., 1986, 50, 793.

110 6-*epi*-Tetrodotoxin 6-*epi*-河豚毒素

【基本信息】C$_{11}$H$_{17}$N$_3$O$_8$，无定形物质，$[\alpha]_D^{21}$ = −4.8° (c = 0.3, 乙酸水溶液).【类型】河豚毒素类.【来源】鲀形目四齿鲀科东方鲀属河豚 *Fugu* spp., 鲀形目四齿鲀科黑斑叉鼻鲀 *Arothron nigropunctatus*, 蝾螈 *Cynops ensicauda*.【活性】藻毒素；LD$_{50}$ (小鼠，ipr) = 0.6 mg/kg.【文献】T. Yasumoto, et al. Agric. Biol. Chem., 1986, 50, 793.

111 5,6,11-Trideoxytetrodotoxin 5,6,11-三去氧河豚毒素

【基本信息】C$_{11}$H$_{17}$N$_3$O$_5$, $[\alpha]_D^{23}$ = −17.4° (c = 0.5, 冰醋酸).【类型】河豚毒素类.【来源】鲀形目四齿鲀科斑点东方鲀 *Fugu poecilonotus* (日本水域).【活性】毒素.【文献】M. Yotsu-Yamashita, et al. Tetrahedron Lett., 1995, 36, 9329.

112 Gonyautoxin I 膝沟藻毒素 I

【别名】GTX1.【基本信息】C$_{10}$H$_{17}$N$_7$O$_9$S.【类型】石房蛤毒素.【来源】亚历山大甲藻属 *Alexandrium tamarense*, 甲藻膝沟藻属 *Gonyaulax* spp.和甲藻膝沟藻科 *Protogonyaulax* spp., 以及发生在其它海洋生物中.【活性】神经毒素，带贝类毒性的病原体.【文献】B. L. Boyer, et al. J. Chem. Soc., Chem. Commun., 1978, 889; Y. Shimizu, et al. J. Chem. Soc., Chem. Commun., 1981, 314; C. F. Wichmann, et al. Tetrahedron Lett., 1981, 22, 1941; M. Alam, et al. Tetrahedron Lett., 1982, 23, 321; A. D. Cembella, et al. Harmful Algae, 2002, 1, 313; M.D. Lebar, et al. NPR, 2007, 24, 774 (Rev.)

113　Gonyautoxin Ⅱ　膝沟藻毒素Ⅱ

【别名】GTX2.【基本信息】$C_{10}H_{17}N_7O_8S$.【类型】石房蛤毒素.【来源】亚历山大甲藻属 *Alexandrium tamarense*, 甲藻膝沟藻属 *Gonyaulax* spp.和甲藻膝沟藻科 *Protogonyaulax* spp., 其它海洋生物.【活性】神经毒素.【文献】B. L. Boyer, et al. J. Chem. Soc., Chem. Commun., 1978, 889; Y. Shimizu, et al. J. Chem. Soc., Chem. Commun., 1981, 314; C. F. Wichmann, et al. Tetrahedron Lett., 1981, 22, 1941; M. Alam, et al. Tetrahedron Lett., 1982, 23, 321; A. D. Cembella, et al. Harmful Algae, 2002, 1, 313; M.D. Lebar, et al. NPR, 2007, 24, 774 (Rev.)

114　Gonyautoxin Ⅲ　膝沟藻毒素Ⅲ

【别名】GTX3.【基本信息】$C_{10}H_{17}N_7O_8S$.【类型】石房蛤毒素.【来源】亚历山大甲藻属 *Alexandrium tamarense*, 甲藻膝沟藻属 *Gonyaulax* spp.和甲藻膝沟藻科 *Protogonyaulax* spp., 其它海洋生物.【活性】神经毒素.【文献】B. L. Boyer, et al. J. Chem. Soc., Chem. Commun., 1978, 889; Y. Shimizu, et al. J. Chem. Soc., Chem. Commun., 1981, 314; C. F. Wichmann, et al. Tetrahedron Lett., 1981, 22, 1941; M. Alam, et al. Tetrahedron Lett., 1982, 23, 321; A. D. Cembella, et al. Harmful Algae, 2002, 1, 313; M.D. Lebar, et al. NPR, 2007, 24, 774 (Rev.)

115　Gonyautoxin Ⅳ　膝沟藻毒素Ⅳ

【别名】GTX4.【基本信息】$C_{10}H_{17}N_7O_9S$.【类型】石房蛤毒素.【来源】亚历山大甲藻属 *Alexandrium tamarense*, 甲藻膝沟藻属 *Gonyaulax* spp.和甲藻膝沟藻科 *Protogonyaulax* spp., 其它海洋生物.【活性】神经毒素.【文献】B. L. Boyer, et al. J. Chem. Soc., Chem. Commun., 1978, 889; Y. Shimizu, et al. J. Chem. Soc., Chem. Commun., 1981, 314; C. F. Wichmann, et al. Tetrahedron Lett., 1981, 22, 1941; M. Alam, et al. Tetrahedron Lett., 1982, 23, 321; A. D. Cembella, et al. Harmful Algae, 2002, 1, 313; M.D. Lebar, et al. NPR, 2007, 24, 774 (Rev.)

116　Gonyautoxin Ⅴ　膝沟藻毒素Ⅴ

【别名】GTX5; Toxin B_1; 毒素 B_1.【基本信息】$C_{10}H_{17}N_7O_7S$.【类型】石房蛤毒素.【来源】亚历山大甲藻属 *Alexandrium tamarense*, 甲藻膝沟藻属 *Gonyaulax* spp.和甲藻膝沟藻科 *Protogonyaulax* spp., 其它海洋生物.【活性】神经毒素.【文献】S. Hall, et al. Biochem. Biophys. Res. Commun., 1980, 97, 649; Y. Shimizu, et al. Tetrahedron, 1984, 40, 539; A. D. Cembella, et al. Harmful Algae, 2002, 1, 313; M. D. Lebar, et al. NPR, 2007, 24, 774 (Rev.)

117　Gonyautoxin Ⅵ　膝沟藻毒素Ⅵ

【别名】GTX6; Toxin B_2; 毒素 B_2.【基本信息】$C_{10}H_{17}N_7O_8S$.【类型】石房蛤毒素.【来源】甲藻膝沟藻科 *Protogonyaulax* sp.【活性】神经毒素; 贝类中毒的原因.【文献】S. Hall, et al. Biochem. Biophys. Res. Commun., 1980, 97, 649; Y. Shimizu, et al. Tetrahedron, 1984, 40, 539.

118 Gonyautoxin Ⅷ 膝沟藻毒素Ⅷ

【别名】GTX8; Protogonyautoxin 2; Toxin C$_2$; Toxin PX$_2$; 毒素 C$_2$; 毒素 PX$_2$.【基本信息】C$_{10}$H$_{17}$N$_7$O$_{11}$S$_2$, 大块晶体+结晶水（水）.【类型】石房蛤毒素.【来源】亚历山大甲藻属 *Alexandrium tamarense*, 甲藻膝沟藻属 *Gonyaulax* spp.和甲藻膝沟藻科 *Protogonyaulax* spp.【活性】神经毒素.【文献】C. F. Wichmann, et al. JACS, 1981, 103, 6977; Y. Shimizu, et al. Tetrahedron, 1984, 40, 539; S. Hall, et al. Tetrahedron Lett., 1984, 25, 3537; A. D. Cembella, et al. Harmful Algae, 2002, 1, 313; M.D. Lebar, et al. NPR, 2007, 24, 774 (Rev.)

119 Neosaxitoxin 新岩蛤毒素

【基本信息】C$_{10}$H$_{19}$N$_7$O$_5^{2+}$.【类型】石房蛤毒素.【来源】亚历山大甲藻属 *Alexandrium tamarense*, 甲藻膝沟藻科 *Protogonyaulax* sp., 甲藻藻属 *Pyrodinium* sp. 和甲藻膝沟藻属 *Gonyaulax tamarensis*, 蓝细菌水华束丝藻 *Aphanizomenon flos-aquae*, 海洋细菌弧菌属 *Vibrio* sp., 奶油蛤 *Saxidomus giganteus*.【活性】神经毒素；神经肌肉阻滞剂；神经毒素（有潜力的）；LD$_{50}$（小鼠, ipr）= 5mg/kg.【文献】B. L. Boyer, et al. J. Chem. Soc., Chem. Commun., 1978, 889; Y. Shimizu, et al. J. Chem. Soc., Chem. Commun., 1981, 314; C. F. Wichmann, et al. Tetrahedron Lett., 1981, 22, 1941; M. Alam, et al. Tetrahedron Lett., 1982, 23, 321; A. D. Cembella, et al. Harmful Algae, 2002, 1, 313; M.D. Lebar, et al. NPR, 2007, 24, 774 (Rev.)

120 Saxitoxin 石房蛤毒素

【基本信息】C$_{10}$H$_{17}$N$_7$O$_4$, 非晶体, [α]$_D$ = +130°.【类型】石房蛤毒素.【来源】甲藻膝沟藻属 *Gonyaulax catenella* 和甲藻膝沟藻科 *Protogonyaulax tamarensis*, 奶油蛤 *Saxidomus giganteus*（阿拉斯加, 美国）, 贻贝属 *Mytilus californianus*（有毒的），和其它海洋生物.【活性】多种钠离子通道（Ⅰ, Ⅱ, Ⅲ和h1）阻滞剂；贝类中毒的原因，极为有毒（是已知最有毒的物质之一），LD$_{50}$（大鼠, orl）= 0.192mg/kg; LD$_{50}$（小鼠, ipr）= 0.005mg/kg; LD$_{50}$（小鼠, ivn）= 0.008mg/kg.【文献】E. J. Schantz, et al. JACS, 1975, 97, 1238; J. Bordner, et al. JACS, 1975, 97, 6008; Y. Shimizu, et al. JACS, 1978, 100, 6791; P. A. Jacobi, et al. JACS, 1984, 106, 5594; S. Hall, et al. Tetrahedron Lett., 1984, 25, 3537; M. Kodama, et al. Agric. Biol. Chem., 1988, 52, 1075; A. D. Cembella, et al. Harmful Algae, 2002, 1, 313; M.D. Lebar, et al. NPR, 2007, 24, 774 (Rev.); CRC Press, DNP on DVD, 2012, version 20.2.

121 Toxin C$_1$ 毒素 C$_1$

【别名】毒素 PX1; 毒素 PX1.【基本信息】C$_{10}$H$_{17}$N$_7$O$_{11}$S$_2$, 棱柱状晶体（+1 分子结晶水）（甲醇水溶液）.【类型】石房蛤毒素.【来源】亚历山大甲藻属 *Alexandrium tamarense*.【活性】神经毒素.【文献】A. D. Cembella, et al. Harmful Algae, 2002, 1, 313; M.D. Lebar, et al. NPR, 2007, 24, 774 (Rev.)

1.3 酰胺类生物碱

124 2-[(2-Acetamidopropanoyl)amino]benzamide 2-[(2-乙酰氨基丙酰)氨基]苯甲酰胺
【别名】Antibiotics NI 15501A; 抗生素 NI 15501A.
【基本信息】$C_{12}H_{15}N_3O_3$, 固体, mp 203~205°C, $[\alpha]_D^{30} = -62.8°$ ($c = 0.147$, 甲醇). 【类型】简单酰胺生物碱. 【来源】海洋导出的真菌青霉属 *Penicillium* sp. NI 15501 (日本水域). 【活性】抗微生物. 【文献】H. Onuki, et al. J. Antibiot., 1998, 51, 442.

122 Toxin C$_3$ 毒素 C$_3$
【别名】Protogonyautoxin 3. 【基本信息】$C_{10}H_{17}N_7O_{12}S_2$. 【类型】石房蛤毒素. 【来源】甲藻膝沟藻科 *Protogonyaulax acatenella*. 【活性】毒素. 【文献】T. Noguchi, et al. Bull. Jpn. Soc. Sci. Fish., 1983, 49, 1931; S. Hall, et al. Tetrahedron Lett., 1984, 25, 3537.

125 *N*-(1-Acetoxymethyl-2-methoxyethyl)-7-methoxy-4-eicosenamide *N*-(1-乙酰氧基甲基-2-甲氧基乙基)-7-甲氧基-4-二十烯酰胺
【基本信息】$C_{27}H_{51}NO_5$, 无色针状晶体, mp 39~40.5°C, $[\alpha]_D^{20} = -6.1°$ ($c = 0.58$, 氯仿). 【类型】简单酰胺生物碱. 【来源】未鉴定的蓝细菌 (乔治王河, 澳大利亚西北部). 【活性】抗 HIV (低活性). 【文献】C. Le, et al. Chin. J. Mar. Drugs. 1999, 18(2), 12; F. Wan, et al. JNP, 1999, 62, 1696.

123 Toxin C$_4$ 毒素 C$_4$
【基本信息】$C_{10}H_{17}N_7O_{12}S_2$. 【类型】石房蛤毒素. 【来源】甲藻膝沟藻科 *Protogonyaulax acatenella*. 【活性】毒素. 【文献】T. Noguchi, et al. Bull. Jpn. Soc. Sci. Fish., 1983, 49, 1931; S. Hall, et al. Tetrahedron Lett., 1984, 25, 3537.

126 Axidjiferoside A 塞内加尔海绵糖苷 A*
【基本信息】$C_{49}H_{95}NO_9$. 【类型】简单酰胺生物碱. 【来源】软海绵科海绵 *Axinyssa djiferi*, 来自未鉴定的红树 (树根, 德基佛, 塞内加尔). 【活性】杀疟原虫的 (使用 Axidjiferoside A, B 和 C 的混合物, CRPF). 【文献】F. Farokhi, et al. Mar. Drugs, 2013, 11, 1304.

127 Axidjiferoside B 塞内加尔海绵糖苷 B*
【基本信息】$C_{48}H_{93}NO_9$.【类型】简单酰胺生物碱.
【来源】软海绵科海绵 *Axinyssa djiferi*, 来自未鉴定的红树 (树根, 德基佛, 塞内加尔).【活性】杀疟原虫的 (使用 Axidjiferoside A, B 和 C 的混合物, CRPF).【文献】F. Farokhi, et al. Mar. Drugs, 2013, 11, 1304.

128 Axidjiferoside C 塞内加尔海绵糖苷 C*
【基本信息】$C_{50}H_{97}NO_9$.【类型】简单酰胺生物碱.
【来源】软海绵科海绵 *Axinyssa djiferi*, 来自未鉴定的红树 (树根, 德基佛, 塞内加尔).【活性】杀疟原虫的 (使用 Axidjiferoside A, B 和 C 的混合物, CRPF).【文献】F. Farokhi, et al. Mar. Drugs, 2013, 11, 1304.

129 3-Bromo-5-hydroxy-4-methoxybenzamide 3-溴-5-羟基-4-甲氧基苯甲酰胺
【基本信息】$C_8H_8BrNO_3$, 无色粉末.【类型】简单酰胺生物碱.【来源】红藻疏松丝状体松节藻* *Rhodomela confervoides* (大连, 辽宁, 中国).【活性】抗氧化剂 [DPPH 自由基清除剂, IC_{50} = (23.60±0.10)μmol/L, 对照 BHT, IC_{50} = (82.10±0.20)μmol/L; 抗氧化剂 {$ABTS^{•+}$ 自由基阳离子清除剂, TEAC [Trolox (奎诺二甲基丙烯酸酯, 6-羟基-2,5,7,8-四甲基色烷-2-羧酸) 当量抗氧化剂能力] = (2.11±0.04)mmol/L, 对照抗坏血酸, TEAC = (1.02±0.01)mmol/L}.【文献】K. Li, et al. Food Chem., 2012, 135, 868.

130 2-(3-Bromo-5-hydroxy-4-methoxyphenyl) acetamide 2-(3-溴-5-羟基-4-甲氧基苯基)乙酰胺
【基本信息】$C_9H_{10}BrNO_3$, 无色粉末.【类型】简单酰胺生物碱.【来源】红藻疏松丝状体松节藻* *Rhodomela confervoides* (大连, 辽宁, 中国).【活性】抗氧化剂 [DPPH 自由基清除剂, IC_{50} = (20.81±0.08)μmol/L, 对照 BHT, IC_{50} = (82.10±0.20)μmol/L; 抗氧化剂 [$ABTS^{•+}$ 自由基阳离子清除剂, TEAC = (2.36±0.08)mmol/L, 对照抗坏血酸, TEAC = (1.02±0.01)mmol/L].【文献】K. Li, et al. Food Chem., 2012, 135, 868.

131 Complanine 火蠕虫宁*
【基本信息】$C_{18}H_{35}N_2O_2^+$, $[\alpha]_D^{25} = -10°$ ($c = 1$, 水).
【类型】简单酰胺生物碱.【来源】海洋环节动物火蠕虫 *Eurythoe complanata*.【活性】炎症性的 (以剂量相关的方式在 Ca^{2+} 和 TPA 存在下增强 PKC 的磷酸化).【文献】K. Nakamura, et al. Org. Biomol. Chem., 2008, 6, 2058; K. Nakamura, et al. Beilstein JOC, 2009, 5, 12; K. Nakamura, et al. JNP, 2010, 73, 303.

132 2,6-Dibromo-4-acetamido-4-hydroxycyclohexadienone 2,6-二溴-4-乙酰胺基-4-羟基环己二烯酮
【别名】3,5-Dibromoverongiaquinol; 3,5-二溴真海绵醌醇*.【基本信息】$C_8H_7Br_2NO_3$, 针状晶体 (乙醚/丙酮), mp 195~196℃.【类型】简单酰胺生物碱.
【来源】真海绵属 *Verongia fistularis*, 真海绵属 *Verongia cauliformis* 和秽色海绵属 *Aplysina fistularis*.【活性】抗生素.【文献】G. M. Sharma,

et al. Tetrahedron Lett., 1967, 8, 4147; G. M. Sharma, et al. JOC, 1970, 35, 2823; A. A. Tymiak, et al. JACS, 1981, 103, 6763.

133 4-(2,3-Dibromo-4,5-dihydroxybenzylamino)-4-oxobutanoic acid 4-(2,3-二溴-4,5-二羟基苄氨基)-4-氧代丁酸

【基本信息】$C_{11}H_{11}Br_2NO_5$, 浅黄色油状物.【类型】简单酰胺生物碱.【来源】红藻疏松丝状体松节藻* Rhodomela confervoides (大连, 辽宁, 中国).【活性】抗氧化剂 [DPPH 自由基清除剂, IC_{50} = (5.43±0.02)μmol/L, 对照 BHT, IC_{50} = (82.10±0.20)μmol/L; 抗氧化剂 [$ABTS^{•+}$ 自由基阳离子清除剂, TEAC = (2.31±0.11)mmol/L, 对照抗坏血酸, TEAC = (1.02±0.01)mmol/L].【文献】K. Li, et al. Food Chem., 2012, 135, 868.

134 4,5-Dibromo-N^2-methoxymethyl-1H-pyrrole-2-carboxamide 4,5-二溴-N^2-甲氧基甲基-1H-吡咯-2-甲酰胺

【基本信息】$C_7H_8Br_2N_2O_2$.【类型】简单酰胺生物碱.【来源】Suberitidae 科海绵* Homaxinella sp. (深水域, 日本水域).【活性】细胞毒 (P_{388}, ED_{50} = 21.5μg/mL).【文献】I. Mancini, et al. Tetrahedron Lett., 1997, 38, 6271; A. Umeyama, et al. JNP, 1998, 61, 1433.

135 Flavochristamide A 黄杆菌酰胺 A*

【基本信息】$C_{34}H_{67}NO_6S$, 白色固体, mp 216~218°C, $[α]_D^{20}$ = −17° (天然品, c = 0.27, 甲醇), $[α]_D^{26}$ = −18.7° (合成品, c = 0.17, 甲醇).【类型】简单酰胺生物碱.【来源】海洋导出的细菌黄杆菌属 Flavobacterium sp., 来自软体动物褶纹冠蚌 Cristaria plicata.【活性】DNA 聚合酶 α 抑制剂 (小牛胸腺).【文献】J. Kobayashi, et al. Tetrahedron, 1995, 51, 10487; H. Takikawa, et al. JCS Perkin Trans. I, 1999, 2467; T. Shioiri, et al. Tetrahedron, 2000, 56, 9129.

136 Flavochristamide B 黄杆菌酰胺 B*

【别名】Sulfobacin A; 磺基巴新 A*.【基本信息】$C_{34}H_{69}NO_6S$, 白色固体, mp 220~222°C, $[α]_D^{18}$ = −31.6° (合成品, c = 0.14, 甲醇), $[α]_D^{24}$ = −35° (天然品, c = 0.14, 甲醇).【类型】简单酰胺生物碱.【来源】海洋导出的细菌黄杆菌属 Flavobacterium sp., 来自软体动物褶纹冠蚌 Cristaria plicata, 海洋导出的细菌黄杆菌属 Flavobacterium sp. NR2993 (液体培养基, 土壤样本, 西表岛, 冲绳, 日本).【活性】抑制血管性血友病因子对 GPIb/IX 受体的竞争性捆绑作用 (IC_{50} = 0.47μmol/L); DNA 聚合酶 α 抑制剂 (小牛胸腺).【文献】T. Kamiyama, et al. J. Antibiot., 1995, 48, 924; 929; J. Kobayashi, et al. Tetrahedron, 1995, 51, 10487; H. Takikawa, et al. JCS Perkin I, 1999, 2467; T. Shioiri, et al. Tetrahedron, 2000, 56, 9129.

137 N-Formyl-2-(4-hydroxyphenyl)acetamide N-甲酰-2-(4-羟苯基)乙酰胺

【基本信息】$C_9H_9NO_3$.【类型】简单酰胺生物碱.【来源】未鉴定的海洋真菌, 来自棕藻铁钉菜 Ishige okamurae (朝鲜半岛水域).【活性】抗氧化

剂 (DPPH 自由基清除剂, 活性比对照抗坏血酸高).【文献】X. F. Li, et al. J. Microbiol. Biotechnol., 2006, 16, 637.

138 Grenadamide B 格林纳达酰胺 B*
【基本信息】$C_{21}H_{36}ClNO_2$, 油状物, $[\alpha]_D^{23} = -8.7°$ (c = 0.4, 二氯甲烷).【类型】简单酰胺生物碱.【来源】蓝细菌稍大鞘丝藻 Lyngbya majuscula. (特鲁蓝湾, 格林纳达, 美属).【活性】杀昆虫剂 (甜菜夜蛾 Spodoptera exigua, 边缘活性).【文献】J. I. Jiménez, et al. JNP, 2009, 72, 1573.

139 Grenadamide C 格林纳达酰胺 C*
【基本信息】$C_{21}H_{35}Cl_2NO_2$, 亮黄色油状物, $[\alpha]_D^{23} = -17°$ (c = 0.4, 二氯甲烷).【类型】简单酰胺生物碱.【来源】蓝细菌稍大鞘丝藻 Lyngbya majuscula. (特鲁蓝湾, 格林纳达, 美属).【活性】杀昆虫剂 (甜菜夜蛾 Spodoptera exigua, 边缘活性).【文献】J. I. Jiménez, et al. JNP, 2009, 72, 1573.

140 Gymnastatin Q 小裸囊菌他汀 Q*
【基本信息】$C_{24}H_{35}Cl_2NO_5$, 粉末, mp 105~108°C, $[\alpha]_D^{23} = -34.3°$ (c = 0.26, 氯仿).【类型】简单酰胺生物碱.【来源】海洋导出的真菌小裸囊菌属 Gymnascella dankaliensis, 来自日本软海绵 Halichondria japonica (大阪外海, 日本).【活性】细胞毒 (P_{388}, BSY1 和 MKN7, 抑制生长).【文献】T. Amagata, et al. JNP, 2008, 71, 340.

141 N-(1′R-Hydroxymethyl-2-methoxyethyl)-7S-methoxy-4E-eicosenamide N-(1′R-羟甲基-2-甲氧乙基)-7S-甲氧基-4E-二十烯酰胺
【基本信息】$C_{25}H_{49}NO_4$, 无色板状晶体, mp 32~34°C, $[\alpha]_D^{20} = -3.0°$ (c = 0.33, 氯仿).【类型】简单酰胺生物碱.【来源】未鉴定的蓝细菌 (乔治王河, 澳大利亚西北部).【活性】抗 HIV (低活性).【文献】C. Le, et al. Chin. J. Mar. Drugs. 1999, 18 (2), 12; F. Wan, et al. JNP, 1999, 62, 1696.

142 3-(3-Indolyl)acrylamide 3-(3-吲哚基)丙烯酰胺
【基本信息】$C_{11}H_{10}N_2O$, 琥珀色晶体 (丙酮), mp 212.8~214.2°C.【类型】简单酰胺生物碱.【来源】红藻黑紫树枝软骨藻* Chondria atropurpurea.【活性】驱虫剂 (EC_{80} = 2.34mmol/L).【文献】D. Davyt, et al., JNP, 1998, 61, 1560.

143 Janthielamide A 江瑟拉酰胺 A*
【基本信息】$C_{18}H_{28}ClNO$.【类型】简单酰胺生物碱.【来源】蓝细菌热带海洋束藻属 Symploca sp. (库拉索岛, 加勒比海; 巴布亚新几内亚).【活性】钠离子通道阻滞剂 (小鼠 Neuro-2a 细胞, 中等活性); 藜芦定诱导的钠流入拮抗剂 (小鼠大脑外皮神经元).【文献】J. K. Nunnery, et al. JOC, 2012, 77, 4198.

144 Antibiotics JBIR 66 抗生素 JBIR 66
【基本信息】$C_{19}H_{32}N_2O_4$.【类型】简单酰胺生物碱.【来源】海洋导出的放线菌糖多孢菌属 Saccharopolyspora sp., 来自未鉴定的海鞘 (大山市，千叶县，日本).【活性】细胞毒（人类淋巴母细胞类淋巴细胞，低活性).【文献】M. Takagi, et al. Biosci., Biotechnol., Biochem., 2010, 74, 2355.

145　Kimbeamide A　巴新金贝湾酰胺 A*

【基本信息】$C_{17}H_{23}Cl_2NO$.【类型】简单酰胺生物碱.【来源】蓝细菌热带海洋束藻属 *Symploca* sp.（联合体）和蓝细菌鞘丝藻属 *Moorea producens*（凯姆湾，新不列颠岛，巴布亚新几内亚).【活性】钠离子通道阻滞剂（小鼠 Neuro-2a 细胞，中等活性).【文献】J. K. Nunnery, et al. JOC, 2012, 77, 4198.

146　Korormicin A　帕劳扣罗尔霉素 A*

【基本信息】$C_{25}H_{39}NO_5$; (5*S*,3′*R*,9′*S*,10′*R*): $[\alpha]_D^{30}$ = –24.5º (*c* = 0.828, 乙醇); (5*S*,3′*R*,9′*S*,10′*R*): $[\alpha]_D^{30}$ = –12.1º (*c* = 0.844, 乙醇); (5*S*,3′*S*,9′*R*,10′*S*): $[\alpha]_D^{29}$ = –16.9º (*c* = 1.27, 乙醇); (5*S*,3′*R*,9′*R*,10′*S*): $[\alpha]_D^{30}$ = –29.6º (*c* = 1.04, 乙醇).【类型】简单酰胺生物碱.【来源】海洋细菌假交替单胞菌属 *Pseudoalteromonas* sp. F-420，来自绿藻仙掌藻属 *Halimeda* sp.（表面，帕劳).【活性】抗菌（水产养殖鱼类，抗革兰氏阴性菌引起的疾病）；抑制海洋细菌生长，但对陆地物种无效.【文献】K. Yoshikawa, et al. J. Antibiot., 1997, 50, 949; H. Uehara, et al. Tetrahedron Lett., 1999, 40, 8641; Y. Kobayashi, et al. Tetrahedron Lett., 2000, 41, 1465.

147　Lorneamide A　娄尼酰胺 A*

【基本信息】$C_{17}H_{23}NO_2$，无色玻璃体，$[\alpha]_D^{25}$ = –7.2º (*c* = 0.20, 甲醇).【类型】简单酰胺生物碱.【来源】未鉴定的海洋导出的放线菌（南澳大利亚，南澳大利亚海岸).【活性】抗菌（枯草杆菌 *Bacillus subtilis*, LD_{99} = 50.0μg/mL).【文献】R. J. Capon, et al. JNP, 2000, 63, 1682.

148　Malonganenone K　莫桑比克烯酮 K*

【基本信息】$C_{21}H_{35}NO_2$，无色油状物.【类型】简单酰胺生物碱.【来源】壮真丛柳珊瑚 *Euplexaura robusta*（涠洲岛，广西，中国).【活性】细胞毒 [HeLa, IC_{50} = (57.82±2.37)μmol/L, 对照阿霉素, IC_{50} = (0.38±0.05)μmol/L; K562, IC_{50} >100μmol/L, 阿霉素, IC_{50} = (0.23±0.02)μmol/L].【文献】J.-R. Zhang, et al. Chem. Biodivers., 2012, 9, 2218.

149　Methyl 4-(2,3-dibromo-4,5-dihydroxy-benzylamino)-4-oxobutanoate　4-(2,3-二溴-4,5-二羟基苄氨基)-4-氧代丁酸甲酯

【基本信息】$C_{12}H_{13}Br_2NO_5$，浅黄色油状物.【类型】简单酰胺生物碱.【来源】红藻疏松丝状体松节藻* *Rhodomela confervoides*（大连，辽宁，中国).【活性】抗氧化剂 [DPPH 自由基清除剂, IC_{50} = (5.70±0.03)μmol/L, 对照 BHT, IC_{50} = (82.10±0.20)μmol/L]; 抗氧化剂 [ABTS•+自由基阳离子清除剂, TEAC = (2.14±0.08)mmol/L, 对照抗坏血酸, TEAC = (1.02±0.01)mmol/L].【文献】K. Li, et al. Food Chem., 2012, 135, 868.

150　3-Methyl-N-(2′-phenylethyl)-butyramide　3-甲基-N-(2′-苯乙基)-丁酰胺
【基本信息】$C_{13}H_{19}NO$. 【类型】简单酰胺生物碱. 【来源】海洋细菌盐渍洗盐芽孢杆菌 *Halobacillus salinus*. 【活性】抗菌 (群体感应, IC_{50} = 9μg/mL, 作用的分子机制: 抑制高丝氨酸内酯受体结合). 【文献】M.E.Teasdale, et al. Appl. Environ. Microbiol., 2009, 75, 567.

151　Motualevic acid A　斐济蒂壳海绵酸 A*
【基本信息】$C_{16}H_{25}Br_2NO_3$, 无定形固体. 【类型】简单酰胺生物碱. 【来源】岩屑海绵蒂壳海绵 Theonellidae 科 *Siliquariaspongia* sp. (莫图阿勒乌暗礁, 斐济). 【活性】抗菌 (金黄色葡萄球菌 *Staphylococcus aureus*, MIC_{50} = 10.9μg/mL; MRSA, MIC_{50} = 21μg/mL); 抗菌 (琼脂盘扩散实验: 金黄色葡萄球菌 *Staphylococcus aureus*, 10μg/mL, IZD = 8~11mm; MRSA, 10μg/mL, IZD = 8~11mm). 【文献】J. L. Keffer, et al. Org. Lett., 2009, 11, 1087; P. L. Winder, et al. Mar. Drugs, 2011, 9, 2644 (Rev.)

152　Motualevic acid B　斐济蒂壳海绵酸 B*
【基本信息】$C_{16}H_{25}Br_2NO_3$, 无定形固体. 【类型】简单酰胺生物碱. 【来源】岩屑海绵蒂壳海绵 Theonellidae 科 *Siliquariaspongia* sp. (莫图阿勒乌暗礁, 斐济). 【活性】抗菌 (琼脂盘扩散实验: 金黄色葡萄球菌 *Staphylococcus aureus*, 10μg/mL, IZD = 8~11mm; MRSA, 25μg/mL, 无活性). 【文献】J. L. Keffer, et al. Org. Lett., 2009, 11, 1087; P. L. Winder, et al. Mar. Drugs, 2011, 9, 2644 (Rev.)

153　Motualevic acid C　斐济蒂壳海绵酸 C*
【基本信息】$C_{16}H_{26}Br_2N_2O_2$, 无定形固体. 【类型】简单酰胺生物碱. 【来源】岩屑海绵蒂壳海绵 Theonellidae 科 *Siliquariaspongia* sp. (莫图阿勒乌暗礁, 斐济). 【活性】抗菌 [微生物培养液稀释实验, 金黄色葡萄球菌 *Staphylococcus aureus*, MIC_{50} = (173±33)μg/mL; MRSA, MIC_{50} = (400±110)μg/mL]. 【文献】J. L. Keffer, et al. Org. Lett., 2009, 11, 1087; P. L. Winder, et al. Mar. Drugs, 2011, 9, 2644 (Rev.)

154　Motualevic acid E　斐济蒂壳海绵酸 E*
【基本信息】$C_{14}H_{22}Br_2O_2$. 【类型】简单酰胺生物碱. 【来源】岩屑海绵蒂壳海绵 Theonellidae 科 *Siliquariaspongia* sp. (莫图阿勒乌暗礁, 斐济). 【活性】抗菌 (琼脂盘扩散实验, 金黄色葡萄球菌 *Staphylococcus aureus*, 50μg/mL, IZD = 8~11mm; MRSA, 50μg/mL, 无活性). 【文献】J. L. Keffer, et al. Org. Lett., 2009, 11, 1087; P. L. Winder, et al. Mar. Drugs, 2011, 9, 2644 (Rev.)

155　Neocomplanine A　新火蠕虫宁 A*
【基本信息】$C_{16}H_{35}N_2O_2$. 【类型】简单酰胺生物碱. 【来源】海洋环节动物火蠕虫 *Eurythoe complanata*. 【活性】炎症性的; PKC 活化剂 (在 Ca^{2+} 存在下 >0.5mmol/L 浓度表现低活性; 在 1.2μmol/L TPA 存在下以剂量相关方式提高活性). 【文献】K. Nakamura, et al. JNP, 2010, 73, 303.

156　Neocomplanine B　新火蠕虫宁 B*
【基本信息】$C_{14}H_{31}N_2O_2$. 【类型】简单酰胺生物碱. 【来源】海洋环节动物火蠕虫 *Eurythoe complanata*. 【活性】炎症性的; PKC 活化剂 (在 Ca^{2+} 存在下 >0.5mmol/L 浓度表现低活性; 在 1.2μmol/L TPA 存在下以剂量相关方式提高活性). 【文献】K.Nakamura, et al. JNP, 2010, 73, 303.

157　Pitiamide A　关岛皮提酰胺 A*
【基本信息】$C_{22}H_{36}ClNO_2$, $[\alpha]_D = -10.3º$ ($c = 3$, 氯仿).
【类型】简单酰胺生物碱.【来源】蓝细菌稍大鞘丝藻 *Lyngbya majuscula* 和蓝细菌 *Microcoleaceae* 科 *Microcoleus* sp. (混合物) 生长在硬珊瑚 *Porites cylindrica* 上 (关岛, 美国)【活性】$LD_{50} = 0.05\mu g/mL$.【文献】D. G. Nagle, et al. Tetrahedron Lett., 1997, 38, 6969; S. Ribe, et al. JACS, 2000, 122, 4608.

158　PM050489
【基本信息】$C_{31}H_{44}ClN_3O_7$.【类型】简单酰胺生物碱.【来源】石毛海绵属 *Lithoplocamia lithistoides* (马达加斯加).【活性】细胞毒 (磺酰罗丹明 B 方法: HT29, $GI_{50} = 0.46$ nmol/L; A549, $GI_{50} = 0.38$ nmol/L; MDA-MB-231, $GI_{50} = 0.45$ nmol/L); 抗有丝分裂 [采用特异性有丝分裂标记物 MPM-2 改进的基于细胞的免疫实验, $IC_{50} = 26.4$ nmol/L (0.016μg/mL)].【文献】M. J. Martin, et al. JACS, 2013, 135, 10164.

159　PM060184
【基本信息】$C_{31}H_{45}N_3O_7$.【类型】简单酰胺生物碱.【来源】石毛海绵属 *Lithoplocamia lithistoides* (马达加斯加).【活性】细胞毒 (磺酰罗丹明 B 方法: HT29, $GI_{50} = 0.42$ nmol/L; A549, $GI_{50} = 0.59$ nmol/L; MDA-MB-231, $GI_{50} = 0.61$ nmol/L; 一种很有前途的癌症治疗药物); 抗有丝分裂 (采用特异性有丝分裂标记物 MPM-2 改进的基于细胞的免疫实验); 抗肿瘤 (2011 年第一阶段临床试验).【文献】M. J. Martin, et al. JACS, 2013, 135, 10164.

160　Serinolamide A　丝氨醇酰胺 A*
【基本信息】$C_{23}H_{45}NO_3$.【类型】简单酰胺生物碱.【来源】蓝细菌稍大鞘丝藻 *Lyngbya majuscula* (新爱尔兰, 巴布亚新几内亚) 和蓝细菌颤藻属 *Oscillatoria* sp. (柯义巴国家公园, 巴拿马).【活性】大麻素受体 CB1 激动剂 [选择性的, $IC_{50} = (2.3\pm 0.1)\mu mol/L$, $K_i = 1.3\mu mol/L$, 中等活性].【文献】M. Gutiérrez, et al. JNP, 2011, 74, 2313.

161　Serinolamide B　丝氨醇酰胺 B*
【基本信息】$C_{22}H_{43}NO_3$.【类型】简单酰胺生物碱.【来源】蓝细菌鞘丝藻属 *Lyngbya* sp. (皮提湾弹洞, 关岛, 美国).【活性】大麻酚模拟物 (减少毛喉素诱导的 cAMP 积累).【文献】J. H. Cardellina II, et al. Phytochemistry, 1978, 17, 2091; R. Montaser, et al. ChemBioChem, 2012, 13, 2676.

162　Sinulasulfone　短指软珊瑚砜*
【基本信息】$C_{23}H_{47}NO_3S$.【类型】简单酰胺生物碱.【来源】短指软珊瑚属 *Sinularia* sp. (马那多, 北苏拉威西, 印度尼西亚).【活性】NO 释放抑制剂 (LPS 刺激的巨噬细胞).【文献】M. Y. Putra, et al. Tetrahedron Lett., 2012, 53, 3937.

163 Sinulasulfoxide 短指软珊瑚亚砜*

【基本信息】$C_{23}H_{47}NO_2S$.【类型】简单酰胺生物碱.【来源】短指软珊瑚属 *Sinularia* sp. (马那多, 北苏拉威西, 印度尼西亚).【活性】NO 释放抑制剂 (LPS 刺激的巨噬细胞).【文献】M. Y. Putra, et al. Tetrahedron Lett., 2012, 53, 3937.

164 Somocystinamide A 索莫司汀酰胺甲*

【基本信息】$C_{42}H_{70}N_4O_4S_2$, 无定形固体, $[\alpha]_D^{22}$ = +13.5º (c = 0.75, 氯仿).【类型】简单酰胺生物碱.【来源】蓝细菌稍大鞘丝藻 *Lyngbya majuscula* 和蓝细菌裂须藻属 *Schizothrix* sp., 蓝细菌稍大鞘丝藻 *Lyngbya majuscula*.【活性】细胞毒 (neuro-2a); 细胞毒 (XTT 实验: Jurkat 和 CEM, A549, Molt4, M21 和 U266).【文献】L. M. Nogle, et al. Org. Lett., 2002, 4, 1095; W. Wrasidlo, et al. Proc. Natl. Acad. Sci. USA 2008, 105, 2313.

165 Synechobactin A 聚球藻菌亭 A*

【基本信息】$C_{26}H_{48}N_4O_9$.【类型】简单酰胺生物碱.【来源】蓝细菌聚球藻属 *Synechococcus* sp. PCC 7002.【活性】铁载体.【文献】Y. Ito, et al. Limnol. Oceanogr., 2005, 50, 1918.

166 Terremide A 土色曲霉酰胺 A*

【基本信息】$C_{21}H_{17}N_3O_5$, 白色无定形粉末.【类型】简单酰胺生物碱.【来源】海洋导出的真菌土色曲霉菌* *Aspergillus terreus* PT06-2 (生长于 10% 高盐介质中).【活性】抗菌 (金黄色葡萄球菌 *Staphylococcus aureus*, MIC = 63.9μmol/L, 对照乳酸环丙沙星, MIC = 1.0μmol/L; 产气肠杆菌 *Enterobacter aerogenes* 和铜绿假单胞菌 *Pseudomonas aeruginosa*, MIC > 100μmol/L); 抗真菌 (白色念珠菌 *Candida albicans*, MIC > 100μmol/L, 对照酮康唑, MIC = 5μmol/L).【文献】Y. Wang, et al. Mar. Drugs, 2011, 9, 1368.

167 Terremide B 土色曲霉酰胺 B*

【基本信息】$C_{21}H_{15}N_3O_4$, 无色晶体.【类型】简单酰胺生物碱.【来源】海洋导出的真菌土色曲霉菌* *Aspergillus terreus* PT06-2 (生长于 10% 高盐介质中).【活性】抗菌 (产气肠杆菌 *Enterobacter aerogenes*, MIC = 33.5μmol/L, 对照乳酸环丙沙星, MIC = 1.0μmol/L; 金黄色葡萄球菌 *Staphylococcus aureus* 和铜绿假单胞菌 *Pseudomonas aeruginosa*, MIC > 100μmol/L); 抗真菌 (白色念珠菌 *Candida albicans*, MIC > 100μmol/L, 对照酮康唑, MIC = 5μmol/L).【文献】Y. Wang, et al. Mar. Drugs, 2011, 9, 1368.

168 Trichodermamide A 木霉酰胺 A*

【别名】Penicillazine; 青霉嗪*.【基本信息】$C_{20}H_{20}N_2O_9$, 针状晶体 (丙酮), mp 258~260℃, mp 224~226℃, $[\alpha]_D^{15}$ = +128º (c = 0.15, 甲醇), $[\alpha]_D^{25}$ = -11.9º (c = 2.2, 氯仿).【类型】简单酰胺

生物碱.【来源】海洋导出的真菌青霉属 *Penicillium* sp. 386 (来自海洋生境的沙滩, 南海, 中国).【活性】细胞毒.【文献】Y. Lin, et al. Tetrahedron, 2000, 56, 9607; M. Saleem, et al. NPR, 2007, 24, 1142 (Rev.).

169　Trichodermamide B　木霉酰胺 B*
【基本信息】$C_{20}H_{19}ClN_2O_8$, 油状物, $[\alpha]_D^{15}$ = +110.7º (c = 0.15, 甲醇).【类型】简单酰胺生物碱.【来源】海洋导出的真菌木霉属 *Trichoderma virens* (培养物).【活性】细胞毒 (HCT116, IC_{50} = 0.32μg/mL).【文献】M. Saleem, et al. NPR, 2007, 24, 1142 (Rev.).

170　Turbinamide　地中海海鞘酰胺*
【基本信息】$C_{32}H_{65}NO_{12}S$.【类型】简单酰胺生物碱.【来源】Polyclinidae 科海鞘 *Sidnyum turbinatum* (地中海).【活性】细胞毒 (选择性的).【文献】A. Aiello, et al. Org. Lett., 2001, 3, 2941.

171　Circumdatin C　环达亭 C*
【基本信息】$C_{17}H_{13}N_3O_3$, 固体, $[\alpha]_D^{22}$ = −75º (c = 0.16, 甲醇).【类型】苯二氮杂䓬生物碱.【来源】海洋导出的真菌外瓶霉属 *Exophiala* sp. MFC353-1, 来自面包软海绵 *Halichondria panicea* (表面, 朝鲜半岛水域), 陆地真菌赭曲霉 *Aspergillus ochraceus*.【活性】紫外线 A 保护作用 (作用超过对照物商业应用的防晒剂氧苯酮).【文献】L. Rahbæk, et al. JOC, 1999, 64, 1689; D. H. Zhang, et al. J. Antibiot., 2008, 61, 40.

172　Circumdatin F　环达亭 F*
【基本信息】$C_{17}H_{13}N_3O_2$.【类型】苯二氮杂䓬生物碱.【来源】深海真菌曲霉菌属 *Aspergillus westerdijkiae* SCSIO 05233.【活性】抗污剂 (EC_{50} = 8.81μg/mL).【文献】M. Fredimoses, et al. Nat. Prod. Res. 2015, 29, 158.

173　Circumdatin G　环达亭 G*
【基本信息】$C_{17}H_{13}N_3O_3$, 粉末, $[\alpha]_D$ = −21.7º (c = 0.2, 甲醇).【类型】苯二氮杂䓬生物碱.【来源】海洋导出的真菌外瓶霉属 *Exophiala* sp. MFC353-1, 来自面包软海绵 *Halichondria panicea* (表面, 朝鲜半岛水域), 海洋导出的真菌赭曲霉 *Aspergillus ochraceus*, 深海真菌曲霉菌属 *Aspergillus westerdijkiae* SCSIO 05233.【活性】紫外线 A 保护作用 (作用超过对照物商业应用的防晒剂氧苯酮); 细胞毒 (K562, IC_{50} = 25.8μmol/L; HL60 细胞, IC_{50} = 44.9μmol/L, 抗增殖, 低活性).【文献】J. R. Dai, et al. JNP , 2001, 64, 125; D. H. Zhang, et al. J. Antibiot., 2008, 61, 40; M. Fredimoses, et al. Nat. Prod. Res. 2015, 29, 158.

174　Circumdatin I　环达亭 I*

【基本信息】$C_{17}H_{13}N_3O_4$, 无定形固体, $[α]_D^{20}$ = −236º (c = 0.2, 甲醇).【类型】苯二氮杂䓬生物碱.【来源】海洋导出的真菌外瓶霉属 *Exophiala* sp., 来自面包软海绵 *Halichondria panicea* (表面, 朝鲜半岛水域).【活性】紫外线 A 保护作用 (IC_{50} = 98μmol/L, 对照物商业应用的防晒剂氧苯酮).【文献】Y. Zhang, et al. Chem. Biodivers., 2008, 5, 93; D. Zhang, et al. J. Antibiot., 2008, 61, 40.

175　2-Hydroxycircumdatin C　2-羟基环达亭 C*

【别名】6-Hydroxycircumdatin C; 6-羟基环达亭 C*.【基本信息】$C_{17}H_{13}N_3O_4$, 无定形粉末, $[α]_D^{22}$ = −68.7º (c = 0.11, 甲醇).【类型】苯二氮杂䓬生物碱.【来源】海洋导出的真菌赭曲霉 *Aspergillus ochraceus*, 来自棕藻海黍子 *Sargassum kjellmanianum* (中国水域).【活性】抗氧化剂 (DPPH 自由基清除剂, 比对照物 BHT 活性更高).【文献】C. M. Cui, et al. Helv. Chim. Acta, 2009, 92, 1366.

176　Limazepine G　利马则平 G*

【基本信息】$C_{16}H_{16}N_2O_3$.【类型】苯二氮杂䓬生物碱.【来源】海洋导出的链霉菌首尔链霉菌 *Streptomyces seoulensis*, 来自对虾 *Penaeus orientalis* (消化道, 青岛, 山东, 中国).【活性】神经氨酸苷酶抑制剂.【文献】R. H. Jiao, et al. J. Appl. Microbiol., 2013, 114, 1046.

177　Cathestatin A　卡色斯他汀 A*

【别名】Antibiotics PF 1126A; 抗生素 PF 1126A.【基本信息】$C_{17}H_{23}N_3O_5$, 无定形固体.【类型】肉桂酸酰胺.【来源】海洋导出的真菌小囊菌属 *Microascus longirostris* SF-73, 来自未鉴定的海绵 (新西兰).【活性】蛋白酶抑制剂 (半胱氨酸蛋白酶: 组织蛋白酶 L, IC_{50} = 0.007μg/mL; 组织蛋白酶 B, IC_{50} = 0.260μg/mL; 木瓜蛋白酶, IC_{50} = 0.360μg/mL; 无花果蛋白酶, IC_{50} = 0.230μg/mL; 菠萝蛋白酶, IC_{50} = 1.010μg/mL; 丝氨酸蛋白酶: 人胰蛋白酶, IC_{50} > 100μg/mL; 胰凝乳蛋白酶, IC_{50} > 100μg/mL; 金属蛋白酶: 嗜热菌蛋白酶, IC_{50} > 100μg/mL; 天冬氨酸蛋白酶: 组织蛋白酶 D, IC_{50} > 100μg/mL); 半胱氨酸蛋白酶抑制剂 (木瓜蛋白酶, IC_{50} = 11.2nmol/L; 组织蛋白酶 B, IC_{50} = 177.6nmol/L; 组织蛋白酶 L, IC_{50} = 1.4nmol/L).【文献】J.-T. Woo, et al. Biosci. Biotechnol. Biochem., 1995, 59, 350; C.-M. Yu, et al. J. Antibiot., 1996, 49, 395.

178　Cathestatin B　卡色斯他汀 B*

【别名】Antibiotics PF 1126B; 抗生素 PF 1126B.【基本信息】$C_{17}H_{23}N_3O_6$, 无定形固体.【类型】肉桂酸酰胺.【来源】海洋导出的真菌小囊菌属 *Microascus longirostris* SF-73, 来自未鉴定的海绵 (新西兰).【活性】蛋白酶抑制剂 (半胱氨酸蛋白酶: 组织蛋白酶 L, IC_{50} = 0.009μg/mL; 组织蛋白酶 B, IC_{50} = 0.280μg/mL; 木瓜蛋白酶, IC_{50} = 0.230μg/mL; 无花果蛋白酶, IC_{50} = 0.280μg/mL; 菠萝蛋白酶, IC_{50} = 0.580μg/mL. 丝氨酸蛋白酶: 人胰蛋白酶, IC_{50} > 100μg/mL; 胰凝乳蛋白酶, IC_{50} > 100μg/mL. 金属蛋白酶: 嗜热菌蛋白酶, IC_{50} > 100μg/mL. 天冬氨酸蛋白酶: 组织蛋白酶 D, IC_{50} > 100μg/mL); 半胱氨酸蛋白酶抑制剂 (木

瓜蛋白酶，IC$_{50}$ = 4.6nmol/L；组织蛋白酶 B，IC$_{50}$ = 8.8nmol/L；组织蛋白酶 L，IC$_{50}$ = 11.1nmol/L）.【文献】J.-T. Woo, et al. Biosci., Biotechnol., Biochem., 1995, 59, 350; C.-M. Yu, et al. J. Antibiot., 1996, 49, 395.

179　Celenamide E　智利穿贝海绵酰胺*
【基本信息】C$_{28}$H$_{25}$BrN$_4$O$_7$，无定形黄色固体（甲醇水溶液），mp 212~218℃，[α]$_D^{25}$ = –25.2º (c = 0.25, 甲醇).【类型】肉桂酸酰胺.【来源】智利穿贝海绵* Cliona chilensis（巴塔哥尼亚，阿根廷）.【活性】抗菌（革兰氏阳性菌，50μg/盘）.【文献】J. A. Palermo, et al. JNP, 1998, 61, 488.

180　Iotrochamide A　绣球海绵酰胺 A*
【基本信息】C$_{19}$H$_{19}$NO$_5$.【类型】肉桂酸酰胺.【来源】绣球海绵属 Iotrochota sp.（库拉索岛，昆士兰，澳大利亚）.【活性】抗锥虫（布氏锥虫 Trypanosoma brucei，选择性的，中等活性）.【文献】Y. Feng, et al. BoMCL, 2012, 22, 4873.

181　Iotrochamide B　绣球海绵酰胺 B*
【基本信息】C$_{21}$H$_{19}$BrN$_2$O$_4$.【类型】肉桂酸酰胺.【来源】绣球海绵属 Iotrochota sp.（库拉索岛，昆士兰，澳大利亚）.【活性】抗锥虫（布氏锥虫 Trypanosoma brucei，选择性的，中等活性）.【文献】Y. Feng, et al. BoMCL, 2012, 22, 4873.

182　Namalide　那马岛酰胺*
【基本信息】C$_{31}$H$_{41}$N$_5$O$_6$.【类型】肉桂酸酰胺.【来源】岩屑海绵蒂壳海绵科 Siliquariaspongia mirabilis（那马岛，楚克潟湖，密克罗尼西亚联邦）.【活性】羧肽酶 A 抑制剂.【文献】P. Cheruku, et al. J. Med. Chem., 2012, 55, 735.

183　Aplaminal　黑斑海兔缩醛胺*
【基本信息】C$_{16}$H$_{19}$N$_3$O$_5$，片状晶体（甲醇），mp 235~237℃，[α]$_D^{20}$ = –133º (c = 0.02, 甲醇).【类型】环内酰胺.【来源】软体动物黑斑海兔 Aplysia kurodai.【活性】细胞毒（HeLa-S3, IC$_{50}$ = 0.51μg/mL）.【文献】T. Kuroda, et al. Org. Lett., 2008, 10, 489.

184　Bengamide A　环庚内酰胺 A*
【基本信息】C$_{31}$H$_{56}$N$_2$O$_8$，晶体（甲醇），mp 114~115℃，[α]$_D^{20}$ = +30.3º (c = 0.081, 甲醇).【类型】环内酰胺.【来源】星芒海绵属 Stelletta splendens（斐济，1996），星芒海绵属 Stelletta sp.（杰米森礁，波拿巴特群岛，澳大利亚），革质碧玉海绵* Jaspis cf. coriacea（斐济），碧玉海绵属 Jaspis sp.（澳大利亚），卡特里碧玉海绵* Jaspis carteri 和厚芒海绵属 Pachastrissa sp.【活性】细胞毒（P$_{388}$, GI$_{50}$ = 0.12μg/mL; OVCAR-3, GI$_{50}$ = 0.01μg/mL; NCI-H460, GI$_{50}$ = 0.00054μg/mL; KM20L2, GI$_{50}$ = 0.0049μg/mL; DU145, GI$_{50}$ = 0.0056μg/mL; BXPC3, GI$_{50}$ = 0.027μg/mL; SF295, GI$_{50}$ =

0.001μg/mL); 细胞毒 (SF268, GI$_{50}$ < 0.02μmol/L; MCF7, GI$_{50}$ < 0.02μmol/L; H460, GI$_{50}$ < 0.02μmol/L; HT29, GI$_{50}$ < 0.02μmol/L; 正常哺乳动物细胞株 CHO-K1, GI$_{50}$ = 0.1μmol/L); 细胞毒 [NCI发展治疗程序 60 种细胞实验, 非小细胞肺癌: A549, IC$_{50}$ = 0.019μmol/L; HOP-92, IC$_{50}$ = 0.200μmol/L; NCI-H522, IC$_{50}$ = 0.060μmol/L; 结肠癌: HCT116, IC$_{50}$ = 0.018μmol/L; HCT15, IC$_{50}$ = 0.260μmol/L; Colon205, IC$_{50}$ = 0.018μmol/L; 中枢神经系统: SNB75, IC$_{50}$ = 0.190μmol/L; SNB19, IC$_{50}$ = 0.024μmol/L; 黑色素瘤: UACC62, IC$_{50}$ = 0.015μmol/L; LOX-IMVI, IC$_{50}$ = 0.023μmol/L; MALME-3M, IC$_{50}$ = 0.180μmol/L; 卵巢癌: OVCAR-3, IC$_{50}$ = 0.010μmol/L; OVCAR-8, IC$_{50}$ = 0.007μmol/L; 肾癌: UO-31, IC$_{50}$ = 0.370μmol/L; 786-0, IC$_{50}$ = 0.024μmol/L; 白血病: CCRF-CEM, IC$_{50}$ = 0.027μmol/L; 平均 IC$_{50}$ = (0.046±0.005)μmol/L]; 细胞毒 (用 COMPARE 算法进行分析, 数据建议环庚内酰胺的体外抗癌活性和任何已报告的分子靶标都不相关, 环庚内酰胺类的活性可能是由于抑制某种新的靶标); 驱肠虫剂 (in vitro, 0.1μmol/L); 抗恶性细胞增生 [MDA-MB-435, IC$_{50}$ = (0.001±0.0006)μmol/L]; 抗微生物; 抗寄生虫.【文献】E. Quiñoà, et al. JOC, 1986, 51, 4494; A. Groweiss, et al. JNP, 1999, 62, 1691; Z. Thale, et al. JOC, 2001, 66, 1733; G. R. Pettit, et al. JNP, 2008, 71, 438; S. P. B. Ovenden, et al. Mar. Drugs, 2011, 9, 2469.

185 Bengamide B 环庚内酰胺 B*

【基本信息】C$_{32}$H$_{58}$N$_2$O$_8$, 黏性油状物, [α]$_D^{20}$ = +34.6º (c = 0.075, 甲醇).【类型】环内酰胺.【来源】革质碧玉海绵* Japsis cf. coriacea (斐济), 碧玉海绵属 Jaspis sp. (澳大利亚) 和厚芒海绵属 Pachastrissa sp.【活性】细胞毒 [NCI发展治疗程序 60 种细胞实验, 非小细胞肺癌: A549, IC$_{50}$ = 0.0019μmol/L; HOP-92, IC$_{50}$ = 0.0068μmol/L; NCI-H522, IC$_{50}$ = 0.0063μmol/L; 结肠癌: HCT116, IC$_{50}$ = 0.0024μmol/L; HCT15, IC$_{50}$ = 0.130μmol/L; Colon205, IC$_{50}$ = 0.025μmol/L; 中枢神经系统: SNB75, IC$_{50}$ = 0.063μmol/L; SNB19, IC$_{50}$ = 0.0086μmol/L; 黑色素瘤: UACC62, IC$_{50}$ = 0.0052μmol/L; LOX-IMVI, IC$_{50}$ = 0.0023μmol/L; MALME-3M, IC$_{50}$ = 0.022μmol/L; 卵巢癌: OVCAR-3, IC$_{50}$ = 0.010μmol/L; OVCAR-8, IC$_{50}$ = 0.0051μmol/L; 肾癌: UO-31, IC$_{50}$ = 0.025μmol/L; 786-0, IC$_{50}$ = 0.0035μmol/L; 白血病: CCRF-CEM, IC$_{50}$ = 0.027μmol/L; 平均 IC$_{50}$ = (0.011±0.001)μmol/L]; 抗恶性细胞增生 [MDA-MB-435 细胞, IC$_{50}$ = (0.012±0.003)μmol/L]; 驱肠虫剂; 抗寄生虫; 抗微生物.【文献】E. Quiñoà, et al. JOC, 1986, 51, 4494; A. Groweiss, et al. JNP, 1999, 62, 1691; Z. Thale, et al. JOC, 2001, 66, 1733; F. R. Kinder, et al. JOC, 2001, 66, 2118.

186 Bengamide C 环庚内酰胺 C*

【基本信息】C$_{28}$H$_{48}$N$_2$O$_{12}$, 在氘代氯仿溶液中不稳定.【类型】环内酰胺.【来源】Jaspidae科海绵.【活性】驱虫剂; 杀线虫剂.【文献】E. Quiñoà, et al. JOC, 1986, 51, 4494; M. Adamczeski, et al. JACS, 1989, 111, 647; M. Adamczeski, et al. JOC, 1990, 55, 240.

187 Bengamide D 环庚内酰胺 D*

【基本信息】C$_{29}$H$_{50}$N$_2$O$_{12}$, [α]$_D^{20}$ = +19.8º (c = 0.086, 甲醇), 在 CDCl$_3$ 中不稳定.【类型】环内酰胺.【来源】Jaspidae科海绵.【活性】驱虫剂; 杀线虫剂.【文献】E. Quiñoà, et al. JOC, 1986, 51, 4494; M. Adamczeski, et al. JACS, 1989, 111, 647; M.

Adamczeski, et al. JOC, 1990, 55, 240.

188　Bengamide E　环庚内酰胺 E*

【基本信息】$C_{17}H_{30}N_2O_6$, $[\alpha]_D^{22} = +24°$ ($c = 0.1$, 甲醇); $[\alpha]_D^{20} = +36.9°$ ($c = 0.043$, 甲醇).【类型】环内酰胺.【来源】革质碧玉海绵* *Jaspis* cf. *coriacea* (斐济) 和厚芒海绵属 *Pachastrissa* sp.【活性】驱肠虫剂 (*in vitro*, 0.1μmol/L); 抗恶性细胞增生 [MDA-MB-435, IC$_{50}$ = (3.3±1.2)μmol/L].【文献】M. Adamczeski, et al. JACS, 1989, 111, 647; J. A. Marshall, et al. JOC, 1993, 58, 6229; C. Mukai, et al. Tetrahedron Lett., 1994, 35, 6899; N. Chida, et al. Heterocycles, 1994, 38, 2383; F. R. Kinder, et al. JOC, 2001, 66, 2118.

189　Bengamide F　环庚内酰胺 F*

【基本信息】$C_{18}H_{32}N_2O_6$, 无色油状物, $[\alpha]_D^{20}$ = +27.9° ($c = 0.039$, 甲醇).【类型】环内酰胺.【来源】革质碧玉海绵* *Japsis* cf. *coriacea* (斐济), 星芒海绵属 *Stelletta* sp. (杰米森礁, 波拿巴特群岛, 澳大利亚) 和革质碧玉海绵* *Jaspis* cf. *coriacea*.【活性】细胞毒 (SF268, GI$_{50}$ = 1.8μmol/L; MCF7, GI$_{50}$ = 0.7μmol/L; H460, GI$_{50}$ = 0.6μmol/L; HT29, GI$_{50}$ = 1.5μmol/L; CHO-K1, GI$_{50}$ = 32μmol/L); 驱肠虫剂 (*in vitro*, 0.1μmol/L; *in vivo*); 抗恶性细胞增生 [MDA-MB-435, IC$_{50}$ = (2.9±2.9)μmol/L].【文献】M. Adamczeski, et al. JOC, 1990, 55, 240; Z. Thale, et al. JOC, 2001, 66, 1733; S. P. B. Ovenden, et al. Mar. Drugs, 2011, 9, 2469.

190　Bengamide G　环庚内酰胺 G*

【基本信息】$C_{30}H_{54}N_2O_8$, $[\alpha]_D^{25} = +14.0°$ ($c = 0.1$, 甲醇).【类型】环内酰胺.【来源】卡特里碧玉海绵* *Jaspis carteri* [新喀里多尼亚 (法属)] 和革质碧玉海绵* *Japsis* cf. *coriacea* (斐济).【活性】抗恶性细胞增殖的.【文献】Z. Thale, et al. JOC, 2001, 66, 1733; M. V. D'Auria, et al. JNP, 1997, 60, 814.

191　Bengamide M　环庚内酰胺 M*

【基本信息】$C_{33}H_{60}N_2O_8$, 油状物, $[\alpha]_D$= +2.1° (c = 61.9, 甲醇).【类型】环内酰胺.【来源】革质碧玉海绵* *Japsis* cf. *coriacea* (斐济).【活性】抗恶性细胞增殖的 [MDA-MB-435, IC$_{50}$ = (0.0101±0.0021)μmol/L].【文献】Z. Thale, et al. JOC, 2001, 66, 1733.

192　Bengamide N　环庚内酰胺 N*

【基本信息】$C_{31}H_{56}N_2O_8$, 无色油状物, $[\alpha]_D$ = +20.7°.【类型】环内酰胺.【来源】星芒海绵属 *Stelletta* sp. (杰米森礁, 波拿巴特群岛, 澳大利亚).【活性】细胞毒 (SF268, GI$_{50}$ < 0.02μmol/L; MCF7, GI$_{50}$ < 0.02μmol/L; H460, GI$_{50}$ < 0.02μmol/L; HT29, GI$_{50}$ < 0.02μmol/L; CHO-K1, GI$_{50}$ = 0.2μmol/L).【文献】Z. Thale, et al. JOC, 2001, 66, 1733; S. P. B. Ovenden, et al. Mar. Drugs, 2011, 9, 2469.

193　Bengamide O　环庚内酰胺 O*

【基本信息】$C_{32}H_{58}N_2O_8$, 油状物, $[\alpha]_D$= +35.8°

(c = 23.9, 甲醇).【类型】环内酰胺.【来源】革质碧玉海绵* Japsis cf. coriacea (斐济).【活性】抗恶性细胞增殖的 [MDA-MB-435, IC_{50} = (0.00029±0.0005)μmol/L].【文献】Z. Thale, et al. JOC, 2001, 66, 1733.

194 Bengamide P 环庚内酰胺 P*

【基本信息】$C_{31}H_{56}N_2O_7$, 油状物, $[α]_D$ = +47.2° (c = 3.6, 甲醇).【类型】环内酰胺.【来源】革质碧玉海绵* Japsis cf. coriacea (斐济).【活性】细胞毒 [NCI 发展治疗程序 60 种细胞实验, 非小细胞肺癌: A549, IC_{50} = 0.69μmol/L; HOP-92, IC_{50} = 5.6μmol/L; NCI-H522, IC_{50} = 3.1μmol/L; 结肠癌: HCT116, IC_{50} = 0.73μmol/L; HCT15, IC_{50} = 2.80μmol/L; Colon205, IC_{50} = 0.30μmol/L; 中枢神经系统: SNB75, IC_{50} = 3.3μmol/L; SNB19, IC_{50} = 5.4μmol/L; 黑色素瘤: UACC62, IC_{50} = 2.5μmol/L; LOX-IMVI, IC_{50} = 1.1μmol/L; MALME-3M, IC_{50} = 6.0μmol/L; 卵巢癌: OVCAR-3, IC_{50} = 4.0μmol/L; OVCAR-8, IC_{50} = 1.9μmol/L; 肾癌: UO-31, IC_{50} = 0.990μmol/L; 786-0, IC_{50} = 0.940μmol/L; 白血病: CCRF-CEM, IC_{50} = 3.10μmol/L; 平均 IC_{50} = (2.70±0.23)μmol/L]; 驱肠虫剂 (in vitro, 0.1μmol/L); 抗恶性细胞增生 [MDA-MB-435 细胞, IC_{50} = (1.2±7.9)μmol/L].【文献】Z. Thale, et al. JOC, 2001, 66, 1733.

195 Bengamide Q 环庚内酰胺 Q*

【基本信息】$C_{32}H_{58}N_2O_7$, 油状物, $[α]_D$ = +14.1° (c = 10.7, 甲醇).【类型】环内酰胺.【来源】革质碧玉海绵* Japsis cf. coriacea (斐济).【活性】驱肠虫剂 (in vitro, 0.1μmol/L).【文献】Z. Thale, et al. JOC, 2001, 66, 1733.

196 Bengamide Y 环庚内酰胺 Y*

【基本信息】$C_{17}H_{30}N_2O_7$, 无色油状物, $[α]_D$ = +14° (c = 0.11, 甲醇).【类型】环内酰胺.【来源】星芒海绵属 Stelletta sp. (杰米森礁, 波拿巴特群岛, 澳大利亚) 和革质碧玉海绵* Japsis cf. coriacea (斐济).【活性】细胞毒 (SF268, GI_{50} = 72μmol/L; MCF7, GI_{50} = 52μmol/L; H460, GI_{50} = 25μmol/L; HT29, GI_{50} = 48μmol/L; CHO-K1, GI_{50} > 184μmol/L); 细胞毒 (CNS SNB19, IC_{50} = 0.68μg/mL, HCT116, IC_{50} = 0.8μg/mL, LOX, IC_{50} = 4.4μg/mL, NSCLC A549, IC_{50} = 4.8μg/mL, OVCAR-3, IC_{50} = 4.6μg/mL, UO-31, IC_{50} = 9.9μg/mL); 细胞毒 (一组人癌细胞株: 中枢神经系统 SNB75 细胞, IC_{50} > 40μg/mL; 中枢神经系统 SNB19 细胞, IC_{50} = 0.68μg/mL; HCT116, IC_{50} = 0.8μg/mL; HCT15, IC_{50} > 40μg/mL; LOX, IC_{50} = 4.4μg/mL; MALME-3, IC_{50} > 40μg/mL; 非小细胞肺癌 A549, IC_{50} = 4.8μg/mL; 非小细胞肺癌 HOP-92, IC_{50} > 40μg/mL; OVCAR-3, IC_{50} = 4.6μg/mL; UO-31, IC_{50} = 9.9μg/mL); 抗恶性细胞增生.【文献】A. Groweiss, et al. JNP, 1999, 62, 1691; Z. Thale, et al. JOC, 2001, 66, 1733; S. P. B. Ovenden, et al. Mar. Drugs, 2011, 9, 2469.

197 Bengamide Z 环庚内酰胺 Z*

【基本信息】$C_{18}H_{32}N_2O_7$, $[α]_D^{20}$ = +45° (c = 0.11, 甲醇).【类型】环内酰胺.【来源】碧玉海绵属 Jaspis sp. (澳大利亚) 和革质碧玉海绵* Japsis cf. coriacea (斐济).【活性】细胞毒 (一组人癌细胞株: SNB75, IC_{50} > 40μg/mL; SNB19, IC_{50} = 0.56μg/mL; HCT116, IC_{50} = 4.0μg/mL; HCT15, IC_{50} > 40μg/mL; LOX, IC_{50} = 2.1μg/mL; MALME-3, IC_{50} > 40μg/mL; 非小细胞肺癌 A549, IC_{50} = 4.1μg/mL; 非小细胞肺癌 HOP-92, IC_{50} >

40μg/mL; OVCAR-3, IC$_{50}$ = 0.52μg/mL; UO-31, IC$_{50}$ = 7.2μg/mL); 驱肠虫剂; 杀线虫剂; 抗恶性细胞增生.【文献】A. Groweiss, et al. JNP, 1999, 62, 1691.

198　Bisucaberin　比苏卡波林*
【基本信息】C$_{18}$H$_{32}$N$_4$O$_6$, 晶体, mp 180℃ (分解).【类型】环内酰胺.【来源】海洋导出的细菌游海假交替单胞菌游海亚种 *Alteromonas haloplanktis* 和海洋导出的细菌弧菌属 *Vibrio salmonicida*.【活性】铁载体, 使肿瘤细胞对巨噬细胞介导的溶解作用敏感.【文献】T. Kameyama, et al. J. Antibiot., 1987, 40, 1664; 1671.

199　7-Bromocavernicolenone　7-溴秽色海绵酮*
【基本信息】C$_8$H$_8$BrNO$_4$, 针状晶体（甲醇）, mp 165~170℃ (分解).【类型】环内酰胺.【来源】秽色海绵属 *Aplysina cavernicola*【Syn. *Verongia cavernicola*】（地中海）.【活性】抗菌.【文献】M. D'Ambrosio, et al. Helv. Chim. Acta, 1985, 68, 1453.

200　Caprolactin A　卡坡拉克亭 A*
【基本信息】C$_{15}$H$_{28}$N$_2$O$_2$, [α]$_D^{22}$ = +5.4º (*c* = 1.03, 二氯甲烷) (和卡坡拉克亭 B 的混合物).【类型】环内酰胺.【来源】未鉴定的海洋细菌 (革兰氏阳性, 嗜冷生物, 冷水域, 采样深度 5000m, 沉积物样本).【活性】细胞毒 (KB, MIC = 10μg/mL; LoVo, MIC = 5μg/mL); 抗病毒 (HSV-2 病毒, MIC = 100μg/mL).【文献】B. S. Davidson et al. Tetrahedron, 1993, 49, 6569; M.D. Lebar, et al. NPR, 2007, 24, 774 (Rev.)

201　Caprolactin B　卡坡拉克亭 B*
【基本信息】C$_{15}$H$_{28}$N$_2$O$_2$, [α]$_D^{22}$ = +5.4º (*c* = 1.03, 二氯甲烷) (和卡坡拉克亭 A 的混合物).【类型】环内酰胺.【来源】未鉴定的海洋细菌 (革兰氏阳性, 嗜冷生物, 冷水域, 沉积物样本, 采样深度 5000m).【活性】细胞毒 (KB, MIC = 10μg/mL; LoVo, MIC = 5μg/mL); 抗病毒 (HSV-2 病毒, MIC = 100μg/mL).【文献】B. S. Davidson, et al. Tetrahedron, 1993, 49, 6569; M.D. Lebar, et al. NPR, 2007, 24, 774 (Rev.)

202　Cephalimysin A　鲻鱼霉菌素 A*
【基本信息】C$_{22}$H$_{25}$NO$_6$, 浅黄色油状物, [α]$_D$ = 3.5º (*c* = 0.11, 乙醇).【类型】环内酰胺.【来源】海洋导出的真菌烟曲霉菌 *Aspergillus fumigatus*, 来自鲻鱼 *Mugil cephalus*.【活性】细胞毒 (P$_{388}$ 和 HL60, 有值得注意的活性).【文献】T. Yamada, et al. Tetrahedron Lett., 2007, 48, 6294.

203　Cephalimysin C　鲻鱼霉菌素 C*
【基本信息】C$_{22}$H$_{21}$NO$_7$.【类型】环内酰胺.【来源】海洋导出的真菌烟曲霉菌 *Aspergillus fumigatus*, 来自鲻鱼 *Mugil cephalus* (胜浦湾, 日本).【活性】细胞毒 (P$_{388}$ 和 HL60, 中等活性).【文献】T. Yamada, et al. JOC, 2010, 75, 4146.

204　Cephalimysin D　鲻鱼霉菌素 D*

【基本信息】$C_{22}H_{21}NO_7$.【类型】环内酰胺.【来源】海洋导出的真菌烟曲霉菌 Aspergillus fumigatus, 来自鲻鱼 Mugil cephalus (胜浦湾, 日本).【活性】细胞毒 (P_{388} 和 HL60, 中等活性).【文献】T. Yamada, et al. JOC, 2010, 75, 4146.

205　Ceratamine A　类角海绵胺 A*

【基本信息】$C_{17}H_{16}Br_2N_4O_2$, 黄色晶体 (甲醇), mp 236℃.【类型】环内酰胺.【来源】类角海绵属 Pseudoceratina sp.【活性】抗有丝分裂.【文献】E. Manzo, et al. Org. Lett., 2003, 5, 4591.

206　Heronamide C　赫伦岛酰胺 C*

【基本信息】$C_{29}H_{39}NO_3$, 粉末, $[α]_D^{20} = +151°$ (c = 0.1, 甲醇).【类型】环内酰胺.【来源】海洋导出的链霉菌属 Streptomyces sp. CMB-M0406 (沉积物, 昆士兰, 苍鹭岛).【活性】对哺乳动物细胞形态有显著的可逆的非细胞毒效应.【文献】R. Raju, et al. Org. Biomol. Chem., 2010, 8, 4682; R. Sugiyama, et al. Tetrahedron Lett., 2013, 54, 1531.

注：构型需要重新确定

207　Isobengamide E　异环庚内酰胺 E*

【基本信息】$C_{17}H_{30}N_2O_6$, 油状物, $[α]_D^{20} = +17.1°$ (c = 0.052, 甲醇).【类型】环内酰胺.【来源】Jaspidae 科海绵 (斐济).【活性】驱虫剂; 杀线虫剂.【文献】M. Adamczeski, et al. JACS, 1989, 111, 647; M. Adamczeski, et al. JOC, 1990, 55, 240.

208　Phenethyl 5-oxo-L-prolinate　苯乙基 5-氧代-L-脯氨酸

【基本信息】$C_{13}H_{15}NO_3$.【类型】环内酰胺.【来源】深海真菌变色曲霉菌 Aspergillus versicolor ZBY-3.【活性】细胞毒 (K562, 100μg/mL).【文献】Y. Dong, et al. Mar. Drugs, 2014, 12, 4326.

209　2,3,4,5-Tetrahydro-3,5-dihydroxy-6H-1,5-benzoxazocin-6-one　2,3,4,5-四氢-3,5-二羟基-6H-1,5-苯并噁唑辛-6-酮

【基本信息】$C_{10}H_{11}NO_4$, 浅黄色固体, $[α]_D^{20}$ = +15.8° (c = 0.4, 甲醇).【类型】环内酰胺.【来源】未鉴定的海洋导出的细菌.【活性】铁载体.【文献】M.-X. You, et al. Chin. J. Chem., 2008, 26, 1332.

210　o-Aminophenol　o-氨基酚

【基本信息】C_6H_7NO, 晶体 (水), mp 174℃, 溶于甲醇, 水, 乙醚, 乙酸乙酯; 适量溶于四氯化碳; 难溶于己烷, pK_{a1} 4.78 (20℃), pK_{a2} 9.97 (20℃).【类型】苯胺生物碱.【来源】未鉴定的海洋导出紫细菌, 来自隐海绵属 Adocia sp.【活性】抗微生物.【文献】J. M. Oclarit, et al. Fisheries Science, 1994, 60, 559.

2 苯胺和苯乙胺类生物碱

2.1 苯胺类生物碱　　/041
2.2 简单酪胺类生物碱　　/042
2.3 卤代酪氨酸类生物碱　　/045
2.4 杂项苯乙胺类生物碱　　/062

2.1 苯胺类生物碱

**211　5-Dodecenyl-4-amino-3-hydroxybenzoate
5-十二(碳)烯基-4-氨基-3-羟基苯甲酸盐**

【别名】Antibiotics B 5354A；抗生素 B 5354A.【基本信息】$C_{19}H_{29}NO_3$.【类型】苯胺生物碱.【来源】海洋导出的细菌鲁杰氏菌属 *Ruegeria* sp. SANK 71896.【活性】鞘氨醇激酶抑制剂.【文献】K. Kono, et al. J. Antibiot., 2000, 53, 753.

212　Dysidine(2001)　掘海绵定*

【基本信息】$C_{23}H_{33}NO_6S$，深紫色晶体，$[\alpha]_D^{25}$ = +19º (*c* = 1, 甲醇).【类型】苯胺生物碱.【来源】掘海绵属 *Dysidea* sp. (瓦努阿图).【活性】蛋白酪氨酸磷酸酶 1B (PTP1B) 抑制剂 (IC_{50} = 6.7mmol/L); PLA_2 抑制剂 (选择性的).【文献】C. Giannini, et al. JNP, 2001, 64, 612; M. Gordaliza, et al. Mar. Drugs, 2010, 8, 2849 (Rev.).

213　MD113068-6

【基本信息】$C_{11}H_{11}NO_3$.【类型】苯胺生物碱.【来源】深海真菌展青霉 *Penicillium paneum* SD-44 (沉积物).【活性】细胞毒 (HeLa, IC_{50} = 6.6μmol/L; 对照氟尿嘧啶, IC_{50} = 14.5μmol/L).【文献】C. Li, et al. Mar. Drugs, 2013, 11, 3068.

214　Penipacid A　深海展青霉酸 A*

【基本信息】$C_{13}H_{18}N_2O_3$，浅黄色固体.【类型】苯胺生物碱.【来源】深海真菌展青霉 *Penicillium paneum* SD-44 (沉积物).【活性】细胞毒 (RKO 细胞株, IC_{50} = 8.4μmol/L; 对照氟尿嘧啶, IC_{50} = 25.0μmol/L).【文献】C. Li, et al. Mar. Drugs, 2013, 11, 3068.

215　Penipacid E　深海展青霉酸 E*

【基本信息】$C_{12}H_{10}N_2O_3$，浅黄色固体.【类型】苯胺生物碱.【来源】深海真菌展青霉 *Penicillium paneum* SD-44 (沉积物).【活性】细胞毒 (RKO 细胞株, IC_{50} = 9.7μmol/L; 对照氟尿嘧啶, IC_{50} = 25.0μmol/L).【文献】C. Li, et al. Mar. Drugs, 2013, 11, 3068.

216　2,7-Tetradecadienyl-4-amino-3-hydroxybenzoate　2,7-十四(碳)二烯基-4-氨基-3-羟基苯甲酸酯

【别名】Antibiotics B 5354B；抗生素 B 5354B.【基本信息】$C_{21}H_{31}NO_3$.【类型】苯胺生物碱.【来源】海洋导出的细菌鲁杰氏菌属 *Ruegeria* sp. SANK 71896.【活性】鞘氨醇激酶抑制剂.【文献】K. Kono, et al. J. Antibiot., 2000, 53, 753.

217　7*Z*-Tetradecenyl-4-amino-3-hydroxybenzoate　7*Z*-十四烯基-4-氨基-3-羟基苯甲酸酯

【别名】Antibiotics B 5354C；抗生素 B 5354C.【基本信息】$C_{21}H_{33}NO_3$，粉末.【类型】苯胺生物碱.【来源】海洋导出的细菌鲁杰氏菌属 *Ruegeria* sp. SANK 71896.【活性】鞘氨醇激酶抑制剂.【文献】K. Kono, et al. J. Antibiot., 2000, 53, 753.

2.2 简单酪胺类生物碱

218 *N*-Acetyltyramine *N*-乙酰酪胺
【基本信息】$C_{10}H_{13}NO_2$, mp 134~135°C, 128°C熔结.【类型】简单酪胺生物碱.【来源】海洋导出的真菌烟曲霉菌 *Aspergillus fumigatus*, 来自沉积物（中国水域）.【活性】细胞毒 (SRB试验, K562, IC_{50} = 17.4μmol/L); 细胞毒 (A375, K562); 抗真菌（球孢枝孢 *Cladosporium sphaerospermum*）; 蛋白 L-1R 拮抗剂; 凝血因子 XIIIa 抑制剂.【文献】M. Kanou, et al. JP 10259174, 1998; X. F. Meng, et al. Chinese Journal of Antibiotics, 1998, 23, 271; W. S. Garcez, et al. J. Agric. Food Chem., 2000, 48, 3662; K. P. Du, et al. Chinese Journal of Antibiotics, 2001, 26, 410; W. Y. Zhao, et al. Nat. Prod. Res., 2010, 24, 953.

219 4-(2-Aminoethyl)-2-bromophenol 4-(2-氨乙基)-2-溴苯酚
【基本信息】$C_8H_{10}BrNO$, 晶体, mp 162~164°C.【类型】简单酪胺生物碱.【来源】豆海鞘属 *Cnemidocarpa bicornuta*（新西兰）.【活性】细胞毒 (P_{388}, IC_{50} = 46μmol/L).【文献】B. S. Lindsay, et al. JNP, 1998, 61, 857.

220 Aplaminone 海兔胺酮*
【基本信息】$C_{26}H_{40}BrNO_3$, 油状物, $[\alpha]_D^{23}$ = −2.9° (c = 1.18, 甲醇).【类型】简单酪胺生物碱.【来源】软体动物黑斑海兔 *Aplysia kurodai*.【活性】细胞毒 (HeLa-S3, IC_{50} = 0.28μg/mL).【文献】H. Kigoshi, et al. Tetrahedron Lett., 1990, 31, 4911; H. Kigoshi, et al. Tetrahedron Lett., 1992, 33, 4195.

221 Aplysamine 6 秽色海绵胺 6*
【基本信息】$C_{21}H_{23}Br_3N_2O_3$, 树胶状物质.【类型】简单酪胺生物碱.【来源】类角海绵属 *Pseudoceratina* sp.【活性】异戊烯半胱氨酸羧基甲基转移酶抑制剂.【文献】M. S. Buchanan, et al. JNP, 2008, 71, 1066.

222 Convolutamine A 旋花愚苔虫胺 A*
【基本信息】$C_{13}H_{18}Br_3NO_2$, 油状物.【类型】简单酪胺生物碱.【来源】苔藓动物旋花愚苔虫 *Amathia convoluta*（佛罗里达, 美国）.【活性】细胞毒 (P_{388}, L_{1210}, KB 细胞).【文献】H.-P. Zhang, et al. Chem. Lett., 1994, 2271; H. Zhang, et al. Tetrahedron, 1994, 50, 10201; Y. Kamono, et al. Collect. Czech. Chem. Commun., 1999, 64, 1147; H. Hashima, et al. BoMC, 2000, 8, 1757.

223 Convolutamine B 旋花愚苔虫胺 B*
【基本信息】$C_{13}H_{19}Br_2NO_2$, 油状物.【类型】简单酪胺生物碱.【来源】苔藓动物旋花愚苔虫 *Amathia convoluta*（佛罗里达, 美国）.【活性】细胞毒 (P_{388}, L_{1210}, KB 细胞).【文献】H. Zhang, et al. Chem. Lett., 1994, 2271; H. Zhang, et al. Tetrahedron, 1994, 50, 10201.

224 Convolutamine C 旋花愚苔虫胺 C*

【基本信息】$C_{12}H_{16}Br_3NO_2$, 油状物.【类型】简单酪胺生物碱.【来源】苔藓动物旋花愚苔虫 *Amathia convoluta* (佛罗里达, 美国).【活性】细胞毒 (P_{388}, L_{1210}, KB 细胞).【文献】H. Zhang, et al. Chem. Lett., 1994, 2271; H. Zhang, et al. Tetrahedron, 1994, 50, 10201; Y. Kamono, et al. Collect. Czech. Chem. Commun., 1999, 64, 1147; H. Hashima, et al. BoMC, 2000, 8, 1757.

225 Convolutamine F 旋花愚苔虫胺 F*

【基本信息】$C_{10}H_{12}Br_3NO$, 油状物, $[\alpha]_D^{20} = +24.3°$ ($c = 0.4$, 氯仿).【类型】简单酪胺生物碱.【来源】苔藓动物旋花愚苔虫 *Amathia convoluta* (佛罗里达, 美国).【活性】细胞毒 (KB, $IC_{50} = 27\mu g/mL$, 及其耐长春新碱的 KB/VJ-300 细胞, $IC_{50} = 9.6\mu g/mL$, U937, $IC_{50} = 13\mu g/mL$); 抑制细胞分裂 (受精海胆卵, $IC_{50} = 82\mu g/mL$).【文献】H.-P. Zhang, et al. Chem. Lett., 1994, 2271; Y. Kamono, et al. Collect. Czech. Chem. Commun., 1999, 64, 1147; H. Hashima, et al. BoMC, 2000, 8, 1757.

226 (3,5-Di-iodo-4-methoxyphenyl)ethylamine (3,5-双-碘代-4-甲氧苯基)乙胺

【基本信息】$C_9H_{11}I_2NO$, 晶体 (石油醚), mp 55~57°C.【类型】简单酪胺生物碱.【来源】星骨海鞘属 *Didemnum* sp. (关岛, 美国).【活性】细胞毒 (温和活性), 抗真菌.【文献】D. F. Sesin, et al. Tetrahedron Lett., 1984, 25, 403.

227 Dopamine 多巴胺

【别名】Hydroxytyramine; 羟基酪胺.【基本信息】$C_8H_{11}NO_2$.【类型】简单酪胺生物碱.【来源】绿藻礁膜属 *Monostroma fuscum*, 海洋动物例如海葵 *Metridium senile*; 各种动物 (特别是头部和神经系统) 和各种高等植物, 例如金雀儿 *Cytisus scoparius*, 香蕉 *Musa sapientum* 和紫茉莉属 *Hermidium alipes* (属名可为 *Mirabilis*).【活性】肾上腺素能; 拟交感神经药; 中枢神经递质和去甲肾上腺素前体; 抗帕金森病的; 强心剂; 抗低血压药; LD_{50} (大鼠, ipr) = 163mg/kg.【文献】R. D. Tocher, et al. Can. J. Bot., 1966, 44, 605; P. M. Lenicque, et al. Comp. Biochem. Physiol., C: Comp. Pharmacol., 1977, 56, 31; CNS Neurotransmitters and Neuromodulators: Dopamine, 1996, ed. T. W. Stone, CRC Press.

228 Hermitamide A 赫米特酰胺 A*

【基本信息】$C_{23}H_{37}NO_2$, 浅黄色油状物, $[\alpha]_D^{26} = -9.3°$ ($c = 0.45$, 氯仿).【类型】简单酪胺生物碱.【来源】蓝细菌稍大鞘丝藻 *Lyngbya majuscula* (巴布亚新几内亚).【活性】抗癌细胞效应 (模型: 人 HEK 胚胎肾癌细胞, 作用机制: 电压门控钠通道抑制) (De Oliveira, 2011); 细胞毒 (组织培养的 Neuro-2a 成神经细胞瘤细胞, $IC_{50} = 2.2\mu g/mL$); 有毒的 (盐水丰年虾和金鱼); LD_{50} (盐水丰年虾 *Artemia salina* 生物测定试验) = $5\mu mol/L$; 鱼毒的 (金鱼, $LD_{50} = 19\mu mol/L$).【文献】T. Tan, et al. JNP, 2000, 63, 952; E. O. De Oliveira, et al. BoMC 2011, 19, 4322.

229 Hordenine 大麦芽碱

【基本信息】$C_{10}H_{15}NO$, mp 118°C, bp_{11mmHg} 173~174°C.【类型】简单酪胺生物碱.【来源】红藻育叶藻属 *Phyllophora nervosa*, 广泛存在于植物中.

【活性】抗低血压药（大剂量时）；利尿的，用于处理痢疾.【文献】K. C. Güven, et al. Phytochemistry, 1970, 9, 1893.

230 *N*-[2-(4-Hydroxy-3-methoxyphenyl)ethyl]-3-methyl-2-dodecenamide *N*-[2-(4-羟基-3-甲氧苯基)乙基]-3-甲基-2-十二烯酰胺
【基本信息】$C_{22}H_{35}NO_3$, 油状物，缓慢凝固.【类型】简单酪胺生物碱.【来源】短指软珊瑚属 *Sinularia flexibilis*.【活性】抗炎；心脏中毒.【文献】R. Kazlauskas, et al. Aust. J. Chem., 1980, 33, 1799.

231 *N*-[2-(3-Hydroxy-4-methoxyphenyl)ethyl]-3-methyl-2-dodecenamide *N*-[2-(3-羟基-4-甲氧苯基)乙基]-3-甲基-2-十二烯酰胺
【基本信息】$C_{22}H_{35}NO_3$, 油状物，缓慢凝固.【类型】简单酪胺生物碱.【来源】短指软珊瑚属 *Sinularia flexibilis*.【活性】抗炎；心脏中毒.【文献】R. Kazlauskas, et al. Aust. J. Chem., 1980, 33, 1799.

232 *N*-[2-(4-Hydroxyphenyl)ethyl]-3-methyl-2-dodecenamide *N*-[2-(4-羟苯基)乙基]-3-甲基-2-十二烯酰胺
【基本信息】$C_{21}H_{33}NO_2$, mp 70~72℃.【类型】简单酪胺生物碱.【来源】短指软珊瑚属 *Sinularia flexibilis*, Plexauridae 科柳珊瑚 *Muricea austera*.【活性】抗炎；心脏中毒.【文献】R. Kazlauskas, et al. Aust. J. Chem., 1980, 33, 1799; J.-H. Sheu, et al. J. Chin. Chem. Soc. (Taipei), 1999, 46, 253; M. Guttiérez, et al. JNP, 2006, 69, 1379.

233 *N*-(2-Phenylethyl)-9-hydroxyhexadeca-carboxamide *N*-(2-苯基乙基)-9-羟基十六烷基甲酰胺
【基本信息】$C_{24}H_{41}NO_2$, 白色晶状固体, mp 78℃, $[\alpha]_D^{25} = -2.68°$ ($c = 0.41$, 氯仿).【类型】简单酪胺生物碱.【来源】珊瑚纲八放珊瑚亚纲匍匐珊瑚目长轴珊瑚 *Telesto riisei* (楚克环礁，密克罗尼西亚联邦).【活性】细胞毒（P_{388}, 温和活性）.【文献】G. K. Liyanage, et al. JNP, 1996, 59, 148; K. Böröczky, et al. Chem. Biodivers., 2006, 3, 622.

234 *N*-(2-Phenylethyl)-9-oxohexadeca-carboxamide *N*-(2-苯基乙基)-9-氧代十六烷基甲酰胺
【基本信息】$C_{24}H_{39}NO_2$, 白色晶状固体, mp 85℃.【类型】简单酪胺生物碱.【来源】珊瑚纲八放珊瑚亚纲匍匐珊瑚目长轴珊瑚 *Telesto riisei* (楚克环礁，密克罗尼西亚联邦).【活性】细胞毒（P_{388}, 温和活性）.【文献】G. K. Liyanage, et al. JNP, 1996, 59, 148; K. Böröczky, et al. Chem. Biodivers., 2006, 3, 622.

235 Purealidin G 纯洁沙肉海绵里定 G*
【基本信息】$C_{14}H_{22}Br_2N_2O$.【类型】简单酪胺生物碱.【来源】纯洁沙肉海绵* *Psammaplysilla purea* (冲绳，日本).【活性】Na/K-腺苷三磷酸酶抑制剂.【文献】M. Tsuda, et al. Tetrahedron Lett., 1992, 33, 2597; M. Tsuda, et al. JNP, 1992, 55, 1325; Y. Venkateswarlu, et al. JNP, 1998, 61, 1388; 1999, 62, 893.

236　Turbotoxin A　前鳃夜光蝾螺毒素 A*
【基本信息】$C_{17}H_{30}I_2N_2O^{2+}$.【类型】简单酪胺生物碱.【来源】软体动物前鳃夜光蝾螺* Turbo marmorata* (日本水域).【活性】有毒的 (小鼠, ip, LD_{99} = 1.0mg/kg).【文献】H. Kigoshi, et al. Tetrahedron Lett., 1999, 40, 5745.

237　Turbotoxin B　前鳃夜光蝾螺毒素 B*
【基本信息】$C_{16}H_{28}I_2N_2O^+$.【类型】简单酪胺生物碱.【来源】软体动物前鳃夜光蝾螺* Turbo marmorata* (日本水域).【活性】有毒的 (小鼠, ip, LD_{99} = 4.0mg/kg).【文献】H. Kigoshi, et al. Tetrahedron Lett., 1999, 40, 5745.

2.3　卤代酪氨酸类生物碱

238　Agelorin A　乳清群海绵素 A*
【基本信息】$C_{29}H_{26}Br_6N_4O_{11}$, 无定形灰白色粉末, $[\alpha]_D^{25}$ = −17.1º (c = 1.26, 丙酮).【类型】卤代酪氨酸生物碱.【来源】乳清群海绵* Agelas oroides* (热带海洋海绵, 大堡礁, 澳大利亚).【活性】抗菌.【文献】G. M. König, et al. Heterocycles, 1993, 36, 1351; S. Bardhan, et al. Org. Lett., 2006, 8, 927.

239　Agelorin B　乳清群海绵素 B*
【基本信息】$C_{29}H_{26}Br_6N_4O_{11}$, 无定形粉末, $[\alpha]_D^{25}$ = +50º (c = 0.27, 丙酮).【类型】卤代酪氨酸生物碱.【来源】乳清群海绵* Agelas oroides* (热带海洋海绵, 大堡礁, 澳大利亚).【活性】抗菌.【文献】G. M. König, et al. Heterocycles, 1993, 36, 1351; S. Bardhan, et al. Org. Lett., 2006, 8, 927.

240　Aplysamine 2　秒色海绵胺 2*
【基本信息】$C_{23}H_{28}Br_3N_3O_4$, 浅褐色半晶固体 (盐酸), mp 87~88.5℃ (盐酸).【类型】卤代酪氨酸生物碱.【来源】沙肉海绵属 *Druinella* sp. (斐济), 秒色海绵属 *Aplysina* sp., 紫色沙肉海绵 *Psammaplysilla purpurea* 和紫色类角海绵* Pseudoceratina purpurea*.【活性】细胞毒 (A2780, IC_{50} = 2.83μg/mL; K562, IC_{50} = 1.37μg/mL).【文献】J. N. Tabudravu, et al. JNP, 2002, 65, 1798; R. Xynas, et al. Aust. J. Chem., 1989, 42, 1427; M. R. Rao, et al. Ind. J. Chem., Sect. B, 1999, 38, 1301; A. Kijjoa, et al. Z. Naturforsch., B, 2005, 60, 904.

241　Aplysamine 3　秒色海绵胺 3*
【别名】Purpuramine H; 紫色沙肉海绵胺 H*.【基本信息】$C_{21}H_{24}Br_3N_3O_4$, 无定形物质或半晶固体.【类型】卤代酪氨酸生物碱.【来源】Aplysinellidae 科海绵 *Suberea* sp. (冲绳, 日本) 和紫色沙肉海绵 *Psammaplysilla purpurea* (日本水域).【活性】细胞毒 (P_{388}, IC_{50} = 1μg/mL; A549, IC_{50} = 2μg/mL; HT29, IC_{50} = 3μg/mL; KB, IC_{50} = 5μg/mL); 抗菌 (金黄色葡萄球菌 *Staphylococcus aureus*, 100μg/盘, IZD = 10mm).【文献】J. Jurek, et al. JNP, 1993, 56, 1609; H. Yagi, et al. Tetrahedron, 1993, 49, 3749; M. Tsuda, et al. JNP, 2001, 64, 980.

242　Aplysamine 4　秒色海绵胺 4*

【基本信息】$C_{21}H_{23}Br_3N_3O_4$，半晶固体.【类型】卤代酪氨酸生物碱.【来源】紫色沙肉海绵 *Psammaplysilla purpurea* (金丸湾，冲绳，日本).【活性】细胞毒 (WST-8 比色试验 48h, HeLa, IC_{50} = 3.5μmol/L); 细胞毒 (P_{388}, IC_{50} = 2.5μg/mL; A549, IC_{50} = 2.5μg/mL; HT29, IC_{50} = 2.5μg/mL; KB, IC_{50} = 5μg/mL); 抗菌（金黄色葡萄球菌 *Staphylococcus aureus*, 100μg/盘，IZD = 10mm).【文献】J. Jurek, et al. JNP, 1993, 56, 1609; T. Fujiwara, et al. J. Antibiot., 2009, 62, 393.

243　Aplysamine 5　秒色海绵胺 5*

【基本信息】$C_{36}H_{52}Br_3N_3O_5$，树胶状物.【类型】卤代酪氨酸生物碱.【来源】紫色沙肉海绵 *Psammaplysilla purpurea* (夏威夷).【活性】细胞毒 (P_{388}, IC_{50} = 10μg/mL; A549, IC_{50} = 2.5μg/mL; HT29, IC_{50} = 2.5μg/mL; KB, IC_{50} = 2μg/mL).【文献】J. Jurek, et al. JNP, 1993, 56, 1609.

244　Aplysamine 7　秒色海绵胺 7*

【基本信息】$C_{23}H_{28}Br_3N_3O_5$.【类型】卤代酪氨酸生物碱.【来源】多疣状突起类角海绵* *Pseudoceratina verrucosa* (钩礁潟湖，昆士兰，澳大利亚).【活性】细胞毒 (PC3).【文献】T. D. Tran, et al. JNP, 2013, 76, 516.

245　Bastadin 1　象耳海绵定 1*

【基本信息】$C_{34}H_{30}Br_4N_4O_8$，泡沫.【类型】卤代酪氨酸生物碱.【来源】小紫海绵属 *Ianthella basta*.【活性】抗菌 (革兰氏阳性菌, *in vitro*, 有潜力的).【文献】R. Kazlauskas, et al. Tetrahedron Lett., 1980, 21, 2277; R. Kaztauskas, et al. Aust. J. Chem., 1981, 34, 765; S. Nishiyama, et al. Tetrahedron Lett., 1982, 23, 1281.

246　Bastadin 2　象耳海绵定 2*

【基本信息】$C_{34}H_{29}Br_5N_4O_8$，泡沫.【类型】卤代酪氨酸生物碱.【来源】小紫海绵属 *Ianthella basta*.【活性】抗菌 (革兰氏阳性菌, *in vitro*, 有潜力的).【文献】R. Kazlauskas, et al. Tetrahedron Lett., 1980, 21, 2277; R. Kazlauskas, et al. Aust. J. Chem., 1981, 34, 765; S. Nishiyama, et al. Tetrahedron Lett., 1982, 23, 1281; Z.-W. Guo, et al. JOC, 1998, 63, 4269.

247　Bastadin 3　象耳海绵定 3*

【基本信息】$C_{34}H_{30}Br_4N_4O_8$，浅黄色泡沫.【类型】卤代酪氨酸生物碱.【来源】小紫海绵属 *Ianthella basta*.【活性】抗菌 (革兰氏阳性菌, *in vitro*, 有潜力的). 【文献】R. Kazlauskas, et al. Aust. J. Chem., 1981, 34, 765; Z.-W. Guo, et al. JOC, 1998, 63, 4269.

248　Bastadin 4　象耳海绵定 4*

【别名】Cyclobastadin 1; 环象耳海绵定 1*. 【基本信息】$C_{34}H_{25}Br_5N_4O_8$, 黄色针状晶体 (DMF), mp 250°C (分解). 【类型】卤代酪氨酸生物碱. 【来源】小紫海绵属 *Ianthella basta* 和小紫海绵属 *Ianthella quadrangulata*. 【活性】细胞毒 (一组 36 种人肿瘤细胞, 平均 $IC_{50} = 2.9\mu g/mL$); 细胞毒 (P_{388}, $ED_{50} = 2.0\mu g/mL$); 抗炎 (50μg/耳, InRt = 89%); 抗菌 (革兰氏阳性菌). 【文献】R. Kazlauskas, et al. Aust. J. Chem., 1981, 34, 765; E. O. Pordesimo, et al. JOC, 1990, 55, 4704; H. Greve, et al. JNP, 2008, 71, 309.

249　Bastadin 5　象耳海绵定 5*

【别名】Cyclobastadin 2; 环象耳海绵定 2*. 【基本信息】$C_{34}H_{27}Br_5N_4O_8$, 晶体 (乙腈) (四甲醚), mp 262~264°C (四甲醚). 【类型】卤代酪氨酸生物碱. 【来源】小紫海绵属 *Ianthella basta* 和小紫海绵属 *Ianthella quadrangulata*. 【活性】细胞毒 (一组 36 种人肿瘤细胞, 平均 $IC_{50} = 2.2\mu g/mL$); 钙通道激动剂 [肌质网 (SR), $EC_{50} = 2.0\mu mol/L$, 象耳海绵定 5 通过结合钙通道 RyR1-FKBP12, 刺激 Ca^{2+} 从 SR 释放, 一种四聚异二聚通道蛋白 (约 2000kDa), 与较小的 12kDa 免疫亲和蛋白 FKBP12 有关]. 【文献】R. Kazlauskas, et al. Aust. J. Chem., 1981, 34, 765; J. Clardy, Proc. Nat. Acad. Sci. U.S.A. 1995, 92, 56; M. A. Franklin, et al. JNP, 1996, 59, 1121; M. N. Masuno, et al. Mar. Drugs, 2004, 2, 176; H. Greve, et al. JNP, 2008, 71, 309.

250　Bastadin 6　象耳海绵定 6*

【别名】Cyclobastadin 3; 环象耳海绵定 3*. 【基本信息】$C_{34}H_{26}Br_6N_4O_8$, 粉末. 【类型】卤代酪氨酸生物碱. 【来源】小紫海绵属 *Ianthella basta*, 小紫海绵属 *Ianthella quadrangulata* 和紫色沙肉海绵 *Psammaplysilla purpurea*. 【活性】细胞毒 (一组 36 种人肿瘤细胞, 平均 $IC_{50} = 0.7\mu g/mL$); 细胞毒 (Sup-T1, $IC_{50} = 7.9\times10^{-11}mol/L$); 抗血管生成的. 【文献】E. O. Pordesimo, et al. JOC, 1990, 55, 4704; H. Greve, et al. JNP, 2008, 71, 309.

251　Bastadin 7　象耳海绵定 7*

【别名】Cyclobastadin 4; 环象耳海绵定 4*. 【基本信息】$C_{34}H_{26}Br_4N_4O_8$, 泡沫. 【类型】卤代酪氨酸生物碱. 【来源】小紫海绵属 *Ianthella basta* 和小

紫海绵属 Ianthella quadrangulata.【活性】细胞毒 (一组 36 种人肿瘤细胞，平均 IC_{50} = 3.2μg/mL).【文献】R. Kazlauskas, et al. Aust. J. Chem., 1981, 34, 765; H. Greve, et al. JNP, 2008, 71, 309.

252 Bastadin 8 象耳海绵定 8*

【基本信息】$C_{34}H_{27}Br_5N_4O_9$，白色薄膜.【类型】卤代酪氨酸生物碱.【来源】小紫海绵属 Ianthella basta.【活性】细胞毒 (P_{388}, ED_{50} = 3.6μg/mL); 抗炎 (50μg/耳, InRt = 93%).【文献】R. Kazlauskas, et al. Aust. J. Chem., 1981, 34, 765; S. Miao, et al. JNP, 1990, 53, 1441; E. O. Pordesimo, et al. JOC, 1990, 55, 4704.

253 Bastadin 9‡ 象耳海绵定 9*‡

【基本信息】$C_{34}H_{28}Br_4N_4O_8$，白色粉末 (甲醇水溶液).【类型】卤代酪氨酸生物碱.【来源】小紫海绵属 Ianthella basta.【活性】细胞毒 (P_{388}, ED_{50} = 2.7μg/mL); 抗炎 (50μg/耳, InRt = 94%).【文献】S. Miao, et al. JNP, 1990, 53, 1441; E. O. Pordesimo, et al. JOC, 1990, 55, 4704.

254 Bastadin 10 象耳海绵定 10*

【基本信息】$C_{34}H_{28}Br_4N_4O_9$，无色油状物.【类型】卤代酪氨酸生物碱.【来源】小紫海绵属 Ianthella basta.【活性】抗炎; 肌苷 5′-磷酸脱氢酶抑制剂.【文献】E. O. Pordesimo, et al. JOC, 1990, 55, 4704.

255 Bastadin 11 象耳海绵定 11*

【基本信息】$C_{34}H_{26}Br_4N_4O_8$，发白色的薄膜.【类型】卤代酪氨酸生物碱.【来源】小紫海绵属 Ianthella basta.【活性】抗炎.【文献】E. O. Pordesimo, et al. JOC, 1990, 55, 4704.

256　Bastadin 12　象耳海绵定 12*

【基本信息】$C_{34}H_{27}Br_5N_4O_9$, 无定形物质.【类型】卤代酪氨酸生物碱.【来源】小紫海绵属 *Ianthella basta* 和小紫海绵属 *Ianthella quadrangulata*.【活性】细胞毒 (Sup-T1, $IC_{50} = 8.01×10^{-9}$ mol/L); 细胞毒 (36 种不同的人癌细胞株, 平均 $IC_{50} = 1.1\mu g/mL$).【文献】E. O. Pordesimo, et al. JOC, 1990, 55, 4704; S. Miao, et al. JNP, 1990, 53, 1441; A. V. Reddy, et al. BoMC, 2006, 14, 4452; H. Greve, et al. JNP, 2008, 71, 309.

257　Bastadin 13　象耳海绵定 13*

【基本信息】$C_{34}H_{28}Br_4N_4O_8$, 粉末, mp 177~179℃.【类型】卤代酪氨酸生物碱.【来源】小紫海绵属 *Ianthella quadrangulata* 和小紫海绵属 *Ianthella basta*.【活性】细胞毒 (一组 36 种人肿瘤细胞, 平均 $IC_{50} = 2.4\mu g/mL$).【文献】H. Greve, et al. JNP, 2008, 71, 309; J. R. Carney, et al. JNP, 1993, 56, 153.

258　Bastadin 14　象耳海绵定 14*

【别名】Isobastadin 4; 异象耳海绵定 4*.【基本信息】$C_{34}H_{25}Br_5N_4O_8$.【类型】卤代酪氨酸生物碱.【来源】紫色沙肉海绵 *Psammaplysilla purpurea* (波纳佩岛, 密克罗尼西亚联邦).【活性】细胞毒 (Sup-T1, $IC_{50} = 1.4×10^{-7}$ mol/L); 二氢叶酸还原酶抑制剂 ($IC_{50} = 2.5\mu g/mL$); 拓扑异构酶Ⅱ抑制剂 ($IC_{50} = 2.0\mu g/ml$).【文献】J. R. Carney, et al. JNP, 1993, 56, 153; A. V. Reddy, et al. BoMC, 2006, 14, 4452; H. Greve, et al. JNP, 2008, 71, 309.

259　Bastadin 15　象耳海绵定 15*

【基本信息】$C_{34}H_{27}Br_5N_4O_8$.【类型】卤代酪氨酸生物碱.【来源】小紫海绵属 *Ianthella* sp. (新南威尔士).【活性】细胞毒 (Sup-T1, $IC_{50} = 6.45×10^{-7}$ mol/L).【文献】A. F. Dexter, et al. JNP, 1993, 56, 782; A. V. Reddy, et al. BoMC, 2006, 14, 4452.

260　Bastadin 16　象耳海绵定 16*

【基本信息】$C_{34}H_{27}Br_5N_4O_8$.【类型】卤代酪氨酸生物碱.【来源】小紫海绵属 *Ianthella basta*（苏拉威西，印度尼西亚）和紫色沙肉海绵 *Psammaplysilla purpurea*.【活性】细胞毒 (Sup-T1, $IC_{50} = 1.0 \times 10^{-12}$ mol/L).【文献】S. K. Park, et al. JNP, 1994, 57, 407; A. V. Reddy, et al. BoMC, 2006, 14, 4452.

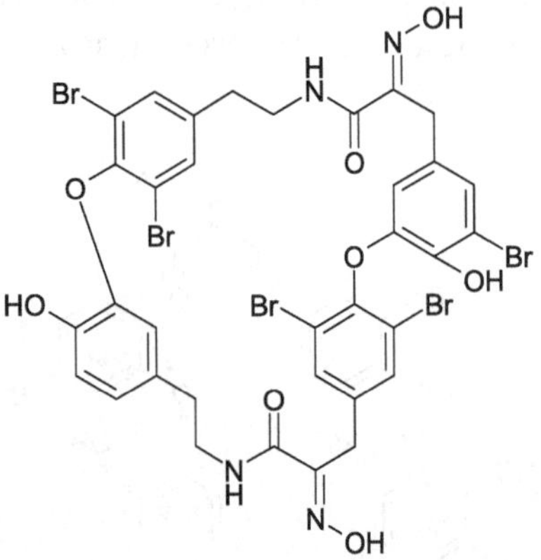

261　(E,E)-Bastadin 19　(E,E)-象耳海绵定 19*

【基本信息】$C_{34}H_{27}Br_5N_4O_8$.【类型】卤代酪氨酸生物碱.【来源】小紫海绵属 *Ianthella basta* 和小紫海绵属 *Ianthella* cf. *reticulata*（米尔恩湾，巴布亚新几内亚）.【活性】细胞毒 (Sup-T1, $IC_{50} = 7.3 \times 10^{-8}$ mol/L)；钙通道调节剂.【文献】A. V. Reddy, et al. BoMC, 2006, 14, 4452; L. Calcul, et al. JNP, 2010, 73, 365.

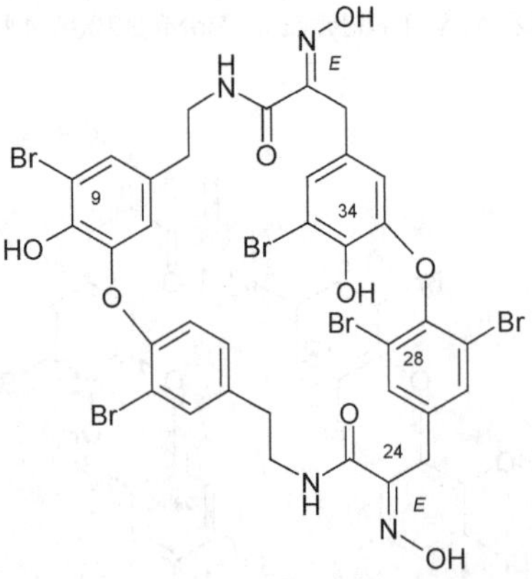

262　Bastadin 20　象耳海绵定 20*

【基本信息】$C_{34}H_{28}Br_4N_4O_8$, 固体.【类型】卤代酪氨酸生物碱.【来源】小紫海绵属 *Ianthella basta*.【活性】钙通道激动剂（肌质网，$EC_{50} = 20.6$ μmol/L).【文献】M. A. Franklin, et al. JNP, 1996, 59, 1121.

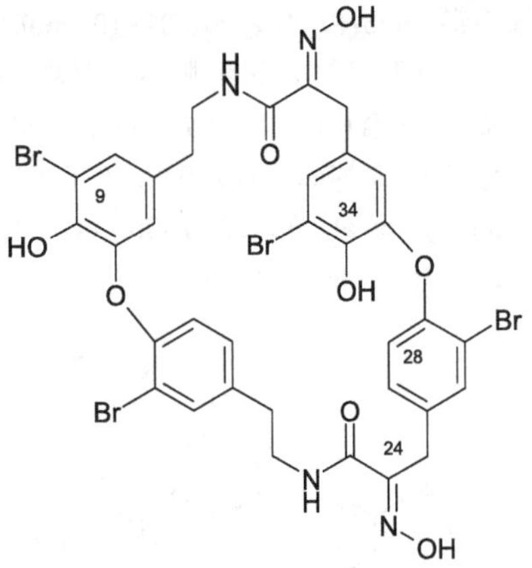

263　Bastadin 21　象耳海绵定 21*

【基本信息】$C_{34}H_{29}Br_3N_4O_8$, 无定形固体.【类型】卤代酪氨酸生物碱.【来源】小紫海绵属 *Ianthella quadrangulata*.【活性】细胞毒（一组 36 种人肿瘤细胞，平均 $IC_{50} = 8.7$ μg/mL).【文献】J. C. Coll, et al. JNP, 2002, 65, 753; H. Greve, et al. JNP, 2008, 71, 309.

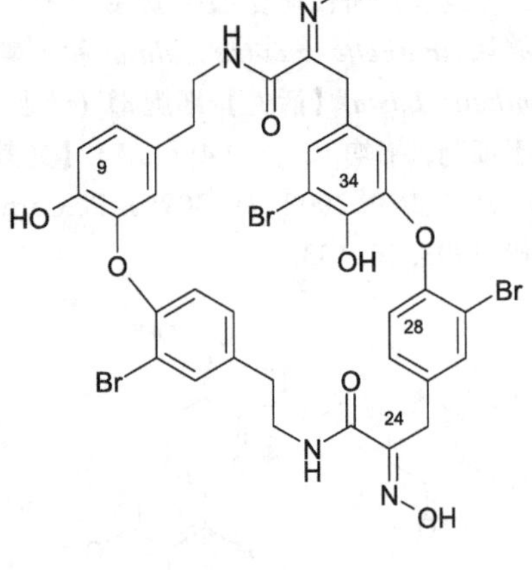

264　Bastadin 22　象耳海绵定 22*

【基本信息】$C_{34}H_{24}Br_6N_4O_8$, 无定形固体, mp 198~202℃.【类型】卤代酪氨酸生物碱.【来源】拟刺枝骨海绵 *Dendrilla cactos*.【活性】细胞毒 (Sup-T1, $IC_{50} = 7.15 \times 10^{-9}$ mol/L).【文献】A. V. Reddy, et al. BoMC, 2006, 14, 4452.

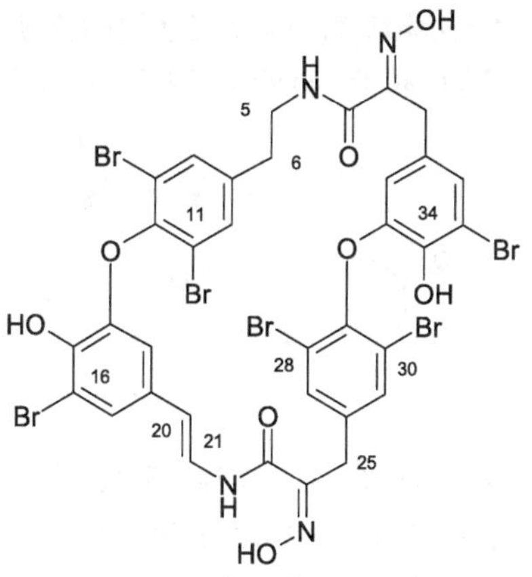

265　Bastadin 24　象耳海绵定 24*

【基本信息】$C_{34}H_{26}Br_6N_4O_9$，无定形固体，$[\alpha]_D^{23} = -36°$ ($c = 0.88$, 甲醇). 【类型】卤代酪氨酸生物碱. 【来源】小紫海绵属 *Ianthella quadrangulata*. 【活性】细胞毒 (一组 36 种人肿瘤细胞, 平均 $IC_{50} = 1.8\mu g/mL$); 细胞毒 (36 种研究的肿瘤细胞株中的 5 种有选择性的活性: CNXF-SF268, $IC_{50} = 0.38\mu g/mL$; LXFA-629L, $IC_{50} = 0.37\mu g/mL$; MAXF-401NL, $IC_{50} = 0.55\mu g/mL$; MEXF-276L, $IC_{50} = 0.59\mu g/mL$; PRXF-22RV1, $IC_{50} = 0.46\mu g/mL$). 【文献】H. Greve, et al. JNP, 2008, 71, 309.

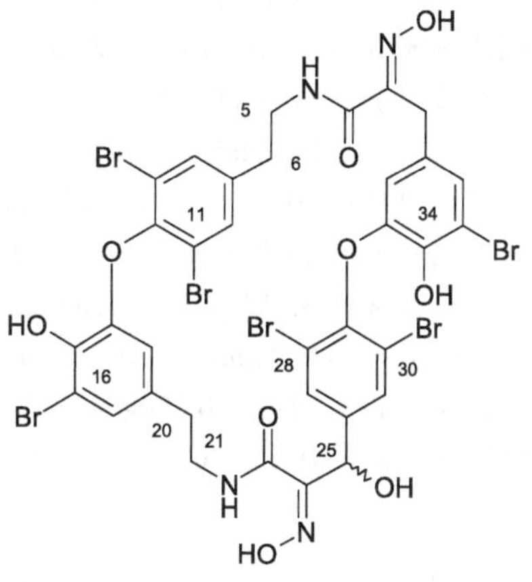

266　Bastadin 25　象耳海绵定 25*

【基本信息】$C_{34}H_{26}Br_4N_4O_{12}S$，无定形固体，$[\alpha]_D^{17} = +8.5°$ ($c = 0.1$, 甲醇). 【类型】卤代酪氨酸生物碱. 【来源】小紫海绵属 *Ianthella flabelliformis*. 【活性】δ-阿片类药物受体亲和力 (豚鼠, 抑制阿片肽 [³H]DPDPE 的结合, 100μmol/L, 86%). 【文献】A. R. Carroll, et al. JNP, 2010, 73, 1173.

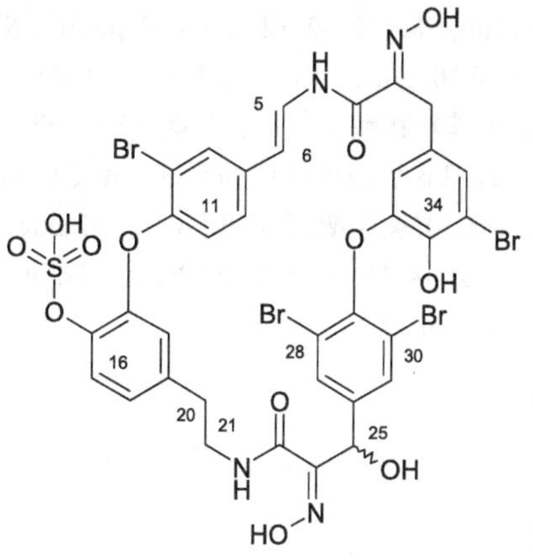

267　Bastadin 26　象耳海绵定 26*

【基本信息】$C_{34}H_{28}Br_4N_4O_{13}S$，树胶状物，$[\alpha]_D^{25} = +59°$ ($c = 0.01$, 甲醇). 【类型】卤代酪氨酸生物碱. 【来源】小紫海绵属 *Ianthella flabelliformis*. 【活性】δ-阿片类药物受体亲和力 (豚鼠, 从细胞膜中 δ-opioid 受体取代阿片肽 [³H]DPDPE, $IC_{50} = 206$nmol/L, $K_i = 100$nmol/L, 对照纳洛酮, $K_i = 30$nmol/L, 选择性的). 【文献】A. R. Carroll, et al. JNP, 2010, 73, 1173.

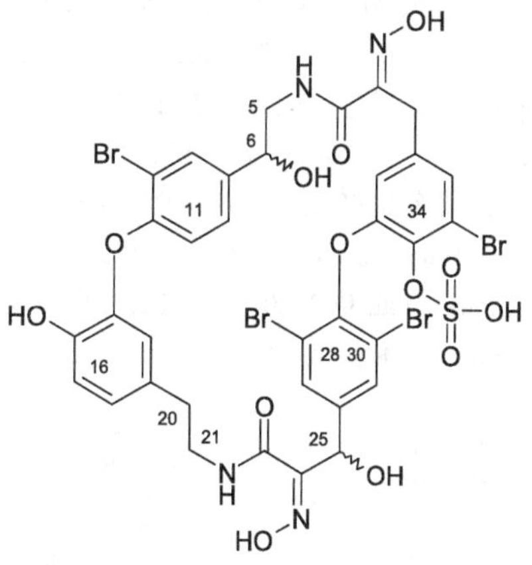

268　Bisaprasin　双腐烂锶海绵新*

【基本信息】$C_{44}H_{46}Br_4N_8O_{12}S_4$，泡沫. 【类型】卤代酪氨酸生物碱. 【来源】碧玉海绵属 *Jaspis* sp. 和杂星海绵属 *Poecillastra* sp. (联合体), 紫色类角海绵* *Thorectopsamma xana* [Syn. *Pseudoceratina purpurea*], Aplysinellidae 科海绵 *Aplysinella rhax* 和紫色类角海绵* *Pseudoceratina purpurea*. 【活性】细胞毒 (A549, $ED_{50} = 3.40\mu g/mL$; SK-OV-3, $ED_{50} = 2.78\mu g/mL$; SK-MEL-2, $ED_{50} = 2.94\mu g/mL$; XF498, $ED_{50} = 2.44\mu g/mL$; HCT15, $ED_{50} = 6.00\mu g/mL$; 对照阿霉素: A549, $ED_{50} = 0.04\mu g/mL$; SK-OV-3, $ED_{50} =$

0.15µg/mL; SK-MEL-2, ED$_{50}$ = 0.003µg/mL; XF498, ED$_{50}$ = 0.10µg/mL; HCT15, ED$_{50}$ = 0.09µg/mL); DNA 甲基转移酶抑制剂；组蛋白去乙酰化酶抑制剂；法尼基蛋白转移酶抑制剂；亮氨酸氨基肽酶抑制剂；抗微生物.【文献】P. B. Shinde, et al. BoMCL, 2008, 18, 6414; CRC Press, DNP on DVD, 2012, version 20.2.

269 Bispsammaplin A 双沙肉海绵林 A*

【基本信息】C$_{44}$H$_{46}$Br$_4$N$_8$O$_{12}$S$_4$, 黄色油状物，[α]$_D^{23}$ = –3° (c = 0.21, 甲醇).【类型】卤代酪氨酸生物碱.【来源】碧玉海绵属 *Jaspis* sp. 和杂星海绵属 *Poecillastra* sp. (联合体).【活性】细胞毒 (A549, ED$_{50}$ = 1.53µg/mL; SK-OV-3, ED$_{50}$ = 1.52µg/mL; SK-MEL-2, ED$_{50}$ = 1.02µg/mL; XF498, ED$_{50}$ = 1.10µg/mL; HCT15, ED$_{50}$ = 3.35µg/mL; 对照阿霉素：A549, ED$_{50}$ = 0.04µg/mL; SK-OV-3, ED$_{50}$ = 0.15µg/mL; SK-MEL-2, ED$_{50}$ = 0.003µg/mL; XF498, ED$_{50}$ = 0.10µg/mL; HCT15, ED$_{50}$ = 0.09µg/mL)【文献】Y. Park, et al. JNP, 2003, 66, 1495; P. B. Shinde, et al. BoMCL, 2008, 18, 6414.

270 Botryllamide D 菊海鞘酰胺 D*

【基本信息】C$_{19}$H$_{18}$BrNO$_4$, 树胶状物.【类型】卤代酪氨酸生物碱.【来源】菊海鞘属 *Botryllus* sp. (锡基霍尔岛，菲律宾) 和史氏菊海鞘 *Botryllus schlosseri* (大堡礁).【活性】细胞毒 (HCT116, IC$_{50}$ = 17µg/mL, 边缘活性, *in vivo* 无活性).【文献】L. A. McDonald, et al. Tetrahedron, 1995, 51, 5237.

271 Botryllamide G 菊海鞘酰胺 G*

【基本信息】C$_{18}$H$_{15}$Br$_2$NO$_4$, 树胶状物.【类型】卤代酪氨酸生物碱.【来源】拟菊海鞘属 *Botrylloides tyreum*.【活性】ABCG2 抑制剂 (ABCG2 是人转运蛋白，与多药耐药性有关，大多数为有潜力的和特效的).【文献】M. R. Rao, et al. JNP, 2004, 67, 1064; J. W. Blunt, et al. NPR, 2011, 28, 196 (Rev.).

272 Bromopsammaplin A 溴沙肉海绵林 A*

【基本信息】C$_{22}$H$_{23}$Br$_3$N$_4$O$_6$S$_2$, 无定形固体.【类型】卤代酪氨酸生物碱.【来源】碧玉海绵属 *Jaspis* sp. 和杂星海绵属 *Poecillastra wondoensis* (联合体).【活性】细胞毒 (A549, ED$_{50}$ = 1.34µg/mL; SK-OV-3, ED$_{50}$ = 1.38µg/mL; SK-MEL-2, ED$_{50}$ = 0.90µg/mL; XF498, ED$_{50}$ = 0.92µg/mL; HCT15, ED$_{50}$ = 3.31µg/mL; 对照阿霉素：A549, ED$_{50}$ = 0.04µg/mL; SK-OV-3, ED$_{50}$ = 0.15µg/mL; SK-MEL-2, ED$_{50}$ = 0.003µg/mL; XF498, ED$_{50}$ = 0.10µg/mL; HCT15, ED$_{50}$ = 0.09µg/mL).【文献】P. B. Shinde, et al. BoMCL, 2008, 18, 6414.

273 Ceratinamine 类角海绵胺*

【别名】Pseudoceramine; 类角海绵胺*.【基本信息】C$_{13}$H$_{15}$Br$_2$N$_3$O$_2$.【类型】卤代酪氨酸生物碱.

【来源】紫色类角海绵* *Pseudoceratina purpurea* (日本水域). 【活性】抗污剂 (纹藤壶 *Balanus amphitrite* 的腺介虫幼虫, EC_{50} = 5.0μg/mL); 细胞毒 (小鼠, P_{388} 白血病细胞, IC_{50} = 3.4μg/mL). 【文献】S. Tsukamoto, et al. JOC, 1996, 61, 2936; R.C. Schoenfeld, et al. Tetrahedron Lett., 1998, 39, 4147.

274　Cyclobispsammaplin A　环双沙肉海绵林 A*

【基本信息】$C_{44}H_{44}Br_4N_8O_{12}S_4$, 无定形固体. 【类型】卤代酪氨酸生物碱. 【来源】碧玉海绵属 *Jaspis* sp.和杂星海绵属 *Poecillastra* sp. (联合体). 【活性】细胞毒 (A549, ED_{50} = 1.95μg/mL; SK-OV-3, ED_{50} = 1.21μg/mL; SK-MEL-2, ED_{50} = 1.14μg/mL; XF498, ED_{50} = 2.88μg/mL; HCT15, ED_{50} = 3.82μg/mL; 对照阿霉素: A549, ED_{50} = 0.01μg/mL; SK-OV-3, ED_{50} = 0.01μg/mL; SK-MEL-2, ED_{50} = 0.01μg/mL; XF498, ED_{50} = 0.03μg/mL; HCT15, ED_{50} = 0.03μg/mL). 【文献】P. B. Shinde, et al. BoMCL, 2008, 18, 6414.

275　16-Debromoaplysamine 4　16-去溴秽色海绵胺 4*

【基本信息】$C_{21}H_{24}Br_3N_3O_4$. 【类型】卤代酪氨酸生物碱. 【来源】紫色沙肉海绵 *Psammaplysilla purpurea* (曼达帕姆, 泰米尔纳德邦, 印度, 采样深度 8~10m). 【活性】抗菌 (大肠杆菌 *Escherichia coli*, MIC = 250μg/mL; 金黄色葡萄球菌 *Staphylococcus aureus*, MIC = 200μg/mL; 伤寒沙门氏菌 *Salmonella typhi*, MIC > 50μg/mL; 霍乱弧菌 *Vibrio cholera*, MIC = 100μg/mL; 对照链霉素, 所有的 MICs = 10μg/mL). 【文献】S. Tilvi, et al. Tetrahedron, 2004, 60, 10207.

276　11-Deoxyfistularin 3　11-去氧秽色海绵林 3*

【基本信息】$C_{31}H_{30}Br_6N_4O_{10}$, 粉末, mp 128~130℃, $[\alpha]_D^{25}$ = +194.2º (*c* = 4.12, 甲醇). 【类型】卤代酪氨酸生物碱. 【来源】秽色海绵属 *Aplysina fistularis*, 秽色海绵属 *Aplysina insularis* (委内瑞拉) 和秽色海绵属 *Aplysina cavernicola* (地中海). 【活性】细胞毒 (MCF7, IC_{50} = 17μg/mL; X-17, HeLa, Hep2, RD 和 LoVo, IC_{50} > 50μg/mL). 【文献】P. Ciminiello, et al. Tetrahedron, 1997, 53, 6565; R. S. Compagnone, et al. JNP, 1999, 62, 1443.

277　Diguanidium salt of psammaplin A sulfate　沙肉海绵林 A 硫酸盐双胍盐*

【基本信息】$C_{32}H_{48}Br_2N_8O_{10}S_4$. 【类型】卤代酪氨酸生物碱. 【来源】碧玉海绵属 *Jaspis* sp.和杂星海绵属 *Poecillastra* sp. (联合体). 【活性】细胞毒 (A549, ED_{50} = 12.27μg/mL; SK-OV-3, ED_{50} = 1.79μg/mL; SK-MEL-2, ED_{50} = 4.48μg/mL; XF498, ED_{50} = 16.92μg/mL; HCT15, ED_{50} = 43.17μg/mL; 对照阿霉素: A549, ED_{50} = 0.01μg/mL; SK-OV-3, ED_{50} = 0.01μg/mL; SK-MEL-2, ED_{50} = 0.01μg/mL; XF498, ED_{50} = 0.03μg/mL; HCT15, ED_{50} = 0.03μg/mL). 【文献】P. B. Shinde, et al. BoMCL, 2008, 18, 6414.

278 3-(3,5-Diiodo-4-methoxyphenyl)-3′-(3-iodo-4-methoxyphenyl)-N,N'-(1,5-pentanediyl)bis(2-dimethylaminopropanamide) 3-(3,5-二碘-4-甲氧苯基)-3′-(3-碘-4-甲氧苯基)-N,N'-(1,5-戊烷二基)双(2-二甲氨基丙酰胺)

【基本信息】$C_{29}H_{41}I_3N_4O_4$, 针状晶体（氯仿/乙酸乙酯）, mp 135~137°C, $[\alpha]_D = -0.23°$ ($c = 0.51$, 氯仿). 【类型】卤代酪氨酸生物碱. 【来源】褶胃海鞘属 *Aplidium* sp. (澳大利亚). 【活性】谷胱甘肽还原酶抑制剂; 细胞毒. 【文献】A. R. Carroll, et al. Aust. J. Chem., 1993, 46, 825.

279 15,34-Di-*O*-sulfatobastadin 7　象耳海绵定 7 15,34-二-*O*-硫酸酯*

【基本信息】$C_{34}H_{26}Br_4N_4O_{14}S_2$, 黄色固体（二钠盐）. 【类型】卤代酪氨酸生物碱. 【来源】小紫海绵属 *Ianthella basta*. 【活性】钙离子通道激动剂（肌质网, $EC_{50} = 13.6\mu mol/L$). 【文献】M. A. Franklin, et al. JNP, 1996, 59, 1121.

280 Hemibastadin 2　和米象耳海绵定 2

【基本信息】$C_{17}H_{15}Br_3N_2O_4$, 固体. 【类型】卤代酪氨酸生物碱. 【来源】小紫海绵属 *Ianthella basta*. 【活性】抗菌; 细胞毒; 抗炎. 【文献】M. S. Butler, et al. Aust. J. Chem., 1991, 44, 287; H. H. Wassermann, et al. JOC, 1998, 63, 5581.

281 Isofistularin 3　异秽色海绵林 3*

【基本信息】$C_{31}H_{30}Br_6N_4O_{11}$, $[\alpha]_D = +108°$ ($c = 2.75$, 甲醇). 【类型】卤代酪氨酸生物碱. 【来源】真海绵属 *Verongia aerophoba*. 【活性】细胞毒 (KB, $4\mu g/mL$). 【文献】G. Cimino, et al. Tetrahedron Lett., 1983, 24, 3029.

282 Antibiotics JBIR 44　抗生素 JBIR 44

【基本信息】$C_{18}H_{16}Br_4N_2O_4$, 油状物. 【类型】卤代酪氨酸生物碱. 【来源】紫沙肉海绵 *Psammaplysilla purpurea* (金丸湾, 冲绳, 日本). 【活性】细胞毒 (WST-8 比色试验, 48h, HeLa, $IC_{50} = 3.7\mu mol/L$). 【文献】T. Fujiwara, et al. J. Antibiot., 2009, 62, 393.

283 11-Ketofistularin 3　11-酮基烟管秽色海绵林 3*

【别名】11-Oxofistularin 3; 11-氧代秽色海绵林 3*.
【基本信息】$C_{31}H_{28}Br_6N_4O_{11}$, 浅黄色树胶状物, $[\alpha]_D^{26} = +130°$ ($c = 0.1$, 甲醇). 【类型】卤代酪氨酸生物碱. 【来源】烟管秽色海绵* *Aplysina archeri*. 【活性】抗病毒（抑制猫白血病病毒的生长, $ED_{50} = 42\mu mol/L$). 【文献】S. P. Gunasekera, et al. JNP, 1992, 55, 509.

284 Neoaplaminone 新海兔胺酮*

【基本信息】$C_{26}H_{40}BrNO_4$, 油状物, $[\alpha]_D^{23} = -5.3°$ ($c = 0.65$, 甲醇).【类型】卤代酪氨酸生物碱.【来源】软体动物黑斑海兔 *Aplysia kurodai*.【活性】细胞毒 (HeLa-S3, $IC_{50} = 0.00016$ng/mL).【文献】H. Kigoshi, et al. Tetrahedron Lett., 1990, 31, 4911; H. Kigoshi, et al. Tetrahedron Lett., 1992, 33, 4195.

285 Neoaplaminone sulfate 新海兔胺酮硫酸酯*

【基本信息】$C_{26}H_{40}BrNO_7S$, $[\alpha]_D^{27} = -3°$ ($c = 1.29$, 甲醇).【类型】卤代酪氨酸生物碱.【来源】软体动物黑斑海兔 *Aplysia kurodai*.【活性】细胞毒.【文献】H. Kigoshi, et al. Tetrahedron Lett., 1990, 31, 4911; 1992, 33, 4195.

286 *N,N'*-(1,5-Pentanediyl)bis[3-(3,5-diiodo-4-methoxyphenyl)-2-dimethylamino-propan-amide] *N,N'*-(1,5-戊烷二基)双[3-(3,5-二碘-4-甲氧苯基)-2-二甲氨基-丙酰胺]

【基本信息】$C_{29}H_{40}I_4N_4O_4$, 针状晶体 (氯仿/乙酸乙酯), mp 114~116°C, $[\alpha]_D = -0.20°$ ($c = 0.35$, 氯仿).【类型】卤代酪氨酸生物碱.【来源】褶胃海鞘属 *Aplidium* sp. (澳大利亚).【活性】谷胱甘肽还原酶抑制剂; 细胞毒.【文献】A. R. Carroll, et al. Aust. J. Chem., 1993, 46, 825.

287 Psammaplin A 沙肉海绵林A*

【基本信息】$C_{22}H_{24}Br_2N_4O_6S_2$, 半晶固体, mp 67~75°C.【类型】卤代酪氨酸生物碱.【来源】碧玉海绵属 *Jaspis* sp.和杂星海绵属 *Poecillastra* sp. (联合体), Aplysinellidae 科海绵 *Aplysinella rhax*, 紫色类角海绵* *Pseudoceratina purpurea* 和紫色类角海绵* *Thorectopsamma xana* [Syn. *Pseudoceratina purpurea*].【活性】细胞毒 (A549, $ED_{50} = 0.57$μg/mL; SK-OV-3, $ED_{50} = 0.14$μg/mL; SK-MEL-2, $ED_{50} = 0.13$μg/mL; XF498, $ED_{50} = 0.57$μg/mL; HCT15, $ED_{50} = 0.68$μg/mL; 对照阿霉素: A549, $ED_{50} = 0.04$μg/mL; SK-OV-3, $ED_{50} = 0.15$μg/mL; SK-MEL-2, $ED_{50} = 0.003$μg/mL; XF498, $ED_{50} = 0.10$μg/mL; HCT15, $ED_{50} = 0.09$μg/mL); 几丁质酶抑制剂, 组蛋白去乙酰化酶抑制剂和DNA甲基转移酶抑制剂; 抗真菌; 法尼基蛋白转移酶和亮氨酸氨基肽酶抑制剂; 抗微生物.【文献】L. Arabshahi, et al. JOC, 1987, 52, 3584; A. D. Rodriguez, et al. Tetrahedron Lett., 1987, 28, 4989; C. Jimenez, et al. Tetrahedron, 1991, 47, 2097; Y. Park, et al. JNP, 2003, 66, 1495; I. C. Piña, JOC, 2003, 68, 3866; F. D. Mora, et al. JNP, 2006, 69, 547; P. B. Shinde, et al. BoMCL, 2008, 18, 6414; S. K. Graham, et al. Aust. J. Chem., 2010, 63, 867.

288 Psammaplin B 沙肉海绵林B*

【基本信息】$C_{12}H_{12}BrN_3O_3S$, 油状物.【类型】卤代酪氨酸生物碱.【来源】碧玉海绵属 *Jaspis* sp.

和杂星海绵属 Poecillastra sp. (联合体), 紫色类角海绵* Pseudoceratina purpurea.【活性】细胞毒 (A549, ED_{50} = 12.84μg/mL; SK-OV-3, ED_{50} = 9.27μg/mL; SK-MEL-2, ED_{50} = 19.43μg/mL; XF498, ED_{50} = 10.92μg/mL; HCT15, ED_{50} > 30μg/mL; 对照阿霉素: A549, ED_{50} = 0.02μg/mL; SK-OV-3, ED_{50} = 0.07μg/mL; SK-MEL-2, ED_{50} = 0.10μg/mL; XF498, ED_{50} = 0.10μg/mL; HCT15, ED_{50} = 0.33μg/mL).【文献】C. Jimenez, et al. Tetrahedron, 1991, 47, 2097; I. C. Piña, JOC, 2003, 68, 3866; P. B. Shinde, et al. BoMCL, 2008, 18, 6414.

289 Psammaplin D 沙肉海绵林 D*

【基本信息】$C_{15}H_{20}BrN_3O_5S_2$, 油状物.【类型】卤代酪氨酸生物碱.【来源】碧玉海绵属 Jaspis sp.和杂星海绵属 Poecillastra sp. (联合体), 紫色类角海绵* Pseudoceratina purpurea.【活性】细胞毒 (A549, ED_{50} = 0.80μg/mL; SK-OV-3, ED_{50} = 0.17μg/mL; SK-MEL-2, ED_{50} = 0.20μg/mL; XF498, ED_{50} = 0.60μg/mL; HCT15, ED_{50} = 1.23μg/mL; 对照阿霉素: A549, ED_{50} = 0.04μg/mL; SK-OV-3, ED_{50} = 0.15μg/mL; SK-MEL-2, ED_{50} = 0.003μg/mL; XF498, ED_{50} = 0.10μg/mL; HCT15, ED_{50} = 0.09μg/mL); 抗微生物; 酪氨酸激酶抑制剂 (温和活性).【文献】C. Jimenez, et al. Tetrahedron, 1991, 47, 2097; Y. Park, et al. JNP, 2003, 66, 1495; I. C. Piña, JOC, 2003, 68, 3866; P. B. Shinde, et al. BoMCL, 2008, 18, 6414.

290 Psammaplin E 沙肉海绵林 E*

【基本信息】$C_{15}H_{19}BrN_4O_5S_2$.【类型】卤代酪氨酸生物碱.【来源】碧玉海绵属 Jaspis sp.和杂星海绵属 Poecillastra sp. (联合体), 紫色类角海绵* Pseudoceratina purpurea.【活性】细胞毒 (A549, ED_{50} = 1.47μg/mL; SK-OV-3, ED_{50} = 0.19μg/mL; SK-MEL-2, ED_{50} = 0.21μg/mL; XF498, ED_{50} = 1.63μg/mL; HCT15, ED_{50} = 1.92μg/mL; 对照阿霉素: A549, ED_{50} = 0.01μg/mL; SK-OV-3, ED_{50} = 0.01μg/mL; SK-MEL-2, ED_{50} = 0.01μg/mL; XF498, ED_{50} = 0.03μg/mL; HCT15, ED_{50} = 0.03μg/mL)【文献】P. B. Shinde, et al. BoMCL, 2008, 18, 6414; I. C. Piña, et al. JOC, 2003, 68, 3866.

291 Psammaplin F 沙肉海绵林 F*

【基本信息】$C_{15}H_{18}BrN_3O_6S_2$.【类型】卤代酪氨酸生物碱.【来源】紫色类角海绵* Pseudoceratina purpurea.【活性】组蛋白去乙酰化酶抑制剂 (有潜力的).【文献】I. C. Piña, JOC, 2003, 68, 3866.

292 Psammaplin G 沙肉海绵林 G*

【基本信息】$C_{15}H_{20}BrN_5O_5S_2$.【类型】卤代酪氨酸生物碱.【来源】紫色类角海绵* Pseudoceratina purpurea.【活性】DNA 甲基转移酶抑制剂 (有潜力的).【文献】I. C. Piña, et al. JOC, 2003, 68, 3866.

293 Psammaplin I 沙肉海绵林 I*

【基本信息】$C_{12}H_{15}BrN_2O_5S$, 无定形固体, $[\alpha]_D$ = +32.7° (c = 0.03, 甲醇).【类型】卤代酪氨酸生物碱.【来源】碧玉海绵属 Jaspis sp.和杂星海绵属 Poecillastra sp. (联合体), Aplysinellidae 科海绵 Aplysinella rhax 和紫色类角海绵* Pseudoceratina purpurea.【活性】细胞毒 (A549, ED_{50} = 4.15μg/mL; SK-OV-3, ED_{50} = 1.76μg/mL; SK-MEL-2, ED_{50} = 2.84μg/mL; XF498, ED_{50} = 2.96μg/mL; HCT15, ED_{50} = 6.51μg/mL; 对照阿霉素: A549, ED_{50} =

0.02μg/mL; SK-OV-3, ED$_{50}$ = 0.07μg/mL; SK-MEL-2, ED$_{50}$ = 0.10μg/mL; XF498, ED$_{50}$= 0.10μg/mL; HCT15, ED$_{50}$ = 0.33μg/mL).【文献】P. B. Shinde, et al. BoMCL, 2008, 18, 641; I. C. Piña, et al. JOC, 2003, 68, 3866; S. K. Graham, et al. Aust. J. Chem., 2010, 63, 867.

294 Psammaplysene A 沙肉海绵烯 A*
【基本信息】C$_{27}$H$_{35}$Br$_4$N$_3$O$_3$.【类型】卤代酪氨酸生物碱.【来源】沙肉海绵属 Psammaplysilla sp. 【活性】转录因子FOXO1a 核输出抑制剂 (FOXO1a 是PTEN 肿瘤抑制基因的下游靶点, PTEN 缺失后, 沙肉海绵烯A 通过将转录因子FOXO1a 重新定位到细胞核来进行补偿).【文献】F. C. Schroeder, et al. JNP, 2005, 68, 574.

295 Psammaplysene B 沙肉海绵烯 B*
【基本信息】C$_{26}$H$_{33}$Br$_4$N$_3$O$_3$.【类型】卤代酪氨酸生物碱.【来源】Chondropsidae 科海绵 Psammoclema sp. 【活性】转录因子FOXO1a 核输出抑制剂 (特定的).【文献】F. C. Schroeder, et al. JNP, 2005, 68, 574.

296 Psammaplysene C 沙肉海绵烯 C*
【基本信息】C$_{28}$H$_{38}$Br$_3$N$_3$O$_3$, 无定形固体.【类型】卤代酪氨酸生物碱.【来源】Chondropsidae 科海绵 Psammoclema sp.【活性】细胞毒 (海绵 Psammoclema sp.提取物的生物活性是由于沙肉海绵烯 C 和 D 细胞毒, 不是P2X$_7$特定的活性).【文献】M. S. Buchanan, et al. JNP, 2007, 70, 1827.

297 Psammaplysene D 沙肉海绵烯 D*
【基本信息】C$_{28}$H$_{37}$Br$_4$N$_3$O$_3$, 无定形固体.【类型】卤代酪氨酸生物碱.【来源】Chondropsidae 科海绵 Psammoclema sp. 【活性】细胞毒 (海绵 Psammoclema sp.提取物的生物活性是由于沙肉海绵烯 C 和 D 细胞毒, 不是P2X$_7$特定的活性).【文献】M. S. Buchanan, et al. JNP, 2007, 70, 1827.

298 Pseudoceratin A 类角海绵素 A*
【基本信息】C$_{35}$H$_{36}$Br$_4$N$_6$O$_{14}$, 无定形固体, [α]$_D^{28}$ = +11.7º (c = 0.1, 甲醇).【类型】卤代酪氨酸生物碱.【来源】紫色类角海绵* Pseudoceratina purpurea. 【活性】抗真菌 (白色念珠菌 Candida albicans 和突变酿酒酵母 Saccharomyces cerevisiae, MID = 6.5~8.0μg).【文献】J. H. Jang, et al. JOC, 2007, 72, 1211.

299 Pseudoceratin B 类角海绵素 B*

【基本信息】$C_{35}H_{36}Br_4N_6O_{14}$，无定形固体，$[\alpha]_D^{28} = -11.6°$ ($c = 0.1$，甲醇).【类型】卤代酪氨酸生物碱.【来源】紫色类角海绵* Pseudoceratina purpurea*.【活性】抗真菌（白色念珠菌 Candida albicans 和突变酿酒酵母 Saccharomyces cerevisiae，MID = 6.5~8.0μg).【文献】J. H. Jang, et al. JOC, 2007, 72, 1211.

300 Purealidin C 纯洁沙肉海绵里定 C*

【基本信息】$C_{23}H_{28}Br_4N_4O_4$，无定形物质.【类型】卤代酪氨酸生物碱.【来源】纯洁沙肉海绵* Psammaplysilla purea*.【活性】细胞毒（KB，IC_{50} = 3.2μg/mL; L_{1210}，IC_{50} = 2.4μg/mL); 抗真菌 (白色念珠菌 Candida albicans, 新型隐球酵母 Cryptococcus neoformans 和多变拟青霉菌 Paecilomyces variotii)；抗菌（金黄色葡萄球菌 Staphylococcus aureus，藤黄八叠球菌 Sarcina lutea 和枯草杆菌 Bacillus subtilis).【文献】J. Kobayashi, et al. Tetrahedron, 1991, 47, 6617.

301 Purealidin F 纯洁沙肉海绵里定 F*

【基本信息】$C_{14}H_{22}Br_2N_2O$，油状物.【类型】卤代酪氨酸生物碱.【来源】纯洁沙肉海绵* Psammaplysilla purea* (冲绳，日本).【活性】Na/K-腺苷三磷酸酶抑制剂.【文献】M. Tsuda, et al. Tetrahedron Lett., 1992, 33, 2597; M. Tsuda, et al. JNP, 1992, 55, 1325; Y. Venkateswarlu, et al. JNP, 1998, 61, 1388; 1999, 62, 893.

302 Purpuramine C 紫色沙肉海绵胺 C*

【基本信息】$C_{25}H_{26}Br_2N_3O_3^+$.【类型】卤代酪氨酸生物碱.【来源】紫色沙肉海绵 Psammaplysilla purpurea（日本水域).【活性】抗菌（金黄色葡萄球菌 Staphylococcus aureus).【文献】H. Yagi, et al. Tetrahedron, 1993, 49, 3749.

303 Purpuramine D 紫色沙肉海绵胺 D*

【基本信息】$C_{20}H_{23}Br_2N_3O_3$.【类型】卤代酪氨酸生物碱.【来源】紫色沙肉海绵 Psammaplysilla purpurea（日本水域).【活性】抗菌（金黄色葡萄球菌 Staphylococcus aureus).【文献】H. Yagi, et al. Tetrahedron, 1993, 49, 3749.

304 Purpuramine E 紫色沙肉海绵胺 E*

【基本信息】$C_{21}H_{25}Br_2N_3O_3$.【类型】卤代酪氨酸生物碱.【来源】紫色沙肉海绵 Psammaplysilla purpurea（日本水域).【活性】抗菌（金黄色葡萄球菌 Staphylococcus aureus).【文献】S. C. Pakrashi, et al. Tetrahedron, 1990, 50, 12009, 12783; H. Yagi, et al. Tetrahedron, 1993, 49, 3749.

305 Purpuramine F 紫色沙肉海绵胺 F*
【基本信息】$C_{20}H_{22}Br_3N_3O_4$.【类型】卤代酪氨酸生物碱.【来源】紫色沙肉海绵 *Psammaplysilla purpurea*（日本水域）.【活性】抗菌（金黄色葡萄球菌 *Staphylococcus aureus*）.【文献】S. C. Pakrashi, et al. Tetrahedron, 1990, 50, 12009, 12783; H. Yagi, et al. Tetrahedron, 1993, 49, 3749.

306 Purpuramine G 紫色沙肉海绵胺 G*
【基本信息】$C_{21}H_{24}Br_3N_3O_4$.【类型】卤代酪氨酸生物碱.【来源】紫色沙肉海绵 *Psammaplysilla purpurea*（日本水域）.【活性】抗菌（金黄色葡萄球菌 *Staphylococcus aureus*）.【文献】S. C. Pakrashi, et al. Tetrahedron, 1990, 50, 12009, 12783; H. Yagi, et al. Tetrahedron, 1993, 49, 3749.

307 Purpuramine I 紫色沙肉海绵胺 I*
【基本信息】$C_{22}H_{26}Br_3N_3O_4$.【类型】卤代酪氨酸生物碱.【来源】紫色沙肉海绵 *Psammaplysilla purpurea*（曼达帕姆，泰米尔纳德邦，印度，采样深度 8~10m），紫色沙肉海绵 *Psammaplysilla purpurea*（日本水域），Aplysinellidae 科海绵 *Suberea* sp.（冲绳，日本）和沙肉海绵属 *Druinella* sp.（斐济）.【活性】抗菌（大肠杆菌 *Escherichia coli*, MIC = 100μg/mL；金黄色葡萄球菌 *Staphylococcus aureus*, MIC = 50μg/mL；霍乱弧菌 *Vibrio cholera*, MIC = 100μg/mL；对照链霉素，所有的 MIC = 10μg/mL）；细胞毒（卵巢癌 A2780, IC_{50} = 1.70μg/mL；白血病 K562, IC_{50} = 1.24μg/mL）；抗菌（金黄色葡萄球菌 *Staphylococcus aureus*）.【文献】H. Yagi, et al. Tetrahedron, 1989, 49, 3749; S. C. Pakrashi, et al. Tetrahedron, 1990, 50, 12009, 12783; J. N. M. Tsuda, et al. JNP, 2001, 64, 980; S. Tilvi, et al. Tetrahedron, 2004, 60, 10207.

308 Purpuramine J 紫色沙肉海绵胺 J*
【基本信息】$C_{23}H_{28}Br_3N_3O_5$, 无色油状物.【类型】卤代酪氨酸生物碱.【来源】沙肉海绵属 *Druinella* sp.（产率 = 0.0030%, 斐济）.【活性】细胞毒（A2780, IC_{50} = 6.77μg/mL；K562, IC_{50} = 5.97μg/mL）.【文献】J. N. Tabudravu, et al. JNP, 2002, 65, 1798; H. Yagi, et al. Tetrahedron, 1989, 49, 3749.

309 Purpurealidin B 紫色沙肉海绵里定 B*
【基本信息】$C_{22}H_{24}Br_3N_3O_4$, 无定形固体，mp 175.8°C.【类型】卤代酪氨酸生物碱.【来源】紫色沙肉海绵 *Psammaplysilla purpurea*（曼达帕姆，泰米尔纳德邦，印度，采样深度 8~10m）.【活性】抗菌（大肠杆菌 *Escherichia coli*, MIC > 12μg/mL；金黄色葡萄球菌 *Staphylococcus aureus*, MIC = 10μg/mL；弗氏志贺氏菌 *Shigella flexneri*, MIC = 100μg/mL；霍乱弧菌 *Vibrio cholera*, MIC = 25μg/mL；对照链霉素，所有的 MIC = 10μg/mL）.【文献】S. Tilvi, et al. Tetrahedron, 2004, 60, 10207.

310　Sesquibastadin　安汶岛象耳海绵定*

【基本信息】$C_{51}H_{44}Br_6N_6O_{12}$.【类型】卤代酪氨酸生物碱.【来源】小紫海绵属 *Ianthella basta* (安汶, 印度尼西亚).【活性】蛋白激酶抑制剂 (一组 24 种不同的酶).【文献】H. Niemann, et al. JNP, 2013, 76, 121.

311　Sodium salt of psammaplin A sulfate　沙肉海绵林 A 硫酸酯钠盐*

【基本信息】$C_{22}H_{23}Br_2N_4O_9S_3^-$.【类型】卤代酪氨酸生物碱.【来源】碧玉海绵属 *Jaspis* sp. 和杂星海绵属 *Poecillastra* sp. (联合体).【活性】细胞毒 (A549, $ED_{50} = 0.18\mu g/mL$; SK-OV-3, $ED_{50} = 0.16\mu g/mL$; SK-MEL-2, $ED_{50} = 1.13\mu g/mL$; XF498, $ED_{50} = 0.18\mu g/mL$; HCT15, $ED_{50} = 1.25\mu g/mL$; 对照阿霉素: A549, $ED_{50} = 0.02\mu g/mL$; SK-OV-3, $ED_{50} = 0.07\mu g/mL$; SK-MEL-2, $ED_{50} = 0.10\mu g/mL$; XF498, $ED_{50} = 0.10\mu g/mL$; HCT15, $ED_{50} = 0.33\mu g/mL$)【文献】P. B. Shinde, et al. BoMCL, 2008, 18, 6414.

312　Suberedamine A　冲绳海绵胺 A*

【基本信息】$C_{23}H_{30}Br_3N_3O_3$, 无定形固体, mp 64~67℃, $[\alpha]_D^{25} = +21°$ ($c = 1$, 甲醇).【类型】卤代酪氨酸生物碱.【来源】Aplysinellidae 科海绵 *Suberea* sp. (冲绳, 日本).【活性】细胞毒 (L_{1210}, $IC_{50} = 8.0\mu g/mL$; KB, $IC_{50} = 9.0\mu g/mL$); 抗菌 (藤黄色微球菌 *Micrococcus luteus*, MIC = 12.6μg/mL).【文献】M. Tsuda, et al. JNP, 2001, 64, 980.

313　Suberedamine B　冲绳海绵胺 B*

【基本信息】$C_{24}H_{32}Br_3N_3O_3$, 无定形固体, mp 79~81℃, $[\alpha]_D^{25} = +16°$ ($c = 1$, 甲醇).【类型】卤代酪氨酸生物碱.【来源】Aplysinellidae 科海绵 *Suberea* sp. (冲绳, 日本).【活性】细胞毒 (L_{1210}, $IC_{50} = 8.6\mu g/mL$; KB, $IC_{50} > 10\mu g/mL$); 抗菌 (藤黄色微球菌 *Micrococcus luteus*, MIC = 12.6μg/mL).【文献】M. Tsuda, et al. JNP, 2001, 64, 980.

314　10-*O*-Sulfatobastadin 3　托象耳海绵定 3 10-硫酸酯*

【基本信息】$C_{34}H_{30}Br_4N_4O_{11}S$, 粉末 (钠盐).【类型】卤代酪氨酸生物碱.【来源】小紫海绵属 *Ianthella basta*.【活性】钙离子通道激动剂 (肌质网, $EC_{50} = 100\mu mol/L$).【文献】M. A. Franklin, et al. JNP, 1996, 59, 1121.

315　34-Sulfabastadin 13　象耳海绵定 13 34-O-硫酸酯*

【基本信息】$C_{34}H_{29}Br_3N_4O_{11}S$.【类型】卤代酪氨酸生物碱.【来源】小紫海绵属 *Ianthella* sp. (大堡礁, 澳大利亚).【活性】内皮素 A 受体抑制剂; 腺苷三磷酸柠檬酸裂解酶抑制剂.【文献】N. K. Gulavita, et al. JNP, 1993, 56, 1613.

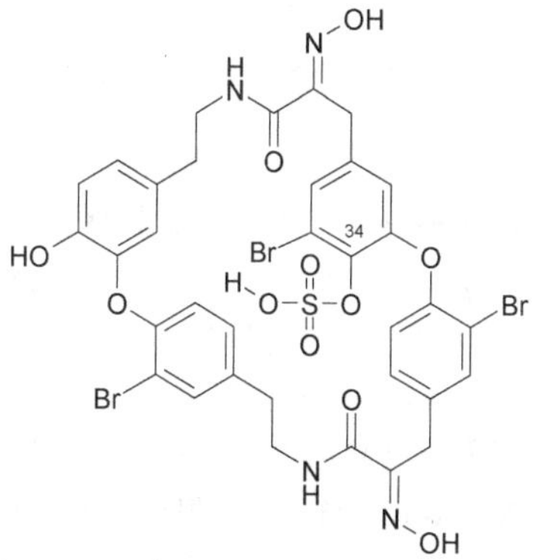

316　1-O-Sulfahemibastadin 1　和米象耳海绵定 1 的 1-O-硫酸酯*

【别名】4-O-Sulfahemibastadin 1; 和米象耳海绵定 1 的 4-O-硫酸酯*.【基本信息】$C_{17}H_{16}Br_2N_2O_7S$, 无色固体.【类型】卤代酪氨酸生物碱.【来源】小紫海绵属 *Ianthella basta* (关岛, 美国).【活性】RyR1-FKBP12 钙离子通道拮抗剂 (结合利阿诺定, IC_{50} = 13μmol/L, 象耳海绵定 5 相反的效应).【文献】M. N. Masuno, et al. Mar. Drugs, 2004, 2, 176.

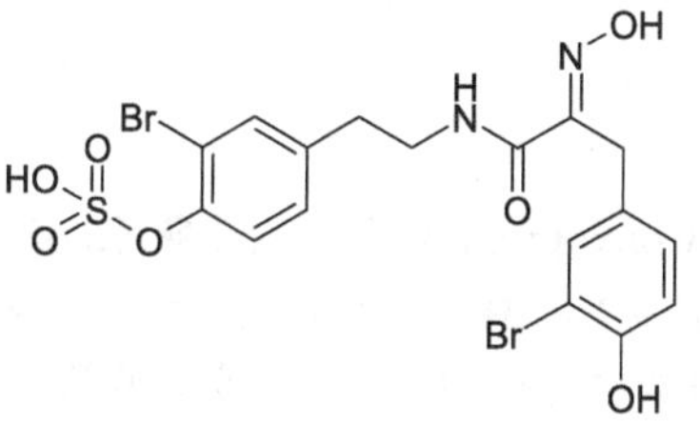

317　1-O-Sulfahemibastadin 2　和米象耳海绵定 2 的 1-O-硫酸酯*

【别名】4-O-Sulfahemibastadin 2; 和米象耳海绵定 2 的 4-O-硫酸酯*.【基本信息】$C_{17}H_{15}Br_3N_2O_7S$, 无色固体.【类型】卤代酪氨酸生物碱.【来源】小紫海绵属 *Ianthella basta* (关岛, 美国).【活性】RyR1-FKBP12 钙离子通道拮抗剂 (结合利阿诺定, IC_{50} = 29μmol/L, 象耳海绵定 5 相反的效应).【文献】M. N. Masuno, et al. Mar. Drugs, 2004, 2, 176.

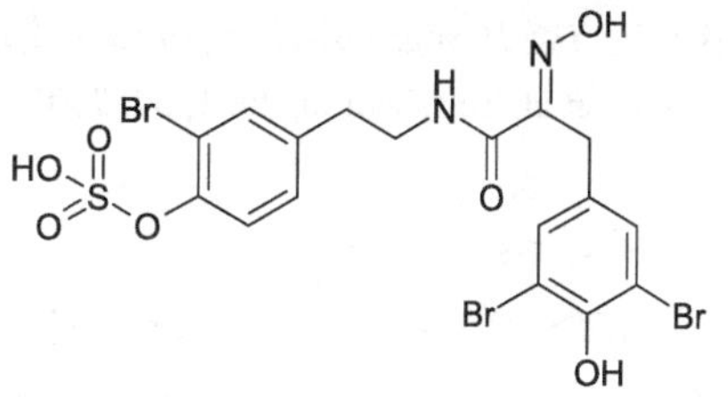

318　15-O-Sulfanatobastadin 11　那托象耳海绵定 11 15-O-硫酸酯*

【基本信息】$C_{34}H_{26}Br_4N_4O_{11}S$, 无定形固体.【类型】卤代酪氨酸生物碱.【来源】小紫海绵属 *Ianthella flabelliformis*.【活性】δ-阿片样物质受体亲和力 (豚鼠, 抑制阿片肽的结合[^{3}H]DPDPE, 100μmol/L, 87%).【文献】A. R. Carroll, et al. JNP, 2010, 73, 1173.

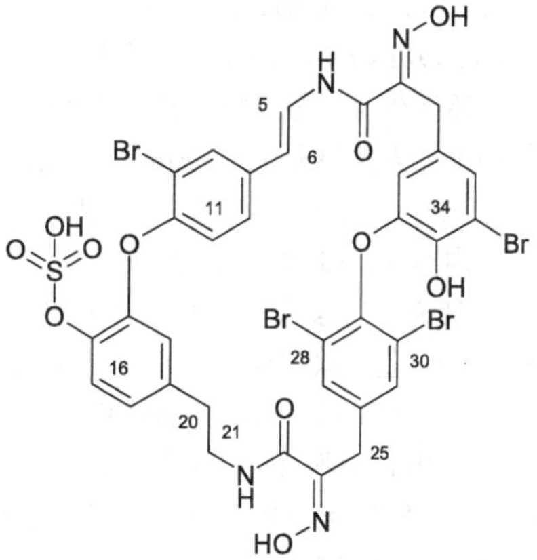

319　Tokaradine A　头卡拉啶 A*

【基本信息】$C_{28}H_{31}Br_4N_4O_4^+$, 无定形黄色固体.【类型】卤代酪氨酸生物碱.【来源】紫色类角海绵* *Pseudoceratina purpurea* (日本南部).【活性】有毒的 (肉球近方蟹 *Hemigrapsus sanguineus*).【文献】N. Fusetani, et al. Tetrahedron, 2001, 57, 7507.

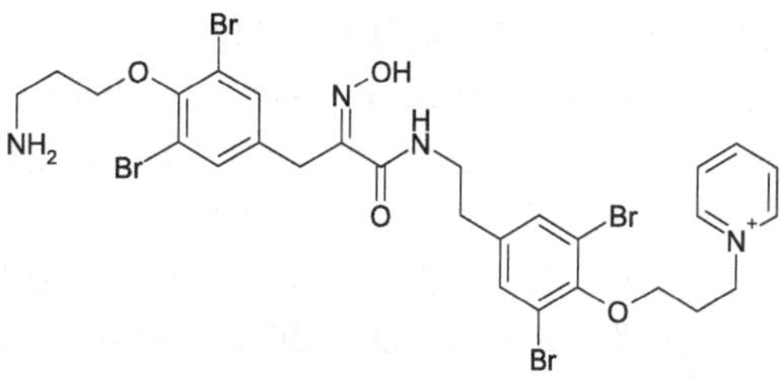

320　Tokaradine B　头卡拉啶 B*

【基本信息】$C_{28}H_{31}Br_4N_4O_4^+$, 无定形黄色固体.【类型】卤代酪氨酸生物碱.【来源】紫色类角海绵* *Pseudoceratina purpurea* (日本南部).【活性】有毒

的 (肉球近方蟹 *Hemigrapsus sanguineus*).【文献】N. Fusetani, et al. Tetrahedron, 2001, 57, 7507.

2.4 杂项苯乙胺类生物碱

321 Ceratinine A 类角海绵宁 A*
【基本信息】$C_{12}H_{18}Br_2N_2O_2$, 黄色油状物, $[\alpha]_D^{25}$ = −22º (c = 0.47, 甲醇).【类型】杂项苯乙胺类(phenethylamines)生物碱.【来源】阿拉伯类角海绵* *Pseudoceratina arabica* (赫尔哥达, 埃及).【活性】反迁移活性 (创伤修复试验, 高度转移性的 MDA-MB-231 人乳腺癌细胞: 10μmol/L, 迁移率 ≈ 68%; 30μmol/L, 迁移率 ≈ 72%; 对照 4S-乙基苯亚甲基乙内酰脲, 30μmol/L, 迁移率 ≈ 38%; 负对照二甲亚砜, 迁移率 = 100%); 抗入侵活性 (Cultrex BME 基底膜提取细胞入侵试验, 高度转移性的 MDA-MB-231 人乳腺癌细胞, 10μmol/L, 入侵率 ≈ 119%; 对照 4S-乙基苯亚甲基乙内酰脲, 50μmol/L, 入侵率 ≈ 53%; 负对照二甲亚砜, 入侵率 = 100%).【文献】L. A. Shaala, et al. Mar. Drugs, 2012, 10, 2492.

322 Ceratinine B 类角海绵宁 B*
【基本信息】$C_{13}H_{16}Br_2N_2O_2$, 类白色无定形粉末, $[\alpha]_D^{25}$ = −16º (c = 0.25, 甲醇).【类型】杂项苯乙胺类生物碱.【来源】阿拉伯类角海绵* *Pseudoceratina arabica* (赫尔哥达, 埃及).【活性】反迁移活性 (创伤修复试验, 高度转移性的 MDA-MB-231 人乳腺癌细胞: 10μmol/L, 迁移率 ≈ 80%; 30μmol/L, 迁移率 ≈ 88%; 对照 4S-乙基苯亚甲基乙内酰脲, 30μmol/L, 迁移率 ≈ 38%; 负效应对照二甲亚砜, 迁移率 = 100%); 抗入侵活性 (Cultrex BME 基底膜提取细胞入侵试验, 高度转移性的 MDA-MB-231 人乳腺癌细胞: 10μmol/L, 入侵率 ≈ 73%; 对照 4S-乙基苯亚甲基乙内酰脲, 50μmol/L, 入侵率 ≈ 53%; 负对照二甲亚砜, 入侵率 = 100%).【文献】L. A. Shaala, et al. Mar. Drugs, 2012, 10, 2492.

323 Ceratinine D 类角海绵宁 D*
【基本信息】$C_{14}H_{17}Br_2N_3O_4$, 类白色无定形粉末.【类型】杂项苯乙胺类生物碱.【来源】阿拉伯类角海绵* *Pseudoceratina arabica* (赫尔哥达, 埃及).【活性】反迁移活性 (创伤修复试验, 高度转移性的 MDA-MB-231 人乳腺癌细胞: 10μmol/L, 迁移率 ≈ 77%; 30μmol/L, 迁移率 ≈ 70%; 对照 4-S-乙基苯亚甲基乙内酰脲, 30μmol/L, 迁移率 ≈ 38%; 负对照二甲亚砜, 迁移率 = 100%); 抗入侵活性 (Cultrex BME 基底膜提取细胞入侵试验, 高度转移性的 MDA-MB-231 人乳腺癌细胞: 10μmol/L, 入侵率 ≈ 68%; 对照 4S-乙基苯亚甲基乙内酰脲, 50μmol/L, 入侵率 ≈ 53%; 负对照二甲亚砜, 入侵率 = 100%).【文献】L. A. Shaala, et al. Mar. Drugs, 2012, 10, 2492.

324 Convolutamine D 旋花愚苔虫胺 D*
【基本信息】$C_{13}H_{16}Br_3NO_2$, 油状物.【类型】杂项苯乙胺类生物碱.【来源】苔藓动物旋花愚苔虫 *Amathia convoluta* (佛罗里达, 美国).【活性】细胞毒 (P_{388}, L_{1210}, KB 细胞).【文献】H. Zhang, et al. Chem. Lett., 1994, 2271; H. Zhang, et al. Tetrahedron, 1994, 50, 10201.

325 Convolutame E 旋花苔虫胺 E*

【基本信息】$C_{15}H_{20}Br_3NO_3$, 油状物. 【类型】杂项苯乙胺类生物碱. 【来源】苔藓动物旋花苔虫 *Amathia convoluta* (佛罗里达, 美国). 【活性】细胞毒 (P_{388}, L_{1210}, KB 细胞). 【文献】H. Zhang, et al. Chem. Lett., 1994, 2271; H. Zhang, et al. Tetrahedron, 1994, 50, 10201.

326 Hydroxymoloka'iamine 羟基摩洛卡胺*

【基本信息】$C_{11}H_{16}Br_2N_2O_2$ 【类型】杂项苯乙胺类生物碱. 【来源】阿拉伯类角海绵* *Pseudoceratina arabica* (赫尔哥达, 埃及). 【活性】反迁移活性 (创伤修复试验, 高度转移性的 MDA-MB-231 人乳腺癌细胞: 10μmol/L, 迁移率 ≈ 100%; 30μmol/L, 迁移率 ≈ 78%; 对照 4S-乙基苯亚甲基乙内酰脲, 30μmol/L, 迁移率 ≈ 38%; 负对照二甲亚砜, 迁移率 = 100%). 【文献】L. A. Shaala, et al. Mar. Drugs, 2012, 10, 2492.

327 Ianthellamide A 兰瑟里科海绵酰胺 A*

【基本信息】$C_{13}H_{18}Br_2N_2O_6S$. 【类型】杂项苯乙胺类生物碱. 【来源】小紫海绵属 *Ianthella quadrangulata* (鹞尖, 奥费斯岛, 昆士兰). 【活性】犬尿氨酸 3-羟化酶抑制剂 (适度活性, 有潜力的和选择性的). 【文献】Y. Feng, et al. BoMCL, 2012, 22, 3398.

328 Molokaiakitamide 莫洛凯阿齐特酰胺*

【基本信息】$C_{13}H_{17}Br_2N_3O_3$. 【类型】杂项苯乙胺类生物碱. 【来源】阿拉伯类角海绵* *Pseudoceratina arabica* (赫尔哥达, 埃及). 【活性】反迁移活性 (创伤修复试验, 高度转移性的 MDA-MB-231 人乳腺癌细胞: 10μmol/L, 迁移率 ≈ 86%; 30μmol/L, 迁移率 ≈ 66%; 对照4S-乙基苯亚甲基乙内酰脲, 30μmol/L, 迁移率 ≈ 38%; 负对照二甲亚砜, 迁移率 = 100%); 抗入侵活性 (Cultrex BME 基底膜提取细胞入侵试验, 高度转移性的 MDA-MB-231 人乳腺癌细胞: 10μmol/L, 入侵率 ≈ 110%; 对照 4S-乙基苯亚甲基乙内酰脲, 50μmol/L, 入侵率 ≈ 53%; 负对照二甲亚砜, 入侵率 = 100%). 【文献】L. A. Shaala, et al. Mar. Drugs, 2012, 10, 2492.

329 Molokaiamine 莫洛凯胺*

【基本信息】$C_{11}H_{16}Br_2N_2O$, 类白色粉末 (甲醇) (2HCl 盐). 【类型】杂项苯乙胺类生物碱. 【来源】阿拉伯类角海绵* *Pseudoceratina arabica* (赫尔哥达, 埃及), 紫色类角海绵* *Pseudoceratina purpurea*, 沙肉海绵属 *Psammaplysilla* sp. 和 Aplysinellidae 科海绵 *Aplysinella* sp. 【活性】反迁移活性 (创伤修复试验, 高度转移性的 MDA-MB-231 人乳腺癌细胞: 10μmol/L, 迁移率 ≈ 54%; 30μmol/L, 迁移率 ≈ 53%; 对照 4S-乙基苯亚甲基乙内酰脲, 30μmol/L, 迁移率 ≈ 38%; 负对照二甲亚砜, 迁移率 = 100%); 抗入侵活性 (Cultrex BME 基底膜提取细胞入侵试验, 高度转移性的 MDA-MB-231 人乳腺癌细胞: 10μmol/L, 入侵率 ≈ 103%; 对照 4S-乙基苯亚甲基乙内酰脲, 50μmol/L; 入侵率 ≈ 53%; 负对照二甲亚砜, 入侵率 = 100%). 【文献】L. A. Shaala, et al. Mar. Drugs, 2012, 10, 2492; Y. Venkateswarlu, et al. JNP, 1998, 61, 1388; 1999, 62, 893.

330 Purpuramine A 紫色沙肉海绵胺 A*

【基本信息】$C_{20}H_{23}Br_2N_3O_3$.【类型】杂项苯乙胺类生物碱.【来源】紫色沙肉海绵 *Psammaplysilla purpurea* (日本水域).【活性】抗菌 (金黄色葡萄球菌 *Staphylococcus aureus*).【文献】H. Yagi, et al. Tetrahedron, 1993, 49, 3749.

331 Purpuramine B 紫色沙肉海绵胺 B*

【基本信息】$C_{20}H_{24}BrN_3O_3$.【类型】杂项苯乙胺类生物碱.【来源】紫色沙肉海绵 *Psammaplysilla purpurea* (日本水域).【活性】抗菌 (金黄色葡萄球菌 *Staphylococcus aureus*).【文献】H. Yagi, et al. Tetrahedron, 1993, 49, 3749.

332 Shishididemniol A 西西星骨海鞘醇 A*

【基本信息】$C_{45}H_{81}N_3O_{11}$, 油状物, $[\alpha]_D^{20} = -33.7°$ ($c = 1$, 甲醇).【类型】杂项苯乙胺类生物碱.【来源】星骨海鞘科海鞘 [产率 = 0.051% (湿重)].【活性】抗菌 (盘琼脂扩散试验, 鱼病原体细菌鳗弧菌 *Vibrio anguillarum*, 20μg/6.5mm 盘, IZD = 8mm).【文献】H. Kobayashi, et al. JOC, 2007, 72, 1218.

333 Shishididemniol B 西西星骨海鞘醇 B*

【基本信息】$C_{45}H_{82}ClN_3O_{11}$, 油状物, $[\alpha]_D^{20} = -19.4°$ ($c = 1$, 甲醇).【类型】杂项苯乙胺类生物碱.【来源】星骨海鞘科海鞘 [产率 = 0.019% (湿重)].【活性】抗菌 (盘琼脂扩散试验, 鱼病原体细菌鳗弧菌 *Vibrio anguillarum*, 20μg/6.5mm 盘, IZD = 7mm).【文献】H. Kobayashi, et al. JOC, 2007, 72, 1218.

334 Xanthocillin X 黄青霉素 X

【基本信息】$C_{18}H_{12}N_2O_2$.【类型】杂项苯乙胺类生物碱.【来源】深海真菌普通青霉菌* *Penicillium commune* SD-118 (沉积物).【活性】抗菌 (100μg/盘: 金黄色葡萄球菌 *Staphylococcus aureus*, IZD = 18mm; 大肠杆菌 *Escherichia coli*, IZD = 17mm); 抗菌 (金黄色葡萄球菌 *Staphylococcus aureus*, MIC = 2μg/mL; 大肠杆菌 *Escherichia coli*, MIC = 1μg/mL); 抗真菌 (白菜黑斑病菌 *Alternaria brassicae*, MIC = 32μg/mL); 细胞毒 (MCF7, IC_{50} = 12.0μg/mL; SW1990, IC_{50} = 12μg/mL; HepG2, IC_{50} = 7.0μg/mL; H460, IC_{50} = 10.0μg/mL; A549, IC_{50} = 10μg/mL; HeLa, IC_{50} = 10.0μg/mL; DU145, IC_{50} = 8.0μg/mL; MDA-MB-231, IC_{50} = 8.0μg/mL).【文献】Z. Shang, et al. Chin. J. Oceanol. Limnol. 2012, 30, 305; Y. Zhao, et al. Mar. Drugs, 2012, 10, 1345.

3

吡咯、吲哚和咪唑类生物碱

3.1 吡咯类生物碱 /066
3.2 吡咯烷类生物碱 /104
3.3 吲哚类生物碱 /127
3.4 双吲哚类生物碱 /136
3.5 咔唑类生物碱 /145
3.6 吲哚[2,3-a]咔唑类生物碱 /147
3.7 β-咔啉类生物碱 /151
3.8 曼扎名胺类生物碱 /167
3.9 色胺类生物碱 /178
3.10 类毛壳素类生物碱 /186
3.11 吲哚-咪唑类生物碱 /190
3.12 吲哚内酰胺类生物碱 /195
3.13 吲哚萜类生物碱 /196
3.14 青霉震颤素类生物碱 /199
3.15 异吲哚类生物碱 /204
3.16 杂项吲哚类生物碱 /206
3.17 咪唑类生物碱 /212

3.1 吡咯类生物碱

335 Agelanesin A 群海绵新 A*
【基本信息】$C_{18}H_{23}Br_2N_3O_2$.【类型】简单吡咯生物碱.【来源】群海绵属 *Agelas linnaei*.【活性】细胞毒 (L5178Y, IC_{50} = 9.55μmol/L); 抗菌 (表皮葡萄球菌 *Staphylococcus epidermidis*, MIC > 42μmol/L). 【文献】T. Hertiani, et al. BoMC, 2010, 18, 1297.

336 Agelanesin B 群海绵新 B*
【基本信息】$C_{18}H_{23}BrIN_3O_2$.【类型】简单吡咯生物碱.【来源】群海绵属 *Agelas linnaei*.【活性】细胞毒 (L5178Y, IC_{50} = 9.25μmol/L); 抗菌 (表皮葡萄球菌 *Staphylococcus epidermidis*, MIC > 38μmol/L). 【文献】T. Hertiani, et al. BoMC, 2010, 18, 1297.

337 Agelanesin C 群海绵新 C*
【基本信息】$C_{18}H_{22}Br_3N_3O_2$.【类型】简单吡咯生物碱.【来源】群海绵属 *Agelas linnaei*.【活性】细胞毒 (L5178Y, IC_{50} = 16.76μmol/L); 抗菌 (表皮葡萄球菌 *Staphylococcus epidermidis*, MIC > 32μmol/L). 【文献】T. Hertiani, et al. BoMC, 2010, 18, 1297.

338 Agelanesin D 群海绵新 D*
【基本信息】$C_{18}H_{22}Br_2IN_3O_2$.【类型】简单吡咯生物碱.【来源】群海绵属 *Agelas linnaei*.【活性】细胞毒 (L5178Y, IC_{50} = 13.06μmol/L); 抗菌 (表皮葡萄球菌 *Staphylococcus epidermidis*, MIC > 33μmol/L). 【文献】T. Hertiani, et al. BoMC, 2010, 18, 1297.

339 3-Bromo-1*H*-pyrrole-2,5-dione 3-溴-1*H*-吡咯-2,5-二酮
【基本信息】$C_4H_2BrNO_2$.【类型】简单吡咯生物碱.【来源】短花柱小轴海绵* *Axinella brevistyla* (日本水域).【活性】抗真菌 (抑制酿酒酵母 *Saccharomyces cerevisiae* erg6 突变的生长, < 1.0μg/盘); 细胞毒 (L_{1210}, IC_{50} = 1.1μg/mL). 【文献】S. Tsukamoto, et al. JNP, 2001, 64, 1576.

340 5-(19-Cyanononadecyl)-1*H*-pyrrole-2-carboxaldehyde 5-(19-氰基十九烷基)-1*H*-吡咯-2-甲醛
【基本信息】$C_{25}H_{42}N_2O$.【类型】简单吡咯生物碱.【来源】山海绵属 *Mycale microsigmatosa* (加勒比海), 结沙海绵属 *Desmapsamma anchorata* (委内瑞拉) 山海绵属 *Mycale cecilia*.【活性】缺氧诱导型因子-1 (HIF-1) 活化抑制剂 (基于人乳腺癌肿瘤 T47D 细胞的 HIF-1 活化报告试验, 30μmol/L, InRt < 50%, 抑制线粒体的呼吸作用); 抗利什曼原虫.【文献】R. S. Compagnone, et al. Nat. Prod. Lett., 1999, 13, 203; S.-C. Mao, et al. JNP, 2009, 72, 1927.

341　Damipipecoline　小轴海绵哌啶*
【基本信息】$C_{11}H_{13}BrN_2O_4$, $[\alpha]_D^{20}$= +5.4º (c = 0.001, 水).【类型】简单吡咯生物碱.【来源】鹿角杯型小轴海绵* Axinella damicornis (地中海).【活性】神经系统活性 (5-羟色胺受体调节器, 抑制 5-羟色胺受体的结合, 表观 IC_{50} = 1μg/mL, 分子作用机制: Ca^{2+} 流入抑制).【文献】A. Aiello, et al. BoMC 2007, 15, 5877.

342　Damituricine　小轴海绵水苏碱*
【基本信息】$C_{12}H_{15}BrN_2O_4$, $[\alpha]_D^{20}$= +10.7º (c = 0.001, 水).【类型】简单吡咯生物碱.【来源】鹿角杯型小轴海绵* Axinella damicornis (地中海).【活性】神经系统活性 (5-羟色胺受体调节器, 抑制5-羟色胺受体的结合, 表观 IC_{50} = 1μg/mL; 分子作用机制: Ca^{2+} 流入抑制).【文献】A. Aiello, et al. BoMC 2007, 15, 5877.

343　3,4-Dibromomaleimide　3,4-二溴马来二酰亚胺
【别名】3,4-Dibromo-1H-pyrrole-2,5-dione; 3,4-二溴-1H-吡咯-2,5-二酮.【基本信息】$C_4HBr_2NO_2$, 黄色针状晶体 (二甲苯或氯仿), mp 230°C, mp 226°C.【类型】简单吡咯生物碱.【来源】短花柱小轴海绵* Axinella brevistyla (日本水域).【活性】抗真菌 (抑制酿酒酵母 Saccharomyces cerevisiae erg6 突变的生长, < 1.0μg/盘); 细胞毒 (L_{1210}, IC_{50} = 0.66μg/mL).【文献】S. Tsukamoto, et al. JNP, 2001, 64, 1576.

344　Dibromopyrrole acid　二溴吡咯酸
【别名】4,5-Dibromo-1H-pyrrole-2-carboxylic acid; 4,5-二溴-1H-吡咯-2-羧酸.【基本信息】$C_5H_3Br_2NO_2$, mp 148°C (升华).【类型】简单吡咯生物碱.【来源】小轴海绵属 Axinella sp. (澳大利亚), 乳清群海绵 Agelas oroides, 克拉色群海绵* Agelas clathrodes, 球果群海绵* Agelas conifera 和扇状群海绵* Agelas flabelliformis.【活性】免疫抑制剂 (有潜力的 in vitro); 拒食活性.【文献】S. Forenza, et al. Chem. Commun., 1971, 1129; R. A. Barrow, et al. Nat. Prod. Lett., 1992, 1, 243.

345　4,5-Dibromo-1H-pyrrole-2-carboxamide　4,5-二溴-1H-吡咯-2-甲酰胺
【基本信息】$C_5H_4Br_2N_2O$, mp 164~166°C.【类型】简单吡咯生物碱.【来源】毛里塔尼亚群海绵 Agelas mauritiana, 乳清群海绵 Agelas oroides, 卡特里棘头海绵* Acanthella carteri, 扁海绵属 Phakellia fusca 和紫色类角海绵* Pseudoceratina purpurea.【活性】拒食活性 (海鞘拒食); 促进幼虫变态的活性.【文献】S. Forenza, et al. Chem. Commun., 1971, 1129; S. Tsukamoto, et al. Tetrahedron, 1996, 52, 8181.

346　Heronapyrrole A　赫伦岛吡咯 A*
【基本信息】$C_{20}H_{34}N_2O_6$, 黄色油状物, $[\alpha]_D$ = +16.9º (c = 0.05, 甲醇).【类型】简单吡咯生物碱.【来源】海洋导出的链霉菌属 Streptomyces sp. CMB-M0423 (海滩砂, 昆士兰, 苍鹭岛).【活性】抗菌 (革兰氏阳性菌).【文献】R. Raju, et al. Org. Lett., 2010, 12, 5158.

347　Heronapyrrole B　赫伦岛吡咯 B*
【基本信息】$C_{19}H_{32}N_2O_6$, 黄色油状物, $[\alpha]_D$ =

+33.3º (c = 0.05, 甲醇).【类型】简单吡咯生物碱.【来源】海洋导出的链霉菌属 *Streptomyces* sp. CMB-M0423 (海滩砂, 昆士兰, 苍鹭岛).【活性】抗菌 (革兰氏阳性菌).【文献】R. Raju, et al. Org. Lett., 2010, 12, 5158.

348　Heronapyrrole C　赫伦岛吡咯 C*

【基本信息】$C_{19}H_{30}N_2O_6$.【类型】简单吡咯生物碱.【来源】海洋导出的链霉菌属 *Streptomyces* sp. CMB-M0423 (海滩砂, 昆士兰, 苍鹭岛).【活性】抗菌 (革兰氏阳性菌).【文献】R. Raju, et al. Org. Lett., 2010, 12, 5158; J. Schmidt, et al. Org. Lett., 2012, 14, 4042 (结构修正).

349　5-Hexadecyl-1*H*-pyrrole-2-carboxaldehyde　5-十六烷基-1*H*-吡咯-2-甲醛

【基本信息】$C_{21}H_{37}NO$.【类型】简单吡咯生物碱.【来源】膜海绵属 *Laxosuberites* sp.【Syn. *Hymeniacidon* sp.】和山海绵属 *Mycale* sp.【活性】缺氧诱导型因子-1 (HIF-1) 活化抑制剂 (基于人乳腺癌肿瘤 T47D 细胞的 HIF-1 活化报告试验, 30μmol/L, InRt < 50%, 抑制线粒体的呼吸作用).【文献】D. B. Stierle, et al. JOC, 1980, 45, 4980; S.-C. Mao, et al. JNP, 2009, 72, 1927.

350　Ircinamine B　羊海绵胺 B*

【基本信息】$C_{26}H_{49}NOS$, 油状物.【类型】简单吡咯生物碱.【来源】足趾海绵属 *Dactylia* sp.【活性】细胞毒 (P_{388}, IC_{50} = 0.28μg/mL).【文献】S. Sato, et al. Tetrahedron Lett., 2006, 47, 7871.

351　Lamellarin R　片螺素 R

【基本信息】$C_{24}H_{19}NO_5$, 绿色油状物.【类型】简单吡咯生物碱.【来源】拟刺枝骨海绵 *Dendrilla cactos*【Syn. *Dendrilla cactus*】(新南威尔士).【活性】抗菌素.【文献】S. Urban, et al. Aust. J. Chem., 1995, 48, 1491.

352　5-(14-Methylpentadecyl)-1*H*-pyrrole-2-carboxaldehyde　5-(14-甲基十五烷基)-1*H*-吡咯-2-甲醛

【基本信息】$C_{21}H_{37}NO$.【类型】简单吡咯生物碱.【来源】山海绵属 *Mycale microsigmatosa* (加勒比海) 和结沙海绵属 *Desmapsamma anchorata* (委内瑞拉).【活性】缺氧诱导型因子-1 (HIF-1) 活化抑制剂 (基于人乳腺癌肿瘤 T47D 细胞的 HIF-1 活化报告试验, 30μmol/L, InRt < 50%, 抑制线粒体的呼吸作用).【文献】R. S. Compagnone, et al. Nat. Prod. Lett., 1999, 13, 203; S.-C. Mao, et al. JNP, 2009, 72, 1927.

353　5-(13-Methyltetradecyl)-1*H*-pyrrole-2-carboxaldehyde　5-(13-甲基十四烷基)-1*H*-吡咯-2-甲醛

【基本信息】$C_{20}H_{35}NO$.【类型】简单吡咯生物碱.【来源】山海绵属 *Mycale microsigmatosa* (加勒比海) 和结沙海绵属 *Desmapsamma anchorata* (委内瑞拉).【活性】缺氧诱导型因子-1 (HIF-1) 活化抑制剂 (基于人乳腺癌肿瘤 T47D 细胞的 HIF-1 活化报告试验, IC_{50} = 20~30μmol/L, 抑制线粒体的呼吸作用).【文献】R. S. Compagnone, et al. Nat.

Prod. Lett., 1999, 13, 203; S.-C. Mao, et al. JNP, 2009, 72, 1927.

354 Mycalazal 2 山海绵吡咯醛 2*
【基本信息】$C_{30}H_{45}NO$，无色油状物.【类型】简单吡咯生物碱.【来源】山海绵属 *Mycale micracanthoxea* (西班牙).【活性】细胞毒（P_{388}, IC_{50} = 2μg/mL, SCHABEL, IC_{50} = 2μg/mL, A549, IC_{50} = 5μg/mL, HT29, IC_{50} = 5μg/mL, MEL28, IC_{50} = 5μg/mL).【文献】M. J. Ortega, et al. Tetrahedron, 1997, 53, 331; 2004, 60, 2517.

355 Mycalazal 3 山海绵吡咯醛 3*
【基本信息】$C_{26}H_{41}NO$，油状物.【类型】简单吡咯生物碱.【来源】山海绵属 *Mycale cecilia*.【活性】缺氧诱导型因子-1 (HIF-1) 活化抑制剂（基于人乳腺癌肿瘤 T47D 细胞的 HIF-1 活化报告试验，IC_{50} = 20~30μmol/L，抑制线粒体的呼吸作用).【文献】M. J. Ortega, et al. Tetrahedron, 1997, 53, 331; 2004, 60, 2517; S.-C. Mao, et al. JNP, 2009, 72, 1927.

356 Mycalazal 14 山海绵吡咯醛 14*
【基本信息】$C_{19}H_{33}NO$，粉末.【类型】简单吡咯生物碱.【来源】山海绵属 *Mycale* sp.【活性】缺氧诱导型因子-1 (HIF-1) 活化抑制剂（基于人乳腺癌肿瘤 T47D 细胞的 HIF-1 活化报告试验，IC_{50} = 20~30μmol/L，抑制线粒体的呼吸作用).【文献】S.-C. Mao, et al. JNP, 2009, 72, 1927.

357 Mycalazal 15 山海绵吡咯醛 15*
【基本信息】$C_{22}H_{37}NO$，油状物.【类型】简单吡咯生物碱.【来源】山海绵属 *Mycale* sp.【活性】缺氧诱导型因子-1 (HIF-1) 活化抑制剂（基于人乳腺癌肿瘤 T47D 细胞的 HIF-1 活化报告试验，30μmol/L，InRt < 50%，抑制线粒体的呼吸作用).【文献】S.-C. Mao, et al. JNP, 2009, 72, 1927.

358 Mycalazal 16 山海绵吡咯醛 16*
【基本信息】$C_{21}H_{35}NO$，油状物.【类型】简单吡咯生物碱.【来源】山海绵属 *Mycale* sp.【活性】缺氧诱导型因子-1 (HIF-1) 活化抑制剂（基于人乳腺癌肿瘤 T47D 细胞的 HIF-1 活化报告试验，IC_{50} = 20~30μmol/L，抑制线粒体的呼吸作用).【文献】S.-C. Mao, et al. JNP, 2009, 72, 1927.

359 Mycalazal 17 山海绵吡咯醛 17*
【基本信息】$C_{21}H_{35}NO$，油状物.【类型】简单吡咯生物碱.【来源】山海绵属 *Mycale* sp.【活性】缺氧诱导型因子-1 (HIF-1) 活化抑制剂（基于人乳腺癌肿瘤 T47D 细胞的 HIF-1 活化报告试验，IC_{50} = 20~30μmol/L，抑制线粒体的呼吸作用).【文献】S.-C. Mao, et al. JNP, 2009, 72, 1927.

360 Mycalazal 18 山海绵吡咯醛 18*
【基本信息】$C_{22}H_{35}NO$，油状物.【类型】简单吡咯生物碱.【来源】山海绵属 *Mycale* sp.【活性】缺氧诱导型因子-1 (HIF-1) 活化抑制剂（基于人乳腺癌肿瘤 T47D 细胞的 HIF-1 活化报告试验，IC_{50} = 20~30μmol/L，抑制线粒体的呼吸作用).【文献】S.-C. Mao, et al. JNP, 2009, 72, 1927.

361　Mycalazal 19　山海绵吡咯醛 19*

【基本信息】$C_{22}H_{33}NO$，油状物.【类型】简单吡咯生物碱.【来源】山海绵属 *Mycale* sp.【活性】缺氧诱导型因子-1 (HIF-1) 活化抑制剂（基于人乳腺癌肿瘤 T47D 细胞的 HIF-1 活化报告试验，30μmol/L，InRt < 50%，抑制线粒体的呼吸作用）.【文献】S.-C. Mao, et al. JNP, 2009, 72, 1927.

362　Mycalazal 20　山海绵吡咯醛 20*

【基本信息】$C_{24}H_{37}NO$，油状物.【类型】简单吡咯生物碱.【来源】山海绵属 *Mycale* sp.【活性】缺氧诱导型因子-1 (HIF-1) 活化抑制剂（基于人乳腺癌肿瘤 T47D 细胞的 HIF-1 活化报告试验，IC_{50} = 20~30μmol/L，抑制线粒体的呼吸作用）.【文献】S.-C. Mao, et al. JNP, 2009, 72, 1927.

363　Mycalazol 1　山海绵吡咯醇 1*

【基本信息】$C_{30}H_{43}NO_2$，油状物.【类型】简单吡咯生物碱.【来源】山海绵属 *Mycale micracanthoxea* (西班牙).【活性】细胞毒（P_{388}，IC_{50} = 2μg/mL；SCHABEL，IC_{50} = 2μg/mL；A549，IC_{50} = 2μg/mL；HT29，IC_{50} = 2μg/mL；MEL28，IC_{50} = 2.5μg/mL）.【文献】M. J. Ortega, et al. Tetrahedron, 1997, 53, 331.

364　Mycalazol 2　山海绵吡咯醇 2*

【基本信息】$C_{26}H_{41}NO_2$，油状物.【类型】简单吡咯生物碱.【来源】山海绵属 *Mycale micracanthoxea* (西班牙).【活性】细胞毒（P_{388}，IC_{50} = 2μg/mL；SCHABEL，IC_{50} = 2μg/mL；A549，IC_{50} = 2μg/mL；HT29，IC_{50} = 5μg/mL；MEL28，IC_{50} = 5μg/mL）.【文献】M. J. Ortega, et al. Tetrahedron, 1997, 53, 331.

365　Mycalazol 3　山海绵吡咯醇 3*

【基本信息】$C_{28}H_{43}NO_2$，油状物.【类型】简单吡咯生物碱.【来源】山海绵属 *Mycale micracanthoxea* (西班牙).【活性】细胞毒（P_{388}，IC_{50} = 2μg/mL；SCHABEL，IC_{50} = 2μg/mL；A549，IC_{50} = 2μg/mL；HT29，IC_{50} = 2.5μg/mL；MEL28，IC_{50} = 2.5μg/mL）.【文献】M. J. Ortega, et al. Tetrahedron, 1997, 53, 331.

366　Mycalazol 4　山海绵吡咯醇 4*

【基本信息】$C_{24}H_{41}NO_2$，晶体（甲醇），mp 68~70℃.【类型】简单吡咯生物碱.【来源】山海绵属 *Mycale micracanthoxea* (西班牙).【活性】细胞毒（P_{388}，IC_{50} = 2μg/mL；SCHABEL，IC_{50} = 2μg/mL；A549，IC_{50} = 2μg/mL；HT29，IC_{50} = 2.5μg/mL；MEL28，IC_{50} = 2.5μg/mL）.【文献】M. J. Ortega, et al. Tetrahedron, 1997, 53, 331.

367　Mycalazol 5　山海绵吡咯醇 5*

【基本信息】$C_{30}H_{45}NO_2$，油状物.【类型】简单吡咯生物碱.【来源】山海绵属 *Mycale micracanthoxea* (西班牙).【活性】细胞毒（P_{388}，IC_{50} = 2μg/mL；SCHABEL，IC_{50} = 2μg/mL；A549，IC_{50} = 2μg/mL；HT29，IC_{50} = 2.5μg/mL；MEL28，IC_{50} = 2.5μg/mL）.【文献】M. J. Ortega, et al. Tetrahedron, 1997, 53, 331.

368　Mycalazol 6　山海绵吡咯醇 6*

【基本信息】$C_{26}H_{43}NO_2$，油状物.【类型】简单吡咯生物碱.【来源】山海绵属 *Mycale micracanthoxea* (西班牙).【活性】细胞毒（P_{388}，IC_{50} = 1μg/mL；SCHABEL，IC_{50} = 1μg/mL；A549，IC_{50} = 1μg/mL；HT29，IC_{50} = 1μg/mL；MEL28，IC_{50} = 2μg/mL）.【文献】M. J. Ortega, et al. Tetrahedron, 1997, 53, 331.

369　Mycalazol 7　山海绵吡咯醇 7*
【基本信息】$C_{23}H_{41}NO_2$，油状物.【类型】简单吡咯生物碱.【来源】山海绵属 *Mycale micracanthoxea* (西班牙).【活性】细胞毒 (P_{388}, IC_{50} = 1μg/mL; SCHABEL, IC_{50} = 1μg/mL; A549, IC_{50} = 1μg/mL; HT29, IC_{50} = 2μg/mL; MEL28, IC_{50} = 2μg/mL).【文献】M. J. Ortega, et al. Tetrahedron, 1997, 53, 331.

370　Mycalazol 8　山海绵吡咯醇 8*
【基本信息】$C_{28}H_{45}NO_2$，油状物.【类型】简单吡咯生物碱.【来源】山海绵属 *Mycale micracanthoxea* (西班牙).【活性】细胞毒 (P_{388}, IC_{50} = 2μg/mL; SCHABEL, IC_{50} = 2μg/mL; A549, IC_{50} = 2μg/mL; HT29, IC_{50} = 5μg/mL; MEL28, IC_{50} = 2.5μg/mL).【文献】M. J. Ortega, et al. Tetrahedron, 1997, 53, 331.

371　Mycalazol 9　山海绵吡咯醇 9*
【基本信息】$C_{30}H_{47}NO_2$，油状物.【类型】简单吡咯生物碱.【来源】山海绵属 *Mycale micracanthoxea* (西班牙).【活性】细胞毒 (P_{388}, IC_{50} = 2μg/mL; SCHABEL, IC_{50} = 2μg/mL; A549, IC_{50} = 2μg/mL; HT29, IC_{50} = 2μg/mL; MEL28, IC_{50} = 2μg/mL).【文献】M. J. Ortega, et al. Tetrahedron, 1997, 53, 331.

372　Mycalazol 10　山海绵吡咯醇 10*
【基本信息】$C_{26}H_{45}NO_2$，晶体 (甲醇), mp 74~76℃.【类型】简单吡咯生物碱.【来源】山海绵属 *Mycale micracanthoxea* (西班牙).【活性】细胞毒 (P_{388}, IC_{50} = 2μg/mL; SCHABEL, IC_{50} = 2μg/mL; A549, IC_{50} = 2μg/mL; HT29, IC_{50} = 2.5μg/mL; MEL28, IC_{50} = 2.5μg/mL).【文献】M. J. Ortega, et al. Tetrahedron, 1997, 53, 331.

373　Mycalazol 11　山海绵吡咯醇 11*
【基本信息】$C_{24}H_{43}NO_2$，无定形粉末.【类型】简单吡咯生物碱.【来源】山海绵属 *Mycale micracanthoxea* (西班牙).【活性】细胞毒 (P_{388}, IC_{50} = 2.5μg/mL; SCHABEL, IC_{50} = 2.5μg/mL; A549, IC_{50} = 1μg/mL; HT29, IC_{50} = 10μg/mL; MEL28, IC_{50} = 10μg/mL).【文献】M. J. Ortega, et al. Tetrahedron, 1997, 53, 331.

374　Mycalazol 12　山海绵吡咯醇 12*
【基本信息】$C_{28}H_{47}NO_2$，油状物.【类型】简单吡咯生物碱.【来源】山海绵属 *Mycale micracanthoxea* (西班牙).【活性】细胞毒 (P_{388}, IC_{50} = 1μg/mL; SCHABEL, IC_{50} = 2μg/mL; A549, IC_{50} = 1μg/mL; HT29, IC_{50} = 10μg/mL; MEL28, IC_{50} = 5μg/mL).【文献】M. J. Ortega, et al. Tetrahedron, 1997, 53, 331.

375　Mycalenitrile 1　山海绵吡咯腈 1*
【别名】5-Formyl-1*H*-pyrrole-2-octadecanenitrile; 5-甲酰基-1*H*-吡咯-2-十八烷腈.【基本信息】$C_{23}H_{38}N_2O$【类型】简单吡咯生物碱.【来源】山海绵属 *Mycale cecilia*.【活性】缺氧诱导型因子-1 (HIF-1) 活化抑制剂 (基于人乳腺癌肿瘤 T47D 细胞的 HIF-1 活化报告试验, IC_{50} = 10~20μmol/L, 抑制线粒体的呼吸作用).【文献】M. J. Ortega, et al. Tetrahedron, 2004, 60, 2517; S.-C. Mao, et al. JNP, 2009, 72, 1927.

376 Mycalenitrile 2 山海绵吡咯腈 2*

【别名】5-Formyl-1H-pyrrole-2-heneicosanenitrile; 5-甲酰基-1H-吡咯-2-二十一烷腈.【基本信息】$C_{26}H_{44}N_2O$, 油状物.【类型】简单吡咯生物碱.【来源】山海绵属 *Mycale cecilia*.【活性】缺氧诱导型因子-1 (HIF-1) 活化抑制剂 (基于人乳腺癌肿瘤 T47D 细胞的 HIF-1 活化报告试验, 30μmol/L, InRt < 50%, 抑制线粒体的呼吸作用).【文献】M. J. Ortega, et al. Tetrahedron, 2004, 60, 2517; S.-C. Mao, et al. JNP, 2009, 72, 1927.

377 Mycalenitrile 4 山海绵吡咯腈 4*

【基本信息】$C_{29}H_{46}N_2O$, 粉末.【类型】简单吡咯生物碱.【来源】山海绵属 *Mycale* sp.【活性】缺氧诱导型因子-1 (HIF-1) 活化抑制剂 (基于人乳腺癌肿瘤 T47D 细胞的 HIF-1 活化报告试验, 30μmol/L, InRt < 50%, 抑制线粒体的呼吸作用).【文献】M. J. Ortega, et al. Tetrahedron, 2004, 60, 2517; S.-C. Mao, et al. JNP, 2009, 72, 1927.

378 Mycalenitrile 5 山海绵吡咯腈 5*

【基本信息】$C_{29}H_{46}N_2O$, 黏性液体.【类型】简单吡咯生物碱.【来源】山海绵属 *Mycale* sp.【活性】缺氧诱导型因子-1 (HIF-1) 活化抑制剂 (基于人乳腺癌肿瘤 T47D 细胞的 HIF-1 活化报告试验, IC$_{50}$ = 10~20μmol/L, 抑制线粒体的呼吸作用).【文献】S.-C. Mao, et al. JNP, 2009, 72, 1927.

379 Mycalenitrile 6 山海绵吡咯腈 6*

【基本信息】$C_{25}H_{38}N_2O$, 油状物.【类型】简单吡咯生物碱.【来源】山海绵属 *Mycale* sp.【活性】缺氧诱导型因子-1 (HIF-1) 活化抑制剂 (基于人乳腺癌肿瘤 T47D 细胞的 HIF-1 活化报告试验, IC$_{50}$ = 7.8μmol/L, 阻断 NADH-泛醌氧化还原酶, 以抑制线粒体的呼吸作用).【文献】S.-C. Mao, et al. JNP, 2009, 72, 1927.

380 Mycalenitrile 7 山海绵吡咯腈 7*

【基本信息】$C_{27}H_{42}N_2O$, 油状物.【类型】简单吡咯生物碱.【来源】山海绵属 *Mycale* sp.【活性】缺氧诱导型因子-1 (HIF-1) 活化抑制剂 (基于人乳腺癌肿瘤 T47D 细胞的 HIF-1 活化报告试验, IC$_{50}$ = 8.6μmol/L, 阻断 NADH-泛醌氧化还原酶, 抑制线粒体的呼吸作用).【文献】S.-C. Mao, et al. JNP, 2009, 72, 1927.

381 Mycalenitrile 8 山海绵吡咯腈 8*

【基本信息】$C_{25}H_{40}N_2O$, 黄色固体, mp 42~44℃.【类型】简单吡咯生物碱.【来源】山海绵属 *Mycale* sp.【活性】缺氧诱导型因子-1 (HIF-1) 活化抑制剂 (基于人乳腺癌肿瘤 T47D 细胞的 HIF-1 活化报告试验, IC$_{50}$ = 10~20μmol/L, 抑制线粒体的呼吸作用).【文献】S.-C. Mao, et al. JNP, 2009, 72, 1927.

382 Mycalenitrile 9 山海绵吡咯腈 9*

【基本信息】$C_{27}H_{44}N_2O$, 油状物.【类型】简单吡咯生物碱.【来源】山海绵属 *Mycale* sp.【活性】缺氧诱导型因子-1 (HIF-1) 活化抑制剂 (基于人乳腺癌肿瘤 T47D 细胞的 HIF-1 活化报告试验, 30μmol/L, InRt < 50%, 抑制线粒体的呼吸作用).【文献】S.-C. Mao, et al. JNP, 2009, 72, 1927.

383 Mycalenitrile 10 山海绵吡咯腈 10*
【别名】5-(23-Cyano-16-tricosenyl)-1H-pyrrole-2-carboxaldehyde; 5-(23-氰基-16-二十三烯基)-1H-吡咯-2-甲醛.【基本信息】$C_{29}H_{48}N_2O$, mp 42~45°C.【类型】简单吡咯生物碱.【来源】山海绵属 Mycale sp.【活性】缺氧诱导型因子-1 (HIF-1) 活化抑制剂 (基于人乳腺癌肿瘤 T47D 细胞的 HIF-1 活化报告试验, 30μmol/L, InRt < 50%, 抑制线粒体的呼吸作用).【文献】S.-C. Mao, et al. JNP, 2009, 72, 1927.

384 Mycalenitrile 11 山海绵吡咯腈 11*
【基本信息】$C_{27}H_{44}N_2O$, 油状物.【类型】简单吡咯生物碱.【来源】山海绵属 Mycale sp.【活性】缺氧诱导型因子-1 (HIF-1) 活化抑制剂 (基于人乳腺癌肿瘤 T47D 细胞的 HIF-1 活化报告试验, 30μmol/L, InRt < 50%, 抑制线粒体的呼吸作用).【文献】S.-C. Mao, et al. JNP, 2009, 72, 1927.

385 Mycalenitrile 12 山海绵吡咯腈 12*
【基本信息】$C_{28}H_{46}N_2O$, 油状物.【类型】简单吡咯生物碱.【来源】山海绵属 Mycale sp.【活性】缺氧诱导型因子-1 (HIF-1) 活化抑制剂 (基于人乳腺癌肿瘤 T47D 细胞的 HIF-1 活化报告试验, 30μmol/L, InRt < 50%, 抑制线粒体的呼吸作用).【文献】S.-C. Mao, et al. JNP, 2009, 72, 1927.

386 Mycalenitrile 13 山海绵吡咯腈 13*
【基本信息】$C_{21}H_{34}N_2O$, mp 73~75°C.【类型】简单吡咯生物碱.【来源】山海绵属 Mycale sp.【活性】缺氧诱导型因子-1 (HIF-1) 活化抑制剂 (基于人乳腺癌肿瘤 T47D 细胞的 HIF-1 活化报告试验, IC_{50} = 10~20μmol/L, 抑制线粒体的呼吸作用).【文献】S.-C. Mao, et al. JNP, 2009, 72, 1927.

387 Mycalenitrile 14 山海绵吡咯腈 14*
【基本信息】$C_{24}H_{40}N_2O$, mp 74~77°C.【类型】简单吡咯生物碱.【来源】山海绵属 Mycale sp.【活性】缺氧诱导型因子-1 (HIF-1) 活化抑制剂 (基于人乳腺癌肿瘤 T47D 细胞的 HIF-1 活化报告试验, 30μmol/L, InRt < 50%, 抑制线粒体的呼吸作用).【文献】S.-C. Mao, et al. JNP, 2009, 72, 1927.

388 Nitropyrrolin A 硝基吡咯林 A*
【基本信息】$C_{19}H_{30}N_2O_4$, 亮黄色油状物, $[\alpha]_D^{20}$ = +8° (c = 0.05, 二氯甲烷).【类型】简单吡咯生物碱.【来源】未鉴定的海洋导出的放线菌 CNQ-509.【活性】细胞毒 (HCT116, IC_{50} = 31.1μmol/L); 抗菌 (MRSA, > 20μg/mL).【文献】H. C. Kwon, et al. JNP, 2010, 73, 2047.

389 Nitropyrrolin B‡ 硝基吡咯林 B*‡
【基本信息】$C_{19}H_{28}N_2O_3$, 亮黄色油状物, $[\alpha]_D^{20}$ = +3° (c = 0.05, 二氯甲烷).【类型】简单吡咯生物碱.【来源】未鉴定的海洋导出的放线菌 CNQ-509.【活性】细胞毒 (HCT116, IC_{50} = 31.0μmol/L); 抗菌 (MRSA, > 20μg/mL).【文献】H. C. Kwon, et al. JNP, 2010, 73, 2047.

390　Nitropyrrolin C　硝基吡咯林 C*

【基本信息】$C_{19}H_{29}ClN_2O_3$，亮黄色油状物，$[\alpha]_D^{20}$ = –2º (c = 0.07，二氯甲烷).【类型】简单吡咯生物碱.【来源】未鉴定的海洋导出的放线菌 CNQ-509.【活性】细胞毒 (HCT116, > 20μg/mL); 抗菌 (MRSA, > 20μg/mL).【文献】H. C. Kwon, et al. JNP, 2010, 73, 2047.

391　Nitropyrrolin D　硝基吡咯林 D*

【基本信息】$C_{19}H_{28}N_2O_3$，亮黄色油状物，$[\alpha]_D^{20}$ = –9º (c = 0.003，甲醇).【类型】简单吡咯生物碱.【来源】未鉴定的海洋导出的放线菌 CNQ-509.【活性】细胞毒 (HCT116, IC$_{50}$ = 5.7μmol/L); 抗菌 (MRSA, > 20μg/mL).【文献】H. C. Kwon, et al. JNP, 2010, 73, 2047.

392　Nitropyrrolin E　硝基吡咯林 E*

【基本信息】$C_{19}H_{31}ClN_2O_5$，亮黄色油状物，$[\alpha]_D^{20}$ = +15º (c = 0.002，甲醇).【类型】简单吡咯生物碱.【来源】未鉴定的海洋导出的放线菌 CNQ-509.【活性】细胞毒 (HCT116, > 20μg/mL); 抗菌 (MRSA, > 20μg/mL).【文献】H. C. Kwon, et al. JNP, 2010, 73, 2047.

393　Palmyrrolinone　巴尔米拉吡咯酮*

【基本信息】$C_{12}H_{15}NO_4$.【类型】简单吡咯生物碱.【来源】蓝细菌颤藻属 *Oscillatoria* cf. 和蓝细菌颤藻 Oscillatoriaceae 科 *Hormoscilla* spp. (集聚物，北部海滩，巴尔米拉环礁).【活性】灭螺剂 (对无毛双脐螺*Biomphalaria glabrata* 有有潜力).【文献】A. R. Pereira, et al. JNP, 2011, 74, 1175.

394　Pentabromopseudilin　五溴假单胞菌林*

【基本信息】$C_{10}H_4Br_5NO$, 晶体（苯/己烷），mp 130~170℃（分解）.【类型】简单吡咯生物碱.【来源】海洋细菌假单胞菌属 *Pseudomonas bromoutilis*, 来自海洋细菌色杆菌属 *Chromobacterium* sp. (黄色和灰白色菌株，主要代谢产物).【活性】抗菌 (革兰氏阳性菌), 酯酶抑制剂; 氨基肽酶抑制剂; 弹性蛋白酶抑制剂; 尿激酶抑制剂; 碱性磷酸酶抑制剂; LD$_{50}$ (小鼠, ivn) = 25~75mg/kg, LD$_{50}$ (小鼠, scu) = 250~350mg/kg, LD$_{50}$ (小鼠, ipr) = 50mg/kg.【文献】P. R. Burkholder, et al. Appl. Microbiol., 1966, 14, 649; R. J. Andersen, et al. Mar. Biol., 1974, 27, 281; H. Laatsch, et al. Liebigs Ann. Chem., 1989, 863; CRC Press, DNP on DVD, 2012, version 20.2.

395　5-Pentadecyl-1H-pyrrole-2-carboxaldehyde　5-十五烷基-1H-吡咯-2-甲醛

【基本信息】$C_{20}H_{35}NO$.【类型】简单吡咯生物碱.【来源】膜海绵属 *Laxosuberites* sp. [Syn. *Hymeniacidon* sp.]和山海绵属 *Mycale* sp.【活性】缺氧诱导型因子-1 (HIF-1) 活化抑制剂 (基于人乳腺癌肿瘤 T47D 细胞的 HIF-1 活化报告试验，30μmol/L, InRt < 50%, 抑制线粒体的呼吸作用).【文献】D. B. Stierle, et al. JOC, 1980, 45, 4980; S.-C. Mao, et al. JNP, 2009, 72, 1927.

396　2,3,4-Tribromo-1H-pyrrole　2,3,4-三溴-1H-吡咯

【基本信息】$C_4H_2Br_3N$，浅黄色油状物.【类型】

简单吡咯生物碱.【来源】环节动物多毛纲蠕虫 *Polyphysia crassa* 和半索动物长吻虫属 *Saccoglossus kowalevskii*.【活性】抗菌；拒食活性.【文献】R. Emrich, et al. JNP, 1990, 53, 703; C. E. Kicklighter, et al. Limnol. Oceanogr., 2004, 49, 430.

397　Lamellarin A　片螺素 A
【基本信息】$C_{30}H_{27}NO_{10}$，浅黄色棱柱状晶体 (甲醇), mp 168~172℃ (分解).【类型】片螺属类生物碱.【来源】软体动物前鳃片螺属 *Lamellaria* sp. (靠近科罗尔, 帕劳, 大洋洲, 采样深度 5m).【活性】MDR 抑制剂 (抑制多药耐药性)；免疫调节剂.【文献】R. J. Andersen, et al. JACS, 1985, 107, 5492.

398　Lamellarin A$_1$　片螺素 A$_1$
【基本信息】$C_{27}H_{21}NO_8$.【类型】片螺属类生物碱.【来源】星骨海鞘属 *Didemnum* sp. (黄蜂岛, 新南威尔士；北部罗特尼斯岛陆架, 西澳大利亚).【活性】细胞毒 [人癌细胞株, P-糖蛋白-超表达变体, 阿霉素 (P-糖蛋白基质)].【文献】F. Plisson, et al. Chem. Asian J., 2012, 7, 1616.

399　Lamellarin A$_2$　片螺素 A$_2$
【基本信息】$C_{28}H_{23}NO_9$.【类型】片螺属类生物碱.【来源】星骨海鞘属 *Didemnum* sp. (黄蜂岛, 新南威尔士；北部罗特尼斯岛陆架, 西澳大利亚).【活性】细胞毒 [人癌细胞株, P-糖蛋白-超表达变体, 阿霉素 (P-糖蛋白基质)].【文献】F. Plisson, et al. Chem. Asian J., 2012, 7, 1616.

400　Lamellarin A$_3$　片螺素 A$_3$
【基本信息】$C_{29}H_{25}NO_8$.【类型】片螺属类生物碱.【来源】星骨海鞘属 *Didemnum* sp. (黄蜂岛, 新南威尔士；北部罗特尼斯岛陆架, 西澳大利亚).【活性】细胞毒 [人癌细胞株, P-糖蛋白-超表达变体, 阿霉素 (P-糖蛋白基质)].【文献】F. Plisson, et al. Chem. Asian J., 2012, 7, 1616.

401　Lamellarin A$_4$　片螺素 A$_4$
【基本信息】$C_{25}H_{17}NO_8$.【类型】片螺属类生物碱.【来源】星骨海鞘属 *Didemnum* sp. (黄蜂岛, 新南威尔士；北部罗特尼斯岛陆架, 西澳大利亚).【活性】细胞毒 [人癌细胞株, P-糖蛋白-超表达变体, 阿霉素 (P-糖蛋白基质)].【文献】F. Plisson, et al. Chem. Asian J., 2012, 7, 1616.

402　Lamellarin A$_5$　片螺素 A$_5$
【基本信息】$C_{26}H_{17}NO_8$.【类型】片螺属类生物碱.【来源】星骨海鞘属 *Didemnum* sp. (黄蜂岛, 新南威尔士；北部罗特尼斯岛陆架, 西澳大利亚).【活性】细胞毒 [人癌细胞株, P-糖蛋白-超表达变体,

阿霉素 (P-糖蛋白基质)].【文献】F. Plisson, et al. Chem. Asian J., 2012, 7, 1616.

403　Lamellarin A_6　片螺素 A_6
【基本信息】$C_{28}H_{23}NO_8$.【类型】片螺属类生物碱.【来源】星骨海鞘属 *Didemnum* sp. (黄蜂岛, 新南威尔士; 北部罗特尼斯岛陆架, 西澳大利亚).【活性】细胞毒 [人癌细胞株, P-糖蛋白-超表达变体, 阿霉素 (P-糖蛋白基质)].【文献】F. Plisson, et al. Chem. Asian J., 2012, 7, 1616.

404　Lamellarin B　片螺素 B
【基本信息】$C_{30}H_{25}NO_9$, 淡黄色针状晶体 (甲醇), mp 258~259℃.【类型】片螺属类生物碱.【来源】软体动物前鳃片螺属 *Lamellaria* sp. (靠近科罗尔, 帕劳, 大洋洲, 采样深度 5m).【活性】免疫调节剂.【文献】R. J. Andersen, et al. JACS, 1985, 107, 5492.

405　Lamellarin C　片螺素 C
【别名】Dihydrolamellarin B; 二氢片螺素 B.【基本信息】$C_{30}H_{27}NO_9$, 针状晶体 (甲醇), mp 225~230℃.【类型】片螺属类生物碱.【来源】软体动物前鳃片螺属 *Lamellaria* sp. (靠近科罗尔, 帕劳, 大洋洲, 采样深度 5m).【活性】细胞分裂抑制剂 (受精海胆卵, 19μg/mL, InRt = 15%).【文献】R. J. Andersen, et al. JACS, 1985, 107, 5492.

406　Lamellarin D　片螺素 D
【基本信息】$C_{28}H_{21}NO_8$, 浅黄色粉末.【类型】片螺属类生物碱.【来源】软体动物前鳃片螺属 *Lamellaria* sp. (靠近科罗尔, 帕劳, 大洋洲, 采样深度 5m).【活性】细胞分裂抑制剂 (受精海胆卵, 19μg/mL, InRt = 78%).【文献】R. J. Andersen, et al. JACS, 1985, 107, 5492.

407　Lamellarin I　片螺素 I
【基本信息】$C_{31}H_{29}NO_9$, 类白色不规则棱镜状晶体 (甲醇), mp 218~220℃.【类型】片螺属类生物碱.【来源】星骨海鞘属 *Didemnum* sp. (澳大利亚).【活性】MDR 抑制剂 (抑制多药耐药性).【文献】A. R. Carroll, et al. Aust. J. Chem., 1993, 46, 489.

408　Lamellarin J　片螺素 J
【基本信息】$C_{29}H_{25}NO_8$, 无定形粉末, mp 216~220℃.【类型】片螺属类生物碱.【来源】软体动物前鳃片螺属 *Lamellaria* sp., 星骨海鞘属 *Didemnum* sp.【活性】免疫调节剂.【文献】A. R. Carroll, et al. Aust. J. Chem., 1993, 46, 489.

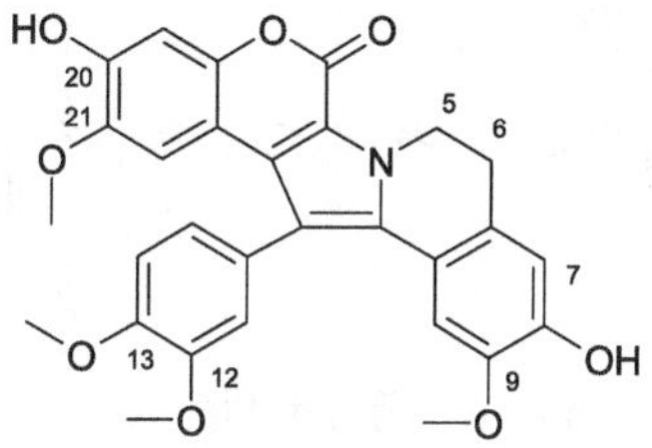

409 Lamellarin K 片螺素 K

【基本信息】$C_{29}H_{25}NO_9$, 无定形粉末, mp 196~198℃.【类型】片螺属类生物碱.【来源】星骨海鞘属 *Didemnum* sp.【活性】免疫调节剂.【文献】A. R. Carroll, et al. Aust. J. Chem., 1993, 46, 489.

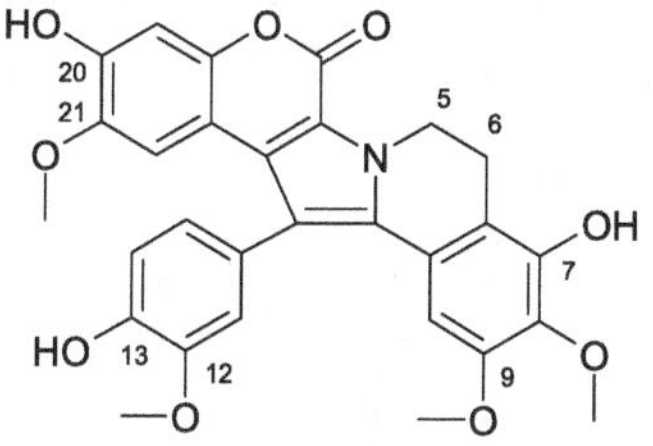

410 Lamellarin M 片螺素 M

【基本信息】$C_{29}H_{23}NO_9$, 无定形粉末.【类型】片螺属类生物碱.【来源】软体动物前鳃片螺属 *Lamellaria* sp., 星骨海鞘属 *Didemnum* sp.【活性】免疫调节剂.【文献】A. R. Carroll, et al. Aust. J. Chem., 1993, 46, 489.

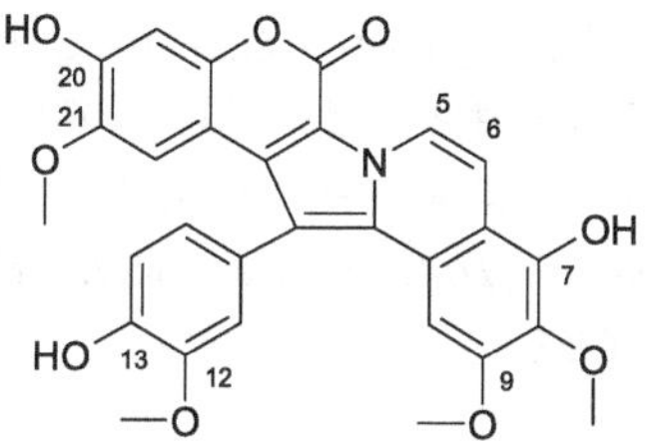

411 Lamellarin α 20-sulfate 片螺素 α 20-硫酸酯

【基本信息】$C_{29}H_{23}NO_{11}S$, 固体（钠盐）, mp 145~148℃（钠盐）.【类型】片螺属类生物碱.【来源】软体动物前鳃片螺属 *Lamellaria* sp.【活性】整合酶（IN）抑制剂（终止卵裂，IC_{50} = 16μmol/L）；人免疫缺损病毒 1（HIV-1）整合酶抑制剂（注：HIV 编码三个酶，反向转录酶 RT、蛋白酶 PR 和整合酶 IN）.【文献】M. V. R. Reddy, et al. JMC, 1999, 42, 1901.

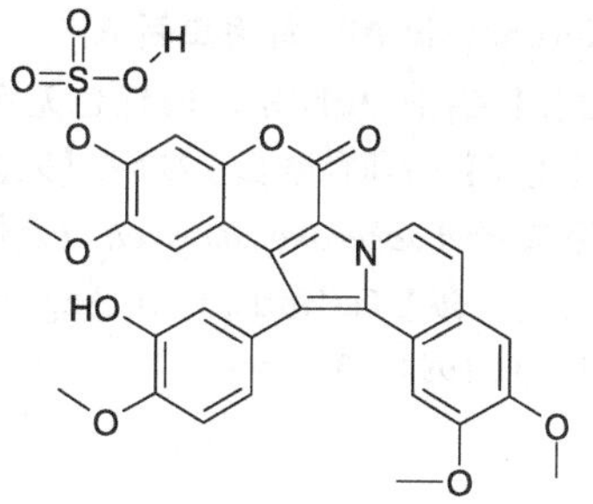

412 Lamellarin β 片螺素 β

【基本信息】$C_{26}H_{19}NO_8$, 无定形固体.【类型】片螺属类生物碱.【来源】星骨海鞘属 *Didemnum* sp.【活性】细胞毒.【文献】J. Ham, et al. Bull. Korean Chem. Soc., 2002, 23, 163.

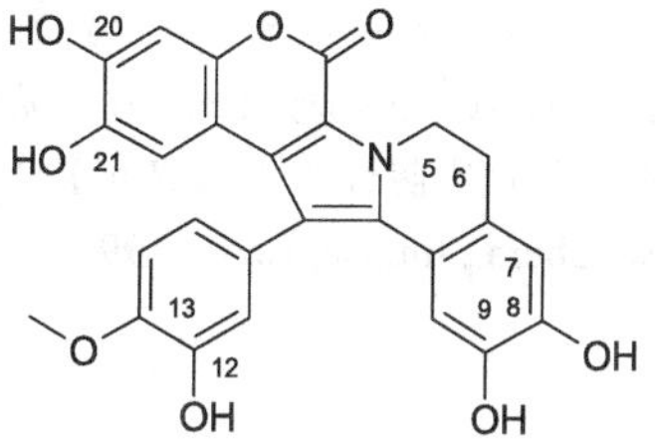

413 Antibiotics BE 18591 抗生素 BE 18591

【基本信息】$C_{22}H_{35}N_3O$, 浅黄绿色无定形固体, mp 50~53℃.【类型】杂项吡咯类生物碱.【来源】海洋导出的链霉菌属 *Streptomyces* sp. BA18591.【活性】抗肿瘤.【文献】K. Kojiri, et al. J. Antibiot., 1993, 46, 1799; 1894.

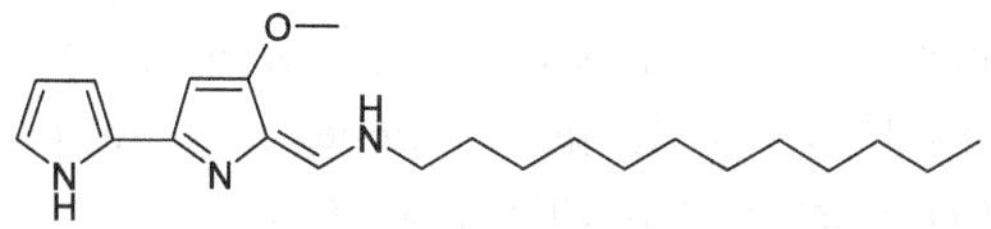

414 Dictyodendrin J 树突状素 J*

【基本信息】$C_{34}H_{24}N_2O_8$.【类型】杂项吡咯类生物碱.【来源】小紫海绵属 *Ianthella* sp.（巴斯海峡，澳大利亚）.【活性】β-分泌酶（BACE）抑制剂（适度活性）；抗老年痴呆症（有潜力的）.【文献】H. Zhang, et al. RSC Adv., 2012, 2, 4209.

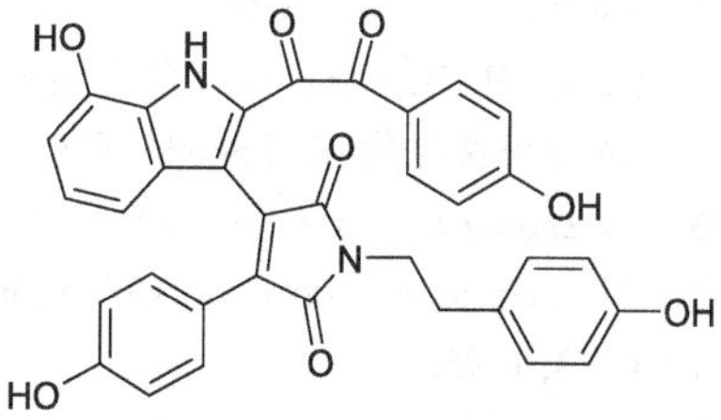

415　Keronopsin A₁　纤毛虫新 A₁*

【基本信息】$C_{18}H_{16}BrNO_5S$, 砖红色无定形粉末(钠盐).【类型】杂项吡咯类生物碱.【来源】原生生物纤毛虫 *Pseudokeronopsis riccii*.【活性】化学防御物质.【文献】G. Höfle, et al. Angew. Chem., Int. Ed. Engl., 1994, 33, 1495.

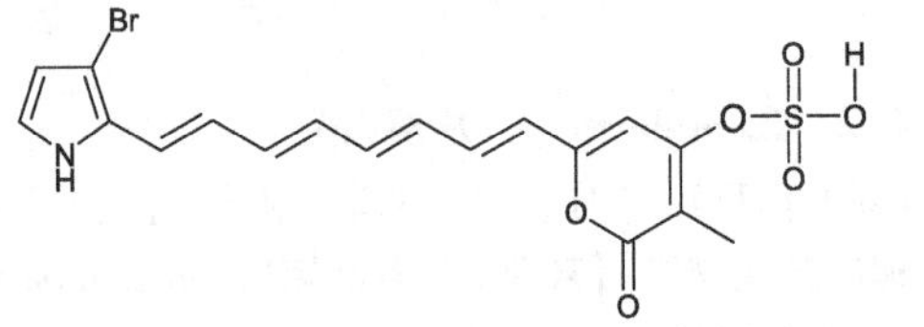

416　Keronopsin A₂　纤毛虫新 A₂*

【基本信息】$C_{18}H_{15}Br_2NO_6S$.【类型】杂项吡咯类生物碱.【来源】原生生物纤毛虫 *Pseudokeronopsis riccii*.【活性】化学防御物质.【文献】G. Höfle, et al. Angew. Chem., Int. Ed. Engl., 1994, 33, 1495.

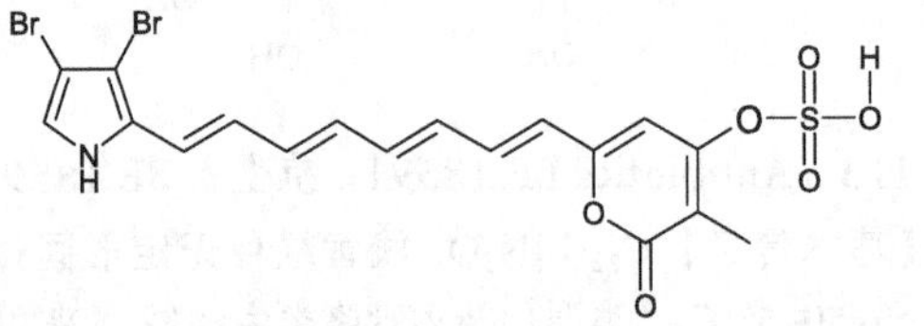

417　Keronopsin B₁　纤毛虫新 B₁*

【基本信息】$C_{18}H_{16}BrNO_3$, 黑色晶体（丙酮）, mp 135~139°C.【类型】杂项吡咯类生物碱.【来源】原生生物纤毛虫 *Pseudokeronopsis riccii*.【活性】化学防御物质.【文献】G. Höfle, et al. Angew. Chem., Int. Ed. Engl., 1994, 33, 1495.

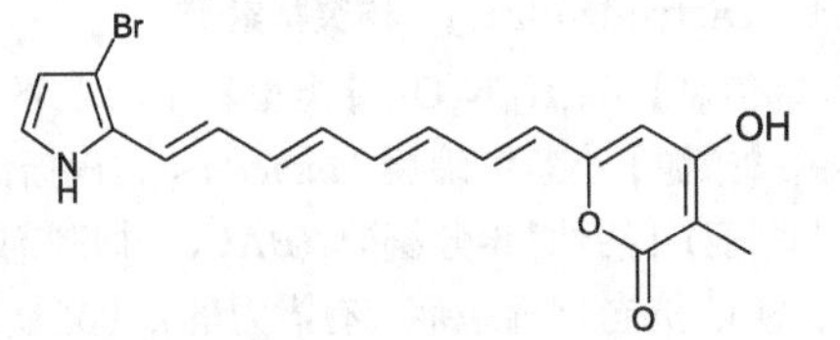

418　Keronopsin B₂　纤毛虫新 B₂*

【基本信息】$C_{18}H_{15}Br_2NO_3$, 棕红色无定形粉末.【类型】杂项吡咯类生物碱.【来源】原生生物纤毛虫 *Pseudokeronopsis riccii*.【活性】化学防御物质.【文献】G. Höfle, et al. Angew. Chem., Int. Ed. Engl., 1994, 33, 1495.

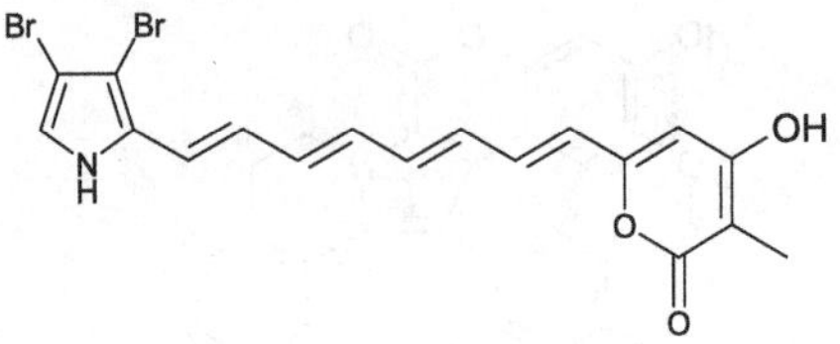

419　Lukianol A　薄壳海鞘醇 A*

【基本信息】$C_{25}H_{17}NO_5$, 无定形粉末（甲醇）, mp 264~266°C.【类型】杂项吡咯类生物碱.【来源】未鉴定的海鞘（薄壳状，巴尔米拉环礁，中太平洋）.【活性】细胞毒（KB, MIC = 1μg/mL）; MDR 逆转剂.【文献】R. T. Luibrand, et al. Tetrahedron, 1979, 35, 609; W. Y. Yoshida, et al. Helv. Chim. Acta, 1992, 75, 1721; A. Terpin, et al. Tetrahedron, 1995, 51, 9941; D. L. Boger, et al. JACS, 1999, 121, 54.

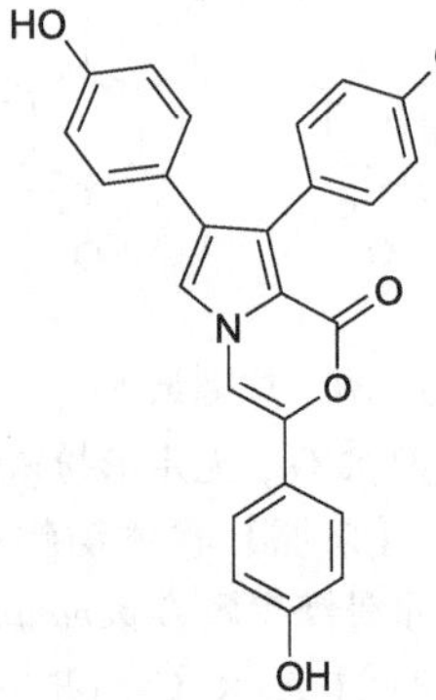

420　Lukianol B　薄壳海鞘醇 B*

【基本信息】$C_{25}H_{16}INO_5$, 类白色粉末（甲醇）.【类型】杂项吡咯类生物碱.【来源】未鉴定的海鞘（薄壳状，巴尔米拉环礁，中太平洋）.【活性】细胞毒.【文献】W. Y. Yoshida, et al. Helv. Chim. Acta, 1992, 75, 1721.

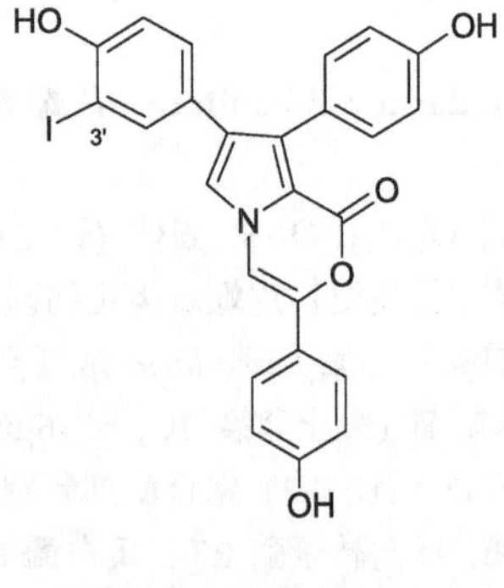

421　Marineosin A　海洋欧新 A*

【基本信息】$C_{25}H_{35}N_3O_2$, 油状物, $[\alpha]_D = -101.7°$

(c = 0.06, 甲醇). 【类型】杂项吡咯类生物碱. 【来源】海洋导出的链霉菌属 *Streptomyces* sp. CNQ-617. 【活性】细胞毒 (HCT116, IC_{50} = 0.5μmol/L); 细胞毒 (一组 NCI 60 种癌细胞, 广谱细胞毒性, 对黑色素瘤和白血病细胞系有相当高的选择性); 抗真菌 (白色念珠菌 *Candida albicans*, MIC > 100μg/mL, 活性极弱). 【文献】C. Boonlarppradab, et al. Org. Lett., 2008, 10, 5505.

422 Marineosin B 海洋欧新 B*

【基本信息】$C_{25}H_{35}N_3O_2$, 油状物, $[\alpha]_D$ = +143.5º (c = 0.09, 甲醇). 【类型】杂项吡咯类生物碱. 【来源】海洋导出的链霉菌属 *Streptomyces* sp. CNQ-617. 【活性】细胞毒 (HCT116, IC_{50} = 46μmol/L); 抗真菌 (白色念珠菌 *Candida albicans*, MIC > 100μg/mL, 活性极弱). 【文献】C. Boonlarppradab, et al. Org. Lett., 2008, 10, 5505.

423 Marinopyrrole A 海洋放线菌吡咯 A*

【基本信息】$C_{22}H_{12}Cl_4N_2O_4$, $[\alpha]_D$ = −69º (c = 0.39, 甲醇). 【类型】杂项吡咯类生物碱. 【来源】海洋导出的链霉菌属 *Streptomyces* sp. CNQ-418 (沉积物, 培养物条件最优化, 拉霍亚, 加利福尼亚, 美国). 【活性】抗菌 (MRSA, MIC_{90} = 0.31μg/mL; 对照万古霉素, MIC_{90} = 0.20~0.39μg/mL; 对照青霉素 G, MIC_{90} = 6.3~12μg/mL); 细胞毒 (HCT116, IC_{50} = 4.5μg/mL; 对照依托泊苷, IC_{50} = 0.29~2.9μg/mL). 【文献】C. C. Hughes, et al. JOC, 2010, 75, 3240.

424 Marinopyrrole B 海洋放线菌吡咯 B*

【基本信息】$C_{22}H_{11}BrCl_4N_2O_4$, $[\alpha]_D$ = −72º (c = 0.2, 甲醇). 【类型】杂项吡咯类生物碱. 【来源】海洋导出的链霉菌属 *Streptomyces* sp. CNQ-418 (沉积物, 培养物条件最优化, 拉霍亚, 加利福尼亚, 美国). 【活性】抗菌 (MRSA, MIC_{90} = 0.63μg/mL; 对照万古霉素, MIC_{90} = 0.20~0.39μg/mL; 青霉素 G, MIC_{90} = 6.3~12μg/mL); 细胞毒 (HCT116, IC_{50} = 5.3μg/mL; 对照依托泊苷, 0.29~2.9μg/mL). 【文献】C. C. Hughes, et al. JOC, 2010, 75, 3240.

425 (−)-Marinopyrrole C (−)-海洋放线菌吡咯 C*

【基本信息】$C_{22}H_{11}Cl_5N_2O_4$, $[\alpha]_D$ = −100º (c = 0.04, 甲醇). 【类型】杂项吡咯类生物碱. 【来源】海洋导出的链霉菌属 *Streptomyces* sp. CNQ-418 (深海沉积物样本拉霍亚, 加利福尼亚, 美国). 【活性】抗菌 (MRSA, MIC_{90} = 0.16μg/mL; 对照万古霉素, MIC_{90} = 0.20~0.39μg/mL; 青霉素 G, MIC_{90} = 6.3~12μg/mL); 细胞毒 (HCT116, IC_{50} = 0.21μg/mL; 对照依托泊苷, IC_{50} = 0.29~2.9μg/mL). 【文献】C. C. Hughes, et al. JOC, 2010, 75, 3240.

426 (±)-Marinopyrrole F (±)-海洋放线菌吡咯 F*

【基本信息】$C_{22}H_{11}Cl_3N_2O_4$，白色固体，$[\alpha]_D = 0°$ (c = 0.057，甲醇:丙酮 = 2:1)。【类型】杂项吡咯类生物碱。【来源】海洋导出的链霉菌属 Streptomyces sp. CNQ-418（沉积物，培养物条件最优化，拉霍亚，加利福尼亚，美国）。【活性】抗菌（MRSA，MIC_{90} = 3.1μg/mL；对照万古霉素，MIC_{90} = 0.20~0.39μg/mL；对照青霉素 G，MIC_{90} = 6.3~12μg/mL）；细胞毒 (HCT116，IC_{50} = 2.9μg/mL；对照依托泊苷，IC_{50} = 0.29~2.9μg/mL)。【文献】C. C. Hughes, et al. JOC, 2010, 75, 3240.

427 4-Methoxy-5-[(3-methoxy-5-pyrrol-2-yl-2H-pyrrol-2-ylidene)methyl]-2,2′-bipyrrole 4-甲氧基-5-[(3-甲氧基-5-吡咯-2-基-2H-吡咯-2-亚基)甲基]-2,2′-二吡咯

【基本信息】$C_{19}H_{18}N_4O_2$，蓝色晶体（二氯甲烷/石油醚）(盐酸)，mp 300℃（分解）。【类型】杂项吡咯类生物碱。【来源】苔藓动物多室草苔虫 Bugula neritina 和苔藓动物齿缘草苔虫 Bugula dentata，软体动物裸鳃目海牛亚目多角海牛科 Nembrotha kubaryana。【活性】细胞毒 [CaCo-2，IC_{50} = (91±15)μmol/L；HeLa，IC_{50} = (70±18)μmol/L；C6，IC_{50} = (7±4.2)μmol/L；H9c2，IC_{50} = (107±8)μmol/L；3T3-L1，IC_{50} = (24±8.5)μmol/L]；抗菌（革兰氏阳性菌，温和活性）。【文献】H. H. Wasserman, et al. Tetrahedron Lett., 1968, 641; R. Kazlauskas, et al. Aust. J. Chem., 1982, 35, 215; S. Matsunaga, et al. Experientia, 1986, 42, 84; M. Carbone, et al. BoMCL, 2010, 20, 2668.

428 Storniamide A 斯托尔尼酰胺 A*

【基本信息】$C_{42}H_{35}N_3O_{11}$，黄色油状物。【类型】杂项吡咯类生物碱。【来源】穿贝海绵属 Cliona sp.（穴居海绵，凡尔达蓬塔，靠近圣安东尼奥欧斯特，里约内格罗，阿根廷）。【活性】抗菌（革兰氏阳性菌：金黄色葡萄球菌 Staphylococcus aureus，枯草杆菌 Bacillus subtilis 和藤黄色微球菌 Micrococcus luteus，50μg/盘）。【文献】J. A. Palermo, et al. Tetrahedron, 1996, 52, 2727.

429 Storniamide B 斯托尔尼酰胺 B*

【基本信息】$C_{42}H_{35}N_3O_{12}$，黄色油状物。【类型】杂项吡咯类生物碱。【来源】穿贝海绵属 Cliona sp.（穴居海绵，凡尔达蓬塔，靠近圣安东尼奥欧斯特，里约内格罗，阿根廷）。【活性】抗菌（革兰氏阳性菌：金黄色葡萄球菌 Staphylococcus aureus，枯草杆菌 Bacillus subtilis 和藤黄色微球菌 Micrococcus luteus，50μg/盘）。【文献】J. A. Palermo, et al. Tetrahedron, 1996, 52, 2727.

430 Storniamide C 斯托尔尼酰胺 C*

【基本信息】$C_{42}H_{35}N_3O_{12}$，黄色油状物。【类型】杂项吡咯类生物碱。【来源】穿贝海绵属 Cliona sp.（穴居海绵，凡尔达蓬塔，靠近圣安东尼奥欧斯特，

里约内格罗，阿根廷). 【活性】抗菌 (革兰氏阳性菌: 金黄色葡萄球菌 *Staphylococcus aureus*, 枯草杆菌 *Bacillus subtilis* 和藤黄色微球菌 *Micrococcus luteus*, 50μg/盘). 【文献】J. A. Palermo, et al. Tetrahedron, 1996, 52, 2727.

431 Storniamide D 斯托尔尼酰胺 D*

【基本信息】$C_{42}H_{35}N_3O_{13}$, 黄色油状物. 【类型】杂项吡咯类生物碱. 【来源】穿贝海绵属 *Cliona* sp. (穴居海绵, 凡尔达蓬塔, 靠近圣安东尼奥欧斯特, 里约内格罗，阿根廷). 【活性】抗菌 (革兰氏阳性菌: 金黄色葡萄球菌 *Staphylococcus aureus*, 枯草杆菌 *Bacillus subtilis* 和藤黄色微球菌 *Micrococcus luteus*, 50μg/盘). 【文献】J. A. Palermo, et al. Tetrahedron, 1996, 52, 2727.

432 Stylissadine A 斯泰里海绵萨啶 A*

【别名】Flabellazole B; Dimer of Massadine; 福拉别海绵吡咯 B*; 马萨定二聚体*. 【基本信息】$C_{44}H_{46}Br_8N_{20}O_9$, $[\alpha]_D^{22} = -15.2°$ ($c = 1.21$, 甲醇). 【类型】杂项吡咯类生物碱. 【来源】Scopalinidae 科海绵 *Stylissa caribica* 和 Scopalinidae 科海绵 *Stylissa flabellata*. 【活性】$P2X_7$ 受体抑制剂 (特定的); 依赖电压的钙离子的减少 (IC_{50} = 4.5μmol/L, 分子作用机制: 需要亲脂溴化侧链的不可逆作用). 【文献】A. Grube, et al. Org. Lett., 2006, 8, 4675; M. S. Buchanan, et al. Org. Chem., 2007, 72, 2309; M. S. Buchanan, et al. JNP, 2007, 70, 1827; U. Bickmeyer, et al. Toxicon, 2007, 50, 490.

433 Stylissadine B 斯泰里海绵萨啶 B*

【别名】Flabellazole A; 福拉别海绵吡咯 A*. 【基本信息】$C_{44}H_{46}Br_8N_{20}O_9$, $[\alpha]_D^{22} = -20°$ ($c = 0.62$, 甲醇). 【类型】杂项吡咯类生物碱. 【来源】小轴海绵属 *Axinella* sp. (深水域, 大澳大利亚湾), Scopalinidae 科海绵 *Stylissa caribica* 和 Scopalinidae 科海绵 *Stylissa flabellata*. 【活性】抗菌 (金黄色葡萄球菌 *Staphylococcus aureus* ATCC 25923, IC_{50} = 0.64μmol/L; 金黄色葡萄球菌 *Staphylococcus aureus* ATCC 9144, IC_{50} = 2.5μmol/L; 枯草杆菌 *Bacillus subtilis* ATCC 6051, IC_{50} = 2.2μmol/L; 枯草杆菌 *Bacillus subtilis* ATCC 6633, IC_{50} = 0.50μmol/L; 大肠杆菌 *Escherichia coli* ATCC 11775, IC_{50} = 0.92μmol/L; 铜绿假单胞菌 *Pseudomonas aeruginosa* ATCC 10145, IC_{50} = 1.3μmol/L); 抗真菌 (白色念珠菌 *Candida albicans* ATCC 90028, IC_{50} = 6.8μmol/L); $P2X_7$ 受体抑制剂 (特定的); 依赖电压的钙离子的减少 (IC_{50} = 4.5μmol/L, 分子作用机制: 需要亲脂溴化侧链的不可逆作用). 【文献】A. Grube, et al. Org. Lett., 2006, 8, 4675; M. S. Buchanan, et al. JOC, 2007, 72, 2309; M. S. Buchanan, et al. JNP, 2007, 70, 1827; U. Bickmeyer, et al. Toxicon, 2007, 50, 490; H. Zhang, et al. Tetrahedron Lett., 2012, 53, 3784.

434　Tambjamine A　裸鳃它姆加胺 A*

【基本信息】$C_{10}H_{11}N_3O$，油状物.【类型】杂项吡咯类生物碱.【来源】苔藓动物极长草苔虫 *Bugula longissima*（嗜冷生物，冷水域，南极地区），未鉴定的苔藓动物（热带的），软体动物裸鳃目海牛亚目多角海牛科 *Tambja abdere*，软体动物裸鳃目海牛亚目多角海牛科 *Tambja eliora*，脊索动物们背囊亚门海鞘纲 Holozoidae 科海鞘 *Atapozoa* sp.，软体动物裸鳃目海牛亚目多角海牛科 *Nembrotha crista*，软体动物裸鳃目海牛亚目多角海牛科 *Nembrotha kubaryana* 和软体动物裸鳃目海牛亚目多角海牛科 *Roboastra tigris*，苔藓动物透明黏草苔虫 *Sessibugula translucens*（软体动物裸鳃的食物来源）.【活性】抗微生物；细胞毒；DNA 结合剂.【文献】B. Carlé, et al. JOC, 1983, 48, 2314; B. Carté, et al. J. Chem. Ecol., 1986, 12, 795; N. Lindquist, et al. Experientia, 1991, 47, 504; M.D. Lebar, et al. NPR, 2007, 24, 774 (Rev.); CRC Press, DNP on DVD, 2012, version 20.2.

435　Tambjamine B　裸鳃它姆加胺 B*

【基本信息】$C_{10}H_{10}BrN_3O$，油状物，溶于甲醇，氯仿；难溶于水.【类型】杂项吡咯类生物碱.【来源】软体动物裸鳃目海牛亚目多角海牛科 *Tambja abdere*［加利福尼亚湾（科特斯海），美国］，软体动物裸鳃目海牛亚目多角海牛科 *Tambja eliora* 和软体动物裸鳃目海牛亚目多角海牛科 *Roboastra tigris*，苔藓动物透明黏草苔虫 *Sessibugula translucens*.【活性】抗微生物；细胞毒；DNA 结合剂.【文献】B. Carlé, et al. JOC, 1983, 48, 2314; B. Carté, et al. J. Chem. Ecol., 1986, 12, 795; N. Lindquist, et al. Experientia, 1991, 47, 504.

436　Tambjamine C　裸鳃它姆加胺 C*

【基本信息】$C_{14}H_{19}N_3O$，油状物，溶于甲醇，氯仿；难溶于水.【类型】杂项吡咯类生物碱.【来源】软体动物裸鳃目海牛亚目多角海牛科 *Tambja abdere*，软体动物裸鳃目海牛亚目多角海牛科 *Tambja eliora*，和软体动物裸鳃目海牛亚目多角海牛科 *Roboastra tigris*，苔藓动物黏草苔虫属 *Sessibugula* spp.，脊索动物们背囊亚门海鞘纲 Holozoidae 科海鞘 *Atapozoa* spp.【活性】抗微生物；细胞毒；DNA 结合剂.【文献】B. Carlé, et al. JOC, 1983, 48, 2314; B. Carté, et al. J. Chem. Ecol., 1986, 12, 795; N. Lindquist, et al. Experientia, 1991, 47, 504.

437　Tambjamine D　裸鳃它姆加胺 D*

【基本信息】$C_{14}H_{18}BrN_3O$，油状物，溶于甲醇，氯仿；难溶于水.【类型】杂项吡咯类生物碱.【来源】苔藓动物黏草苔虫属 *Sessibugula* sp.，软体动物裸鳃目海牛亚目多角海牛科 *Tambja abdere*，软体动物裸鳃目海牛亚目多角海牛科 *Tambja eliora* 和软体动物裸鳃目海牛亚目多角海牛科 *Roboastra tigris*.【活性】抗微生物；细胞毒；DNA 结合剂.【文献】B. Carlé, et al. JOC, 1983, 48, 2314; B. Carté, et al. J. Chem. Ecol., 1986, 12, 795; N. Lindquist, et al. Experientia, 1991, 47, 504.

438　Tambjamine E　裸鳃它姆加胺 E*

【基本信息】$C_{12}H_{15}N_3O$，黄色晶体 ($CDCl_3$)，mp 68~70°C.【类型】杂项吡咯类生物碱.【来源】软体动物裸鳃目海牛亚目多角海牛科 *Nembrotha crista* 和软体动物裸鳃目海牛亚目多角海牛科 *Nembrotha kubaryana*, 脊索动物门背囊亚门海鞘纲 Holozoidae 科海鞘 *Atapozoa* sp.【活性】DNA 结合剂; 拒食活性.【文献】N. Lindquist, et al. Experientia, 1991, 47, 504.

439　Tambjamine F　裸鳃它姆加胺 F*

【基本信息】$C_{18}H_{19}N_3O$，棕色油状物.【类型】杂项吡咯类生物碱.【来源】软体动物裸鳃目海牛亚目多角海牛科 *Nembrotha crista* 和软体动物裸鳃目海牛亚目多角海牛科 *Nembrotha kubaryana*, 脊索动物门背囊亚门海鞘纲 Holozoidae 科海鞘 *Atapozoa* sp.【活性】DNA 结合剂; 拒食活性.【文献】N. Lindquist, et al. Experientia, 1991, 47, 504.

440　Tambjamine G　裸鳃它姆加胺 G*

【基本信息】$C_{12}H_{14}BrN_3O$.【类型】杂项吡咯类生物碱.【来源】苔藓动物齿缘草苔虫 *Bugula dentata* (塔斯马尼亚).【活性】有毒的 (盐水丰年虾).【文献】A. J. Blackman, et al. Aust. J. Chem., 1994, 47, 1625.

441　Tambjamine H　裸鳃它姆加胺 H*

【基本信息】$C_{13}H_{16}BrN_3O$.【类型】杂项吡咯类生物碱.【来源】苔藓动物齿缘草苔虫 *Bugula dentata* (塔斯马尼亚).【活性】有毒的 (盐水丰年虾).【文献】A. J. Blackman, et al. Aust. J. Chem., 1994, 47, 1625.

442　Tambjamine I　裸鳃它姆加胺 I*

【基本信息】$C_{14}H_{18}BrN_3O$.【类型】杂项吡咯类生物碱.【来源】苔藓动物齿缘草苔虫 *Bugula dentata* (塔斯马尼亚).【活性】有毒的 (盐水丰年虾).【文献】A. J. Blackman, et al. Aust. J. Chem., 1994, 47, 1625.

443　Tambjamine J　裸鳃它姆加胺 J*

【基本信息】$C_{15}H_{20}BrN_3O$.【类型】杂项吡咯类生物碱.【来源】苔藓动物齿缘草苔虫 *Bugula dentata* (塔斯马尼亚).【活性】有毒的 (盐水丰年虾).【文献】A. J. Blackman, et al. Aust. J. Chem., 1994, 47, 1625.

444　Tambjamine K　裸鳃它姆加胺 K*

【基本信息】$C_{15}H_{21}N_3O$.【类型】杂项吡咯类生物碱.【来源】苔藓动物齿缘草苔虫 *Bugula dentata*, 软体动物裸鳃目海牛亚目多角海牛科 *Tambja ceutae* (亚速尔群岛, 葡萄牙, 大西洋).【活性】细胞毒 [CaCo-2, $IC_{50} = (3.5±1.4)×10^{-3}$ μmol/L; HeLa, $IC_{50} = (14.6±9)$ μmol/L; C6, $IC_{50} = (14±5.4)$ μmol/L; H9c2, $IC_{50} = (2.7±2)$ μmol/L; 3T3-L1, $IC_{50} = (19±12)$ μmol/L].【文献】M. Carbone, et al. BoMCL, 2010, 20, 2668.

445　Ageladine A　中村群海绵定 A*

【基本信息】$C_{10}H_7Br_2N_5$，黄色粉末 (2 分子 TFA 盐).【类型】吡咯-咪唑类生物碱.【来源】中村群海绵 *Agelas nakamurai*.【活性】抗血管生成，基质金属蛋白酶抑制剂.【文献】M. Fujita, et al. JACS, 2003, 125, 15700.

446　(−)-Agelastatin A　(−)-群海绵斯他汀 A*
【基本信息】$C_{12}H_{13}BrN_4O_3$, $[α]_D^{20} = -84.3°$ ($c = 0.3$, 乙醇) (N,N,O-三甲基化).【类型】吡咯-咪唑类生物碱.【来源】小轴海绵科海绵 Cymbastela sp. (西澳大利亚) 和群海绵属 Agelas dendromorpha (珊瑚海, 昆士兰).【活性】细胞毒 (KB, $EC_{50} = 0.5 \sim 0.1 \mu g/mL$); 抑制脾脏细胞增殖 (小鼠: ConA 诱导的淋巴细胞 T, LPS 诱导的淋巴细胞 B); 抗肿瘤; 杀昆虫剂 (甜菜夜蛾 Spodoptera exigua 和玉米根叶甲 Diabrotica undecimpunctata 的幼虫); 有毒的 (盐水丰年虾 Artemia franciscana, $LC_{50} = 1.7 \mu g/mL$); 预防转移性癌的传播.【文献】M. D'Ambrosio, et al. J. Chem. Soc. Chem. Commun., 1993, 1305; M. D'Ambrosio, et al. Helv. Chim. Acta, 1994, 77, 1895; 1996, 79, 727; T. W. Hong, et al. JNP, 1998, 61, 158.

447　Agelastatin C　群海绵斯他汀 C*
【基本信息】$C_{12}H_{13}BrN_4O_4$, 固体, $[α]_D = -5°$ ($c = 0.06$, 甲醇).【类型】吡咯-咪唑类生物碱.【来源】小轴海绵科海绵 Cymbastela sp. (西澳大利亚).【活性】细胞毒; 杀昆虫剂; 有毒的 (盐水丰年虾 Artemia franciscana, $LC_{50} = 200 \mu g/mL$).【文献】T. W. Hong, et al. JNP, 1998, 61, 158.

448　Agelastatin D　群海绵斯他汀 D*
【基本信息】$C_{11}H_{11}BrN_4O_3$, 固体.【类型】吡咯-咪唑类生物碱.【来源】小轴海绵科海绵 Cymbastela sp.【活性】杀昆虫剂.【文献】T. W. Hong, et al. JNP, 1998, 61, 158.

449　Ageliferin　球果群海绵素*
【基本信息】$C_{22}H_{24}Br_2N_{10}O_2$, $[α]_D^{33} = +15.5°$ ($c = 0.11$, 甲醇).【类型】吡咯-咪唑类生物碱.【来源】群海绵属 Agelas sp. SS-1003 (濑良垣岛海外, 冲绳, 日本), 中村群海绵 Agelas nakamurai [带两个三氟乙酸根, 产率 = 0.0009% (湿重), 安汶, 印度尼西亚, 1997], 球果群海绵* Agelas conifera, 群海绵属 Agelas novaecaledoniae, 毛里塔尼亚群海绵 Agelas cf. mauritiana 和锉海绵属 Xestospongia sp.【活性】抗菌 (革兰氏阳性菌: 藤黄色微球菌 Micrococcus luteus, $MIC = 4.17 \mu g/mL$; 枯草杆菌 Bacillus subtilis, $MIC = 8.33 \mu g/mL$; 革兰氏阴性菌大肠杆菌 Escherichia coli, $MIC = 33.3 \mu g/mL$) (Endo, 2004); 蛋白磷酸酶 2A 抑制剂 ($IC_{50} > 50 \mu mol/L$) (Endo, 2004); 抗菌 (0.2 μmol/盘: 枯草杆菌 Bacillus subtilis 168, $IZD = 14mm$; 金黄色葡萄球菌 Staphylococcus aureus ATCC 25923, $IZD = 11mm$; 大肠杆菌 Escherichia coli ATCC 25922, $IZD = 8mm$; 大肠杆菌 Escherichia coli HB101, $IZD = 11mm$) (Eder, 1999); 肌动球蛋白 ATPase 活化剂; 抗污剂; 生长激素抑制素拮抗剂.【文献】J. Kobayashi, et al. Tetrahedron, 1990, 46, 5579; P. A. Keifer, et al. JOC, 1991, 56, 2965; 6728; A. Vassas, et al. PM, 1996, 62, 28; C. Eder, et al. JNP, 1999, 62, 1295; T. Endo, et al. JNP, 2004, 67, 1262.

450　Axinellamine A　小轴海绵胺 A*
【基本信息】$C_{22}H_{23}Br_4ClN_{10}O_4$, 粉末 (双三氟乙酸盐), $[\alpha]_D^{20} = -18°$ ($c = 0.16$, 甲醇).【类型】吡咯-咪唑类生物碱.【来源】小轴海绵属 *Axinella* sp. (深水域, 大澳大利亚湾) 和小轴海绵属 *Axinella* sp. (澳大利亚).【活性】抗菌 [革兰氏阴性菌幽门螺杆菌 *Helicobacter pylori* (特别和胃癌有关), 1000µmol/L].【文献】S. Urban, et al. JOC, 1999, 64, 731; S. Urban, et al. JOC, 1999, 64, 731; H. Zhang, et al. Tetrahedron Lett., 2012, 53, 3784.

451　Axinellamine B　小轴海绵胺 B*
【基本信息】$C_{22}H_{23}Br_4ClN_{10}O_4$, 浅黄色油状物, $[\alpha]_D^{20} = -7°$ ($c = 0.21$, 甲醇).【类型】吡咯-咪唑类生物碱.【来源】小轴海绵属 *Axinella* sp. (深水域, 大澳大利亚湾) 和小轴海绵属 *Axinella* sp. (澳大利亚).【活性】抗菌 (枯草杆菌 *Bacillus subtilis* ATCC 6051, $IC_{50} = 5.0µmol/$; 枯草杆菌 *Bacillus subtilis* ATCC 6633, $IC_{50} = 10µmol/L$).【文献】H. Zhang, et al. Tetrahedron Lett., 2012, 53, 3784; S. Urban, et al. JOC, 1999, 64, 731.

452　Axinellamine C　小轴海绵胺 C*
【基本信息】$C_{23}H_{25}Br_4ClN_{10}O_4$, 浅黄色油状物, $[\alpha]_D^{20} = -9°$ ($c = 1.1$, 甲醇).【类型】吡咯-咪唑类生物碱.【来源】小轴海绵属 *Axinella* sp. (深水域, 大澳大利亚湾) 和小轴海绵属 *Axinella* sp. (澳大利亚).【活性】抗菌 [革兰氏阴性菌幽门螺杆菌 *Helicobacter pylori* (特别和胃癌有关), 1000µmol/L].【文献】H. Zhang, et al. Tetrahedron Lett., 2012, 53, 3784; S. Urban, et al. JOC, 1999, 64, 731.

453　(*Z*)-Axinohydantoin　(*Z*)-小轴海绵欧亥丹托因*
【别名】Spongiacidin D; 角骨海绵赛啶 D*.【基本信息】$C_{11}H_9BrN_4O_3$, 无定形固体, mp 221~227°C (分解).【类型】吡咯-咪唑类生物碱.【来源】软海绵科海绵 *Stylotella aurantium*, 扁海绵属 *Phakellia fusca* 和膜海绵属 *Hymeniacidon* sp. (冲绳, 日本).【活性】PKC 抑制剂 ($IC_{50} = 9.0µmol/L$).【文献】X. Fu, et al. Chem. Res. Chin. Univ., 1991, 7, 178; A. D. Patil, et al. Nat. Prod. Lett., 1997, 9, 201; K. Inaba, et al. JNP, 1998, 61, 693; W. Li, et al. Zhongguo Haiyang Yaowu, 2001, 20, 9; D. Skropeta, et al. Mar. Drugs, 2011, 9, 2131 (Rev.).

454　2-Bromoageliferin　2-溴球果群海绵素*
【基本信息】$C_{22}H_{23}Br_3N_{10}O_2$, $[\alpha]_D^{33} = +8.8°$ ($c = 0.08$, 甲醇).【类型】吡咯-咪唑类生物碱.【来源】群海绵属 *Agelas* sp. SS-1003 (濑良垣岛海外, 冲绳, 日本), 球果群海绵* *Agelas conifera*, 毛里塔尼亚群海绵 *Agelas* cf. *mauritiana* 和威利星刺海绵 *Astrosclera willeyana*.【活性】抗菌 (革兰氏阳性菌: 藤黄色微球菌 *Micrococcus luteus*, MIC = 2.08µg/mL; 枯草杆菌 *Bacillus subtilis*, MIC = 2.08µg/mL; 革兰氏阴性菌: 大肠杆菌 *Escherichia coli*, MIC = 16.7µg/mL) (Endo, 2004); 蛋白磷酸酶 2A 抑制剂 ($IC_{50} > 50µmol/L$) (Endo, 2004); 肌动球蛋白 ATPase 活化剂.【文献】J. Kobayashi, et al. Tetrahedron 1990, 46, 5579; P. A. Keifer, et al. JOC, 1991, 56, 2965; 6728; A. Vassas, et al. PM,

1996, 62, 28; T. Endo, et al. JNP, 2004, 67, 1262.

455　(Z)-3-Bromohymenialdisine　(Z)-3-溴膜海绵笛新*

【基本信息】$C_{11}H_9Br_2N_5O_2$.【类型】吡咯-咪唑类生物碱.【来源】卡特里小轴海绵* Axinella carteri (爪哇, 印度尼西亚).【活性】细胞毒 (小鼠 in vitro, L5178Y, ED_{50} = 3.9μg/mL).【文献】A. Supriyono, et al. Z. Naturforsch. C. Biosci., 1995, 50, 669.

456　4-Bromopalauamine　4-溴帕劳软海绵胺*

【基本信息】$C_{17}H_{21}BrClN_9O_2$, 无定形黄褐色固体, $[α]_D$ = –64.4º (c = 2.6, 甲醇).【类型】吡咯-咪唑类生物碱.【来源】软海绵科海绵 Stylotella aurantium (帕劳, 大洋洲).【活性】细胞毒; 免疫抑制剂.【文献】Kinnel, R.B. et al. JOC, 1998, 63, 3281.

457　3-Bromostyloguanidine　3-溴软海绵胍*

【基本信息】$C_{17}H_{21}BrClN_9O_2$, 黄褐色固体, $[α]_D$ = +57.5º (c = 0.7, 甲醇).【类型】吡咯-咪唑类生物碱.【来源】软海绵科海绵 Stylotella aurantium (雅浦海, 澳大利亚).【活性】几丁质酶抑制剂; 抗污剂 (抑制藤壶金星幼体蜕皮, 10ppm).【文献】T.

Kato, et al. Tetrahedron Lett., 1995, 36, 2133; R. B. Kinnel, et al. JOC, 1998, 63, 3281.

458　Carteramine A　卡特海绵胺 A*

【基本信息】$C_{22}H_{21}Br_4ClN_{10}O_3$, 亮黄色粉末, $[α]_D^{17}$ = –44º (c = 0.5, 甲醇), $[α]_D^{23}$ = –42º (c = 1.26, 甲醇).【类型】吡咯-咪唑类生物碱.【来源】疣突小轴海绵 Axinella verrucosa, Scopalinidae 科海绵 Stylissa carteri 和 Scopalinidae 科海绵 Stylissa caribica.【活性】抗炎 (中性粒细胞趋化性抑制剂, IC_{50} = 5μmol/L).【文献】H. Kobayashi, et al. Tetrahedron Lett., 2007, 48, 2127.

459　12-Chloro-11-hydroxyldibromo-isophakellin　12-氯-11-羟基二溴异扇形海绵素*

【基本信息】$C_{11}H_{10}Br_2ClN_5O_2$, $[α]_D^{23}$ = +51º (c = 0.41, 甲醇).【类型】吡咯-咪唑类生物碱.【来源】短花柱小轴海绵* Axinella brevistyla (日本水域).【活性】抗真菌 (抑制酿酒酵母 Saccharomyces cerevisiae erg6 突变体的生长, 30μg/盘); 细胞毒 (L_{1210}, IC_{50} = 2.5μg/mL).【文献】S. Tsukamoto, et al. JNP, 2001, 64, 1576.

460　Clathramide A　克拉色群海绵酰胺 A*
【基本信息】$C_{13}H_{17}BrN_4O_3$, 无定形固体, $[\alpha]_D^{25}$ = $-5°$ (c = 0.001, 甲醇).【类型】吡咯-咪唑类生物碱.【来源】克拉色群海绵* *Agelas clathrodes* (产率 = 7.2% 干重, 加勒比海).【活性】抗真菌 (和克拉色群海绵酰胺 B 的混合物 100μg, 黑曲霉菌 *Aspergillus niger*, IZD = 8mm).【文献】F. Cafieri, et al. Tetrahedron, 1996, 52, 13713; F. Cafieri, et al. BoMCL, 1997, 7, 2283.

461　Clathramide B　克拉色群海绵酰胺 B*
【基本信息】$C_{13}H_{17}BrN_4O_3$, 无定形固体, $[\alpha]_D^{25}$ = $+11°$ (c = 0.001, 甲醇).【类型】吡咯-咪唑类生物碱.【来源】克拉色群海绵* *Agelas clathrodes*.【活性】抗真菌 (和克拉色群海绵酰胺 A 的混合物 100μg, 黑曲霉菌 *Aspergillus niger*, IZD = 8mm).【文献】F. Cafieri, et al. Tetrahedron, 1996, 52, 13713; F. Cafieri, et al. JNP, 1998, 61, 122.

462　Clathramide C　克拉色群海绵酰胺 C*
【基本信息】$C_{12}H_{15}BrN_4O_3$, 无定形固体, $[\alpha]_D^{25}$ = $-6°$ (c = 0.001, 甲醇).【类型】吡咯-咪唑类生物碱.【来源】不同群海绵* *Agelas dispar* (加勒比海).【活性】抗真菌 (和克拉色群海绵酰胺 D 的混合物 100μg, 琼脂盘扩散实验, 黑曲霉菌 *Aspergillus niger*, IZD = 7mm).【文献】F. Cafieri, et al. Tetrahedron, 1996, 52, 13713; F. Cafieri, et al. JNP, 1998, 61, 122.

463　Clathramide D　克拉色群海绵酰胺 D*
【基本信息】$C_{12}H_{15}BrN_4O_3$.【类型】吡咯-咪唑类生物碱.【来源】不同群海绵* *Agelas dispar* (加勒比海).【活性】抗真菌 (和克拉色群海绵酰胺 C 的混合物 100μg, 琼脂盘扩散实验, 黑曲霉菌 *Aspergillus niger*, IZD = 7mm); 5-羟色胺受体拮抗剂.【文献】F. Cafieri, et al. Tetrahedron, 1996, 52, 13713; F. Cafieri, et al. JNP, 1998, 61, 122.

464　Clathrodine　克拉色群海绵啶*
【基本信息】$C_{11}H_{13}N_5O$, 无定形固体.【类型】吡咯-咪唑类生物碱.【来源】克拉色群海绵* *Agelas clathrodes*.【活性】抗菌 (普通变形杆菌 *Proteus vulgaris*, 金黄色葡萄球菌 *Staphylococcus aureus*, 弗氏志贺氏菌 *Shigella flexneri*, MIC = 1mg/mL); 细胞毒 (SW480, ED_{50} = 53μg/mL, 细胞生长抑制剂).【文献】J. J. Morales et al. JNP, 1991, 54, 629.

465　Cycloaplysinopsin C　环西沙海绵新 C*
【基本信息】$C_{28}H_{28}N_8O_3$, 无定形黄色固体, $[\alpha]_D$ = $+4°$ (c = 0.06, 甲醇).【类型】吡咯-咪唑类生物碱.【来源】简星珊瑚属石珊瑚 *Tubastraea* sp. (哈尼什群岛, 也门).【活性】杀疟原虫的 (CSPF F32/坦桑尼亚, IC_{50} = 1.48μg/mL; CRPF FcB1/哥伦比亚, IC_{50} = 1.2μg/mL).【文献】M. Meyer, et al., Nat. Prod. Res., 2009, 23, 178.

466　(Z)-Debromoaxinohydantoin　(Z)-去溴小轴海绵欧亥丹托因*
【别名】Spongiacidin C; 角骨海绵赛啶 C*.【基本信息】$C_{11}H_{10}N_4O_3$, 无定形固体, mp 213~218°C (分解).【类型】吡咯-咪唑类生物碱.【来源】软海绵科海绵 *Stylotella aurantium*, 卡特里小轴海绵* *Axinella carteri*, 膜海绵 *Hymeniacidon* sp. (冲

绳，日本) 和 Scopalinidae 科海绵 *Stylissa massa* (印度尼西亚).【活性】PKC 抑制剂 (IC_{50} = 22.0μmol/L); USP7 抑制剂 (第一个天然来源的 USP7 抑制剂, 选择性的 USP7 抑制剂, IC_{50} = (3.8±1.8)μmol/L, 肿瘤学治疗的一个新的先导物) (Yamaguchi, 2013).【文献】A. D. Patil, et al. Nat. Prod. Lett., 1997, 9, 201; K. Inaba, et al. JNP, 1998, 61, 693; S. A. Basaif, et al. J. Saudi Chem. Soc., 2006, 9, 683; D. Skropeta, et al. Mar. Drugs, 2011, 9, 2131 (Rev.); M. Yamaguchi, et al. Bioorg. Med. Chem. Lett., 2013, 23, 3884.

467 (10*Z*)-Debromohymenialdisine (10*Z*)-去溴膜海绵笛新*

【基本信息】$C_{11}H_{11}N_5O_2$, 晶体 (+2H_2O), mp 220~225℃ (分解).【类型】吡咯-咪唑类生物碱.【来源】棘头海绵属 *Acanthella aurantiaca* (红海), 疣突小轴海绵 *Axinella verrucosa*, 小轴海绵属 *Axinella* sp. (深水域, 大澳大利亚湾), 似轴海绵属 *Pseudaxinella* sp. (帕劳共和国, 1979), 扁海绵属 *Phakellia flabellate* (大堡礁), 膜海绵属 *Hymeniacidon aldis* (冲绳, 日本), 膜海绵属 *Hymeniacidon* spp., 卡特里小轴海绵* *Axinella carteri*, 软海绵科海绵 *Stylotella aurantium* (帕劳, 大洋洲) 和 Scopalinidae 科海绵 *Stylissa flabelliformis*, 未鉴定的海绵 (克罗来武, 斐济).【活性】PKC 抑制剂 (IC_{50} =1.3μmol/L); MAP 激酶 MEK 抑制剂 (IC_{50} = 6.0nmol/L); 像 Polo 的激酶-1 抑制剂 (10μmol/L); 细胞毒 (P_{388}, GI_{50} = 5.0μg/mL); 杀昆虫剂; 抗炎.【文献】G. Cimino, et al. Tetrahedron Lett., 1982, 23, 767; C. A. Mattia, et al. Acta Crystallorg. Sect. B, 1982, 38, 2513; I. Kitagawa, et al. CPB, 1983, 31, 2321; H. Annoura, et al. Tetrahedron Lett., 1995, 36, 413; D. H. Williams, et al. Nat. Prod. Lett., 1996, 9, 57; A. D. Patil, et al. Nat. Prod. Lett., 1997, 9, 201; D. Tasdemir, et al. J. Med. Chem., 2002, 45, 529; G. R. Pettit, et al. JNP, 2008, 71, 438; P. Sauleau, et al. Tetrahedron Lett., 2011, 52, 2676; D. Skropeta, et al. Mar. Drugs, 2011, 9, 2131 (Rev.); H. Zhang, et al. Tetrahedron Lett., 2012, 53, 3784.

468 Debromooxysceptrine 去溴氧代群海绵素*

【基本信息】$C_{22}H_{25}BrN_{10}O_3$, $[\alpha]_D^{25}$ = –25º (*c* = 0.108, 甲醇) (二乙酸盐).【类型】吡咯-咪唑类生物碱.【来源】球果群海绵* *Agelas conifera*, 克拉色群海绵* *Agelas clathrodes* 和毛里塔尼亚海绵 *Agelas mauritiana*.【活性】抗病毒; 抗菌.【文献】J. Kobayashi, et al. Experientia, 1991, 47, 301; P. A. Keifer, et al. JOC, 1991, 56, 2965.

469 Debromosceptrine 去溴群海绵素*

【基本信息】$C_{22}H_{25}BrN_{10}O_2$, $[\alpha]_D^{25}$ = –30º (*c* = 1.03, 甲醇) (二乙酸盐).【类型】吡咯-咪唑类生物碱.【来源】中村群海绵 *Agelas nakamurai* [带两个 CF_3COO^-, 产率 = 0.024% (湿重), 安汶, 印度尼西亚, 1997] 和球果群海绵* *Agelas conifera*.【活性】抗菌 (0.2μmol/盘: 枯草杆菌 *Bacillus subtilis* 168, IZD = 10mm).【文献】C. Eder, et al. JNP, 1999, 62, 1295; P. A. Keifer, et al. JOC, 1991, 56, 2965; 6728; X. Shen, et al. JNP, 1998, 61, 1302.

470　Dibromoagelaspongin　二溴群海绵素*
【基本信息】$C_{11}H_{11}Br_2N_5O_2$，黄绿色晶体（甲醇/丙酮）(盐酸)，mp 233~235°C（分解）(盐酸)。【类型】吡咯-咪唑类生物碱.【来源】群海绵属 *Agelas* sp. 【活性】葡聚糖酶抑制剂.【文献】S. A. Fedoreyev, et al. Tetrahedron, 1989, 45, 3487.

471　2,2′-Dibromoageliferin　2,2′-二溴球果群海绵素*
【基本信息】$C_{22}H_{22}Br_4N_{10}O_2$，$[α]_D^{33} = +3°$ (c = 0.1, 甲醇)．【类型】吡咯-咪唑类生物碱．【来源】群海绵属 *Agelas* sp. SS-1003（濑良垣岛海外，冲绳，日本），球果群海绵* *Agelas conifera*，毛里塔尼亚群海绵 *Agelas* cf. *mauritiana* 和威利星刺海绵 *Astrosclera willeyana*．【活性】抗菌（革兰氏阳性菌：藤黄色微球菌 *Micrococcus luteus*，MIC = 2.08μg/mL；枯草杆菌 *Bacillus subtilis*，MIC = 4.16μg/mL；革兰氏阴性菌大肠杆菌 *Escherichia coli*，MIC = 16.7μg/mL）(Endo, 2004)；蛋白磷酸酶2A抑制剂（IC_{50} > 50μmol/L）(Endo, 2004)；肌动球蛋白ATPase酶激活剂．【文献】J. Kobayashi, et al. Tetrahedron, 1990, 46, 5579; P. A. Keifer, et al. JOC, 1991, 56, 2965; 6728; A. Vassas, et al. PM, 1996, 62, 28; T. Endo, et al. JNP, 2004, 67, 1262.

472　4,5-Dibromopalauamine　4,5-二溴帕劳软海绵胺*
【基本信息】$C_{17}H_{20}Br_2ClN_9O_2$，固体，$[α]_D$ = −115.3° (c = 2.7, 甲醇)．【类型】吡咯-咪唑类生物碱．【来源】软海绵科海绵 *Stylotella aurantium* 和 Scopalinidae 科海绵 *Stylissa flabellata*．【活性】细胞毒（人黑色素瘤，IC_{50} = 0.25μg/mL).【文献】R. B. Kinnel, et al. JOC, 1998, 63, 3281; U. M. Reinscheid, et al. EurJOC, 2010, 6900.

473　Dibromophakellstatin　二溴扁海绵他汀*
【基本信息】$C_{11}H_{10}Br_2N_4O_2$，晶体（甲苯/甲醇），mp 245°C（分解）．【类型】吡咯-咪唑类生物碱．【来源】扁海绵属 *Phakellia mauritiana*（塞舌尔）．【活性】细胞毒（OVCAR-3, ED_{50} = 15.7μg/mL, SF295, ED_{50} = 18.8μg/mL, A498, ED_{50} = 17.8μg/mL, H460, ED_{50} = 22.0μg/mL, KM20L2, ED_{50} = 20.1μg/mL, SK-MEL-5, ED_{50} = 17.0μg/mL)．【文献】G. R. Pettit, et al. JNP, 1997, 60, 180.

474　Dibromosceptrine　二溴群海绵素*
【基本信息】$C_{22}H_{22}Br_4N_{10}O_2$，$[α]_D^{25}$ = −44° (c = 1.03, 甲醇)（二乙酰基化衍生物)．【类型】吡咯-咪唑类生物碱．【来源】球果群海绵* *Agelas conifera* 和克拉色群海绵* *Agelas clathrodes*．【活性】抗污剂；神经毒性．【文献】P. A. Keifer, et al. JOC, 1991, 56, 2965; 6728.

475　2,3-Dibromostyloguanidine　2,3-二溴软海绵胍*
【基本信息】$C_{17}H_{20}Br_2ClN_9O_2$，灰白色晶体（异丙

醇/甲醇), $[α]_D = -70.8°$ ($c = 0.6$, 甲醇).【类型】吡咯-咪唑类生物碱.【来源】软海绵科海绵 *Stylotella aurantium*.【活性】几丁质酶抑制剂; 抗污剂.【文献】R. B. Kinnel, et al. JOC, 1998, 63, 3281.

476 Dictazole A 迪克特海绵唑 A*

【基本信息】$C_{26}H_{24}BrN_8O_2^+$, 无色粉末, $[α]_D^{22} = +8.5°$ ($c = 0.2$, 甲醇).【类型】吡咯-咪唑类生物碱.【来源】胄甲海绵亚科 Thorectinae 海绵 *Smenospongia cerebriformis* (巴拿马).【活性】天冬氨酸蛋白酶 BACE1 抑制剂 (以剂量相关方式抑制 BACE1 调节的淀粉样蛋白前体蛋白 (APP) 卵裂, IC_{50} = 50μg/mL; BACE1 被广泛相信是老年痴呆症病理学中的中心角色).【文献】J. Dai, et al. JOC, 2010, 75, 2399.

477 9,10-Dihydrokeramadine 9,10-二氢克拉玛啶*

【基本信息】$C_{12}H_{16}BrN_5O$, 无定形固体.【类型】吡咯-咪唑类生物碱.【来源】群海绵属 *Agelas* sp. SS-1003 [产率 = 0.00018% (湿重), 濑良垣岛海外, 冲绳, 日本].【活性】抗菌 (革兰氏阳性菌: 藤黄色微球菌 *Micrococcus luteus*, MIC > 33.3μg/mL; 枯草杆菌 *Bacillus subtilis*, MIC > 33.3μg/mL; 革兰氏阴性菌: 大肠杆菌 *Escherichia coli*, MIC > 33.3μg/mL); 蛋白磷酸酶 2A 抑制剂 (IC_{50} > 50μmol/L).【文献】T. Endo, et al. JNP, 2004, 67, 1262.

478 Dispacamide A 不同群海绵酰胺 A*

【基本信息】$C_{11}H_{11}Br_2N_5O_2$, 无定形固体.【类型】吡咯-咪唑类生物碱.【来源】球果群海绵* *Agelas conifera* [加勒比海, 产率 = 0.8% (干重)], 不同群海绵* *Agelas dispar* [加勒比海, 产率 = 3.5% (干重)], 克拉色群海绵* *Agelas clathrodes* [加勒比海, 产率 = 3.2% (干重)] 和极长群海绵* *Agelas longissima* [加勒比海, 产率 = 1.1% (干重)].【活性】抗组胺剂 (豚鼠回肠, 拮抗效应表观亲和力 pD_2 = 5.52±0.11, 显著活性, 专一的可逆的非竞争性效应).【文献】Van Rossum, J. Arch. Int. Pharmacodyn. Ther., 1963, 143, 299 (pD_2 definition); F. Cafieri, et al. Tetrahedron Lett., 1996, 37, 3587; F. Cafieri, et al. BoMCL, 1997, 7, 2283.

479 Dispacamide B 不同群海绵酰胺 B*

【别名】2-Debromodispacamide A; 2-去溴不同群海绵酰胺 A*.【基本信息】$C_{11}H_{12}BrN_5O_2$.【类型】吡咯-咪唑类生物碱.【来源】球果群海绵* *Agelas conifera* [加勒比, 产率 = 3.5% (干重)], 不同群海绵* *Agelas dispar* [加勒比, 产率 = 0.2% (干重)], 克拉色群海绵* *Agelas clathrodes* [加勒比, 产率 = 0.5% (干重)] 和极长群海绵* *Agelas longissima* [加勒比, 产率 = 3.3% (干重)].【活性】抗组胺剂 (豚鼠回肠, 拮抗效应表观亲和力 pD_2 = 5.33±0.08, 显著活性, 专一的可逆的非竞争性效应).【文献】F. Cafieri, et al. Tetrahedron Lett., 1996, 37, 3587; F. Cafieri, et al. BoMCL, 1997, 7, 2283.

480 Dispacamide C 不同群海绵酰胺 C*

【基本信息】$C_{11}H_{11}Br_2N_5O_3$.【类型】吡咯-咪唑类

生物碱.【来源】球果群海绵* Agelas conifera [加勒比海,产率 = 0.8% (干重)], 不同群海绵* Agelas dispar [加勒比海,产率 = 3.5% (干重)], 克拉色群海绵* Agelas clathrodes [加勒比海,产率 = 3.2% (干重)] 和极长群海绵* Agelas longissima [加勒比海,产率 = 1.1% (干重)].【活性】抗组胺剂 (豚鼠回肠,拮抗效应表观亲和力 pD_2 = 4.48±0.05, 温和活性, 可逆的非竞争性效应).【文献】F. Cafieri, et al. Tetrahedron Lett., 1996, 37, 3587; F. Cafieri, et al. BoMCL, 1997, 7, 2283.

481 Dispacamide D 不同群海绵酰胺 D*

【别名】Mucanadine A; 木卡纳啶 A*.【基本信息】$C_{11}H_{12}BrN_5O_3$.【类型】吡咯-咪唑类生物碱.【来源】球果群海绵* Agelas conifera [加勒比,产率 = 3.5% (干重)], 不同群海绵* Agelas dispar [加勒比,产率 = 0.2% (干重)], 克拉色群海绵* Agelas clathrodes [加勒比,产率 = 0.5% (干重)] 和极长群海绵* Agelas longissima [加勒比,产率 = 3.3% (干重)], 中村群海绵 Agelas nakamurai (冲绳,日本) 和疣突小轴海绵 Axinella verrucosa.【活性】抗组胺剂 (豚鼠回肠,拮抗效应表观亲和力 pD_2 = 4.34±0.10, 温和活性, 可逆的非竞争性效应).【文献】F. Cafieri, et al. BoMCL, 1997, 7, 2283; H. Uemoto, et al. JNP, 1999, 62, 1581; M. Tsuda, et al. Tetrahedron Lett., 1999, 40, 5709; H. Uemoto, et al. JNP, 2000, 63, 1050.

482 (10Z)-Hymenialdisine (10Z)-膜海绵笛新*

【基本信息】$C_{11}H_{10}BrN_5O_2$, 黄色针状晶体 (+1 分子甲醇) (甲醇水溶液) 或黄色无定形固体, mp 160~164℃ (分解).【类型】吡咯-咪唑类生物碱.【来源】膜海绵属 Hymeniacidon aldis (冲绳, 日本), 棘头海绵属 Acanthella aurantiaca (红海), 软海绵科海绵 Stylotella aurantium, Scopalinidae 科海绵 Stylissa massa, 疣突小轴海绵 Axinella verrucosa, 卡特里小轴海绵* Axinella carteri 和小轴海绵科海绵 Cymbastela cantharella.【活性】PKC 抑制剂 (IC_{50} = 0.8μmol/L); MAP 激酶 MEK 抑制剂 (IC_{50} = 3.0nmol/L); 像 Polo 的激酶-1 抑制剂 (10μmol/L); 依赖细胞周期素的激酶 CDK 抑制剂 (CDK1/细胞周期素 B, IC_{50} = 22nmol/L; CDK2/细胞周期素 A, IC_{50} = 70nmol/L; CDK2/细胞周期素 E, IC_{50} = 40nmol/L; CDK5/p25, IC_{50} = 28nmol/L; 糖原合成酶激酶 3 GSK-3, IC_{50} = 10nmol/L; 肌氨酸激酶 1 CK1, IC_{50} =35nmol/L; 具有良好的选择性); 细胞毒 (P_{388}); 杀昆虫剂; 抑制白介素-1 刺激类风湿性滑膜成纤维细胞; 抗炎.【文献】I. Kitagawa, et al. CPB1983, 31, 2321; F. J. Schmitz, et al. JNP, 1985, 48, 47; N. K. Utkina, et al. Khim. Prir. Soedin., 1985, 21, 578; A. D. Patil, et al. Nat. Prod. Lett., 1997, 9, 201; L. Meijer, et al. Chem. Biol. 2000, 7, 51; D. Tasdemir, et al. J. Med. Chem. 2002, 45, 529; D. Skropeta, et al. Mar. Drugs, 2011, 9, 2131 (Rev.); P. Sauleau,; et al. Tetrahedron Lett., 2011, 52, 2676; CRC Press, DNP on DVD, 2012, version 20.2.

483 Menidine 膜海绵定*

【基本信息】$C_{11}H_{12}BrN_5O$, 无定形固体.【类型】吡咯-咪唑类生物碱.【来源】小轴海绵属 Axinella sp. (深水域, 大澳大利亚湾), 膜海绵属 Hymeniacidon sp., 原皮海绵属 Prosuberites laughlini (阿瓜迪亚, 波多黎各), 和克拉色群海绵* Agelas clathrodes.【活性】抗菌 (金黄色葡萄球菌 Staphylococcus aureus ATCC 25923, IC_{50} = 0.23μmol/L; 金黄色葡萄球菌 Staphylococcus aureus ATCC 9144, IC_{50} = 0.70μmol/L; 枯草杆菌 Bacillus subtilis ATCC 6051, IC_{50} = 0.55μmol/L; 枯草杆菌 Bacillus subtilis ATCC 6633, IC_{50} = 0.23μmol/L; 大肠杆菌 Escherichia coli ATCC 11775, IC_{50} = 1.1μmol/L; 铜绿假单胞菌 Pseudomonas aeruginosa ATCC 10145, IC_{50} = 0.78μmol/L); 抗结核 (抑制结核分枝杆菌 Mycobacterium tuberculosis H37Rv 的生长,

MIC = 6.1μg/mL); 抗真菌 (白色念珠菌 *Candida albicans* ATCC 90028, IC_{50} = 0.79μmol/L); IL-8 Rα 受体抑制剂 (IC_{50} = 84μmol/L); IL-8 Rβ 受体抑制剂 (IC_{50} = 23.6μmol/L); PKC 抑制剂 (IC_{50} = 20.9μmol/L); 抗高血压药; 抗毒蕈碱的; 平滑肌收缩剂; 5-羟色胺受体拮抗剂.【文献】J. Kobayashi, et al. Experientia, 1986, 42, 1176; J. Vicente, et al. Tetrahedron Lett., 2009, 50, 4571; H. Zhang, et al. Tetrahedron Lett., 2012, 53, 3784.

484 (−)-Hymenine‡ (−)-膜海绵宁‡
【别名】4ξ,5-Dihydroodiline.【基本信息】$C_{11}H_{11}Br_2N_5O$.【类型】吡咯-咪唑类生物碱.【来源】膜海绵属 *Hymeniacidon* sp.【活性】IL-8 Rα 受体抑制剂 (IC_{50} = 61μmol/L); IL-8 Rβ 受体抑制剂 (IC_{50} = 37.1μmol/L); 蛋白激酶 C 抑制剂 (IC_{50} = 30.6μmol/L); α-肾上腺素能受体阻滞剂 (有潜力的).【文献】J. Kobayashi, et al. Experientia, 1986, 42, 1064; Y. Xu, et al. Tetrahedron Lett., 1994, 35, 351.

485 Keramadine 克拉玛啶*
【基本信息】$C_{12}H_{14}BrN_5O$, 粉末, mp 183~187°C.【类型】吡咯-咪唑类生物碱.【来源】群海绵属 *Agelas* sp. (冲绳, 日本) 和不同群海绵* *Agelas dispar* (加勒比海).【活性】抗菌 (Mueller-Hinton 琼脂试验, 革兰氏阳性菌: 枯草杆菌 *Bacillus subtilis* ATCC 6633, MIC = 40μg/mL; 金黄色葡萄球菌 *Staphylococcus aureus* ATCC6538, MIC = 35μg/mL) (Cafieri, 1998); IL-8 Rα 受体抑制剂 (IC_{50} = 98μmol/L); IL-8 Rβ 受体抑制剂 (IC_{50} = 10.8μmol/L); PKC 抑制剂 (IC_{50} = 26μmol/L).【文献】H. Nakamura, et al. Tetrahedron, Lett., 1984, 25, 2475; T. Lindel et al. Tetrahedron Lett., 1998, 39, 2541; F. Cafieri, et al. JNP, 1998, 61, 122.

486 Konbuacidin A 扣恩布阿斯啶 A*
【基本信息】$C_{22}H_{22}Br_3ClN_{10}O_3$, 无定形固体, $[\alpha]_D^{24}$ = −45º (c = 0.5, 甲醇).【类型】吡咯-咪唑类生物碱.【来源】膜海绵属 *Hymeniacidon* sp. (冲绳, 日本).【活性】IL-8 Rα 受体抑制剂 (IC_{50} = 3.4μmol/L); IL-8 Rβ 受体抑制剂 (IC_{50} = 3.2μmol/L); 蛋白激酶 C 抑制剂 (C_{50} = 1.8μmol/L); CDK4 (细胞周期蛋白依赖激酶 4) 抑制剂 (IC_{50} = 20μg/mL).【文献】J. Kobayashi, et al. Tetrahedron, 1997, 53, 15681; D. Skropeta, et al. Mar. Drugs, 2011, 9, 2131 (Rev.).

487 Mauritamide A 毛里塔尼亚群海绵酰胺 A*
【基本信息】$C_{15}H_{22}Br_2N_6O_5S$, 无定形固体, $[\alpha]_D^{20}$ = +1.3º (c = 0.003, 甲醇).【类型】吡咯-咪唑类生物碱.【来源】毛里塔尼亚群海绵 *Agelas mauritiana* (斐济) 和群海绵属 *Agelas* sp.【活性】蛋白酪氨酸激酶抑制剂.【文献】C. Jiménez, et al. Tetrahedron Lett., 1994, 35, 1375.

488 Mauritiamine 毛里塔尼亚群海绵胺*
【基本信息】$C_{22}H_{20}Br_4N_{10}O_3$, 固体.【类型】吡咯-咪唑类生物碱.【来源】群海绵属 *Agelas* sp. SS-1003 (濑良垣岛海外, 冲绳, 日本) 和毛里塔尼亚群海绵 *Agelas mauritiana*.【活性】抗污剂; 抗菌 (中等活性).【文献】S. Tsukamoto, et al. JNP, 1996, 59, 501; T. Endo, et al. JNP, 2004, 67, 1262.

489 3-*O*-Methylmassadine chloride 3-*O*-甲基马萨定氯化物*
【基本信息】$C_{23}H_{25}Br_4ClN_8O_5$, 白色固体, $[\alpha]_D^{21} = -19.7°$ ($c = 0.08$, 甲醇).【类型】吡咯-咪唑类生物碱.【来源】小轴海绵属 *Axinella* sp. (深水域, 大澳大利亚湾).【活性】抗菌 (金黄色葡萄球菌 *Staphylococcus aureus* ATCC 25923, $IC_{50} = 4.2\mu mol/L$; 金黄色葡萄球菌 *Staphylococcus aureus* ATCC 9144, $IC_{50} = 3.7\mu mol/L$; 枯草杆菌 *Bacillus subtilis* ATCC 6051, $IC_{50} = 2.6\mu mol/L$; 枯草杆菌 *Bacillus subtilis* ATCC 6633, $IC_{50} = 2.2\mu mol/L$; 大肠杆菌 *Escherichia coli* ATCC 11775, $IC_{50} = 4.4\mu mol/L$; 铜绿假单胞菌 *Pseudomonas aeruginosa* ATCC 10145, $IC_{50} = 4.9\mu mol/L$).【文献】H. Zhang, et al. Tetrahedron Lett., 2012, 53, 3784.

490 Monobromoisophakellin 单溴异扇形海绵素*
【基本信息】$C_{11}H_{12}BrN_5O$.【类型】吡咯-咪唑类生物碱.【来源】原皮海绵属 *Prosuberites laughlini* (阿瓜迪亚, 波多黎各) 和群海绵属 *Agelas* sp.【活性】抗结核 (抑制结核分枝杆菌 *Mycobacterium tuberculosis* H37Rv 生长, $MIC = 64.0\mu g/mL$).【文献】M. Assmann, et al. Z. Naturforsch., C, 2002, 57, 153; J. Vicente, et al. Tetrahedron Lett., 2009, 50, 4571.

491 Mukanadine F 木卡纳啶 F*
【基本信息】$C_{11}H_{10}Br_2N_4O_4$, 无定形固体, $[\alpha]_D^{20} = -3.9°$ ($c = 0.3$, 甲醇).【类型】吡咯-咪唑类生物碱.【来源】群海绵属 *Agelas* sp. (几个收集样本, 冲绳, 日本).【活性】抗真菌 (黑曲霉菌 *Aspergillus niger*, $MIC = 16.7\mu g/mL$).【文献】T. Yasuda, et al. JNP, 2009, 72, 488.

492 Nagelamide A 日本群海绵酰胺 A*
【基本信息】$C_{22}H_{22}Br_4N_{10}O_2$, 无定形固体.【类型】吡咯-咪唑类生物碱.【来源】群海绵属 *Agelas* sp. SS-1003 [产率 = 0.00077% (湿重), 濑良垣岛海外, 冲绳, 日本].【活性】抗菌 (革兰氏阳性菌: 藤黄色微球菌 *Micrococcus luteus*, $MIC = 2.08\mu g/mL$; 枯草杆菌 *Bacillus subtilis*, $MIC = 16.7\mu g/mL$; 革兰氏阴性菌: 大肠杆菌 *Escherichia coli*, $MIC = 33.3\mu g/mL$); 蛋白磷酸酶 2A 抑制剂 ($IC_{50} = 48\mu mol/L$).【文献】T. Endo, et al. JNP, 2004, 67, 1262.

493 Nagelamide B 日本群海绵酰胺 B*
【基本信息】$C_{22}H_{22}Br_4N_{10}O_3$, 无定形固体.【类型】吡咯-咪唑类生物碱.【来源】群海绵属 *Agelas* sp.

SS-1003 [产率 = 0.00021% (湿重), 濑良垣岛海外, 冲绳, 日本].【活性】抗菌 (革兰氏阳性菌: 藤黄色微球菌 *Micrococcus luteus*, MIC = 4.17μg/mL; 枯草杆菌 *Bacillus subtilis*, MIC = 33.3μg/mL; 革兰氏阴性菌: 大肠杆菌 *Escherichia coli*, MIC = 33.3μg/mL); 蛋白磷酸酶 2A 抑制剂 (IC$_{50}$ > 50μmol/L).【文献】T. Endo, et al. JNP, 2004, 67, 1262.

494 Nagelamide C 日本群海绵酰胺 C*

【基本信息】C$_{22}$H$_{20}$Br$_4$N$_{10}$O$_2$, 无定形固体.【类型】吡咯-咪唑类生物碱.【来源】群海绵属 *Agelas* sp. SS-1003 [产率 = 0.00032% (湿重), 濑良垣岛海外, 冲绳, 日本].【活性】抗菌 (革兰氏阳性菌: 藤黄色微球菌 *Micrococcus luteus*, MIC = 4.17μg/mL; 枯草杆菌 *Bacillus subtilis*, MIC = 33.3μg/mL; 革兰氏阴性菌: 大肠杆菌 *Escherichia coli*, MIC = 33.3μg/mL); 蛋白磷酸酶 2A 抑制剂 (IC$_{50}$ > 50μmol/L).【文献】T. Endo, et al. JNP, 2004, 67, 1262.

495 Nagelamide D 日本群海绵酰胺 D*

【基本信息】C$_{22}$H$_{24}$Br$_4$N$_{10}$O$_2$, 无定形固体.【类型】吡咯-咪唑类生物碱.【来源】群海绵属 *Agelas* sp. SS-1003 [产率 = 0.00013% (湿重), 濑良垣岛海外, 冲绳, 日本].【活性】抗菌 (革兰氏阳性菌: 藤黄色微球菌 *Micrococcus luteus*, MIC = 4.17μg/mL; 枯草杆菌 *Bacillus subtilis*, MIC = 33.3μg/mL; 革兰氏阴性菌: 大肠杆菌 *Escherichia coli*, MIC = 33.3μg/mL).【文献】T. Endo, et al. JNP, 2004, 67, 1262; M. R. Bhandari, et al. Org. Lett., 2009, 11, 1535.

496 Nagelamide E 日本群海绵酰胺 E*

【基本信息】C$_{22}$H$_{24}$Br$_2$N$_{10}$O$_2$, 无定形固体, [α]$_D^{17}$ = −11.3º (*c* = 1, 甲醇).【类型】吡咯-咪唑类生物碱.【来源】群海绵属 *Agelas* sp. SS-1003 [产率 = 0.00062% (湿重), 濑良垣岛海外, 冲绳, 日本].【活性】抗菌 (革兰氏阳性菌: 藤黄色微球菌 *Micrococcus luteus*, MIC = 4.17μg/mL; 枯草杆菌 *Bacillus subtilis*, MIC = 16.7μg/mL; 革兰氏阴性菌: 大肠杆菌 *Escherichia coli*, MIC = 33.3μg/mL).【文献】T. Endo, et al. JNP, 2004, 67, 1262.

497 Nagelamide F 日本群海绵酰胺 F*

【基本信息】C$_{22}$H$_{23}$Br$_3$N$_{10}$O$_2$, 无定形固体, [α]$_D^{17}$ = −14.1º (*c* = 1, 氯仿).【类型】吡咯-咪唑类生物碱.【来源】群海绵属 *Agelas* sp. SS-1003 [产率 = 0.00077% (湿重), 濑良垣岛海外, 冲绳, 日本].【活性】抗菌 (革兰氏阳性菌: 藤黄色微球菌 *Micrococcus luteus*, MIC = 4.17μg/mL; 枯草杆菌 *Bacillus subtilis*, MIC = 16.7μg/mL; 革兰氏阴性菌: 大肠杆菌 *Escherichia coli*, MIC = 33.3μg/mL).【文献】T. Endo, et al. JNP, 2004, 67, 1262.

498　Nagelamide G　日本群海绵酰胺 G*

【基本信息】$C_{22}H_{22}Br_4N_{10}O_2$, 无定形固体, $[\alpha]_D^{17}$ = +6.7º (c = 1, 甲醇).【类型】吡咯-咪唑类生物碱.【来源】群海绵属 *Agelas* sp. SS-1003 [产率 = 0.00041% (湿重), 濑良垣岛海外, 冲绳, 日本].【活性】抗菌 (革兰氏阳性菌: 藤黄色微球菌 *Micrococcus luteus*, MIC = 2.08μg/mL; 枯草杆菌 *Bacillus subtilis*, MIC = 16.7μg/mL; 革兰氏阴性菌: 大肠杆菌 *Escherichia coli*, MIC = 33.3μg/mL); 蛋白磷酸酶 2A 抑制剂 (IC_{50} = 13μmol/L).【文献】T. Endo, et al. JNP, 2004, 67, 1262.

499　Nagelamide H　日本群海绵酰胺 H*

【基本信息】$C_{24}H_{25}Br_4N_{11}O_5S$, 无定形固体.【类型】吡咯-咪唑类生物碱.【来源】群海绵属 *Agelas* sp. SS-1003 [产率 = 0.00032% (湿重), 濑良垣岛海外, 冲绳, 日本]【活性】抗菌 (革兰氏阳性菌: 藤黄色微球菌 *Micrococcus luteus*, MIC = 16.7μg/mL; 枯草杆菌 *Bacillus subtilis*, MIC = 33.3μg/mL; 革兰氏阴性菌: 大肠杆菌 *Escherichia coli*, MIC > 33.3μg/mL); 蛋白磷酸酶 2A 抑制剂 (IC_{50} = 46μmol/L).【文献】T. Endo, et al. JNP, 2004, 67, 1262.

500　Nagelamide O　日本群海绵酰胺 O*

【基本信息】$C_{22}H_{24}Br_3ClN_{10}O_4$, 无定形固体, $[\alpha]_D^{22}$ = +1.6º (c = 0.75, 甲醇).【类型】吡咯-咪唑类生物碱.【来源】群海绵属 *Agelas* sp. (几个收集样本, 冲绳, 日本).【活性】抗菌 (枯草杆菌 *Bacillus subtilis*, 藤黄色微球菌 *Micrococcus luteus* 和金黄色葡萄球菌 *Staphylococcus aureus*, 所有的 MIC = 33.3μg/mL).【文献】T. Yasuda, et al. JNP, 2009, 72, 488.

501　Nagelamide W　日本群海绵酰胺 W*

【基本信息】$C_{12}H_{16}Br_2N_8O^{2+}$, 无色无定形固体, $[\alpha]_D^{21}$ = −1.2º (c = 0.25, 甲醇).【类型】吡咯-咪唑类生物碱.【来源】群海绵属 *Agelas* sp. (庆连间群岛, 冲绳, 日本).【活性】抗真菌 (白色念珠菌 *Candida albicans*, IC_{50} = 4μg/mL).【文献】N. Tanaka, et al. Tetrahedron Lett., 2013, 54, 3794.

502　Nagelamide X　日本群海绵酰胺 X*

【基本信息】$C_{24}H_{28}Br_4N_{11}O_6S^+$, 无色无定形固体, $[\alpha]_D^{21} \approx 0º$ (c = 0.25, 甲醇).【类型】吡咯-咪唑类生物碱.【来源】群海绵属 *Agelas* sp. (庆连间群岛, 冲绳, 日本).【活性】抗菌 (大肠杆菌 *Escherichia coli*, MIC > 32μg/mL; 金黄色葡萄球菌 *Staphylococcus aureus*, MIC = 8.0μg/mL; 枯草杆菌 *Bacillus subtilis*, MIC > 32μg/mL; 藤黄色微球菌 *Micrococcus luteus*, MIC = 8.0μg/mL); 抗真菌 (黑曲霉菌 *Aspergillus niger*, IC_{50} = 32μg/mL; 须发癣菌 *Trichophyton mentagrophytes*, IC_{50} = 16μg/mL; 白色念珠菌 *Candida albicans*, IC_{50} = 2.0μg/mL; 新型隐球酵母 *Cryptococcus neoformans*, IC_{50} > 32μg/mL).【文献】N. Tanaka, et al. Org. Lett., 2013, 15, 3262.

503 Nagelamide Y 日本群海绵酰胺 Y*

【基本信息】$C_{24}H_{28}Br_4N_{11}O_5S^+$，无色无定形固体，$[\alpha]_D^{22} \approx 0°$ (c = 0.25, 甲醇).【类型】吡咯-咪唑类生物碱.【来源】群海绵属 *Agelas* sp. (庆连间群岛, 冲绳, 日本).【活性】抗菌 (大肠杆菌 *Escherichia coli*, MIC > 32μg/mL; 金黄色葡萄球菌 *Staphylococcus aureus*, MIC > 32μg/mL; 枯草杆菌 *Bacillus subtilis*, MIC > 32μg/mL; 藤黄色微球菌 *Micrococcus luteus*, MIC > 32μg/mL); 抗真菌 (黑曲霉菌 *Aspergillus niger*, IC_{50} > 32μg/mL; 须发癣菌 *Trichophyton mentagrophytes*, IC_{50} > 32μg/mL; 白色念珠菌 *Candida albicans*, IC_{50} = 2.0μg/mL; 新型隐球酵母 *Cryptococcus neoformans*, IC_{50} > 32μg/mL).【文献】N. Tanaka, et al. Org. Lett., 2013, 15, 3262.

504 Nakamuric acid 中村群海绵酸*

【基本信息】$C_{20}H_{21}Br_2N_7O_4$，无定形棕色固体，$[\alpha]_D$ = −9.9° (c = 0.26, 甲醇).【类型】吡咯-咪唑类生物碱.【来源】中村群海绵 *Agelas nakamurai* [产率 = 0.0005% (湿重), 安汶, 印度尼西亚, 1997].【活性】抗菌 (0.2μmol/盘: 枯草杆菌 *Bacillus subtilis* 168, IZD = 9mm).【文献】C. Eder, et al. JNP, 1999, 62, 1295.

505 Nakamuric acid methyl ester 中村群海绵酸甲酯*

【基本信息】$C_{21}H_{23}Br_2N_7O_4$，无定形棕色固体，$[\alpha]_D$ = −4.1° (c = 0.30, 甲醇).【类型】吡咯-咪唑类生物碱.【来源】中村群海绵 *Agelas nakamurai* [产率 = 0.0013% (湿重), 安汶, 印度尼西亚, 1997].【活性】抗菌 (0.2μmol/盘: 枯草杆菌 *Bacillus subtilis* 168, IZD = 9mm).【文献】C. Eder, et al. JNP, 1999, 62, 1295.

506 (*E*)-Oroidin (*E*)-乳清群海绵定

【基本信息】$C_{11}H_{11}Br_2N_5O$，非晶体.【类型】吡咯-咪唑类生物碱.【来源】球果群海绵* *Agelas conifera* [加勒比, 产率 = 2.1% (干重)], 不同群海绵* *Agelas dispar* [加勒比, 产率 = 4.2% (干重)], 克拉色群海绵* *Agelas clathrodes* [加勒比, 产率 = 2.1% (干重)] 和极长海绵* *Agelas longissima* [加勒比, 产率 = 4.1% (干重)], 群海绵属 *Agelas* sp. SS-1003 (濑良垣岛海外, 冲绳, 日本), 乳清群海绵 *Agelas oroides*, 球果群海绵* *Agelas conifera*, 极长群海绵* *Agelas longissima*, 毛里塔尼亚群海绵 *Agelas mauritiana*, 克拉色群海绵* *Agelas clathrodes*, 群海绵属 *Agelas wiedenmayeri*, 群海绵属 *Agelas sceptrum*, 疣突小轴海绵 *Axinella verrucosa*, 鹿角杯型小轴海绵* *Axinella damicornis*, 膜海绵属 *Hymeniacidon* sp., 假海绵科海绵 *Pseudaxinyssa cantharella*, 卡特里棘头海绵* *Acanthella carteri* 和棘头海绵属 *Acanthella aurantiaca*.【活性】抗菌 (革兰氏阳性菌: 藤黄色微球菌 *Micrococcus luteus*, MIC = 4.07μg/mL; 枯草杆菌 *Bacillus subtilis*, MIC =

8.33μg/mL; 革兰氏阴性菌: 大肠杆菌 *Escherichia coli*, MIC = 33.3μg/mL) (Endo, 2004); 抗菌 (金黄色葡萄球菌 *Staphylococcus aureus* ATCC 25923, IC_{50} = 0.96μmol/L; 金黄色葡萄球菌 *Staphylococcus aureus* ATCC 9144, IC_{50} = 1.2μmol/L; 枯草杆菌 *Bacillus subtilis* ATCC 6051, IC_{50} = 2.0μmol/L; 枯草杆菌 *Bacillus subtilis* ATCC 6633, IC_{50} = 0.62μmol/L; 大肠杆菌 *Escherichia coli* ATCC 11775, IC_{50} = 0.55μmol/L; 铜绿假单胞菌 *Pseudomonas aeruginosa* ATCC 10145, IC_{50} = 1.4μmol/L); 抗真菌 (白色念珠菌 *Candida albicans* ATCC 90028, IC_{50} = 6.3μmol/L); 蛋白磷酸酶 2A 抑制剂 (IC_{50} = 50μmol/L) (Endo, 2004); 抗菌 (革兰氏阳性菌和革兰氏阴性菌, MIC ≈ 60μg/mL, 中等活性) (Cafieri, 1995); 肾上腺素能拮抗剂; 5-羟色胺拮抗剂; 抗毒蕈碱; 抗污剂; 抗组胺剂 (豚鼠回肠, 拮抗效应表观亲和力 pD_2 = 4.02±0.11, 非特异性非竞争性效应); IL-8 Rα 受体抑制剂 (IC_{50} = 9.6μmol/L); IL-8 Rβ 受体抑制剂 (IC_{50} = 10.8μmol/L); 蛋白激酶 C 抑制剂 (IC_{50} = 4.8μmol/L); 抗疟疾 (恶性疟原虫 *Plasmodium falciparum* K1 株, IC_{50} = 3.9~7.9μg/mL). 【文献】S. Forenza, et al. E. J. Chem. Soc., Chem. Commun., 1971, 1129; E. E. Gracia, et al. J. Chem. Soc., Chem. Commun., 1973, 78; R. P. Walker, et al. JACS, 1981, 103, 6772; D. J. Faulkner, Natural Product Reports, 1984, 552; J. J. Morales, et al. JNP, 1991, 54, 629; F. Cafieri, et al. Tetrahedron Lett., 1995, 36, 7893; F. Cafieri, et al. BoMCL, 1997, 7, 2283; G. M. Koenig, et al. PM, 1998, 64, 443; T. Endo, et al. JNP, 2004, 67, 1262; D. Tasdemir, et al. BoMC, 2007, 15, 6834; H. Zhang, et al. Tetrahedron Lett., 2012, 53, 3784.

507 Oxysceptrine 氧代群海绵素*

【别名】Oxysceptrin. 【基本信息】$C_{22}H_{24}Br_2N_{10}O_3$, 无定形固体, $[α]_D$ = −19.7° (c = 1.02, 甲醇). 【类型】吡咯-咪唑类生物碱. 【来源】群海绵属 *Agelas* cf. *nemoechinata*, 克拉色群海绵* *Agelas clathrodes*, 毛里塔尼亚群海绵 *Agelas mauritiana* 和球果群海绵* *Agelas conifera*. 【活性】肌动球蛋白 ATPase 活化剂; 抗病毒; 抗菌; 抗污剂. 【文献】J. Kobayashi, et al. Experientia, 1991, 47, 301; P. A. Keifer, et al. JOC, 1991, 56, 2965.

508 Palauamine 帕劳胺*

【别名】Palau'amine. 【基本信息】$C_{17}H_{22}ClN_9O_2$, 灰白色无定形粉末, $[α]_D^{24}$ = −45.2° (c = 3.0, 甲醇). 【类型】吡咯-咪唑类生物碱. 【来源】软海绵科海绵 *Stylotella aurantium* 和软海绵科海绵 *Stylotella agminata* (西卡罗琳岛, 帕劳, 大洋洲). 【活性】细胞毒 (P_{388}, IC_{50} = 0.1μg/mL; A549, IC_{50} = 0.2μg/mL; 小鼠淋巴细胞, 1.5μg/mL 有效); 免疫抑制 (混合淋巴细胞反应, IC_{50} < 18ng/mL); 抗生素 (特异青霉菌 *Penicillium notatum*, 50μg/盘, IZD = 24mm); 抗真菌; 急性毒性 (低毒); LD_{50} (ip, 小鼠) = 13mg/kg. 【文献】R. B. Kinnel, et al. JACS, 1993, 115, 3376; R. B. Kinnel, et al. JOC, 1998, 63, 3281; M. S. Buchanan, et al. Tetrahedron Lett., 2007, 48, 4573.

509 Sceptrine 群海绵素*

【基本信息】$C_{22}H_{24}Br_2N_{10}O_2$, 晶体 (+结晶水) (水或盐酸中), mp 215~225°C (分解) (盐酸), $[α]_D$ = −7.4° (c = 1.2, 甲醇). 【类型】吡咯-咪唑类生物碱. 【来源】中村群海绵 *Agelas nakamurai* [带两个 CF_3COO^-, 产率 = 0.24% (湿重), 安汶, 印度尼西亚, 1997], 群海绵属 *Agelas sceptrum*, 球果群海绵* *Agelas conifera*, 群海绵属 *Agelas schmidtii*, 不同群海绵* *Agelas dispar*, 中村群海绵 *Agelas nakamurai*, 群海绵属 *Agelas novaecaledoniae*, 极长群海绵* *Agelas longissima*, 克拉色群海绵*

Agelas clathrodes, 小轴海绵属 *Axinella* sp. 和膜海绵属 *Hymeniacidon* sp. 【活性】抗菌 (粪链球菌 *Streptococcus faecalis*, MIC = 0.008μg/mL; 枯草杆菌 *Bacillus subtilis* 6633ATCC, MIC = 0.012μg/mL; 金黄色葡萄球菌 *Staphylococcus aureus* 6538ATCC, MIC = 0.030μg/mL; 蜡样芽孢杆菌 *Bacillus cereus* 213PCl, MIC = 0.040μg/mL; 大肠杆菌 *Escherichia coli*, MIC > 0.060μg/mL; 伤寒沙门氏菌 *Salmonella typhi* 1943OATCC, MIC > 0.060μg/mL; 铜绿假单胞菌 *Pseudomonas aeruginosa*, MIC > 0.060μg/mL) (Cafieri, 1995); 抗菌 (0.2μmol/盘: 枯草杆菌 *Bacillus subtilis* 168, IZD = 16mm; 金黄色葡萄球菌 *Staphylococcus aureus* ATCC 25923, IZD = 16mm; 大肠杆菌 *Escherichia coli* ATCC 25922, IZD = 9mm; 大肠杆菌 *Escherichia coli* HB101, IZD = 13mm) (Eder, 1999); 抗 5-羟色胺, 原噬菌体诱导; 鱼毒的; 肾上腺素能拮抗剂; 5-羟色胺拮抗剂; 抗毒蕈碱; 生长激素抑制素抑制剂; 血管活性肠肽抑制剂; 抗组胺。【文献】R. P. Walker, et al. JACS, 1981, 103, 6772; K. F. Albizati, et al. JOC, 1985, 50, 4163; F. Cafieri, et al. Tetrahedron Lett., 1995, 36, 7893; C. Eder, et al. JNP, 1999, 62, 1295; A. Cipres, et al. ACS Chem. Biol., 2010, 5, 195.

510　Slagenine A　斯雷格宁 A*

【基本信息】$C_{11}H_{13}BrN_4O_4$, 无定形固体, $[α]_D^{27}$ = +11° (c = 1.2, 甲醇)。【类型】吡咯-咪唑类生物碱。【来源】中村群海绵 *Agelas nakamurai* [产率 = 0.0021% (湿重), Ie岛, 冲绳, 日本]。【活性】细胞毒 (L_{1210}, IC_{50} > 10μg/mL)。【文献】M. Tsuda, et al. Tetrahedron Lett., 1999, 40, 5709; H. Uemoto, et al. JNP, 2000, 63, 1050.

511　Slagenine B　斯雷格宁 B*

【基本信息】$C_{12}H_{15}BrN_4O_4$, 无定形固体, $[α]_D^{26}$ = +33° (c = 0.2, 甲醇)。【类型】吡咯-咪唑类生物碱。【来源】中村群海绵 *Agelas nakamurai* [产率 = 0.0003% (湿重), Ie岛, 冲绳, 日本]。【活性】细胞毒 (L_{1210}, IC_{50} = 7.5μg/mL)。【文献】M. Tsuda, et al. Tetrahedron Lett., 1999, 40, 5709; H. Uemoto, et al. JNP, 2000, 63, 1050; B. Jiang, et al. Org. Lett., 2001, 3, 4011.

512　Slagenine C　斯雷格宁 C*

【基本信息】$C_{12}H_{15}BrN_4O_4$, 无定形固体, $[α]_D^{25}$ = –35° (c = 0.2, 甲醇)。【类型】吡咯-咪唑类生物碱。【来源】中村群海绵 *Agelas nakamurai* [产率 = 0.0003% (湿重), Ie岛, 冲绳, 日本]。【活性】细胞毒 (L_{1210}, IC_{50} = 7.0μg/mL)。【文献】M. Tsuda, et al. Tetrahedron Lett., 1999, 40, 5709; H. Uemoto, et al. JNP, 2000, 63, 1050; B. Jiang, et al. Org. Lett., 2001, 3, 4011.

513　Spongiacidin A　角骨海绵赛啶 A*

【别名】(E)-3-Bromohymenialdisine; (E)-3-溴膜海绵笛新*。【基本信息】$C_{11}H_9Br_2N_5O_2$, 无定形固体。【类型】吡咯-咪唑类生物碱。【来源】膜海绵属 *Hymeniacidon* sp. (冲绳, 日本) 和 Scopalinidae 科海绵 *Stylissa carteri*。【活性】激酶 c-erbB-2 抑制剂 (IC_{50} = 8.5μg/mL)。【文献】K. Inaba, et al. JNP, 1998, 61, 693; D. Skropeta, et al. Mar. Drugs, 2011, 9, 2131 (Rev.)

514　Spongiacidin B　角骨海绵赛啶 B*
【基本信息】$C_{11}H_{10}BrN_5O_2$，无定形固体.【类型】吡咯-咪唑类生物碱.【来源】膜海绵属 *Hymeniacidon* sp.【活性】激酶 *c*-erbB-2 抑制剂（$IC_{50} = 6.0 \mu g/mL$）.【文献】K. Inaba, et al. JNP, 1998, 61, 693; D. Skropeta, et al. Mar. Drugs, 2011, 9, 2131 (Rev.).

515　Styloguanidine　软海绵胍*
【别名】Isopalauamine; 异帕劳软海绵胺*.【基本信息】$C_{17}H_{22}ClN_9O_2$，无定形固体，$[\alpha]_D = +20.7°$（$c = 3.5$，甲醇）.【类型】吡咯-咪唑类生物碱.【来源】软海绵科海绵 *Stylotella aurantium* (雅浦海，澳大利亚).【活性】几丁质酶抑制剂；抗污剂（抑制藤壶金星幼体蜕皮，$10\mu g/mL$）.【文献】T. Kato, et al. Tetrahedron Lett., 1995, 36, 2133; R. B. Kinnel, et al. JOC, 1998, 63, 3281; M. S. Buchanan, et al. JOC, 2007, 72, 2309.

516　Sventrine　巴哈马群海绵素*
【基本信息】$C_{12}H_{13}Br_2N_5O$，亮黄色粉末.【类型】吡咯-咪唑类生物碱.【来源】群海绵属 *Agelas sventres* (巴哈马，加勒比海).【活性】拒食活性（珊瑚礁鱼双带锦鱼 *Thalassoma bifasciatu*m）.【文献】M. Assmann, et al. JNP, 2001, 64, 1593.

517　Tauroacidin A　陶洛阿西啶 A*
【基本信息】$C_{13}H_{16}Br_2N_6O_5S$，无定形固体，$[\alpha]_D^{28} = -4.3°$（$c = 0.1$，甲醇）.【类型】吡咯-咪唑类生物碱.【来源】群海绵属 *Agelas* sp. SS-1003 (濑良垣岛海外，冲绳，日本)，小轴海绵属 *Axinella* sp. (深水域，大澳大利亚湾) 和膜海绵属 *Hymeniacidon* sp. (冲绳，日本).【活性】酪氨酸激酶抑制剂；抗菌（金黄色葡萄球菌 *Staphylococcus aureus* ATCC 25923, $IC_{50} = 0.77\mu mol/L$; 金黄色葡萄球菌 *Staphylococcus aureus* ATCC 9144, $IC_{50} = 0.52\mu mol/L$; 枯草杆菌 *Bacillus subtilis* ATCC 6051, $IC_{50} = 0.70\mu mol/L$; 枯草杆菌 *Bacillus subtilis* ATCC 6633, $IC_{50} = 0.50\mu mol/L$; 大肠杆菌 *Escherichia coli* ATCC 11775, $IC_{50} = 0.62\mu mol/L$; 铜绿假单胞菌 *Pseudomonas aeruginosa* ATCC 10145, $IC_{50} = 0.90\mu mol/L$); 表皮生长因子受体 EGFR 抑制剂（$IC_{50} = 20\mu g/mL$）; 激酶 *c*-erbB-2 抑制剂（$IC_{50} = 20\mu g/mL$）.【文献】J. Kobayashi, et al. Tetrahedron, 1997, 53, 16679; T. Endo, et al. JNP, 2004, 67, 1262; D. Skropeta, et al. Mar. Drugs, 2011, 9, 2131 (Rev.); H. Zhang, et al. Tetrahedron Lett., 2012, 53, 3784.

518　Tauroacidin B　陶洛阿西啶 B*
【基本信息】$C_{13}H_{17}BrN_6O_5S$，无定形固体，$[\alpha]_D^{28} = 0°$（$c = 0.1$，甲醇）.【类型】吡咯-咪唑类生物碱.【来源】膜海绵属 *Hymeniacidon* sp. (冲绳，日本) 和膜海绵属 *Hymeniacidon* sp.【活性】表皮生长因子受体 EGFR 抑制剂（$IC_{50} = 20\mu g/mL$）; 激酶 *c*-erbB-2 抑制剂（$IC_{50} = 20\mu g/mL$）.【文献】J. Kobayashi, et al. Tetrahedron 1997, 53, 16679; D. Skropeta, et al. Mar. Drugs, 2011, 9, 2131 (Rev.)

519　Taurodispacamide A　陶洛第斯帕克酰胺 A*
【基本信息】$C_{13}H_{16}Br_2N_6O_4S$，浅黄色固体.【类型】

吡咯-咪唑类生物碱.【来源】群海绵属 *Agelas* sp. SS-1003 (濑良垣岛海外，冲绳，日本)，小轴海绵属 *Axinella* sp. (深水域，大澳大利亚湾) 和乳清群海绵 *Agelas oroides*.【活性】抗菌 (金黄色葡萄球菌 *Staphylococcus aureus* ATCC 25923, IC_{50} = 0.84μmol/L; 金黄色葡萄球菌 *Staphylococcus aureus* ATCC 9144, IC_{50} = 1.1μmol/L; 枯草杆菌 *Bacillus subtilis* ATCC 6051, IC_{50} = 1.4μmol/L; 枯草杆菌 *Bacillus subtilis* ATCC 6633, IC_{50} = 0.21μmol/L; 大肠杆菌 *Escherichia coli* ATCC 11775, IC_{50} = 0.74μmol/L; 铜绿假单胞菌 *Pseudomonas aeruginosa* ATCC 10145, IC_{50} = 0.73μmol/L); 抗真菌 (白色念珠菌 *Candida albicans* ATCC 90028, IC_{50} = 1.2μmol/L); 抗组胺剂 (离体豚鼠回肠，10μmol/L 以可逆方式几乎完全消除 0.1μmol/L 组胺的作用).【文献】E. Fattorusso, et al. Tetrahedron Lett., 2000, 41, 9917; T. Endo, et al. JNP, 2004, 67, 1262; H. Zhang, et al. Tetrahedron Lett., 2012, 53, 3784.

520 Tubastrindole B 石珊瑚吲哚 B*

【基本信息】$C_{28}H_{28}N_8O_2$, $[α]_D$ = −26º (c = 0.07, 甲醇).【类型】吡咯-咪唑类生物碱.【来源】青甲海绵亚科 (Thorectinae) 海绵 *Smenospongia cerebriformis*, 简星珊瑚属石珊瑚 *Tubastraea* sp.【活性】α1 GlyR (甘氨酸门控氯离子通道受体) 拮抗剂 (IC_{50} = 25.9μmol/L, 有潜力的和选择性).【文献】T. Iwagawa, et al. Tetrahedron Lett., 2003, 44, 2533; W. Balansa, et al. BoMC, 2013, 21, 4420.

521 Aplysioviolin 黑边海兔欧外林*

【基本信息】$C_{34}H_{40}N_4O_6$, 淡紫色晶体 (氯仿), mp 315℃ (分解)，$[α]_D^{20}$ = +730º (c = 0.1, 甲醇).【类型】卟啉生物碱.【来源】软体动物黑边海兔 *Aplysia parvula*, 软体动物海兔属 *Aplysia limacina* 和软体动物黑指纹海兔 *Aplysia dactylomela*.【活性】防御性分泌.【文献】J. Jongaramruong, et al. Aust. J. Chem., 2002, 55, 275.

522 Biliverdin 胆绿素

【别名】Biliverdin IXα; 胆绿素IXα.【基本信息】$C_{33}H_{34}N_4O_6$, 带紫色光辉的深蓝绿色晶体 (氯仿), mp 300℃.【类型】卟啉生物碱.【来源】珊瑚纲八放珊瑚亚纲苍珊瑚 (蓝珊瑚) *Heliopora coerulea* (主要色素)，胆汁、蛋壳和狗胎盘的蓝绿色素，最初在体内产自血红素.【活性】和浓硝酸/氯仿发生 Gmerin 反应; 降低哺乳动物中的胆红素.【文献】R. Lemberg, et al. Haematin Compounds and Bile Pigments, Interscience, N.Y., 1949; W. Rüdiger, et al. Annalen, 1968, 713, 209; W. S. Sheldrick, JCS Perkin Trans. Ⅱ, 1976, 1457.

523 Bonellin 匙蠕虫素*

【基本信息】$C_{31}H_{34}N_4O_4$, 绿色针状晶体.【类型】卟啉生物碱.【来源】海洋环节动物匙蠕虫 *Bonellia viridis*.【活性】性差异化因子; 杀幼虫剂.【文献】A. Pelter, Pure Appl. Chem., 1979, 51, 1847.

524　Chlorophyllone a　氯叶酮 a*
【基本信息】$C_{33}H_{32}N_4O_3$, 深绿色色素.【类型】卟啉生物碱.【来源】软体动物门双壳纲帘蛤科菲律宾蛤仔 *Ruditapes philippinarum*, 巨牡蛎属 *Crassostrea* sp. 软体动物双壳纲扇贝科虾夷盘扇贝 *Patinopecten yessoensis*, 浮游生物水华和沉积物.【活性】抗氧化剂.【文献】N. Watanabe, et al. JNP, 1993, 56, 305.

525　Corallistin A　珊瑚海绵亭 A*
【基本信息】$C_{32}H_{34}N_4O_4$.【类型】卟啉生物碱.【来源】岩屑海绵珊瑚海绵属 *Corallistes* sp. (珊瑚海, 昆士兰).【活性】光学治疗剂.【文献】M. D'Ambrosio, et al. Helv. Chim. Acta, 1989, 72, 1451.

526　Cycloprodigiosin hydrochloride　盐酸环灵菌红素
【基本信息】$C_{20}H_{23}N_3O$.【类型】卟啉生物碱.【来源】海洋细菌红色假交替单胞菌 *Alteromonas rubra* 和海洋细菌贝纳克氏菌属 *Beneckea gazogenes*.【活性】免疫系统活性 (IL-8 抑制剂, $IC_{50} = 1\mu mol/L$, 作用的分子机制: 抑制 AP-1 转录因子).【文献】N. N. Gerber, Tetrahedron Lett., 1983, 24, 2797; K. Kawauchi, et al. Biol. Pharm. Bull. 2007, 30, 1792.

527　Phaeophytin A　脱镁叶绿素 A
【别名】Pheophytin A5; Pheophytin A; 脱镁叶绿素 A5; 脱镁叶绿素 A.【基本信息】$C_{55}H_{74}N_4O_5$.【类型】卟啉生物碱.【来源】棕藻微劳马尾藻 *Sargassum fulvellum*, 多种植物.【活性】神经系统活性 (轴突生长诱导剂, 表观 $IC_{50} > 3.9\mu mol/L$, 分子作用机制: MAP 激酶活化, 促进 PC12 细胞分化).【文献】A. Ina, et al. Int. J. Dev. Neurosci. 2007, 25, 63.

528　Pheophorbide a　脱镁叶绿甲酯一酸 a
【基本信息】$C_{35}H_{36}N_4O_5$.【类型】卟啉生物碱.【来源】棕藻海带 *Laminaria japonica*.【活性】降血糖 [抑制 AGE (改进的糖化作用终端产物) 的形成, *in vitro*, $IC_{50} = 49.43\mu mol/L$]; 降血糖 [醛糖还原酶抑制剂 (大鼠眼晶状体醛糖还原酶 RLAR *in vitro*, $IC_{50} = 12.31\mu mol/L$)].【文献】Y. K. Son, et al. Fish. Sci., 2011, 77, 1069.

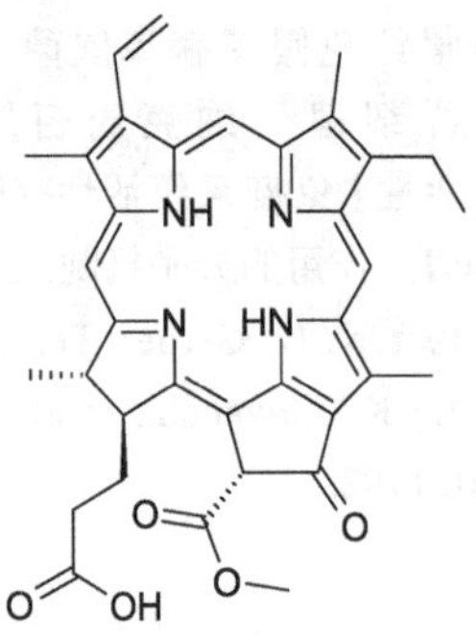

529　Pheophytin a　脱镁叶绿素 a

【基本信息】$C_{55}H_{74}N_4O_5$.【类型】卟啉生物碱.【来源】棕藻海带 *Laminaria japonica*.【活性】降血糖 [抑制 AGE（改进的糖化作用终端产物）的形成, *in vitro*, IC_{50} = 228.71μmol/L]; 降血糖 [醛糖还原酶抑制剂（大鼠眼晶状体醛糖还原酶 RLAR *in vitro* 试验, IC_{50} > 100μmol/L)].【文献】Y. K. Son, et al. Fish. Sci., 2011, 77, 1069.

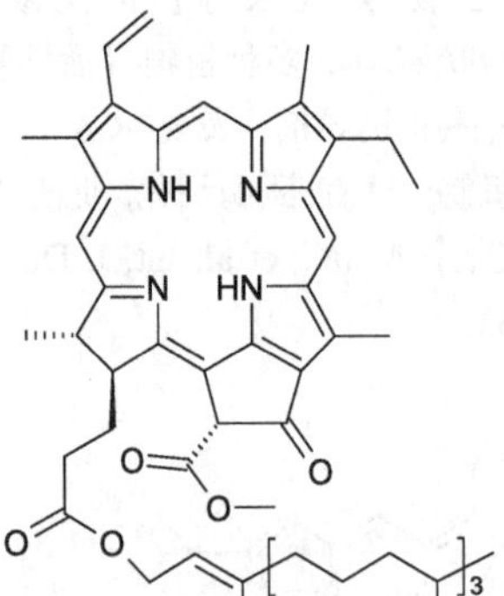

530　Prodigiosin　灵菌红素

【基本信息】$C_{20}H_{25}N_3O$, 有光泽的深红色正方锥形晶体, mp 151~152℃.【类型】卟啉生物碱.【来源】海洋细菌济州岛霍氏菌（模式种）*Hahella chejuensis*.【活性】免疫系统活性（巨噬细胞 iNOS 抑制剂, 表观 IC_{50} = 0.1μg/mL, 分子作用机制: 抑制 NF-κB 转录因子).【文献】J. E. Huh, et al. Int. Immunopharmacol., 2007, 7, 1825.

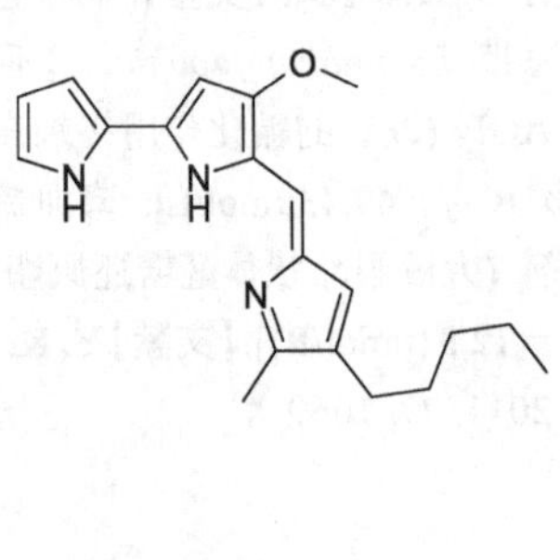

531　Tolyporphin A　单歧藻聚吡咯 A*

【基本信息】$C_{40}H_{46}N_4O_{10}$, 深紫色晶体, $[α]_D$ = +3° (*c* = 0.1, 甲醇).【类型】卟啉生物碱.【来源】蓝细菌单歧藻属 *Tolypothrix nodosa* UH 菌株 HT-58-2.【活性】细胞毒 (EMT-6, 光敏剂); 多重抗药性翻转剂 (10μg/mL, 对 P-糖蛋白上的 azidopine 键位的键合比 10μmol/L 维拉帕米差).【文献】M. R. Prinsep, et al. Tetrahedron, 1995, 51, 10523; P. Morliere, et al. Cancer Res., 1998, 58, 3571.

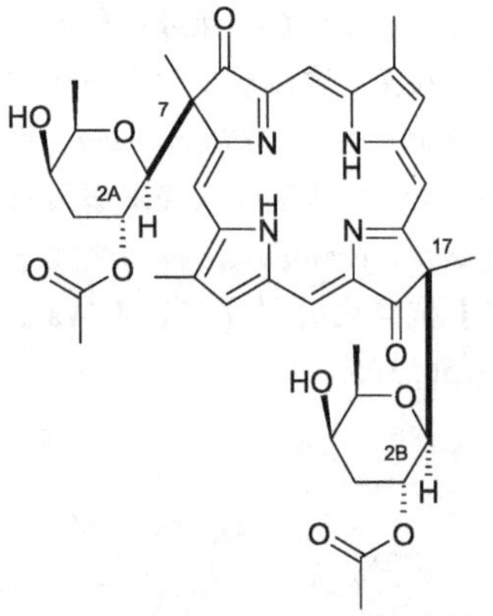

532　Tolyporphin B　单歧藻聚吡咯 B*

【基本信息】$C_{38}H_{44}N_4O_9$, 红紫色固体.【类型】卟啉生物碱.【来源】蓝细菌单歧藻属 *Tolypothrix nodosa*.【活性】多药耐药性翻转剂 (10μg/mL, 和 10μmol/L 维拉帕米相比在 P-糖蛋白上的 azidopine 键合位不那么有效).【文献】M. R. Prinsep, et al. Tetrahedron, 1995, 51, 10523.

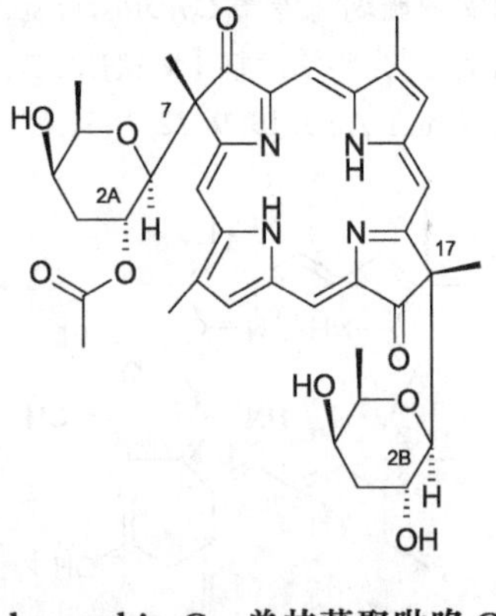

533　Tolyporphin C　单歧藻聚吡咯 C*

【基本信息】$C_{38}H_{44}N_4O_9$, 红紫色固体.【类型】卟啉生物碱.【来源】蓝细菌单歧藻属 *Tolypothrix nodosa*.【活性】多药耐药性翻转剂 (10μg/mL, 和

10μmol/L 维拉帕米相比在 P-糖蛋白上的 azidopine 键合位不那么有效).【文献】M. R. Prinsep, et al. Tetrahedron, 1995, 51, 10523.

534　Tolyporphin D　单歧藻聚吡咯 D*
【基本信息】$C_{36}H_{42}N_4O_8$，红棕色固体，$[\alpha]_D = +45°$ (c = 0.1，甲醇).【类型】卟啉生物碱.【来源】蓝细菌单歧藻属 *Tolypothrix nodosa*.【活性】多药耐药性翻转剂 (10μg/mL, 和 10μmol/L 维拉帕米相比在 P-糖蛋白上的 azidopine 键合位更加有效).【文献】M. R. Prinsep, et al. Tetrahedron, 1995, 51, 10523.

535　Tolyporphin E　单歧藻聚吡咯 E*
【基本信息】$C_{34}H_{36}N_4O_8$，深红色固体，$[\alpha]_D = +52°$ (c = 0.1，甲醇).【类型】卟啉生物碱.【来源】蓝细菌单歧藻属 *Tolypothrix nodosa*.【活性】多药耐药性翻转剂 (10μg/mL, 和 10μmol/L 维拉帕米相比在 P-糖蛋白上的 azidopine 键合位效果很差).【文献】M. R. Prinsep, et al. Tetrahedron, 1995, 51, 10523.

536　Tolyporphin F　单歧藻聚吡咯 F*
【基本信息】$C_{32}H_{34}N_4O_7$，红棕色固体，$[\alpha]_D = +20°$ (c = 0.05，甲醇).【类型】卟啉生物碱.【来源】蓝细菌单歧藻属 *Tolypothrix nodosa*.【活性】多药耐药性翻转剂 (10μg/mL, 和 10μmol/L 维拉帕米相比在 P-糖蛋白上的 azidopine 键合位不那么有效).【文献】M. R. Prinsep, et al. Tetrahedron, 1995, 51, 10523.

537　Tolyporphin G　单歧藻聚吡咯 G*
【基本信息】$C_{26}H_{24}N_4O_5$，红棕色固体.【类型】卟啉生物碱.【来源】蓝细菌单歧藻属 *Tolypothrix nodosa*.【活性】多药耐药性翻转剂 (样本是和单歧藻聚吡咯 H 的混合物，10μg/mL, 和 10μmol/L 维拉帕米相比在 P-糖蛋白上的 azidopine 键合位更加有效).【文献】M. R. Prinsep, et al. Tetrahedron, 1995, 51, 10523.

538　Tolyporphin H　单歧藻聚吡咯 H*

【基本信息】$C_{26}H_{24}N_4O_5$，红棕色固体.【类型】卟啉生物碱.【来源】蓝细菌单歧藻属 *Tolypothrix nodosa*.【活性】多药耐药性翻转剂（样本是和 Tolyporphin G 的混合物，10μg/mL，和 10μmol/L 维拉帕米相比在 P-糖蛋白上的 azidopine 键合位更加有效）.【文献】M. R. Prinsep, et al. Tetrahedron, 1995, 51, 10523.

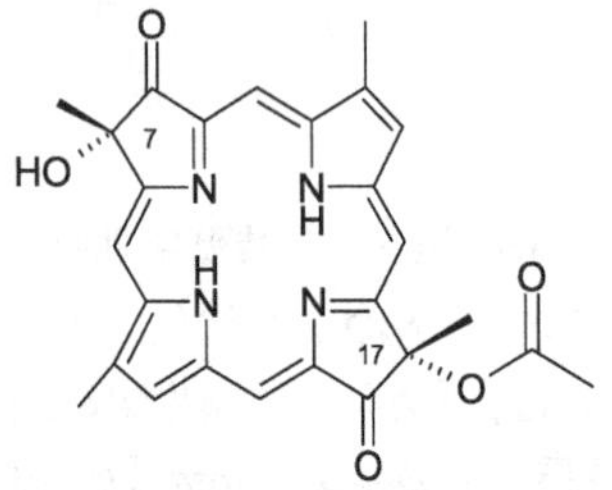

539　Tolyporphin I　单歧藻聚吡咯 I*

【基本信息】$C_{28}H_{26}N_4O_6$，粉红色固体，$[\alpha]_D = +64º$（$c = 0.13$，甲醇）.【类型】卟啉生物碱.【来源】蓝细菌单歧藻属 *Tolypothrix nodosa*.【活性】多药耐药性翻转剂（10μg/mL，和 10μmol/L 维拉帕米相比在 P-糖蛋白上的 azidopine 键合位效果很差）.【文献】M. R. Prinsep, et al. Tetrahedron, 1995, 51, 10523.

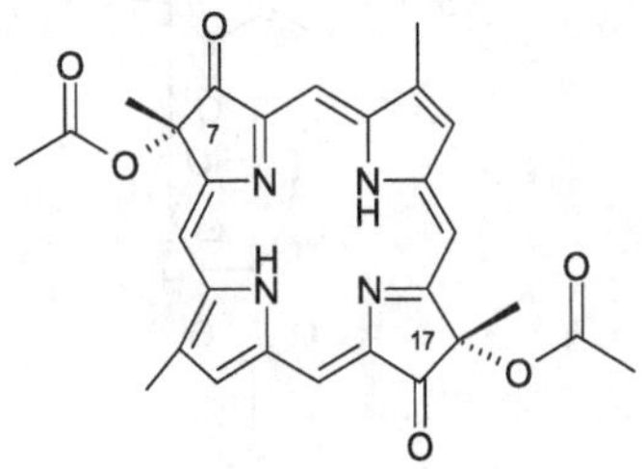

3.2　吡咯烷类生物碱

540　Amathamide C　愚苔虫酰胺 C*

【基本信息】$C_{16}H_{20}Br_3N_2O_2^+$.【类型】吡咯烷生物碱.【来源】苔藓动物威氏愚苔虫 *Amathia wilsoni*（佩尔角，塔斯曼潘尼苏拉，塔斯马尼亚，澳大利亚）和苔藓动物威氏愚苔虫 *Amathia wilsoni*.【活性】杀疟原虫的（CSPF 和 CRPF，中等活性，生长抑制剂）.【文献】A. J. Blackman, et al. Aust. J. Chem., 1987, 40, 1655; A. R. Carroll, et al. Org. Biomol. Chem., 2011, 9, 604.

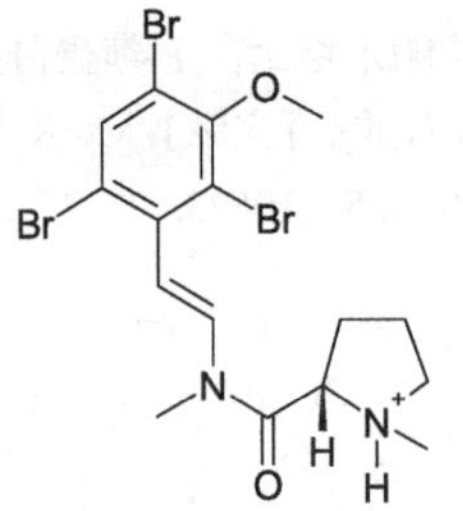

541　Amathamide H　愚苔虫酰胺 H*

【基本信息】$C_{16}H_{20}Br_3N_2O_2^+$.【类型】吡咯烷生物碱.【来源】苔藓动物威氏愚苔虫 *Amathia wilsoni*（佩尔角，塔斯曼潘尼苏拉，塔斯马尼亚，澳大利亚）.【活性】杀疟原虫的（CSPF 和 CRPF，中等活性，生长抑制剂）.【文献】A. R. Carroll, et al. Org. Biomol. Chem., 2011, 9, 604.

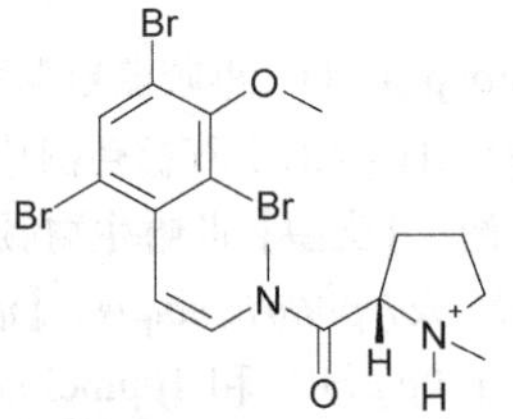

542　Amathaspiramide A　愚苔虫螺酰胺 A*

【基本信息】$C_{16}H_{20}Br_2N_2O_3$，无定形固体，$[\alpha]_D^{25} = -3º$（$c = 0.0045$，甲醇）.【类型】吡咯烷生物碱.【来源】苔藓动物威氏愚苔虫 *Amathia wilsoni*（新西兰）.【活性】细胞毒（BSC-1, 40μg/well, +, 中等活性）；抗菌（革兰氏阳性菌枯草杆菌 *Bacillus subtilis*, 60μg/盘, IZ = 1mm, 温和活性）; antifungul (须发癣菌 *Trichophyton mentagrophytes*, 60μg/盘, IZ = 1mm, 温和活性).【文献】B. D. Morris, et al. JNP, 1999, 62, 688.

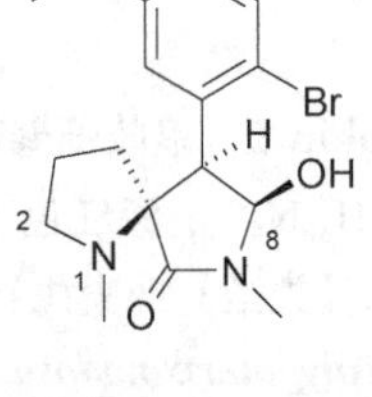

543　Amathaspiramide E　愚苔虫螺酰胺 E*

【基本信息】$C_{15}H_{16}N_2O_3Br_2$，无定形固体，$[\alpha]_D^{25} = -21º$（$c = 0.0023$，甲醇）.【类型】吡咯烷生物碱.【来源】苔藓动物威氏愚苔虫 *Amathia wilsoni*（新

西兰).【活性】抗病毒 (脊髓灰质炎病毒 Polio sp., 40μg/槽, ++++高活性);细胞毒 (BSC-1, 40μg/槽, +中等活性);抗菌 (革兰氏阳性菌枯草杆菌 Bacillus subtilis, 60μg/盘, IZ = 1mm, 温和活性);抗真菌 (须发癣菌 Trichophyton mentagrophytes, 60μg/盘, IZ = 1mm, 温和活性).【文献】B. D. Morris, et al. JNP, 1999, 62, 688.

544 Barmumycin 巴姆霉素*
【基本信息】$C_{15}H_{19}NO_4$, $[\alpha]_D = -51.2°$ ($c = 0.25$, 二氯甲烷).【类型】吡咯烷生物碱.【来源】海洋导出的链霉菌属 Streptomyces sp. BOSC-022A, 来自未鉴定的海鞘 (苏格兰海岸, 苏格兰).【活性】细胞毒 (12 种癌细胞, 微摩尔浓度).【文献】A. Lorente, et al. JOC, 2010, 75, 8508.

545 Convolutamide A 旋花愚苔虫酰胺 A*
【基本信息】$C_{24}H_{35}Br_2NO_4$, 无定形固体, $[\alpha]_D^{20} = -6°$ ($c = 0.4$, 氯仿).【类型】吡咯烷生物碱.【来源】苔藓动物旋花愚苔虫 Amathia convoluta (佛罗里达, 美国).【活性】细胞毒 (P_{388}, L_{1210}, KB 细胞).【文献】H. Zhang, et al. Chem. Lett., 1994, 2271; H. Zhang, et al. Tetrahedron, 1994, 50, 10201.

546 Convolutamide B 旋花愚苔虫酰胺 B*
【基本信息】$C_{26}H_{37}Br_2NO_4$.【类型】吡咯烷生物碱.【来源】苔藓动物旋花愚苔虫 Amathia convoluta (佛罗里达, 美国).【活性】细胞毒 (P_{388}, L_{1210}, KB 细胞).【文献】H. Zhang, et al. Chem. Lett., 1994, 2271; H. Zhang, et al. Tetrahedron, 1994, 50, 10201.

547 Convolutamide D 旋花愚苔虫酰胺 D*
【基本信息】$C_{28}H_{41}Br_2NO_4$.【类型】吡咯烷生物碱.【来源】苔藓动物旋花愚苔虫 Amathia convoluta (佛罗里达, 美国).【活性】细胞毒 (P_{388}, L_{1210}, KB 细胞).【文献】H. Zhang, et al. Chem. Lett., 1994, 2271; H. Zhang, et al. Tetrahedron, 1994, 50, 10201.

548 Convolutamide E 旋花愚苔虫酰胺 E*
【基本信息】$C_{28}H_{43}Br_2NO_4$, 无定形固体, $[\alpha]_D^{20} = -25°$ ($c = 0.1$, 氯仿).【类型】吡咯烷生物碱.【来源】苔藓动物旋花愚苔虫 Amathia convoluta (佛罗里达, 美国).【活性】细胞毒 (P_{388}, L_{1210}, KB 细胞).【文献】H. Zhang, et al. Chem. Lett., 1994, 2271; H. Zhang, et al. Tetrahedron, 1994, 50, 10201.

549 Convolutamide F 旋花愚苔虫酰胺 F*
【基本信息】$C_{30}H_{45}Br_2NO_4$.【类型】吡咯烷生物碱.【来源】苔藓动物旋花愚苔虫 Amathia convoluta (佛罗里达, 美国).【活性】细胞毒 (P_{388}, L_{1210}, KB

细胞). 【文献】H. Zhang, et al. Chem. Lett., 1994, 2271; H. Zhang, et al. Tetrahedron, 1994, 50, 10201.

550　Domoic acid　斗牟克酸*

【基本信息】$C_{15}H_{21}NO_6$, 针状晶体 (+2H_2O), mp 213°C (分解), $[\alpha]_D^{12}$ = −109.6° (水). 【类型】吡咯烷生物碱. 【来源】硅藻尖刺菱形藻多列变种 *Nitzschia pungens* f. *multiseries* (嗜冷生物, 冷水域), 有关的硅藻 (沿中北美洲的太平洋海岸, 新西兰和欧洲), 红藻树枝状软骨藻 *Chondria armata* 和红藻松节藻科 *Alsidium corallinum*, 蓝贻贝 *Mytilus edulis*. 【活性】神经毒素; 记忆缺失性贝毒; 驱肠虫药; 杀昆虫剂; 离子移变的谷氨酸 (海人藻酸) 受体激动剂; LD_{50} (小鼠) = 10mg/kg. 【文献】G. Impellizzeri, et al. Phytochemistry, 1975, 14, 1549; J. L. C. Wright, et al. Can. J. Chem., 1989, 67, 481; 1990, 68, 22; M.D. Lebar, et al. NPR, 2007, 24, 774 (Rev.).

551　Dysidamide　掘海绵酰胺*

【基本信息】$C_{15}H_{21}Cl_6NO_2$, 针状晶体 (石油醚), mp 133°C, mp 123~124°C, $[\alpha]_D$ = −16.1° (c = 2.76, 二氯甲烷). 【类型】吡咯烷生物碱. 【来源】Dysideidae 科海绵 *Lamellodysidea herbacea* (红海). 【活性】神经毒素. 【文献】S. Isaacs, et al. JNP, 1991, 54, 83; Sauleau, P. et al. Tetrahedron, 2005, 61, 955.

552　Dysideapyrrolidone　掘海绵吡咯烷酮*

【基本信息】$C_{17}H_{22}Cl_6N_2O_4$, 棱柱状晶体, mp 165~166°C, $[\alpha]_D$ = +16.6° (c = 0.4, 氯仿). 【类型】吡咯烷生物碱. 【来源】拟草掘海绵 *Dysidea herbacea* (帕劳, 大洋洲). 【活性】拒食活性. 【文献】M. D. Unson, et al. JOC, 1993, 58, 6336.

553　Dysidine(1977)　拟草掘海绵定*

【基本信息】$C_{16}H_{22}Cl_3NO_4$, 针状晶体 (正己烷), mp 127~129°C, $[\alpha]_D^{25}$ = +141° (c = 1, 氯仿). 【类型】吡咯烷生物碱. 【来源】拟草掘海绵* *Dysidea herbacea* (昆士兰, 汤斯维尔). 【活性】LD_{50} (小鼠, ipr) = 40~80mg/kg. 【文献】P. G. Williard, et al. JOC, 1984, 49, 3489; F. J. Schmitz, et al. JNP, 1988, 51, 745.

554　Epolactaene　伊坡拉克它烯*

【基本信息】$C_{21}H_{27}NO_6$, 无定形固体, $[\alpha]_D^{26}$ = +32° (c = 0.1, 甲醇). 【类型】吡咯烷生物碱. 【来源】海洋导出的真菌青霉属 *Penicillium* sp. BM1689-P (海底沉积物, 内浦湾, 日本). 【活性】神经突起伸长活性 (人成神经细胞瘤细胞); DNA 聚合酶抑制剂 (哺乳动物); DNA 拓扑异构酶 II 抑制剂. 【文献】H. Kakeya, et al. J. Antibiotics, 1995, 48, 733; H. Kakeya, et al. JMC, 1997, 40, 391; Y. Mizushina, et al. Biochem. Biophys. Res. Commun., 2000, 273, 784.

555　Ircinamine　羊海绵胺*

【基本信息】$C_{19}H_{33}NO_2S$, 无定形固体.【类型】吡咯烷生物碱.【来源】羊海绵属 *Ircinia* sp.【活性】细胞毒 (P_{388}, LD_{50} = 24.6μg/mL; 基于硫酯部分的反应性期望有显著的生物活性). thioester【文献】G. Fenteany, et al. Science, 1995, 268, 726; M. Kuramoto, et al. Chem. Lett., 2002, 464; M. Kuramoto, et al. Mar. Drugs, 2004, 2, 39.

556　Isodomoic acid A　异斗牟克酸 A*

【基本信息】$C_{15}H_{21}NO_6$, mp 185~187°C (分解), $[\alpha]_D^{25} = -70°$ (c = 0.1, 水).【类型】吡咯烷生物碱.【来源】红藻树枝软骨藻 *Chondria armata*, 硅藻菱形藻属 *Nitzschia navis-varingica*.【活性】驱肠虫剂; 杀昆虫剂.【文献】M. Maeda, et al. CPB, 1986, 34, 4892.

557　Isodomoic acid B　异斗牟克酸 B*

【基本信息】$C_{15}H_{21}NO_6$, mp 182~183°C (分解), $[\alpha]_D^{25} = -8.1°$ (c = 0.14, 水).【类型】吡咯烷生物碱.【来源】红藻树枝软骨藻 *Chondria armata*, 硅藻菱形藻属 *Nitzschia navis-varingica*.【活性】驱肠虫剂; 杀昆虫剂; 驱肠虫药.【文献】M. Maeda, et al. CPB, 1986, 34, 4892.

558　Isodomoic acid C　异斗牟克酸 C*

【基本信息】$C_{15}H_{21}NO_6$, mp 257~260°C (分解), $[\alpha]_D^{25} = -30°$ (c = 0.015, 水).【类型】吡咯烷生物碱.【来源】红藻树枝软骨藻 *Chondria armata*, 硅藻菱形藻属 *Nitzschia navis-varingica*.【活性】杀昆虫剂.【文献】P. T. Holland, et al. Chem. Res. Toxicol., 2005, 18, 814.

559　Isodomoic acid G　异斗牟克酸 G*

【基本信息】$C_{15}H_{21}NO_6$.【类型】吡咯烷生物碱.【来源】红藻树枝软骨藻 *Chondria armata* (日本水域).【活性】神经毒素.【文献】L. Zaman, et al. Toxicon, 1997, 35, 205.

560　Isodomoic acid H　异斗牟克酸 H*

【基本信息】$C_{15}H_{21}NO_6$.【类型】吡咯烷生物碱.【来源】红藻树枝软骨藻 *Chondria armata* (日本水域).【活性】神经毒素.【文献】L. Zaman, et al. Toxicon, 1997, 35, 205.

561　Jamaicamide A　牙买加酰胺 A*

【基本信息】$C_{27}H_{36}BrClN_2O_4$, 浅黄色油状物, $[\alpha]_D^{25} = +44°$ (c = 1.5, 甲醇).【类型】吡咯烷生物

碱.【来源】蓝细菌稍大鞘丝藻 *Lyngbya majuscula*.
【活性】细胞毒 (MTT 试验, H460 和 neuro-2a, LC$_{50}$ = 15μmol/L); 钠离子通道阻滞剂 (5μmol/L, 0.15μmol/L 产生石房蛤毒素毒性的一半); 毒害神经的 (金鱼毒性试验, 5μmol/L, 90min 后有亚致死毒性).【文献】D. J. Edwards, et al. Chem. Biol. 2004, 11, 817.

562 Jamaicamide B 牙买加酰胺 B*

【基本信息】C$_{27}$H$_{37}$ClN$_2$O$_4$, 浅黄色油状物, [α]$_D^{25}$ = +53º (*c* = 0.61, 甲醇).【类型】吡咯烷生物碱.【来源】蓝细菌稍大鞘丝藻 *Lyngbya majuscula*.【活性】细胞毒 (MTT 试验: H460 和 neuro-2a, LC$_{50}$ = 15μmol/L); 钠离子通道阻滞剂 (5μmol/L, 浓度为 0.15μmol/L 时产生石房蛤毒素毒性的一半); 毒害神经的 (金鱼毒性试验, 5μg/mL, 90min 后有 100%致死毒性).【文献】D. J. Edwards, et al. Chem. Biol. 2004, 11, 817.

563 Jamaicmide C 牙买加酰胺 C*

【基本信息】C$_{27}$H$_{39}$ClN$_2$O$_4$, 浅黄色油状物, [α]$_D^{25}$ = +49º (*c* = 0.39, 甲醇).【类型】吡咯烷生物碱.【来源】蓝细菌稍大鞘丝藻 *Lyngbya majuscula*.【活性】细胞毒 (MTT 试验: H460 和 neuro-2a, LC$_{50}$ = 15μmol/L); 钠离子通道阻滞剂 (5μmol/L, 浓度为 0.15μmol/L 时产生石房蛤毒素毒性的一半); 毒害神经的 (金鱼毒性试验, 10μg/mL, 90min 后有 100%致死毒性); 有毒的 (盐水丰年虾, 10μg/mL, 25%致死).【文献】D. J. Edwards, et al. Chem. Biol. 2004, 11, 817.

564 Mycapolyol A 山海绵多醇 A*

【基本信息】C$_{55}$H$_{94}$N$_2$O$_{18}$, 粉末, [α]$_D^{21}$ = +101.1º (*c* = 0.34, 甲醇水溶液).【类型】吡咯烷生物碱.【来源】伊豆山海绵 *Mycale izuensis*.【活性】细胞毒 (HeLa, IC$_{50}$ = 0.06μg/mL).【文献】P. Phuwapraisirisan, et al. Org. Lett., 2005, 7, 2233.

565 Mycapolyol B 山海绵多醇 B*

【基本信息】C$_{53}$H$_{90}$N$_2$O$_{17}$, 粉末, [α]$_D^{27}$ = +104.7º (*c* = 0.22, 甲醇水溶液).【类型】吡咯烷生物碱.【来源】伊豆山海绵 *Mycale izuensis*.【活性】细胞毒 (HeLa, IC$_{50}$ = 0.05μg/mL).【文献】P. Phuwapraisirisan, et al. Org. Lett., 2005, 7, 2233.

566 Mycapolyol C 山海绵多醇 C*

【基本信息】C$_{51}$H$_{86}$N$_2$O$_{16}$, 粉末, [α]$_D^{27}$ = +105.7º (*c* = 0.32, 甲醇水溶液).【类型】吡咯烷生物碱.【来源】伊豆山海绵 *Mycale izuensis*.【活性】细胞毒 (HeLa, IC$_{50}$ = 0.16μg/mL).【文献】P. Phuwapraisirisan, et al. Org. Lett., 2005, 7, 2233.

567 Mycapolyol D 山海绵多醇 D*

【基本信息】C$_{49}$H$_{82}$N$_2$O$_{15}$, 粉末, [α]$_D^{27}$ = +100.6º (*c* = 0.25, 甲醇水溶液).【类型】吡咯烷生物碱.

【来源】伊豆山海绵* Mycale izuensis.【活性】细胞毒 (HeLa, IC$_{50}$ = 0.40μg/mL).【文献】P. Phuwapraisirisan, et al. Org. Lett., 2005, 7, 2233.

568　Mycapolyol E　山海绵多醇 E*
【基本信息】C$_{47}$H$_{78}$N$_2$O$_{14}$, 粉末, $[α]_D^{21}$ = +117.7° (c = 0.27, 甲醇水溶液).【类型】吡咯烷生物碱.【来源】伊豆山海绵* Mycale izuensis.【活性】细胞毒 (HeLa, IC$_{50}$ = 0.38μg/mL).【文献】P. Phuwapraisirisan, et al. Org. Lett., 2005, 7, 2233.

569　Mycapolyol F　山海绵多醇 F*
【基本信息】C$_{45}$H$_{74}$N$_2$O$_{13}$, 粉末, $[α]_D^{21}$ = +120.1° (c = 0.2, 甲醇水溶液).【类型】吡咯烷生物碱.【来源】伊豆山海绵* Mycale izuensis.【活性】细胞毒 (HeLa, IC$_{50}$ = 0.90μg/mL).【文献】P. Phuwapraisirisan, et al. Org. Lett., 2005, 7, 2233.

570　Nordomoic acid　去甲斗牟克酸*
【基本信息】C$_{14}$H$_{19}$NO$_6$.【类型】吡咯烷生物碱.【来源】红藻树枝软骨藻 Chondria armata.【活性】杀昆虫剂.【文献】M. Maeda, et al. CA, 1986, 104, 183260t.

571　15-Norpseurotin A　15-去甲坡修柔亭 A*
【基本信息】C$_{21}$H$_{23}$NO$_8$, 浅黄色粉末, $[α]_D^{25}$ = −6.5° (c = 0.12, 甲醇).【类型】吡咯烷生物碱.【来源】海洋导出的真菌萨氏曲霉菌 Aspergillus sydowi PFW1-13, 来自腐木 (中国水域).【活性】抗菌 (圆盘扩散试验: 大肠杆菌 Escherichia coli, MIC = 3.74μmol/L; 枯草杆菌 Bacillus subtilis, MIC = 14.97μmol/L; 溶壁微球菌 Micrococcus lysoleikticus, MIC = 7.49μmol/L).【文献】M. Zhang, et al. JNP, 2008, 71, 985.

572　Plakoridine A　扁板海绵啶 A*
【基本信息】C$_{35}$H$_{57}$NO$_5$, 无色油状物, $[α]_D^{19}$ = −0.4° (c = 0.5, 氯仿).【类型】吡咯烷生物碱.【来源】扁板海绵属 Plakortis sp. (冲绳, 日本).【活性】细胞毒 (小鼠 in vitro, L$_{1210}$, IC$_{50}$ = 1.0μg/mL).【文献】S. Takeuchi, et al. JOC, 1994, 59, 3712.

573　Pseurotin A　坡修柔亭 A*
【基本信息】C$_{22}$H$_{25}$NO$_8$, 菱形晶体 (二氯甲烷/己烷), mp 162~163.5℃, $[α]_D^{25}$ = −5° (甲醇).【类型】吡咯烷生物碱.【来源】海洋导出的真菌萨氏曲霉菌 Aspergillus sydowi PFW1-13 (来自腐木样本, 中国水域), 海洋导出的真菌烟曲霉菌 Aspergillus fumigatus, 陆地真菌烟曲霉菌 Aspergillus fumigatus.【活性】抗菌 (圆盘扩散试验: 大肠杆菌 Escherichia coli, MIC = 14.49μmol/L; 枯草杆菌 Bacillus subtilis, MIC = 14.49μmol/L; 溶壁微球菌 Micrococcus lysoleikticus, MIC = 7.24μmol/L); 单胺氧化酶抑制剂; 几丁质合成酶抑制剂; 阿扑吗啡拮抗剂; 神经生长因子; 杀线虫剂.【文献】N. C. Gassner, et al. JNP, 2007, 70, 383; C. M. Boot, et al. JNP, 2007, 70, 1672; M. Zhang, et al. JNP, 2008, 71, 985.

574　Pulchellalactam　海壳科真菌内酰胺*

【基本信息】$C_9H_{13}NO$.【类型】吡咯烷生物碱.【来源】海洋导出的海壳真菌科花冠菌属 *Corollospora pulchella* (培养基，来自腐木，佩里琉岛，帕劳，大洋洲).【活性】细胞分化抗原 CD45 磷酸酶抑制剂 (CD45 以脱磷酸的 Src-激酶扮演一个中心信号角色，是一种有吸引力的药物靶标).【文献】K. A. Alvi, et al. J. Antibiot., 1998, 51, 515; J. Irie-Sasaki, et al. Curr. Top. Med. Chem., 2003, 3, 783.

575　Scalusamide A　斯卡鲁斯酰胺 A*

【基本信息】$C_{16}H_{27}NO_3$，无定形固体，$[\alpha]_D^{22} = -28°$ ($c = 1$, 氯仿).【类型】吡咯烷生物碱.【来源】海洋导出的真菌桔青霉 *Penicillium citrinum* N055 (液体培养基)，来自未鉴定的鱼类（胃肠道）.【活性】抗真菌（新型隐球酵母 *Cryptococcus neoformans*，MIC = 16.7μg/mL）；抗菌（藤黄色微球菌 *Micrococcus luteus*，MIC = 33.3μg/mL）.【文献】M. Tsuda, et al. JNP, 2005, 68, 273; M. Saleem, et al. NPR, 2007, 24, 1142 (Rev.).

576　Villatamine A　扁形虫胺 A*

【基本信息】$C_{18}H_{29}N$，油状物，$[\alpha]_D = +49°$ (甲醇).【类型】吡咯烷生物碱.【来源】扁形动物门多肠目海洋扁虫 *Prostheceraeus villatus* (嗜冷生物，冷水域，卑尔根岸外水域，挪威)，簇海鞘属 *Clavelina lepadiformis* (扁形动物门多肠目海洋扁虫 *Prostheceraeus villatus* 的猎物).【活性】细胞毒.【文献】J. Kubanek, et al. Tetrahedron Lett., 1995, 36, 6189; J. Kubanek, et al. Tetrahedron Lett., 1995, 36, 6189; M. D. Lebar, et al. NPR, 2007, 24, 774 (Rev.).

577　Villatamine B　扁形虫胺 B*

【基本信息】$C_{18}H_{33}N$，油状物，$[\alpha]_D = +15°$ (甲醇).【类型】吡咯烷生物碱.【来源】扁形动物门多肠目海洋扁虫 *Prostheceraeus villatus* (嗜冷生物，冷水域，卑尔根岸外水域，挪威)，簇海鞘属 *Clavelina lepadiformis* (扁形动物门多肠目海洋扁虫 *Prostheceraeus villatus* 的猎物).【活性】细胞毒（P_{388}，ED_{50} = 11.4μg/mL；MCF7，ED_{50} = 2.8μg/mL；U373，ED_{50} = 1.9μg/mL；HEY，ED_{50} = 2.8μg/mL；LoVo，ED_{50} = 1.7μg/mL；A549，ED_{50} = 2.8μg/mL）.【文献】J. Kubanek, et al. Tetrahedron Lett., 1995, 36, 6189; M. D. Lebar, et al. NPR, 2007, 24, 774 (Rev.).

578　Ypaoamide　关岛怡宝酰胺*

【基本信息】$C_{26}H_{36}N_2O_5$，$[\alpha]_D^{19} = +197°$ ($c = 1.0$, 氯仿).【类型】吡咯烷生物碱.【来源】蓝细菌稍大鞘丝藻 *Lyngbya majuscula* (关岛，美国).【活性】拒食活性（作用广泛）.【文献】D. G. Nagle, et al. Tetrahedron Lett., 1996, 37, 6263.

579　Aburatubolactam A　日本阿布拉图博内酰胺 A*

【基本信息】$C_{30}H_{40}N_2O_5$.【类型】2,4-丁二酰亚胺生物碱.【来源】海洋导出的链霉菌属 *Streptomyces* sp.，来自未鉴定的软体动物.【活性】抗氧化剂（人中性粒细胞，抑制 TPA 诱导的超氧化物阴离子生成，IC_{50} = 26μg/mL）；细胞毒；细胞凋亡诱导剂.【文献】M. Kuramoto, et al. Mar. Drugs, 2004, 2, 39; M.-A. Bae, et al. Heterocycl. Commun., 1996, 2, 315.

580 Aburatubolactam B 日本阿布拉图博内酰胺 B*

【基本信息】$C_{30}H_{40}N_2O_6$, 晶体, $[\alpha]_D = +197°$ (吡啶).【类型】2,4-丁二酰亚胺生物碱.【来源】海洋导出的链霉菌属 *Streptomyces* sp.【活性】抗氧化剂 (人中性粒细胞, 抑制 TPA 诱导的超氧化物阴离子生成, $IC_{50} = 6.3\mu g/mL$); 抗炎; 细胞毒.【文献】M. Kuramoto, et al. Mar. Drugs, 2004, 2, 39; M.-A. Bae, et al. J. Microbiol. Biotechnol., 1998, 8, 455.

581 Aburatubolactam C 日本阿布拉图博内酰胺 C*

【基本信息】$C_{30}H_{40}N_2O_5$, 粉末, $[\alpha]_D = +136°$ (吡啶).【类型】2,4-丁二酰亚胺生物碱.【来源】海洋导出的链霉菌属 *Streptomyces* sp.【活性】抗氧化剂 (人中性粒细胞, 抑制 TPA 诱导的超氧化物阴离子生成, $IC_{50} = 2.7\mu g/mL$); 抗炎; 细胞毒; 细胞凋亡诱导剂.【文献】M. Kuramoto, et al. Mar. Drugs, 2004, 2, 39; M.-A. Bae, et al. J. Microbiol. Biotechnol., 1998, 8, 455.

582 Alteramide A 交替单胞菌酰胺 A*

【基本信息】$C_{29}H_{38}N_2O_6$, 黄色粉末, mp200°C (分解), $[\alpha]_D^{22} = +36.2°$ ($c = 0.1$, 甲醇).【类型】2,4-丁二酰亚胺生物碱.【来源】海洋细菌交替单胞菌属 *Alteromonas* sp., 来自冈田软海绵*Halichondria okadai*.【活性】细胞毒 (P_{388}, $IC_{50} = 0.1\mu g/mL$; L_{1210}, $IC_{50} = 1.7\mu g/mL$; KB, $IC_{50} = 5.0\mu g/mL$).【文献】H. Shigemori, et al. JOC, 1992, 57, 4317.

583 Ancorinoside A 小锚海绵糖苷 A*

【基本信息】$C_{41}H_{69}NO_{17}$, 油状物, $[\alpha]_D^{25} = -5.5°$ ($c = 0.09$, 甲醇).【类型】2,4-丁二酰亚胺生物碱.【来源】小锚海绵属 *Ancorina* sp. (日本水域) 和佩纳海绵属 *Penares sollasi*.【活性】抑制海星胚胎囊胚形成; 1 型膜基质金属蛋白酶抑制剂.【文献】S. Ohta, et al. JOC, 1997, 62, 6452; M. Fujita, et al. Tetrahedron, 2001, 57, 1229.

584 Ancorinoside B 小锚海绵糖苷 B*

【基本信息】$C_{41}H_{69}NO_{17}$, 白色粉末, $[\alpha]_D^{24} = +1.5°$ ($c = 0.1$, 甲醇).【类型】2,4-丁二酰亚胺生物碱.【来源】佩纳海绵属 *Penares sollasi* (浮岛岸外, 靠近奄美大岛, 日本, 采样深度 15~20m, 129°13'40″E 28°02'80″N).【活性】1 型膜基质金属蛋白酶 MT1-MMP 抑制剂 ($IC_{50} = 500\mu g/mL$, 小锚海绵糖苷的效力比 FN-439 弱 10 倍, $IC_{50} = 25\mu g/mL$, 包括一个异羟肟酸基团; 已知 MMP 抑制剂包含异羟肟酸或羧酸酯基团); 基质金属蛋白酶-2 (MMP-2) 抑制剂 ($IC_{50} = 33\mu g/mL$); 细胞毒 (P_{388}, $IC_{50} > 20\mu g/mL$).【文献】M. Fujita, et al. Tetrahedron, 2001, 57, 1229.

585 Ancorinoside C 小锚海绵糖苷 C*

【基本信息】$C_{42}H_{71}NO_{17}$, 白色粉末, $[\alpha]_D^{24} = +2.8°$ ($c = 0.1$, 甲醇).【类型】2,4-丁二酰亚胺生物碱.【来源】佩纳海绵属 *Penares sollasi* (浮岛岸外, 靠近奄美大岛, 日本, 采样深度 15~20m, 129°13'40″E 28°02'80″N).【活性】1 型膜基质金属蛋白酶 MT1-MMP 抑制剂 ($IC_{50} = 370\mu g/mL$, 小锚海绵糖苷的效力比 FN-439 弱 10 倍, $IC_{50} = 25\mu g/mL$,

包括一个异羟肟酸基团；已知 MMP 抑制剂包含异羟肟酸或羧酸酯基团）.【文献】M. Fujita, et al. Tetrahedron, 2001, 57, 1229.

586 Ancorinoside D 小锚海绵糖苷 D*
【基本信息】$C_{41}H_{67}NO_{17}$, 白色粉末, $[\alpha]_D^{24} = -5.2°$ ($c = 0.1$, 甲醇).【类型】2,4-丁二酰亚胺生物碱.【来源】佩纳海绵属 Penares sollasi（浮岛岸外，靠近奄美大岛，日本，采样深度 15~20m, 129°13′40″E 28°02′80″N）.【活性】1 型膜基质金属蛋白酶 MT1-MMP 抑制剂（$IC_{50} = 180\mu g/mL$, 小锚海绵糖苷的效力比 FN-439 弱 10 倍, $IC_{50} = 25\mu g/mL$, 包括一个异羟肟酸基团；已知 MMP 抑制剂包含异羟肟酸或羧酸酯基团）.【文献】M. Fujita, et al. Tetrahedron, 2001, 57, 1229.

587 Aurantoside A 欧兰特糖苷 A*
【基本信息】$C_{36}H_{46}Cl_2N_2O_{15}$, 橙色固体, $[\alpha]_D^{23} = -568°$ ($c = 0.1$, 甲醇).【类型】2,4-丁二酰亚胺生物碱.【来源】Erylinae 亚科海绵 Melophlus sp.（西西亚，劳群岛，斐济）和 Erylinae 亚科海绵 Melophlus sp.【活性】抗真菌（白色念珠菌 Candida albicans, MIC = 11.3μg/mL; 烟曲霉菌 Aspergillus fumigatus, MIC = 18.0μg/mL; 细胞毒（P_{388}, IC_{50} > 5.0μg/mL).【文献】S. Matsunaga, et al. JACS, 1991, 113, 9690; N. U. Sata, et al. JNP, 1999, 62, 969; R. Kumar, et al. Mar. Drugs, 2012, 10, 200.

588 Aurantoside B 欧兰特糖苷 B*
【基本信息】$C_{35}H_{44}Cl_2N_2O_{15}$, 橙色固体, $[\alpha]_D^{23} = -492°$ ($c = 0.1$, 甲醇).【类型】2,4-丁二酰亚胺生物碱.【来源】岩屑海绵蒂壳海绵属 Theonella sp.【活性】抗真菌（白色念珠菌 Candida albicans, MIC = 11.8μg/mL; 烟曲霉菌 Aspergillus fumigatus, MIC = 17.2μg/mL); 细胞毒（P_{388}, IC_{50} > 5.0μg/mL).【文献】S. Matsunaga, et al. JACS, 1991, 113, 9690; N. U. Sata, et al. JNP, 1999, 62, 969.

589 Aurantoside C 欧兰特糖苷 C*
【基本信息】$C_{37}H_{46}Cl_2N_2O_{15}$, 无定形红色粉末, $[\alpha]_D^{20} = -480°$ ($c = 0.2$, 二氯甲烷/甲醇 10:1).【类型】2,4-丁二酰亚胺生物碱.【来源】岩屑海绵 Neopeltidae 科同形虫属 Homophymia conferta（菲律宾）.【活性】LC_{50}（盐水丰年虾）= 50μg/mL.【文献】D. Wolf, et al. JNP, 1999, 62, 1711.

590 Aurantoside D 欧兰特糖苷 D*
【基本信息】$C_{37}H_{46}Cl_2N_2O_{15}$, 红色固体, $[\alpha]_D^{24} = -536°$ ($c = 0.001$, 甲醇).【类型】2,4-丁二酰亚胺生物碱.【来源】岩屑海绵蒂壳海绵 Theonellidae 科 Siliquariaspongia japonica（日本水域）.【活性】抗真菌（白色念珠菌 Candida albicans, MIC = 9.5μg/mL; 烟曲霉菌 Aspergillus fumigatus, MIC = 11.0μg/mL); 细胞毒（P_{388}, IC_{50} = 0.2μg/mL).【文献】N. U. Sata, et al. JNP, 1999, 62. 969.

591 Aurantoside E 欧兰特糖苷 E*
【基本信息】$C_{38}H_{48}Cl_2N_2O_{15}$, 红色固体, $[\alpha]_D^{24}$ = $-1038°$ (c = 0.001, 甲醇).【类型】2,4-丁二酰亚胺生物碱.【来源】岩屑海绵蒂壳海绵 Theonellidae 科 *Siliquariaspongia japonica* (日本水域).【活性】抗真菌 (白色念珠菌 *Candida albicans*, 烟曲霉菌 *Aspergillus fumigatus*, MIC 分别为 9.7μg/mL 和 13.6μg/mL); 细胞毒 (小鼠, P_{388}, IC_{50} = 0.2μg/mL).【文献】N. U. Sata, et al. JNP, 1999, 62. 969.

592 Aurantoside F 欧兰特糖苷 F*
【基本信息】$C_{40}H_{50}Cl_2N_2O_{15}$, 红色固体, $[\alpha]_D^{24}$ = $-1012°$ (c = 0.001, 甲醇).【类型】2,4-丁二酰亚胺生物碱.【来源】岩屑海绵蒂壳海绵 Theonellidae 科 *Siliquariaspongia japonica* (日本水域).【活性】细胞毒 (P_{388}, IC_{50} = 0.05μg/mL).【文献】N. U. Sata, et al. JNP, 1999, 62. 969.

593 Aurantoside K 欧兰特糖苷 K*
【基本信息】$C_{33}H_{43}ClN_2O_{15}$, 橙色固体, $[\alpha]_D^{27}$ = $-127°$ (c = 0.2, 甲醇).【类型】2,4-丁二酰亚胺生物碱.【来源】Erylinae 亚科海绵 *Melophlus* sp. (西西亚, 劳群岛, 斐济).【活性】抗真菌 (广谱: 白色念珠菌 *Candida albicans*, MIC = 1.95μg/mL; ARCA, MIC = 31.25μg/mL; 新型隐球酵母 *Cryptococcus neoformans*, 100μg/盘, IZD = 14mm; 黑曲霉菌 *Aspergillus niger*, 100μg/盘, IZD = 28mm; 青霉属 *Penicillium* sp., 100μg/盘, IZD = 31mm; 孢子囊根霉菌 *Rhizopus sporangia*, 100μg/盘, IZD = 21mm; 粪壳菌属 *Sordaria* sp. 100μg/盘, IZD = 29mm).【文献】R. Kumar, et al. Mar. Drugs, 2012, 10, 200.

594 Cladosin C 球孢枝孢新 C*
【基本信息】$C_{13}H_{18}N_2O_3$, 浅黄色油状物, $[\alpha]_D^{24}$ = $+10.5°$ (c = 0.10, 甲醇).【类型】2,4-丁二酰亚胺生物碱.【来源】深海真菌球孢枝孢 *Cladosporium sphaerospermum* 2005-01-E3.【活性】抗病毒 (流感 A H1N1 病毒, IC_{50} = 276μmol/L; 对照病毒唑, IC_{50} = 131μmol/L).【文献】G. Wu, et al. JNP, 2014, 77, 270.

595 Cladosin Cmajor 球孢枝孢新 C 主要成分*
【基本信息】$C_{13}H_{18}N_2O_3$.【类型】2,4-丁二酰亚胺生物碱.【来源】深海真菌球孢枝孢 *Cladosporium sphaerospermum* 2005-01-E3.【活性】抗病毒 (流感 A H1N1 病毒, IC_{50} = 276μmol/L).【文献】G. Wu,

et al. JNP, 2014, 77, 270.

596　Cladosin C minor　球孢枝孢新 C 次要成分*
【基本信息】$C_{13}H_{18}N_2O_3$.【类型】2,4-丁二酰亚胺生物碱.【来源】深海真菌球孢枝孢 *Cladosporium sphaerospermum* 2005-01-E3.【活性】抗病毒（流感 A H1N1 病毒，IC_{50} =276μmol/L）.【文献】G. Wu, et al. JNP, 2014, 77, 270.

597　Cladosin F　球孢枝孢新 F*
【基本信息】$C_{13}H_{20}N_2O_4$.【类型】2,4-丁二酰亚胺生物碱.【来源】深海真菌球孢枝孢 *Cladosporium sphaerospermum* 2005-01-E3.【活性】细胞毒（*in vitro*，低活性）.【文献】G. Yu, et al. J. Asian Nat. Prod. Res., 2014, 17, 1.

598　Cladosin G　球孢枝孢新 G*
【基本信息】$C_{14}H_{22}N_2O_4$.【类型】2,4-丁二酰亚胺生物碱.【来源】深海真菌球孢枝孢 *Cladosporium sphaerospermum* 2005-01-E3.【活性】细胞毒（*in vitro*，低活性）.【文献】G. Yu, et al. J. Asian Nat. Prod. Res., 2014, 17, 1.

599　Cylindramide　圆筒软海绵酰胺*
【基本信息】$C_{27}H_{34}N_2O_5$，蜡状物，$[\alpha]_D^{25}$ = +175° (c = 0.4, 甲醇).【类型】2,4-丁二酰亚胺生物碱.【来源】圆筒软海绵* *Halichondria cylindrata*（日本水域）.【活性】细胞毒.【文献】S. Kanazawa, et al. Tetrahedron Lett., 1993, 34, 1065.

600　Equisetin　伊快霉素
【基本信息】$C_{22}H_{31}NO_4$.【类型】2,4-丁二酰亚胺生物碱.【来源】海洋导出的真菌异形孢子镰孢霉 *Fusarium heterosporum*.【活性】抗-HIV（IC_{50} = 15μmol/L）.【文献】S. B. Singh, et al. Tetrahedron Lett., 1999, 40, 8775.

601　Geodin A　钵海绵啶 A*
【别名】17,29-Didehydro-cylindramide Mg salt (2:1); 17,29-二去氢-圆筒软海绵酰胺镁盐 (2:1)*.【基本信息】$C_{54}H_{62}MgN_4O_{10}$，无定形固体，mp 173℃（分解），$[\alpha]_D^{20}$ = +179° (c = 1.0, 二甲亚砜).【类型】2,4-丁二酰亚胺生物碱.【来源】钵海绵属 *Geodia* sp.（南澳大利亚）.【活性】杀线虫剂（LD_{99} = 1μg/mL）.【文献】R. J. Capon, et al. JNP, 1999. 62, 1256.

602 Magnesidin 镁菌素

【基本信息】$C_{32}H_{44}MgN_2O_8$，溶于甲醇，乙醚；难溶于水。【类型】2,4-丁二酰亚胺生物碱。【来源】海洋细菌弧菌属 *Vibrio zagogenes* ATCC29988（来自海洋泥浆样本）。【活性】抗菌（革兰氏阳性菌，特别是孢子携带者）。【文献】N. Imamura, et al. J. Antibiot., 1994, 47, 257.

603 Penicillenol A_1 青霉烯醇 A_1*

【基本信息】$C_{16}H_{27}NO_4$，黄色油状物，$[\alpha]_D^{25} = -864.5°$ ($c = 0.155$, 甲醇)。【类型】2,4-丁二酰亚胺生物碱。【来源】红树导出的真菌青霉属 *Penicillium* sp. GQ-7，来自红树桐花树 *Aegiceras corniculatum*（树皮，中国水域）。【活性】细胞毒 (HL60，中等活性)。【文献】Z. H. Lin, et al. CPB, 2008, 56, 217.

604 Penicillenol A_2 青霉烯醇 A_2*

【基本信息】$C_{16}H_{27}NO_4$，黄色油状物，$[\alpha]_D^{25} = +386.7°$ ($c = 0.13$, 甲醇)。【类型】2,4-丁二酰亚胺生物碱。【来源】红树导出的真菌青霉属 *Penicillium* sp. GQ-7，来自红树桐花树 *Aegiceras corniculatum*（树皮，中国水域）。【活性】细胞毒 (HL60，中等活性)。【文献】Z. H. Lin, et al. CPB, 2008, 56, 217.

605 Penicillenol B_1 青霉烯醇 B_1*

【基本信息】$C_{16}H_{25}NO_3$，黄色油状物，$[\alpha]_D^{25} = -7.8°$ ($c = 0.23$, 甲醇)。【类型】2,4-丁二酰亚胺生物碱。【来源】红树导出的真菌青霉属 *Penicillium* sp. GQ-7，来自红树桐花树 *Aegiceras corniculatum*（树皮，中国水域）。【活性】细胞毒 (HL60，中等活性)。【文献】Z. H. Lin, et al. CPB, 2008, 56, 217.

606 Penicillenol B_2 青霉烯醇 B_2*

【基本信息】$C_{16}H_{25}NO_3$，黄色油状物，$[\alpha]_D^{25} = -15.9°$ ($c = 0.13$, 甲醇)。【类型】2,4-丁二酰亚胺生物碱。【来源】红树导出的真菌青霉属 *Penicillium* sp. GQ-7，来自红树桐花树 *Aegiceras corniculatum*（树皮，中国水域）。【活性】细胞毒 (HL60，中等活性)。【文献】Z. H. Lin, et al. CPB, 2008, 56, 217.

607 Phomasetin 茎点霉色亭*

【基本信息】$C_{25}H_{35}NO_4$。【类型】2,4-丁二酰亚胺生物碱。【来源】海洋导出的真菌茎点霉属 *Phoma* sp.。【活性】抗 HIV ($IC_{50} = 10\mu mol/L$)。【文献】S. B. Singh, et al. Tetrahedron Lett., 1999, 40, 8775.

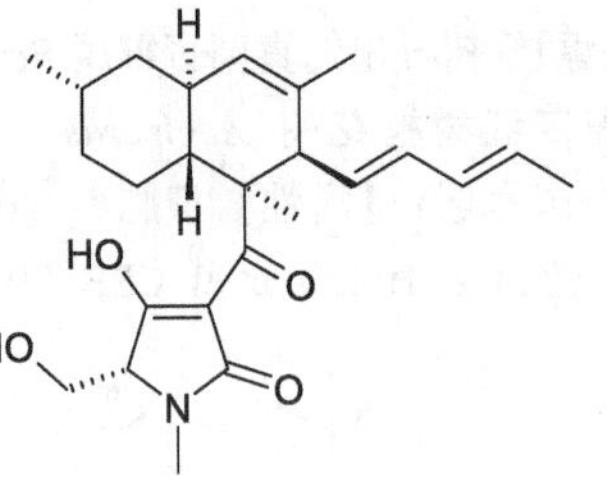

608　Rubroside A　红色糖苷 A*

【基本信息】$C_{42}H_{54}Cl_2N_2O_{16}$，无定形红色固体，$[\alpha]_D^{24} = -1824º$ ($c = 0.001$, 甲醇).【类型】2,4-丁二酰亚胺生物碱.【来源】岩屑海绵蒂壳海绵 Theonellidae 科 *Siliquariaspongia japonica*.【活性】诱导大岛细胞内空泡（大鼠 3Y1 成纤维细胞）；细胞毒（P_{388}，$IC_{50} = 0.046~0.21\mu g/mL$).【文献】N. U. Sata, et al. JOC, 1999, 64, 2331.

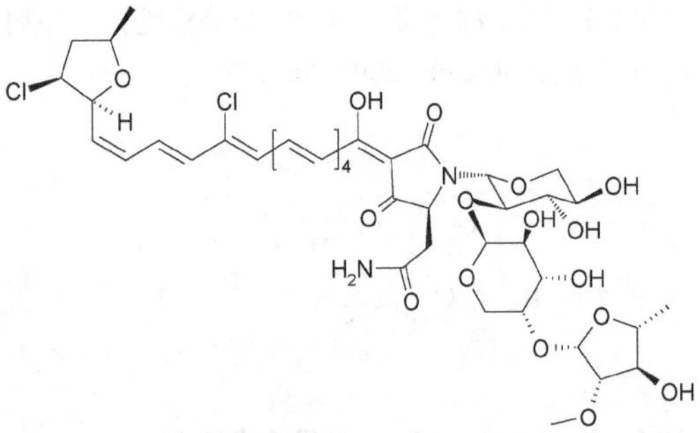

609　Rubroside B　红色糖苷 B*

【基本信息】$C_{43}H_{54}Cl_2N_2O_{16}$，无定形红色固体，$[\alpha]_D^{24} = -1460º$ ($c = 0.001$, 甲醇).【类型】2,4-丁二酰亚胺生物碱.【来源】岩屑海绵蒂壳海绵 Theonellidae 科 *Siliquariaspongia japonica*.【活性】诱导大岛细胞内空泡（大鼠 3Y1 成纤维细胞）；细胞毒（P_{388}，$IC_{50} = 0.046~0.21\mu g/mL$).【文献】N. U. Sata, et al. JOC, 1999, 64, 2331.

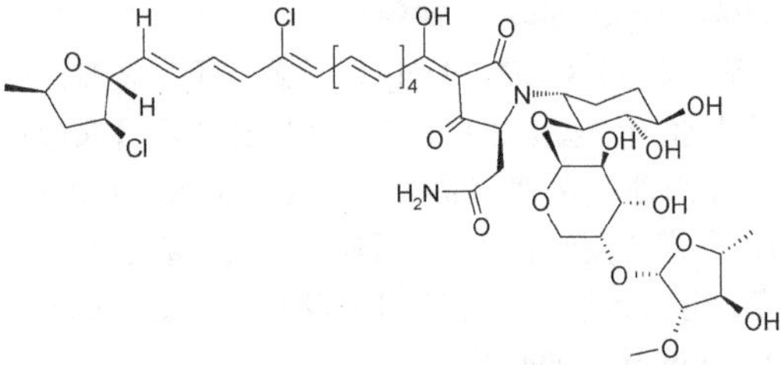

610　Rubroside C　红色糖苷 C*

【基本信息】$C_{42}H_{54}Cl_2N_2O_{16}$，无定形红色固体，$[\alpha]_D^{24} = -1088º$ ($c = 0.001$, 甲醇).【类型】2,4-丁二酰亚胺生物碱.【来源】岩屑海绵蒂壳海绵 Theonellidae 科 *Siliquariaspongia japonica*.【活性】诱导大岛细胞内空泡（大鼠 3Y1 成纤维细胞）；细胞毒（P_{388}，$IC_{50} = 0.046~0.21\mu g/mL$).【文献】N. U. Sata, et al. JOC, 1999, 64, 2331.

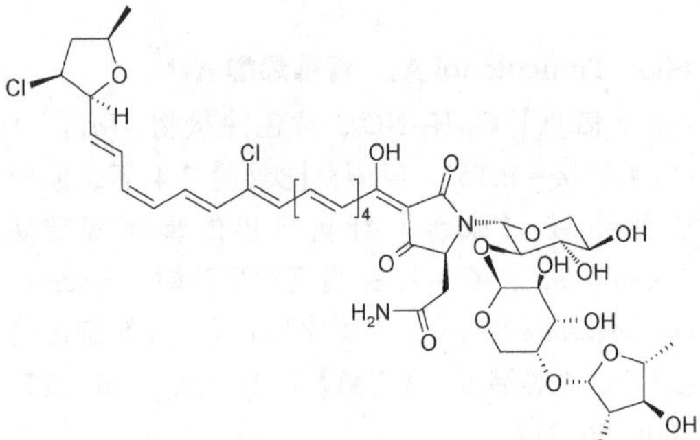

611　Rubroside D　红色糖苷 D*

【基本信息】$C_{44}H_{56}Cl_2N_2O_{16}$，无定形红色固体，$[\alpha]_D^{24} = -1024º$ ($c = 0.001$, 甲醇).【类型】2,4-丁二酰亚胺生物碱.【来源】岩屑海绵蒂壳海绵 Theonellidae 科 *Siliquariaspongia japonica*.【活性】诱导大岛细胞内空泡（大鼠 3Y1 成纤维细胞）；细胞毒（P_{388}，$IC_{50} = 0.046~0.21\mu g/mL$).【文献】N. U. Sata, et al. JOC, 1999, 64, 2331.

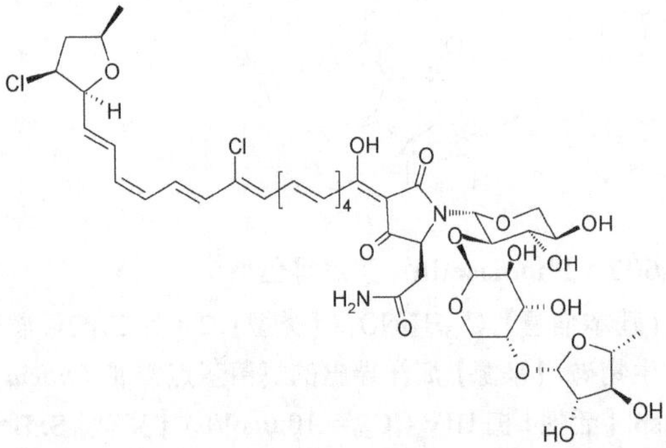

612　Rubroside E　红色糖苷 E*

【基本信息】$C_{41}H_{51}Cl_3N_2O_{16}$，无定形红色固体，$[\alpha]_D^{24} = -1424º$ ($c = 0.001$, 甲醇).【类型】2,4-丁二酰亚胺生物碱.【来源】岩屑海绵蒂壳海绵 Theonellidae 科 *Siliquariaspongia japonica*.【活性】诱导大岛细胞内空泡（大鼠 3Y1 成纤维细胞）.【文献】N. U. Sata, et al. JOC, 1999, 64, 2331.

613　Rubroside F　红色糖苷 F*
【基本信息】$C_{42}H_{53}Cl_3N_2O_{16}$，无定形红色固体，$[\alpha]_D^{24} = -490°$ ($c = 0.001$, 甲醇).【类型】2,4-丁二酰亚胺生物碱.【来源】岩屑海绵蒂壳海绵 Theonellidae 科 *Siliquariaspongia japonica*.【活性】诱导大岛细胞内空泡 (大鼠 3Y1 成纤维细胞).【文献】N. U. Sata, et al. JOC, 1999, 64, 2331.

614　Rubroside G　红色糖苷 G*
【基本信息】$C_{33}H_{38}Cl_2N_2O_9$，无定形红色固体，$[\alpha]_D^{24} = -1212°$ ($c = 0.001$, 甲醇).【类型】2,4-丁二酰亚胺生物碱.【来源】岩屑海绵蒂壳海绵 Theonellidae 科 *Siliquariaspongia japonica*.【活性】诱导大岛细胞内空泡 (大鼠 3Y1 成纤维细胞).【文献】N. U. Sata, et al. JOC, 1999, 64, 2331.

615　Rubroside H　红色糖苷 H*
【基本信息】$C_{31}H_{35}Cl_3N_2O_9$，无定形红色固体，$[\alpha]_D^{24} = -1308°$ ($c = 0.001$, 甲醇).【类型】2,4-丁二酰亚胺生物碱.【来源】岩屑海绵蒂壳海绵 Theonellidae 科 *Siliquariaspongia japonica*.【活性】诱导大岛细胞内空泡 (大鼠 3Y1 成纤维细胞).【文献】N. U. Sata, et al. JOC, 1999, 64, 2331.

616　Streptosetin A　链霉菌色亭 A*
【基本信息】$C_{19}H_{25}NO_5$.【类型】2,4-丁二酰亚胺生物碱.【来源】海洋导出的链霉菌属 *Streptomyces* sp. (沉积物, 旧金山湾, 旧金山, 美国).【活性】杀疟原虫的 (恶性疟原虫 *Plasmodium falciparum* K1, 有潜力的); 抗结核 (结核分枝杆菌 *Mycobacterium tuberculosis*).【文献】T. Amagata, et al. JNP, 2012, 75, 2193; K. Supong, et al. Phytochem. Lett., 2012, 5, 651.

617　Zopfiellamide A　柄孢壳酰胺 A*
【基本信息】$C_{25}H_{35}NO_6$，浅黄色晶体 (乙醇)，mp 225~230℃, $[\alpha]_D^{22} = +5.2°$ ($c = 1.1$, 氯仿).【类型】2,4-丁二酰亚胺生物碱.【来源】海洋导出的真菌柄孢壳属 *Zopfiella latipes* CBS 611.97 (发酵).【活性】抗菌 (革兰氏阳性菌: 节杆菌 *Arthrobacter citreus*, 短芽孢杆菌 *Bacillus brevis*, 枯草杆菌 *Bacillus subtilis*, 地衣芽孢杆菌 *Bacillus licheniformis*, 棒状杆菌属 *Corynebacterium insidiosum*, 藤黄色微球菌 *Micrococcus luteus*, 草分枝杆菌 *Mycobacterium phlei* 和链霉菌属 *Streptomyces* sp., 及革兰氏阴性菌: 乙酸钙不动杆菌 *Acinetobacter calcoaceticus*, MIC = 2~10μg/mL); 抗真菌 (针孢酵母属 *Nematospora coryli* 和酿酒酵母 *Saccharomyces cerevisiae*, MIC = 2.0μg/mL).【文献】M. Daferner, et al. Tetrahedron, 2002, 58, 7781; M. Saleem, et al. NPR, 2007, 24, 1142 (Rev.).

618 Zopfiellamide B 柄孢壳酰胺 B*
【基本信息】$C_{26}H_{37}NO_6$, 浅黄色油状物, $[\alpha]_D^{22}$ = –24º (c = 0.3, 氯仿).【类型】2,4-丁二酰亚胺生物碱.【来源】海洋导出的真菌柄孢壳属 *Zopfiella latipes* CBS 611.97 (发酵).【活性】抗真菌 (活性比柄孢壳酰胺 A 大约低 5 倍; 针孢酵母属 *Nematospora coryli* 和酿酒酵母 *Saccharomyces cerevisiae*, MIC = 2.0µg/mL).【文献】M. Daferner, et al. Tetrahedron, 2002, 58, 7781; M. Saleem, et al. NPR, 2007, 24, 1142-1152 (Rev.).

619 Andrimide 安得二酰亚胺*
【基本信息】$C_{27}H_{33}N_3O_5$, 无定形白色固体, mp 172~173.5℃.【类型】2,5-吡咯烷二酮.【来源】海洋细菌荧光假单胞菌 *Pseudomonas fluorescens*, 海洋细菌弧菌属 *Vibrio* sp. M22-1 (培养物), 来自格形海绵属 *Hyattella* sp. (匀浆).【活性】抗菌 [*in vitro*, MRSA, MIC = 4µg/mL; MRSA, MIC = 2µg/mL; 金黄色葡萄球菌 *Staphylococcus aureus* (耐苯唑西林), MIC = 8µg/mL; 金黄色葡萄球菌 *Staphylococcus aureus* (耐苯唑西林, 耐庆大霉素, 耐环丙沙星), MIC = 2µg/mL; VREF, MIC = 32µg/mL; 大肠杆菌 *Escherichia coli* (渗透率突变), MIC = 2µg/mL; MREC, MIC = 64µg/mL].【文献】A. Fredenhagen, et al. JACS, 1987, 109, 4409; J. Needham, et al. JOC, 1994, 59, 2058; J. M. Aclarit, et al. Microbios, 1994, 78, 7.

620 3-(2,3-Dibromo-4,5-dihydroxybenzyl) pyrrolidine-2,5-dione 3-(2,3-二溴-4,5-二羟苯基)吡咯烷-2,5-二酮
【基本信息】$C_{11}H_9Br_2NO_4$, 无色油状物.【类型】2,5-吡咯烷二酮.【来源】红藻疏松丝状体松节藻* *Rhodomela confervoides* (大连, 辽宁, 中国).【活性】抗氧化剂 [DPPH 自由基清除剂, IC_{50} = (5.22±0.04)µmol/L; 对照 BHT, IC_{50} = (82.10±0.20)µmol/L; 抗氧化剂 [ABTS•+ 自由基阳离子清除剂, TEAC = (2.87±0.10)mmol/L; 对照抗坏血酸, TEAC = (1.02±0.01)mmol/L].【文献】K. Li, et al. Food Chem., 2012, 135, 868.

621 Moiramide B 默伊尔酰胺 B*
【基本信息】$C_{25}H_{31}N_3O_5$, 白色无定形固体.【类型】2,5-吡咯烷二酮.【来源】海洋细菌荧光假单胞菌 *Pseudomonas fluorescens*, 来自未鉴定的海鞘.【活性】抗菌 [*in vitro*, MRSA, MIC = 2µg/mL; MRSA, MIC = 0.5µg/mL; 金黄色葡萄球菌 *Staphylococcus aureus* (耐苯唑西林), MIC = 1µg/mL; 金黄色葡萄球菌 *Staphylococcus aureus* (耐苯唑西林, 耐庆大霉素, 耐环丙沙星), MIC = 0.5µg/mL; VREF, MIC = 4µg/mL; 大肠杆菌 *Escherichia coli* (渗透率突变), MIC = 0.25µg/mL; MREC, MIC = 16µg/mL].【文献】J. Needham, et al. JOC, 1994, 59, 2058; D. J. Dixon, et al. Chem. Commun., 1996, 1797; S. G. Davies, et al. JCS Perken I, 1998, 2635.

622 Nitrosporeusine A 硝孢链霉菌新 A*
【基本信息】$C_{14}H_{13}NO_5S$.【类型】2,5-吡咯烷二酮.【来源】海洋导出的链霉菌硝孢链霉菌 *Streptomyces nitrosporeus* (沉积物, 北冰洋, 北极地区, 楚克其海).【活性】抗病毒 (抑制感染的 MDCK 细胞中 H1N1 病毒).【文献】A. Yang, et al. Org. Lett., 2013, 15, 5366.

623 Nitrosporeusine B 硝孢链霉菌新 B*
【基本信息】$C_{14}H_{13}NO_5S$.【类型】2,5-吡咯烷二酮.

【来源】海洋导出的链霉菌硝孢链霉菌 Streptomyces nitrosporeus (沉积物, 北冰洋, 北极地区, 楚克其海). 【活性】抗病毒 (抑制感染的 MDCK 细胞中 H1N1 病毒). 【文献】A. Yang, et al. Org. Lett., 2013, 15, 5366.

624 Bohemamine 波合母胺*
【基本信息】$C_{14}H_{18}N_2O_3$, 晶体 (二氯甲烷/乙醚), mp 199~200℃ (分解), $[\alpha]_D^{25} = 16°$ ($c = 2$, 甲醇). 【类型】吡咯里西定 (Pyrrolizidine) 生物碱. 【来源】海洋导出的链霉菌属 Streptomyces sp. CNQ-583. 【活性】细胞黏附抑制剂. 【文献】T. S. Bugni, et al. JNP, 2006, 69, 1626.

625 Chlorizidine A 氯日兹啶 A*
【基本信息】$C_{18}H_{10}Cl_4N_2O_3$. 【类型】吡咯里西定生物碱. 【来源】海洋导出的链霉菌属 Streptomyces sp. (沉积物, 圣克莱门特, 加利福尼亚, 美国). 【活性】细胞毒 (一组 HTCLs 细胞, 中等活性). 【文献】X. Alvarez–Mico, et al. Org. Lett., 2013, 15, 988.

626 Deepoxybohemamine 去环氧波合母胺*
【别名】Antibiotics NP 25302; 抗生素 NP 25302. 【基本信息】$C_{14}H_{20}N_2O_2$, 无定形固体 (氯仿), mp 229~230℃, $[\alpha] = 115.5°$ (氯仿). 【类型】吡咯里西定生物碱. 【来源】海洋导出的链霉菌属 Streptomyces sp. CNQ-583. 【活性】细胞黏附抑制剂. 【文献】T. S. Bugni, et al. JNP, 2006, 69, 1626.

627 (S)-p-Hydroxyphenopyrrozin (S)-p-羟基苯酚派若津*
【基本信息】$C_{13}H_{13}NO_3$, 无定形固体, $[\alpha]_D^{25} = +34°$ ($c = 0.34$, 甲醇). 【类型】吡咯里西定生物碱. 【来源】深海真菌 Chromocleista sp. R721 (发酵海水, 来自沉积物, 墨西哥湾). 【活性】抗真菌 (白色念珠菌 Candida albicans, MIC = 25μg/mL). 【文献】Y. C. Park, et al. JNP, 2006, 69, 580.

628 (R)-Phenopyrrozin (R)-苯酚派若津*
【基本信息】$C_{13}H_{13}NO_2$, 粉末, mp 147~152℃, $[\alpha] = -10.2°$ ($c = 0.6$, 甲醇). 【类型】吡咯里西定生物碱. 【来源】海洋导出的真菌 Chromocleista sp. R721. 【活性】抗氧化剂 (自由基清除剂). 【文献】Y. C. Park, et al. JNP, 2006, 69, 580.

629 Cyclizidine 环里西定
【别名】Antibiotics M 146791; 抗生素 M 146791. 【基本信息】$C_{17}H_{25}NO_3$, 针状晶体 (乙酸乙酯), 晶体 (乙醚), mp 184℃, mp 176~178℃, $[\alpha]_D^{23.5} = -46.3°$ ($c = 2$, 甲醇). 【类型】吲哚里西定生物碱. 【来源】红树导出的放线菌糖多孢菌属 Saccharopolyspora sp., 来自未鉴定的红树 (土壤, 石垣岛, 冲绳, 日本). 【活性】细胞毒 (人恶性胸膜间皮细胞瘤 (MPM) ACC-MESO-1 细胞); 免疫刺激作用. 【文献】M. Izumikawa, et al. J. Antibiot., 2012, 65, 41.

630　Antibiotics JBIR 102　抗生素 JBIR 102
【基本信息】$C_{22}H_{33}ClO_4$.【类型】吲哚里西定生物碱.【来源】红树导出的放线菌糖多孢菌属 *Saccharopolyspora* sp., 来自未鉴定的红树（土壤, 石垣岛, 冲绳, 日本）.【活性】细胞毒（人恶性胸膜间皮细胞瘤（MPM）ACC-MESO-1 细胞）.【文献】M. Izumikawa, et al. J. Antibiot., 2012, 65, 41.

631　Piclavine B　着色簇海鞘文 B*
【基本信息】$C_{18}H_{31}N$, 油状物, $[\alpha]_D$ =+33.5º (c = 1, 二氯甲烷).【类型】吲哚里西定生物碱.【来源】着色簇海鞘* *Clavelina picta*.【活性】抗微生物.【文献】M. F. Raub, et al. Tetrahedron Lett., 1992, 33, 2257.

632　Piclavine C　着色簇海鞘文 C*
【基本信息】$C_{18}H_{29}N$, 浅黄色油状物, $[\alpha]_D$ =+36º (c = 5, 二氯甲烷).【类型】吲哚里西定生物碱.【来源】着色簇海鞘* *Clavelina picta*.【活性】抗微生物.【文献】M. F. Raub, et al. Tetrahedron Lett., 1992, 33, 2257.

633　Stellettamide B　星芒海绵酰胺 B*
【基本信息】$C_{24}H_{41}N_2O^+$, 黄色树胶状物（氯化物）, $[\alpha]_D^{25}$ = −24.2º (c = 0.5, 氯仿).【类型】吲哚里西定生物碱.【来源】星芒海绵属 *Stelletta* sp.（朝鲜半岛水域）.【活性】抗真菌；劈开单链和双链 RNA.【文献】J. Shin, et al. JNP, 1997, 60, 611; N. Yamazaki, et al. Org. Lett., 2001, 3, 193.

634　Aspochalasin A　阿斯波松弛素 A*
【基本信息】$C_{24}H_{31}NO_4$, 亮黄色无定形粉末, $[\alpha]_D^{25}$ = −20º (c = 0.27, 氯仿).【类型】细胞松弛素类生物碱.【来源】海洋导出的真菌曲丽穗霉 *Spicaria elegans*（各种培养条件, 来自沉积物, 中国水域）.【活性】细胞毒（HL60, IC_{50} = 19.9μmol/L）；抗生素.【文献】Z. J. Lin, et al. EurJOC, 2009, 3045.

635　Aspochalasin D　阿斯波松弛素 D*
【基本信息】$C_{24}H_{35}NO_4$, 针状晶体（乙酸乙酯）, mp 148ºC（分解）, $[\alpha]_D^{25}$ = −81º (c = 1.43, 乙醇).【类型】细胞松弛素类生物碱.【来源】海洋导出的真菌曲霉菌属 *Aspergillus elegans*, 来自肉芝软珊瑚属 *Sarcophyton* sp.（涠州珊瑚礁, 广西, 中国）, 海洋导出的真菌曲丽穗霉 *Spicaria elegans*, 陆地真菌黄柄曲霉* *Aspergillus flavipes* 和曲霉属 *Aspergillus microcysticus*.【活性】抗污剂（抑制纹藤壶 *Balanus amphitrite* 幼虫定居, 高活性）；细胞毒（具选择性）.【文献】W. Keller-Schierlein, et al. Helv. Chim. Acta, 1979, 62, 1501; T. Tomikawa, et al. J. Antibiot., 2001, 54, 379; Z. Lin, et al. EurJOC, 2009, 3045; C.-J. Zheng, et al. Mar. Drugs, 2013, 11, 2054.

636　Aspochalasin H　阿斯波松弛素 H*
【基本信息】$C_{24}H_{35}NO_5$, 粉末, $[\alpha]_D^{25} = -107.7°$ (c = 0.52, 氯仿). 【类型】细胞松弛素类生物碱. 【来源】海洋导出的真菌曲霉菌属 *Aspergillus elegans*, 来自肉芝软珊瑚属 *Sarcophyton* sp. (涠州珊瑚礁, 广西, 中国), 陆地真菌曲霉菌属 *Aspergillus* sp. AJ117509. 【活性】抗污剂 (抑制纹藤壶 *Balanus amphitrite* 幼虫定居, 高活性). 【文献】T. Tomikawa, et al. J. Antibiot., 2001, 54, 379; 2002, 55, 666; C.-J. Zheng, et al. Mar. Drugs, 2013, 11, 2054.

637　Aspochalasin I　阿斯波松弛素 I*
【基本信息】$C_{24}H_{35}NO_5$, 固体, mp 136~138°C, $[\alpha]_D^{27} = -166.6°$ (c = 0.2, 氯仿). 【类型】细胞松弛素类生物碱. 【来源】海洋导出的真菌曲霉菌属 *Aspergillus elegans*, 来自肉芝软珊瑚属 *Sarcophyton* sp. (涠州珊瑚礁, 广西, 中国), 陆地真菌黄柄曲霉* *Aspergillus flavipes*. 【活性】抗污剂 (抑制纹藤壶 *Balanus amphitrite* 幼虫定居, 高活性); 黑素原生成抑制剂. 【文献】G.-X. Zhou, et al. JNP, 2004, 67, 328; S. J. Choo, et al. J. Microbiol. Biotechnol., 2009, 19, 368; C.-J. Zheng, et al. Mar. Drugs, 2013, 11, 2054.

638　Aspochalasin J　阿斯波松弛素 J*
【基本信息】$C_{24}H_{35}NO_4$, 固体. 【类型】细胞松弛素类生物碱. 【来源】海洋导出的真菌曲霉菌属 *Aspergillus elegans*, 来自肉芝软珊瑚属 *Sarcophyton* sp. (涠州珊瑚礁, 广西, 中国), 陆地真菌黄柄曲霉* *Aspergillus flavipes*. 【活性】抗污剂 (抑制纹藤壶 *Balanus amphitrite* 幼虫定居, 高活性). 【文献】G.-X. Zhou, et al. JNP, 2004, 67, 328; S. J. Choo, et al. J. Microbiol. Biotechnol., 2009, 19, 368; C.-J. Zheng, et al. Mar. Drugs, 2013, 11, 2054.

639　Chaetoglobosin A　毛壳新 A*
【别名】球毛壳菌素. 【基本信息】$C_{32}H_{36}N_2O_5$, 浅黄色棱柱状晶体 (二氯甲烷), mp 188°C, mp 168~170°C, $[\alpha]_D = -270°$ (甲醇). 【类型】细胞松弛素类生物碱. 【来源】海洋导出的真菌毛壳属 *Chaetomium* sp. [暗礁, 雅浦岛 (旧称瓜浦), 密克罗尼西亚联邦]. 【活性】抗真菌; 抑制微管组装. 【文献】H. Kobayashi, et al. J. Antibiotics, 1996, 49, 873.

640　Cytochalasin B$_2$　细胞松弛素 B$_2$

【基本信息】C$_{29}$H$_{37}$NO$_5$.【类型】细胞松弛素类生物碱.【来源】海洋导出的真菌茎点霉属 *Phoma* sp., 来自钵水母纲根口目根口水母科水母属 *Nemopilema nomurai* (韩国南部海岸).【活性】细胞毒 (几种 HTCLs 细胞).【文献】E. L. Kim, et al. BoMCL, 2012, 22, 3126; 5752.

641　Cytochalasin E　细胞松弛素 E

【基本信息】C$_{28}$H$_{33}$NO$_7$, mp 206~208℃ (分解), $[\alpha]_D^{25}$ = −25.6º (甲醇).【类型】细胞松弛素类生物碱.【来源】海洋导出的真菌曲丽穗霉 *Spicaria elegans*, 陆地真菌 *Rosellinia necatrix* 和陆地真菌曲霉属* *Aspergillus clavatus*.【活性】细胞毒 (MTT 试验: P$_{388}$, IC$_{50}$ = 0.093µmol/L; A549, IC$_{50}$ = 0.0062µmol/L); 成纤维细胞抑制剂, 脂滴形成抑制剂; 胆甾醇酯合成抑制剂.【文献】R. Liu, et al. JNP, 2006, 69, 871.

642　Cytochalasin K　细胞松弛素 K

【基本信息】C$_{28}$H$_{33}$NO$_7$, 晶体 (己烷/丙酮), mp 246~248℃.【类型】细胞松弛素类生物碱.【来源】海洋导出的真菌曲丽穗霉 *Spicaria elegans* (来自沉积物, 中国水域).【活性】细胞毒 (MTT 试验: P$_{388}$, IC$_{50}$ = 89µmol/L; A549, IC$_{50}$ = 8.4µmol/L); 真菌毒素; 抗生素.【文献】P. S. Steyn, et al. JCS Perkin Trans. I, 1982, 541; R. Liu, et al. JNP, 2006, 69, 871.

643　Cytochalasin Q　细胞松弛素 Q

【基本信息】C$_{30}$H$_{37}$NO$_6$, 细丝绸状针晶 (+1 分子丙酮) (丙酮/石油醚), mp 145~147℃, $[\alpha]_D^{23}$ = −94.5º (c = 1.0, 氯仿) (溶剂化物).【类型】细胞松弛素类生物碱.【来源】海洋导出的真菌炭角菌科 *Halorosellinia oceanica* BCC5149 (泰国).【活性】细胞毒 (KB, IC$_{50}$ = 3µg/mL; BC-1, IC$_{50}$ = 1µg/mL); 抗疟疾 (恶性疟原虫 *Plasmodium falciparum*, IC$_{50}$ = 17µg/mL).【文献】M. Chinworrungsee, et al. BoMCL, 2001, 11, 1965.

644　Cytochalasin Z$_7$　细胞松弛素 Z$_7$

【基本信息】C$_{28}$H$_{35}$NO$_5$, 针状晶体 (甲醇), mp 194~196℃, $[\alpha]_D^{25}$ = +58.3º (c = 0.08, 甲醇).【类型】细胞松弛素类生物碱.【来源】海洋导出的真菌曲丽穗霉 *Spicaria elegans* (来自沉积物, 中国水域).【活性】细胞毒 (MTT 试验: P$_{388}$, IC$_{50}$ = 75µmol/L; A549, IC$_{50}$ = 8.8µmol/L).【文献】R. Liu, et al. JNP, 2006, 69, 871.

645 Cytochalasin Z$_8$ 细胞松弛素 Z$_8$
【基本信息】$C_{28}H_{35}NO_5$, 针状晶体（甲醇），mp 215~217℃，$[α]_D^{25}$ = +68.2º (c = 0.08, 甲醇).【类型】细胞松弛素类生物碱.【来源】海洋导出的真菌曲丽穗霉 *Spicaria elegans*.【活性】细胞毒 (MTT 试验: P$_{388}$, IC$_{50}$ = 56μmol/L; A549, IC$_{50}$ = 21μmol/L).【文献】R. Liu, et al. JNP, 2006, 69, 871.

646 Cytochalasin Z$_9$ 细胞松弛素 Z$_9$
【基本信息】$C_{28}H_{35}NO_5$, 针状晶体（甲醇），mp 252~254℃，$[α]_D^{25}$ = +70.4º (c = 0.1, 甲醇).【类型】细胞松弛素类生物碱.【来源】海洋导出的真菌曲丽穗霉 *Spicaria elegans*.【活性】细胞毒 (MTT 试验: P$_{388}$, IC$_{50}$ = 99μmol/L; A549, IC$_{50}$ = 8.7μmol/L).【文献】R. Liu, et al. JNP, 2006, 69, 871.

647 Cytochalasin Z$_{11}$ 细胞松弛素 Z$_{11}$
【基本信息】$C_{25}H_{33}NO_5$, 无定形固体，$[α]_D^{25}$ = +114.8º (c = 0.08, 甲醇).【类型】细胞松弛素类生物碱.【来源】海洋导出的真菌曲丽穗霉 *Spicaria elegans* (来自沉积物，中国水域).【活性】细胞毒 (A549, 中等活性).【文献】R. Liu, et al. JNP , 2008, 71, 1127.

648 Cytochalasin Z$_{12}$ 细胞松弛素 Z$_{12}$
【基本信息】$C_{25}H_{35}NO_5$, 无定形黄色粉末，$[α]_D^{25}$ = +43.2º (c = 0.08, 甲醇).【类型】细胞松弛素类生物碱.【来源】海洋导出的真菌曲丽穗霉 *Spicaria elegans* (来自沉积物，中国水域).【活性】细胞毒 (A549, 中等活性).【文献】R. Liu, et al. JNP , 2008, 71, 1127.

649 Cytochalasin Z$_{16}$ 细胞松弛素 Z$_{16}$
【基本信息】$C_{28}H_{33}NO_5$, 粉末（甲醇），$[α]_D^{25}$ = +36.2º (c = 0.1, 甲醇).【类型】细胞松弛素类生物碱.【来源】红树导出的真菌黄柄曲霉* *Aspergillus flavipes*, 来自红树老鼠簕 *Acanthus ilicifolius* (中国水域).【活性】细胞毒 (A549, IC$_{50}$ = 19.5μmol/L, 对照 VP-16, IC$_{50}$ = 1.03μmol/L).【文献】Z.-J. Lin, et al. Helv. Chim. Acta, 2009, 92, 1538.

650 Cytochalasin Z_{17} 细胞松弛素 Z_{17}

【基本信息】$C_{28}H_{33}NO_5$，粉末（甲醇），$[\alpha]_D^{25}$ = +40.8º (c = 0.1，甲醇).【类型】细胞松弛素类生物碱.【来源】红树导出的真菌黄柄曲霉* Aspergillus flavipes，来自红树老鼠簕 Acanthus ilicifolius（中国水域）.【活性】细胞毒（A549, IC_{50} = 5.6μmol/L，对照 VP-16, IC_{50} = 1.03μmol/L）.【文献】Z.-J. Lin, et al. Helv. Chim. Acta, 2009, 92, 1538.

651 Cytochalasin Z_{18} 细胞松弛素 Z_{18}

【基本信息】$C_{31}H_{43}NO_9$，油状物，$[\alpha]_D^{25}$ = +18.8º (c = 0.1，甲醇).【类型】细胞松弛素类生物碱.【来源】红树导出的真菌黄柄曲霉* Aspergillus flavipes，来自红树老鼠簕 Acanthus ilicifolius（中国水域）.【活性】细胞毒（各种癌细胞，中等活性）.【文献】Z. J. Lin, et al. Helv. Chim. Acta, 2009, 92, 1538.

652 Cytochalasin Z_{19} 细胞松弛素 Z_{19}

【基本信息】$C_{29}H_{37}NO_8$，油状物，$[\alpha]_D^{25}$ = +28.1º (c = 0.1，甲醇).【类型】细胞松弛素类生物碱.【来源】红树导出的真菌黄柄曲霉* Aspergillus flavipes，来自红树老鼠簕 Acanthus ilicifolius.【活性】细胞毒（A549, IC_{50} = 17.4μmol/L，对照 VP-16, IC_{50} = 1.03μmol/L）.【文献】Z.-J. Lin, et al. Helv. Chim. Acta, 2009, 92, 1538.

653 Cytoglobosin C 细胞毛壳新 C*

【基本信息】$C_{32}H_{38}N_2O_5$，无色无定形粉末（二甲亚砜），$[\alpha]_D^{25}$ = +36º (c = 0.02，甲醇).【类型】细胞松弛素类生物碱.【来源】海洋导出的真菌毛壳属 Chaetomium globosum QEN-14，来自绿藻孔石莼 Ulva pertusa（青岛海岸，山东，中国）.【活性】细胞毒（A549, IC_{50} = 2.26μmol/L）.【文献】C.-M. Cui, et al. JNP, 2010, 73, 729.

654 Cytoglobosin D 细胞毛壳新 D*

【基本信息】$C_{32}H_{38}N_2O_4$，无色无定形粉末（二甲亚砜），$[\alpha]_D^{25}$ = −34º (c = 0.04，甲醇).【类型】细胞松弛素类生物碱.【来源】海洋导出的真菌毛壳属 Chaetomium globosum QEN-14，来自绿藻孔石莼 Ulva pertusa（青岛海岸，山东，中国）.【活性】细胞毒（A549, IC_{50} = 2.55μmol/L）.【文献】C.-M. Cui, et al. JNP, 2010, 73, 729.

655 Deoxaphomin C 去氧茎点霉素*

【基本信息】$C_{29}H_{37}NO_3$.【类型】细胞松弛素类生

物碱.【来源】海洋导出的真菌茎点霉属 Phoma sp., 来自钵水母纲根口目根口水母科水母属 Nemopilema nomurai (韩国南部海岸).【活性】细胞毒 (几种 HTCLs 细胞).【文献】E. L. Kim, et al. BoMCL, 2012, 22, 3126; 5752.

656 18-Deoxycytochalasin Q 18-去氧细胞松弛素 Q

【基本信息】$C_{30}H_{37}NO_5$, 白色针状晶体, $[\alpha]_D^{25}$ = –69º (c = 0.72, 氯仿).【类型】细胞松弛素类生物碱.【来源】海洋导出的真菌炭角菌属 Xylaria sp. (沉积物, 南海).【活性】细胞毒 (MCF7, SF268 和 NCI-H460, 所有的 IC_{50} > 100μmol/L).【文献】Z. Chen, et al. Helv. Chim. Acta, 2011, 94, 1671.

657 7-Deoxycytochalasin Z₇ 7-去氧细胞松弛素 Z_7

【基本信息】$C_{28}H_{35}NO_4$, 粉末, $[\alpha]_D^{25}$ = +94.8º (c = 0.1, 甲醇).【类型】细胞松弛素类生物碱.【来源】海洋导出的真菌曲丽穗霉 Spicaria elegans (经细胞色素 P-450 抑制剂甲基双吡啶丙酮处理, 来自沉积物, 中国水域).【活性】细胞毒 (MTT 试验, A549, IC_{50} = 15.0μmol/L).【文献】Z. J. Lin, et al. Can. J. Chem., 2009, 87, 486.

658 21-Odeacetylcytochalasin Q 21-欧得乙酰基细胞松弛素 Q*

【基本信息】$C_{28}H_{35}NO_5$, 白色针状晶体, $[\alpha]_D^{25}$ = –66º (c = 0.10, 氯仿).【类型】细胞松弛素类生物碱.【来源】海洋导出的真菌炭角菌属 Xylaria sp. (沉积物, 南海).【活性】细胞毒 (MCF7, IC_{50} > 100μmol/L, 对照顺铂, IC_{50} = 2.9μmol/L; SF268, IC_{50} = 44.3μmol/L, 顺铂, IC_{50} = 5.3μmol/L; NCI-H460, IC_{50} = 96.4μmol/L, 顺铂, IC_{50} = 0.55μmol/L).【文献】Z. Chen, et al. Helv. Chim. Acta, 2011, 94, 1671.

659 Penochalasin A 青霉松弛素 A*

【基本信息】$C_{32}H_{35}N_3O_3$, 针状晶体 (丙酮), mp 222~224ºC, $[\alpha]_D$ = –10º (c = 0.2, 氯仿).【类型】细胞松弛素类生物碱.【来源】海洋导出的真菌青霉属 Penicillium sp., 来自绿藻肠浒苔 Enteromorpha intestinalis.【活性】细胞毒 (P_{388}, ED_{50} = 0.4μg/mL).【文献】A. Numata, et al. JCS Perkin Trans. Ⅰ, 1996, 239; C. Iwamoto, et al. Tetrahedron, 1999, 55, 14353.

660 Penochalasin B 青霉松弛素 B*

【基本信息】$C_{32}H_{35}N_3O_3$, 粉末, mp 177~179ºC, $[\alpha]_D$ = –6.2º (c = 0.2, 氯仿).【类型】细胞松弛素类生物碱.【来源】海洋导出的真菌青霉属 Penicillium sp. OUPS-79.【活性】细胞毒 (P_{388}, ED_{50} = 0.3μg/mL).【文献】A. Numata, et al. JCS Perkin Trans. Ⅰ, 1996, 239.

661 Penochalasin C 青霉松弛素 C*

【基本信息】$C_{32}H_{35}N_3O_3$, 粉末, mp 173~178°C, $[\alpha]_D = -6.2°$ ($c = 0.1$, 氯仿). 【类型】细胞松弛素类生物碱. 【来源】海洋导出的真菌青霉属 *Penicillium* sp. OUPS-79. 【活性】细胞毒 (P_{388}, $ED_{50} = 0.5\mu g/mL$). 【文献】A. Numata, et al. JCS Perkin Trans. Ⅰ, 1996, 239.

662 Penochalasin D 青霉松弛素 D*

【基本信息】$C_{32}H_{37}N_3O_3$, 无色油状物, $[\alpha]_D = +10.8°$ ($c = 0.19$, 氯仿). 【类型】细胞松弛素类生物碱. 【来源】海洋导出的真菌青霉属 *Penicillium* sp., 来自绿藻肠浒苔 *Enteromorpha intestinalis*. 【活性】细胞毒 (P_{388}, $ED_{50} = 3.2\mu g/mL$); 人免疫缺损病毒 1 (HIV-1) 蛋白酶抑制剂; 免疫抑制剂. 【文献】C. Iwamoto, et al. Tetrahedron, 2001, 57, 2997.

663 Penochalasin E 青霉松弛素 E*

【基本信息】$C_{32}H_{38}N_2O_5$, 无色油状物, $[\alpha]_D = -73.0°$ ($c = 0.14$, 氯仿). 【类型】细胞松弛素类生物碱. 【来源】海洋导出的真菌青霉属 *Penicillium* sp., 来自绿藻肠浒苔 *Enteromorpha intestinalis*. 【活性】细胞毒 (P_{388}, $ED_{50} = 2.1\mu g/mL$); 人免疫缺损病毒 1 (HIV-1) 蛋白酶抑制剂; 免疫抑制剂. 【文献】C. Iwamoto, et al. Tetrahedron, 2001, 57, 2997.

664 Penochalasin F 青霉松弛素 F*

【基本信息】$C_{32}H_{38}N_2O_5$, 无色油状物, $[\alpha]_D = -80.0°$ ($c = 0.13$, 氯仿). 【类型】细胞松弛素类生物碱. 【来源】海洋导出的真菌青霉属 *Penicillium* sp., 来自绿藻肠浒苔 *Enteromorpha intestinalis*. 【活性】细胞毒 (P_{388}, $ED_{50} = 1.8\mu g/mL$); 人免疫缺损病毒 1 (HIV-1) 蛋白酶抑制剂; 免疫抑制剂. 【文献】C. Iwamoto, et al. Tetrahedron, 2001, 57, 2997.

665 Penochalasin G 青霉松弛素 G*

【基本信息】$C_{32}H_{38}N_2O_4$, 无色粉末, mp 124~126°C, $[\alpha]_D = -143.6°$ ($c = 0.19$, 氯仿). 【类型】细胞松弛素类生物碱. 【来源】海洋导出的真菌青霉属 *Penicillium* sp., 来自绿藻肠浒苔 *Enteromorpha intestinalis*. 【活性】细胞毒 (P_{388}, $ED_{50} = 1.9\mu g/mL$); 人免疫缺损病毒 1 (HIV-1) 蛋白酶抑制剂; 免疫抑制剂. 【文献】C. Iwamoto, et al. Tetrahedron, 2001, 57, 2997.

(c = 0.1, 氯仿).【类型】细胞松弛素类生物碱.【来源】海洋导出的真菌炭角菌属 Xylaria sp. PSU-F100, 来自柳珊瑚海扇 Annella sp. (斯米兰群岛, 泰国).【活性】抗菌 (金黄色葡萄球菌 Staphylococcus aureus 和 MRSA, 温和活性).【文献】V. Rukachaisirikul, et al. CPB, 2009, 57, 1409.

666 Penochalasin H 青霉松弛素 H*
【基本信息】$C_{32}H_{38}N_2O_5$, 无色粉末, mp 180~182°C, $[\alpha]_D$ = –72.7° (c = 0.18, 氯仿).【类型】细胞松弛素类生物碱.【来源】海洋导出的真菌青霉属 Penicillium sp., 来自绿藻肠浒苔 Enteromorpha intestinalis.【活性】细胞毒 (P_{388}, ED_{50} = 2.8μg/mL); 人免疫缺损病毒 1 (HIV-1) 蛋白酶抑制剂; 免疫抑制剂.【文献】C. Iwamoto, et al. Tetrahedron, 2001, 57, 2997.

667 Rosellichalasin 真菌松弛素*
【基本信息】$C_{28}H_{33}NO_5$.【类型】细胞松弛素类生物碱.【来源】红树导出的真菌黄柄曲霉* Aspergillus flavipes, 来自红树老鼠簕 Acanthus ilicifolius.【活性】细胞毒 (A549, IC_{50} = 5.6μmol/L, 对照 VP-16, IC_{50} = 1.03μmol/L).【文献】Z.-J. Lin, et al. Helv. Chim. Acta, 2009, 92, 1538; Y. Kimura, et al. Agric. Biol. Chem., 1989, 53, 1699.

668 Xylarisin 炭角菌新*
【别名】Xylarisin A; 炭角菌新 A*.【基本信息】$C_{22}H_{33}NO_5$, 晶体, mp 210~212°C, $[\alpha]_D^{24}$ = –88.7°

3.3 吲哚类生物碱

669 N-{1-[4-(Acetylamino)phenyl]-3-hydroxy-1-(1H-indol-3-yl)propan-2-yl}-2,2-dichloroacetamide N-{1-[4-(乙酰氨基)苯基]-3-羟基-1-(1H-炭角菌新-3-基)丙-2-基}-2,2-二氯乙酰胺*
【基本信息】$C_{21}H_{21}Cl_2N_3O_3$.【类型】吲哚类生物碱.【来源】深海沉积物宏基因组克隆导出的大肠杆菌 Escherichia coli (发酵培养基).【活性】镇痛.【文献】L. Chen, et al. J. Asian. Nat. Prod. Res., 2011, 13, 444.

670 6-Bromo-4,5-dihydroxyindole 6-溴-4,5-二羟基吲哚
【基本信息】$C_8H_6BrNO_2$, 无定形固体.【类型】吲哚类生物碱.【来源】软体动物前鳃 Drupella fragum (中肠腺, 日本水域).【活性】抗氧化剂 (POV 过氧化物值的方法, POV 样品/POV 对照 = 0.194meq/kg; 对照 α-生育酚, POV 样品/POV 对照 = 0.062meq/kg; 对照丁羟甲苯 (BHT), POV 样品/POV 对照 = 0.031meq/kg).【文献】M. Ochi, et al. JNP, 1998, 61, 1043.

671 6-Bromo-4,7-dihydroxyindole 6-溴-4,7-二羟基吲哚

【基本信息】$C_8H_6BrNO_2$, 无定形固体.【类型】吲哚类生物碱.【来源】软体动物前鳃 *Drupella fragum*（中肠腺, 日本水域）.【活性】抗氧化剂 (POV 过氧化物值的方法, POV 样品/POV 对照 = 0.106meq/kg; 对照 α-生育酚, POV 样品/POV 对照 = 0.062meq/kg; 对照丁羟甲苯 (BHT), POV 样品/POV 对照 = 0.031meq/kg).【文献】M. Ochi, et al. JNP, 1998, 61, 1043.

672 6-Bromo-5-hydroxy-1H-indole 6-溴-5-羟基-1H-吲哚

【基本信息】C_8H_6BrNO, 无定形固体.【类型】吲哚类生物碱.【来源】软体动物前鳃 *Drupella fragum*（中肠腺, 日本水域）.【活性】抗氧化剂 (POV 过氧化物值的方法, POV 样品/POV 对照 = 0.036meq/kg; 对照 α-生育酚, POV 样品/POV 对照 = 0.062meq/kg; 对照丁羟甲苯 (BHT), POV 样品/POV 对照 = 0.031meq/kg).【文献】M. Ochi, et al. JNP, 1998, 61, 1043.

673 6-Bromoindole-3-carbaldehyde 6-溴吲哚-3-甲醛

【基本信息】C_9H_6BrNO, 固体（甲醇）, mp 203~204℃.【类型】吲哚类生物碱.【来源】似皮海绵属 *Pseudosuberites hyalinus* 和 Spongiidae 科海绵 *Rhopaloeides odorabile*.【活性】PLA_2 抑制剂 [蜂毒 PLA_2, IC_{50} = (1.27±0.06)mmol/L]; 抗菌; 抗污剂; 植物生长调节剂; 杀藻剂.【文献】A. Longeon, et al. Mar. Drugs, 2011, 9, 879; T. Rasmussen, et al. JNP, 1993, 56, 1553; G. Olguin-Uribe, et al. J. Chem. Ecol., 1997, 23, 2507.

674 6-Bromo-1H-indole-3-carboxylic acid methyl ester 6-溴-1H-吲哚-3-羧酸甲酯

【基本信息】$C_{10}H_8BrNO_2$, 黄色固体.【类型】吲哚类生物碱.【来源】海绵 *Thorectandra* sp. (NCI 发展治疗学程序) 和胄甲海绵亚科 Thorectinae 海绵 *Smenospongia* sp.（加利福尼亚大学, 圣克鲁兹, 加利福尼亚, 美国）.【活性】抗菌 (表皮葡萄球菌 *Staphylococcus epidermidis*, 低活性).【文献】N. L. Segraves, et al. JNP, 2005, 68, 1484.

675 3-Chloro-1H-indole 3-氯-1H-吲哚

【基本信息】C_8H_6ClN, mp 95.5~96℃.【类型】吲哚类生物碱.【来源】半索动物黄柱头虫变种 *Ptychodera flava laysanica*.【活性】海洋半索动物 *Ptychodera flava laysanica* 主要的香味组分.【文献】T. Higa, et al. Naturwissenschaften, 1975, 62, 395.

676 Convalutamydine A 旋花愚苔虫麦啶 A*

【基本信息】$C_{11}H_9Br_2NO_3$, 无定形固体（甲醇）, mp 190~195℃, $[α]_D^{26}$ = +27.4° (c = 0.06, 甲醇).【类型】吲哚类生物碱.【来源】苔藓动物旋花愚苔虫 *Amathia convoluta*（墨西哥湾, 佛罗里达海岸, 佛罗里达, 美国）.【活性】细胞毒 (HL60 细胞分化; 诱导分化特性的变化, 例如阻止生长, 对培养盘的黏着性, 乳胶颗粒的吞噬作用, 0.1~25μg/mL).【文献】Y. Kamano, et al. Tetrahedron Lett., 1995, 36. 2783; H. Zhang, et al. Tetrahedron, 1995, 51, 5523; G. K. Jnaneshwara, et al. J. Chem. Res. (S), 1999, 632; G. K. Jnaneshwara, et al. Synth.

Comm., 1999, 29, 3627.

677 Convolutamydine B 旋花愚苔虫麦啶 B*
【基本信息】$C_{10}H_8Br_2ClNO_2$, 无定形固体 (丙酮), mp 225~227°C, $[\alpha]_D^{25}$ = +18.1° (c = 0.04, 甲醇).【类型】吲哚类生物碱.【来源】苔藓动物旋花愚苔虫 Amathia convoluta (墨西哥湾, 佛罗里达海岸, 佛罗里达, 美国).【活性】细胞毒 (HL60, 细胞分化诱导剂).【文献】Y. Kamano, et al. Tetrahedron Lett., 1995, 36, 2783; H. Zhang, et al. Tetrahedron, 1995, 51, 5523.

678 Convolutamydine C 旋花愚苔虫麦啶 C*
【基本信息】$C_9H_7Br_2NO_2$, 无定形固体 (丙酮), mp 175~180°C, $[\alpha]_D^{25}$ = +32.4° (c = 0.03, 甲醇).【类型】吲哚类生物碱.【来源】苔藓动物旋花愚苔虫 Amathia convoluta (墨西哥湾, 佛罗里达海岸, 佛罗里达, 美国).【活性】细胞毒 (HL60, 细胞分化诱导剂).【文献】Y. Kamano, et al. Tetrahedron Lett., 1995, 36, 2783; H. Zhang, et al. Tetrahedron, 1995, 51, 5523.

679 Convolutamydine D 旋花愚苔虫麦啶 D*
【基本信息】$C_{10}H_7Br_2NO_2$, 无定形固体, $[\alpha]_D^{26}$ = +14.0° (c = 0.04, 甲醇).【类型】吲哚类生物碱.【来源】苔藓动物旋花愚苔虫 Amathia convoluta (墨西哥湾, 佛罗里达海岸, 佛罗里达, 美国).【活性】细胞毒 (对 HL60 细胞分化有有潜力的).【文献】Y. Kamano, et al. Tetrahedron Lett., 1995, 36, 2783; H. Zhang, et al. Tetrahedron, 1995, 51, 5523.

680 3,6-Dibromo-1H-indole 3,6-二溴-1H-吲哚
【基本信息】$C_8H_5Br_2N$, 油状物.【类型】吲哚类生物碱.【来源】半索动物黄柱头虫 Ptychodera flava 和尾索动物舌形虫属 Glossobalanus sp., 脊索动物门背囊亚门海鞘纲 Holozoidae 科海鞘 Distaplia regina (帕劳, 大洋洲).【活性】抗菌.【文献】A. Qureshi, et al. Nat Prod. Lett., 1999, 13. 59; T. Higa, et al. Comp. Biochem. PhysioL, B, 1980, 65, 525.

681 Granulatamide A 柳珊瑚酰胺 A*
【基本信息】$C_{23}H_{34}N_2O$.【类型】吲哚类生物碱.【来源】柳珊瑚科柳珊瑚 Eunicella granulata.【活性】细胞毒 (DU145, LNCaP, SK-OV-3, IGROV, IGROV-ET, SKBR3, SK-MEL-28, HMEC1, A549, K562, PANC1, HT29, LoVo, LoVo-阿霉素, HeLa 和 HeLa-APL 细胞, GI_{50} =1.7~13.8μmol/L).【文献】F. Reyes, et al. JNP, 2006, 69, 668.

682 Granulatamide B 柳珊瑚酰胺 B*
【基本信息】$C_{24}H_{34}N_2O$.【类型】吲哚类生物碱.【来源】柳珊瑚科柳珊瑚 Eunicella granulata.【活性】细胞毒 (DU145, LNCaP, SK-OV-3, IGROV, IGROV-ET, SKBR3, SK-MEL-28, HMEC1, A549, K562, PANC1, HT29, LoVo, LoVo-阿霉素, HeLa 和 HeLa-APL 细胞, GI_{50} =1.7~13.8μmol/L).【文献】F. Reyes, et al. JNP, 2006, 69, 668.

683　Hainanerectamine B　海南直立钵海绵胺 B*

【基本信息】$C_{12}H_{11}NO_2$.【类型】吲哚类生物碱.【来源】南海海绵* *Hyrtios erectus* (海南岛).【活性】丝氨酸/苏氨酸激酶 AuroraA 抑制剂 (IC_{50} = 24.5μg/mL, 涉及细胞分裂规则).【文献】W.-F. He, et al. Mar. Drugs, 2014, 12, 3982.

684　(−)-Herbindole A　(−)-草吲哚 A*

【基本信息】$C_{15}H_{19}N$, 针状晶体 (甲醇), mp 120~122°C.【类型】吲哚类生物碱.【来源】小轴海绵属 *Axinella* sp. (澳大利亚).【活性】细胞毒; 拒食活性 (鱼类).【文献】H. Muratake, et al. CPB, 1994, 42, 854.

685　(+)-Herbindole A　(+)-草吲哚 A*

【基本信息】$C_{15}H_{19}N$, 无色针状晶体, mp 134~136°C, $[α]_D^{21}$ = +56.9° (c = 0.28, 氯仿).【类型】吲哚类生物碱.【来源】小轴海绵属 *Axinella* sp. (澳大利亚).【活性】细胞毒.【文献】R. Herb, et al. Tetrahedron, 1990, 46, 3089; H. Muratake, et al. Tetrahedron Lett., 1992, 33, 4595.

686　(−)-Herbindole B　(−)-草吲哚 B*

【基本信息】$C_{16}H_{21}N$, 针状晶体 (甲醇), mp 118~120°C.【类型】吲哚类生物碱.【来源】小轴海绵属 *Axinella* sp. (澳大利亚).【活性】细胞毒; 拒食活性 (鱼类).【文献】H. Muratake, et al. CPB, 1994, 42, 854.

687　(+)-Herbindole B　(+)-草吲哚 B*

【基本信息】$C_{16}H_{21}N$, 无色针状晶体, mp 131~133°C, $[α]_D^{21}$ = +51.2° (c = 0.26, 氯仿).【类型】吲哚类生物碱.【来源】小轴海绵属 *Axinella* sp. (澳大利亚).【活性】细胞毒.【文献】R. Herb, et al. Tetrahedron, 1990, 46, 3089; H. Muratake, et al. Tetrahedron Lett., 1992, 33, 4595.

688　(−)-Herbindole C　(−)-草吲哚 C*

【基本信息】$C_{18}H_{23}N$, 油状物.【类型】吲哚类生物碱.【来源】小轴海绵属 *Axinella* sp. (澳大利亚).【活性】细胞毒; 拒食活性 (鱼类).【文献】H. Muratake, et al. CPB, 1994, 42, 854.

689　(+)-Herbindole C　(+)-草吲哚 C*

【基本信息】$C_{18}H_{23}N$, 无色糖浆状物, $[α]_D^{22}$ = +19.9° (c = 0.18, 氯仿).【类型】吲哚类生物碱.【来源】小轴海绵属 *Axinella* sp. (澳大利亚).【活性】细胞毒.【文献】R. Herb, et al. Tetrahedron, 1990, 46, 3089; H. Muratake, et al. Tetrahedron Lett., 1992, 33, 4595.

690 Herdmanine E 莫马思赫海鞘宁 E*

【基本信息】$C_{22}H_{22}BrN_5O_6$.【类型】吲哚类生物碱.【来源】莫马思赫海鞘 *Herdmania momus*.【活性】过氧化物酶体增殖物受体 PPAR-γ 激动活性.【文献】J. L. Li, et al. JNP, 2012, 75, 2082.

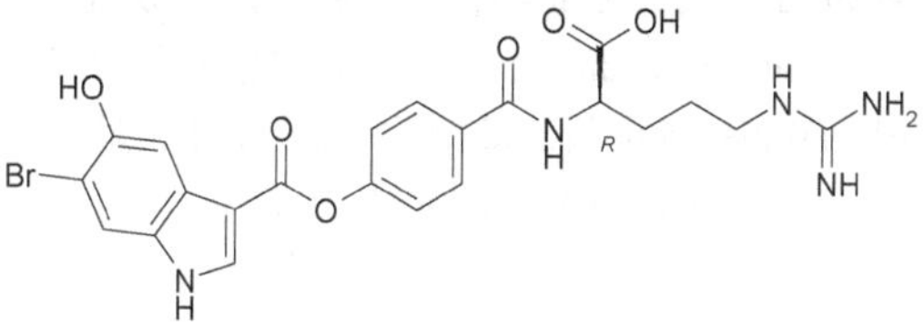

691 Herdmanine I 莫马思赫海鞘宁 I*

【基本信息】$C_{15}H_{20}N_4O_4$.【类型】吲哚类生物碱.【来源】莫马思赫海鞘 *Herdmania momus* (济州岛, 韩国).【活性】过氧化物酶体增殖物受体 PPAR-γ 激动活性 (基于细胞的荧光素酶报道试验).【文献】J. L. Li, et al. JNP, 2012, 75, 2082; 2013, 76, 815.

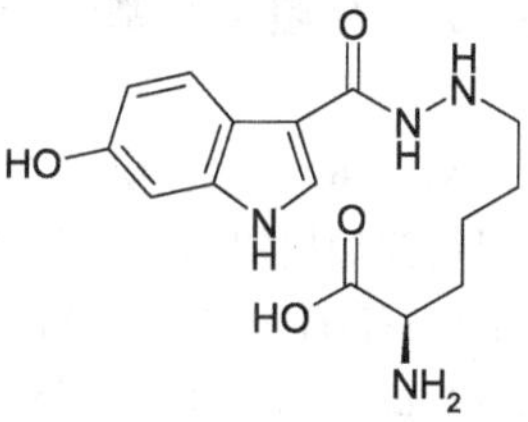

692 Herdmanine J 莫马思赫海鞘宁 J*

【基本信息】$C_{15}H_{21}N_3O_3$.【类型】吲哚类生物碱.【来源】莫马思赫海鞘 *Herdmania momus* (济州岛, 韩国).【活性】过氧化物酶体增殖物受体 PPAR-γ 激动活性 (基于细胞的荧光素酶报道试验).【文献】J. L. Li, et al. JNP, 2012, 75, 2082; 2013, 76, 815.

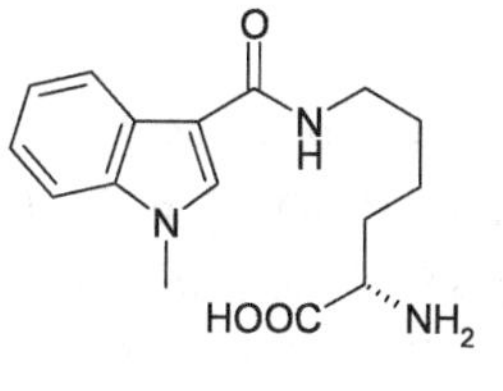

693 Herdmanine K 莫马思赫海鞘宁 K*

【基本信息】$C_{16}H_{14}N_4O_5$.【类型】吲哚类生物碱.【来源】莫马思赫海鞘 *Herdmania momus* (济州岛, 韩国).【活性】过氧化物酶体增殖物受体 PPAR-γ 激动活性 (基于细胞的荧光素酶报道试验).【文献】J. L. Li, et al. JNP, 2012, 75, 2082; J. L. Li, et al. JNP, 2013, 76, 815.

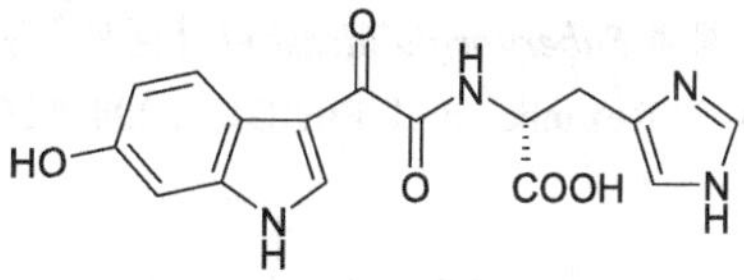

694 Herdmanine L 莫马思赫海鞘宁 L*

【基本信息】$C_{16}H_{15}NO_5$.【类型】吲哚类生物碱.【来源】莫马思赫海鞘 *Herdmania momus* (济州岛, 韩国).【活性】过氧化物酶体增殖物受体 PPAR-γ 激动活性 (基于细胞的荧光素酶报道试验).【文献】J. L. Li, et al. JNP, 2012, 75, 2082; 2013, 76, 815.

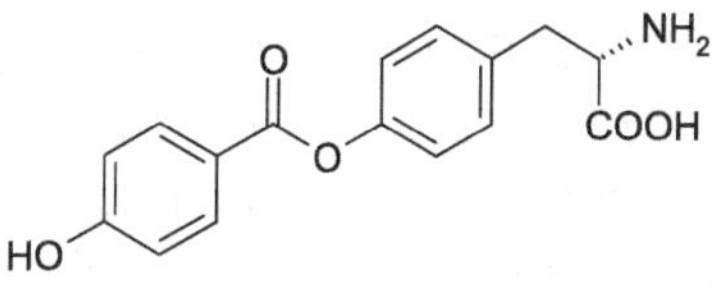

695 Hicksoane A 软柳珊瑚素 A*

【基本信息】$C_{23}H_{30}INO_2$, 浅黄色粉末, $[\alpha]_D^{20} = +31°$ ($c = 0.01$, 甲醇).【类型】吲哚类生物碱.【来源】软柳珊瑚属 *Subergorgia hicksoni*.【活性】防污剂.【文献】T. Řezanka, et al. EurJOC, 2008, 1265.

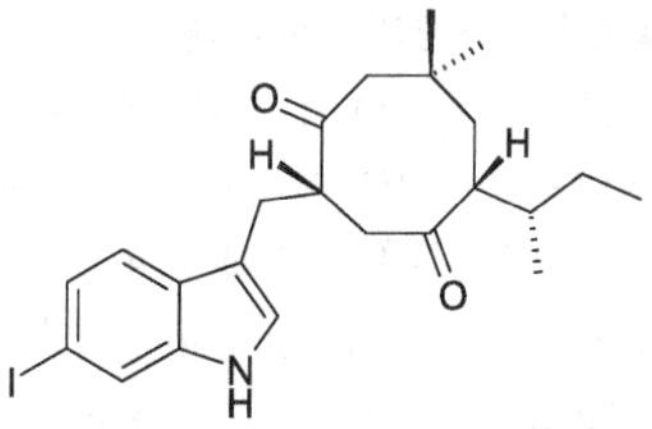

696 Hicksoane B 软柳珊瑚素 B*

【基本信息】$C_{23}H_{30}INO_2$, 浅黄色粉末, $[\alpha]_D^{20} = +37°$ ($c = 0.009$, 甲醇).【类型】吲哚类生物碱.【来源】软柳珊瑚属 *Subergorgia hicksoni*.【活性】防污剂.【文献】T. Řezanka, et al. EurJOC, 2008, 1265.

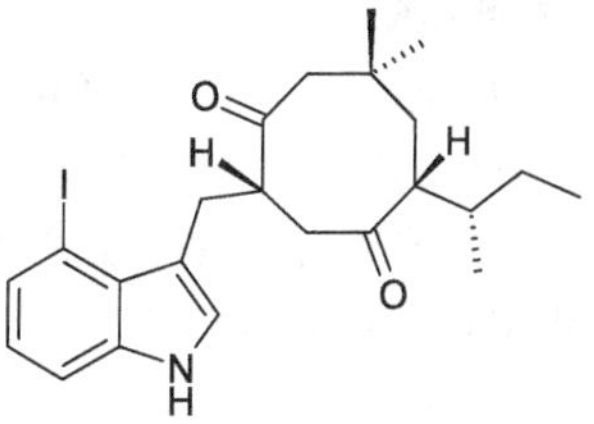

697 Hicksoane C 软柳珊瑚素 C*

【基本信息】$C_{23}H_{29}I_2NO_2$, 黄色粉末, $[\alpha]_D^{20} = +41°$ ($c = 0.007$, 甲醇).【类型】吲哚类生物碱.【来源】

软柳珊瑚属 Subergorgia hicksoni.【活性】防污剂.
【文献】T. Řezanka, et al. EurJOC, 2008, 1265.

698 3-(Hydroxyacetyl)-1H-indole 3-(羟乙酰基)-1H-吲哚

【基本信息】$C_{10}H_9NO_2$.【类型】吲哚类生物碱.
【来源】居苔海绵 Tedania ignis.【活性】植物生长调节剂; CNS 兴奋剂.【文献】R. L. Dillman, et al. JNP, 1991, 54, 1056.

699 3-(2-Hydroxyethyl)-6-prenylindole 3-(2-羟基乙基)-6-异戊二烯吲哚

【基本信息】$C_{15}H_{19}NO$.【类型】吲哚类生物碱.
【来源】海洋导出的链霉菌属 Streptomyces sp. BL-49-58-005.【活性】细胞毒 (14 种不同的肿瘤细胞株; K562, GI_{50} = 8.46μmol/L).【文献】J. M. Sánchez López, et al. JNP, 2003, 66, 863.

700 1H-Indole-3-carboxylic acid methyl ester 1H-吲哚-3-羧酸甲酯

【基本信息】$C_{10}H_9NO_2$, mp 147~148°C, mp 140°C.【类型】吲哚类生物碱.【来源】丘海绵属 Spongosorites sp.【活性】细胞毒 (数种人癌细胞株, 低活性).【文献】B. Bao, et al. Mar. Drugs, 2007, 5, 31.

701 2-(1H-Indol-3-yl)ethyl-5-hydroxy-pentanoate 2-(1H-吲哚-3-基)乙基-5-羟基戊酸酯

【基本信息】$C_{15}H_{19}NO_3$, 油状物.【类型】吲哚类生物碱.【来源】海洋导出的真菌毕赤酵母属 Pichia membranifaciens USF-HO-25, 来自冈田软海绵* Halichondria okadai (日本水域).【活性】抗氧化剂 (DPPH 自由基清除剂, 低活性).【文献】Y. Sugiyama, et al. JNP, 2009, 72, 2069.

702 2-(1H-Indol-3-yl)ethyl-2-hydroxy-propanoate 2-(1H-吲哚-3-基)乙基-2-羟基丙酸酯

【基本信息】$C_{13}H_{15}NO_3$, 油状物.【类型】吲哚类生物碱.【来源】海洋导出的真菌毕赤酵母属 Pichia membranifaciens USF-HO-25, 来自冈田软海绵* Halichondria okadai (日本水域).【活性】抗氧化剂 (DPPH 自由基清除剂, 低活性).【文献】Y. Sugiyama, et al. JNP, 2009, 72, 2069.

703 3-Indolylglyoxylic acid 3-吲哚基乙醛酸

【基本信息】$C_{10}H_7NO_3$.【类型】吲哚类生物碱.【来源】精囊海鞘属 Polyandrocarpa zorritensis (塔兰托湾, 地中海, 意大利).【活性】细胞毒 [C6, IC_{50} = (314±17)μmol/L; HeLa 和 H9c2, 无活性].【文献】A. Aiello, et al. Mar. Drugs, 2011, 9, 1157.

704　3-Indolylglyoxylic acid methyl ester　3-吲哚基乙醛酸甲酯

【别名】α-Oxo-1H-indole-3-acetic acid methyl ester; α-氧代-1H-吲哚-3-乙酸甲酯.【基本信息】$C_{11}H_9NO_3$, 灰色晶体 (+1 分子乙酸) (乙酸), mp 211℃.【类型】吲哚类生物碱.【来源】丘海绵属 Spongosorites sp., 精囊海鞘属 Polyandrocarpa zorritensis (塔兰托湾, 地中海, 意大利).【活性】细胞毒 [C6, IC_{50} = (305±15)μmol/L; HeLa 和 H9c2, 无活性].【文献】B. Bao, et al. Mar. Drugs, 2007, 5, 31; A. Aiello, et al. Mar. Drugs, 2011, 9, 1157.

705　6-(1H-Indol-3-yl)-5-methyl-3,5-heptadien-2-one　6-(1H-吲哚-3-基)-5-甲基-3,5-庚二烯-2-酮

【基本信息】$C_{16}H_{17}NO$.【类型】吲哚类生物碱.【来源】居苔海绵 Tedania ignis.【活性】对植物有毒的.【文献】R. L. Dillman, et al. JNP, 1991, 54, 1056.

706　(1H-Indol-3-yl) oxoacetic acid methyl ester　(1H-吲哚-3-基)乙醛酸甲酯

【基本信息】$C_{11}H_7Br_2NO_3$.【类型】吲哚类生物碱.【来源】丘海绵属 Spongosorites sp. (济州岛岸外, 韩国) 和 Spongiidae 科海绵 Rhopaloeides odorabile.【活性】PLA_2 抑制剂 [蜂毒 PLA_2, IC_{50} = (1.11±0.33)mmol/L].【文献】A. Longeon, et al. Mar. Drugs, 2011, 9, 879; B. Bao, et al. Mar. Drugs, 2007, 5, 31.

707　Iso-trans-trikentrin B　异-trans-拉丝海绵素B*

【基本信息】$C_{17}H_{21}N$.【类型】吲哚类生物碱.【来源】拉丝海绵科海绵 Trikentrion flabelliforme.【活性】抗微生物.【文献】R. J. Capon, et al. Tetrahedron, 1986, 42, 6545; H. Muratake, et al. CPB, 1994, 42, 854; J. K. MacLeod, et al. Aust. J. Chem., 1998, 51, 177.

708　5-Methoxy-1H-indole-4,7-dione　5-甲氧基-1H-吲哚-4,7-二酮

【基本信息】$C_9H_7NO_3$, 橙色针状晶体, mp 198~200℃.【类型】吲哚类生物碱.【来源】软体动物前鳃 Drupella fragum (中肠腺, 日本水域).【活性】抗菌 (金黄色葡萄球菌 Staphylococcus aureus, 枯草杆菌 Bacillus subtilis 和大肠杆菌 Escherichia coli, MIC = 6.25~50μg/mL).【文献】Y. Fukuyama, et al. Tetrahedron, 1998, 54, 10007.

709　6-Methoxy-1H-indole-4,7-dione　6-甲氧基-1H-吲哚-4,7-二酮

【基本信息】$C_9H_7NO_3$, 橙色棱柱状晶体, mp 188~190℃.【类型】吲哚类生物碱.【来源】软体动物前鳃 Drupella fragum (中肠腺, 日本水域).【活性】抗菌 (金黄色葡萄球菌 Staphylococcus aureus, 枯草杆菌 Bacillus subtilis 和大肠杆菌 Escherichia coli, MIC = 6.25~50μg/mL).【文献】Y. Fukuyama, et al. Tetrahedron, 1998, 54, 10007.

710 1-Methyl indole-3-carboxamide 1-甲基吲哚-3-甲酰胺

【基本信息】$C_{10}H_{10}N_2O$.【类型】吲哚类生物碱.【来源】海洋导出的放线菌珊瑚状放线菌属 *Actinomadura* sp. BCC 24717.【活性】抗真菌（白色念珠菌 *Candida albicans*, IC_{50} = 41.97μg/mL）.【文献】J. Kornsakulkarn, Phytochem. Lett., 2013, 6, 491.

711 5-Methyl-1*H*-indole-4,7-dione 5-甲基-1*H*-吲哚-4,7-二酮

【基本信息】$C_9H_7NO_2$，橙色棱柱状晶体, mp 202~204℃.【类型】吲哚类生物碱.【来源】软体动物前鳃 *Drupella fragum* (中肠腺，日本水域).【活性】抗菌（金黄色葡萄球菌 *Staphylococcus aureus*，枯草杆菌 *Bacillus subtilis* 和大肠杆菌 *Escherichia coli*, MIC = 6.25~50μg/mL）.【文献】Y. Fukuyama, et al. Tetrahedron, 1998, 54, 10007.

712 3-[(6-Methylpyrazin-2-yl)methyl]-1*H*-indole 3-[(6-甲基吡嗪-2-基)甲基]-1*H*-吲哚

【基本信息】$C_{14}H_{13}N_3$.【类型】吲哚类生物碱.【来源】深海放线菌丝氨酸球菌属 *Serinicoccus profundi* sp. nov.【活性】抗菌（金黄色葡萄球菌 *Staphylococcus aureus* ATCC 25923, 低活性）.【文献】X.-W. Yang, et al. Mar. Drugs, 2012, 11, 33.

713 1-Methyl-2,3,5-tribromoindole 1-甲基-2,3,5-三溴吲哚

【基本信息】$C_9H_6Br_3N$, mp 120~122℃.【类型】吲哚类生物碱.【来源】红藻凹顶藻属 *Laurencia* sp. (北婆罗洲岛，沙巴州，马来西亚)，红藻凹顶藻属 *Laurencia brongniartii*，软体动物黑指纹海兔 *Aplysia dactylomela*.【活性】抗菌（30mg/盘：葡萄球菌属 *Staphylococcus* sp., IZD = 9mm, MIC = 300μg/mL）；细胞毒 (PS, ED_{50} = 47μg/mL).【文献】C. S. Vairappan, et al. Mar. Drugs, 2010, 8, 1743; G. T. Carter, et al. Tetrahedron Lett., 1978, 4479; F. J. Schmitz, et al. JACS, 1982, 104, 6415.

714 Penipaline C 深海青霉林 C*

【基本信息】$C_{14}H_{15}NO_2$.【类型】吲哚类生物碱.【来源】深海真菌展青霉 *Penicillium paneum* SD-44 (沉积物，在 500 升生物反应器中培养).【活性】细胞毒 (A549, IC_{50} = 20.4~21.5μmol/L; HCT116, IC_{50} = 14.9~18.5μmol/L).【文献】C. Li, et al. Helv. Chim. Acta, 2014, 97, 1440.

715 2,3,5,6-Tetrabromo-1*H*-indole 2,3,5,6-四溴-1*H*-吲哚

【基本信息】$C_8H_3Br_4N$, mp 152.5~154℃, mp 149~151℃.【类型】吲哚类生物碱.【来源】红藻凹顶藻属 *Laurencia brongniartii*.【活性】抗菌.【文献】G. T. Carter, et al. Tetrahedron Lett., 1978, 4479.

716 2,3,5,6-Tetrabromo-1-methyl-1*H*-indole 2,3,5,6-四溴-1-甲基-1*H*-吲哚

【基本信息】$C_9H_5Br_4N$, 晶体（石油醚/乙醚），mp 171.5~172℃, mp 168~170℃.【类型】吲哚类生物碱.【来源】红藻凹顶藻属 *Laurencia brongniartii*.【活性】抗菌.【文献】G. T. Carter, et al. Tetrahedron Lett., 1978, 4479.

717 2,5,6-Tribromo-*N*-methylgramine
2,5,6-三溴-*N*-甲基芦竹胺*
【基本信息】$C_{12}H_{13}Br_3N_2$.【类型】吲哚类生物碱.【来源】苔藓动物陀螺葡萄苔虫 *Zoobotryon verticillatum*.【活性】细胞分裂抑制剂 (受精的海胆卵试验).【文献】A. Sato, et al. Tetrahedron Lett., 1983, 24, 481.

718 2,5,6-Tribromo-*N*-methylgramine *N*-oxide 2,5,6-三溴-*N*-甲基芦竹胺 *N*-氧化物*
【基本信息】$C_{12}H_{13}Br_3N_2O$, 晶体 (甲醇水溶液), mp 116~120℃ (分解), 溶于甲醇, 乙酸乙酯; 难溶于水.【类型】吲哚类生物碱.【来源】苔藓动物陀螺葡萄苔虫 *Zoobotryon verticillatum*.【活性】有毒的 (盐水丰年虾).【文献】A. Sato, et al. Tetrahedron Lett., 1983, 24, 481.

719 2,3,6-Tribromo-1-methyl-1*H*-indole
2,3,6-三溴-1-甲基-1*H*-吲哚
【基本信息】$C_9H_6Br_3N$, mp 90.5~91℃.【类型】吲哚类生物碱.【来源】红藻 *Laurencia brongniartii*.【活性】抗菌.【文献】G. T. Carter, et al. Tetrahedron Lett., 1978, 4479.

720 (1″*S*,3″*S*)-Trikentrin A (1″*S*,3″*S*)-拉丝海绵素 A*
【基本信息】$C_{15}H_{19}N$, 油状物, 放置结晶, $[\alpha]_D$ = +23.3º (c = 1.0, 氯仿).【类型】吲哚类生物碱.【来源】拉丝海绵科海绵 *Trikentrion flabelliforme*.【活性】抗微生物.【文献】R. J. Capon, et al. Tetrahedron, 1986, 42, 6545; H. Muratake, et al. CPB, 1994, 42, 854.

721 (1″*R*,3″*S*)-Trikentrin A (1″*R*,3″*S*)-拉丝海绵素 A*
【基本信息】$C_{15}H_{19}N$, 不稳定油状物, $[\alpha]_D$ = +4.8º (c = 2.47, 氯仿).【类型】吲哚类生物碱.【来源】拉丝海绵科海绵 *Trikentrion flabelliforme*.【活性】抗微生物.【文献】R. J. Capon, et al. Tetrahedron, 1986, 42, 6545; H. Muratake, et al. CPB, 1994, 42, 854.

722 *cis*-Trikentrin B *cis*-拉丝海绵素 B*
【基本信息】$C_{17}H_{21}N$, mp 57~58℃, $[\alpha]_D$ = +48º (c = 2.47, 氯仿).【类型】吲哚类生物碱.【来源】拉丝海绵科海绵 *Trikentrion flabelliforme*.【活性】抗微生物.【文献】R. J. Capon, et al. Tetrahedron, 1986, 42, 6545; E. Fahy, et al. Tetrahedron Lett., 1988, 29, 3427; H. Muratake, et al. CPB, 1994, 42, 854; H. Muratake, et al. Tetrahedron Lett., 1993, 34, 4815.

723 Tryptophol 吲哚乙醇
【基本信息】$C_{10}H_{11}NO$, 棱柱状晶体 (苯/石油醚); 板状晶体 (乙醚/石油醚), mp 59℃, bp_{2mmHg} 174℃.【类型】吲哚类生物碱.【来源】几何小瓜海绵*

Luffariella geometrica, 陆地真菌内脐蠕孢属 *Drechslera nodulosum* 和陆地真菌 *Acremonium lolii*).【活性】抗菌 (革兰氏阳性菌); 抗真菌 (白色念珠菌 *Candida albicans*); 植物生长素; LD_{50} (小鼠, ipr) 351mg/kg.【文献】F. Sugawara, et al. Phytochemistry 1987, 26, 1349; P. G. Mantle, et al. Phytochemistry 1994, 36, 1209; S. Kehraus, et al. JNP, 2002, 65, 1056.

3.4 双吲哚类生物碱

724 Arsindoline B 阿尔辛都林 B*

【基本信息】$C_{22}H_{22}N_2O_2$, 无定形粉末.【类型】双吲哚类生物碱.【来源】海洋导出的细菌气单胞菌属 *Aeromonas* sp. CB101 (厦门海, 福建, 中国).【活性】细胞毒 (A549, IC_{50} = 22.6μmol/L).【文献】S.-X. Cai, et al. Helv. Chim. Acta, 2010, 93, 791.

725 3,3′-Bis(4,6-dibromo-2-methylsulfinyl)-indole 3,3′-双(4,6-二溴-2-甲基亚硫酰基)吲哚

【基本信息】$C_{18}H_{12}Br_4N_2O_2S_2$.【类型】双吲哚类生物碱.【来源】红藻 *Laurencia brongniartii* (中国台湾水域).【活性】细胞毒 (HT29, P_{388}).【文献】A. A. El-Gamal, et al. JNP, 2005, 68, 815.

726 7,7-Bis(3-indolyl)-*p*-cresol 7,7-双(3-吲哚基)-*p*-甲苯酚

【别名】4-[(Di-1*H*-indol-3-yl)methyl]phenol; 4-[(双-1*H*-吲哚-3-基)甲基]苯酚.【基本信息】$C_{23}H_{18}N_2O$, 树胶状物.【类型】双吲哚类生物碱.【来源】海洋细菌弧菌属 *Vibrio* sp., 来自格形海绵属 *Hyattella* sp.【活性】抗微生物.【文献】J. M. Oclarit, et al. Nat. Prod. Lett., 1994, 4, 309.

727 3,3′-Bis(2′-methylsulfinyl-2-methylthio-4,6,4′,6′-tetrabromo)indole 3,3′-双(2′-甲基亚硫酰基-2-甲硫基-4,6,4′,6′-四溴)吲哚

【基本信息】$C_{18}H_{12}Br_4N_2OS_2$.【类型】双吲哚类生物碱.【来源】红藻 *Laurencia brongniartii* (中国台湾水域).【活性】细胞毒 (HT29, P_{388}).【文献】A. A. El-Gamal, et al. JNP, 2005, 68, 815.

728 Caulerchlorin 蕨藻氯

【基本信息】$C_{22}H_{15}ClN_2O_2$.【类型】双吲哚类生物碱.【来源】绿藻总状花序蕨藻* *Caulerpa racemosa* (中国水域).【活性】抗真菌 (新型隐球酵母 *Cryptococcus neoformans* 32609, MIC_{80} = 16μg/mL).【文献】D.-Q. Liu, et al. Heterocycles, 2012, 85, 661.

729 Caulerpin 蕨藻红素

【基本信息】$C_{24}H_{18}N_2O_4$, 红色棱柱状晶体或针状晶体 (乙醚或丙酮), mp 317°C.【类型】双吲哚类生物碱.【来源】绿藻齿形蕨藻 *Caulerpa serrulata*, 绿藻总状花序蕨藻* *Caulerpa racemosa*, 绿藻棒

叶蕨藻 *Caulerpa sertularioides*, 绿藻杉叶蕨藻 *Caulerpa taxifolia*, 绿藻柏叶蕨藻 *Caulerpa cupresoides*, 绿藻蕨藻属 *Caulerpa scalpelliformis* 和红藻鹧鸪菜 *Caloglossa leprieurii*, 红藻凹顶藻属 *Laurencia majuscule*.【活性】植物生长调节剂; 藻毒素; 驱肠虫药.【文献】B. C. Maiti, et al. J. Chem. Res. (S), 1978, 126; J. G. Schwede, et al. Phytochemistry, 1987, 26, 155; M. B. Govenkar, et al. Phytochemistry, 2000, 54, 979; E. T. De Souza, et al. Mar. Drugs, 2009, 7, 689.

730 Chlorobisindole 氯-双吲哚
【基本信息】$C_{22}H_{15}ClN_2O_2$.【类型】双吲哚类生物碱.【来源】绿藻总状花序蕨藻* *Caulerpa racemosa* (湛江海岸, 广东, 中国).【活性】抗真菌 (低活性).【文献】D.-Q. Liu, et al. Heterocycles, 2012, 85, 661.

731 Chondriamide A 树枝软骨藻酰胺 A*
【基本信息】$C_{21}H_{17}N_3O$, 黄色晶体 (甲醇水溶液), mp 193~194°C.【类型】双吲哚类生物碱.【来源】红藻树枝软骨藻属 *Chondria* sp. (阿根廷).【活性】细胞毒 (KB, 0.5μg/mL; LoVo, 10μg/mL); 抗病毒 (HSV-2, 1μg/mL); 抗蠕虫药.【文献】J. A. Palermo, et al. Tetrahedron Lett., 1992, 33, 3097.

732 Chondriamide B 树枝软骨藻酰胺 B*
【基本信息】$C_{21}H_{17}N_3O_2$, 黄色晶体 (甲醇水溶液), mp 208~209°C.【类型】双吲哚类生物碱.【来源】红藻树枝软骨藻属 *Chondria* sp. (阿根廷).【活性】抗真菌 (稻米曲霉 *Aspergillus oryzae*, 250μg/盘, IZD = 6mm; 须发癣菌 *Tricdhophyton mentagrophytes*, 250μg/盘, IZD = 11mm).【文献】J. A. Palermo, et al. Tetrahedron Lett., 1992, 33, 3097.

733 Chondriamide C 树枝软骨藻酰胺 C*
【基本信息】$C_{21}H_{17}N_3O$, 黄色粉末, mp 230.5~232.0°C.【类型】双吲哚类生物碱.【来源】红藻黑紫树枝软骨藻* *Chondria atropurpurea*.【活性】驱虫剂 (EC_{80} = 0.09mmol/L).【文献】D. Davyt, et al. JNP, 1998, 61, 1560.

734 Citorellamine 多节海鞘胺*
【基本信息】$C_{22}H_{24}Br_2N_4S$, 针状晶体 (甲醇), mp 210°C (分解).【类型】双吲哚类生物碱.【来源】多节海鞘科 *Polycitorella mariae*.【活性】细胞毒; 抗微生物 (有潜力的).【文献】R. M. Moriarty, et al. Tetrahedron Lett., 1987, 28, 749.

735 Dendridine A 日本海绵啶 A*
【基本信息】$C_{20}H_{20}Br_2N_4O_2$, 浅黄色固体.【类型】双吲哚类生物碱.【来源】日本海绵属 *Dictyodendrilla* sp.【活性】抗菌 (枯草杆菌 *Bacillus subtilis*, MIC = 8.3μg/mL; 藤黄色微球菌 *Micrococcus luteus*, MIC = 4.2μg/mL); 抗真菌 (新型隐球酵母 *Cryptococcus neoformans*, MIC = 8.3μg/mL); 细胞毒 (L_{1210}, IC_{50} = 32.5μg/mL).【文献】M. Tsuda, et al. JNP, 2005, 68, 1277.

4.4μg/mL); 抗菌 (大肠杆菌 *Escherichia coli*, MIC = 15.6μg/mL; 枯草杆菌 *Bacillus subtilis*, MIC = 3.1μg/mL); 抗真菌 (白色念珠菌 *Candida albicans*, MIC = 15.6μg/mL; 新型隐球酵母 *Cryptococcus neoformans*, MIC = 3.9μg/mL); 抗病毒 (抑制猫白血病病毒的复制).【文献】A. E. Wright, et al. JOC, 1992, 57, 4772.

736 Dihydrodeoxybromotopsentin 二氢去氧溴软海绵亭*

【别名】Spongotine B; 丘海绵亭 B*.【基本信息】$C_{20}H_{15}BrN_4O$, 无定形黄色粉末, $[\alpha]_D^{24} = +198°$ (c = 2.0, 甲醇).【类型】双吲哚类生物碱.【来源】丘海绵属 *Spongosorites* sp., 软海绵科海绵 *Topsentia* sp., 雨点海绵属 *Rhaphisia lacazei*.【活性】抗病毒; 抗肿瘤.【文献】B. Bao, et al. JNP, 2005, 68, 711; 2007, 70, 2.

737 2,2-Di-3-indolyl-3-indolone 2,2-二-3-吲哚基-3-吲哚酮

【别名】2,2-Bis(3-indolyl)indoxyl; 2,2-双(3-吲哚基)吲哚酚.【基本信息】$C_{24}H_{17}N_3O$, 油状物.【类型】双吲哚类生物碱.【来源】海洋细菌副溶血弧菌 *Vibrio parahaemolyticus*, 来自鲀形目粒突箱鲀 *Ostracion cubicus* (有毒的黏液).【活性】抗菌.【文献】Y. H. Loo, et al. Chem. Ind. (London), 1957, 1123.

738 Dragmacidin D 小轴海绵啶 D*

【基本信息】$C_{25}H_{21}BrN_7O_2^+$, 黄色固体, $[\alpha]_D = +12°$ (c = 0.95, 乙醇).【类型】双吲哚类生物碱.【来源】丘海绵属 *Spongosorites* sp. (深水水域).【活性】细胞毒 (P_{388}, IC_{50} = 1.4μg/mL; A549, IC_{50} =

739 Echinosulfonic acid A 棘网海绵磺酸 A*

【基本信息】$C_{21}H_{18}Br_2N_2O_6S$, 橙色油状物.【类型】双吲哚类生物碱.【来源】棘网海绵属 *Echinodictyum* sp. (大澳大利亚湾, 采样深度 65m, 1995 年 7 月采样, 维多利亚博物馆注册号 F79983).【活性】抗菌.【文献】S. P. B. Ovenden, et al. JNP, 1999, 62, 1246.

740 Echinosulfonic acid B 棘网海绵磺酸 B*

【基本信息】$C_{20}H_{16}Br_2N_2O_6S$, 橙色油状物.【类型】双吲哚类生物碱.【来源】棘网海绵属 *Echinodictyum* sp. (大澳大利亚湾, 采样深度 65m, 1995 年 7 月采样, 维多利亚博物馆注册号 F79983) 和 Chondropsidae 科海绵 *Psammoclema* sp.【活性】抗菌.【文献】S. P. B. Ovenden, et al. JNP, 1999, 62, 1246; S. Rubnov, et al. Nat. Prod. Res., 2005, 19, 75; 2006, 20, 517.

741　Echinosulfonic acid C　棘网海绵磺酸 C*
【基本信息】$C_{19}H_{14}Br_2N_2O_6S$, 橙色油状物. 【类型】双吲哚类生物碱. 【来源】棘网海绵属 *Echinodictyum* sp. (大澳大利亚湾, 采样深度65m, 1995年7月采样, 维多利亚博物馆注册号 F79983). 【活性】抗菌. 【文献】S. P. B. Ovenden, et al. JNP, 1999, 62, 1246.

742　Echinosulfonic acid C 1″-deoxy　1″-去氧棘网海绵磺酸 C*
【基本信息】$C_{19}H_{14}Br_2N_2O_5S$, 棕色无定形固体. 【类型】双吲哚类生物碱. 【来源】Chondropsidae 科海绵 *Psammoclema* sp. 【活性】细胞毒. 【文献】S. Rubnov, et al. Nat. Prod. Res., 2005, 19, 75; 2006, 20, 517.

743　Halichrome A　软海绵罗姆 A*
【基本信息】$C_{18}H_{16}N_2O$. 【类型】双吲哚类生物碱. 【来源】冈田软海绵* *Halichondria okadai* (宏基因组文库). 【活性】细胞毒 (B16). 【文献】T. Abe, et al. Chem. Lett., 2012, 41, 728.

744　3-(3-(2-Hydroxyethyl)-(1*H*-indol-2-yl)-3-(1*H*-indol-3-yl)propane-1,2-diol)　3-(3-(2-羟基乙基)-1-(1*H*吲哚-2-基)-3-(1*H*吲哚-3-基)丙烷-1,2-二醇)
【基本信息】$C_{21}H_{22}N_2O_3$. 【类型】双吲哚类生物碱. 【来源】海洋放线菌耐辐射红色杆形菌 (模式种) *Rubrobacter radiotolerans*. 【活性】AchE 抑制剂. 【文献】J. L. Li, et al. Fitoterapia, 2015, 102, 203.

745　2-(2-(3-Hydroxy-1-(1*H*indol-3-yl)-2-methoxypropyl)-1*H*indol-3-yl) acetic acid　2-(2-(3-羟基-1-(1*H*吲哚-3-基)-2-甲氧基丙基)-1*H*吲哚-3-基)乙酸
【基本信息】$C_{22}H_{22}N_2O_4$. 【类型】双吲哚类生物碱. 【来源】海洋放线菌耐辐射红色杆形菌 (模式种) *Rubrobacter radiotolerans*. 【活性】AchE 抑制剂. 【文献】J. L. Li, et al. Fitoterapia, 2015, 102, 203.

746　Hyrtimomine A　钵海绵莫明 A*
【基本信息】$C_{19}H_{11}N_3O_2$, 深棕色无定形固体. 【类型】双吲哚类生物碱. 【来源】冲绳海绵 *Hyrtios* sp. (庆连间群岛, 冲绳, 日本). 【活性】细胞毒 (KB, IC_{50} = 3.1μg/mL; L_{1210}, IC_{50} = 4.2μg/mL); 抗微生物. 【文献】R. Momose, et al. Org. Lett., 2013, 15, 2010; R. Momose, et al. Org. Lett., 2013, 15, 2010.

747　Hyrtimomine D　钵海绵莫明 D*
【基本信息】$C_{28}H_{22}N_5O_3S^+$. 【类型】双吲哚类生物碱. 【来源】冲绳海绵 *Hyrtios* sp. (庆连间群岛, 冲绳, 日本). 【活性】抗真菌(白色念珠菌 *Candida albicans*, 须发癣菌 *Trichophyton mentagrophytes*, 新型隐球酵母 *Cryptococcus neoformans*, MIC = 4~

16μg/mL); 抗菌（金黄色葡萄球菌 *Staphylococcus aureus*, MIC = 4~16μg/mL).【文献】N. Tanaka, et al. Tetrahedron Lett., 2013, 54, 4038.

748　Hyrtimomine E　钵海绵莫明 E*
【基本信息】$C_{29}H_{22}N_5O_5S^+$.【类型】双吲哚类生物碱.【来源】冲绳海绵 *Hyrtios* sp. (庆连间群岛, 冲绳, 日本).【活性】抗真菌（白色念珠菌 *Candida albicans*, 须发癣菌 *Trichophyton mentagrophytes*, 新型隐球酵母 *Cryptococcus neoformans*, MIC = 4~16μg/mL); 抗菌（金黄色葡萄球菌 *Staphylococcus aureus*, MIC = 4~16μg/mL).【文献】N. Tanaka, et al. Tetrahedron Lett., 2013, 54, 4038.

749　Hyrtimomine F　钵海绵莫明 F*
【基本信息】$C_{20}H_{13}N_3O_5$.【类型】双吲哚类生物碱.【来源】冲绳海绵 *Hyrtios* sp. (冲绳, 日本).【活性】抗微生物.【文献】N. Tanaka, et al. Tetrahedron, 2014, 70, 832.

750　Hyrtimomine G　钵海绵莫明 G*
【基本信息】$C_{20}H_{16}N_2O_6$.【类型】双吲哚类生物碱.【来源】冲绳海绵 *Hyrtios* sp. (冲绳, 日本).【活性】抗微生物.【文献】N. Tanaka, et al. Tetrahedron, 2014, 70, 832.

751　Hyrtinadine A　钵海绵那啶 A*
【基本信息】$C_{20}H_{14}N_4O_2$.【类型】双吲哚类生物碱.【来源】冲绳海绵 *Hyrtios* sp. SS-1127 (冲绳, 日本).【活性】细胞毒（L_{1210}, IC_{50} = 1μg/mL, KB, IC_{50} = 3μg/mL).【文献】T. Endo, et al. JNP, 2007, 70, 423.

752　Iheyamine A　艾赫亚胺 A*
【基本信息】$C_{19}H_{13}N_3O$, 无定形紫色固体（三氟乙酸盐).【类型】双吲哚类生物碱.【来源】多节海鞘科 *Polycitorella* sp. (冲绳, 日本).【活性】细胞毒（P_{388}, A549, HT29, IC_{50} = 1μg/mL).【文献】T. Sasaki, et al. Tetrahedron Lett., 1999, 40, 303.

753　Iheyamine B　艾赫亚胺 B*
【基本信息】$C_{25}H_{23}N_3O_3$, 无定形紫色固体, $[\alpha]_D^{25}$ = −16° (c = 0.0002, 氯仿).【类型】双吲哚类生物碱.【来源】多节海鞘科 *Polycitorella* sp. (冲绳, 日本). 细胞毒（P_{388}, A549, HT29, IC_{50} = 1μg/mL).【文献】T. Sasaki, et al. Tetrahedron Lett., 1999, 40, 303.

754 Lynamicin A 放线菌迷新 A*
【基本信息】$C_{22}H_{15}Cl_2N_3O_2$, 类白色固体, mp 127~130℃.【类型】双吲哚类生物碱.【来源】海洋放线菌 *Marinospora* sp. NPS12745.【活性】抗菌 (MRSA, MIC = 1.8~9.5μg/mL); 抗菌 (MRSA 和 VREF); 抗微生物 (广谱).【文献】K. A. McArthur, et al. JNP, 2008, 71, 1732.

755 Lynamicin B 放线菌迷新 B*
【基本信息】$C_{22}H_{14}Cl_3N_3O_2$, 类白色固体.【类型】双吲哚类生物碱.【来源】海洋放线菌 *Marinospora* sp. NPS12745.【活性】抗菌 (MRSA, MIC = 1.8~9.5μg/mL), 抗菌 (MRSA 和 VREF); 抗微生物 (广谱).【文献】K. A. McArthur, et al. JNP, 2008, 71, 1732.

756 Lynamicin C 放线菌迷新 C*
【基本信息】$C_{20}H_{11}Cl_4N_3$, 类白色固体.【类型】双吲哚类生物碱.【来源】海洋放线菌 *Marinospora* sp. NPS12745.【活性】抗菌 (MRSA, MIC = 1.8~9.5μg/mL), 抗菌 (MRSA 和 VREF); 抗微生物 (广谱).【文献】K. A. McArthur, et al. JNP, 2008, 71, 1732.

757 Lynamicin D 放线菌迷新 D*
【基本信息】$C_{24}H_{17}Cl_2N_3O_4$, 类白色固体, mp 137~140℃.【类型】双吲哚类生物碱.【来源】海洋放线菌 *Marinospora* sp. NPS12745.【活性】抗菌 (MRSA, MIC = 1.8~9.5μg/mL), 抗菌 (MRSA 和 VREF); 抗微生物 (广谱); 拓扑异构酶Ⅱ、组织蛋白酶 K、细胞色素 P450 3A4、芳香酶 P450、蛋白激酶和组蛋白去乙酰化酶的抑制剂 (有潜力的).【文献】K. A. McArthur, et al. JNP, 2008, 71, 1732; K. Saurav, et al. Interdiscip. Sci. Comput. Life Sci., 2014, 6, 187.

758 Lynamicin E 放线菌迷新 E*
【基本信息】$C_{24}H_{18}ClN_3O_4$, 灰白色固体.【类型】双吲哚类生物碱.【来源】海洋放线菌 *Marinospora* sp. NPS12745.【活性】抗菌 (MRSA 和 VREF); 抗微生物 (广谱).【文献】K. A. McArthur, et al. JNP, 2008, 71, 1732.

759 Metagenediindole A 麦它根二吲哚 A*
【基本信息】$C_{18}H_{16}N_2O$.【类型】双吲哚类生物碱.【来源】深海细菌大肠杆菌 *Escherichia coli* (沉积物).【活性】细胞毒 (CNE2, Bel7402 和 HT1080, IC_{50} = 34.25~50.55μg/mL).【文献】X. Yan, et al. Mar. Drugs, 2014, 12, 2156.

760 Metagenetriindole A 麦它根三吲哚 A*
【基本信息】$C_{26}H_{19}N_3O$.【类型】双吲哚类生物碱.【来源】深海细菌大肠杆菌 *Escherichia coli* (沉积物).【活性】细胞毒 (CNE2, Bel7402 和 HT1080,

IC_{50} = 34.25~50.55μg/mL). 【文献】X. Yan, et al. Mar. Drugs, 2014, 12, 2156.

761　3,3′-Methylenebisindole　3,3′-亚甲基双吲哚

【别名】Arundine.【基本信息】$C_{17}H_{14}N_2$, 针状晶体（乙醇水溶液），mp 165~166℃.【类型】双吲哚类生物碱.【来源】海洋细菌副溶血弧菌 *Vibrio parahaemolyticus* Bio249（嗜冷生物，冷水域，北海）.【活性】细胞毒（各种有潜力的抗癌性质）.【文献】R. Veluri, et al. JNP, 2003, 66, 1520; M.D. Lebar, et al. NPR, 2007, 24, 774 (Rev.).

762　Nortopsentin A　去甲软海绵亭 A*

【基本信息】$C_{19}H_{12}Br_2N_4$, 油状物.【类型】双吲哚类生物碱.【来源】丘海绵属 *Spongosorites ruetzleri* 和软海绵属 *Halichondria* sp.【活性】细胞毒（P_{388}, IC_{50} = 7.6μg/mL）；抗真菌（白色念珠菌 *Candida albicans*, MIC = 3.1μg/mL）.【文献】S. Sakemi, et al. JOC, 1991, 56, 4304.

763　Nortopsentin B　去甲软海绵亭 B*

【基本信息】$C_{19}H_{13}BrN_4$, 片状晶体（乙酸乙酯/氯仿），mp 250~270℃（分解）.【类型】双吲哚类生物碱.【来源】丘海绵属 *Spongosorites ruetzleri* 和软海绵属 *Halichondria* sp.【活性】细胞毒（P_{388}, IC_{50} = 7.8μg/mL）；抗真菌（白色念珠菌 *Candida albicans*, MIC = 6.2μg/mL）.【文献】S. Sakemi, et al. JOC, 1991, 56, 4304.

764　Nortopsentin C　去甲软海绵亭 C*

【基本信息】$C_{19}H_{13}BrN_4$, 油状物.【类型】双吲哚类生物碱.【来源】丘海绵属 *Spongosorites ruetzleri* 和软海绵属 *Halichondria* sp.【活性】细胞毒（P_{388}, IC_{50} = 1.7μg/mL）；抗真菌（白色念珠菌 *Candida albicans*, MIC = 12.5μg/mL）.【文献】S. Sakemi, et al. JOC, 1991, 56, 4304.

765　Nortopsentin D　去甲软海绵亭 D*

【基本信息】$C_{23}H_{17}Br_2N_7O$, 无定形固体.【类型】双吲哚类生物碱.【来源】小轴海绵科海绵 *Dragmacidon* sp.（深水域，印度-太平洋）.【活性】细胞毒.【文献】I. Mancini, et al. Helv. Chim. Acta, 1996, 79, 2075.

766　Racemosin A　总状花序蕨藻新 A*

【别名】香豆精 A.【基本信息】$C_{20}H_{14}N_2O_4$.【类型】双吲哚类生物碱.【来源】绿藻总状花序蕨藻* *Caulerpa racemosa*.【活性】神经保护（对抗 Aβ25–35 诱发的 SH-SY5Y 细胞损伤）.【文献】D.-Q. Liu, et al. Fitoterapia, 2013, 91, 15; H. Yang, et al. J. Asian Nat. Prod. Res., 2014, 16, 1158.

767　Racemosin B　总状花序蕨藻新 B*

【别名】香豆精 B.【基本信息】$C_{20}H_{14}N_2O_2$.【类型】双吲哚类生物碱.【来源】绿藻总状花序蕨藻* Caulerpa racemosa.【活性】神经保护（对抗 Aβ25-35 诱导的 SH-SY5Y 细胞损伤).【文献】D.-Q. Liu, et al. Fitoterapia, 2013, 91, 15; H. Yang, et al. J. Asian Nat. Prod. Res., 2014, 16, 1158.

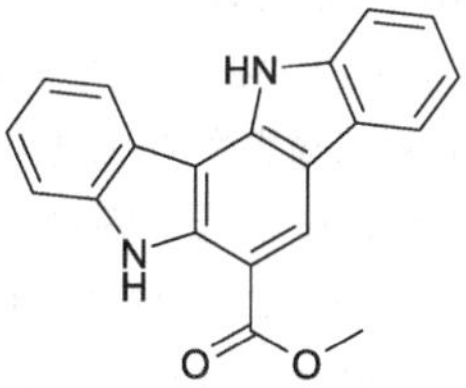

768　Rhopaladin B　棍海鞘啶 B*

【基本信息】$C_{21}H_{14}N_4O_3$, 无定形红色固体.【类型】双吲哚类生物碱.【来源】棍海鞘属 Rhopalaea sp. (冲绳, 日本).【活性】依赖细胞周期素的激酶 4 抑制剂 (IC_{50} = 12.5μg/mL); c-erbB-2 激酶抑制剂 (IC_{50} = 7.4μg/mL).【文献】H. Sato, et al. Tetrahedron, 1998, 54, 8687.

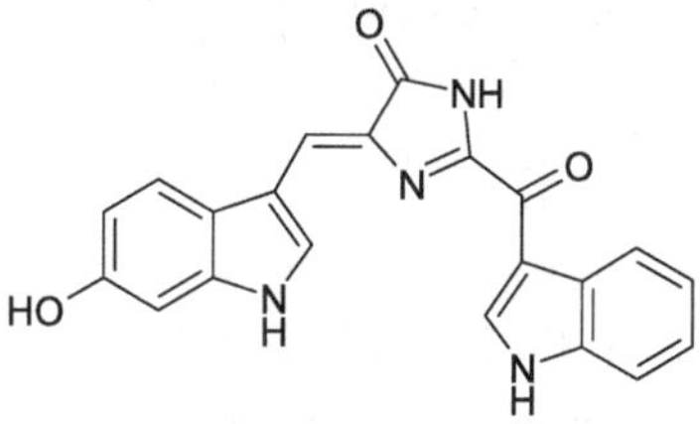

769　Rhopaladin C　棍海鞘啶 C*

【基本信息】$C_{21}H_{13}BrN_4O_2$, 无定形红色固体.【类型】双吲哚类生物碱.【来源】棍海鞘属 Rhopalaea sp. (冲绳, 日本).【活性】抗菌（藤黄八叠球菌 Sarcina lutea, MIC = 16μg/mL, 结膜干燥棒状杆菌 Corynebacterium xerosis, MIC = 16μg/mL).【文献】H. Sato, et al. Tetrahedron, 1998, 54, 8687.

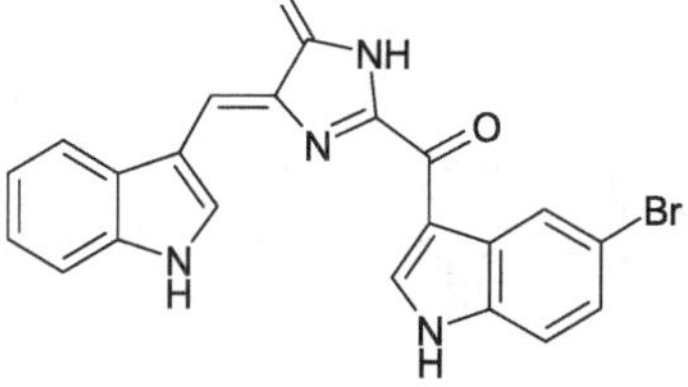

770　Rivularin D$_1$　胶须藻素 D$_1$*

【基本信息】$C_{17}H_{11}Br_3N_2O$, 棱柱状晶体（氯仿), mp 220~223°C, $[\alpha]_D^{20}$ = +8.5° (c = 1, 氯仿).【类型】双吲哚类生物碱.【来源】蓝细菌胶须藻属 Rivularia firma (潮间带).【活性】抗炎.【文献】R. S. Norton, et al. JACS, 1982, 104, 3628.

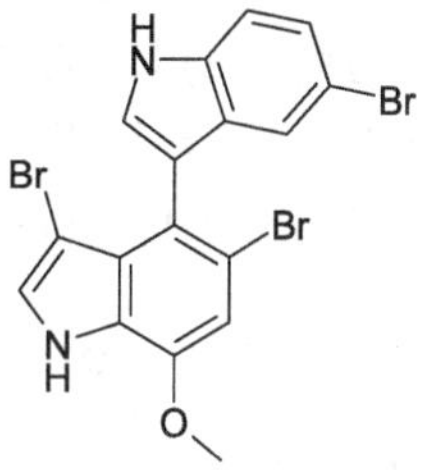

771　Spiroindimicin B　螺印地霉素 B*

【基本信息】$C_{23}H_{17}Cl_2N_3O_2$.【类型】双吲哚类生物碱.【来源】深海导出的链霉菌属 Streptomyces sp. SCSIO 03032 (沉积物, 孟加拉湾).【活性】细胞毒 (CCRF-CEM, B16, HepG2 和 H460, 中等活性).【文献】W. Zhang, et al. Org. Lett., 2012, 14, 3364.

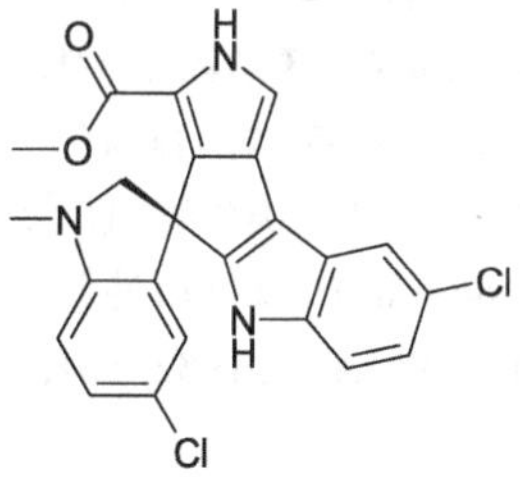

772　Spiroindimicin C　螺印地霉素 C*

【基本信息】$C_{22}H_{15}Cl_2N_3O_2$.【类型】双吲哚类生物碱.【来源】深海导出的链霉菌属 Streptomyces sp. SCSIO 03032 (沉积物, 孟加拉湾).【活性】细胞毒 (CCRF-CEM, B16, HepG2 和 H460, 中等活性); 拓扑异构酶Ⅱ、组织蛋白酶 K、细胞色素 P450 3A4、芳香化酶 P450、蛋白激酶和组蛋白去乙酰化酶的抑制剂（有潜力的).【文献】W. Zhang, et al. Org. Lett., 2012, 14, 3364; K. Saurav, et al. Interdiscip. Sci. Comput. Life Sci., 2014, 6, 187.

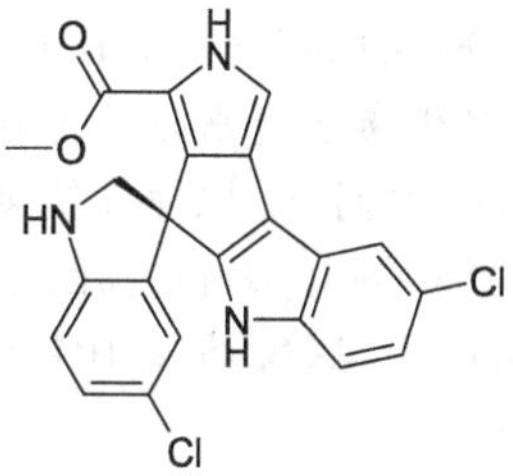

773 Spiroindimicin D 螺印地霉素 D*
【基本信息】$C_{25}H_{19}Cl_2N_3O_4$.【类型】双吲哚类生物碱.【来源】深海导出的链霉菌属 *Streptomyces* sp. SCSIO 03032（沉积物，孟加拉湾）.【活性】细胞毒（CCRF-CEM, B16, HepG2 和 H460，中等活性）；拓扑异构酶Ⅱ、组织蛋白酶 K、细胞色素 P450 3A4、芳香化酶 P450、蛋白激酶和组蛋白去乙酰化酶的抑制剂（有潜力的）.【文献】W. Zhang, et al. Org. Lett., 2012, 14, 3364; K. Saurav, et al. Interdisc. Sci. Comput. Life Sci., 2014, 6, 187.

774 2,2′,5,5′-Tetrabromo-3,3′-bi-1*H*-indole 2,2′,5,5′-四溴-3,3′-二-1*H*-吲哚
【别名】Rivularin C; 胶须藻素 C*.【基本信息】$C_{16}H_8Br_4N_2$, 玫瑰花结状晶体（氯仿），mp 239~240℃.【类型】双吲哚类生物碱.【来源】蓝细菌胶须藻属 *Rivularia firma*.【活性】抗炎.【文献】R. S. Norton, et al. JACS, 1982, 104, 3628.

775 (+)-2,3′,5,5′-Tetrabromo-7′-methoxy-3,4′-bi-1*H*-indole (+)-2,3′,5,5′-四溴-7′-甲氧基-3,4′-二-1*H*-吲哚
【别名】Rivularin D_3; 胶须藻素 D_3*.【基本信息】$C_{17}H_{10}Br_4N_2O$, 棱柱状晶体（二氯甲烷/己烷），mp 178~179℃（分解），$[\alpha]_D^{20} = +71°$ ($c = 1$，氯仿).【类型】双吲哚类生物碱.【来源】蓝细菌胶须藻属 *Rivularia firma*（潮间带）.【活性】抗炎；抗过敏剂；中枢神经系统镇静剂；致肿瘤真菌毒素.【文献】R. S. Norton, et al. JACS, 1982, 104, 3628.

776 Topsentin 软海绵亭*
【基本信息】$C_{20}H_{14}N_4O_2$, 无定形亮黄色固体, mp 270℃.【类型】双吲哚类生物碱.【来源】软海绵科海绵 *Topsentia genitrix* 和丘海绵属 *Spongosorites* sp.（深海, 加勒比海）.【活性】抗病毒（HSV-1, 疱疹性口炎病毒 *Vesicular stomatitis* 和冠状病毒 A-59, *in vitro*）；细胞毒（HCT8, A549 和 T47D, IC_{50} = 20μg/mL; P_{388}, IC_{50} = 3.0μg/mL）；有毒的（鱼和淡水海绵 *Ephydatia fluviatilis* 离体细胞）.【文献】K. Bartik, et al. Can. J. Chem., 1987, 65, 2118; S. Tsujii, et al. JOC, 1988, 53, 5446; I. Kawasaki, et al. Heterocycles, 1998, 48, 1887.

777 Topsentin B_2 软海绵亭 B_2*
【别名】Bromotopsentin; 溴软海绵亭*.【基本信息】$C_{20}H_{13}BrN_4O_2$, 亮黄色晶体（氯仿/甲醇）或黄绿色油状物, mp 260℃, mp 296~297℃.【类型】双吲哚类生物碱.【来源】软海绵科海绵 *Topsentia genitrix*, 丘海绵属 *Spongosorites* sp. 和小紫海绵属 *Hexadella* sp.【活性】鱼毒；抗病毒；抗肿瘤；杀虫剂（低活性）.【文献】K. Bartik, et al. Can. J. Chem., 1987, 65, 2118; S. A. Morris, et al. Can. J. Chem., 1989, 67, 677.

3.5 咔唑类生物碱

778 Antipathine A 二叉黑角珊瑚素 A*
【基本信息】$C_{16}H_{13}N_3O_2$, 黄色粉末.【类型】咔唑类生物碱.【来源】黑珊瑚二叉黑角珊瑚 *Antipathes dichotoma* (三亚, 海南; 南海, 中国).【活性】细胞毒 (SGC7901 和 HepG2).【文献】S.-H. Qi, et al. CPB, 2009, 57, 87.

779 7-Bromo-1-(6-bromo-1*H*-indol-3-yl)-9*H*-carbazole 7-溴-1-(6-溴-1*H*吲哚-3-基)-9*H*咔唑*
【基本信息】$C_{20}H_{12}Br_2N_2$.【类型】咔唑类生物碱.【来源】佩纳海绵属 *Penares* sp. (南海, 中国).【活性】细胞毒 (HL60, IC_{50} = 16.1μmol/L; HeLa, IC_{50} = 33.2μmol/L).【文献】E. G. Lyakhova, et al. Tetrahedron Lett., 2012, 53, 6119.

780 Chloroxiamycin 氯西阿霉素*
【基本信息】$C_{23}H_{24}ClNO_3$, 灰色粉末, $[\alpha]_D^{21}$ = +69° (c = 0.45, 甲醇).【类型】咔唑类生物碱.【来源】海洋导出的链霉菌属 *Streptomyces* sp. SCSIO 02999 (沉积物, 南海, 中国).【活性】抗菌 (大肠杆菌 *Escherichia coli* ATCC 25922, MIC = 64μg/mL; 金黄色葡萄球菌 *Staphylococcus aureus* ATCC 29213, MIC = 64μg/mL; 枯草杆菌 *Bacillus subtilis* SCSIO BS01, MIC > 128μg/mL; 苏云金芽孢杆菌 *Bacillus thuringiensis* SCSIO BT01, MIC = 64μg/mL).【文献】Q. Zhang, et al. EurJOC, 2012, 27, 5256.

781 Coproverdine 扣坡沃啶*
【基本信息】$C_{15}H_{11}NO_6$, 黄色油状物, $[\alpha]_D^{20}$ = −8° (c = 0.36, 乙醇).【类型】咔唑类生物碱.【来源】未鉴定的海鞘 (新西兰).【活性】细胞毒 (P_{388}, IC_{50} = 1.6μmol/L; A549, IC_{50} = 0.3μmol/L; HT29, IC_{50} = 0.3μmol/L; MEL28, IC_{50} = 0.3μmol/L; DU145, IC_{50} = 0.3μmol/L).【文献】S. Urban, et al. JNP, 2002, 65, 1371.

782 Dixiamycin A 双西阿霉素 A*
【基本信息】$C_{46}H_{48}N_2O_6$, 灰色粉末, $[\alpha]_D^{21}$ = +90° (c = 0.40, 甲醇), 首例自然发生的 N-N 偶联的 atropo-非对映异构体.【类型】咔唑类生物碱.【来源】海洋导出的链霉菌属 *Streptomyces* sp. SCSIO 02999 (沉积物, 南海, 中国).【活性】抗菌 (大肠杆菌 *Escherichia coli* ATCC 25922, MIC = 8μg/mL; 金黄色葡萄球菌 *Staphylococcus aureus* ATCC 29213, MIC = 8μg/mL; 枯草杆菌 *Bacillus subtilis* SCSIO BS01, MIC = 16μg/mL; 苏云金芽孢杆菌 *Bacillus thuringiensis* SCSIO BT01, MIC = 4μg/mL).【文献】Q. Zhang, et al. EurJOC, 2012, 27, 5256.

783 Dixiamycin B 双西阿霉素 B*
【基本信息】$C_{46}H_{48}N_2O_6$, 灰色粉末, $[\alpha]_D^{21}$ = +20° (c = 0.32, 甲醇).【类型】咔唑类生物碱.【来源】海洋导出的链霉菌属 *Streptomyces* sp. SCSIO 02999 (沉积物, 南海, 中国).【活性】抗菌 (大肠杆菌 *Escherichia coli* ATCC 25922, MIC = 8μg/mL; 金黄色葡萄球菌 *Staphylococcus aureus* ATCC 29213, MIC = 16μg/mL; 枯草杆菌 *Bacillus subtilis* SCSIO BS01, MIC = 16μg/mL; 苏云金芽

孢杆菌 Bacillus thuringiensis SCSIO BT01, MIC = 8μg/mL).【文献】Q. Zhang, et al. EurJOC, 2012, 27, 5256.

784　1-Methyl-9H-carbazole　1-甲基-9H-咔唑

【基本信息】$C_{13}H_{11}N$, 片状晶体（石油醚），mp 120.5°C.【类型】咔唑类生物碱.【来源】居苔海绵 Tedania ignis.【活性】有毒的（盐水丰年虾）；杀昆虫剂.【文献】R. L. Dillman, et al. JNP, 1991, 54, 1056.

785　Oxiamycin　欧西阿霉素*

【基本信息】$C_{23}H_{25}NO_4$, 灰色粉末，$[\alpha]_D^{21} = +83°$ ($c = 0.48$, 甲醇).【类型】咔唑类生物碱.【来源】海洋导出的链霉菌属 Streptomyces sp. SCSIO 02999 (沉积物，南海，中国).【活性】抗菌（大肠杆菌 Escherichia coli ATCC 25922, MIC = 64μg/mL；金黄色葡萄球菌 Staphylococcus aureus ATCC 29213, MIC = 128μg/mL；枯草杆菌 Bacillus subtilis SCSIO BS01, MIC > 128μg/mL；苏云金芽孢杆菌 Bacillus thuringiensis SCSIO BT01, MIC > 128μg/mL).【文献】Q. Zhang, et al. EurJOC, 2012, 27, 5256.

786　Xiamycin　西阿霉素*

【别名】Xiamycin A; 西阿霉素A*.【基本信息】$C_{23}H_{25}NO_3$, 浅黄色粉末，$[\alpha]_D^{21} = +137°$ ($c = 6.7$, 甲醇).【类型】咔唑类生物碱.【来源】红树导出的链霉菌属 Streptomyces sp. GT2002/1503（内生的），来自红树木榄 Bruguiera gymnorrhiza（树干），海洋导出的链霉菌属 Streptomyces sp.（沉积物，南海）.【活性】抗菌（大肠杆菌 Escherichia coli ATCC 25922, MIC = 64μg/mL；金黄色葡萄球菌 Staphylococcus aureus ATCC 29213, MIC = 64μg/mL；枯草杆菌 Bacillus subtilis SCSIO BS01, MIC > 128μg/mL；苏云金芽孢杆菌 Bacillus thuringiensis SCSIO BT01, MIC > 128μg/mL）；细胞毒（一组试验，低活性到中等活性）；抗病毒（选择性的抗HIV剂，通过阻断r5热带病毒，而不影响x4热带HIV-1感染).【文献】Q. Zhang, et al. EurJOC, 2012, 27, 5256; L. Ding, et al. BoMCL, 2010, 20, 6685.

787　Xiamycin A methyl ester　西阿霉素A甲酯*

【基本信息】$C_{24}H_{27}NO_3$.【类型】咔唑类生物碱.【来源】红树导出的链霉菌属 Streptomyces sp. GT2002/1503（内生的），来自红树木榄 Bruguiera gymnorrhiza（树干）.【活性】细胞毒（一组试验，$IC_{50} = 10.13μmol/L$).【文献】L. Ding, et al. BoMCL, 2010, 20, 6685.

788　Xiamycin B　西阿霉素B*

【基本信息】$C_{23}H_{25}NO_4$.【类型】咔唑类生物碱.【来源】红树导出的链霉菌属 Streptomyces sp. HKI0595（内生的），来自红树秋茄树 Kandelia candel（树干）.【活性】抗菌（MRSA 和 VREF，高活性).【文献】L. Ding, et al. Org. Biomol. Chem., 2011, 9, 4029.

3.6 吲哚[2,3-a]咔唑类生物碱

789 Antibiotics ZHD-0501 抗生素 ZHD-0501
【基本信息】$C_{28}H_{22}N_4O_4$, 浅黄色晶体 (氯仿/甲醇), mp 283.4~285.5°C, $[\alpha]_D^{20}$ = +83.2° (c = 0.1, 甲醇).【类型】吲哚并[2,3-a]咔唑类生物碱.【来源】海洋导出的放线菌珊瑚状放线菌属 $Actinomadura$ sp. 007.【活性】细胞毒 (1μmol/L: A549, InRt = 82.6%; Bel7402, InRt = 57.3%; HL60, InRt = 76.1%; P_{388}, InRt = 62.2%); 细胞毒 (小鼠 tsFT210 癌细胞; 2.1μmol/L, InRt = 20.5%; 21μmol/L, InRt = 28.3%).【文献】X.-X. Han, et al. Tetrahedron Lett., 2005, 46, 6137.

790 Arcyriaflavin A 阿克瑞黄素 A*
【基本信息】$C_{20}H_{11}N_3O_2$, 橙色固体, mp 360°C.【类型】吲哚并[2,3-a]咔唑类生物碱.【来源】双盘海鞘属 $Eudistoma$ sp. (西非洲).【活性】细胞毒 (高活性); PKC 抑制剂.【文献】P. A. Horton, et al. Experientia, 1994, 50, 843.

791 N-Carboxamido-staurosporine N-酰胺基-星形孢菌素*
【基本信息】$C_{29}H_{27}N_5O_4$, 亮黄色固体.【类型】吲哚并[2,3-a]咔唑类生物碱.【来源】海洋导出的链霉菌属 $Streptomyces$ sp. QD518.【活性】细胞毒 (37 种癌细胞, 平均 IC_{50} = 0.016μg/mL, 平均 IC_{70} = 0.171μg/mL, 平均 IC_{90} = 2.35μg/mL, 总选择性 = 10/37, 选择率 = 27%); 抗菌 (绿产色链霉菌 $Streptomyces\ viridochromogenes$; 40μg/纸盘, ID = 11mm); 抗微藻 (小球藻 $Chlorella\ vulgaris$, 根腐小球藻 $Chlorella\ sorokiniana$ 和栅藻属 $Scenedesmus\ subspicatus$, 40μg/纸盘, ID = 14~16mm).【文献】S. J. Wu, et al. J. Antibiot. 2006, 59, 331.

792 Fradcarbazole A 弗氏链霉菌咔唑 A*
【基本信息】$C_{39}H_{32}N_6O_3S$, 黄色无定形粉末, $[\alpha]_D^{21}$ = +31° (c = 0.3, 氯仿).【类型】吲哚并[2,3-a]咔唑类生物碱.【来源】海洋导出的弗氏链霉菌* $Streptomyces\ fradiae$ 007M135 (沉积物, 胶州湾, 山东, 中国).【活性】细胞毒 (HL60, IC_{50} = 1.30μmol/L, 对照阿霉素, IC_{50} = 0.65μmol/L; K562, IC_{50} = 4.58μmol/L, 阿霉素, IC_{50} = 0.64μmol/L; A549, IC_{50} = 1.41μmol/L, 阿霉素, IC_{50} = 0.08μmol/L; Bel7402, IC_{50} = 3.26μmol/L, 阿霉素, IC_{50} = 0.37μmol/L); PKC-α 抑制剂 (IC_{50} = 4.27μmol/L, 对照星形孢菌素, IC_{50} = 0.16μmol/L).【文献】P. Fu, et al. Org. Lett., 2012, 14, 6194.

793 Fradcarbazole B 弗氏链霉菌咔唑 B*
【基本信息】$C_{29}H_{27}N_5O_3S$, 黄色无定形粉末, $[\alpha]_D^{21}$ = +21° (c = 0.2, 氯仿).【类型】吲哚并[2,3-a]

咔唑类生物碱.【来源】海洋导出的弗氏链霉菌* *Streptomyces fradiae* 007M135 (沉积物, 胶州湾, 山东, 中国).【活性】细胞毒 (HL60, IC_{50} = 1.60μmol/L, 对照阿霉素, IC_{50} = 0.65μmol/L; K562, IC_{50} = 1.47μmol/L, 阿霉素, IC_{50} = 0.64μmol/L; A549, IC_{50} = 0.001μmol/L, 阿霉素, IC_{50} = 0.08μmol/L; Bel7402, IC_{50} = 1.74μmol/L, 阿霉素, IC_{50} = 0.37μmol/L); PKC-α 抑制剂 (IC_{50} = 0.85μmol/L, 对照星形孢菌素, IC_{50} = 0.16μmol/L).【文献】P. Fu, et al. Org. Lett., 2012, 14, 6194.

794 Fradcarbazole C 弗氏链霉菌咔唑 C*

【基本信息】$C_{29}H_{25}N_5O_3$, 黄色无定形粉末, $[α]_D^{21}$ = +28° (c = 0.2, 氯仿).【类型】吲哚并[2,3-a]咔唑类生物碱.【来源】海洋导出的弗氏链霉菌* *Streptomyces fradiae* 007M135 (沉积物, 胶州湾, 山东, 中国).【活性】细胞毒 (HL60, IC_{50} = 0.13μmol/L, 对照阿霉素, IC_{50} = 0.65μmol/L; K562, IC_{50} = 0.43μmol/L, 对照阿霉素, IC_{50} = 0.64μmol/L; A549, IC_{50} = 0.02μmol/L, 对照阿霉素, IC_{50} = 0.08μmol/L; Bel7402, IC_{50} = 0.68μmol/L, 对照阿霉素, IC_{50} = 0.37μmol/L); PKC-α 抑制剂 (IC_{50} = 1.03μmol/L, 对照星形孢菌素, IC_{50} = 0.16μmol/L).【文献】P. Fu, et al. Org. Lett., 2012, 14, 6194.

795 11-Hydroxystaurosporine 11-羟基星形孢菌素

【基本信息】$C_{28}H_{26}N_4O_4$, 浅黄色无定形固体, $[α]_D$ = +10.3° (c = 0.3, 甲醇).【类型】吲哚并[2,3-a]咔唑类生物碱.【来源】双盘海鞘属 *Eudistoma* sp. (波纳佩岛, 密克罗尼西亚联邦).【活性】细胞毒 (KB, IC_{50} = 0.7ng/mL; LoVo, IC_{50} = 0.03μg/mL); PKC 抑制剂 (IC_{50} = 2.2ng/mL).【文献】R. B. Kinnel, et al. JOC, 1992, 57, 6327.

796 5′-Hydroxystaurosporine 5′-羟基星形孢菌素

【基本信息】$C_{28}H_{26}N_4O_4$, 浅黄色粉末, mp > 220°C (分解), $[α]_D^{25}$ = +53° (c = 0.1, 甲醇).【类型】吲哚并[2,3-a]咔唑类生物碱.【来源】海洋细菌小单孢菌属 *Micromonospora* sp. (菌株 L-31-CLCO-02), 来自娄海绵钙质海绵 *Clathrina clathrus*, 皮质娄海绵钙质海绵 *Clathrina coriacea* (匀浆, 加那利群岛, 西班牙).【活性】细胞毒.【文献】L. M. Cañedo Hernández, et al. J. Antibiot., 2000, 53, 895.

797 Indimicin B 因地米辛 B*

【基本信息】$C_{24}H_{21}Cl_2N_3$.【类型】吲哚并[2,3-a]咔唑类生物碱.【来源】海洋导出的链霉菌属 *Streptomyces* sp. SCSIO 03032 (深海).【活性】细胞毒 (MCF7).【文献】W. Zhang, et al. JNP, 2014, 77, 1887.

798　4′-N-Methyl-5′-hydroxystaurosporine
4′-N-甲基-5′-羟基星形孢菌素

【基本信息】$C_{29}H_{28}N_4O_4$, 浅黄色粉末, mp > 220℃（分解）, $[\alpha]_D^{25} = +30°$ ($c = 0.11$, 氯仿).【类型】吲哚并[2,3-a]咔唑类生物碱.【来源】海洋细菌小单孢菌属 *Micromonospora* sp.（菌株 L-31-CLCO-02），来自皮质篓海绵钙质海绵 *Clathrina coriacea*（匀浆，加那利群岛，西班牙）.【活性】细胞毒.【文献】L. M. Cañedo Hernández, et al. J. Antibiot., 2000, 53, 895.

799　7-Oxo-8,9-dihydroxy-4′-N-demethyl-staurosporine
7-氧代-8,9-二羟基-4′-N-去甲基星形孢菌素

【基本信息】$C_{27}H_{22}N_4O_6$.【类型】吲哚并[2,3-a]咔唑类生物碱.【来源】Polycitoridae 科海鞘 *Cystodytes solitus*.【活性】细胞毒（A549, HT29 和 MDA-MB-231, $GI_{50} = 17.5\sim90$nmol/L）.【文献】F. Reyes, et al. JNP, 2008, 71, 1046.

800　7-Oxo-2-hydroxystaurosporine
7-氧代-2-羟基星形孢菌素

【别名】2-Hydroxy-7-oxostaurosporine; 2-羟基-7-氧代星形孢菌素.【基本信息】$C_{28}H_{24}N_4O_5$.【类型】吲哚并[2,3-a]咔唑类生物碱.【来源】双盘海鞘属 *Eudistoma vannamei*（泰巴海滩潮间带海滩下面的岩石，038°54.469′W 03°34.931′S，塞阿拉州西海岸，巴西）.【活性】细胞毒 [7-氧代-2/3-羟基星形孢菌素混合物: HL60, $IC_{50} = 25.97$nmol/L, SI（PBMC 对癌细胞）= 26.46; Molt4, $IC_{50} = 18.64$nmol/L, SI = 36.86; Jurkat, $IC_{50} = 10.33$nmol/L, SI = 70.08; K562, $IC_{50} = 144.47$nmol/L, SI = 4.75; HCT8, $IC_{50} = 58.24$nmol/L, SI = 11.80; SF295, $IC_{50} = 57.90$nmol/L, SI = 11.87; MDA-MB-435, $IC_{50} = 28.68$nmol/L, SI = 23.96; PBMC, $IC_{50} = 687.08$nmol/L].【文献】P. C. Jimenez, et al. Mar. Drugs, 2012, 10, 1092.

801　7-Oxo-3-hydroxystaurosporine
7-氧代-3-羟基星形孢菌素

【别名】3-Hydroxy-7-oxostaurosporine; 3-羟基-7-氧代星形孢菌素.【基本信息】$C_{28}H_{24}N_4O_5$.【类型】吲哚并[2,3-a]咔唑类生物碱.【来源】双盘海鞘属 *Eudistoma vannamei*（泰巴海滩潮间带海滩下面的岩石，038°54.469′W 03°34.931′S，塞阿拉州西海岸，巴西）.【活性】细胞毒 [7-氧代-2/3-羟基星形孢菌素混合物: HL60, $IC_{50} = 25.97$nmol/L, SI（PBMC 对癌细胞）= 26.46; Molt4, $IC_{50} = 18.64$nmol/L, SI = 36.86; Jurkat, $IC_{50} = 10.33$nmol/L, SI = 70.08; K562, $IC_{50} = 144.47$nmol/L, SI = 4.75; HCT8, $IC_{50} = 58.24$nmol/L, SI = 11.80; SF295, $IC_{50} = 57.90$nmol/L, SI = 11.87; MDA-MB-435, $IC_{50} = 28.68$nmol/L, SI = 23.96; PBMC, $IC_{50} = 687.08$nmol/L].【文献】P. C. Jimenez, et al. Mar. Drugs, 2012, 10, 1092.

802　7-Oxo-3,8,9-trihydroxystaurosporine　7-氧代-3,8,9-三羟基星形孢菌素

【基本信息】$C_{28}H_{24}N_4O_7$.【类型】吲哚并[2,3-a]咔唑类生物碱.【来源】Polycitoridae 科海鞘 *Cystodytes solitus*.【活性】细胞毒 (A549, HT29 和 MDA-MB-231, GI_{50} = 17.5~90nmol/L).【文献】F. Reyes, et al. JNP, 2008, 71, 1046.

803　Staurosporine　星形孢菌素

【基本信息】$C_{28}H_{26}N_4O_3$, 浅黄色板状晶体, mp 270℃ (分解), $[\alpha]_D^{25}$ = +35º (c = 1, 甲醇).【类型】吲哚并[2,3-a]咔唑类生物碱.【来源】双盘海鞘属 *Eudistoma vannamei*（泰巴海滩潮间带海滩下面的岩石，038°54.469′W 03°34.931′S，塞阿拉州西海岸，巴西），未鉴定的海洋导出的放线菌 N96C-47, 来自双盘海鞘属 *Eudistoma toealensis*, 扁形动物门多肠目扁虫 *Pseudoceros* sp. (双盘海鞘属海鞘 *Eudistoma toealensis* 的捕食者).【活性】细胞毒 [7-氧代-2/3-羟基星形孢菌素混合物: HL60, IC_{50} = 391.83nmol/L, SI (PBMC 对癌细胞) = 2.00; Molt4, IC_{50} = 154.50nmol/L, SI = 5.08; Jurkat, IC_{50} = 83.96nmol/L, SI = 9.34; HCT8, IC_{50} = 83.83nmol/L, SI = 9.36; SF295, IC_{50} = 569.52nmol/L, SI = 1.38; MDA-MB-435, IC_{50} = 215.42nmol/L, SI = 3.64; PBMC, IC_{50} = 784.51nmol/L]; 抗真菌; 低血压; 血小板聚集抑制剂; 抗寄生虫; 杀线虫剂; 血管舒张剂; 平滑肌松弛剂; 嗜神经组织的; 抗增生的; 内皮素兴奋剂; 细胞周期进程抑制剂.【文献】D. E. Williams, et al. Tetrahedron Lett., 1999, 40, 7171; P. C. Jimenez, et al. Mar. Drugs, 2012, 10, 1092; CRC Press, DNP on DVD, 2012, version 20.2.

804　Staurosporine aglycone　星形孢菌素糖苷配基

【基本信息】$C_{20}H_{13}N_3O$, 灰黄色针状晶体, mp > 300℃.【类型】吲哚并[2,3-a]咔唑类生物碱.【来源】双盘海鞘属 *Eudistoma* sp. (西非洲).【活性】细胞毒 (A549, IC_{50} = 2.0μmol/L, P388, IC_{50} = 3.2μmol/L); PKCs 抑制剂 (8 种克隆 PKC 同工酶中的 7 种: α-PKC, IC_{50} = 1.3μmol/L, β_I-PKC, IC_{50} = 0.6μmol/L, β_II-PKC, IC_{50} = 0.5μmol/L, δ-PKC, IC_{50} = 1.2μmol/L, ε-PKC, IC_{50} = 1.1μmol/L, η-PKC, IC_{50} = 0.8μmol/L, γ-PKC, IC_{50} = 1.5μmol/L, ζ-PKC, IC_{50} > 6.4μmol/L); PKC 抑制剂 (IC_{50} = 0.2μmol/L) (Yasuza, 1986); 细胞黏附抑制剂 (EL-4 细胞株, IC_{50} = 30μmol/L, 在 K562 起泡试验中抑制"质膜出泡", IC_{50} = 0.9μmol/L) (Osada, 1988); 氧释放抑制剂（中性粒细胞爆发试验, IC_{50} = 0.5μmol/L).【文献】P. A. Horton, et al. Experientia, 1994, 50, 843; T. Yasuza, et al. J. Antibiot., 1986, 39, 1072; H. Osada, et al. J. Antibiot., 1988, 41, 925.

805　Streptocarbazole A　链霉菌咔唑 A*

【基本信息】$C_{28}H_{23}N_3O_5$.【类型】吲哚并[2,3-a]咔唑类生物碱.【来源】红树导出的链霉菌属 *Streptomyces* sp., 来自未鉴定的红树 (土壤, 三亚, 海南, 中国).【活性】细胞毒 (HL60, IC_{50} =

1.4µmol/L; A549, IC$_{50}$ = 5.0µmol/L; P$_{388}$, IC$_{50}$ = 18.9µmol/L; HeLa, IC$_{50}$ = 34.5µmol/L); 细胞毒 (HeLa, 10µmol/L, 阻止细胞循环的 G$_2$/M 阶段).
【文献】P. Fu, et al. Org. Lett., 2012, 14, 2422.

3.7 β-咔啉类生物碱

808　Arborescidine D　伪二气孔海鞘啶 D*
【基本信息】C$_{16}$H$_{19}$BrN$_2$O, 无定形固体.【类型】β-咔啉类生物碱.【来源】Pseudodistomidae 科伪二气孔海鞘属* *Pseudodistoma arborescens*.【活性】细胞毒 (KB).【文献】M. Chbani, et al. JNP, 1993, 56, 99.

806　Tjipanazole A$_1$　单歧藻吡咯 A$_1$*
【别名】*N*-(6-Deoxy-β-D-gulopyranosyl)-tjipanazole D; *N*-(6-去氧-β-D-吡喃葡萄糖基)-单歧藻吡咯 D*.【基本信息】C$_{24}$H$_{20}$Cl$_2$N$_2$O$_4$, [α]$_D$ = +9.1º (c = 1.0, 氯仿).【类型】吲哚并[2,3-*a*]咔唑类生物碱.【来源】蓝细菌单歧藻属 *Tolypothrix tjipanasensis*.【活性】抗真菌.【文献】R. Bonjouklian, et al. Tetrahedron, 1991, 47, 7739.

809　Brocaeloid C　布洛卡青霉素类似物 C*
【基本信息】C$_{17}$H$_{22}$N$_2$O.【类型】β-咔啉类生物碱.【来源】红树导出的真菌布洛卡青霉* *Penicillium brocae* MA-192, 来自红树马鞭草科海榄雌 *Avicennia marina* (新鲜的树叶).【活性】抗菌 (低活性或无活性).【文献】P. Zhang, et al. EurJOC, 2014, 2014, 4029.

807　Tjipanazole A$_2$　单歧藻吡咯 A$_2$*
【别名】*N*-α-L-Rhamnopyranosyl-tjipanazole D; *N*-α-L-吡喃鼠李糖基-单歧藻吡咯 D*.【基本信息】C$_{24}$H$_{20}$Cl$_2$N$_2$O$_4$, [α]$_D$ = +25.12º (c = 1.0, 氯仿).【类型】吲哚并[2,3-*a*]咔唑类生物碱.【来源】蓝细菌单歧藻属 *Tolypothrix tjipanasensis*.【活性】抗真菌.【文献】R. Bonjouklian, et al. Tetrahedron, 1991, 47, 7739.

810　3-Bromofascaplysin　3-溴胄甲海绵新*
【基本信息】C$_{18}$H$_{10}$BrN$_2$O$^+$, 红色固体 (氯化物).【类型】β-咔啉类生物碱.【来源】胄甲海绵亚科 Thorectinae 海绵 *Fascaplysinopsis reticulata*, 星骨海鞘属 *Didemnum* sp.【活性】细胞毒 (HL60, THP-1, HeLa, MDA-MB-231, DLD-1, SNU-C4 和 SK-MEL-28 细胞, 被半胱氨酸天冬氨酸蛋白酶-8、半胱氨酸天冬氨酸蛋白酶-9、半胱氨酸天冬氨酸蛋白酶-3 调节其细胞凋亡).【文献】N. L. Segraves, et al. Tetrahedron Lett., 2003, 44, 3471; A. S. Kuzmich, et al. Bioorg. Med. Chem., 2010, 18, 3834.

811　3-Bromohomofascaplysin A　3-溴高胃甲海绵新 A*

【基本信息】$C_{20}H_{14}BrN_2O_3^+$，无定形淡黄棕色固体，$[\alpha]_D^{20} = -9°$ ($c = 0.1$, 甲醇). 【类型】β-咔啉类生物碱. 【来源】星骨海鞘属 *Didemnum* sp. (普拉特暗礁, 斐济). 【活性】杀特定生命阶段疟原虫 (恶性疟原虫 *Plasmodium falciparum* W2-Mef, 所有阶段的寄生虫, $IC_{50} = 805$ nmol/L, 对照氯喹, $IC_{50} = 149$ nmol/L, 对照青蒿素, $IC_{50} = 6.245$ nmol/L; 环阶段, $IC_{50} = 574$ nmol/L, 氯喹, $IC_{50} = 174$ nmol/L, 青蒿素, $IC_{50} = 5.92$ nmol/L; 滋养子阶段, $IC_{50} = 1189$ nmol/L, 氯喹, $IC_{50} = 162$ nmol/L, 青蒿素, $IC_{50} = 6.46$ nmol/L; 裂殖体阶段, $IC_{50} = 765$ nmol/L, 氯喹, $IC_{50} = 80$ nmol/L, 青蒿素, $IC_{50} = 5.91$ nmol/L). 【文献】Z. Lu, et al. BoMC, 2011, 19, 6604.

812　1-Deoxysecofascaplysin A　1-去氧断胃甲海绵新 A*

【基本信息】$C_{19}H_{15}N_2O_2^+$, 亮黄色固体. 【类型】β-咔啉类生物碱. 【来源】海绵 *Thorectandra* sp. 【活性】细胞毒. 【文献】R. D. Charan, et al. Nat. Prod. Res., 2004, 18, 225.

813　Didemnoline A　星骨海鞘林 A*

【基本信息】$C_{16}H_{13}BrN_4S$. 【类型】β-咔啉类生物碱. 【来源】星骨海鞘属 *Didemnum* sp. (罗塔岛, 北马里亚纳群岛, 太平洋). 【活性】细胞毒 (KB). 【文献】R. W. Schumacher, et al. Tetrahedron, 1995, 51, 10125; R. W. Schumacher, et al. Tetrahedron, 1999, 55, 935.

814　Didemnoline B　星骨海鞘林 B*

【基本信息】$C_{16}H_{14}N_4S$. 【类型】β-咔啉类生物碱. 【来源】星骨海鞘属 *Didemnum* sp. (罗塔岛, 北马里亚纳群岛, 太平洋). 【活性】细胞毒 (KB). 【文献】R. W. Schumacher, et al. Tetrahedron, 1995, 51, 10125; R. W. Schumacher, et al. Tetrahedron, 1999, 55, 935.

815　Didemnoline C　星骨海鞘林 C*

【基本信息】$C_{16}H_{13}BrN_4OS$, $[\alpha]_D^{25} = +97.2°$ ($c = 0.1$, 二甲亚砜). 【类型】β-咔啉类生物碱. 【来源】星骨海鞘属 *Didemnum* sp. (罗塔岛, 北马里亚纳群岛, 太平洋). 【活性】细胞毒 (KB). 【文献】R. W. Schumacher, et al. Tetrahedron, 1995, 51, 10125; R. W. Schumacher, et al. Tetrahedron, 1999, 55, 935.

816　Didemnoline D　星骨海鞘林 D*

【基本信息】$C_{16}H_{14}N_4OS$. 【类型】β-咔啉类生物碱. 【来源】星骨海鞘属 *Didemnum* sp. (罗塔岛, 北马里亚纳群岛, 太平洋). 【活性】细胞毒 (KB). 【文献】R. W. Schumacher, et al. Tetrahedron, 1995, 51, 10125; R. W. Schumacher, et al. Tetrahedron, 1999, 55, 935.

817　Dysideanin B　掘海绵宁 B*

【基本信息】$C_{14}H_{16}N_3O^+$.【类型】β-咔啉类生物碱.
【来源】掘海绵属 *Dysidea* sp. (陵水, 海南, 中国).
【活性】抗菌 (低活性).【文献】S. Ren, et al. J. Antibiot., 2010, 63, 699.

818　1-Ethyl-β-carboline　1-乙基-β-咔啉

【基本信息】$C_{13}H_{12}N_2$, 发白的黄色针状晶体 (甲醇/氯仿), mp 194~195℃.【类型】β-咔啉类生物碱.
【来源】苔藓动物极精筛胞苔虫 *Cribricellina cribraria* (新西兰) 和苔藓动物裸唇纲 *Costaticella hastata*.【活性】细胞毒 (P_{388}, IC_{50} = 25000ng/mL); 抗菌 (大肠杆菌 *Escherichia coli*, MIC > 120μg/盘; 枯草杆菌 *Bacillus subtilis*, MIC = 7.5~15μg/盘; 铜绿假单胞菌 *Pseudomonas aeruginosa*, MIC > 60μg/盘); 抗真菌 (白色念珠菌 *Candida albicans*, MIC = 1.9~3.8μg/盘; 须发癣菌 *Trichophyton mentagropbytes*, MIC = 1.9~3.8μg/盘; 真菌 *Cladzspwum resina*, MIC = 30~60μg/盘).【文献】A. J. Blackman, et al. JNP, 1987, 50, 494; M. R. Prinsep, et al. JNP, 1991, 54, 1068.

819　1-Ethyl-β-carboline-3-carboxylic acid 1-乙基-β-咔啉-3-羧酸

【基本信息】$C_{14}H_{12}N_2O_2$.【类型】β-咔啉类生物碱.
【来源】海洋导出的放线菌珊瑚状放线菌属 *Actinomadura* sp. BCC 24717.【活性】细胞毒 (Vero 细胞).【文献】J. Kornsakulkarn, et al. Phytochem. Lett., 2013, 6, 491.

820　Eudistalbin A　白色双盘海鞘宾 A*

【基本信息】$C_{16}H_{18}BrN_3$, 无定形物质, $[\alpha]_D = -10°$ (c = 0.1, 甲醇).【类型】β-咔啉类生物碱.【来源】白色双盘海鞘* *Eudistoma album* [新喀里多尼亚 (法属)].【活性】细胞毒 (KB).【文献】S. A. Adesanya, et al. JNP, 1992, 55, 525.

821　Eudistomidin A　苍白双盘海鞘啶 A*

【基本信息】$C_{15}H_{12}BrN_3O$, 黄色固体, mp 225~230℃ (分解), mp 265~280℃ (分解), mp 260~270℃ (分解).【类型】β-咔啉类生物碱.【来源】苍白双盘海鞘* *Eudistoma glaucus* (冲绳, 日本).
【活性】钙调蛋白拮抗剂 (高活性, 钙调蛋白是生物细胞内一种重要的调控蛋白, 通过其与靶酶的相互作用, 控制细胞正常的生长和发育).【文献】J. Kobayashi, et al. Tetrahedron Lett., 1986, 27, 1191; J. Kobayashi, et al. JOC, 1990, 55, 3666; Y. Murakami, et al. Tetrahedron, 1998, 54, 45.

822　Eudistomidin B　苍白双盘海鞘啶 B*

【基本信息】$C_{21}H_{24}BrN_3$, 黄色泡沫, mp 81~83℃, $[\alpha]_D^{22} = -54°$ (c = 0.2, 甲醇), $[\alpha]_D = -76.4°$ (c = 0.3, 氯仿).【类型】β-咔啉类生物碱.【来源】苍白双盘海鞘* *Eudistoma glaucus* (冲绳, 日本).【活性】细胞毒 (抗白血病: L_{1210}, IC_{50} = 3.4μg/mL; L5178Y, IC_{50} = 3.1μg/mL); 细胞毒 (L_{1210}, IC_{50} = 4.7μg/mL) (Takahashi, 2010); ATPase 酶活化剂 (兔心肌肌动球蛋白, 3×10^{-5}mol/L, 93%).【文献】J. Kobayashi, et al. JOC, 1990, 55, 3666; Y. Takahashi, et al. BoMCL, 2010, 20, 4100.

823 Eudistomidin C 苍白双盘海鞘啶 C*
【基本信息】$C_{15}H_{16}BrN_3OS$，黄色固体，mp 120~122℃，$[\alpha]_D^{22}$ = +15.6º (c = 0.2, 甲醇)。【类型】β-咔啉类生物碱。【来源】苍白双盘海鞘* *Eudistoma glaucus* (冲绳, 日本)。【活性】细胞毒 (抗白血病: L_{1210}, IC_{50} = 0.36μg/mL; L5178Y, IC_{50} = 0.42μg/mL); 钙调蛋白拮抗剂 (IC_{50} = $3×10^{-5}$mol/L)。【文献】J. Kobayashi, et al. JOC, 1990, 55, 3666.

824 Eudistomidin D 苍白双盘海鞘啶 D*
【基本信息】$C_{12}H_9BrN_2O$，黄色固体，mp 180℃ (分解)。【类型】β-咔啉类生物碱。【来源】苍白双盘海鞘* *Eudistoma glaucus* (冲绳, 日本)。【活性】细胞毒（抗白血病: L_{1210}, IC_{50} = 2.4μg/mL; L5178Y, IC_{50} = 1.8μg/mL); 诱导钙离子从肌质网释放 (比咖啡因活性高10倍)。【文献】J. Kobayashi, et al. JOC, 1990, 55, 3666.

825 Eudistomidin G 苍白双盘海鞘啶 G*
【基本信息】$C_{21}H_{24}BrN_3$。【类型】β-咔啉类生物碱。【来源】苍白双盘海鞘* *Eudistoma glaucus* (Ie 岛, 冲绳, 日本)。【活性】细胞毒 (L_{1210}, IC_{50} = 4.8μg/mL)。【文献】Y. Takahashi, et al. BoMCL, 2010, 20, 4100.

826 Eudistomidin J 苍白双盘海鞘啶 J*
【基本信息】$C_{15}H_{16}BrN_3O_2S$, 浅黄色无定形固体，$[\alpha]_D^{25}$ = +21.1º (c = 0.5, 甲醇)。【类型】β-咔啉类生物碱。【来源】苍白双盘海鞘* *Eudistoma glaucus* (Ie 岛, 冲绳, 日本)。【活性】细胞毒 (P_{388}, IC_{50} = 0.043μg/mL; L_{1210}, IC_{50} = 0.047μg/mL; KB, IC_{50} = 0.063μg/mL)。【文献】T. Suzuki, et al. BoMCL, 2011, 21, 4220.

827 Eudistomin A 橄榄绿双盘海鞘明 A*
【别名】蕈状海鞘素 A。【基本信息】$C_{15}H_{10}BrN_3O$, 黄色油状物。【类型】β-咔啉类生物碱。【来源】橄榄绿双盘海鞘* *Eudistoma olivaceum* (加勒比海)。【活性】抗病毒 (HSV-1 试验: 500ng/12.7mm 盘, 不抑制)。【文献】J. Kobayashi, et al. JACS, 1984, 106, 1526; K. L. Rinehart, et al. JACS, 1987, 109, 3378; P. Molina., Tetrahedron Lett., 1992, 33, 2891.

828 Eudistomin B 橄榄绿双盘海鞘明 B*
【别名】蕈状海鞘素 B。【基本信息】$C_{17}H_{16}BrN_3O_2$。【类型】β-咔啉类生物碱。【来源】橄榄绿双盘海鞘* *Eudistoma olivaceum* (加勒比海)。【活性】抗病毒 (HSV-1 试验: 500ng/12.7mm 盘, 不抑制); 抗菌 (革兰氏阳性菌), 抗真菌 (酵母)。【文献】K. L. Rinehart, et al. JACS, 1987, 109, 3378.

829 Eudistomin C 橄榄绿双盘海鞘明 C*
【别名】蕈状海鞘素 C。【基本信息】$C_{14}H_{16}BrN_3O_2S$, 浅黄色油状物, $[\alpha]_D^{25}$ = −52º (c = 0.4, 甲醇)。【类型】β-咔啉类生物碱。【来源】双盘海鞘属 *Eudistoma*

gilboverde (帕劳, 大洋洲), 橄榄绿双盘海鞘* *Eudistoma olivaceum* (加勒比海) 和雷海鞘属 *Ritterella sigillinoides* (新西兰).【活性】抗病毒 (HSV-1 试验: 50ng/12.7mm 盘, 完全抑制; 25ng/12.7mm 盘, 部分抑制; 10ng/12.7mm 盘, 部分抑制; 5ng/12.7mm 盘, 不抑制); 抗菌 (100μg/12.7mm 盘, 37℃, 2h 或 16h, 枯草杆菌 *Bacillus subtilis*, IZD = 26mm; 大肠杆菌 *Escherichia coli*, IZD = 22mm; 5μg/12.7mm 盘, 37℃, 20h 或 16h, 枯草杆菌 *Bacillus subtilis*, IZD = 14mm; 大肠杆菌 *Escherichia coli*, IZD = 0mm); 抗真菌 (100μg/12.7mm 盘, 37℃, 20h 或 16h, 酿酒酵母 *Saccharomyces cerevisiae*, IZD = 0mm; 深酒色青霉 *Penicillium atrovenetum*, IZD = 27mm; 5μg/12.7mm 盘, 37℃, 20h 或 16h 时, 酿酒酵母 *Saccharomyces cerevisiae*, IZD = 0mm; 深酒色青霉 *Penicillium atrovenetum*, IZD = 0mm).【文献】K. L. Rinehart, Jr., et al. JACS, 1984, 106, 1524; K. L. Rinehart, et al. JACS, 1987, 109, 3378; J. W. Blunt, et al. Tetrahedron Lett., 1987, 28, 1825; J.-J. Liu, et al. JCS Perken Trans. Ⅰ, 2000, 3487; M. A. Rashid, et al. JNP, 2001, 64, 1454.

830 Eudistomin D 橄榄绿双盘海鞘明 D*

【别名】荨状海鞘素 D.【基本信息】$C_{11}H_7BrN_2O$, 黄色无定形固体, mp > 280℃.【类型】β-咔啉类生物碱.【来源】橄榄绿双盘海鞘* *Eudistoma olivaceum* (加勒比海) 和双盘海鞘属 *Eudistoma gilboverde* (帕劳, 大洋洲).【活性】抗病毒 (HSV-1 试验: 500ng/12.7mm 盘, 部分抑制); 抗菌 (100μg/12.7mm 盘, 37℃, 20h 或 16h, 枯草杆菌 *Bacillus subtilis*, IZD = 14mm; 大肠杆菌 *Escherichia coli*, IZD = 0mm).【文献】J. Kobayashi, et al. JACS, 1984, 106, 1526; K. L. Rinehart, et al. JACS, 1987, 109, 3378; M. A. Rashid, et al. JNP, 2001, 64, 1454.

831 Eudistomin E 橄榄绿双盘海鞘明 E*

【别名】荨状海鞘素 E.【基本信息】$C_{14}H_{16}BrN_3O_2S$, 浅黄色油状物, $[\alpha]_D^{25} = -18°$ ($c = 0.1$, 甲醇).【类型】β-咔啉类生物碱.【来源】双盘海鞘属 *Eudistoma gilboverde* (帕劳, 大洋洲) 和橄榄绿双盘海鞘* *Eudistoma olivaceum* (加勒比海).【活性】抗病毒 (HSV-1 试验: 50ng/12.7mm 盘, 完全抑制; 25ng/12.7mm 盘, 完全抑制; 5ng/12.7mm 盘, 边缘抑制活性); 抗菌 (1μg/12.7mm 盘, 37℃, 20h 或 16h, 枯草杆菌 *Bacillus subtilis*, IZD = 17mm; 大肠杆菌 *Escherichia coli*, IZD = 0mm); 抗真菌 (1μg/12.7mm 盘, 37℃, 20h 或 16h, 酿酒酵母 *Saccharomyces cerevisiae*, IZD = 0mm; 深酒色青霉 *Penicillium atrovenetum*, IZD = 0mm).【文献】K. L. Rinehart, Jr., et al. JACS, 1984, 106, 1524; K. L. Rinehart, et al. JACS, 1987, 109, 3378; J. W. Blunt, et al. Tetrahedron Lett., 1987, 28, 1825; J.-J. Liu, et al. JCS Perkin Trans. Ⅰ, 2000, 3487; M. A. Rashid, et al. JNP, 2001, 64, 1454.

832 Eudistomin F 橄榄绿双盘海鞘明 F*

【别名】荨状海鞘素 F.【基本信息】$C_{16}H_{18}BrN_3O_4S$, 油状物.【类型】β-咔啉类生物碱.【来源】橄榄绿双盘海鞘* *Eudistoma olivaceum* (加勒比海).【活性】抗病毒 (有潜力的).【文献】K. L. Rinehart, Jr., et al. JACS, 1984, 106, 1524; K. L. Rinehart, et al. JACS, 1987, 109, 3378; J.-J. Liu, et al. JCS Perkin Trans. Ⅰ, 2000, 3487.

833 Eudistomin G 橄榄绿双盘海鞘明 G*

【别名】荨状海鞘素 G.【基本信息】$C_{15}H_{12}BrN_3$, 针状晶体 (二氯甲烷), mp 204~206℃.【类型】β-咔

啉类生物碱.【来源】橄榄绿双盘海鞘* *Eudistoma olivaceum* (加勒比海).【活性】抗病毒 (HSV-1 试验: 500ng/12.7mm 盘，边缘抑制活性).【文献】J. Kobayashi, et al. JACS, 1984, 106, 1526; K. L. Rinehart, et al. JACS, 1987, 109, 3378.

834　Eudistomin H　橄榄绿双盘海鞘明 H*
【别名】簟状海鞘素 H.【基本信息】$C_{15}H_{12}BrN_3$, 粉末, mp 140~142°C.【类型】β-咔啉类生物碱.【来源】橄榄绿双盘海鞘* *Eudistoma olivaceum* (加勒比海).【活性】抗病毒 (HSV-1 试验: 500ng/12.7mm 盘，部分抑制); 抗真菌 (100μg/12.7mm 盘, 37°C, 20h 或 16h, 酿酒酵母 *Saccharomyces cerevisiae*, IZD = 20mm (昏厥); 深酒色青霉 *Penicillium atrovenetum*, IZD = 0mm).【文献】J. Kobayashi, et al. JACS, 1984, 106, 1526; K. L. Rinehart, et al. JACS, 1987, 109, 3378.

835　Eudistomin I　橄榄绿双盘海鞘明 I*
【别名】簟状海鞘素 I.【基本信息】$C_{15}H_{13}N_3$, 粉末, mp 153~155°C.【类型】β-咔啉类生物碱.【来源】橄榄绿双盘海鞘* *Eudistoma olivaceum* (加勒比海).【活性】抗病毒 (HSV-1 试验: 500ng/12.7mm 盘，边缘抑制活性); 抗菌 (100μg/12.7mm 盘, 37°C, 20h 或 16h, 枯草杆菌 *Bacillus subtilis*, IZD = 14mm; 大肠杆菌 *Escherichia coli*, IZD = 0mm).【文献】J. Kobayashi, et al. JACS, 1984, 106, 1526; K. L. Rinehart, et al. JACS, 1987, 109, 3378.

836　Eudistomin J　橄榄绿双盘海鞘明 J*
【别名】簟状海鞘素 J.【基本信息】$C_{11}H_7BrN_2O$.【类型】β-咔啉类生物碱.【来源】橄榄绿双盘海鞘* *Eudistoma olivaceum* (加勒比海) 和双盘海鞘属 *Eudistoma gilboverde* (帕劳, 大洋洲).【活性】抗病毒 (HSV-1 试验: 1000ng/12.7mm 盘，边缘抑制活性).【文献】J. Kobayashi, et al. JACS, 1984, 106, 1526; K. L. Rinehart, et al. JACS, 1987, 109, 3378; M. A. Rashid, et al. JNP, 2001, 64, 1454.

837　Eudistomin K　橄榄绿双盘海鞘明 K*
【别名】簟状海鞘素 K.【基本信息】$C_{14}H_{16}BrN_3OS$, 油状物, $[\alpha]_D^{25} = -102°$ (c = 0.2, 甲醇).【类型】β-咔啉类生物碱.【来源】双盘海鞘属 *Eudistoma gilboverde* (帕劳, 大洋洲), 雷海鞘属 *Ritterella sigillinoides* (新西兰) 和橄榄绿双盘海鞘* *Eudistoma olivaceum* (加勒比海).【活性】抗病毒 (HSV-1 试验: 250ng/12.7mm 盘,部分抑制); 抗菌 (100μg/12.7mm 盘, 37°C, 20h 或 16h, 枯草杆菌 *Bacillus subtilis*, IZD = 23mm; 大肠杆菌 *Escherichia coli*, IZD = 15mm); 抗真菌 (100μg/12.7mm 盘, 37°C, 20h 或 16h, 酿酒酵母 *Saccharomyces cerevisiae*, IZD = 24mm; 深酒色青霉 *Penicillium atrovenetum*, IZD = 27mm).【文献】K. L. Rinehart, Jr., et al. JACS, 1984, 106, 1524; J. W. Blunt, et al. Tetrahedron Lett., 1987, 28, 1825; K. L. Rinehart, et al. JACS, 1987, 109, 3378; J.-J. Liu, et al. JCS Perkin Trans. I, 2000, 3487; M. A. Rashid, et al. JNP, 2001, 64, 1454.

838　Eudistomin L　橄榄绿双盘海鞘明 L*
【别名】簟状海鞘素 L.【基本信息】$C_{14}H_{16}BrN_3OS$, $[\alpha]_D^{25} = -77°$ (c = 0.2, 甲醇).【类型】β-咔啉类生物碱.【来源】橄榄绿双盘海鞘* *Eudistoma olivaceum* (加勒比海) 和双盘海鞘属 *Eudistoma gilboverde* (帕劳, 大洋洲).【活性】抗病毒 (HSV-1

试验: 100ng/12.7mm 盘, 部分抑制); 抗菌 (100μg/12.7mm 盘, 37℃, 20h 或 16h, 枯草杆菌 *Bacillus subtilis*, IZD = 27mm; 大肠杆菌 *Escherichia coli*, IZD = 20mm); 抗真菌 (100μg/12.7mm 盘, 37℃, 20h 或 16h, 酿酒酵母 *Saccharomyces cerevisiae*, IZD = 28mm; 深酒色青霉 *Penicillium atrovenetum*, IZD = 32mm).【文献】K. L. Rinehart, Jr., et al. JACS, 1984, 106, 1524; J. W. Blunt, et al. Tetrahedron Lett., 1987, 28, 1825; K. L. Rinehart, et al. JACS, 1987, 109, 3378; J.-J. Liu, et al. JCS Perkin Trans. I, 2000, 3487; M. A. Rashid, et al. JNP, 2001, 64, 1454.

839 Eudistomin M 橄榄绿双盘海鞘明 M*
【别名】蕈状海鞘素 M.【基本信息】$C_{15}H_{11}N_3O$, 黄色棱镜状晶体 (氯仿/甲醇).【类型】β-咔啉类生物碱.【来源】橄榄绿双盘海鞘* *Eudistoma olivaceum* (加勒比海).【活性】抗病毒; 腺苷三磷酸酶 ATPase 兴奋剂 (在肌肉收缩研究中用作生化工具化合物).【文献】J. Kobayashi, et al. JACS, 1984, 106, 1526; K. L. Rinehart, et al. JACS, 1987, 109, 3378; P. Molina., Tetrahedron Lett., 1992, 33, 2891.

840 Eudistomin N 橄榄绿双盘海鞘明 N*
【别名】蕈状海鞘素 N.【基本信息】$C_{11}H_7BrN_2$, 黄色针状晶体 (甲醇/氯仿), mp 265~268℃.【类型】β-咔啉类生物碱.【来源】橄榄绿双盘海鞘* *Eudistoma olivaceum* (加勒比海).【活性】抗菌 (和橄榄绿双盘海鞘明O的混合物, 100μg/12.7mm 盘, 37℃, 20h 或 16h, 枯草杆菌 *Bacillus subtilis*, IZD = 19mm; 大肠杆菌 *Escherichia coli*, IZD = 18mm); 抗真菌 (100μg/12.7mm 盘, 37℃, 20h 或 16h, 酿酒酵母 *Saccharomyces cerevisiae*, IZD = 25mm; 深酒色青霉 *Penicillium atrovenetum*, IZD = 20mm).【文献】J. Kobayashi, et al. JACS, 1984, 106, 1526.

841 Eudistomin O 橄榄绿双盘海鞘明 O*
【别名】蕈状海鞘素 O.【基本信息】$C_{11}H_7BrN_2$, 浅黄色晶体, mp 208~210℃.【类型】β-咔啉类生物碱.【来源】橄榄绿双盘海鞘* *Eudistoma olivaceum* (加勒比海) 和雷海鞘属 *Ritterella sigillinoides* (新西兰).【活性】抗菌 (和橄榄绿双盘海鞘明 N 的混合物, 100μg/12.7mm 盘, 37℃, 20h 或 16h, 枯草杆菌 *Bacillus subtilis*, IZD = 19mm; 大肠杆菌 *Escherichia coli*, IZD = 18mm); 抗真菌 (100μg/12.7mm 盘, 37℃, 20h 或 16h, 酿酒酵母 *Saccharomyces cerevisiae*, IZD = 25mm; 深酒色青霉 *Penicillium atrovenetum*, IZD = 20mm).【文献】J. Kobayashi, et al. JACS, 1984, 106, 1526; R. J. Lake, et al. Aust. J. Chem., 1989, 42, 1201.

842 Eudistomin P 橄榄绿双盘海鞘明 P*
【别名】蕈状海鞘素 P.【基本信息】$C_{15}H_{12}BrN_3O$, mp 128~130℃.【类型】β-咔啉类生物碱.【来源】橄榄绿双盘海鞘* *Eudistoma olivaceum* (加勒比海).【活性】抗病毒 (HSV-1 试验: 500ng/12.7mm 盘, 部分抑制); 抗菌 (100μg/12.7mm 盘, 37℃, 20h 或 16h, 枯草杆菌 *Bacillus subtilis*, IZD = 15mm; 大肠杆菌 *Escherichia coli*, IZD = 0mm); 抗真菌 (100μg/12.7mm 盘, 37℃, 20h 或 16h, 酿酒酵母 *Saccharomyces cerevisiae*, IZD = 20mm (昏厥); 深酒色青霉 *Penicillium atrovenetum*, IZD = 0mm).【文献】J. Kobayashi, et al. JACS, 1984, 106, 1526; K. L. Rinehart, et al. JACS, 1987, 109, 3378.

843 Eudistomin Q 橄榄绿双盘海鞘明 Q*
【别名】蕈状海鞘素 Q.【基本信息】$C_{15}H_{13}N_3O$, mp 120~125℃.【类型】β-咔啉类生物碱.【来源】橄榄绿双盘海鞘* Eudistoma olivaceum (加勒比海).【活性】抗病毒 (HSV-1 试验: 500ng/12.7mm 盘, 边缘抑制活性); 抗菌 (100μg/12.7mm 盘, 37℃, 20h 或 16h, 枯草杆菌 Bacillus subtilis, IZD = 14mm; 大肠杆菌 Escherichia coli, IZD = 0mm).【文献】J. Kobayashi, et al. JACS, 1984, 106, 1526; K. L. Rinehart, et al. JACS, 1987, 109, 3378.

844 Eudistomin U 橄榄绿双盘海鞘明 U*
【别名】蕈状海鞘素 U.【基本信息】$C_{19}H_{13}N_3$, mp 92℃.【类型】β-咔啉类生物碱.【来源】易碎簇骨海鞘* Lissoclinum frafile (加勒比海).【活性】抗菌 (农杆菌属 Agrobacterium tumfaims, 高活性); DNA 黏合剂 (色谱纯化过程).【文献】A. Badre, et al. JNP, 1994, 57, 528; P. Molina, et al. Tetrahedron lett., 1995, 36, 3581; P. Rocca, et al. Tetrahedron Lett., 1995, 36, 7085.

845 Eudistomin Y$_1$ 橄榄绿双盘海鞘明 Y$_1$*
【别名】蕈状海鞘素 Y$_1$.【基本信息】$C_{18}H_{12}N_2O_2$.【类型】β-咔啉类生物碱.【来源】双盘海鞘属 Eudistoma sp. (朝鲜半岛水域).【活性】抗菌 (表皮葡萄球菌 Staphylococcus epidermidis 和枯草杆菌 Bacillus subtilis).【文献】W. Wang, et al. JNP, 2008, 71, 163.

846 Eudistomin Y$_2$ 橄榄绿双盘海鞘明 Y$_2$*
【别名】蕈状海鞘素 Y$_2$.【基本信息】$C_{18}H_{11}BrN_2O_2$.【类型】β-咔啉类生物碱.【来源】双盘海鞘属 Eudistoma sp. (朝鲜半岛水域).【活性】抗菌 (表皮葡萄球菌 Staphylococcus epidermidis 和枯草杆菌 Bacillus subtilis).【文献】W. Wang, et al. JNP, 2008, 71, 163.

847 Eudistomin Y$_3$ 橄榄绿双盘海鞘明 Y$_3$*
【别名】蕈状海鞘素 Y$_3$.【基本信息】$C_{18}H_{11}BrN_2O_2$.【类型】β-咔啉类生物碱.【来源】双盘海鞘属 Eudistoma sp. (朝鲜半岛水域).【活性】抗菌 (表皮葡萄球菌 Staphylococcus epidermidis 和枯草杆菌 Bacillus subtilis).【文献】W. Wang, et al. JNP, 2008, 71, 163.

848 Eudistomin Y$_4$ 橄榄绿双盘海鞘明 Y$_4$*
【别名】蕈状海鞘素 Y$_4$.【基本信息】$C_{18}H_{10}Br_2N_2O_2$.【类型】β-咔啉类生物碱.【来源】双盘海鞘属 Eudistoma sp. (朝鲜半岛水域).【活性】抗菌 (表皮葡萄球菌 Staphylococcus epidermidis 和枯草杆菌 Bacillus subtilis).【文献】W. Wang, et al. JNP, 2008, 71, 163.

849　Eudistomin Y$_5$　橄榄绿双盘海鞘明 Y$_5$*

【别名】蕈状海鞘素 Y$_5$.【基本信息】$C_{18}H_{10}Br_2N_2O_2$.
【类型】β-咔啉类生物碱.【来源】双盘海鞘属 *Eudistoma* sp. (朝鲜半岛水域).【活性】抗菌 (表皮葡萄球菌 *Staphylococcus epidermidis* 和枯草杆菌 *Bacillus subtilis*).【文献】W. Wang, et al. JNP, 2008, 71, 163.

850　Eudistomin Y$_6$　橄榄绿双盘海鞘明 Y$_6$*

【别名】蕈状海鞘素 Y$_6$.【基本信息】$C_{18}H_9Br_3N_2O_2$.
【类型】β-咔啉类生物碱.【来源】双盘海鞘属 *Eudistoma* sp. (朝鲜半岛水域).【活性】抗菌 (表皮葡萄球菌 *Staphylococcus epidermidis* 和枯草杆菌 *Bacillus subtilis*).【文献】W. Wang, et al. JNP, 2008, 71, 163.

851　Eudistomin Y$_7$　橄榄绿双盘海鞘明 Y$_7$*

【别名】蕈状海鞘素 Y$_7$.【基本信息】$C_{18}H_9Br_3N_2O_2$.
【类型】β-咔啉类生物碱.【来源】双盘海鞘属 *Eudistoma* sp. (朝鲜半岛水域).【活性】抗菌 (表皮葡萄球菌 *Staphylococcus epidermidis* 和枯草杆菌 *Bacillus subtilis*).【文献】W. Wang, et al. JNP, 2008, 71, 163.

852　Fascaplysin　胄甲海绵新*

【基本信息】$C_{18}H_{11}N_2O^+$, 红色晶体 (甲醇或氯仿) (氯化物), mp 232~235°C (氯化物).【类型】β-咔啉类生物碱.【来源】胄甲海绵亚科 Thorectinae 海绵 *Fascaplysinopsis* sp., 钵海绵属 *Hyrtios* cf. *erecta* 和胄甲海绵亚科 Thorectinae 海绵 *Smenospongia* sp., 星骨海鞘属 *Didemnum* sp.【活性】CDK4 (细胞周期蛋白依赖激酶 4) 抑制剂 (选择性的, IC$_{50}$ = 0.35μmol/L); 细胞毒; 抗菌 (金黄色葡萄球菌 *Staphylococcus aureus*, 0.1μg/盘, IZD = 15mm; 大肠杆菌 *Escherichia coli*, 5μg/盘, IZD = 8mm; 白色念珠菌 *Candida albicans*, 1μg/盘, IZD = 11mm); 抗真菌 (酵母菌, 0.1μg/盘, IZD = 20mm); 细胞毒 (L$_{1210}$, IC$_{50}$ = 0.2μg/mL); HIV-1-rt 抑制剂 (0.12mmol/L, 剩余活性降为 10%) (Kirsch, 2000); p56lck 酪氨酸激酶抑制剂 (0.7mmol/L, 降为 10%) (Kirsch, 2000); 杀疟原虫的 (恶性疟原虫 *Plasmodium falciparum* K1, IC$_{50}$ = 50ng/mL, 对照氯喹, IC$_{50}$ = 54ng/mL, 对照青蒿素, IC$_{50}$ = 1ng/mL; 氯喹敏感的恶性疟原虫 *Plasmodium falciparum* NF54, IC$_{50}$ = 34ng/mL, 对照氯喹, IC$_{50}$ = 4ng/mL, 对照青蒿素, IC$_{50}$ = 2ng/mL) (Kirsch, 2000); 细胞毒 (大鼠骨骼肌肌母细胞 L-6 细胞, MIC = 2.5μg/mL) (Kirsch, 2000); 杀疟原虫的生命特定阶段活性 (恶性疟原虫 *Plasmodium falciparum* W2-Mef, 所有的活的寄生虫, IC$_{50}$ = 48.2nmol/L, 对照氯喹, IC$_{50}$ = 149nmol/L, 对照青蒿素, IC$_{50}$ = 6.245nmol/L; 环期, IC$_{50}$ = 7.82nmol/L, 对照氯喹, IC$_{50}$ = 174nmol/L, 对照青蒿素, IC$_{50}$ = 5.92nmol/L; 滋养体阶段, IC$_{50}$ = 401nmol/L, 对照氯喹, IC$_{50}$ = 162nmol/L, 对照青蒿素, IC$_{50}$ = 6.46nmol/L; 裂殖体阶段, IC$_{50}$ = 65.2nmol/L, 对照氯喹, IC$_{50}$ = 80nmol/L, 对照青蒿素, IC$_{50}$ = 5.91nmol/L); 抗锥虫 [布氏锥虫 *Trypanosoma brucei* subsp. *Rhodesiense*, IC$_{50}$ = 0.17μg/mL (630nmol/L)] (Kirsch, 2000).【文献】D. M. Roll, et al. JOC, 1988, 53, 3276; R. Soni, et al. Biochem. Biophys. Res. Commun. 2000, 275, 877; G. Kirsch, et al. JNP, 2000, 63, 825; Z. Lu, et al. BoMC, 2011, 19, 6604; D. Skropeta, et al. Mar. Drugs, 2011, 9, 2131 (Rev.).

853 Gesashidine A 个萨西啶 A*

【基本信息】$C_{18}H_{19}N_4OS^+$.【类型】β-咔啉类生物碱.【来源】胄甲海绵科 Thorectidae 海绵 SS-1035（冲绳，日本）.【活性】抗菌（藤黄色微球菌 Micrococcus luteus）.【文献】Y. Iinuma, et al. JNP, 2005, 68, 1109.

854 Hainanerectamine C 海南直立钵海绵胺 C*

【基本信息】$C_{16}H_{16}N_4O_3$.【类型】β-咔啉类生物碱.【来源】南海海绵* Hyrtios erectus（海南岛，中国）.【活性】丝氨酸/苏氨酸激酶 Aurora A 抑制剂（$IC_{50} = 18.6\mu g/mL$，涉及细胞分裂规则）.【文献】W.-F. He, et al. Mar. Drugs, 2014, 12, 3982.

855 Harman 哈尔满

【别名】1-Methyl-β-carboline; 1-甲基-β-咔啉.【基本信息】$C_{12}H_{10}N_2$, mp 237~238°C, mp 228°C.【类型】β-咔啉类生物碱.【来源】苔藓动物裸唇纲 Costaticella hastate 和苔藓动物极精筛胞苔虫 Cribricellina cribraria（新西兰）.【活性】细胞毒（P_{388}, $IC_{50} = 25000ng/mL$）；抗菌（大肠杆菌 Escherichia coli, MIC = 60~120μg/盘；枯草杆菌 Bacillus subtilis, MIC = 7.5~15μg/盘；铜绿假单胞菌 Pseudomonas aeruginosa, MIC > 60μg/盘）；抗真菌（白色念珠菌 Candida albicans, MIC = 1.9~3.8μg/盘；须发癣菌 Trichophyton mentagropbytes, MIC = 3.7~7.5μg/盘; Cladzspwum resina, MIC = 15~30μg/盘）；镇静剂；致幻剂；植物生长抑制剂和酶抑制剂.【文献】A. J. Blackman, et al. JNP, 1987, 50, 494; M. R. Prinsep, et al. JNP, 1991, 54, 1068.

856 Homofascaplysin A 高胄甲海绵新 A*

【基本信息】$C_{21}H_{17}N_2O_2^+$, 棕色油状物.【类型】β-咔啉类生物碱.【来源】南海海绵* Hyrtios cf. erecta 和胄甲海绵亚科 Thorectinae 海绵 Fascaplysinopsis reticulata, 星骨海鞘属 Didemnum sp.（普拉特暗礁，斐济）.【活性】杀疟原虫的（恶性疟原虫 Plasmodium falciparum K1, $IC_{50} = 14ng/mL$, 对照氯喹, $IC_{50} = 54ng/mL$, 对照青蒿素, $IC_{50} = 1ng/mL$；氯喹敏感的恶性疟原虫 Plasmodium falciparum NF54, $IC_{50} = 24ng/mL$, 对照氯喹, $IC_{50} = 4ng/mL$, 对照青蒿素, $IC_{50} = 2ng/mL$）(Kirsch, 2000)；细胞毒（大鼠骨骼肌肌母细胞 L-6 细胞, MIC = 1.1μg/mL, 小鼠腹膜巨噬细胞, MIC = 30μg/mL）(Kirsch, 2000)；杀特定生命阶段疟原虫（恶性疟原虫 Plasmodium falciparum W2-Mef, 所有阶段的寄生虫, $IC_{50} = 105nmol/L$, 对照氯喹, $IC_{50} = 149nmol/L$, 对照青蒿素, $IC_{50} = 6.245nmol/L$；环阶段, $IC_{50} = 0.55nmol/L$, 对照氯喹, $IC_{50} = 174nmol/L$, 对照青蒿素, $IC_{50} = 5.92nmol/L$；滋养体阶段, $IC_{50} = 252nmol/L$, 对照氯喹, $IC_{50} = 162nmol/L$, 对照青蒿素, $IC_{50} = 6.46nmol/L$；裂殖体阶段, $IC_{50} = 94nmol/L$, 对照氯喹, $IC_{50} = 80nmol/L$, 对照青蒿素, $IC_{50} = 5.91nmol/L$）；抗菌（大肠杆菌 Escherichia coli, 50μg/9mm 和巨大芽孢杆菌 Bacillus megaterium, 50μg/11mm）(Kirsch, 2000); p56lck 酪氨酸激酶抑制剂（0.6mmol/L, 降低到 8%; 0.3mmol/L 降低到 44%）(Kirsch, 2000).【文献】C. Jiménez, et al. JOC, 1991, 56, 3403; G. Kirsch, et al. JNP, 2000, 63, 825; Z. Lu, et al. BoMC, 2011, 19, 6604.

857 8-Hydroxy-1-vinyl-β-carboline 8-羟基-1-乙烯基-β-咔啉*

【基本信息】$C_{13}H_{10}N_2O$, 黄色油状物.【类型】β-咔啉类生物碱.【来源】苔藓动物极精筛胞苔虫 Cribricellina cribraria（新西兰）和苔藓动物裸唇纲 Catenicella cribraria（主要成分，澳大利亚）.【活性】细胞毒（NCI 60 种人癌细胞试验, GI_{50} =

1.8μmol/L, TGI = 5.8μmol/L, LC$_{50}$ = 19μmol/L); 细胞毒 (P$_{388}$, IC$_{50}$ = 100ng/mL); 抗病毒/细胞毒 (0.5μg/盘: HSV-1 病毒在 BSC 细胞上生长, 抑制区超出盘半径 1~2mm; PV-1 (Polio 病毒, Pfizer vacine 株) 生长在 BSC 细胞上, 抑制区超出盘半径 1~2mm; BSC, 抑制区超出盘半径 2~4mm); 抗菌 (大肠杆菌 Escherichia coli, MIC > 60μg/盘; 枯草杆菌 Bacillus subtilis, MIC = 7.5~15μg/盘; 铜绿假单胞菌 Pseudomonas aeruginosa, MIC > 60μg/盘); 抗真菌 (白色念珠菌 Candida albicans, MIC = 15~30μg/盘; 须发癣菌 Trichophyton mentagropbytes, MIC = 0.45~0.9μg/盘; Cladzspwum resina, MIC = 3.7~7.5μg/盘).【文献】M. R. Prinsep, et al. JNP, 1991, 54, 1068; J. A. Beutler, et al. JNP, 1993, 56, 1825.

858　Hyrtiocarboline　有网脉钵海绵咔啉*
【基本信息】C$_{16}$H$_{10}$N$_4$O$_4$, 橙色油状物.【类型】β-咔啉类生物碱.【来源】有网脉钵海绵* Hyrtios reticulatus (俾斯麦海, 巴布亚新几内亚).【活性】细胞毒 (选择性的抗恶性细胞增生).【文献】W. D. Inman, et al. JNP, 2010, 73, 255.

859　Hyrtioerectine D　直立钵海绵亭 D*
【基本信息】C$_{20}$H$_{13}$N$_3$O$_4$, 黄色固体.【类型】β-咔啉类生物碱.【来源】冲绳海绵 Hyrtios sp. (红海).【活性】细胞毒 (MDA-MB-231, GI$_{50}$ = 25μmol/L, 抗恶性细胞增生, 对照阿霉素, GI$_{50}$ = 0.30μmol/L; A549, GI$_{50}$ = 30μmol/L, 对照阿霉素, GI$_{50}$ = 0.35μmol/L; HT29, GI$_{50}$ = 28μmol/L, 对照阿霉素, GI$_{50}$ = 0.40μmol/L); 抗氧化剂 (DPPH 自由基清除剂, InRt = 45%); 抗真菌 (白色念珠菌 Candida albicans, IZ = 17mm, 对照克霉唑, IZ = 35mm); 抗菌 (金黄色葡萄球菌 Staphylococcus aureus, IZ = 20mm, 对照氨苄西林, IZ = 30mm; 铜绿假单胞菌 Pseudomonas aeruginosa IZ = 7~9mm, 对照亚胺培南, IZ = 30 mm; 大肠杆菌 Escherichia coli, 无活性).【文献】D. T. A. Youssef, et al. Mar. Drugs, 2013, 11, 1061.

860　Hyrtioerectine E　直立钵海绵亭 E*
【基本信息】C$_{21}$H$_{15}$N$_3$O$_4$, 黄色固体.【类型】β-咔啉类生物碱.【来源】冲绳海绵 Hyrtios sp. (红海).【活性】细胞毒 (MDA-MB-231, GI$_{50}$ = 90μmol/L, 抗恶性细胞增生, 对照阿霉素, GI$_{50}$ = 0.30μmol/L; A549, GI$_{50}$ = 100μmol/L, 对照阿霉素, GI$_{50}$ = 0.35μmol/L; HT29, GI$_{50}$ = 85μmol/L, 对照阿霉素, GI$_{50}$ = 0.40μmol/L); 抗氧化剂 (DPPH 自由基清除剂, InRt = 31%); 抗真菌 (白色念珠菌 Candida albicans, IZ = 9mm, 对照克霉唑, IZ = 35mm); 抗菌 (金黄色葡萄球菌 Staphylococcus aureus, IZ = 10mm, 对照氨苄西林, IZ = 30mm; 铜绿假单胞菌 Pseudomonas aeruginosa IZ = 7~9mm, 对照亚胺培南, IZ = 30mm; 大肠杆菌 Escherichia coli, 无活性).【文献】D. T. A. Youssef, et al. Mar. Drugs, 2013, 11, 1061.

861　Hyrtioerectine F　直立钵海绵亭 F*
【基本信息】C$_{20}$H$_{14}$N$_4$O$_3$, 黄色固体.【类型】β-咔啉类生物碱.【来源】冲绳海绵 Hyrtios sp. (红海).【活性】细胞毒 (MDA-MB-231, GI$_{50}$ = 42μmol/L, 抗恶性细胞增生, 对照阿霉素, GI$_{50}$ = 0.30μmol/L; A549, GI$_{50}$ = 35μmol/L, 对照阿霉素, GI$_{50}$ = 0.35μmol/L; HT29, GI$_{50}$ = 45μmol/L, 对照阿霉素, GI$_{50}$ = 0.40μmol/L); 抗氧化剂 (DPPH 自由基清除剂, InRt = 42%); 抗菌 (白色念珠菌 Candida albicans, IZ = 14mm, 对照克霉唑, IZ =

35mm);抗菌(金黄色葡萄球菌 *Staphylococcus aureus*, IZ = 16mm, 对照氨苄西林, IZ = 30mm; 铜绿假单胞菌 *Pseudomonas aeruginosa* IZ = 7~9mm, 对照亚胺培南, IZ = 30mm; 大肠杆菌 *Escherichia coli*, 无活性).【文献】D. T. A. Youssef, et al. Mar. Drugs, 2013, 11, 1061.

862 Hyrtiomanzamine 直立钵海绵曼扎名*
【基本信息】$C_{18}H_{17}N_4O_2S^+$,橙色玻璃状固体.【类型】β-咔啉类生物碱.【来源】南海海绵* *Hyrtios erecta* (红海).【活性】免疫抑制剂(B 淋巴细胞反应试验, EC_{50} = 2μg/mL).【文献】D. B. Stierle, et al. JOC, 1980, 45, 4980.

863 Hyrtioreticulin B 有网脉钵海绵林 B*
【基本信息】$C_{16}H_{16}N_4O_3$.【类型】β-咔啉类生物碱.【来源】有网脉钵海绵* *Hyrtios reticulatus* (北苏拉威西, 印度尼西亚).【活性】泛素活化酶 E1 抑制剂.【文献】R. Yamanokuchi, et al. BoMC, 2012, 20, 4437; K. Imada, et al. Tetrahedron, 2013, 69, 7051.

864 Hyrtioreticulin E 有网脉钵海绵林 E*
【基本信息】$C_{13}H_{14}N_2O_3$.【类型】β-咔啉类生物碱.【来源】有网脉钵海绵* *Hyrtios reticulatus* (北苏拉威西, 印度尼西亚).【活性】泛素活化酶 E1 抑制剂.【文献】R. Yamanokuchi, et al. BoMC, 2012, 20, 4437; K. Imada, et al. Tetrahedron, 2013, 69, 7051.

865 Isoeudistomin U 异橄榄绿双盘海鞘明 U*
【别名】Eudisin B; 双盘海鞘新 B*.【基本信息】$C_{19}H_{15}N_3$, 黄色泡沫.【类型】β-咔啉类生物碱.【来源】易碎簇骨海鞘* *Lissoclinum fragile* (加勒比海).【活性】抗菌(农杆菌属 *Agrobacterium tumfaims*, 高活性); DNA 黏合剂(色谱纯化过程).【文献】A. Badre, et al. JNP, 1994, 57, 528; G. Massiot, et al. JNP, 1995, 58, 1636.

866 Manzamine C 曼扎名胺 C*
【基本信息】$C_{23}H_{29}N_3$, 片状晶体(氯仿/乙腈), mp 77~82℃.【类型】β-咔啉类生物碱.【来源】蜂海绵属 *Haliclona* sp.【活性】抗结核(结核分枝杆菌 *Mycobacterium tuberculosis* H37Rv); 细胞毒.【文献】R. Sakai, et al. Tetrahedron Lett., 1987, 28, 5493; H. Seki, et al. CPB, 1993, 41, 1173.

867 Marinacarboline A 海放射孢菌咔啉 A*
【基本信息】$C_{23}H_{21}N_3O_3$, 浅黄色针状晶体.【类型】β-咔啉类生物碱.【来源】海洋导出的细菌耐高温海放射孢菌* *Marinactinospora thermotolerans* SCSIO 00652 (沉积物, 南海, 中国).【活性】杀疟原虫的(恶性疟原虫 *Plasmodium falciparum* 3D7 药物敏感株, IC_{50} = 36.03μmol/L, 对照氯喹, IC_{50} = 0.0128μmol/L; Dd2 多重抗药株, IC_{50} = 1.92μmol/L, 对照氯喹, IC_{50} = 0.0974μmol/L).【文献】H. Huang, et al. JNP, 2011, 74, 2122.

868　Marinacarboline B　海放射孢菌咔啉 B*
【基本信息】$C_{22}H_{19}N_3O_3$，浅黄色固体.【类型】β-咔啉类生物碱.【来源】海洋导出的细菌耐高温海放射孢菌* *Marinactinospora thermotolerans* SCSIO 00652 (沉积物，南海，中国).【活性】杀疟原虫的 (恶性疟原虫 *Plasmodium falciparum* lines 3D7 药物敏感株，IC_{50} = 16.65μmol/L，对照氯喹，IC_{50} = 0.0128μmol/L；Dd2 多重抗药株，IC_{50} = 15.59μmol/L，对照氯喹，IC_{50} = 0.0974μmol/L).【文献】H. Huang, et al. JNP, 2011, 74, 2122.

869　Marinacarboline C　海放射孢菌咔啉 C*
【基本信息】$C_{22}H_{19}N_3O_2$，浅黄色固体.【类型】β-咔啉类生物碱.【来源】海洋导出的细菌耐高温海放射孢菌* *Marinactinospora thermotolerans* SCSIO 00652 (沉积物，南海，中国).【活性】杀疟原虫的 (恶性疟原虫 *Plasmodium falciparum* lines 3D7 药物敏感株，IC_{50} = 3.09μmol/L，对照氯喹，IC_{50} = 0.0128μmol/L；Dd2 多重抗药株，IC_{50} = 3.38μmol/L，对照氯喹，IC_{50} = 0.0974μmol/L).【文献】H. Huang, et al. JNP, 2011, 74, 2122.

870　Marina carboline D　海放射孢菌咔啉 D*
【基本信息】$C_{24}H_{20}N_4O_2$，浅黄色固体.【类型】β-咔啉类生物碱.【来源】海洋导出的细菌耐高温海放射孢菌* *Marinactinospora thermotolerans* SCSIO 00652 (沉积物，南海，中国).【活性】杀疟原虫的 (恶性疟原虫 *Plasmodium falciparum* lines 3D7 药物敏感株，IC_{50} = 5.39μmol/L，对照氯喹，IC_{50} = 0.0128μmol/L；Dd2 多重抗药株，IC_{50} = 3.59μmol/L，对照氯喹，IC_{50} = 0.0974μmol/L).【文献】H. Huang, et al. JNP, 2011, 74, 2122.

871　N^{14}-Methyleudistomidin C　N^{14}-甲基双盘海鞘啶 C*
【基本信息】$C_{16}H_{18}BrN_3OS$，浅黄色树胶状物，$[\alpha]_D$ = +12.9º (c = 0.07, 甲醇).【类型】β-咔啉类生物碱.【来源】双盘海鞘属 *Eudistoma gilboverde*.【活性】细胞毒 (LOX, IC_{50} = 0.41μg/mL；OVCAR-3, IC_{50} = 0.98μg/mL；Colon205, IC_{50} = 0.42μg/mL；Molt4, IC_{50} = 0.57μg/mL).【文献】M. A. Rashid, et al. JNP, 2001, 64, 1454.

872　N^2-Methyleudistomin D　N^2-甲基橄榄绿双盘海鞘明 D*
【基本信息】$C_{12}H_{10}BrN_2O^+$，无定形黄色粉末.【类型】β-咔啉类生物碱.【来源】双盘海鞘属 *Eudistoma gilboverde* (帕劳，大洋洲).【活性】细胞毒 (LOX, IC_{50} = 15.0μg/mL；OVCAR-3, IC_{50} = 20.0μg/mL；Colon205, IC_{50} = 19.1μg/mL；Molt4, IC_{50} = 16.6μg/mL).【文献】M. A. Rashid, et al. JNP, 2001, 64, 1454.

873　N^2-Methyleudistomin J　N^2-甲基橄榄绿双盘海鞘明 J*
【基本信息】$C_{12}H_{10}BrN_2O^+$，黄色树胶状物.【类型】

β-咔啉类生物碱.【来源】双盘海鞘属 *Eudistoma gilboverde*.【活性】细胞毒（LOX, IC_{50} = 15.1μg/mL; OVCAR-3, IC_{50} = 20.0μg/mL; Colon205, IC_{50} = 15.1μg/mL; Molt4, IC_{50} = 17.5μg/mL）.【文献】M. A. Rashid, et al. JNP, 2001, 64, 1454.

874 2-Methyl-9*H*-pyrido[3,4-*b*]indole-3-carboxylic acid 2-甲基-9*H*-吡啶并[3,4-*b*]吲哚-3-羧酸*

【基本信息】$C_{13}H_{10}N_2O_2$, 浅黄色固体, mp 203~205℃.【类型】β-咔啉类生物碱.【来源】软珊瑚三爪珊瑚科 *Lignopsis spongiosum* (南乔治岛, 大西洋).【活性】抗菌（琼脂扩散试验, 大肠杆菌 *Escherichia coli* ATCC 25922, 50μg/盘, IZD = 11mm).【文献】G. M. Cabrera, et al. JNP, 1999, 62, 759.

875 Milnamide A 米尔酰胺 A*

【基本信息】$C_{31}H_{46}N_4O_4$, 无定形固体, $[α]_D^{27}$ = +28.8º (c = 0.5, 二氯甲烷).【类型】β-咔啉类生物碱.【来源】笛海绵属 *Auletta* cf. *constricta* (巴布亚新几内亚).【活性】细胞毒（A549, IC_{50} = 4.1μg/mL; HT29, IC_{50} = 2.8μg/mL; B16/F10, IC_{50} = 3.3μg/mL; P_{388}, IC_{50} = 0.74μg/mL).【文献】P. Crews, et al. JOC, 1994, 59, 2932.

876 Opacaline A 伪二气孔海鞘咔啉 A*

【基本信息】$C_{16}H_{20}BrN_5^{2+}$, 黄色油状物.【类型】β-咔啉类生物碱.【来源】Pseudodistomidae 科伪二气孔海鞘属* *Pseudodistoma opacum* (奥克兰, 新西兰).【活性】抗锥虫（布氏锥虫 *Trypanosoma brucei rhodesience*, IC_{50} = 30μmol/L, 对照美拉申醇, IC_{50} = 0.005μmol/L; 克氏锥虫 *Trypanosoma cruzi*, IC_{50} = 86μmol/L, 对照苄硝唑, IC_{50} = 1.8μmol/L; 杜氏利什曼原虫 *Leishmania donovani*, IC_{50} > 130μmol/L, 对照米替福新, IC_{50} = 0.53μmol/L; 恶性疟原虫 *Plasmodium falciparum* K1, IC_{50} = 2.5μmol/L, 对照氯喹, IC_{50} = 0.28μmol/L); 细胞毒（L-6 大鼠骨骼肌成肌细胞株, IC_{50} = 79μmol/L, 对照鬼白毒素, IC_{50} = 0.019μmol/L).【文献】S. T. S. Chan, et al. JNP, 2011, 74, 1972.

877 Opacaline B 伪二气孔海鞘咔啉 B*

【基本信息】$C_{16}H_{20}BrN_5O^{2+}$, 黄色油状物.【类型】β-咔啉类生物碱.【来源】Pseudodistomidae 科伪二气孔海鞘属* *Pseudodistoma opacum* (奥克兰, 新西兰).【活性】抗锥虫（布氏锥虫 *Trypanosoma brucei rhodesience*, IC_{50} = 27μmol/L, 对照美拉申醇, IC_{50} = 0.005μmol/L; 克氏锥虫 *Trypanosoma cruzi*, IC_{50} = 107μmol/L, 对照苄硝唑, IC_{50} = 1.8μmol/L; 杜氏利什曼原虫 *Leishmania donovani*, IC_{50} > 101μmol/L, 对照米替福新, IC_{50} = 0.53μmol/L; 恶性疟原虫 *Plasmodium falciparum* K1, IC_{50} = 4.5μmol/L, 对照氯喹, IC_{50} = 0.28μmol/L); 细胞毒（L-6 大鼠骨骼肌成肌细胞株, IC_{50} = 120μmol/L, 对照鬼白毒素, IC_{50} = 0.019μmol/L).【文献】S. T. S. Chan, et al. JNP, 2011, 74, 1972.

878 6-Oxofascaplysin 6-氧代胄甲海绵新*

【基本信息】$C_{18}H_{10}N_2O_3$.【类型】β-咔啉类生物碱.【来源】冲绳海绵 *Hyrtios* sp. (澳大利亚).【活性】细胞毒（LNCaP 和 NFF 细胞株, 低活性).【文献】S. Khokhar, et al. BoMCL, 2014, 24, 3329.

879 Pavettine 帕沃亭*

【别名】1-Vinyl-β-carboline; 1-乙烯基-β-咔啉.【基本信息】$C_{13}H_{10}N_2$.【类型】β-咔啉类生物碱.【来源】苔藓动物极精筛胞苔虫 *Cribricellina cribraria* (新西兰) 和苔藓动物裸唇纲 *Costaticella hastata*.【活性】细胞毒 (P_{388}, IC_{50} = 100ng/mL); 抗病毒/细胞毒 [0.5μg/盘: HSV-1 病毒生长在 BSC 细胞上, 抑制区超出盘半径 1~2mm; PV-1 (Polio 病毒, Pfizer vacine 株) 生长在 BSC 细胞上, 抑制区超出盘半径 1~2mm; BSC, 抑制区超出盘半径 2~4mm]; 抗菌 (大肠杆菌 *Escherichia coli*, MIC = 30~60μg/盘; 枯草杆菌 *Bacillus subtilis*, MIC = 1.9~3.8μg/盘; 铜绿假单胞菌 *Pseudomonas aeruginosa*, MIC > 60μg/盘); 抗真菌 (白色念珠菌 *Candida albicans*, MIC = 1.9~3.8μg/盘; 须发癣菌 *Trichophyton mentagropbytes*, MIC = 0.1~0.2μg/盘; *Cladzspwum resina*, MIC = 0.9~1.9μg/盘).【文献】A. J. Blackman, et al. JNP, 1987, 50, 494; M. R. Prinsep, et al. JNP, 1991, 54, 1068.

880 Penipaline A 深海青霉林 A*

【基本信息】$C_{17}H_{20}N_2O_2$.【类型】β-咔啉类生物碱.【来源】深海真菌展青霉 *Penicillium paneum* SD-44 (沉积物, 在 500L 生物反应器中培养).【活性】细胞毒 (A549, IC_{50} = 20.4~21.5μmol/L; HCT116, IC_{50} = 14.9~18.5μmol/L).【文献】C. Li, et al. Helv. Chim. Acta, 2014, 97, 1440.

881 Penipaline B 深海青霉林 B*

【基本信息】$C_{19}H_{24}N_2O_2$.【类型】β-咔啉类生物碱.【来源】深海真菌展青霉 *Penicillium paneum* SD-44 (沉积物, 在 500L 生物反应器中培养).【活性】细胞毒 (A549, IC_{50} = 20.4~21.5μmol/L; HCT116, IC_{50} = 14.9~18.5μmol/L).【文献】C. Li, et al. Helv. Chim. Acta, 2014, 97, 1440.

882 Plakortamine A 黑扁板海绵胺 A*

【基本信息】$C_{15}H_{16}BrN_3$, 浅黄色油状物.【类型】β-咔啉类生物碱.【来源】黑扁板海绵* *Plakortis nigra* [帕劳, 采样深度 380ft❶, 产率 = 0.61% (干重)].【活性】细胞毒 (HCT116, IC_{50} = 3.2μmol/L).【文献】J. S. Sandler, et al. JNP, 2002, 65, 1258.

883 Plakortamine B 黑扁板海绵胺 B*

【基本信息】$C_{13}H_9BrN_2$, 黄色油状物.【类型】β-咔啉类生物碱.【来源】黑扁板海绵* *Plakortis nigra* [帕劳, 采样深度 380ft, 产率 = 0.063% (干重)].【活性】细胞毒 (HCT116, IC_{50} = 0.62μmol/L).【文献】J. S. Sandler, et al. JNP, 2002, 65, 1258.

884 Plakortamine C 黑扁板海绵胺 C*

【基本信息】$C_{27}H_{23}Br_2N_5$, 浅黄色树胶状物.【类型】β-咔啉类生物碱.【来源】黑扁板海绵* *Plakortis nigra* [帕劳, 采样深度 380ft, 产率 = 0.021% (干重)].【活性】细胞毒 (HCT116, IC_{50} = 2.15μmol/L).【文献】J. S. Sandler, et al. JNP, 2002, 65, 1258.

---

❶ 1ft = 304.8mm, 下同。——编者注

885 Plakortamine D 黑扁板海绵胺 D*

【基本信息】$C_{15}H_{14}BrN_3O$, 浅黄色油状物, $[\alpha]_D = -2.1°$ ($c = 0.6$, 甲醇). 【类型】β-咔啉类生物碱. 【来源】黑扁板海绵* Plakortis nigra [帕劳, 采样深度 380ft, 产率 = 0.027% (干重)]. 【活性】细胞毒 (HCT116, $IC_{50} = 15\mu mol/L$). 【文献】J. S. Sandler, et al. JNP, 2002, 65, 1258.

886 Secofascaplysic acid 断胃甲海绵酸*

【基本信息】$C_{18}H_{12}N_2O_4$. 【类型】β-咔啉类生物碱. 【来源】冲绳海绵 Hyrtios sp. (澳大利亚). 【活性】细胞毒 (LNCaP 和 NFF 细胞株, 低活性). 【文献】S. Khokhar, et al. BoMCL, 2014, 24, 3329.

887 1,2,3,4-Tetrahydro-1,1-dimethyl-β-carboline-3β-carboxylic acid 1,2,3,4-四氢-1,1-二甲基-β-咔啉-3β-羧酸*

【基本信息】$C_{14}H_{16}N_2O_2$. 【类型】β-咔啉类生物碱. 【来源】深海真菌青霉属 Penicillium paneum SD-44 (沉积物, 在 500L 生物反应器中培养). 【活性】细胞毒 (A549, $IC_{50} = 20.4\sim21.5\mu mol/L$; HCT116, $IC_{50} = 14.9\sim18.5\mu mol/L$). 【文献】C. Li, et al. Helv. Chim. Acta, 2014, 97, 1440.

888 Tiruchanduramine 替如迁杜胺*

【基本信息】$C_{16}H_{16}N_6O$. 【类型】β-咔啉类生物碱. 【来源】Polyclinidae 科海鞘 Synoicum macroglossum (印度水域). 【活性】α-葡萄糖苷酶抑制剂 ($IC_{50} = 78.2\mu g/mL$). 【文献】K. Ravinder, et al. Tetrahedron Lett., 2005, 46, 5475.

889 Villagorgin A 绒柳珊瑚素 A*

【基本信息】$C_{16}H_{16}N_4$, 红色无定形固体, $[\alpha]_D^{20} = +7.8°$. 【类型】β-咔啉类生物碱. 【来源】绒柳珊瑚属 Villogorgia rubra [新喀里多尼亚 (法属)]. 【活性】钙调蛋白拮抗剂. 【文献】A. Espada, et al. Tetrahedron Lett., 1993, 34, 7773; R. M. Grazul, et al. Nat. Prod. Lett., 1994, 5, 187.

890 Xestomanzamine A 锉海绵曼扎名胺 A*

【基本信息】$C_{16}H_{12}N_4O$, 黄色针状晶体 (氯仿/甲醇), mp 185~186°C. 【类型】β-咔啉类生物碱. 【来源】锉海绵属 Xestospongia sp. (日本水域). 【活性】细胞毒. 【文献】M. Kobayashi, et al. Tetrahedron, 1995, 51, 3727.

891 Xestomanzamine B 锉海绵曼扎名胺 B*

【基本信息】$C_{16}H_{14}N_4O$, 黄色油状物. 【类型】β-咔啉类生物碱. 【来源】锉海绵属 Xestospongia sp. (日本水域). 【活性】细胞毒 (KB, $IC_{50} = 14.0\mu g/mL$). 【文献】M. Kobayashi, et al. Tetrahedron, 1995, 51, 3727; B. E. A. Burm, et al. Heterocycles, 2001, 55, 495.

3.8 曼扎名胺类生物碱

892　Acantholactam　巨大巴厘海绵内酰胺*

【基本信息】$C_{36}H_{42}N_4O_4$.【类型】曼扎名胺类生物碱.【来源】巨大巴厘海绵* *Acanthostrongylophora ingens*（印度尼西亚）.【活性】抑制胆固醇酯的聚集（巨噬细胞中）.【文献】A. H. El-Desoky, et al. JNP, 2014, 77, 1536.

893　Acanthomanzamine A　巴厘海绵曼扎名胺 A*

【基本信息】$C_{34}H_{47}N_3O_3$.【类型】曼扎名胺类生物碱.【来源】巨大巴厘海绵* *Acanthostrongylophora ingens*.【活性】细胞毒 (HeLa, IC_{50} = 4.2μmol/L); 蛋白酶体抑制剂 (IC_{50} = 4.1μmol/L); 胆固醇酯积累抑制剂（巨噬细胞, 20μmol/L, InRt = 48%）.【文献】A. Furusato, et al. Org. Lett., 2014, 16, 3888.

894　Acanthomanzamine B　巴厘海绵曼扎名胺 B*

【基本信息】$C_{34}H_{47}N_3O_3$.【类型】曼扎名胺类生物碱.【来源】巨大巴厘海绵* *Acanthostrongylophora ingens*.【活性】细胞毒 (HeLa, IC_{50} = 5.7μmol/L); 蛋白酶体抑制剂 (IC_{50} = 7.8μmol/L); 胆固醇酯积累抑制剂（巨噬细胞, 20μmol/L, InRt = 73%）.【文献】A. Furusato, et al. Org. Lett., 2014, 16, 3888.

895　Acanthomanzamine D　巴厘海绵曼扎名胺 D*

【基本信息】$C_{37}H_{46}N_4O$.【类型】曼扎名胺类生物碱.【来源】巨大巴厘海绵* *Acanthostrongylophora ingens*.【活性】细胞毒 (HeLa, IC_{50} = 15μmol/L); 蛋白酶体抑制剂 (IC_{50} = 0.63μmol/L); 胆固醇酯积累抑制剂（巨噬细胞, 20μmol/L, InRt = 73%）.【文献】A. Furusato, et al. Org. Lett., 2014, 16, 3888.

896　Acanthomanzamine E　巴厘海绵曼扎名胺 E*

【基本信息】$C_{38}H_{48}N_4O$.【类型】曼扎名胺类生物碱.【来源】巨大巴厘海绵* *Acanthostrongylophora ingens*.【活性】细胞毒 (HeLa, IC_{50} > 20μmol/L); 蛋白酶体抑制剂 (IC_{50} = 1.5μmol/L); 胆固醇酯积

累抑制剂（巨噬细胞，20μmol/L，InRt = 61%）。【文献】A. Furusato, et al. Org. Lett., 2014, 16, 3888.

Yamada, et al. Tetrahedron, 2009, 65, 2313; 6263 (勘误表).

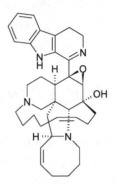

897 6-Deoxymanzamine X 6-去氧曼扎名胺 X*

【基本信息】$C_{36}H_{44}N_4O_2$，浅黄色无定形粉末，$[α]_D = +30°$ (c = 0.35, 氯仿)。【类型】曼扎名胺类生物碱.【来源】未鉴定的海绵 [Haplosclerida 目, 石海绵科, 印度-太平洋, 产率 = 0.0021%（干重）]，锉海绵属 *Xestospongia ashmorica*（菲律宾）.【活性】抗利什曼原虫（杜氏利什曼原虫 *Leishmania donovani*）；抗结核（结核分枝杆菌 *Mycobacterium tuberculosis* H37Rv, 高活性）；细胞毒（L_{5178}, ED_{50} = 1.8μg/mL）.【文献】R. A. Edrada, et al. JNP, 1996, 59, 1056; K. A. El Sayed, et al. JACS, 2001, 123, 1804.

899 3,4-Dihydromanzamine A 3,4-二氢曼扎名胺 A*

【别名】3,4-Dihydrokeramamine A.【基本信息】$C_{36}H_{46}N_4O$，无定形固体，mp 237~241°C，$[α]_D^{20} = +86°$ (c = 0.25, 氯仿)。【类型】曼扎名胺类生物碱.【来源】双御海绵属 *Amphimedon* sp.（庆良间群岛, 冲绳, 日本）.【活性】细胞毒（L_{1210} 和 KB）；抗结核（结核分枝杆菌 *Mycobacterium tuberculosis* H37Rv, 高活性）.【文献】J. Kobayashi, et al. JNP, 1994, 57, 1737; CRC Press, DNP in DVD, 2012, version 20.2.

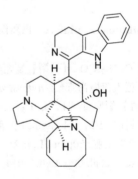

898 3,4-Dihydro-6-hydroxy-10,11-epoxy-manzamine A 3,4-二氢-6-羟基-10,11-环氧曼扎名胺 A*

【基本信息】$C_{36}H_{46}N_4O_2$.【类型】曼扎名胺类生物碱.【来源】双御海绵属 *Amphimedon* sp.（冲绳, 日本）.【活性】细胞毒（P_{388}, L_{1210}, KB 细胞）.【文献】Y. Takahashi, et al. Org. Lett., 2009, 11, 21; M.

900 3,4-Dihydromanzamine A *N*-oxide 3,4-二氢曼扎名胺 A *N*-氧化物*

【别名】Manzamine J *N*-oxide; 曼扎名胺 J *N*-氧化物*.【基本信息】$C_{36}H_{44}N_4O_2$，黄色晶体粉末，$[α]_D = +34.1°$ (c = 0.59, 氯仿)。【类型】曼扎名胺类生物碱.【来源】锉海绵属 *Xestospongia ashmorica*（菲律宾）.【活性】抗菌；细胞毒（L_{5178}, ED_{50} = 1.6μg/mL）.【文献】R. A. Edrada, et al. JNP, 1996, 59, 1056.

901 3,4-Dihydromanzamine J *N*-oxide 3,4-二氢曼扎名胺 J *N*-氧化物*

【基本信息】$C_{36}H_{48}N_4O_2$，浅黄色固体，$[\alpha]_D^{23}$ = +115.5° (c = 0.2, 氯仿).【类型】曼扎名胺类生物碱.【来源】双御海绵属 *Amphimedon* sp. (濑良垣岛, 冲绳, 日本).【活性】细胞毒 (P_{388}, L_{1210} 和 KB); 抗锥虫 (布氏锥虫 *Trypanosoma brucei brucei*); 杀疟原虫的 (恶性疟原虫 *Plasmodium falciparum*).【文献】Y. Takahashi, et al. Org. Lett., 2009, 11, 21; M. Yamada, et al. Tetrahedron, 2009, 65, 2313; 6263 (勘误表).

902 10,11,15,16,32,33-Hexahydro-8-hydroxymanzamine A 10,11,15,16,32,33-六氢-8-羟基曼扎名胺 A*

【基本信息】$C_{36}H_{50}N_4O_2$.【类型】曼扎名胺类生物碱.【来源】未鉴定的海绵 (Haplosclerida 目, 石海绵科, 印度-太平洋).【活性】抗炎 (LPS 激活的脑小胶质细胞的调节, *in vitro*, 表观 IC_{50} = 1.97μmol/L; 作用的分子机制: TXB2 抑制).【文献】K. A. El Sayed, et al. JNP, 2008, 71, 300.

903 8-Hydroxymanzamine A 8-羟基曼扎名胺 A*

【别名】Manzamine G; 曼扎名胺 G*.【基本信息】$C_{36}H_{44}N_4O_2$，浅黄色晶体，mp 230°C (分解)，$[\alpha]_D$ = +118.5° (c = 1.94, 氯仿).【类型】曼扎名胺类生物碱.【来源】未鉴定的石海绵科海绵 (苏拉威西, 印度尼西亚), 小条海绵属 *Pachypellina* sp. (印度尼西亚) 和巴厘海绵属 *Acanthostrongylophora* sp. (印度尼西亚).【活性】抗疟疾 (伯氏疟原虫 *Plasmodium berghei*, *in vivo*, ip, 剂量 100μmol/kg, 有潜力的, 无表观毒性); 抗 HSV-2; 抗利什曼原虫 (杜氏利什曼原虫 *Leishmania donovani*); 抗结核 (结核分枝杆菌 *Mycobacterium tuberculosis*, MIC = 0.4~5.2μg/mL), 细胞毒 (P_{388}, IC_{50} > 20μg/mL).【文献】T. Ichiba, et al. JNP, 1994, 57, 168; K. A. El Sayed, et al. JACS, 2001, 123, 1804; K.V. Rao, JNP, 2006, 69, 1034.

904 *ent*-8-Hydroxymanzamine A *ent*-8-羟基曼扎名胺 A*

【别名】*ent*-Manzamine G; 8-Hydroxymanzamine J; *ent*-曼扎名胺 G*; 8-羟基曼扎名胺 J*.【基本信息】$C_{36}H_{44}N_4O_2$，浅黄色粉末 (乙醇), mp 196~198°C (分解)，$[\alpha]_D^{25}$ = −112° (c = 0.12, 氯仿).【类型】曼扎名胺类生物碱.【来源】未鉴定的海绵 [Haplosclerida 目, 石海绵科, 印度-太平洋, 产率 = 1.24% (干重)], 巴厘海绵属 *Acanthostrongylophora* sp.【活性】抗炎 (LPS 激活的脑小胶质细胞的调节 *in vitro*, 表观 IC_{50} < 0.1μmol/L; 作用的分子机制: TXB2 抑制); 抗弓形虫 (*in vitro*, 刚地弓形虫 *Toxoplasma gondii*, 1μmol/L, InRt = 71%, 带宿主细胞 InRt = 38%); 抗疟疾 (*in vivo*, 高活性); 抗结核 (结核分枝杆菌 *Mycobacterium tuberculosis* H37Rv, MIC < 12.5μg/mL, InRt = 98%~99%, 高活性); 细胞毒 (P_{388}, IC_{50} = 0.25μg/mL).【文献】K. A. El

Sayed, et al. JACS, 2001, 123, 1804; M. Yousaf, et al. JMC, 2004, 47, 3512; K. V. Rao, et al. JNP, 2004, 67, 1314; K. V. Rao, et al. JNP, 2006, 69, 1034; K. A. El Sayed, et al. JNP, 2008, 71, 300.

905　6-Hydroxymanzamine A　6-羟基曼扎名胺 A*

【别名】Manzamine Y; 曼扎名 Y*.【基本信息】$C_{36}H_{44}N_4O_2$, 浅黄色无定形固体, mp 253℃, $[α]_D^{20}$ = +139º (c = 1.1, 甲醇), $[α]_D^{19}$ = +33.2º (c = 2.50, 氯仿).【类型】曼扎名胺类生物碱.【来源】双御海绵属 *Amphimedon* sp. (庆良间群岛, 冲绳, 日本) 和蜂海绵属 *Haliclona* sp.【活性】细胞毒 (KB, IC_{50} = 7.3μg/mL; L_{1210}); 抗结核 (结核分枝杆菌 *Mycobacterium tuberculosis* H37Rv, 高活性); 杀疟原虫的 (恶性疟原虫 *Plasmodium falciparum* D6 和 W2, IC_{50} = 0.4~0.85μg/mL).【文献】J. Kobayashi, et al. JNP, 1994, 57, 1737; M. Kobayashi, et al. Tetrahedron, 1995, 51, 3727; K.V. Rao, et al. JNP, 2006, 69, 1034; CRC Press, DNP in DVD, 2012, version 20.2.

906　8-Hydroxymanzamine B　8-羟基曼扎名胺 B*

【基本信息】$C_{36}H_{46}N_4O_2$.【类型】曼扎名胺类生物碱.【来源】巴厘海绵属 *Acanthostrongylophora* sp. (印度尼西亚).【活性】抗结核 (结核分枝杆菌 *Mycobacterium tuberculosis*, MIC = 0.4~5.2μg/mL).【文献】M. Yousaf, et al. JMC, 2004, 47, 3512; K. V. Rao, et al. JNP, 2004, 67, 1314; K. V. Rao, et al. JNP, 2006, 69, 1034.

907　6-Hydroxymanzamine E　6-羟基曼扎名胺 E*

【基本信息】$C_{36}H_{44}N_4O_3$.【类型】曼扎名胺类生物碱.【来源】巴厘海绵属 *Acanthostrongylophora* sp. (印度尼西亚).【活性】抗结核 (结核分枝杆菌 *Mycobacterium tuberculosis*, MIC = 0.4~5.2μg/mL).【文献】M. Yousaf, et al. JMC, 2004, 47, 3512; K. V. Rao, et al. JNP, 2004, 67, 1314; K. V. Rao, et al. JNP, 2006, 69, 1034.

908　Ircinal A　羊海绵醛 A*

【基本信息】$C_{26}H_{38}N_2O_2$, 无色固体, mp 70℃, $[α]_D^{25}$ = +48º (c = 2.9, 氯仿).【类型】曼扎名胺类生物碱.【来源】蜂海绵属 *Haliclona* sp., 双御海绵属 *Amphimedon* sp. 和羊海绵属 *Ircinia* sp. (冲绳, 日本).【活性】细胞毒 (L_{1210}, IC_{50} = 1.4μg/mL; KB, IC_{50} = 4.5~4.8μg/mL).【文献】R. Sakai, et al. JACS, 1986, 108, 6404; K. Kondo, et al. JOC, 1992, 57, 2480; M. Tsuda, et al. Tetrahedron, 1994, 50, 7957; K. A. El Sayed, et al. JACS, 2001, 123, 1804.

909 Ircinal B 羊海绵醛 B*

【基本信息】$C_{26}H_{40}N_2O_2$,无色固体,mp 95℃,$[\alpha]_D^{25}$ = +18º (c = 1.1,氯仿).【类型】曼扎名胺类生物碱.【来源】羊海绵属 *Ircinia* sp. (冲绳,日本).【活性】细胞毒 (L_{1210}, IC_{50} = 1.9μg/mL; KB, IC_{50} = 3.5μg/mL).【文献】K. Kondo, et al. JOC, 1992, 57, 2480.

910 Ircinol A 羊海绵醇 A*

【基本信息】$C_{26}H_{40}N_2O_2$,无色无定形固体,mp 83~85℃,$[\alpha]_D^{18}$ = –19º (c = 0.54,甲醇).【类型】曼扎名胺类生物碱.【来源】蜂海绵属 *Haliclona* sp., 双御海绵属 *Amphimedon* sp. 和羊海绵属 *Ircinia* sp. (冲绳,日本).【活性】细胞毒 (L_{1210}, IC_{50} = 2.4μg/mL; KB, IC_{50} = 6.1μg/mL); 内皮素转换酶抑制剂 (IC_{50} = 55μg/mL).【文献】R. Sakai, et al. JACS, 1986, 108, 6404; K. Kondo, et al. JOC, 1992, 57, 2480; M. Tsuda, et al. Tetrahedron, 1994, 50, 7957.

911 Kauluamine 考鲁胺*

【基本信息】$C_{72}H_{94}N_8O_3$,不稳定浅黄色固体,$[\alpha]_D$ = +0.7º (c = 0.18,氯仿).【类型】曼扎名胺类生物碱.【来源】锯齿海绵属 *Prianos* sp. (印度尼西亚).【活性】免疫抑制剂 (混合淋巴细胞反应 MLR, IC_{50} = 1.57μg/mL, 淋巴细胞生存能力 LCV, IC_{50} > 25.0μg/mL).【文献】I. Ohtani, et al. JACS, 1995, 117, 10743.

912 Neokauluamine 新考鲁胺*

【基本信息】$C_{72}H_{88}N_8O_6$,针状晶体(乙醇),mp 184℃,$[\alpha]_D^{25}$ = +94.6º (c = 0.1,氯仿).【类型】曼扎名胺类生物碱.【来源】未鉴定的海绵[Haplosclerida 目,石海绵科,印度-太平洋,产率 = 0.0048% (干重)].【活性】抗疟疾 (伯氏疟原虫 *Plasmodium berghei*, *in vivo*, ip 剂量 100μmol/kg, 有潜力,无表观毒性); 细胞毒 (人肺癌和结肠癌,IC_{50} = 1.0μg/mL).【文献】K. A. El Sayed, et al. JACS, 2001, 123, 1804.

913 Keramamine B 克拉玛明 B*

【别名】Manzamine F；曼扎名胺 F*.【基本信息】$C_{36}H_{44}N_4O_3$，晶体（乙腈），mp 200°C（分解），$[\alpha]_D$ = +59.9° (c = 1.67，氯仿).【类型】曼扎名胺类生物碱.【来源】锉海绵属 Xestospongia sp.，石海绵属 Petrosia sp.，巴厘海绵属 Acanthostrongylophora sp.（印度尼西亚）和未鉴定的石海绵科海绵（苏拉维西，印度尼西亚）.【活性】细胞毒；抗结核（结核分枝杆菌 Mycobacterium tuberculosis H37Rv，MIC = 0.4~5.2μg/mL）；抗疟疾（伯氏疟原虫 Plasmodium berghei, in vivo, ip，剂量 100μmol/kg，具有潜力的且无表观毒性）.【文献】H. Nakamura, et al. Tetrahedron Lett., 1987, 28, 621; K. A. El Sayed, et al. JACS, 2001, 123, 1804; K.V. Rao, JNP, 2006, 69, 1034.

914 Maeganedin A 玛叶伽内啶 A*

【基本信息】$C_{37}H_{52}N_4O_2$，无定形固体，$[\alpha]_D^{25}$ = +47° (c = 0.40，甲醇).【类型】曼扎名胺类生物碱.【来源】双御海绵属 Amphimedon sp.（日本水域）.【活性】细胞毒（L_{1210}，IC_{50} = 4.4μg/mL）；抗菌（藤黄八叠球菌 Sarcina lutea，枯草杆菌 Bacillus subtilis，结膜干燥棒状杆菌 Corynebacterium xerosis）.【文献】M. Tsuda, et al. Tetrahedron Lett., 1998, 39, 1207.

915 Manadomanzamine A 马那多曼扎名胺 A*

【基本信息】$C_{39}H_{54}N_4O_2$，粉末，$[\alpha]_D$ = –19° (c = 0.11，甲醇).【类型】曼扎名胺类生物碱.【来源】巴厘海绵属 Acanthostrongylophora sp.（印度尼西亚）.【活性】抗结核（结核分枝杆菌 Mycobacterium tuberculosis，高活性）；抗 HIV-1 病毒（高活性）；抗真菌；细胞毒；抗疟疾（低活性）.【文献】J. Peng, et al. JACS, 2003, 125, 13382.

916 Manadomanzamine B 马那多曼扎名胺 B*

【基本信息】$C_{39}H_{54}N_4O_2$，粉末，$[\alpha]_D$ = –18° (c = 0.11，甲醇).【类型】曼扎名胺类生物碱.【来源】巴厘海绵属 Acanthostrongylophora sp.（印度尼西亚）.【活性】抗结核（结核分枝杆菌 Mycobacterium tuberculosis，高活性）；抗 HIV-1 病毒（高活性）；抗真菌；细胞毒；抗疟疾（低活性）.【文献】J. Peng, et al. JACS, 2003, 125, 13382.

917 Manzamine A 曼扎名胺 A*

【基本信息】$C_{36}H_{44}N_4O$，晶体（甲醇）（盐酸），mp 240°C（分解）（盐酸），$[\alpha]_D^{25}$ = +50° (c = 0.28，氯仿）（盐酸).【类型】曼扎名胺类生物碱.【来源】蜂海绵属 Haliclona sp.（冲绳，日本），锉海绵属 Xestospongia sp.，皮条海绵属 Pellina sp.，石海绵属 Petrosia sp.（印度尼西亚，1996），双御海绵属 Amphimedon sp.，羊海绵属 Ircinia sp.（冲绳，日本），巨大巴厘海绵* Acanthostrongylophora aff. ingens, Haplosclerida 目石海绵科海绵［印度-太平

洋，产率 = 0.66% (干重)]，巨大巴厘海绵* *Acanthostrongylophora ingens*.【活性】抗炎 (LPS 激活的脑小胶质细胞的调节, *in vitro*, 表观 IC_{50} = 0.25µmol/L，作用的分子机制：TXB2 抑制)；抗弓形虫 (*in vitro*, 刚地弓形虫 *Toxoplasma gondii*, 0.1µmol/L, InRt = 70%, 无细胞毒性)；杀疟原虫的 (恶性疟原虫 *Plasmodium falciparum*, 高活性)；抗利什曼原虫 (杜氏利什曼原虫 *Leishmania donovani*, MIC = 6.25µg/mL)；抗结核 (结核分枝杆菌 *Mycobacterium tuberculosis*, MIC = 0.4~5.2µg/mL)；细胞毒 (有价值的细胞生长抑制剂：P_{388}, GI_{50} = 0.0067µg/mL；NCI-H460, GI_{50} = 0.36µg/mL；KM20L2, GI_{50} = 0.37µg/mL；DU145, GI_{50} = 0.60µg/mL；BXPC3, GI_{50} = 0.35µg/mL；MCF7, GI_{50} = 0.41µg/mL；SF268, GI_{50} = 0.42µg/mL) (Pettit, 2008)；细胞毒 (Vero, IC_{50} = 1.7µg/mL)；细胞毒 (P_{388}, IC_{50} = 0.07µg/mL；KB, 低活性)；细胞毒 (HeLa, IC_{50} = 13µmol/L) (Furusato, 2014)；杀昆虫剂；抗菌 (革兰氏阳性和革兰氏阴性菌)；激酶 GSK-3β 的 ATP 键合抑制剂 (特定的非竞争性的, IC_{50} = 10.2µmol/L)；蛋白酶体抑制剂 (IC_{50} = 2.0µmol/L) (Furusato, 2014)；胆固醇酯积累抑制剂 (巨噬细胞, 20µmol/L, InRt = 80%) (Furusato, 2014).【文献】R. Sakai, et al. JACS, 1986, 108, 6404; H. Nakamura, et al. Tetrahedron Lett., 1987, 28, 621; K. Kondo, et al. JOC, 1992, 57, 2480; M. Tsuda, et al. Tetrahedron, 1994, 50, 7957; J. D. Winkler et al. JACS, 1998, 120, 6425; K. A. El Sayed, et al. JACS, 2001, 123, 1804; K.V. Rao, JNP, 2006, 69, 1034; M. Hamann, et al. JNP, 2007, 70, 1397; K. A. El Sayed, et al. JNP, 2008, 71, 300; G. R. Pettit, et al. JNP, 2008, 71, 438; D. Skropeta, et al. Mar. Drugs, 2011, 9, 2131 (Rev.); A. Furusato, et al. Org. Lett., 2014, 16, 3888.

918 Manzamine A *N*-oxide 曼扎名胺 A *N*-氧化物*

【基本信息】$C_{36}H_{44}N_4O_2$，黄色晶体粉末，$[\alpha]_D$ = +18.6° (*c* = 0.35, 氯仿).【类型】曼扎名胺类生物碱.【来源】锉海绵属 *Xestospongia ashmorica* (菲律宾).【活性】细胞毒 (L5178, ED_{50} = 1.6µg/mL)；抗菌.【文献】R. A. Edrada, et al. JNP, 1996, 59, 1056.

919 Manzamine B 曼扎名胺 B*

【基本信息】$C_{36}H_{46}N_4O$【类型】曼扎名胺类生物碱.【来源】巴厘海绵属 *Acanthostrongylophora* sp. (印度尼西亚) 和巨大巴厘海绵* *Acanthostrongylophora ingens*.【活性】抗结核 (结核分枝杆菌 *Mycobacterium tuberculosis*, MIC = 0.4~5.2µg/mL).【文献】K.V. Rao, JNP, 2006, 69, 1034; A. Furusato, et al. Org. Lett., 2014, 16, 3888.

920 Manzamine D 曼扎名胺 D*

【基本信息】$C_{36}H_{48}N_4O$，$[\alpha]_D^{24}$ = +44°.【类型】曼扎名胺类生物碱.【来源】蜂海绵属 *Haliclona* sp., 双御海绵属 *Amphimedon* sp. 和羊海绵属 *Ircinia* sp. (冲绳, 日本).【活性】抗结核 (结核分枝杆菌 *Mycobacterium tuberculosis* H37Rv, 高强活性).【文献】R. Sakai, et al. JACS, 1986, 108, 6404; K. Kondo, et al. JOC, 1992, 57, 2480; M. Tsuda, et al. Tetrahedron, 1994, 50, 7957; 1996, 52, 2319.

921　Manzamine E　曼扎名胺 E*

【基本信息】$C_{36}H_{44}N_4O_2$, 晶体 (乙腈), mp 174~176°C, $[\alpha]_D = +63.7°$ ($c = 2.51$, 氯仿).【类型】曼扎名胺类生物碱.【来源】未鉴定的海绵 [Haplosclerida 目, 石海绵科, 印度-太平洋, 产率 = 0.003% (干重)], 锉海绵属 *Xestospongia* sp. 和巴厘海绵属 *Acanthostrongylophora* sp. (印度尼西亚).【活性】抗利什曼原虫 (杜氏利什曼原虫 *Leishmania donovani*); 抗结核 (结核分枝杆菌 *Mycobacterium tuberculosis* H37Rv, MIC < 12.5μg/mL, InRt = 98%~99%, 高活性).【文献】T. Ichiba, et al. Tetrahedron Lett., 1988, 29, 3083; K. A. El Sayed, et al. JACS, 2001, 123, 1804; K.V. Rao, JNP, 2006, 69, 1034.

922　*ent*-Manzamine F　*ent*-曼扎名胺 F*

【基本信息】$C_{36}H_{44}N_4O_3$, 浅黄色粉末 (乙醇), mp 194°C (分解), $[\alpha]_D = -44.6°$ ($c = 0.11$, 氯仿).【类型】曼扎名胺类生物碱.【来源】未鉴定的海绵 [Haplosclerida 目, 石海绵科, 印度-太平洋, 产率 = 0.055% (干重)].【活性】抗弓形虫 (*in vitro*, *Toxoplasma gondii*, 10μmol/L, InRt = 37% 对宿主细胞无毒性); 抗疟疾 (*in vivo*, 高活性); 抗结核 (结核分枝杆菌 *Mycobacterium tuberculosis* H37Rv, MIC <12.5μg/mL, InRt = 98%~99%, 高活性).【文献】K. A. El Sayed, et al. JACS, 2001, 123, 1804.

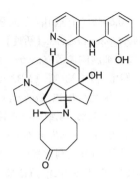

923　Manzamine H　曼扎名胺 H*

【基本信息】$C_{36}H_{50}N_4O$, 无色固体, mp 145°C, $[\alpha]_D^{25} = +17°$ ($c = 1.1$, 氯仿); $[\alpha]_D^{24} = +21°$.【类型】曼扎名胺类生物碱.【来源】羊海绵属 *Ircinia* sp. 和双御海绵属 *Amphimedon* sp. (冲绳, 日本).【活性】细胞毒 (L_{1210}, $IC_{50} = 1.3$μg/mL; KB, $IC_{50} = 4.6$μg/mL).【文献】K. Kondo, et al. JOC, 1992, 57, 2480; M. Tsuda, et al. Tetrahedron, 1996, 52, 2319.

924　Manzamine J　曼扎名胺 J*

【基本信息】$C_{36}H_{46}N_4O$, mp 140°C, $[\alpha]_D^{25} = +47°$ ($c = 2.0$, 氯仿).【类型】曼扎名胺类生物碱.【来源】未鉴定的海绵 [Haplosclerida 目, 石海绵科, 印度-太平洋, 产率 = 0.0017% (干重)], 羊海绵属 *Ircinia* sp. (冲绳, 日本).【活性】细胞毒 (L_{1210}, $IC_{50} = 2.6$μg/mL; KB, $IC_{50} > 10$μg/mL).【文献】K. Kondo, et al. JOC, 1992, 57, 2480; K. A. El Sayed, et al. JACS, 2001, 123, 1804.

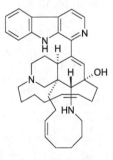

925　Manzamine L　曼扎名胺 L*

【基本信息】$C_{36}H_{50}N_4O$, 无定形固体, mp 143°C,

$[α]_D^{24}$ = 15º (c = 0.42, 氯仿). 【类型】曼扎名胺类生物碱.【来源】双御海绵属 *Amphimedon* sp. (冲绳, 日本).【活性】细胞毒 (L_{1210}, IC_{50} = 3.7µg/mL; KB, IC_{50} = 11.8µg/mL); 抗菌 (藤黄八叠球菌 *Sarcina lutea*, MIC = 10µg/mL, 金黄色葡萄球菌 *Staphylococcus aureus*, MIC = 10µg/mL, 枯草杆菌 *Bacillus subtilis*, MIC = 10µg/mL, 分枝杆菌属 *Mycobacterium* sp., MIC = 5µg/mL).【文献】M. Tsuda, et al. Tetrahedron, 1996, 52, 2319.

926 Manzamine X 曼扎名胺 X*

【基本信息】$C_{36}H_{44}N_4O_3$, 黄色棱镜状晶体 (己烷/丙酮), mp 250ºC, $[α]_D^{19}$ = +66.1º (c = 1.93, 氯仿).【类型】曼扎名胺类生物碱.【来源】锉海绵属 *Xestospongia* sp. (日本水域).【活性】细胞毒 (KB, IC_{50} = 7.9µg/mL).【文献】M. Kobayashi, et al. Tetrahedron, 1995, 51, 3727.

927 Nakadomarin A 那卡多马林 A*

【基本信息】$C_{26}H_{36}N_2O$, 无定形固体, $[α]_D^{25}$ = –16º (c = 0.12, 甲醇).【类型】曼扎名胺类生物碱.【来源】双御海绵属 *Amphimedon* sp. (冲绳, 日本).【活性】细胞毒 (L_{1210}, IC_{50} = 1.3µg/mL); 抗真菌 (须发癣菌 *Trichophyton mentagrophytes*, MIC= 23µg/mL); 抗菌 (革兰氏阳性菌结膜干燥棒状杆菌 *Corynebacterium xerosis*, MIC= 11µg/mL); 依赖细胞周期素的激酶 4 抑制剂 (IC_{50} = 9.9µg/mL).【文献】J. Kobayashi, et al. JOC, 1997, 62, 9236.

928 12,28-Oxa-8-hydroxymanzamine A
12,28-氧杂-8-羟基曼扎名胺 A*

【基本信息】$C_{36}H_{42}N_4O_2$.【类型】曼扎名胺类生物碱.【来源】巴厘海绵属 *Acanthostrongylophora* sp.【活性】抗真菌, 须发癣菌 *Trichophyton mentagrophytes*; 抗菌, 革兰氏阳性菌结膜干燥棒状杆菌 *Corynebacterium xerosis*.【文献】M. Yousaf, et al. JMC, 2004, 47, 3512; K. V. Rao, et al. JNP, 2004, 67, 1314; K. V. Rao, et al. JNP, 2006, 69, 1034.

929 12,34-Oxa-6-hydroxymanzamine E
12,34-氧杂-6-羟基曼扎名胺 E*

【基本信息】$C_{36}H_{42}N_4O_3$.【类型】曼扎名胺类生物碱.【来源】巴厘海绵属 *Acanthostrongylophora* sp. (印度尼西亚).【活性】抗结核 (结核分枝杆菌 *Mycobacterium tuberculosis*, MIC = 0.4~5.2µg/mL).【文献】M. Yousaf, et al. JMC, 2004, 47, 3512; K. V. Rao, et al. JNP, 2004, 67, 1314; K. V. Rao, et al. JNP, 2006, 69, 1034.

930　12,28-Oxamanzamine E　12,28-氧杂曼扎名胺 E*

【基本信息】$C_{36}H_{42}N_4O_2$.【类型】曼扎名胺类生物碱.【来源】巴厘海绵属 *Acanthostrongylophora* sp.(印度尼西亚).【活性】抗结核（结核分枝杆菌 *Mycobacterium tuberculosis*, MIC = 0.4~5.2μg/mL）.【文献】M. Yousaf, et al. JMC, 2004, 47, 3512; K. V. Rao, et al. JNP, 2004, 67, 1314; K. V. Rao, et al. JNP, 2006, 69, 1034.

931　Preneokauluamine　前新考鲁胺*

【基本信息】$C_{36}H_{45}N_4O_3^+$.【类型】曼扎名胺类生物碱.【来源】巨大巴厘海绵* *Acanthostrongylophora ingens* (印度尼西亚).【活性】蛋白酶体抑制剂.【文献】A. H. El-Desoky, et al. JNP, 2014, 77, 1536.

932　1,2,3,4-Tetrahydro-2-*N*-methyl-8-hydroxymanzamine A　1,2,3,4-四氢-2-*N*-甲基-8-羟基曼扎名胺 A*

【基本信息】$C_{37}H_{50}N_4O_2$.【类型】曼扎名胺类生物碱.【来源】石海绵属 *Petrosia contignata* (巴布亚新几内亚) 和似雪海绵属 *Cribrochalina* sp. (巴布亚新几内亚).【活性】细胞毒（P_{388}, ED_{50} = 0.8μg/mL）.【文献】P. Crews, et al. Tetrahedron, 1994, 50, 13567.

933　1,2,3,4-Tetrahydro-8-hydroxymanzamine A　1,2,3,4-四氢-8-羟基曼扎名胺 A*

【基本信息】$C_{36}H_{48}N_4O_2$.【类型】曼扎名胺类生物碱.【来源】石海绵属 *Petrosia contignata* (巴布亚新几内亚).【活性】抗结核（结核分枝杆菌 *Mycobacterium tuberculosis* H37Rv）.【文献】P. Crews, et al. Tetrahedron, 1994, 50, 13567.

934　1*β*,2,3,4-Tetrahydromanzamine B　1*β*,2,3,4-四氢曼扎名胺 B*

【基本信息】$C_{36}H_{50}N_4O$, 无定形固体, $[\alpha]_D^{25}$ = −16° (c = 0.14, 甲醇).【类型】曼扎名胺类生物碱.【来源】双御海绵属 *Amphimedon* sp. (日本水域).【活性】抗结核（结核分枝杆菌 *Mycobacterium tuberculosis* H37Rv）.【文献】M. Tsuda, et al. Heterocycles, 1999, 50, 485.

935 Xestocyclamine A 锉海绵环胺 A*

【基本信息】$C_{26}H_{40}N_2O$, $[\alpha]_D = -13.5°$ ($c = 0.019$, 甲醇).【类型】曼扎名胺类生物碱.【来源】锉海绵属 *Xestospongia* sp. (巴布亚新几内亚岸外水域).【活性】PKC 抑制剂 ($IC_{50} = 4\mu g/mL$).【文献】J. Rodriguez, et al. J. Am. Chem. Soc., 1993, 115, 10436; J. Rodriguez, et al. Tetrahedron, Lett., 1994, 35, 4719; D. Skropeta, et al. Mar. Drugs, 2011, 9, 2131 (Rev.).

936 Zamamidine A 座间味啶 A*

【基本信息】$C_{49}H_{60}N_6O$, 浅黄色固体, $[\alpha]_D^{21} = -74°$ ($c = 1$, 氯仿).【类型】曼扎名胺类生物碱.【来源】双御海绵属 *Amphimedon* sp. SS-975 (濑良垣岛, 冲绳, 日本).【活性】细胞毒 (P_{388}, $IC_{50} = 13.8\mu g/mL$; KB, 无活性); 抗锥虫 (布氏锥虫 *Trypanosoma brucei brucei*); 杀疟原虫的 (恶性疟原虫 *Plasmodium falciparum*).【文献】Y. Takahashi, et al. Org. Lett., 2009, 11, 21; M. Yamada, et al. Tetrahedron, 2009, 65, 2313; 6263 (勘误表).

937 Zamamidine B 座间味啶 B*

【基本信息】$C_{49}H_{60}N_6O$, 浅黄色固体, $[\alpha]_D^{21} = +51°$ ($c = 0.4$, 氯仿).【类型】曼扎名胺类生物碱.【来源】双御海绵属 *Amphimedon* sp. SS-975 (濑良垣岛, 冲绳, 日本).【活性】细胞毒 (P_{388}, $IC_{50} = 14.8\mu g/mL$).【文献】Y. Takahashi, et al. Org. Lett., 2009, 11, 21; M. Yamada, et al. Tetrahedron, 2009, 65, 2313; 6263 (勘误表).

938 Zamamidine C 座间味啶 C*

【基本信息】$C_{49}H_{58}N_6O$, 浅黄色固体, $[\alpha]_D^{22} = -54.9°$ ($c = 1$, 氯仿).【类型】曼扎名胺类生物碱.【来源】双御海绵属 *Amphimedon* sp. (濑良垣岛, 冲绳, 日本).【活性】细胞毒 (P_{388}, L_{1210} 和 KB); 抗锥虫 (布氏锥虫 *Trypanosoma brucei brucei*); 杀疟原虫的 (恶性疟原虫 *Plasmodium falciparum*).【文献】Y. Takahashi, et al. Org. Lett., 2009, 11, 21; M. Yamada, et al. Tetrahedron, 2009, 65, 2313; 6263 (勘误表).

939 Zamamiphidin A 座间味非啶 A*

【基本信息】$C_{27}H_{41}N_2^+$.【类型】曼扎名胺类生物碱.【来源】双御海绵属 *Amphimedon* sp. (座间味岛, 冲绳, 日本).【活性】抗菌 (金黄色葡萄球菌 *Staphylococcus aureus*, 中等活性).【文献】T. Kubota, et al. Org. Lett., 2013, 15, 610.

3.9 色胺类生物碱

940　Alternatamide A　苔藓动物酰胺 A*
【别名】N^1-Methylalternatamide B；N^1-甲基苔藓动物酰胺 B*.【基本信息】$C_{18}H_{24}Br_3N_3O$，无定形粉末.【类型】色胺生物碱.【来源】苔藓动物交替愚苔虫 *Amathia alternata* (北卡罗来纳州, 美国).【活性】抗菌 (表皮葡萄球菌 *Staphylococcus epidermidis*, 溶血葡萄球菌 *Staphylococcus haemolyticus*, 枯草杆菌 *Bacillus subtilis*, 肠球菌属 *Enterococcus faecelis*, 屎肠球菌 *Enterococcus faecium*, 酿脓链球菌 *Streptococcus pyogenes*, MIC = 4~32μg/mL).【文献】N.-K. Lee, et al. JNP, 1997, 60, 697.

941　Alternatamide B　苔藓动物酰胺 B*
【基本信息】$C_{17}H_{22}Br_3N_3O$，无定形粉末.【类型】色胺生物碱.【来源】苔藓动物交替愚苔虫 *Amathia alternata* (北卡罗来纳州, 美国).【活性】抗菌 (表皮葡萄球菌 *Staphylococcus epidermidis*, 溶血葡萄球菌 *Staphylococcus haemolyticus*, 枯草杆菌 *Bacillus subtilis*, 肠球菌属 *Enterococcus faecelis*, 屎肠球菌 *Enterococcus faecium*, 酿脓链球菌 *Streptococcus pyogenes*, MIC = 4~32μg/mL).【文献】N.-K. Lee, et al. JNP, 1997, 60, 697.

942　Alternatamide C　苔藓动物酰胺 C*
【基本信息】$C_{17}H_{23}Br_2N_3O$，无定形粉末.【类型】色胺生物碱.【来源】苔藓动物交替愚苔虫 *Amathia alternata* (北卡罗来纳州, 美国).【活性】抗菌 (表皮葡萄球菌 *Staphylococcus epidermidis*, 溶血葡萄球菌 *Staphylococcus haemolyticus*, 枯草杆菌 *Bacillus subtilis*, 肠球菌属 *Enterococcus faecelis*, 屎肠球菌 *Enterococcus faecium*, 酿脓链球菌 *Streptococcus pyogenes*, MIC = 4~32μg/mL).【文献】N.-K. Lee, et al. JNP, 1997, 60, 697.

943　Alternatamide D　苔藓动物酰胺 D*
【基本信息】$C_{17}H_{23}Br_2N_3O$，无定形粉末.【类型】色胺生物碱.【来源】苔藓动物交替愚苔虫 *Amathia alternata* (北卡罗来纳州, 美国).【活性】抗生素.【文献】N.-K. Lee, et al. JNP, 1997, 60, 697.

944　Bromochelonin B　溴达尔文海绵宁 B*
【基本信息】$C_{19}H_{20}Br_2N_2O_2$，树胶状物，$[\alpha]_D$ = +3.7º (c = 0.27, 二甲亚砜).【类型】色胺生物碱.【来源】达尔文科 Darwinellidae 海绵 *Chelonaplysilla* sp. 和枝骨海绵属 *Dendrilla* sp.【活性】抗菌.【文献】S. C. Bobzin, et al. JOC, 1991, 56, 4403; N. J. Lawrence, et al. Tetrahedron Lett., 2001, 42, 7671.

945　(−)-5-Bromo-N,N-dimethyltryptophan　(−)-5-溴-N,N-二甲基色胺酸*
【基本信息】$C_{13}H_{15}BrN_2O_2$.【类型】色胺生物碱.【来源】海绵 *Thorectandra* sp. (NCI 发展治疗学程序) 和青甲海绵亚科 Thorectinae 海绵 *Smenospongia* sp. (加利福尼亚大学, 圣克鲁兹, 加利福尼亚, 美国).【活性】抗菌 (表皮葡萄球菌 *Staphylococcus epidermidis*, 低活性).【文献】N. L. Segraves, et al. JNP, 2005, 68, 1484.

946　6-Bromo-1′-hydroxy-1′,8-dihydroaplysinopsin　6-溴-1′-羟基-1′,8-二氢西沙海绵新*

【基本信息】$C_{14}H_{15}BrN_4O_2$，红色固体，$[\alpha]_D^{25} = +1°$ ($c = 0.5$, 甲醇). 【类型】色胺生物碱. 【来源】海绵 *Thorectandra* sp. (NCI 发展治疗学程序) 和胄甲海绵亚科 Thorectinae 海绵 *Smenospongia* sp. (加利福尼亚大学, 圣克鲁兹, 加利福尼亚, 美国). 【活性】抗菌 (表皮葡萄球菌 *Staphylococcus epidermidis*, 低活性). 【文献】N. L. Segraves, et al. JNP, 2005, 68, 1484.

947　(+)-5-Bromohypaphorine　(+)-5-溴海帕刺桐碱*

【基本信息】$C_{14}H_{17}BrN_2O_2$，黄色固体，$[\alpha]_D^{25} = +46.3°$ ($c = 0.5$, 甲醇). 【类型】色胺生物碱. 【来源】海绵 *Thorectandra* sp. (NCI 发展治疗学程序) 和胄甲海绵亚科 Thorectinae 海绵 *Smenospongia* sp. (加利弗尼亚大学, 圣克鲁兹, 加利福尼亚, 美国). 【活性】抗菌 (表皮葡萄球菌 *Staphylococcus epidermidis*, 低活性). 【文献】N. L. Segraves, et al. JNP, 2005, 68, 1484.

948　6-Bromo-1′-methoxy-1′,8-dihydroaplysinopsin　6-溴-1′-甲氧基-1′,8-二氢西沙海绵新*

【基本信息】$C_{15}H_{17}BrN_4O_2$，红色固体，$[\alpha]_D^{25} = +3°$ ($c = 1.4$, 甲醇). 【类型】色胺生物碱. 【来源】海绵 *Thorectandra* sp. (NCI 发展治疗学程序) 和胄甲海绵亚科 Thorectinae 海绵 *Smenospongia* sp. (加利福尼亚大学, 圣克鲁兹, 加利福尼亚, 美国). 【活性】抗菌 (表皮葡萄球菌 *Staphylococcus epidermidis*, 低活性). 【文献】N. L. Segraves, et al. JNP, 2005, 68, 1484.

949　6-Bromo-N^b-methyl-N^a-prenyltryptamine　6-溴-N^b-甲基-N^a-异戊二烯基色胺

【基本信息】$C_{16}H_{21}BrN_2$，黄色油状物. 【类型】色胺生物碱. 【来源】藻苔虫属苔藓动物 *Flustra foliacea* (嗜冷生物, 冷水域, 德国, 北海, 斯特恩格儒德, 北海海岸). 【活性】对神经元烟碱乙酰胆碱受体有亲和力 (放射性配体键合试验). 【文献】L. Peters, et al. PM, 2004, 70, 883; M. D. Lebar, et al. NPR, 2007, 24, 774 (Rev.).

950　Chelonin B　达尔文海绵宁 B*

【基本信息】$C_{19}H_{21}BrN_2O_2$，固体，mp 260°C (分解). 【类型】色胺生物碱. 【来源】达尔文科 Darwinellidae 海绵 *Chelonaplysilla* sp. 【活性】抗菌. 【文献】S. C. Bobzin, et al. JOC, 1991, 56, 4403; N. J. Lawrence, et al. Tetrahedron Lett., 2001, 42, 7671.

951　Clionamide　隐居穿贝海绵酰胺*

【基本信息】$C_{19}H_{18}BrN_3O_4$，黄色粉末，对光和空气敏感，$[\alpha]_D = +32.1°$ ($c = 2.12$, 甲醇). 【类型】色

胺生物碱.【来源】隐居穿贝海绵 Cliona celata (穴居海绵).【活性】抗微生物.【文献】R. J. Andersen, et al. Can. J. Chem., 1979, 57, 2325.

952 Conicamine 圆锥形褶胃海鞘胺*

【基本信息】$C_{13}H_{17}N_2^+$.【类型】色胺生物碱.【来源】圆锥形褶胃海鞘* Aplidium conicum.【活性】组胺拮抗剂.【文献】A. Aiello, et al. BoMCL, 2003, 13, 4481.

953 Deformylflustrabromine 去甲酰基苔藓素溴盐*

【基本信息】$C_{16}H_{21}BrN_2$, 黄色油状物.【类型】色胺生物碱.【来源】藻苔虫属苔藓动物 Flustra foliacea (嗜冷生物, 冷水域, 德国, 北海, 斯特恩格儒德, 北海海岸).【活性】抗菌 (大肠杆菌 Escherichia coli 和金黄色葡萄球菌 Staphylococcus aureus, 抑制生物膜形成); 对烟碱型乙酰胆碱 (nACh) 受体的亲和力 (具高活性和亚型选择性).【文献】L. Peters, et al. JNP, 2002, 65, 1633; L. Peters, et al. Planta. Med., 2004, 70, 883; F. Sala, et al. Neurosci. Lett., 2005, 373, 144; M.D. Lebar, et al. NPR, 2007, 24, 774 (Rev.); C. A. Bunders, et al. JACS, 2011, 133, 20160.

954 Deformylflustrabromine B 去甲酰基苔藓素溴盐 B*

【基本信息】$C_{16}H_{21}BrN_2$.【类型】色胺生物碱.【来源】藻苔虫属苔藓动物 Flustra foliacea.【活性】对烟碱型乙酰胆碱 (nACh) 受体有亲和力 (有高活性和亚型选择性).【文献】L. Peters, et al. JNP, 2002, 65, 1633; L. Peters, et al. Planta. Med., 2004, 70, 883; F. Sala, et al. Neurosci. Lett., 2005, 373, 144.

955 5,6-Dibromo-L-hypaphorine 5,6-二溴-L-海帕刺桐碱*

【基本信息】$C_{14}H_{16}Br_2N_2O_2$, 浅黄色油状物, $[\alpha]_D^{20}$ = +28º (c = 0.06, 甲醇-1mol/L 盐酸 8:2).【类型】色胺生物碱.【来源】冲绳海绵 Hyrtios sp. (靠近起亚岛, 斐济).【活性】PLA_2 抑制剂 [蜂毒 PLA_2, IC_{50} = (0.20±0.01)mmol/L]; 抗氧化剂 [氧自由基吸收能力 (ORAC) = 0.22±0.04], 有值得注意的活性).【文献】A. Longeon, et al. Mar. Drugs, 2011, 9, 879.

956 5,6-Dibromotryptamine 5,6-二溴色胺

【基本信息】$C_{10}H_{10}Br_2N_2$, mp 110~120℃.【类型】色胺生物碱.【来源】冲绳海绵 Hyrtios sp. 和多丝海绵属 Polyfibrospongia maynardii (加勒比海).【活性】PLA_2 抑制剂 [蜂毒 PLA_2, IC_{50} = (0.62±0.01)mmol/L]; 抗菌 (非体内实验, 革兰氏阴性和革兰氏阳性菌).【文献】A. Longeon, et al. Mar. Drugs, 2011, 9, 879; G. E. Van Lear, et al. Tetrahedron Lett., 1973, 4, 299.

957 N,N-Dimethyl-5-bromotryptamine N,N-二甲基-5-溴色胺

【基本信息】$C_{12}H_{15}BrN_2$, 晶体 (甲醇水溶液), mp 98~99℃, mp 90~92℃.【类型】色胺生物碱.【来源】青甲海绵亚科 Thorectinae 海绵 Smenospongia *aurea* 和多丝海绵属 *Polyfibrospongia echina*, 双盘海鞘属 *Eudistoma fragum* [新喀里多尼亚 (法属)].【活性】抗微生物.【文献】P. Djura, et al. JOC, 1980, 45, 1435; A. A. Tymiak, et al. Tetrahedron, 1985, 41, 1039; C. Debitus, et al. JNP, 1988, 51, 799.

958 *N,N*-Dimethyl-5,6-dibromotryptamine
N,N-二甲基-5,6-二溴色胺

【基本信息】$C_{12}H_{14}Br_2N_2$, 晶体 (甲醇水溶液), mp 113~115°C.【类型】色胺生物碱.【来源】冲绳海绵 *Hyrtios* sp., 青甲海绵亚科 Thorectinae 海绵 *Smenospongia echina*, 青甲海绵亚科 Thorectinae 海绵 *Smenospongia aurea* 和 Aplysinidae 科海绵 *Verongula gigantea*.【活性】PLA_2 抑制剂 [蜂毒 PLA_2, IC_{50} = (0.77 ± 0.05)mmol/L]; 抗氧化剂 [氧自由基吸收能力 (ORAC) = 0.06 ± 0.01], 有值得注意的活性]; 抗微生物.【文献】A. Longeon, et al. Mar. Drugs, 2011, 9, 879; P. Djura, et al. JOC, 1980, 45, 1435.

959 (±)-Gelliusine A　(±)-结海绵新 A*

【基本信息】$C_{30}H_{30}Br_2N_6O$.【类型】色胺生物碱.【来源】结海绵属 *Gellius* sp. 和高山海绵属 *Orina* sp. [深水域, 新喀里多尼亚(法属)].【活性】5-羟色胺受体激动剂 (10~100μmol/L); 受体键合活性 (5μg/mL, 生长激素抑制素受体位, 完全置换放射性配体); 受体键合活性 (神经肽 Y 受体位, 5μg/mL, 90%抑制配体键合); 受体键合活性 [人 B2 缓激肽受体位, 5μg/mL, 100%抑制配体键合; AMPA 键合试验 (谷氨酸受体的使君子氨酸位); 降钙素基因相关蛋白 (CGRP) 键合试验; 人 BOWES 细胞的甘丙肽键合试验; 甘氨酸键合试验 (NMDA 受体的标准位, 甘氨酸); 神经降压素键合试验 (NT) 和组织血管活性肠肽-键合试验 (VIP)].【文献】G. Bifulco, et al. JNP, 1994, 57, 1294.

960 (±)-Gelliusine B　(±)-结海绵新 B*

【基本信息】$C_{30}H_{30}Br_2N_6O$.【类型】色胺生物碱.【来源】结海绵属 *Gellius* sp. 和高山海绵属 *Orina* sp. [深水域, 新喀里多尼亚 (法属)].【活性】受体键合活性 (5μg/mL, 生长激素抑制素受体位, 完全置换放射活性配体); 受体键合活性 (神经肽 Y 受体位, 5μg/mL, 62%抑制配体键合); 受体键合活性 [人 B2 缓激肽受体位, 5μg/mL, 93%抑制配体键合; AMPA 键合试验 (谷氨酸受体的使君子氨酸位); 降钙素基因相关蛋白 (CGRP) 键合试验; 人 BOWES 细胞的甘丙肽键合试验; 甘氨酸键合试验 (NMDA 受体的标准位, 甘氨酸); 神经降压素键合试验 (NT) 和组织血管活性肠肽-键合试验 (VIP)].【文献】G. Bifulco, et al. JNP, 1994, 57, 1294.

结海锦新A的非对映异构体

961 (±)-Gelliusine C　(±)-结海绵新 C*

【基本信息】$C_{30}H_{30}Br_2N_6O$.【类型】色胺生物碱.【来源】高山海绵属 *Orina* sp. [新喀里多尼亚 (法属)].【活性】抗血清素 (8~50μmol/L).【文献】G. Bifulco, et al. JNP, 1995, 58, 1254.

962　(±)-Gelliusine D　(±)-结海绵新 D*
【基本信息】$C_{20}H_{21}BrN_4O$.【类型】色胺生物碱.【来源】高山海绵属 *Orina* sp. (新喀里多尼亚 (法属)).【活性】抗血清素 (8~50μmol/L).【文献】G. Bifulco, et al. JNP, 1995, 58, 1254.

963　(±)-Gelliusine E　(±)-结海绵新 E*
【基本信息】$C_{20}H_{21}BrN_4O$.【类型】色胺生物碱.【来源】高山海绵属 *Orina* sp. [新喀里多尼亚 (法属)].【活性】抗血清素 (8~50μmol/L); 受体键合活性 (5μg/mL, 生长激素抑制素受体位, 置换放射活性配体 87%); 受体键合活性 (神经肽 Y 受体位, 5μg/mL, 配体键合抑制 63%); 受体键合活性 [人 B2 缓激肽受体位, 5μg/mL, 配体键合抑制 63%; AMPA-键合试验 (谷氨酸受体的使君子氨酸位); 降钙素基因相关蛋白 (CGRP) 键合试验; 人 BOWES 细胞的甘丙肽键合试验; 甘氨酸键合试验 (NMDA 受体的标准位, 甘氨酸); 神经降压素键合试验 (NT) 和组织血管活性肠肽-键合试验 (VIP)].【文献】G. Bifulco, et al. JNP, 1995, 58, 1254.

964　(±)-Gelliusine F　(±)-结海绵新 F*
【基本信息】$C_{20}H_{20}Br_2N_4$.【类型】色胺生物碱.【来源】高山海绵属 *Orina* sp. [新喀里多尼亚 (法属)].【活性】抗血清素 (8~50μmol/L); 受体键合活性 (5μg/mL, 生长激素抑制素受体位, 置换放射活性配体 91%); 受体键合活性 (神经肽 Y 受体位, 5μg/mL, 配体键合抑制 67%); 受体键合活性 [人 B2 缓激肽受体位, 5μg/mL, 配体键合抑制 89%; AMPA-键合试验 (谷氨酸受体的使君子氨酸位); 降钙素基因相关蛋白 (CGRP) 键合试验; 人 BOWES 细胞的甘丙肽键合试验; 甘氨酸键合试验 (NMDA 受体的标准位, 甘氨酸); 神经降压素键合试验 (NT) 和组织血管活性肠肽-键合试验 (VIP)].【文献】G. Bifulco, et al. JNP, 1995, 58, 1254.

965　Hermitamide B　赫米特酰胺 B*
【基本信息】$C_{25}H_{38}N_2O_2$, 浅黄色油状物, $[\alpha]_D^{26} = -4.5°$ (c = 0.10, 氯仿).【类型】色胺生物碱.【来源】蓝细菌稍大鞘丝藻 *Lyngbya majuscula* (巴布亚新几内亚).【活性】细胞毒 (组织培养的 neuro-2a 细胞, IC_{50} = 5.5μg/mL); 抗癌细胞效应 (模型: HEK; 机制: 电压门控钠通道抑制); LD_{50} (盐水丰年虾 *Artemia salina* 生物测定实验) = 18μmol/L; 鱼毒 (金鱼, LD_{50} = 25μmol/L).【文献】T. Tan, et al. JNP, 2000, 63, 952; E. O. De Oliveira, et al. BoMC 2011, 19, 4322.

966　(1*H*-indol-3-yl) oxoacetamide　(1*H*-吲哚-3-基)氧代乙酰胺
【基本信息】$C_{10}H_6Br_2N_2O_2$.【类型】色胺生物碱.【来源】丘海绵属 *Spongosorites* sp. (济州岛岸外, 韩国) 和 Spongiidae 科海绵 *Rhopaloeides odorabile*.【活性】PLA_2 抑制剂 [蜂毒 PLA_2, IC_{50} = (1.17±0.05)mmol/L].【文献】A. Longeon, et al. Mar. Drugs, 2011, 9, 879; B. Bao, et al. Mar. Drugs, 2007, 5, 31.

967　Antibiotics JBIR 81　抗生素 JBIR 81
【基本信息】$C_{24}H_{34}N_4O_3$.【类型】色胺生物碱.【来源】海洋导出的真菌曲霉菌属 *Aspergillus* sp., 来自棕藻马尾藻属 *Sargassum* sp. (石垣岛, 冲绳, 日本).【活性】抗氧化剂 (游离自由基清除剂, 对抗 L-谷氨酸毒性保护 N18-RE-105 细胞, 比对照物 α-生育酚有相当高的活性).【文献】T. Kagamizono, et al. Tetrahedron Lett., 1997, 38, 1223; M. Izumikawa, et al. J. Antibiot., 2010, 63, 389.

968　Antibiotics JBIR 82　抗生素 JBIR 82
【基本信息】$C_{29}H_{42}N_4O_3$.【类型】色胺生物碱.【来源】海洋导出的真菌曲霉菌属 *Aspergillus* sp., 来自棕藻马尾藻属 *Sargassum* sp. (石垣岛, 冲绳, 日本).【活性】抗氧化剂 (游离自由基清除剂, 对抗 L-谷氨酸毒性保护 N18-RE-105 细胞, 比对照物 α-生育酚有相当高的活性).【文献】T. Kagamizono, et al. Tetrahedron Lett., 1997, 38, 1223; M. Izumikawa, et al. J. Antibiot., 2010, 63, 389.

969　Konbamidin　寇巴米定*
【基本信息】$C_{13}H_{14}N_2O_4$, 粉末, $[\alpha]_D^{21} = +15°$ ($c = 0.27$, 甲醇).【类型】色胺生物碱.【来源】羊海绵属 *Ircinia* sp. (冲绳, 日本).【活性】细胞毒 (HeLa).【文献】H. Shinonaga, et al. JNP, 1994, 57, 1603.

970　Kororamide A　澳大利亚苔藓动物酰胺 A*
【基本信息】$C_{18}H_{21}Br_3N_3O^+$.【类型】色胺生物碱.【来源】苔藓动物弯曲愚苔虫 *Amathia tortuosa* (北部新南威尔士, 澳大利亚).【活性】杀疟原虫的 (CSPF 和 CRPF, 边缘活性).【文献】A. R. Carroll, et al. Tetrahedron Lett., 2012, 53, 2873.

971　Kottamide A　寇塔海鞘酰胺 A*
【基本信息】$C_{21}H_{24}Br_2N_4O_2$, 无定形固体, $[\alpha]_D^{20} = +160°$ ($c = 0.2$, 甲醇).【类型】色胺生物碱.【来源】Clavelinidae 科海鞘 *Pycnoclavella kottae* (新西兰).【活性】细胞毒 (P_{388}, $IC_{50} = 20\mu mol/L$); 细胞毒 (一组 NCI's 癌细胞的平均值: $GI_{50} = 15.1\mu mol/L$, $TGI = 33.9\mu mol/L$, $LC_{50} = 67.6\mu mol/L$); 细胞毒/抗病毒 (用 RNA 病毒 PV1 感染的非洲绿猴肾癌细胞 BSC-1, 细胞毒抑制区尺寸 > 4.5mm, 240μg 负荷; 某些抗病毒活性, 抑制区尺寸 = 1~2mm).【文献】D. R. Appleton, et al. JOC, 2002, 67, 5402.

972　Kottamide B　寇塔海鞘酰胺 B*
【基本信息】$C_{21}H_{25}BrN_4O_2$, 无定形固体, $[\alpha]_D^{20} = +245°$ ($c = 0.2$, 甲醇).【类型】色胺生物碱.【来源】Clavelinidae 科海鞘 *Pycnoclavella kottae* (新西兰).【活性】细胞毒 (和寇塔海鞘酰胺 C 的混合物, P_{388}, $IC_{50} = 14\mu mol/L$).【文献】D. R. Appleton, et al. JOC, 2002, 67, 5402.

973　Kottamide C　寇塔海鞘酰胺 C*
【基本信息】$C_{21}H_{25}BrN_4O_2$.【类型】色胺生物碱.【来源】Clavelinidae 科海鞘 *Pycnoclavella kottae*

(新西兰).【活性】细胞毒 (和寇塔海鞘酰胺 B 的混合物, P_{388}, IC_{50} = 14μmol/L).【文献】D. R. Appleton, et al. JOC, 2002, 67, 5402.

974 Kottamide D 寇塔海鞘酰胺 D*
【基本信息】$C_{19}H_{20}Br_2N_4O_2$, 无定形固体, $[α]_D^{20}$ = +150º (c = 0.2, 甲醇).【类型】色胺生物碱.【来源】Clavelinidae 科海鞘 *Pycnoclavella kottae* (新西兰).【活性】细胞毒 (P_{388}, IC_{50} = 36μmol/L); 抗代谢的 (IC_{50} = 6~10μmol/L); 抗炎 (使用活化的人外围血中性粒细胞, 200μmol/L, 抑制超氧化物生成, 抑制对炎症促进剂 *N*-甲酰-L-甲硫氨酰-L-亮氨酰-L-苯丙氨酸 (fMLP) 和佛波醇十四酸酯乙酸酯 (PMA) 的响应, InRt = 95%~100%).【文献】D. R. Appleton, et al. JOC, 2002, 67, 5402.

975 (−)-(R)-Leptoclinidamine B (−)-(R)-可疑拟薄海鞘胺 B*
【基本信息】$C_{16}H_{19}N_5O_5$, $[α]_D^{20}$ = −20.6º (c = 0.033, 甲醇) (TFA 盐).【类型】色胺生物碱.【来源】可疑拟薄海鞘* *Leptoclinides dubius* (蓝碧海峡, 北苏拉威西, 印度尼西亚) 和莫马思赫海鞘 *Herdmania momus* (济州岛, 韩国).【活性】反式激活 PPAR-γ (基于细胞的荧光素酶报道试验).【文献】H. Yamazaki, et al. Mar. Drugs, 2012, 10, 349; J. L. Li, et al. JNP, 2012, 75, 2082; 2013, 76, 815.

976 *N*-Methyl-5,6-dibromotryptamine *N*-甲基-5,6-二溴色胺
【基本信息】$C_{11}H_{12}Br_2N_2$, mp 132~134℃.【类型】色胺生物碱.【来源】冲绳海绵 *Hyrtios* sp. 和多丝海绵属 *Polyfibrospongia maynardii*.【活性】PLA_2 抑制剂 [蜂毒 PLA_2, IC_{50} = (0.33±0.03)mmol/L]; 抗菌 (*in vitro* 非体内实验, 革兰氏阳性菌和革兰氏阴性菌).【文献】A. Longeon, et al. Mar. Drugs, 2011, 9, 879; G. E. Van Lear, et al. Tetrahedron Lett., 1973, 4, 299.

977 3-Oximido-ethyl-6-prenylindole 3-肟基-乙基-6-异戊二烯基吲哚
【基本信息】$C_{15}H_{18}N_2O$.【类型】色胺生物碱.【来源】海洋导出的链霉菌属 *Streptomyces* sp. BL-49-58-005.【活性】细胞毒 (14 种不同的肿瘤细胞株, 对 LNCaP, HMEC1, K562, PANC1, LoVo 和 LoVo-阿霉素细胞的 GI_{50} 值在微摩尔浓度范围).【文献】J. M. Sánchez López, et al. JNP, 2003, 66, 863.

978 Plakohypaphorine B 扁板海绵刺桐碱 B*
【基本信息】$C_{14}H_{16}I_2N_2O_2$, 黄色固体, $[α]_D^{25}$ = +30.4º (c = 1.2, MeOH/CF$_3$COOH).【类型】色胺生物碱.【来源】不分支扁板海绵* *Plakortis simplex* (加勒比海).【活性】抗组胺剂 (有值得注意的活性).【文献】C. Campagnuolo, et al. EurJOC, 2003, 284; F. Borrelli, et al. EurJOC, 2004, 3227.

979　Plakohypaphorine C　扁板海绵刺桐碱 C*

【基本信息】$C_{14}H_{16}I_2N_2O_2$，黄色固体，$[\alpha]_D^{25}$ = +29.1º (c = 1, MeOH/CF$_3$COOH). 【类型】色胺生物碱.【来源】不分支扁板海绵 *Plakortis simplex* (加勒比海).【活性】抗组胺剂 (有值得注意的活性).【文献】C. Campagnuolo, et al. EurJOC, 2003, 284; F. Borrelli, et al. EurJOC, 2004, 3227.

980　Plakohypaphorine D　扁板海绵刺桐碱 D*

【基本信息】$C_{14}H_{16}I_2N_2O_2$，浅黄色固体，$[\alpha]_D^{25}$ = +27.1º (c = 2, MeOH/TFA).【类型】色胺生物碱.【来源】不分支扁板海绵 *Plakortis simplex* (加勒比海).【活性】抗组胺剂 (有值得注意的活性).【文献】C. Campagnuolo, et al. EurJOC, 2003, 284; F. Borrelli, et al. EurJOC, 2004, 3227.

981　Tetraacetylclionamide　四乙酰基穿贝海绵酰胺*

【基本信息】$C_{27}H_{26}BrN_3O_8$，晶体 (四氢呋喃/异丙醚), mp 209~211℃, $[\alpha]_D$ = +45º (c = 0.7, 丙酮).【类型】色胺生物碱.【来源】隐居穿贝海绵 *Cliona celata* (穴居海绵).【活性】抗微生物.【文献】R. J. Andersen, Tetrahedron Lett., 1978, 2541; U. Schmidt, et al. Angew. Chem., Int. Ed. Engl., 1984, 23, 991; U. Schmidt, et al. Licbigs Ann. Chem., 1985, 785.

982　Flustramine A　北海苔藓胺 A*

【基本信息】$C_{17}H_{29}BrN_2$，液体，$[\alpha]_D^{20}$ = –76.9º (c = 6.6, 乙醇).【类型】环色胺生物碱.【来源】藻苔虫属苔藓动物 *Flustra foliacea* (嗜冷生物, 冷水域, 北海; 米纳斯盆地, 新斯科舍省).【活性】肌肉松弛剂; 钾通道阻断活性; 细胞毒 (HCT116, 适度活性).【文献】J. S. Carlé, et al. JACS, 1979, 101, 4012; J. S. Carlé, et al. JOC, 1980, 45, 1586; 1981, 46, 3440; M. S. Morales-Ríos, et al. JOC, 2001, 66, 1186; L. Peters, et al. JNP, 2002, 65, 1633; M.D. Lebar, et al. NPR, 2007, 24, 774 (Rev.).

983　Flustramine B　北海苔藓胺 B*

【基本信息】$C_{21}H_{29}BrN_2$.【类型】环色胺生物碱.【来源】藻苔虫属苔藓动物 *Flustra foliacea* (嗜冷生物, 冷水域, 北海; 米纳斯盆地, 新斯科舍省).【活性】肌肉松弛剂.【文献】J. S. Carlé, et al. JOC, 1980, 45, 1586; 1981, 46, 3440; M. S. Morales-Rios, JOC, 1999, 64, 1086; 2001, 66, 1186; M.D. Lebar, et al. NPR, 2007, 24, 774 (Rev.).

984　Flustramine E　北海苔藓胺 E*

【基本信息】$C_{16}H_{21}BrN_2$, $[\alpha]_D^{20}$ = –1136º (c = 0.0088, 乙醇).【类型】环色胺生物碱.【来源】藻苔虫属苔藓动物 *Flustra foliacea* (嗜冷生物, 冷水域, 丹麦, 北海).【活性】抗真菌 (葡萄孢菌 *Botrytis cinerea*, 立枯丝核菌 *Rhizoctonia solani*).【文献】P. B. Holst, et al. JNP, 1994, 57, 997; M. D. Lebar, et al. NPR, 2007, 24, 774 (Rev.).

985　Flustramine F　北海苔藓胺 F*

【基本信息】$C_{18}H_{23}BrN_2O$, 油状物, $[\alpha]_D = -22°$ ($c = 0.2$, 氯仿).【类型】环色胺生物碱.【来源】藻苔虫属苔藓动物 *Flustra foliacea* (米纳斯盆地, 芬迪湾, 加拿大).【活性】抗真菌 (产朊假丝酵母 *Candida utilis* ATCC 9950, 1.4μmoL/盘, IZD = 18mm).【文献】S. J. Rochfort, et al. JNP, 2009, 72, 1773.

986　Flustramine I　北海苔藓胺 I*

【基本信息】$C_{16}H_{21}BrN_2O$, 油状物, $[\alpha]_D = -87°$ ($c = 0.18$, 氯仿).【类型】环色胺生物碱.【来源】藻苔虫属苔藓动物 *Flustra foliacea* (米纳斯盆地, 芬迪湾, 加拿大).【活性】抗菌 (1.5μmoL/盘, 大肠杆菌 *Escherichia coli* ATCC 11775, IZD = 25mm, 藤黄色微球菌 *Micrococcus luteus* ATCC 49732, IZD = 29mm); 抗真菌 (1.5μmoL/盘, 产朊假丝酵母 *Candida utilis* ATCC 9950, IZD = 29mm, *Saccharomyces cerevisiae* ATCC 9763, IZD = 15mm).【文献】S. J. Rochfort, et al. JNP, 2009, 72, 1773.

987　Flustramine L　北海苔藓胺 L*

【基本信息】$C_{21}H_{29}BrN_2O$, 油状物, $[\alpha]_D = -53°$ ($c = 0.3$, 氯仿).【类型】环色胺生物碱.【来源】藻苔虫属苔藓动物 *Flustra foliacea* (米纳斯盆地, 芬迪湾, 加拿大).【活性】抗菌 (1.2μmoL/盘, 大肠杆菌 *Escherichia coli* ATCC 11775, IZD = 24mm, 藤黄色微球菌 *Micrococcus luteus* ATCC 49732, IZD = 25mm); 抗真菌 (1.2μmoL/盘, 产朊假丝酵母 *Candida utilis* ATCC 9950, IZD = 30mm, *Saccharomyces cerevisiae* ATCC 9763, IZD = 20mm).【文献】S. J. Rochfort, et al. JNP, 2009, 72, 1773.

3.10　类毛壳素类生物碱

988　Asperazine　黑曲霉菌嗪

【别名】Chaetocin; 毛壳素.【基本信息】$C_{40}H_{36}N_6O_4$, 无定形粉末, $[\alpha]_D = +53°$ ($c = 0.2$, 甲醇).【类型】类毛壳素类生物碱.【来源】海洋导出的真菌黑曲霉菌 *Aspergillus niger* (盐水培养物) 来自冲绳海绵 *Hyrtios proteus* (佛罗里达, 美国).【活性】选择性细胞毒 (科比特-Valeriote 软琼脂盘扩散实验, 在初级试验中, 50μg/盘: L_{1210}/C38/H116orCX1 体系的抑制区尺寸和胞嘧啶阿糖苷 (标准化疗剂) 相比 = 400/40/300; 2.5μg/盘: 抑制区尺寸 = 910/610/250, 这表明极好的白血病选择性; 在次级试验中, 50μg/盘: L_{1210}/CFU-GM, 抑制区尺寸= 450/50; 0.5μg/盘: L_{1210}/CFU-GM, 抑制区尺寸> 1000/45, 因此黑曲霉菌嗪有白血病选择性).【文献】M. Varoglu, et al. JOC, 1997, 62, 7078.

989　Brevicompanine A　短密青霉宁 A*

【基本信息】$C_{22}H_{29}N_3O_2$, 无定形固体, mp 61~65°C, $[\alpha]_D^{20} = -237.5°$ ($c = 0.7$, 乙醇).【类型】类毛

壳素类生物碱.【来源】真菌短密青霉 *Penicillium brevicompactum*.【活性】植物生长调节剂.【文献】K. Sprogøe, et al. Tetrahedron, 2005, 61, 8718; M. Kusano, et al. JCS Perkin Trans. Ⅰ, 1998, 2823.

990 Brevicompanine B 短密青霉宁 B*
【基本信息】$C_{22}H_{29}N_3O_2$，无定形固体，mp 79~82°C，$[α]_D^{20} = -228.3°$ ($c = 0.5$, 乙醇).【类型】类毛壳素类生物碱.【来源】真菌短密青霉 *Penicillium brevicompactum* 和真菌曲霉菌属 *Aspergillus janus* IBT 22274.【活性】植物生长调节剂.【文献】K. Sprogøe, et al. Tetrahedron, 2005, 61, 8718; M. Kusano, et al. JCS Perkin Trans. Ⅰ, 1998, 2823.

991 Brevicompanine C 短密青霉宁 C*
【基本信息】$C_{21}H_{27}N_3O_2$，晶体（乙酸乙酯），mp 94~96°C，$[α]_D^{20} = -321.7°$ ($c = 0.6$, 乙醇).【类型】类毛壳素类生物碱.【来源】真菌短密青霉 *Penicillium brevicompactum*.【活性】植物生长调节剂.【文献】Y. Kimura, et al. JNP, 2005, 68, 237.

992 Brevicompanine E 短密青霉宁 E*
【基本信息】$C_{25}H_{33}N_3O_3$，粉末（甲醇），$[α]_D^{17} = -140°$ ($c = 1.35$, 甲醇).【类型】类毛壳素类生物碱.【来源】海洋导出的真菌青霉属 *Penicillium* sp.，来自大洋深处沉积物（采样深度 5080m）.【活性】抑制脂多糖（LPS）诱导的一氧化氮的生成（BV2 神经胶质细胞，在抑制浓度下不显示细胞毒效应）.【文献】L. Du, et al. CPB, 2009, 57, 873.

993 Brevicompanine H 短密青霉宁 H*
【基本信息】$C_{24}H_{31}N_3O_3$，粉末（甲醇），$[α]_D^{17} = -142°$ ($c = 0.5$, 甲醇).【类型】类毛壳素类生物碱.【来源】海洋导出的真菌青霉属 *Penicillium* sp.，来自大洋深处沉积物（采样深度 5080m）.【活性】抑制脂多糖（LPS）诱导的一氧化氮的生成（BV2 神经胶质细胞，在抑制浓度下不显示细胞毒效应）.【文献】L. Du, et al. CPB, 2009, 57, 873.

994 Gliocladine C 黏帚霉啶 C*
【基本信息】$C_{22}H_{16}N_4O_3$，浅黄色粉末（二氯甲烷/甲醇），mp 180~183°C，$[α]_D^{16} = +131.4°$ ($c = 0.07$, 氯仿).【类型】类毛壳素类生物碱.【来源】海洋导出的真菌粉红黏帚霉* *Gliocladium roseum* OUPS-N132，来自软体动物黑斑海兔 *Aplysia kurodai*.【活性】细胞毒.【文献】Y. Usami, et al. Heterocycles, 2004, 63, 1123.

995 Leptosin O 小球腔菌新 O*
【基本信息】$C_{33}H_{36}N_6O_7S_2$.【类型】类毛壳素类生物碱.【来源】海洋导出的真菌小球腔菌属 *Leptosphaeria* sp. OUPS-N80，来自棕藻易扭转马尾藻 *Sargassum tortile*.【活性】细胞毒（P_{388}）.【文献】T. Yamada, et al. Heterocycles, 2004, 63, 641.

996　Leptosin P　小球腔菌新 P*

【基本信息】$C_{33}H_{36}N_6O_7S_2$.【类型】类毛壳素类生物碱.【来源】海洋导出的真菌小球腔菌属 *Leptosphaeria* sp. OUPS-N80, 来自棕藻易扭转马尾藻 *Sargassum tortile*.【活性】细胞毒 (P_{388}).【文献】T. Yamada, et al. Heterocycles, 2004, 63, 641.

997　Neoechinulin A　新灰绿曲霉素 A*

【基本信息】$C_{19}H_{21}N_3O_2$, 象牙白色晶体（甲醇）, mp 264~265°C, $[α]_D^{23} = -54°$ ($c = 0.1$, 甲醇).【类型】类毛壳素类生物碱.【来源】海洋导出的真菌黄灰青霉 *Penicillium griseofulvum*.【活性】细胞毒（有研究价值的细胞生长抑制剂：P_{388}, $GI_{50} = 0.21μg/mL$; OVCAR-3, $GI_{50} = 0.24μg/mL$; NCI-H460, $GI_{50} = 0.21μg/mL$; KM20L2, $GI_{50} = 0.19μg/mL$; DU145, $GI_{50} = 0.27μg/mL$; BXPC3, $GI_{50} = 0.25μg/mL$; SF295, $GI_{50} = 0.21μg/mL$) (Pettit, 2008); 抗氧化剂（高活性）; 食品防腐剂.【文献】G. R. Pettit, et al. JNP, 2008, 71, 438; K. Kuramochi, et al. Synthesis, 2008, 3810.

998　Neoechinulin B　新灰绿曲霉素 B*

【基本信息】$C_{19}H_{19}N_3O_2$, 黄色晶体（甲醇）, mp 234~236°C.【类型】类毛壳素类生物碱.【来源】海洋导出的真菌黄灰青霉 *Penicillium griseofulvum*, 红树导出的真菌曲霉菌属 *Aspergillus effuses* H1-1, 来自未鉴定的红树（根际土壤, 福建, 中国）, 红树导出的真菌红色散囊菌* *Eurotium rubrum*（内生的）.【活性】抗病毒 [流感 A/WSN/33 病毒, 100μmol/L, InRt = 70.48%, $IC_{50} = 27.4μmol/L$, $CC_{50} > 200μmol/L$]; 抗病毒 [LN/1109 (H1N1), $IC_{50} = 16.89μmol/L$, HN/1222 (H3N2), $IC_{50} = 22.22μmol/L$, 对流感病毒有低抗药性高效能和广谱活性，使得 Neoechinulin B 作为发展有潜力的流感病毒抑制剂的一种新的先导化合物].【文献】K. Kuramochi, et al. Synthesis, 2008, 3810; H. Gao, et al. Arch. Pharmacal Res., 2013, 36, 952; X. Chen, et al. Eur. J. Med. Chem., 2015, 93, 182.

999　Norcardioazine A　拟诺卡氏菌嗪 A*

【基本信息】$C_{29}H_{30}N_4O_3$【类型】类毛壳素类生物碱.【来源】海洋导出的放线菌拟诺卡氏放线菌属 *Nocardiopsis* sp. CMB-M0232（沉积物，南莫里岛, 布里斯班, 澳大利亚）.【活性】多药耐药因子 P. 糖蛋白抑制剂; 翻转抗阿霉素效应（多药耐药 (MDR) SW620 Ad300 细胞）.【文献】R. Raju, et al. Org. Lett., 2011, 13, 2770.

1000　Plectosphaeroic acid A　不列颠哥伦比亚海洋真菌酸 A*

【基本信息】$C_{39}H_{32}N_6O_{10}S_2$, 红橙色固体, $[α]_D^{23} = +96.9°$ ($c = 0.33$, 甲醇).【类型】类毛壳素类生物碱.【来源】海洋导出的真菌 Plectosphaerellaceae 科 *Plectosphaerella cucumerina*（沉积物，不列颠

哥伦比亚,加拿大).【活性】吲哚胺2,3-双加氧酶(IDO)抑制剂(IDO是一种涉及免疫逃逸机制的处理癌症的分子靶标).【文献】G. C. Prendergast, Oncogene, 2008, 27, 3889; G. Carr, et al. Org. Lett., 2009, 11, 2996.

1001 Plectosphaeroic acid B 不列颠哥伦比亚海洋真菌酸B*
【基本信息】$C_{39}H_{32}N_6O_9S_2$,红橙色固体,$[\alpha]_D^{23} = +69.8°$ ($c = 0.27$, 甲醇).【类型】类毛壳素类生物碱.【来源】海洋导出的真菌 Plectosphaerellaceae 科 *Plectosphaerella cucumerina* (沉积物,不列颠哥伦比亚,加拿大).【活性】吲哚胺2,3-双加氧酶(IDO)抑制剂($IC_{50} \approx 2\mu mol/L$).【文献】G. C. Prendergast, Oncogene, 2008, 27, 3889; G. Carr, et al. Org. Lett., 2009, 11, 2996.

1002 Plectosphaeroic acid C 不列颠哥伦比亚海洋真菌酸C*
【基本信息】$C_{37}H_{26}N_6O_{10}S_3$,红橙色固体,$[\alpha]_D^{23} = +135.6°$ ($c = 0.17$, 甲醇).【类型】类毛壳素类生物碱.【来源】海洋导出的真菌 Plectosphaerellaceae 科 *Plectosphaerella cucumerina* (沉积物,不列颠哥伦比亚,加拿大).【活性】吲哚胺2,3-双加氧酶(IDO)抑制剂($IC_{50} \approx 2\mu mol/L$).【文献】G. C. Prendergast, Oncogene, 2008, 27, 3889; G. Carr, et al. Org. Lett., 2009, 11, 2996.

1003 Roquefortine C 柔却佛亭C*
【基本信息】$C_{22}H_{23}N_5O_2$,针状晶体(+1分子甲醇)(甲醇水溶液),mp 195~200°C (分解),mp 225~228°C (分解),$[\alpha]_D^{15} = -764°$ ($c = 0.5$, 吡啶),$[\alpha]_D^{22} = -703°$ ($c = 1$, 氯仿),【类型】类毛壳素类生物碱.【来源】海洋导出的真菌青霉属 *Penicillium* sp. (蓝色乳酪的共同成分),陆地真菌青霉属 *Penicillium* spp.【活性】神经毒素;LD_{50} (小鼠,ipr) = 15mg/kg.【文献】G. Bringmann, et al. Tetrahedron, 2005, 61, 7252; L. Du, et al. Tetrahedron, 2009, 65, 1033.

1004 Roquefortine F 柔却佛亭F*
【基本信息】$C_{23}H_{25}N_5O_3$,黄色固体(甲醇),$[\alpha]_D^{20} = -281.2°$ ($c = 0.1$, 甲醇).【类型】类毛壳素类生物碱.【来源】深海真菌青霉属 *Penicillium* sp. F23-2 (沉积物,采样深度5080m).【活性】细胞毒 (A549, $IC_{50} = 14.0\mu mol/L$; HL60, $IC_{50} = 33.6\mu mol/L$; Bel7402, $IC_{50} = 13.0\mu mol/L$; Molt4, $IC_{50} = 21.2\mu mol/L$).【文献】L. Du, et al. Tetrahedron, 2009, 65, 1033; L. Du, et al. J. Antibiot., 2010, 63, 165.

1005　Roquefortine G　柔却佛亭 G*

【基本信息】$C_{29}H_{35}N_5O_4$, 黄色固体（甲醇），$[\alpha]_D^{20}$ = –244.1°（c = 0.09, 甲醇）.【类型】类毛壳素类生物碱.【来源】深海真菌青霉属 *Penicillium* sp. F23-2（沉积物，采样深度 5080m）.【活性】细胞毒（A549, IC_{50} = 42.5μmol/L; HL60, IC_{50} = 36.6μmol/L; Bel7402, IC_{50} > 50μmol/L; Molt4, IC_{50} > 50μmol/L).【文献】L. Du, et al. Tetrahedron, 2009, 65, 1033; L. Du, et al. J. Antibiot., 2010, 63, 165.

1006　Roquefortine H　柔却佛亭 H*

【基本信息】$C_{28}H_{33}N_5O_3$, 黄色固体（甲醇），$[\alpha]_D^{20}$ = –430°（c = 0.01, 甲醇）.【类型】类毛壳素类生物碱.【来源】深海真菌青霉属 *Penicillium* sp. F23-2（深海沉积物，采样位置未说明）.【活性】细胞毒（A549, IC_{50} > 100μmol/L; HL60, IC_{50} > 100μmol/L).【文献】L. Du, et al. Tetrahedron, 2009, 65, 1033; L. Du, et al. J. Antibiot., 2010, 63, 165.

1007　Roquefortine I　柔却佛亭 I*

【基本信息】$C_{23}H_{25}N_5O_3$, 黄色固体（甲醇），$[\alpha]_D^{20}$ = –285°（c = 0.01, 甲醇）.【类型】类毛壳素类生物碱.【来源】深海真菌青霉属 *Penicillium* sp. F23-2（深海沉积物，采样位置未说明）.【活性】细胞毒（A549, IC_{50} > 100μmol/L; HL60, IC_{50} > 100μmol/L).【文献】L. Du, et al. Tetrahedron, 2009, 65, 1033; L. Du, et al. J. Antibiot., 2010, 63, 165.

3.11　吲哚-咪唑类生物碱

1008　Aplysinopsin　西沙海绵新*

【基本信息】$C_{14}H_{14}N_4O$, 细黄色针状晶体 (+1 分子结晶水)（甲醇水溶液+乙二胺），mp 235~237℃（分解），mp 232~233℃.【类型】吲哚-咪唑类生物碱.【来源】真海绵属 *Verongia spengelii* 和胄甲海绵属 *Thorecta* sp., 石珊瑚目石珊瑚 *Astroides calycularis*.【活性】抗生素；抗肿瘤.【文献】K. H. Hollenbeak, et al. JNP, 1977, 40, 479; E. Fattorusso, et al. JNP, 1985, 48, 924; D. Bialonska, et al. Mar. Drugs, 2009, 7, 166 (Rev.).

1009　6-Bromo-1′-ethoxy-1′,8-dihydroaplysinopsin　6-溴-1′-乙氧基-1′,8-二氢西沙海绵新*

【基本信息】$C_{16}H_{19}BrN_4O_2$, 红色固体，$[\alpha]_D^{25}$ = +19.3°（c = 0.05, 甲醇）.【类型】吲哚-咪唑类生物碱.【来源】胄甲海绵亚科 Thorectinae 海绵 *Thorectandra* sp. (NCI 发展治疗学程序) 和胄甲海绵亚科 Thorectinae 海绵 *Smenospongia* sp. (加利福尼亚大学，圣克鲁兹，加利福尼亚，美国).【活性】抗菌（表皮葡萄球菌 *Staphylococcus epidermidis*, 低活性).【文献】N. L. Segraves, et al. JNP, 2005, 68, 1484; D. Bialonska, et al. Mar. Drugs, 2009, 7, 166 (Rev.).

1010 Bunodosine 391 海葵新 391*

【别名】BDS 391.【基本信息】$C_{16}H_{15}BrN_4O_3$.【类型】吲哚-咪唑类生物碱.【来源】六放珊瑚亚纲海葵 *Bunodosoma cangicum*.【活性】经由 5-羟色胺受体的镇痛效应.【文献】A. J. Zaharenko, et al. JNP, 2011, 74, 378.

1011 (8E)-5,6-Dibromo-2′-N-demethyl-aplysinopsin (8E)-5,6-二溴-2′-N-去甲基-西沙海绵新*

【基本信息】$C_{13}H_{10}Br_2N_4O$, 黄色粉末.【类型】吲哚-咪唑类生物碱.【来源】南海海绵* *Hyrtios erecta* (冲绳, 日本).【活性】神经元的 NO 合成酶抑制剂 (选择性的).【文献】S. Aoki, et al. CPB, 2001, 49, 1372.

1012 (8Z)-5,6-Dibromo-2′-N-demethyl-aplysinopsin (8Z)-5,6-二溴-2′-N-去甲基-西沙海绵新*

【基本信息】$C_{13}H_{10}Br_2N_4O$, 黄色粉末.【类型】吲哚-咪唑类生物碱.【来源】南海海绵* *Hyrtios erecta* (冲绳, 日本).【活性】神经元的 NO 合成酶抑制剂 (选择性的).【文献】S. Aoki, et al. CPB, 2001, 49, 1372.

1013 Didemnimide A 星骨海鞘二酰亚胺 A*

【基本信息】$C_{15}H_{10}N_4O_2$, 不规则橙色针状晶体 (乙腈水溶液), mp 234~235℃.【类型】吲哚-咪唑类生物碱.【来源】星骨海鞘属 *Didemnum conchyliatum* (巴哈马, 来自红树林生境中的海草叶片).【活性】拒食活性 (遏制捕食).【文献】H. C. Vervoort, et al. JOC, 1997, 62, 1486; T. V. Hughes, et al. Tetrahedron Lett., 1998, 39, 9629.

1014 Didemnimide B 星骨海鞘二酰亚胺 B*

【别名】6-Bromodidemnimide A; 6-溴星骨海鞘酰亚胺 A*.【基本信息】$C_{15}H_9BrN_4O_2$, 细亮橙色针状晶体 (乙腈水溶液), mp 334~335℃.【类型】吲哚-咪唑类生物碱.【来源】星骨海鞘属 *Didemnum conchyliatum* (巴哈马, 来自红树林生境中的海草叶片).【活性】拒食活性 (遏制捕食, 鱼类).【文献】H. C. Vervoort, et al. JOC, 1997, 62, 1486; T. V. Hughes, et al. Tetrahedron Lett., 1998, 39, 9629.

1015 Didemnimide C 星骨海鞘二酰亚胺 C*

【基本信息】$C_{16}H_{12}N_4O_2$, 深橙色针状晶体 (乙腈水溶液), mp > 300℃.【类型】吲哚-咪唑类生物碱.【来源】星骨海鞘属 *Didemnum conchyliatum* (巴哈马, 来自红树林生境中的海草叶片).【活性】拒食活性 (鱼类).【文献】H. C, Vervoort, et al. JOC, 1997, 62, 1486.

1016 Didemnimide D 星骨海鞘二酰亚胺 D*

【基本信息】$C_{16}H_{11}BrN_4O_2$, 小的深橙色针状晶体 (乙腈水溶液), mp > 250℃.【类型】吲哚-咪唑类生物碱.【来源】星骨海鞘属 *Didemnum conchyliatum*

(巴哈马，来自红树林生境中的海草叶片).【活性】拒食活性（鱼类）.【文献】H. C, Vervoort, et al. JOC, 1997, 62, 1486.

1017　Discodermindole　圆皮海绵吲哚*
【基本信息】$C_{11}H_{10}Br_2N_4$，黏性油状物，$[\alpha]_D^{21}$ = $-27º$ (c = 1, 甲醇).【类型】吲哚-咪唑类生物碱.【来源】岩屑海绵圆皮海绵属 Discodermia polydiscus (白鲑礁海外，巴里群岛，巴哈马，采样深度185m).【活性】细胞毒（P_{388}，IC_{50} = 1.8μg/mL；A549，IC_{50} = 4.6μg/mL；HT29，IC_{50} = 12μg/mL).【文献】H. H. Sun, et al. JOC, 1991, 56, 4307.

1018　N-3′-Ethylaplysinopsin　N-3′-乙基西沙海绵新*
【基本信息】$C_{16}H_{18}N_4O$，浅黄色树胶.【类型】吲哚-咪唑类生物碱.【来源】青甲海绵亚科 Thorectinae 海绵 Smenospongia aurea (牙买加).【活性】对 5-HT2A 和 5-HT2C 受体有亲和力（高活性，和抑郁症有关).【文献】J.-F. Hu, et al. JNP, 2002, 65, 476.

1019　Halocyamine A　芋海鞘胺 A*
【基本信息】$C_{27}H_{28}BrN_7O_5$, $[\alpha]_D^{26}$ = +5.2º (c = 0.5, 甲醇).【类型】吲哚-咪唑类生物碱.【来源】芋海鞘科海鞘 Halocynthia roretzi (血细胞).【活性】抗菌（革兰氏阳性菌：枯草杆菌 Bacillus subtilis, MIC = 50μg/mL；巨大芽孢杆菌 Bacillus megaterium MIC = 50μg/mL；蜡样芽孢杆菌 Bacillus cereus, MIC = 100μg/mL）；抗真菌（新型隐球酵母 Cryptococcus neoformans (MIC = 100μg/mL).【文献】K. Azumi, et al. Biochemistry, 1990, 29, 159.

1020　Halocyamine B　芋海鞘胺 B*
【基本信息】$C_{29}H_{32}BrN_7O_6$, $[\alpha]_D^{26}$ = +63.1º (c = 0.5, 甲醇).【类型】吲哚-咪唑类生物碱.【来源】芋海鞘科海鞘 Halocynthia roretzi (血细胞).【活性】抗菌；抗真菌（酵母).【文献】K. Azumi, et al. Biochemistry, 1990, 29, 159.

1021　Herdmanine K　莫马思赫海鞘宁 K*
【基本信息】$C_{16}H_{14}N_4O_5$.【类型】吲哚-咪唑类生物碱.【来源】莫马思赫海鞘 Herdmania momus (济州岛，韩国).【活性】反式激活 PPAR-γ（基于细胞的荧光素酶报道试验).【文献】J. L. Li, et al. JNP, 2012, 75, 2082；J. L. Li, et al. JNP, 2013, 76, 815.

1022　6-Hydroxydiscodermindole　6-羟基圆皮海绵吲哚*
【基本信息】$C_{11}H_{10}Br_2N_4O$, $[\alpha]_D^{21}$ = $-41.6º$ (c = 0.1, 甲醇).【类型】吲哚-咪唑类生物碱.【来源】岩屑海绵圆皮海绵属 Discodermia polydiscus (阿克林岛北点，巴哈马；大巴哈马岛岸外).【活性】细胞毒（P_{388}，IC_{50} = 12.4μmol/L, 抑制细胞增殖).【文献】J. Cohen, et al. Pharm. Biol., 2004, 42, 59；P. L.

Winder, et al. Mar. Drugs, 2011, 9, 2644-2682 (Rev.).

1023 Isobromodeoxytopsentin 异溴去氧软海绵素*

【别名】6-Bromotopsentin A; 6-溴软海绵素 A*.【基本信息】$C_{20}H_{13}BrN_4O$, 无定形黄色固体 mp 225~230°C.【类型】吲哚-咪唑类生物碱.【来源】丘海绵属 *Spongosorites genitrix* (朝鲜半岛水域).【活性】细胞毒 (K562, LC_{50} = 2.1µg/mL).【文献】J. Shin, et al. JNP, 1999, 62, 647.

1024 Isobromotopsentin 异溴软海绵素*

【基本信息】$C_{20}H_{13}BrN_4O_2$, 无定形黄色固体, mp 225~228°C.【类型】吲哚-咪唑类生物碱.【来源】丘海绵属 *Spongosorites* sp. (南澳大利亚).【活性】细胞毒; 抗肿瘤; 抗病毒; 抗真菌.【文献】L. M. Murray, et al. Aust. J. Chem., 1995, 48, 2053.

1025 Isoplysin A 异秽色海绵林 A*

【基本信息】$C_{14}H_{14}N_4O$, 黄色针状晶体, mp 310°C (分解).【类型】吲哚-咪唑类生物碱.【来源】秽色海绵属 *Aplysina* sp. (冲绳, 日本).【活性】细胞毒 (低活性).【文献】K. Kondo, et al. JNP, 1994, 57, 1008.

1026 Meleagrin 没勒阿各碱*

【基本信息】$C_{23}H_{23}N_5O_4$, 浅黄色叶片状(氯仿或二氯甲烷), mp 250°C (分解), $[\alpha]_D$ = –116º (c = 0.088, 氯仿).【类型】吲哚-咪唑类生物碱.【来源】海洋导出的真菌青霉属 *Penicillium* sp. F23-2 (沉积物, 采样深度 5080m), 海洋导出的产黄青霉真菌 *Penicillium chrysogenum*, 深海真菌普通青霉菌* *Penicillium commune* SD-118 (沉积物).【活性】细胞毒 (A549, IC_{50} = 19.9µmol/L; HL60, IC_{50} = 7.4µmol/L); 微管蛋白聚合抑制剂 (阻止细胞循环的 G_2/M 阶段, 5µmol/L 和 10µmol/L); 细胞毒 (DU145, IC_{50} = 5.0µg/mL); 细胞毒 (HepG2, IC_{50} = 12µg/mL; NCI-H460, IC_{50} = 22µg/mL; HeLa, IC_{50} = 20µg/mL; MDA-MB-231, IC_{50} = 11µg/mL) (Shang, 2012); 抗菌 (金黄色葡萄球菌 *Staphylococcus aureus*, MIC = 64µg/mL) (Shang, 2012).【文献】G. Bringmann, et al. Tetrahedron, 2005, 61, 7252; L. Du, et al. Tetrahedron, 2009, 65, 1033L. Du, et al. J. Antibiot., 2010, 63, 165; Z. Shang, et al. Chin. J. Oceanol. Limnol., 2012, 30, 305.

1027 Meleagrin B 没勒阿各碱 B*

【基本信息】$C_{43}H_{53}N_5O_6$, 黄色固体 (甲醇), $[\alpha]_D^{20}$ = –28.4º (c = 0.2, 甲醇).【类型】吲哚-咪唑类生物碱.【来源】深海真菌青霉属 *Penicillium* sp. F23-2 (沉积物, 采样深度 5080m).【活性】细胞毒 (SRB 试验: A549, IC_{50} = 2.7µmol/L; Bel7402, IC_{50} = 1.8µmol/L; MTT 试验: HL60, IC_{50} = 6.7µmol/L; Molt4, IC_{50} = 2.9µmol/L; 诱导 HL60 细胞凋亡).【文献】L. Du, et al. Tetrahedron, 2009, 65, 1033; L. Du, et al. J. Antibiot., 2010, 63, 165.

1028 Meleagrin D 没勒阿各碱 D*

【基本信息】$C_{32}H_{37}N_5O_5$,黄色固体(甲醇),$[\alpha]_D^{20}$ = −116º (c = 0.01,甲醇).【类型】吲哚-咪唑类生物碱.【来源】深海真菌青霉属 *Penicillium* sp. F23-2 (深海沉积物,采样位置未说明).【活性】细胞毒 (A549, IC_{50} = 32.2μmol/L; HL60, IC_{50} > 100μmol/L).【文献】L. Du, et al. Tetrahedron, 2009, 65, 1033; L. Du, et al. J. Antibiot., 2010, 63, 165.

1029 Meleagrin E 没勒阿各碱 E*

【基本信息】$C_{32}H_{39}N_5O_6$,黄色固体(甲醇),$[\alpha]_D^{20}$ = −55º (c = 0.01,甲醇).【类型】吲哚-咪唑类生物碱.【来源】深海真菌青霉属 *Penicillium* sp. F23-2 (深海沉积物,采样位置未说明).【活性】细胞毒 (A549, IC_{50} = 55.9μmol/L; HL60, IC_{50} > 100μmol/L).【文献】L. Du, et al. Tetrahedron, 2009, 65, 1033; L. Du, et al. J. Antibiot., 2010, 63, 165.

1030 $N^{3'}$-Methylaplysinopsin $N^{3'}$-甲基西沙海绵新*

【基本信息】$C_{15}H_{16}N_4O$.【类型】吲哚-咪唑类生物碱.【来源】寻常海绵纲网角目西沙海绵 *Aplysinopsis reticulata*.【活性】单胺氧化酶抑制剂;含血清素的神经传递电位器.【文献】J. Baird-Lambert, et al. Life Sci., 1980, 26, 1069; J.-F. Hu, et al. JNP, 2002, 65, 476.

1031 (±)-Polyandrocarpamide D (±)-精囊海鞘酰胺 D*

【基本信息】$C_{12}H_{11}N_3O_3$,黄色无定形固体.【类型】吲哚-咪唑类生物碱.【来源】精囊海鞘属 *Polyandrocarpa* sp., Acarnidae 科海绵 *Zyzzya massalis*.【活性】抗菌;抗真菌.【文献】N. Lindquist, et al. Tetrahedron Lett., 1990, 31, 2521; I. Mancini, et al. Helv. Chim. Acta, 1994, 77, 1886.

1032 Trachycladindole A 粗枝海绵吲哚 A*

【基本信息】$C_{13}H_{13}BrN_4O_2$,无定形固体,$[\alpha]_D$ = +5.9º (c = 0.95,甲醇).【类型】吲哚-咪唑类生物碱.【来源】粗枝海绵属 *Trachycladus laevispirulifer*.【活性】细胞毒 (A549, GI_{50} = 6.5μmol/L, TGI = 9.2μmol/L, LC_{50} = 20.8μmol/L; HT29, GI_{50} = 2.9μmol/L, TGI = 7.4μmol/L, LC_{50} > 30μmol/L; MDA-MB-231, GI_{50} = 1.2μmol/L, TGI = 1.6μmol/L, LC_{50} > 30μmol/L).【文献】R. J. Capon, et al. Org. Biomol. Chem., 2008, 6, 2765.

1033 Trachycladindole B 粗枝海绵吲哚 B*

【基本信息】$C_{14}H_{15}BrN_4O_2$,无定形固体,$[\alpha]_D$ = +8.8º (c = 0.94,甲醇).【类型】吲哚-咪唑类生物碱.【来源】粗枝海绵属 *Trachycladus laevispirulifer*.【活性】细胞毒 (A549, GI_{50} = 1.3μmol/L, TGI = 2.0μmol/L, LC_{50} = 5.4μmol/L; HT29, GI_{50} = 0.5μmol/L, TGI = 1.8μmol/L, LC_{50} > 30μmol/L; MDA-MB-231, GI_{50} = 2.7μmol/L, TGI = 5.1μmol/L, LC_{50} > 30μmol/L).【文献】R. J. Capon, et al. Org. Biomol. Chem., 2008, 6, 2765.

1034　Trachycladindole C　粗枝海绵吲哚 C*

【基本信息】$C_{13}H_{13}BrN_4O_3$，无定形固体，$[\alpha]_D$ = +2.9º (c = 1.3, 甲醇).【类型】吲哚-咪唑类生物碱.【来源】粗枝海绵属 *Trachycladus laevispirulifer*.【活性】细胞毒 (A549, GI_{50} = 19.8μmol/L, TGI > 30μmol/L, LC_{50} > 30μmol/L; HT29, GI_{50} = 4.8μmol/L, TGI = 18.1μmol/L, LC_{50} > 30μmol/L; MDA-MB-231, GI_{50} = 12.2μmol/L, TGI > 30μmol/L, LC_{50} > 30μmol/L).【文献】R. J. Capon, et al. Org. Biomol. Chem., 2008, 6, 2765.

1035　Trachycladindole D　粗枝海绵吲哚 D*

【基本信息】$C_{14}H_{15}BrN_4O_3$，无定形固体，$[\alpha]_D$ = +7.5º (c = 1, 甲醇).【类型】吲哚-咪唑类生物碱.【来源】粗枝海绵属 *Trachycladus laevispirulifer*.【活性】细胞毒 (A549, GI_{50} = 1.7μmol/L, TGI = 1.9μmol/L, LC_{50} > 30μmol/L; HT29, GI_{50} = 0.4μmol/L, TGI = 0.9μmol/L, LC_{50} > 30μmol/L; MDA-MB-231, GI_{50} = 2.4μmol/L, TGI = 5.7μmol/L, LC_{50} > 30μmol/L).【文献】R. J. Capon, et al. Org. Biomol. Chem., 2008, 6, 2765.

1036　Trachycladindole E　粗枝海绵吲哚 E*

【基本信息】$C_{14}H_{15}BrN_4O_3$，无定形固体，$[\alpha]_D$ = +11.6º (c = 0.48, 甲醇).【类型】吲哚-咪唑类生物碱.【来源】粗枝海绵属 *Trachycladus laevispirulifer*.【活性】细胞毒 (A549, GI_{50} = 0.5μmol/L, TGI = 0.7μmol/L, LC_{50} = 2.1μmol/L; HT29, GI_{50} = 0.3μmol/L, TGI = 0.8μmol/L, LC_{50} > 30μmol/L; MDA-MB-231, GI_{50} = 1.1μmol/L, TGI = 2.1μmol/L, LC_{50} = 9.0μmol/L).【文献】R. J. Capon, et al. Org. Biomol. Chem., 2008, 6, 2765.

1037　Trachycladindole F　粗枝海绵吲哚 F*

【基本信息】$C_{14}H_{15}BrN_4O_4$，无定形固体，$[\alpha]_D$ = -4.8º (c = 0.94, 甲醇).【类型】吲哚-咪唑类生物碱.【来源】粗枝海绵属 *Trachycladus laevispirulifer*.【活性】细胞毒 (A549, GI_{50} = 1.2μmol/L, TGI = 1.7μmol/L, LC_{50} > 30μmol/L; HT29, GI_{50} = 0.8μmol/L, TGI = 1.8μmol/L, LC_{50} > 30μmol/L; MDA-MB-231, GI_{50} = 2.3μmol/L, TGI = 3.6μmol/L, LC_{50} > 30μmol/L).【文献】R. J. Capon, et al. Org. Biomol. Chem., 2008, 6, 2765.

3.12　吲哚内酰胺类生物碱

1038　N^{13}-Demethylteleocidin A_1　N^{13}-去甲基杀鱼菌素 A_1

【基本信息】$C_{26}H_{37}N_3O_2$.【类型】吲哚内酰胺类生物碱.【来源】海洋导出的链霉菌属 *Streptomyces* sp. NBRC 105896.【活性】肿瘤诱发物.【文献】K. Irie, et al. Agric. Biol. Chem., 1988, 52, 3193.

1039　Indolactam V　吲哚内酰胺 V

【基本信息】$C_{17}H_{23}N_3O_2$，针状晶体（含水乙醇）或无定形固体，mp 130~165ºC，$[\alpha]_D^{27}$ = -170º (c =

0.499, 乙醇).【类型】吲哚内酰胺类生物碱.【来源】海洋导出的链霉菌属 *Streptomyces* sp. NBRC 105896.【活性】抗病毒 (诱导爱泼斯坦-巴尔病毒的早期抗原); CSF 诱导物; PKC 活化剂; 肿瘤促进剂; 杀鱼菌素生物合成中间体.【文献】K.Irie, et al. Agric. Biol. Chem., 1984, 48, 1269.

1040 Antibiotics JBIR 31 抗生素 JBIR 31
【别名】2-Oxoteleocidin A_1; 2-氧代杀鱼菌素 A_1.【基本信息】$C_{27}H_{39}N_3O_3$, 无定形固体, mp 58~62℃, $[\alpha]_D^{25}$ = –226.3º (c = 0.02, 甲醇).【类型】吲哚内酰胺类生物碱.【来源】海洋导出的链霉菌属 *Streptomyces* sp. NBRC 105896, 来自蜂海绵属 *Haliclona* sp. (大山市, 千叶县, 日本).【活性】细胞毒 (HeLa, IC_{50} = 49μmol/L, ACC-MESO-1, IC_{50} = 88μmol/L).【文献】M. Izumikawa, et al. J. Antibiot., 2010, 63, 33.

1041 Lyngbyatoxin A 稍大鞘丝藻毒素 A*
【别名】Teleocidin A_1; 杀鱼菌素 A_1.【基本信息】$C_{27}H_{39}N_3O_2$, mp 61℃, $[\alpha]_D$ = –171º (c = 1.8, 氯仿), $[\alpha]_D$ = –110º (甲醇).【类型】吲哚内酰胺类生物碱.【来源】蓝细菌稍大鞘丝藻 *Lyngbya majuscula* (浅水, 酯类提取物, 夏威夷, 美国), 海洋导出的链霉菌属 *Streptomyces* sp. NBRC 105896.【活性】杀线虫剂; 杀螨剂; 抗肿瘤 (抑制白血病); 高度发炎和发泡药; 肿瘤促进剂; 引起皮炎的; 有剧毒的; LD_{50} (小鼠, orl) = 2mg/kg.【文献】J. H. Cardellina, et al. Science (Washington, D.C.), 1979, 204, 193; S.-I. Sakai, et al. Tetrahedron Lett., 1986, 27, 5219.

1042 Lyngbyatoxin B 稍大鞘丝藻毒素 B*
【基本信息】$C_{27}H_{39}N_3O_3$, 无定形物质.【类型】吲哚内酰胺类生物碱.【来源】蓝细菌稍大鞘丝藻 *Lyngbya majuscula*.【活性】TPA 结合抑制剂; 皮肤刺激剂.【文献】N. Aimi, et al. JNP, 1990, 53, 1593.

1043 Lyngbyatoxin C 稍大鞘丝藻毒素 C*
【基本信息】$C_{27}H_{39}N_3O_3$, 无定形物质.【类型】吲哚内酰胺类生物碱.【来源】蓝细菌稍大鞘丝藻 *Lyngbya majuscula*.【活性】TPA 结合抑制剂; 皮肤刺激剂.【文献】N. Aimi, et al. JNP, 1990, 53, 1593.

3.13 吲哚萜类生物碱

1044 Ambiguine H isonitrile 异腈可疑飞氏藻素 H *
【基本信息】$C_{25}H_{32}N_2$, 无定形固体, $[\alpha]_D^{25}$ = –65º (c = 0.51, 甲醇).【类型】吲哚萜类生物碱.【来源】蓝细菌非氏藻属 *Fischerella* sp. (以色列).【活性】抗菌 (白色葡萄球菌 *Staphylococcus albus* 和枯草

杆菌 *Bacillus subtilis*, MIC = 0.08~1.25μg/mL).【文献】A. Raveh, et al. JNP, 2007, 70, 196.

1045 Ambiguine I isonitrile 异腈可疑飞氏藻素 I*
【基本信息】$C_{26}H_{30}N_2O_2$, 无定形固体, $[\alpha]_D^{25}$ = –39º (c = 0.29, 甲醇).【类型】吲哚萜类生物碱.【来源】蓝细菌非氏藻属 *Fischerella* sp. (以色列).【活性】抗菌 (大肠杆菌 *Escherichia coli* ESS K-12, 白色葡萄球菌 *Staphylococcus albus* 和枯草杆菌 *Bacillus subtilis*, MIC = 0.08~1.25μg/mL).【文献】A. Raveh, et al. JNP, 2007, 70, 196.

1046 α-Cyclopiazonic acid α-环匹阿尼酸
【基本信息】$C_{20}H_{20}N_2O_3$, 黄色无定形固体, $[\alpha]_D^{20}$ = –92.1º (c = 0.1, 氯仿), mp 245~246℃, $[\alpha]_D^{18}$ = –74º (c = 1, 氯仿).【类型】吲哚萜类生物碱.【来源】海洋导出的真菌黄曲霉 *Aspergillus flavus* C-F-3, 来自绿藻管浒苔 *Enteromorpha tubulosa* (莆田, 平海, 福建, 中国), 陆地真菌青霉属 *Penicillium* spp. 和曲霉属 *Aspergillus* spp.【活性】细胞毒 (HL60, IC_{50} = 2.4μmol/L; Molt4, IC_{50} = 12.3μmol/L; Bel7402, IC_{50} = 17.5μmol/L; A549, IC_{50} = 21.5μmol/L).【文献】A.-Q. Lin, et al. Chem. Nat. Compd. (Engl. Transl.), 2009, 45, 677; W. P. Norred, et al. J. Agric. Food Chem., 1988, 36, 113.

1047 Hapalindole A 泉生软管藻吲哚 A*
【基本信息】$C_{21}H_{23}ClN_2$, 黄色片状晶体 (二氯甲烷/庚烷), mp 160~167℃ (分解), $[\alpha]_D^{25}$ = –78º (c = 1.2, 二氯甲烷).【类型】吲哚萜类生物碱.【来源】蓝细菌泉生软管藻 *Hapalosiphon fontinalis*.【活性】抗菌; 抗真菌; 杀藻剂.【文献】R. E. Moore, et al. JOC, 1987, 52, 1036.

1048 12-*epi*-Hapalindole C 12-*epi*-泉生软管藻吲哚 C*
【基本信息】$C_{21}H_{24}N_2$, $[\alpha]_D$ = +10.4º (c = 0.54, 二氯甲烷).【类型】吲哚萜类生物碱.【来源】蓝细菌软管藻属 *Hapalosiphon welwitschii*, 蓝细菌软管藻属 *Hapalosiphon laingii* 和蓝细菌扭曲惠氏藻 *Westiella intricata*.【活性】鱼毒.【文献】K. Stratmann, et al. JACS, 1994, 116, 9935.

1049 12-*epi*-Hapalindole E 12-*epi*-泉生软管藻吲哚 E*
【基本信息】$C_{21}H_{23}ClN_2$, $[\alpha]_D$ = +42.9º (c = 0.3, 二氯甲烷).【类型】吲哚萜类生物碱.【来源】蓝细菌软管藻属 *Hapalosiphon welwitschii*, 蓝细菌软管藻属 *Hapalosiphon laingii* 和蓝细菌扭曲惠氏藻 *Westiella intricata*.【活性】鱼毒.【文献】K. Stratmann, et al. JACS, 1994, 116, 9935.

1050 12-epi-Hapalindole G 12-epi-泉生软管藻吲哚 G*

【基本信息】$C_{21}H_{23}ClN_2$.【类型】吲哚萜类生物碱.【来源】蓝细菌软管藻属 *Hapalosiphon laingii* (来自死亡珊瑚体表，巴布亚新几内亚).【活性】鱼毒.【文献】D. Klein, et al. JNP, 1995, 58, 1781.

1051 12-epi-Hapalindole H 12-epi-泉生软管藻吲哚 H*

【基本信息】$C_{21}H_{24}N_2$, mp 187~189°C, $[α]_D^{25}$ = +217.3° (c = 0.163, 二氯甲烷).【类型】吲哚萜类生物碱.【来源】蓝细菌软管藻属 *Hapalosiphon laingii* (来自死亡珊瑚体表，巴布亚新几内亚).【活性】鱼毒.【文献】D. Klein, et al. JNP, 1995, 58, 1781.

1052 12-epi-Hapalindole J 12-epi-泉生软管藻吲哚 J*

【基本信息】$C_{21}H_{24}N_2$, 无定形固体.【类型】吲哚萜类生物碱.【来源】蓝细菌非氏藻属 *Fischerella* sp. ATCC43239.【活性】杀昆虫剂.【文献】P. G. Becher, et al. Phytochemistry, 2007, 68, 2493.

1053 12-epi-Hapalindole Q 12-epi-泉生软管藻吲哚 Q*

【基本信息】$C_{21}H_{24}N_2$.【类型】吲哚萜类生物碱.【来源】蓝细菌软管藻属 *Hapalosiphon laingii* (来自死亡珊瑚的体表，巴布亚新几内亚).【活性】鱼毒.【文献】D. Klein, et al. JNP, 1995, 58, 1781.

1054 Hapalindole T 泉生软管藻吲哚 T*

【基本信息】$C_{21}H_{23}ClN_2OS$, $[α]_D^{26}$ = –137° (c = 1.5, 二氯甲烷).【类型】吲哚萜类生物碱.【来源】蓝细菌泉生软管藻 *Hapalosiphon fontinalis* ATCC39964.【活性】抗菌；抗真菌.【文献】R. E. Moore, et al. JOC, 1987, 52, 1036.

1055 Hapalindolinone A 泉生软管藻吲哚酮 A*

【基本信息】$C_{21}H_{21}ClN_2O$, 晶体, mp 92~96°C (分解), $[α]_D^{25}$ = –30°.【类型】吲哚萜类生物碱.【来源】蓝细菌非氏藻属 *Fischerella* sp. (培养的) 和蓝细菌软管藻属 *Hapalosiphon laingii*.【活性】腺苷酸环化酶抑制剂；血管加压素拮抗剂；鱼毒.【文献】R. E. Schwartz, et al. JOC, 1987, 52, 3704.

1056 Hapalindolinone B 泉生软管藻吲哚酮 B*

【基本信息】$C_{21}H_{22}N_2O$, 油状物.【类型】吲哚萜类生物碱.【来源】蓝细菌非氏藻属 *Fischerella* sp. (培养的).【活性】腺苷酸环化酶抑制剂.【文献】R. E. Schwartz, et al. JOC, 1987, 52, 3704.

1057　Iso-α-cyclopiazonic acid　异-α-环匹阿尼酸*

【别名】5-epi-α-Cyclopiazonic acid.; 5-epi-α-环匹阿尼酸*【基本信息】$C_{20}H_{20}N_2O_3$，无定形黄色固体，$[α]_D^{20}$ = +323.5° (c = 0.15, 氯仿).【类型】吲哚萜类生物碱.【来源】海洋导出的真菌黄曲霉 *Aspergillus flavus* C-F-3，来自绿藻管浒苔 *Enteromorpha tubulosa* (莆田, 平海, 福建, 中国).【活性】细胞毒 (HL60, IC_{50} = 90.0μmol/L; Molt4, IC_{50} = 68.6μmol/L; Bel7402, IC_{50} > 100μmol/L; A549, IC_{50} = 42.2μmol/L).【文献】A.-Q. Lin, et al. Chem. Nat. Compd. (Engl. Transl.), 2009, 45, 677.

1058　Stachyin B　葡萄穗霉素B*

【基本信息】$C_{46}H_{61}NO_8$.【类型】吲哚萜类生物碱.【来源】海洋真菌葡萄穗霉属 *Stachybotrys* sp. MF347.【活性】抗菌 (三种革兰氏阳性菌菌株, MRSA, IC_{50} = 1.75μmol/L; 枯草杆菌 *Bacillus subtilis*, IC_{50} = 1.42μmol/L; 表皮葡萄球菌 *Staphylococcus epidermidis*, IC_{50} = 1.02μmol/L).【文献】B. Wu, et al. Mar. Drugs, 2014, 12, 1924.

3.14　青霉震颤素类生物碱

1059　Antibiotics JBIR 03　抗生素 JBIR 03

【基本信息】$C_{28}H_{37}NO$，针状晶体, mp 142.5~148℃, $[α]_D^{24}$ = +46.2° (c = 0.05, 甲醇).【类型】青霉震颤素类 (Penitrems) 生物碱.【来源】海洋导出的真菌 *Dichotomomyces cejpii* var. *cejpii* NBRC 103559 和海洋导出的真菌稻米曲霉 *Aspergillus oryzae*.【活性】抗真菌; 抗菌 (MRSA).【文献】M. Ogata, et al. J. Antibiot., 2007, 60, 645; M.-F. Qiao, et al. BoMCL, 2010, 20, 5677.

1060　6-Bromopenitrem B　6-溴青霉震颤素 B

【基本信息】$C_{37}H_{44}BrNO_5$.【类型】青霉震颤素类生物碱.【来源】海洋导出的真菌普通青霉菌* *Penicillium commune* isolate GS20 (辅以溴化钾).【活性】抗侵袭 (有值得注意的活性); 细胞毒 (对 MCF7 和 MDA-MB-231 肿瘤细胞株有抗恶性细胞增生活性).【文献】A. A. Sallam, et al. Med. Chem. Comm, 2013, 4, 1360.

1061　Dehydroxypaxilline　去羟基蕈青霉素

【基本信息】$C_{27}H_{33}NO_3$.【类型】青霉震颤素类生物碱.【来源】红树导出的真菌沙门柏干酪青霉 *Penicillium camemberti* OUCMDZ-1492，来自红树鸡笼荅 *Rhizophora apiculata* (土壤, 文昌市, 海南, 中国).【活性】抗病毒 (流感病毒 A H1N1, IC_{50} > 150μmol/L, 对照病毒唑, IC_{50} = (113.1±5.0)μmol/L).【文献】Y. Fan, et al. JNP, 2013, 76, 1328.

1062 4a-Demethylpaspaline-4a-carboxylic acid 4a-去甲基雀稗灵-4a-羧酸

【基本信息】$C_{28}H_{37}NO_4$, 白色无定形粉末, $[\alpha]_D^{25}$ = −54º (c = 0.1, 氯仿). 【类型】青霉震颤素类生物碱. 【来源】红树导出的真菌沙门柏干酪青霉 *Penicillium camemberti* OUCMDZ-1492, 来自红树鸡笼答 *Rhizophora apiculata* (土壤, 文昌市, 海南, 中国). 【活性】抗病毒 [流感病毒 A H1N1, IC$_{50}$ = (38.9±1.3)μmol/L, 对照病毒唑, IC$_{50}$ = (113.1±5.0)μmol/L]. 【文献】Y. Fan, et al. JNP, 2013, 76, 1328.

1063 4a-Demethylpaspaline-3,4,4a-triol 4a-去甲基雀稗灵-3,4,4a-三醇

【基本信息】$C_{27}H_{33}NO_5$, 白色无定形粉末, $[\alpha]_D^{25}$ = −91º (c = 0.2, 氯仿). 【类型】青霉震颤素类生物碱. 【来源】红树导出的真菌沙门柏干酪青霉 *Penicillium camemberti* OUCMDZ-1492, 来自红树鸡笼答 *Rhizophora apiculata* (土壤, 文昌市, 海南, 中国). 【活性】抗病毒 [流感病毒 A H1N1, IC$_{50}$ = (32.2±3.1)μmol/L, 对照病毒唑, IC$_{50}$ = (113.1±5.0)μmol/L]. 【文献】Y. Fan, et al. JNP, 2013, 76, 1328.

1064 3-Deoxo-4b-dehydroxypaxilline 3-去氧-4b-去羟基蕈青霉素

【基本信息】$C_{27}H_{35}NO_2$, 无色晶体, mp 296~298℃, $[\alpha]_D^{25}$ = −59º (c = 0.3, 氯仿). 【类型】青霉震颤素类生物碱. 【来源】红树导出的真菌沙门柏干酪青霉 *Penicillium camemberti* OUCMDZ-1492, 来自红树鸡笼答 *Rhizophora apiculata* (土壤, 文昌市, 海南, 中国). 【活性】抗病毒 [流感病毒 A H1N1, IC$_{50}$ = (28.3±1.0)μmol/L, 对照病毒唑, IC$_{50}$ = (113.1±5.0)μmol/L]. 【文献】Y. Fan, et al. JNP, 2013, 76, 1328.

1065 9,10-Diisopentenylpaxilline 9,10-二异戊二烯蕈青霉素

【基本信息】$C_{37}H_{49}NO_4$, 白色无定形粉末, $[\alpha]_D^{25}$ = −44º (c = 0.2, 氯仿). 【类型】青霉震颤素类生物碱. 【来源】红树导出的真菌沙门柏干酪青霉 *Penicillium camemberti* OUCMDZ-1492, 来自红树鸡笼答 *Rhizophora apiculata* (土壤, 文昌市, 海南, 中国). 【活性】抗病毒 [流感病毒 A H1N1, IC$_{50}$ = (73.3±2.1)μmol/L, 对照病毒唑, IC$_{50}$ = (113.1±5.0)μmol/L]. 【文献】Y. Fan, et al. JNP, 2013, 76, 1328.

1066 Emindole DA 裸壳孢吲哚 DA*

【基本信息】$C_{28}H_{39}NO$, 棱柱状晶体 (苯/己烷), mp 146~147℃, $[\alpha]_D$ = −30.7º (c = 2.32, 甲醇). 【类型】青霉震颤素类生物碱. 【来源】海洋导出的真菌裸壳孢属 *Emericella nidulans* var. *acristata*, 来自未鉴定的绿藻, 海洋导出的真菌裸壳孢属 *Emericella desertorum* (地中海) 和海洋导出的真菌裸壳孢属 *Emericella striata*. 【活性】细胞毒 [*in vitro* 存活和增殖试验, 一组 36 种人肿瘤细胞, 平均 IC$_{50}$ = 5.5μg/mL, 对照阿霉素, IC$_{50}$ =

0.016μg/mL; 10μg/mL, 36 种细胞株系中的 33 种被抑制 (92%)]; 真菌毒素. 【文献】K. Nozawa, et al. JCS Perkin Trans. Ⅰ, 1988, 1689; 2155; Kralj, et al. JNP, 2006, 69, 995.

1067 Emindole SB 裸壳孢吲哚 SB*

【基本信息】$C_{28}H_{39}NO$, 无定形粉末, mp 58~60°C, $[α]_D^{15}$ = +32° (c = 0.79, 甲醇); 无色晶体, mp 68~70°C, $[α]_D^{25}$ = −19° (c = 0.2, 氯仿) (Fan, 2013). 【类型】青霉震颤素类生物碱. 【来源】海洋导出的真菌稻米曲霉 *Aspergillus oryzae*, 红树导出的未鉴定的真菌 dz17, 来自未鉴定的红树, 红树导出的真菌沙门柏干酪青霉 *Penicillium camemberti* OUCMDZ-1492 来自红树鸡笼答 *Rhizophora apiculata* (土壤, 文昌市, 海南, 中国) (Fan, 2013). 【活性】抗病毒 [流感 A H1N1 病毒, IC_{50} = (26.2±0.3)μmol/L, 对照病毒唑, IC_{50} = (113.1±5.0)μmol/L] (Fan, 2013). 【文献】K. Nozawa, et al. JCS Perkin Trans. Ⅰ, 1988, 2607; Z. Huang, et al. Chem. Nat. Compd. (Engl. Transl.), 2007, 43, 655; Y. Fan, et al. JNP, 2013, 76, 1328.

1068 Emindole SB β-mannoside 裸壳孢吲哚 SB β-曼诺糖苷*

【基本信息】$C_{35}H_{51}NO_5$. 【类型】青霉震颤素类生物碱. 【来源】海洋导出的真菌 *Dichotomomyces cejpii*. 【活性】大麻素受体 CB2 拮抗剂 (K_i = 10.6μmol/L). 【文献】H. Harms, et al. JNP, 2014, 77, 673.

1069 2′-Hydroxypaxilline 2′-羟基覃青霉素

【基本信息】$C_{27}H_{33}NO_5$, 白色无定形粉末, $[α]_D^{25}$ = −10° (c = 0.3, 氯仿). 【类型】青霉震颤素类生物碱. 【来源】红树导出的真菌沙门柏干酪青霉 *Penicillium camemberti* OUCMDZ-1492 来自红树鸡笼答 *Rhizophora apiculata* (土壤, 文昌市, 海南, 中国). 【活性】抗病毒 [流感 A H1N1 病毒, IC_{50} = (124.7±9.4)μmol/L, 对照病毒唑, IC_{50} = (113.1±5.0)μmol/L]. 【文献】Y. Fan, et al. JNP, 2013, 76, 1328.

1070 19-Hydroxypenitrem A 19-羟基青霉震颤素 A

【基本信息】$C_{37}H_{44}ClNO_7$, 白色无定形固体, $[α]_D^{25}$ = −40.0° (c = 0.16, 甲醇). 【类型】青霉震颤素类生物碱. 【来源】海洋导出的真菌构巢曲霉 *Aspergillus nidulans* EN-330 (内生的), 来自未鉴定的红藻. 【活性】抗菌 (迟缓爱德华菌 *Edwardsiella tarda*, MIC = 16μg/mL; 鳗弧菌 *Vibrio anguillarum*, MIC = 32μg/mL; 大肠杆菌 *Escherichia coli*, MIC = 16μg/mL; 金黄色葡萄球菌 *Staphylococcus aureus*, MIC = 16μg/mL); 有毒的 (盐水丰年虾 *Artemia salina* 生物测定实验, LD_{50} = 3.2μmol/L). 【文献】P. Zhang, et al. Phytochem. Lett., 2015, 12, 182.

1071 19-Hydroxypenitrem E   19-羟基青霉震颤素 E
【基本信息】$C_{37}H_{45}NO_7$，白色无定形固体，$[α]_D^{25}$ = −41.6º (c = 0.11, 甲醇). 【类型】青霉震颤素类生物碱. 【来源】海洋导出的真菌构巢曲霉 *Aspergillus nidulans* EN-330 (内生的), 来自未鉴定的红藻. 【活性】有毒的 (盐水丰年虾 *Artemia salina* 生物测定实验, LD_{50} = 4.6µmol/L). 【文献】P. Zhang, et al. Phytochem. Lett., 2015, 12, 182.

1072 (6S,7R,10E,14E)-16-(1H-Indol-3-yl)-2,6,10,14-tetramethylhexadeca-2,10,14-triene-6,7-diol   (6S,7R,10E,14E)-16-(1H-吲哚-3-基)-2,6,10,14-四甲基十六(碳)-2,10,14-三烯-6,7-二醇
【基本信息】$C_{28}H_{41}NO_2$，棕色油状物，$[α]_D^{25}$ = −9.7º (c = 0.5, 氯仿). 【类型】青霉震颤素类生物碱. 【来源】红树导出的真菌沙门柏干酪青霉 *Penicillium camemberti* OUCMDZ-1492, 来自红树鸡笼答 *Rhizophora apiculata* (土壤, 文昌市, 海南, 中国). 【活性】抗病毒 [流感 A H1N1 病毒, IC_{50} = (34.1±6.4)µmol/L, 对照病毒唑, IC_{50} = (113.1±5.0)µmol/L]. 【文献】Y. Fan, et al. JNP, 2013, 76, 1328.

1073 21-Isopentenylpaxilline   21-异戊二烯萋青霉素
【别名】9-Isopentenylpaxilline; 9-异戊二烯萋青霉素. 【基本信息】$C_{32}H_{41}NO_3$, 油状物, $[α]_D$ = −12º (c = 0.30, 氯仿). 【类型】青霉震颤素类生物碱. 【来源】红树导出的真菌沙门柏干酪青霉 *Penicillium camemberti* OUCMDZ-1492, 来自红树鸡笼答 *Rhizophora apiculata* (土壤, 文昌市, 海南, 中国), 陆地真菌 *Eupenicillium shearii* NRRL3324. 【活性】抗病毒 [流感 A H1N1 病毒, IC_{50} = (6.6±0.3)µmol/L, 对照病毒唑, IC_{50} = (113.1±5.0)µmol/L]; 杀昆虫剂; 真菌毒素. 【文献】G. N. Belofsky, et al. Tetrahedron, 1995, 51, 3959; A. B. Smith, et al. Helv. Chim. Acta, 2003, 86, 3908; Y. Fan, et al. JNP, 2013, 76, 1328.

1074 27-O-Methylasporyzine C   27-O-甲基阿斯坡如金 C*
【基本信息】$C_{29}H_{41}NO_2$. 【类型】青霉震颤素类生物碱. 【来源】海洋导出的真菌 *Dichotomyces cejpii*. 【活性】GPR18 (G-蛋白耦合受体 18, N-花生酰基甘氨酸受体) 拮抗剂 (IC_{50} = 13.4µmol/L). 【文献】H. Harms, et al. JNP, 2014, 77, 673.

1075 Paspaline   雀稗灵
【基本信息】$C_{28}H_{39}NO_2$. 【类型】青霉震颤素类生物碱. 【来源】红树导出的真菌沙门柏干酪青霉 *Penicillium camemberti* OUCMDZ-1492, 来自红树鸡笼答 *Rhizophora apiculata* (土壤, 文昌市, 海南, 中国). 【活性】抗病毒 [流感 A H1N1 病毒, IC_{50} = (77.9±8.2)µmol/L, 对照病毒唑, IC_{50} = (113.1±5.0)µmol/L]. 【文献】Y. Fan, et al. JNP, 2013, 76, 1328.

1076 Paspalitrem A   雀稗麦角颤素 A
【别名】雀稗麦角生物碱 A. 【基本信息】$C_{32}H_{39}NO_4$.

【类型】青霉震颤素类生物碱.【来源】红树导出的真菌青霉属 Penicillium sp. HKI0459, 来自红树桐花树 Aegiceras corniculatum (中国水域).【活性】致肿瘤真菌毒素; LD_{50} (小鼠, ipr) < 14mg/kg.【文献】M. Xu, et al. Tetrahedron, 2007, 63, 435.

1077 Paxilline 蕈青霉素

【基本信息】$C_{27}H_{33}NO_4$.【类型】青霉震颤素类生物碱.【来源】红树导出的真菌沙门柏干酪青霉 Penicillium camemberti OUCMDZ-1492, 来自红树鸡笼答 Rhizophora apiculata (土壤, 文昌市, 海南, 中国).【活性】抗病毒 [流感 A H1N1 病毒, IC_{50} = (17.7±0.9)μmol/L, 对照病毒唑, IC_{50} = (113.1±5.0)μmol/L].【文献】Y. Fan, et al. JNP, 2013, 76, 1328.

1078 Shearinine A 希尔正青霉宁 A*

【基本信息】$C_{37}H_{45}NO_5$, mp 250°C (分解), $[\alpha]_D$ = +16° (c = 0.20, 氯仿).【类型】青霉震颤素类生物碱.【来源】海洋导出的真菌青霉属 Penicillium sp. HKI0459 和海洋导出的真菌青霉属 Penicillium janthinellum, 分离来自尔正青霉 Eupenicillium shearii 的菌核状子囊座.【活性】细胞凋亡诱导剂 (人白血病细胞株 HL60); 杀昆虫剂 (棉铃虫 Helicoverpa zea, 露尾甲 Carpophilus hemipterus 和草地贪夜蛾 Spodoptera frugiperda); 钾通道大电导钙激活抑制剂.【文献】G. N. Belofsky, et al. Tetrahedron, 1995, 51, 3959; M. Xu, et al. Tetrahedron, 2007, 63, 435; O. F. Smetanina, et al. JNP, 2007, 70, 906; G. N. Belofsky, et al. U.S. Patent 5492902 A, 20 February 1996.

1079 Shearinine B 希尔正青霉宁 B*

【基本信息】$C_{37}H_{47}NO_5$.【类型】青霉震颤素类生物碱.【来源】来自真菌正青霉属 Eupenicillium shearii 菌核状的子囊菌.【活性】杀昆虫剂 (谷实夜蛾 Helicoverpa zea, 黄斑露尾甲 Carpophilus hemipterus 和草地贪夜蛾 Spodoptera frugiperda).【文献】G. N. Belofsky, et al. Tetrahedron, 1995, 51, 3959; G. N. Belofsky, et al. U.S. Patent 5492902 A, 20 February 1996.

1080 Shearinine C 希尔正青霉宁 C*

【基本信息】$C_{37}H_{47}NO_7$.【类型】青霉震颤素类生物碱.【来源】来自真菌正青霉属 Eupenicillium shearii 菌核状的子囊菌.【活性】杀昆虫剂 (谷实夜蛾 Helicoverpa zea, 黄斑露尾甲 Carpophilus hemipterus 和草地贪夜蛾 Spodoptera frugiperda).【文献】G. N. Belofsky, et al. Tetrahedron, 1995, 51, 3959; G. N. Belofsky, et al. U.S. Patent 5492902 A, 20 February 1996.

1081 22α-Shearinine D 22α-希尔正青霉宁 D*

【别名】22α-Hydroxy-shearinine A; 22α-羟基-希尔正青霉宁 A*.【基本信息】$C_{37}H_{45}NO_6$, 无定形粉末, $[\alpha]_D$ = +67.7° (c = 0.3, 氯仿); 晶体 (己烷/乙酸乙酯), mp > 300°C (分解), $[\alpha]_D^{20}$ = +3.5° (c = 0.17, 氯仿).【类型】青霉震颤素类生物碱.【来源】

海洋导出的真菌青霉属 Penicillium sp. HKI0459 (内生的) 来自红树桐花树 Aegiceras corniculatum (中国水域) 和海洋导出的真菌青霉属 Penicillium janthinellum, 来自沉积物 (俄罗斯).【活性】细胞凋亡诱导剂 (人白血病细胞株 HL60); 钾通道大电导钙激活抑制剂; 抑制生物膜形成 (白色念珠菌 Candida albicans).【文献】M. Xu, et al. Tetrahedron, 2007, 63, 435; O. F. Smetanina, et al. JNP, 2007, 70, 906; 2054; J. You, et al. ACS Chem. Biol., 2013, 8, 840.

1082 Shearinine E (Smetanina, 2007) 希尔正青霉宁 E* (Smetanina, 2007)

【基本信息】$C_{37}H_{45}NO_6$.【类型】青霉震颤素类生物碱.【来源】海洋导出的真菌青霉属 Penicillium janthinellum (沉积物, 俄罗斯).【活性】细胞凋亡诱导剂 (HL60 细胞).【文献】O. F. Smetanina, et al. JNP, 2007, 70, 906; 2054.

1083 Shearinine E (Xu, 2007) 希尔正青霉宁 E* (Xu, 2007)

【别名】22α-Methoxy-shearinine A; 22α-甲氧基-希尔正青霉宁 A*.【基本信息】$C_{38}H_{47}NO_6$, 无定形粉末, $[α]_D$ = +8.9º (c = 0.2, 氯仿).【类型】青霉震颤素类生物碱.【来源】红树导出的真菌青霉属 Penicillium sp. HKI0459 (内生的) 来自红树桐花树 Aegiceras corniculatum (中国水域).【活性】细胞凋亡诱导剂 (人白血病细胞株 HL60); 抑制 EGF 诱导的恶性转化 (JB6 P+ CI41); 钾通道大电导钙激活抑制剂; 抑制生物膜形成 (白色念珠菌 Candida albicans).【文献】M. Xu, et al. Tetrahedron, 2007, 63, 435; O. F. Smetanina, et al. JNP, 2007, 70, 906; J. You, et al. ACS Chem. Biol., 2013, 8, 840.

1084 Shearinine F(Smetanina, 2007) 希尔正青霉宁 F* (Smetanina, 2007)

【基本信息】$C_{37}H_{45}NO_6$.【类型】青霉震颤素类生物碱.【来源】海洋导出的真菌青霉属 Penicillium janthinellum (沉积物, 俄罗斯).【活性】细胞凋亡诱导剂 (HL60 细胞); 抑制 EGF 诱导的恶性转化 (JB6 P+ CI41, 有潜力的防癌效应).【文献】O. F. Smetanina, et al. JNP, 2007, 70, 906; 2054.

1085 Shearinine G 希尔正青霉宁 G*

【基本信息】$C_{37}H_{43}NO_6$, 无定形粉末, $[α]_D$ = +35.7º (c = 0.1, 氯仿).【类型】青霉震颤素类生物碱.【来源】红树导出的真菌 Penicillium sp. HKI0459 (内生的), 来自红树桐花树 Aegiceras corniculatum.【活性】钾通道大电导钙激活抑制剂.【文献】M. J. Xu, et al. Tetrahedron, 2007, 63, 435.

3.15 异吲哚类生物碱

1086 Conioimide 盾壳霉二酰亚胺*

【基本信息】$C_{15}H_{15}NO_4$.【类型】异吲哚类生物碱.【来源】海洋导出的真菌谷物盾壳霉* Coniothyrium cereale, 来自绿藻浒苔属 Enteromorpha sp. (费马恩岛, 波罗的海, 德国).【活性】人白细胞弹性蛋白酶选择性抑制剂.【文献】M. F. Elsebai, et al. EurJOC, 2012, 31, 6197.

1087 Emerimidine A 裸壳孢米啶 A*
【基本信息】$C_{10}H_{11}NO_4$【类型】异吲哚类生物碱.【来源】红树导出的真菌裸壳孢属 *Emericella* sp., 来自红树桐花树 *Aegiceras corniculatum* (海口, 海南, 中国).【活性】抗病毒 (IFV H1N1, IC_{50} = 201.1μmol/L, 中等活性).【文献】G. Zhang, et al. Phytochemistry, 2011, 72, 1436; S. Z. Moghadamtousi, et al. Mar. Drugs, 2015, 13, 4520 (Rev.).

1088 Emerimidine B 裸壳孢米啶 B*
【基本信息】$C_{10}H_{11}NO_4$【类型】异吲哚类生物碱.【来源】红树导出的真菌裸壳孢属 *Emericella* sp., 来自红树桐花树 *Aegiceras corniculatum* (海口, 海南, 中国).【活性】抗病毒 (IFV H1N1, IC_{50} = 296.62μmol/L, 中等活性).【文献】G. Zhang, et al. Phytochemistry, 2011, 72, 1436; S. Z. Moghadamtousi, et al. Mar. Drugs, 2015, 13, 4520 (Rev.).

1089 Mariline A₁ 指轮枝孢素 A₁*
【基本信息】$C_{33}H_{43}NO_5$, 无色油状物, $[\alpha]_D^{23}$ = +14º (c = 0.225, 丙酮).【类型】异吲哚类生物碱.【来源】海洋导出的真菌指轮枝孢属 *Stachylidium* sp., 来自美丽海绵属 *Callyspongia* cf. *flammea* (未说明地理位置).【活性】HLE 抑制剂 [IC_{50} = 0.86μmol/L, HLE (人白血球弹性蛋白酶) 是组织被炎症损害的最初源头, 比如慢性阻塞性肺病, 囊性纤维化, 和成人呼吸窘迫综合征]; 细胞毒 (5 种癌细胞, 平均 GI_{50} = 24.4μmol/L); 杀疟原虫的 (肝阶段伯氏疟原虫 *Plasmodium berghei*, IC_{50} = 6.68μmol/L); 抗锥虫 (布氏锥虫 *Trypanosoma brucei brucei*, IC_{50} = 17.7μmol/L); 抗利什曼原虫 (*Leishmania major*, IC_{50} >100μmol/L).【文献】C. Almeida, et al. Chem.-Eur. J., 2012, 18, 8827.

1090 Mariline A₂ 指轮枝孢素 A₂*
【基本信息】$C_{33}H_{43}NO_5$, 无色油状物, $[\alpha]_D^{23}$ = –14º (c = 0.175, 丙酮).【类型】异吲哚类生物碱.【来源】海洋导出的真菌指轮枝孢属 *Stachylidium* sp., 来自美丽海绵属 *Callyspongia* cf. *flammea* (未说明地理位置).【活性】HLE 抑制剂 (IC_{50} = 0.86μmol/L, HLE (人白血球弹性蛋白酶) 是组织被炎症损害的最初源头, 比如慢性阻塞性肺病、囊性纤维化和成人呼吸窘迫综合征); 细胞毒 (19 种癌细胞, 平均 GI_{50} = 11.02μmol/L); 杀疟原虫的 (肝阶段伯氏疟原虫 *Plasmodium berghei*, IC_{50} = 11.61μmol/L); 拮抗作用 (组胺受体 H2, K_i = 5.92μmol/L, 多巴胺受体 DAT, K_i = 5.63μmol/L, 肾上腺素能受体 β3, K_i = 5.63μmol/L).【文献】C. Almeida, et al. Chem.-Eur. J., 2012, 18, 8827.

1091 Mariline B 指轮枝孢素 B*
【基本信息】$C_{23}H_{33}NO_4$, 白色无定形固体.【类型】异吲哚类生物碱.【来源】海洋导出的真菌指轮枝孢属 *Stachylidium* sp., 来自美丽海绵属 *Callyspongia* cf. *flammea* (未说明地理位置).【活性】杀疟原虫的 (肝阶段伯氏疟原虫 *Plasmodium berghei*, IC_{50} =

13.84μmol/L); 拮抗剂（大麻素受体 CB2, K_i = 5.97μmol/L). 【文献】C. Almeida, et al. Chem.-Eur. J., 2012, 18, 8827.

1092 Mariline C 指轮枝孢素 C*
【基本信息】$C_{11}H_{13}NO_3$, 无定形固体. 【类型】异吲哚类生物碱. 【来源】海洋导出的真菌指轮枝孢属 *Stachylidium* sp., 来自美丽海绵属 *Callyspongia* cf. *flammea* (未说明地理位置). 【活性】拮抗剂（大麻素受体 CB2, K_i = 5.94μmol/L). 【文献】C. Almeida, et al. Chem.-Eur. J., 2012, 18, 8827.

1093 5-Methoxy-2,6-dimethyl-2H-isoindole-4,7-dione 5-甲氧基-2,6-二甲基-2H-异吲哚-4,7-二酮
【基本信息】$C_{11}H_{11}NO_3$, mp 153~154°C. 【类型】异吲哚类生物碱. 【来源】矶海绵属 *Reniera* sp. 【活性】抗菌（革兰氏阳性菌, 海洋细菌假单胞菌属 *Pseudomonas* spp.). 【文献】J. M. Frincke, et al. JACS, 1982, 104, 265; K, A. Parker, et al. Tetrahedron Lett., 1984, 25, 4917.

1094 Stachybotrin D 葡萄穗霉因 D*
【基本信息】$C_{26}H_{35}NO_5$. 【类型】异吲哚类生物碱. 【来源】海洋导出的真菌葡萄穗霉属 *Stachybotrys chartarum*, 来自似龟锉海绵 *Xestospongia testudinaria* (西沙群岛, 南海, 中国). 【活性】抗 HIV-1 病毒（抑制用靶标逆转录酶复制 HIV-1 和阻断非核苷逆转录酶抑制剂抗性菌株). 【文献】X. Ma, et al. JNP, 2013, 76, 2298.

1095 Stachyflin 葡萄穗霉福林*
【基本信息】$C_{23}H_{31}NO_4$. 【类型】异吲哚类生物碱. 【来源】海洋导出的真菌葡萄穗霉属 *Stachybotrys* sp. RF-7260. 【活性】抗 HIV (抑制病毒封套和核内体的融合). 【文献】S. Yagi, et al. Pharmaceut. Res., 1999, 16, 1041; K. Minagawa, et al. J. Antibiot., 2002, 55, 155.

3.16 杂项吲哚类生物碱

1096 14-O-(N-Acetylglucosaminyl) teleocidin A 14-O-(N-乙酰葡萄糖胺基)杀鱼菌素 A*
【别名】GlcNAc-TA. 【基本信息】$C_{35}H_{52}N_4O_7$, 粉末, $[\alpha]_D$ = +130.2° (c = 0.15, 甲醇). 【类型】杂项吲哚类生物碱. 【来源】链霉菌属 *Streptomyces* sp. MM216-87F4. 【活性】诱导 P 物质的释放 [从背部根神经节 (DRG) 通过 PKC 途径]. 【文献】K. Nakae, et al. J. Antibiot., 2006, 59, 11.

1097　6-epi-Avrainvillamide　6-epi-绒扇藻酰胺*
【基本信息】$C_{26}H_{29}N_3O_4$.【类型】杂项吲哚类生物碱.【来源】红树导出的真菌曲霉菌属 Aspergillus taichungensis，来自红树金黄色卤蕨* Acrostichum aureum (根部土壤，未给出产地信息).【活性】细胞毒 (HL60, IC_{50} = 1.88μmol/L; A549, IC_{50} = 1.92μmol/L).【文献】S. Cai, et al. Org. Lett., 2013, 15, 2168.

1098　5-Chlorosclerotiamide　5-氯海洋曲霉酰胺*
【基本信息】$C_{26}H_{28}ClN_3O_5$.【类型】杂项吲哚类生物碱.【来源】深海真菌曲霉菌属 Aspergillus westerdijkiae (沉积物，南海)，深海真菌曲霉菌属 Aspergillus westerdijkiae DFFSCS013 (南海).【活性】防污剂 (总合草苔虫 Bugula neritina 幼虫定居，EC_{50} = 13.52μg/mL, LC_{50} > 200μg/mL, LC_{50}/EC_{50} > 14.8); 细胞毒 (K562, IC_{50} = 44μmol/L).【文献】J. Peng, et al. JNP, 2013, 76, 983; X. Zhang, et al. J. Ind. Microbiol. Biotechnol., 2014, 41, 741.

1099　Costaclavine　肋麦角碱
【基本信息】$C_{16}H_{20}N_2$.【类型】杂项吲哚类生物碱.【来源】海洋导出的真菌烟曲霉菌 Aspergillus fumigatus.【活性】细胞毒 (小鼠白血病细胞株 P_{388}，低活性).【文献】R. J. Cole, et al. J. Agric. Food Chem., 1977, 25, 826.

1100　Cyanogramide　蓝灰异壁放线菌酰胺*
【基本信息】$C_{24}H_{21}N_3O_4$.【类型】杂项吲哚类生物碱.【来源】海洋导出的放线菌蓝灰异壁放线菌 (模式种) Actinoalloteichus cyanogriseus WH1-2216-6.【活性】细胞毒 (K562, IC_{50} = 12.9μmol/L; MCF7, IC_{50} = 18.5μmol/L; KB, IC_{50} = 16.8μmol/L; MDR 细胞株 K562/A02, IC_{50} = 10.2μmol/L; MDR 细胞株 MCF7/Adr, IC_{50} = 36.0μmol/L; MDR 细胞株 KB/VCR, IC_{50} = 25.6μmol/L; 能逆转耐多重药物的 K562/A02, MCF7/Adr 和 KB/VCR 细胞株).【文献】P. Fu, et al. Org. Lett., 2014, 16, 3708.

1101　13-N-Demethyl-methylpendolmycin　13-N-去甲基-甲基喷多霉素*
【基本信息】$C_{22}H_{31}N_3O_2$，灰棕色固体，$[\alpha]_D^{25}$ = -45° (c = 0.33, 甲醇).【类型】杂项吲哚类生物碱.【来源】海洋放线菌耐高温海放射孢菌* Marinactinospora thermotolerans SCSIO 00652.【活性】杀疟原虫的 (恶性疟原虫 Plasmodium falciparum 3D7 药物敏感株，IC_{50} = 20.75μmol/L; 对照氯喹，IC_{50} = 0.0128μmol/L; Dd2 多重耐药株，IC_{50} = 18.67μmol/L; 氯喹，IC_{50} = 0.0974μmol/L).【文献】H. Huang, et al. JNP, 2011, 74, 2122.

1102　2-(3,3-Dimethylprop-1-ene)-costaclavine　2-(3,3-二甲基丙-1-烯)-肋麦角碱
【基本信息】$C_{21}H_{28}N_2$.【类型】杂项吲哚类生物碱.【来源】海洋导出的真菌烟曲霉菌 Aspergillus fumigatus.【活性】细胞毒 (小鼠白血病细胞株 P_{388}，低活性).【文献】R. J. Cole, et al. J. Agric. Food Chem., 1977, 25, 826.

1103 2-(3,3-Dimethylprop-1-ene)-*epi*-costaclavine 2-(3,3-二甲基丙-1-烯)-*epi*-肋麦角碱
【基本信息】$C_{21}H_{28}N_2$.【类型】杂项吲哚类生物碱.【来源】海洋导出的真菌烟曲霉菌 *Aspergillus fumigatus*.【活性】细胞毒 (小鼠白血病细胞株 P_{388}, 低活性).【文献】R. J. Cole, et al. J. Agric. Food Chem., 1977, 25, 826.

1104 Fumigaclavine B 烟曲霉肋麦角碱 B
【基本信息】$C_{16}H_{20}N_2O$, mp 244~245°C, mp 265~267°C (双熔点), $[α]_D = -6.3°$ ($c = 1.2$, 甲醇).【类型】杂项吲哚类生物碱.【来源】海洋导出的真菌萨氏曲霉菌 *Aspergillus sydowi* PFW1-13 (腐木样本, 中国水域).【活性】真菌毒素.【文献】M. Zhang, et al. JNP, 2008, 71, 985.

1105 Fumigaclavine C 烟曲霉肋麦角碱 C
【基本信息】$C_{23}H_{30}N_2O_2$, 针状晶体 (甲醇), mp 194°C.【类型】杂项吲哚类生物碱.【来源】海洋导出的真菌萨氏曲霉菌 *Aspergillus sydowi* PFW1-13.【活性】细胞毒 (小鼠白血病细胞株 P_{388}, 低活性); 引起凋亡 (MCF7 乳腺癌细胞); 真菌毒素.【文献】R. J. Cole, et al. J. Agric. Food Chem., 1977, 25, 826; M. Zhang, et al. JNP, 2008, 71, 985; Y.-X. Li, et al. Mar. Drugs, 2013, 11, 5063.

1106 Hexaacetylcelenamide A 六乙酰基隐居穿贝海绵酰胺 A*
【基本信息】$C_{46}H_{48}BrN_5O_{14}$.【类型】杂项吲哚类生物碱.【来源】隐居穿贝海绵 *Cliona celata* (穴居海绵).【活性】抗微生物.【文献】R. J. Stonard, et al. JOC, 1980, 45, 3687; U. Schmidt, et al. Angew. Chem., Int. Ed. Engl., 1984, 23, 991; U. Schmidt, et al. Licbigs Ann. Chem., 1985, 785.

1107 Hexaacetylcelenamide B 六乙酰基隐居穿贝海绵酰胺 B*
【基本信息】$C_{45}H_{46}BrN_5O_{14}$.【类型】杂项吲哚类生物碱.【来源】隐居穿贝海绵 *Cliona celata* (穴居海绵).【活性】抗微生物.【文献】R. J. Stonard, et al. JOC, 1980, 45, 3687.

1108 N-Hydroxy-6-epi-stephacidin A N-羟基-6-epi-斯泰哈斯定 A*
【基本信息】$C_{26}H_{29}N_3O_4$.【类型】杂项吲哚类生物碱.【来源】红树导出的真菌曲霉菌属 *Aspergillus taichungensis*, 来自红树金黄色卤蕨* *Acrostichum aureum* (根部土壤, 未给出产地信息).【活性】细胞毒 (HL60, IC_{50} = 4.45μmol/L; A549, IC_{50} = 3.02μmol/L).【文献】S. Cai, et al. Org. Lett., 2013, 15, 2168.

1109 Isonotoamide B 异贻贝酰胺 B*
【基本信息】$C_{26}H_{29}N_3O_4$.【类型】杂项吲哚类生物碱.【来源】海洋导出的真菌多变拟青霉菌 *Paecilomyces variotii* EN-291 (内生的).【活性】细胞毒 (NCI-H460, IC_{50} = 55.9μmol/L).【文献】P. Zhang, et al. Chin. Chem. Lett., 2015, 26, 313.

1110 Mangrovamide C 红树酰胺 C*
【基本信息】$C_{27}H_{33}N_3O_3$.【类型】杂项吲哚类生物碱.【来源】红树导出的真菌青霉属 *Penicillium* sp. (沉积物, 南海).【活性】AChE 抑制剂 (IC_{50} = 58.0μmol/L).【文献】B. Yang, et al. Tetrahedron, 2014, 70, 3859.

1111 Methylpendolmycin-14-O-α-glucoside 甲基喷多霉素-14-O-α-葡萄糖苷*
【基本信息】$C_{29}H_{43}N_3O_7$, 棕色固体, $[\alpha]_D^{25}$ = −67º (c = 0.12, 氯仿).【类型】杂项吲哚类生物碱.【来源】海洋放线菌耐高温海放射孢菌* *Marinactinospora thermotolerans* SCSIO 00652.【活性】杀疟原虫的 (恶性疟原虫 *Plasmodium falciparum* 3D7 药物敏感株, IC_{50} = 10.43μmol/L, 对照氯喹, IC_{50} = 0.0128μmol/L; Dd2 多重耐药株, IC_{50} = 5.03μmol/L, 氯喹, IC_{50} = 0.0974μmol/L).【文献】H. Huang, et al. JNP, 2011, 74, 2122.

1112 Notoamide A 贻贝酰胺 A*
【基本信息】$C_{26}H_{29}N_3O_5$, $[\alpha]_D^{27}$ = −112º (c = 0.08, 甲醇).【类型】杂项吲哚类生物碱.【来源】海洋导出的真菌曲霉菌属 *Aspergillus* sp., 来自蓝贻贝 *Mytilus edulis*.【活性】细胞毒 (HeLa 和 L_{1210}, IC_{50} = 22~52μg/mL).【文献】H. Kato, et al. Angew. Chem. Int. Ed. Engl., 2007, 46, 2254; 2013, 52, 7909 (勘误表).

1113 (−)-Notoamide B (−)-贻贝酰胺 B*
【基本信息】$C_{26}H_{29}N_3O_5$, $[\alpha]_D^{27}$ = −118º (c = 0.06, 甲醇).【类型】杂项吲哚类生物碱.【来源】海洋导出的真菌曲霉菌属 *Aspergillus* sp., 来自蓝贻贝 *Mytilus edulis*.【活性】细胞毒 (HeLa 和 L_{1210}, IC_{50} = 22~52μg/mL).【文献】H. Kato, et al. Angew. Chem. Int. Ed. Engl., 2007, 46, 2254; 2013, 52, 7909 (corrigendum).

1114 Notoamide I 贻贝酰胺 I*
【基本信息】$C_{26}H_{27}N_3O_4$, $[\alpha]_D^{29} = +31°$ ($c = 0.1$, 甲醇/氯仿).【类型】杂项吲哚类生物碱.【来源】海洋导出的真菌曲霉菌属 Aspergillus sp. MF 297-2, 来自蓝贻贝 Mytilus edulis.【活性】细胞毒 (HeLa, $IC_{50} = 21\mu g/mL$).【文献】S. Tsukamoto, et al. JNP, 2008, 71, 2064; S. Tsukamoto, et al. Org. Lett., 2009, 11, 1297; S. Tsukamoto, et al. JNP, 2010, 73, 1438.

1115 Pentaacetylcelenamide C 五乙酰基隐居穿贝海绵酰胺 C*
【基本信息】$C_{44}H_{46}BrN_5O_{12}$.【类型】杂项吲哚类生物碱.【来源】隐居穿贝海绵 Cliona celata (穴居海绵).【活性】抗微生物.【文献】R. J. Stonard, et al. Can. J. Chem., 1980, 58, 2121.

1116 Pibocine A 皮泊新 A*
【别名】2-Bromofestuclavin; 2-溴羊毛麦角碱*.【基本信息】$C_{16}H_{19}BrN_2$, mp 226~228°C, $[\alpha]_D = -36°$ ($c = 0.14$, 乙醇).【类型】杂项吲哚类生物碱.【来源】双盘海鞘属 Eudistoma sp. (嗜冷生物, 冷水域, 日本北海).【活性】细胞毒 (EAC, $ED_{50} = 12.5\mu g/mL$); 抗微生物.【文献】T. N. Makarieva, et al. Tetrahedron Lett., 1999, 40, 1591; T. N. Makarieva, et al. JNP, 2001, 64, 1559; M.D. Lebar, et al. NPR, 2007, 24, 774 (Rev.).

1117 Pibocine B 皮泊新 B*
【基本信息】$C_{17}H_{21}BrN_2O$, 细晶体 (甲醇), mp > 358°C, $[\alpha]_D = -51°$ ($c = 0.19$, 乙醇).【类型】杂项吲哚类生物碱.【来源】双盘海鞘属 Eudistoma sp. (嗜冷生物, 冷水域, 日本北海).【活性】抗微生物; 细胞毒 (小鼠埃里希恶性上皮肿瘤细胞).【文献】T. N. Makarieva, et al. Tetrahedron Lett., 1999, 40, 1591; T. N. Makarieva, et al. JNP, 2001, 64, 1559; M.D. Lebar, et al. NPR, 2007, 24, 774 (Rev.).

1118 (−)-Sclerotiamide (−)-海洋曲霉酰胺*
【基本信息】$C_{26}H_{29}N_3O_5$, mp 239~242°C (分解), $[\alpha]_D = -55.1°$ ($c = 0.1$, 甲醇).【类型】杂项吲哚类生物碱.【来源】海洋导出的真菌核盘曲霉* Aspergillus sclerotiorum NRRL 5167, 深海真菌曲霉菌属 Aspergillus westerdijkiae DFFSCS013.【活性】杀昆虫剂 (杀幼虫剂); 拒食活性.【文献】A. C. Whyte, et al. JNP, 1996, 59, 1093; J. Peng, et al. JNP, 2013, 76, 983.

1119 Secobatzelline A 断巴采拉海绵素 A*
【基本信息】$C_{10}H_{10}ClN_3O_3$, $[\alpha]_D^{27} = -135°$ ($c = 0.01$, 甲醇).【类型】杂项吲哚类生物碱.【来源】

Chondropsidae 科海绵 *Batzella* sp. (深水域, 加勒比海).【活性】细胞毒 (P_{388}, IC_{50} = 0.06μg/mL, A549, IC_{50} = 0.04μg/mL); 抑制钙调磷酸酶 (CaN) (IC_{50} = 0.55μg/mL); 肽酶 CPP32 抑制剂 (IC_{50} = 0.02μg/mL, 有值得注意的活性, 文献中极少有化合物在纳摩尔浓度水平抑制 CaN 或 CPP32 者).【文献】S. P. Gunasekera, et al. JNP, 1999, 62, 1208.

1120 Secobatzelline B 断巴採拉海绵素 B*

【基本信息】$C_{10}H_9ClN_2O_4$, $[\alpha]_D^{24}$ = −18° (c = 0.01, 甲醇).【类型】杂项吲哚类生物碱.【来源】Chondropsidae 科海绵 *Batzella* sp. (深水域, 加勒比海).【活性】细胞毒 (P_{388}, IC_{50} = 1.22μg/mL; A_{549}, IC_{50} = 2.86μg/mL); 抑制钙调磷酸酶 (CaN) (IC_{50} = 2.21μg/mL, 有值得注意的活性, 文献中极少有化合物在纳摩尔浓度水平抑制 CaN 或 CPP32 者).【文献】S. P. Gunasekera, et al. JNP, 1999, 62, 1208.

1121 改正拉丁斜体和多处下标 Stephacidin A 印度曲霉西啶 A*

【基本信息】$C_{26}H_{29}N_3O_3$, 无定形固体, $[\alpha]_D$ = +6.15° (c = 0.26, 二氯甲烷/甲醇).【类型】杂项吲哚类生物碱.【来源】海洋导出的真菌赭曲霉 *Aspergillus ochraceus* WC 76466 (印度水域).【活性】细胞毒 (PC3, IC_{50} = 2.10μmol/L; LNCaP, IC_{50} = 1.00μmol/L; A2780, IC_{50} = 4.00μmol/L; A2780/DDP, IC_{50} = 6.80μmol/L; A2780/Tax, IC_{50} = 3.60μmol/L; HCT116, IC_{50} = 2.10μmol/L; HCT116/mdr+, IC_{50} = 6.70μmol/L; HCT116/topo, IC_{50} = 13.10μmol/L; MCF7, IC_{50} = 4.20μmol/L; SKBR3, IC_{50} = 2.15μmol/L; LX-1, IC_{50} = 4.22μmol/L).【文献】J. F. Qian-Cutrone, et al. JACS, 2002, 124, 14556.

1122 Stephacidin B 印度曲霉西啶 B*

【基本信息】$C_{52}H_{54}N_6O_8$, 类白色无定形固体.【类型】杂项吲哚类生物碱.【来源】海洋导出的真菌赭曲霉 *Aspergillus ochraceus* WC76466 (印度水域).【活性】细胞毒 (PC3, IC_{50} = 0.37μmol/L; LNCaP, IC_{50} = 0.06μmol/L; A2780, IC_{50} = 0.33μmol/L; A2780/DDP, IC_{50} = 0.43μmol/L; A2780/Tax, IC_{50} = 0.26μmol/L; HCT116, IC_{50} = 0.46μmol/L; HCT116/mdr+, IC_{50} = 0.46μmol/L; HCT116/topo, IC_{50} = 0.42μmol/L; MCF7, IC_{50} = 0.27μmol/L; SKBR3, IC_{50} = 0.32μmol/L; LX-1, IC_{50} = 0.38μmol/L).【文献】J. F. Qian-Cutrone, et al. JACS, 2002, 124, 14556.

1123 Surugatoxin 骏河毒素

【基本信息】$C_{25}H_{26}BrN_5O_{13}$, 棱柱状晶体 (+$7H_2O$), mp 300℃.【类型】杂项吲哚类生物碱.【来源】软体动物前鳃 (日本象牙壳) *Babylonia japonica* (中肠腺, 骏河, 日本).【活性】有毒的; LD_{50} (小鼠, ip) = 0.45μg/kg.【文献】T. Kosuge, et al. Tetrahedron Lett., 1972, 2545; S. Inoue, et al. Tetrahedron Lett., 1984, 25, 4407; T. Kosuge, et al. CPB, 1985, 33, 2890; S. Inoue, et al. Tetrahedron, 1994, 50, 2729; S. Inoue, et al. Tetrahedron, 1994, 50, 2753.

3.17 咪唑类生物碱

1124　Aminozooanemonin　氨基卒安莫宁*
【基本信息】$C_7H_{11}N_3O_2$, 无定形固体.【类型】咪唑类生物碱.【来源】不同群海绵* Agelas dispar* (巴哈马, 加勒比海).【活性】抗菌 (革兰氏阳性菌, 枯草杆菌 *Bacillus subtilis*, MIC = 2.5μg/mL, 金黄色葡萄球菌 *Staphylococcus aureus*, MIC = 8.5μg/mL).【文献】F. Cafieri, et al. JNP, 1998, 61, 1171.

1125　Anatoxin a(*S*)　鱼腥藻毒素 a(*S*)*
【基本信息】$C_7H_{17}N_4O_4P$, −20℃缓慢分解.【类型】咪唑类生物碱.【来源】蓝细菌水华鱼腥藻 *Anabaena flos-aquae* NRC525.17.【活性】神经毒素 (抗胆碱酯酶活性, 有潜力的); LD$_{50}$ (小鼠, ipr) = 0.05mg/kg.【文献】S. Matsunaga, et al. JACS, 1989, 111, 8021.

1126　Bromodeoxytopsentin　溴去氧软海绵素*
【别名】21-Bromotopsentin A; 21-溴软海绵素 A*.【基本信息】$C_{20}H_{13}BrN_4O$, 无定形黄色固体, mp 240~243℃.【类型】咪唑类生物碱.【来源】丘海绵属 *Spongosorites genitrix* (朝鲜半岛水域).【活性】细胞毒 (K562, LC$_{50}$ = 0.6μg/mL).【文献】J. Shin, et al. JNP, 1999, 62, 647.

1127　5-Bromoverongamine　5-溴巴哈马海绵胺*
【基本信息】$C_{15}H_{17}BrN_4O_3$, 油状物.【类型】咪唑类生物碱.【来源】类角海绵属 *Pseudoceratina* sp. (库拉索岛, 加勒比海) 和 Aplysinidae 科海绵 *Verongula gigantea* (深水域, 巴哈马).【活性】抑制藤壶幼虫定居 (EC$_{50}$ = 1.03mg/mL); 组胺 H$_3$ 拮抗剂.【文献】R. Mierzwa, et al. JNP, 1994, 57, 175; H. H. Wassermann, et al. JOC, 1998, 63, 5581; I. Thirionet, et al. Nat. Prod. Lett., 1998, 12, 209.

1128　12-Chloro-11- hydroxydibromoisophakellin　12-氯-11-羟基二溴异扇形海绵素*
【基本信息】$C_{11}H_{10}Br_2ClN_5O_2$, $[α]_D^{23}$ = +51.0º (c = 0.408, 甲醇).【类型】咪唑类生物碱.【来源】短花柱小轴海绵* *Axinella brevistyla*.【活性】抗真菌 (酿酒酵母 *Saccharomyces cerevisiae*, 30μg/盘), 细胞毒 (L$_{1210}$, IC$_{50}$ = 2.5μg/mL).【文献】S. Tsukamoto, et al. JNP. 2001, 64, 1576.

1129　Clathridine A　篓海绵啶 A*
【基本信息】$C_{16}H_{15}N_5O_4$, 晶体 (氯仿), mp 260~262℃ (分解).【类型】咪唑类生物碱.【来源】篓海绵钙质海绵* *Clathrina clathrus*, 软体动物裸鳃目海牛亚目香蕉裸枝鳃海牛 *Notodoris gardineri* (大堡礁和斐济).【活性】抗微生物.【文献】P. Siminiello, et al. Tetrahedron, 1989, 45, 3873; A. R. Carroll, et al. Aust. J. Chem., 1993, 48, 1229; K. A. Alvi, et al. Tetrahedron, 1993, 49, 329.

1130　Clathridine C　篓海绵啶 C*

【基本信息】$C_{15}H_{15}N_5O_3$，黄色片状晶体（二甲亚砜），mp 255~257°C.【类型】咪唑类生物碱.【来源】钙质海绵白雪海绵属 *Leucetta* sp.（大堡礁）.【活性】细胞毒（低活性）.【文献】J. C. Boehm, et al. JMC, 1993, 36, 3333; R. Carroll, et al. Aust. J. Chem., 1993, 48, 1229.

1131　Dorimidazole A　海牛咪唑 A*

【基本信息】$C_{11}H_{13}N_3O$，黄色粉末；晶体（乙腈）（氢溴酸），mp 175~176°C（氢溴酸）.【类型】咪唑类生物碱.【来源】软体动物裸鳃目海牛亚目香蕉裸枝鳃海牛* *Notodoris gardineri*（印度-太平洋）和软体动物裸鳃目海牛亚目柠檬裸枝鳃海牛* *Notodoris citrina*.【活性】驱肠虫剂，抗寄生虫.【文献】K. A. Alvi, et al. JNP, 1991, 54, 1509; K. A. Alvi, et al. Tetrahedron, 1993, 49, 329; P. Molina, et al. JOC, 1999, 64, 2540.

1132　Dysideanin A　掘海绵宁 A*

【基本信息】$C_8H_{14}N_3O_2S^+$.【类型】咪唑类生物碱.【来源】掘海绵属 *Dysidea* sp.（陵水，海南，中国）.【活性】抗菌（低活性）.【文献】S. Ren, et al. J. Antibiot., 2010, 63, 699.

1133　Echinobetaine B　棘网海绵甜菜碱 B*

【基本信息】$C_8H_{12}N_2O_3$，$[\alpha]_D = +30°$ ($c = 0.6$, 甲醇)（三氟乙酸盐）.【类型】咪唑类生物碱.【来源】棘网海绵属 *Echinodictyum*.【活性】杀线虫剂.【文献】R. J. Capon, et al. Org. Biomol. Chem., 2005, 3, 118.

1134　Girolline　基若林*

【别名】Giracodazole; 基若扣咪唑*.【基本信息】$C_6H_{11}ClN_4O$，粉末（盐酸），$[\alpha]_D^{20} = +7.9°$ ($c = 0.84$, 甲醇).【类型】咪唑类生物碱.【来源】短花柱小轴海绵* *Axinella brevistyla* 和假海绵科海绵 *Cymbastela cantharella*[Syn. *Pseudaxinyssa cantharella*].【活性】细胞毒（*in vitro*）；抗肿瘤（*in vivo*）；蛋白质生物合成抑制剂.【文献】A. Ahond, et al. C. R. Acad. Sci. Paris, (série 2), 1988, 307, 145; A. Ahond, et al. Tetrahedron, 1992, 48, 4327; A. A. Mourabit, et al. JNP, 1997, 60, 290; R. B. Kinnel, et al. JOC, 1998, 63, 3281; S. Marchais, et al. Tetrahedron Lett., 1998, 39, 8085; S. Tsukamoto, et al. JNP. 2001, 64, 1576.

1135　2-(4-Hydroxybenzoyl)-4(5)-(4-hydroxyphenyl)-1*H*imidazole　2-(4-羟苯甲酰基)-4(5)-(4-羟苯基)-1*H*咪唑*

【基本信息】$C_{16}H_{12}N_2O_3$，无定形黄色固体，$[\alpha]_D^{25} = 0°$ ($c = 0.08$, 甲醇).【类型】咪唑类生物碱.【来源】菊海鞘属 *Botryllus leachi*（西班牙）.【活性】细胞毒（A549, MEL28, HT29, $ED_{50} = 5\mu g/mL$）.【文献】R. Durán, et al. Tetrahedron, 1999, 55. 13225.

1136　Isonaamidine C　异那米啶 C*

【基本信息】$C_{20}H_{23}N_3O_3$，无定形黄色固体.【类型】咪唑类生物碱.【来源】钙质海绵白雪海绵属 *Leucetta* sp.，软体动物裸鳃目海牛亚目香蕉裸枝鳃海牛* *Notodoris gardineri*.【活性】细胞毒

(HM02, GI_{50} = 5.3μg/mL; HepG2, GI_{50} = 2.2μg/mL; Huh7, GI_{50} = 2.1μg/mL).【文献】K. A. Alvi, et al. Tetrahedron, 1993, 49, 329; B. R. Copp, et al. JMC, 1998, 41, 3909; H. Gross, et al. JNP, 2002, 65, 1190.

1137　Isonaamidine D　异那米啶 D*
【基本信息】$C_{21}H_{19}N_5O_4$, 无定形黄色固体.【类型】咪唑类生物碱.【来源】钙质海绵白雪海绵属 *Leucetta* cf. *chagosensis*.【活性】抗真菌 (黑曲霉菌 *Aspergillus niger*, MIC = 100μg/mL).【文献】S. Carmely, et al. Tetrahedron, 1989, 45, 2193; X. Fu, et al. JNP, 1998, 61,384.

1138　Isonaamidine E　异那米啶 E*
【基本信息】$C_{24}H_{25}N_5O_5$, 无定形黄色固体.【类型】咪唑类生物碱.【来源】钙质海绵白雪海绵属 *Leucetta chagosensis*.【活性】细胞毒 (HM02, GI_{50} = 7.0μg/mL; HepG2, GI_{50} = 7.0μg/mL; Huh7, GI_{50} = 1.3μg/mL).【文献】H. Gross, et al. JNP, 2002, 65, 1190.

1139　Kealiinine A　克阿里宁 A*
【基本信息】$C_{20}H_{19}N_3O_3$.【类型】咪唑类生物碱.【来源】钙质海绵白雪海绵属 *Leucetta chagosensis*.【活性】有毒的 (盐水丰年虾).【文献】W. Hassan, et al. JNP, 2004, 67, 817.

1140　Leucettamidine　白雪海绵脒*
【基本信息】$C_{25}H_{24}N_6O_5$.【类型】咪唑类生物碱.【来源】钙质海绵白雪海绵属 *Leucetta microraphis* (帕劳, 大洋洲).【活性】白三烯 B_4 受体结合活性 (IC_{50} = 15.6μmol/L, K_i = 5.3μmol/L, 有值得注意的活性的白三烯 B_4 受体拮抗剂).【文献】G. W. Chan, et al. JNP, 1993, 56, 116; J. C. Boehm, et al. JMC, 1993, 36, 3333.

1141　Leucettamine A　白雪海绵胺 A*
【基本信息】$C_{20}H_{19}N_3O_4$, 浅黄色无定形固体.【类型】咪唑类生物碱.【来源】钙质海绵白雪海绵属 *Leucetta microraphis* (帕劳, 大洋洲).【活性】白三烯 B_4 受体结合活性 (IC_{50} = 4.0μmol/L, K_i = 1.3μmol/L, 有潜力的白三烯 B_4 受体拮抗剂, 一个治疗炎症的新结构类型); 白三烯 B_4 受体结合活性 (人完整 U937 细胞受体结合试验, 高亲和力, IC_{50} = 0.75μmol/L).【文献】G. W. Chan, et al. JNP, 1993, 56, 116; J. C. Boehm, et al. JMC, 1993, 36, 3333.

1142 Leucettamine B 白雪海绵胺 B*
【基本信息】$C_{12}H_{11}N_3O_3$, 奶油色固体.【类型】咪唑类生物碱.【来源】钙质海绵白雪海绵属 *Leucetta microraphis*.【活性】抗真菌; 抗 AD 症临床前试验 (靶标: 类 CDC2 激酶抑制剂, CLK1, Dyrk1A 和 Dyrk2 抑制, CLK3 中等活性抑制; 模型: 人 U937 细胞膜模型) (Russo, 2016).【文献】G, W. Chan, et al. JNP, 1993, 56, 116; J. C. Boehm, et al. JMC, 1993, 36, 3333; P. Molina, et al. Tetrahedron Lett., 1994, 35, 2235; P. Russo, et al. Mar. Drugs, 2016, 14, 5 (Rev.).

1143 Lipopurealin A 脂纯洁沙肉海绵林 A*
【基本信息】$C_{31}H_{48}Br_2N_6O_4$, 无定形固体 (盐酸), mp 94~95℃ (盐酸).【类型】咪唑类生物碱.【来源】纯洁沙肉海绵* *Psammaplysilla purea* (冲绳, 日本).【活性】Na/K-腺苷三磷酸酶抑制剂.【文献】H. Wu, et al. Experientia, 1986, 42, 855.

1144 Lipopurealin B 脂纯洁沙肉海绵林 B*
【基本信息】$C_{32}H_{50}Br_2N_6O_4$, 无定形固体 (盐酸), mp 93~95℃ (盐酸).【类型】咪唑类生物碱.【来源】纯洁沙肉海绵* *Psammaplysilla purea* (冲绳, 日本).【活性】Na/K-腺苷三磷酸酶抑制剂.【文献】H. Wu, et al. Experientia, 1986, 42, 855.

1145 Lipopurealin C 脂纯洁沙肉海绵林 C*
【基本信息】$C_{33}H_{52}Br_2N_6O_4$, 无定形固体 (盐酸), mp 108~110℃ (盐酸).【类型】咪唑类生物碱.【来源】纯洁沙肉海绵* *Psammaplysilla purea* (冲绳, 日本).【活性】Na/K-腺苷三磷酸酶抑制剂.【文献】H. Wu, et al. Experientia, 1986, 42, 855.

1146 Malonganenone B 莫桑比克烯酮 B*
【基本信息】$C_{27}H_{42}N_4O_3$, 无色玻璃体.【类型】咪唑类生物碱.【来源】柳珊瑚科柳珊瑚 *Leptogorgia gilchristi* (靠近马龙嘎尼港, 莫桑比克), 壮真丛柳珊瑚 *Euplexaura robusta* (涠洲岛, 广西, 中国) 和真丛柳珊瑚属 *Euplexaura nuttingi* (奔巴岛, 坦桑尼亚).【活性】细胞毒 (抗食管癌: WHCO1, $IC_{50} = 25.1\mu mol/L$; WHCO5, $IC_{50} > 100.0\mu mol/L$; WHCO6, $IC_{50} = 50.7\mu mol/L$; KYSE70, $IC_{50} = 26.9\mu mol/L$; KYSE180, $IC_{50} = 24.6\mu mol/L$; KYSE520, $IC_{50} = 18.9\mu mol/L$; MCF12, $IC_{50} = 18.7\mu mol/L$); 细胞毒 [HeLa, $IC_{50} >100\mu mol/L$, 对照阿霉素, $IC_{50} = (0.38± 0.05)\mu mol/L$; K562, $IC_{50} > 100\mu mol/L$, 阿霉素, $IC_{50} = (0.23± 0.02)\mu mol/L$] (Zhang, 2012).【文献】R. A. Keyzers, et al. Tetrahedron, 2006, 62, 2200; H. Sorek, et al. JNP, 2007, 70, 1104; J.-R. Zhang, et al. Chem. Biodivers., 2012, 9, 2218.

1147 Malonganenone F 莫桑比克烯酮 F*
【基本信息】$C_{27}H_{42}N_4O_3$, 无色油状物.【类型】咪唑类生物碱.【来源】真丛柳珊瑚属 *Euplexaura nuttingi* (奔巴岛, 坦桑尼亚) 和壮真丛柳珊瑚 *Euplexaura robusta* (涠洲岛, 广西, 中国).【活性】细胞毒 (抑制 K562 和 UT7 细胞生长); 诱导细胞凋亡 (转化哺乳动物细胞, 1.25µg/mL); 细胞毒 [HeLa, $IC_{50} >100\mu mol/L$, 对照阿霉素, $IC_{50} = (0.38± 0.05)\mu mol/L$; K562, $IC_{50} >100\mu mol/L$, 阿霉素, $IC_{50} = (0.23± 0.02)\mu mol/L$] (Zhang, 2012).【文

【文献】H. Sorek, et al. JNP, 2007, 70, 1104; J.-R. Zhang, et al. Chem. Biodivers., 2012, 9, 2218.

1148 Malonganenone G 莫桑比克烯酮 G*

【基本信息】$C_{27}H_{42}N_4O_3$, 无色油状物.【类型】咪唑类生物碱.【来源】真丛柳珊瑚属 *Euplexaura nuttingi*（奔巴岛，坦桑尼亚）和壮真丛柳珊瑚 *Euplexaura robusta*（涠洲岛，广西，中国）.【活性】细胞毒（抑制 K562 和 UT7 细胞生长）；诱导细胞凋亡（转化哺乳动物细胞，1.25μg/mL）；细胞毒 [HeLa, IC_{50} > 100μmol/L, 对照阿霉素, IC_{50} = (0.38± 0.05)μmol/L; K562, IC_{50} >100μmol/L, 阿霉素, IC_{50} = (0.23± 0.02)μmol/L] (Zhang, 2012).【文献】H. Sorek, et al. JNP, 2007, 70, 1104; J.-R. Zhang, et al. Chem. Biodivers., 2012, 9, 2218.

1149 Naamidine A 那米啶 A*

【基本信息】$C_{23}H_{23}N_5O_4$, 黄色发泡油状物.【类型】咪唑类生物碱.【来源】钙质海绵白雪海绵属 *Leucetta chagosensis*（红海），软体动物裸鳃目海牛亚目柠檬裸枝鳃海牛* *Notodoris citrina*.【活性】表皮生长因子受体 EGFR 拮抗剂.【文献】S. armely, et al. Tetrahedron, 1989, 45, 2193; I. Ancini, et al. Helv. Chim. Acta, 1995, 78, 1178; B. R. Copp, et al. JMC, 1998, 41, 3909.

1150 Naamidine F 那米啶 F*

【基本信息】$C_{25}H_{25}N_5O_7$, 黄色针状晶体, mp 172~174℃.【类型】咪唑类生物碱.【来源】钙质海绵白雪海绵属 *Leucetta* sp.（大堡礁）.【活性】细胞毒（低活性）.【文献】J. C. Boehm, et al. JMC, 1993, 36, 3333.

1151 Phorbatopsin A 雏海绵新 A*

【基本信息】$C_{10}H_9N_3O_2$.【类型】咪唑类生物碱.【来源】雏海绵属 *Phorbas topsenti*（马赛，法国）.【活性】抗氧化剂.【文献】T. D. Nguyen, et al. Tetrahedron, 2012, 68, 9256.

1152 Phorbatopsin B 雏海绵新 B*

【基本信息】$C_{10}H_{11}N_3O_3$.【类型】咪唑类生物碱.【来源】雏海绵属 *Phorbas topsenti*（马赛，法国）.【活性】抗氧化剂.【文献】T. D. Nguyen, et al. Tetrahedron, 2012, 68, 9256.

1153 Phorbatopsin C 雏海绵新 C*

【基本信息】$C_{10}H_{11}N_3O_2$.【类型】咪唑类生物碱.【来源】雏海绵属 *Phorbas topsenti*（马赛，法国）.【活性】抗氧化剂.【文献】T. D. Nguyen, et al. Tetrahedron, 2012, 68, 9256.

1154　Purealidin A　纯洁沙肉海绵里定 A*

【基本信息】$C_{17}H_{22}Br_2N_6O_3$，无定形固体. 【类型】咪唑类生物碱. 【来源】纯洁沙肉海绵* *Psammaplysilla purea* 和多疣状突起类角海绵* *Pseudoceratina verrucosa*. 【活性】细胞毒（L_{1210}，IC_{50} = 1.1μg/mL）；Na/K-腺苷三磷酸酶抑制剂（0.0001mol/L，InRt = 22%，低活性）；鱼毒的. 【文献】M. Ishibashi, et al. Experientia, 1991, 47, 299.

1155　Purealidin D　纯洁沙肉海绵里定 D*

【基本信息】$C_{22}H_{25}Br_2N_6O_3^+$. 【类型】咪唑类生物碱. 【来源】纯洁沙肉海绵* *Psammaplysilla purea* （冲绳，日本）. 【活性】Na/K-腺苷三磷酸酶抑制剂. 【文献】M. Tsuda, et al. Tetrahedron Lett., 1992, 33, 2597; M. Tsuda, et al. JNP, 1992, 55, 1325.

1156　Purealidin E　纯洁沙肉海绵里定 E*

【基本信息】$C_{20}H_{29}Br_2N_6O_3^+$，无定形固体（双三氟乙酸盐）. 【类型】咪唑类生物碱. 【来源】纯洁沙肉海绵* *Psammaplysilla purea* （冲绳，日本）. 【活性】Na/K-腺苷三磷酸酶抑制剂. 【文献】M. Tsuda, et al. Tetrahedron Lett., 1992, 33, 2597; M. Tsuda, et al. JNP, 1992, 55, 1325.

1157　Purealidin M　纯洁沙肉海绵里定 M*

【基本信息】$C_{15}H_{17}Br_2N_5O_3$，油状物（三氟乙酸盐）. 【类型】咪唑类生物碱. 【来源】纯洁沙肉海绵* *Psammaplysilla purea* （冲绳，日本）. 【活性】细胞毒（L_{1210}，IC_{50} > 10μg/mL；KB，IC_{50} > 10μg/mL）. 【文献】J. Kobayashi, et al. CPB, 1995, 43, 403.

1158　Purealidin N　纯洁沙肉海绵里定 N*

【基本信息】$C_{15}H_{16}Br_2N_4O_4$，油状物. 【类型】咪唑类生物碱. 【来源】纯洁沙肉海绵* *Psammaplysilla purea* （冲绳，日本）. 【活性】细胞毒（L_{1210}，IC_{50} = 0.07μg/mL；KB，IC_{50} = 0.074μg/mL）. 【文献】J. Kobayashi, et al. CPB, 1995, 43, 403; T. R. Boehlow, et al. JOC, 2001, 66, 3111.

1159　Pyronaamidine 9-*N*-methylimine　皮柔那米啶 9-*N*-甲基亚胺*

【基本信息】$C_{26}H_{30}N_6O_5$，黄色晶体（二氯甲烷/甲醇），mp 222~225℃. 【类型】咪唑类生物碱. 【来源】钙质海绵白雪海绵属 *Leucetta* cf. *chagosensis*（罗塔岛，北马里亚纳群岛，太平洋）. 【活性】细胞毒（A549，GI_{50} = 6μg/mL；MCF7，GI_{50} = 3μg/mL；HT29，GI_{50} = 6μg/mL）. 【文献】A. Plubrukarn, et al. JNP, 1997, 60, 712.

1160　Stellettazole D　星芒海绵唑 D*

【基本信息】$C_{22}H_{37}N_4O^+$，$[α]_D^{25}$ = +6.1°（c = 0.10，甲醇）. 【类型】咪唑类生物碱. 【来源】碧玉海绵属 *Jaspis duoaster*（爱媛县，萨达角，日本）. 【活

性】细胞毒 (P$_{388}$, IC$_{50}$ = 29.1μg/mL; HeLa, IC$_{50}$ = 83.6μg/mL).【文献】S. Sato, et al. Chem. Lett., 2011, 40, 186.

1161　Ulosantoin　百慕大乌娄萨海绵素*
【基本信息】C$_5$H$_9$N$_2$O$_5$P, 晶体 (丙酮/异辛烷), mp 127~128℃.【类型】咪唑类生物碱.【来源】Esperiopsidae 科海绵 *Ulosa ruetzleri* (百慕大).【活性】杀昆虫剂.【文献】B. C. VanWagenen, et al. JOC, 1993, 58, 335.

1162　Zorrimidazolone　精囊海鞘咪唑酮*
【基本信息】C$_{11}$H$_{13}$N$_3$O$_4$, 粉色无定形粉末.【类型】咪唑类生物碱.【来源】精囊海鞘属 *Polyandrocarpa zorritensis* (塔兰托湾, 地中海, 意大利).【活性】细胞毒 (C6, IC$_{50}$ = (155±13)μmol/L; HeLa 和 H9c2, 无活性).【文献】A. Aiello, et al. Mar. Drugs, 2011, 9, 1157.

4

噁唑啉、噻唑、噻二唑和三唑类生物碱

4.1 噁唑啉类生物碱　　/ 220

4.2 噻唑和噻二唑类生物碱　　/ 243

4.3 噁唑啉-噻唑大环生物碱　　/ 251

4.4 三唑类生物碱　　/ 254

4.1 噁唑啉类生物碱

1163 Almazole C 阿玛噁唑 C*
【基本信息】$C_{21}H_{21}N_3O$, $[\alpha]_D^{20} = +166°$ (c = 1.08, 甲醇).【类型】噁唑啉类 (Oxazolines) 生物碱.【来源】未鉴定的红藻 (Delesseriaceae 红叶藻科, 塞内加尔).【活性】中枢神经系统活性.【文献】I. N'Diaye, et al. Tetrahedron Lett., 1994, 35, 4827; G. Guella, et al. Helv. Chim. Acta, 1994, 77, 1999.

1164 Almazole D 阿玛噁唑 D*
【基本信息】$C_{22}H_{21}N_3O_3$, 粉末, mp 135~139°C, $[\alpha]_D^{23} = +115°$ (甲醇) (甲酯), $[\alpha]_D^{23} = +31°$ (甲醇) (钠盐).【类型】噁唑啉类生物碱.【来源】红藻门真红藻纲红叶藻科 *Haraldiophyllum* sp.【活性】抗菌 (革兰氏阴性菌黏质沙雷氏菌 *Serratia marcescens*, 伤寒沙门氏菌 *Salmonella typhi*).【文献】I. N'Diaye, et al. Tetrahedron Lett., 1996, 37, 3049; F. Miyake, et al. Tetrahedron, 2010, 66, 4888.

1165 Ariakemicin A 阿瑞可霉素 A*
【基本信息】$C_{32}H_{38}N_4O_7$, 微红棕色无定形固体.【类型】噁唑啉类生物碱.【来源】海洋细菌速动丝菌属 *Rapidithrix* sp. HC35.【活性】抗菌 (金黄色葡萄球菌 *Staphylococcus aureus*, MID = 0.46μg/盘).【文献】N. Oku, et al. Org. Lett., 2008, 10, 2481.

1166 Ariakemicin B 阿瑞可霉素 B*
【基本信息】$C_{32}H_{38}N_4O_7$.【类型】噁唑啉类生物碱.【来源】海洋细菌速动丝菌属 *Rapidithrix* sp. HC35.【活性】抗菌 (金黄色葡萄球菌 *Staphylococcus aureus*, MID = 0.46μg/盘).【文献】N. Oku, et al. Org. Lett., 2008, 10, 2481.

1167 Bengazole A 奔嘎噁唑 A*
【别名】O^{10}-Tetradecanoyl-deacylbengazole C; O^{10}-十四烷酰-去酰基奔嘎噁唑 C*.【基本信息】$C_{27}H_{44}N_2O_8$, 黏性油状物, $[\alpha]_D^{20} = +5°$ (c = 0.107, 甲醇).【类型】噁唑啉类生物碱.【来源】星芒海绵属 *Stelletta splendens* (斐济) (searle, 1996), 碧玉海绵属 *Jaspis* sp. [产率 = 0.27% (干重), 澳大利亚] 和碧玉海绵科 *Jaspidae* sp.【活性】细胞毒 (有研究价值的癌细胞生长抑制剂: P388, GI50 = 0.14μg/mL; OVCAR-3, GI50 = 0.28μg/mL; NCI-H460, GI50 = 0.21μg/mL; KM20L2, GI50 = 0.0031μg/mL; DU145, GI50 = 0.15μg/mL; BXPC3, GI50 = 0.14μg/mL; SF295, GI50 = 0.19μg/mL); 驱肠虫剂; 抗真菌 (白色念珠菌 *Candida albicans*, 0.5μg/盘, IZD = 9~10.5mm).【文献】M. Adamczeski, et al. JACS, 1988, 110, 1598; P. A. Searle, et al. JOC, 1996, 61, 4073; A. Groweiss, et al. JNP, 1999, 62, 1691; G. R. Pettit, et al. JNP, 2008, 71, 438.

1168 Bengazole B 奔嘎噁唑 B*
【基本信息】$C_{28}H_{46}N_2O_8$, 黏性油状物, $[\alpha]_D^{20} = +4.7°$ (c = 0.024, 甲醇).【类型】噁唑啉类生物碱.【来源】星芒海绵属 *Stelletta splendens* (斐济) (searle, 1996), 碧玉海绵属 *Jaspis* sp. (澳大利

亚)和碧玉海绵科 Jaspidae sp.【活性】细胞毒 (有研究价值的癌细胞生长抑制剂: P_{388}, GI_{50} = 0.053μg/mL; OVCAR-3, GI_{50} = 0.37μg/mL; NCI-H460, GI_{50} = 0.20μg/mL; KM20L2, GI_{50} = 0.33μg/mL; DU145, GI_{50}= 0.15μg/mL; BXPC3, GI_{50} = 0.18μg/mL; SF295, GI_{50} = 0.19μg/mL); 驱肠虫剂; 抗真菌 (白色念珠菌 Candida albicans, 0.5μg/盘, IZD = 9~10.5mm).【文献】M. Adamczeski, et al. JACS, 1988, 110, 1598; R. Fernández, et al. JNP, 1999, 62. 678; G. R. Pettit, et al. JNP, 2008, 71, 438.

1169 Bengazole C 奔嘎噁唑 C*

【别名】O^{10}-Tridecanoyl-deacylbengazole C; O^{10}-十三烷酰-去酰基奔嘎噁唑 C*.【基本信息】$C_{26}H_{42}N_2O_8$, 油状物.【类型】噁唑啉类生物碱.【来源】碧玉海绵属 Jaspis sp. (大堡礁).【活性】抗真菌 (白色念珠菌 Candida albicans, 0.5μg/盘, IZD = 9~10.5mm).【文献】P. A. Searle, et al. JOC, 1996, 61, 4073.

1170 Bengazole C_4 奔嘎噁唑 C_4*

【别名】O^4-Tetradecanoyl-bengazole Z; O^4-十四烷酰-奔嘎噁唑 Z*.【基本信息】$C_{27}H_{44}N_2O_7$, 无色油状物.【类型】噁唑啉类生物碱.【来源】星芒海绵属 Stelletta sp. (杰米森礁, 波拿巴群岛, 澳大利亚) 和革质碧玉海绵* Jaspis cf. coriacea (巴布亚新几内亚).【活性】细胞毒 (SF268, GI_{50}= 0.3μmol/L; MCF7, GI_{50} = 0.8μmol/L; H460, GI_{50} = 0.1μmol/L; HT29, GI_{50} = 0.6μmol/L; CHO-K1, GI_{50}= 1.2μmol/L).【文献】J. Rodríguez, et al. JNP, 1993, 56, 2034; S. P. B. Ovenden, et al. Mar. Drugs, 2011, 9, 2469.

1171 Bengazole C_6 奔嘎噁唑 C_6*

【别名】O^6-Tetradecanoyl-bengazole Z; O^6-十四烷酰-奔嘎噁唑 Z*.【基本信息】$C_{27}H_{44}N_2O_7$, 无色油状物.【类型】噁唑啉类生物碱.【来源】星芒海绵属 Stelletta sp. (杰米森礁, 波拿巴群岛, 澳大利亚) 和革质碧玉海绵* Jaspis cf. coriacea (巴布亚新几内亚).【活性】细胞毒 (SF268, GI_{50}= 0.02μmol/L; MCF7, GI_{50} = 0.06μmol/L; H460, GI_{50}< 0.02μmol/L; HT29, GI_{50} = 0.1μmol/L; CHO-K1, GI_{50}= 0.8μmol/L).【文献】J. Rodríguez, et al. JNP, 1993, 56, 2034; S. P. B. Ovenden, et al. Mar. Drugs, 2011, 9, 2469.

1172 Bengazole D 奔嘎噁唑 D*

【别名】O^{10}-(12-Methyltridecanoyl)-deacylbengazole C; O^{10}-(12-甲基十三烷酰)-去酰基奔嘎噁唑 C*.【基本信息】$C_{27}H_{44}N_2O_8$, 油状物.【类型】噁唑啉类生物碱.【来源】碧玉海绵属 Jaspis sp. (大堡礁).【活性】抗真菌 (白色念珠菌 Candida albicans, 0.5μg/盘, IZD = 9~10.5mm).【文献】P. A. Searle, et al. JOC, 1996, 61, 4073.

1173 Bengazole E 奔嘎噁唑 E*

【别名】O^{10}-Pentadecanoyl-deacylbengazole C; O^{10}-十五烷酰-去酰基奔嘎噁唑 C*.【基本信息】$C_{28}H_{46}N_2O_8$, 油状物.【类型】噁唑啉类生物碱.

【来源】星芒海绵属 *Stelletta splendens* (斐济, 1996) 和碧玉海绵属 *Jaspis* sp. (大堡礁). 【活性】抗真菌 (白色念珠菌 *Candida albicans*, 0.5μg/盘, IZD = 9~10.5mm); 细胞毒 (有研究价值的癌细胞生长抑制剂: P_{388}, GI_{50} = 0.074μg/mL; OVCAR-3, GI_{50} = 0.16μg/mL; NCI-H460, GI_{50} = 0.14μg/mL; KM20L2, GI_{50} = 0.18μg/mL; DU145, GI_{50} = 0.11μg/mL; BXPC3, GI_{50} = 0.081μg/mL; SF295, GI_{50} = 0.13μg/mL); 驱蠕虫药. 【文献】P. A. Searle, et al. JOC, 1996, 61, 4073; G. R. Pettit, et al. JNP, 2008, 71, 438.

1174 Bengazole F 奔嘎噁唑 F*

【别名】O^{10}-(13-Methylpentadecanoyl)-deacylbengazole C; O^{10}-(13-甲基十五烷酰)-去酰基奔嘎噁唑 C*. 【基本信息】$C_{29}H_{48}N_2O_8$, 油状物. 【类型】噁唑啉类生物碱. 【来源】碧玉海绵属 *Jaspis* sp. (大堡礁). 【活性】抗真菌 (白色念珠菌 *Candida albicans*, 0.5μg/盘, IZD = 9~10.5mm). 【文献】P. A. Searle, et al. JOC, 1996, 61, 4073.

1175 Bengazole G 奔嘎噁唑 G*

【别名】O^{10}-Hexadecanoyl-deacylbengazole C; O^{10}-十六烷酰-去酰基奔嘎噁唑 C*. 【基本信息】$C_{29}H_{48}N_2O_8$, 油状物. 【类型】噁唑啉类生物碱. 【来源】碧玉海绵属 *Jaspis* sp. (大堡礁). 【活性】抗真菌 (白色念珠菌 *Candida albicans*, 0.5μg/盘, IZD = 9~10.5mm). 【文献】P. A. Searle, et al. JOC, 1996, 61, 4073.

1176 Bengazole Z 奔嘎噁唑 Z*

【基本信息】$C_{13}H_{18}N_2O_6$, 无色油状物, $[\alpha]_D$ = –7.5º (c = 0.17, 甲醇). 【类型】噁唑啉类生物碱. 【来源】星芒海绵属 *Stelletta* sp. (杰米森礁, 波拿巴群岛, 澳大利亚) 和碧玉海绵属 *Jaspis* sp. (澳大利亚). 【活性】细胞毒 (SF268, GI_{50}= 22μmol/L; MCF7, GI_{50} = 18μmol/L; H460, GI_{50} = 8μmol/L; HT29, GI_{50} = 13μmol/L; CHO-K1, GI_{50}= 04μmol/L). 【文献】A. Groweiss, et al. JNP, 1999, 62, 1691; S. P. B. Ovenden, et al. Mar. Drugs, 2011, 9, 2469.

1177 Enigmazole A 巴新海绵噁唑 A*

【基本信息】$C_{29}H_{46}NO_{10}P$, 浅黄色固体, $[\alpha]_D^{25}$ = –2.7º (c = 0.2, 甲醇). 【类型】噁唑啉类生物碱. 【来源】Tetillidae 科海绵 *Cinachyrella enigmatica* (巴布亚新几内亚). 【活性】细胞毒. 【文献】N. Oku, et al. JACS, 2010, 132, 10278.

1178 (–)-Hennoxazole A (–)-合恩噁唑 A*

【基本信息】$C_{29}H_{42}N_2O_6$, 亮黄色油状物, $[\alpha]_D^{25}$ = –47º (c = 3.12, 氯仿), $[\alpha]_D$ = –42.7º. 【类型】噁唑啉类生物碱. 【来源】多丝海绵属 *Polyfibrospongia* sp. 【活性】抗病毒 (HSV-1, IC_{50} = 0.6μg/mL); 镇痛 (外周组织). 【文献】T. Ichiba, et al. JACS, 1991, 113, 3173; P. Wipf, et al. JACS, 1995, 117, 558; D. R. Williams, et al. JACS, 1999, 121, 4924.

1179 Hennoxazole B 合恩噁唑 B*
【基本信息】$C_{30}H_{44}N_2O_6$.【类型】噁唑啉类生物碱.【来源】多丝海绵属 *Polyfibrospongia* sp.【活性】镇痛.【文献】T. Ichiba, et al. JACS, 1991, 113, 3173.

1180 Antibiotics JBIR 34 抗生素 JBIR 34
【基本信息】$C_{21}H_{25}ClN_4O_7$, 油状物, $[\alpha]_D^{25} = -140º$ ($c = 0.6$, 甲醇).【类型】噁唑啉类生物碱.【来源】海洋导出的链霉菌属 *Streptomyces* sp. Sp080513GE-23, 来自蜂海绵属 *Haliclona* sp.（千叶县，大山市，日本）.【活性】抗氧化剂（DPPH 自由基清除剂，$IC_{50} = 1.0$ mmol/L，低活性）.【文献】K. Motohashi, et al. JNP, 2010, 73, 226.

1181 Antibiotics JBIR 35 抗生素 JBIR 35
【基本信息】$C_{20}H_{23}ClN_4O_7$, 油状物, $[\alpha]_D^{25} = -140º$ ($c = 0.4$, 甲醇).【类型】噁唑啉类生物碱.【来源】海洋导出的链霉菌属 *Streptomyces* sp. Sp080513GE-23, 来自蜂海绵属 *Haliclona* sp.（千叶县，大山市，日本）.【活性】抗氧化剂（DPPH 自由基清除剂，$IC_{50} = 2.5$ mmol/L，低活性）.【文献】K. Motohashi, et al. JNP, 2010, 73, 226.

1182 Leucascandrolide A 钙质海绵内酯 A*
【基本信息】$C_{38}H_{56}N_2O_{10}$, $[\alpha]_D^{20} = +41º$（乙醇）.【类型】噁唑啉类生物碱.【来源】珊瑚海新属钙质海绵 *Leucascandra caveolata* [新喀里多尼亚（法属）].【活性】抗真菌（白色念珠菌 *Candida albicans*）；细胞毒（高活性）.【文献】M. D'Ambrosio, et al. Helv. Chim. Acta, 1996, 79, 51.

1183 Lipoxazolidinone A 脂噁唑里定酮 A*
【基本信息】$C_{19}H_{31}NO_3$, 油状物, $[\alpha]_D = -31º$ ($c = 0.02$, 甲醇).【类型】噁唑啉类生物碱.【来源】海洋导出的放线菌 *Marinispora* sp. NPS008920（海洋沉积物，关岛，美国）.【活性】抗菌（*Staphylococcus* sp., 肺炎链球菌 *Streptococcus pneumoniae*, 粪肠球菌 *Enterococcus faecalis*, MIC = 0.5~16μg/mL）.【文献】V. R. Macherla, et al. JNP, 2007, 70, 1454.

1184 Lipoxazolidinone B 脂噁唑里定酮 B*
【基本信息】$C_{20}H_{33}NO_3$, 油状物.【类型】噁唑啉类生物碱.【来源】海洋导出的放线菌 *Marinispora* sp. NPS008920（海洋沉积物，关岛，美国）.【活性】抗菌（葡萄球菌属 *Staphylococcus* sp., 肺炎链球菌 *Streptococcus pneumoniae*, 粪肠球菌 *Enterococcus faecalis*, MIC = 0.5~16μg/mL）.【文献】V. R. Macherla, et al. JNP, 2007, 70, 1454.

1185　Martefragine A　脆弱马滕斯红藻素 A*

【基本信息】$C_{20}H_{25}N_3O_3$，粉末，mp 147~148°C，$[\alpha]_D^{26} = -20.3°$ ($c = 0.76$，甲醇).【类型】噁唑啉类生物碱.【来源】红藻脆弱马滕斯藻* Martensia fragilis.【活性】抗氧化剂 (抑制脂质过氧化).【文献】S. Takahashi, et al. CPB, 1998, 46, 1527; A. Nishida, et al. Tetrahedron Lett., 1998, 39, 5983.

1186　Neopeltolide　岩屑海绵内酯*

【基本信息】$C_{31}H_{46}N_2O_9$，油状物，$[\alpha]_D^{24} = +24°$ ($c = 0.24$，甲醇).【类型】噁唑啉类生物碱.【来源】Neopeltidae 科岩屑海绵 (两种，牙买加，西北海岸岸外，采样深度分别为 442m 和 433m，使用 Johnson-Sea-Link 潜水器).【活性】细胞毒 (有潜力的细胞增殖抑制剂：A549, $IC_{50} = 1.2$ nmol/L; NCI-ADR-Res, $IC_{50} = 5.1$ nmol/L; P_{388}, $IC_{50} = 0.56$ nmol/L); 抗真菌 (白色念珠菌 Candida albicans, MIC = 0.62μg/mL); 细胞毒 (作用方式：皮摩尔效价对某些肿瘤细胞系有效，而对其它肿瘤细胞系仅具有细胞抑制作用; 通过靶向细胞色素 bc1 复合物抑制氧化磷酸化，从而阻断线粒体 ATP 合成).【文献】A. E. Wright, et al. JNP, 2007, 70, 412; A. E. Wright, Current Opinion in Biotechnology, 2010, 21, 801; P. L. Winder, et al. Mar. Drugs, 2011, 9, 2644 (Rev.).

1187　Nocardichelin A　诺卡放线菌素 A*

【基本信息】$C_{40}H_{65}N_5O_8$，固体，$[\alpha]_D^{20} = +11.8°$ ($c = 0.19$，甲醇).【类型】噁唑啉类生物碱.【来源】红树导出的放线菌诺卡氏放线菌属 Nocardia sp. Acta 3026 (来自红树土壤).【活性】细胞毒 (AGS, $GI_{50} = 28.2$ nmol/L, TGI = 201.7 nmol/L; HepG2, $GI_{50} = 282.4$ nmol/L, TGI = 470.7 nmol/L; MCF7, $GI_{50} = 201.7$ nmol/L, TGI = 538.0 nmol/L); 铁载体 (铬天青S试验，正反应证实了铁的螯合性能).【文献】K. Schneider, et al. JNP, 2007, 70, 932.

1188　Nocardichelin B　诺卡放线菌素 B*

【基本信息】$C_{38}H_{61}N_5O_8$，固体，$[\alpha]_D^{20} = +6°$ ($c = 0.3$，甲醇).【类型】噁唑啉类生物碱.【来源】红树导出的放线菌诺卡氏放线菌属 Nocardia sp. Acta 3026 (来自红树土壤).【活性】细胞毒 (AGS, $GI_{50} = 44.7$ nmol/L, TGI = 1.5 μmol/L; HepG2, $GI_{50} = 69.9$ nmol/L, TGI = 335.4 nmol/L; MCF7, $GI_{50} = 1.13$ μmol/L, TGI = 3.49 μmol/L); 铁载体 (铬天青S试验，正反应证实了铁的螯合性能).【文献】K. Schneider, et al. JNP, 2007, 70, 932.

1189　Synoxazolidinone C　海鞘噁唑啉酮 C*

【基本信息】$C_{15}H_{15}Br_2ClN_4O_3$.【类型】噁唑啉类生物碱.【来源】Polyclinidae 科海鞘 Synoicum pulmonaria (特罗姆斯郡，北挪威，挪威).【活性】抗菌 (适度活性); 抗肿瘤 (适度活性).【文献】M. Tadesse, et al. Tetrahedron Lett., 2011, 52, 1804.

1190 Caboxamycin 羧基噁唑啉霉素*
【基本信息】$C_{14}H_9NO_4$, 粉末.【类型】苯并噁唑类 (Benzoxazolines) 生物碱.【来源】海洋导出的链霉菌属 *Streptomyces* sp. NTK 937 (深海).【活性】抗菌 (枯草杆菌 *Bacillus subtilis*, IC_{50} = 8μg/mL).【文献】C. Hohmann, et al. J. Antibiot., 2009, 62, 99.

1191 Nakijinamine C 今归仁胺 C*
【基本信息】$C_{26}H_{25}BrN_5O_4S^+$.【类型】苯并噁唑啉类生物碱.【来源】皮海绵属 *Suberites* sp. (卸载港, 冲绳, 日本).【活性】抗真菌 (黑曲霉菌 *Aspergillus niger*).【文献】Y. Takahashi, et al. Org. Lett., 2011, 13, 3016; Y. Takahashi, et al. Tetrahedron, 2012, 68, 8545.

1192 Nakijinamine E 今归仁胺 E*
【基本信息】$C_{30}H_{28}BrN_7O_2^{2+}$.【类型】苯并噁唑啉类生物碱.【来源】皮海绵属 *Suberites* sp. (卸载港, 冲绳, 日本).【活性】抗真菌 (黑曲霉菌 *Aspergillus niger*).【文献】Y. Takahashi, et al. Org. Lett., 2011, 13, 3016; Y. Takahashi, et al. Tetrahedron, 2012, 68, 8545.

1193 Nakijinol B 今归仁醇 B*
【基本信息】$C_{22}H_{29}NO_3$.【类型】苯并噁唑啉类生物碱.【来源】胄甲海绵亚科 Thorectinae 海绵 *Dactylospongia elegans* (北领地, 皮尤沙洲, 澳大利亚).【活性】细胞毒 (SF268, GI_{50} = 24μmol/L; MCF7, GI_{50} = 35μmol/L; H460, GI_{50} = 24μmol/L; HT29, GI_{50} = 21μmol/L; CHO-K1, GI_{50} = 11μmol/L).【文献】S. P. B. Ovenden, et al. JNP, 2011, 74, 65.

1194 7-[(1,2,3,4,4a,7,8,8a-Octahydro-1,2,4a,5-tetramethyl-1-naphthalenyl)methyl]-6-benzoxazolol 7-[(1,2,3,4,4a,7,8,8a-八氢-1,2,4a,5-四甲基-1-萘基)甲基]-6-苯并噁唑醇*
【基本信息】$C_{22}H_{29}NO_2$, 油状物.【类型】苯并噁唑啉类生物碱.【来源】掘海绵属 *Dysidea* sp. (新西兰).【活性】细胞毒 (P_{388}, IC_{50} = 10μg/mL); 抗菌 (枯草杆菌 *Bacillus subtilis*, IC_{50} = 1μg/mL); 抗真菌 (须发癣菌 *Trichophyton mentagrophytes*).【文献】M. Stewart, et al. Aust. J. Chem., 1997, 50, 341.

1195 Cycloxazoline 环噁唑啉*
【别名】Westiellamide; 夏威夷蓝细菌酰胺*.【基本信息】$C_{27}H_{42}N_6O_6$, 无定形物质, $[\alpha]_D$ = +30° (c = 0.1, 甲醇).【类型】大环噁唑啉类生物碱.【来源】未鉴定的海鞘 (大堡礁), 陆地蓝细菌 *Westiellopsis prolific* (夏威夷, 美国).【活性】细胞毒.【文献】T. W. Hambley, et al. Tetrahedron, 1992, 48, 341; M. R. Princep, et al. JNP, 1992, 55, 140.

1196 Diazonamide A 菲律宾海鞘酰胺 A*
【基本信息】$C_{40}H_{34}Cl_2N_6O_6$，玻璃体，$[\alpha]_D$ = –217.3º (c = 8.8, 甲醇).【类型】大环噁唑啉类生物碱.【来源】Diazonidae 科海鞘 *Diazona chinensis*（菲律宾）.【活性】细胞毒 (A549, GI_{50} = 0.029μmol/L; HT29, GI_{50} = 0.007μmol/L; MDA-MB-231, GI_{50} = 0.006μmol/L); 细胞毒 (有潜力的).【文献】N. Lindquist, et al. JACS, 1991, 113, 2303; J. Li, et al. Angew. Chem., Int. Ed., 2001, 40, 4770; R. Fernández, et al. Tetrahedron Lett., 2008, 49, 2283.

1197 Diazonamide C 菲律宾海鞘酰胺 C*
【基本信息】$C_{40}H_{35}Cl_2N_7O_5$，浅黄色固体，$[\alpha]_D^{25}$ = –24.1º (c = 0.1, 甲醇).【类型】大环噁唑啉类生物碱.【来源】Diazonidae 科海鞘 *Diazona* sp.【活性】细胞毒 (A549, GI_{50} = 2.2μmol/L; HT29, GI_{50} = 1.8μmol/L; MDA-MB-231, GI_{50} = 2.2μmol/L).【文献】R. Fernández, et al. Tetrahedron Lett., 2008, 49, 2283.

1198 Diazonamide D 菲律宾海鞘酰胺 D*
【基本信息】$C_{36}H_{27}Cl_3N_6O_4$，浅黄色固体，$[\alpha]_D^{25}$ = –33.5º (c = 0.1, 甲醇).【类型】大环噁唑啉类生物碱.【来源】Diazonidae 科海鞘 *Diazona* sp.【活性】细胞毒 (A549, GI_{50} = 2.9μmol/L; HT29, GI_{50} = 2.9μmol/L; MDA-MB-231, GI_{50} = 3.1μmol/L).【文献】R. Fernández, et al. Tetrahedron Lett., 2008, 49, 2283.

1199 Diazonamide E 菲律宾海鞘酰胺 E*
【基本信息】$C_{36}H_{28}Cl_2N_6O_4$，浅黄色固体，$[\alpha]_D^{25}$ = –56.8º (c = 0.02, 甲醇).【类型】大环噁唑啉类生物碱.【来源】Diazonidae 科海鞘 *Diazona* sp.【活性】细胞毒 (A549, GI_{50} = 8.0μmol/L; HT29, GI_{50} = 5.2μmol/L; MDA-MB-231, GI_{50} = 9.0μmol/L).【文献】R. Fernández, et al. Tetrahedron Lett., 2008, 49, 2283.

1200 Dihydrohalichondramide 二氢软海绵酰胺*
【基本信息】$C_{44}H_{62}N_4O_{12}$，玻璃体，$[\alpha]_D$ = –69.7º (c = 1.68, 甲醇).【类型】大环噁唑啉类生物碱.【来源】碧玉海绵属 *Jaspis* sp. [产率 = 0.00037%（湿重），石垣岛外海，冲绳，日本]，软海绵属 *Halichondria* sp. 和软体动物裸鳃目海牛亚目六鳃属 *Hexabranchus sanguineus*.【活性】细胞毒 (海胆卵试验, IC_{99} = 0.5μg/mL); 细胞毒 (L_{1210}, IC_{50} =

0.03μg/mL).【文献】M. R. Kernan, et al. JOC, 1988, 53, 5014; S. Matsunaga, et al. JOC, 1989, 54, 1360; J. Kobayashi, et al. JNP, 1993, 56, 787.

1201　Halichondramide　软海绵酰胺*
【基本信息】$C_{44}H_{60}N_4O_{12}$, mp 66~68℃, $[\alpha]_D$ = −100.7º (c = 0.42, 甲醇).【类型】大环噁唑啉类生物碱.【来源】碧玉海绵属 *Jaspis* sp. [产率 = 0.054% (湿重), 石垣岛外海, 冲绳, 日本], 软海绵属 *Halichondria* sp., 蜂海绵属 *Haliclona* sp. 和多节海鞘科 *Polycitorella* sp.【活性】抗真菌; 杀昆虫剂; 有毒的 (海胆).【文献】M. R. Kernan, et al. JOC, 1988, 53, 5014; J. Kobayashi, et al. JNP, 1993, 56, 787.

1202　Halishigamide A　软海绵西伽酰胺 A*
【基本信息】$C_{44}H_{63}N_5O_{12}$, 无定形固体, $[\alpha]_D^{25}$ = +38º (c = 0.51, 甲醇).【类型】大环噁唑啉类生物碱.【来源】软海绵属 *Halichondria* sp. (冲绳, 日本).【活性】细胞毒 (L_{1210}, IC_{50} = 0.0036μg/mL; KB, IC_{50} = 0.012μg/mL).【文献】J. Kobayashi, et al. JNP, 1997, 60, 150.

1203　Halishigamide B　软海绵西伽酰胺 B*
【基本信息】$C_{43}H_{60}N_4O_{13}$, 无定形固体, $[\alpha]_D^{25}$ = −72º (c = 0.06, 甲醇).【类型】大环噁唑啉类生物碱.【来源】软海绵属 *Halichondria* sp. (冲绳, 日本).【活性】细胞毒 (L_{1210}, IC_{50} = 4.4μg/mL; KB, IC_{50} = 7.5μg/mL).【文献】J. Kobayashi, et al. JNP, 1997, 60, 150.

1204　Halishigamide C　软海绵西伽酰胺 C*
【基本信息】$C_{44}H_{64}N_4O_{14}$, 无定形固体, $[\alpha]_D^{27}$ = −70º (c = 0.12, 氯仿).【类型】大环噁唑啉类生物碱.【来源】软海绵属 *Halichondria* sp. (冲绳, 日

本).【活性】细胞毒 (L$_{1210}$, IC$_{50}$ = 5.2μg/mL; KB, IC$_{50}$ = 6.5μg/mL).【文献】J. Kobayashi, et al JNP, 1997, 60, 150.

1205 Halishigamide D 软海绵西伽酰胺 D*
【基本信息】C$_{44}$H$_{64}$N$_4$O$_{14}$, 无定形固体, [α]$_D^{25}$ = −88º (c = 0.03, 甲醇).【类型】大环噁唑啉类生物碱.【来源】软海绵属 *Halichondria* sp. (冲绳, 日本).【活性】细胞毒 (L$_{1210}$, IC$_{50}$ = 1.1μg/mL; KB, IC$_{50}$ = 1.8μg/mL).【文献】J. Kobayashi, et al JNP, 1997, 60, 150.

1206 32-Hydroxymycalolide A 32-羟基山海绵内酯 A*
【基本信息】C$_{45}$H$_{62}$N$_4$O$_{13}$, [α]$_D^{27}$ = −90.0º (c = 0.10, 甲醇).【类型】大环噁唑啉类生物碱.【来源】山海绵属 *Mycale magellanica* (日本水域).【活性】细胞毒 (L$_{1210}$, IC$_{50}$ = 0.013μg/mL).【文献】S. Matsunaga, et al. JNP, 1998, 61, 1164.

1207 30-Hydroxymycalolide A 30-羟基山海绵内酯 A*
【基本信息】C$_{47}$H$_{66}$N$_4$O$_{14}$, [α]$_D^{27}$ = −86.9º (c = 0.10, 甲醇).【类型】大环噁唑啉类生物碱.【来源】山海绵属 *Mycale magellanica* (日本水域).【活性】细胞毒 (L$_{1210}$, IC$_{50}$ = 0.019μg/mL).【文献】S. Matsunaga, et al. JNP, 1998, 61, 1164.

1208 38-Hydroxymycalolide B 38-羟基山海绵内酯 B*
【基本信息】C$_{51}$H$_{72}$N$_4$O$_{17}$, [α]$_D^{27}$ = −80.9º (c = 0.10, 甲醇).【类型】大环噁唑啉类生物碱.【来源】山

海绵属 Mycale magellanica (日本水域).【活性】细胞毒 (L_{1210}, IC_{50} = 0.015μg/mL).【文献】S. Matsunaga, et al. JNP, 1998, 61, 1164.

1209 Isohalichondramide 异软海绵酰胺*
【基本信息】$C_{44}H_{60}N_4O_{12}$.【类型】大环噁唑啉类生物碱.【来源】碧玉海绵属 Jaspis sp. [产率 = 0.003% (湿重), 石垣岛外海, 冲绳, 日本] 和软海绵 Halichondria sp.【活性】鱼毒; 拒食活性; 杀海绵剂.【文献】M. R. Kernan, et al. JOC, 1988, 53, 5014; J. Kobayashi, et al. JNP, 1993, 56, 787.

1210 Jaspisamide A 碧玉海绵酰胺 A*
【别名】5S-Hydroxy-5,6-dihydrohalichondramide; 5S-羟基-5,6-二氢软海绵酰胺*.【基本信息】$C_{44}H_{62}N_4O_{13}$, 固体, $[\alpha]_D^{17}$ = −51° (c = 0.13, 甲醇).【类型】大环噁唑啉类生物碱.【来源】碧玉海绵属 Jaspis sp. [产率 = 0.00054% (湿重), 石垣岛外海, 冲绳, 日本].【活性】细胞毒 (L_{1210}, IC_{50} < 0.001μg/mL; KB, IC_{50} = 0.015μg/mL).【文献】J. Kobayashi, et al. JNP, 1993, 56, 787.

1211 Jaspisamide B 碧玉海绵酰胺 B*
【别名】22S-Hydroxyhalichondramide; 22S-羟基软海绵酰胺*.【基本信息】$C_{44}H_{60}N_4O_{13}$, 固体, $[\alpha]_D^{17}$ = −112° (c = 0.19, 甲醇).【类型】大环噁唑啉类生物碱.【来源】碧玉海绵属 Jaspis sp. [产率 = 0.00008% (湿重), 石垣岛外海, 冲绳, 日本].【活性】细胞毒 (L_{1210}, IC_{50} < 0.001μg/mL; KB, IC_{50} = 0.006μg/mL).【文献】J. Kobayashi, et al. JNP, 1993, 56, 787.

1212 Jaspisamide C 碧玉海绵酰胺 C*
【别名】33R-Methylhalichondramide; 33R-甲基软海绵酰胺*.【基本信息】$C_{45}H_{60}N_4O_{12}$, 固体, $[\alpha]_D^{19}$ = −76° (c = 0.37, 甲醇).【类型】大环噁唑啉类生物碱.【来源】碧玉海绵属 Jaspis sp. (产率 =

0.0002%湿重，石垣岛外海，冲绳，日本).【活性】细胞毒 (L_{1210}, IC_{50} < 0.001μg/mL; KB, IC_{50} = 0.013μg/mL).【文献】J. Kobayashi, et al. JNP, 1993, 56, 787.

1213　Kabiramide A　卡毕酰胺 A*
【基本信息】$C_{48}H_{71}N_5O_{15}$, $[\alpha]_D^{23}$ = +6º (c = 0.1, 氯仿).【类型】大环噁唑啉类生物碱.【来源】软体动物裸鳃目海牛亚目六鳃属 *Hexabranchus* sp. (卵).【活性】细胞毒 (L_{1210}, IC_{50} = 0.03μg/mL); 细胞分裂抑制剂（受精海胆卵，IC_{99} = 1.0μg/mL).【文献】S. Matsunaga, et al. JOC, 1989, 54, 1360.

1214　Kabiramide B　卡毕酰胺 B*
【基本信息】$C_{47}H_{69}N_5O_{14}$, $[\alpha]_D^{20}$ = +4º (c = 0.6, 氯仿), $[\alpha]_D^{20}$ = +8º (c = 0.1, 氯仿).【类型】大环噁唑啉类生物碱.【来源】厚芒海绵属 *Pachastrissa nux* (春蓬岛，苏拉特萨尼省，泰国) 和厚芒海绵属 *Pachastrissa nux*，软体动物裸鳃目海牛亚目六鳃属 *Hexabranchus* sp. (卵).【活性】抗疟疾 (MRPF K1, IC_{50} = 1.67μmol/L, 对照双氢青蒿素, IC_{50} = 3.8~4.4nmol/L); 细胞毒 (MCF7, IC_{50} = 0.45μmol/L, 对照喜树碱, IC_{50} = 1.6nmol/L; 人成

纤维细胞, IC_{50} = 0.95μmol/L, 对照喜树碱, IC_{50} = 459.3nmol/L); 细胞毒 (L_{1210}, IC_{50} = 0.03μg/mL); 细胞分裂抑制剂（受精海胆卵，IC_{99} = 0.2μg/mL).【文献】S. Matsunaga, et al. JOC, 1989, 54, 1360; T. Sirirak, et al. JNP, 2011, 74, 1288.

1215　Kabiramide C　卡毕酰胺 C*
【基本信息】$C_{48}H_{71}N_5O_{14}$, $[\alpha]_D^{20}$ = +10º (c = 0.6, 氯仿), $[\alpha]_D^{20}$ = +20º (c = 0.1, 氯仿).【类型】大环噁唑啉类生物碱.【来源】厚芒海绵属 *Pachastrissa nux* (春蓬岛，苏拉特萨尼省，泰国) 和厚芒海绵属 *Pachastrissa nux*，软体动物裸鳃目海牛亚目六鳃属 *Hexabranchus* sp. (卵).【活性】抗疟疾 (MRPF K1, IC_{50} = 4.79μmol/L, 对照双氢青蒿素, IC_{50} = 3.8~4.4nmol/L); 细胞毒 (MCF7, IC_{50} = 0.47μmol/L, 对照喜树碱, IC_{50} = 1.6nmol/L; 人成纤维细胞, IC_{50} = 7.59μmol/L, 对照喜树碱, IC_{50} = 459.3nmol/L); 细胞毒 (L_{1210}, IC_{50} = 0.01μg/mL); 细胞分裂抑制剂（受精海胆卵，IC_{99} = 0.2μg/mL); 抗真菌.【文献】S. Matsunaga, et al. JACS, 1986, 108, 847; S. Matsunaga, et al. JOC, 1989, 54, 1360; T. Sirirak, et al. JNP, 2011, 74, 1288.

1216　Kabiramide C acetate　卡毕酰胺C乙酸酯*
【基本信息】$C_{50}H_{73}N_5O_{15}$.【类型】大环噁唑啉类生物碱.【来源】未鉴定的海绵 (Neopeltidae 科，牙

买加, 采样深度 442m).【活性】细胞毒 (作用模型: 在 nmol/L 浓度水平 kabiramides 是有潜力的化合物); (通过抑制肌动蛋白动力学发生作用); 破坏肌动蛋白细胞骨架.【文献】A. E. Wright, Current Opinion in Biotechnology 2010, 21, 801.

1217 Kabiramide D 卡毕酰胺 D*
【基本信息】$C_{47}H_{70}N_4O_{13}$, $[\alpha]_D^{20} = -11º$ ($c = 0.2$, 氯仿), $[\alpha]_D^{20} = -5º$ ($c = 0.1$, 氯仿).【类型】大环噁唑啉类生物碱.【来源】厚芒海绵属 *Pachastrissa nux* (春蓬岛, 苏拉特萨尼省, 泰国) 和厚芒海绵属 *Pachastrissa nux*, 软体动物裸鳃目海牛亚目六鳃属 *Hexabranchus* sp. (卵).【活性】抗疟疾 (MRPF K1, $IC_{50} = 1.87\mu mol/L$, 对照双氢青蒿素, $IC_{50} = 3.8~4.4nmol/L$); 细胞毒 (MCF7, $IC_{50} = 0.02\mu mol/L$, 对照喜树碱, $IC_{50} = 1.6nmol/L$; 人成纤维细胞, $IC_{50} = 0.50\mu mol/L$, 对照喜树碱, $IC_{50} = 459.3nmol/L$); 细胞毒 (L_{1210}, $IC_{50} = 0.02\mu g/mL$); 细胞分裂抑制剂 (受精海胆卵, $IC_{99} = 0.2\mu g/mL$).【文献】S. Matsunaga, et al. JOC, 1989, 54, 1360; T. Sirirak, et al. JNP, 2011, 74, 1288.

1218 Kabiramide E 卡毕酰胺 E*
【基本信息】$C_{49}H_{72}N_4O_{14}$, $[\alpha]_D^{23} = -20º$ ($c = 0.1$, 氯仿).【类型】大环噁唑啉类生物碱.【来源】软体动物裸鳃目海牛亚目六鳃属 *Hexabranchus* sp. (卵).【活性】细胞毒 (L_{1210}, $IC_{50} = 0.02\mu g/mL$); 细胞分裂抑制剂 (受精海胆卵, $IC_{99} = 0.2\mu g/mL$).【文献】S. Matsunaga, et al. JOC, 1989, 54, 1360.

1219 Kabiramide G 卡毕酰胺 G*
【基本信息】$C_{47}H_{67}N_5O_{13}$, $[\alpha]_D^{20} = +27º$ ($c = 0.3$, 氯仿), $[\alpha]_D^{20} = +38º$ ($c = 0.4$, 氯仿).【类型】大环噁唑啉类生物碱.【来源】厚芒海绵属 *Pachastrissa nux* (春蓬岛, 苏拉特萨尼省, 泰国) 和厚芒海绵属 *Pachastrissa nux*.【活性】细胞毒 (MCF7, $IC_{50} = 0.02\mu mol/L$, 对照喜树碱, $IC_{50} = 1.6nmol/L$; 人成纤维细胞, $IC_{50} = 2.37\mu mol/L$, 喜树碱, $IC_{50} = 459.3nmol/L$).【文献】C. Petchprayoon, et al. Heterocycles, 2006, 69, 447; T. Sirirak, et al. JNP, 2011, 74, 1288.

1220 Kabiramide J 卡毕酰胺 J*
【基本信息】$C_{46}H_{65}N_5O_{13}$, 白色无定形固体, $[\alpha]_D^{20} = +6º$ ($c = 0.8$, 甲醇).【类型】大环噁唑啉类生物碱.【来源】厚芒海绵属 *Pachastrissa nux* (春蓬岛, 苏拉特萨尼省, 泰国).【活性】抗疟疾 (MRPF K1, $IC_{50} = 0.31\mu mol/L$, 对照双氢青蒿素, $IC_{50} = 3.8~4.4nmol/L$); 细胞毒 (MCF7, $IC_{50} = 0.02\mu mol/L$, 对照喜树碱, $IC_{50} = 1.6nmol/L$).【文献】T. Sirirak, et al. JNP, 2011, 74, 1288.

1221　Kabiramide K　卡毕酰胺 K*

【基本信息】$C_{46}H_{66}N_4O_{12}$，白色无定形固体，$[\alpha]_D^{20}$ = +9º (c = 0.3, 甲醇).【类型】大环噁唑啉类生物碱.【来源】厚芒海绵属 *Pachastrissa nux* (春蓬岛，苏拉特萨尼省，泰国).【活性】抗疟疾 (MRPF K1, IC_{50} = 0.39μmol/L, 对照双氢青蒿素, IC_{50} = 3.8~4.4nmol/L); 细胞毒 (MCF7, IC_{50} = 0.07μmol/L, 对照喜树碱, IC_{50} = 1.6nmol/L).【文献】T. Sirirak, et al. JNP, 2011, 74, 1288.

1222　Kabiramide L　卡毕酰胺 L*

【基本信息】$C_{45}H_{64}N_4O_{12}$.【类型】大环噁唑啉类生物碱.【来源】厚芒海绵属 *Pachastrissa nux* (涛岛，苏拉特萨尼省，泰国；春蓬国家公园，泰国).【活性】抗疟疾.【文献】T. Sirirak, et al. Nat. Prod. Res., 2013, 27, 1213.

1223　Leiodolide A　滑皮海绵酰胺 A*

【别名】Leiodelide A.【基本信息】$C_{31}H_{45}NO_9$，浅黄色油状物.【类型】大环噁唑啉类生物碱.【来源】岩屑海绵滑皮海绵属 *Leiodermatium* sp. (靠近乌池别鹿礁，帕劳，大洋洲，使用载人潜水器 Deep Worker，采样深度 240m).【活性】细胞毒 (HCT116, IC_{50} = 2.5μmol/L); 细胞毒 (NCI's 60 种癌细胞: HL60, GI_{50} = 0.26μmol/L; NCI-H522, GI_{50} = 0.26μmol/L; OVCAR-3, GI_{50} = 0.25μmol/L).【文献】J. S. Sandler, et al. JOC, 2006, 71, 7245; 8684; P. L. Winder, et al. Mar. Drugs, 2011, 9, 2644 (Rev.).

1224　Leiodolide B　滑皮海绵酰胺 B*

【别名】Leiodelide B.【基本信息】$C_{31}H_{44}BrNO_9$，浅黄色油状物.【类型】大环噁唑啉类生物碱.【来源】岩屑海绵滑皮海绵属 *Leiodermatium* sp. (靠近乌池别鹿礁，帕劳，大洋洲，使用载人潜水器 Deep Worker，采样深度 240m).【活性】细胞毒 (HCT116, IC_{50} = 2.5μmol/L).【文献】J. S. Sandler, et al. JOC, 2006, 71, 7245; 8684; P. L. Winder, et al. Mar. Drugs, 2011, 9, 2644 (Rev.).

1225　33-Methyldihydrohalichondramide 33-甲基二氢软海绵酰胺*

【基本信息】$C_{45}H_{64}N_4O_{12}$, $[\alpha]_D^{23}$ = –53º (c = 0.5,

氯仿).【类型】大环噁唑啉类生物碱.【来源】软海绵属 *Halichondria* sp.【活性】细胞毒（海胆卵试验，IC_{99} = 0.5μg/mL）；细胞毒（L_{1210}, IC_{50} = 0.05μg/mL）.【文献】S. Matsunaga, et al. JOC, 1989, 54, 1360.

1226 Mycalolide A 山海绵内酯 A*

【基本信息】$C_{47}H_{64}N_4O_{14}$，浅黄色胶状物，$[\alpha]_D$ = −60.3º (c = 0.5, 氯仿).【类型】大环噁唑啉类生物碱.【来源】山海绵属 *Mycale* sp.（日本水域）.【活性】抗真菌（病源真菌）；细胞毒（B16, IC_{50} = 0.5ng/mL）.【文献】N. Fusetani, et al. Tetrahedron Lett., 1989, 30, 2809; S. Matsunaga, et al. JACS, 1999, 121, 8969.

1227 Mycalolide C 山海绵内酯 C*

【基本信息】$C_{51}H_{72}N_4O_{16}$，浅黄色胶状物，$[\alpha]_D$ = −62.1º (c = 3.7, 氯仿).【类型】大环噁唑啉类生物碱.【来源】简星珊瑚属石珊瑚 *Tubastraea faulkneri*.【活性】细胞毒（一组 NCI 60 种人癌细胞株，LC_{50} = 2.5μmol/L）.【文献】M. A. Rashid, et al. JNP, 1995, 58, 1120.

1228 Mycalolide D 山海绵内酯 D*

【基本信息】$C_{50}H_{72}N_4O_{17}$，树胶状物，$[\alpha]_D$ = −19.5º (c = 0.5, 氯仿).【类型】大环噁唑啉类生物碱.【来源】简星珊瑚属石珊瑚 *Tubastraea faulkneri*.【活性】细胞毒（一组 NCI 60 种人癌细胞株，LC_{50} = 0.6μmol/L）.【文献】M. A. Rashid, et al. JNP, 1995, 58, 1120.

1229 Mycalolide E 山海绵内酯 E*

【基本信息】$C_{46}H_{62}N_4O_{13}$，树胶状物，$[\alpha]_D$ = −39.0º (c = 0.1, 氯仿).【类型】大环噁唑啉类生物碱.【来源】简星珊瑚属石珊瑚 *Tubastraea faulkneri*.【活性】细胞毒.【文献】M. A. Rashid, et al. JNP, 1995, 58, 1120.

1230 Phorboxazole A 雏海绵噁唑 A*

【基本信息】$C_{53}H_{71}BrN_2O_{13}$，浅黄色固体，$[\alpha]_D$ = +44.8º (c = 1, 甲醇).【类型】大环噁唑啉类生物碱.【来源】雏海绵属 *Phorbas* sp.（西澳大利亚海岸线，西澳大利亚）.【活性】抗真菌（*in vitro*，白色念珠菌 *Candida albicans*，0.1μg/盘）；细胞毒（一组 NCI 60 种人癌细胞，平均 GI_{50} = 7.9×10^{-10}mol/L）；细胞毒（抑制 HCT116 细胞生长，GI_{50} = 0.436nmol/L, HT29, GI_{50} = 0.331nmol/L）.【文献】P. A. Searle, et al. JACS, 1995, 117, 8126; 1996, 118, 9422; C. J. Forsyth, et al. JACS, 1998, 120, 5597.

1231 Phorboxazole B 雏海绵噁唑 B*

【基本信息】$C_{53}H_{71}BrN_2O_{13}$, 浅黄色固体, $[\alpha]_D$ = +44.4º (c = 1, 甲醇).【类型】大环噁唑啉类生物碱.【来源】雏海绵属 *Phorbas* sp. (西澳大利亚海岸线, 西澳大利亚).【活性】抗真菌 (*in vitro*, 白色念珠菌 *Candida albicans*, 0.1μg/盘); 细胞毒 (一组 NCI 60 种癌细胞, 平均 GI_{50} = 7.9×10^{-10}mol/L).【文献】P. A. Searle, et al. JACS, 1995, 117, 8126; P. A. Searle, et al. JACS, 1996, 118, 9422.

1232 Thiomycalolide A 含硫山海绵内酯 A*

【基本信息】$C_{57}H_{81}N_7O_{20}S$.【类型】大环噁唑啉类生物碱.【来源】山海绵属 *Mycale* sp. (日本水域).【活性】细胞毒 (P_{388}, IC_{50} = 18ng/mL).【文献】S. Matsunaga, et al. JNP, 1998, 61, 663.

1233 Thiomycalolide B 含硫山海绵内酯 B*

【基本信息】$C_{62}H_{91}N_7O_{23}S$, 微棕色粉末, $[\alpha]_D$ = –3.3º (c = 0.1, 甲醇).【类型】大环噁唑啉类生物碱.【来源】山海绵属 *Mycale* sp. (日本水域).【活性】细胞毒 (P_{388}, IC_{50} = 18ng/mL).【文献】S. Matsunaga, et al. JNP, 1998, 61, 663.

1234 Ulapualide A 乌拉普阿内酯 A*

【基本信息】$C_{46}H_{64}N_4O_{13}$, 油状物, $[\alpha]_D^{21}$ = –43.3º (c = 0.3, 甲醇); $[\alpha]_D^{25}$ = –42.9º (c = 0.163, 甲醇).【类型】大环噁唑啉类生物碱.【来源】软体动物裸鳃目海牛亚目六鳃属 *Hexabranchus sanguineus* (卵块).【活性】细胞毒 (L_{1210}, IC_{50} = 0.01~0.03μg/mL, 细胞增殖抑制剂); 抗真菌 (白色念珠菌 *Candida albicans*); 抗肿瘤.【文献】J. A. Roesener, et al. JACS, 1986, 108, 846; J. Maddock, et al. J. Comput. Aided Mol. Des., 1993, 7, 573; S. K. Chattopadhyay, et al. Tetrahedron Lett., 1998, 39, 6095; S. K. Chattopadhyay, et al. JCS Perkin Trans. I, 2000, 2429; J. SAllingham, et al. Org. Lett., 2004, 6, 597.

1235 Ulapualide B 乌拉普阿内酯 B*

【基本信息】$C_{51}H_{74}N_4O_{16}$，$[\alpha]_D^{25} = -21.7°$ ($c = 0.138$, 甲醇).【类型】大环噁唑啉类生物碱.【来源】软体动物裸鳃目海牛亚目六鳃属 *Hexabranchus sanguineus* (卵块).【活性】细胞毒 (L_{1210}, $IC_{50} = 0.01~0.03\mu g/mL$，细胞增殖抑制剂)；抗真菌 (白色念珠菌 *Candida albicans*).【文献】J. A. Roesener, et al. JACS, 1986, 108, 846; J. SAllingham, et al. Org. Lett., 2004, 6, 597.

1236 Aerophobin 1 真海绵宾 1*

【基本信息】$C_{15}H_{16}Br_2N_4O_4$, mp 164~167°C (乙酰化物), $[\alpha]_D = +187°$ ($c = 2.0$, 甲醇).【类型】螺苯并异噁唑啉类生物碱.【来源】沙肉海绵属 *Druinella* sp. (斐济)，真海绵属 *Verongia aerophoba* 和 Aplysinidae 科海绵 *Verongula rigida*，软体动物伞螺超科 *Tylodina perversa*.【活性】细胞毒 (A2780, $IC_{50} = 21.53\mu g/mL$; K562, $IC_{50} = 24.11\mu g/mL$).【文献】R. Teeyapant, et al. Z. Naturforsch., C, 1993, 48, 640; J. N. Tabudravu, et al. JNP, 2002, 65, 1798.

1237 Aerophobin 2 真海绵宾 2*

【基本信息】$C_{16}H_{19}Br_2N_5O_4$, $[\alpha]_D = +139°$ ($c = 1.9$, 甲醇).【类型】螺苯并异噁唑啉类生物碱.【来源】沙肉海绵属 *Druinella* sp. (斐济)，真海绵属 *Verongia aerophoba* 和 Aplysinidae 科海绵 *Aiolochroia crassa*.【活性】细胞毒 (A2780, $IC_{50} > 10.0\mu g/mL$; K562, $IC_{50} = 6.91\mu g/mL$).【文献】G. Cimino, et al. Tetrahedron Lett., 1983, 24, 3029; J. N. Tabudravu, et al. JNP, 2002, 65, 1798.

1238 Aerothionin 秽色海绵宁*

【基本信息】$C_{24}H_{26}Br_4N_4O_8$，片状晶体 (丙酮/苯)，mp 134~137°C (分解)，$[\alpha]_D = +252°$ (丙酮).【类型】螺苯并异噁唑啉类生物碱.【来源】Aplysinellidae 科海绵 *Suberea mollis*，秽色海绵属 *Aplysina aerophoba*，秽色海绵属 *Aplysina fistularis*，秽色海绵属 *Aplysina thiona*，类角海绵属 *Pseudoceratina durissima* 和紫色沙肉海绵 *Psammaplysilla purpurea*，棘皮动物门海百合纲羽星目句翅美羽枝 *Himerometra magnipinna*.【活性】反迁移活性 (创伤修复试验：高度转移性的 MDA-MB-231 细胞，10μmol/L，迁移率 ≈ 78%，30μmol/L，迁移率 ≈ 72%；对照 4-*S*-乙基苯基亚甲基乙内酰脲 (*S*-乙基)，30μmol/L，迁移率 ≈ 38%；负效应对照二甲亚砜，迁移率 = 100%)；抗侵袭 [Cultrex BME (基底膜提取物) 细胞入侵试验：高度转移性的 MDA-MB-231 细胞，10μmol/L，入侵率 ≈ 88%；对照 4-*S*-乙基苯基亚甲基乙内酰脲 (*S*-乙基)，50μmol/L，入侵率 ≈ 53%；负效应对照二甲亚砜，入侵率 = 100%].【文献】E. Fattorusso, et al. Chem. Commun., 1970, 752; K. Moody, et al. JCS Perkin Trans. I, 1972, 18; J. A. McMillan, et al. Tetrahedron Lett., 1981, 22, 39; M. R. Kernan, JNP, 1990, 53, 615; H. H. Wassermann, et al. JOC, 1998, 63, 5581; M. M. Silva, et al. Aust. J. Chem., 2010, 63, 886; L. A. Shaala, et al. Mar. Drugs, 2012, 10, 2492.

1239 *Aplysina archeri* Alkaloid 烟管秽色海绵生物碱
【基本信息】$C_{22}H_{20}Br_4N_4O_9$.【类型】螺苯并异噁唑啉类生物碱.【来源】烟管秽色海绵* *Aplysina archeri* [萃取后产率 = 1.24% (干重), 加勒比海].【活性】抗真菌 (新型隐球菌 *Criptococcus neoformans* ATCC 90113, MIC = 64μg/mL).【文献】P. Ciminiello, et al. Tetrahedron, 1996, 52, 9863.

1240 Aplysinamisine I 茎型秽色海绵新I*
【基本信息】$C_{16}H_{17}Br_2N_5O_4$, 油状物, $[α]_D^{26}$ = +121.9º (c = 0.57, 甲醇).【类型】螺苯并异噁唑啉类生物碱.【来源】茎型秽色海绵* *Aplysina cauliformis* (波多黎各).【活性】抗菌 (金黄色葡萄球菌 *Staphylococcus aureus*, 铜绿假单胞菌 *Pseudomonas aeruginosa*, 大肠杆菌 *Escherichia coli*, 50~100μg/mL).【文献】A. D. Rodriguez, et al. JNP, 1993, 56, 907.

1241 Aplysinamisine II 茎型秽色海绵新II*
【基本信息】$C_{16}H_{23}Br_2N_5O_4$, $[α]_D^{26}$ = +47.0º (c = 7.9, 甲醇).【类型】螺苯并异噁唑啉类生物碱.【来源】茎型秽色海绵* *Aplysina cauliformis* (波多黎各).【活性】抗菌 (金黄色葡萄球菌 *Staphylococcus aureus*, 铜绿假单胞菌 *Pseudomonas aeruginosa*, 大肠杆菌 *Escherichia coli*, 50~100μg/mL); 细胞毒 (HCT116, IC_{50} = 10μg/mL).【文献】A. D. Rodriguez, et al. JNP, 1993, 56, 907.

1242 Aplysinamisine III 茎型秽色海绵新III*
【基本信息】$C_{23}H_{25}Br_4N_3O_7$, 半固体, $[α]_D^{26}$ = +69º (c = 6.4, 甲醇).【类型】螺苯并异噁唑啉类生物碱.【来源】茎型秽色海绵* *Aplysina cauliformis* (波多黎各).【活性】抗菌 (金黄色葡萄球菌 *Staphylococcus aureus*, 铜绿假单胞菌 *Pseudomonas aeruginosa*, 大肠杆菌 *Escherichia coli*, 50~100μg/mL); 细胞毒 (MCF7, IC_{50} = 30μg/mL; CCRF-CEM, IC_{50} = 6μg/mL; HCT116, IC_{50} = 10μg/mL).【文献】A. D. Rodriguez, et al. JNP, 1993, 56, 907.

1243 Araplysillin 1 阿拉伯沙肉海绵林 1*
【别名】Araplysillin I; 阿拉伯沙肉海绵林I*.【基本信息】$C_{21}H_{23}Br_4N_3O_5$, 无定形物质, mp 140~142℃, $[α]_D$ = −70º (c = 0.7, 甲醇).【类型】螺苯并异噁唑啉类生物碱.【来源】沙肉海绵属 *Druinella* sp. (斐济) 和阿拉伯沙肉海绵* *Psammaplysilla arabica*.【活性】细胞毒 (A2780, IC_{50} = 18.57μg/mL; K562, IC_{50} = 27.93μg/mL); 腺苷三磷酸酶抑制剂; 抗微生物.【文献】A. Longeon, et al. Experientia, 1990, 46, 548; J. N. Tabudravu, et al. JNP, 2002, 65, 1798.

1244 Araplysillin 2 阿拉伯沙肉海绵林 2*
【别名】Araplysillin Ⅱ；阿拉伯沙肉海绵林Ⅱ*.
【基本信息】$C_{36}H_{51}Br_4N_3O_6$，无定形物质，mp 40~42ºC, $[α]_D = -38º$ ($c = 0.73$, 甲醇). 【类型】螺苯并异噁唑啉类生物碱. 【来源】沙肉海绵属 *Druinella* sp.（斐济）和阿拉伯沙肉海绵* *Psammaplysilla arabica*. 【活性】细胞毒 (A2780, $IC_{50} = 14.79μg/mL$; K562, $IC_{50} = 42.70μg/mL$)；腺苷三磷酸酶抑制剂；抗微生物. 【文献】A. Longeon, et al. Experientia, 1990, 46, 548; J. N. Tabudravu, et al. JNP, 2002, 65, 1798.

1245 Archerine 烟管秽色海绵林*
【基本信息】$C_{32}H_{36}Br_4N_{10}O_8$，无定形棕色固体，$[α]_D^{25} = +111.4º$ ($c = 0.07$, 甲醇). 【类型】螺苯并异噁唑啉类生物碱. 【来源】烟管秽色海绵* *Aplysina archeri* (加勒比海). 【活性】抗组胺 (豚鼠回肠). 【文献】P. Ciminiello, et al. EurJOC, 2001, 1, 55.

1246 Ceratinamide A 类角海绵酰胺 A*
【别名】*N*-Formylpsammaplysin A; *N*-甲酰基沙肉海绵新 A*. 【基本信息】$C_{22}H_{23}Br_4N_3O_7$，固体，$[α]_D^{24} = -89.7º$ ($c = 0.146$, 甲醇). 【类型】螺苯并异噁唑啉类生物碱. 【来源】紫色类角海绵* *Pseudoceratina purpurea* (日本水域).【活性】抗污剂 (抑制藤壶幼虫定居和变形). 【文献】S. Tsukamoto, et al. Tetrahedron, 1996, 52, 8181.

1247 Ceratinamide B 类角海绵酰胺 B*
【别名】1′-Deoxypsammaplysin D; 1′-去氧沙肉海绵新 D*. 【基本信息】$C_{36}H_{51}Br_4N_3O_7$，固体, $[α]_D^{24} = -53.5º$ ($c = 0.263$, 丙酮). 【类型】螺苯并异噁唑啉类生物碱. 【来源】紫色类角海绵* *Pseudoceratina purpurea*. 【活性】抗污剂 (抑制藤壶幼虫定居和变形). 【文献】S. Tsukamoto, et al. Tetrahedron, 1996, 52, 8181.

1248 Clavatadine C 昆士兰海绵啶 C*
【基本信息】$C_{14}H_{17}Br_2N_5O_3$，无定形固体. 【类型】螺苯并异噁唑啉类生物碱. 【来源】Aplysinellidae 科海绵 *Suberea clavata* (昆士兰，澳大利亚). 【活性】丝氨酸蛋白酶因子 XIa 抑制剂 (低活性). 【文献】M. S. Buchanan, et al. JNP, 2009, 72, 973.

1249 Clavatadine D 昆士兰海绵啶 D*
【基本信息】$C_{15}H_{19}Br_2N_5O_3$，无定形固体. 【类型】

螺苯并异噁唑啉类生物碱.【来源】Aplysinellidae 科海绵 *Suberea clavata* (昆士兰，澳大利亚).【活性】丝氨酸蛋白酶因子 Xia 抑制剂（低活性).【文献】M. S. Buchanan, et al. JNP, 2009, 72, 973.

1250 Clavatadine E 昆士兰海绵啶 E*
【基本信息】$C_{14}H_{18}BrN_5O_3$，无定形固体.【类型】螺苯并异噁唑啉类生物碱.【来源】Aplysinellidae 科海绵 *Suberea clavata* (昆士兰，澳大利亚).【活性】丝氨酸蛋白酶因子 Xia 抑制剂（低活性).【文献】M. S. Buchanan, et al. JNP, 2009, 72, 973.

1251 Fistularin 3 秽色海绵林 3*
【基本信息】$C_{31}H_{36}Br_6N_4O_{11}$，无定形固体，$[\alpha]_D$ = +104.2º (c = 1.67, 甲醇).【类型】螺苯并异噁唑啉类生物碱.【来源】秽色海绵属 *Aplysina fistularis*, 烟管秽色海绵* *Aplysina archeri*, 乳清群海绵 *Agelas oroides*, 类角海绵属 *Pseudoceratina durissima*, Aplysinidae 科海绵 *Verongula* sp., 真海绵属 *Verongia aerophoba* 和真海绵属 *Verongia cavernicola*.【活性】抗病毒（抑制猫白血病病毒的生长，ED_{50} = 22μmol/L).【文献】Y. Gopichand, et al. Tetrahedron Lett., 1979, 3921; S. P. Gunasekera, et al. JNP, 1992, 55, 509; M. M. Silva, et al. Aust. J. Chem., 2010, 63, 886.

1252 11-*epi*-Fistularin 3 11-*epi*-秽色海绵林 3*
【基本信息】$C_{31}H_{30}Br_6N_4O_{11}$，无定形固体，$[\alpha]_D^{25}$ = +65.2º (c = 1.04, 丙酮).【类型】螺苯并异噁唑啉类生物碱.【来源】乳清群海绵 *Agelas oroides* (大堡礁，澳大利亚).【活性】抗菌；细胞毒（乳腺癌细胞).【文献】G. M. König, et al. Heterocycles, 1993, 36, 1351.

1253 Homoaerothionin 高秽色海绵宁*
【基本信息】$C_{25}H_{28}Br_4N_4O_8$，无定形固体，mp 166~167℃ (di-Ac), $[\alpha]_D$ = +191.5º (氯仿).【类型】螺苯并异噁唑啉类生物碱.【来源】Aplysinellidae 科海绵 *Suberea mollis*, 秽色海绵属 *Aplysina aerophoba*, 真海绵属 *Verongia thiona* 和真海绵属 *Verongia cavernicola*.【活性】反迁移活性 [创伤修复试验，高度转移的 MDA-MB-231 细胞，10μmol/L，迁移率 ≈ 86%, 30μmol/L, 迁移率 ≈ 76%; 对照 4-*S*-乙基苯基次甲基乙内酰脲 (*S*-乙基), 30μmol/L, 迁移率 ≈ 38%, 负效应对照二甲亚砜，迁移率 = 100%]; 抗侵袭 [Cultrex BME (基底膜提取物) 细胞入侵试验: 高度转移的 MDA-MB-231 细胞, 10μmol/L, 入侵率 ≈ 53%; 对照 4-*S*-乙基苯基次甲基乙内酰脲 (*S*-乙基), 50μmol/L, 入侵率 ≈ 53%; 负效应对照二甲亚砜，入侵率 = 100%].【文献】M. R. Kernan, JNP, 1990, 53, 615; L. A. Shaala, et al. Mar. Drugs, 2012, 10, 2492.

1254 11-Hydroxyaerothionin 11-羟基秽色海绵宁*
【基本信息】$C_{24}H_{26}Br_4N_4O_9$，玻璃体，$[\alpha]_D$ = +189º

(c = 0.15, 甲醇).【类型】螺苯并异噁唑啉类生物碱.【来源】秽色海绵属 *Aplysina caissara*, 小孔秽色海绵* *Aplysina lacunosa* 和类角海绵属 *Pseudoceratina durissima*.【活性】抗结核 (结核分枝杆菌 *Mycobacterium tuberculosis* H37Rv, 12.5μg/mL, InRt = 70%).【文献】M. R. Kernan,; et al. JNP, 1990, 53, 615; A.E.-S. Khalid, et al. Tetrahedron, 2000, 56, 949.

1255 19-Hydroxyaraplysillin N^{20}-sulfamate 19-羟基阿拉伯沙肉海绵林 N^{20}-磺酰胺*

【基本信息】$C_{21}H_{23}Br_4N_3O_9S$, 无定形固体, $[\alpha]_D^{24}$ = –69º (c = 0.002, 甲醇).【类型】螺苯并异噁唑啉类生物碱.【来源】小紫海绵属 *Ianthella flabelliformis* (雪尔本湾, 昆士兰).【活性】丙酮酸磷酸双激酶 (PPDK) 抑制剂 (非选择性的).【文献】C. A. Motti, et al. JNP, 2009, 72, 290.

1256 12R-Hydroxy-11-oxoaerothionin 12R-羟基-11-氧代秽色海绵宁*

【基本信息】$C_{24}H_{24}Br_4N_4O_{10}$, $[\alpha]_D^{25}$ = +160.7º (12R-OH)或+152.5º (12S-OH).【类型】螺苯并异噁唑啉类生物碱.【来源】秽色海绵属 *Aplysina fistularis* f. *fulva* (巴哈马, 加勒比海).【活性】抗结核 (结核分枝杆菌 *Mycobacterium tuberculosis* H37Rv, 12.5μg/mL, InRt = 60%).【文献】M. R. Kernan, et al. JNP, 1990, 53, 615; P. Ciminiello, et al. JNP, 1994, 57, 705; A.E.-S. Khalid, et al. Tetrahedron, 2000, 56, 949.

1257 19-Hydroxypsammaplysin E 19-羟基沙肉海绵新 E*

【基本信息】$C_{27}H_{27}Br_4N_3O_9$.【类型】螺苯并异噁唑啉类生物碱.【来源】Aplysinellidae 科海绵 *Aplysinella strongylata* (巴厘岛, 图兰本湾, 印度尼西亚).【活性】杀疟原虫的 (恶性疟原虫 *Plasmodium falciparum*).【文献】I. W. Mudianta, et al. JNP, 2012, 75, 2132.

1258 N-[4-(Methoxycarbonylamino)-2-oxo-butyl]-7,9-dibromo-10-hydroxy-8-methoxy-1-oxa-2-azaspiro[4.5]deca-2,6,8-triene-3-carboxylic acid amide N-[4-(甲氧基酰胺)-2-氧代丁基]-7,9-二溴-10-羟基-8-甲氧基-1-氧杂-2-氮杂螺[4.5]十(碳)-2,6,8-三烯-3-酰胺

【基本信息】$C_{16}H_{19}Br_2N_3O_7$.【类型】螺苯并异噁唑啉类生物碱.【来源】茎型秽色海绵* *Aplysina cauliformis* (巴哈马, 加勒比海).【活性】抗增殖 [HeLa, IC_{50} = 50μg/mL, 哺乳动物蛋白合成抑制剂; 细胞增殖抑制剂 (哺乳动物)].【文献】P. Ciminiello, et al. JNP, 1999, 62, 590.

1259 Oceanapia Quinolone alkaloid 大洋海绵喹诺酮生物碱

【基本信息】$C_{24}H_{22}Br_2N_6O_8$，$[\alpha]_D^{20} = -150°$ ($c = 0.19$, 甲醇).【类型】螺苯并异噁唑啉类生物碱.【来源】大洋海绵属 *Oceanapia* sp. (澳大利亚).【活性】新的分枝杆菌酶真菌硫醇 *S*-共轭酰胺酶抑制剂.【文献】G. M. Nicholas, et al. Org. Lett., 2001, 3, 1543.

1260 11-Oxoaerothionin 11-氧代秽色海绵宁*

【基本信息】$C_{24}H_{24}Br_4N_4O_9$，粉末，mp 174.6~176.6°C (分解)，$[\alpha]_D^{25} = +181.15°$ ($c = 2.17$, 二甲亚砜).【类型】螺苯并异噁唑啉类生物碱.【来源】小孔秽色海绵* *Aplysina lacunosa* (加勒比海) 和真海绵属 *Verongia cavernicola*.【活性】细胞毒 (HCT116, 显著活性和选择性).【文献】A. L. Acosta, et al. JNP, 1992, 55, 1007; H. Gao, et al. Tetrahedron 1999, 55, 9717; A.E.-S. Khalid, et al. Tetrahedron, 2000, 56, 949.

1261 Psammaplysin A 沙肉海绵新 A*

【基本信息】$C_{21}H_{23}Br_4N_3O_6$，泡沫，$[\alpha]_D^{22} = -65.2°$ ($c = 0.52$, 甲醇).【类型】螺苯并异噁唑啉类生物碱.【来源】紫色沙肉海绵 *Psammaplysilla purpurea* [Syn. *Druinella purpurea*]（红海；斐济）和 Aplysinellidae 科海绵 *Aplysinella* sp. (密克罗尼西亚联邦).【活性】抗菌 (革兰氏阳性菌)；细胞毒 (HCT116)；抗污剂.【文献】M. Rotem, et al. Tetrahedron, 1983, 39, 667; D. M. Roll, et al. JACS, 1985, 107, 2916; T. Ichiba, et al. JOC, 1993, 58, 4149.

1262 Psammaplysin B 沙肉海绵新 B*

【基本信息】$C_{21}H_{23}Br_4N_3O_7$，泡沫，$[\alpha]_D^{25} = -60.2°$ ($c = 0.632$, 甲醇).【类型】螺苯并异噁唑啉类生物碱.【来源】紫色沙肉海绵 *Psammaplysilla purpurea* (红海).【活性】抗菌 (革兰氏阳性菌); 抗肿瘤 (*in vivo*, 人结肠癌, 中等活性).【文献】M. Rotem, et al. Tetrahedron Lett., 1983, 39, 667; D. M. Roll, et al. JACS, 1985, 107, 2916; B. R. Copp, et al. JNP, 1992, 55, 822.

1263 Psammaplysin C 沙肉海绵新 C*

【基本信息】$C_{22}H_{25}Br_4N_3O_7$，玻璃体，$[\alpha]_D^{23} = -57.1°$ ($c = 0.014$, 甲醇).【类型】螺苯并异噁唑啉类生物碱.【来源】紫色沙肉海绵 *Druinella purpurea* [Syn. *Psammaplysilla purpurea*].【活性】细胞毒 (HCT116, $IC_{50} = 3\mu g/mL$).【文献】B. R. Copp, et al. JNP, 1992, 55, 822.

1264 Psammaplysin D 沙肉海绵新 D*

【基本信息】$C_{36}H_{51}Br_4N_3O_8$，油状物，$[\alpha]_D^{18} = $

$-71.4º$ ($c = 2.8$, 丙酮). 【类型】螺苯并异噁唑啉类生物碱. 【来源】Aplysinellidae 科海绵 *Aplysinella* sp. (密克罗尼西亚联邦). 【活性】抗 HIV (海地 HIV-I 的 RF 菌株, $0.1\mu g/mL$, InRt = 51%); 免疫抑制剂. 【文献】T. Ichiba, et al. JOC, 1993, 58, 4149.

1265 Psammaplysin E 沙肉海绵新 E*
【基本信息】$C_{27}H_{25}Br_4N_3O_8$, 亮黄色油状物, $[\alpha]_D^{18} = -80.3º$ ($c = 2.8$, 丙酮). 【类型】螺苯并异噁唑啉类生物碱. 【来源】Aplysinellidae 科海绵 *Aplysinella* sp. (密克罗尼西亚联邦) 和紫色类角海绵* *Pseudoceratina purpurea*. 【活性】细胞毒 (KB 和 LoVo, $5\mu g/mL$); 适度活性免疫抑制剂 (混合淋巴细胞反应试验, $IC_{50} = 8.32\times 10^{-1}\mu g/mL$); 抗污剂. 【文献】T. Ichiba, et al. JOC, 1993, 58, 4149.

1266 Psammaplysin H 沙肉海绵新 H*
【基本信息】$C_{24}H_{30}Br_4N_3O_6^+$. 【类型】螺苯并异噁唑啉类生物碱. 【来源】类角海绵属 *Pseudoceratina* sp. (霍姆斯礁, 珊瑚海, 澳大利亚). 【活性】抗疟疾 (抗氯喹的恶性疟原虫 *Plasmodium falciparum*). 【文献】M. Xu, et al. BoMCL, 2011, 21, 846.

1267 Purealidin B 纯洁沙肉海绵里定 B*
【基本信息】$C_{24}H_{30}Br_4N_3O_5^+$, 无定形固体, $[\alpha]_D^{18} = -4.5º$ ($c = 1.3$, 甲醇). 【类型】螺苯并异噁唑啉类生物碱. 【来源】纯洁沙肉海绵* *Psammaplysilla purea* 和多疣状突起类角海绵* *Pseudoceratina verrucosa*. 【活性】抗菌 (金黄色葡萄球菌 *Staphylococcus aureus*, 藤黄八叠球菌 *Sarcina lutea*). 【文献】J. Kobayashi, et al. Tetrahedron, 1991, 47, 6617.

1268 Purealidin J 纯洁沙肉海绵里定 J*
【基本信息】$C_{15}H_{17}Br_2N_5O_4$, 油状物 (三氟乙酸盐), $[\alpha]_D^{21} = +24º$ ($c = 0.98$, 甲醇) (三氟乙酸盐). 【类型】螺苯并异噁唑啉类生物碱. 【来源】纯洁沙肉海绵* *Psammaplysilla purea* (冲绳, 日本) 和沙肉海绵属 *Druinella* sp. (斐济). 【活性】表皮生长因子 (EGF) 受体激酶抑制剂 ($IC_{50} = 23\mu g/mL$); 细胞毒 (L_{1210}, $IC_{50} > 10\mu g/mL$; KB, $IC_{50} > 10\mu g/mL$); 细胞毒 (A2780, $IC_{50} > 10.0\mu g/mL$; K562, $IC_{50} > 10.0\mu g/mL$). 【文献】J. Kobayashi, et al. CPB, 1995, 43, 403; A. Benharref, et al. JNP, 1996, 59, 177; J. N. Tabudravu, et al. JNP, 2002, 65, 1798.

1269 Purealidin K 纯洁沙肉海绵里定 K*
【基本信息】$C_{15}H_{17}Br_2N_5O_5$, 油状物 (三氟乙酸盐), $[\alpha]_D^{24} = +26º$ ($c = 0.38$, 甲醇) (三氟乙酸盐). 【类型】螺苯并异噁唑啉类生物碱. 【来源】纯洁沙肉海绵* *Psammaplysilla purea* (冲绳, 日本). 【活性】表皮生长因子 (EGF) 受体激酶抑制剂

(IC$_{50}$ = 14μg/mL); 细胞毒 (L$_{1210}$, IC$_{50}$ > 10μg/mL; KB, IC$_{50}$ > 10μg/mL).【文献】J. Kobayashi, et al. CPB, 1995, 43, 403.

1270 Purealidin L 纯洁沙肉海绵里定 L*

【基本信息】C$_{15}$H$_{21}$Br$_2$N$_5$O$_4$, 油状物 (三氟乙酸盐), [α]$_D^{24}$ = +27º (c = 0.18, 甲醇) (三氟乙酸盐).【类型】螺苯并异噁唑啉类生物碱.【来源】纯洁沙肉海绵* *Psammaplysilla purea* (冲绳, 日本) 和 Aplysinidae 科海绵 *Aiolochroia crassa*.【活性】细胞毒 (L$_{1210}$, IC$_{50}$ > 10μg/mL; KB, IC$_{50}$ > 10μg/mL).【文献】J. Kobayashi, et al. CPB, 1995, 43, 403.

1271 Purealidin P 纯洁沙肉海绵里定 P*

【基本信息】C$_{23}$H$_{27}$Br$_4$N$_3$O$_5$, 油状物 (三氟乙酸盐), [α]$_D^{19}$ = +6.6º (c = 0.75, 甲醇).【类型】螺苯并异噁唑啉类生物碱.【来源】纯洁沙肉海绵* *Psammaplysilla purea* (冲绳, 日本).【活性】表皮生长因子 (EGF) 受体激酶抑制剂 (IC$_{50}$ = 18μg/mL); 细胞毒 (L$_{1210}$, IC$_{50}$ = 2.9μg/mL, KB, IC$_{50}$ = 7.6μg/mL).【文献】J. Kobayashi, et al. CPB, 1995, 43, 403.

1272 Purealidin Q 纯洁沙肉海绵里定 Q*

【基本信息】C$_{23}$H$_{27}$Br$_4$N$_3$O$_5$, 油状物 (三氟乙酸盐), [α]$_D^{19}$ = +9.1º (c = 0.39, 甲醇).【类型】螺苯并异噁唑啉类生物碱.【来源】紫色沙肉海绵 *Psammaplysilla purpurea* (采样深度 8~10m, 那度, 泰米尔, 曼达帕姆, 印度; 冲绳, 日本), 纯洁沙肉海绵* *Psammaplysilla purea* (冲绳, 日本) 和沙肉海绵属 *Druinella* sp. (斐济).【活性】表皮生长因子 (EGF) 受体激酶抑制剂 (IC$_{50}$ = 11μg/mL); 细胞毒 (L$_{1210}$, IC$_{50}$ = 0.95μg/mL; KB, IC$_{50}$ = 1.2μg/mL); 细胞毒 (A2780, IC$_{50}$ = 2.54μg/mL; K562, IC$_{50}$ = 1.49μg/mL).【文献】J. Kobayashi, et al. CPB, 1995, 43, 403; J. N. Tabudravu, et al. JNP, 2002, 65, 1798; S. Tilvi, et al. Tetrahedron, 2004, 60, 10207.

1273 Purealidin R 纯洁沙肉海绵里定 R*

【基本信息】C$_{10}$H$_{10}$Br$_2$N$_2$O$_4$, 油状物, [α]$_D^{24}$ = +86º (c = 0.19, 甲醇).【类型】螺苯并异噁唑啉类生物碱.【来源】纯洁沙肉海绵* *Psammaplysilla purea* (冲绳, 日本) 和 Aplysinidae 科海绵 *Verongula* sp. (加勒比海).【活性】细胞毒 (L$_{1210}$, IC$_{50}$ > 10μg/mL; KB, IC$_{50}$ > 10μg/mL).【文献】J. Kobayashi, et al. CPB, 1995, 43, 403.

1274 Purealidin S 纯洁沙肉海绵里定 S*

【基本信息】C$_{22}$H$_{25}$Br$_4$N$_3$O$_5$, 油状物.【类型】螺苯并异噁唑啉类生物碱.【来源】沙肉海绵属 *Druinella* sp. (斐济).【活性】细胞毒 (A2780, IC$_{50}$ = 7.44μg/mL; K562, IC$_{50}$ = 6.02μg/mL).【文献】J. N. Tabudravu, et al. JNP, 2002, 65, 1798.

1275 Subereamolline A 红海海绵素 A*
【基本信息】$C_{17}H_{23}Br_2N_3O_6$,无定形粉末,$[α]_D$ = +156.5º (c = 0.55,甲醇).【类型】螺苯并异噁唑啉类生物碱.【来源】Aplysinellidae 科海绵 *Suberea mollis*.【活性】反迁移活性(创伤修复试验:高度转移性 MDA-MB-231 细胞,0.3125μmol/L,迁移率 ≈ 52%,0.625μmol/L,迁移率 ≈ 51%,1.25μmol/L,迁移率 ≈ 28%,2.5μmol/L,迁移率 ≈ 20%,5μmol/L,迁移率 ≈ 17%,10μmol/L,迁移率 ≈ 6%;对照 4-S-乙基苯次甲基乙内酰脲(S-乙基),30μmol/L,迁移率 ≈ 34%;负效应对照二甲亚砜,迁移率 ≈ 100%,IC_{50} = 400nmol/L);抗侵袭[Cultrex BME(基底膜提取物)细胞入侵试验:高度转移性 MDA-MB-231 细胞,2μmol/L,入侵率 ≈ 38%;对照 4-S-乙基苯基次甲基乙内酰脲(S-乙基),50μmol/L,入侵率 ≈ 53%;负效应对照二甲亚砜,入侵率 = 100%];抗肿瘤(在毫微摩尔级剂量抑制人乳腺癌细胞迁移和侵染,对进一步设计乳腺癌迁移和侵染抑制剂的可能的支架).【文献】M. I. Abou-Shoer, et al. JNP, 2008, 71, 1464; L. A. Shaala, et al. Mar. Drugs, 2012, 10, 2492.

4.2 噻唑和噻二唑类生物碱

1276 Agrochelin 土壤杆菌车林*
【别名】子囊霉素.【基本信息】$C_{23}H_{34}N_2O_4S_2$,浅黄色油状物,$[α]_D$ = -20.5º (c = 0.2,氯仿).【类型】噻唑类生物碱.【来源】海洋细菌土壤杆菌属 *Agrobacterium* sp.【活性】细胞毒(P_{388}, A549, HT29, MEL28, IC_{50} = 0.05~0.2μg/mL).【文献】L. M. Canedo, et al. Tetrahedron Lett., 1999, 40, 6841; C. Acebal, et al. J. Antibiot., 1999, 52, 983.

1277 Anguibactin 鳗弧菌巴科亭*
【基本信息】$C_{15}H_{16}N_4O_4S$.【类型】噻唑类生物碱.【来源】海洋导出的细菌弧菌属 *Vibrio* sp.(海水,西非洲,西非洲海岸),海洋导出的细菌鳗弧菌 *Vibrio anguillarum* 775(缺铁的培养物).【活性】细胞毒(P_{388});铁载体.【文献】L. A. Actis, et al. J. Bacteriol., 1986, 167, 57; M. F. Jalal, et al. JACS, 1989, 111, 292; M. Sandy, et al. JNP, 2010, 73, 1038.

1278 Bacillamide A 芽孢杆菌酰胺 A*
【别名】Microbiaeratinin; 玫瑰小双孢菌宁*.【基本信息】$C_{16}H_{15}N_3O_2S$,无定形粉末.【类型】噻唑类生物碱.【来源】海洋细菌芽孢杆菌属 *Bacillus* sp. SY-1,海洋放线菌高温放线菌属 *Thermoactinomyces* sp. TA66-2,海洋细菌芽孢杆菌属 *Bacillus endophyticus* SP31 和海洋细菌玫瑰小双孢菌青铜亚种 *Microbispora aerata* IMBAS-11A.【活性】杀藻剂(多环旋沟藻 *Cochlodinium polykrikoides*).【文献】S.-Y. Jeong, et al. Tetrahedron Lett., 2003, 44, 8005; CRC Press, DNP on DVD, 2012, version 20.2.

1279 Barbamide 髯毛波纹藻酰胺*

【别名】巴尔巴酰胺*.【基本信息】$C_{20}H_{23}Cl_3N_2O_2S$, 浅黄色油状物, $[\alpha]_D^{26} = -89°$ ($c = 1.9$, 甲醇).【类型】噻唑类生物碱.【来源】蓝细菌稍大鞘丝藻 *Lyngbya majuscula* (加勒比海).【活性】灭螺剂 (无毛双脐螺*Biomphalaria glabrata*, LC_{100} = 21.6μmol/L).【文献】J. Orjala, et al. JNP, 1996, 59, 427; A. R. Pereira, et al. JNP, 2010, 73, 217.

1280 Curacin A 库拉索蓝细菌新 A*

【基本信息】$C_{23}H_{35}NOS$, $[\alpha]_D^{20} = +62.0°$ ($c = 1.1$, 氯仿); $[\alpha]_D = +64.3°$ ($c = 0.32$, 氯仿); $[\alpha]_D = +86°$ ($c = 0.64$, 氯仿).【类型】噻唑类生物碱.【来源】蓝细菌稍大鞘丝藻 *Lyngbya majuscula* (库拉索岛, 加勒比海).【活性】抗癌细胞效应 (模型: 微管蛋白; 机制: 抑制微管蛋白聚合) (Gerwick, 2004); 抗癌细胞效应 (模型: 牛 β-微管蛋白, 机制: 抑制微管蛋白聚合) (Mitra, 2004); 抗癌细胞效应 (模型: A549 细胞, 机制: 蛋白水平提高差) (Catassi, 2006); 抗癌细胞效应 (模型: A549 细胞; 机制: 半胱氨酸天冬氨酸蛋白酶-3 蛋白活化) (Catassi, 2006); 抗有丝分裂 (IC_{50} = 7~22nmol/L); 抗恶性细胞增生 (哺乳动物细胞, IC_{50} = 6.8ng/mL); 除草剂; 有毒的 (盐水丰年虾).【文献】W. H. Gerwick, et al. JOC, 1994, 59, 1243; T. Hemscheidt, et al. JOC, 1994, 59, 3467; D. G. Nagle, et al. Tetrahedron Lett., 1995, 36, 1189; J. D. White, et al. JACS, 1995, 117, 5612; J. Orjala, et al. JNP, 1996, 59, 427; J. C. Muir, et al. Tetrahedron Lett., 1998, 39, 2861; A. Mitra, et al. Biochemistry, 2004, 43, 13955; P. Wipf, et al. Curr. Pharm. Des., 2004, 10, 1417; A.Catassi, et al. Cell. Mol. Life Sci., 2006, 63, 2377; H. Choi, et al. JNP, 2010, 73, 1411.

1281 Curacin B 库拉索蓝细菌新 B*

【基本信息】$C_{23}H_{35}NOS$, $[\alpha]_D^{25} = +62°$ ($c = 0.84$, 氯仿).【类型】噻唑类生物碱.【来源】蓝细菌稍大鞘丝藻 *Lyngbya majuscula* (库拉索岛, 加勒比海).【活性】抗有丝分裂; 抑制放射性标记秋水仙碱与纯化微管蛋白的结合; 抗炎; 免疫抑制剂; 抗恶性细胞增生; 有毒的 (盐水丰年虾).【文献】H. D. Yoo, et al. JNP, 1995, 58, 1961; P. Wipf, et al. Curr. Pharm. Des., 2004, 10, 1417.

1282 Curacin C 库拉索蓝细菌新 C*

【基本信息】$C_{23}H_{35}NOS$, $[\alpha]_D^{25} = +56°$ ($c = 0.15$, 氯仿).【类型】噻唑类生物碱.【来源】蓝细菌稍大鞘丝藻 *Lyngbya majuscula* (库拉索岛, 加勒比海).【活性】抗有丝分裂 (有潜力的); 抑制放射性标记秋水仙碱与纯化微管蛋白的结合.【文献】H.-D. Yooand, et al. JNP, 1995, 58, 1961; P. Wipf, et al. Curr. Pharm. Des., 2004, 10, 1417.

1283 Curacin D 库拉索蓝细菌新 D*

【基本信息】$C_{22}H_{33}NOS$, 浅黄色油状物, $[\alpha]_D = +33°$ ($c = 0.14$, 氯仿).【类型】噻唑类生物碱.【来源】蓝细菌稍大鞘丝藻 *Lyngbya majuscula* (维尔京群岛, 美国).【活性】抗有丝分裂; 抗肿瘤 (微管蛋白聚合抑制剂); 有毒的 (盐水丰年虾).【文献】B. Marquez, et al. Phytochemistry, 1998, 49, 2387.

1284 10-Dechlorodysideathiazole 10-去氯掘海绵噻唑*

【基本信息】$C_{13}H_{17}Cl_5N_2OS$，油状物，$[\alpha]_D = -57.5°$ ($c = 0.6$, 氯仿). 【类型】噻唑类生物碱.【来源】拟草掘海绵 *Dysidea herbacea* (太平洋岛).【活性】拒食活性.【文献】M. D. Unson, et al. JOC, 1993, 58, 6336.

1285 10-Dechloro-*N*-methyldysideathiazole 10-去氯-*N*-甲基掘海绵噻唑*

【基本信息】$C_{14}H_{19}Cl_5N_2OS$，棱柱状晶体，mp 118~119°C, $[\alpha]_D = -98.9°$ ($c = 0.5$, 氯仿). 【类型】噻唑类生物碱.【来源】拟草掘海绵 *Dysidea herbacea* (太平洋岛).【活性】拒食活性.【文献】M. D. Unson, et al. JOC, 1993, 58, 6336.

1286 4-*O*-Demethylbarbamide 4-*O*-去甲基髯毛波纹藻酰胺*

【别名】4-*O*-去甲基巴尔巴酰胺*.【基本信息】$C_{19}H_{21}Cl_3N_2O_2S$.【类型】噻唑类生物碱.【来源】蓝细菌鞘丝藻属 *Moorea producens*.【活性】灭螺剂 (海洋无毛双脐螺**Biomphalaria glabrata*, 有潜力的).【文献】J. Orjala, et al. JNP, 1996, 59, 427; E. J. Kim, et al. Org. Lett., 2012, 14, 5824.

1287 Demethylisodysidenin 去甲基异掘海绵宁*

【基本信息】$C_{17}H_{22}Cl_6N_2O_2S$，树胶状物，$[\alpha]_D^{20} = +52°$ ($c = 2.6$, 氯仿). 【类型】噻唑类生物碱.【来源】拟草掘海绵 *Dysidea herbacea*，蓝细菌颤藻属 *Oscillatoria spongeliae*.【活性】抗高血压药.【文献】M. D. Unson, et al. Experientia, 1993, 49, 349.

1288 9,10-Didechloro-*N*-methyldysideathiazole 9,10-二去氯-*N*-甲基掘海绵噻唑*

【基本信息】$C_{14}H_{20}Cl_4N_2OS$，油状物，$[\alpha]_D = -79.9°$ ($c = 3.2$, 氯仿). 【类型】噻唑类生物碱.【来源】拟草掘海绵 *Dysidea herbacea* (太平洋岛).【活性】拒食活性.【文献】M. D. Unson, et al. JOC, 1993, 58, 6336.

1289 Dolabellin 尾海兔林*

【基本信息】$C_{24}H_{32}Cl_2N_2O_8S_2$，油状物，$[\alpha]_D^{28} = -7.3°$ ($c = 0.34$, 氯仿). 【类型】噻唑类生物碱.【来源】软体动物耳形尾海兔 *Dolabella auricularia*.【活性】细胞毒 (HeLa-S3).【文献】H. Sone, et al. JOC, 1995, 60, 4774.

1290 Dolastatin 18 尾海兔素 18

【基本信息】$C_{35}H_{46}N_4O_4S$，粉末，$[\alpha]_D = -2.3°$ ($c = 0.1$, 甲醇). 【类型】噻唑类生物碱.【来源】软体动物耳形尾海兔 *Dolabella auricularia* (巴布亚新几内亚).【活性】细胞毒.【文献】G. R. Pettit, et al. JNP, 1997, 60, 752; G. R. Pettit, et al. BoMCL, 1997, 7, 827.

1291 Dysideathiazole 掘海绵噻唑*

【别名】4,4,4-Trichloro-3-methyl-N-[4,4,4-trichloro-3-methyl-1-(2-thiazolyl)butyl]butanamide; 4,4,4-三氯-3-甲基-N-[4,4,4 三氯-3-甲基-1-(2-噻唑基)丁基]丁酰胺.【基本信息】$C_{13}H_{16}Cl_6N_2OS$, 针状晶体, mp 176~177℃, $[α]_D$ = –71.8° (c = 2, 氯仿).【类型】噻唑类生物碱.【来源】拟草掘海绵 *Dysidea herbacea* (太平洋岛).【活性】拒食活性.【文献】M. D. Unson, et al. JOC, 1993, 58, 6336.

1292 Dysidenin 掘海绵宁*

【基本信息】$C_{17}H_{23}Cl_6N_3O_2S$, 针状晶体（正己烷）, mp 98~99℃, $[α]_D^{21}$ = –98° (c = 0.5, 氯仿).【类型】噻唑类生物碱.【来源】拟草掘海绵 *Dysidea herbacea* (利扎得岛, 大堡礁, 澳大利亚).【活性】鱼毒, 碘转运抑制剂.【文献】R. Kazlauskas, et al. Tetrahedron Lett., 1977, 3183; J. E. Biskupiak, et al. Tetrahedron Lett., 1984, 25, 2935; N. Dumrongchai, et al. ACGC Chem. Res. Commun., 2001, 13, 17.

1293 Hoiamide D 蓝细菌酰胺 D*

【基本信息】$C_{35}H_{58}N_4O_7S_3$.【类型】噻唑类生物碱.【来源】蓝细菌束藻属 *Symploca* sp. (科莱奥岛, 巴布亚新几内亚; 卡佩点, 巴布亚新几内亚).【活性】羧酸盐阴离子抑制 p53/MDM2 蛋白的结合.【文献】K. L. Malloy, et al. BoMCL, 2012, 22, 683.

1294 Isodysidenin 异掘海绵宁*

【基本信息】$C_{17}H_{23}Cl_6N_3O_2S$, 无定形固体, $[α]_D^{22}$ = +47° (c = 0.88, 氯仿).【类型】噻唑类生物碱.【来源】拟草掘海绵 *Dysidea herbacea* (巴布亚新几内亚).【活性】鱼毒; 碘转运抑制剂.【文献】C. Charles, et al. Tetrahedron Lett., 1978, 1519; J. E. Biskupiak, et al. Tetrahedron Lett., 1984, 25, 2935.

1295 Kalkitoxin 卡尔开毒素*

【基本信息】$C_{21}H_{38}N_2OS$.【类型】噻唑类生物碱.【来源】蓝细菌稍大鞘丝藻 *Lyngbya majuscula*.【活性】细胞毒 (台盼蓝染料试验, HCT116, IC_{50} = 0.001μg/mL) (White, 2004); 抗癌细胞效应 (模型: primary 大鼠小脑颗粒神经元培养; 机制: 钙流入抑制) (LePage, 2005); 鱼毒 (金鱼 *Carassius auratus*, LC_{50} = 700nmol/L); 有毒的 (盐水丰年虾 *Artemia salina*, LC_{50} = 170nmol/L); 细胞分裂抑制剂 (受精海胆胚胎试验, IC_{50} = 25nmol/L), 神经毒性 (大鼠神经元, LC_{50} = 3.86nmol/L, 抑制 NMDA 受体拮抗剂); 抗炎, 测量 IL-1β 诱导的 PLA_2 分泌炎症疾病模型, $HepG_2$, IC_{50} = 27nmol/L); 电压敏感钠离子通道阻滞剂 (neuro-2a, EC_{50} = 1nmol/L).【文献】M. Wu, et al. JACS, 2000, 122, 12041; J. D. White, et al. Org. Biomol. Chem., 2004, 2, 2092; F. Yokokawa, et al. Tetrahedron, 2004, 60, 6859; K. T. LePage, et al. Toxicol. Lett., 2005, 158, 133; H. Choi, et al. JNP, 2010, 73, 1411.

1296 Lodopyridone 娄豆吡啶酮*

【基本信息】$C_{23}H_{21}ClN_4OS_2$, 玻璃体.【类型】噻唑类生物碱.【来源】海洋导出的细菌糖单胞菌属 *Saccharomonospora* sp. CNQ-490 (沉积物, 培养物, 拉霍亚, 加利福尼亚).【活性】细胞毒 (HCT116, 适度活性).【文献】K. N. Maloney, et al. Org. Lett., 2009, 11, 5422.

1297　N-Methyldysideathiazole　N-甲基掘海绵噻唑*

【基本信息】$C_{14}H_{18}Cl_6N_2OS$, 针状晶体, mp 96°C, $[\alpha]_D = -108.3°$ ($c = 2$, 氯仿).【类型】噻唑类生物碱.【来源】拟草掘海绵 *Dysidea herbacea* (太平洋岛).【活性】拒食活性.【文献】M. D. Unson, et al. JOC, 1993, 58, 6336.

1298　Mycothiazole　汤加硬丝海绵噻唑*

【基本信息】$C_{22}H_{32}N_2O_3S$, 黏性油状物, $[\alpha]_D^{20} = -3.8°$ ($c = 2.9$, 氯仿), $[\alpha]_D^{27} = -13.7°$ ($c = 0.6$, 甲醇).【类型】噻唑类生物碱.【来源】汤加硬丝海绵* *Cacospongia mycofijiensis*, 软体动物裸鳃目海牛亚目多彩海牛属 *Chromodoris lochi*.【活性】驱肠虫剂 (*in vitro*); 有毒的 (对小鼠有剧毒).【文献】P. Crews, et al. JACS, 1988, 110, 4365; H. Sugiyama, et al. Tetrahedron, 2003, 59, 6579; T. A. Johnson, et al. JMC, 2007, 50, 3795.

1299　Pseudodysidenin　伪掘海绵宁*

【基本信息】$C_{17}H_{23}Cl_6N_3O_2S$, 晶体, $[\alpha]_D = -96.9°$ ($c = 0.03$, 氯仿).【类型】噻唑类生物碱.【来源】蓝细菌稍大鞘丝藻 *Lyngbya majuscula* (加勒比海).【活性】细胞毒 (A549, HT29, MEL28).【文献】J. I. Jimenez, et al. JNP, 2001, 64, 200.

1300　Pulicatin A　鸡心螺亭A*

【基本信息】$C_{11}H_{13}NO_2S$, 浅黄色固体 (甲醇), $[\alpha]_D^{25} = -53°$ ($c = 0.1$, 氯仿).【类型】噻唑类生物碱.【来源】海洋导出的链霉菌属 *Streptomyces* sp. CP32, 来自软体动物前鳃 (鸡心螺) *Conus pulicarius* (马克坦岛, 宿务, 菲律宾).【活性】刺激神经的.【文献】Z. Lin, et al. JNP, 2010, 73, 1922.

1301　Pulicatin B　鸡心螺亭B*

【基本信息】$C_{11}H_{13}NO_2S$, 浅黄色固体 (甲醇), $[\alpha]_D^{25} = -25°$ ($c = 0.1$, 氯仿).【类型】噻唑类生物碱.【来源】海洋导出的链霉菌属 *Streptomyces* sp. CP32, 来自软体动物前鳃 (鸡心螺) *Conus pulicarius* (马克坦岛, 宿务, 菲律宾).【活性】刺激神经的.【文献】Z. Lin, et al. JNP, 2010, 73, 1922.

1302　Pulicatin C　鸡心螺亭C*

【别名】5-Methylaeruginol.【基本信息】$C_{11}H_{11}NO_2S$, 浅黄色固体 (甲醇).【类型】噻唑类生物碱.【来源】海洋导出的链霉菌属 *Streptomyces* sp. CP32, 来自软体动物前鳃 (鸡心螺) *Conus pulicarius* (马克坦岛, 宿务, 菲律宾).【活性】刺激神经的.【文献】Z. Lin, et al. JNP, 2010, 73, 1922.

1303　Pulicatin D　鸡心螺亭D*

【基本信息】$C_{11}H_9NO_2S$, 固体 (氯仿).【类型】噻唑类生物碱.【来源】海洋导出的链霉菌属 *Streptomyces* sp. CP32, 来自软体动物前鳃 (鸡心螺) *Conus pulicarius* (马克坦岛, 宿务, 菲律宾).【活性】刺激神经的.【文献】Z. Lin, et al. JNP, 2010, 73, 1922.

1304　Pulicatin E　鸡心螺亭 E*

【基本信息】$C_{11}H_{10}N_2O_2S$，浅黄色固体（甲醇）.【类型】噻唑类生物碱.【来源】海洋导出的链霉菌属 Streptomyces sp. CP32，来自软体动物前鳃（鸡心螺）Conus pulicarius（马克坦岛，宿务，菲律宾）.【活性】刺激神经的.【文献】Z. Lin, et al. JNP, 2010, 73, 1922.

1305　Watasemycin A　瓦它斯霉素 A*

【基本信息】$C_{16}H_{20}N_2O_3S_2$，浅黄色粉末，mp 62~65°C，$[\alpha]_D^{28} = +20.5º$（$c = 0.2$，氯仿）.【类型】噻唑类生物碱.【来源】海洋导出的链霉菌属 Streptomyces sp. TP-A0597 和海洋导出的链霉菌属 Streptomyces sp. CP32.【活性】抗菌（革兰氏阳性菌和革兰氏阴性菌）.【文献】T. Sasaki, et al. J. Antibiot., 2002, 55, 249.

1306　Watasemycin B　瓦它斯霉素 B*

【基本信息】$C_{16}H_{20}N_2O_3S_2$，浅黄色粉末，mp 58~60°C，$[\alpha]_D^{28} = -2.5º$（$c = 0.2$，氯仿）.【类型】噻唑类生物碱.【来源】海洋导出的链霉菌属 Streptomyces sp. TP-A0597 和海洋导出的链霉菌属 Streptomyces sp. CP32.【活性】抗菌（革兰氏阳性菌和革兰氏阴性菌）.【文献】T. Sasaki, et al. J. Antibiot., 2002, 55, 249.

1307　Erythrazole B　红色杆菌唑 B*

【基本信息】$C_{33}H_{44}N_2O_7S$，亮黄色玻璃体.【类型】苯并噻唑类生物碱.【来源】红树导出的细菌红色杆菌属 Erythrobacter sp.，来自未鉴定的红树（沉积物，加尔维斯顿三一湾，得克萨斯州，美国）.【活性】细胞毒（一组人支气管和肺非小细胞肺癌 NSCLC 细胞株：H1325，$IC_{50} = 1.5\mu mol/L$；H2122，$IC_{50} = 25\mu mol/L$；HCC366，$IC_{50} = 6.8\mu mol/L$）.【文献】Y. Hu, et al. Org. Lett., 2011, 13, 6580.

1308　4-Hydroxy-7-[1-hydroxy-2-(methylamino)ethyl]-2(3H)-benzothiazolone　4-羟基-7-[1-羟基-2-(甲氨基)乙基]-2(3H)-苯并噻唑酮

【基本信息】$C_{10}H_{12}N_2O_3S$.【类型】苯并噻唑类生物碱.【来源】掘海绵属 Dysidea sp.（冲绳，日本）.【活性】β-肾上腺素能受体激动剂.【文献】H. Suzuki, et al. BoMCL, 1999, 9, 1361.

1309　2-Methylbenzothiazole　2-甲基苯并噻唑酮

【基本信息】C_8H_7NS，mp 14°C，bp 238°C，bp_{15mmHg} 150~151°C，pK_a 2.06（水），pK_a 8.63（乙腈）.【类型】苯并噻唑类生物碱.【来源】海洋细菌微球菌属 Micrococcus sp.，来自居苔海绵 Tedania ignis.【活性】LD_{50}（小鼠，ipr）= 300mg/kg.【文献】A. A. Stierle, et al. Tetrahedron Lett., 1991, 32, 4847.

1310　Latrunculin A　寇海绵库林 A*

【别名】微丝解聚剂拉春库林 A.【基本信息】$C_{22}H_{31}NO_5S$，油状物，$[\alpha]_D^{24} = +152º$（$c = 1.2$，氯仿）.【类型】寇海绵库林类.【来源】宏伟寇海绵*

Latrunculia magnifica（红海），树皮寇海绵* *Latrunculia corticata*（红海），角骨海绵属 *Spongia mycofijiensis*（太平洋），格形海绵属 *Hyattella* sp. （太平洋），软体动物裸鳃目海牛亚目多彩海牛属 *Chromodoris hamiltoni*，软体动物裸鳃目海牛亚目多彩海牛属 *Chromodoris lochi* 和软体动物裸鳃目海牛亚目多彩海牛属 *Chromodoris elisabethina*. 【活性】球状肌动蛋白（G-肌动蛋白）聚合抑制剂（以反向制动 G-肌动蛋白的 ATP 位阻断聚合）；鱼毒；蛋白激酶 C 抑制剂；类似细胞松弛素活性；抗青光眼；毒素. 【文献】Y. Kashman, et al. Tetrahedron Lett., 1980, 21, 3629；I. Spector, et al. Science, 1983, 219, 493 (Rev.); R. K. Okuda, et al. Experientia, 1985, 41, 1355; CRC Press, DNP on DVD, 2012, version 20.2.

1311 Latrunculin B 寇海绵库林 B*
【基本信息】$C_{20}H_{29}NO_5S$, $[\alpha]_D^{24} = +112°$ ($c = 0.48$, 氯仿). 【类型】寇海绵库林类. 【来源】宏伟寇海绵* *Latrunculia magnifica* (红海), 树皮寇海绵* *Latrunculia corticata* 和角骨海绵属 *Spongia* sp., 软体动物裸鳃目海牛亚目舌尾海牛属 *Glossodoris quadricolor* 和软体动物裸鳃目海牛亚目多彩海牛属 *Chromodoris hamiltoni*. 【活性】球状肌动蛋白（G-肌动蛋白）聚合抑制剂（以反向制动 G-肌动蛋白的 ATP 位阻断聚合）；鱼毒的（高活性）；杀昆虫剂. 【文献】I. Spector, et al. Science, 1983, 219, 493 (Rev.); D. J. Mebs, Chem. Ecol., 1985, 11, 713.

1312 Latrunculin C 寇海绵库林 C*
【基本信息】$C_{20}H_{31}NO_5S$, 油状物. 【类型】寇海绵库林类. 【来源】宏伟寇海绵* *Latrunculia magnifica*（红海）. 【活性】鱼毒. 【文献】Y. Kashman, et al. Tetrahedron, 1985, 41, 1905.

1313 Latrunculin D 寇海绵库林 D*
【基本信息】$C_{21}H_{31}NO_5S$, 油状物. 【类型】寇海绵库林类. 【来源】宏伟寇海绵* *Latrunculia magnifica*. 【活性】鱼毒. 【文献】Y. Kashman, et al. Tetrahedron, 1985, 41, 1905.

1314 Latrunculin S 寇海绵库林 S*
【基本信息】$C_{22}H_{33}NO_5S$, $[\alpha]_D^{26} = +110°$ ($c = 0.19$, 氯仿). 【类型】寇海绵库林类. 【来源】多裂缝束海绵 *Fasciospongia rimosa*（冲绳，日本）. 【活性】细胞毒（P_{388}, A549, HT29, MEL28, IC_{50} = 0.5~1.2μg/mL). 【文献】J. Tanaka, et al. Chem. Lett., 1996, 255.

1315　Alotamide A　阿娄特酰胺*

【基本信息】$C_{32}H_{49}N_3O_5S$, $[\alpha]_D^{25} = -1.9°$ ($c = 0.16$, 二氯甲烷).【类型】大环噻唑类生物碱.【来源】蓝细菌鞘丝藻属 *Lyngbya bouillonii*.【活性】抗癌细胞效应（模型：小鼠大脑外皮神经元，机制：促进钙流入）；神经药理学药剂.【文献】I. E. Soria-Mercado, et al. Org. Lett. 2009, 11, 4704.

1316　Mayotamide A　马约特岛酰胺 A*

【基本信息】$C_{30}H_{43}N_7O_4S_4$, 无定形粉末, $[\alpha]_D = +77°$ ($c = 0.17$, 甲醇).【类型】大环噻唑类生物碱.【来源】软毛星骨海鞘* *Didemnum molle* (马约特岛潟湖，科摩罗群岛).【活性】细胞毒 (A549, HT29, MEL28, IC$_{50}$ = 5~10μg/mL, 温和活性).【文献】A. Rudi, et al. Tetrahedron, 1998, 54, 13203.

1317　Mayotamide B　马约特岛酰胺 B*

【基本信息】$C_{29}H_{41}N_7O_4S_4$, 无定形粉末, $[\alpha]_D = +130°$ ($c = 0.1$, 甲醇).【类型】大环噻唑类生物碱.【来源】软毛星骨海鞘* *Didemnum molle* (马约特岛潟湖，科摩罗群岛).【活性】细胞毒 (A549, HT29, MEL28, IC$_{50}$ = 5~10μg/mL, 温和活性).【文献】A. Rudi, et al. Tetrahedron, 1998, 54, 13203.

1318　(−)-Pateamine A　(−)-帕特胺 A*

【基本信息】$C_{31}H_{45}N_3O_4S$, $[\alpha]_D = -253°$ (甲醇).【类型】大环噻唑类生物碱.【来源】山海绵属 *Mycale* sp.（新西兰）.【活性】细胞毒 (P$_{388}$, IC$_{50}$ = 0.15ng/mL)；免疫抑制剂.【文献】P. T. Northcote, et al. Tetrahedron Lett., 1991, 32, 6411; R. M. Rzasa, et al. JACS, 1998, 120, 591; D. Romo, et al. JACS, 1998, 120, 12237.

1319　Patellazole A　碟状簇骨海鞘噻唑 A*

【基本信息】$C_{49}H_{77}NO_{11}S$.【类型】大环噻唑类生物碱.【来源】碟状簇骨海鞘* *Lissoclinum patella*.【活性】细胞毒 (NCI 人癌细胞株方案，平均 IC$_{50}$ = 10^{-3}~10^{-6}μg/mL)；抗真菌（白色念珠菌 *Candida albicans*）；细胞毒 (KB, IC$_{50}$ = 10ng/mL)；选择性细胞毒（科比特试验，地区差 < 250 区域单位，无选择性细胞毒活性).【文献】T. M. Zabriskie, et al. JACS, 1988, 110, 7919; 7920; D. E. Williams, et al. JNP, 1989, 52, 732.

1320　Patellazole B　碟状簇骨海鞘噻唑 B*
【别名】Patellide; 碟状簇骨海鞘素*.【基本信息】$C_{49}H_{77}NO_{12}S$.【类型】大环噻唑类生物碱.【来源】碟状簇骨海鞘* *Lissoclinum patella*.【活性】细胞毒 (NCI 人癌细胞株方案, 平均 $IC_{50} = 10^{-3} \sim 10^{-6} \mu g/mL$); 抗真菌 (白色念珠菌 *Candida albicans*); 细胞毒 (KB, $IC_{50} = 0.3 ng/mL$); 选择性细胞毒 (科比特试验, 地区差 < 250 区域单位, 无选择性细胞毒).【文献】T. M. Zabriskie, et al. JACS, 1988, 110, 7919-7920; 7920; D. E. Williams, et al. JNP, 1989, 52, 732.

1321　Patellazole C　碟状簇骨海鞘噻唑 C*
【基本信息】$C_{49}H_{77}NO_{13}S$, $[\alpha]_D = -100°$ ($c = 1.06$, 二氯甲烷).【类型】大环噻唑类生物碱.【来源】碟状簇骨海鞘* *Lissoclinum patella*.【活性】细胞毒 (NCI 人癌细胞株方案, 平均 $IC_{50} = 10^{-3} \sim 10^{-6} \mu g/mL$); 抗真菌 (白色念珠菌 *Candida albicans*).【文献】T. M. Zabriskie, et al. JACS, 1988, 110, 7919; 7920.

1322　Dendrodoine　烘焙豆海鞘碱*
【基本信息】$C_{13}H_{12}N_4OS$, 晶体 (乙酸乙酯), mp 280~285°C.【类型】噻二唑类生物碱.【来源】烘焙豆海鞘 *Dendrodoa grossularia*.【活性】细胞毒.【文献】S. Heitz, et al. Tetrahedron Lett., 1980, 21, 1457; I. T. Hogan, et al. Tetrahedron, 1984, 40, 681.

1323　Polycarpathiamine A　多果海鞘硫胺 A*
【基本信息】$C_9H_7N_3O_2S$.【类型】噻二唑类生物碱.【来源】金点多果海鞘* *Polycarpa aurata* (安汶岛, 印度尼西亚).【活性】细胞毒 (L5178Y, 亚微摩尔浓度).【文献】C.-D. Pham, et al. Org. Lett., 2013, 15, 2230.

4.3　噁唑啉-噻唑大环生物碱

1324　Dolastatin E　尾海兔素 E
【基本信息】$C_{21}H_{26}N_6O_4S_2$, 粉末, $[\alpha]_D^{27} = -22°$ ($c = 0.22$, 甲醇).【类型】噁唑啉-噻唑类大环生物碱.【来源】软体动物耳形尾海兔 *Dolabella auricularia*.【活性】细胞毒 (HeLa-S3, $IC_{50} = 22 \sim 40 \mu g/mL$).【文献】M. Ojika, et al. Tetrahedron Lett., 1995, 36, 5057; M. Nakamura, et al. Tetrahedron Lett., 1995, 36, 5059.

1325　Lissoclinamide 1　碟状簇骨海鞘酰胺 1*
【基本信息】$C_{35}H_{43}N_7O_5S_2$.【类型】噁唑啉-噻唑类大环生物碱.【来源】未鉴定的海鞘.【活性】细胞毒 (L_{1210}, $IC_{50} = 10 \mu g/mL$, 边缘活性).【文献】J. E. Biskupiak, et al. JOC, 1983, 48, 2304; J. M. Wasylyk, et al. JOC, 1983, 48, 4445.

1326 Lissoclinamide 4 碟状骸骨海鞘酰胺 4*
【基本信息】$C_{38}H_{43}N_7O_5S_2$，粉末（乙醚），mp 152~154℃，$[\alpha]_D = +45°$ ($c = 0.7$，氯仿)。【类型】噁唑啉-噻唑类大环生物碱。【来源】碟状骸骨海鞘* Lissoclinum patella*.【活性】细胞毒（T24 人肝癌细胞，1μg/mL，和[Me-^{3}H]胸腺嘧啶核苷结合，未处理细胞结合百分数 = 40%）。【文献】F. J. Schmitz, et al. JOC, 1989, 54, 3463; B. M. Degnan, et al. JMC, 1989, 32, 1349; C. D. J. Boden, et al. JCS Perkin Ⅰ, 2000, 875.

1327 Lissoclinamide 5 碟状骸骨海鞘酰胺 5*
【基本信息】$C_{38}H_{41}N_7O_5S_2$。【类型】噁唑啉-噻唑类大环生物碱。【来源】碟状骸骨海鞘* Lissoclinum patella*.【活性】细胞毒（T24 人肝癌细胞，50μg/mL，和[Me-^{3}H]胸腺嘧啶核苷结合，未处理细胞结合百分数 = 65%，活性低于碟状骸骨海鞘酰胺 4 两个数量级）。【文献】F. J. Schmitz, et al. JOC, 1989, 54, 3463; B. M. Degnan, et al. JMC, 1989, 32, 1349; C. Boden, et al. Tetrahedron Lett., 1994, 35, 8271; C. D. J. Boden, et al. JCS Perkin Trans. Ⅰ, 2000, 875.

1328 Lissoclinamide 6 碟状骸骨海鞘酰胺 6*
【基本信息】$C_{38}H_{43}N_7O_5S_2$。【类型】噁唑啉-噻唑类大环生物碱。【来源】碟状骸骨海鞘* Lissoclinum patella*.【活性】细胞毒。【文献】B. M. Degnan, et al. JMC, 1989, 32, 1349.

1329 Mechercharstatin A 海湖放线菌他汀 A*
【别名】Mechercharmycin A；海湖放线菌霉素 A*.【基本信息】$C_{35}H_{32}N_8O_7S$，粉末，$[\alpha]_D^{25} = +110°$ ($c = 0.04$，二甲亚砜)。【类型】噁唑啉-噻唑类大环生物碱。【来源】海洋导出的放线菌高温放线菌属 *Thermoactinomyces* sp. YM3-251.【活性】细胞毒 (A549, $IC_{50} = 4.0×10^{-8}$mol/L; JurKat, $IC_{50} = 4.6×10^{-8}$mol/L)。【文献】K. Kanoh, et al. J. Antibiot., 2005, 58, 289.

1330 Nagelamide Z 日本群海绵酰胺 Z*
【基本信息】$C_{22}H_{26}Br_4N_{10}O_2^{2+}$，浅黄色无定形固体，$[\alpha]_D^{22} ≈ -3.0°$ ($c = 0.25$，甲醇)。【类型】噁唑啉-噻唑类大环生物碱。【来源】群海绵属 *Agelas* sp.（庆良间列岛，冲绳，日本）。【活性】抗菌（大肠杆菌 *Escherichia coli*, MIC > 32μg/mL，金黄色葡萄球菌 *Staphylococcus aureus*, MIC = 16μg/mL，枯草杆菌 *Bacillus subtilis*, MIC > 32μg/mL，藤黄色微球菌 *Micrococcus luteus*, MIC = 8.0μg/mL）；抗真菌（黑曲霉菌 *Aspergillus niger*, IC_{50} = 4.0μg/mL，须发癣菌 *Trichophyton mentagrophytes*, IC_{50} = 4.0μg/mL，白色念珠菌 *Candida albicans*, IC_{50}=

0.25μg/mL, 有潜力的, 新型隐球酵母 Cryptococcus neoformans, IC$_{50}$ = 2.0μg/mL). 【文献】N. Tanaka, et al. Org. Lett., 2013, 15, 3262.

1331　Nostocyclamide　念珠藻环酰胺*
【基本信息】C$_{20}$H$_{22}$N$_6$O$_4$S$_2$, 晶体 (乙酸乙酯/石油醚), mp 255.8~256.9°C (分解), [α]$_D$ = +25° (氯仿). 【类型】噁唑啉-噻唑类大环生物碱. 【来源】蓝细菌念珠藻属 Nostoc sp. 31 (淡水). 【活性】抗蓝细菌; 抗藻; 有毒的 (对淡水轮虫 Brachionus calyciflorus). 【文献】A. K. Todorova, et al. JOC, 1995, 60, 7891.

1332　Nostocyclamide M　念珠藻环酰胺 M*
【基本信息】C$_{20}$H$_{22}$N$_6$O$_4$S$_3$, 针状晶体. 【类型】噁唑啉-噻唑类大环生物碱. 【来源】蓝细菌念珠藻属 Nostoc sp. (淡水). 【活性】异株克生的. 【文献】F. Juettner, et al. Phytochemistry, 2001, 57, 613.

1333　Theonezolide A　蒂壳海绵唑内酯 A*
【基本信息】C$_{79}$H$_{140}$N$_4$O$_{22}$S$_2$, 针状晶体 (+3H$_2$O), mp 123°C, [α]$_D^{28}$ = –8.1° (c = 1.5, 甲醇). 【类型】噁唑啉-噻唑类大环生物碱. 【来源】岩屑海绵蒂壳海绵属 Theonella sp. (冲绳, 日本). 【活性】细胞毒 (KB 和 L$_{1210}$, 二者的 IC$_{50}$ = 0.75μg/mL). 【文献】J. Kobayashi, et al. JACS, 1993, 115, 6661; K. Kondo, et al. Tetrahedron, 1994, 50, 8355; J. Kobayashi, et al. Heterocycles, 1998, 49, 39; M. Sato, et al. Tetrahedron, 1998, 54, 4819; K. Nozawa, et al. Tetrahedron Lett., 2013, 54, 783.

1334　Theonezolide B　蒂壳海绵唑内酯 B*
【基本信息】C$_{77}$H$_{136}$N$_4$O$_{22}$S$_2$, 无色固体, mp = 125°C, [α]$_D^{28}$ = –8.0° (c = 1.5, 甲醇). 【类型】噁唑啉-噻唑类大环生物碱. 【来源】岩屑海绵蒂壳海绵属 Theonella sp. (日本水域). 【活性】细胞毒 (L$_{1210}$, IC$_{50}$ = 11μg/mL, KB, IC$_{50}$ = 0.37μg/mL). 【文献】J. Kobayashi, et al. JACS, 1993, 115, 6661; K. Kondo, et al. Tetrahedron, 1994, 50, 8355; J. Kobayashi, et al. Heterocycles, 1998, 49, 39; M. Sato, et al. Tetrahedron, 1998, 54, 4819; K. Nozawa, et al. Tetrahedron Lett., 2013, 54, 783.

1335 Theonezolide C 蒂壳海绵唑内酯 C*
【基本信息】$C_{81}H_{144}N_4O_{22}S_2$，无色固体，mp 122℃，$[\alpha]_D^{28} = -7.5°$ ($c = 1.5$, 甲醇).【类型】噁唑啉-噻唑类大环生物碱.【来源】岩屑海绵蒂壳海绵属 *Theonella* sp. (日本水域).【活性】细胞毒 (L_{1210}, $IC_{50} = 0.37\mu g/mL$, KB, $IC_{50} = 0.37\mu g/mL$).【文献】J. Kobayashi, et al. JACS, 1993, 115, 6661; K. Kondo, et al. Tetrahedron, 1994, 50, 8355; J. Kobayashi, et al. Heterocycles, 1998, 49, 39; M. Sato, et al. Tetrahedron, 1998, 54, 4819; K. Nozawa, et al. Tetrahedron Lett., 2013, 54, 783.

1336 Urukthapelstatin A 乌鲁萨培尔他汀 A*
【基本信息】$C_{34}H_{30}N_8O_6S_2$，粉末，mp 311℃ (分解)，$[\alpha]_D^{22} = +38°$ ($c = 0.15$, 氯仿).【类型】噁唑啉-噻唑类大环生物碱.【来源】海洋导出的放线菌无胞海湖放线菌 *Mechercharimyces asporophorigenens* YM11-542.【活性】细胞毒 (A549, $IC_{50} = 12nmol/L$); 细胞毒 (一组人癌细胞株).【文献】Y. Matsuo, et al. J. Antibiot., 2007, 60, 251.

4.4 三唑类生物碱

1337 Essramycin 俄斯拉霉素*
【基本信息】$C_{14}H_{12}N_4O_2$，无定形固体，mp 219~221℃ (天然的), mp 241~243℃ (合成的).【类型】三唑类生物碱.【来源】海洋导出的链霉菌属 *Streptomyces* sp. Merv8102，海洋导出的放线菌诺卡氏放线菌属 *Nocardia* sp. ALAA.【活性】抗菌 (天然产物有活性；人工合成的无活性); 抗菌 (枯草杆菌 *Bacillus subtilis*, 金黄色葡萄球菌 *Staphylococcus aureus*, 藤黄色微球菌 *Micrococcus luteus*, MIC = 1~85μg/mL).【文献】M. M. A. El-Gendy, et al. J. Antibiot., 2008, 61, 149 和 379; E. H. L. Tee, et al. JNP, 2010, 73, 1940.

1338 Penipanoid A 展青霉素类似物 A*
【基本信息】$C_{16}H_{13}N_3O_3$，无色晶体（甲醇），mp 212~214℃.【类型】三唑类生物碱.【来源】海洋导出的真菌展青霉 *Penicillium paneum* (沉积物，南海，中国).【活性】细胞毒 (SMMC-7721, $IC_{50} = 54.2\mu mol/L$, 对照氟尿嘧啶, $IC_{50} = 13.0\mu mol/L$); 抗菌 (金黄色葡萄球菌 *Staphylococcus aureus*, 大肠杆菌 *Escherichia coli*); 抗真菌 (白菜黑斑病菌 *Alternaria brassicae*, 输精管镰刀菌 *Fusarium oxysporium* f. sp. *vasinfectum*, 葡萄白腐病菌 *Coniella diplodiella*, 苹果轮纹病菌 *Physalospora piricola*, 黑曲霉菌 *Aspergillus niger*).【文献】C.-S. Li, et al. JNP, 2011, 74, 1331.

5

吡啶和哌啶类生物碱

5.1 吡啶类生物碱　／256
5.2 哌啶类生物碱　／270

5.1 吡啶类生物碱

1339　Agelongine　极长群海绵素*
【基本信息】$C_{13}H_{11}BrN_2O_4$，无定形固体.【类型】吡啶类生物碱.【来源】球果群海绵* *Agelas conifera* [加勒比海，产率 = 2.5% (干重)]，不同群海绵* *Agelas dispar* [加勒比海，产率 = 2.5% (干重)]，克拉色群海绵* *Agelas clathrodes* [加勒比海，产率 = 2.3% (干重)]，极长群海绵* *Agelas longissima* [加勒比海，产率 = 2.2% (干重)] 和鹿角杯型小轴海绵* *Axinella damicornis*.【活性】抗羟色胺.【文献】F. Cafieri, et al. BoMCL, 1995, 5, 799; 1997, 7, 2283; A. Aiello, et al. Tetrahedron, 2005, 61, 7266.

1340　Antibiotics PF 1140　抗生素 PF 1140
【基本信息】$C_{16}H_{23}NO_3$，晶体，$[\alpha]_D$ = −148° (甲醇).【类型】吡啶类生物碱.【来源】海洋导出的真菌青霉属 *Penicillium* sp.，陆地真菌 *Eupenicillium* sp. PF1140.【活性】抗真菌.【文献】Y. Fujita, et al. J. Antibiot., 2005, 58, 425.

1341　Antibiotics F 51　抗生素 F 51
【基本信息】$C_{20}H_{24}CuN_2O_4$，蓝色晶体，mp 253~254℃.【类型】吡啶类生物碱.【来源】红树导出的真菌镰孢霉属 *Fusarium* sp.，来自红树鳓莳梏 (裂壳锥) *Castanopsis fissa* (中国水域).【活性】抗菌 (4 种细菌); 细胞毒 (3 种不同的癌细胞株).【文献】N. Tan, et al. Chin. J. Chem., 2008, 26, 516.

1342　Aspernigrin B　黑曲霉菌素 B*
【基本信息】$C_{27}H_{24}N_2O_5$，油状物，$[\alpha]_D^{20}$ = +37.8° (c = 0.5，二甲亚砜).【类型】吡啶类生物碱.【来源】海洋导出的真菌黑曲霉菌 *Aspergillus niger*，来自鹿角杯型小轴海绵* *Axinella damicornis*.【活性】神经保护 (有效地防止谷氨酸引起的神经细胞死亡，有潜力的).【文献】J. Hiort, et al. JNP, 2004, 67, 1532; 2005, 68, 1821.

1343　Caerulomycin A　青兰霉素 A
【别名】Caerulomycin; 青兰霉素.【基本信息】$C_{12}H_{11}N_3O_2$，针状晶体，mp 175℃.【类型】吡啶类生物碱.【来源】海洋导出的放线菌蓝灰异壁放线菌 (模式种) *Actinoalloteichus cyanogriseus* (沉积物，威海，山东，中国; 首次源自海洋)，陆地链霉菌属 *Streptomyces caeruleus*，陆地细菌拟诺卡氏菌属 *Nocardiopsis cirriefficiens*.【活性】细胞毒 (HL60, IC_{50} = 0.71μmol/L; K562, IC_{50} > 50μmol/L; A549, IC_{50} = 0.26μmol/L; KB, IC_{50} > 50μmol/L); 抗菌 (大肠杆菌 *Escherichia coli*, MIC = 10.9μmol/L; 铜绿假单胞菌 *Pseudomonas aeruginosa*, MIC = 21.8μmol/L); 抗真菌 (白色念珠菌 *Candida albicans*, MIC = 21.8μmol/L).【文献】A. Funk, et al. Can. J. Microbiol., 1959, 5, 317; P. Fu, et al. JNP, 2011, 74, 1751.

1344　Caerulomycinamide　青兰霉素酰胺
【基本信息】$C_{12}H_{11}N_3O_2$.【类型】吡啶类生物碱.【来源】海洋导出的放线菌蓝灰异壁放线菌 (模式种) *Actinoalloteichus cyanogriseus* (沉积物，威海，山东，中国).【活性】细胞毒 (HL60 和 A549, IC_{50} > 50μmol/L).【文献】P. Fu, et al. JNP, 2011, 74, 1751.

1345　Caerulomycin C　青兰霉素 C
【基本信息】$C_{13}H_{13}N_3O_3$, 棱柱状晶体（乙醇), mp 208~210°C.【类型】吡啶类生物碱.【来源】海洋导出的放线菌蓝灰异壁放线菌（模式种）*Actinoalloteichus cyanogriseus* (沉积物, 威海, 山东, 中国; 首次源自海洋), 陆地细菌链霉菌属 *Streptomyces caeruleus*.【活性】细胞毒 (HL60, IC_{50} > 50μmol/L; K562, IC_{50} = 1.8μmol/L; A549, IC_{50} > 50μmol/L; KB, IC_{50} = 3.1μmol/L); 抗菌（大肠杆菌 *Escherichia coli*, MIC = 9.7μmol/L; 铜绿假单胞菌 *Pseudomonas aeruginosa*, MIC = 38.6μmol/L); 抗真菌（白色念珠菌 *Candida albicans*, MIC = 19.3μmol/L).【文献】A. G. McInnes, et al. Can. J. Chem., 1977, 55, 4159; P. Fu, et al. JNP, 2011, 74, 1751.

1346　Caerulomycin F　青兰霉素 F
【基本信息】$C_{12}H_{12}N_2O_2$, 白色无定形粉末.【类型】吡啶类生物碱.【来源】海洋导出的放线菌蓝灰异壁放线菌（模式种）*Actinoalloteichus cyanogriseus* (沉积物, 威海, 山东, 中国).【活性】细胞毒 (HL60, IC_{50} > 50μmol/L; K562, IC_{50} = 15.7μmol/L; A549, IC_{50} > 50μmol/L; KB, IC_{50} > 50μmol/L).【文献】P. Fu, et al. JNP, 2011, 74, 1751.

1347　Caerulomycin G　青兰霉素 G
【基本信息】$C_{13}H_{14}N_2O_3$, 无色针状晶体（甲醇), mp 127°C.【类型】吡啶类生物碱.【来源】海洋导出的放线菌蓝灰异壁放线菌（模式种）*Actinoalloteichus cyanogriseus* (沉积物, 威海, 山东, 中国).【活性】细胞毒 (HL60 和 A549, IC_{50} > 50μmol/L).【文献】P. Fu, et al. JNP, 2011, 74, 1751.

1348　Caerulomycin H　青兰霉素 H
【基本信息】$C_{11}H_9N_3O_2$, 白色无定形粉末.【类型】吡啶类生物碱.【来源】海洋导出的放线菌蓝灰异壁放线菌(模式种) *Actinoalloteichus cyanogriseus* (沉积物, 威海, 山东, 中国).【活性】细胞毒 (HL60, IC_{50} = 1.6μmol/L; A549, IC_{50} = 8.4μmol/L).【文献】P. Fu, et al. JNP, 2011, 74, 1751.

1349　Caerulomycin I　青兰霉素 I
【基本信息】$C_{13}H_{13}N_3O_3$, 无色针状晶体（甲醇), mp 101°C.【类型】吡啶类生物碱.【来源】海洋导出的放线菌蓝灰异壁放线菌（模式种）*Actinoalloteichus cyanogriseus* (沉积物, 威海, 山东, 中国).【活性】细胞毒 (HL60, IC_{50} > 50μmol/L; K562, IC_{50} = 0.37μmol/L; A549, IC_{50} > 50μmol/L; KB, IC_{50} = 5.2μmol/L).【文献】P. Fu, et al. JNP, 2011, 74, 1751.

1350　Caerulomycin J　青兰霉素 J
【基本信息】$C_{13}H_{13}N_3O_2$, 黄色油状物.【类型】吡啶类生物碱.【来源】海洋导出的放线菌蓝灰异壁放线菌（模式种）*Actinoalloteichus cyanogriseus* (沉积物, 威海, 山东, 中国).【活性】细胞毒 (HL60, IC_{50} > 50μmol/L; K562, IC_{50} = 15.0μmol/L; A549, IC_{50} > 50μmol/L; KB, IC_{50} = 25.7μmol/L).【文献】P. Fu, et al. JNP, 2011, 74, 1751.

1351 Caerulomycin K 青兰霉素K
【基本信息】$C_{13}H_{12}N_2O_2$，无色针状晶体（甲醇），mp 153℃.【类型】吡啶类生物碱.【来源】海洋导出的放线菌蓝灰异壁放线菌（模式种）*Actinoalloteichus cyanogriseus*（沉积物，威海，山东，中国）.【活性】细胞毒（HL60, K562, A549 和 KB，所有的 $IC_{50} > 50\mu mol/L$）.【文献】P. Fu, et al. JNP, 2011, 74, 1751.

1352 Caerulomycinonitrile 青兰霉素腈
【基本信息】$C_{12}H_9N_3O$.【类型】吡啶类生物碱.【来源】海洋导出的放线菌蓝灰异壁放线菌（模式种）*Actinoalloteichus cyanogriseus*（沉积物，威海，山东，中国）.【活性】细胞毒（HL60, $IC_{50} > 50\mu mol/L$; K562, $IC_{50} = 15.0\mu mol/L$; A549, $IC_{50} > 50\mu mol/L$; KB, $IC_{50} > 50\mu mol/L$）.【文献】P. Fu, et al. JNP, 2011, 74, 1751.

1353 1-Carboxymethylnicotinic acid 1-羧基甲基烟酸
【基本信息】$C_8H_7NO_4$.【类型】吡啶类生物碱.【来源】Clionaidae 科海绵 *Anthosigmella* cf. *raromicrosclera*（日本水域）.【活性】木瓜蛋白酶抑制剂（$IC_{50} = 80mg/mL$）；半胱氨酸蛋白酶抑制剂.【文献】S. Matsunaga, et al. JNP, 1998, 61, 671.

1354 CPB48-974-7
【基本信息】$C_{18}H_{30}N_2O$.【类型】吡啶类生物碱.【来源】双御海绵属 *Amphimedon* sp.【活性】抗真菌（白色念珠菌 *Candida albicans* ATCC 90028, MIC = 16μg/mL；新型隐球酵母 *Cryptococcus neoformans* ATCC 900112, MIC = 16μg/mL；黑曲霉菌 *Aspergillus niger* ATCC 40406, MIC = 4μg/mL；多变拟青霉菌 *Paecilomyces variotii* YM-1, MIC = 16μg/mL；须发癣菌 *Trichophyton mentagrophytes* ATCC 40769, MIC >33μg/mL）；抗菌（金黄色葡萄球菌 *Staphylococcus aureus* 209P, MIC = 2μg/mL；藤黄色微球菌 *Micrococcus luteus* IFM 2066, MIC = 8μg/mL；枯草杆菌 *Bacillus subtilis* PCI 189, MIC = 8μg/mL；结膜干燥棒状杆菌 *Corynebacterium xerosis* IFM 2057, MIC = 4μg/mL；大肠杆菌 *Escherichia coli* NIJ JC2, MIC > 33μg/mL）.【文献】K. Hirano, et al. CPB, 2000, 48, 974.

1355 CPB48-974-8
【基本信息】$C_{17}H_{28}N_2O$.【类型】吡啶类生物碱.【来源】双御海绵属 Amphimedon sp.【活性】抗真菌（白色念珠菌 *Candida albicans* ATCC 90028, MIC = 33μg/mL；新型隐球酵母 *Cryptococcus neoformans* ATCC 900112, MIC = 16μg/mL；黑曲霉菌 *Aspergillus niger* ATCC 40406, MIC = 8μg/mL；多变拟青霉菌 *Paecilomyces variotii* YM-1, MIC = 16μg/mL；须发癣菌 *Trichophyton mentagrophytes* ATCC 40769, MIC = 16μg/mL）；抗菌（金黄色葡萄球菌 *Staphylococcus aureus* 209P, MIC = 16μg/mL；藤黄色微球菌 *Micrococcus luteus* IFM 2066, MIC = 16μg/mL；枯草杆菌 *Bacillus subtilis* PCI 189, MIC = 16μg/mL；结膜干燥棒状杆菌 *Corynebacterium xerosis* IFM 2057, MIC = 8μg/mL；大肠杆菌 *Escherichia coli* NIJ JC2, MIC > 33μg/mL）.【文献】K. Hirano, et al. CPB, 2000, 48, 974.

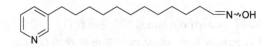

1356 Cribrochaline A 似雪海绵碱A*
【别名】Hachijodine C; 哈其久啶C*.【基本信息】

$C_{19}H_{34}N_2O$, $[\alpha]_D^{24} = -1.0°$ (c = 0.2, 甲醇).【类型】吡啶类生物碱.【来源】锉海绵属 *Xestospongia* sp. 和似雪海绵属 *Cribrochalina* sp. (安特环礁, 波纳佩岛, 密克罗尼西亚联邦).【活性】抗真菌 [圆盘扩散试验, 300μg/盘: 白色念珠菌 *Candida albicans* ATCC 14503, IZD = 14mm; FRCA 96-489, IZD = 11mm; 白色念珠菌 *Candida albicans* UCD-FR1, IZD = 17mm; 克鲁斯念珠菌 (克鲁斯假丝酵母) *Candida krusei*, IZD = 14mm (100μg/盘); 光滑念珠菌 (光滑假丝酵母) *Candida glabrata*, IZD = 15mm].【文献】G. M. Nicholas, et al. Tetrahedron, 2000, 56, 2921; S. Tsukamoto, et al. JNP, 2000, 63, 682.

1357 Cribrochalinamine oxide A 似雪海绵胺氧化物 A*

【基本信息】$C_{21}H_{36}N_2O$.【类型】吡啶类生物碱.【来源】似雪海绵属 *Cribrochalina* sp. (日本水域).【活性】抗真菌.【文献】S. Matsunaga, et al. Tetrahedron Lett., 1993, 34, 5953.

1358 Cribrochalinamine oxide B 似雪海绵胺氧化物 B*

【基本信息】$C_{23}H_{38}N_2O$.【类型】吡啶类生物碱.【来源】似雪海绵属 *Cribrochalina* sp. (日本水域).【活性】抗真菌.【文献】S. Matsunaga, et al. Tetrahedron Lett., 1993, 34, 5953.

1359 Cyanogriside A 蓝灰异壁放线菌素 A*

【基本信息】$C_{19}H_{21}N_3O_7$.【类型】吡啶类生物碱.【来源】海洋导出的放线菌蓝灰异壁放线菌 (模式种) *Actinoalloteichus cyanogriseus* (沉积物, 威海, 山东, 中国).【活性】细胞毒 (MTT 试验: K562, IC_{50} = 1.2μmol/L; KB, IC_{50} = 4.7μmol/L; MCF7, IC_{50} = 9.8μmol/L).【文献】P. Fu, et al. Org. Lett., 2011, 13, 5948.

1360 Cyanogriside B 蓝灰异壁放线菌素 B*

【基本信息】$C_{19}H_{22}N_2O_7$.【类型】吡啶类生物碱.【来源】海洋导出的放线菌蓝灰异壁放线菌 (模式种) *Actinoalloteichus cyanogriseus* (沉积物, 威海, 山东, 中国).【活性】细胞毒 (3 种 HTCL 细胞, 中等活性); MDR 逆转活性 (10μmol/L: 阿霉素诱导的 K562/A02 细胞耐药性, 逆转倍数 = 1.7; 阿霉素诱导的 MCF7/Adr 细胞耐药性, 逆转倍数 = 1.2; 长春新碱诱导的 KB/VCR 细胞耐药性, 逆转倍数 = 3.6).【文献】P. Fu, et al. Org. Lett., 2011, 13, 5948.

1361 Cyanogriside C 蓝灰异壁放线菌素 C*

【基本信息】$C_{18}H_{19}N_3O_7$.【类型】吡啶类生物碱.【来源】海洋导出的放线菌蓝灰异壁放线菌 (模式种) *Actinoalloteichus cyanogriseus* (沉积物, 威海, 山东, 中国).【活性】细胞毒 (MTT 试验, K562, IC_{50} = 0.73μmol/L; KB, IC_{50} = 4.7μmol/L).【文献】P. Fu, et al. Org. Lett., 2011, 13, 5948.

1362 Cyclostellettamine A   环星芒海绵胺 A*
【基本信息】$C_{34}H_{56}N_2^{2+}$, mp 221~223°C.【类型】吡啶类生物碱.【来源】星芒海绵属 *Stelletta maxima* (日本水域).【活性】阻断[^{3}H]-甲基二苯基乙酸奎宁酯 (QNB) 对毒蕈碱受体的键合 [M_1 亚型 (大鼠大脑) $IC_{50} = 0.068\mu g/mL$, M_2 亚型 (大鼠心脏) $IC_{50} = 0.026\mu g/mL$, M_3 亚型 (大鼠唾液腺) $IC_{50} = 0.071\mu g/mL$].【文献】N. Fusetani, et al. Tetrahedron Lett., 1994, 35, 3967; M. J. Wanner, et al. EurJOC, 1998, 889; J. E. Baldwin, et al. Tetrahedron, 1998, 54, 13655.

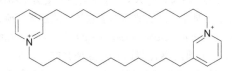

1363 Cyclostellettamine B   环星芒海绵胺 B*
【基本信息】$C_{35}H_{58}N_2^{2+}$, mp 222~224°C.【类型】吡啶类生物碱.【来源】星芒海绵属 *Stelletta maxima* (日本水域).【活性】阻断[^{3}H]-甲基二苯基乙酸奎宁酯 (QNB) 对毒蕈碱受体的键合 [M_1 亚型 (大鼠大脑) $IC_{50} = 0.081\mu g/mL$, M_2 亚型 (大鼠心脏) $IC_{50} = 0.031\mu g/mL$, M_3 亚型 (大鼠唾液腺) $IC_{50} = 0.109\mu g/mL$].【文献】N. Fusetani, et al. Tetrahedron Lett., 1994, 35, 3967; M .J. Wanner et al. EurJOC, 1998, 889; J. E. Baldwin, et al. Tetrahedron, 1998, 54, 13655.

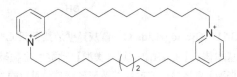

1364 Cyclostellettamine C   环星芒海绵胺 C*
【基本信息】$C_{36}H_{60}N_2^{2+}$, mp 233~236°C.【类型】吡啶类生物碱.【来源】星芒海绵属 *Stelletta maxima* (日本水域).【活性】阻断[^{3}H]-甲基二苯基乙酸奎宁酯 (QNB) 对毒蕈碱受体的键合 [M_1 亚型 (大鼠大脑) $IC_{50} = 0.121\mu g/mL$, M_2 亚型 (大鼠心脏) $IC_{50} = 0.054\mu g/mL$, M_3 亚型 (大鼠唾液腺) $IC_{50} = 0.144\mu g/mL$].【文献】N. Fusetani, et al. Tetrahedron Lett., 1994, 35, 3967; R. D. Charan, et al. Tetrahedron, 1996, 52, 9111; M .J. Wanner et al. EurJOC, 1998, 889; J. E. Baldwin, et al. Tetrahedron, 1998, 54, 13655.

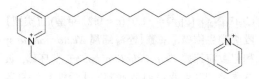

1365 Cyclostellettamine D   环星芒海绵胺 D*
【基本信息】$C_{36}H_{60}N_2^{2+}$, mp 188~192°C.【类型】吡啶类生物碱.【来源】星芒海绵属 *Stelletta maxima* (日本水域).【活性】阻断[^{3}H]-甲基二苯基乙酸奎宁酯 (QNB) 对毒蕈碱受体的键合 [M_1 亚型 (大鼠大脑) $IC_{50} = 0.174\mu g/mL$, M_2 亚型 (大鼠心脏) $IC_{50} = 0.059\mu g/mL$, M_3 亚型 (大鼠唾液腺) $IC_{50} = 0.211\mu g/mL$].【文献】N. Fusetani, et al. Tetrahedron Lett., 1994, 35, 3967; M .J. Wanner et al. EurJOC, 1998, 889; J. E. Baldwin, et al. Tetrahedron, 1998, 54, 13655.

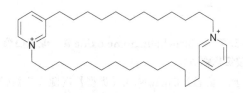

1366 Cyclostellettamine E   环星芒海绵胺 E*
【基本信息】$C_{37}H_{62}N_2^{2+}$, mp 222~224°C.【类型】吡啶类生物碱.【来源】星芒海绵属 *Stelletta maxima* (日本水域).【活性】阻断[^{3}H]-甲基二苯基乙酸奎宁酯 (QNB) 对毒蕈碱受体的键合 [M_1 亚型 (大鼠大脑) $IC_{50} = 0.212\mu g/mL$, M_2 亚型 (大鼠心脏) $IC_{50} = 0.133\mu g/mL$, M_3 亚型 (大鼠唾液腺) $IC_{50} = 0.257\mu g/mL$].【文献】N. Fusetani, et al. Tetrahedron Lett., 1994, 35, 3967; M. J. Wanner, et al. EurJOC, 1998, 889; J. E. Baldwin, et al. Tetrahedron, 1998, 54, 13655.

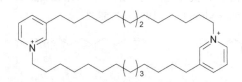

1367 Cyclostellettamine F   环星芒海绵胺 F*
【基本信息】$C_{38}H_{64}N_2^{2+}$, mp 227~231°C.【类型】吡啶类生物碱.【来源】星芒海绵属 *Stelletta maxima* (日本水域).【活性】阻断[^{3}H]-甲基二苯基乙酸奎宁酯 (QNB) 对毒蕈碱受体的键合 [M_1 亚型 (大鼠大脑) $IC_{50} = 0.364\mu g/mL$, M_2 亚型 (大鼠

心脏) IC_{50} = 0.150μg/mL, M_3 亚型 (大鼠唾液腺) IC_{50} = 0.474μg/mL].【文献】N. Fusetani, et al. Tetrahedron Lett., 1994, 35, 3967; M.J. Wanner et al. EurJOC, 1998, 889; J. E. Baldwin, et al. Tetrahedron, 1998, 54, 13655.

1368 Didymellamide A 盐角草壳二孢真菌酰胺 A*

【别名】迪迪麦尔酰胺 A*.【基本信息】$C_{24}H_{29}NO_7$.【类型】吡啶类生物碱.【来源】海洋导出的真菌 *Stagonosporopsis cucurbitacearum*, 来自未鉴定的海绵 (阿塔米温泉, 静冈市, 日本).【活性】抗真菌 (抑制几种病源真菌的生长, 包括抗唑的白色念珠菌 *Candida albicans*).【文献】A. Haga, et al. JNP, 2013, 76, 750.

1369 Echinoclathrine A 冲绳海绵素 A*

【基本信息】$C_{22}H_{30}N_2O_2$, 无定形固体 (己烷/乙酸乙酯), mp 143~144°C.【类型】吡啶类生物碱.【来源】Microcionidae 科海绵 *Echinoclathria* sp. (冲绳, 日本).【活性】免疫抑制剂 (混合淋巴细胞反应试验, IC_{50} = 7.9μg/mL); 细胞毒 (P_{388}, A549, HT29, 所有的 $IC_{50}s$ = 10μg/mL).【文献】A. Kitamura, et al. Tetrahedron, 1999, 55, 2487.

1370 Echinoclathrine B 冲绳海绵素 B*

【基本信息】$C_{27}H_{38}N_2O_3S$, 无定形固体 (己烷/乙酸乙酯), mp 135~136°C.【类型】吡啶类生物碱.【来源】Microcionidae 科海绵 *Echinoclathria* sp. (冲绳, 日本).【活性】免疫抑制剂 (混合淋巴细胞反应试验, IC_{50} = 9.7μg/mL).【文献】A. Kitamura, et al. Tetrahedron, 1999, 55, 2487.

1371 Echinoclathrine C 冲绳海绵素 C*

【基本信息】$C_{25}H_{36}N_2O_2S$, 无定形固体 (己烷/乙酸乙酯), mp 121~122°C.【类型】吡啶类生物碱.【来源】Microcionidae 科海绵 *Echinoclathria* sp. (冲绳, 日本).【活性】免疫抑制剂 (弱活性).【文献】A. Kitamura, et al. Tetrahedron, 1999, 55, 2487.

1372 Glucopiericidin C 粉蝶霉素苷 C*

【基本信息】$C_{30}H_{45}NO_8$.【类型】吡啶类生物碱.【来源】海洋导出的链霉菌属 *Streptomyces* sp. (沉积物, 拉古纳德泰勒米诺斯沿海潟湖, 墨西哥湾)【活性】抗真菌 (米黑毛霉 *Mucor miehei*); 细胞毒 (多种人肿瘤细胞 HTCLs).【文献】K. A. Shaaban, et al. J. Antibiot., 2011, 64, 205.

1373 Haliclamine C 蜂海绵胺 C*

【基本信息】$C_{30}H_{54}N_2$.【类型】吡啶类生物碱.【来源】黏丝蜂海绵* *Haliclona viscosa* (嗜冷生物, 冷水域, 北极地区).【活性】抗菌 (强烈抑制两种在同一地区生存的细菌菌株).【文献】C. A. Volk, et al. EurJOC, 2004, 3154; M. D. Lebar, et al. NPR, 2007, 24, 774 (Rev.).

1374　Haliclamine D　蜂海绵胺 D*

【基本信息】$C_{31}H_{56}N_2$.【类型】吡啶类生物碱.【来源】扁形动物门多肠目海洋扁虫 *Prostheceraeus villatus* (嗜冷生物，冷水域，卑尔根外海，挪威)，簇海鞘属 *Clavelina lepadiformis*.【活性】抗菌 (强烈抑制两种在同一地区生存的细菌菌株).【文献】C. A. Volk, et al. EurJOC, 2004, 3154; M. D. Lebar, et al. NPR, 2007, 24, 774 (Rev.).

1375　*Haliclona* 3-Alkylpyridinium dimer　蜂海绵 3-烷基吡啶二聚体*

【基本信息】$C_{32}H_{48}N_2^{2+}$.【类型】吡啶类生物碱.【来源】蜂海绵属 *Haliclona* sp. (太平洋海岸，危地马拉).【活性】细胞毒 (J774.A1, HEK-293 和 WEHI-164, 所有的 IC_{50} > 20μg/mL).【文献】A. Casapullo, et al. JNP, 2009, 72, 301.

1376　*Haliclona* 3-Alkylpyridinium trimer　蜂海绵 3-烷基吡啶三聚体*

【基本信息】$C_{48}H_{72}N_3^{3+}$.【类型】吡啶类生物碱.【来源】蜂海绵属 *Haliclona* sp. (太平洋海岸，危地马拉).【活性】细胞毒 (J774.A1, HEK-293 和 WEHI-164, 所有的 IC_{50} > 20μg/mL).【文献】A. Casapullo, et al. JNP, 2009, 72, 301.

1377　Haminol 1　头足类醇 1*

【基本信息】$C_{17}H_{23}NO$.【类型】吡啶类生物碱.【来源】软体动物头足目葡萄螺属 *Haminoea orbignyana* (西班牙) 和 *Haminoea fusari* (富萨罗潟湖，那不勒斯海湾，意大利).【活性】报警信息素.【文献】A. Spinella, et al. Tetrahedron, 1993, 49, 1307.

1378　Haminol 2　头足类醇 2*

【基本信息】$C_{19}H_{25}NO_2$, $[\alpha]_D^{20} = -19°$ (c = 1.3, 甲醇).【类型】吡啶类生物碱.【来源】软体动物头足目葡萄螺属 *Haminoea orbignyana* (西班牙) 和 *Haminoea fusari* (富萨罗潟湖，那不勒斯海湾，意大利).【活性】报警信息素.【文献】A. Spinella, et al. Tetrahedron, 1993, 49, 1307.

1379　Haminol 3　头足类醇 3*

【基本信息】$C_{17}H_{25}NO$.【类型】吡啶类生物碱.【来源】软体动物头足目葡萄螺属 *Haminoea fusari* (富萨罗潟湖，那不勒斯海湾，意大利).【活性】报警信息素.【文献】A. Spinella, et al. Tetrahedron, 1993, 49, 1307.

1380　Haminol 4　头足类醇 4*

【基本信息】$C_{19}H_{27}NO_2$, $[\alpha]_D^{20} = -12.5°$ (c = 0.7, 甲醇).【类型】吡啶类生物碱.【来源】软体动物头足目葡萄螺属 *Haminoea fusari* (富萨罗潟湖，那不勒斯海湾，意大利).【活性】报警信息素.【文献】A. Spinella, et al. Tetrahedron, 1993, 49, 1307.

1381 Haminol 5 头足类醇 5*
【基本信息】$C_{17}H_{23}NO$.【类型】吡啶类生物碱.【来源】软体动物头足葡萄螺属 *Haminoea fusari* (富萨罗潟湖, 那不勒斯海湾, 意大利).【活性】报警信息素.【文献】A. Spinella, et al. Tetrahedron, 1993, 49, 1307.

1382 Haminol 6 头足类醇 6*
【基本信息】$C_{19}H_{25}NO_2$, $[α]_D^{20} = -4.2°$ ($c = 0.2$, 甲醇).【类型】吡啶类生物碱.【来源】软体动物头足目葡萄螺属 *Haminoea fusari* (富萨罗潟湖, 那不勒斯海湾, 意大利).【活性】报警信息素.【文献】A. Spinella, et al. Tetrahedron, 1993, 49, 1307.

1383 Haminol A 头足类醇 A*
【基本信息】$C_{17}H_{23}NO$, 油状物, mp 144~145°C, $[α]_D^{25} = +5.0°$ ($c = 0.3$, 甲醇).【类型】吡啶类生物碱.【来源】软体动物头足目葡萄螺属 *Haminoea orteai* (西班牙) 和 *Haminoea navicula*.【活性】细胞毒 (白血病); 报警信息素.【文献】H. L. Sleeper, et al. JACS, 1977, 99, 2367; G. Cimino, et al. Experientia, 1991, 47, 61; A. Spinella, et al. Tetrahedron, 1993, 49, 1307; J. Matikainen, et al. Synth. Commun., 1995, 25, 195; J. Matikainen, et al. JNP, 1995, 58, 1622; R. Alvarez, et al. Tetrahedron: Asymmetry, 1998, 9, 3065; R. Alvarez, et al. Tetrahedron, 1998, 54, 6793.

1384 Haminol B 头足类醇 B*
【基本信息】$C_{19}H_{25}NO_2$, 油状物, mp 125~140°C, $[α]_D^{25} = -24.0°$ ($c = 0.4$, 甲醇).【类型】吡啶类生物碱.【来源】软体动物头足目葡萄螺属 *Haminoea orteai* (西班牙) 和 *Haminoea navicula*; 软体动物头足目拟海牛科 *Navanax inermis*.【活性】报警信息素.【文献】H. L. Sleeper, et al. JACS, 1977, 99, 2367; G. Cimino, et al. Experientia, 1991, 47, 61; A. Spinella, et al. Tetrahedron, 1993, 49, 1307; J. Matikainen, et al. Synth. Commun., 1995, 25, 195; J. Matikainen, et al. JNP, 1995, 58, 1622; R. Alvarez, et al. Tetrahedron: Asymmetry, 1998, 9, 3065; R. Alvarez, et al. Tetrahedron, 1998, 54, 6793.

1385 Haminol C 头足类醇 C*
【基本信息】$C_{19}H_{25}NO_2$, mp 135~137°C.【类型】吡啶类生物碱.【来源】软体动物头足目葡萄螺属 *Haminoea orteai* (西班牙) 和 *Haminoea navicula*; 软体动物头足目拟海牛科 *Navanax inermis*.【活性】报警信息素.【文献】H. L. Sleeper, et al. JACS, 1977, 99, 2367; G. Cimino, et al. Experientia, 1991, 47, 61; A. Spinella, et al. Tetrahedron, 1993, 49, 1307; R. Alvarez, et al. Tetrahedron: Asymmetry, 1998, 9, 3065; R. Alvarez, et al. Tetrahedron, 1998, 54, 6793.

1386 Homarine 龙虾肌碱
【别名】2-Carboxy-1-methylpyridinium; 2-羧基-1-甲基吡啶*.【基本信息】$C_7H_7NO_2$, 晶体 (乙醇).【类型】吡啶类生物碱.【来源】红藻鸡毛菜属 *Pterocladia capillacea*, 柳珊瑚科柳珊瑚 *Leptogorgia setacea* 和柳珊瑚科柳珊瑚 *Leptogorgia virgulata*, 龙虾 *Homarus vulgaris* 和龙虾 *Homarus americanus*, 软珊瑚穗软珊瑚科 *Gersemia antarctica* (南极地区), 软体动物门腹足纲 *Marseniopsis mollis* (南极地区).【活性】抗污剂; 抗菌; 拒食活性 (使海洋生物拒食).【文献】N. M. Targett, et al. J. Chem.

Ecol. 1983, 9, 817; CRC Press, DNP on DVD, 2012, version 20.2.

1387　Ikimine A　艾克亚胺 A*

【基本信息】$C_{19}H_{32}N_2O$, 油状物.【类型】吡啶类生物碱.【来源】未鉴定的海绵（密克罗尼西亚联邦）.【活性】细胞毒（KB, IC_{50} = 5μg/mL）；抗菌；抗真菌.【文献】A,. R. Carroll, et al. Tetrahedron, 1990, 46, 6637; F. Bracher, et al. Nat. Prod. Lett., 1994, 4, 223.

1388　Ikimine B　艾克亚胺 B*

【别名】β-Methyl-3-pyridinedodecanal O-methyloxime; β-甲基-3-吡啶十二醛-O-甲基肟.【基本信息】$C_{19}H_{32}N_2O$, 油状物.【类型】吡啶类生物碱.【来源】未鉴定的海绵.【活性】细胞毒（KB, IC_{50} = 7μg/mL）.【文献】A. R. Carroll, et al. Tetrahedron, 1990, 46, 6637; S. P. Romeril, et al. Tetrahedron Lett., 2004, 45, 3273.

1389　Ikimine C　艾克亚胺 C*

【基本信息】$C_{19}H_{34}N_2O$, 油状物.【类型】吡啶类生物碱.【来源】似雪海绵属 Niphates sp., 其它海绵.【活性】细胞毒（KB, IC_{50} = 5μg/mL）.【文献】A. R. Carroll, et al. Tetrahedron, 1990, 46, 6637.

1390　Ikimine D　艾克亚胺 D*

【基本信息】$C_{20}H_{32}N_2O$, 油状物.【类型】吡啶类生物碱.【来源】未鉴定的海绵.【活性】细胞毒（KB, IC_{50} = 5~10μg/mL）.【文献】A. R. Carroll, et al. Tetrahedron, 1990, 46, 6637.

1391　(−)-Isopuloupone　(−)-异普娄泊酮*

【基本信息】$C_{21}H_{27}NO$, $[\alpha]_D^{20}$ = −111.9° (c = 0.4, n-hexane).【类型】吡啶类生物碱.【来源】软体动物头足目拟海牛科 Navanax inermis 及其猎物头甲鱼属 Bulla gouldiana.【活性】鱼毒；LD_{50}（食蚊鱼 Gambusia affinis 和盐水丰年虾 Artemia salina）= 2.2μg/mL.【文献】A. Spinella, et al. Tetrahedron, 1993, 49, 3203; J. Matikainen, et al. Synth. Commun., 1995, 25, 195; J. Matikainen, et al. JNP, 1995, 58, 1622.

1392　Methyl-3,4,5-trimethoxy-2-(2-(nicotinamido)benzamido)benzoate　3,4,5-三甲氧基-2-[2-(烟酰氨基)苄酰氨基]苯甲酸甲酯*

【基本信息】$C_{24}H_{23}N_3O_7$, 针状晶体（甲醇），mp 141~143°C.【类型】吡啶类生物碱.【来源】海洋导出的真菌土色曲霉菌* Aspergillus terreus PT06-2（生长于10%盐分的高盐介质中）.【活性】抗菌（金黄色葡萄球菌 Staphylococcus aureus, MIC = 52.4μmol/L；对照乳酸环丙沙星, MIC = 1.0μmol/L；产气肠杆菌 Enterobacter aerogenes 和铜绿假单胞菌 Pseudomonas aeruginosa, MIC > 100μmol/L）；抗真菌（白色念珠菌 Candida albicans, MIC > 100μmol/L；对照酮康唑, MIC = 5μmol/L）.【文献】Y. Wang, et al. Mar. Drugs, 2011, 9, 1368.

1393 Navenone A   头足类酮 A*
【基本信息】$C_{15}H_{15}NO$，黄色晶体（苯），mp 144~145°C.【类型】吡啶类生物碱.【来源】软体动物头足目拟海牛科 Navanax inermis [Syn. Chelidonura inermis]（主要组分）【活性】报警信息素.【文献】H. L. Sleeper, et al. J. Chem. Ecol., 1980, 6, 57.

1394 Nemertelline   尼莫特林*
【基本信息】$C_{20}H_{14}N_4$，晶体（乙醚），mp 154~156°C.【类型】吡啶类生物碱.【来源】纽形动物门针纽目端纽虫 Amphiporus angulatus.【活性】神经毒素.【文献】W. R. Kem, et al. Experientia, 1976, 32, 684.; J. A. Zoltewicz, et al. Tetrahedron, 1995, 51, 11401; M. P. Cruskie Jr., et al. JOC, 1995, 60, 7491.

1395 Nicotinamide   烟酰胺
【别名】Vitamin B_3；维生素 B_3.【基本信息】$C_6H_6N_2O$，针状晶体（苯），mp 129~130°C，$bp_{0.0005mmHg}$ 150~160°C.【类型】吡啶类生物碱.【来源】未鉴定的海洋细菌 He159b，广泛分布于植物、酵母和真菌中.【活性】酶的辅助因子，用于处理糙皮病.【文献】CRC Press, DNP on DVD, 2012, version 20.2.

1396 Niphatesine A   似雪海绵新 A*
【基本信息】$C_{19}H_{30}N_2$，油状物.【类型】吡啶类生物碱.【来源】似雪海绵属 Niphates sp.【活性】抗肿瘤.【文献】A. V. R. Rao, et al. Tetrahedron Lett., 1993, 34, 8329; J. Kobayashi, et al. JCS Perkin Trans. I, 1990, 3301.

1397 Niphatesine B   似雪海绵新 B*
【基本信息】$C_{21}H_{34}N_2$，油状物.【类型】吡啶类生物碱.【来源】似雪海绵属 Niphates sp.【活性】抗肿瘤.【文献】A. V. R. Rao, et al. Tetrahedron Lett., 1993, 34, 8329; J. Kobayashi, et al. JCS Perkin Trans. I, 1990, 3301.

1398 (S)-Niphatesine C   (S)-似雪海绵新 C*
【基本信息】$C_{18}H_{32}N_2$，油状物，$[\alpha]_D^{25} = +9.4°$ (c = 0.053, 甲醇).【类型】吡啶类生物碱.【来源】似雪海绵属 Niphates sp.【活性】抗肿瘤.【文献】J. Kobayashi, et al. JCS Perkin Trans. I, 1990, 3301.

1399 Niphatesine D   似雪海绵新 D*
【基本信息】$C_{18}H_{32}N_2$，油状物，$[\alpha]_D^{25} = +4.4°$ (c = 0.045, 甲醇).【类型】吡啶类生物碱.【来源】似雪海绵属 Niphates sp. (冲绳，日本).【活性】细胞毒 (L_{1210}, IC_{50} = 0.95μg/mL).【文献】J. Kobayashi, et al. JCS Perkin Trans. I, 1990, 3301; A. V. R. Rao, et al. Tetrahedron Lett., 1993, 34, 8329; N. Fusetani, et al. Tetrahedron Lett., 1994, 35, 3967.

1400 Niphatesine E   似雪海绵新 E*
【基本信息】$C_{20}H_{30}N_2O$，油状物，E/Z = 1.4/1 的混合物.【类型】吡啶类生物碱.【来源】似雪海绵属 Niphates sp. (冲绳，日本).【活性】细胞毒 (L_{1210}, KB); 抗真菌；抗菌 (革兰氏阳性菌).【文献】J. Kobayashi, et al. JCS Perkin Trans. I, 1992, 1291.

1401　Niphatesine F　似雪海绵新 F*

【基本信息】$C_{22}H_{34}N_2O$，油状物，$E/Z = 1.7/1$ 的混合物.【类型】吡啶类生物碱.【来源】似雪海绵属 *Niphates* sp.（冲绳，日本）.【活性】细胞毒（L_{1210}，KB）；抗真菌；抗菌（革兰氏阳性菌）.【文献】J. Kobayashi, et al. JCS Perkin Trans. I, 1992, 1291.

1402　Niphatesine G　似雪海绵新 G*

【基本信息】$C_{20}H_{34}N_2O$，油状物，$E/Z = 3.2/1$ 的混合物.【类型】吡啶类生物碱.【来源】似雪海绵属 *Niphates* sp.（冲绳，日本）.【活性】细胞毒（L_{1210}，KB）；抗真菌；抗菌（革兰氏阳性菌）.【文献】J. Kobayashi, et al. JCS Perkin Trans. I, 1992, 1291.

1403　Niphatesine H　似雪海绵新 H*

【基本信息】$C_{20}H_{32}N_2O$，油状物.【类型】吡啶类生物碱.【来源】似雪海绵属 *Niphates* sp.（冲绳，日本）.【活性】细胞毒；抗微生物.【文献】J. Kobayashi, et al. JCS Perkin Trans. I, 1992, 1291.

1404　Niphatoxin A　似雪海绵毒素 A*

【基本信息】$C_{35}H_{48}N_3^+$.【类型】吡啶类生物碱.【来源】似雪海绵属 *Niphates* sp.（红海）.【活性】细胞毒；鱼毒.【文献】R. Talpir, et al. Tetrahedron Lett., 1992, 33, 3033.

1405　Niphatoxin B　似雪海绵毒素 B*

【基本信息】$C_{36}H_{50}N_3^+$.【类型】吡啶类生物碱.【来源】似雪海绵属 *Niphates* sp.（红海）.【活性】细胞毒（P_{388}，$IC_{50} = 0.1 \mu g/mL$）；鱼毒的.【文献】R. Talpir, et al. Tetrahedron Lett., 1992, 33, 3033.

1406　Niphatyne A　似雪海绵炔 A*

【别名】*N*-Methoxy-16-(3-pyridinyl)-7-hexadecyn-1-amine；*N*-甲氧基-16-(3-吡啶基)-7-十六(碳)炔-1-胺.【基本信息】$C_{22}H_{36}N_2O$.【类型】吡啶类生物碱.【来源】似雪海绵属 *Niphates* sp.【活性】细胞毒（P_{388}，$IC_{50} = 0.5 \mu g/mL$）.【文献】E. Quiñoà, et al. Tetrahedron Lett., 1987, 28, 2467.

1407　Niphatyne B　似雪海绵炔 B*

【别名】*N*-Methoxy-16-(3-pyridinyl)-5-hexadecyn-1-amine；*N*-甲氧基-16-(3-吡啶基)-5-十六(碳)炔-1-胺.【基本信息】$C_{22}H_{36}N_2O$.【类型】吡啶类生物碱.【来源】似雪海绵属 *Niphates* sp.【活性】细胞毒.【文献】E. Quiñoà, et al. Tetrahedron Lett., 1987, 28, 2467.

1408　Njaoaminium A　恩交阿米尼 A*712

【基本信息】$C_{30}H_{44}N_2^{2+}$，油状物.【类型】吡啶类生物碱.【来源】矶海绵属 *Reniera* sp.（朋巴岛，坦桑尼亚）.【活性】细胞毒（A549、HT29 和 MDA-MB-231，所有的 $GI_{50} > 10 \mu mol/L$）.【文献】R. Laville, et al. Molecules, 2009, 14, 4716.

1409　Njaoaminium B　恩交阿米尼 B*

【基本信息】$C_{32}H_{48}N_2^{2+}$，油状物，$[α]_D^{24} = -9.4º$ ($c = 0.11$, 甲醇). 【类型】吡啶类生物碱. 【来源】矶海绵属 Reniera sp. (朋巴岛, 坦桑尼亚). 【活性】细胞毒 (A549, $GI_{50} = 4.1μmol/L$; HT29, $GI_{50} = 4.2μmol/L$; MDA-MB-231, $GI_{50} = 4.8μmol/L$). 【文献】R. Laville, et al. Molecules, 2009, 14, 4716.

1410　Njaoaminium C　恩交阿米尼 C*

【基本信息】$C_{31}H_{46}N_2^{2+}$，油状物，$[α]_D^{24} = -13.3º$ ($c = 0.09$, 甲醇). 【类型】吡啶类生物碱. 【来源】矶海绵属 Reniera sp. (朋巴岛, 坦桑尼亚). 【活性】细胞毒 (A549, HT29 和 MDA-MB-231, 所有的 $GI_{50} > 10μmol/L$). 【文献】R. Laville, et al. Molecules, 2009, 14, 4716.

1411　Petrosaspongiolide L　新喀里多尼亚海绵内酯 L*

【基本信息】$C_{24}H_{35}NO_2$, $[α]_D^{25} = -33.3º$ ($c = 0.001$, 氯仿). 【类型】吡啶类生物碱. 【来源】胄甲海绵亚科 Thorectinae 海绵 Petrosaspongia nigra [新喀里多尼亚 (法属)]. 【活性】细胞毒 (NSCLC-N6, $IC_{50} = 5.7μg/mL$). 【文献】L. G. Paloma, et al. Tetrahedron, 1997, 53, 10451.

1412　Pileotin B　喇叭毒棘海胆亭 B*

【基本信息】$C_{30}H_{33}NO_2$. 【类型】吡啶类生物碱. 【来源】海洋导出的真菌烟曲霉菌 Aspergillus fumigatus, 来自棘皮动物门真海胆亚纲海胆亚目毒棘海胆科喇叭毒棘海胆 Toxopneustes pileolus. 【活性】细胞毒 (P_{388}, 中等活性). 【文献】M. Kitano, et al. Tetrahedron Lett., 2012, 53, 4192.

1413　Pyridinebetaine A　吡啶甜菜碱 A*

【基本信息】$C_8H_9NO_3$. 【类型】吡啶类生物碱. 【来源】不同群海绵* Agelas dispar (巴哈马, 加勒比海). 【活性】抗菌 (革兰氏阳性菌, 枯草杆菌 Bacillus subtilis, MIC = $3.5μg/mL$; 金黄色葡萄球菌 Staphylococcus aureus, MIC = $5.0μg/mL$). 【文献】F. Cafieri, et al. JNP, 1998, 61, 1171.

1414　Pyrinodemin A　吡啶诺得碱 A*

【别名】双烷基吡啶碱 A*. 【基本信息】$C_{38}H_{59}N_3O$, 油状物，$[α]_D^{25} = -9º$ ($c = 1$, 氯仿). 【类型】吡啶类生物碱. 【来源】双御海绵属 Amphimedon sp. 【活性】细胞毒 (L_{1210}, $IC_{50} = 0.058μg/mL$; KB, $IC_{50} = 0.5μg/mL$); 抗真菌白色念珠菌 Candida albicans ATCC 90028, MIC > $33μg/mL$; 新型隐球酵母 Cryptococcus neoformans ATCC 900112, MIC = $33μg/mL$; 黑曲霉菌 Aspergillus niger ATCC 40406, MIC = $33μg/mL$; 多变拟青霉菌 Paecilomyces variotii YM-1, MIC = $33μg/mL$; 须发癣菌 Trichophyton mentagrophytes ATCC 40769, MIC > $33μg/mL$; 抗菌 (金黄色葡萄球菌 Staphylococcus aureus 209P, MIC > $33μg/mL$; 藤黄色微球菌 Micrococcus luteus IFM 2066, MIC > $33μg/mL$; 枯草杆菌 Bacillus subtilis PCI 189, MIC > $33μg/mL$; 结膜干燥棒状杆菌 Corynebacterium xerosis IFM 2057, MIC > $33μg/mL$; 大肠杆菌 Escherichia coli NIJ JC2, MIC > $33μg/mL$). 【文献】M. Tsuda, et al. Tetrahedron Lett., 1999, 40, 4819; K. Hirano, et al. CPB, 2000, 48, 974; B. B. Snider, et al. Tetrahedron Lett., 2001, 42, 1639; H.

Ishiyama, Molecules, 2005, 10, 312.

1415 Pyrinodemin B 吡啶诺得碱 B*

【别名】双烷基吡啶碱 B*.【基本信息】$C_{37}H_{59}N_3O$.【类型】吡啶类生物碱.【来源】双御海绵属 *Amphimedon* sp.【活性】细胞毒 (L_{1210}, IC_{50} = 0.07μg/mL; KB, IC_{50} = 0.5μg/mL).【文献】K. Hirano, et al. CPB, 2000, 48, 974; S. P. Romeril, et al. Tetrahedron Lett., 2003, 44, 7757.

1416 Pyrinodemin C 吡啶诺得碱 C*

【别名】双烷基吡啶碱 C*.【基本信息】$C_{37}H_{57}N_3O$.【类型】吡啶类生物碱.【来源】双御海绵属 *Amphimedon* sp.【活性】细胞毒 (L_{1210}, IC_{50} = 0.06μg/mL; KB, IC_{50} = 0.5μg/mL).【文献】K. Hirano, et al. CPB, 2000, 48, 974; S. P. Romeril, et al. Tetrahedron Lett., 2003, 44, 7757.

1417 Pyrinodemin D 吡啶诺得碱 D*

【别名】双烷基吡啶碱 D*.【基本信息】$C_{36}H_{57}N_3O$.【类型】吡啶类生物碱.【来源】双御海绵属 *Amphimedon* sp.【活性】细胞毒 (L_{1210}, IC_{50} = 0.08μg/mL; KB, IC_{50} = 0.5μg/mL).【文献】K. Hirano, et al. CPB, 2000, 48, 974; S. P. Romeril, et al. Tetrahedron Lett., 2003, 44, 7757.

1418 Streptokordin 链霉菌扣啶*

【别名】4-Acetyl-6-methyl-2(1H)-pyridinone; 4-乙酰基-6-甲基-2(1H)-吡啶酮.【基本信息】$C_8H_9NO_2$, 无定形粉末.【类型】吡啶类生物碱.【来源】海洋导出的链霉菌属 *Streptomyces* sp. KORDI-323 (嗜冷生物, 冷水水域).【活性】细胞毒.【文献】S.-Y. Jeong, et al. J. Antibiot., 2006, 59, 234; M.D. Lebar, et al. NPR, 2007, 24, 774 (Rev.).

1419 Sulcatin 小海鞘亭*

【基本信息】$C_{10}H_{13}NO_2$, 无定形固体.【类型】吡啶类生物碱.【来源】小海鞘属 *Microcosmus vulgaris* [Syn. *Microcosmus sulcatus*] (普罗奇达岛, 蓬塔披萨, 那不勒斯湾, 意大利, 采样深度 40m).【活性】抗恶性细胞增殖的 (*in vitro*, 96h, 小鼠单核细胞/巨噬细胞 J774, IC_{50} ≈ 2μg/mL, 对照 6-巯基嘌呤, IC_{50} ≈ 1μg/mL; 小鼠纤维肉瘤细胞 WEHI-164, IC_{50} ≈ 65μg/mL, 对照 6-巯基嘌呤, IC_{50} ≈ 1.5μg/mL).【文献】A. Aiello, et al. JNP, 2000, 63, 517.

1420 Thallusin 萨鲁新*

【基本信息】$C_{25}H_{31}NO_7$, 无定形粉末.【类型】吡啶类生物碱.【来源】海洋细菌噬细胞菌属 *Cytophaga* sp. YM2-23, 来自绿藻礁膜属 *Monostroma* sp.【活性】海藻形态发生诱导物.【文献】Y. Matsuo, et al. Science (Washington, D.C.), 2005, 307, 1598.

1421　Theonelladine A　蒂壳海绵啶 A*
【基本信息】$C_{19}H_{32}N_2$.【类型】吡啶类生物碱.【来源】岩屑海绵斯氏蒂壳海绵* *Theonella swinhoei* (冲绳，日本).【活性】细胞毒 (L_{1210}, IC_{50} = 4.7μg/mL; KB, IC_{50} = 10μg/mL); 钙释放诱导剂 (肌质网, 比咖啡因活性高 20 倍)【文献】J. Kobayashi, et al. Tetrahedron Lett., 1989, 30, 4833; J. Kobayashi, et al. JCS Perkin Trans. Ⅰ, 1990, 3301.

1422　Theonelladine B　蒂壳海绵啶 B*
【基本信息】$C_{20}H_{34}N_2$.【类型】吡啶类生物碱.【来源】岩屑海绵斯氏蒂壳海绵* *Theonella swinhoei* (冲绳，日本).【活性】细胞毒 (L_{1210}, IC_{50} = 1.0μg/mL; KB, IC_{50} = 3.6μg/mL); 钙释放诱导剂 (肌质网, 比咖啡因活性高 20 倍)【文献】J. Kobayashi, et al. Tetrahedron Lett., 1989, 30, 4833; J. Kobayashi, et al. JCS Perkin Trans. Ⅰ, 1990, 3301.

1423　Theonelladine C　蒂壳海绵啶 C*
【基本信息】$C_{18}H_{32}N_2$.【类型】吡啶类生物碱.【来源】岩屑海绵斯氏蒂壳海绵* *Theonella swinhoei* (冲绳，日本).【活性】细胞毒 (L_{1210}, IC_{50} = 3.6μg/mL; KB, IC_{50} = 10μg/mL); 钙释放诱导剂 (肌质网, 比咖啡因活性高 20 倍)【文献】J. Kobayashi, et al. Tetrahedron Lett., 1989, 30, 4833.

1424　Theonelladine D　蒂壳海绵啶 D*
【基本信息】$C_{19}H_{34}N_2$.【类型】吡啶类生物碱.【来源】岩屑海绵斯氏蒂壳海绵* *Theonella swinhoei* (冲绳，日本).【活性】细胞毒 (L_{1210}, IC_{50} = 1.6μg/mL; KB, IC_{50} = 5.2μg/mL); 钙释放诱导剂 (肌质网, 比咖啡因活性高 20 倍)【文献】J. Kobayashi, et al. Tetrahedron Lett., 1989, 30, 4833.

1425　Untenine A　昂特宁 A*
【基本信息】$C_{19}H_{30}N_2O_2$.【类型】吡啶类生物碱.【来源】美丽海绵属 *Callyspongia* sp. (冲绳, 日本).【活性】抗污剂 (抑制微生物污着, 绝对抑制浓度 IC_{100} = 3.0mg/cm^2).【文献】G.-Y.-S. Wang, et al. Tetrahedron Lett., 1996, 37, 1813.

1426　Untenine B　昂特宁 B*
【基本信息】$C_{17}H_{28}N_2O_2$.【类型】吡啶类生物碱.【来源】美丽海绵属 *Callyspongia* sp. (冲绳, 日本).【活性】抗污剂 (抑制微生物污着, 绝对抑制浓度 IC_{100} = 6.1 mg/cm^2).【文献】G.-Y.-S. Wang, et al. Tetrahedron Lett., 1996, 37, 1813.

1427　Untenine C　昂特宁 C*
【基本信息】$C_{19}H_{28}N_2O_2$.【类型】吡啶类生物碱.【来源】美丽海绵属 *Callyspongia* sp. (冲绳, 日本).【活性】抗污剂 (抑制微生物污着, 绝对抑制浓度 IC_{100} = 5.8 mg/cm^2).【文献】G.-Y.-S. Wang, et al. Tetrahedron Lett., 1996, 37, 1813.

1428　Viscosaline　黏丝蜂海绵林*
【基本信息】$C_{39}H_{65}N_3O_2$, 第一个天然来源的非环二聚三烃基吡啶类生物碱.【类型】吡啶类生物碱.【来源】黏丝蜂海绵* *Haliclona viscosa* (嗜冷生物, 冷水域, 康斯峡湾, 斯匹次卑尔根岛的西海岸进口, 斯瓦尔巴群岛, 挪威, 北冰洋).【活性】抗菌.【文献】C. A. Volk, et al. Org. Biomol. Chem., 2004, 2, 1827; M. D. Lebar, et al. NPR, 2007, 24, 774 (Rev.); C. Timm, et al. Mar. Drugs. 2010, 8, 483; S. Abbas, Mar. Drugs, 2011, 9, 2423 (Rev.).

5.2 哌啶类生物碱

1429 Viscosamine 黏丝蜂海绵胺*
【基本信息】$C_{54}H_{90}N_3^{3+}$，固体（三氟乙酸盐）.【类型】吡啶类生物碱.【来源】黏丝蜂海绵* Haliclona viscosa* (嗜冷生物，冷水域，康斯峡湾，斯匹次卑尔根岛的西海岸进口，斯瓦尔巴群岛，挪威，北冰洋).【活性】抗菌；拒食活性（端足目 *Anonyx nugax*，海星）.【文献】C. A. Volk, et al. Org. Lett., 2003, 5, 3567; M. D. Lebar, et al. NPR, 2007, 24, 774 (Rev.); C. Timm, et al. Mar. Drugs. 2010, 8, 483; S. Abbas, Mar. Drugs, 2011, 9, 2423 (Rev.).

1430 Xylogranatopyridine A 木果楝吡啶 A*
【基本信息】$C_{27}H_{29}NO_6$，无色晶体（氯仿），mp 278~280℃，$[\alpha]_D^{20} = +210.0°$ (c =0.03，甲醇).【类型】吡啶类生物碱.【来源】红树木果楝 *Xylocarpus granatum*.【活性】PTP1B（蛋白酪氨酸磷酸酶 1B）抑制剂（$IC_{50} = 22.9\mu mol/L$，有值得注意的活性）.【文献】Z.-F. Zhou, et al. Tetrahedron, 2014, 70, 6444.

1431 Azaspiracid 1 吖螺酸 1*
【别名】Killarytoxin 3; 原多甲藻酸 1.【基本信息】$C_{47}H_{71}NO_{12}$，无定形固体，$[\alpha]_D^{20} = -21°$ ($c = 0.1$，甲醇).【类型】哌啶类生物碱.【来源】蓝贻贝 *Mytilus edulis*.【活性】贝类毒素；腹泻性贝毒.【文献】M. Satake, et al. JACS, 1998, 120, 9967; P. McCarron, et al. J. Agric. Food Chem., 2009, 57, 160.

1432 Azaspiracid 2 吖螺酸 2*
【别名】原多甲藻酸 2.【基本信息】$C_{48}H_{73}NO_{12}$.【类型】哌啶类生物碱.【来源】蓝贻贝 *Mytilus edulis*., Microcionidae 科海绵 *Echinoclathria* sp.【活性】细胞毒.【文献】K. Ofuji, et al. Nat. Toxins, 1999, 7, 99; R. Ueoka, et al. Toxicon, 2009, 53, 680.

1433 Azaspiracid 4 吖螺酸 4*
【别名】原多甲藻酸 4.【基本信息】$C_{46}H_{69}NO_{13}$.【类型】哌啶类生物碱.【来源】蓝贻贝 *Mytilus edulis*.【活性】毒素.【文献】K. Ofuji, et al. Biosci. Biotechnol. Biochem., 2001, 65, 740.

N. Lindquist, et al. JNP, 2000, 63, 1290

1434 Azaspiracid 5 吖螺酸 5*
【别名】原多甲藻酸 5.【基本信息】$C_{46}H_{69}NO_{13}$.【类型】哌啶类生物碱.【来源】蓝贻贝 *Mytilus edulis*.【活性】毒素.【文献】K. Ofuji, et al. Biosci., Biotechnol., Biochem., 2001, 65, 740.

1437 Corydendramine B 水螅胺 B*
【基本信息】$C_{18}H_{29}NO$, 白色无定形粉末, $[α]_D$ = +83.7º (c = 0.083, 甲醇).【类型】哌啶类生物碱.【来源】水螅纲软水母亚纲 *Corydendrium parasiticum*.【活性】拒食活性 (鱼类).【文献】N. Lindquist, et al. JNP, 2000, 63, 1290.

1435 Azaspiracid 6 吖螺酸 6*
【别名】原多甲藻酸 6.【基本信息】$C_{47}H_{71}NO_{12}$.【类型】哌啶类生物碱.【来源】蓝贻贝 *Mytilus edulis*. (布鲁克里斯蒂, 多尼哥郡, 爱尔兰).【活性】毒素.【文献】P. McCarron, et al. J. Agric. Food Chem., 2009, 57, 160; J. Kilcoyne, et al. J. Agric. Food Chem., 2012, 60, 2447.

1438 Haliclonacyclamine A 蜂海绵环胺 A*
【基本信息】$C_{32}H_{56}N_2$, 针状晶体, mp 149~150°C, $[α]_D$ = −3.4º (c = 1.21, 二氯甲烷).【类型】哌啶类生物碱.【来源】蜂海绵属 *Haliclona* sp. (印度尼西亚；大堡礁).【活性】抗菌 (在有氧和无氧两种条件下引起肺结核病 TB 的包皮垢分枝杆菌 *Mycobacterium smegmatis* 和牛型分枝杆菌 *Mycobacterium bovis*); 抗真菌; 细胞毒 (P_{388}, IC_{50} = 0.8μg/mL).【文献】R. D. Charan, et al. Tetrahedron, 1996, 52, 9111; R. J. Clark, et al. Tetrahedron, 1998, 54, 8811; I. W. Mudianta, et al. Aust. J. Chem., 2009, 62, 667; M. Arai, et al. CPB, 2009, 57, 1136.

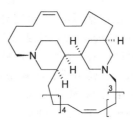

1436 Corydendramine A 水螅胺 A*
【别名】6-(1,3,5,9-Dodecatetraenyl)-2-methyl-3-piperidinol; 6-(1,3,5,9-十二(碳)四烯基)-2-甲基-3-哌啶醇.【基本信息】$C_{18}H_{29}NO$, 浅黄色油状物, $[α]_D$ = −24.3º (c = 0.17, 甲醇).【类型】哌啶类生物碱.【来源】水螅纲软水母亚纲 *Corydendrium parasiticum*.【活性】拒食活性 (鱼类).【文献】

1439 Haliclonacyclamine B 蜂海绵环胺 B*
【基本信息】$C_{32}H_{56}N_2$, 针状晶体, mp 145~146°C, $[α]_D$ = +3.4º (c = 0.55, 二氯甲烷).【类型】哌啶类生物碱.【来源】蜂海绵属 *Haliclona* sp. (印度尼西亚；大堡礁).【活性】抗结核分枝杆菌 (在有氧和无氧两种条件下引起肺结核病 TB 的包皮垢分枝杆菌 *Mycobacterium smegmatis* 和牛型分枝杆菌 *Mycobacterium bovis*); 抗真菌; 细胞毒 (P_{388}, IC_{50} = 0.6μg/mL).【文献】R. D. Charan, et al.

Tetrahedron, 1996, 52, 9111; R. J. Clark, et al. Tetrahedron, 1998, 54, 8811; I. W. Mudianta, et al. Aust. J. Chem., 2009, 62, 667; M. Arai, et al. CPB, 2009, 57, 1136.

1440　Halicyclamine B　锉海绵环胺 B*

【基本信息】$C_{26}H_{42}N_2$, $[α]_D = 143.5°$ ($c = 0.63$).【类型】哌啶类生物碱.【来源】锉海绵属 *Xestospongia* sp. (印度尼西亚).【活性】抗菌 (大肠杆菌 *Escherichia coli*, 枯草杆菌 *Bacillus subtilis*); 细胞毒.【文献】B. Harrison, et al. Tetrahedron Lett., 1996, 37, 9151.

1441　22-Hydroxyhaliclonacyclamine B　22-羟基蜂海绵环胺 B*

【基本信息】$C_{32}H_{56}N_2O$, 无定形固体, $[α]_D^{20} = +11.8°$ ($c = 0.1$, 甲醇).【类型】哌啶类生物碱.【来源】蜂海绵属 *Haliclona* sp. (印度尼西亚).【活性】抗结核分枝杆菌 (在有氧和缺氧两种条件下都引起结核病 TB 的包皮垢分枝杆菌 *Mycobacterium smegmatis* 和牛型分枝杆菌 *Mycobacterium bovis*).【文献】M. Arai, et al. CPB, 2009, 57, 1136.

1442　Neopetrosiamine A　新坡头西海绵胺 A*

【基本信息】$C_{30}H_{52}N_2$, 黏性油状物, $[α]_D^{20} = -10°$ ($c = 1$, 氯仿).【类型】哌啶类生物碱.【来源】Petrosiidae 石海绵科海绵 *Neopetrosia proxima* (莫纳岛, 波多黎各).【活性】抗结核分枝杆菌; 细胞毒.【文献】X. Wei, et al. BoMCL, 2010, 20, 5905.

1443　Penasulfate A　佩纳海绵硫酸盐 A*

【基本信息】$C_{36}H_{69}NO_{11}S_2$, 无定形固体 (二钠盐), $[α]_D^{29} = +10°$ ($c = 0.03$, 甲醇) (二钠盐).【类型】哌啶类生物碱.【来源】佩纳海绵属 *Penares* sp.【活性】$α$-葡萄糖苷酶抑制剂.【文献】Y. Nakao, et al. JNP, 2004, 67, 1346.

1444　Pinnaic acid　皮耐克酸*

【基本信息】$C_{23}H_{36}ClNO_4$.【类型】哌啶类生物碱.【来源】粗糙珍珠贝* *Pteria muricata* (内脏).【活性】cPLA$_2$ 抑制剂 [IC$_{50}$ = 0.2mmol/L; 由于细胞溶质 85kDa 磷脂酶 (cPLA$_2$) 显示从磷脂膜释放花生四烯酸的特性, 抑制 cPLA$_2$ 活性的化合物已经作为抗炎剂的靶标].【文献】T. Chuo, et al. Tetrahedron Lett., 1996, 37, 3871; M. W. Carson, et al. Angew. Chem., Int. Ed., 2001, 40, 4453; M. Kuramoto et al. Mar. Drugs, 2004, 2, 39.

1445 Pseudodistomin A 伪二气孔海鞘素 A*
【基本信息】$C_{18}H_{34}N_2O$，油状物 (N,N'-二乙酰基衍生物)，$[\alpha]_D^{24} = +36°$ ($c=1$，甲醇) (N,N'-二乙酰基衍生物).【类型】哌啶类生物碱.【来源】Pseudodistomidae 科伪二气孔海鞘属* *Pseudodistoma kanoko* (冲绳，日本).【活性】细胞毒; 磷酸二酯酶 PDE 抑制剂; 钙调蛋白拮抗剂.【文献】M. Ishibashi, et al. JOC, 1987, 52, 450; M. Ishibashi, et al. JNP, 1995, 58, 804.

1446 Pseudodistomin B 伪二气孔海鞘素 B*
【基本信息】$C_{18}H_{34}N_2O$，油状物 (N,N'-二乙酰化物)，$[\alpha]_D^{24}=+35°$ ($c=1$，甲醇) (N,N'-二乙酰化物).【类型】哌啶类生物碱.【来源】Pseudodistomidae 科伪二气孔海鞘属* *Pseudodistoma kanoko* (冲绳，日本) 和 Pseudodistomidae 科海鞘 *Pseudodistoma megalarva* (冲绳，日本).【活性】细胞毒 (L_{1210}, IC_{50} = 6.0μg/mL; KB, IC_{50} = 13μg/mL); 磷酸二酯酶抑制剂; 钙调蛋白拮抗剂.【文献】M. Ishibashi, et al. JOC, 1987, 52, 450; I. Utsunomiya, et al. Heterocycles, 1992, 33, 349; T. Naito, et al. Tetrahedron Lett., 1992, 33, 4033; T. Kiguchi, et al. Tetrahedron Lett., 1992, 33, 7389.

1447 Pseudodistomin C 伪二气孔海鞘素 C*
【基本信息】$C_{20}H_{34}N_2O$，油状物 (N^1,N^5,O-三乙酰基衍生物)，$[\alpha]_D^{22} = +85°$ ($c=1$, 氯仿) (三乙酰基衍生物).【类型】哌啶类生物碱.【来源】Pseudodistomidae 科伪二气孔海鞘属* *Pseudodistoma kanoko* (冲绳，日本) 和 Pseudodistomidae 科海鞘 *Pseudodistoma megalarva*.【活性】细胞毒 (L_{1210}, IC_{50} = 2.3μg/mL; KB, IC_{50} = 2.6μg/mL).【文献】J. Kobayashi, et al. JOC, 1995, 60, 6941.

1448 Pseudodistomin D 伪二气孔海鞘素 D*
【基本信息】$C_{18}H_{34}N_2O$，树胶状物，$[\alpha]_D^{25} = +5°$ ($c=0.26$，甲醇).【类型】哌啶类生物碱.【来源】Pseudodistomidae 科伪二气孔海鞘属* *Pseudodistoma megalarva* (帕劳，大洋洲).【活性】DNA 损坏活性 (酵母试验).【文献】A. J. Freyer, et al. JNP, 1997, 60, 986.

1449 Pseudodistomin E 伪二气孔海鞘素 E*
【基本信息】$C_{18}H_{34}N_2O$，树胶状物，$[\alpha]_D^{25} = -20.8°$ ($c=0.39$，甲醇).【类型】哌啶类生物碱.【来源】Pseudodistomidae 科伪二气孔海鞘属* *Pseudodistoma megalarva* (帕劳，大洋洲).【活性】DNA 损坏活性 (酵母试验).【文献】A. J. Freyer, et al. JNP, 1997, 60, 986.

1450 Pseudodistomin F 伪二气孔海鞘素 F*
【基本信息】$C_{20}H_{34}N_2O$，$[\alpha]_D^{25} = -13.9°$ ($c=0.42$，甲醇).【类型】哌啶类生物碱.【来源】Pseudodistomidae 科伪二气孔海鞘属* *Pseudodistoma megalarva* (帕劳，大洋洲).【活性】DNA 损坏活性 (酵母试验).【文献】M. Ishibashi, et al. JOC, 1987, 52, 450; A. J. Freyer, et al. JNP, 1997, 60, 986; D. Ma, et al. JOC, 2000, 65, 6009.

1451 Sesbanimide A 色斯巴尼二酰亚胺 A*
【别名】Sesbanimide; 色斯巴尼二酰胺*.【基本信息】$C_{15}H_{21}NO_7$, 晶体 (乙醚/二氯甲烷或甲醇/

二氯甲烷), mp 158~159°C, mp 155~156°C, $[α]_D^{20}$ = +54.7º (c = 0.17, 氯仿), $[α]_D^{20}$ = –5.6º (c = 0.28, 甲醇).【类型】哌啶类生物碱.【来源】海洋导出的细菌土壤杆菌属 *Agrobacterium* sp. PH-130, 来自 Perophoridae 科海鞘 *Ecteinascidia turbinata*.【活性】抗肿瘤 (P_{338}, *in vivo*); 细胞毒 (KB); 免疫抑制剂.【文献】R. G. Powell, et al. JACS, 1983, 105, 3739; C. Acebal, et al. J. Antibiot., 1998, 51, 64.

1452 Tauropinnaic acid 陶柔皮那克酸*

【基本信息】$C_{25}H_{41}ClN_2O_6S$.【类型】哌啶类生物碱.【来源】粗糙珍珠贝* *Pteria muricata* (内脏).【活性】$cPLA_2$ 抑制剂 [IC_{50} = 0.09mmol/L; 由于一种细胞溶质 85kDa 磷脂酶 (cPLA2) 显示从磷脂膜释放花生四烯酸的特性, 抑制 $cPLA_2$ 活性的化合物已经作为抗炎剂的靶标].【文献】M. Kuramoto, et al. Mar. Drugs, 2004, 2, 39.

1453 Fascularine 密克罗尼西亚海鞘素*

【基本信息】$C_{20}H_{34}N_2S$, 树胶状物.【类型】圆筒新类生物碱.【来源】Clavelinidae 科海鞘 *Nephtheis fascicularis* (密克罗尼西亚联邦).【活性】DNA 损坏活性; 细胞毒 (Vero, IC_{50} = 14μg/mL).【文献】A. D. Patil, et al. Tetrahedron Lett., 1997, 38, 363.

1454 Lepadoformine 簇海鞘弗明*

【基本信息】$C_{19}H_{35}NO$, 油状物, mp 272~274°C.

【类型】圆筒新类生物碱.【来源】簇海鞘属 *Clavelina lepadiformis*.【活性】细胞毒 (KB, IC_{50} = 9.2μg/mL; HT29, IC_{50} = 0.75μg/mL; P_{388}, IC_{50} = 3.10μg/mL; 抗阿霉素的 P_{388} 细胞, IC_{50} = 6.3μg/mL; NSCLC-N6, IC_{50} = 6.1μg/mL); 最强的神经毒素之一 (镇痛剂, 局麻剂, 抗痉挛).【文献】J. F. Biard, et al. Tetrahedron Lett., 1994, 35, 2691; K. M. Werner, et al. JOC, 1999, 64, 686; 4865; W. H. Pearson, et al. JOC, 1999, 64, 688; H. Abe, et al. Tetrahedron Lett., 2000, 41, 1205; H. Abe, et al. JACS, 2000, 122, 4583.

1455 Clavepictine A 着色簇海鞘亭 A*

【基本信息】$C_{22}H_{37}NO_2$, 油状物, $[α]_D$ = –75.6º (c = 0.7, 二氯甲烷).【类型】喹诺里西定生物碱.【来源】着色簇海鞘* *Clavelina picta*.【活性】抗肿瘤 (抑制小鼠白血病和人实体肿瘤细胞株 P_{388}, A549, U251, SN12k1, IC_{50} = 1.8~8.5μg/mL; 在传统的培养条件下, 低于 25μg/mL 浓度时有效地杀死每种癌细胞 (LC_{50} = 10.1~24.7μg/mL).【文献】M. F. Raub, et al. JACS, 1991, 113, 3178.

1456 Clavepictine B 着色簇海鞘亭 B*

【别名】6-(1,3-Decadienyl)octahydro-4-methyl-2*H*-quinolizin-3-ol; 6-(1,3-癸二烯基)八氢-4-甲基-2*H*-喹嗪-3-醇.【基本信息】$C_{20}H_{35}NO$, 晶体, mp 70~72°C, $[α]_D$ = +27.1º (c = 0.03, 二氯甲烷).【类型】喹诺里西定生物碱.【来源】着色簇海鞘* *Clavelina picta*.【活性】抗肿瘤 (抑制小鼠白血病和人实体肿瘤细胞株 P_{388}, A549, U251, SN12k1, IC_{50} = 1.8~8.5μg/mL; 在传统的培养条件下, 低于 25μg/mL 浓度时有效地杀死每种癌细胞, (LC_{50} = 10.1~24.7μg/mL).【文献】M. F. Raub, et al.

JACS, 1991, 113, 3178.

1457 Halichlorine 冈田软海绵素*

【基本信息】$C_{23}H_{32}ClNO_3$, mp 183.5~185.5°C, $[\alpha]_D = +240.7°$ ($c = 0.54$, 甲醇).【类型】喹诺里西定生物碱.【来源】冈田软海绵* *Halichondria okadai* (日本水域).【活性】抑制血管细胞黏附分子-1 (VCAM-1) 的感应 ($IC_{50} = 7\mu g/mL$; 药物阻断 VCAM-1 可能对处理冠状动脉疾病、心绞痛和非心脑血管炎症疾病有用); 抗炎; 抗转移性; 免疫抑制.【文献】M. Kuramoto, et al. Tetrahedron Lett., 1996, 37, 3867; H. Arimoto, et al. Tetrahedron Lett., 1998, 39, 861; D. Trauner, et al. Angew. Chem., Int. Ed., 1999, 38, 3542; M. Kuramoto, et al. Mar. Drugs, 2004, 2, 39.

1458 Isosaraine 1 异矶海绵素 1*

【基本信息】$C_{31}H_{50}N_2O$, 无定形固体, $[\alpha]_D = -23.1°$ ($c = 1.2$, 氯仿).【类型】喹诺里西定生物碱.【来源】矶海绵属 *Reniera sarai* (那不勒斯, 意大利).【活性】杀昆虫剂.【文献】G. Cimino, et al. Tetrahedron Lett., 1989, 30, 133; Y. Guo, et al. Tetrahedron Lett., 1998, 39, 463.

1459 Saraine 1 矶海绵素 1*

【基本信息】$C_{31}H_{50}N_2O$, 无定形粉末, $[\alpha]_D =$ −47.8° ($c = 1.2$, 氯仿).【类型】喹诺里西定生物碱.【来源】矶海绵属 *Reniera sarai* (地中海).【活性】LD_{50} (小鼠, ipr) = 200mg/kg.【文献】G. Cimino, et al. Bull. Soc. Chim. Belg., 1986, 95, 783.

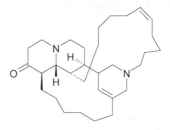

1460 Aragupetrosine A 阿拉古石海绵新 A*

【基本信息】$C_{30}H_{52}N_2O_2$, $[\alpha]_D = -188°$ (氯仿).【类型】锉海绵素 (Xestospongins) 生物碱.【来源】锉海绵属 *Xestospongia* sp. (冲绳, 日本).【活性】血管扩张剂.【文献】M. Kobayashi, et al. Tetrahedron Lett., 1989, 30, 4149.

1461 Araguspongine B 阿拉古锉海绵素 B*

【基本信息】$C_{28}H_{50}N_2O_2$.【类型】锉海绵素生物碱.【来源】锉海绵属 *Xestospongia* sp. (冲绳, 日本).【活性】血管扩张剂; 生长激素抑制素抑制剂.【文献】M. Kobayashi, et al. CPB, 1989, 37, 1676; T. R. Hoye, et al. JOC, 1994, 59, 6904 [勘误表: 1995, 60, 4958].

1462 (+)-Araguspongine D (+)-阿拉古锉海绵素 D*

【别名】Xestospongin A; 锉海绵素 A*.【基本信息】$C_{28}H_{50}N_2O_2$, 晶体 (乙醚), mp 135~136°C, $[\alpha]_D = +6.9°$ ($c = 0.84$, 氯仿), $[\alpha]_D = +10°$.【类型】锉海绵素生物碱.【来源】小锉海绵* *Xestospongia exigua* (冲绳, 日本) 和锉海绵属 *Xestospongia* spp.【活

性】血管扩张剂.【文献】M. Nakagawa, et al. Tetrahedron Lett., 1984, 25, 3227; M. Kobayashi, et al. CPB, 1989, 37, 1676; T. R. Hoye, et al. JACS, 1994, 116, 2617; R. W. Scott, et al. JACS, 1994, 116, 8853; M. Kobayashi, et al. Heterocycles, 1998, 47, 195.

1463 Araguspongine E 阿拉古锉海绵素 E*

【别名】Xestospongin C; 锉海绵素 C*.【基本信息】$C_{28}H_{50}N_2O_2$, 晶体 (乙醚), mp 149~150°C, $[\alpha]_D = -2.4°$ ($c = 0.54$, 氯仿), $[\alpha]_D = -1.1°$ (氯仿).【类型】锉海绵素生物碱.【来源】锉海绵属 Xestospongia sp. (冲绳，日本) 和小锉海绵* Xestospongia exigua (冲绳，日本).【活性】血管扩张剂；钙通道阻滞剂；肌醇三磷酸酯 Ins(1,4,5)P_3 受体拮抗剂.【文献】M. Nakagawa, et al. Tetrahedron Lett., 1984, 25, 3227; M. Kobayashi, et al. CPB, 1989, 37, 1676; J. E. Baldwin, et al. JACS, 1998, 120, 8559; T. R. Hoye, et al. JOC, 1994, 59, 6904; 1995, 60, 4958.

1464 Petrosine 石海绵新*

【基本信息】$C_{30}H_{50}N_2O_2$, mp 215~216°C.【类型】锉海绵素生物碱.【来源】石海绵属 Petrosia seriata (巴布亚新几内亚) 和锉海绵属 Xestospongia sp. (冲绳，日本).【活性】鱼毒.【文献】J. C. Braekman, et al. Tetrahedron Lett., 1982, 23, 4277; J. C. Braekman, et al. Bull. Soc. Chim. Belg., 1984, 93, 941; 1988, 97, 519; T. R. Hoye, et al. JACS, 1994, 116, 2617; R. W. Scott, et al. JACS, 1994, 116, 8853; R.W. Scott, et al. JOC, 1998, 63, 5001; C. H. Heathcock, et al. JOC, 1998, 63, 5013.

1465 Petrosine A 石海绵新 A*

【基本信息】$C_{30}H_{50}N_2O_2$.【类型】锉海绵素生物碱.【来源】石海绵属 Petrosia seriata 和锉海绵属 Xestospongia sp. (冲绳，日本).【活性】鱼毒.【文献】J. C. Braekman, et al. Tetrahedron Lett., 1982, 23, 4277; J. C. Braekman, et al. Bull. Soc. Chim. Belg., 1984, 93, 941; 1988, 97, 519; R.W. Scott, et al. JOC, 1998, 63, 5001; C. H. Heathcock, et al. JOC, 1998, 63, 5013.

1466 Petrosine B 石海绵新 B*

【基本信息】$C_{30}H_{50}N_2O_2$, $[\alpha]_D = -12°$ ($c = 0.79$, 二氯甲烷).【类型】锉海绵素生物碱.【来源】石海绵属 Petrosia seriata (巴布亚新几内亚).【活性】鱼毒.【文献】J. C. Braekman, et al. Tetrahedron Lett., 1982, 23, 4277; J. C. Braekman, et al. Bull. Soc. Chim. Belg., 1984, 93, 941; 1988, 97, 519; R.W. Scott, et al. JOC, 1998, 63, 5001; C. H. Heathcock, et al. JOC, 1998, 63, 5013.

1467 Xestospongin B 小锉海绵素 B*

【基本信息】$C_{29}H_{52}N_2O_3$, 晶体 (乙醚), mp 179~181°C, $[\alpha]_D = +7.10°$ ($c = 0.91$, 氯仿).【类型】锉海绵素生物碱.【来源】小锉海绵* Xestospongia exigua (冲绳，日本).【活性】血管扩张剂.【文献】M. Nakagawa, et al. Tetrahedron Lett., 1984, 25, 3227;

1468　Xestospongin D　小锉海绵素 D*

【别名】Araguspongine A；阿拉古锉海绵素 A*.【基本信息】$C_{28}H_{50}N_2O_3$，晶体（乙醚），mp 156~157℃，$[\alpha]_D = +18.43°$ ($c = 1.08$，氯仿).【类型】锉海绵素生物碱.【来源】小锉海绵* *Xestospongia exigua* (冲绳，日本).【活性】血管扩张剂.【文献】M. Nakagawa, et al. Tetrahedron Lett., 1984, 25, 3227; M. Kobayashi, et al. CPB, 1989, 37, 1676.

6

喹啉、异喹啉和喹唑啉类生物碱

6.1 喹啉类生物碱　　／279

6.2 异喹啉类生物碱　　／303

6.3 喹唑啉类生物碱　　／309

6.1 喹啉类生物碱

1469 Ammosamide D 巴哈马链霉菌酰胺 D*
【基本信息】$C_{12}H_9ClN_4O_4$.【类型】喹啉类生物碱.【来源】海洋导出的链霉菌变异链霉菌 *Streptomyces variabilis* (沉积物, 情人礁, 巴哈马).【活性】细胞毒 (Mia-PaCa-2, 适度活性).【文献】E. Pan, et al. Org. Lett., 2012, 14, 2390.

1470 4,7-Dihydroxy-8-methoxyquinoline 4,7-二羟基-8-甲氧基喹啉
【基本信息】$C_{10}H_9NO_3$.【类型】喹啉类生物碱.【来源】多型短指软珊瑚 *Sinularia polydactyla* 和短指软珊瑚属 *Sinularia microclavata*.【活性】心脑血管活性.【文献】K. Long, et al. CA, 1985, 103, 128867; 1990, 112, 118619; 1991, 115, 71358.

1471 Halytulin 蜂海绵林*
【基本信息】$C_{35}H_{40}N_4O_4$, 橙色发泡油状物, $[\alpha]_D = +7.5°$ ($c = 2.8$, 甲醇).【类型】喹啉类生物碱.【来源】蜂海绵属 *Haliclona tulearensis* (南非).【活性】细胞毒 (P_{388}, $IC_{50} = 0.025\mu g/mL$; A549, $IC_{50} = 0.012\mu g/mL$; HT29, $IC_{50} = 0.012\mu g/mL$; MEL28, $IC_{50} = 0.025\mu g/mL$).【文献】Y. Kashman, et al. Tetrahedron Lett., 1999, 40, 997.

1472 Helquinoline 泥两面神菌喹啉*
【基本信息】$C_{12}H_{15}NO_3$, 油状物.【类型】喹啉类生物碱.【来源】海洋导出的细菌泥两面神菌 (模式种) *Janibacter limosus* HeL 1 (嗜冷生物, 冷水域, 培养物, 北海).【活性】抗菌 (枯草杆菌 *Bacillus subtilis*, 绿产色链霉菌 *Streptomyces viridochromogenes*, 金黄色葡萄球菌 *Staphylococcus aureus*, 中等活性); 抗真菌.【文献】R. N. Asolkar, et al. J. Antibiot., 2004, 57, 17; M.D. Lebar, et al. NPR, 2007, 24, 774 (Rev.).

1473 Lepadin A 簇海鞘啶 A*
【基本信息】$C_{20}H_{33}NO_3$, 油状物, $[\alpha]_D = -8.5°$ ($c = 0.002$, 甲醇).【类型】喹啉类生物碱.【来源】扁形动物门多肠目海洋扁虫 *Prostheceraeus villatus* (嗜冷生物, 冷水域, 卑尔根外海, 挪威), 簇海鞘属 *Clavelina lepadiformis*.【活性】细胞毒 (P_{388}, $ED_{50} = 1.2\mu g/mL$; MCF7, $ED_{50} = 2.3\mu g/mL$; 胶质母细胞瘤/星形细胞瘤 U373, $ED_{50} = 3.7\mu g/mL$; HEY, $ED_{50} = 2.6\mu g/mL$; LoVo, $ED_{50} = 1.1\mu g/mL$; A549, $ED_{50} = 0.84\mu g/mL$).【文献】B. Steffan, Tetrahedron, 1991, 47, 8729; J. Kubanek, et al. Tetrahedron Lett., 1995, 36, 6189; M. D. Lebar, et al. NPR, 2007, 24, 774 (Rev.).

1474 (−)-Lepadin B (−)-簇海鞘啶 B*
【基本信息】$C_{18}H_{31}NO$, $[\alpha]_D = -96°$ (甲醇).【类型】喹啉类生物碱.【来源】扁形动物门多肠目海洋扁虫 *Prostheceraeus villatus* (嗜冷生物, 冷水域, 卑尔根外海, 挪威), 簇海鞘属 *Clavelina lepadiformis*.【活性】细胞毒 (P_{388}, $ED_{50} = 2.7\mu g/mL$; MCF7, $ED_{50} = 17\mu g/mL$; U373, $ED_{50} = 10\mu g/mL$; HEY, $ED_{50} = $

15µg/mL; LoVo, ED_{50} = 7.5µg/mL; A549, ED_{50} = 5.2µg/mL).【文献】J. Kubanek, et al. Tetrahedron Lett., 1995, 36, 6189; N. Toyooka, et al. JOC, 1999, 64, 2182; N. Toyooka, et al. Tetrahedron, 1999, 55, 10673; T. Ozawa, et al. Org. Lett., 2000, 2, 2955; M.D. Lebar, et al. NPR, 2007, 24, 774 (Rev.).

1475 Marinoquinoline A 海洋喹啉 A*

【别名】4-Methyl-3H-pyrrolo[2,3-c]quinoline; 4-甲基-3H-吡咯并[2,3-c]喹啉.【基本信息】$C_{12}H_{10}N_2$, 针状晶体（丙酮/氯仿/己烷）.【类型】喹啉类生物碱.【来源】海洋导出的细菌速动丝菌属 Rapidithrix thailandica GB009.【活性】乙酰胆碱酯酶抑制剂.【文献】A. Kanjana-opas, et al. Acta Cryst. E, 2006, 62, o2728; Y. Sangnoi, et al. Mar. Drugs, 2008, 6, 578.

1476 22-O-(N-Me-L-valyl)-21-epi-aflaquinolone B 22-O-(N-甲基-L-缬氨酰)-21-epi-黄曲喹诺酮 B*

【基本信息】$C_{32}H_{42}N_2O_6$.【类型】喹啉类生物碱.【来源】真菌曲霉菌属 Aspergillus sp. XS-20090B15.【活性】抗病毒（呼吸系统多核体病毒 RSV, IC_{50} = 42nmol/L）.【文献】C. Prieto, et al. Theriogenology, 2005, 63, 1 (Rev.).

1477 2-Nonyl-4-hydroxyquinoline N-oxide 2-壬基-4-羟基喹啉 N-氧化物

【基本信息】$C_{18}H_{25}NO_2$, 叶片状晶体（乙醇）, mp 148~149℃.【类型】喹啉类生物碱.【来源】海洋细菌假单胞菌属 Pseudomonas sp. 来自岩屑海绵 Neopeltidae 科同形虫属 Homophymia sp.（克里多尼亚）.【活性】细胞毒（KB, IC_{50} < 2µg/mL）；抗菌（金黄色葡萄球菌 Staphylococcus aureus, 20mm/20µg）.【文献】V. Bultet-Poncé, et al. Mar. Biotechnol., 1999, 1, 384.

1478 2-Nonyl-4-quinolone 2-壬基-4-喹啉

【基本信息】$C_{18}H_{25}NO$, 晶体, mp 138.8~139.2℃.【类型】喹啉类生物碱.【来源】海洋细菌假单胞菌属 Pseudomonas sp. 来自岩屑海绵 Neopeltidae 科同形虫属 Homophymia sp.（克里多尼亚）.【活性】抗疟疾（恶性疟原虫 Plasmodium falciparum, ID_{50} = 4.8µg/mL）.【文献】V. Bultet-Poncé, et al. Mar. Biotechnol., 1999, 1, 384.

1479 Penicinolone 青霉属真菌酮*

【基本信息】$C_{14}H_{10}N_2O_3$, 无定形黄色粉末, mp 350~352℃.【类型】喹啉类生物碱.【来源】红树导出的真菌青霉属 Penicillium sp., 来自红树老鼠簕 Acanthus ilicifolius（树皮, 南海, 中国）.【活性】细胞毒（95-D, IC_{50} = 0.57µg/mL; HepG2, IC_{50} = 6.5µg/mL; HeLa, KB, KBV200 和 Hep2 细胞, 后面 4 种细胞 IC_{50} > 100µg/mL）；杀昆虫剂（绵蚜虫 Aphis gossypii, 1000µg/mL, 100%死亡率; 小菜蛾 Plutella xylostella, 绿棉铃虫（烟芽夜蛾）Heliothis virescens, 小麦壳针孢 Septoria tritici 以及蚕豆单胞锈菌 Uromyces fabae, > 1000µg/mL, 100%死亡率）.【文献】C.-L. Shao, et al. BoMCL, 2010, 20, 3284.

1480 Penispirolloid A 青霉属螺环化合物A*

【基本信息】$C_{21}H_{21}N_5O_2$.【类型】喹啉类生物碱.【来源】海洋导出的真菌青霉属 *Penicillium* sp.【活性】抗污剂 (总合草苔虫 *Bugula neritina* 幼虫).【文献】F. He, et al. Tetrahedron Lett., 2012, 53, 2280.

1481 2-*n*-Pentyl-4(1*H*)-quinolinol 2-*n*-戊基-4(1*H*)-喹啉醇

【基本信息】$C_{14}H_{17}NO$, 晶体, mp 141~142℃, mp 135℃.【类型】喹啉类生物碱.【来源】海洋细菌假单胞菌属 *Pseudomonas* sp.【活性】抗菌 (金黄色葡萄球菌 *Staphylococcus aureus* 和弧菌属 *Vibrio* sp.).【文献】S. J. Wratten, et al. Antimicrob. Agents Chemother., 1977, 11, 411.

1482 4,5,8-Trihydroxy-2-quinolinecarboxylic acid 4,5,8-三羟基-2-喹啉羧酸

【基本信息】$C_{10}H_7NO_5$, 黄色固体, mp 295~300℃ (分解).【类型】喹啉类生物碱.【来源】膜枝骨海绵 *Dendrilla membranosa* (南极地区, 色素).【活性】抗微生物.【文献】T. F. Molinski, et al. Tetrahedron Lett., 1988, 29, 2137.

1483 Tyrokeradine B (2009) 泰柔科拉啶B (2009)*

【基本信息】$C_{26}H_{27}Br_2N_7O_7$, 深绿色固体.【类型】喹啉类生物碱.【来源】未鉴定的海绵 (Verongida真海绵目, 庆良间列岛, 冲绳, 日本).【活性】抗微生物.【文献】H. Mukai, et al. BoMCL, 2009, 19, 1337.

1484 2-Undecen-18-yl-4-quinolone 2-十一烯-18-基-4-喹诺酮

【基本信息】$C_{20}H_{27}NO$.【类型】喹啉类生物碱.【来源】海洋细菌假单胞菌属 *Pseudomonas* sp. 来自岩屑海绵 Neopeltidae科同形虫属 *Homophymia* sp. (克里多尼亚).【活性】细胞毒 (KB, IC_{50} = 5μg/mL); 抗疟疾 (恶性疟原虫 *Plasmodium falciparum*, ID_{50} = 3.4μg/mL).【文献】V. Bultet-Poncé, et al. Mar. Biotechnol., 1999, 1, 384.

1485 2-Undecyl-4-quinolone 2-十一烷基-4-喹啉酮

【基本信息】$C_{20}H_{29}NO$, 晶体 (丙酮), mp 130~132℃.【类型】喹啉类生物碱.【来源】海洋细菌假单胞菌属 *Pseudomonas* sp., 来自岩屑海绵 Neopeltidae科同形虫属 *Homophymia* sp. (克里多尼亚).【活性】细胞毒 (KB, IC_{50} > 10μg/mL); 抗HIV-1病毒 (ID_{50} = 10^{-3}μg/mL); 抗疟疾 (恶性疟原虫 *Plasmodium falciparum*, ID_{50} = 1μg/mL); 二氢链霉素拮抗剂.【文献】V. Bultet-Poncé, et al. Mar. Biotechnol., 1999, 1, 384.

1486 Viridicatol 韦日蒂卡特醇*

【基本信息】$C_{15}H_{11}NO_3$，晶体（乙酸乙酯），mp 280°C.【类型】喹啉类生物碱.【来源】海洋导出的真菌变色曲霉菌 *Aspergillus versicolor*（沉积物，萨哈林湾，鄂霍次克海，俄罗斯).【活性】抑制精子受精的能力，IC_{50} = 11.86mmol/L；在 9.88mmol/L 表明低活性抑制细胞生长和膜分解效应).【文献】A. N. Yurchenko, et al. Russ. Chem. Bull., 2010, 59, 852.

1487 1-Aminodiscorhabdin D 1-氨基迪斯扣哈勃定 D*

【基本信息】$C_{18}H_{15}N_4O_2S^+$，深绿色固体.【类型】吡咯并[4,3,2-*de*]喹啉生物碱.【来源】寇海绵科海绵 *Tsitsikamma pedunculata*，寇海绵科海绵 *Tsitsikamma favus*, 寇海绵属 *Latrunculia bellae* 和寇海绵科海绵 *Strongylodesma algoaensis*（南非).【活性】细胞毒（HCT116).【文献】E. M. Antunes, et al. JNP, 2004, 67, 1268.

1488 Batzelline B 巴哈马海绵林 B*

【基本信息】$C_{11}H_9ClN_2O_2S$，深棕色固体.【类型】吡咯并[4,3,2-*de*]喹啉生物碱.【来源】Chondropsidae 科海绵 *Batzella* sp.（深水域，巴哈马，加勒比海).【活性】除草剂.【文献】S. Sakemi, et al. Tetrahedron Lett., 1989, 30, 2517; H. H. Sun, et al. JOC, 1990, 55, 4964; M. Alvarez, et al. EurJOC, 1999, 1173.

1489 Batzelline C 巴哈马海绵林 C*

【基本信息】$C_{11}H_9ClN_2O_2$，深棕色固体.【类型】吡咯并[4,3,2-*de*]喹啉生物碱.【来源】Chondropsidae 科海绵 *Batzella* sp. 和波纳佩属海绵* *Zyzzya massalis*.【活性】除草剂.【文献】S. Sakemi, et al. Tetrahedron Lett., 1989, 30, 2517; T. Izawa, et al. Tetrahedron Lett., 1994, 35, 917; X. L. Tao, et al. Tetrahedron, 1994, 50, 2017; T. Izawa, et al. Tetrahedron, 1994, 50, 13593; M.-G. Dijoux, et al. BoMC, 2005, 13, 6035.

1490 14-Bromo-7,8-didehydro-3-dihydrodiscorhabdin C 14-溴-7,8-双去氢-3-二氢迪斯扣哈勃定 C*

【基本信息】$C_{18}H_{12}Br_3N_3O_2$，绿色固体.【类型】吡咯并[4,3,2-*de*]喹啉生物碱.【来源】寇海绵科海绵 *Tsitsikamma pedunculata*，寇海绵科海绵 *Tsitsikamma favus*, 寇海绵属 *Latrunculia bellae* 和寇海绵科海绵 *Strongylodesma algoaensis*（南非).【活性】细胞毒（HCT116).【文献】E. M. Antunes, et al. JNP, 2004, 67, 1268.

1491 14-Bromodihydrodiscorhabdin C 14-溴二氢迪斯扣哈勃定 C*

【基本信息】$C_{18}H_{14}Br_3N_3O_2$，深绿色油状物.【类型】吡咯并[4,3,2-*de*]喹啉生物碱.【来源】寇海绵科海绵 *Tsitsikamma favus* [产率 = 0.01956%（干重），南非].【活性】抗菌（枯草杆菌 *Bacillus subtilis*); 细胞毒.【文献】G. J. Hooper, et al. Tetrahedron Lett., 1996, 37, 7135.

1492 4-Bromodihydrodiscorhabdin C 4-溴二氢迪斯扣哈勃定 C*
【基本信息】$C_{18}H_{15}Br_3N_3O_2^+$.【类型】吡咯并[4,3,2-de]喹啉生物碱.【来源】未鉴定的海绵 (Latrunculidae 科,南非).【活性】抗微生物.【文献】G. J. Hooper, et al. Tetrahedron Lett., 1996, 37, 7135.

1493 14-Bromodiscorhabdin C 14-溴迪斯扣哈勃定 C*
【基本信息】$C_{18}H_{12}Br_3N_3O_2$,深绿色油状物.【类型】吡咯并[4,3,2-de]喹啉生物碱.【来源】寇海绵科海绵 Tsitsikamma favus [产率 = 0.056% (干重), 南非].【活性】抗菌 (枯草杆菌 Bacillus subtilis); 细胞毒.【文献】G. J. Hooper, et al. Tetrahedron Lett., 1996, 37, 7135.

1494 Damirone B 鹿仔海绵酮 B*
【基本信息】$C_{11}H_{10}N_2O_2$,紫色固体, mp 250℃.【类型】吡咯并[4,3,2-de]喹啉生物碱.【来源】波纳佩海绵* Zyzzya fuliginosa (斐济) 和鹿仔海绵属 Damiria sp.【活性】细胞毒 [HCT116, IC_{50} = 0.08μmol/L; XRS-6, IC_{50} = 0.02μmol/L, HF (超敏因子) = IC_{50} BR1/IC_{50} XRS-6 = 2]; 拓扑异构酶 II 抑制剂 (in vitro, 解除连锁抑制试验, IC_{90} > 500μmol/L).【文献】D. C. Radisky, et al. JACS, 1993, 115, 1632; D. Roberts, et al. Tetrahedron Lett., 1994, 35, 7857.

1495 Damirone C 鹿仔海绵酮 C*
【基本信息】$C_{10}H_8N_2O_2$,红棕色固体.【类型】吡咯并[4,3,2-de]喹啉生物碱.【来源】波纳佩属海绵* Zyzzya fuliginosa (波纳佩岛,密克罗尼西亚联邦).【活性】细胞毒 (HCT116).【文献】E. W. Schmidt, et al. JNP, 1995, 58, 1861.

1496 7,8-Didehydro-3-dihydrodiscorhabdin C 7,8-双去氢-3-二氢迪斯扣哈勃定 C*
【基本信息】$C_{18}H_{13}Br_2N_3O_2$,橄榄绿色固体.【类型】吡咯并[4,3,2-de]喹啉生物碱.【来源】寇海绵科海绵 Tsitsikamma pedunculata,寇海绵科海绵 Tsitsikamma favus,寇海绵属 Latrunculia bellae 和寇海绵科海绵 Strongylodesma algoaensis (南非).【活性】细胞毒 (HCT116).【文献】E. M. Antunes, et al. JNP, 2004, 67, 1268.

1497 3-Dihydrodiscorhabdin B 3-二氢迪斯扣哈勃定 B*
【基本信息】$C_{18}H_{14}BrN_3O_2S$,深棕色固体 (甲酸盐).【类型】吡咯并[4,3,2-de]喹啉生物碱.【来源】寇海绵属 Latrunculia sp. (嗜冷生物,冷水域,阿留申群岛,阿拉斯加海岸,美国).【活性】抗丙型肝炎病毒 HCV; 抗疟疾; 抗菌.【文献】M. K. Na, et al. JNP, 2010, 73, 383; S. Abbas, Mar. Drugs,

2011, 9, 2423 (Rev.).

1498　Dihydrodiscorhabdin C　二氢迪斯扣哈勃定 C*

【基本信息】$C_{18}H_{15}Br_2N_3O_2$.【类型】吡咯并[4,3,2-de]喹啉生物碱.【来源】寇海绵属 Latrunculia sp. (嗜冷生物，冷水域，阿留申群岛，阿拉斯加海岸，美国).【活性】选择性抗原生动物 (in vitro, 氯喹敏感的恶性疟原虫 Plasmodium falciparum, IC_{50} = 170nmol/L; 氯喹敏感的恶性疟原虫 Plasmodium falciparum, IC_{50} = 130nmol/L); 抗疟疾负面结果 (小鼠模型, in vivo, 观察到高水平活性，包括体重减少，运动减少和脱水).【文献】S. Abbas, Mar. Drugs, 2011, 9, 2423 (Rev.).

1499　Discorhabdin A　迪斯扣哈勃定 A*

【别名】Prianosin A; 锯齿海绵新 A*.【基本信息】$C_{18}H_{14}BrN_3O_2S$, 绿色固体（盐酸），$[α]_D^{24}$ = +248º (c = 0.19, 氯仿), $[α]_D$ = +400º (c = 0.05, 甲醇) (盐酸).【类型】吡咯并[4,3,2-de]喹啉生物碱.【来源】寇海绵属 Latrunculia sp. (嗜冷生物，冷水域，阿留申群岛，阿拉斯加海岸，美国) 和波纳佩属海绵* Zyzzya fuliginosa (斐济).【活性】细胞毒 (HCT116, IC_{50} > 50μmol/L; XRS-6, IC_{50} > 50μmol/L, HF (超敏因子) = IC_{50} BR1 / IC_{50} XRS-6 = 1); 拓扑异构酶Ⅱ抑制剂 (in vitro, 解除连锁抑制试验, IC_{90} > 500μmol/L); 选择性抗原生动物 (in vitro, 对氯喹敏感的恶性疟原虫 Plasmodium falciparum, IC_{50} = 53nmol/L; 抗氯喹的恶性疟原虫 Plasmodium falciparum, IC_{50} = 53nmol/L); 抗疟疾负面结果 (小鼠模型, in vivo, 观察到高水平毒性，包括体重减少，运动减少和脱水).【文献】

J. Kobayashi, et al. Tetrahedron Lett., 1987, 28, 4939; J. Cheng, et al. JOC, 1988, 53, 4621; D. C. Radisky, et al. JACS, 1993, 115, 1632; S. Abbas, Mar. Drugs, 2011, 9, 2423 (Rev.).

1500　Discorhabdin B　迪斯扣哈勃定 B*

【基本信息】$C_{18}H_{12}BrN_3O_2S$, 绿色固体（盐酸），mp > 360℃ (盐酸), $[α]_D$ = +400º (c = 0.2, 甲醇) (盐酸)【类型】吡咯并[4,3,2-de]喹啉生物碱.【来源】惠灵顿寇海绵* Latrunculia wellingtonensis 和寇海绵属 Latrunculia fiordensis.【活性】细胞毒 (小鼠和人癌细胞株, IC_{50} = 0.1μmol/L).【文献】N. B. Perry, et al. Tetrahedron, 1988, 44, 1727; T. Grkovic, et al. JNP, 2010, 73, 1686.

1501　Discorhabdin C　迪斯扣哈勃定 C*

【基本信息】$C_{18}H_{13}Br_2N_3O_2$, mp > 360℃ (盐酸), $[α]_D$ = 0º (盐酸).【类型】吡咯并[4,3,2-de]喹啉生物碱.【来源】寇海绵属 Latrunculia sp. (嗜冷生物，冷水域，新西兰), 陀螺寇海绵 Latrunculia apicalis (嗜冷生物，冷水域，南极地区).【活性】细胞毒 (BSC, P_{388}); 细胞毒 (L_{1210}, ED_{50} < 100ng/mL); 选择性抗原生动物 (in vitro, 对氯喹敏感的恶性疟原虫 Plasmodium falciparum, IC_{50} = 2800nmol/L, 抗氯喹的恶性疟原虫 Plasmodium falciparum, IC_{50} = 2000nmol/L); 抗微生物 (6mm 纸盘试验, 30μg 样本, 大肠杆菌 Escherichia coli, 枯草杆菌 Bacillus subtilis, 铜绿假单胞菌 Pseudomonas aeruginosa, 白色念珠菌 Candida albicans, IZD 分别为 2mm, 8mm, 0mm, 0mm); LD_{50} (小鼠, ipr) = 2mg/kg.【文献】N. B. Perry, et al. J. Org. Chem., 1986, 51, 5476; N. B. Perry, et al.

Tetrahedron, 1988, 44, 1727; Y. Kita, et al. JACS, 1992, 114, 2175; B. R. Copp, et al. JOC, 1994.59, 8233; T. Izawa, et al. Tetrahedron Lett., 1994, 35, 917; X. L. Tao, et al. Tetrahedron, 1994, 50, 2017; T. Izawa, et al. Tetrahedron, 1994, 50, 13593; A. Yang, et al. JNP, 1995, 58, 1596; M. D. Lebar, et al. NPR, 2007, 24, 774 (Rev.); S. Abbas, Mar. Drugs, 2011, 9, 2423 (Rev.).

1502 (+)-(2S,6R,8S)-Discorhabdin D (+)-(2S,6R,8S)-迪斯扣哈勃定 D*

【别名】Prianosin D; 锯齿海绵新 D*.【基本信息】$C_{18}H_{14}N_3O_2S^+$, 绿色固体, mp 300°C, $[\alpha]_D^{26}$ = +344º (c = 0.01, 甲醇).【类型】吡咯并[4,3,2-de]喹啉生物碱.【来源】短枝寇海绵 Latrunculia brevis, 锯齿海绵属 Prianos melanos, 寇海绵属 Latrunculia wellingtonensis, 寇海绵属 Latrunculia trivetricillata 和寇海绵科海绵 Sceptrella sp.【活性】细胞毒 (小鼠和人癌细胞株, IC$_{50}$ = 1~15µmol/L); 抗微生物; 诱导 Ca^{2+} 离子从肌质网释放.【文献】N. B. Perry, et al. JOC, 1988, 53, 4127; T. Grkovic, et al. JNP, 2010, 73, 1686.

1503 Discorhabdin E 迪斯扣哈勃定 E*

【基本信息】$C_{18}H_{14}BrN_3O_2$, 红色固体 (三氟乙酸盐).【类型】吡咯并[4,3,2-de]喹啉生物碱.【来源】寇海绵属 Latrunculia sp. (新西兰) 和寇海绵属 Latrunculia sp. (嗜冷生物, 冷水域, 阿留申群岛, 阿拉斯加海岸, 美国).【活性】细胞毒 (BSC, P$_{388}$); 抗微生物 (6mm 纸盘试验, 30µg 样本, 大肠杆菌 Escherichia coli, 枯草杆菌 Bacillus subtilis, 铜绿假单胞菌 Pseudomonas aeruginosa, 白色念珠菌 Candida albicans, IZD 分别为 6mm, 4mm, 0mm, 1mm).【文献】N. B. Perry, et al. Tetrahedron, 1988, 44, 1727; B. R. Copp, et al. JOC, 1994.59, 8233; S. Abbas, Mar. Drugs, 2011, 9, 2423 (Rev.).

1504 Discorhabdin G 迪斯扣哈勃定 G*

【基本信息】$C_{18}H_{14}BrN_3O_2$, 绿色固体 (三氟乙酸盐), $[\alpha]_D$ = +27.0º (c = 0.063, 甲醇).【类型】吡咯并[4,3,2-de]喹啉生物碱.【来源】陀螺寇海绵 Latrunculia apicalis (南极地区).【活性】拒食活性 (对主要的南极海绵捕食者); 抗微生物 (抑制两种常见的从环境水中分离的水体微生物的生长).【文献】A. Yang, et al. JNP, 1995, 58, 1596; E. V. Sadanandan, et al. JOC, 1995, 60, 1800; F. Yamada, et al. Heterocycles, 1995, 41, 1905; M.D. Lebar, et al. NPR, 2007, 24, 774 (Rev.).

1505 (+)-Discorhabdin I (+)-迪斯扣哈勃定 I*

【别名】Discorhabdin G‡; 迪斯扣哈勃定 G*‡.【基本信息】$C_{18}H_{13}N_3O_2S$, 绿色固体(三氟乙酸盐), $[\alpha]_D$ = +540º (c = 0.05, 甲醇) (三氟乙酸盐).【类型】吡咯并[4,3,2-de]喹啉生物碱.【来源】短枝寇海绵 Latrunculia brevis.【活性】细胞毒 (对 14 种癌细胞有高活性, HT29, GI$_{50}$ = 0.35µmol/L).【文献】F. Reyes, et al. JNP, 2004, 67, 463.

1506　(−)-Discorhabdin L　(−)-迪斯扣哈勃定 L*
【基本信息】$C_{18}H_{14}N_3O_3S^+$，绿色固体（三氟乙酸盐），mp > 250℃，$[α]_D^{25} = −333º$ ($c = 0.09$，甲醇).【类型】吡咯并[4,3,2-*de*]喹啉生物碱.【来源】寇海绵科海绵 *Sceptrella* sp. (朝鲜半岛水域) 和短枝寇海绵 *Latrunculia brevis*.【活性】细胞毒（小鼠和人癌细胞株，$IC_{50} = 1~15μmol/L$); 细胞毒 (14 种癌细胞，高活性，HT29，$GI_{50} = 0.12μmol/L$).【文献】F. Reyes, et al. JNP, 2004, 67, 463; T. Grkovic, et al. JNP, 2010, 73, 1686.

1507　(−)-(1*R*,2*S*,6*R*,8*S*)-Discorhabdin N　(−)-(1*R*,2*S*,6*R*,8*S*)-迪斯扣哈勃定 N*
【基本信息】$C_{20}H_{17}N_4O_4S^+$，红棕色固体；三氟乙酸盐，深绿色油状物；$[α]_D^{20} = −160º$，$[α]_{578} = −260º$，$[α]_{546} = −52º$ ($c = 0.05$，甲醇).【类型】吡咯并[4,3,2-*de*]喹啉生物碱.【来源】寇海绵属 *Latrunculia bellae* 和寇海绵属 *Latrunculia wellingtonensis*.【活性】细胞毒（小鼠和人癌细胞，$IC_{50} = 1~15μmol/L$).【文献】E. M. Antunes, et al. JNP, 2004, 67, 1268; T. Grkovic, et al. JNP, 2010, 73, 1686.

1508　Discorhabdin P　迪斯扣哈勃定 P*
【别名】N^{13}-Methyl-discorhabdin C; N^{13}-甲基迪斯扣哈勃定 C*.【基本信息】$C_{19}H_{15}Br_2N_3O_2$，mp >360℃ (162℃变黑).【类型】吡咯并[4,3,2-*de*]喹啉生物碱.【来源】Chondropsidae 科海绵 *Batzella* sp.（深水域，巴哈马，加勒比海).【活性】细胞毒 (P_{388}, $IC_{50} = 0.025μg/mL$; A549, $IC_{50} = 0.41μg/mL$); 抑制钙调磷酸酶 (CaN, calcineurin) ($IC_{50} = 0.55μg/mL$); 肽酶 CPP32 抑制剂 ($IC_{50} = 0.37μg/mL$).【文献】S. P. Gunasekera, et al. JNP, 1999, 62, 173.

1509　(−)-(6*S*,8*R*)-Discorhabdin Q　(−)-(6*S*,8*R*)-迪斯扣哈勃定 Q*
【基本信息】$C_{18}H_{10}BrN_3O_2S$，橙色固体，$[α]_D = −452.4º$ ($c = 0.004$，氯仿), $[α]_D = −904º$ ($c = 0.0125$，甲醇).【类型】吡咯并[4,3,2-*de*]喹啉生物碱.【来源】紫色寇海绵* *Latrunculia purpurea* 和波纳佩属海绵* *Zyzzya* spp. (至少三个样本)【活性】细胞毒 (NCI 60 种细胞株，$GI_{50} = 0.5μg/mL$).【文献】M. -G. Dijoux, et al. JNP, 1999, 62, 636.

1510　Discorhabdin R　迪斯扣哈勃定 R*
【基本信息】$C_{18}H_{13}N_3O_3S$，绿色固体，$[α]_D^{20} = +161º$ ($c = 0.1$，甲醇).【类型】吡咯并[4,3,2-*de*]喹啉生物碱.【来源】寇海绵属 *Latrunculia* sp. (嗜冷生物，冷水域，普里兹湾，南极地区) 和 Podospongiidae 科海绵 *Negombata* sp.【活性】抗菌（革兰氏阳性菌：金黄色葡萄球菌 *Staphylococcus aureus*，藤黄色微球菌 *Micrococcus luteus*；革兰氏阴性菌：黏质沙雷氏菌 *Serratia marcescens*，大肠杆菌 *Escherichia coli*).【文献】J. Ford, et al. JNP, 2000, 63, 1527; M. D. Lebar, et al. NPR, 2007, 24, 774 (Rev.); S. Abbas, Mar. Drugs, 2011, 9, 2423 (Rev.).

1511 Discorhabdin S 迪斯扣哈勃定 S*

【基本信息】$C_{20}H_{16}BrN_3O_2S$, 深橙色固体.【类型】吡咯并[4,3,2-de]喹啉生物碱.【来源】Chondropsidae 科海绵 *Batzella* sp.【活性】细胞毒 (PANC1, P_{388} 和 A549).【文献】S. P. Gunasekera, et al. JNP, 2003, 66, 1615; T. Grkovic, et al. JNP, 2010, 73, 1686.

1512 Discorhabdin T 迪斯扣哈勃定 T*

【基本信息】$C_{20}H_{14}BrN_3O_2S$, 深橙色固体.【类型】吡咯并[4,3,2-de]喹啉生物碱.【来源】Chondropsidae 科海绵 *Batzella* sp.【活性】细胞毒 (PANC1, P_{388} 和 A549).【文献】S. P. Gunasekera, et al. JNP, 2003, 66, 1615; T. Grkovic, et al. JNP, 2010, 73, 1686.

1513 Discorhabdin U 迪斯扣哈勃定 U*

【基本信息】$C_{20}H_{16}BrN_3O_2S$, 深橙色固体.【类型】吡咯并[4,3,2-de]喹啉生物碱.【来源】Chondropsidae 科海绵 *Batzella* sp.【活性】细胞毒 (小鼠和人癌细胞株, $IC_{50} = 0.1 \mu mol/L$).【文献】S. P. Gunasekera, et al. JNP, 2003, 66, 1615; T. Grkovic, et al. JNP, 2010, 73, 1686.

1514 Discorhabdin V 迪斯扣哈勃定 V*

【基本信息】$C_{18}H_{17}BrN_3O_2^+$, 深绿色固体 (三氟乙酸盐).【类型】吡咯并[4,3,2-de]喹啉生物碱.【来源】寇海绵科海绵 *Tsitsikamma pedunculata*, 寇海绵科海绵 *Tsitsikamma favus*, 寇海绵属 *Latrunculia bellae* 和寇海绵科海绵 *Strongylodesma algoaensis* (南非).【活性】细胞毒 (HCT116).【文献】E. M. Antunes, et al. JNP, 2004, 67, 1268.

1515 (S,S)-Discorhabdin W (S,S)-迪斯扣哈勃定 W*

【基本信息】$C_{36}H_{22}Br_2N_6O_4S_2$, $[\alpha]_D = -260°$ ($c = 0.05$, 甲醇).【类型】吡咯并[4,3,2-de]喹啉生物碱.【来源】寇海绵属 *Latrunculia* sp. (新西兰).【活性】细胞毒 (P_{388}).【文献】G. Lang, et al. JNP, 2005, 68, 1796; T. Grkovic, et al. JOC, 2008, 73, 9133.

1516 (R,R)-Discorhabdin W (R,R)-迪斯扣哈勃定 W*

【基本信息】$C_{36}H_{22}Br_2N_6O_4S_2$, $[\alpha]_D^{20} = +220°$ ($c = 0.05$, 甲醇).【类型】吡咯并[4,3,2-de]喹啉生物碱.【来源】寇海绵属 *Latrunculia fiordensis* 和寇海绵属 *Latrunculia* sp.【活性】细胞毒 (小鼠和人癌细胞株, $IC_{50} = 0.1 \mu mol/L$).【文献】G. Lang, et al. JNP, 2005, 68, 1796; T. Grkovic, et al. JOC, 2008, 73, 9133; T. Grkovic, et al. JNP, 2010, 73, 1686.

1517 Discorhabdin Y 迪斯扣哈勃定 Y*

【基本信息】$C_{18}H_{16}BrN_3O_2$, 紫色固体 (甲酸盐), $[\alpha]_D^{25} = +20°$ ($c = 0.01$, 甲醇).【类型】吡咯并

[4,3,2-de]喹啉生物碱.【来源】寇海绵属 *Latrunculia* sp. (嗜冷生物, 冷水域, 阿留申群岛, 阿拉斯加海岸, 美国).【活性】抗丙型肝炎病毒 HCV; 抗疟疾; 抗菌.【文献】M. K. Na, et al. JNP, 2010, 73, 383; S. Abbas, Mar. Drugs, 2011, 9, 2423 (Rev.).

1518　(−)-Discorhabdin Z　(−)-迪斯扣哈勃定 Z*
【基本信息】$C_{18}H_{18}N_3O_5^+$, 深紫色固体, $[\alpha]_D^{25}$ = −188º (c = 0.009, 甲醇).【类型】吡咯并[4,3,2-*de*]喹啉生物碱.【来源】寇海绵科海绵 *Sceptrella* sp. (朝鲜半岛水域).【活性】抗菌 (藤黄色微球菌 *Micrococcus luteus*, MIC = 50μg/mL, 作用的分子机制: 分选酶 A 抑制剂).【文献】J. E. Jeon, et al. JNP, 2010, 73, 258.

1519　*epi*-Nardine A　*epi*-那尔啶 A*
【基本信息】$C_{18}H_{18}N_3O_3^+$, 绿色粉末.【类型】吡咯并[4,3,2-*de*]喹啉生物碱.【来源】未鉴定的海绵 (深水域, 菠菜绿色, 南印度洋).【活性】细胞毒 [*in vitro*, 抗阿霉素 L_{1210}/Dx 细胞, IC_{50} = (6.8±0.5)μg/mL; L_{1210} 细胞, IC_{50} = (1.7±0.2)μg/mL, 抗性指数 RI = 4; 对照阿霉素, L_{1210}/Dx 细胞, IC_{50} = (0.711±0.064)μg/mL; L_{1210} 细胞, IC_{50} = (0.0297±0.004)μg/mL, RI = 24].【文献】M. D'Ambrosio, et al. Tetrahedron, 1996, 52, 8899.

1520　*epi*-Nardine C　*epi*-那尔啶 C*
【基本信息】$C_{18}H_{15}Br_2N_3O_2$, 绿色粉末.【类型】吡咯并[4,3,2-*de*]喹啉生物碱.【来源】未鉴定的海绵 (深水域, 菠菜绿色, 南印度洋).【活性】细胞毒 [*in vitro*, 抗阿霉素 L_{1210}/Dx 细胞, IC_{50} = (0.358±0.02)μg/mL; L_{1210} 细胞, IC_{50} = (0.324±0.004)μg/mL, RI = 1; 对照阿霉素, L_{1210}/Dx 细胞, IC_{50} = (0.711±0.064)μg/mL; L_{1210} 细胞, IC_{50} = (0.0297±0.004)μg/mL, RI = 24].【文献】M. D'Ambrosio, et al. Tetrahedron, 1996, 52, 8899.

1521　Isobatzelline A　异巴采拉海绵林 A*
【基本信息】$C_{12}H_{12}ClN_3OS$, 棕色固体.【类型】吡咯并[4,3,2-*de*]喹啉生物碱.【来源】Chondropsidae 科海绵 *Batzella* sp. (深水域, 加勒比海).【活性】细胞毒; 抗真菌.【文献】S. Sakemi, et al. Tetrahedron Lett., 1989, 30, 2517; H. H. Sun, et al. JOC, 1990, 55, 4964; M. Alvarez, et al. EurJOC, 1999, 1173.

1522　Isobatzelline B　异巴采拉海绵林 B*
【基本信息】$C_{12}H_{13}N_3OS$, 红棕色固体.【类型】吡咯并[4,3,2-*de*]喹啉生物碱.【来源】Chondropsidae 科海绵 *Batzella* sp. (深水域, 加勒比海).【活性】细胞毒; 抗真菌.【文献】S. Sakemi, et al. Tetrahedron Lett., 1989, 30, 2517; H. H. Sun, et al. JOC, 1990, 55, 4964; M. Iwao, et al. Tetrahedron, 1998, 54, 8999; M. Alvarez, et al. Tetrahedron Lett., 1998, 39, 679; G. A. Kraus et al. JOC, 1998, 63, 9846; M. Alvarez, et al. EurJOC, 1999, 1173.

1523　Isobatzelline C　异巴采拉海绵林 C*
【基本信息】$C_{11}H_{10}ClN_3O$，绿棕色或红色固体.【类型】吡咯并[4,3,2-de]喹啉生物碱.【来源】Chondropsidae 科海绵 Batzella sp.【活性】细胞毒 (HeLa-S3, IC_{50} = 5.65μg/mL).【文献】S. Sakemi, et al. Tetrahedron Lett., 1989, 30, 2517; T. Izawa, et al. Tetrahedron Lett., 1994, 35, 917; X. L. Tao, et al. Tetrahedron, 1994, 50, 2017; T. Izawa, et al. Tetrahedron, 1994, 50, 13593.

1524　Isobatzelline D　异巴采拉海绵林 D*
【基本信息】$C_{12}H_{10}ClN_3OS$，红棕色固体.【类型】吡咯并[4,3,2-de]喹啉生物碱.【来源】Chondropsidae 科海绵 Batzella sp.【活性】细胞毒; 抗真菌（中等活性）.【文献】H. H. Sun, et al. JOC, 1990, 55, 4964.

1525　Makaluvamine A　马卡鲁胺 A*
【基本信息】$C_{11}H_{12}N_3O^+$，绿色固体（三氟乙酸盐）.【类型】吡咯并[4,3,2-de]喹啉生物碱.【来源】波纳佩海绵* Zyzzya fuliginosa（斐济）和波纳佩同属海绵* Zyzzya massalis.【活性】细胞毒 [HCT116, IC_{50} = 1.3μmol/L; XRS-6, IC_{50} = 0.41μmol/L, HF (超敏因子) = IC_{50} BR1 / IC_{50} XRS-6 = 9, 作用机制涉及 DNA 双键断裂, 是拓扑异构酶Ⅱ抑制剂的活性特征]; 拓扑异构酶Ⅱ抑制剂 (in vitro, 解除连锁抑制试验, IC_{90} = 41μmol/L); 抗肿瘤 (in vivo, 剂量 0.5mg/kg, 人卵巢癌 OVCAR-3, T/C = 62%; P_{388} 小鼠白血病, 只有生命延续边缘活性).【文献】D. C. Radisky, et al. JACS, 1993, 115, 1632; T. Izawa, et al. Tetrahedron Lett., 1994, 35, 917; X. L. Tao, et al. Tetrahedron, 1994, 50, 2017.

1526　Makaluvamine B　马卡鲁胺 B*
【基本信息】$C_{11}H_{10}N_3O^+$，红色固体（三氟乙酸盐）.【类型】吡咯并[4,3,2-de]喹啉生物碱.【来源】波纳佩海绵* Zyzzya fuliginosa（斐济）和波纳佩同属海绵* Zyzzya massalis.【活性】细胞毒 [HCT116, IC_{50} > 50μmol/L; XRS-6, IC_{50} = 13.49μmol/L, HF (超敏因子) = IC_{50} BR1 / IC_{50} XRS-6 = 1]; 拓扑异构酶Ⅱ抑制剂 (in vitro, 解除连锁抑制试验, IC_{90} > 500μmol/L).【文献】D. C. Radisky, et al. JACS, 1993, 115, 1632; T. Izawa, et al. Tetrahedron Lett., 1994, 35, 917; X. L. Tao, et al. Tetrahedron, 1994, 50, 2017.

1527　Makaluvamine C　马卡鲁胺 C*
【基本信息】$C_{11}H_{12}N_3O^+$，绿色固体（三氟乙酸盐）.【类型】吡咯并[4,3,2-de]喹啉生物碱.【来源】波纳佩海绵* Zyzzya fuliginosa（斐济）和波纳佩属海绵* Zyzzya massalis.【活性】细胞毒 [HCT116, IC_{50} = 36.2μmol/L; XRS-6, IC_{50} = 5.4μmol/L, HF (超敏因子) = IC_{50} BR1 / IC_{50} XRS-6 = 4; 作用机制涉及 DNA 双键断裂, 是拓扑异构酶Ⅱ抑制剂的活性特征]; 拓扑异构酶Ⅱ抑制剂 (in vitro, 解除连锁抑制试验, IC_{90} = 420μmol/L); 抗肿瘤 (in vivo, 剂量 5.0mg/kg, 人卵巢癌 OVCAR-3, T/C = 48%; P_{388} 小鼠白血病, 只有生命延长边缘活性).【文献】D. C. Radisky, et al. JACS, 1993, 115, 1632; T. Izawa, et al. Tetrahedron Lett., 1994, 35, 917; X. L. Tao, et al. Tetrahedron, 1994, 50, 2017.

1528 Makaluvamine D 马卡鲁胺 D*

【基本信息】$C_{18}H_{18}N_3O_2^+$，棕色固体（三氟乙酸盐）.【类型】吡咯并[4,3,2-de]喹啉生物碱.【来源】波纳佩海绵* Zyzzya fuliginosa（斐济）和波纳佩属海绵* Zyzzya massalis.【活性】细胞毒 [HCT116, IC_{50} = 17.1μmol/L; XRS-6, IC_{50} = 14.0μmol/L, HF（超敏因子）= IC_{50} BR1 / IC_{50} XRS-6 = 3，作用机制涉及 DNA 双键断裂，是拓扑异构酶Ⅱ抑制剂的活性特征；拓扑异构酶Ⅱ抑制剂 (in vitro, 解除连锁抑制试验, IC_{90} = 320μmol/L).【文献】D. C. Radisky, et al. JACS, 1993, 115, 1632; T. Izawa, et al. Tetrahedron Lett., 1994, 35, 917; X. L. Tao, et al. Tetrahedron, 1994, 50, 2017.

1529 Makaluvamine E 马卡鲁胺 E*

【基本信息】$C_{19}H_{18}N_3O_2^+$，绿色固体（三氟乙酸盐）.【类型】吡咯并[4,3,2-de]喹啉生物碱.【来源】波纳佩海绵* Zyzzya fuliginosa（斐济）和波纳佩同属海绵* Zyzzya massalis.【活性】细胞毒 [HCT116, IC_{50} = 1.2μmol/L; XRS-6, IC_{50} = 1.7μmol/L, HF（超敏因子）= IC_{50} BR1 / IC_{50} XRS-6 = 4，作用机制涉及 DNA 双键断裂，是拓扑异构酶Ⅱ抑制剂的活性特征；拓扑异构酶Ⅱ抑制剂 (in vitro, 解除连锁抑制试验, IC_{90} = 310μmol/L).【文献】D. C. Radisky, et al. JACS, 1993, 115, 1632; T. Izawa, et al. Tetrahedron Lett., 1994, 35, 917; X. L. Tao, et al. Tetrahedron, 1994, 50, 2017.

1530 Makaluvamine F 马卡鲁胺 F*

【基本信息】$C_{18}H_{15}BrN_3O_2S^+$，橙色固体（三氟乙酸盐），$[\alpha]_D$ = –475.80º (c = 0.0248, 甲醇).【类型】吡咯并[4,3,2-de]喹啉生物碱.【来源】波纳佩海绵* Zyzzya fuliginosa（斐济）.【活性】细胞毒 [HCT116, IC_{50} = 0.17μmol/L; XRS-6, IC_{50} = 0.08μmol/L, HF（超敏因子）= IC_{50} BR1 / IC_{50} XRS-6 = 6，作用机制涉及 DNA 双键断裂，是拓扑异构酶Ⅱ抑制剂的活性特征；拓扑异构酶Ⅱ抑制剂 (IC_{90} = 25μmol/L).【文献】D. C. Radisky, et al. JACS, 1993, 115, 1632.

1531 Makaluvamine G 马卡鲁胺 G*

【基本信息】$C_{20}H_{18}N_3O_2^+$，墨绿色粉末，mp 250℃.【类型】吡咯并[4,3,2-de]喹啉生物碱.【来源】马海绵属 Histodermella sp.（印度尼西亚）和波纳佩属海绵* Zyzzya cf. fuliginosa（瓦努阿图）.【活性】细胞毒；拓扑异构酶Ⅰ抑制剂 (in vitro, 中等活性).【文献】J. R. Carney, et al. Tetrahedron, 1993, 49, 8483; A. Casapullo, et al. JNP, 2001, 64, 1354.

1532 Makaluvamine H 马卡鲁胺 H*

【基本信息】$C_{12}H_{14}N_3O^+$，红棕色固体（三氟乙酸盐）.【类型】吡咯并[4,3,2-de]喹啉生物碱.【来源】波纳佩属海绵* Zyzzya fuliginosa（波纳佩岛，密克罗尼西亚联邦）.【活性】细胞毒 (HCT116).【文献】E. W. Schmidt, et al. JNP, 1995, 58, 1861.

1533 Makaluvamine I 马卡鲁胺 I*
【基本信息】$C_{10}H_{10}N_3O^+$，绿色固体（三氟乙酸盐）.【类型】吡咯并[4,3,2-*de*]喹啉生物碱.【来源】波纳佩属海绵* *Zyzzya fuliginosa* (波纳佩岛，密克罗尼西亚联邦) 和波纳佩属海绵* *Zyzzya* spp.【活性】细胞毒 (HCT116)；细胞毒 (拓扑异构酶 II 抑制剂敏感的 CHO 细胞株 XVS)；拓扑异构酶 II 抑制剂 (*in vitro*).【文献】E. W. Schmidt, et al. JNP, 1995, 58, 1861.

1534 Makaluvamine J 马卡鲁胺 J*
【基本信息】$C_{19}H_{20}N_3O_2^+$，红棕色固体（三氟乙酸盐）.【类型】吡咯并[4,3,2-*de*]喹啉生物碱.【来源】波纳佩属海绵* *Zyzzya fuliginosa* (波纳佩岛，密克罗尼西亚联邦) 和波纳佩属海绵* *Zyzzya* cf. *fuliginosa* (瓦努阿图).【活性】细胞毒 (HCT116).【文献】E. W. Schmidt, et al. JNP, 1995, 58, 1861; A. Casapullo, et al. JNP, 2001, 64, 1354.

1535 Makaluvamine K 马卡鲁胺 K*
【基本信息】$C_{19}H_{20}N_3O_2^+$，红棕色固体（三氟乙酸盐）.【类型】吡咯并[4,3,2-*de*]喹啉生物碱.【来源】波纳佩属海绵* *Zyzzya fuliginosa* (波纳佩岛，密克罗尼西亚联邦)，波纳佩属海绵* *Zyzzya* cf. *fuliginosa* (瓦努阿图) 和波纳佩属海绵* *Zyzzya* spp.【活性】细胞毒 (HCT116)；细胞毒 (拓扑异构酶 II 抑制剂敏感的 CHO 细胞株 XVS)；拓扑异构酶 II 抑制剂 (*in vitro*).【文献】E. W. Schmidt, et al. JNP, 1995, 58, 1861; A. Casapullo, et al. JNP, 2001, 64, 1354.

1536 Makaluvamine L 马卡鲁胺 L*
【基本信息】$C_{19}H_{18}N_3O_2^+$，绿色固体（三氟乙酸盐）.【类型】吡咯并[4,3,2-*de*]喹啉生物碱.【来源】波纳佩属海绵* *Zyzzya fuliginosa* (波纳佩岛，密克罗尼西亚联邦) 和波纳佩属海绵* *Zyzzya* cf. *fuliginosa* (瓦努阿图).【活性】细胞毒 (HCT116).【文献】E. W. Schmidt, et al. JNP, 1995, 58, 1861; A. Casapullo, et al. JNP, 2001, 64, 1354.

1537 Makaluvamine M 马卡鲁胺 M*
【基本信息】$C_{18}H_{16}N_3O_2^+$，绿色固体（三氟乙酸盐）.【类型】吡咯并[4,3,2-*de*]喹啉生物碱.【来源】波纳佩属海绵* *Zyzzya fuliginosa* (波纳佩岛，密克罗尼西亚联邦).【活性】细胞毒 (HCT116).【文献】E. W. Schmidt, et al. JNP, 1995, 58, 1861.

1538 Makaluvamine N 马卡鲁胺 N*
【基本信息】$C_{10}H_9BrN_3O^+$，微红棕色固体.【类型】吡咯并[4,3,2-*de*]喹啉生物碱.【来源】波纳佩海绵* *Zyzzya fuliginosa* (菲律宾).【活性】拓扑异构酶 II 抑制剂.【文献】D. A. Venables, et al. JNP, 1997, 60, 408.

1539 Makaluvamine P 马卡鲁胺 P*
【基本信息】$C_{20}H_{22}N_3O_2^+$，紫色固体.【类型】吡咯并[4,3,2-*de*]喹啉生物碱.【来源】波纳佩属海绵* *Zyzzya* cf. *fuliginosa* (瓦努阿图).【活性】细胞毒 (KB, 3.2μg/mL, InRt = 64%)；抗氧化剂 [高度抑制黄嘌呤氧化酶 (超氧化物自由基的重要生物来源)，IC_{50} = 16.5μmol/L].【文献】A. Casapullo, et al.

JNP, 2001, 64, 1354.

1540　Makaluvone　马卡鲁酮*
【基本信息】$C_{11}H_9BrN_2O_2$, 灰色固体.【类型】吡咯并[4,3,2-de]喹啉生物碱.【来源】波纳佩海绵* Zyzzya fuliginosa (斐济).【活性】细胞毒 [HCT116, IC_{50} > 50μmol/L; XRS-6, IC_{50} > 50μmol/L, HF (超敏因子) = IC_{50}BR1 / IC_{50} XRS-6 = 1]; 拓扑异构酶Ⅱ抑制剂 (in vitro, 解除连锁抑制试验, IC_{90} > 500μmol/L).【文献】D. C. Radisky, et al. JACS, 1993, 115, 1632; M.-G. Dijoux, et al. BoMC, 2005, 13, 6035.

1541　Prianosin B　锯齿海绵新 B*
【基本信息】$C_{18}H_{12}BrN_3O_2S$, 红色晶体, mp 250~251℃ (分解), $[α]_D^{30}$ = +360º (c = 0.1, 氯仿).【类型】吡咯并[4,3,2-de]喹啉生物碱.【来源】锯齿海绵属 Prianos melanos.【活性】细胞毒 (L_{1210}).【文献】J. Cheng, et al. JOC, 1988, 53, 4621.

1542　N-1-β-D-Ribofuranosyldamirone C　N-1-β-D-呋喃核糖基达米酮 C*
【基本信息】$C_{15}H_{18}N_2O_6$.【类型】吡咯并[4,3,2-de]喹啉生物碱.【来源】寇海绵科海绵 Strongylodesma aliwaliensis (南非).【活性】细胞毒 (食管癌细胞株 WHCO1, WHCO6 和 KYSE30, IC_{50} = 1.6~85.5μmol/L).【文献】R. A. Keyzers, et al. Tetrahedron Lett., 2004, 45, 9415; C. E. Whibley, Ann. N. Y. Acad. Sci., 2005, 1056, 405.

1543　N-1-β-D-Ribofuranosylmakaluvamine I　N-1-β-D-呋喃核糖基马卡鲁胺 I*
【基本信息】$C_{15}H_{21}N_3O_5$.【类型】吡咯并[4,3,2-de]喹啉生物碱.【来源】寇海绵科海绵 Strongylodesma aliwaliensis (南非).【活性】细胞毒 (食管癌细胞株 WHCO1, WHCO6 和 KYSE30, IC_{50} = 1.6~85.5μmol/L).【文献】R. A. Keyzers, et al. Tetrahedron Lett., 2004, 45, 9415; C. E. Whibley, Ann. N. Y. Acad. Sci., 2005, 1056, 405.

1544　1-Thiomethyldiscorhabdin I　1-硫甲基迪斯扣哈泊啶 I*
【基本信息】$C_{19}H_{15}N_3O_2S_2$, $[α]_D$ = +640º (c = 0.5, 甲醇) (三氟乙酸盐).【类型】吡咯并[4,3,2-de]喹啉生物碱.【来源】惠灵顿寇海绵* Latrunculia wellingtonensis [Syn. Biannulata wellingtonesis] (惠灵顿, 新西兰).【活性】细胞毒.【文献】T. Grkovic, et al. Tetrahedron, 2009, 65, 6335.

1545　Tsitsikammamine A　寇海绵胺 A*
【基本信息】$C_{18}H_{13}N_3O_2$, 深绿色油状物.【类型】吡咯并[4,3,2-de]喹啉生物碱.【来源】寇海绵科海绵 Tsitsikamma favus [产率 = 0.04% (干重), 南

非], 未鉴定的海绵.【活性】抗菌（枯草杆菌 Bacillus subtilis); 细胞毒.【文献】G. J. Hooper, et al. Tetrahedron Lett., 1996, 37, 7135.

1546 Tsitsikammamine B 寇海绵胺 B*
【基本信息】$C_{19}H_{15}N_3O_2$, 深绿色油状物.【类型】吡咯并[4,3,2-de]喹啉生物碱.【来源】寇海绵科海绵 Tsitsikamma favus [产率 = 0.045%（干重），南非], 未鉴定的海绵.【活性】抗菌（枯草杆菌 Bacillus subtilis); 细胞毒.【文献】G. J. Hooper, et al. Tetrahedron Lett., 1996, 37, 7135.

1547 Veiutamine 为乌特胺*
【基本信息】$C_{17}H_{16}N_3O_2^+$, 绿色固体（三氟乙酸盐).【类型】吡咯并[4,3,2-de]喹啉生物碱.【来源】波纳佩海绵* Zyzzya fuliginosa（斐济).【活性】细胞毒（HCT116, $IC_{50} = 0.3\mu g/mL$).【文献】D. A. Venables, et al. Tetrahedron Lett., 1997, 38, 721; Y. Moro-oka, et al. Tetrahedron Lett., 1999, 40, 1713.

1548 Wakayin 哇卡因
【基本信息】$C_{20}H_{14}N_4O$.【类型】吡咯并[4,3,2-de]喹啉生物碱.【来源】簇海鞘属 Clavelina sp.【活性】细胞毒（HCT116, $IC_{50} = 0.5\mu g/mL$); 抗菌（枯草杆菌 Bacillus subtilis, $MIC = 0.3\mu g/mL$); 拓扑异构酶抑制剂.【文献】B. R. Copp, et al. JOC, 1991, 56, 4596.

1549 9-Aminoisoascididemnin 9-氨基异海鞘迪迪姆宁*
【基本信息】$C_{18}H_{10}N_4O$, 无定形黄色固体（天然的).【类型】吡啶并[2,3,4-kl]吖啶类.【来源】壮士蓖麻海绵 Biemna fortis.【活性】神经元分化诱导剂.【文献】Aoki, S. et al. BoMC, 2003, 11, 1969.

1550 Amphimedine 双御海绵啶*
【基本信息】$C_{19}H_{11}N_3O_2$, 黄色固体, mp 360℃.【类型】吡啶并[2,3,4-kl]吖啶类.【来源】炭锉海绵* Xestospongia cf. carbonaria（乌鲁克萨佩尔群岛，帕劳，大洋洲）和双御海绵属 Amphimedon sp.（太平洋，关岛，美国，采样深度 3m).【活性】基于斑马鱼表型的试验（30μmol/L 引起斑马鱼胚胎一种表型); 细胞毒; 拓扑异构酶II抑制剂.【文献】F. J. Schmitz, et al.. JACS, 1983, 105, 4835; X. Wei, et al. Mar. Drugs, 2010, 8, 1769.

1551 Arnoamine A 阿尔诺海鞘胺 A*
【基本信息】$C_{17}H_{10}N_2O$, 黄色玻璃体.【类型】吡啶并[2,3,4-kl]吖啶类.【来源】Polycitoridae 科海鞘 Cystodytes sp.（阿尔诺环礁，密克罗尼西亚联

邦).【活性】细胞毒 (MCF7, GI$_{50}$ = 0.3µg/mL; A549, GI$_{50}$ = 2.0µg/mL; HT29, GI$_{50}$ = 4.0µg/mL); 拓扑异构酶Ⅱ抑制剂 (在浓度高于 90µmol/L 时抑制拓扑异构酶Ⅱ的催化活性).【文献】A. Plubrukarn, et al. JOC, 1998, 63, 1657; E. Delfourne, et al. JOC, 2000, 65, 5476.

1552 Arnoamine B 阿尔诺海鞘胺 B*
【基本信息】C$_{18}$H$_{12}$N$_2$O, 黄色玻璃体.【类型】吡啶并[2,3,4-kl]吖啶类.【来源】Polycitoridae 科海鞘 Cystodytes sp. (阿尔诺环礁, 密克罗尼西亚联邦).【活性】细胞毒 (MCF7, GI$_{50}$ = 5.0µg/mL; A549, GI$_{50}$ = 2.0µg/mL; HT29, GI$_{50}$ = 3.0µg/mL); 拓扑异构酶Ⅱ抑制剂 (在浓度高于 90µmol/L 时抑制拓扑异构酶Ⅱ的催化活性).【文献】A. Plubrukarn, et al. JOC, 1998, 63, 1657; E. Delfourne, et al. JOC, 2000, 65, 5476.

1553 Arnoamine C 阿尔诺海鞘胺 C*
【基本信息】C$_{22}$H$_{17}$N$_3$O$_2$.【类型】吡啶并[2,3,4-kl]吖啶类.【来源】Polycitoridae 科海鞘 Cystodytes violatinctus (所罗门群岛).【活性】细胞毒 (一组人肿瘤细胞 HTCLs, 适度活性).【文献】N. Bontemps, et al. JNP, 2013, 76, 1801.

1554 Arnoamine D 阿尔诺海鞘胺 D*
【基本信息】C$_{22}$H$_{17}$N$_3$O$_2$.【类型】吡啶并[2,3,4-kl]吖啶类.【来源】Polycitoridae 科海鞘 Cystodytes violatinctus (所罗门群岛).【活性】细胞毒 (一组人肿瘤细胞 HTCLs, 适度活性).【文献】N. Bontemps, et al. JNP, 2013, 76, 1801.

1555 Ascididemin 海鞘得明*
【别名】Leptoclinidinone; 拟薄海鞘酮*.【基本信息】C$_{18}$H$_9$N$_3$O, 黄色固体, mp 300℃.【类型】吡啶并[2,3,4-kl]吖啶类.【来源】星骨海鞘科海鞘 Polysyncraton echinatum (法夸森礁, 昆士兰, 澳大利亚), 星骨海鞘属 Didemnum sp. (冲绳, 日本), Polycitoridae 科海鞘 Cystodytes dellechiajei, 星骨海鞘属 Didemnum rubeum 和双盘海鞘属 Eudistoma sp. (塞舌尔).【活性】抗锥虫 (布氏锥虫 Trypanosoma brucei brucei); 细胞毒 (IC$_{50}$ = 30~77nmol/L, 对对照物哺乳动物细胞株仅具有温和细胞毒活性); 细胞毒 (P$_{388}$, IC$_{50}$ = 0.35µmol/L; A549, IC$_{50}$ = 0.02µmol/L; HT29, IC$_{50}$ = 0.35µmol/L; SK-MEL-28, IC$_{50}$ = 0.004µmol/L); 抗菌 (大肠杆菌 Escherichia coli, 藤黄色微球菌 Micrococcus luteus, 最具活性的吡啶并吖啶生物碱); 抗肿瘤 (有潜力的); Ca^{2+}离子释放剂; DNA 嵌入剂和劈裂剂.【文献】J. Kobayashi, et al. Tetrahedron Lett., 1988, 29, 1177; C. J. Moody, et al. Tetrahedron, 1992, 48, 3589; M. Álvarez, et al. EurJOC, 2000, 849; M. Álvarez, et al. Tetrahedron, 2000, 56, 3703; Y. Feng, et al. Tetrahedron Lett., 2010, 51, 2477.

1556 Biemnadin 蓖麻海绵啶*
【基本信息】C$_{27}$H$_{19}$N$_5$O, 黄色晶体 (盐酸), mp 300℃ (盐酸).【类型】吡啶并[2,3,4-kl]吖啶类.【来源】拟裸海绵属 Ecionemia geodides (穆里纳湾, 塔斯马尼亚, 澳大利亚), 蓖麻海绵属 Biemna sp.

(冲绳，日本)和壮士蓖麻海绵 Biemna fortis.【活性】细胞毒（侵入性膀胱癌 TSU-Pr1, 10μmol/L, 无活性，对照阿霉素, 1μmol/L, InRt = 96%; 表面的膀胱癌 5637, 10μmol/L, InRt = 22%, 对照阿霉素, 1μmol/L, InRt = 99%); 细胞毒 (KB, IC_{50} = 1.73μg/mL; L_{1210}, IC_{50} = 4.29μg/mL); 神经元分化诱导剂.【文献】H. He, et al. JOC, 1991, 56, 5369; C.-M. Zeng, et al. Tetrahedron, 1993, 49, 8337; S. Aoki, et al. BoMC, 2003, 11, 1969; E. C. Barnes, et al. Tetrahedron, 2010, 66, 283.

1557 2-Bromoleptoclinidinone 2-溴拟薄海鞘酮*

【基本信息】$C_{18}H_8BrN_3O$, 黄色粉末（氯仿/甲醇), mp 300°C.【类型】吡啶并[2,3,4-kl]吖啶类.【来源】拟薄海鞘属 Leptoclinides sp.【活性】细胞毒（淋巴细胞白血病细胞 in vitro); 蛋白磷酸酶抑制剂.【文献】F. S. De Guzman, et al. Tetrahedron Lett., 1989, 30, 1069.

1558 Cyclodercitine 环深水海绵亭*

【基本信息】$C_{19}H_{14}N_3S^+$, 蓝色粉末（氯化物), mp 298°C（氯化物).【类型】吡啶并[2,3,4-kl]吖啶类.【来源】Ancorinidae 科海绵 Dercitus sp.（深水水域).【活性】细胞毒（P_{388}).【文献】G. P. Gunawardana, et al. JOC, 1992, 57, 1523.

1559 Cystodamine 海鞘胺*

【别名】11-Hydroxyascididemin; 11-羟基海鞘得明*.【基本信息】$C_{18}H_9N_3O_2$, 黄色无定形固体, mp 250°C.【类型】吡啶并[2,3,4-kl]吖啶类.【来源】拟薄海鞘属 Leptoclinides sp. 和 Polycitoridae 科海鞘 Cystodytes dellechiajei（地中海).【活性】细胞毒 (CEM, IC_{50} = 1.0μg/mL).【文献】N. Bontemps, et al. Tetrahedron Lett., 1994, 35, 7023; Y. Kitahara, et al. Tetrahedron, 1998, 54, 8421; Delfourne, E. et al. Tetrahedron Lett., 2000, 41, 3863.

1560 Cystodytin A 海鞘亭 A*

【基本信息】$C_{22}H_{19}N_3O_2$, 黄色晶体，mp 181~183°C.【类型】吡啶并[2,3,4-kl]吖啶类.【来源】Polycitoridae 科海鞘 Cystodytes sp.（斐济）和 Polycitoridae 科海鞘 Cystodytes dellechiajei.【活性】拓扑异构酶 II 抑制剂; Ca^{2+}离子释放剂.【文献】J. Kobayashi, et al. JOC, 1988, 53, 1800; L. A. McDonald, et al. JMC, 1994, 37, 3819.

1561 Cystodytin B 海鞘亭 B*

【基本信息】$C_{22}H_{19}N_3O_2$.【类型】吡啶并[2,3,4-kl]吖啶类.【来源】Polycitoridae 科海鞘 Cystodytes dellechiajei.【活性】钙释放活性.【文献】J. Kobayashi, et al. JOC, 1988, 53, 1800.

1562　Cystodytin J　海鞘亭 J*

【基本信息】$C_{19}H_{15}N_3O_2$，黄色固体.【类型】吡啶并[2,3,4-kl]吖啶类.【来源】Polycitoridae 科海鞘 *Cystodytes* sp. (斐济).【活性】细胞毒 (HCT, IC_{50} = 1.6μmol/L，对照依托泊苷，IC_{50} = 2.5μmol/L; XRS-6, IC_{50} = 135.6μmol/L，对照依托泊苷，IC_{50} = 0.14μmol/L; 以剂量相关方式抑制细胞增殖); 微分细胞毒性 (BR1 IC_{50} / XRS-6 IC_{50} = 1); 拓扑异构酶 II 抑制剂 (IC_{90} = 8.4μmol/L，对照米托蒽醌，IC_{90} = 1.1μmol/L); DNA 嵌入剂 (K = 54μmol/L).【文献】L. A. McDonald, et al. JMC, 1994, 37, 3819.

1563　*N*-Deacetylkuanoniamine D　*N*-去乙酰库阿诺尼胺 D*

【基本信息】$C_{18}H_{14}N_4S$，无定形橙色粉末.【类型】吡啶并[2,3,4-kl]吖啶类.【来源】大洋海绵属 *Oceanapia* sp. (特鲁克岛，密克罗尼西亚联邦).【活性】对苯二氮䓬类 $GABA_A$ 受体键合位有高亲和力; 细胞毒 (HeLa, IC_{50} = 1.2μg/mL; Mono-Mac-6, IC_{50} = 2.0μg/mL).【文献】C. Eder, et al. JNP, 1998, 61, 301.

1564　Dehydrokuanoniamine B　去氢库阿诺尼胺 B*

【基本信息】$C_{23}H_{20}N_4OS$，橙色固体.【类型】吡啶并[2,3,4-kl]吖啶类.【来源】Polycitoridae 科海鞘 *Cystodytes* sp. (斐济).【活性】细胞毒 (HCT, IC_{50} = 8.3μmol/L，对照依托泊苷，IC_{50} = 2.5μmol/L; XRS-6, IC_{50} = 80.0μmol/L，对照依托泊苷，IC_{50} = 0.14μmol/L; 以剂量相关方式抑制细胞增殖); 微分细胞毒性 (BR1 IC_{50} / XRS-6 IC_{50} = 1); 拓扑异构酶 II 抑制剂 (IC_{90} = 115μmol/L，对照米托蒽醌，IC_{90} = 1.1μmol/L); DNA 嵌入剂 (K > 100μmol/L).【文献】L. A. McDonald, et al. JMC, 1994, 37, 3819.

1565　Dehydrokuanoniamine F　去氢库阿诺尼胺 F*

【基本信息】$C_{23}H_{20}N_4OS$.【类型】吡啶并[2,3,4-kl]吖啶类.【来源】Polycitoridae 科海鞘 *Cystodytes violatinctus* (所罗门群岛).【活性】细胞毒 (一组人癌细胞 HTCLs，适度活性).【文献】N. Bontemps, et al. JNP, 2013, 76, 1801.

1566　Deoxyamphimedine　去氧双御海绵啶*

【基本信息】$C_{19}H_{12}N_3O^+$，黄棕色无定形固体.【类型】吡啶并[2,3,4-kl]吖啶类.【来源】炭锉海绵* *Xestospongia* cf. *carbonaria* (乌鲁克萨佩尔群岛，帕劳，大洋洲) 和锉海绵属 *Xestospongia* spp.【活性】细胞毒; DNA 劈裂剂.【文献】D. Tasdemir, et al. JOC, 2001, 66, 3246; K. M. Marshall, et al. Mar. Drugs, 2009, 7, 196; X. Wei, et al. Mar. Drugs, 2010, 8, 1769.

1567　12-Deoxyascididemin　12-去氧海鞘得明*
【基本信息】$C_{18}H_{11}N_3$.【类型】吡啶并[2,3,4-*kl*]吖啶类.【来源】星骨海鞘科海鞘 *Polysyncraton echinatum* (法夸森礁, 昆士兰, 澳大利亚).【活性】抗锥虫 (布氏锥虫 *Trypanosoma brucei brucei*); 细胞毒 (IC_{50} = 30~77nmol/L, 对照物哺乳动物细胞只有温和细胞毒活性).【文献】Y. Feng, et al. Tetrahedron Lett., 2010, 51, 2477.

1568　Dercitamine　深水海绵胺*
【基本信息】$C_{19}H_{16}N_4S$, 橙色固体, mp 135°C.【类型】吡啶并[2,3,4-*kl*]吖啶类.【来源】星芒海绵属 *Stelletta* sp. (深水水域).【活性】细胞毒 (P_{388}); 免疫抑制剂.【文献】G. P. Gunawardana, et al. JOC, 1992, 57, 1523.

1569　Dercitin　深水海绵亭*
【基本信息】$C_{21}H_{20}N_4S$, 深紫色吸湿性粉末, mp 168°C.【类型】吡啶并[2,3,4-*kl*]吖啶类.【来源】Ancorinidae 科海绵 *Dercitus* sp. (深水水域).【活性】抗肿瘤; 抗病毒; 免疫抑制剂.【文献】G. P. Gunawardana, et al. JOC, 1992, 57, 1523.

1570　8,9-Dihydro-11-hydroxyascididemin　8,9-二氢-11-羟基海鞘得明*
【基本信息】$C_{18}H_{11}N_3O_2$, 黄色无定形粉末, mp 300°C.【类型】吡啶并[2,3,4-*kl*]吖啶类.【来源】蓖麻海绵属 *Biemna* sp. (冲绳, 日本).【活性】细胞毒 (KB, IC_{50} = 0.209μg/mL; L_{1210} 细胞, IC_{50} = 0.675μg/mL).【文献】C. -M. Zeng, et al. Tetrahedron, 1993, 49, 8337.

1571　Diplamine　星骨海鞘胺*
【基本信息】$C_{20}H_{17}N_3O_2S$, 焦橙色固体, mp 202~204° (分解).【类型】吡啶并[2,3,4-*kl*]吖啶类.【来源】星骨海鞘科如群体海鞘属 *Diplosoma* sp.【活性】细胞毒 (HCT, IC_{50} < 1.4μmol/L, 对照依托泊苷, IC_{50} = 2.5μmol/L; XRS-6, IC_{50} = 71.2μmol/L, 对照依托泊苷, IC_{50} = 0.14μmol/L; 以剂量相关方式抑制细胞增殖); 微分细胞毒性 (BR1 IC_{50} / XRS-6 IC_{50} 比例 = 1); 拓扑异构酶 II 抑制剂 (IC_{90} = 9.2μmol/L, 对照米托蒽醌, IC_{90} = 1.1μmol/L); DNA 嵌入剂 (K = 21μmol/L); 镇咳药.【文献】G. A. Charyulu, et al. Tetrahedron Lett., 1989, 30, 4201; L. A. McDonald, et al. JMC, 1994, 37, 3819.

1572　Ecionine A　拟裸海绵宁 A*
【基本信息】$C_{18}H_{12}N_4O$, 亮棕色固体 (三氟乙酸盐).【类型】吡啶并[2,3,4-*kl*]吖啶类.【来源】拟裸海绵属 *Ecionemia geodides* (穆里纳湾, 塔斯马尼亚, 澳大利亚).【活性】细胞毒 (侵入性膀胱癌 TSU-Pr1, IC_{50} = 6.48μmol/L, 对照阿霉素, 1μmol/L, InRt = 96%; TSU-Pr1-B1, IC_{50} = 6.49μmol/L, 对照阿霉素, 1μmol/L, InRt = 95%; TSU-Pr1-B2, IC_{50} = 3.55μmol/L, 对照阿霉素, 1μmol/L, InRt = 99%; 表面膀胱癌 5637, IC_{50} = 3.66μmol/L, 对照阿霉素, 1μmol/L, InRt = 99%).【文献】E. C. Barnes, et al. Tetrahedron, 2010, 66, 283.

1573　Ecionine B　拟裸海绵宁 B*

【基本信息】$C_{18}H_{12}N_4O_2$，亮棕色固体（三氟乙酸盐）.【类型】吡啶并[2,3,4-*kl*]吖啶类.【来源】拟裸海绵属 *Ecionemia geodides*（穆里纳湾，塔斯马尼亚，澳大利亚）.【活性】细胞毒（侵入性膀胱癌 TSU-Pr1-B1，10μmol/L，无活性，对照阿霉素，1μmol/L，InRt = 95%；TSU-Pr1-B2，10μmol/L，InRt = 51%，对照阿霉素，1μmol/L，InRt = 99%；表面膀胱癌 5637，10μmol/L，InRt = 54%，对照阿霉素，1μmol/L，InRt = 99%）.【文献】E. C. Barnes, et al. Tetrahedron, 2010, 66, 283.

1574　Eilatin　艾拉亭*

【基本信息】$C_{24}H_{12}N_4$，亮黄色晶体（氯仿/甲醇/水），mp > 310°C.【类型】吡啶并[2,3,4-*kl*]吖啶类.【来源】星骨海鞘科海鞘 *Polysyncraton echinatum*（法夸森礁，昆士兰，澳大利亚），双盘海鞘属 *Eudistoma* sp.（红海）和 Polycitoridae 科海鞘 *Cystodytes* sp.（红海）.【活性】细胞毒（HCT，IC_{50} = 13.8μmol/L，对照依托泊苷，IC_{50} = 2.5μmol/L，以剂量相关方式抑制细胞增殖）；DNA 嵌入剂（K > 100μmol/L）；镍螯合剂.【文献】A. Rudi, et al. JOC, 1989, 54, 5331; G. Gellerman, et al. Tetrahedron Lett., 1993, 34, 1827; L. A. McDonald, et al. JMC, 1994, 37, 3819.

1575　9-Hydroxyisoascididemnin　9-羟基异海鞘迪迪姆宁*

【基本信息】$C_{18}H_9N_3O_2$，无定形黄色，mp 293~295°C（分解）（甲基醚）.【类型】吡啶并[2,3,4-*kl*]吖啶类.【来源】壮士蓖麻海绵 *Biemna fortis*.【活性】神经元分化诱导剂【文献】S. Aoki, et al. BoMC, 2003, 11, 1969.

1576　Kuanoniamine A　库阿诺尼胺 A*

【基本信息】$C_{16}H_7N_3OS$，黄色针状晶体（氯仿），mp 255~258°C.【类型】吡啶并[2,3,4-*kl*]吖啶类.【来源】大洋海绵 *Oceanapia sagittaria*（泰国湾），未鉴定的海鞘及其捕食者软体动物前鳃 *Chelynotus semperi*.【活性】细胞毒（KB，IC_{50} = 1μg/mL）；细胞毒 [MCF7（依赖雌激素的 ER+），GI_{50} = (0.12±0.07)μmol/L；MDA-MB-231（依赖雌激素的 ER−），GI_{50} = (0.73±0.27)μmol/L；SF268，GI_{50} = (0.91±0.18)μmol/L；NCI-H460，GI_{50} = (4.67±0.20)μmol/L；UACC-62，GI_{50} = 1.83μmol/L；非肿瘤细胞 MRC-5，GI_{50} = (0.58±0.15)μmol/L；对照阿霉素：MCF7（依赖雌激素的 ER+），GI_{50} = (42.8±8.2)nmol/L；MDA-MB-231（依赖雌激素的 ER−），GI_{50} = (10.86±1.28)nmol/L；SF268，GI_{50} = (94.0±7.0)nmol/L；NCI-H460，GI_{50} = (94.0±8.7)nmol/L；UACC62，GI_{50} = (94.0±9.4)nmol/L].【文献】A. R. Carroll, et al. JOC, 1990, 55, 4426; A. Kijjoa, et al. Mar. Drugs, 2007, 5, 6.

1577　Kuanoniamine B　库阿诺尼胺 B*

【基本信息】$C_{23}H_{22}N_4OS$，无定形黄色粉末（氯仿），mp 300°C.【类型】吡啶并[2,3,4-*kl*]吖啶类.【来源】

未鉴定的海鞘及其捕食者软体动物前鳃 *Chelynotus semperi* (曼特海峡, 波纳佩岛, 密克罗尼西亚联邦, 深度25m, 1987年10月采样).【活性】细胞毒 (KB, IC_{50} > 10μg/mL).【文献】A. R. Carroll, et al. JOC, 1990, 55, 4426.

1578 Kuanoniamine C 库阿诺尼胺 C*

【别名】Dercitamide; 深水海绵酰胺*.【基本信息】$C_{21}H_{18}N_4OS$, 无定形黄色粉末, (氯仿), mp 300°C, mp 192°C.【类型】吡啶并无定形吖啶类.【来源】大洋海绵属 *Oceanapia* sp. (特鲁克岛, 密克罗尼西亚联邦), 大洋海绵属 *Oceanapia sagittaria* (泰国湾) 和星芒海绵属 *Stelletta* sp. (深水水域), 未鉴定的海鞘及其捕食者软体动物前鳃 *Chelynotus semperi* (曼特海峡, 波纳佩岛, 密克罗尼西亚联邦, 深度25m, 1987年10月采样), Polycitoridae科海鞘 *Cystodytes* sp. 及其捕食者软体动物前鳃 *Chelynotus semperi*.【活性】细胞毒 [MCF7 (依赖雌激素的ER+), GI_{50} = (0.81±0.11)μmol/L; MDA-MB-231 (依赖雌激素的ER−), GI_{50} = (10.23±3.35)μmol/L; SF268, GI_{50} = (21.50±2.44)μmol/L; NCI-H460, GI_{50} = 33.16μmol/L; UACC-62, GI_{50} = 15.78μmol/L); 对照阿霉素: MCF7 (依赖雌激素的ER+), GI_{50} = (42.8±8.2)nmol/L; MDA-MB-231 (依赖雌激素的ER−), GI_{50} = (10.86±1.28)nmol/L; SF268, GI_{50} = (94.0±7.0)nmol/L; NCI-H460, GI_{50} = (94.0±8.7)nmol/L; UACC62, GI_{50} = (94.0±9.4)nmol/L]; 细胞毒 (P_{388}); 杀昆虫剂 (多食性害虫棉贪夜蛾 *Spodoptera littoralis* 的幼虫, LC_{50} = 156μg/mL); 强烈亲和$GABA_A$受体的苯二氮䓬键位; 免疫抑制剂; 有毒的 (盐水丰年虾, 致命毒性, LC_{50} = 37μg/mL).【文献】G. P. Gunawardana, et al. Tetrahedron Lett., 1989, 30, 4359; A. R. Carroll, et al. JOC, 1990, 55, 4426; C. Eder, et al. JNP, 1998, 61, 301; A. Kijjoa, et al. Mar. Drugs, 2007, 5, 6.

1579 Kuanoniamine D 库阿诺尼胺 D*

【基本信息】$C_{20}H_{16}N_4OS$, 无定形黄色粉末 (氯仿), mp 300°C.【类型】吡啶并[2,3,4-*kl*]吖啶类.【来源】大洋海绵属 *Oceanapia* sp. (特鲁克岛, 密克罗尼西亚联邦), 未鉴定的海鞘及其捕食者软体动物前鳃 *Chelynotus semperi* (曼特海峡, 波纳佩岛, 密克罗尼西亚联邦, 深度25m, 1987年10月采样), Polycitoridae科海鞘 *Cystodytes* sp. (斐济).【活性】细胞毒 (KB, IC_{50} = 5μg/mL) (Carroll, 1990); 细胞毒 (*in vitro*, HCT, IC_{50} = 7.8μmol/L, 对照依托泊苷, IC_{50} = 2.5μmol/L; XRS-6 细胞, IC_{50} = 88.9μmol/L, 对照依托泊苷, IC_{50} = 0.14μmol/L; 以剂量相关方式抑制细胞增殖) (McDonald, 1994); 微分细胞毒性 (BR1 IC_{50}/XRS-6 IC_{50} 比例 = 2); 拓扑异构酶II抑制剂 (IC_{90} = 127μmol/L, 对照米托蒽醌, IC_{90} = 1.1μmol/L); DNA 嵌入剂 (K = 62μmol/L); 对腺嘌呤核苷受体的亲和力 (强烈亲和A_1-腺嘌呤核苷受体, K_i = 2.94μmol/L, A_2-腺嘌呤核苷受体, K_i = 13.7μmol/L, $GABA_A$受体的苯二氮䓬键位) (Eder, 1998); 螯合剂; 杀昆虫剂 (多食性害虫棉贪夜蛾 *Spodoptera littoralis* 的幼虫, LC_{50} = 59ppm) (Eder, 1998); 有毒的 (盐水丰年虾, 致命毒性, LC_{50} = 19μg/mL).【文献】A. R. Carroll, et al. JOC, 1990, 55, 4426; G. P. Gunawardana, et al. JOC, 1992, 57, 1523; L. A. McDonald, et al. JMC, 1994, 37, 3819; C. Eder, et al. JNP, 1998, 61, 301.

1580　Labuanine A　拉布阿宁 A*
【基本信息】$C_{18}H_{11}N_3O_2$，无定形黄色固体.【类型】吡啶并[2,3,4-kl]吖啶类.【来源】壮士蒽麻海绵 *Biemna fortis*.【活性】神经元分化诱导剂.【文献】S. Aoki, et al. BoMC, 2003, 11, 1969.

1581　Meridine　海鞘啶*
【基本信息】$C_{18}H_9N_3O_2$，黄色无定形固体，mp 250℃【类型】吡啶并[2,3,4-kl]吖啶类.【来源】拟裸海绵属 *Ecionemia geodides* (穆里纳湾，塔斯马尼亚，澳大利亚) 和多板海绵科海绵 *Corticium* sp.，海鞘科海鞘 *Amphicarpa meridiana*.【活性】细胞毒 (侵入性膀胱癌, 1μmol/L, InRt = 96%; TSU-Pr1-B1, IC_{50} = 4.56μmol/L, 对照阿霉素, 1μmol/L, InRt = 95%; TSU-Pr1-B2, IC_{50} = 3.76μmol/L, 对照阿霉素, 1μmol/L, InRt = 99%; 表面的膀胱癌 5637, 10μmol/L, InRt = 37%, 对照阿霉素, 1μmol/L, InRt99%); 抗真菌.【文献】F. J. Schmitz, et al. JOC, 1991, 56, 804; P. J. McCarthy, et al. JNP, 1992, 55, 1664; Y. Kitahara, et al. CPB, 1994, 42, 1363; Y. Kitahara, et al. Tetrahedron, 1998, 54, 8421; E. C. Barnes, et al. Tetrahedron, 2010, 66, 283.

1582　Neoamphimedine　新双御海绵啶*
【基本信息】$C_{19}H_{11}N_3O_2$，黄色固体，mp > 300℃.【类型】吡啶并[2,3,4-kl]吖啶类.【来源】炭锉海绵* *Xestospongia* cf. *carbonaria* (乌鲁克萨佩尔群岛，帕劳，大洋洲) 和小锉海绵* *Xestospongia* cf. *exigua*.【活性】细胞毒; 拓扑异构酶 II 抑制剂 (连接DNA).【文献】X. Wei, et al. Mar. Drugs, 2010, 8, 1769; F. S. De Guzman, et al. JOC, 1999, 64, 1400; K. M. Marshall, et al. Biochem. Pharmacol., 2003, 66, 447.

1583　Nordercitin　去甲深水海绵亭*
【基本信息】$C_{20}H_{18}N_4S$，黄色固体，mp 176℃.【类型】吡啶并[2,3,4-kl]吖啶类.【来源】星芒海绵属 *Stelletta* sp. (深水水域).【活性】细胞毒 (P_{388}, 细胞增殖抑制剂); 免疫抑制剂.【文献】G. P. Gunawardana, et al. Tetrahedron Lett., 1989, 30, 4359; G. P. Gunawardana, et al. JOC, 1992, 57, 1523.

1584　Pantherinine　豹斑褶胃海鞘宁*
【基本信息】$C_{15}H_8BrN_3O$，紫色粉末，mp > 300℃.【类型】吡啶并[2,3,4-kl]吖啶类.【来源】豹斑褶胃海鞘* *Aplidium pantherinum*.【活性】细胞毒 (P_{388}).【文献】J. Kim, et al. JNP, 1993, 56, 1813; S. Nakahara, et al. Tetrahedron Lett., 1998, 39, 5521.

1585　Perophoramidine　连茎海鞘啶*
【基本信息】$C_{21}H_{17}BrCl_2N_4$，无定形类白色固体，$[\alpha]_D^{25}$ = +3.8º (c = 0.7, 氯仿).【类型】吡啶并[2,3,4-kl]吖啶类.【来源】连茎海鞘属 *Perophora nameii* (菲律宾).【活性】细胞毒 (HCT116, IC_{50} = 60μmol/L, 在 24h 内通过多 ADP-核糖聚合酶

PARP 卵裂引起细胞凋亡).【文献】S. M. Verbitski, et al. JOC, 2002, 67, 7124; H. Wu, JACS, 2010, 132, 14052.

1586 Sebastianine A 巴西海鞘宁 A*
【基本信息】$C_{17}H_9N_3O$, 无定形黄色固体.【类型】吡啶并[2,3,4-kl]吖啶类.【来源】Polycitoridae 科海鞘 Cystodytes dellechiajei (巴西).【活性】细胞毒 (以依赖于 p53 的方式抗 HCT 细胞, p53+/+肿瘤细胞株, IC_{50} = 5.1μmol/L, p53–/–肿瘤细胞株, IC_{50} = 9.7μmol/L).【文献】Y. R. Torres, et al. JOC, 2002, 67, 5429.

1587 Sebastianine B 巴西海鞘宁 B*
【基本信息】$C_{22}H_{19}N_3O_3$, 浅黄色固体.【类型】吡啶并[2,3,4-kl]吖啶类.【来源】Polycitoridae 科海鞘 Cystodytes dellechiajei (巴西).【活性】细胞毒 (以依赖于 p53 的方式抗 HCT 细胞, p53+/+肿瘤细胞株, IC_{50} = 0.92μmol/L, p53–/–肿瘤细胞株, IC_{50} = 2.9μmol/L).【文献】Y. R. Torres, et al. JOC, 2002, 67, 5429.

1588 Segoline A 赛格林 A*
【基本信息】$C_{23}H_{19}N_3O_3$, 无定形粉末, mp 276°C, $[α]_D^{24}$ = –322° (c = 1, 氯仿).【类型】吡啶并[2,3,4-kl]吖啶类.【来源】双盘海鞘属 Eudistoma sp. (红海).【活性】细胞增殖抑制剂.【文献】A. Rudi, et al. JOC, 1989, 54, 5331; I. Viracaoundin, et al. Tetrahedron Lett., 2001, 42, 2669.

1589 Shermilamine B 舍米胺 B*
【基本信息】$C_{21}H_{18}N_4O_2S$, 细橙色棱镜状晶体 (甲醇), mp 254°C (分解).【类型】吡啶并[2,3,4-kl]吖啶类.【来源】未鉴定的海鞘及其捕食者软体动物前鳃 Chelynotus semperi (曼特海峡, 波纳佩岛, 密克罗尼西亚联邦, 深度25m, 1987年10月采样), Polycitoridae 科海鞘 Cystodytes sp. (斐济), 膜海鞘属 Trididemnum sp., 双盘海鞘属 Eudistoma sp. (红海) 及其捕食者软体动物前鳃 Chelynotus semperi.【活性】细胞毒 (KB, IC_{50} = 5μg/mL) (Carroll, 1990); 细胞毒 (in vitro, HCT, IC_{50} = 13.8μmol/L, 对照依托泊苷, IC_{50} = 2.5μmol/L; XRS-6 细胞, IC_{50} = 14.9μmol/L, 对照依托泊苷, IC_{50} = 0.14μmol/L; 以剂量相关方式抑制细胞增殖) (McDonald, 1994); 微分细胞毒性 (BR1 IC_{50}/XRS-6 IC_{50} = 1); 拓扑异构酶 II 抑制剂 (IC_{90} = 118μmol/L, 对照米托蒽醌, IC_{90} = 1.1μmol/L); DNA 嵌入剂 (K > 100μmol/L).【文献】A. R. Carroll, et al. JOC, 1989, 54, 4231; A. Rudi, et al. JOC, 1989, 54, 5331; A. R. Carroll, et al. JOC, 1990, 55, 4426; L. A. McDonald, et al. JMC, 1994, 37, 3819.

1590 Shermilamine C 舍米胺 C*
【基本信息】$C_{24}H_{22}N_4O_2S$, 橙色固体.【类型】吡啶并[2,3,4-kl]吖啶类.【来源】Polycitoridae 科海鞘 Cystodytes sp. (斐济).【活性】细胞毒 (HCT, IC_{50} = 16.3μmol/L, 对照依托泊苷, IC_{50} =

2.5μmol/L; XRS-6, IC$_{50}$ = 8.1μmol/L, 对照依托泊苷, IC$_{50}$ = 0.14μmol/L; 以剂量相关方式抑制细胞增殖); 微分细胞毒性 (BR1 IC$_{50}$/XRS-6 IC$_{50}$ = 1); 拓扑异构酶Ⅱ抑制剂 (IC$_{90}$ = 138μmol/L, 对照米托蒽醌, IC$_{90}$ = 1.1μmol/L); DNA 嵌入剂 (K > 100μmol/L).【文献】L. A. McDonald, et al. JMC, 1994, 37, 3819.

1591 Shermilamine D 舍米胺 D*
【基本信息】C$_{21}$H$_{20}$N$_4$OS, 无定形橙色粉末.【类型】吡啶并[2,3,4-kl]吖啶类.【来源】Polycitoridae 科海鞘 Cystodytes violatinctus (科摩罗群岛).【活性】抗肿瘤; 抗病毒.【文献】G. Koren-Goldschlager, et al. JOC, 1998, 63, 4601.

1592 Shermilamine E 舍米胺 E*
【基本信息】C$_{21}$H$_{20}$N$_4$O$_2$S, 无定形棕色粉末.【类型】吡啶并[2,3,4-kl]吖啶类.【来源】Polycitoridae 科海鞘 Cystodytes violatinctus (科摩罗群岛).【活性】抗肿瘤; 抗病毒.【文献】G. Koren-Goldschlager, et al. JOC, 1998, 63, 4601.

1593 Shermilamine F 舍米胺 F*
【基本信息】C$_{24}$H$_{22}$N$_4$O$_2$S.【类型】吡啶并[2,3,4-kl]吖啶类.【来源】Polycitoridae 科海鞘 Cystodytes violatinctus (所罗门群岛).【活性】细胞毒 (一组人癌细胞 HTCLs, 适度活性).【文献】N. Bontemps, et al. JNP, 2013, 76, 1801.

1594 Styelsamine A 砖红叶海鞘胺 A*
【基本信息】C$_{17}$H$_{16}$N$_3$O$_2^+$, 紫色固体 (双三氟乙酸盐).【类型】吡啶并[2,3,4-kl]吖啶类.【来源】砖红叶海鞘* Eusynstyela latericius (印度尼西亚).【活性】细胞毒 (HCT116, IC$_{50}$ = 33μmol/L).【文献】B. R. Copp, et al. JOC, 1998, 63, 8024.

1595 Styelsamine B 砖红叶海鞘胺 B*
【基本信息】C$_{19}$H$_{18}$N$_3$O$_2^+$, 紫色固体 (双三氟乙酸盐).【类型】吡啶并[2,3,4-kl]吖啶类.【来源】砖红叶海鞘* Eusynstyela latericius (印度尼西亚).【活性】细胞毒 (HCT116, IC$_{50}$ = 89μmol/L).【文献】B. R. Copp, et al. JOC, 1998, 63, 8024; D. Skyler, et al. Org. Lett., 2001, 3, 4323.

1596　Styelsamine C　砖红叶海鞘胺 C*

【基本信息】$C_{16}H_{11}N_2O_2^+$，橙色固体（三氟乙酸盐）.【类型】吡啶并[2,3,4-kl]吖啶类.【来源】砖红叶海鞘* Eusynstyela latericius（印度尼西亚）.【活性】细胞毒（HCT116, IC_{50} = 2.8μmol/L）.【文献】B. R. Copp, et al. JOC, 1998, 63, 8024.

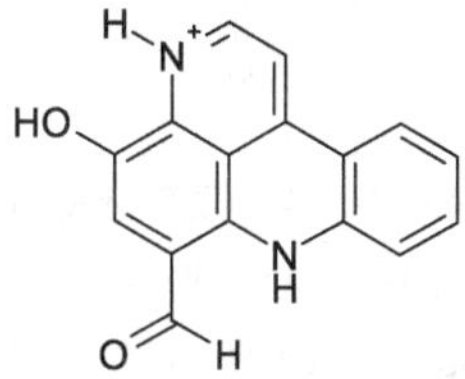

1597　Styelsamine D　砖红叶海鞘胺 D*

【基本信息】$C_{17}H_{16}N_3O^+$，紫色固体（双三氟乙酸盐）.【类型】吡啶并[2,3,4-kl]吖啶类.【来源】砖红叶海鞘* Eusynstyela latericius（印度尼西亚）.【活性】细胞毒（HCT116, IC_{50} = 1.6μmol/L）.【文献】B. R. Copp, et al. JOC, 1998, 63, 8024.

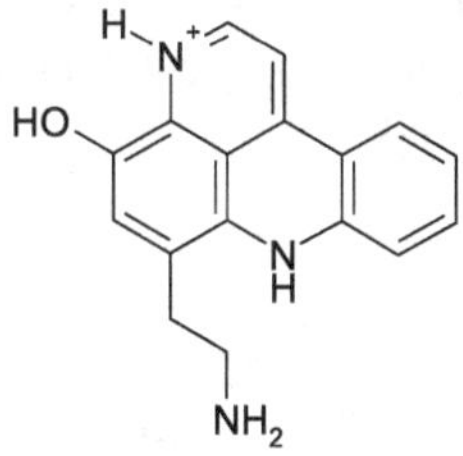

1598　Tintamine　亭它胺*

【基本信息】$C_{20}H_{21}N_3O_2S$.【类型】吡啶并[2,3,4-kl]吖啶类.【来源】Polycitoridae 科海鞘 Cystodytes violatinctus（科摩罗群岛）.【活性】抗肿瘤；抗病毒.【文献】G. Koren-Goldschlager, et al. JOC, 1998, 63, 4601.

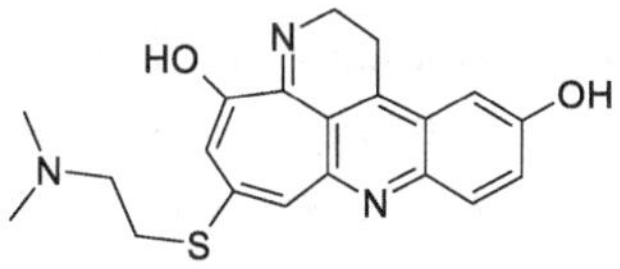

1599　Varamine A　髌骨海鞘胺 A*

【基本信息】$C_{22}H_{23}N_3O_2S$，橙色固体.【类型】吡啶并[2,3,4-kl]吖啶类.【来源】髌骨海鞘属 Lissoclinum vareau.【活性】细胞毒（L1210, IC_{50} = 0.03μg/mL）；拓扑异构酶抑制剂.【文献】T. F. Molinski, et al. JOC, 1989, 54, 4256.

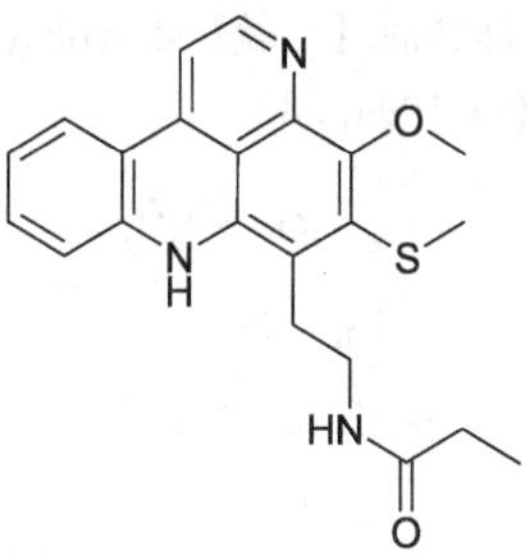

1600　Varamine B　髌骨海鞘胺 B*

【基本信息】$C_{21}H_{21}N_3O_2S$，橙色固体.【类型】吡啶并[2,3,4-kl]吖啶类.【来源】髌骨海鞘属 Lissoclinum vareau.【活性】细胞毒（L1210, IC_{50} = 0.03μg/mL）；拓扑异构酶抑制剂.【文献】T. F. Molinski, et al. JOC, 1989, 54, 4256.

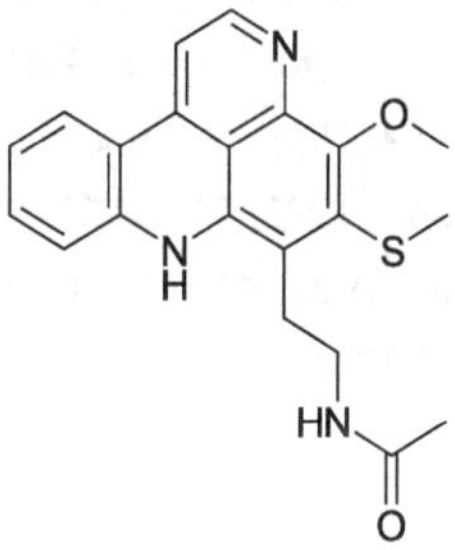

6.2　异喹啉类生物碱

1601　7-Amino-7-demethoxymimosamycin　7-氨基-7-去甲氧基米膜萨霉素*

【基本信息】$C_{11}H_{10}N_2O_3$，亮棕色固体, mp 300°C.【类型】异喹啉类生物碱.【来源】石海绵属 Petrosia sp.（印度水域）.【活性】环腺苷单磷酸 cAMP 抑制剂.【文献】M. Kobayashi, et al. J. Chem. Res. (S), 1994, 282.

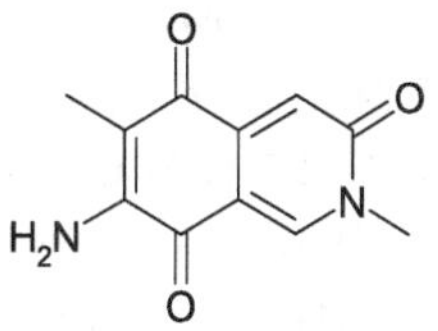

1602　4-Aminomimosamycin　4-氨基米膜萨霉素*

【基本信息】$C_{12}H_{12}N_2O_4$，深红色针状结晶, mp 250~251°C.【类型】异喹啉类生物碱.【来源】石海绵属 Petrosia sp.（印度水域）.【活性】环腺苷单磷酸 cAMP 抑制剂.【文献】M. Kobayashi, et al. J. Chem. Res. (S), 1994, 282.

Can. J. Chem., 1992, 70, 1170; S. Nakahara, et al. Heterocycles, 1995, 41, 651; G. R. Pettit, et al. JNP, 2000, 63, 793.

1603　Cribrostatin 1　似雪海绵他汀 1*

【基本信息】$C_{11}H_{10}N_2O_2$, 红橙色晶体（二氯甲烷/甲醇），mp 220~235℃（分解）.【类型】异喹啉类生物碱.【来源】似雪海绵属 *Cribrochalina* sp.（马尔代夫）.【活性】细胞毒（P_{388}, ED_{50} = 1.58μg/mL）；抗菌 [奈瑟氏淋球菌 *Neisseria gonorrheae* ATCC 49226, MIC = 0.39~0.78μg/盘；抗盘尼西林奈瑟氏淋球菌 *Neisseria gonorrheae* PRNG（临床分离的），MIC = 0.39~0.78μg/盘].【文献】G. R. Prttit, et al. Can. J. Chem., 1992, 70, 1170; S. Nakahara, et al. Heterocycles, 1995, 41, 651; G. R. Pettit, et al. JNP, 2000, 63, 793.

1604　Cribrostatin 2　似雪海绵他汀 2*

【基本信息】$C_{13}H_{13}NO_4$, 金黄色固体，mp 194~195℃.【类型】异喹啉类生物碱.【来源】似雪海绵属 *Cribrochalina* sp.（马尔代夫）.【活性】细胞毒（P_{388}, ED_{50} = 2.73μg/mL）；抗真菌（白色念珠菌 *Candida albicans* ATCC 90028, MIC = 3.12~6.25μg/mL；新型隐球酵母 *Cryptococcus neoformans* ATCC 90112, MIC = 12.5~25μg/mL；藤黄色微球菌 *Micrococcus luteus*, MIC = 50~100μg/mL）；抗菌 [奈瑟氏淋球菌 *Neisseria gonorrheae* ATCC 49226, MIC = 6.25~12.5μg/盘；抗盘尼西林奈瑟氏淋球菌 *Neisseria gonorrheae* PRNG（临床分离的），MIC = 1.56~3.12μg/盘；枯草杆菌 *Bacillus subtilis*, MIC = 12.5~25μg/盘；肺炎链球菌 *Streptococcus pneumoniae* ATCC 6303, MIC = 6.25~12.5μg/盘；抗盘尼西林肺炎葡萄球菌 *Staphylococcus pneumoniae* PRSP（临床分离的），MIC = 50~100μg/盘].【文献】G. R. Prttit, et al.

1605　Cribrostatin 3　似雪海绵他汀 3*

【基本信息】$C_{16}H_{16}N_2O_4$, 橙红色针状结晶（二氯甲烷/甲醇），mp 190~192℃.【类型】异喹啉类生物碱.【来源】似雪海绵属 *Cribrochalina* sp.【活性】细胞毒（BXPC3, GI_{50} > 1μg/mL; OVCAR-3, GI_{50} = 0.77μg/mL; SF295, GI_{50} > 1μg/mL; NCI-H460, GI_{50} > 1μg/mL; KM20L2, GI_{50} > 1μg/mL; DU145, GI_{50} > 1μg/mL; P_{388}, GI_{50} = 2.49μg/mL）；抗菌 [奈瑟氏淋球菌 *Neisseria gonorrheae* ATCC 49226, MIC = 0.0975~0.195μg/盘；抗盘尼西林奈瑟氏淋球菌 *Neisseria gonorrheae* PRNG（临床分离的），MIC = 0.39~0.78μg/盘].【文献】G. R. Pettit, et al. JNP, 2000, 63, 793.

1606　Cribrostatin 5　似雪海绵他汀 5*

【基本信息】$C_{17}H_{18}N_2O_4$, 红棕色板状晶体（甲醇/二氯甲烷）.【类型】异喹啉类生物碱.【来源】似雪海绵属 *Cribrochalina* sp.【活性】细胞毒（BXPC3, GI_{50} = 0.29μg/mL; OVCAR-3, GI_{50} = 0.18μg/mL; CNS SF295, GI_{50} = 0.36μg/mL; NCI-H460, GI_{50} = 0.22μg/mL; KM20L2, GI_{50} = 0.14μg/mL; DU145, GI_{50} ≥ 0.30μg/mL; P_{388}, GI_{50} = 0.045μg/mL）；抗菌 [奈瑟氏淋球菌 *Neisseria gonorrheae* ATCC 49226, MIC = 6.25~12.5μg/盘；抗盘尼西林奈瑟氏淋球菌 *Neisseria gonorrheae* PRNG（临床分离的），MIC = 6.25~12.5μg/盘；抗菌 [藤黄色微球菌 *Micrococcus luteus* (Presque

Isle 456), MIC = 50~100μg/盘].【文献】G. R. Pettit, et al. JNP, 2000, 63, 793.

1607 Cribrostatin 6 似雪海绵他汀 6*

【基本信息】$C_{15}H_{14}N_2O_3$, 深蓝色针状晶体（丙酮），mp 169~171°C.【类型】异喹啉类生物碱.【来源】似雪海绵属 *Cribrochalina* sp.【活性】细胞毒（癌细胞生长抑制剂）；抗菌.【文献】G. R. Pettit, et al. JNP, 2003, 66, 544; R. K. Pettit, et al. J. Med. Microbiol., 2004, 53, 61.

1608 *O*-Demethylrenierol acetate *O*-去甲基矶海绵醇乙酸酯*

【基本信息】$C_{13}H_{11}NO_5$, 黄色油状物.【类型】异喹啉类生物碱.【来源】石海绵属 *Petrosia* sp.（印度水域）.【活性】抗菌.【文献】Y. Venkateswarlu, et al. Ind. J. Chem., Sect. B, 1993, 32, 704.

1609 *O*-Demethylrenierone *O*-去甲基矶海绵酮*

【基本信息】$C_{16}H_{15}NO_5$, 橙色固体, mp 135~136°C.【类型】异喹啉类生物碱.【来源】似雪海绵属 *Cribrochalina* sp.（马尔代夫）和矶海绵属 *Reniera* sp.【活性】抗菌.【文献】D. E. McIntyre, et al. Tetrahedron Lett., 1979, 4163; G. R. Pettit, et al. Can. J. Chem., 1992, 70, 1170.

1610 (−)-*N*-Formyl-1,2-dihydrorenierone (−)-*N*-甲酰基-1,2-二氢矶海绵酮*

【基本信息】$C_{18}H_{19}NO_6$, 红色非晶固体, $[\alpha]_D^{20}$ = −227° (*c* = 0.023, 甲醇).【类型】异喹啉类生物碱.【来源】矶海绵属 *Reniera* sp.（斐济）.【活性】有毒的（抑制受精海胆卵细胞分裂）.【文献】J. M. Frincke, et al. JACS, 1982, 104, 265.

1611 4-Hydroxy-1-(3-hydroxyphenyl)-3(2*H*)-isoquinolinone 4-羟基-1-(3-羟苯基)-3(2*H*)-异喹啉酮

【别名】拟茎点霉素 A‡.【基本信息】$C_{15}H_{11}NO_3$, 无定形固体, mp 250~252°C.【类型】异喹啉类生物碱.【来源】红树导出的真菌拟茎点霉属 *Phomopsis* sp. 08, 来自未鉴定的红树（中国水域）.【活性】细胞毒（两种细胞株，温和活性）.【文献】Y. Tao, et al. Magn. Reson. Chem., 2008, 46, 501.

1612 7-Methoxy-1,6-dimethyl-5,8-isoquinolinedione 7-甲氧基-1,6-二甲基-5,8-异喹啉二酮

【基本信息】$C_{12}H_{11}NO_3$, mp 188~190°C（分解）.【类型】异喹啉类生物碱.【来源】矶海绵属 *Reniera* sp. 和锉海绵属 *Xestospongia* sp.【活性】抗菌（革兰氏阳性菌, 低活性）；杀昆虫剂.【文献】D. E.

McIntyre, et al. Tetrahedron Lett., 1979, 4163; J. M. Frincke, et al. JACS, 1982, 104, 265; A. Kubo, et al. CPB, 1985, 33. 2582; R. A. Edrada, et al. JNP, 1996, 59, 973.

1613　N-Methylnorsalsolinol　N-甲基去甲猪毛菜酚

【基本信息】$C_{10}H_{13}NO_2$.【类型】异喹啉类生物碱.【来源】锉海绵属 Xestospongia sp. (布干维尔礁, 昆士兰, 澳大利亚)【活性】抗氧化剂 (自由基清除剂).【文献】N. K. Utkina, et al. Chem. Nat. Compd., 2012, 48, 715.

1614　Mimosamycin　含羞草霉素

【基本信息】$C_{12}H_{11}NO_4$, 黄色棱柱状晶体 (甲醇), mp 227~232℃, mp 219~221℃, $[\alpha]_D^{24} = -1.8°$ (c = 1, 甲醇).【类型】异喹啉类生物碱.【来源】软海绵属 Halichondria spp., 矶海绵属 Reniera spp., 锉海绵属 Xestospongia spp., 石海绵属 Petrosia spp. 和大洋海绵属 Oceanapia sp.【活性】抗菌 (金黄色葡萄球菌 Staphylococcus aureus, 50μg, DIZ = 14mm/盘; 枯草杆菌 Bacillus subtilis, 50μg, DIZ = 11mm/盘; 鳗弧菌 Vibrio anguillarum, 10μg, DIZ = 11mm/盘; 细菌 B-392, 10μg, DIZ = 10mm/盘); 抗真菌 (白色念珠菌 Candida albicans, 50μg, DIZ = 9mm/盘).【文献】T. Arai, et al. J. Antibiot., 1976, 29, 398; J. M. Frincke, et al. JACS, 1982, 104, 265; M. Kobayashi, et al. J. Chem. Res., Synop., 1994, 282; CRC press, DNP, on DVD, 2012, version 20.2.

1615　Perfragilin A　苔藓素 A*

【基本信息】$C_{11}H_{10}N_2O_3S$, 红色针状结晶, mp 219~220℃.【类型】异喹啉类生物碱.【来源】苔藓动物门裸唇纲膜孔苔虫科膜孔苔虫属 Membranipora perfragilis (南澳大利亚).【活性】细胞毒 (P_{388}).【文献】Y.-H. Choi, et al. JNP, 1993, 56, 1431; S. K. Rizvi, et al. Acta Cryst. Sect. C, 1993, 49, 151.

1616　Perfragilin B　苔藓素 B*

【基本信息】$C_{12}H_{11}NO_3S_2$, 红色针状结晶, mp 163℃.【类型】异喹啉类生物碱.【来源】未鉴定的苔藓动物 (巴斯海峡, 塔斯马尼亚, 澳大利亚), 苔藓动物门裸唇纲膜孔苔虫科膜孔苔虫属 Membranipora perfragilis (南澳大利亚).【活性】细胞毒 (P_{388}).【文献】A. J. Blackman, et al. Aust. J. Chem., 1993, 46, 213; Y.-H. Choi, et al. JNP, 1993, 56, 1431.

1617　Renierol　矶海绵醇

【基本信息】$C_{12}H_{11}NO_4$.【类型】异喹啉类生物碱.【来源】锉海绵属 Xestospongia caycedoi (斐济).【活性】抗生素.【文献】T. C. McKee, et al. JNP, 1987, 50, 754.

1618　Renierone　矶海绵酮

【基本信息】$C_{17}H_{17}NO_5$, mp 91.5~92.5℃.【类型】异喹啉类生物碱.【来源】矶海绵属 Reniera sp. 和似雪海绵属 Cribrochalina sp. (马尔代夫).【活性】抗菌 (金黄色葡萄球菌 Staphylococcus aureus, 10μg, DIZ = 8mm/盘; 枯草杆菌 Bacillus subtilis, 10μg, DIZ = 10mm/盘; 大肠杆菌 Escherichia coli,

10μg, DIZ = 8mm/盘); 抗真菌; 抗肿瘤.【文献】J. M. Frincke, et al. JACS, 1982, 104, 265; G. R. Pettit, et al. Can. J. Chem., 1992, 70, 1170; D. E. McIntyre, et al. Tetrahedron Lett., 1979, 4163.

1619 Saldedine A 马达加斯加海鞘啶A*
【基本信息】$C_{18}H_{17}Br_2NO_3$, 晶体【类型】异喹啉类生物碱.【来源】未鉴定的海鞘 (工资湾, 马达加斯加).【活性】有毒的 (盐水丰年虾, 适度活性).【文献】H. Sorek, et al. J. Nat. Prod., 2009, 72, 784.

1620 Saldedine B 马达加斯加海鞘啶B*
【基本信息】$C_{18}H_{19}Br_2NO_3$, 油状物, $[\alpha]_D^{20} = -50°$ ($c = 0.2$, 甲醇).【类型】异喹啉类生物碱.【来源】未鉴定的海鞘 (工资湾, 马达加斯加).【活性】有毒的 (盐水丰年虾, 适度活性).【文献】H. Sorek, et al. J. Nat. Prod., 2009, 72, 784.

1621 Theoneberine 蒂壳海绵波瑞*
【基本信息】$C_{27}H_{25}Br_4NO_6$, 无色固体, mp 128°C, $[\alpha]_D^{20} = -53°$ ($c = 0.6$, 氯仿).【类型】异喹啉类生物碱.【来源】岩屑海绵蒂壳海绵属 Theonella sp. (冲绳, 日本).【活性】抗菌 (革兰氏阳性菌, MIC = 16μg/mL; 金黄色葡萄球菌 Staphylococcus aureus, MIC = 2μg/mL; 藤黄八叠球菌 Sarcina lutea, MIC = 66μg/mL; 枯草杆菌 Bacillus subtilis, MIC = 4μg/mL; 分枝杆菌属 Mycobacterium sp.); 细胞毒 (L_{1210}, IC_{50} = 10μg/mL; KB, IC_{50} = 2.9μg/mL).【文献】J. Kobayashi, et al. JOC, 1992, 57, 6680.

1622 Aaptamine 疏海绵胺*
【基本信息】$C_{13}H_{12}N_2O_2$, 灿烂的黄色晶体 (甲醇/丙酮) (盐酸), mp 110~113°C, mp 107°C (盐酸).【类型】疏海绵胺类生物碱.【来源】疏海绵属 Aaptos aaptos.【活性】α-肾上腺素能受体阻滞剂; 抗肿瘤.【文献】H. Nakamura, et al. JCS Perkin Ⅰ, 1987, 173; L. Calcul, et al. Tetrahedron, 2003, 59, 6539; E. L. Larghi, et al. Tetrahedron, 2009, 65, 4257.

1623 9-De-O-methylaaptamine 9-去-O-甲基疏海绵胺*
【基本信息】$C_{12}H_{10}N_2O_2$, 浅绿色–黄色粉末 (+ 1.5H_2O) (盐酸), mp 248~251°C (分解) (盐酸盐).【类型】疏海绵胺类生物碱.【来源】疏海绵属 Aaptos aaptos.【活性】细胞毒; 抗微生物.【文献】H. Nakamura, et al. JCS Perkin Trans. Ⅰ, 1987, 173.

1624 Demethyloxyaaptamine 去甲基氧代疏海绵胺*
【基本信息】$C_{12}H_8N_2O_2$, 细亮蓝色棒条状晶体 (乙酸乙酯), mp 210~212°C, mp 198~200°C.【类型】疏海绵胺类生物碱.【来源】疏海绵属 Aaptos

aaptos 和锉海绵属 Xestospongia sp.【活性】细胞毒；抗菌 (革兰氏阳性菌和革兰氏阴性菌).【文献】H. Nakamura, et al. JCS Perkin Trans. I, 1987, 173.

1625 Isoaaptamine 异疏海绵胺*
【基本信息】$C_{13}H_{12}N_2O_2$, 无定形黄色粉末, mp 200~205℃ (分解).【类型】疏海绵胺类生物碱.【来源】疏海绵属 Aaptos aaptos, 膜海绵属 Hymeniacidon sp. 和皮海绵属 Suberites sp.【活性】抗菌 (金黄色葡萄球菌 Staphylococcus aureus, IC_{50} = 3.7μg/mL, 作用的分子机制: 分选酶 A 抑制剂和纤维连接蛋白键合); 抗肿瘤; β-葡聚糖酶抑制剂.【文献】K. H. Jang, et al. BoMCL, 2007, 17, 5366; V. V. Sova, et al. Chem. Nat. Compd. (Engl. Transl.), 1990, 26, 420; A. M. S. Mayer, et al. Comparative Biochemistry and Physiology, Part C, 153, 2011, 191 (Rev.).

1626 N^4-Methylaaptamine N^4-甲基疏海绵胺*
【基本信息】$C_{14}H_{14}N_2O_2$, 浅黄色油状物.【类型】疏海绵胺类生物碱.【来源】疏海绵属 Aaptos aaptos.【活性】抗病毒.【文献】A. F. Coutinho, et al. Heterocycles, 2002, 57, 1265.

1627 3-(4-Morpholinyl)demethyloxyaaptamine 3-(4-吗啉基)去甲基氧代疏海绵胺*
【基本信息】$C_{16}H_{15}N_3O_3$, 橙色粉末.【类型】疏海绵胺类生物碱.【来源】疏海绵属 Aaptos sp. (万丰湾, 越南).【活性】细胞毒 (EGF 诱导的小鼠外皮细胞恶性转化抑制剂).【文献】L. K. Shubina, et al. Nat. Prod. Commun., 2009, 4, 1085.

1628 Suberitine A 疏海绵亭 A*
【基本信息】$C_{28}H_{26}N_4O_6$.【类型】疏海绵胺类生物碱.【来源】疏海绵属 Aaptos suberitoides (西沙群岛, 南海, 中国).【活性】细胞毒 (P_{388}, 低微摩尔浓度抑制剂).【文献】C. Liu, et al. Org. Lett., 2012, 14, 1994.

1629 Suberitine B 疏海绵亭 B*
【基本信息】$C_{26}H_{20}N_4O_5$.【类型】疏海绵胺类生物碱.【来源】疏海绵属 Aaptos suberitoides (西沙群岛, 南海, 中国).【活性】细胞毒 (P_{388}, 低微摩尔浓度抑制剂).【文献】C. Liu, et al. Org. Lett., 2012, 14, 1994.

1630 Suberitine C 疏海绵亭 C*
【基本信息】$C_{28}H_{26}N_4O_6$.【类型】疏海绵胺类生物碱.【来源】疏海绵属 Aaptos suberitoides (西沙群岛, 南海, 中国).【活性】细胞毒 (P_{388}, 低微摩尔浓度抑制剂).【文献】C. Liu, et al. Org. Lett., 2012, 14, 1994.

1631 Suberitine D 疏海绵亭 D*
【基本信息】$C_{26}H_{20}N_4O_5$.【类型】疏海绵胺类生物

碱.【来源】疏海绵属 *Aaptos suberitoides* (西沙群岛, 南海, 中国).【活性】细胞毒 (P$_{388}$, 低微摩尔浓度抑制剂).【文献】C. Liu, et al. Org. Lett., 2012, 14, 1994.

6.3 喹唑啉类生物碱

1632 Aniquinazoline A 构巢曲霉喹唑啉 A*
【基本信息】$C_{26}H_{25}N_5O_4$, 无色晶体, mp 243~245°C, $[\alpha]_D^{20} = -13°$ ($c = 0.30$, 甲醇).【类型】喹唑啉类生物碱.【来源】红树导出的真菌构巢曲霉 *Aspergillus nidulans* MA-143 (内生的), 来自红树红海兰 *Rhizophora stylosa* (叶子, 可能在中国某处).【活性】有毒的 (盐水丰年虾, LD$_{50}$ = 1.27mmol/L, 对照秋水仙碱, LD$_{50}$ = 88.4mmol/L).【文献】C.-Y. An, et al. Mar. Drugs, 2013, 11, 2682.

1633 Aniquinazoline B 构巢曲霉喹唑啉 B*
【基本信息】$C_{26}H_{27}N_5O_4$, 浅黄色固体, $[\alpha]_D^{20} = -118°$ ($c = 0.28$, 甲醇).【类型】喹唑啉类生物碱.【来源】红树导出的真菌构巢曲霉 *Aspergillus nidulans* MA-143 (内生的), 来自红树红海兰 *Rhizophora stylosa* (叶子, 可能在中国某处).【活性】有毒的 (盐水丰年虾, LD$_{50}$ = 2.11mmol/L, 对照秋水仙碱, LD$_{50}$ = 88.4mmol/L).【文献】C.-Y. An, et al. Mar. Drugs, 2013, 11, 2682.

1634 Aniquinazoline C 构巢曲霉喹唑啉 C*
【基本信息】$C_{26}H_{27}N_5O_5$, 浅黄色固体, $[\alpha]_D^{20} = -19°$ ($c = 0.28$, 甲醇).【类型】喹唑啉类生物碱.【来源】红树导出的真菌构巢曲霉 *Aspergillus nidulans* MA-143 (内生的), 来自红树红海兰 *Rhizophora stylosa* (叶子, 可能在中国某处).【活性】有毒的 (盐水丰年虾, LD$_{50}$ = 4.95mmol/L, 对照秋水仙碱, LD$_{50}$ = 88.4mmol/L).【文献】C.-Y. An, et al. Mar. Drugs, 2013, 11, 2682.

1635 Chrysogine 产黄青霉真菌素*
【基本信息】$C_{10}H_{10}N_2O_2$.【类型】喹唑啉类生物碱.【来源】深海真菌普通青霉菌* *Penicillium commune* SD-118 (沉积物).【活性】细胞毒 (SW1990, IC$_{50}$ = 20.0μg/mL).【文献】Z. Shang, et al. Chin. J. Oceanol. Limnol., 2012, 30, 305.

1636 Deoxynortryptoquivaline 去氧去甲色胺喹瓦林*
【基本信息】$C_{28}H_{28}N_4O_6$, 白色固体, $[\alpha]_D^{25} = +60°$ ($c = 0.1$, 氯仿), $[\alpha]_D^{25} = +69.5°$ ($c = 0.82$, 氯仿).【类型】喹唑啉类生物碱.【来源】红树导出的真菌枝孢属 *Cladosporium* sp. PJX-41.【活性】抗病毒 (流感 A H1N1 病毒, IC$_{50}$ = 87μmol/L, 对照病毒唑, IC$_{50}$ = 87μmol/L).【文献】J. Buchi, et al. Org. Chem., 1977, 42, 244; J. Peng, et al. JNP, 2013, 76, 1133.

1637 Deoxytryptoquivaline 去氧色胺喹瓦林*
【基本信息】$C_{29}H_{30}N_4O_6$, $[\alpha]_D^{25}$ = +50º (c = 0.1, 氯仿), $[\alpha]_D^{25}$ = +56.8º (c = 0.78, 氯仿).【类型】喹唑啉类生物碱.【来源】红树导出的真菌枝孢属 Cladosporium sp. PJX-41.【活性】抗病毒（流感 A H1N1 病毒，IC_{50} = 85μmol/L, 对照病毒唑，IC_{50} = 87μmol/L).【文献】J. Buchi, et al. Org. Chem., 1977, 42, 244; J. Peng, et al. JNP, 2013, 76, 1133.

1638 Monodontamide F 单齿螺酰胺 F*
【基本信息】$C_{25}H_{27}N_5O_3$【类型】喹唑啉类生物碱.【来源】软体动物腹足纲马蹄螺科单齿螺 Monodonta labio（日本水域）.【活性】丝氨酸蛋白酶抑制剂（低活性）.【文献】H. Niwa, et al. Tetrahedron, 1994, 50, 6805.

1639 Penipanoid C 展青霉素类似物 C*
【别名】2-(4-Hydroxybenzoyl) quinazolin-4(3H)-one; 2-(4-羟基苯甲酰基)喹唑啉-4(3H)-酮.【基本信息】$C_{15}H_{10}N_2O_3$, 浅黄色固体.【类型】喹唑啉类生物碱.【来源】海洋导出的真菌展青霉 Penicillium paneum（沉积物，南海，中国）和海洋真菌青霉属 Penicillium oxalicum 0312f1.【活性】抗菌（金黄色葡萄球菌 Staphylococcus aureus, 大肠杆菌 Escherichia coli）；抗真菌（白菜黑斑病菌 Alternaria brassicae, 输精管镰刀菌 Fusarium oxysporium f. sp. vasinfectum, 葡萄白腐病菌 Coniella diplodiella, 苹果轮纹病菌 Physalospora piricola 和黑曲霉菌 Aspergillus niger).【文献】S. Shen, et al. Acta Microbiol. Sinic., 2009, 49, 1240; C. -S. Li, et al. JNP, 2011, 74, 1331; S. Shen, et al. Nat. Prod. Res., 2013, 27, 2286.

1640 Shewanelline C 西瓦氏菌林 C*
【基本信息】$C_{16}H_{11}N_3O_3$【类型】喹唑啉类生物碱.【来源】深海细菌耐压西瓦氏菌 Shewanella piezotolerans WP3.【活性】细胞毒 (HL60, IC_{50} = 5.91μg/mL; Bel7402, IC_{50} = 10.03μg/mL).【文献】Y. Wang, et al. J. Antibiot., 2014, 67, 395.

1641 Tryptoquivaline 色胺喹瓦林*
【基本信息】$C_{29}H_{30}N_4O_7$, 无色晶体（甲醇-水), mp 215ºC, $[\alpha]_D^{25}$ = +120º (c = 0.1, 氯仿), $[\alpha]_D^{25}$ = +130º (c = 0.22, 氯仿).【类型】喹唑啉类生物碱.【来源】红树导出的真菌枝孢属 Cladosporium sp. PJX-41.【活性】抗病毒（流感 A H1N1 病毒，IC_{50} = 89μmol/L, 对照病毒唑，IC_{50} = 87μmol/L).【文献】J. Buchi, et al. Org. Chem., 1977, 42, 244; J. Peng, et al. JNP, 2013, 76, 1133.

1642 Auranomide A 黄灰青霉胺 A*
【基本信息】$C_{19}H_{16}N_4O_3$, 白色无定形粉末, $[\alpha]_D^{20}$ = +14.9º (c = 0.10, 甲醇).【类型】喹唑啉类生物碱.

【来源】海洋导出的真菌黄灰青霉 *Penicillium aurantiogriseum* (泥浆，渤海，中国).【活性】细胞毒 (100μg/mL: K562, InRt = 20.48%; ACHN, InRt = 16.45%; HepG2, InRt = 16.68%; A549, InRt = 1.04%).【文献】F. Song, et al. Mar. Drugs, 2012, 10, 1297.

1643　Auranomide B　黄灰青霉胺 B*

【基本信息】$C_{20}H_{19}N_4O_3^+$，黄色油状物，$[\alpha]_D^{20}$ = +10.8º (c = 0.10, 甲醇).【类型】喹唑啉类生物碱.【来源】海洋导出的真菌黄灰青霉 *Penicillium aurantiogriseum* (泥浆，渤海，中国).【活性】细胞毒 (100μg/mL: K562, InRt = 76.36%; ACHN, InRt = 75.31%; HepG2, InRt = 73.28%; A549, InRt = 30.46%).【文献】F. Song, et al. Mar. Drugs, 2012, 10, 1297.

1644　Auranomide C　黄灰青霉胺 C*

【基本信息】$C_{19}H_{16}N_4O_3$，黄色油状物，$[\alpha]_D^{20}$ = −63.0º (c = 0.10, 甲醇).【类型】喹唑啉类生物碱.【来源】海洋导出的真菌黄灰青霉 *Penicillium aurantiogriseum* (泥浆，渤海，中国).【活性】细胞毒 (100μg/mL: K562, InRt = 5.78%; ACHN, InRt = 8.74%; HepG2, InRt = 10.72%; A549, InRt = 16.90%).【文献】F. Song, et al. Mar. Drugs, 2012, 10, 1297.

7 嘧啶和吡嗪类生物碱

7.1 嘧啶类生物碱 / 313
7.2 吡嗪类生物碱 / 319

7.1 嘧啶类生物碱

1645　Axistatin 1　群海绵他汀 1*
【基本信息】$C_{26}H_{41}N_5O$.【类型】嘧啶类生物碱.
【来源】群海绵属 *Agelas axifera* (克罗尔, 帕劳, 大洋洲).【活性】细胞毒 (各种人和小鼠的癌细胞株, 低 μmol/L 浓度); 抗菌 (革兰氏阳性和阴性菌, 有潜力的广谱抗生素).【文献】G. R. Pettit, et al. JNP, 2013, 76, 420.

1646　Axistatin 2　群海绵他汀 2*
【基本信息】$C_{26}H_{41}N_5O$.【类型】嘧啶类生物碱.
【来源】群海绵属 *Agelas axifera* (克罗尔, 帕劳, 大洋洲).【活性】细胞毒 (各种人和小鼠的癌细胞株, 低微摩尔浓度); 抗菌 (革兰氏阳性和阴性菌, 有潜力的广谱抗生素).【文献】G. R. Pettit, et al. JNP, 2013, 76, 420.

1647　Axistatin 3　群海绵他汀 3*
【基本信息】$C_{29}H_{47}N_5O$.【类型】嘧啶类生物碱.
【来源】群海绵属 *Agelas axifera* (克罗尔, 帕劳, 大洋洲).【活性】细胞毒 (各种人和小鼠的癌细胞株, 低微摩尔浓度); 抗菌 (革兰氏阳性和阴性菌, 有潜力的广谱抗生素).【文献】G. R. Pettit, et al. JNP, 2013, 76, 420.

1648　Barbital　巴比妥
【基本信息】$C_8H_{12}N_2O_3$.【类型】嘧啶类生物碱.
【来源】鲀形目四齿鲀科圆鲀属河豚 *Sphaeroides oblongus* (组织).【活性】安眠药; 镇静剂 (长效); LD_{50} (小鼠, orl) = 600mg/kg.【文献】S. K. Mitra, et al. Chem. Commun., 1989, 16.

1649　Convolutamine J　旋花愚苔虫胺 J*
【基本信息】$C_{14}H_{18}Br_3N_2O^+$.【类型】嘧啶类生物碱.【来源】苔藓动物弯曲愚苔虫 *Amathia tortuosa* (巴斯海峡, 塔斯马尼亚, 澳大利亚).【活性】抗锥虫 (布氏锥虫 *Trypanosoma brucei brucei*).【文献】R. A. Davis, et al. BoMC, 2011, 19, 6615.

1650　Crambescin A_1　甘蓝海绵新 A_1*
【基本信息】$C_{25}H_{47}N_6O_2^+$, $[\alpha]_D^{20} = +8.9º$ ($c = 0.06$, 甲醇).【类型】嘧啶类生物碱.【来源】甘蓝海绵 *Crambe crambe* (滨海自由城, 法国).【活性】细胞毒.【文献】S. G. Bondu, et al. RSC Adv., 2012, 2, 2828.

1651　Crambescin A_2　甘蓝海绵新 A_2*
【基本信息】$C_{25}H_{47}N_6O_2^+$, $[\alpha]_D^{20} = +12.1º$ ($c = 0.18$, 甲醇).【类型】嘧啶类生物碱.【来源】甘蓝海绵 *Crambe crambe* (滨海自由城, 法国).【活性】细胞毒.【文献】S. G. Bondu, et al. RSC Adv., 2012, 2, 2828.

1652 Crambescin B 甘蓝海绵新 B*

【别名】Crambine B; 甘蓝海绵素 B*.【基本信息】$C_{25}H_{48}N_6O_3$, 玻璃体, $[\alpha]_D = +52°$ ($c = 0.9$, 甲醇).【类型】嘧啶类生物碱.【来源】甘蓝海绵 Crambe crambe.【活性】细胞毒 (L_{1210}); 细胞重聚合抑制剂; 鱼毒.【文献】B. B. Snider, et al. JOC, 1993, 58, 3828; E. A. Jares-Erijman, et al. JNP, 1993, 56, 2186.

1653 Crambescin B₁ 甘蓝海绵新 B₁*

【基本信息】$C_{25}H_{49}N_6O_3^+$, $[\alpha]_D^{20} = -116.3°$ ($c = 0.04$, 甲醇).【类型】嘧啶类生物碱.【来源】甘蓝海绵 Crambe crambe (滨海自由城, 法国).【活性】细胞毒.【文献】S. G. Bondu, et al. RSC Adv., 2012, 2, 2828.

1654 Crambescin C₁ 甘蓝海绵新 C₁*

【基本信息】$C_{25}H_{49}N_6O_3^+$, $[\alpha]_D^{20} = +33.1°$ ($c = 0.39$, 甲醇).【类型】嘧啶类生物碱.【来源】甘蓝海绵 Crambe crambe (滨海自由城, 法国).【活性】细胞毒.【文献】S. G. Bondu, et al. RSC Adv., 2012, 2, 2828.

1655 Deoxy-penipanoid C 去氧展青霉类化合物 C*

【别名】2-(4-Hydroxybenzyl)quinazolin-4(3H)-one; 2-(4-羟基苯基)喹唑啉-4(3H)-酮.【基本信息】$C_{15}H_{12}N_2O_2$.【类型】嘧啶类生物碱.【来源】海洋导出的真菌展青霉 Penicillium paneum (沉积物, 南海, 中国)和海洋真菌青霉属 Penicillium oxalicum 0312f1, 陆地真菌束孢属 Isaria farinose.【活性】细胞毒 (A549, IC₅₀ = 17.5μmol/L, 对照氟尿嘧啶, IC₅₀ = 13.7μmol/L; Bel7402, IC₅₀ = 19.8μmol/L, 对照氟尿嘧啶, IC₅₀ = 21.8μmol/L); 抗菌 (金黄色葡萄球菌 Staphylococcus aureus, 大肠杆菌 Escherichia coli); 抗真菌 (白菜黑斑病菌 Alternaria brassicae, 输精管镰刀菌 Fusarium oxysporium f. sp. vasinfectum, 葡萄白腐病菌 Coniella diplodiella, 苹果轮纹病菌 Physalospora piricola, 黑曲霉菌 Aspergillus niger); 抗病毒 (TMV 病毒, EC₅₀ = 399.57μmol/L).【文献】S. Shen, et al. Acta Microbiol. Sinic., 2009, 49, 1240; C. -S. Li, et al. JNP, 2011, 74, 1331; C. Ma, et al. JNP, 2011, 74, 32; S. Shen, et al. Nat. Prod. Res., 2013, 27, 2286.

1656 Didehydrocrambescin A₁ 双去氢甘蓝海绵新 A₁*

【基本信息】$C_{25}H_{45}N_6O_2^+$.【类型】嘧啶类生物碱.【来源】甘蓝海绵 Crambe crambe (滨海自由城, 法国).【活性】细胞毒.【文献】S. G. Bondu, et al. RSC Adv., 2012, 2, 2828.

1657 Homocrambescin A₂ 高甘蓝海绵新 A₂*
【基本信息】$C_{26}H_{49}N_6O_2^+$, $[\alpha]_D^{20}= +35.9º$ (c = 0.1, 甲醇).【类型】嘧啶类生物碱.【来源】甘蓝海绵 *Crambe crambe* (滨海自由城, 法国).【活性】细胞毒. 【文献】S. G. Bondu, et al. RSC Adv., 2012, 2, 2828.

1658 Homocrambescin B₁ 高甘蓝海绵新 B₁*
【基本信息】$C_{26}H_{51}N_6O_3^+$, $[\alpha]_D^{20}= -145.5º$ (c = 0.07, 甲醇).【类型】嘧啶类生物碱.【来源】甘蓝海绵 *Crambe crambe* (滨海自由城, 法国).【活性】细胞毒. 【文献】S. G. Bondu, et al. RSC Adv., 2012, 2, 2828.

1659 Homocrambescin C₁ 高甘蓝海绵新 C₁*
【基本信息】$C_{26}H_{51}N_6O_3^+$, $[\alpha]_D^{20}= +62.7º$ (c = 0.13, 甲醇).【类型】嘧啶类生物碱.【来源】甘蓝海绵 *Crambe crambe* (滨海自由城, 法国).【活性】细胞毒. 【文献】S. G. Bondu, et al. RSC Adv., 2012, 2, 2828.

1660 Hydroxyakalone 羟基阿卡酮*
【基本信息】$C_5H_5N_5O_2$, 粉末.【类型】嘧啶类生物碱.【来源】海洋细菌土壤杆菌属 *Agrobacterium aurantiacum* N-81106.【活性】黄嘌呤氧化酶抑制剂.【文献】H. Izumida, et al. J. Antibiot., 1997, 50, 916.

1661 Meridianin A 正午褶胃海鞘宁 A*
【别名】Psammopemmin A; 南极海绵素 A*.【基本信息】$C_{12}H_{10}N_4O$, 黄色针状晶体 (甲醇水溶液), mp 164~168℃.【类型】嘧啶类生物碱.【来源】Chondropsidae 科海绵 *Psammopemma* sp, 正午褶胃海鞘* *Aplidium meridianum* (靠近南乔治亚岛, 南大西洋, 采样深度 100m) 和 Polyclinidae 科海鞘 *Synoicum* sp. (帕尔默站, 南极地区).【活性】蛋白激酶抑制剂 (细胞周期蛋白依赖激酶 CDK1/细胞周期素 B, IC_{50} = 2.50μmol/L, 对照 Rescovitine, IC_{50} = 0.45μmol/L; CDK5/p25 蛋白, IC_{50} = 3.00μmol/L, 对照 Rescovitine, IC_{50} = 0.16μmol/L; 蛋白激酶 A PKA, IC_{50} = 11.0μmol/L, 对照 Rescovitine, IC_{50} > 1000μmol/L; 蛋白激酶 G PKG, IC_{50} = 200.0μmol/L, 对照 Rescovitine, IC_{50} > 1000μmol/L; 糖原合成激酶 GSK3-β, IC_{50} = 1.30μmol/L, 对照 Rescovitine, IC_{50} = 130.0μmol/L); 防止细胞增殖和诱导细胞凋亡).【文献】M. S. Butler, et al. Aust. J. Chem., 1992, 45, 1871; L. H. Franco, et al. JNP, 1998, 61, 1130; M. Gompel, et al. BoMCL, 2004, 14, 1703; M. D. Lebar, et al. NPR, 2007, 24, 774 (Rev.); M. D. Lebar, et al. Aust. J. Chem., 2010, 63, 862.

1662 Meridianin B 正午褶胃海鞘宁 B*
【别名】Psammopemmin C; 南极海绵素 C*.【基本信息】$C_{12}H_9BrN_4O$, 黄色粉末 (乙酸乙酯), mp 190℃ (分解).【类型】嘧啶类生物碱.【来源】

Chondropsidae 科海绵 *Psammopemma* sp., 正午褶胃海鞘* *Aplidium meridianum* (靠近南乔治亚岛, 南大西洋, 采样深度100m) 和 Polyclinidae 科海鞘 *Synoicum* sp.【活性】蛋白激酶抑制剂 (细胞周期蛋白依赖激酶 CDK1/细胞周期素 B, IC_{50} = 1.50μmol/L, 对照 Rescovitine, IC_{50} = 0.45μmol/L; 细胞周期蛋白依赖激酶 CDK5/p25 蛋白, IC_{50} = 1.00μmol/L, 对照 Rescovitine, IC_{50} = 0.16μmol/L; 蛋白激酶 A PKA, IC_{50} = 0.21μmol/L, 对照 Rescovitine, IC_{50} > 1000μmol/L; 蛋白激酶 G PKG, IC_{50} = 1.00μmol/L, 对照 Rescovitine, IC_{50} > 1000μmol/L; 糖原合成激酶 GSK3-β, IC_{50} = 0.5μmol/L, 对照 Rescovitine, IC_{50} = 130.0μmol/L; 酪蛋白激酶 CK1, IC_{50} = 1.00μmol/L, 对照 Rescovitine, IC_{50} = 17μmol/L; 正午褶胃海鞘宁中最有潜力的蛋白激酶抑制剂); 细胞毒 (LMM3, IC_{50} = 11.4μmol/L; P_{388}).【文献】M. S. Butler, et al. Aust. J. Chem., 1992, 45, 1871; L. H. Franco, et al. JNP, 1998, 61, 1130; P. M. Fresneda, et al. Tetrahedron Lett., 2000, 41, 4777; M. Gompel, et al. BoMCL, 2004, 14, 1703; M. D. Lebar, et al. NPR, 2007, 24, 774 (Rev.).

1663 Meridianin C 正午褶胃海鞘宁 C*
【基本信息】$C_{12}H_9BrN_4$, 黄色粉末 (甲醇水溶液), mp 103~106°C.【类型】嘧啶类生物碱.【来源】正午褶胃海鞘* *Aplidium meridianum* (靠近南乔治亚岛, 南大西洋, 采样深度100m) 和 Polyclinidae 科海鞘 *Synoicum* sp.【活性】蛋白激酶抑制剂 (细胞周期蛋白依赖激酶 CDK1/细胞周期素 B, IC_{50} = 3.00μmol/L, 对照 Rescovitine, IC_{50} = 0.45μmol/L; 细胞周期蛋白依赖激酶 CDK5/p25 蛋白, IC_{50} = 6.00μmol/L, 对照 Rescovitine, IC_{50} = 0.16μmol/L; 蛋白激酶 A PKA, IC_{50} = 0.70μmol/L, 对照 Rescovitine, IC_{50} > 1000μmol/L; 蛋白激酶 G PKG, IC_{50} = 0.40μmol/L, 对照 Rescovitine, IC_{50} > 1000μmol/L; 糖原合成激酶 GSK3-β, IC_{50} = 2.00μmol/L, 对照 Rescovitine, IC_{50} = 130.0μmol/L; 酪蛋白激酶 CK1, IC_{50} = 30.0μmol/L, 对照 Rescovitine, IC_{50} = 17μmol/L); 细胞毒 (LMM3, IC_{50} = 9.3μmol/L).【文献】L. H. Franco, et al. JNP, 1998, 61, 1130; M. Gompel, et al. BoMCL, 2004, 14, 1703; M. D. Lebar, et al. NPR, 2007, 24, 774 (Rev.).

1664 Meridianin D 正午褶胃海鞘宁 D*
【基本信息】$C_{12}H_9BrN_4$, 黄色粉末 (乙酸乙酯/甲醇), mp 218~221°C.【类型】嘧啶类生物碱.【来源】正午褶胃海鞘* *Aplidium meridianum* (靠近南乔治亚岛, 南大西洋, 采样深度100m).【活性】蛋白激酶抑制剂 (细胞周期蛋白依赖激酶 CDK1/细胞周期素 B, IC_{50} = 13.0μmol/L, 对照 Rescovitine, IC_{50} = 0.45μmol/L; 细胞周期蛋白依赖激酶 CDK5/p25 蛋白, IC_{50} = 5.50μmol/L, 对照 Rescovitine, IC_{50} = 0.16μmol/L; 蛋白激酶 A PKA, IC_{50} = 1.00μmol/L, 对照 Rescovitine, IC_{50} > 1000μmol/L; 蛋白激酶 G PKG, IC_{50} = 0.80μmol/L, 对照 Rescovitine, IC_{50} > 1000μmol/L; 糖原合成激酶 GSK3-β, IC_{50} = 2.50μmol/L, 对照 Rescovitine, IC_{50} = 130.0μmol/L; 酪蛋白激酶 CK1, IC_{50} = 100.0μmol/L, 对照 Rescovitine, IC_{50} = 17μmol/L); 细胞毒 (LMM3, IC_{50} = 33.9μmol/L; P_{388}).【文献】L. H. Franco, et al. JNP, 1998, 61, 1130; P. M. Fresneda, et al. Tetrahedron Lett., 2000, 41, 4777; B. Jiang, et al. Heterocycles, 2000, 53, 1489; M. Gompel, et al. BoMCL, 2004, 14, 1703; M.D. Lebar, et al. NPR, 2007, 24, 774 (Rev.).

1665 Meridianin E 正午褶胃海鞘宁 E*
【别名】Psammopemmin B; 南极海绵素 B*.【基本信息】$C_{12}H_9BrN_4O$, 黄色晶体 (甲醇水溶液), mp 172~175°C.【类型】嘧啶类生物碱.【来源】Chondropsidae 科海绵 *Psammopemma* sp. (南极地区), 正午褶胃海鞘* *Aplidium meridianum* (靠近

南乔治亚岛, 南大西洋, 采样深度100m).【活性】25 种蛋白激酶抑制剂 (细胞周期蛋白依赖激酶 CDK1/细胞周期素 B, IC_{50} = 0.18µmol/L, 对照 Rescovitine, IC_{50} = 0.45µmol/L; 细胞周期蛋白依赖激酶 CDK2/细胞周期素 A, IC_{50} = 0.80µmol/L; 细胞周期蛋白依赖激酶 CDK2/细胞周期素 E, IC_{50} = 1.80µmol/L; 细胞周期蛋白依赖激酶 CDK4/细胞周期素 D1, IC_{50} = 3.00µmol/L; 细胞周期蛋白依赖激酶 CDK5/p25 蛋白, IC_{50} = 0.15µmol/L; 细胞外信号调解蛋白激酶 Erk1, IC_{50} >100µmol/L; 细胞外信号调解蛋白激酶 Erk2, IC_{50} >100µmol/L; c-Raf, IC_{50} = 1~10µmol/L; 促分裂原活化蛋白激酶激酶 MAPKK, IC_{50} >100µmol/L; c-Jun-氨基末端激酶 JNK, IC_{50} = 1.00µmol/L; 酪蛋白激酶 1, IC_{50} = 0.40µmol/L; 酪蛋白激酶 2, IC_{50} >100µmol/L; 蛋白激酶 Cα, IC_{50} = 1.30µmol/L; 蛋白激酶 Cβ1, IC_{50} = 1.50µmol/L; 蛋白激酶 Cβ2, IC_{50} = 2.00µmol/L; 蛋白激酶 Cγ, IC_{50} = 2.00µmol/L; 蛋白激酶 Cδ, IC_{50} = 1.20µmol/L; 蛋白激酶 Cε, IC_{50} = 4.00µmol/L; 蛋白激酶 Cη, IC_{50} = 1.30µmol/L; 蛋白激酶 Cξ, IC_{50} = 4.00µmol/L; 依赖 cAMP 的蛋白激酶, IC_{50} = 0.09µmol/L; 依赖 cGMP 的蛋白激酶, IC_{50} = 0.60µmol/L; 糖原合成激酶 GSK3-α, IC_{50} = 0.90µmol/L; 糖原合成激酶 GSK3-β, IC_{50} = 2.50µmol/L; 胰岛素受体酪氨酸激酶, IC_{50} = 80.00µmol/L; 正午褶胃海鞘宁中最有潜力的蛋白激酶抑制剂); 细胞毒 (LMM3, IC_{50} = 11.1µmol/L; P_{388}).【文献】M. S. Butler, et al. Aust. J. Chem., 1992, 45, 1871; L. H. Franco, et al. JNP, 1998, 61, 1130; P. M. Fresneda, et al. Tetrahedron Lett., 2000, 41, 4777; M. Gompel, et al. BoMCL, 2004, 14, 1703; M. D. Lebar, et al. NPR, 2007, 24, 774 (Rev.).

1666 Meridianin F 正午褶胃海鞘宁 F*

【基本信息】$C_{12}H_8Br_2N_4$, 黄色针状晶体 (甲醇水溶液), mp 175°C.【类型】嘧啶类生物碱.【来源】正午褶胃海鞘* Aplidium meridianum (嗜冷生物, 冷水域, 南乔治亚岛, 南大西洋, 采样深度100m).【活性】蛋白激酶抑制剂 (细胞周期蛋白依赖激酶 CDK1/细胞周期素 B, IC_{50} = 20.0µmol/L, 对照 Rescovitine, IC_{50} = 0.45µmol/L; 细胞周期蛋白依赖激酶 CDK5/p25 蛋白, IC_{50} = 20.0µmol/L, 对照 Rescovitine, IC_{50} = 0.16µmol/L; 蛋白激酶 A (PKA), IC_{50} = 3.20µmol/L, Rescovitine, IC_{50} > 1000µmol/L; 蛋白激酶 G (PKG), IC_{50} = 0.60µmol/L, Rescovitine, IC_{50} > 1000µmol/L; 糖原合成激酶 GSK3-β, IC_{50} = 2.00µmol/L, 对照 Rescovitine, IC_{50} = 130.0µmol/L)【文献】M. Gompel, et al. BoMCL, 2004, 14, 1703; A. M. Seldes, et al. Nat. Prod. Res., 2007, 21, 555; M.D. Lebar, et al. NPR, 2007, 24, 774 (Rev.).

1667 Meridianin G 正午褶胃海鞘宁 G*

【基本信息】$C_{12}H_{10}N_4$, 黄色针状晶体 (甲醇水溶液), mp 215°C (分解).【类型】嘧啶类生物碱.【来源】正午褶胃海鞘* Aplidium meridianum (嗜冷生物, 冷水域, 南乔治亚岛, 南大西洋, 采样深度100m).【活性】蛋白激酶抑制剂 (细胞周期蛋白依赖激酶 CDK1/细胞周期素 B, IC_{50} = 150µmol/L, 对照 Rescovitine, IC_{50} = 0.45µmol/L; 细胞周期蛋白依赖激酶 CDK5/p25 蛋白, IC_{50} = 140µmol/L, 对照 Rescovitine, IC_{50} = 0.16µmol/L; 蛋白激酶 A PKA, IC_{50} = 120µmol/L, 对照 Rescovitine, IC_{50} > 1000µmol/L; 蛋白激酶 G PKG, IC_{50} = 400µmol/L, 对照 Rescovitine, IC_{50} > 1000µmol/L; 糖原合成激酶 GSK3-β, IC_{50} = 350µmol/L, 对照 Rescovitine, IC_{50} = 130.0µmol/L)【文献】M. Gompel, et al. BoMCL, 2004, 14, 1703; A. M. Seldes, et al. Nat. Prod. Res., 2007, 21, 555; M.D. Lebar, et al. NPR, 2007, 24, 774 (Rev.).

1668 N^1-Methylmanzacidin C N^1-甲基曼扎名斯定 C*
【基本信息】$C_{13}H_{16}BrN_3O_4$, $[\alpha]_D^{23}$ = +36.4º (c = 0.17, 甲醇).【类型】嘧啶类生物碱.【来源】短花柱小轴海绵* Axinella brevistyla (日本水域).【活性】抗真菌 (抑制酿酒酵母 Saccharomyces cerevisiae erg6 突变体的生长, 100μg/盘); 细胞毒.【文献】S. Tsukamoto, et al. JNP, 2001, 64, 1576.

1669 Norcrambescin B$_1$ 去甲甘蓝海绵新 B$_1$*
【基本信息】$C_{24}H_{47}N_6O_3^+$, $[\alpha]_D^{20}$ = –114.0º (c = 0.05, 甲醇).【类型】嘧啶类生物碱.【来源】甘蓝海绵 Crambe crambe (滨海自由城, 法国).【活性】细胞毒.【文献】S. G. Bondu, et al. RSC Adv., 2012, 2, 2828.

1670 Norcrambescin C$_1$ 去甲甘蓝海绵新 C$_1$*
【基本信息】$C_{24}H_{47}N_6O_3^+$, $[\alpha]_D^{20}$ = +76.3º (c = 0.08, 甲醇).【类型】嘧啶类生物碱.【来源】甘蓝海绵 Crambe crambe (滨海自由城, 法国).【活性】细胞毒.【文献】S. G. Bondu, et al. RSC Adv., 2012, 2, 2828.

1671 Pyrostatin B 派柔他汀 B*
【基本信息】$C_6H_{10}N_2O_2$, 晶体, mp 280℃, $[\alpha]_D^{20}$ = +140º (c = 1.0, 甲醇).【类型】嘧啶类生物碱.【来源】海洋导出的链霉菌属 Streptomyces sp. SA-3501 (海洋沉积物).【活性】保护渗透的 (Osmoprotective).【文献】L. Castellanos, et al. Org. Lett., 2006, 8, 4967.

1672 3,4,5,6-Tetrahydro-6-hydroxymethyl-3,6-dimethylpyrimidine-4-carboxylic acid 3,4,5,6-四氢-6-羟基甲基-3,6-二甲基嘧啶-4-羧酸
【基本信息】$C_8H_{14}N_2O_3$.【类型】嘧啶类生物碱.【来源】原柱海绵属 Protophlitaspongia aga (帕劳, 大洋洲).【活性】抗污剂 (抑制纹藤壶 Balanus amphitrite 幼虫定居).【文献】T. Hattori, et al. Fish. Sci., 2001, 67, 690.

1673 4-Amino-5-bromo-pyrrolo[2,3-d]pyrimidine 4-氨基-5-溴-吡咯并[2,3-d]嘧啶
【基本信息】$C_6H_5BrN_4$, 针状晶体 (乙醇水溶液), mp 240~241℃, mp 238~239℃ (分解).【类型】吡咯并[2,3-d]嘧啶类生物碱.【来源】棘网海绵属 Echinodictyum sp.【活性】支气管扩张药; 中枢神经系统活性; 增强心脏功能.【文献】R. Kazlauskas, et al. Aust. J. Chem., 1983, 36, 165.

1674 Rigidin 坚挺双盘海鞘素*
【基本信息】$C_{19}H_{13}N_3O_5$, 紫色固体, mp 300℃.【类型】吡咯并[2,3-d]嘧啶类生物碱.【来源】坚挺双盘海鞘* Eudistoma cf. rigida.【活性】钙调蛋白拮抗剂; 磷酸二酯酶抑制剂.【文献】J. Kobayashi, et al. Tetrahedron Lett., 1990, 31, 4617; E. D. Edstrom, et al. JOC, 1993, 58, 403; T. Sakamoto, et al. Tetrahedron Lett., 1994, 35, 2919.

7.2 吡嗪类生物碱

1675 Aflatoxin 黄曲霉毒素
【基本信息】$C_{12}H_{20}N_2O$.【类型】吡嗪类生物碱.【来源】深海真菌曲霉菌属 *Aspergillus* sp. 16-02-1（沉积物）.【活性】细胞毒（100μg/mL: K562, InRt = 33.6%~43.6%, HL60, InRt = 24.1%~53.3%, HeLa, InRt = 18.8%~45.4%, BGC823, InRt = 36.2%~51.2%）; 抗真菌.【文献】X. Chen, et al. Chin. J. Mar. Drugs, 2013, 32, 1 (中文版).

1676 Aspidostomide E 苔藓迈德 E*
【基本信息】$C_{16}H_{10}Br_5N_3O_2$.【类型】吡嗪类生物碱.【来源】苔藓动物裸唇纲 *Aspidostoma giganteum*（巴塔哥尼亚，阿根廷）.【活性】细胞毒（786-0 肾癌细胞，中等活性）.【文献】L. P. Patiño, et al. JNP, 2014, 77, 1170.

1677 Botryllazine B 菊海鞘嗪 B*
【基本信息】$C_{17}H_{12}N_2O_3$, $[α]_D^{25}$ = 0º (c = 0.14, 甲醇).【类型】吡嗪类生物碱.【来源】菊海鞘属 *Botryllus leachi*（西班牙）.【活性】细胞毒（A549, MEL28, ED_{50} = 5μg/mL）.【文献】R. Durán, et al. Tetrahedron, 1999, 55. 13225.

1678 (R)-6-Debromohamacanthin B (R)-6-去溴同眼海绵素 B*
【基本信息】$C_{20}H_{15}BrN_4O$ 黄色无定形粉末，$[α]_D^{25}$ = −194º (c = 0.25, 甲醇).【类型】吡嗪类生物碱.【来源】丘海绵属 *Spongosorites* sp.【活性】细胞毒（A549, ED_{50} = 3.71μg/mL, 对照阿霉素, ED_{50} = 0.02μg/mL; SK-OV-3, ED_{50} = 8.50μg/mL, 阿霉素, ED_{50} = 0.14μg/mL; SK-MEL-2, ED_{50} = 7.60μg/mL, 阿霉素, ED_{50} = 0.07μg/mL; XF498, ED_{50} = 8.30μg/mL, 阿霉素, ED_{50} = 0.07μg/mL; HCT15, ED_{50} = 4.20μg/mL, 阿霉素, ED_{50} = 0.02μg/mL）; 抗菌（A: 酿脓链球菌 *Streptococcus pyogenes* 308A, MIC = 6.3μg/mL, 对照美罗培南, MIC = 0.004μg/mL; B: 酿脓链球菌 *Streptococcus pyogenes* 77A, MIC = 12.5μg/mL, 美罗培南, MIC = 0.004μg/mL; C: 金黄色链球菌 *Streptococcus aureus* SG 511, MIC = 12.5μg/mL, 美罗培南, MIC = 0.049μg/mL; D: 金黄色链球菌 *Streptococcus aureus* 285, MIC = 12.5μg/mL, 美罗培南, MIC = 0.098μg/mL; E: 金黄色链球菌 *Streptococcus aureus* 503, MIC = 12.5μg/mL, 美罗培南, MIC = 0.049μg/mL; F: 大肠杆菌 *Escherichia coli* DC 2, MIC = 25μg/mL, 美罗培南, MIC = 0.013μg/mL; G: 铜绿假单胞菌 *Pseudomonas aeruginosa* 1592E, MIC > 25μg/mL; H: 铜绿假单胞菌 *Pseudomonas aeruginosa* 1771, MIC = 25μg/mL; I: 铜绿假单胞菌 *Pseudomonas aeruginosa* 1771M, MIC > 25μg/mL; J: 产酸克雷伯菌 *Klebsiella oxytoca* 1082 E, MIC > 25μg/mL）.【文献】B. Bao, et al. JNP, 2005, 68, 711; 2007, 70, 2.

1679　(R)-6''-Debromohamacanthin B
(R)-6''-去溴同眼海绵素 B*

【基本信息】$C_{20}H_{15}BrN_4O$，黄色无定形粉末，$[α]_D^{25} = -83°$ ($c = 0.5$, 甲醇). 【类型】吡嗪类生物碱. 【来源】丘海绵属 *Spongosorites* sp. 【活性】细胞毒 (A549, $ED_{50} = 7.86μg/mL$, 对照阿霉素, $ED_{50} = 0.02μg/mL$; SK-OV-3, $ED_{50} = 7.85μg/mL$, 对照阿霉素, $ED_{50} = 0.14μg/mL$; SK-MEL-2, $ED_{50} = 7.71μg/mL$, 对照阿霉素, $ED_{50} = 0.03μg/mL$; XF498, $ED_{50} = 9.21μg/mL$, 对照阿霉素, $ED_{50} = 0.04μg/mL$; HCT15, $ED_{50} = 6.31μg/mL$, 对照阿霉素, $ED_{50} = 0.10μg/mL$). 【文献】B. Bao, et al. JNP, 2005, 68, 711; 2007, 70, 2.

1680　(3S,5R)-6',6''-Didebromo-3,4-dihydrohamacanthin B　(3S,5R)-6',6''-二去溴-3,4-二氢同眼海绵素 B*

【基本信息】$C_{20}H_{18}N_4O$，黄色无定形粉末，$[α]_D^{25} = +127°$ ($c = 0.08$, 甲醇). 【类型】吡嗪类生物碱. 【来源】丘海绵属 *Spongosorites* sp. 【活性】细胞毒 (A549, $ED_{50} > 10.00μg/mL$, 对照阿霉素, $ED_{50} = 0.04μg/mL$; SK-OV-3, $ED_{50} = 9.64μg/mL$, 对照阿霉素, $ED_{50} = 0.05μg/mL$; SK-MEL-2, $ED_{50} > 10.00μg/mL$; XF498, $ED_{50} > 10.00μg/mL$; HCT15, $ED_{50} > 10.00μg/mL$). 【文献】B. Bao, et al. JNP, 2005, 68, 711; 2007, 70, 2.

1681　(S)-6',6''-Didebromohamacanthin A
(S)-6',6''-二去溴同眼海绵素 A*

【基本信息】$C_{20}H_{16}N_4O$，黄色无定形粉末，$[α]_D^{25} = +59°$ ($c = 0.72$, 甲醇). 【类型】吡嗪类生物碱. 【来源】丘海绵属 *Spongosorites* sp. 【活性】细胞毒 (A549, $ED_{50} = 8.30μg/mL$, 对照阿霉素, $ED_{50} = 0.02μg/mL$; SK-OV-3, $ED_{50} = 11.50μg/mL$, 对照阿霉素, $ED_{50} = 0.14μg/mL$; SK-MEL-2, $ED_{50} = 5.00μg/mL$, 对照阿霉素, $ED_{50} = 0.07μg/mL$; XF498, $ED_{50} = 17.10μg/mL$, 对照阿霉素, $ED_{50} = 0.07μg/mL$; HCT15, $ED_{50} = 4.10μg/mL$, 对照阿霉素, $ED_{50} = 0.02μg/mL$); 抗菌 (A: 酿脓链球菌 *Streptococcus pyogenes* 308A, $MIC = 25μg/mL$, 对照美罗培南, $MIC = 0.004μg/mL$; B: 酿脓链球菌 *Streptococcus pyogenes* 77A, $MIC = 25μg/mL$; C: 金黄色链球菌 *Streptococcus aureus* SG 511, $MIC > 25μg/mL$; D: 金黄色链球菌 *Streptococcus aureus* 285, $MIC > 25μg/mL$; E: 金黄色链球菌 *Streptococcus aureus* 503, $MIC > 25μg/mL$; F: 大肠杆菌 *Escherichia coli* DC 2, $MIC > 25μg/mL$; G: 铜绿假单胞菌 *Pseudomonas aeruginosa* 1592E, $MIC = 25μg/mL$; H: 铜绿假单胞菌 *Pseudomonas aeruginosa* 1771, $MIC = 25μg/mL$; I: 铜绿假单胞菌 *Pseudomonas aeruginosa* 1771M, $MIC > 25μg/mL$; J: 产酸克雷伯菌 *Klebsiella oxytoca* 1082 E, $MIC > 25μg/mL$). 【文献】B. Bao, et al. JNP, 2005, 68, 711; 2007, 70, 2.

1682　(R)-6',6''-Didebromohamacanthin B
(R)-6',6''-二去溴同眼海绵素 B*

【基本信息】$C_{20}H_{16}N_4O$，黄色无定形粉末，$[α]_D^{25} = -288°$ ($c = 0.4$, 甲醇). 【类型】吡嗪类生物碱. 【来源】丘海绵属 *Spongosorites* sp. 【活性】细胞毒 (A549, $ED_{50} = 11.70μg/mL$, 对照阿霉素, $ED_{50} = 0.02μg/mL$; SK-OV-3, $ED_{50} = 12.60μg/mL$, 对照阿霉素, $ED_{50} = 0.14μg/mL$; SK-MEL-2, $ED_{50} = 13.70μg/mL$, 对照阿霉素, $ED_{50} = 0.07μg/mL$; XF498, $ED_{50} = 24.10μg/mL$, 对照阿霉素, $ED_{50} = 0.07μg/mL$; HCT15, $ED_{50} = 4.79μg/mL$, 对照阿霉素, $ED_{50} = 0.02μg/mL$); 抗菌 (A: 酿脓链球菌 *Streptococcus pyogenes* 308A, $MIC > 25μg/mL$, 对照美罗培南, $MIC = 0.004μg/mL$; B: 酿脓链球菌 *Streptococcus pyogenes* 77A, $MIC > 25μg/mL$; C: 金黄色链球菌 *Streptococcus aureus* SG 511, $MIC > 25μg/mL$; D: 金黄色链球菌 *Streptococcus aureus* 285, $MIC > 25μg/mL$; E: 金黄色链球菌 *Streptococcus aureus* 503, $MIC > 25μg/mL$; F: 大

肠杆菌 *Escherichia coli* DC 2, MIC > 25μg/mL; G: 铜绿假单胞菌 *Pseudomonas aeruginosa* 1592E, MIC = 25μg/mL; H: 铜绿假单胞菌 *Pseudomonas aeruginosa* 1771, MIC = 25μg/mL; I: 铜绿假单胞菌 *Pseudomonas aeruginosa* 1771M, MIC > 25μg/mL; J: 产酸克雷伯菌 *Klebsiella oxytoca* 1082 E, MIC > 25μg/mL).【文献】B. Bao, et al. JNP, 2005, 68, 711; 2007, 70, 2.

1683 Dragmacidin 小轴海绵啶*

【别名】Biemnidin; 蓖麻海绵尼啶*.【基本信息】$C_{21}H_{19}Br_3N_4O$, 粉末, $[\alpha]_D^{20} = -3°$ (c = 13.2, 丙酮).【类型】吡嗪类生物碱.【来源】小轴海绵科海绵 *Dragmacidon* sp.【活性】细胞毒 (P_{388}, $IC_{50} = 15\mu g/mL$; DAMB, $IC_{50} = 1\sim 10\mu g/mL$; 抑制 A549 细胞生长).【文献】C. R. Whitlock, et al. Tetrahedron Lett., 1994, 35, 371; B. Jiang, et al. JOC, 1994, 59, 6823.

1684 Dragmacidin E 小轴海绵啶 E*

【基本信息】$C_{25}H_{20}BrN_7O_2$, 黄色固体, $[\alpha]_D = -34°$ (c = 0.9, 乙醇).【类型】吡嗪类生物碱.【来源】丘海绵属 *Spongosorites* sp. (深水域, 澳大利亚).【活性】丝氨酸苏氨酸蛋白磷酸酶抑制剂.【文献】R. J. Capon, et al. JNP, 1998, 61, 660.

1685 (*S*)-Hamacanthin A (*S*)-同眼海绵素 A*

【基本信息】$C_{20}H_{14}Br_2N_4O$, 浅黄色粉末, $[\alpha]_D^{24} = +84°$ (c = 0.1, 甲醇).【类型】吡嗪类生物碱.【来源】同眼海绵属 *Hamacantha* sp. (深水水域).【活性】抗真菌 (白色念珠菌 *Candida albicans* 和新型隐球酵母 *Cryptococcus neoformans*); 抗菌 (枯草杆菌 *Bacillus subtilis*).【文献】S. P. Gunasekera, et al. JNP, 1994, 57, 1437.

1686 (*S*)-Hamacanthin B (*S*)-同眼海绵素 B*

【基本信息】$C_{20}H_{14}Br_2N_4O$, 浅黄色粉末, $[\alpha]_D^{24} = +172°$ (c = 0.1, 甲醇).【类型】吡嗪类生物碱.【来源】同眼海绵属 *Hamacantha* sp. (深水水域).【活性】抗真菌 (白色念珠菌 *Candida albicans* 和新型隐球酵母 *Cryptococcus neoformans*); 抗菌 (枯草杆菌 *Bacillus subtilis*).【文献】S. P. Gunasekera, et al. JNP, 1994, 57, 1437.

1687 (11*S*)-Hydroxyl aspergillic acid (11*S*)-羟基曲霉真菌酸*

【基本信息】$C_{12}H_{20}N_2O_3$.【类型】吡嗪类生物碱.【来源】深海真菌曲霉菌属 *Aspergillus* sp. 16-02-1 (沉积物).【活性】细胞毒 (100μg/mL: K562, InRt = 33.6%~43.6%, HL60, InRt = 24.1%~53.3%, HeLa, InRt = 18.8%~45.4%, BGC823, InRt = 36.2%~51.2%); 抗真菌.【文献】X. Chen, et al. Chin. J. Mar. Drugs, 2013, 32, 1 (中文版).

1688　Hyrtioseragamine A　濑良垣岛钵海绵胺 A*

【基本信息】$C_{16}H_{18}N_6O_2$，黄色无定形固体．【类型】吡嗪类生物碱．【来源】冲绳海绵 *Hyrtios* sp.（濑良垣岛，冲绳，日本）．【活性】抗真菌（黑曲霉菌 *Aspergillus niger*, MIC = 8.33μg/mL, 新型隐球酵母 *Cryptococcus neoformans*, MIC = 33.3μg/mL)．【文献】Y. Takahashi, et al. Org. Lett., 2011, 13, 628.

1689　Hyrtioseragamine B　濑良垣岛钵海绵胺 B*

【基本信息】$C_{26}H_{24}N_8O_3$，黄色无定形固体．【类型】吡嗪类生物碱．【来源】冲绳海绵 *Hyrtios* sp.（濑良垣岛，冲绳，日本）．【活性】抗真菌（黑曲霉菌 *Aspergillus niger*, MIC = 16.6μg/mL, 新型隐球酵母 *Cryptococcus neoformans*, MIC = 16.6μg/mL)．【文献】Y. Takahashi, et al. Org. Lett., 2011, 13, 628.

1690　Kasarin　卡萨林*

【基本信息】$C_{15}H_{23}N_3O_5$，油状物，$[\alpha]_D^{26} = +22°$ (c = 0.3, 氯仿)．【类型】吡嗪类生物碱．【来源】海洋导出的真菌丝孢菌属 *Hyphomycetes* sp., 来自六放珊瑚亚纲棕绿纽扣珊瑚 *Zoanthus* sp．【活性】抗菌（低活性）．【文献】M. Kita, et al. Tetrahedron Lett., 2007, 48, 8628; K. Suenaga, et al. Heterocycles, 2000, 52, 1033.

1691　Maedamine A　冲绳美达胺 A*

【别名】Ma'edamine A; 马达明 A*．【基本信息】$C_{23}H_{24}Br_3N_3O_3$, 无定形黄色固体．【类型】吡嗪类生物碱．【来源】Aplysinellidae 科海绵 *Suberea* sp.（冲绳，日本）．【活性】激酶 c-erbB-2 抑制剂（IC_{50} = 6.7μg/mL); 细胞毒（L_{1210}, IC_{50} = 4.3μg/mL; KB, IC_{50} = 5.2μg/mL)．【文献】K. Hirano, et al. Tetrahedron, 2000, 56, 8107; M. Tsuda, et al. JNP, 2001, 64, 980; D. Skropeta, et al. Mar. Drugs, 2011, 9, 2131 (Rev.).

1692　Maedamine B　冲绳美达胺 B*

【基本信息】$C_{22}H_{22}Br_3N_3O_3$, 无定形黄色固体．【类型】吡嗪类生物碱．【来源】Aplysinellidae 科海绵 *Suberea* sp.（冲绳，日本）．【活性】细胞毒（L_{1210}, IC_{50} = 3.9μg/mL; KB, IC_{50} = 4.5μg/mL)．【文献】K. Hirano, et al. Tetrahedron, 2000, 56, 8107; M. Tsuda, et al. JNP, 2001, 64, 980.

1693　New Aspergillic acid　新曲霉真菌酸*

【基本信息】$C_{12}H_{20}N_2O_2$．【类型】吡嗪类生物碱．【来源】深海真菌曲霉菌属 *Aspergillus* sp. 16-02-1（沉积物）．【活性】细胞毒（100μg/mL: K562, InRt = 33.6%~43.6%, HL60, InRt = 24.1%~53.3%, HeLa, InRt = 18.8%~45.4%, BGC823, InRt = 36.2%~51.2%); 抗真菌．【文献】X. Chen, et al. Chin. J. Mar. Drugs, 2013, 32, 1 (中文版).

1694　Ritterazine A　雷海鞘嗪 A*
【基本信息】$C_{54}H_{76}N_2O_{10}$, 玻璃状固体, $[\alpha]_D$ = +112.0º (c = 0.1, 甲醇). 【类型】苯并吡嗪（喹喔啉, Quinoxaline）类生物碱. 【来源】柄雷海鞘 *Ritterella tokioka*（日本水域）. 【活性】细胞毒（P_{388}, IC_{50} = 3.5ng/mL）. 【文献】S. Fukuzawa, et al. JOC, 1997, 62, 4484.

1695　Ritterazine B　雷海鞘嗪 B*
【基本信息】$C_{54}H_{78}N_2O_9$, $[\alpha]_D$ = +43.0º (c = 0.1, 甲醇). 【类型】苯并吡嗪类生物碱. 【来源】柄雷海鞘 *Ritterella tokioka* [Syn. *Ritterella pedunculata*]. 【活性】细胞毒（P_{388}, IC_{50} = 0.15ng/mL; 有希望的药物候选物）. 【文献】S. Fukuzawa, et al. JOC, 1997, 62, 4484.

1696　Ritterazine C　雷海鞘嗪 C*
【基本信息】$C_{54}H_{78}N_2O_9$, 玻璃体, $[\alpha]_D$ = +72.0º (c = 0.1, 甲醇). 【类型】苯并吡嗪类生物碱. 【来源】柄雷海鞘 *Ritterella tokioka* [Syn. *Ritterella pedunculata*]. 【活性】细胞毒（P_{388}, IC_{50} = 92ng/mL）. 【文献】S. Fukuzawa, et al. JOC, 1997, 62, 4484; S. Fukuzawa, et al. JOC, 1995, 60, 608.

1697　Ritterazine D　雷海鞘嗪 D*
【基本信息】$C_{54}H_{76}N_2O_{10}$, 玻璃体, $[\alpha]_D$ = +81.4º (c = 0.1, 甲醇). 【类型】苯并吡嗪类生物碱. 【来源】柄雷海鞘 *Ritterella tokioka* [Syn. *Ritterella pedunculata*]. 【活性】细胞毒（P_{388}, IC_{50} = 16ng/mL）. 【文献】S. Fukuzawa, et al. JOC, 1997, 62, 4484; S. Fukuzawa, et al. Tetrahedron, 1995, 51, 6707.

1698　Ritterazine E　雷海鞘嗪 E*
【别名】24-Methylritterazine D; 24-甲基雷海鞘嗪 D*. 【基本信息】$C_{55}H_{78}N_2O_{10}$, 玻璃体, $[\alpha]_D$ = +70.8º (c = 0.1, 甲醇). 【类型】苯并吡嗪类生物碱. 【来源】柄雷海鞘 *Ritterella tokioka* [Syn. *Ritterella pedunculata*]. 【活性】细胞毒（P_{388}, IC_{50} = 3.5ng/mL）. 【文献】S. Fukuzawa, et al. JOC, 1997, 62, 4484; S. Fukuzawa, et al. Tetrahedron, 1995, 51, 6707.

1699　Ritterazine F　雷海鞘嗪 F*
【基本信息】$C_{54}H_{78}N_2O_9$, 玻璃体, $[\alpha]_D$ = +59.0º (c = 0.1, 甲醇). 【类型】苯并吡嗪类生物碱. 【来源】柄雷海鞘 *Ritterella tokioka* [Syn. *Ritterella pedunculata*]. 【活性】细胞毒（P_{388}, IC_{50} = 0.73ng/mL）. 【文献】S. Fukuzawa, et al. JOC, 1997, 62, 4484; S. Fukuzawa, et al. Tetrahedron, 1995, 51, 6707.

1700　Ritterazine G　雷海鞘嗪 G*

【基本信息】$C_{54}H_{76}N_2O_9$, 玻璃体, $[\alpha]_D = +91.4°$ (c = 0.1, 甲醇).【类型】苯并吡嗪类生物碱.【来源】柄雷海鞘 *Ritterella tokioka* [Syn. *Ritterella pedunculata*].【活性】细胞毒 (P_{388}, IC_{50} = 0.73ng/mL).【文献】S. Fukuzawa, et al. JOC, 1995, 60, 608; S. Fukuzawa, et al. Tetrahedron, 1995, 51, 6707.

1701　Ritterazine H　雷海鞘嗪 H*

【基本信息】$C_{54}H_{76}N_2O_9$, 玻璃体, $[\alpha]_D = +96.0°$ (c = 0.1, 甲醇).【类型】苯并吡嗪类生物碱.【来源】柄雷海鞘 *Ritterella tokioka* [Syn. *Ritterella pedunculata*].【活性】细胞毒 (P_{388}, IC_{50} = 16ng/mL).【文献】S. Fukuzawa, et al. JOC, 1997, 62, 4484; S. Fukuzawa, et al. Tetrahedron, 1995, 51, 6707.

1702　Ritterazine I　雷海鞘嗪 I*

【基本信息】$C_{54}H_{76}N_2O_{10}$, 玻璃体, $[\alpha]_D = +74.5°$ (c = 0.1, 甲醇).【类型】苯并吡嗪类生物碱.【来源】柄雷海鞘 *Ritterella tokioka* [Syn. *Ritterella pedunculata*].【活性】细胞毒 (P_{388}, IC_{50} = 14ng/mL).【文献】S. Fukuzawa, et al. JOC, 1997, 62, 4484; S. Fukuzawa, et al. Tetrahedron, 1995, 51, 6707.

1703　Ritterazine J　雷海鞘嗪 J*

【基本信息】$C_{54}H_{76}N_2O_{11}$, 玻璃体, $[\alpha]_D = +66.1°$ (c = 0.1, 甲醇).【类型】苯并吡嗪类生物碱.【来源】柄雷海鞘 *Ritterella tokioka* [Syn. *Ritterella pedunculata*].【活性】细胞毒 (P_{388}, IC_{50} = 13ng/mL).【文献】S. Fukuzawa, et al. JOC, 1997, 62, 4484; S. Fukuzawa, et al. Tetrahedron, 1995, 51, 6707.

1704　Ritterazine K　雷海鞘嗪 K*

【基本信息】$C_{54}H_{76}N_2O_{10}$, 玻璃体, $[\alpha]_D = +74.0°$ (c = 0.1, 甲醇).【类型】苯并吡嗪类生物碱.【来源】柄雷海鞘 *Ritterella tokioka* [Syn. *Ritterella pedunculata*].【活性】细胞毒 (P_{388}, IC_{50} = 9.5ng/mL).【文献】S. Fukuzawa, et al. JOC, 1997, 62, 4484; S. Fukuzawa, et al. Tetrahedron, 1995, 51, 6707.

1705　Ritterazine L　雷海鞘嗪 L*

【基本信息】$C_{54}H_{76}N_2O_9$, 玻璃体, $[\alpha]_D = +85.5°$ (c = 0.1, 甲醇).【类型】苯并吡嗪类生物碱.【来源】柄雷海鞘 *Ritterella tokioka* [Syn. *Ritterella pedunculata*].【活性】细胞毒 (P_{388}, IC_{50} = 10ng/mL).【文献】S. Fukuzawa, et al. JOC, 1997, 62, 4484; S. Fukuzawa, et al. Tetrahedron, 1995, 51, 6707.

1706　Ritterazine M　雷海鞘嗪 M*
【基本信息】$C_{54}H_{76}N_2O_9$，玻璃体，$[\alpha]_D = +95.1°$ ($c = 0.1$, 甲醇). 【类型】苯并吡嗪类生物碱. 【来源】柄雷海鞘 Ritterella tokioka [Syn. Ritterella pedunculata]. 【活性】细胞毒 (P_{388}, IC_{50} = 15ng/mL). 【文献】S. Fukuzawa, et al. JOC, 1997, 62, 4484; S. Fukuzawa, et al. Tetrahedron, 1995, 51, 6707.

1707　Ritterazine N　雷海鞘嗪 N*
【基本信息】$C_{54}H_{76}N_2O_8$，$[\alpha]_D = +121.7°$ ($c = 0.05$, 氯仿). 【类型】苯并吡嗪类生物碱. 【来源】柄雷海鞘 Ritterella tokioka. 【活性】细胞毒 (P_{388}, IC_{50} = 0.46μg/mL). 【文献】S. Fukuzawa, et al. JOC, 1997, 62, 4484.

1708　Ritterazine O　雷海鞘嗪 O*
【基本信息】$C_{54}H_{76}N_2O_8$，$[\alpha]_D = +108.6°$ ($c = 0.1$, 氯仿). 【类型】苯并吡嗪类生物碱. 【来源】柄雷海鞘 Ritterella tokioka. 【活性】细胞毒 (P_{388}, IC_{50} = 2.1μg/mL). 【文献】S. Fukuzawa, et al. JOC, 1997, 62, 4484.

1709　Ritterazine P　雷海鞘嗪 P*
【基本信息】$C_{54}H_{78}N_2O_7$，$[\alpha]_D = +42.5°$ ($c = 0.05$, 氯仿). 【类型】苯并吡嗪类生物碱. 【来源】柄雷海鞘 Ritterella tokioka. 【活性】细胞毒 (P_{388}, IC_{50} = 0.71μg/mL). 【文献】S. Fukuzawa, et al. JOC, 1997, 62, 4484.

1710　Ritterazine Q　雷海鞘嗪 Q*
【基本信息】$C_{54}H_{78}N_2O_7$，$[\alpha]_D = +57.8°$ ($c = 0.05$, 氯仿). 【类型】苯并吡嗪类生物碱. 【来源】柄雷海鞘 Ritterella tokioka. 【活性】细胞毒 (P_{388}, IC_{50} = 0.57μg/mL). 【文献】S. Fukuzawa, et al. JOC, 1997, 62, 4484.

1711　Ritterazine R　雷海鞘嗪 R*
【基本信息】$C_{54}H_{80}N_2O_6$，$[\alpha]_D = +26.3°$ ($c = 0.05$, 氯仿). 【类型】苯并吡嗪类生物碱. 【来源】柄雷海鞘 Ritterella tokioka. 【活性】细胞毒 (P_{388}, IC_{50} = 2.1μg/mL). 【文献】S. Fukuzawa, et al. JOC, 1997, 62, 4484.

1712　Ritterazine S　雷海鞘嗪 S*
【基本信息】$C_{54}H_{80}N_2O_6$，$[\alpha]_D = +43.3°$ ($c = 0.05$, 氯仿). 【类型】苯并吡嗪类生物碱. 【来源】柄雷海鞘 Ritterella tokioka. 【活性】细胞毒 (P_{388}, IC_{50} = 0.46μg/mL). 【文献】S. Fukuzawa, et al. JOC, 1997, 62, 4484.

1713　Ritterazine T　雷海鞘嗪 T*

【基本信息】$C_{54}H_{76}N_2O_8$, $[\alpha]_D = +106.6°$ ($c = 0.1$, 氯仿).【类型】苯并吡嗪类生物碱.【来源】柄雷海鞘 *Ritterella tokioka*.【活性】细胞毒 (P_{388}, $IC_{50} = 0.46\mu g/mL$).【文献】S. Fukuzawa, et al. JOC, 1997, 62, 4484.

1714　Ritterazine U　雷海鞘嗪 U*

【基本信息】$C_{54}H_{76}N_2O_9$, $[\alpha]_D = +89.0°$ ($c = 0.1$, 氯仿).【类型】苯并吡嗪类生物碱.【来源】柄雷海鞘 *Ritterella tokioka*.【活性】细胞毒 (P_{388}, $IC_{50} = 2.1\mu g/mL$).【文献】S. Fukuzawa, et al. JOC, 1997, 62, 4484.

1715　Ritterazine V　雷海鞘嗪 V*

【基本信息】$C_{54}H_{76}N_2O_9$, $[\alpha]_D = +109.2°$ ($c = 0.05$, 氯仿).【类型】苯并吡嗪类生物碱.【来源】柄雷海鞘 *Ritterella tokioka*.【活性】细胞毒 (P_{388}, $IC_{50} = 2.1\mu g/mL$).【文献】S. Fukuzawa, et al. JOC, 1997, 62, 4484.

1716　Ritterazine W　雷海鞘嗪 W*

【基本信息】$C_{54}H_{76}N_2O_8$, $[\alpha]_D = +120.4°$ ($c = 0.05$, 氯仿).【类型】苯并吡嗪类生物碱.【来源】柄雷海鞘 *Ritterella tokioka*.【活性】细胞毒 (P_{388}, $IC_{50} = 3.2\mu g/mL$).【文献】S. Fukuzawa, et al. JOC, 1997, 62, 4484.

1717　Ritterazine X　雷海鞘嗪 X*

【基本信息】$C_{54}H_{76}N_2O_8$, $[\alpha]_D = +108.0°$ ($c = 0.05$, 氯仿).【类型】苯并吡嗪类生物碱.【来源】柄雷海鞘 *Ritterella tokioka*.【活性】细胞毒 (P_{388}, $IC_{50} = 3.0\mu g/mL$).【文献】S. Fukuzawa, et al. JOC, 1997, 62, 4484.

1718　Ritterazine Y　雷海鞘嗪 Y*

【基本信息】$C_{54}H_{78}N_2O_7$, $[\alpha]_D = +57.4°$ ($c = 0.1$, 氯仿).【类型】苯并吡嗪类生物碱.【来源】柄雷海鞘 *Ritterella tokioka*.【活性】细胞毒 (P_{388}, $IC_{50} = 3.5ng/mL$).【文献】S. Fukuzawa, et al. JOC, 1997, 62, 4484.

1719　Ritterazine Z　雷海鞘嗪 Z*

【基本信息】$C_{55}H_{78}N_2O_9$, $[\alpha]_D = +105.8°$ ($c = 0.1$, 氯仿).【类型】苯并吡嗪类生物碱.【来源】柄雷海鞘 *Ritterella tokioka*.【活性】细胞毒 (P_{388}, $IC_{50} = 2.0\mu g/mL$).【文献】S. Fukuzawa, et al. JOC, 1997, 62, 4484.

1720 Tetroazolemycin A 四噁唑噻唑霉素 A*
【基本信息】$C_{34}H_{40}N_6O_6S_4$.【类型】二硫环吡嗪类生物碱.【来源】海洋导出的链霉菌橄榄链霉菌 *Streptomyces olivaceus*（深水域，西南印度洋）.【活性】键合亲和力（金属离子 Fe^{3+}，Cu^{2+} 和 Zn^{2+}）.【文献】N. Liu, et al. Mar. Drugs, 2013, 11, 1524.

1721 Tetroazolemycin B 四噁唑噻唑霉素 B*
【基本信息】$C_{34}H_{40}N_6O_6S_4$.【类型】二硫环吡嗪类生物碱.【来源】海洋导出的链霉菌橄榄链霉菌 *Streptomyces olivaceus*（深水域，西南印度洋）.【活性】键合亲和力（金属离子 Fe^{3+}，Cu^{2+} 和 Zn^{2+}）.【文献】N. Liu, et al. Mar. Drugs, 2013, 11, 1524.

1722 Hanishin racemic methyl ester 哈尼申外消旋甲酯*
【基本信息】$C_{10}H_{10}Br_2N_2O_3$，$[\alpha]_D^{25} = 0°$ ($c = 0.95$, 甲醇).【类型】吡咯并[1,2-*a*]吡嗪类.【来源】Suberitidae 科海绵* *Homaxinella* sp.（深水域，日本水域）.【活性】细胞毒（P_{388}, $ED_{50} = 30\mu g/mL$）.【文献】I. Mancini, et al. Tetrahedron Lett., 1997, 38, 6271; A. Umeyama, et al. JNP, 1998, 61, 1433.

1723 (*S*)-Longamide A (*S*)-极长群海绵酰胺 A*
【基本信息】$C_7H_6Br_2N_2O_2$, $[\alpha]_D = +86°$ ($c = 0.001$, 甲醇).【类型】吡咯并[1,2-*a*]吡嗪类.【来源】极长群海绵* *Agelas longissima*, 不同群海绵* *Agelas dispar* 和卡特里棘头海绵* *Acanthella carteri*.【活性】抗菌（革兰氏阳性菌和阴性菌，MIC = $60\mu g/mL$）.【文献】F. Cafieri, et al. Tetrahedron Lett., 1995, 36, 7893; F. Cafieri, et al. JNP, 1998, 61, 122; I. Mancini, et al. Tetrahedron Lett., 1997, 38, 6271.

1724 Longamide B 极长群海绵酰胺 B*
【基本信息】$C_9H_8Br_2N_2O_3$，无定形固体，$[\alpha]_D^{25} = 0°$ ($c = 0.004$, 甲醇).【类型】吡咯并[1,2-*a*]吡嗪类.【来源】不同群海绵* *Agelas dispar*（加勒比海），极长群海绵* *Agelas longissima* 和卡特里棘头海绵* *Acanthella carteri*.【活性】抗菌（Mueller-Hintonq 琼脂试验，革兰氏阳性菌：枯草杆菌 *Bacillus subtilis* ATCC 6633, MIC = $45\mu g/mL$；金黄色葡萄球菌 *Staphylococcus aureus* ATCC6538, MIC = $55\mu g/mL$）(Cafieri, 1998).【文献】F. Cafieri, et al. Tetrahedron Lett., 1995, 36, 7893; F. Cafieri, et al. JNP, 1998, 61, 122; I. Mancini, et al. Tetrahedron Lett., 1997, 38, 6271.

1725 Phakellin 扇形海绵素*
【基本信息】$C_{11}H_{11}Br_2N_5O_2$.【类型】吡咯并[1,2-*a*]吡嗪类.【来源】群海绵属 *Agelas* sp.【活性】抗菌（表皮葡萄球菌 *Staphylococcus epidermidis*，MIC > $51\mu mol/L$）.【文献】T. Hertiani, et al. BoMC, 2010, 18, 1297.

1726　2-Bromolavanducyanin　2-溴拉万多赛阿宁*

【基本信息】$C_{22}H_{23}BrN_2O$.【类型】吩嗪类生物碱.【来源】海洋导出的链霉菌属 Streptomyces sp.（来源未指明）.【活性】脂多糖 LPS 诱导的 NO 生成抑制剂 [RAW 264.7 细胞, IC_{50} > 48.6μmol/L, 对照白藜芦醇, IC_{50} = (31.9±1.8)μmol/L]; 前列腺素 E_2 生成抑制剂 [RAW 264.7 细胞, IC_{50} = (7.5±2.03)μmol/L; 白藜芦醇, IC_{50} = (2.5±0.43)μmol/L; 除去抑制 COX-2 的表达之外，还可能是由于抑制环氧酶]; COX 抑制剂 [羊 COX-1, IC_{50} = (11.0±0.53)μmol/L, 对照吲哚美新, IC_{50} = (0.42±0.21)μmol/L; 人 COX-2, IC_{50} = (4.0±0.41)μmol/L, 对照塞来西布, IC_{50} = (0.05±0.03)μmol/L; 选择性 COX-1/COX-2 = 2.75].【文献】T. P. Kondratyuk, et al. Mar. Drugs, 2012, 10, 451.

1727　2-Bromo-5-(2-methyl-2-butylene)-phenazinone　2-溴-5-(2-甲基-2-丁烯)吩嗪酮*

【基本信息】$C_{17}H_{15}BrN_2O$.【类型】吩嗪类生物碱.【来源】海洋导出的链霉菌属 Streptomyces sp.（来源未指明）.【活性】脂多糖 LPS-诱导的 NO 生成抑制剂 [RAW 264.7 细胞, IC_{50} = (15.1±2.7)μmol/L, 对照白藜芦醇, IC_{50} = (31.9±1.8)μmol/L]; 前列腺素 E_2 生成抑制剂[RAW 264.7 细胞, IC_{50} = (0.89±0.22)μmol/L 白藜芦醇, IC_{50} = (2.5±0.43)μmol/L, 除去抑制 COX-2 的表达之外，还可能是由于抑制环氧酶]; COX 抑制剂 [绵羊 COX-1, IC_{50} = (5.6±0.61)μmol/L, 对照吲哚美新, IC_{50} = (0.42±0.21)μmol/L; 人 COX-2, IC_{50} = (7.2±0.13)μmol/L, 对照塞来西布, IC_{50} = (0.05±0.03)μmol/L; 选择性 COX-1/COX-2 = 0.78].【文献】T. P. Kondratyuk, et al. Mar. Drugs, 2012, 10, 451.

1728　Dermacozine A　皮生球菌嗪 A*

【基本信息】$C_{15}H_{14}N_4O_2$.【类型】吩嗪类生物碱.【来源】海洋导出的放线菌深渊皮生球菌 Dermacoccus abyssi sp. nov. (压电宽容, 沉积物, 马里亚纳海沟, 太平洋, 采样深度 10898m).【活性】细胞毒 (K562, IC_{50} = 140μmol/L); 抗氧化剂 (DPPH 自由基清除剂, IC_{50} = 77.5μmol/L, 对照抗坏血酸, IC_{50} = 12.1μmol/L).【文献】W. M. Abdel-Mageed, et al. Org. Biomol. Chem., 2010, 8, 2352.

1729　Dermacozine B　皮生球菌嗪 B*

【基本信息】$C_{22}H_{18}N_4O_3$.【类型】吩嗪类生物碱.【来源】海洋导出的放线菌深渊皮生球菌 Dermacoccus abyssi sp. nov. (压电宽容, 沉积物, 马里亚纳海沟, 太平洋, 采样深度 10898m).【活性】细胞毒 (K562, IC_{50} = 220μmol/L); 抗氧化剂 (DPPH 自由基清除剂, IC_{50} = 38.0μmol/L, 对照抗坏血酸, IC_{50} = 12.1μmol/L).【文献】W. M. Abdel-Mageed, et al. Org. Biomol. Chem., 2010, 8, 2352.

1730　Dermacozine C　皮生球菌嗪 C*

【基本信息】$C_{22}H_{17}N_3O_4$.【类型】吩嗪类生物碱.【来源】海洋导出的放线菌深渊皮生球菌 Dermacoccus abyssi sp. nov. (压电宽容, 沉积物, 马里亚纳海沟,太平洋, 采样深度10898m).【活性】细胞毒 (K562, IC_{50} = 180μmol/L); 抗氧化剂 (DPPH自由基清除剂, IC_{50} = 8.4μmol/L, 活性比对照物高, 对照抗坏血酸, IC_{50} = 12.1μmol/L).【文献】W. M. Abdel-Mageed, et al. Org. Biomol. Chem., 2010, 8, 2352.

1731 Dermacozine D 皮生球菌嗪 D*

【基本信息】$C_{24}H_{19}N_3O_5$.【类型】吩嗪类生物碱.【来源】海洋导出的放线菌深渊皮生球菌 *Dermacoccus abyssi* sp. nov. (压电宽容, 沉积物, 马里亚纳海沟, 太平洋, 采样深度10898m).【活性】细胞毒 (K562, IC_{50} = 100μmol/L); 抗氧化剂 (DPPH自由基清除剂, IC_{50} = 106.9μmol/L, 对照抗坏血酸, IC_{50} = 12.1μmol/L).【文献】W. M. Abdel-Mageed, et al. Org. Biomol. Chem., 2010, 8, 2352.

1732 Dermacozine E 皮生球菌嗪 E*

【基本信息】$C_{23}H_{16}N_4O_3$.【类型】吩嗪类生物碱.【来源】海洋导出的放线菌深渊皮生球菌 *Dermacoccus abyssi* sp. nov. (压电宽容, 沉积物, 马里亚纳海沟, 太平洋, 采样深度10898m).【活性】细胞毒 (K562, IC_{50} = 145μmol/L).【文献】W. M. Abdel-Mageed, et al. Org. Biomol. Chem., 2010, 8, 2352.

1733 Dermacozine F 皮生球菌嗪 F*

【基本信息】$C_{23}H_{15}N_3O_4$.【类型】吩嗪类生物碱.【来源】海洋导出的放线菌深渊皮生球菌 *Dermacoccus abyssi* sp. nov. (压电宽容, 沉积物, 马里亚纳海沟, 太平洋, 采样深度10898m).【活性】细胞毒 (K562, IC_{50} = 9μmol/L, 中等活性).【文献】W. M. Abdel-Mageed, et al. Org. Biomol. Chem., 2010, 8, 2352.

1734 Dermacozine G 皮生球菌嗪 G*

【基本信息】$C_{23}H_{15}N_3O_5$.【类型】吩嗪类生物碱.【来源】海洋导出的放线菌深渊皮生球菌 *Dermacoccus abyssi* sp. nov. (压电宽容, 沉积物, 马里亚纳海沟, 太平洋, 采样深度10898m).【活性】细胞毒 (K562, IC_{50} = 7μmol/L, 中等活性).【文献】W. M. Abdel-Mageed, et al. Org. Biomol. Chem., 2010, 8, 2352.

1735 5,10-Dihydrophencomycin methyl ester 5,10-二氢酚扣霉素甲酯*

【基本信息】$C_{16}H_{14}N_2O_4$, 橙色针状晶体 (氯仿/甲醇), mp 231℃.【类型】吩嗪类生物碱.【来源】海洋导出的链霉菌属 *Streptomyces* sp. B8251, 来自海洋沉积物样本 (墨西哥湾).【活性】抗微生物.【文献】K. Puseker, et al. J. Antibiot., 1997, 50, 479.

1736 Geranylphenazinediol 牻牛儿基吩嗪二醇

【基本信息】$C_{22}H_{24}N_2O_2$.【类型】吩嗪类生物碱.【来源】海洋导出的链霉菌属 *Streptomyces* sp. (沉积物, 基尔峡湾, 波罗的海).【活性】乙酰胆碱酯酶抑制剂.【文献】B. Ohlendorf, et al. JNP, 2012, 75, 1400.

1737　Griseoluteic acid　格色欧鲁替克酸*

【基本信息】$C_{15}H_{12}N_2O_4$，橙色晶体.【类型】吩嗪类生物碱.【来源】海洋细菌 *Pelagiobacter variabilis*（革兰氏阴性菌），来自微藻 *Pocockiella variegata*（帕劳，大洋洲），海洋细菌 LL-14I352（嗜盐菌），来自未鉴定的海鞘（橙色，斐济）.【活性】DNA 损伤剂.【文献】K. Yagishita, J. Antibiot., Ser. A, 1960, 13, 83; N. Imamura, et al. J. Antibiot., 1997, 50, 8; M. P. Singh, et al. J. Antibiot., 1997, 50, 785.

1738　6-(Hydroxymethyl)-1-phenazinecarboxamide　6-(羟甲基)-1-吩嗪甲酰胺

【基本信息】$C_{14}H_{11}N_3O_2$，黄色粉末.【类型】吩嗪类生物碱.【来源】海洋导出的细菌短杆菌属 *Brevibacterium* sp. KMD 003，来自美丽海绵属 *Callyspongia* sp.（紫色花瓶海绵，镜浦，韩国）.【活性】抗菌（海氏肠球菌 *Enterococcus hirae* 和藤黄色微球菌 *Micrococcus luteus*，MIC = 5μmol/L）.【文献】E. J. Choi, et al. J. Antibiot., 2009, 62, 621.

1739　Lavanducyanin　拉万多赛阿宁*

【基本信息】$C_{22}H_{24}N_2O$，深蓝色棱镜状晶体（甲醇/乙醚），mp 161~162℃，mp 135~136℃.【类型】吩嗪类生物碱.【来源】海洋导出的链霉菌属 *Streptomyces* spp.【活性】脂多糖 LPS-诱导的 NO 生成抑制剂 [RAW 264.7 细胞，IC_{50} = (8.0±0.39)μmol/L，对照白藜芦醇，IC_{50} = (31.9±1.8)μmol/L]; 前列腺素 E_2 生成抑制剂 [RAW 264.7 细胞，IC_{50} = (0.63±0.16)μmol/L，对照白藜芦醇，IC_{50} = (2.5±0.43)μmol/L; 除 COX-2 表达外还可能抑制环氧酶]; COX 抑制剂 [绵羊 COX-1，IC_{50} = (30.0±1.08)μmol/L，对照吲哚美新，IC_{50} = (0.42±0.21)μmol/L; 人 COX-2，IC_{50} = (34.0±1.1)μmol/L，对照塞来西布，IC_{50} = (0.05±0.03)μmol/L; 选择性 COX-1/COX-2 = 0.88); 细胞毒; 睾酮 5α-氧化还原酶抑制剂.【文献】Imai, H. et al. J. Antibiot., 1989, 42, 1196; Nakayama, O. et al. J. Antibiot., 1989, 42, 1221; 1230; 1235; Imai, S. et al. J. Antibiot., 1993, 46, 1232; T. P. Kondratyuk, et al. Mar. Drugs, 2012, 10, 451.

1740　Pelagiomicin A　海洋细菌霉素 A*

【基本信息】$C_{20}H_{21}N_3O_6$，红橙色针状晶体，mp 130℃（分解），$[\alpha]_D^{20}$ = +19.8°（c = 1, 氯仿）.【类型】吩嗪类生物碱.【来源】海洋细菌 *Pelagiobacter variabilis*（革兰氏阴性菌），来自网地藻科微藻 *ocockiella variegata*（帕劳，大洋洲）；海洋细菌 LL-14I352（嗜盐菌），来自未鉴定的海鞘（橙色，斐济）.【活性】细胞毒；抗生素；DNA 损伤剂.【文献】K. Yagishita, J. Antibiot., Ser. A, 1960, 13, 83; N. Imamura, et al. J. Antibiot., 1997, 50, 8; M. P. Singh, et al. J. Antibiot., 1997, 50, 785.

1741　Pelagiomicin B　海洋细菌霉素 B*
【基本信息】$C_{20}H_{21}N_3O_5$，红橙色针状晶体.【类型】吩嗪类生物碱.【来源】海洋细菌 *Pelagiobacter variabilis* (革兰氏阴性菌)，来自微藻 *Pocockiella variegata* (帕劳，大洋洲).【活性】细胞毒；抗生素.【文献】K. Yagishita, J. Antibiot., Ser. A, 1960, 13, 83; N. Imamura, et al. J. Antibiot., 1997, 50, 8; M. P. Singh, et al. J. Antibiot., 1997, 50, 785.

1742　Pelagiomicin C　海洋细菌霉素 C*
【基本信息】$C_{17}H_{15}N_3O_5$，红橙色固体.【类型】吩嗪类生物碱.【来源】海洋细菌 *Pelagiobacter variabilis* (革兰氏阴性菌)，来自微藻 *Pocockiella variegata* (帕劳，大洋洲).【活性】细胞毒；抗生素；抗菌 (革兰氏阳性和阴性菌).【文献】K. Yagishita, J. Antibiot., Ser. A, 1960, 13, 83; N. Imamura, et al. J. Antibiot., 1997, 50, 8; M. P. Singh, et al. J. Antibiot., 1997, 50, 785.

1743　Phenazine Alkaloid 1　吩嗪生物碱 1
【别名】3′-L-Quinovosyl saphenate; 3′-L-异鼠李糖基次磺酸盐.【基本信息】$C_{21}H_{22}N_2O_7$，无定形黄色固体，$[\alpha]_D = -40°$ (c = 0.73, 甲醇).【类型】吩嗪类生物碱.【来源】海洋导出的链霉菌属 *Streptomyces* sp. CNB-253 (浅水沉积物，波得伽湾，加里福尼亚).【活性】抗菌 (流感嗜血杆菌 *Hemophilus influenzae*, MIC = 1.0μg/mL; 产气荚膜梭菌 *Clostridium perfringens*, MIC = 4.0μg/mL).【文献】C. Pathirana, et al. JOC, 1992, 57, 740.

1744　Phenazine Alkaloid 2　吩嗪生物碱 2
【别名】2′-L-Quinovosyl saphenate; 2′-L-异鼠李糖基次磺酸盐.【基本信息】$C_{21}H_{22}N_2O_7$，无定形黄色固体，$[\alpha]_D = -35°$ (c = 0.49, 甲醇).【类型】吩嗪类生物碱.【来源】海洋导出的链霉菌属 *Streptomyces* sp. CNB-253 (浅水沉积物，波得伽湾，加利福尼亚).【活性】抗菌 (大肠杆菌 *Escherichia coli*, MIC = 4.0μg/mL; 肠炎沙门氏菌 *Salmonella enteritidis*, MIC = 4.0μg/mL; 产气荚膜梭菌 *Clostridium perfringens*, MIC = 4.0μg/mL).【文献】C. Pathirana, et al. JOC, 1992, 57, 740.

1745　Phenazine Alkaloid 3　吩嗪生物碱 3
【基本信息】$C_{21}H_{22}N_2O_7$.【类型】吩嗪类生物碱.【来源】海洋导出的链霉菌属 *Streptomyces* sp. CNB-253 (浅水沉积物，波得伽湾，加利福尼亚).【活性】抗微生物 (中等活性).【文献】C. Pathirana, et al. JOC, 1992, 57, 740.

1746　Phenazine Alkaloid 4　吩嗪生物碱 4
【基本信息】$C_{21}H_{22}N_2O_7$.【类型】吩嗪类生物碱.【来源】海洋导出的链霉菌属 *Streptomyces* sp. CNB-253 (浅水沉积物，波得伽，加里福尼亚).【活性】抗微生物 (中等活性).【文献】C. Pathirana,

et al. JOC, 1992, 57, 740.

1747 1,6-Phenazinedimethanol 1,6-吩嗪二甲醇
【基本信息】$C_{14}H_{12}N_2O_2$，黄色粉末.【类型】吩嗪类生物碱.【来源】海洋导出的细菌短杆菌属 *Brevibacterium* sp. KMD 003，来自美丽海绵属 *Callyspongia* sp. (紫色花瓶海绵，镜浦，韩国).【活性】抗菌 (海氏肠球菌 *Enterococcus hirae* 和藤黄色微球菌 *Micrococcus luteus*, MIC = 5μmol/L).【文献】E. J. Choi, et al. J. Antibiot., 2009, 62, 621.

1748 Streptophenazine A 链霉菌吩嗪 A*
【基本信息】$C_{24}H_{28}N_2O_5$，无定形固体，$[\alpha]_D^{20}$ = –50° (c = 0.1, 甲醇).【类型】吩嗪类生物碱.【来源】海洋导出的链霉菌属 *Streptomyces* sp. HB202.【活性】抗菌 (枯草杆菌 *Bacillus subtilis*, 46.9μg/mL; 缓慢葡萄球菌 *Staphylococcus lentus*, 62.5μg/mL).【文献】M. I. Mitova, et al. JNP, 2008, 71, 824.

1749 Streptophenazine B 链霉菌吩嗪 B*
【基本信息】$C_{24}H_{28}N_2O_5$，无定形黄色固体，$[\alpha]_D^{20}$ = –45° (c = 0.1, 甲醇).【类型】吩嗪类生物碱.【来源】海洋导出的链霉菌属 *Streptomyces* sp. HB202.【活性】抗菌 (缓慢葡萄球菌 *Staphylococcus lentus*,

62.5μg/mL).【文献】M. I. Mitova, et al. JNP, 2008, 71, 824.

1750 Streptophenazine C 链霉菌吩嗪 C*
【基本信息】$C_{23}H_{26}N_2O_5$，无定形红色固体，$[\alpha]_D^{20}$ = –36° (c = 0.02, 甲醇).【类型】吩嗪类生物碱.【来源】海洋导出的链霉菌属 *Streptomyces* sp. HB202.【活性】抗菌 (枯草杆菌 *Bacillus subtilis*, 15.6μg/mL; 缓慢葡萄球菌 *Staphylococcus lentus*, 46.9μg/mL).【文献】M. I. Mitova, et al. JNP, 2008, 71, 824.

1751 Streptophenazine D 链霉菌吩嗪 D*
【基本信息】$C_{23}H_{26}N_2O_5$，无定形黄色固体，$[\alpha]_D^{20}$ = –41° (c = 0.02, 甲醇).【类型】吩嗪类生物碱.【来源】海洋导出的链霉菌属 *Streptomyces* sp. HB202.【活性】抗菌 (枯草杆菌 *Bacillus subtilis*, 62.5μg/mL).【文献】M. I. Mitova, et al. JNP, 2008, 71, 824.

1752 Streptophenazine E 链霉菌吩嗪 E*
【基本信息】$C_{22}H_{24}N_2O_5$，无定形黄色固体，$[\alpha]_D^{20}$ = –34° (c = 0.02, 甲醇).【类型】吩嗪类生物碱.【来源】海洋导出的链霉菌属 *Streptomyces* sp. HB202.【活性】抗菌 (枯草杆菌 *Bacillus subtilis*,

62.5μg/mL).【文献】M. I. Mitova, et al. JNP, 2008, 71, 824.

1753　Streptophenazine H　链霉菌吩嗪 H*
【基本信息】$C_{24}H_{28}N_2O_6$，无定形红色固体，$[α]_D^{20}$ = −24º (c = 0.02, 甲醇).【类型】吩嗪类生物碱.【来源】海洋导出的链霉菌属 *Streptomyces* sp. HB202.【活性】抗菌（枯草杆菌 *Bacillus subtilis*, 15.6μg/mL).【文献】M. I. Mitova, et al. JNP, 2008, 71, 824.

1754　Bioxalomycin α1　双草霉素 α1*
【基本信息】$C_{20}H_{25}N_3O_5$，粉末.【类型】萘啶霉素类（Naphthyridinomycins）生物碱.【来源】海洋导出的链霉菌属 *Streptomyces viridostaticus* ssp. *littoralis* LL-31F508.【活性】抗微生物（有潜力的）；抗肿瘤（有潜力的）.【文献】V. S. Bernan, et al. J. Antibiot., 1994, 47, 1417; J. Zaccardi, et al. JOC, 1994, 59, 4045.

1755　Bioxalomycin α2　双草霉素 α2*
【基本信息】$C_{21}H_{27}N_3O_5$，粉末，$[α]_D^{25}$ = +31º (甲醇).【类型】萘啶霉素类生物碱.【来源】海洋导出的链霉菌属 *Streptomyces viridostaticus* ssp. *littoralis* LL-31F508.【活性】抗微生物（有潜力的）；抗肿瘤（有潜力的）.【文献】V. S. Bernan, et al. J. Antibiot., 1994, 47, 1417; J. Zaccardi, et al. JOC, 1994, 59, 4045.

1756　Bioxalomycin β1　双草霉素 β1*
【基本信息】$C_{20}H_{23}N_3O_5$.【类型】萘啶霉素类生物碱.【来源】海洋导出的链霉菌属 *Streptomyces viridostaticus* ssp. *littoralis* LL-31F508.【活性】抗微生物（有潜力的）；抗肿瘤（有潜力的）.【文献】V. S. Bernan, et al. J. Antibiot., 1994, 47, 1417; J. Zaccardi, et al. JOC, 1994, 59, 4045.

1757　Bioxalomycin β2　双草霉素 β2*
【基本信息】$C_{21}H_{25}N_3O_5$.【类型】萘啶霉素类生物碱.【来源】海洋导出的链霉菌属 *Streptomyces viridostaticus* ssp. *littoralis* LL-31F508.【活性】抗微生物（有潜力的）；抗肿瘤（有潜力的）.【文献】V. S. Bernan, et al. J. Antibiot., 1994, 47, 1417; J. Zaccardi, et al. JOC, 1994, 59, 4045.

1758　Cribrostatin 4　似雪海绵他汀 4*
【别名】Renieramycin H; 矾海绵霉素 H*.【基本信息】$C_{30}H_{30}N_2O_{10}$，红色棱柱状晶体（甲醇）, mp 190~192°C（分解）.【类型】番红霉素类

(Saframycins) 生物碱.【来源】似雪海绵属 *Cribrochalina* sp. 和蜂海绵属 *Haliclona cribicutis* (印度水域).【活性】细胞毒 (BXPC3, GI_{50} = 5.6μg/mL; SK-N-SH, GI_{50} = 3.6μg/mL; OVCAR-3, GI_{50} = 2.2μg/mL; SF295, GI_{50} > 10μg/mL; SW1736, GI_{50} > 10μg/mL; NCI-H460, GI_{50} > 10μg/mL; KM20L2, GI_{50} > 10μg/mL; FADU, GI_{50} = 0.26μg/mL; DU145, GI_{50} > 10μg/mL; P_{388}, GI_{50} = 24.6μg/mL); 抗菌 (奈瑟氏淋球菌 *Neisseria gonorrheae* ATCC 49226, MIC = 6.25~12.5μg/盘; 抗盘尼西林奈瑟氏淋球菌 *Neisseria gonorrheae* PRNG (临床分离的), MIC = 1.56~3.12μg/盘; 枯草杆菌 *Bacillus subtilis* (Presque Isle 620), MIC = 12.5~25μg/盘; 肺炎链球菌 *Streptococcus pneumoniae* (ATCC 6303), MIC = 6.25~12.5μg/盘; 抗盘尼西林肺炎葡萄球菌 *Staphylococcus pneumoniae* PRSP (临床分离的), MIC = 50~100μg/盘).【文献】P. S. Pasameswaran, et al. Ind. J. Chem., Sect. B, 1998, 37, 1258; G. R. Pettit, et al. JNP, 2000, 63, 793; N. Saito, et al. Heterocycles, 2001, 55, 21.

1759 Ecteinascidin 583 海鞘素 583
【基本信息】$C_{29}H_{35}N_3O_9S$, 亮黄色固体, $[\alpha]_D^{22}$ = –47º (c = 0.14, 氯仿/甲醇 6:1).【类型】番红霉素类生物碱.【来源】Perophoridae 科海鞘 *Ecteinascidia turbinata*.【活性】细胞毒 (P_{388}, IC_{50} = 10ng/mL; A549, IC_{50} = 10ng/mL; HT29, IC_{50} = 10ng/mL; MEL28, IC_{50} = 5.0ng/mL; CV-1, IC_{50} = 25ng/mL); 蛋白质合成抑制剂 (IC_{50} = 1.0μg/mL); DNA 合成抑制剂 (IC_{50} = 1.0μg/mL); 核糖核酸RNA 合成抑制剂 (IC_{50} = 0.4μg/mL); RNA 聚合酶抑制剂 (IC_{50} = 0.5μg/mL); 抗菌 (枯草杆菌 *Bacillus subtilis*, MIC = 0.74μg/盘).【文献】R. Sakai, et al. JACS, 1996, 118, 9017.

1760 Ecteinascidin 594 海鞘素 594
【基本信息】$C_{30}H_{32}N_2O_{10}S$, 亮黄色固体, $[\alpha]_D^{22}$ = –58º (c = 1.1, 氯仿).【类型】番红霉素类生物碱.【来源】Perophoridae 科海鞘 *Ecteinascidia turbinata* (加勒比海).【活性】细胞毒 (P_{388}, IC_{50} = 10ng/mL; A549, IC_{50} = 20ng/mL; HT29, IC_{50} = 25ng/mL; MEL28, IC_{50} = 25ng/mL; CV-1, IC_{50} = 25ng/mL); 蛋白质合成抑制剂 (IC_{50} = 0.8μg/mL); DNA 合成抑制剂 (IC_{50} = 0.5μg/mL); 核糖核酸 RNA 合成抑制剂 (IC_{50} = 0.5μg/mL); RNA 聚合酶抑制剂 (IC_{50} = 1.0μg/mL); 抗菌 (枯草杆菌 *Bacillus subtilis*, MIC = 0.37μg/盘).【文献】R. Sakai, et al. JACS, 1996, 118, 9017.

1761 Ecteinascidin 729 海鞘素 729
【基本信息】$C_{38}H_{41}N_3O_{11}S$.【类型】番红霉素类生物碱.【来源】Perophoridae 科海鞘 *Ecteinascidia turbinata*.【活性】细胞毒 (P_{388}, IC_{50} = 0.2ng/mL; A549, IC_{50} = 0.2ng/mL; HT29, IC_{50} = 0.5ng/mL; MEL28, IC_{50} = 5.0ng/mL; CV-1, IC_{50} = 2.5ng/mL); 蛋白质合成抑制剂 (IC_{50} > 1μg/mL); DNA 合成抑制剂 (IC_{50} = 0.2μg/mL); RNA 合成抑制剂 (IC_{50} = 0.02μg/mL); 核糖核酸 DNA 聚合酶抑制剂 (IC_{50} = 1.5μg/mL); 核糖核酸 RNA 聚合酶抑制剂 (IC_{50} = 0.05μg/mL); 抗菌 (枯草杆菌 *Bacillus subtilis*,

MIC = 0.08μg/盘); 免疫调节剂; 抗肿瘤 (P_{388}, 12.5μg/(kg·d), T/C = 190% (1/6 辛存者); B16, 12.5μg/(kg·d), T/C = 253%; Lewis 肺癌, 25μg/(kg·d), T/C = 0.00%; LX-1, 25μg/(kg·d), T/C = 0.00%; M5076, 12.5μg/(kg·d), T/C > 204% (5/10 辛存者); MX-1, 37.5μg/(kg·d), T/C = 0.05%) (Sakai, 1992). 【文献】A. E. Wright, et al. JOC, 1990, 55, 4508; K. L. Rinehart, et al. JOC, 1990, 55, 4512; Sakai, et al. Proc. Natl. Acad. Sci. U.S.A., 1992, 89, 11456; R. Sakai, et al. JACS, 1996, 118, 9017.

MEL28, IC_{50} = 5.0ng/mL; CV-1, IC_{50} = 1.0ng/mL; 蛋白质合成抑制剂 (IC_{50} > 1μg/mL); 抗肿瘤 [研究了各种人肿瘤的处理, 包括软组织肉瘤, 成骨肉瘤, 黑色素瘤和乳腺癌, 作用机制包括小凹槽相互作用转录因子的抑制, 二级临床研究 (2003), FDA 处理软组织肉瘤给予孤儿药物的状态 (2004)]; 去氧核糖核酸 DNA 合成抑制剂 (IC_{50} = 0.1μg/mL); 核糖核酸 RNA 合成抑制剂 (IC_{50} = 0.03μg/mL); 去氧核糖核酸 DNA 聚合酶抑制剂 (IC_{50} = 2μg/mL); 核糖核酸 RNA 聚合酶抑制剂 (IC_{50} = 0.1μg/mL); 抗菌 (枯草杆菌 *Bacillus subtilis*, MIC = 0.02μg/盘). 【文献】A. E. Wright, et al. JOC, 1990, 55, 4508; K. L. Rinehart, et al. JOC, 1990, 55, 4512; R. Sakai, et al. JACS, 1996, 118, 9017; J. Jimeno, et al. Mar. Drugs, 2004, 2, 14 (Rev.).

1762 Ecteinascidin 736 海鞘素 736

【基本信息】$C_{40}H_{42}N_4O_9S$, 细针晶 (乙腈水溶液), mp 140~150℃ (分解), $[α]_D$ = −76° (c = 0.5, 氯仿). 【类型】番红霉素类生物碱. 【来源】Perophoridae 科海鞘 *Ecteinascidia turbinata*. 【活性】细胞毒 (圆盘试验, L_{1210}, 5.0ng/mL, InRt = 90%). 【文献】R. Sakai, et al. Proc. Natl. Acad. Sci. U.S.A., 1992, 89, 11456; R. Sakai, et al. JACS, 1996, 118, 9017.

1763 Ecteinascidin 743 海鞘素 743

【基本信息】$C_{39}H_{43}N_3O_{11}S$. 【类型】番红霉素类生物碱. 【来源】Perophoridae 科海鞘 *Ecteinascidia turbinata*. 【活性】细胞毒 (P_{388}, IC_{50} = 0.2ng/mL; A549, IC_{50} = 0.2ng/mL; HT29, IC_{50} = 0.5ng/mL;

1764 Ecteinascidin 745 海鞘素 745

【基本信息】$C_{39}H_{43}N_3O_{10}S$. 【类型】番红霉素类生物碱. 【来源】Perophoridae 科海鞘 *Ecteinascidia turbinata*. 【活性】抗肿瘤; 免疫调节剂. 【文献】A. E. Wright, et al. JOC, 1990, 55, 4508; K. L. Rinehart, et al. JOC, 1990, 55, 4512; R. Sakai, et al. JACS, 1996, 118, 9017.

1765 Ecteinascidin 759B 海鞘素759B
【基本信息】$C_{39}H_{43}N_3O_{12}S$.【类型】番红霉素类生物碱.【来源】Perophoridae 科海鞘 *Ecteinascidia turbinata*.【活性】抗肿瘤.【文献】R. Sakai, et al. JACS, 1996, 118, 9017; R. S. Cvetkovic, et al. Drugs, 2002, 62, 1185.

1766 Ecteinascidin 770 海鞘素770
【基本信息】$C_{40}H_{42}N_4O_{10}S$，棱镜状晶体（甲醇），mp 216~218℃（分解），$[α]_D^{24} = -58.5º$（$c = 1$，氯仿）.【类型】番红霉素类生物碱.【来源】Perophoridae 科海鞘 *Ecteinascidia turbinata* 和 Perophoridae 科海鞘 *Ecteinascidia thurstoni*.【活性】细胞毒（HCT116, $IC_{50} = 1.2$nmol/L; QG56, $IC_{50} = 3.9$nmol/L; NCI-H460, $IC_{50} = 0.64$nmol/L; DLD-1, $IC_{50} = 2.4$nmol/L）；免疫调节剂.【文献】K. Suwanborirux, et al. JNP, 2002, 65, 935; 2003, 66, 1441.

1767 Jorumycin 裸鳃霉素*
【基本信息】$C_{27}H_{30}N_2O_9$，不稳定的浅黄色粉末，$[α]_D = -57º$（$c = 0.05$，氯仿）.【类型】番红霉素类生物碱.【来源】软体动物裸鳃目海牛亚目 *Jorunna funebris*，来自大洋海绵属 *Oceanapia* sp.（印度，曼达帕姆海岸）.【活性】细胞毒（NIH3T3, 50μg/mL, InRt = 100%; 不同的癌细胞株, $IC_{50} = 125.5$μg/mL）；抗菌（在低于50ng/mL 浓度下，抑制各种革兰氏阳性菌生长）.【文献】A. Fontana, et al. Tetrahedron, 2000, 56, 7305.

1768 Renieramycin A 矶海绵霉素A*
【基本信息】$C_{30}H_{34}N_2O_9$, $[α]_D^{20} = -36.3º$（$c = 0.16$，甲醇）.【类型】番红霉素类生物碱.【来源】矶海绵属 *Reniera* sp.【活性】抗菌（金黄色葡萄球菌 *Staphylococcus aureus*，枯草杆菌 *Bacillus subtilis*）.【文献】J. M. Frincke, et al. JACS, 1982, 104, 265; H. He, et al. JOC, 1989, 59, 5822; T. Fukuyama, et al. Tetrahedron Lett., 1990, 31, 5989.

1769 Renieramycin B 矶海绵霉素B*
【基本信息】$C_{32}H_{38}N_2O_9$, $[α]_D^{20} = -32.2º$（$c = 0.15$，甲醇）.【类型】番红霉素类生物碱.【来源】矶海绵属 *Reniera* sp.【活性】抗菌.【文献】J. M. Frincke, et al. JACS, 1982, 104, 265; H. He, et al. JOC, 1989, 59, 5822; T. Fukuyama, et al. Tetrahedron Lett., 1990, 31, 5989.

1770   Renieramycin C   矾海绵霉素 C*

【基本信息】$C_{30}H_{32}N_2O_{10}$, $[\alpha]_D^{20} = -89.2º$ (c = 0.065, 甲醇).【类型】番红霉素类生物碱.【来源】矾海绵属 *Reniera* sp.【活性】抗菌.【文献】J. M. Frincke, et al. JACS, 1982, 104, 265; H. He, et al. JOC, 1989, 59, 5822; T. Fukuyama, et al. Tetrahedron Lett., 1990, 31, 5989.

1771   Renieramycin D   矾海绵霉素 D*

【基本信息】$C_{32}H_{36}N_2O_{10}$, $[\alpha]_D^{20} = -100.7º$ (c = 0.092, 甲醇).【类型】番红霉素类生物碱.【来源】矾海绵属 *Reniera* sp.【活性】抗菌.【文献】J. M. Frincke, et al. JACS, 1982, 104, 265; H. He, et al. JOC, 1989, 59, 5822; T. Fukuyama, et al. Tetrahedron Lett., 1990, 31, 5989.

1772   Renieramycin G   矾海绵霉素 G*

【基本信息】$C_{30}H_{32}N_2O_9$.【类型】番红霉素类生物碱.【来源】锉海绵属 *Xestospongia caycedoi* (斐济).【活性】细胞毒 (KB, MIC = 0.5μg/mL; LoVo, MIC = 1.0μg/mL).【文献】B. S. Davidson, Tetrahedron Lett., 1992, 33, 3721.

1773   Renieramycin I   矾海绵霉素 I*

【基本信息】$C_{31}H_{32}N_2O_{10}$.【类型】番红霉素类生物碱.【来源】蜂海绵属 *Haliclona cribricutis* (印度水域).【活性】抗微生物.【文献】P. S. Parameswaran, et al. Ind. J. Chem., Sect. B, 1998, 37, 1258.

1774   Renieramycin M   矾海绵霉素 M*

【基本信息】$C_{31}H_{33}N_3O_8$, 深黄色棱柱状晶体 (乙酸乙酯), mp 194.5~197℃, $[\alpha]_D^{20} = -49.5º$ (c = 1, 氯仿).【类型】番红霉素类生物碱.【来源】锉海绵属 *Xestospongia* sp. (用氰化钾预处理, 主要代谢物, 泰国).【活性】细胞毒 (HCT116, IC_{50} = 7.9nmol/L; QG56, IC_{50} = 19nmol/L; NCI-H460, IC_{50} = 5.9nmol/L; DLD-1, IC_{50} = 9.6nmol/L).【文献】K. Suwanborirux, et al. JNP, 2003, 66, 1441;

2004, 67, 1023.

1775　Renieramycin N　矶海绵霉素 N*
【基本信息】$C_{31}H_{35}N_3O_9$，浅黄色棱镜状晶体（乙醇），mp 162.5~164℃，$[\alpha]_D^{20}$ = −24.7º（c = 0.01，甲醇）.【类型】番红霉素类生物碱.【来源】锉海绵属 *Xestospongia* sp. (用氰化钾预处理，主要代谢物，泰国).【活性】细胞毒 (HCT116, IC_{50} = 5.6nmol/L; QG56, IC_{50} = 11nmol/L; NCI-H460, IC_{50} = 6.7nmol/L; DLD-1, IC_{50} = 5.7nmol/L).【文献】K. Suwanborirux, et al. JNP, 2003, 66, 1441; 2004, 67, 1023.

1776　Renieramycin O　矶海绵霉素 O*
【基本信息】$C_{31}H_{33}N_3O_9$，浅黄色粉末，$[\alpha]_D^{20}$ = −134.4º（c = 0.7，氯仿），oxidation product of Renieramycin N.【类型】番红霉素类生物碱.【来源】锉海绵属 *Xestospongia* sp. (用氰化钾预处理，产率 = 0.27%，泰国).【活性】细胞毒 (HCT116, IC_{50} = 0.028μmol/L; QG56, IC_{50} = 0.040μmol/L).【文献】K. Suwanborirux, et al. JNP, 2003, 66, 1441; 2004, 67, 1023.

1777　Renieramycin Q　矶海绵霉素 Q*
【基本信息】$C_{31}H_{33}N_3O_9$，浅黄色固体，$[\alpha]_D^{18}$ = −69.8º（c = 0.1，氯仿）.【类型】番红霉素类生物碱.【来源】锉海绵属 *Xestospongia* sp. (用氰化钾预处理，产率 = 0.11%，泰国).【活性】细胞毒 (HCT116, IC_{50} = 0.059μmol/L; QG56, IC_{50} = 0.071μmol/L).【文献】K. Suwanborirux, et al. JNP, 2003, 66, 1441; 2004, 67, 1023.

1778　Renieramycin R　矶海绵霉素 R*
【基本信息】$C_{32}H_{35}N_3O_9$，浅黄色固体，$[\alpha]_D^{18}$ = −17.6º（c = 0.1，氯仿）.【类型】番红霉素类生物碱.【来源】锉海绵属 *Xestospongia* sp. (用氰化钾预处理，产率 = 0.62%，泰国).【活性】细胞毒 (HCT116, IC_{50} = 0.023μmol/L; QG56, IC_{50} = 0.029μmol/L).【文献】K. Suwanborirux, et al. JNP, 2003, 66, 1441; 2004, 67, 1023.

1779 Renieramycin S 矾海绵霉素 S*
【基本信息】$C_{30}H_{31}N_3O_8$, 浅黄色针状晶体 (乙酸乙酯/汽油), mp 179~180°C, $[\alpha]_D^{20} = -38.8°$ ($c = 0.1$, 氯仿).【类型】番红霉素类生物碱.【来源】锉海绵属 *Xestospongia* sp. (用氰化钾预处理, 产率 = 0.09%, 泰国).【活性】细胞毒 (HCT116, $IC_{50} = 0.015\mu mol/L$; QG56, $IC_{50} = 0.026\mu mol/L$).【文献】K. Suwanborirux, et al. JNP, 2003, 66, 1441; 2004, 67, 1023.

1780 Xestomycin 锉海绵霉素*
【基本信息】$C_{27}H_{30}N_2O_9$, 黄色粉末, $[\alpha]_D = -56°$ (甲醇).【类型】番红霉素类生物碱.【来源】锉海绵属 *Xestospongia* sp.【活性】抗菌.【文献】N. K. Gulavita, et al. CA, 1992, 117, 230454q.

1781 Aniquinazoline D 构巢曲霉喹唑啉 D*
【基本信息】$C_{24}H_{22}N_4O_4$, 浅黄色固体, $[\alpha]_D^{20} = -33°$ ($c = 0.37$, 甲醇).【类型】色胺喹瓦林类 (Tryptoquivalines) 生物碱.【来源】红树导出的真菌构巢曲霉 *Aspergillus nidulans* MA-143 (内生的), 来自红树红海兰 *Rhizophora stylosa* (叶子, 可能在中国某处).【活性】有毒 (盐水丰年虾, $LD_{50} = 3.42 mmol/L$, 对照秋水仙碱, $LD_{50} = 88.4 mmol/L$).【文献】C.-Y. An, et al. Mar. Drugs, 2013, 11, 2682.

1782 Cladoquinazoline 枝孢喹唑啉*
【基本信息】$C_{23}H_{22}N_4O_4$.【类型】色胺喹瓦林类生物碱.【来源】红树导出的真菌枝孢属 *Cladosporium* sp. PJX-41.【活性】抗病毒 (流感 A H1N1 病毒, $IC_{50} = 100~150\mu mol/L$, 低活性).【文献】J. Peng, et al. JNP, 2013, 76, 1133.

1783 *epi*-Cladoquinazoline *epi*-枝孢喹唑啉*
【基本信息】$C_{23}H_{22}N_4O_4$.【类型】色胺喹瓦林类生物碱.【来源】红树导出的真菌枝孢属 *Cladosporium* sp. PJX-41.【活性】抗病毒 (流感 A H1N1 病毒, $IC_{50} = 100~150\mu mol/L$, 低活性).【文献】J. Peng, et al. JNP, 2013, 76, 1133.

1784 Fumiquinazoline A 烟曲霉菌喹唑啉 A*
【基本信息】$C_{24}H_{23}N_5O_4$, 晶体 (二氯甲烷), mp 178~182°C, $[\alpha]_D^{33} = -214.5°$ ($c = 0.47$, 氯仿).【类型】色胺喹瓦林类生物碱.【来源】海洋导出的真菌烟曲霉菌 *Aspergillus fumigatus*, 来自拟隆头

鱼 *Pseudolabrus japonicus*.【活性】细胞毒 (P_{388}, ED_{50} = 6.1μg/mL).【文献】A. Numata, et al. Tetrahedron Lett., 1992, 33, 1621; C. Takahashi, et al. JCS Perkin Trans.Ⅰ, 1995, 2345; B. B. Snider, et al. Org. Lett., 2000, 2, 4103.

1785 Fumiquinazoline B 烟曲霉菌喹唑啉 B*
【基本信息】$C_{24}H_{23}N_5O_4$, 晶体（丙酮），mp 174~176℃, $[α]_D^{21}$ = −196.7º (c = 0.38, 氯仿).【类型】色胺喹瓦林类生物碱.【来源】海洋导出的真菌烟曲霉菌 *Aspergillus fumigatus*, 来自拟隆头鱼 *Pseudolabrus japonicus*.【活性】细胞毒 (P_{388}, ED_{50} = 16.0μg/mL).【文献】A. Numata, et al. Tetrahedron Lett., 1992, 33, 1621; C. Takahashi, et al. JCS Perkin Trans.Ⅰ, 1995, 2345; B. B. Snider, et al. Org. Lett., 2000, 2, 4103.

1786 Fumiquinazoline C 烟曲霉菌喹唑啉 C*
【基本信息】$C_{24}H_{21}N_5O_4$, 晶体（+1分子丙酮）(丙酮), mp 244~246℃, $[α]_D^{21}$ = −193.7º (c = 0.31, 氯仿); mp 239~243℃ (乙酸乙酯), $[α]_D^{22}$ = −160.4º (c = 0.027, 氯仿).【类型】色胺喹瓦林类生物碱.【来源】海洋导出的真菌烟曲霉菌 *Aspergillus fumigatus*, 来自拟隆头鱼 *Pseudolabrus japonicus* (胃肠道), 海洋导出的真菌烟曲霉菌 *Aspergillus fumigatus* KMM 4631.【活性】细胞毒 (P_{388}, ED_{50} = 52.0μg/mL).【文献】A. Numata, et al. Tetrahedron Lett., 1992, 33, 1621; C. Takahashi, et al. JCS Perkin Trans.Ⅰ, 1995, 2345; S. S. Afiyatullov, et al. Chem. Nat. Compd. (Engl. Transl.), 2005, 41, 236.

1787 Fumiquinazoline D 烟曲霉菌喹唑啉 D*
【基本信息】$C_{24}H_{21}N_5O_4$, 棱柱状晶体 (丙酮), mp 214~216℃, $[α]_D^{22}$ = +86.2º (c = 0.15, 氯仿); mp 210~214℃ (乙酸乙酯), mp 212~215℃ (乙酸乙酯), $[α]_D22$ = +86.2º (c = 0.15, 氯仿).【类型】色胺喹瓦林类生物碱.【来源】海洋导出的真菌烟曲霉菌 *Aspergillus fumigatus*, 来自拟隆头鱼 *Pseudolabrus japonicus*（胃肠道), 和海洋导出的真菌烟曲霉菌 *Aspergillus fumigatus* KMM 4631.【活性】细胞毒 (P_{388}, ED_{50} = 13.5μg/mL).【文献】A. Numata, et al. Tetrahedron Lett., 1992, 33, 1621; C. Takahashi, et al. JCS Perkin Trans.Ⅰ, 1995, 2345; S. S. Afiyatullov, et al. Chem. Nat. Compd. (Engl. Transl.), 2005, 41, 236.

1788 Fumiquinazoline E 烟曲霉菌喹唑啉 E*
【基本信息】$C_{25}H_{25}N_5O_5$, 浅黄色粉末，mp 168~172℃, $[α]_D$ = −143.3º (c = 0.2, 氯仿).【类型】色胺喹瓦林类生物碱.【来源】海洋导出的真菌烟曲霉菌 *Aspergillus fumigatus*, 来自拟隆头鱼 *Pseudolabrus japonicus*（胃肠道).【活性】细胞毒 (P_{388}, ED_{50} = 13.8μg/mL).【文献】A. Numata, et al. Tetrahedron Lett., 1992, 33, 1621; C. Takahashi, et al. JCS Perkin I, 1995, 2345.

1789　Fumiquinazoline F　烟曲霉菌喹唑啉 F*
【基本信息】$C_{21}H_{18}N_4O_2$, 浅黄色粉末, mp 88~90℃, $[α]_D = -411.2°$ (c = 1.4, 氯仿). 【类型】色胺喹瓦林类生物碱.【来源】海洋导出的真菌烟曲霉菌 *Aspergillus fumigatus*, 来自拟隆头鱼 *Pseudolabrus japonicus* (胃肠道). 【活性】细胞毒 (P_{388}, ED_{50} = 14.6μg/mL). 【文献】A. Numata, et al. Tetrahedron Lett., 1992, 33, 1621; C. Takahashi, et al. JCS Perkin Trans. Ⅰ, 1995, 2345; B. B. Snider, et al. Org. Lett., 2000, 2, 4103; H. Wang, et al. JOC, 2000, 65, 1022.

1790　Fumiquinazoline G　烟曲霉菌喹唑啉 G*
【基本信息】$C_{21}H_{18}N_4O_2$, 浅黄色粉末, mp 119~121℃, $[α]_D = -462.8°$ (c = 0.6, 氯仿). 【类型】色胺喹瓦林类生物碱.【来源】海洋导出的真菌烟曲霉菌 *Aspergillus fumigatus*, 来自拟隆头鱼 *Pseudolabrus japonicus* (胃肠道). 【活性】细胞毒 (P_{388}, ED_{50} = 17.7μg/mL). 【文献】A. Numata, et al. Tetrahedron Lett., 1992, 33, 1621; C. Takahashi, et al. JCS Perkin Trans. Ⅰ, 1995, 2345; B. B. Snider, et al. Org. Lett., 2000, 2, 4103; H. Wang, et al. JOC, 2000, 65, 1022.

1791　Fumiquinazoline H　烟曲霉菌喹唑啉 H*
【基本信息】$C_{27}H_{27}N_5O_4$, 浅黄色固体, mp 144~147℃, $[α]_D = -59°$ (c = 0.001, 氯仿). 【类型】色胺喹瓦林类生物碱.【来源】海洋导出的真菌枝顶孢属 *Acremonium* sp., 来自 Perophoridae 科海鞘 *Ecteinascidia turbinata* (巴哈马, 加勒比海). 【活性】抗真菌 [微量肉汤稀释法试验, 白色念珠菌 *Candida albicans*, 0.5mg/mL (1mmol/L). 低活性]. 【文献】G. N. Belofsky, et al. Chem. Eur. J., 2000, 6, 1355.

1792　Fumiquinazoline I　烟曲霉菌喹唑啉 I*
【基本信息】$C_{27}H_{29}N_5O_4$, 固体, mp 116~120℃, $[α]_D = -138°$ (c = 0.001, 氯仿). 【类型】色胺喹瓦林类生物碱.【来源】海洋导出的真菌枝顶孢属 *Acremonium* sp., 来自 Perophoridae 科海鞘 *Ecteinascidia turbinata* (巴哈马, 加勒比海). 【活性】抗真菌 [微量肉汤稀释法试验, 白色念珠菌 *Candida albicans*, 0.5mg/mL (1mmol/L). 低活性]. 【文献】G. N. Belofsky, et al. Chem. Eur. J., 2000, 6, 1355.

1793　Fumiquinazoline J　烟曲霉菌喹唑啉 J*
【基本信息】$C_{23}H_{19}N_3O_4$. 【类型】色胺喹瓦林类生物碱.【来源】海洋导出的真菌烟曲霉菌 *Aspergillus fumigatus* H1-04. 【活性】细胞毒 (tsFT210, P_{388}, HL60, A549 和 Bel7402). 【文献】X. -X. Han, et al. Chin. J. Med. Chem., 2007, 17, 232.

1794 Fumiquinazoline L (Zhou, 2013) 烟曲霉菌喹唑啉 L* (Zhou, 2013)

【基本信息】$C_{25}H_{23}N_5O_5$.【类型】色胺喹瓦林类生物碱.【来源】海洋导出的真菌曲霉菌属 *Aspergillus* sp., 来自甘橘荔枝海绵 *Tethya aurantium* (里姆斯基运河, 北亚得里亚海, 克罗地亚).【活性】Na/K-腺苷三磷酸酶抑制剂 (IC$_{50}$ = 20μmol/L, 低活性).【文献】Y. Zhou, et al. EurJOC, 2013, 5, 894; L. Liao, et al. .JNP, 2015, 78, 349.

1795 Fumiquinazoline S 烟曲霉菌喹唑啉 S*

【基本信息】$C_{29}H_{31}N_5O_5$, 浅黄色无定形固体, [α]$_D^{25}$ = −105° (c = 0.5, 甲醇), [α]$_D^{25}$ = −151° (c = 0.25, 氯仿).【类型】色胺喹瓦林类生物碱.【来源】海洋导出的真菌曲霉菌属 *Aspergillus* sp.【活性】Na/K-腺苷三磷酸酶抑制剂 (IC$_{50}$ = 34μmol/L, 低活性).【文献】L. Liao, et al. JNP, 2015, 78, 349.

1796 Fumitremorgin C 伏马毒素 C*

【别名】烟曲霉毒素 C.【基本信息】$C_{22}H_{25}N_3O_3$, 晶体 (乙酸乙酯), [α]$_D^{28}$ = −13° (c = 0.53, 甲醇).【类型】色胺喹瓦林类生物碱.【来源】海洋导出的真菌萨氏曲霉菌 *Aspergillus sydowi* PFW1-13 (来自腐木样本, 中国水域).【活性】致肿瘤真菌毒素; 在转染细胞中多药耐药性的逆转 (抗乳腺癌蛋白).【文献】M. Zhang, et al. JNP, 2008, 71, 985.

1797 3-Hydroxyglyantrypine 3-羟基格里安特里平*

【别名】Tryptoquivalines.【基本信息】$C_{20}H_{16}N_4O_3$.【类型】色胺喹瓦林类生物碱.【来源】红树导出的真菌枝孢属 *Cladosporium* sp. PJX-41【活性】抗病毒 (流感 A H1N1 病毒, IC$_{50}$ = 100~150μmol/L, 低活性).【文献】J. Peng, et al. JNP, 2013, 76, 1133.

1798 Isochaetominine A 异毛壳宁 A*

【基本信息】$C_{22}H_{18}N_4O_4$, 浅黄色无定形固体, [α]$_D^{25}$ = −63° (c = 0.5, 甲醇).【类型】色胺喹瓦林类生物碱.【来源】海洋导出的真菌曲霉菌属 *Aspergillus* sp.【活性】Na/K-腺苷三磷酸酶抑制剂 (IC$_{50}$ = 78μmol/L, 低活性).【文献】L. Liao, et al. JNP, 2015, 78, 349.

1799 Isochaetominine B 异毛壳宁 B*

【基本信息】$C_{23}H_{20}N_4O_4$, 浅黄色无定形固体, [α]$_D^{25}$ = −73° (c = 0.6, 甲醇).【类型】色胺喹瓦林

类生物碱.【来源】海洋导出的真菌曲霉菌属 *Aspergillus* sp.【活性】Na/K-腺苷三磷酸酶抑制剂 ($IC_{50} = 20\mu mol/L$,低活性).【文献】L. Liao, et al. JNP, 2015, 78, 349.

1800 Isochaetominine C 异毛壳宁 C*
【基本信息】$C_{24}H_{22}N_4O_4$,浅黄色无定形固体,$[\alpha]_D^{25} = -90°$ ($c = 0.6$, 甲醇).【类型】色胺喹瓦林类生物碱.【来源】海洋导出的真菌曲霉菌属 *Aspergillus* sp.【活性】Na/K-腺苷三磷酸酶抑制剂 ($IC_{50} = 38\mu mol/L$,低活性).【文献】L. Liao, et al. JNP, 2015, 78, 349.

1801 14-*epi*-Isochaetominine C 14-*epi*-异毛壳宁 C*
【基本信息】$C_{24}H_{22}N_4O_4$,浅黄色无定形固体,$[\alpha]_D^{25} = +33°$ ($c = 0.7$, 甲醇).【类型】色胺喹瓦林类生物碱.【来源】海洋导出的真菌曲霉菌属 *Aspergillus* sp.【活性】Na/K-腺苷三磷酸酶抑制剂 ($IC_{50} = 57\mu mol/L$,低活性).【文献】L. Liao, et al. JNP, 2015, 78, 349.

1802 Norquinadoline A 去甲喹那都林 A*
【基本信息】$C_{26}H_{25}N_5O_4$,白色固体,$[\alpha]_D^{25} = -2.7°$ ($c = 0.1$, 甲醇).【类型】色胺喹瓦林类生物碱.【来源】红树导出的真菌枝孢属 *Cladosporium* sp. PJX-41.【活性】抗病毒 (流感 A H1N1 病毒, $IC_{50} = 82\mu mol/L$, 对照病毒唑, $IC_{50} = 87\mu mol/L$).【文献】J. Peng, et al. JNP, 2013, 76, 1133.

1803 (14*R*)-Oxoglyantrypine (14*R*)-氧代格里安特里平*
【基本信息】$C_{20}H_{14}N_4O_3$,黄色粉末,$[\alpha]_D^{25} = +230°$ ($c = 0.1$, 氯仿).【类型】色胺喹瓦林类生物碱.【来源】红树导出的真菌枝孢属 *Cladosporium* sp. PJX-41.【活性】抗病毒 (流感 A H1N1 病毒, $IC_{50} = 100\sim 150\mu mol/L$, 低活性).【文献】J. Peng, et al. JNP, 2013, 76, 1133.

1804 (14*S*)-Oxoglyantrypine (14*S*)-氧代格里安特里平*
【基本信息】$C_{20}H_{14}N_4O_3$,黄色粉末,$[\alpha]_D^{25} = -230°$ ($c = 0.1$, 氯仿).【类型】色胺喹瓦林类生物碱.【来源】红树导出的真菌枝孢属 *Cladosporium* sp. PJX-41.【活性】抗病毒 (流感 A H1N1 病毒, $IC_{50} = 85\mu mol/L$, 对照病毒唑, $IC_{50} = 87\mu mol/L$).【文献】J. Peng, et al. JNP, 2013, 76, 1133.

1805　Quinadoline B　喹那都林 B*

【基本信息】$C_{25}H_{21}N_5O_3$.【类型】色胺喹瓦林类生物碱.【来源】红树导出的真菌枝孢属 *Cladosporium* sp. PJX-41.【活性】抗病毒 (流感 A H1N1 病毒, $IC_{50} = 82\mu mol/L$, 对照病毒唑, $IC_{50} = 87\mu mol/L$).【文献】N. Koyama, et al. Org. Lett., 2008, 10, 5273; J. Peng, et al. JNP, 2013, 76, 1133.

8

嘌呤和蝶啶类生物碱

8.1 嘌呤及其类似物 / 346
8.2 蝶啶及其类似物 / 349

8.1 嘌呤及其类似物

1806　Adenine　腺嘌呤
【别名】Vitamin B_4；维生素 B_4.【基本信息】$C_5H_5N_5$，针状晶体 ($+3H_2O$) (水)，mp 360~365℃ (无水的) (分解).【类型】嘌呤及其类似物.【来源】海洋导出的链霉菌属 Streptomyces sp. Act8015，动物和植物的组织，在 DNA 和 RNA 中.【活性】抗病毒；维生素.【文献】K. A. Shaaban, et al. J. Antibiot., 2008, 61, 736.

1807　(−)-Ageloxime D　(−)-中村群海绵肟 D*
【基本信息】$C_{26}H_{40}N_5O^+$.【类型】嘌呤及其类似物.【来源】中村群海绵 Agelas nakamurai [孟嘉干岛(鹿岛)，巴厘，印度尼西亚].【活性】细胞毒 (L5178Y, IC_{50} = 12.5μmol/L)；抗菌 (表皮葡萄球菌 Staphylococcus epidermidis, MIC > 45μmol/L).【文献】T. Hertiani, et al. BoMC, 2010, 18, 1297.

1808　Aphrocallistin　六放海绵亭*
【基本信息】$C_{20}H_{24}Br_2N_6O_2$，亮棕色油状物.【类型】嘌呤及其类似物.【来源】海绵动物门六放海绵亚纲六放海绵 Aphrocallistes beatrix (至今为止唯一来自 Hexactinellida 科六放海绵的海洋天然产物，东海岸皮尔斯堡，佛罗里达，美国).【活性】细胞毒 (引起细胞循环 G_1 阶段的终止).【文献】A. E. Wright, et al. JNP, 2009, 72, 1178.

1809　Caissarone　海葵酮*
【基本信息】$C_8H_{11}N_5O$，盐酸盐：针状晶体 (甲醇水溶液)，mp 285~290℃；苦味酸盐：晶体 (乙醇)，mp 245~250℃.【类型】嘌呤及其类似物.【来源】六放珊瑚亚纲海葵 Bunodosoma caissarum.【活性】有毒的 (致畸剂).【文献】R. Zelnik, et al. JCS Perkin Trans. I，1986, 2051；T. Saito, et al. CPB, 1993, 41, 1746.

1810　Desmethylphidolopin　去甲基苔藓素*
【基本信息】$C_{13}H_{11}N_5O_5$，黄色无定形粉末.【类型】嘌呤及其类似物.【来源】苔藓动物裸唇纲 Phidolopora pacifica 和苔藓动物窄唇纲 Diaperoecia californica.【活性】抗真菌.【文献】M. Tischler, et al. Comp. Biochem. Physiol., B: Comp. Biochem., 1986, 84, 43.

1811　3,7-Dimethylisoguanine　3,7-二甲基异鸟嘌呤
【基本信息】$C_7H_9N_5O$.【类型】嘌呤及其类似物.【来源】极长群海绵* Agelas longissima (加勒比海) 和波纳佩属海绵* Zyzzya fuliginosa.【活性】抗血清素；肌动球蛋白 ATP 酶活化剂；免疫刺激剂；抗微生物.【文献】F. Cafieri, et al. Tetrahedron Lett., 1995, 36, 7893.

1812　1,3-Dimethylisoguanine (1997)　1,3-二甲基异鸟嘌呤 (1997)
【基本信息】$C_7H_9N_5O$, 粉末；晶体 (盐).【类型】嘌呤及其类似物.【来源】绿色双御海绵* *Amphimedon viridis* (百慕大；巴西).【活性】细胞毒 (26 种人癌细胞株试验，对卵巢癌细胞株细胞毒活性最高，$IC_{50} = 2.1\mu g/mL$).【文献】S. S. Mitchell, et al. JNP, 1997, 60, 727; C. C. Chehade, et al. JNP, 1997, 60, 729.

1813　2-Hydroxy-1′-methylzeatin　2-羟基-1′-甲基玉蜀黍嘌呤
【基本信息】$C_{11}H_{15}N_5O_2$, mp 300℃, $[\alpha]_D^{19} = +41.6°$ ($c = 0.288$, 甲醇).【类型】嘌呤及其类似物.【来源】未鉴定的绿藻 NIO-143, 真菌链格孢属 *Alternaria brassicae*.【活性】细胞分裂素；植物生长刺激剂.【文献】A. H. A. Farooqi, et al. Phytochemistry, 1990, 29, 2061; J. S. Dahiya, et al. Phytochemistry, 1991, 30, 2825; T. Fujii, et al. Heterocycles, 1992, 34, 21.

1814　Malonganenone A　莫桑比克烯酮 A*
【基本信息】$C_{26}H_{38}N_4O_2$, 无色玻璃体.【类型】嘌呤及其类似物.【来源】柳珊瑚科柳珊瑚 *Leptogorgia gilchristi* (靠近马龙嘎尼港，莫桑比克), 壮真丛柳珊瑚 *Euplexaura robusta* (涠洲岛，广西，中国) 和真丛柳珊瑚属 *Euplexaura nuttingi* (朋巴岛，坦桑尼亚).【活性】细胞毒 (食管癌：WHCO1, $IC_{50} = 17.0\mu mol/L$, WHCO5, $IC_{50} = 31.6\mu mol/L$, WHCO6, $IC_{50} = 29.1\mu mol/L$, KYSE70, $IC_{50} = 35.9\mu mol/L$, KYSE180, $IC_{50} = 21.7\mu mol/L$, KYSE520, $IC_{50} = 17.8\mu mol/L$, MCF12, $IC_{50} = 20.7\mu mol/L$; HeLa, $IC_{50} = 1.56\mu mol/L$, 对照 ADM, $IC_{50} = 0.38\mu mol/L$, K562, $IC_{50} = 0.35\mu mol/L$, ADM, $IC_{50} = 0.23\mu mol/L$).【文献】R. A. Keyzers, et al. Tetrahedron, 2006, 62, 2200; H. Sorek, et al. JNP, 2007, 70, 1104; J. -R. Zhang, et al. Chem. Biodivers., 2012, 9, 2218.

1815　Malonganenone D　莫桑比克烯酮 D*
【基本信息】$C_{26}H_{38}N_4O_2$, 油状物.【类型】嘌呤及其类似物.【来源】真丛柳珊瑚属 *Euplexaura nuttingi* (朋巴岛，坦桑尼亚) 和壮真丛柳珊瑚 *Euplexaura robusta* (涠洲岛，广西，中国).【活性】细胞毒 (抑制 K562 和 UT7 细胞生长); 引起凋亡 (改变哺乳动物细胞, $1.25\mu g/mL$); 细胞毒 [HeLa, $IC_{50} = (7.62\pm 0.38)\mu mol/L$, 对照 ADM, $IC_{50} = (0.38\pm 0.05)\mu mol/L$; K562, $IC_{50} = (4.54\pm 0.21)\mu mol/L$, ADM, $IC_{50} = (0.23\pm 0.02)\mu mol/L$]; 激酶抑制剂 (c-Met 激酶, $10\mu mol/L$) (J. -R. Zhang, 2012).【文献】H. Sorek, et al. JNP, 2007, 70, 1104; J. -R. Zhang, et al. Chem. Biodivers., 2012, 9, 2218.

1816　Malonganenone E　莫桑比克烯酮 E*
【基本信息】$C_{26}H_{38}N_4O_2$, 油状物.【类型】嘌呤及其类似物.【来源】真丛柳珊瑚属 *Euplexaura nuttingi* (朋巴岛，坦桑尼亚) 和真丛柳珊瑚 *Euplexaura robusta* (涠洲岛，广西，中国).【活性】细胞毒 (抑制 K562 和 UT7 细胞生长); 引起凋亡 (改变哺乳动物细胞, $1.25\mu g/mL$); 细胞毒 [HeLa, $IC_{50} = (5.65\pm 0.35)\mu mol/L$, 对照 ADM, $IC_{50} = (0.38\pm 0.05)\mu mol/L$; K562, $IC_{50} = (2.70\pm 0.28)\mu mol/L$, ADM, $IC_{50} = (0.23\pm 0.02)\mu mol/L$] (J.-R. Zhang, 2012).【文献】H. Sorek, et al. JNP, 2007, 70, 1104; J. -R. Zhang, et al. Chem. Biodivers., 2012, 9, 2218.

1817　Malonganenone I　莫桑比克烯酮 I*

【基本信息】$C_{26}H_{38}N_4O_2$，无色油状物．【类型】嘌呤及其类似物．【来源】壮真丛柳珊瑚 *Euplexaura robusta* (涠洲岛，广西，中国)．【活性】细胞毒 [HeLa, $IC_{50} = (10.82\pm0.45)\mu mol/L$，对照 ADM, $IC_{50} = (0.38\pm0.05)\mu mol/L$; K562, $IC_{50} = (8.69\pm0.45)\mu mol/L$, ADM, $IC_{50} = (0.23\pm0.02)\mu mol/L$]．【文献】J. -R. Zhang, et al. Chem. Biodivers., 2012, 9, 2218.

1818　Malonganenone J　莫桑比克烯酮 J*

【基本信息】$C_{26}H_{38}N_4O$，无色油状物．【类型】嘌呤及其类似物．【来源】壮真丛柳珊瑚 *Euplexaura robusta* (涠洲岛，广西，中国)．【活性】细胞毒 [HeLa, $IC_{50} = (53.23\pm2.24)\mu mol/L$，对照 ADM, $IC_{50} = (0.38\pm0.05)\mu mol/L$; K562, $IC_{50} = (58.01\pm2.38)\mu mol/L$, ADM, $IC_{50} = (0.23\pm0.02)\mu mol/L$]．【文献】J. -R. Zhang, et al. Chem. Biodivers., 2012, 9, 2218.

1819　1-Methylherbipoline　三甲基鸟嘌呤

【基本信息】$C_8H_{12}N_5O^+$．【类型】嘌呤及其类似物．【来源】碧玉海绵属 *Jaspis* sp. (日本水域)．【活性】胶原蛋白酶抑制剂 (溶组织梭状芽孢杆菌 *Clostridium histolyticum* 胶原蛋白酶，1.25mg/mL)．【文献】H. Yagi, et al. JNP, 1994, 57, 837.

1820　1-Methyl-6-iminopurine　1-甲基-6-亚氨基嘌呤

【基本信息】$C_6H_7N_5$，晶体 (水), mp 296~299℃ (分解)．【类型】嘌呤及其类似物．【来源】巨大钵海绵* *Geodia gigas* 和膜海绵属 *Hymeniacidon sanguinea*, 海星多棘海盘车* *Asterias amurensis*, 海星红海盘车 *Asterias rubens* 和海星马天海盘车 *Marthasterias glacialis*．【活性】催产卵因子 (海盘车 *Asterias* sp.)．【文献】G. Cimino, et al. JNP, 1985, 48, 523; CRC press, DNP on DVD, 2012, version 20.2.

1821　Microxine　澳大利亚海绵新*

【基本信息】$C_8H_{11}N_5O_4S$，无定形固体．【类型】嘌呤及其类似物．【来源】Niphatidae 科海绵* *Microxina* sp. (澳大利亚)．【活性】细胞分裂周期蛋白 cdc2 激酶抑制剂 (低活性)．【文献】K. B. Killday, et al. JNP, 2001, 64, 525; D. Skropeta, et al. Mar. Drugs, 2011, 9, 2131 (Rev.).

1822　Mucronatine　尖端凝聚海绵亭*

【基本信息】$C_7H_9N_5O$，固体，mp 200~202℃．【类型】嘌呤及其类似物．【来源】尖端凝聚海绵 *Stryphnus mucronatus* (地中海，法国)．【活性】有毒的 (盐水丰年虾，2.8mmol/L, InRt = 50%); 抗污剂 (酚氧化酶抑制剂，InRt = 37%)．【文献】M. Bourguet-Kondracki, et al. Tetrahedron Lett., 2001, 42, 7257.

1823　Nuttingine A　真丛柳珊瑚素 A*

【基本信息】$C_{27}H_{40}N_4O_3$，无色油状物．【类型】嘌呤及其类似物．【来源】真丛柳珊瑚属 *Euplexaura nuttingi* (朋巴岛，坦桑尼亚)．【活性】细胞毒 (抑制 K562 和 UT7 细胞生长); 引起凋亡 (改变哺乳动物细胞, 1.25μg/mL).【文献】H. Sorek, et al. JNP, 2007, 70, 1104.

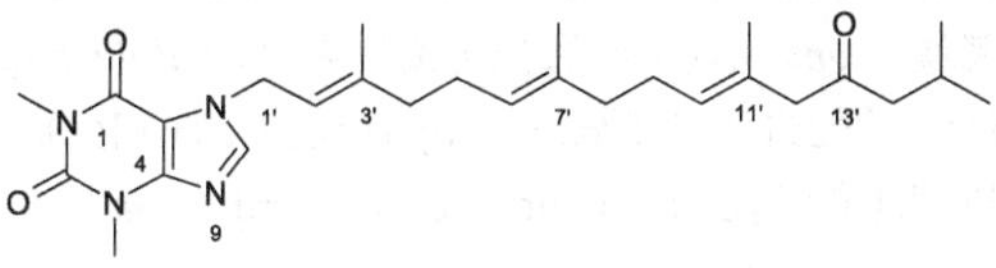

1824 Nuttingine B 真丛柳珊瑚素 B*

【基本信息】$C_{27}H_{40}N_4O_3$, 无色油状物.【类型】嘌呤及其类似物.【来源】真丛柳珊瑚属 *Euplexaura nuttingi* (朋巴岛, 坦桑尼亚).【活性】细胞毒 (抑制 K562 和 UT7 细胞生长); 引起凋亡 (改变哺乳动物细胞, 1.25μg/mL).【文献】H. Sorek, et al. JNP, 2007, 70, 1104.

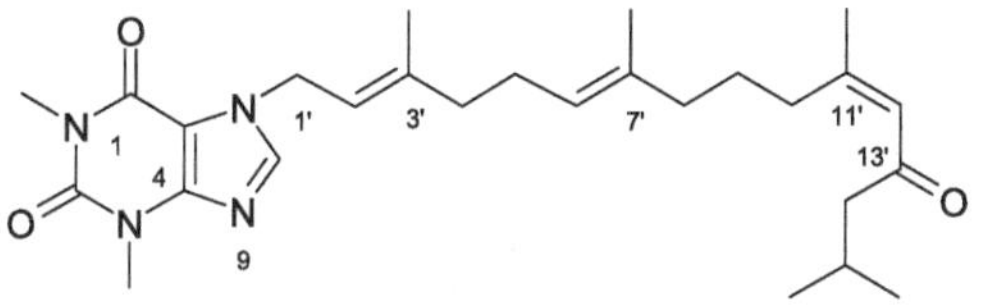

1825 Nuttingine C 真丛柳珊瑚素 C*

【基本信息】$C_{27}H_{42}N_4O_2$, 无色油状物.【类型】嘌呤及其类似物.【来源】真丛柳珊瑚属 *Euplexaura nuttingi* (朋巴岛, 坦桑尼亚).【活性】细胞毒 [抑制 K562 细胞生长 (在 0.4μg/mL, 引起细胞生长抑制 30%), 抑制 UT7 细胞生长 (在 0.4μg/mL, 引起细胞生长抑制 50%), 以依赖剂量和时间的方式]; 引起凋亡 (改变哺乳动物细胞, 1.25μg/mL).【文献】H. Sorek, et al. JNP, 2007, 70, 1104.

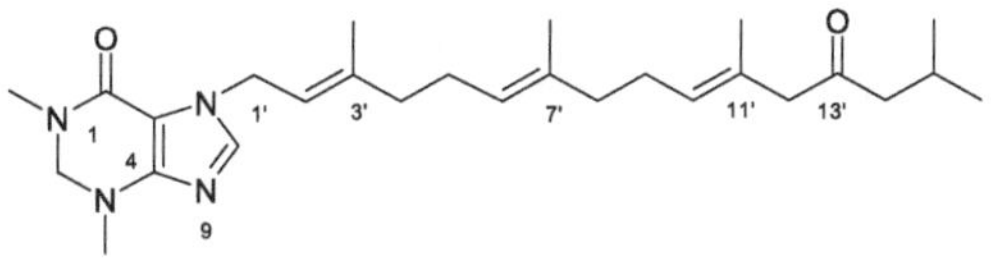

1826 Nuttingine D 真丛柳珊瑚素 D*

【基本信息】$C_{27}H_{42}N_4O_2$, 无色油状物.【类型】嘌呤及其类似物.【来源】真丛柳珊瑚属 *Euplexaura nuttingi* (朋巴岛, 坦桑尼亚).【活性】细胞毒 (抑制 K562 细胞生长 [在 0.4μg/mL, 引起细胞生长抑制 30%], 抑制 UT7 细胞生长 (在 0.4μg/mL, 引起细胞生长抑制 50%), 以依赖剂量和时间的方式]; 引起凋亡 (改变哺乳动物细胞, 1.25μg/mL).【文献】H. Sorek, et al. JNP, 2007, 70, 1104.

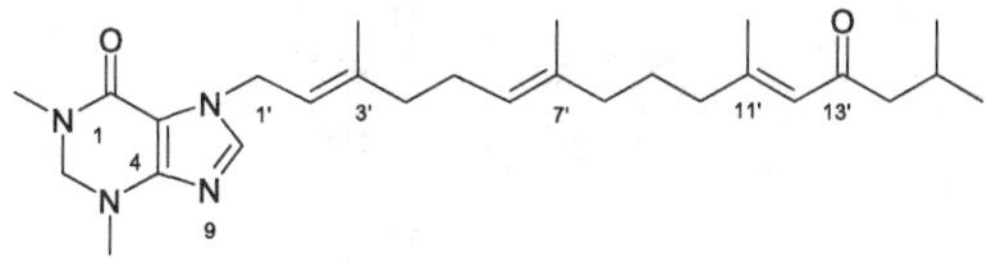

1827 Nuttingine E 真丛柳珊瑚素 E*

【基本信息】$C_{27}H_{42}N_4O_2$, 无色油状物.【类型】嘌呤及其类似物.【来源】真丛柳珊瑚属 *Euplexaura nuttingi* (朋巴岛, 坦桑尼亚).【活性】细胞毒 [抑制 K562 细胞生长 (在 0.4μg/mL, 引起细胞生长抑制 30%), 抑制 UT7 细胞生长 (在 0.4μg/mL, 引起细胞生长抑制 50%), 以依赖剂量和时间的方式]; 引起凋亡 (改变哺乳动物细胞, 1.25μg/mL).【文献】H. Sorek, et al. JNP, 2007, 70, 1104.

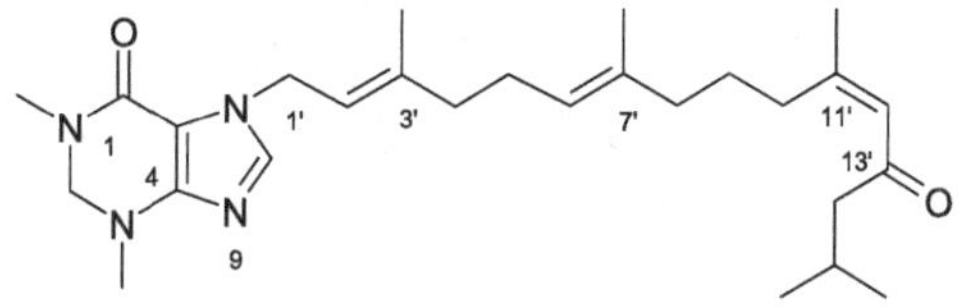

1828 Phidolopin 苔藓平*

【基本信息】$C_{14}H_{13}N_5O_5$, 晶体 (甲醇), mp 226~227℃.【类型】嘌呤及其类似物.【来源】苔藓动物裸唇纲 *Phidolopora pacifica*.【活性】抗真菌; 杀藻剂.【文献】S. W. Ayer, et al. JOC, 1984, 49, 3869; K. Hirota, et al. Tetrahedron Lett., 1985, 26, 2355.

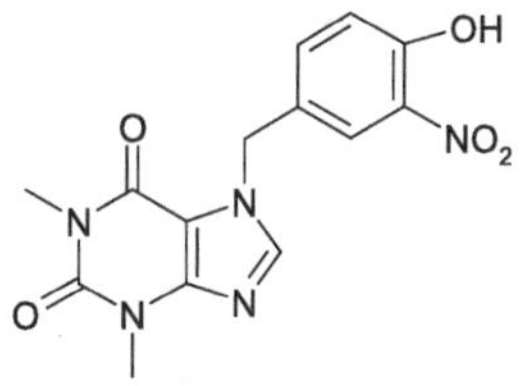

8.2 蝶啶及其类似物

1829 Lumichrome 光色素

【基本信息】$C_{12}H_{10}N_4O_2$, 浅黄色晶体 (氯仿或乙酸水溶液), mp 300℃ (分解).【类型】蝶啶及其类似物.【来源】芋海鞘科海鞘 *Halocynthia roretzi*.【活性】天然变态诱导物 (真海鞘 *Halocynthia roretzi* 幼虫).【文献】S. Tsnkamoto, et al. Eur. J. Biochem., 1999, 264, 785.

1830 Urochordamine A 乌柔抽得胺 A*
【基本信息】$C_{22}H_{26}BrN_7O$, $[\alpha]_D$ = +11.7º (c = 0.263, 氯仿).【类型】蝶啶及其类似物.【来源】玻璃海鞘属 *Ciona savignyi* 和拟菊海鞘属 *Botrylloides* sp.【活性】促进海鞘 *Ciona savignyi* 幼虫定居和变形; 抗菌.【文献】S. Tsukamoto, et al. Tetrahedron Lett., 1993, 34, 4819.

1831 Urochordamine B 乌柔抽得胺 B*
【基本信息】$C_{22}H_{26}BrN_7O$, $[\alpha]_D$ = −36.6º (c = 0.174, 氯仿).【类型】蝶啶及其类似物.【来源】玻璃海鞘属 *Ciona savignyi* 和拟菊海鞘属 *Botrylloides* sp.【活性】促进海鞘 *Ciona savignyi* 幼虫定居和变形; 抗菌.【文献】S. Tsukamoto, et al. Tetrahedron Lett., 1993, 34, 4819.

9

倍半萜和二倍半萜类生物碱

9.1 倍半萜类生物碱 /352
9.2 二倍半萜类生物碱 /367

9.1 倍半萜类生物碱

1832 (−)-Cavernothiocyanate (−)-中空棘头海绵硫氰酸酯*

【别名】Ax10.【基本信息】$C_{16}H_{25}NS$, $[\alpha]_D = -37.8º$ ($c = 0.037$, 氯仿).【类型】阿克萨烷 (Axane) 倍半萜生物碱.【来源】中空棘头海绵* *Acanthella cavernosa* 和中空棘头海绵* *Acanthella* cf. *cavernosa*, 软体动物裸鳃目海牛亚目叶海牛属 *Phyllidia ocellata*.【活性】幼虫变态抑制剂.【文献】N. Fusetani, et al. Tetrahedron Lett., 1992, 33, 6823; J. Emsermann, et al. Mar. Drugs, 2016, 14, 16.

1833 (−)-Caverno-7-Isothiocyanato-11-oppositene (−)-中空棘头海绵-7-异硫氰酸根合-11-反位烯*

【别名】Ax9.【基本信息】$C_{16}H_{25}NS$, $[\alpha]_D = -52.0º$ ($c = 0.1$, 氯仿).【类型】阿克萨烷倍半萜生物碱.【来源】中空棘头海绵* *Acanthella cavernosa* (日本水域) 和中空棘头海绵* *Acanthella* cf. *cavernosa*.【活性】抗污剂 (抑制藤壶幼虫定居和变形).【文献】H. Hirota, et al. Tetrahedron, 1996, 52, 2359; J. Emsermann, et al. Mar. Drugs, 2016, 14, 16 (Rev.).

1834 4-Formamidoeudesm-7-ene 4-甲酰氨基桉烷-7-烯

【别名】Eu27.【基本信息】$C_{16}H_{27}NO$.【类型】桉烷 (Eudesmane) 倍半萜生物碱.【来源】软海绵科海绵 *Axinyssa* sp. (中国南海).【活性】细胞毒 (人癌细胞株 CNE2, $IC_{50} = 13.8\mu g/mL$, HeLa, $IC_{50} = 7.5\mu g/mL$, LO2, $IC_{50} = 38.0\mu g/mL$).【文献】W. -J. Lan, et al. Helv. Chim. Acta, 2008, 91, 426; J. Emsermann, et al. Mar. Drugs, 2016, 14, 16 (Rev.).

1835 Halichonadin C 软海绵定 C*

【别名】Eu11.【基本信息】$C_{16}H_{25}N$, 无定形固体, $[\alpha]_D^{19} = -130º$ ($c = 1$, 氯仿).【类型】桉烷倍半萜生物碱.【来源】软海绵属 *Halichondria* sp.【活性】抗菌 (藤黄色微球菌 *Micrococcus luteus*, MIC = $0.52\mu g/mL$).【文献】H. Ishiyama, et al. Tetrahedron, 2005, 61, 1101; J. Emsermann, et al. Mar. Drugs, 2016, 14, 16 (Rev.).

1836 4-Isothiocyanato-7α-eudesm-11-ene 4-异硫氰酸根合-7α-桉烷-11-烯

【别名】Eu20.【基本信息】$C_{16}H_{25}NS$, 晶体 (乙醚), mp 62.3℃, $[\alpha]_D^{25} = +142.9º$ ($c = 0.035$, 氯仿).【类型】桉烷倍半萜生物碱.【来源】棘头海绵属 *Acanthella klethra* (皮鲁斯岛, 昆士兰; 大堡礁, 澳大利亚), 中空棘头海绵* *Acanthella cavernosa* (苍鹭岛; 大堡礁, 澳大利亚), 中空棘头海绵* *Acanthella cavernosa* (木龙拉巴小镇, 木基姆巴岛, 昆士兰, 澳大利亚) 和软海绵科海绵 *Axinyssa isabela* (伊莎贝尔岛, 纳亚里特, 墨西哥).【活性】杀疟原虫的 (恶性疟原虫 *Plasmodium falciparum*, 氯喹敏感菌株 D6, $IC_{50} = 4000ng/mL$, 耐氯喹菌株 W2, $IC_{50} = 550ng/mL$).【文献】G. M. König, et al. JNP, 1992, 55, 633; R. J. Clark, et al. Tetrahedron, 2000, 56, 3071; P. Jumaryatno, et al. JNP, 2007, 70, 1725; E. Zubía, et al. JNP, 2008, 71, 2004; J. Emsermann, et al. Mar. Drugs, 2016, 14, 16 (Rev.).

1837 4-Isothiocyanato-7β-eudesm-11-ene
4-异硫氰酸根合-7β-桉烷-11-烯
【别名】Eu24.【基本信息】$C_{16}H_{25}NS$, 油状物, $[\alpha]_D^{25} = +180°$ ($c = 0.025$, 氯仿).【类型】桉烷倍半萜生物碱.【来源】棘头海绵属 *Acanthella klethra* (皮鲁斯岛, 昆士兰; 大堡礁, 澳大利亚) 和棘头海绵属 *Acanthella* sp., 软体动物裸鳃目海牛亚目海牛裸鳃 *Cadlina luteomarginata* (锥头点, 格雷厄姆岛, 雷诺湾, 不列颠哥伦比亚, 加拿大).【活性】杀疟原虫的 (恶性疟原虫 *Plasmodium falciparum*, 氯喹敏感菌株 D6, $IC_{50} > 10\mu g/mL$, 耐氯喹菌株 W2, $IC_{50} > 10\mu g/mL$, 在 C-7 处构型的翻转导致剧烈的活性降低).【文献】G. M. König, et al. JNP, 1992, 55, 633; D. L. Burgoyne, et al. Tetrahedron, 1993, 49, 4503; J. Emsermann, et al. Mar. Drugs, 2016, 14, 16 (Rev.).

1838 11-Isothiocyano-7βH-eudesm-5-ene
11-异硫氰基-7βH-桉烷-5-烯
【别名】Eu17.【基本信息】$C_{16}H_{25}NS$, 油状物, $[\alpha]_D = -89.7°$ ($c = 0.8$, 氯仿).【类型】桉烷倍半萜生物碱.【来源】似大麻小轴海绵* *Axinella cannabina* (塔兰托, 靠近波尔托切萨雷奥港, 意大利), 棘头海绵属 *Acanthella pulcherrima* (杂草礁, 达尔文, 澳大利亚), 软体动物裸鳃目海牛亚目叶海牛属 *Phyllidia pustulosa* (内格罗斯岛, 圣塞巴斯蒂安, 宿务, 菲律宾) 和棘头海绵属 *Acanthella klethra* (皮鲁斯岛, 昆士兰), 棘头海绵属 *Acanthella* sp. 和软体动物裸鳃目海牛亚目海牛裸鳃 *Cadlina luteomarginata* (锥头点, 格雷厄姆岛, 雷诺湾, 不列颠哥伦比亚, 加拿大), 软海绵科海绵 *Axinyssa ambrosia* (圣玛尔塔湾, 加勒比海, 哥伦比亚) 和中空棘头海绵* *Acanthella cavernosa* (珊瑚花园, 基尼灵斯礁, 木卢拉巴镇, 澳大利亚).【活性】细胞毒 (培养 KB-3 细胞, $IC_{50} > 20\mu g/mL$); 杀疟原虫的 (恶性疟原虫 *Plasmodium falciparum* 氯喹敏感菌株 D6, $IC_{50} = 2240ng/mL$, 耐氯喹株 W2, $IC_{50} = 610ng/mL$).【文献】P. Ciminiello, et al. Can. J. Chem., 1987, 65, 518; R. Capon, et al. Aust. J. Chem., 1988, 41, 979; K. E. Kassuhlke, et al. JOC, 1991, 56, 3747; G. M. König, et al. JNP, 1992, 55, 633; C. K. Angerhofer, et al. JNP, 1992, 55, 1787; D. L. Burgoyne, et al. Tetrahedron, 1993, 49, 4503; N. V. Petrichtcheva, et al. JNP, 2002, 65, 851; P. Jumaryatno, et al. JNP, 2007, 70, 1725; J. Emsermann, et al. Mar. Drugs, 2016, 14, 16 (Rev.).

1839 Axiplyn C 软海绵素 C*
【别名】Ca34.【基本信息】$C_{16}H_{25}NOS$.【类型】杜松烷 (Cadinane) 倍半萜生物碱.【来源】软海绵科海绵 *Axinyssa* sp. (加利福尼亚湾, 墨西哥).【活性】抗污剂 (纹藤壶 *Balanus amphitrite* 幼虫, $ID_{50} = 1.8\mu g/mL$).【文献】E. Zubía, et al. JNP, 2008, 71, 608.

1840 Axiplyn D 软海绵素 D*
【别名】Fu16.【基本信息】$C_{16}H_{25}NO_3S$.【类型】杜松烷倍半萜生物碱.【来源】软海绵科海绵 *Axinyssa aplysinoides* (米萨里岛, 坦桑尼亚).【活性】抗污剂 (纹藤壶 *Balanus amphitrite* 幼虫, $IC_{50} = 1.6\mu g/mL$).【文献】H. Sorek, et al. Tetrahedron Lett., 2008, 49, 2200; J. Emsermann, et al. Mar. Drugs, 2016, 14, 16 (Rev.).

1841 Axiplyn E 软海绵素 E*
【别名】Fu17.【基本信息】$C_{16}H_{25}NO_3S$.【类型】杜松烷倍半萜生物碱.【来源】软海绵科海绵 *Axinyssa aplysinoides* (米萨里岛, 坦桑尼亚).【活性】抗污剂（纹藤壶 *Balanus amphitrite* 幼虫，IC$_{50}$ = 1.5μg/mL）。【文献】H. Sorek, et al. Tetrahedron Lett., 2008, 49, 2200; J. Emsermann, et al. Mar. Drugs, 2016, 14, 16 (Rev.).

1842 (−)-10-Isocyano-4-amorphene (−)-10-异氰基-4-紫穗槐烯

【别名】Ca2.【基本信息】C$_{16}$H$_{25}$N.【类型】杜松烷倍半萜生物碱.【来源】软海绵属 *Halichondria* sp. (奥胡岛北海岸，夏威夷，美国)，软海绵科海绵 *Axinyssa* sp. (枪滩，关岛，美国) 和锐利棘头海绵 *Acanthella acuta*，软体动物裸鳃目海牛亚目叶海牛属 *Phyllidia ocellata* (上甑-吉玛岛，日本)。【活性】抗污剂（纹藤壶 *Balanus amphitrite* 幼虫，IC$_{50}$ = 7.2μg/mL）。【文献】B. J. Burreson, et al. J. Chem. Soc., Chem. Commun., 1974, 1035; B. J. Burreson, et al. JACS, 1975, 97, 201; B. J. Burreson, et al. Tetrahedron, 1975, 31, 2015; A. H. Marcus, et al. JOC, 1989, 54, 5184; T. Okino, et al. Tetrahedron, 1996, 52, 9447.

1843 10-Isocyano-4-cadinene 10-异氰基-4-杜松烯

【别名】Ca13.【基本信息】C$_{16}$H$_{25}$N.【类型】杜松烷倍半萜生物碱.【来源】软体动物裸鳃目海牛亚目叶海牛属 *Phyllidia pustulosa* 和软体动物裸鳃目海牛亚目叶海牛属 *Phyllidia varicosa* (上甑岛/下甑岛，日本)。【活性】抗污剂（纹藤壶 *Balanus amphitrite* 幼虫，IC$_{50}$ = 0.14μg/mL）。【文献】T. Okino, et al. Tetrahedron, 1996, 52, 9447.

1844 (1*S**,4*S**,7*R**,10*S**)-10-Isocyano-5-cadinen-4-ol (1*S**,4*S**,7*R**,10*S**)-10-异氰基-5-杜松烯-4-醇

【别名】Ca21.【基本信息】C$_{16}$H$_{25}$NO, [α]$_D$ = +88.8º (*c* = 0.025, 氯仿)。【类型】杜松烷倍半萜生物碱.【来源】软体动物裸鳃目海牛亚目叶海牛属 *Phyllidia pustulosa* (胜浦，纪伊-佩宁苏拉，日本)。【活性】抗污剂（纹藤壶 *Balanus amphitrite* 幼虫，IC$_{50}$ = 0.17μg/mL）。【文献】H. Hirota, et al. Tetrahedron, 1998, 54, 13971.

1845 10-Isothiocyanato-4,6-amorphadiene 10-异硫氰酸根合-4,6-紫穗槐二烯*

【基本信息】C$_{16}$H$_{23}$NS, 油状物, [α]$_D$ = +74.4º (*c* = 9.8, 氯仿)。【类型】杜松烷倍半萜生物碱.【来源】软海绵科海绵 *Axinyssa fenestratus* (斐济)。【活性】驱虫剂.【文献】K. A. Alvi, et al. JNP, 1991, 54, 71.

1846 (−)-10-Isothiocyanato-4-amorphene (−)-10-异硫氰酸根合-4-紫穗槐烯

【别名】Ca3.【基本信息】C$_{16}$H$_{25}$NS, [α]$_D$ = −63º (*c* = 7.4, 四氯化碳)。【类型】杜松烷倍半萜生物碱.【来源】软海绵属 *Halichondria* sp. (奥胡岛北海岸，夏威夷，美国)，软体动物裸鳃目海牛亚目叶海牛属 *Phyllidia pustulosa* (屋久岛，日本) 和软体动物裸鳃目海牛亚目小叶海牛属 *Phyllidiella pustulosa* (越南)。【活性】抗污剂（纹藤壶 *Balanus amphitrite* 幼虫，IC$_{50}$ = 0.70μg/mL）；杀疟原虫的（恶性疟原虫 *Plasmodium falciparum* 菌株 K1 和 NF54, IC$_{50}$ = 5.7μmol/L）。【文献】B. J. Burreson, et al. J. Chem. Soc., Chem. Commun., 1974, 1035; B. J. Burreson, et al. JACS, 1975, 97, 201; B. J. Burreson, et al. Tetrahedron, 1975, 31, 2015; T. Okino, et al. Tetrahedron, 1996, 52, 9447; E. G. Lyakhova, et al. Chem. Nat. Compd., 2010, 46, 534.

1847 4-Isothiocyanato-9-amorphene 4-异硫氰酸根合-9-紫穗槐烯

【别名】4-Isothiocyanato-9-cadinene; 4-异硫氰酸根合-9-杜松烯.【基本信息】$C_{16}H_{25}NS$, 油状物, $[\alpha]_D = +111.7°$ ($c = 2.5$, 四氯化碳).【类型】杜松烷倍半萜生物碱.【来源】软海绵科海绵 *Axinyssa fenestratus*.【活性】驱虫剂.【文献】K. A. Alvi, et al. JNP, 1991, 54, 71.

1848 10-Isothiocyanatoamorph-5-en-4-ol 10-异硫氰酸根合紫穗槐-5-烯-4-醇*

【别名】Ca22.【基本信息】$C_{16}H_{25}NOS$, 油状物.【类型】杜松烷倍半萜生物碱.【来源】多孔小轴海绵* *Axinella fenestratus* (斐济), 软海绵科海绵 *Topsentia* sp. 和中空棘头海绵* *Acanthella cavernosa* (泰国).【活性】驱虫剂.【文献】K. A. Alvi, et al. JNP, 1991, 54, 71.

1849 (+)-Axisonitrile 3 (+)-小轴海绵异腈 3*

【别名】Sp2.【基本信息】$C_{16}H_{25}N$, $[\alpha]_D = +68.4°$ (氯仿, $c=1$).【类型】螺旋阿散烷 (Spiroasane) 倍半萜生物碱.【来源】似大麻小轴海绵* *Axinella cannabina* (塔兰托湾, 意大利), 锐利棘头海绵 *Acanthella acuta* (地中海), 软海绵科海绵 *Topsentia* sp. (泰国), 棘头海绵属 *Acanthella klethra* (皮鲁斯岛, 昆士兰), 中空棘头海绵* *Acanthella* cf. *cavernosa* (八丈岛, 日本), 软海绵科海绵 *Axinyssa aplysinoides* (木透科海湾, 波纳佩岛, 密克罗尼西亚联邦), 中空棘头海绵* *Acanthella cavernosa* (塔尼礁, 基尼灵斯礁, 木卢拉巴镇, 澳大利亚), 棘头海绵属 *Acanthella* sp. (亚龙湾, 海南省, 中国), 软体动物裸鳃目海牛亚目叶海牛属 *Phyllidia ocellata* (八丈岛, 日本), 软体动物裸鳃目海牛亚目叶海牛属 *Phyllidia pustulosa* (屋久岛, 口永良部岛, 种子岛, 日本) 和软体动物裸鳃目海牛亚目叶海牛属 *Phyllidia ocellata* (木龙拉巴小镇, 木基姆巴岛, 昆士兰, 澳大利亚).【活性】杀疟原虫的 (恶性疟原虫 *Plasmodium falciparum* 氯喹选择性菌株 D6: $IC_{50} = 142$ng/mL, 氯喹选择性菌株 W2: $IC_{50} = 16.5$ng/mL).【文献】B. Di Blasio, et al. Tetrahedron, 1976, 32, 473; J. C. Braekman, et al. Bull. Soc. Chim. Belg., 1987, 96, 539; K. A. Alvi, et al. JNP, 1991, 54, 71; G. M. König, et al. JNP, 1992, 55, 633; H. Y. He, et al. JOC, 1992, 57, 3191; N. Fusetani, et al. Tetrahedron Lett., 1992, 33, 6823; T. Okino, et al. Tetrahedron, 1996, 52, 9447; P. Jumaryatno, et al. JNP, 2007, 70, 1725; J. -Z. Sun, et al. Arch. Pharmacal Res., 2009, 32, 1581; A. M. White, et al. JNP, 2015, 78, 1422.

1850 (−)-Axisonitrile 3 (−)-小轴海绵异腈 3*

【别名】Sp6.【基本信息】$C_{16}H_{25}N$, $[\alpha]_D^{26} = -79°$ (氯仿, $c = 1.93$).【类型】螺旋阿散烷倍半萜生物碱.【来源】软海绵属 *Halichondria* sp. (皮皮岛, 安达曼海, 泰国南部, 泰国).【活性】抗污剂 (纹藤壶 *Balanus amphitrite* 幼虫, $IC_{50} = 3.2$μg/mL).【文献】H. Prawat, et al. Tetrahedron, 2011, 67, 5651.

1851 10-*epi*-Axisonitrile 3 10-*epi*-小轴海绵异腈 3*

【别名】Sp8.【基本信息】$C_{16}H_{25}N$.【类型】螺旋阿散烷倍半萜生物碱.【来源】钵海绵属 *Geodia exigua* (大岛, 鹿儿岛地区, 日本), 软体动物裸鳃目海牛亚目叶海牛属 Phyllidia pustulosa (屋久岛，口永良部岛，日本).【活性】抗污剂（纹藤壶 Balanus amphitrite 幼虫，IC$_{50}$ = 10μg/mL）.【文献】T. Okino, et al. Tetrahedron, 1996, 52, 9447; M. M. Uy, et al. Tetrahedron, 2003, 59, 731.

1852 (+)-Axisothiocyanate 3 (+)-小轴海绵异硫氰酸酯 3*

【别名】Sp3.【基本信息】C$_{16}$H$_{25}$NS, [α]$_D$ = +165.2° (氯仿, c = 1).【类型】螺旋阿散烷倍半萜生物碱.【来源】似大麻小轴海绵* Axinella cannabina (塔兰托湾, 意大利), 棘头海绵属 Acanthella klethra (皮鲁斯岛, 昆士兰), 棘头海绵属 Acanthella cf. cavernosa (八丈岛, 日本), 中空棘头海绵* Acanthella cavernosa (八丈岛, 日本), 中空棘头海绵* Acanthella cavernosa (塔尼礁, 基尼灵斯礁, 木卢拉巴镇, 澳大利亚), 软体动物裸鳃目海牛亚目叶海牛属 Phyllidia ocellata (八丈岛, 日本).【活性】杀疟原虫的（恶性疟原虫 Plasmodium falciparum 氯喹敏感菌株 D6: IC$_{50}$ = 12.340μg/mL, 氯喹敏感菌株 W2: IC$_{50}$ = 3.110μg/mL）.【文献】B. Di Blasio, et al. Tetrahedron, 1976, 32, 473; G. M. König, et al. JNP, 1992, 55, 633; N. Fusetani, et al. Tetrahedron Lett., 1992, 33, 6823; H. Hirota, et al. Tetrahedron, 1996, 52, 2359; P. Jumaryatno, et al. JNP, 2007, 70, 1725.

1853 Halochonadin F 软海绵定 F*

【别名】Ar11.【基本信息】C$_{15}$H$_{27}$N.【类型】香木兰烷 (Aromadendrane) 倍半萜生物碱.【来源】软海绵属 Halichondria sp. (卸载港, 冲绳, 日本).【活性】抗菌（藤黄色微球菌 Micrococcus luteus, MIC = 4μg/mL）; 抗真菌（须发癣菌 Trichophyton mentagrophytes, MIC = 8μg/mL）; 抗菌（新型隐球酵母 Cryptococcus neoformans, MIC = 16μg/mL）.【文献】H. Ishiyama, et al. JNP, 2008, 71, 1301.

1854 (1R,4S,5S,6R,7S,10R)-(+)-Isothiocyanatoalloaromadendrane (1R,4S,5S,6R,7S,10R)-(+)-异硫氰基别香木兰烷

【别名】Ar9.【基本信息】C$_{16}$H$_{25}$NS, 油状物, [α]$_D$ = +8° (c = 0.1, 氯仿).【类型】香木兰烷倍半萜生物碱.【来源】中空棘头海绵* Acanthella cavernosa (八丈岛, 日本) 和棘头海绵属 Acanthella sp. (亚龙湾, 海南, 中国), 软体动物裸鳃目海牛亚目小叶海牛属 Phyllidiella pustulosa (越南).【活性】抗污剂（纹藤壶 Balanus amphitrite 幼虫）.【文献】H. Hirota, et al. Tetrahedron, 1996, 52, 2359; J. -Z. Sun, et al. Arch. Pharmacal Res., 2009, 32, 1581; E. G. Lyakhova, et al. Chem. Nat. Compd., 2010, 46, 534.

1855 epi-Polasin B 外轴海绵新 B*

【别名】Axisothiocyanate 2; Ar4; 小轴海绵异硫氰酸酯 2*.【基本信息】C$_{16}$H$_{25}$NS, [α]$_D$ = +91.2° (c = 1.0, 氯仿) (Epiphoneolasin B); [α]$_D$ = +12.8° (c = 1.5, 氯仿) (Axisothiocyanate 2).【类型】香木兰烷倍半萜生物碱.【来源】中空棘头海绵* Acanthella cavernosa (八丈岛, 日本), 中空棘头海绵* Acanthella cavernosa (塔尼礁, 基尼灵斯礁, 木卢拉巴镇, 澳大利亚), 似大麻小轴海绵* Axinella cannabina (塔兰托湾, 意大利), 软海绵科海绵 Axinyssa sp. (津基岛, 福冈县, 日本), 软海绵科海绵 Axinyssa aplysinoides (安特环礁, 波纳佩岛, 密克罗尼西亚联邦) 和外轴海绵属 Epipolasis kushimotoensis.【活性】抗污剂（纹藤壶 Balanus amphitrite 幼虫）.【文献】E. Fattorusso, et al. Tetrahedron, 1974, 30, 3911; H. Tada, et al. CPB,

1985, 33, 1941; H. Y. He, et al. JOC, 1992, 57, 3191; H. Hirota, et al. Tetrahedron, 1996, 52, 2359; K. Kodama, et al. Org. Lett., 2003, 5, 169; P. Jumaryatno, et al. JNP, 2007, 70, 1725.

1856 epi-Polasinthiourea B   外轴海绵新硫脲 B*

【基本信息】$C_{24}H_{36}N_2S$.【类型】香木兰烷倍半萜生物碱.【来源】外轴海绵属 *Epipolasis kushimotoensis*.【活性】细胞毒 (L_{1210}, ED_{50} = 3.7μg/mL).【文献】H. Tada, et al. CPB, 1985, 33, 1941.

1857 (+)-epi-Polasin A   (+)-外轴海绵新 A*

【别名】Ep5.【基本信息】$C_{16}H_{25}NS$, $[α]_D$ = +7.6º (c = 1, 氯仿).【类型】表橄榄烷 (Epimaaliane) 倍半萜生物碱.【来源】外轴海绵属 *Epipolasis kushimotoensis* 和软海绵科海绵 *Axinyssa aplysinoides* (安特环礁, 波纳佩岛, 密克罗尼西亚联邦), 小轴海绵属 *Axinella* sp. (加利福尼亚).【活性】杀疟原虫的 (恶性疟原虫 *Plasmodium falciparum* 氯喹敏感菌株 D6: IC_{50} = 5.600μg/mL, 氯喹敏感菌株 W2: IC_{50} = 5.550μg/mL).【文献】J. E. Thompson, et al. Tetrahedron, 1982, 38, 1865; H. Tada, et al. CPB, 1985, 33, 1941; H. Y. He, et al. JOC, 1992, 57, 3191.

1858 9-Isocyanopupukeanane   9-异氰基普普基烷*

【别名】Pu2.【基本信息】$C_{15}H_{23}N$, 油状物.【类型】普普基烷 (Pupukeanane) 倍半萜生物碱.【来源】膜海绵属 *Hymeniacidon* sp., 软体动物裸鳃目海牛亚目叶海牛属 *Phyllidia varicosa* 和软体动物裸鳃目海牛亚目叶海牛属 *Phyllidia* sp.【活性】鱼毒; 杀疟原虫的 (恶性疟原虫 *Plasmodium falciparum*, 氯喹敏感菌株 D6, IC_{50} = 2.520μg/mL, 耐氯喹菌株 W2, IC_{50} = 1.610μg/mL, 低活性).【文献】B. J. Burreson, et al. JACS, 1975, 97, 4763; E. J. Corey, et al. JACS, 1979, 101, 1608; M. R. Hagadone, et al.; H. Yamamoto, et al. JACS, 1979, 101, 1609; E. Piers, Justus Liebigs Ann. Chem., 1982, 973; N. Fusetani, et al. Tetrahedron Lett., 1990, 5623; J. Emsermann, et al. Mar. Drugs, 2016, 14, 16 (Rev.).

1859 9-epi-9-Isocyanopupukeanane   9-epi-9-异氰基普普基烷*

【别名】Pu3.【基本信息】$C_{15}H_{23}N$, 油状物, $[α]_D$ = +31º (c = 0.048, 氯仿).【类型】普普基烷倍半萜生物碱.【来源】软体动物裸鳃目海牛亚目叶海牛属 *Phyllidia bourguini* 和软体动物裸鳃目海牛亚目叶海牛属 *Phyllidia pustulosa*.【活性】鱼毒; 抗真菌.【文献】M. R. Hagadone, et al. Helv. Chim. Acta, 1979, 62, 2484; J. Emsermann, et al. Mar. Drugs, 2016, 14, 16 (Rev.).

1860 2-Isocyanopupukeanane   2-异氰基普普基烷*

【别名】Pu7.【基本信息】$C_{16}H_{25}N$, 晶体 (甲醇水溶液), mp 81~82℃.【类型】普普基烷倍半萜生物碱.【来源】膜海绵属 *Hymeniacidon* sp. (夏威夷, 美国), 软体动物裸鳃目海牛亚目叶海牛属 *Phyllidia varicosa* (普普基亚, 奥胡岛北海岸, 夏威夷, 美国).【活性】鱼毒.【文献】M. R. Hagadone, et al. Helv. Chim. Acta, 1979, 62, 2484; E. J. Corey, et al. Tetrahedron Lett., 1979, 2745; G. Frater, et al. Helv. Chim. Acta, 1984, 67, 1702.

1861 (−)-9-Isothiocyanatopupukeanane (−)-9-异硫氰酸根合普普基烷*

【基本信息】$C_{16}H_{25}NS$.【类型】普普基烷倍半萜生物碱.【来源】软海绵科海绵 *Axinyssa* sp. (大堡礁, 澳大利亚, E146°50′ S18°00′).【活性】细胞毒 (KB, $IC_{50} > 20000$ng/mL), 杀疟原虫的 (恶性疟原虫 *Plasmodium falciparum*, 克隆 D6, $IC_{50} = 2.520$μg/mL, 恶性疟原虫 *Plasmodium falciparum*, 克隆 W2, $IC_{50} = 1.610$μg/mL).【文献】J. S. Simpson, et al. Aust. J. Chem., 1997, 50, 1123.

1862 9-Isothiocyanatopupukeanane 9-异硫氰酸根合普普基烷*

【别名】Pu4.【基本信息】$C_{16}H_{25}NS$.【类型】普普基烷倍半萜生物碱.【来源】软海绵科海绵 *Axinyssa* sp. nov. (大堡礁, 澳大利亚).【活性】杀疟原虫的 (恶性疟原虫 *Plasmodium falciparum*, 氯喹敏感菌株 D6, $IC_{50} = 3.290$μg/mL, 耐氯喹菌株 W2, $IC_{50} = 0.890$μg/mL).【文献】J. S. Simpson, et al. Aust. J. Chem., 1997, 50, 1123.

1863 2-Thiocyanatoneopupukeanane 2-硫氰酸根合新普普基烷*

【别名】Pu12.【基本信息】$C_{16}H_{25}NS$, 油状物, $[α]_D = −71.5°$ ($c = 0.5$, 氯仿).【类型】普普基烷倍半萜生物碱.【来源】小轴海绵科海绵 *Phycopsis terpnis* (冲绳, 日本), 软海绵科海绵 *Axinyssa aplysinoides* 和未鉴定的海绵.【活性】抗污剂 (幼虫定居抑制剂); 甲壳类动物变形抑制剂; 杀疟原虫的 (恶性疟原虫 *Plasmodium falciparum*, 菌株 D6, $IC_{50} = 4.700$μg/mL, 菌株 W2, $IC_{50} = 0.890$μg/mL).【文献】A. T. Pham, et al. Tetrahedron Lett., 1991, 32, 4843; H. Y. He, et al. JOC, 1992, 57, 3191; T. Okino, et al. Tetrahedron, 1996, 52, 9447; J. S. Simpson, et al. Aust. J. Chem., 1997, 50, 1123.

1864 9-Thiocyanatopupukeanane 9-硫氰酸根合普普基烷*

【别名】Pu5.【基本信息】$C_{16}H_{25}NS$.【类型】普普基烷倍半萜生物碱.【来源】软体动物海牛裸鳃目叶海牛属 *Phyllidia varicosa* 及其猎物软海绵科海绵 *Axinyssa aculeata* (普拉穆卡岛, 印度尼西亚), 软体动物裸鳃目海牛亚目小叶海牛属 *Phyllidiella pustulosa* (越南).【活性】抗污剂 (纹藤壶 *Balanus amphitrite* 幼虫, $IC_{50} = 4.6$μg/mL).【文献】Y. Yasman, et al. JNP, 2003, 66, 1512; E. G. Lyakhova, et al. Chem. Nat. Compd., 2010, 46, 534.

1865 9-*epi*-Thiocyanatopupukeanane 9-*epi*-硫氰酸根合普普基烷*

【别名】Pu6.【基本信息】$C_{16}H_{25}NS$.【类型】普普基烷倍半萜生物碱.【来源】软体动物海牛裸鳃目叶海牛属 *Phyllidia varicosa* 及其软海绵科海绵猎物 *Axinyssa aculeata* (普拉穆卡岛, 印度尼西亚),

软体动物裸鳃目海牛亚目小叶海牛属 Phyllidiella pustulosa (越南).【活性】抗污剂 (纹藤壶 Balanus amphitrite 幼虫, IC$_{50}$ = 2.3μg/mL).【文献】Y. Yasman, et al. JNP, 2003, 66, 1512; E. G. Lyakhova, et al. Chem. Nat. Compd., 2010, 46, 534.

1866 3-Isocyanotheonellin 3-异氰基蒂壳海绵林*

【别名】Bi2.【基本信息】C$_{16}$H$_{25}$N.【类型】没药烷 (Bisabolane) 倍半萜生物碱.【来源】Dictyonellidae 科海绵 Lipastrotethya ana (陵水湾, 海南, 中国) 和 Dictyonellidae 科海绵 Rhaphoxya sp. (蓝洞, 关岛, 美国), 软体动物裸鳃目海牛亚目叶海牛属 Phyllidia sp. (克隆坡, 斯里兰卡), 软体动物裸鳃目海牛亚目叶海牛属 Phyllidia pustulosa (八丈岛, 日本) 和软体动物裸鳃目海牛亚目小叶海牛属 Phyllidiella pustulosa (海南岛, 中国).【活性】抗污剂 (纹藤壶 Balanus amphitrite 幼虫, IC$_{50}$ = 0.13μg/mL, 有潜力的).【文献】N. K. Gulavita, et al. JOC, 1986, 51, 5136; N. Fusetani, et al. Tetrahedron Lett., 1991, 32, 7291; E. Manzo, et al. JNP, 2004, 67, 1701; S. -C. Mao, et al. Tetrahedron, 2007, 63, 11108; A. D. Wright, et al. JNP, 2012, 75, 502; J. Emsermann, et al. Mar. Drugs, 2016, 14, 16 (review).

1867 Axinyssimide A 软海绵亚胺 A*

【基本信息】C$_{16}$H$_{24}$Cl$_3$NO, [α]$_D$ = +1.7º (c = 0.06, 氯仿).【类型】金合欢烷 (Farnesane) 倍半萜生物碱.【来源】软海绵科海绵 Axinyssa sp.【活性】抗污剂 (纹藤壶 Balanus amphitrite 的腺介虫幼虫).【文献】H. Hirota, et al. Tetrahedron, 1998, 54, 13971.

1868 Axinyssimide B 软海绵亚胺 B*

【基本信息】C$_{16}$H$_{26}$Cl$_3$NO$_2$, [α]$_D$ = −22.5º (c = 0.02, 氯仿).【类型】金合欢烷倍半萜生物碱.【来源】软海绵科海绵 Axinyssa sp.【活性】抗污剂 (纹藤壶 Balanus amphitrite 的腺介虫幼虫).【文献】H. Hirota, et al. Tetrahedron, 1998, 54, 13971.

1869 Axinyssimide C 软海绵亚胺 C*

【基本信息】C$_{16}$H$_{26}$Cl$_3$NO$_2$, [α]$_D$ = +7.3º (c = 0.015, 氯仿).【类型】金合欢烷倍半萜生物碱.【来源】软海绵科海绵 Axinyssa sp.【活性】抗污剂 (纹藤壶 Balanus amphitrite 的腺介虫幼虫).【文献】H. Hirota, et al. Tetrahedron, 1998, 54, 13971.

软海绵亚胺C*的差向异构体

1870 Farneside A 法聂糖苷 A*

【基本信息】C$_{24}$H$_{38}$N$_2$O$_7$.【类型】金合欢烷倍半萜生物碱.【来源】海洋导出的链霉菌属 Streptomyces sp. (沉积物, 纳库拉岛, 亚萨瓦岛, 斐济).【活性】杀疟原虫的 (恶性疟原虫 Plasmodium falciparum, 适度活性).【文献】E. Z. Ilan, et al. JNP, 2013, 76, 1815.

1871 Oceanapamine 大洋海绵胺*

【基本信息】C$_{20}$H$_{33}$N$_3$, 油状物 (三氟乙酸盐), [α]$_D^{22}$ = −6.4º (c = 3.1, 甲醇) (三氟乙酸).【类型】金合欢烷倍半萜生物碱.【来源】大洋海绵属 Oceanapia sp. (菲律宾).【活性】抗菌 (枯草杆菌

Bacillus subtilis 和大肠杆菌 Escherichia coli, 25μg/盘, 铜绿假单胞菌 Pseudomonas aeruginosa, 100μg/盘, 金黄色葡萄球菌 Staphylococcus aureus 50μg/盘); 抗真菌 (白色念珠菌 Candida albicans, 50μg/盘).【文献】K. G. Boyd, et al. JNP, 1995, 58, 302.

1872 Drimentine G 补身烯亭 G*
【基本信息】$C_{32}H_{44}N_2O_2$.【类型】杂项双环倍半萜生物碱.【来源】海洋导出的链霉菌属 Streptomyces sp. CHQ-64.【活性】细胞毒 (HCT8, IC_{50} = 2.81μmol/L; Bel7402, IC_{50} = 1.38μmol/L; A549, IC_{50} = 1.01μmol/L; A2780, IC_{50} = 2.54μmol/L); 拓扑异构酶 I 抑制剂 (低活性).【文献】Q. Che, et al. Org. Lett., 2012, 14, 3438; Q. Che, et al. JNP, 2013, 76, 759.

1873 Indosespene 因多赛斯烯*
【基本信息】$C_{23}H_{29}NO_3$.【类型】杂项双环倍半萜生物碱.【来源】红树导出的链霉菌属 Streptomyces sp. HKI0595 (内生的), 来自红树秋茄树 Kandelia candel (树干).【活性】抗菌 (MRSA 和 VREF, 高活性).【文献】L. Ding, et al. Org. Biomol. Chem., 2011, 9, 4029.

1874 3′-Methylaminoavarone 3′-甲氨基贪婪掘海绵酮*
【基本信息】$C_{22}H_{31}NO_2$, 红色晶体, mp 153~155℃.【类型】杂项双环倍半萜生物碱.【来源】贪婪掘海绵 Dysidea avara.【活性】细胞分裂抑制剂 (海胆卵).【文献】K. A. Alvi, et al. JOC, 1992, 57, 6604; M. Gordaliza, et al. Mar. Drugs, 2010, 8, 2849 (Rev.).

1875 4′-Methylaminoavarone 4′-甲氨基贪婪掘海绵酮*
【基本信息】$C_{22}H_{31}NO_2$, 红色晶体, mp 160~163℃.【类型】杂项双环倍半萜生物碱.【来源】贪婪掘海绵 Dysidea avara.【活性】细胞毒 (黑色素瘤 Fem-X, IC_{50} = 2.4μmol/L; 正常淋巴细胞, 无活性); 细胞分裂抑制剂 (海胆卵); 抗微生物; 抗诱变剂; 抗有丝分裂.【文献】G. Cimino, et al. Experientia, 1982, 38, 896; R. Puliti, et al. Acta Crystallogr., Sect. C, 1998, 54, 1954; M. Gordaliza, et al. Mar. Drugs, 2010, 8, 2849 (Rev.).

1876 Nakijinol B diacetate 今归仁醇 B 二乙酸酯*
【基本信息】$C_{26}H_{33}NO_5$.【类型】杂项双环倍半萜生物碱.【来源】胄甲海绵亚科 Thorectinae 海绵 Dactylospongia elegans (北领地, 皮尤沙洲, 澳大利亚).【活性】细胞毒 (SF268, GI_{50} = 9.0μmol/L; MCF7, GI_{50} = 19μmol/L; H460, GI_{50} = 6.8μmol/L; HT29, GI_{50} = 15μmol/L; CHO-K1, GI_{50} = 5.2μmol/L).【文献】S. P. B. Ovenden, et al. JNP, 2011, 74, 65.

1877 Nakijiquinone A 今归仁醌 A*

【基本信息】$C_{23}H_{31}NO_5$, 红色固体, mp 156~158°C, $[α]_D^{20}$ = −71.7° (c = 1, 甲醇).【类型】杂项双环倍半萜生物碱.【来源】Spongiidae 科海绵（冲绳, 日本）.【活性】细胞毒（L_{1210}, IC_{50} = 3.8μg/mL; KB, IC_{50} = 7.6μg/mL）; c-erbB-2 激酶抑制剂（IC_{50} = 30μg/mL）; 蛋白激酶 C 抑制剂（IC_{50} = 270μg/mL）; 各种激酶抑制剂（EGFR, IC_{50} > 400μg/mL; 酪氨酸激酶 VEGFR2）.【文献】H. Shigemori, et al. Tetrahedron, 1994, 50, 8347; J. Kobayashi, et al. Tetrahedron, 1995, 51, 10867; M. Gordaliza, et al. Mar. Drugs, 2010, 8, 2849 (Rev.); D. Skropeta, et al. Mar. Drugs, 2011, 9, 2131 (Rev.).

1878 Nakijiquinone B 今归仁醌 B*

【基本信息】$C_{26}H_{37}NO_5$, 红色固体, $[α]_D^{20}$ = −282.3° (c = 0.13, 氯仿).【类型】杂项双环倍半萜生物碱.【来源】Spongiidae 科海绵（冲绳, 日本）.【活性】细胞毒（L_{1210}, IC_{50} = 2.8μg/mL; KB, IC_{50} = 5.0μg/mL）; c-erbB-2 激酶抑制剂（IC_{50} = 95μg/mL）; 蛋白激酶 C 抑制剂（IC_{50} = 200μg/mL）; 各种激酶抑制剂（EGFR, IC_{50} = 250μg/mL; 酪氨酸激酶 VEGFR2）.【文献】H. Shigemori, et al. Tetrahedron, 1994, 50, 8347; J. Kobayashi, et al. Tetrahedron, 1995, 51, 10867; M. Gordaliza, et al. Mar. Drugs, 2010, 8, 2849 (Rev.); D. Skropeta, et al. Mar. Drugs, 2011, 9, 2131 (Rev.).

1879 Nakijiquinone C 今归仁醌 C*

【基本信息】$C_{24}H_{33}NO_6$, 无定形红色固体, mp 198~200°C, $[α]_D^{20}$ = −73° (c = 0.03, 乙醇).【类型】杂项双环倍半萜生物碱.【来源】Spongiidae 科海绵（冲绳, 日本）.【活性】细胞毒（L_{1210}, IC_{50} = 5.8μg/mL; KB, IC_{50} = 6.2μg/mL）; c-erbB-2 激酶抑制剂（IC_{50} = 26μmol/L）; 蛋白激酶 C 抑制剂（IC_{50} = 23μmol/L）; EGFR 激酶抑制剂（IC_{50} = 170μg/mL）; 各种激酶抑制剂（表皮生长因子受体EGFR激酶抑制剂, 激酶 c-erbB-2, 酪氨酸激酶 VEGFR2）; Her-2/Neu 原癌基因选择性抑制剂.【文献】J. Kobayashi, et al. Tetrahedron, 1995, 51, 10867; J. Kobayashi, et al. Tetrahedron Lett., 1995, 36, 5589; M. Gordaliza, et al. Mar. Drugs, 2010, 8, 2849 (Rev.); D. Skropeta, et al. Mar. Drugs, 2011, 9, 2131 (Rev.).

1880 Nakijiquinone D 今归仁醌 D*

【基本信息】$C_{25}H_{35}NO_6$, 红色无定形固体, mp 188~191°C, $[α]_D^{20}$ = −172° (c = 0.2, 乙醇).【类型】杂项双环倍半萜生物碱.【来源】Spongiidae 科海绵（冲绳, 日本）.【活性】细胞毒（L_{1210}, IC_{50} = 8.1μg/mL; KB, IC_{50} = 1.2μg/mL）; c-erbB-2 激酶抑

制剂 (IC$_{50}$ = 29μg/mL); 蛋白激酶 C 抑制剂 (IC$_{50}$ = 220μg/mL); 各种激酶抑制剂 (EGFR, IC$_{50}$ > 400μg/mL; 酪氨酸激酶 VEGFR2).【文献】J. Kobayashi, et al. Tetrahedron, 1995, 51, 10867; J. Kobayashi, et al. Tetrahedron Lett., 1995, 36, 5589; M. Gordaliza, et al. Mar. Drugs, 2010, 8, 2849 (Rev.); D. Skropeta, et al. Mar. Drugs, 2011, 9, 2131 (Rev.).

1881　Nakijiquinone G　今归仁醌 G*
【基本信息】C$_{26}$H$_{35}$N$_3$O$_3$, 无定形红色固体, $[\alpha]_D^{24}$ = +109º (c = 0.25, 甲醇).【类型】杂项双环倍半萜生物碱.【来源】Spongiidae 科海绵 (冲绳, 日本).【活性】细胞毒 (P$_{388}$, L$_{1210}$, KB, IC$_{50}$ = 2.4μg/mL 至 > 10μg/mL, 激酶 HER2 抑制剂).【文献】Y. Takahashi, et al. BoMC, 2008, 16, 7561; M. Gordaliza, et al. Mar. Drugs, 2010, 8, 2849 (Rev.); D. Skropeta, et al. Mar. Drugs, 2011, 9, 2131 (Rev.).

1882　Nakijiquinone H　今归仁醌 H*
【基本信息】C$_{26}$H$_{40}$N$_4$O$_3$, 无定形红色固体, $[\alpha]_D^{22}$ = +66º (c = 0.25, 甲醇).【类型】杂项双环倍半萜生物碱.【来源】Spongiidae 科海绵 (冲绳, 日本).【活性】细胞毒 (P$_{388}$, L$_{1210}$, KB, IC$_{50}$ = 2.4μg/mL 至 > 10μg/mL, 激酶 HER2 抑制剂).【文献】Y. Takahashi, et al. BoMC, 2008, 16, 7561; M. Gordaliza, et al. Mar. Drugs, 2010, 8, 2849 (Rev.); D. Skropeta, et al. Mar. Drugs, 2011, 9, 2131 (Rev.).

1883　Nakijiquinone I　今归仁醌 I*
【基本信息】C$_{25}$H$_{37}$NO$_4$S, 无定形红色固体, $[\alpha]_D^{24}$ = +158º (c = 0.25, 甲醇).【类型】杂项双环倍半萜生物碱.【来源】Spongiidae 科海绵 (冲绳, 日本).【活性】细胞毒 (P$_{388}$, L$_{1210}$, KB, IC$_{50}$ = 2.4μg/mL 至 > 10μg/mL, 激酶 HER2 抑制剂).【文献】Y. Takahashi, et al. BoMC, 2008, 16, 7561; M. Gordaliza, et al. Mar. Drugs, 2010, 8, 2849 (Rev.); D. Skropeta, et al. Mar. Drugs, 2011, 9, 2131 (Rev.).

1884　Nakijiquinone N　今归仁醌 N*
【基本信息】C$_{26}$H$_{39}$NO$_3$, 紫红色无定形固体, $[\alpha]_D^{21}$ = +124º (c = 0.25, 氯仿).【类型】杂项双环倍半萜生物碱.【来源】Spongiidae 科海绵 (冲绳, 日本).【活性】HER2 酪氨酸激酶抑制剂 (1mmol/L, InRt = 66%).【文献】Y. Takahashi, et al. JNP, 2010, 73, 467; M. Gordaliza, et al. Mar. Drugs, 2010, 8, 2849 (Rev.).

1885　Nakijiquinone O　今归仁醌 O*
【基本信息】$C_{25}H_{37}NO_3$，紫红色无定形固体，$[α]_D^{23} = +160°$ ($c = 1$, 氯仿).【类型】杂项双环倍半萜生物碱.【来源】Spongiidae 科海绵 (冲绳, 日本).【活性】HER2 酪氨酸激酶抑制剂 (1mmol/L, InRt = 59%).【文献】Y. Takahashi, et al. JNP, 2010, 73, 467; M. Gordaliza, et al. Mar. Drugs, 2010, 8, 2849 (Rev.).

1886　Nakijiquinone P　今归仁醌 P*
【基本信息】$C_{29}H_{37}NO_3$，紫红色无定形固体，$[α]_D^{21} = -14°$ ($c = 0.2$, 氯仿).【类型】杂项双环倍半萜生物碱.【来源】Spongiidae 科海绵 (冲绳, 日本).【活性】表皮生长因子受体 EGFR 酪氨酸激酶抑制剂 (1mmol/L, InRt = 76%).【文献】Y. Takahashi, et al. JNP, 2010, 73, 467; M. Gordaliza, et al. Mar. Drugs, 2010, 8, 2849 (Rev.).

1887　Nakijiquinone R　今归仁醌 R*
【基本信息】$C_{23}H_{33}NO_6S$，紫色–红色无定形固体，$[α]_D^{22} = +38°$ ($c = 0.2$, 氯仿).【类型】杂项双环倍半萜生物碱.【来源】Spongiidae 科海绵 (冲绳, 日本).【活性】表皮生长因子受体 EGFR 酪氨酸激酶抑制剂 (1mmol/L, InRt = 99%); HER2 酪氨酸激酶抑制剂 (1mmol/L, InRt = 52%).【文献】Y. Takahashi, et al. JNP, 2010, 73, 467; M. Gordaliza, et al. Mar. Drugs, 2010, 8, 2849 (Rev.).

1888　Reticulidin A　海牛裸鳃定 A*
【基本信息】$C_{16}H_{22}Cl_3NO$，玻璃体，$[α]_D^{26} = +11°$ ($c = 0.32$, 氯仿).【类型】杂项双环倍半萜生物碱.【来源】软体动物裸鳃目海牛亚目 Reticulidia fungia (冲绳, 日本).【活性】细胞毒 (KB, $IC_{50} = 0.41μg/mL$; L_{1210}, $IC_{50} = 0.59μg/mL$).【文献】J. Tanaka, et al. JNP, 1999, 62, 1339.

1889　Reticulidin B　海牛裸鳃定 B*
【基本信息】$C_{16}H_{22}Cl_3NO$，玻璃体，$[α]_D^{26} = -26°$ ($c = 0.092$, 氯仿).【类型】杂项双环倍半萜生物碱.【来源】软体动物裸鳃目海牛亚目 Reticulidia fungia (冲绳, 日本).【活性】细胞毒 (KB, $IC_{50} = 0.42μg/mL$; L_{1210}, $IC_{50} = 0.11μg/mL$).【文献】J. Tanaka, et al. JNP, 1999, 62, 1339.

1890　Smenospongiarine　胃甲海绵今阿林*
【基本信息】$C_{26}H_{39}NO_3$，晶体，mp 170~172°C.【类型】杂项双环倍半萜生物碱.【来源】角骨海绵属

Spongia sp. (澳大利亚), 膏甲海绵亚科 Thorectinae 海绵 *Smenospongia* sp., 马海绵属 *Hippospongia* sp. 和膏甲海绵亚科 Thorectinae 海绵 *Dactylospongia elegans*. 【活性】免疫系统活性 (IL-8 释放强化剂, 表观 $IC_{50} > 1\mu g/mL$); 细胞毒 (L_{1210}, IC_{50} = 4.0μg/mL); 抗微生物.【文献】T. Oda, et al. J. Nat. Med., 2007, 61, 434; S. Aoki, et al. CPB, 2004, 52, 935; M. Gordaliza, et al. Mar. Drugs, 2010, 8, 2849 (Rev.).

1891 5-*epi*-Smenospongiarine 5-*epi*-膏甲海绵今阿林*

【基本信息】$C_{26}H_{39}NO_3$, 油状物, $[\alpha]_D$ = +96.7º (c = 0.12, 氯仿).【类型】杂项双环倍半萜生物碱.【来源】雅致掘海绵 *Dysidea elegans* (巴布亚新几内亚; 泰国) 和膏甲海绵亚科 (Thorectinae) 海绵 *Dactylospongia elegans*.【活性】细胞毒 (*in vitro*: A549, IC_{50} = 0.8μg/mL; HT29, IC_{50} = 0.9μg/mL; B16/F10, IC_{50} = 0.6μg/mL; P388, IC_{50} = 0.7μg/mL).【文献】J. Rodriguez, et al. Tetrahedron, 1992, 48, 6667; S. Aoki, et al. CPB, 2004, 52, 935; M. Gordaliza, et al. Mar. Drugs, 2010, 8, 2849 (Rev.).

1892 Smenospongidine 膏甲海绵今定*

【基本信息】$C_{29}H_{37}NO_3$, 晶体 (甲醇), mp 168~170℃.【类型】杂项双环倍半萜生物碱.【来源】膏甲海绵亚科 (Thorectinae) 海绵 *Smenospongia* sp., 马海绵属 *Hippospongia* sp. 和膏甲海绵亚科 Thorectinae 海绵 *Dactylospongia elegans*.【活性】细胞毒 (分化诱导 K562 细胞进入成红细胞, 最低有效浓度 = 2μmol/L); 抗微生物; 免疫系统活性 (IL-8 释放强化剂, 表观 $IC_{50} > 1\mu g/mL$).【文献】T. Oda, et al. J. Nat. Med., 2007, 61, 434; N. K. Utkina, et al. Khim. Prir. Soedin., 1990, 26, 47; Chem. Nat. Compd. (Engl. Transl.), 37; S. Aoki, et al. CPB, 2004, 52, 935; M. Gordaliza, et al. Mar. Drugs, 2010, 8, 2849 (Rev.).

1893 5-*epi*-Smenospongidine 5-*epi*-膏甲海绵今定*

【基本信息】$C_{29}H_{37}NO_3$, 油状物, $[\alpha]_D$ = +37.5º (c = 0.16, 氯仿).【类型】杂项双环倍半萜生物碱.【来源】雅致掘海绵 *Dysidea elegans* (巴布亚新几内亚; 泰国) 和膏甲海绵亚科 (Thorectinae) 海绵 *Dactylospongia elegans*.【活性】细胞毒 (成红细胞诱导分化活性使 K562 细胞进入有核红细胞, 最低有效浓度 = 2μmol/L); 细胞毒 (*in vitro*: A549, IC_{50} = 3.9μg/mL; HT29, IC_{50} = 2.4μg/mL; B16/F10, IC_{50} = 1.9μg/mL; P388, IC_{50} = 1.9μg/mL).【文献】J. Rodriguez, et al. Tetrahedron, 1992, 48, 6667; S. Aoki, et al. CPB, 2004, 52, 935; M. Gordaliza, et al. Mar. Drugs, 2010, 8, 2849 (Rev.).

1894 Smenospongine 膏甲海绵今*

【基本信息】$C_{21}H_{29}NO_3$, 红色晶体, mp 153~155℃.【类型】杂项双环倍半萜生物碱.【来源】膏甲海绵亚科 (Thorectinae) 海绵 *Smenospongia* sp., 马海绵属 *Hippospongia* sp., 膏甲海绵亚科 Thorectinae 海绵 *Dactylospongia elegans* 和膏甲海绵科海绵

Petrosaspongia metachromia.【活性】细胞毒（分化诱导 K562 细胞进入成红细胞，最低有效浓度 = 2μmol/L）；细胞毒（L_{1210} 细胞株，IC_{50} = 1μg/mL）；抗微生物；免疫系统活性（IL-8 释放强化剂，表观 IC_{50} > 1μg/mL）.【文献】T. Oda, et al. J. Nat. Med., 2007, 61, 434; S. Aoki, et al. CPB, 2004, 52, 935; M. -L. Kondracki, et al. Tetrahedron, 1989, 45, 1995; M. Gordaliza, et al. Mar. Drugs, 2010, 8, 2849 (Rev.).

1895　5-*epi*-Smenospongine　5-*epi*-胃甲海绵今*
【基本信息】$C_{21}H_{29}NO_3$，紫色粉末，$[\alpha]_D^{23}$ = +73.1 (*c* = 0.03, 氯仿).【类型】杂项双环倍半萜生物碱.【来源】胃甲海绵科海绵 *Petrosaspongia metachromia* 和胃甲海绵亚科 (Thorectinae) 海绵 *Dactylospongia elegans*.【活性】细胞毒（使 K562 细胞进入成红细胞的诱导分化活性，最低有效浓度 = 2μmol/L）.【文献】J. H. Kwak, et al. JNP, 2000, 63, 1153; S. Aoki, et al. CPB, 2004, 52, 935.

1896　Smenospongine B　胃甲海绵今 B*
【别名】甘氨酸基伊马喹酮*.【基本信息】$C_{23}H_{31}NO_5$，无定形红色粉末.【类型】杂项双环倍半萜生物碱.【来源】胃甲海绵亚科 (Thorectinae) 海绵 *Dactylospongia elegans* (北领地，皮尤沙洲，澳大利亚) 和束海绵属 *Fasciospongia* sp. (菲律宾).【活性】细胞毒（SF268, GI_{50} = 9.7μmol/L; MCF7, GI_{50} = 10μmol/L; H460, GI_{50} = 6.0μmol/L; HT29, GI_{50} = 6.0μmol/L; CHO-K1, GI_{50} = 3.0μmol/L）；细胞毒（HT29 细胞株，IC_{50} = 7.8μg/mL）.【文献】T. P. Evans, et al. Nat. Prod. Lett., 1994, 4, 287; S. Aoki, et al. CPB, 2004, 52, 935; M. Gordaliza, et al. Mar. Drugs, 2010, 8, 2849 (Rev.); S. P. B. Ovenden, et al. JNP, 2011, 74, 65.

1897　Smenospongine C　胃甲海绵今 C*
【基本信息】$C_{24}H_{33}NO_5$.【类型】杂项双环倍半萜生物碱.【来源】胃甲海绵亚科 (Thorectinae) 海绵 *Dactylospongia elegans* (北领地，皮尤沙洲，澳大利亚).【活性】细胞毒（SF268, GI_{50} = 20μmol/L; MCF7, GI_{50} = 31μmol/L; H460, GI_{50} = 14μmol/L; HT29, GI_{50} = 28μmol/L; CHO-K1, GI_{50} = 18μmol/L）.【文献】S. P. B. Ovenden, et al. JNP, 2011, 74, 65.

1898　Smenospongorine　胃甲海绵素*
【基本信息】$C_{25}H_{37}NO_3$.【类型】杂项双环倍半萜生物碱.【来源】胃甲海绵亚科 (Thorectinae) 海绵 *Smenospongia* sp. 和 *Dactylospongia elegans*.【活性】细胞毒（分化诱导 K562 细胞进入成红细胞，最低有效浓度 = 2μmol/L）；抗微生物.【文献】M. -L. Kondracki, et al. Tetrahedron, 1989, 45, 1995; S. Aoki, et al. CPB, 2004, 52, 935; M. Gordaliza, et al. Mar. Drugs, 2010, 8, 2849 (Rev.).

1899 5-epi-Smenospongorine 5-epi-胃甲海绵素*

【基本信息】$C_{25}H_{37}NO_3$, $[\alpha]_D$ = +23º (c = 0.06, 氯仿).【类型】杂项双环倍半萜生物碱.【来源】胃甲海绵亚科 (Thorectinae) 海绵 *Dactylospongia elegans*.【活性】细胞毒 (成红细胞诱导分化活性, 使 K562 细胞进入有核红细胞, 最低有效浓度为 2μmol/L).【文献】S. Aoki, et al. CPB, 2004, 52, 935; M. Gordaliza, et al. Mar. Drugs, 2010, 8, 2849 (Rev.).

1900 Trikendiol 拉丝海绵二醇*

【基本信息】$C_{38}H_{46}N_2O_4$, 红色晶体 (丙酮), mp 160~162℃, $[\alpha]_D$ = +102º (c = 0.02, 氯仿).【类型】杂项双环倍半萜生物碱.【来源】拉丝海绵科海绵 *Trikentrion loeve* (塞内加尔).【活性】抗 HIV (CEM-4 HIV-1 感染试验, IC_{50} = 1.0μg/mL); 红色色素.【文献】A. Loukaci, et al. Tetrahedron Lett., 1994, 35, 6869.

1901 (−)-(1S,2R,5S,8R)-2-Isocyanoclovane (−)-(1S,2R,5S,8R)-2-异氰基丁香烷

【别名】Fu13.【基本信息】$C_{16}H_{25}N$.【类型】其它倍半萜生物碱.【来源】软体动物裸鳃目海牛亚目叶海牛属 *Phyllidia ocellata* (木龙拉巴小镇, 木基姆巴岛, 昆士兰, 澳大利亚).【活性】抗疟疾.【文献】A. M. White, et al. JNP, 2015, 78, 1422; J. Emsermann, et al. Mar. Drugs, 2016, 14, 16 (Rev.).

1902 (−)-(1S,5S,8R)-2-Isocyanoclovene (−)-(1S,5S,8R)-2-异氰基丁香烯

【别名】Fu12.【基本信息】$C_{16}H_{23}N$.【类型】其它倍半萜生物碱.【来源】软体动物裸鳃目海牛亚目叶海牛属 *Phyllidia ocellata* (木龙拉巴小镇, 木基姆巴岛, 昆士兰, 澳大利亚).【活性】抗疟疾【文献】A. M. White, et al. JNP, 2015, 78, 1422; J. Emsermann, et al. Mar. Drugs, 2016, 14, 16 (Rev.).

1903 2-Isocyanotrachyopsane 2-异氰基特拉赤欧坡烷*

【别名】Fu1.【基本信息】$C_{16}H_{25}N$.【类型】其它倍半萜生物碱.【来源】软体动物海牛裸鳃目叶海牛属 *Phyllidia varicosa* (下甑岛, 日本).【活性】抗污剂 (纹藤壶 *Balanus amphitrite* 幼虫, IC_{50} = 0.33μg/mL).【文献】T. Okino, Eet al. Tetrahedron, 1996, 52, 9447; J. Emsermann, et al. Mar. Drugs, 2016, 14, 16 (Rev.).

1904 Sespenine 色斯培宁*

【基本信息】$C_{23}H_{29}NO_4$.【类型】其它倍半萜生物碱.【来源】红树导出的链霉菌属 *Streptomyces* sp. (内生的), 来自红树秋茄树 *Kandelia candel* (树干).【活性】抗菌 [耐甲氧西林的金黄色葡萄球菌 *Staphylococcus aureus* (MRSA) 和耐万古霉素的粪肠球菌 *Enterococcus faecium* (VREF)].【文献】L. Ding, et al. Org. Biomol. Chem., 2011, 9, 4029.

9.2 二倍半萜类生物碱

1905　Coscinolactam A　筛皮海绵内酰胺 A*
【基本信息】$C_{27}H_{41}NO_7S$, 无定形固体, $[\alpha]_D^{25}$ = +25.7º (c = 0.07, 甲醇).【类型】二倍半萜生物碱.【来源】筛皮海绵属 *Coscinoderma mathewsi* (旺乌努岛, 所罗门群岛).【活性】抗炎 (中等活性); 前列腺素 E_2 (PGE2) 抑制剂; NO 生成抑制剂.【文献】S. De Marino, et al. Tetrahedron, 2009, 65, 2905.

1906　Coscinolactam B　筛皮海绵内酰胺 B*
【基本信息】$C_{27}H_{41}NO_7S$, 无定形固体, $[\alpha]_D^{25}$ = +8.6º (c = 0.07, 甲醇).【类型】二倍半萜生物碱.【来源】筛皮海绵属 *Coscinoderma mathewsi* (旺乌努岛, 所罗门群岛).【活性】抗炎 (中等活性); 前列腺素 E_2 (PGE2) 抑制剂; NO 生成抑制剂.【文献】S. De Marino, et al. Tetrahedron, 2009, 65, 2905.

1907　Fasciospongine A　束海绵素 A*
【基本信息】$C_{30}H_{47}N_3O_5S$, 油状物, $[\alpha]_D^{23}$ = –51.5º (c = 0.26, 甲醇).【类型】二倍半萜生物碱.【来源】束海绵属 *Fasciospongia* sp. (帕劳, 大洋洲).【活性】抗菌 (链霉菌属 *Streptomyces* sp. 85E, 生长抑制剂和孢子形成抑制剂, 20μg/盘, IZD = 18mm, 10μg/盘, IZD = 16mm, 5μg/盘, IZD = 14mm, 2.5μg/盘, 无活性).【文献】G. Yao, et al. JNP, 2009, 72, 319; G. Yao, et al. Org. Lett., 2007, 9, 3037.

1908　Fasciospongine B　束海绵素 B*
【基本信息】$C_{30}H_{47}N_3O_5S$, 油状物, $[\alpha]_D^{23}$ = –52.4º (c = 0.25, 甲醇).【类型】二倍半萜生物碱.【来源】束海绵属 *Fasciospongia* sp. (帕劳, 大洋洲).【活性】抗菌 (链霉菌属 *Streptomyces* sp. 85E, 生长抑制剂和孢子形成抑制剂, 20μg/盘, IZD = 19mm, 10μg/盘, IZD = 17mm, 5μg/盘, IZD = 15mm, 2.5μg/盘, 无活性).【文献】G. Yao, et al. JNP, 2009, 72, 319; G. Yao, et al. Org. Lett., 2007, 9, 3037.

1909　Fasciospongine C　束海绵素 C*
【基本信息】$C_{30}H_{52}N_4O_5S$, 油状物, $[\alpha]_D^{25}$ = –51.7º (c = 0.11, 甲醇).【类型】二倍半萜生物碱.【来源】束海绵属 *Fasciospongia* sp. (帕劳, 大洋洲).【活

性】抗菌（链霉菌属 *Streptomyces* sp. 85E，生长抑制剂和孢子形成抑制剂，20μg/盘，IZD = 14mm，10μg/盘，IZD = 13mm，5μg/盘，无活性）.【文献】G. Yao, et al. JNP, 2009, 72, 319.

1910　Hippolide A　马海绵内酯 A*
【基本信息】$C_{25}H_{37}NO_4$.【类型】二倍半萜生物碱.
【来源】马海绵属 *Hippospongia lachne*（永兴岛，南海，中国）.【活性】蛋白酪氨酸磷酸酶 1B 抑制剂（胰岛素信号转导负调节因子）.【文献】S.-J. Piao, et al. JNP, 2011, 74, 1248.

1911　Irregularasulfate　角骨海绵硫酸酯*
【基本信息】$C_{30}H_{51}NO_5S$，玻璃体，$[\alpha]_D$= +39.8° (c = 0.4, 甲醇).【类型】二倍半萜生物碱.【来源】角骨海绵属 *Spongia irregularis*（巴布亚新几内亚）.
【活性】钙调磷酸酶抑制剂（IC_{50} = 59μmol/L）.【文献】G. Carr, et al. JNP, 2007, 70, 1812.

1912　Kimbasine A　金巴新 A*
【基本信息】$C_{29}H_{45}NO_5$.【类型】二倍半萜生物碱.
【来源】Dictyodendrillidae 科海绵 *Igernella notabilis*.【活性】细胞毒 [对修复缺陷系，特别是 ret A（重组缺失）品系 GW801, GW802, GW803 和 AB/886 的差异抑制]；抗菌（金黄色葡萄球菌 *Staphylococcus aureus*, 100μg/盘，IZD = 7.5mm）；对植物有毒（蒋森草，100μg/mL）.【文献】J. H. Cardellina, et al. Tetrahedron Lett., 1991, 32, 2347.

1913　Kimbasine B　金巴新 B*
【基本信息】$C_{27}H_{41}NO_5$, $[\alpha]_D$ = −64.1° (c = 0.1, 氯仿).【类型】二倍半萜生物碱.【来源】Dictyodendrillidae 科海绵 *Igernella notabilis*.【活性】细胞毒.【文献】J. H. Cardellina, et al. Tetrahedron Lett., 1991, 32, 2347.

1914　19-Oxofasciospongine A　19-氧代束海绵素 A*
【基本信息】$C_{30}H_{45}N_3O_6S$，油状物，$[\alpha]_D^{25}$ = −42.2° (c = 0.25, 甲醇).【类型】二倍半萜生物碱.【来源】束海绵属 *Fasciospongia* sp.（帕劳，大洋洲）.【活性】抗菌（链霉菌属 *Streptomyces* sp. 85E，生长和孢子形成抑制剂，20μg/盘，IZD = 25mm；10μg/盘，IZD = 20mm；5μg/盘，IZD = 16mm；2.5μg/盘，IZD = 14mm）.【文献】G. Yao, et al. JNP, 2009, 72, 319.

10

甾醇类及杂项生物碱

10.1 甾醇类生物碱　/370
10.2 杂项生物碱　/378

10.1 甾醇类生物碱

1915　Cortistatin A　寇替斯他汀海绵素 A*
【基本信息】$C_{30}H_{36}N_2O_3$, $[\alpha]_D^{20}$ = +30.1º (c = 0.56, 甲醇).【类型】黄杨许斯 (Buxus) 甾醇生物碱.【来源】多板海绵科海绵 *Corticium simplex*.【活性】抗血管生成的 [HUVECs, IC_{50} = 0.0018μmol/L, SI (= 测试细胞的 IC_{50} 值/HUVEC 细胞的 IC_{50} 值) = 1; KB (KB-3-1), IC_{50} = 7.0μmol/L, SI = 3900; neuro-2a, IC_{50} = 6.0μmol/L, SI = 3300; K562, IC_{50} = 7.0μmol/L, SI = 3900; NHDF, IC_{50} = 6.0μmol/L, SI = 3300; 对照无选择性的阿霉素: HUVECs, IC_{50} = 5.1nmol/L; KB-3-1, SI = 4.1; K562, SI = 3.5; neuro-2a, SI = 5.5; NHDF, SI = 1.9].【文献】S. Aoki, et al. JACS, 2006, 128, 3148; C. F. Nising, et al. Angew. Chem., Int. Ed., 2008, 47, 9389.

1916　Cortistatin B　寇替斯他汀海绵素 B*
【基本信息】$C_{30}H_{36}N_2O_4$, $[\alpha]_D^{20}$ = +15.6º (c = 0.27, 甲醇).【类型】黄杨许斯甾醇生物碱.【来源】多板海绵科海绵 *Corticium simplex*.【活性】抗血管生成的 [HUVECs, IC_{50} = 1.1μmol/L, SI (= 测试细胞的 IC_{50} 值/HUVEC 细胞的 IC_{50} 值) = 1; KB (KB-3-1), IC_{50} = 120μmol/L, SI = 110; neuro-2a, IC_{50} = 160μmol/L, SI = 150; K562, IC_{50} = 200μmol/L, SI = 180; NHDF, IC_{50} > 300μmol/L; 对照无选择性的阿霉素: HUVECs, IC_{50} = 5.1nmol/L; KB-3-1, SI = 4.1; K562, SI = 3.5; neuro-2a, SI = 5.5; NHDF, SI = 1.9].【文献】S. Aoki, et al. JACS, 2006, 128, 3148; C. F. Nising, et al. Angew. Chem., Int. Ed., 2008, 47, 9389.

1917　Cortistatin C　寇替斯他汀海绵素 C*
【基本信息】$C_{30}H_{34}N_2O_4$, $[\alpha]_D^{20}$ = −45º (c = 0.71, 甲醇).【类型】黄杨许斯甾醇生物碱.【来源】多板海绵科海绵 *Corticium simplex*.【活性】抗血管生成的 [HUVECs, IC_{50} = 0.019μmol/L, SI (= 测试细胞的 IC_{50} 值/HUVEC 细胞的 IC_{50} 值) = 1; KB (KB-3-1), IC_{50} = 150μmol/L, SI = 7900; neuro-2a, IC_{50} = 180μmol/L, SI = 9500; K562, IC_{50} > 300μmol/L; NHDF, IC_{50} > 300μmol/L; 对照无选择性的阿霉素: HUVECs, IC_{50} = 5.1nmol/L; KB-3-1, SI = 4.1; K562, SI = 3.5; neuro-2a, SI = 5.5; NHDF, SI = 1.9].【文献】S. Aoki, et al. JACS, 2006, 128, 3148; C. F. Nising, et al. Angew. Chem., Int. Ed., 2008, 47, 9389.

1918　Cortistatin D　寇替斯他汀海绵素 D*
【基本信息】$C_{30}H_{34}N_2O_5$, $[\alpha]_D^{20}$ = −37.1º (c = 0.45, 甲醇).【类型】黄杨许斯甾醇生物碱.【来源】多板海绵科海绵 *Corticium simplex*.【活性】抗血管生成的 [HUVECs, IC_{50} = 0.15μmol/L, SI (= 测试细胞的 IC_{50} 值/HUVECs 细胞的 IC_{50} 值) = 1; KB (KB-3-1), IC_{50} = 55μmol/L, SI = 460; neuro-2a, IC_{50} > 300μmol/L; K562, IC_{50} > 300μmol/L; NHDF, IC_{50} > 300μmol/L; 对照阿霉素, 没有选择性: HUVECs, IC_{50} = 5.1nmol/L; KB-3-1, SI = 4.1; K562, SI = 3.5; neuro-2a, SI = 5.5; NHDF, SI = 1.9].【文献】S. Aoki, et al. JACS, 2006, 128, 3148; C. FNising, et al. Angew. Chem., Int. Ed., 2008, 47, 9389.

1919　Cortistatin J　寇替斯他汀海绵素 J*
【基本信息】$C_{30}H_{34}N_2O$, 粉末, $[\alpha]_D^{20} = -54°$ (c = 0.26, 氯仿). 【类型】黄杨许斯甾醇生物碱. 【来源】多板海绵科海绵 *Corticium simplex*. 【活性】细胞毒（抗增殖活性，人脐静脉血管内皮细胞 HUVEC 在 8nmol/L, SI = 300~1000 倍于其它细胞株). 【文献】S. Aoki, et al. Tetrahedron Lett., 2007, 48, 4485.

1920　Cephalostatin 1　头盘虫他汀 1*
【基本信息】$C_{54}H_{74}N_2O_{10}$, 针状晶体（乙酸乙酯/甲醇), mp 326°C (分解), $[\alpha]_D = +102°$ (c = 0.04, 甲醇). 【类型】头盘虫他汀 (Cephalostatins) 类甾醇生物碱. 【来源】半索动物吉氏头盘虫* *Cephalodiscus gilchristi* (南非温和的岸外，产率 = $2.3×10^{-7}$%，两个收集物，分别为 166kg 和 450kg, 分别收集于 1981 年和 1990 年). 【活性】细胞毒 (P_{388}, $ED_{50} = 10^{-7}$~10^{-9}μg/mL); 细胞毒 [NCI 的 60 种人癌细胞株，平均 GI_{50} = 1.2nmol/L, COMPARE 算法的相关系数（头盘虫他汀 1 作为 "种子"）= 1.00]; 细胞毒（NCI 筛选试验, P_{388}, ED_{50} = (0.1~0.001pmol/L). 【文献】G. R. Pettit, et al. JACS, 1988, 110, 2006; G. R. Pettit, et al. JNP, 1994, 57, 52; A. Rudy, et al. JNP, 2008, 71, 482; Iglesias-Arteaga, et al. in "The Alkaloids: Chemistry and Biology", Volume 72, pp. 153–279, H. -J. Knölker, Ed., Academic Press, London, UK, 2013; M. T. Davies-Coleman, et al. Mar. Drugs, 2015, 13, 6366 (Rev.).

1921　Cephalostatin 2　头盘虫他汀 2*
【基本信息】$C_{54}H_{74}N_2O_{11}$, 针状晶体（乙酸乙酯/甲醇), mp 350°C, $[\alpha]_D = +111°$ (c = 0.07, 甲醇). 【类型】头盘虫他汀类甾醇生物碱. 【来源】半索动物吉氏头盘虫* *Cephalodiscus gilchristi*. 【活性】细胞毒（细胞生长抑制剂，强有力的). 【文献】G. R. Pettit, et al. Chem. Commun., 1988, 865; 1440.

1922　Cephalostatin 3　头盘虫他汀 3*
【基本信息】$C_{55}H_{76}N_2O_{11}$, 针状晶体（乙酸乙酯/甲醇), mp 350°C, $[\alpha]_D = +99°$ (c = 0.15, 甲醇). 【类型】头盘虫他汀类甾醇生物碱. 【来源】半索动物吉氏头盘虫* *Cephalodiscus gilchristi*. 【活性】抗肿瘤；细胞生长抑制剂（高活性）. 【文献】G. R. Pettit, et al. Chem. Commun., 1988, 865; 1440.

1923　Cephalostatin 4　头盘虫他汀 4*
【基本信息】$C_{54}H_{74}N_2O_{12}$, 固体, mp 350°C, $[\alpha]_D = +89°$ (c = 0.11, 甲醇). 【类型】头盘虫他汀类甾醇生物碱. 【来源】半索动物吉氏头盘虫* *Cephalodiscus gilchristi*. 【活性】细胞毒（细胞生长抑制剂，强有力的). 【文献】G. R. Pettit, et al. Chem. Commun., 1988, 865-867; 1440.

1924 Cephalostatin 5 头盘虫他汀 5*

【基本信息】$C_{54}H_{72}N_2O_{10}$, mp 350°C, $[\alpha]_D = +100°$ ($c = 0.02$, 甲醇).【类型】头盘虫他汀类甾醇生物碱.【来源】半索动物吉氏头盘虫* *Cephalodiscus gilchristi* (印度洋, 南非海岸).【活性】细胞毒 (P_{388}, 细胞生长抑制剂, 活性低于头盘虫他汀 1~4) (1989); 细胞毒 (NCI 60 种人肿瘤细胞株, 只有人癌细胞三种当中的两种 (SNl2kl 和 CNS U251), $GI_{50} = 10^{-7} \sim 10^{-8}$mol/L) (1992).【文献】G. R. Pettit, et al. Can. J. Chem., 1989, 67, 1509; G. R. Pettit, et al. JOC, 1992, 57, 429.

1925 Cephalostatin 6 头盘虫他汀 6*

【基本信息】$C_{53}H_{70}N_2O_{10}$, mp 350°C, $[\alpha]_D = +100°$ ($c = 0.01$, 甲醇).【类型】头盘虫他汀类甾醇生物碱.【来源】半索动物吉氏头盘虫* *Cephalodiscus gilchristi* (印度洋, 南非海岸).【活性】细胞毒 (P_{388}, 细胞生长抑制剂, less 有潜力的 than cephalostatins 1~4) (1989); 细胞毒 (NCI 60 种人肿瘤细胞株, 只有人癌细胞三种当中的两种 (SNl2kl 和 CNS U251), $GI_{50} = 10^{-7} \sim 10^{-8}$mol/L) (1992).【文献】G. R. Pettit, et al. Can. J. Chem., 1989, 67, 1509; G. R. Pettit, et al. JOC, 1992, 57, 429.

1926 Cephalostatin 7 头盘虫他汀 7*

【基本信息】$C_{54}H_{76}N_2O_{11}$, 无定形粉末, mp 315°C (分解), $[\alpha]_D = +106°$ ($c = 0.244$, 甲醇).【类型】头盘虫他汀类甾醇生物碱.【来源】半索动物吉氏头盘虫* *Cephalodiscus gilchristi*.【活性】细胞毒 (HOP-62, DMS273, RXF-393, U251, SF295, CCRF-CEM, HL60, RPMI8226: $GI_{50} = 10^{-9} \sim 10^{-10}$mol/L, 效力显著); 细胞毒 (MCF7; $GI_{50} = 10^{-8} \sim 10^{-9}$mol/L).【文献】G. R. Pettit, et al. JOC, 1992, 57, 429.

1927 Cephalostatin 8 头盘虫他汀 8*

【基本信息】$C_{55}H_{78}N_2O_{10}$, 无定形粉末, mp 313°C (分解), $[\alpha]_D = +110°$ ($c = 0.1$, 甲醇).【类型】头盘虫他汀类甾醇生物碱.【来源】半索动物吉氏头盘虫* *Cephalodiscus gilchristi*.【活性】细胞毒 (HOP-62, DMS273, RXF-393, U251, SF295, CCRF-CEM, HL60, RPMI8226: $GI_{50} = 10^{-9} \sim 10^{-10}$mol/L, 效力显著); 细胞毒 (乳腺癌 MCF7; $GI_{50} = 10^{-8} \sim 10^{-9}$mol/L).【文献】G. R. Pettit, et al. JOC, 1992, 57, 429.

1928　Cephalostatin 9　头盘虫他汀 9*

【基本信息】$C_{54}H_{76}N_2O_{11}$，无定形粉末，mp 307℃ (分解)，$[\alpha]_D = +105°$ ($c = 0.5$, 甲醇). 【类型】头盘虫他汀类甾醇生物碱. 【来源】半索动物吉氏头盘虫* *Cephalodiscus gilchristi*. 【活性】细胞毒 (HOP-62, DMS273, RXF-393, U251, SF295, CCRF-CEM, HL60, RPMI8226: $GI_{50} = 10^{-9} \sim 10^{-10}$ mol/L, 效力显著); 细胞毒 (乳腺癌 MCF7; $GI_{50} = 10^{-8} \sim 10^{-9}$ mol/L). 【文献】G. R. Pettit, et al. JOC, 1992, 57, 429.

1929　Cephalostatin 10　头盘虫他汀 10*

【基本信息】$C_{55}H_{76}N_2O_{12}$, mp > 300℃, $[\alpha]_D = +80°$ ($c = 0.17$, 甲醇). 【类型】头盘虫他汀类甾醇生物碱. 【来源】半索动物吉氏头盘虫* *Cephalodiscus gilchristi* (印度洋, 南非海岸). 【活性】细胞毒 [NCI 60 种人肿瘤细胞株, 平均 $GI_{50} = 4.1$ nmol/L, COMPARE 算法的相关系数 (头盘虫他汀 1 作为 "种子") = 0.88]. 【文献】G. R. Pettit, et al. JNP, 1994, 57, 52; 1998, 61, 955.

1930　Cephalostatin 11　头盘虫他汀 11*

【基本信息】$C_{55}H_{76}N_2O_{12}$, mp > 300℃, $[\alpha]_D^{25} = +75°$ ($c = 0.13$, 甲醇). 【类型】头盘虫他汀类甾醇生物碱. 【来源】半索动物吉氏头盘虫* *Cephalodiscus gilchristi*. 【活性】细胞毒 [NCI 60 种人肿瘤细胞株, 平均 $GI_{50} = 11.0$ nmol/L, COMPARE 算法的相关系数 (头盘虫他汀 1 作为"种子") = 0.89]. 【文献】G. R. Pettit, et al. JNP, 1994, 57, 52.

1931　Cephalostatin 12　头盘虫他汀 12*

【基本信息】$C_{54}H_{76}N_2O_{12}$, 无定形固体, mp > 300℃, $[\alpha]_D^{20} = +157.5°$ ($c = 0.4$, 甲醇). 【类型】头盘虫他汀类甾醇生物碱. 【来源】半索动物吉氏头盘虫* *Cephalodiscus gilchristi*. 【活性】细胞毒 (NCI 60 种人肿瘤细胞株, 平均 $GI_{50} = 400$ nmol/L). 【文献】G. R. Pettit, et al. BoMCL, 1994, 4, 1507.

1932　Cephalostatin 13　头盘虫他汀 13*

【基本信息】$C_{54}H_{76}N_2O_{13}$, 无定形固体, mp > 300℃, $[\alpha]_D^{20} = +108.1°$ ($c = 0.07$, 甲醇). 【类型】头盘虫他汀类甾醇生物碱. 【来源】半索动物吉氏头盘虫* *Cephalodiscus gilchristi*. 【活性】细胞毒 (NCI 60 种人肿瘤细胞株, 平均 $GI_{50} > 1000$ nmol/L). 【文献】G. R. Pettit, et al. BoMCL, 1994, 4, 1507.

1933　Cephalostatin 14　头盘虫他汀 14*

【基本信息】$C_{54}H_{72}N_2O_{12}$, 无定形粉末, $[\alpha]_D$ = +80.9º (c = 0.11, 甲醇).【类型】头盘虫他汀类甾醇生物碱.【来源】半索动物吉氏头盘虫* *Cephalodiscus gilchristi*.【活性】细胞毒 (细胞生长抑制剂).【文献】G. R. Pettit, et al. Can. J. Chem., 1994, 72, 2260; G. R. Pettit, et al. JOC, 1995, 60, 608.

1934　Cephalostatin 15　头盘虫他汀 15*

【基本信息】$C_{55}H_{74}N_2O_{12}$, 无定形粉末, mp > 300℃, $[\alpha]_D$ = +71.5º (c = 0.34, 甲醇).【类型】头盘虫他汀类甾醇生物碱.【来源】半索动物吉氏头盘虫* *Cephalodiscus gilchristi*.【活性】抗肿瘤.【文献】G. R. Pettit, et al. Can. J. Chem., 1994, 72, 2260.

1935　Cephalostatin 16　头盘虫他汀 16*

【基本信息】$C_{54}H_{74}N_2O_{10}$, 无定形固体, mp > 300℃, $[\alpha]_D$ = +55º (c = 1.72, 甲醇).【类型】头盘虫他汀类甾醇生物碱.【来源】半索动物吉氏头盘虫* *Cephalodiscus gilchristi* (南非).【活性】细胞毒.【文献】G. R. Pettit, et al. BoMCL, 1994, 4, 1507; 1995, 5, 2027.

1936　Cephalostatin 17　头盘虫他汀 17*

【基本信息】$C_{54}H_{74}N_2O_{10}$, 无定形粉末, $[\alpha]_D$ = +70º (c = 0.7, 甲醇).【类型】头盘虫他汀类甾醇生物碱.【来源】半索动物吉氏头盘虫* *Cephalodiscus gilchristi*.【活性】细胞毒 (细胞生长抑制剂).【文献】G. R. Pettit, et al. BoMCL, 1995, 5, 2027.

1937　Cephalostatin 18　头盘虫他汀 18*

【基本信息】$C_{55}H_{76}N_2O_{11}$, 无定形固体, mp > 300℃, $[\alpha]_D^{25}$ = +95º (c = 0.06, 甲醇).【类型】头盘虫他汀类甾醇生物碱.【来源】半索动物吉氏头盘虫* *Cephalodiscus gilchristi*.【活性】细胞毒 (P_{388}, ED_{50} = 4.3ng/mL); 细胞毒 [人癌细胞株 (OVCAR-3, SF295, A498, NCI-H460, KM20L2 和 SK-MEL-5), GI_{50} < 1ng/mL]; 细胞毒 [NCI 60种人肿瘤细胞株, 平均 GI_{50} = (21.7±9.9)nmol/L, COMPARE 算法的相关系数 (头盘虫他汀 1 作为"种子"头盘虫他汀 1 作为"种子") = 0.94].【文献】G. R. Pettit, et al. JNP, 1998, 61, 955.

1938　Cephalostatin 19　头盘虫他汀 19*

【基本信息】$C_{55}H_{76}N_2O_{11}$，无定形固体，mp > 300°C，$[\alpha]_D^{25}$ = +67° (c = 0.05，甲醇).【类型】头盘虫他汀类甾醇生物碱.【来源】半索动物吉氏头盘虫* Cephalodiscus gilchristi.【活性】细胞毒 (P_{388}, ED_{50} = 7.4ng/mL); 细胞毒 [人癌细胞株 (OVCAR-3, SF295, A498, NCI-H460, KM20L2 和 SK-MEL-5), GI_{50} < 1ng/mL]; 细胞毒 [NCI 60 种人肿瘤细胞株，平均 GI_{50} = (16.6±9.5)nmol/L, COMPARE 算法的相关系数 (头盘虫他汀 1 作为 "种子") = 0.92].【文献】G. R. Pettit, et al. JNP, 1998, 61, 955.

1939　4-Acetoxyplakinamine B　4-乙酰氧基多板海绵胺 B*

【基本信息】$C_{33}H_{52}N_2O_2$，玻璃体，$[\alpha]_D$ = +21.9° (c = 0.001，甲醇).【类型】多板海绵胺类 (Plakinamine) 甾醇生物碱.【来源】多板海绵科海绵 Corticium sp.【活性】神经系统活性 (乙酰胆碱酯酶抑制剂，IC_{50} = 3.75μmol/L; 作用的分子机制：混合竞争性抑制).【文献】R. Langjae, et al. Steroids, 2007, 72, 682.

1940　24,25-Dihydroplakinamine A　24,25-二氢多板海绵胺 A*

【基本信息】$C_{29}H_{48}N_2$, $[\alpha]_D$ = +7.4° (c = 0.015, 氯仿).【类型】多板海绵胺类甾醇生物碱.【来源】多板海绵科海绵 Corticium sp. (瓦努阿图).【活性】细胞毒 (NSCLC-N6, in vitro, IC_{50} = 5.7μg/mL).【文献】S. De Marino, et al. EurJOC, 1999, 697.

1941　Dihydroplakinamine K　二氢多板海绵胺 K*

【基本信息】$C_{32}H_{54}N_2O_2$, 油状物 (+2 分子盐酸), $[\alpha]_D$ = +5.7° (c = 0.05, 甲醇) (+2 分子盐酸).【类型】多板海绵胺类甾醇生物碱.【来源】多板海绵科海绵 Corticium niger.【活性】细胞毒 (HCT116, IC_{50} = 1.4μmol/L).【文献】C. P. Ridley, et al. JNP, 2003, 66, 1536.

1942　Lokysterolamine A　娄凯甾醇胺 A*

【基本信息】$C_{31}H_{50}N_2O$, 油状物, $[\alpha]_D^{25}$ = +17.7° (c = 0.1, 甲醇).【类型】多板海绵胺类甾醇生物

碱.【来源】多板海绵科海绵 Corticium sp. (苏拉威西, 印度尼西亚).【活性】细胞毒 (in vitro, P_{388}, IC_{50} = 0.5μg/mL; A549, IC_{50} = 0.5μg/mL; HT29, IC_{50} = 1μg/mL; MEL28, IC_{50} = 5μg/mL); 抗菌 (枯草杆菌 Bacillus subtilis, 50μg/盘, IZD = 19mm); 抗真菌 (白色念珠菌 Candida albicans, 50μg/盘, IZD = 11mm); 中等活性免疫调节剂 (LCV > 25.0, MLR = 0.13, LCV/MLR > 187).【文献】J. Jurek, et al. JNP, 1994, 57, 1004.

1943 Lokysterolamine B 娄凯甾醇胺 B*

【基本信息】$C_{31}H_{48}N_2O_2$, 半晶体固体, $[α]_D^{26}$ = –3.1º (c = 1.6, 氯仿).【类型】多板海绵胺类甾醇生物碱.【来源】多板海绵科海绵 Corticium sp. (苏拉威西, 印度尼西亚).【活性】细胞毒 (in vitro, P_{388}, IC_{50} = 1μg/mL; A549, IC_{50} = 0.5μg/mL; HT29, IC_{50} = 1μg/mL; MEL28, IC_{50} > 2μg/mL); 抗菌 (枯草杆菌 Bacillus subtilis, 50μg/盘, IZD = 8mm); 中等活性免疫调节剂 (LCV > 12.5, MLR = 0.48, LCV/MLR > 26).【文献】J. Jurek, et al. JNP, 1994, 57, 1004.

1944 N^3-Methyl-4-oxo-3-epi-plakinamine B N^3-甲基-4-氧代-3-epi-多板海绵胺 B*

【基本信息】$C_{32}H_{50}N_2O$, $[α]_D$ = +35.4º (c = 0.01, 氯仿/甲醇).【类型】多板海绵胺类甾醇生物碱.【来源】多板海绵科海绵 Corticium sp. (瓦努阿图).【活性】细胞毒 (NSCLC-N6, in vitro, IC_{50} = 3.6μg/mL).【文献】S. De Marino, et al. EurJOC, 1999, 697.

1945 N^{30}-Methyl-23ξ,24ξ,25,30-tetrahydroplakinamine A N^{30}-甲基-23ξ,24ξ,25,30-四氢多板海绵胺 A*

【基本信息】$C_{30}H_{52}N_2$, $[α]_D$ = +23.0º (c = 0.02, 氯仿).【类型】多板海绵胺类甾醇生物碱.【来源】多板海绵科海绵 Corticium sp. (瓦努阿图).【活性】细胞毒 (NSCLC-N6, in vitro, IC_{50} = 4.9μg/mL).【文献】S. De Marino, et al. EurJOC, 1999, 697.

1946 Plakinamine A 多板海绵胺 A*

【基本信息】$C_{29}H_{46}N_2$, mp 120~130℃ (分解), $[α]_D$ = +16º (c = 1.02, 氯仿).【类型】多板海绵胺类甾醇生物碱.【来源】多板海绵属 Plakina sp.【活性】抗菌 (金黄色葡萄球菌 Staphylococcus aureus); 抗真菌 (白色念珠菌 Candida albicans).【文献】R. M. Rosser, et al. JOC, 1984, 49, 5157.

1947 Plakinamine B 多板海绵胺 B*

【基本信息】$C_{31}H_{50}N_2$, mp 180~200℃ (分解), $[α]_D$ = +29º (c = 1.19, 甲醇).【类型】多板海绵胺类甾醇生物碱.【来源】多板海绵属 Plakina sp.【活性】抗菌 (金黄色葡萄球菌 Staphylococcus aureus); 抗真菌 (白色念珠菌 Candida albicans).【文献】R. M. Rosser, et al. JOC, 1984, 49, 5157.

1948　Plakinamine C　多板海绵胺 C*
【基本信息】$C_{33}H_{54}N_2O_2$, $[\alpha]_D = +29.4°$ ($c = 0.016$, 氯仿).【类型】多板海绵胺类甾醇生物碱.【来源】多板海绵科海绵 *Corticium* sp. (瓦努阿图).【活性】细胞毒 (NSCLC-N6, *in vitro*, $IC_{50} = 0.1\mu g/mL$).【文献】S. De Marino, et al. EurJOC, 1999, 697.

1949　Plakinamine D　多板海绵胺 D*
【基本信息】$C_{33}H_{54}N_2O_2$, $[\alpha]_D = +25.2°$ ($c = 0.013$, 氯仿).【类型】多板海绵胺类甾醇生物碱.【来源】多板海绵科海绵 *Corticium* sp. (瓦努阿图).【活性】细胞毒 (NSCLC-N6, *in vitro*, $IC_{50} < 3.3\mu g/mL$).【文献】S. De Marino, et al. EurJOC, 1999, 697.

1950　Plakinamine E　多板海绵胺 E*
【基本信息】$C_{31}H_{50}N_2O_2$, 树胶状物, $[\alpha]_D^{25} = +9.3°$ ($c = 0.2$, 甲醇).【类型】多板海绵胺类甾醇生物碱.【来源】多板海绵科海绵 *Corticium* sp. (关岛, 美国).【活性】细胞毒 (中等活性); 抗真菌; 核酸劈裂活性.【文献】H. S. Lee, et al. JNP, 2001, 64, 1474.

1951　Plakinamine F　多板海绵胺 F*
【基本信息】$C_{31}H_{48}N_2O$, 树胶状物, $[\alpha]_D^{25} = +8.4°$ ($c = 0.1$, 甲醇).【类型】多板海绵胺类甾醇生物碱.【来源】多板海绵科海绵 *Corticium* sp. (关岛, 美国).【活性】细胞毒 (中等活性); 抗真菌; 核酸劈裂活性.【文献】H. S. Lee, et al. JNP, 2001, 64, 1474.

1952　Plakinamine I　多板海绵胺 I*
【基本信息】$C_{31}H_{50}N_2$, 油状物 (+ 2 分子盐酸), $[\alpha]_D = +45.2°$ ($c = 0.32$, 甲醇) (+ 2 分子盐酸).【类型】多板海绵胺类甾醇生物碱.【来源】多板海绵科海绵 *Corticium niger*.【活性】细胞毒 (HCT116, $IC_{50} = 10.6\mu mol/L$); 选择性细胞毒 (Bristol-Myers Squib 药物研究所的 11 种癌细胞, 平均 $IC_{50} = 5.6\mu mol/L$, 最大 IC_{50}/最小 $IC_{50} = 25$, 最佳选择性).【文献】C. P. Ridley, et al. JNP, 2003, 66, 1536.

1953　Plakinamine J　多板海绵胺 J*
【基本信息】$C_{30}H_{50}N_2$, 油状物 (+ 2HCl), $[\alpha]_D = +25°$ ($c = 0.1$, 甲醇) (+ 2HCl).【类型】多板海绵胺类甾醇生物碱.【来源】多板海绵科海绵 *Corticium niger*.【活性】细胞毒 (HCT116, $IC_{50} = 6.1\mu mol/L$); 选择性的细胞毒 (Bristol-Myers Squib 药物研究所的11种癌细胞, 平均 $IC_{50} = 6.0\mu mol/L$,

最大 IC$_{50}$/最小 IC$_{50}$ = 13，有选择性活性).【文献】C. P. Ridley, et al. JNP, 2003, 66, 1536.

1954 Plakinamine K 多板海绵胺 K*
【基本信息】C$_{32}$H$_{52}$N$_2$O$_2$，油状物，$[\alpha]_D$ = +38.4º (c = 0.25, 甲醇).【类型】多板海绵胺类甾醇生物碱.【来源】多板海绵科海绵 Corticium niger.【活性】细胞毒 (HCT116, IC$_{50}$ = 1.4μmol/L); 选择性细胞毒 (Bristol-Myers Squib 药物研究所的 11 种癌细胞，平均 IC$_{50}$ = 1.6μmol/L，最大 IC$_{50}$/最小 IC$_{50}$= 5，最有潜力的).【文献】C. P. Ridley, et al. JNP, 2003, 66, 1536.

1955 Plakinamine M 多板海绵胺 M*
【基本信息】C$_{33}$H$_{58}$N$_2$O.【类型】多板海绵胺类甾醇生物碱.【来源】多板海绵科海绵 Corticium sp. (新不列颠岛，巴布亚新几内亚).【活性】抗结核.【文献】Z. Lu, et al. JNP, 2013, 76, 2150.

10.2 杂项生物碱

1956 Benzoxacystol 苯并科萨西斯醇*
【基本信息】C$_{17}$H$_{18}$N$_2$O$_6$S.【类型】吗啉类 (morpholines) 生物碱.【来源】海洋导出的灰色链霉菌 Streptomyces griseus (深海沉积物，加那利海盆，大西洋).【活性】糖原合成激酶 3β 抑制剂; 抗恶性细胞增生 (小鼠成纤维细胞，低活性).【文献】J. Nachtigall, et al. J. Antibiot., 2011, 64, 453.

1957 Chelonin A 达尔文海绵宁 A*
【别名】2-(3-Indolyl)-6-(3,4,5-trimethoxyphenyl) morpholine; 2-(3-吲哚基)-6-(3,4,5-三甲氧基苯基)吗啉.【基本信息】C$_{21}$H$_{24}$N$_2$O$_4$，晶体（甲醇），mp 182ºC, $[\alpha]_D$ = –11.7º (c = 0.32, 氯仿).【类型】吗啉类生物碱.【来源】达尔文科 Darwinellidae 海绵 Chelonaplysilla sp. (帕劳，大洋洲).【活性】抗菌 (枯草杆菌 Bacillus subtilis, in vivo); 抗炎.【文献】S. C. Bobzin, et al. JOC, 1991, 56, 4403; M. Somei, et al. Heterocycles, 1995, 41, 5.

1958 2-Amino-8-benzoyl-6-hydroxy-3H-phenoxazin-3-one 2-氨基-8-苯甲酰基-6-羟基-3H-吩噁嗪-3-酮*
【基本信息】C$_{19}$H$_{12}$N$_2$O$_4$，红色固体.【类型】吩噁嗪类 (phenoxazines) 生物碱（非放线菌素(not actinomycins)).【来源】海洋细菌盐单胞菌属 Halomonas sp. GWS-BW-H8hM.【活性】抗菌 (50μg, 6mm 过滤盘: 大肠杆菌 Escherichia coli, IZD = 0mm, 对照放线菌素 D, IZD = 16mm; 枯草杆菌 Bacillus subtilis, IZD = 16mm, 放线菌素 D, IZD = 35mm; 金黄色葡萄球菌 Staphylococcus

aureus, IZD = 10mm, 放线菌素 D, IZD = 25mm); 抗真菌 (50μg, 6mm 过滤盘: 白色念珠菌 *Candida albicans,* IZD = 0mm, 放线菌素 D, IZD = 0mm); 细胞毒 (HM02, GI_{50} = 1.4μg/mL, TGI = 2.6μg/mL, 对照放线菌素 D, GI_{50} = 0.002μg/mL, TGI = 0.008μg/mL; HepG2, GI_{50} = 3.2μg/mL, TGI = 10μg/mL, 放线菌素 D, GI_{50} = 0.0015μg/mL, TGI = 0.0065μg/mL; MCF7, GI_{50} = 2.0μg/mL, TGI = 3.2μg/mL, 放线菌素 D, GI_{50} = 0.0024μg/mL, TGI = 0.011μg/mL).【文献】J. Bitzer, et al. J. Antibiot., 2006, 59, 86.

1959　2-Amino-6-hydroxy-3*H*-phenoxazin-3-one　2-氨基-6-羟基-3*H*-吩噁嗪-3-酮*

【基本信息】$C_{12}H_8N_2O_3$, 红色固体.【类型】吩噁嗪类生物碱 (非放线菌素).【来源】海洋细菌盐单胞菌属 *Halomonas* sp. GWS-BW-H8hM.【活性】抗菌 (50μg, 6mm 过滤盘: 大肠杆菌 *Escherichia coli,* IZD = 0mm; 枯草杆菌 *Bacillus subtilis,* IZD = 25mm, 对照放线菌素 D, IZD = 35mm; 金黄色葡萄球菌 *Staphylococcus aureus,* IZD = 16mm, 放线菌素 D, IZD = 25mm); 抗真菌 (50μg, 6mm 过滤盘: 白色念珠菌 *Candida albicans,* IZD = 0mm); 细胞毒 (HM02, GI_{50} = 1.6μg/mL, TGI = 2.6μg/mL, 对照放线菌素 D, GI_{50} = 0.002μg/mL, TGI = 0.008μg/mL; HepG2, GI_{50} = 4.3μg/mL, TGI > 10μg/mL, 放线菌素 D, GI_{50} = 0.0015μg/mL, TGI = 0.0065μg/mL; MCF7, GI_{50} = 1.6μg/mL, TGI = 2.7μg/mL, 放线菌素 D, GI_{50} = 0.0024μg/mL, TGI = 0.011μg/mL).【文献】J. Bitzer, et al. J. Antibiot., 2006, 59, 86.

1960　2-Amino-3*H*-phenoxazin-3-one　2-氨基-3*H*-吩噁嗪-3-酮*

【别名】Questiomycin A.【基本信息】$C_{12}H_8N_2O_2$, 深棕色或红色晶体 (乙醇), mp 250~251℃.【类型】吩噁嗪类生物碱 (非放线菌素).【来源】海洋细菌盐单胞菌属 *Halomonas* sp. GWS-BW-H8hM.【活性】抗菌 (50μg, 6mm 过滤盘: 大肠杆菌 *Escherichia coli,* IZD = 0mm, 对照放线菌素 D, IZD = 16mm; 枯草杆菌 *Bacillus subtilis,* IZD = 20mm, 放线菌素 D, IZD = 35mm; 金黄色葡萄球菌 *Staphylococcus aureus,* IZD = 15mm, 放线菌素 D, IZD = 25mm); 抗真菌 (50μg, 6mm 过滤盘: 白色念珠菌 *Candida albicans,* IZD = 25mm, 放线菌素 D, IZD = 0mm); 细胞毒 (HM02, GI_{50} = 0.95μg/mL, TGI = 2.2μg/mL, 对照放线菌素 D, GI_{50} = 0.002μg/mL, TGI = 0.008μg/mL; HepG2, GI_{50} = 1.4μg/mL, TGI = 5.6μg/mL, 放线菌素 D, GI_{50} = 0.0015μg/mL, TGI = 0.0065μg/mL; MCF7, GI_{50} = 0.13μg/mL, TGI = 0.42μg/mL, 放线菌素 D, GI_{50} = 0.0024μg/mL, TGI = 0.011μg/mL); 细胞循环抑制剂; 芳香化酶和硫酸酯酶抑制剂.【文献】J. Bitzer, et al. J. Antibiot., 2006, 59, 86.

1961　Carboxyexfoliazone　羧基脱落氮酮*

【基本信息】$C_{15}H_{10}N_2O_5$.【类型】吩噁嗪类生物碱 (非放线菌素).【来源】海洋导出的链霉菌委内瑞拉链霉菌 *Streptomyces venezuelae* (沉积物, 关岛, 美国), 陆地链霉菌属 *Streptomyces* sp.【活性】细胞毒 (一组 HTCLs 细胞: HCT8, BGC823, A549, A2780, Bel7402, NIH-H460, 所有的 IC_{50} > 30μmol/L, 低活性).【文献】A. Zeeck, et al. Eur. Pat. Appl., EP 260486 A1 19880323, 1998; J. Ren, et al. Bioorg. Med. Chem. Lett., 2013, 23, 301.

1962　Chandrananimycin C　查恩得拉那尼霉素 C*

【基本信息】$C_{17}H_{16}N_2O_3$, 橙色固体.【类型】吩噁嗪类生物碱 (非放线菌素).【来源】海洋导出的放线菌珊瑚状放线菌属 *Actinomadura* sp. M045, 海洋导出的细菌盐单胞菌属 *Halomonas* sp. GWS-BW-H8hM.【活性】抗生素.【文献】R. P. Maskey, et al. J. Antibiot., 2003, 56, 622; J. Bitzer, et al. J. Antibiot., 2006, 59, 86.

1963　Chandrananimycin D　查恩得拉那尼霉素 D*

【基本信息】$C_{15}H_{12}N_2O_5$, 橙色固体.【类型】吩噁嗪类生物碱 (非放线菌素).【来源】海洋导出的链霉菌委内瑞拉链霉菌 *Streptomyces venezuelae* (沉积物, 关岛, 美国), 陆地链霉菌属 *Streptomyces* sp. (旧建筑).【活性】细胞毒 (一组 HTCLs 细胞: HCT8, BGC823, A549, A2780, Bel7402, NIH-H460, 所有的 $IC_{50} > 30\mu mol/L$, 低活性) (Ren, 2013); 细胞毒 (抗恶性细胞增生: K562, $GI_{50} = 16.6\mu mol/L$; HUVEC, $GI_{50} = 5.3\mu mol/L$; THP-1, $GI_{50} = 27.6\mu mol/L$; Raji, $GI_{50} = 9.6\mu mol/L$; HEK-293, $GI_{50} = 10.3\mu mol/L$; HepG2, $GI_{50} = 6.6\mu mol/L$; MCF7, $GI_{50} = 1.3\mu mol/L$) (Gomes, 2010); 细胞毒 (HeLa, $CC_{50} = 90.6\mu mol/L$) (Gomes, 2010).【文献】P. B. Gomes, et al. JNP, 2010, 73, 1461; J. Ren, et al. Bioorg. Med. Chem. Lett., 2013, 23, 301.

1964　Exfoliazone　脱落氮酮*

【别名】2-Acetamido-8-(hydroxymethyl)-3*H*-phenoxazin-3-one; 2-乙酰氨基-8-(羟基甲基)-3*H*-吩噁嗪-3-酮.【基本信息】$C_{15}H_{12}N_2O_4$, 橙色针状晶体 (氯仿), mp 294~296°C.【类型】吩噁嗪类生物碱 (非放线菌素).【来源】海洋导出的链霉菌委内瑞拉链霉菌 *Streptomyces venezuelae* (沉积物, 关岛, 美国), 陆地链霉菌属 *Streptomyces* sp.【活性】细胞毒 (一组 HTCLs 细胞: HCT8, $IC_{50} = 4.89\mu mol/L$, 对照 5-氟尿嘧啶, $IC_{50} = 5.38\mu mol/L$; BGC823, $IC_{50} = 3.40\mu mol/L$, 对照 5-氟尿嘧啶, $IC_{50} = 3.84\mu mol/L$; A549, $IC_{50} = 9.16\mu mol/L$, 对照 5-氟尿嘧啶, $IC_{50} = 1.54\mu mol/L$; A2780, $IC_{50} = 2.52\mu mol/L$, 对照 5-氟尿嘧啶, $IC_{50} = 5.40\mu mol/L$; Bel7402, $IC_{50} > 10\mu mol/L$, 对照 5-氟尿嘧啶, $IC_{50} = 3.85\mu mol/L$; NIH-H460, $IC_{50} = 13.6\mu mol/L$), 对照 5-氟尿嘧啶, $IC_{50} = 7.12\mu mol/L$); 抗真菌 (苹果树腐烂菌 *Valsa ceratosperma*).【文献】S. Imai, et al. J. Antibiot., 1990, 43, 1606; J. Ren, et al. Bioorg. Med. Chem. Lett., 2013, 23, 301.

1965　Venezueline A　委内瑞拉链霉菌素 A*

【基本信息】$C_{24}H_{21}N_3O_6$.【类型】吩噁嗪类生物碱 (非放线菌素).【来源】海洋导出的链霉菌委内瑞拉链霉菌 *Streptomyces venezuelae* (沉积物, 关岛, 美国).【活性】细胞毒 (一组人 HTCLs 癌细胞: HCT8, BGC823, A549, A2780, Bel7402, NIH-H460, 所有的 $IC_{50} > 30\mu mol/L$, 低活性).【文献】J. Ren, et al. Bioorg. Med. Chem. Lett., 2013, 23, 301.

1966　Venezueline E　委内瑞拉链霉菌素 E*

【基本信息】$C_{18}H_{16}N_2O_5$【类型】吩噁嗪类生物碱 (非放线菌素).【来源】海洋导出的链霉菌委内瑞拉链霉菌 *Streptomyces venezuelae* (沉积物, 关岛, 美国)【活性】细胞毒 (一组人 HTCLs 癌细胞: HCT8, BGC823, A549, A2780, Bel7402, NIH-H460, 所有的 $IC_{50} > 30\mu mol/L$, 低活性).【文献】J. Ren, et al. Bioorg. Med. Chem. Lett., 2013, 23, 301.

1967　Phloeodictine A　皮网海绵亭 A*

【基本信息】$C_{26}H_{49}N_5O$, 无色无定形固体.【类型】

皮网海绵亭类（Phloeodictines）生物碱.【来源】皮网海绵属 *Phloeodictyon* sp. [新喀里多尼亚（法属）].【活性】抗菌（革兰氏阳性和革兰氏阴性菌，*in vitro*）；细胞毒（KB，中等活性）.【文献】E. Kourany-Lefoll, et al. JOC, 1992, 57, 3832.

1968　Phloeodictine A₁　皮网海绵亭 A₁*
【基本信息】$C_{25}H_{47}N_5O$，无定形固体（二氯化物）.【类型】皮网海绵亭类生物碱.【来源】皮网海绵属 *Phloeodictyon* sp. [新喀里多尼亚（法属）].【活性】细胞毒（KB，$IC_{50} = 2.2\mu g/mL$）.【文献】E. Kourany-Lefoll, et al. Tetrahedron, 1994, 50, 3415.

1969　Phloeodictine A₂　皮网海绵亭 A₂*
【基本信息】$C_{24}H_{45}N_5O$，无定形固体（二氯化物）.【类型】皮网海绵亭类生物碱.【来源】皮网海绵属 *Phloeodictyon* sp. [新喀里多尼亚（法属）].【活性】细胞毒（KB，$IC_{50} = 2.2\mu g/mL$）.【文献】E. Kourany-Lefoll, et al. Tetrahedron, 1994, 50, 3415.

1970　Phloeodictine A₃　皮网海绵亭 A₃*
【基本信息】$C_{23}H_{43}N_5O$，无定形固体二氯化物）.【类型】皮网海绵亭类生物碱.【来源】皮网海绵属 *Phloeodictyon* sp. [新喀里多尼亚（法属）].【活性】细胞毒（KB，$IC_{50} = 3.5\mu g/mL$）.【文献】E. Kourany-Lefoll, et al. Tetrahedron, 1994, 50, 3415.

1971　Phloeodictine A₄　皮网海绵亭 A₄*
【基本信息】$C_{22}H_{41}N_5O$.【类型】皮网海绵亭类生物碱.【来源】皮网海绵属 *Phloeodictyon* sp. [新喀里多尼亚（法属）].【活性】细胞毒（KB，$IC_{50} = 3.5\mu g/mL$）.【文献】E. Kourany-Lefoll, et al. Tetrahedron, 1994, 50, 3415.

1972　Phloeodictine A₅　皮网海绵亭 A₅*
【基本信息】$C_{22}H_{41}N_5O$.【类型】皮网海绵亭类生物碱.【来源】皮网海绵属 *Phloeodictyon* sp. [新喀里多尼亚（法属）].【活性】细胞毒（KB，$IC_{50} = 3.5\mu g/mL$）.【文献】E. Kourany-Lefoll, et al. Tetrahedron, 1994, 50, 3415.

1973　Phloeodictine A₆　皮网海绵亭 A₆*
【基本信息】$C_{26}H_{51}N_5O$，无定形固体（二氯化物）.【类型】皮网海绵亭类生物碱.【来源】皮网海绵属 *Phloeodictyon* sp. [新喀里多尼亚（法属）].【活性】细胞毒（KB，$IC_{50} = 0.6\mu g/mL$）.【文献】E. Kourany-Lefoll, et al. Tetrahedron, 1994, 50, 3415.

1974　Phloeodictine A₇　皮网海绵亭 A₇*
【基本信息】$C_{25}H_{49}N_5O$.【类型】皮网海绵亭类生物碱.【来源】皮网海绵属 *Phloeodictyon* sp. [新喀里多尼亚（法属）].【活性】细胞毒（KB，$IC_{50} = 0.6\mu g/mL$）.【文献】E. Kourany-Lefoll, et al. Tetrahedron, 1994, 50, 3415.

1975　Phloeodictyne B　皮网海绵亭 B*
【基本信息】$C_{27}H_{53}N_8OS^{3+}$，无色无定形固体.【类

型】皮网海绵亭类生物碱.【来源】皮网海绵属 *Phloeodictyon* sp. [新喀里多尼亚(法属)].【活性】抗菌（革兰氏阳性菌和革兰氏阴性菌, *in vitro*); 细胞毒 (KB, 中等活性).【文献】E. Kourany-Lefoll, et al. JOC, 1992, 57, 3832.

1976 Amaminol A 阿马明氨醇 A*

【基本信息】$C_{18}H_{31}NO$, 浅黄色油状物, $[\alpha]_D^{24} = -170.8°$ ($c = 0.2$, 甲醇).【类型】杂项无环生物碱.【来源】Polyclinidae 科海鞘（请岛, 日本).【活性】细胞毒 (P_{388}, $IC_{50} = 2.1\mu g/mL$).【文献】N. U. Sata, et al. Tetrahedron Lett., 2000, 41, 489.

1977 Amaminol B 阿马明氨醇 B*

【基本信息】$C_{18}H_{31}NO$, 浅黄色油状物, $[\alpha]_D^{24} = -112.4°$ ($c = 0.2$, 甲醇).【类型】杂项无环生物碱.【来源】Polyclinidae 科海鞘（请岛, 日本).【活性】细胞毒 (P_{388}, $IC_{50} = 2.1\mu g/mL$).【文献】N. U. Sata, et al. Tetrahedron Lett., 2000, 41, 489.

1978 Cyclodidemniserinol 环星骨海鞘丝氨醇*

【基本信息】$C_{38}H_{66}N_2O_{19}S_3$, 油状物（三钠盐), $[\alpha]_D = -26.6°$（三钠盐).【类型】杂项无环生物碱.【来源】星骨海鞘属 *Didemnum guttatum*（帕劳, 大洋洲).【活性】人免疫缺损病毒 HIV-1 整合酶抑制剂.【文献】S. S. Mitchell, et al. Org. Lett., 2000, 2, 1605.

1979 GB4 toxin GB4 毒素

【别名】2-(1-Methyl-2-oxopropylidene)phosphorohydrazidothioate oxime.【基本信息】$C_{10}H_{22}N_3O_3PS$, 针状晶体 (苯), mp 82~83°C.【类型】杂项无环生物碱.【来源】甲藻短裸甲藻 *Ptychodiscus brevis* [Syn. *Gymnodinium breve*].【活性】毒素.【文献】M. Alam, et al. JACS, 1982, 104, 5232.

1980 Lobatamide A 褶胃海鞘酰胺 A*

【基本信息】$C_{27}H_{32}N_2O_8$, $[\alpha]_D = -7.9°$ ($c = 0.24$, 甲醇).【类型】杂项无环生物碱.【来源】褶胃海鞘属 *Aplidium lobatum*（澳大利亚）和褶胃海鞘属 *Aplidium* sp. (深水域, 菲律宾).【活性】细胞毒 [NCI 60 种人癌细胞筛选, GI_{50} 负十进对数值 (mol/L); 白血病: CCRF-CEM (9.21), HL60 (TB) (9.59), K562 (8.72), Molt4 (9.05), RPMI8226 (8.89), SR (9.59); 非小细胞肺癌: A549/ATCC (9.00), EKVX (8.92), HOP-62 (9.49), HOP-92 (8.85), NCI-H226 (9.48), NCI-H23 (8.36), NCI-H322M (8.31), NCI-H460 (9.15), NCI-H522 (8.70); 结肠癌: Colon205 (9.12), HCT116 (9.11), HCT15 (8.60), HT29 (9.35), KM12 (9.04), SW620 (8.77); 中枢神经系统癌: SF268 (9.32), SF295 (9.44), SF539 (9.13), SNB19 (> 7.00), SNB75 (8.34), U251 (9.00); 黑色素瘤: LOX-IMVI (9.70), MALME-3M (8.52), M14 (9.57), SK-MEL-2 (8.89), SK-MEL-28 (8.12), SK-MEL-5 (9.60), UACC-257 (9.11), UACC62 (9.32); 卵巢癌: IGROV1 (8.60),

OVCAR-3 (8.96), OVCAR-5 (7.51), OVCAR-8 (9.22), SK-OV-3 (>7.00); 肾癌: 786-0 (9.39), A498 (7.42), ACHN (9.10), CAKI-1 (8.70), RXF-393 (9.68), SN12C (7.49), TK10 (7.59), UO-31 (8.82); 前列腺癌: PC3 (8.29), DU145 (8.27); 乳腺癌: MCF7 (8.14), MCF7/ADR-RES (8.60), MDA-MB-231/ATCC (7.77), Hs578T (8.57), MDA-MB-435 (9.03), MDA-N (8.80), BT-549 (9.30), T47D (8.70)]. 【文献】D. L. Galinis, et al. JOC, 1997, 62, 8968; T. C. McKee, et al. JOC, 1998, 63, 7805.

1981 Lobatamide B 褶胃海鞘酰胺 B*
【别名】Lobatamide A 26Z-isomer; 褶胃海鞘酰胺 A 26Z-异构体*.【基本信息】$C_{27}H_{32}N_2O_8$, $[\alpha]_D = -15.0º$ ($c = 0.03$, 甲醇).【类型】杂项无环生物碱.【来源】褶胃海鞘属 *Aplidium lobatum* (澳大利亚) 和褶胃海鞘属 *Aplidium* sp. (深水域, 菲律宾).【活性】细胞毒.【文献】D. L. Galinis, et al. JOC, 1997, 62, 8968; T. C. McKee, et al. JOC, 1998, 63, 7805.

1982 Lobatamide C 褶胃海鞘酰胺 C*
【别名】Lobatamide A 24E-isomer; 褶胃海鞘酰胺 A 24E-异构体*.【基本信息】$C_{27}H_{32}N_2O_8$, $[\alpha]_D = -15.5º$ ($c = 0.113$, 甲醇).【类型】杂项无环生物碱.【来源】褶胃海鞘属 *Aplidium lobatum* (澳大利亚) 和褶胃海鞘属 *Aplidium* sp. (深水域, 菲律宾).【活性】细胞毒.【文献】T. C. McKee, et al. JOC, 1998, 63, 7805.

1983 Lobatamide D 褶胃海鞘酰胺 D*
【别名】30-Hydroxy-lobatamide A; 30-羟基褶胃海鞘酰胺 A*.【基本信息】$C_{27}H_{32}N_2O_9$, $[\alpha]_D = -35.0º$ ($c = 0.08$, 甲醇).【类型】杂项无环生物碱.【来源】褶胃海鞘属 *Aplidium lobatum* (澳大利亚) 和褶胃海鞘属 *Aplidium* sp. (深水域, 菲律宾).【活性】细胞毒.【文献】D. L. Galinis, et al. JOC, 1997, 62, 8968; T. C. McKee, et al. JOC, 1998, 63, 7805.

1984 Poecillanosine 杂星海绵新*
【基本信息】$C_{19}H_{38}N_2O_4$, 固体, $[\alpha]_D^{25} = -20.2º$ ($c = 0.1$, 甲醇).【类型】杂项无环生物碱.【来源】杂星海绵属 *Poecillastra* aff. *tenuilminaris*.【活性】抗氧化剂 (游离自由基清除剂); 细胞毒.【文献】T. Natori, et al. Tetrahedron Lett., 1997, 38, 8349.

1985 O,O,O',O'-Tetrapropyl 2,2'-(1,2-dimethyl-1,2-ethanediylidene)bis(phosphorohydrazidothioate) O,O,O',O'-四丙基 2,2'-(1,2-二甲基-1,2-联二亚甲基)双(偶磷联氨基硫代磷酰酯)*
【基本信息】$C_{16}H_{36}N_4O_4P_2S_2$, 晶体 (乙醇), mp 124~125°C.【类型】杂项无环生物碱.【来源】海洋导出

的真菌光滑海木生菌 Lignincola laevis (来自沼泽草地).【活性】细胞毒 (L_{1210}, 0.25μg/mL).【文献】S. P. Abraham, et al. Pure Appl. Chem., 1994, 66, 2391.

1986 1,5-Diazacycloheneicosane 1,5-二氮杂环二十一烷*

【基本信息】$C_{19}H_{40}N_2$, 浅黄色固体.【类型】杂项单环生物碱.【来源】山海绵属 Mycale sp. (拉姆岛, 肯尼亚).【活性】细胞毒 (A549, GI_{50} = 5.41μmol/L, 对照阿霉素, GI_{50} = 0.32μmol/L; HT29, GI_{50} = 5.07μmol/L, 对照阿霉素, GI_{50} = 0.36μmol/L; MDA-MB-231, GI_{50} = 5.74μmol/L, 对照阿霉素, GI_{50} = 0.26μmol/L).【文献】L. Coello, et al. Mar. Drugs, 2009, 7, 445.

1987 Discoipyrrole C 迪斯科吡咯 C*

【基本信息】$C_{20}H_{21}NO_4$.【类型】杂项单环生物碱.【来源】海洋导出的细菌芽孢杆菌属 Bacillus hunanensis (沉积物, 加尔维斯顿海湾, 得克萨斯州, 美国).【活性】酪氨酸激酶抑制剂 (抑制信号通路).【文献】Y. Hu, et al. JACS, 2013, 135, 13387.

1988 (4E,S)-Dysidazirine (4E,S)-掘海绵吖丙因*

【基本信息】$C_{19}H_{33}NO_2$, 油状物, $[α]_D$ = +47.2º (c = 108, 氯仿).【类型】杂项单环生物碱.【来源】易碎掘海绵* Dysidea fragilis (波纳佩岛, 密克罗尼西亚联邦).【活性】细胞毒 (L_{1210}, 0.27μg/mL); 抗菌 (革兰氏阴性菌铜绿假单胞菌 Pseudomonas aeruginosa, 4μg/盘); 抗真菌 (白色念珠菌 Candida albicans 和酿酒酵母 Saccharomyces cerevisiae, 4μg/盘).【文献】T. F. Molinski, et al. JOC, 1988, 53, 2103.

1989 (4E,R)-(−)-Dysidazirine (4E,R)-(−)-掘海绵吖丙因*

【基本信息】$C_{19}H_{33}NO_2$, 低熔点固体, $[α]_D^{20}$ = −186.3º (甲醇).【类型】杂项单环生物碱.【来源】易碎掘海绵* Dysidea fragilis.【活性】细胞毒 (L_{1210}, 0.27μg/mL); 抗菌 (革兰氏阴性菌铜绿假单胞菌 Pseudomonas aeruginosa, 4μg/盘); 抗真菌 (白色念珠菌 Candida albicans 和酿酒酵母 Saccharomyces cerevisiae, 4μg/盘).【文献】T. F. Molinski, et al. JOC, 1988, 53, 2103; F. A. Davis, et al. JACS, 1995, 117, 3651.

1990 Haliclorensin 蜂海绵新*

【基本信息】$C_{13}H_{28}N_2$, 油状物, $[α]_D$ = +20º (c = 2, 甲醇).【类型】杂项单环生物碱.【来源】蜂海绵属 Haliclona tulearensis (南非).【活性】细胞毒 (P_{388}, IC_{50} = 0.1mg/mL).【文献】G. Koren-Goldshlager, et al. JNP, 1998, 61, 282; M. R. Heinrich, et al. Tetrahedron, 2001, 57, 9973.

1991 Halimedin 西沙仙掌藻啶*

【基本信息】$C_{10}H_{16}N_6O$, 晶体, mp 164~165℃.【类型】杂项单环生物碱.【来源】绿藻西沙仙掌藻* Halimeda xishaensis (西沙群岛, 南海, 中国).【活性】抗菌 (大肠杆菌 Escherichia coli, 金黄色葡萄球菌 Staphylococcus aureus).【文献】J. Y. Su, et al. Phytochemistry, 1998, 48, 583.

1992　Keramaphidin C　庆良间双御海绵啶 C*
【别名】(Z)-Azacyclo-6-undecene.【基本信息】
$C_{10}H_{19}N$, 无定形固体, mp 106~109°C.【类型】杂项单环生物碱.【来源】双御海绵属 *Amphimedon* sp. (庆良间列岛, 冲绳, 日本).【活性】曼扎名胺类生物碱生物起源前体.【文献】M. Tsuda, et al. Tetrahedron Lett., 1994, 35, 4387.

1993　Neamphine　海泡石海绵素*
【基本信息】$C_6H_5N_3OS$, 针状晶体（己烷/氯仿）.【类型】杂项双环生物碱.【来源】Thoosidae 科海泡石海绵 *Neamphius huxleyi*.【活性】细胞毒.【文献】E. D. de Silva, et al. Tetrahedron Lett., 1991, 32, 2707.

1994　Zarzissine　扎兹新*
【基本信息】$C_5H_5N_5$, 晶体（水或甲醇）, mp > 300°C（分解）.【类型】杂项双环生物碱.【来源】Hymedesmiidae 科海绵 *Anchinoe paupertas*（地中海）.【活性】细胞毒; 抗真菌（念珠菌属 *Candida* sp.）.【文献】N. Bouaicha, et al. JNP, 1994, 57, 1455.

1995　Aaptosine　疏海绵新*
【基本信息】$C_{13}H_{12}N_2O_2$, 黄色油状物.【类型】杂项三环生物碱.【来源】疏海绵属 *Aaptos aaptos*（冲绳, 日本）.【活性】细胞毒.【文献】A. Rudi, et al. Tetrahedron Lett., 1993, 34, 4683.

1996　Ammosamide A　巴哈马链霉菌酰胺 A*
【基本信息】$C_{12}H_{10}ClN_5OS$, 蓝色固体.【类型】杂项三环生物碱.【来源】海洋导出的链霉菌属 *Streptomyces* sp. NPS-698（沉积物, 巴哈马, 加勒比海）.【活性】细胞循环调节器.【文献】C. C. Hughes, et al. Angew. Chem., Int. Ed., 2009, 48, 725; 728.

1997　Aplidiopsamine A　海鞘胺 A*
【基本信息】$C_{17}H_{13}N_7$, 黄色树胶状物.【类型】杂项三环生物碱.【来源】Polyclinidae 科海鞘 *Aplidiopsis confluata*（巴瑟斯特港, 西塔斯马尼亚, 澳大利亚）.【活性】抗疟疾（氯喹敏感的恶性疟原虫 *Plasmodium falciparum* 3D7, IC_{50} = 1.47μmol/L; 抗氯喹的恶性疟原虫 *Plasmodium falciparum* Dd2, IC_{50} = 1.65μmol/L; 新的先导); 细胞毒 (HEK-293, 120μmol/L).【文献】A. R. Carroll, et al. JOC, 2010, 75, 8291.

1998　Aurantiomide B　青霉属真菌麦得 B*
【基本信息】$C_{18}H_{22}N_4O_4$, 无定形粉末, $[\alpha]_D^{24}$ = +96.5º (c = 0.09, 氯仿).【类型】杂项三环生物碱.【来源】海洋导出的真菌黄灰青霉 *Penicillium aurantiogriseum* SP0-16, 来自山海绵属 *Mycale plumose*（中国水域）.【活性】细胞毒（数种癌细胞株, 中等活性）.【文献】Z.H. Xin, et al. JNP, 2007, 70, 853.

1999　Aurantiomide C　青霉属真菌酰胺 C*
【基本信息】$C_{18}H_{20}N_4O_3$，无定形粉末，$[\alpha]_D^{24}$ = +25.8º (c = 0.1, 氯仿).【类型】杂项三环生物碱.【来源】海洋导出的真菌黄灰青霉 *Penicillium aurantiogriseum* SP0-16，来自山海绵属 *Mycale plumose* (中国水域).【活性】细胞毒 (数种癌细胞株，中等活性).【文献】Z.H. Xin, et al. JNP, 2007, 70, 853.

2000　Baculiferin I　有杆绣球海绵素 I*
【基本信息】$C_{32}H_{23}NO_{12}S$，无定形橙黄色固体.【类型】杂项三环生物碱.【来源】有杆绣球海绵* *Iotrochota baculifera* (内珊瑚礁，海南岛，中国，深度 8m，2005 年 10 月采样).【活性】对 HIV-1 靶标的键合能力 [20μg/mL，使用 BIAcore 仪器：重组蛋白 Vif (HIV-1 的病毒性感染因子)，键合能力相应单位 RU (1RU = 1pg/mm^2) = 638.4；重组蛋白人 APOBEC3G (细胞内固有的 v 抗病毒因子)，RU 未检测；重组蛋白 gp41 (HIV-1 的反式膜蛋白)，RU = 1351.0].【文献】G. Fan, et al. BoMC, 2010, 18, 5466.

2001　Baculiferin J　有杆绣球海绵素 J*
【基本信息】$C_{32}H_{23}NO_{12}S$，无定形深红色固体.【类型】杂项三环生物碱.【来源】有杆绣球海绵* *Iotrochota baculifera* (内珊瑚礁，海南岛，中国，深度 8m，2005 年 10 月采样).【活性】对 HIV-1 靶标的键合能力 [20μg/mL，使用 BIAcore 仪器：重组蛋白 Vif (HIV-1 的病毒性感染因子)，键合能力相应单位 RU (1RU = 1pg/mm^2) = 528.0；重组蛋白人 APOBEC3G (细胞内固有的 v 抗病毒因子)，RU = 765.4；重组蛋白 gp41 (HIV-1 的反式膜蛋白)，RU = 1485.4].【文献】G. Fan, et al. BoMC, 2010, 18, 5466.

2002　Baculiferin K　有杆绣球海绵素 K*
【基本信息】$C_{32}H_{23}NO_9$，无定形深红色固体.【类型】杂项三环生物碱.【来源】有杆绣球海绵* *Iotrochota baculifera* (内珊瑚礁，海南岛，中国，深度 8m，2005 年 10 月采样).【活性】抗 HIV-1 IIIB 病毒 (p24 抗原检测试验，MT4 细胞，IC$_{50}$ = 5.5μg/mL)；抗 HIV-1 IIIB 病毒 [MAGI 试验 (单一生命循环)，MAGI 细胞 (内含 HIV-1 IIIB 病毒的 HeLa-CD4-LTR-β-gal 指示器细胞)，IC$_{50}$ < 0.4μg/mL]；对 HIV-1 靶标的键合能力 [20μg/mL，使用 BIACORE 仪器：重组蛋白 Vif (HIV-1 的病毒性感染因子)，键合能力相应单位 RU (1RU = 1pg/mm^2) = 448.4；重组蛋白 gp41 (HIV-1 的反式膜蛋白)，RU = 523.3].【文献】G. Fan, et al. BoMC, 2010, 18, 5466.

2003　Baculiferin N　有杆绣球海绵素 N*

【基本信息】$C_{26}H_{17}NO_{10}$，无定形深红色固体.【类型】杂项三环生物碱.【来源】有杆绣球海绵* *Iotrochota baculifera* (内珊瑚礁，海南岛，中国，深度 8m, 2005 年 10 月采样).【活性】抗 HIV-1 IIIB 病毒 (p24 抗原检测试验, MT4 细胞, IC_{50} = 4.4μg/mL)；抗 HIV-1 IIIB 病毒 (MAGI 试验 (单一生命循环), MAGI 细胞 (内含 HIV-1 IIIB 病毒的 HeLa-CD4-LTR-β-gal 指示器细胞), IC_{50} < 0.1μg/mL)；对 HIV-1 靶标的键合能力 [20μg/mL, 使用 BIACORE 仪器：重组蛋白 Vif (HIV-1 的病毒性感染因子), 键合能力相应单位 RU (1RU = 1pg/mm^2) = 596.8；重组蛋白 gp41 (HIV-1 的反式膜蛋白), RU = 952.9].【文献】G. Fan, et al. BoMC, 2010, 18, 5466.

2004　Brevianamide M　布若韦安酰胺 F*

【基本信息】$C_{18}H_{15}N_3O_3$, 立方晶体, mp 206~207°C, $[\alpha]_D^{20}$ = -147.7° (c = 0.13, 丙酮).【类型】杂项三环生物碱.【来源】海洋导出的真菌变色曲霉菌 *Aspergillus versicolor*, 来自棕藻鼠尾藻 *Sargassum thunbergii* (平潭岛, 福建, 中国) 和海洋导出的真菌变色曲霉菌 *Aspergillus versicolor*.【活性】抗菌 (30μg/盘：大肠杆菌 *Escherichia coli*, IZD = 11mm, 对照氯霉素, IZD = 32mm；金黄色葡萄球菌 *Staphylococcus aureus*, IZD = 10mm, 氯霉素, IZD = 31mm)；有毒的 (盐水丰年虾 *Artemia salina*, 30μg/盘, 致死率 = 47.6%).【文献】G.-Y. Li, et al. Org. Lett., 2009, 11, 3714; F. -P. Miao, et al. Mar. Drugs, 2012, 10, 131.

2005　Callophycin A　澳洲红藻新 A*

【基本信息】$C_{19}H_{18}N_2O_3$, 棕色油状物, $[\alpha]_D^{22}$ = -2.0° (c = 0.1, 甲醇).【类型】杂项三环生物碱.【来源】红藻斐济红藻属 *Callophycus oppositifolius* (北领地, 皮尤沙洲, 澳大利亚).【活性】细胞毒 (SF268, GI_{50} = 1.3μmol/L; MCF7, GI_{50} = 4.2μmol/L; H460, GI_{50} = 2.0μmol/L; HT29, GI_{50} = 1.7μmol/L; CHO-K1, GI_{50} = 0.59μmol/L).【文献】S. P. B. Ovenden, et al. Phytochem. Lett., 2011, 4, 69.

2006　Chaetominedione　毛壳二酮*

【基本信息】$C_{17}H_{12}N_2O_4$, 无定形黄色粉末 (丙酮).【类型】杂项三环生物碱.【来源】海洋导出的真菌毛壳属 *Chaetomium* sp.【活性】酪氨酸激酶 p56lck 抑制剂 (IC_{50} (估算值) ≤ 200μg/mL).【文献】A. Abdel-Lateff, Tetrahedron Lett., 2008, 49, 6398.

2007　Cylindrospermopsin　念珠藻新*

【基本信息】$C_{15}H_{21}N_5O_7S$, 类白微晶体, $[\alpha]_D$ = -31° (c = 0.1, 水).【类型】杂项三环生物碱.【来源】蓝细菌念珠藻 Nostocaceae 科 *Cylindrospermopsis raciborskii* (棕榈岛, 昆士兰).【活性】肝毒素；谷胱甘肽合成抑制剂.【文献】I. Ohtani, et al. JACS, 1992, 114, 7941.

正电荷分布在NCNN区域

2008　Deoxynyboquinone　去氧尼波醌*

【基本信息】$C_{15}H_{12}N_2O_4$，红色三斜晶体.【类型】杂项三环生物碱.【来源】海洋导出的细菌假诺卡氏菌属 *Pseudonocardia* sp. SCSIO 01299 (深海沉积物，南海，中国，E 120°0.975′N 19°0.664′，采样深度 3258 米).【活性】细胞毒 (SF268，IC_{50} = 0.022μmol/L，对照顺铂，IC_{50} = 3.99μmol/L；MCF7，IC_{50} = 0.015μmol/L，对照顺铂，IC_{50} = 9.24μmol/L；NCI-H460，IC_{50} = 0.080μmol/L，对照顺铂，IC_{50} = 1.53μmol/L)；抗菌 (苏云金芽孢杆菌 *Bacillus thuringiensis* SCSIO BT01，MIC = 1μg/mL；金黄色葡萄球菌 *Staphylococcus aureus* ATCC 29213，MIC = 1μg/mL；粪肠球菌 *Enterococcus faecalis*，ATCC 29212，MIC = 1μg/mL).【文献】S. Li, et al. Mar. Drugs, 2011, 9, 1428.

2009　Discoipyrrole A　迪斯科吡咯 A*

【基本信息】$C_{27}H_{23}NO_5$【类型】杂项三环生物碱.【来源】海洋导出的细菌芽孢杆菌属 *Bacillus hunanensis* (沉积物，加尔维斯顿海湾，得克萨斯州，美国).【活性】酪氨酸激酶抑制剂 (抑制信号通路).【文献】Y. Hu, et al. JACS, 2013, 135, 13387.

2010　Discoipyrrole B　迪斯科吡咯 B*

【基本信息】$C_{27}H_{23}NO_4$.【类型】杂项三环生物碱.【来源】海洋导出的细菌芽孢杆菌属 *Bacillus hunanensis* (沉积物，加尔维斯顿海湾，得克萨斯州，美国).【活性】酪氨酸激酶抑制剂 (抑制信号通路).【文献】Y. Hu, et al. JACS, 2013, 135, 13387.

2011　Discoipyrrole D　迪斯科吡咯 D*

【基本信息】$C_{38}H_{34}N_2O_7$.【类型】杂项三环生物碱.【来源】海洋导出的细菌芽孢杆菌属 *Bacillus hunanensis* (沉积物，加尔维斯顿海湾，得克萨斯州，美国).【活性】酪氨酸激酶抑制剂 (抑制信号通路).【文献】Y. Hu, et al. JACS, 2013, 135, 13387.

2012　Divergolide B　木榄内酯 B*

【基本信息】$C_{31}H_{37}NO_7$.【类型】杂项三环生物碱.【来源】红树导出的链霉菌属 *Streptomyces* sp.，来自红树木榄 *Bruguiera gymnorrhiza* (树干).【活性】细胞毒；抗菌 (枯草杆菌 *Bacillus subtilis*，牡牛分枝杆菌 *Mycobacterium vaccae*).【文献】L. Ding, et al. Angew. Chem., Int. Ed., 2011, 50, 1630.

2013　Gymnodimine　裸甲藻亚胺*

【基本信息】$C_{32}H_{45}NO_4$，无定形固体，$[\alpha]_D^{25}$ = −246° (c = 1.76，氯仿)；$[\alpha]_D^{25}$ = −10.4° (乙醇).【类型】杂项三环生物碱.【来源】裸甲藻属甲藻 *Gymnodinium* sp. (新西兰).【活性】神经毒素 (提

高新西兰牡蛎中的神经毒素贝类毒性);对茚三酮和碘化铋钾试剂呈阳性反应;LD (小鼠, ip) = 0.45mg/kg.【文献】T. Seki, et al. Tetrahedron Lett., 1995, 36, 7093.

2014 Gymnodimine B 裸甲藻亚胺 B*
【基本信息】$C_{32}H_{45}NO_5$.【类型】杂项三环生物碱.【来源】裸甲藻属甲藻 *Gymnodinium selliforme* (新西兰).【活性】神经毒素 (贝类, 与神经毒性中毒事件有关).【文献】C. O. Miles, et al. J. Agric. Food Chem., 2000, 48, 1373.

2015 Haouamine A 褶胃海鞘胺 A*
【基本信息】$C_{32}H_{27}NO_4$, 固体, $[\alpha]_D^{29} = -52°$ ($c = 0.4$, 甲醇).【类型】杂项三环生物碱.【来源】褶胃海鞘属 *Aplidium haouarianum*.【活性】细胞毒 (HT29, $IC_{50} = 0.1\mu g/mL$, 选择性活性).【文献】L. Garrido, et al. JOC, 2003, 68, 293.

2016 Haouamine B 褶胃海鞘胺 B*
【基本信息】$C_{32}H_{27}NO_5$, 固体 (五乙酰基衍生物), $[\alpha]_D^{26} = -27.1°$ ($c = 0.14$, 氯仿) (五乙酰基衍生物).【类型】杂项三环生物碱.【来源】褶胃海鞘属 *Aplidium haouarianum*.【活性】细胞毒 (MS-1, $IC_{50} = 5\mu g/mL$, 轻微活性).【文献】L. Garrido, et al. JOC, 2003, 68, 293; M. Matveenko, et al. JACS, 2012, 134, 9291.

2017 $N^{3'}$-Methyltetrahydrovariolin B $N^{3'}$-甲基四氢亮红海绵林 B*
【基本信息】$C_{15}H_{17}N_7O$, 亮黄色固体, mp 226°C (分解), $[\alpha]_D = -22.4°$ ($c = 3.5$, 甲醇).【类型】杂项三环生物碱.【来源】亮红海绵 *Kirkpatrickia variolosa* (南极地区).【活性】抗真菌 (抑制酿酒酵母 *Saccharomyces cerevisiae* 生长, 2mg/mL, IZD = 36mm); 细胞毒 (in vitro, HCT116, IC_{50} = 0.48μg/mL); 抗肿瘤 (in vivo, P_{388}, 10mg/kg, T/C = 125%, only 适度活性).【文献】N. B. Perry, et al. Tetrahedron, 1994, 50, 3987; G. Trimurtulu, et al. Tetrahedron, 1994, 50, 3993.

2018 Monanchomycalin A 单锚海绵麦卡林 A*
【基本信息】$C_{47}H_{85}N_6O_5^+$.【类型】杂项三环生物碱.【来源】单锚海绵属 *Monanchora pulchra* (鄂霍次克海, 俄罗斯).【活性】细胞毒素 (nmol/L 浓度水平就有活性).【文献】T. N. Makarieva, et al. Tetrahedron Lett., 2012, 53, 4228.

2019　Monanchomycalin B　单锚海绵麦卡林 B*

【基本信息】$C_{45}H_{81}N_6O_5^+$.【类型】杂项三环生物碱.【来源】单锚海绵属 *Monanchora pulchra* (鄂霍次克海, 俄罗斯).【活性】细胞毒素 (nmol/L 浓度水平就有活性).【文献】T. N. Makarieva, et al. Tetrahedron Lett., 2012, 53, 4228.

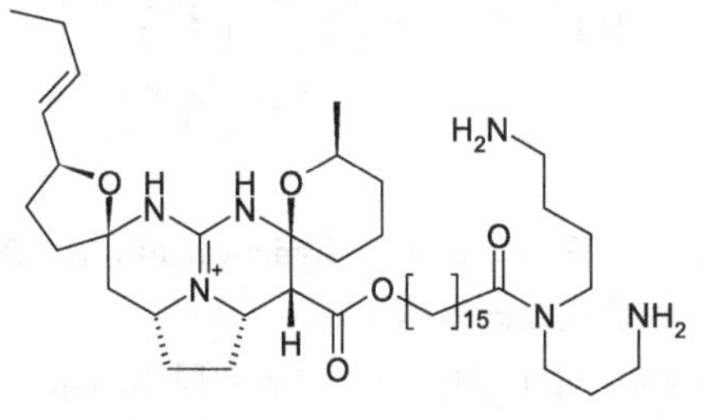

2020　Nakijinamine A　今归仁胺 A*

【基本信息】$C_{24}H_{25}BrN_4O_2^{2+}$.【类型】杂项三环生物碱.【来源】皮海绵属 *Suberites* sp. (卸载港, 冲绳, 日本).【活性】抗真菌 (白色念珠菌 *Candida albicans*, 新型隐球酵母 *Cryptococcus neoformans* 和须发癣菌 *Trichophyton mentagrophytes*); 抗菌 (金黄色葡萄球菌 *Staphylococcus aureus*, 枯草杆菌 *Bacillus subtilis* 和藤黄色微球菌 *Micrococcus luteus*).【文献】Y. Takahashi, et al. Tetrahedron, 2012, 68, 8545.

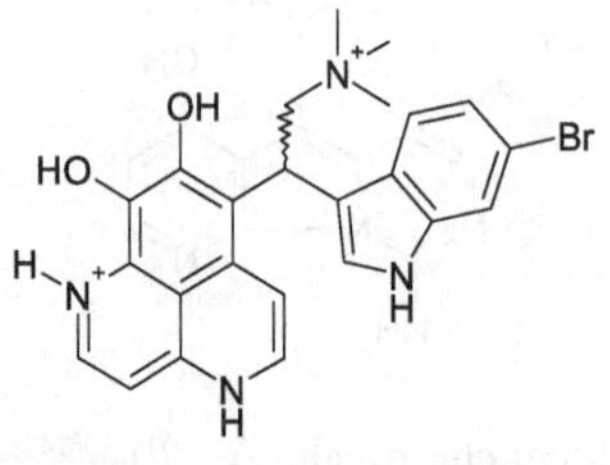

2021　Nakijinamine B　今归仁胺 B*

【基本信息】$C_{24}H_{26}N_4O_2^{2+}$.【类型】杂项三环生物碱.【来源】皮海绵属 *Suberites* sp. (卸载港, 冲绳, 日本).【活性】抗真菌 (白色念珠菌 *Candida albicans*).【文献】Y. Takahashi, et al. Tetrahedron, 2012, 68, 8545.

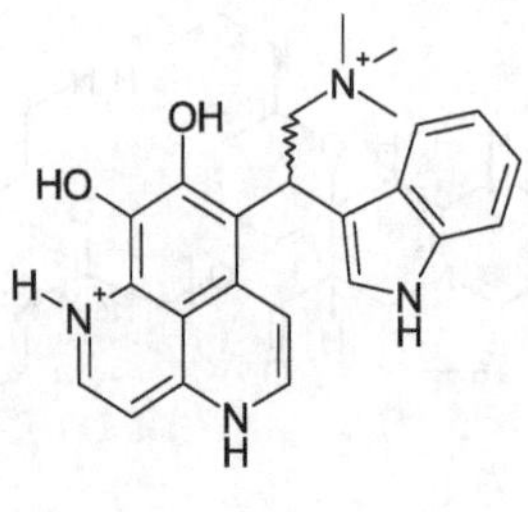

2022　Nakijinamine F　今归仁胺 F*

【基本信息】$C_{29}H_{34}BrN_5O_2^{2+}$.【类型】杂项三环生物碱.【来源】皮海绵属 *Suberites* sp. (卸载港, 冲绳, 日本).【活性】抗真菌 (白色念珠菌 *Candida albicans*).【文献】Y. Takahashi, et al. Tetrahedron, 2012, 68, 8545.

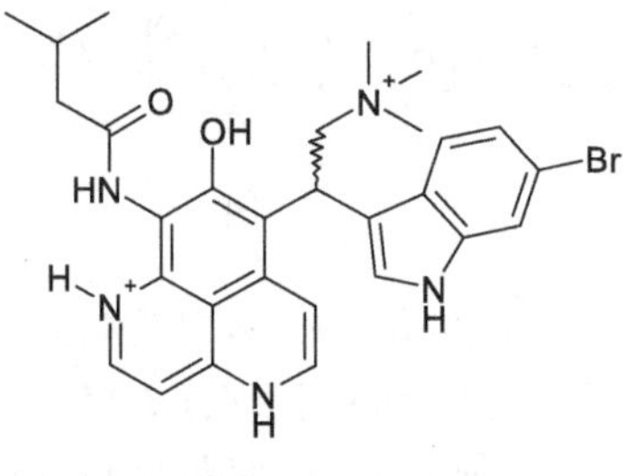

2023　Ningalin B　宁嘎林 B*

【基本信息】$C_{25}H_{19}NO_8$, 深黄色固体, mp 303℃, $[\alpha]_D = 0°$ ($c = 0.5$, 甲醇).【类型】杂项三环生物碱.【来源】星骨海鞘属 *Didemnum* sp. (西澳大利亚).【活性】多药耐药性翻转剂 (一种新类型, 有潜力的).【文献】H. Kang, et al. JOC, 1997, 62, 3254; D. L. Boger, et al. JOC, 2000, 65, 2479.

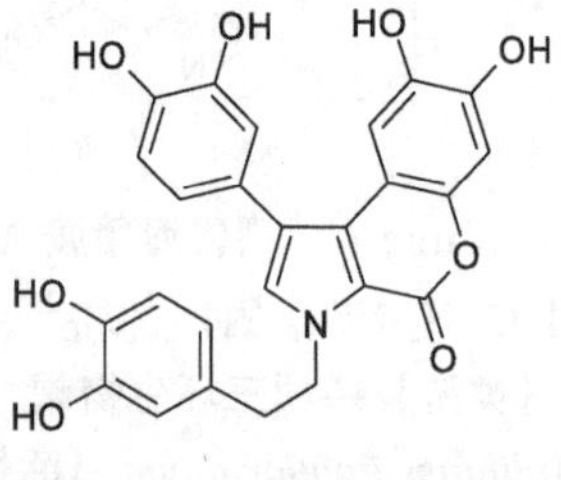

2024　Ningalin C　宁嘎林 C*

【基本信息】$C_{32}H_{23}NO_{10}$, 无定形红色固体, $[\alpha]_D = 0°$ ($c = 0.2$, 甲醇).【类型】杂项三环生物碱.【来源】星骨海鞘属 *Didemnum* sp. (西澳大利亚).【活性】激酶抑制剂 CK1δ, CDK5 和 GSK3β (有潜力的).【文献】H. Kang, et al. JOC, 1997, 62, 3254; C. Peschko, et al. Tetrahedron Lett., 2000, 41, 9477; F. Plisson, et al. Chem. Med. Chem., 2012, 7, 983.

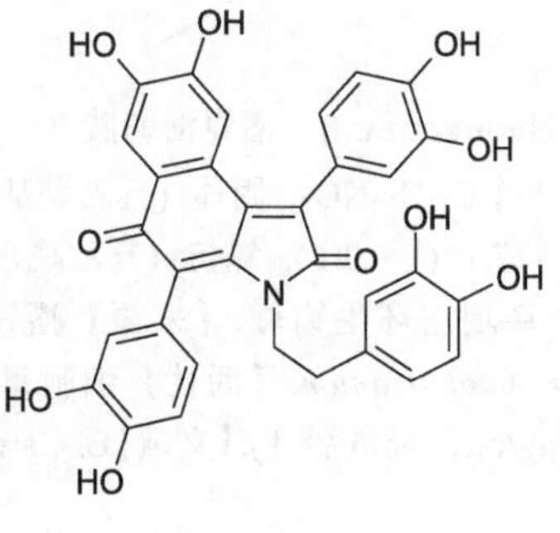

2025 Oxepinamide A 欧科思平酰胺 A

【基本信息】$C_{17}H_{21}N_3O_5$, 黄色油状物, $[\alpha]_D = +43°$ ($c = 0.001$, 氯仿).【类型】杂项三环生物碱.【来源】海洋导出的真菌枝顶孢属 *Acremonium* sp. (广泛分布), 来自海鞘 *Ecteinascidia turbinata* (巴哈马, 加勒比海).【活性】抗炎 (外用 0.1μg/耳, RTX 诱发的小鼠耳肿试验, 剂量 50μg/耳, InRt = 82%, 高活性).【文献】G. N. Belofsky, et al. Chem. Eur. J., 2000, 6, 1355.

2026 Penipanoid B 展青霉素类似物 B*

【基本信息】$C_{16}H_{13}N_3O_2$, 白色粉末, $[\alpha]_D^{25} = +30°$ ($c = 0.1$, 甲醇).【类型】杂项三环生物碱.【来源】海洋导出的真菌展青霉 *Penicillium paneum* (沉积物, 南海, 中国).【活性】抗菌 (金黄色葡萄球菌 *Staphylococcus aureus*, 大肠杆菌 *Escherichia coli*); 抗真菌 (白菜黑斑病菌 *Alternaria brassicae*, 尖孢镰刀菌 *Fusarium oxysporum*, 棉花枯萎病菌 *Fusarium vasinfectum*, 葡萄白腐病菌 *Coniella diplodiella*, 苹果轮纹病菌 *Physalospora piricola*, 黑曲霉菌 *Aspergillus niger*).【文献】C. -S. Li, et al. JNP, 2011, 74, 1331.

2027 Pterocellin A 苔藓动物林 A*

【基本信息】$C_{16}H_{16}N_2O_3$, 深红色针状结晶 (甲苯), mp 172~173°C.【类型】杂项三环生物碱.【来源】苔藓动物裸唇纲 *Pterocella vesiculosa*.【活性】细胞毒 (P_{388}, IC_{50} = 477ng/mL); 抗菌 (革兰氏阳性菌枯草杆菌 *Bacillus subtilis*, MID ≤ 0.3μg/盘); 抗真菌 (须发癣菌 *Trichophyton mentagrophytes*, MID = 3.9~7.5μg/盘).【文献】B. Yao, et al. JNP, 2003, 66, 1074.

2028 Pterocellin B 苔藓动物林 B*

【基本信息】$C_{19}H_{14}N_2O_3$, 无定形红色固体.【类型】杂项三环生物碱.【来源】苔藓动物裸唇纲 *Pterocella vesiculosa*.【活性】细胞毒 (P_{388}, IC_{50} = 323ng/mL); 抗菌 (革兰氏阳性菌枯草杆菌 *Bacillus subtilis*, MID ≤ 0.3μg/盘); 抗真菌 (须发癣菌 *Trichophyton mentagrophytes*, MID = 3.9~7.5μg/盘).【文献】B. Yao, et al. JNP, 2003, 66, 1074.

2029 Salinosporamide C 热带盐水孢菌酰胺 C*

【基本信息】$C_{14}H_{18}ClNO_3$, 油状物, $[\alpha]_D = -33.6°$ ($c = 0.27$, 甲醇).【类型】杂项三环生物碱.【来源】海洋导出的放线菌热带盐水孢菌 *Salinispora tropica* CNB-392.【活性】细胞毒.【文献】P. G. Williams, et al. JOC, 2005, 70, 6196.

2030 Schulzeine A 佩纳海绵因 A*

【基本信息】$C_{42}H_{72}N_2O_{16}S_3$, 粉末 (三钠盐), $[\alpha]_D^{22}$ = +40° ($c = 0.1$, 甲醇) (三钠盐).【类型】杂项三环生物碱.【来源】佩纳海绵属 *Penares schulzei*.【活性】α-葡萄糖苷酶抑制剂.【文献】K. Takada, et al. JACS, 2004, 126, 187; E. G. Bowen, et al. JACS,

2009, 131, 6062.

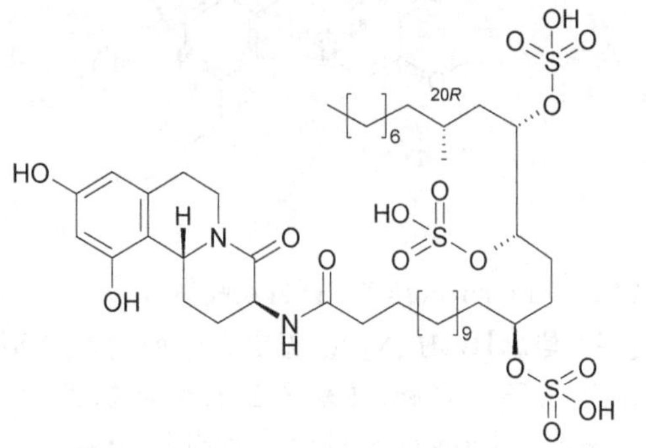

2031　Schulzeine B　佩纳海绵因 B*

【基本信息】$C_{41}H_{67}N_2O_{16}S_3$, 粉末 (三钠盐), $[\alpha]_D^{22}$ = −23º (c = 0.1, 甲醇) (三钠盐).【类型】杂项三环生物碱.【来源】佩纳海绵属 *Penares schulzei*.【活性】α-葡萄糖苷酶抑制剂 (有潜力的).【文献】K. Takada, et al. JACS, 2004, 126, 187; E. G. Bowen, et al. JACS, 2009, 131, 6062.

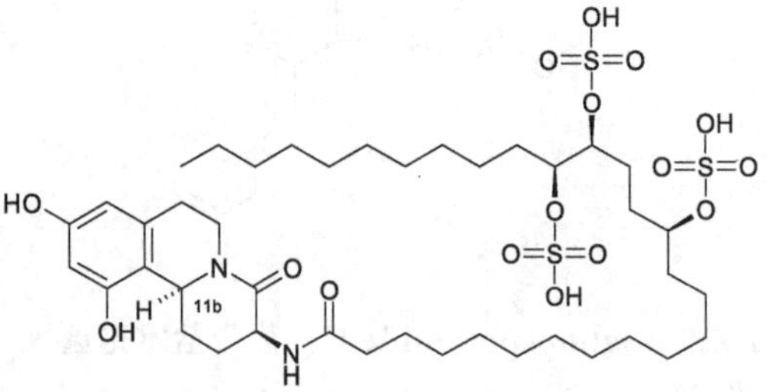

2032　Schulzeine C　佩纳海绵因 C*

【基本信息】$C_{41}H_{67}N_2O_{16}S_3$, 粉末 (三钠盐), $[\alpha]_D^{22}$ = +33º (c = 0.1, 甲醇) (三钠盐).【类型】杂项三环生物碱.【来源】佩纳海绵属 *Penares schulzei*.【活性】α-葡萄糖苷酶抑制剂 (有潜力的).【文献】K. Takada, et al. JACS, 2004, 126, 187; E. G. Bowen, et al. JACS, 2009, 131, 6062.

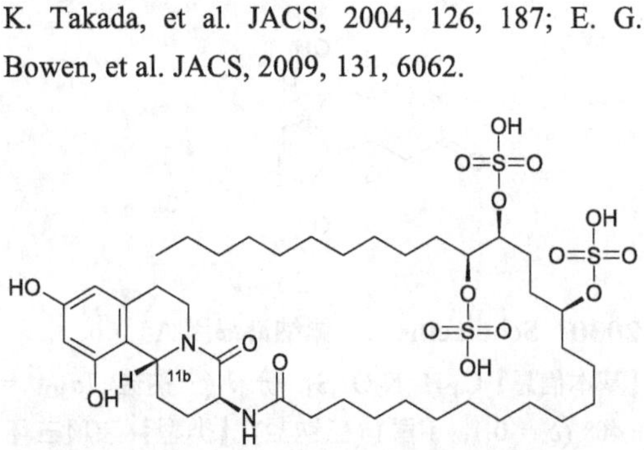

2033　Scytonemin　伪枝藻明*

【基本信息】$C_{36}H_{20}N_2O_4$, 黄绿色晶体, mp 325ºC.【类型】杂项三环生物碱.【来源】蓝细菌伪枝藻属 *Scytonema* sp. (库拉索岛, 荷属安地列斯群岛, 加勒比海), 蓝细菌鞘丝藻属 *Lyngbya* sp. (胡阿西内岛, 法属波利尼西亚, 太平洋)和蓝细菌真枝藻科真枝藻属 *Stigonema* sp. (瓦尔多湖, 俄勒冈州, 美国).【活性】色素 (紫外防晒霜).【文献】P. J. Proteau, et al. Experientia, 1993, 49, 825.

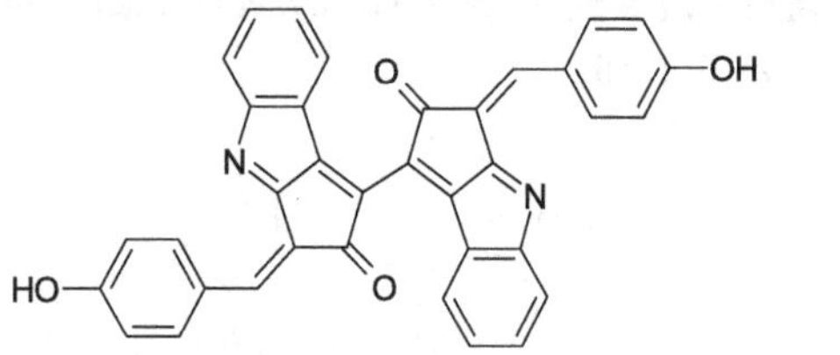

2034　Symbioimine　共生甲藻亚胺*

【基本信息】$C_{19}H_{23}NO_5S$, 晶体 (+ 1H_2O) (水), mp 214~215ºC (分解), $[\alpha]_D^{27}$ = +245º (c = 0.1, 二甲亚砜).【类型】杂项三环生物碱.【来源】甲藻共生藻属 *Symbiodinium* sp. 和无腔动物亚门无肠目两桩涡虫属 *Amphiscolops* sp.【活性】环加氧酶-2 抑制剂, 破骨细胞分化抑制剂.【文献】M. Kita, et al. JACS, 2004, 126, 4794; M. Kita, et al. BoMC, 2005, 13, 5253.

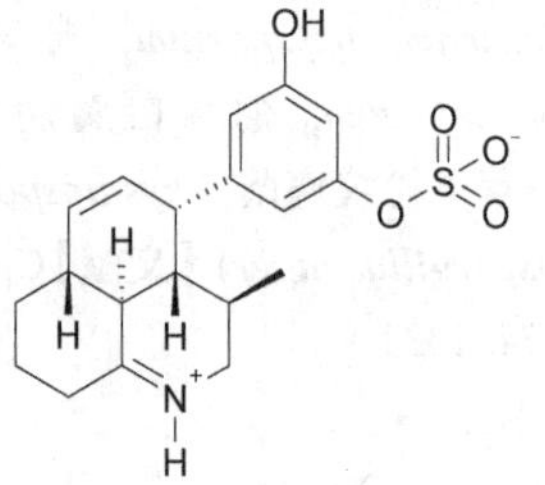

2035　Terreusinone　土色曲霉酮*

【基本信息】$C_{18}H_{22}N_2O_4$, 浅黄色固体, mp 230ºC (分解), $[\alpha]_D$ = +47º (c = 0.3, 甲醇).【类型】杂项三环生物碱.【来源】海洋导出的真菌土色曲霉菌* *Aspergillus terreus* MFA460 (培养物).【活性】UV-A 长波紫外吸收活性 (ED_{50} = 70μg/mL).【文献】S. M. Lee, et al. Tetrahedron Lett., 2003, 44, 7707; M. Saleem, et al. NPR, 2007, 24, 1142 (Rev.).

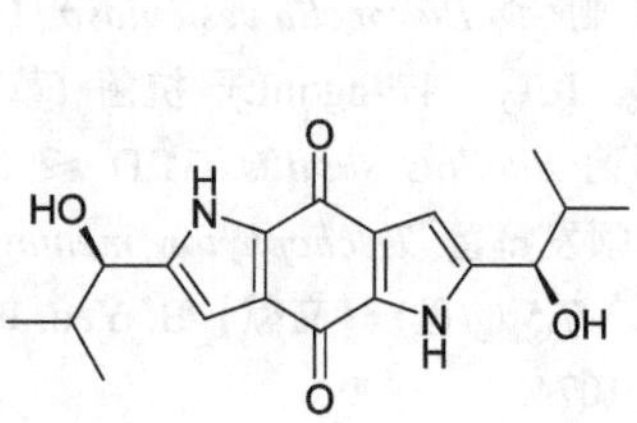

2036 2,3,5,7-Tetrabromo-1*H*-benzofuro[3,2-*b*]pyrrole 2,3,5,7-四溴-1*H*-苯并呋喃[3,2-*b*]吡咯 【基本信息】$C_{10}H_3Br_4NO$，无定形固体.【类型】杂项三环生物碱.【来源】海洋导出的细菌假交替单胞菌属 *Pseudoalteromonas* sp. CMMED 290.【活性】抗菌 (MRSA).【文献】D. Fehér, et al. JNP, 2010, 73, 1963.

2037 5,6,9,10-Tetracarboxybenzo[*b*][1,8]naphthyridinium(1+) 5,6,9,10-四羧基苯并[*b*][1,8]萘二啶(1+) 【基本信息】$C_{16}H_9N_2O_8^+$，无定形固体.【类型】杂项三环生物碱.【来源】股贻贝属 *Perna viridis* (血淋巴).【活性】丝氨酸蛋白酶抑制剂.【文献】M. S. Khan, et al. BoMCL, 2008, 18, 3963.

2038 Usabamycin A 乌萨湾霉素 A* 【基本信息】$C_{16}H_{20}N_2O_2$【类型】杂项三环生物碱.【来源】海洋导出的链霉菌属 *Streptomyces* sp. (沉积物, 高知县乌萨湾, 日本).【活性】细胞毒 (HeLa, IC_{50} = 106.6μmol/L); 选择性 5-羟色胺吸收抑制剂 (5-羟色胺受体 5-HT_{2B}, IC_{50} = 12.4μmol/L, K_i = 7.89μmol/L).【文献】S. Sato, et al. BoMCL, 2011, 21, 7099.

2039 Usabamycin B 乌萨湾霉素 B* 【基本信息】$C_{15}H_{18}N_2O_2$, $[α]_D$ = +206.8° (*c* = 0.20, 氯仿).【类型】杂项三环生物碱.【来源】海洋导出的链霉菌属 *Streptomyces* sp. (沉积物, 高知县乌萨湾, 日本).【活性】细胞毒 (HeLa, IC_{50} = 103.5μmol/L); 选择性5-羟色胺吸收抑制剂 (5-羟色胺受体 5-HT_{2B}, IC_{50} = 8.45μmol/L, K_i = 5.38μmol/L).【文献】S. Sato, et al. BoMCL, 2011, 21, 7099.

2040 Usabamycin C 乌萨湾霉素 C* 【基本信息】$C_{15}H_{18}N_2O$, $[α]_D$ = +251.3° (*c* = 0.20, 氯仿).【类型】杂项三环生物碱.【来源】海洋导出的链霉菌属 *Streptomyces* sp. (沉积物, 高知县乌萨湾, 日本).【活性】细胞毒 (HeLa 细胞, IC_{50} = 101.9μmol/L); 选择性5-羟色胺吸收抑制剂 (5-羟色胺受体 5-HT_{2B}, IC_{50} = 8.24μmol/L, K_i = 5.24μmol/L).【文献】S. Sato, et al. BoMCL, 2011, 21, 7099.

2041 Variolin A 亮红海绵林 A* 【基本信息】$C_{15}H_{13}N_7O_2$, 红色固体, mp 196°C (分解).【类型】杂项三环生物碱.【来源】亮红海绵 *Kirkpatrickia variolosa* (嗜冷生物, 冷水域, 南极底栖生物).【活性】细胞毒 (P_{388}, IC_{50} = 3.8μg/mL, 作用机制为抑制依赖细胞周期素的激酶 CDK).【文献】N. B. Perry, et al. Tetrahedron, 1994, 50, 3987; G. Trimurtulu, et al. Tetrahedron, 1994, 50, 3993; M. D. Lebar, et al. NPR, 2007, 24, 774 (Rev.).

2042 Variolin B 亮红海绵林 B*
【基本信息】$C_{14}H_{11}N_7O$，黄色棱柱状晶体 (TFA aq)，mp 45℃ (分解).【类型】杂项三环生物碱.【来源】亮红海绵 *Kirkpatrickia variolosa* (嗜冷生物，冷水域，南极底栖生物).【活性】细胞毒 (P_{388}, IC_{50} = 0.21μg/mL)；细胞毒 (P_{388}, 作用机制为抑制依赖细胞周期素的激酶 CDK)；CDK 抑制剂 (IC_{50} = 0.03μmol/L, 选择性抑制 CDK-1 和 CDK-2 超过抑制 CDK-4 和 CDK-7).【文献】N. B. Perry, et al. Tetrahedron, 1994, 50, 3987; G. Trimurtulu, et al. Tetrahedron, 1994, 50, 3993; R. J. Anderson, et al. Tetrahedron Lett., 2001, 42, 8697; M. D. Lebar, et al. NPR, 2007, 24, 774 (Rev.); D. Skropeta, et al. Mar. Drugs, 2011, 9, 2131 (Rev.).

2043 Xylopyridine A 炭角菌吡啶 A*
【基本信息】$C_{24}H_{14}N_2O_2$，黄色针状晶体 (乙酸乙酯/石油醚)，mp 200~202℃，$[α]_D^{25}$ = +35°.【类型】杂项三环生物碱.【来源】红树导出的真菌炭角菌属 *Xylaria* sp. 2508 (米埔，香港，中国).【活性】DNA-键合亲和力 (小牛胸腺 DNA, 高活性).【文献】F. Xu, et al. Chin. J. Chem., 2009, 27, 365.

2044 Zyzzyanone A 波纳佩海绵酮 A*
【基本信息】$C_{20}H_{19}N_3O_3$，紫色固体 (三氟乙酸盐)，mp 300℃ (分解) (三氟乙酸盐).【类型】杂项三环生物碱.【来源】波纳佩海绵* *Zyzzya fuliginosa* (澳大利亚).【活性】细胞毒 (EAC, IC_{50} = 25μg/mL)；抑制细胞分裂 (受精海胆卵，25μg/mL)；紫外防护活性.【文献】N. K. Utkina, et al. Tetrahedron Lett., 2004, 45, 7491; N. K. Utkina, et al. JNP, 2005, 68, 1424; A. E. Makarchenko, et al. Chem Nat Compd., 2006, 42, 78.

2045 Zyzzyanone B 波纳佩海绵酮 B*
【基本信息】$C_{19}H_{17}N_3O_3$，紫色固体 (三氟乙酸盐).【类型】杂项三环生物碱.【来源】波纳佩海绵* *Zyzzya fuliginosa* (澳大利亚).【活性】细胞毒 (小鼠埃里希恶性上皮肿瘤细胞，中等活性)；紫外防护活性.【文献】N. K. Utkina, et al. Tetrahedron Lett., 2004, 45, 7491; N. K. Utkina, et al. JNP, 2005, 68, 1424; A. E. Makarchenko, et al. Chem Nat Compd., 2006, 42, 78.

2046 Zyzzyanone C 波纳佩海绵酮 C*
【基本信息】$C_{21}H_{19}N_3O_4$，微棕红色固体 (三氟乙酸盐).【类型】杂项三环生物碱.【来源】波纳佩海绵* *Zyzzya fuliginosa* (澳大利亚).【活性】细胞毒 (小鼠埃里希恶性上皮肿瘤细胞，中等活性)；紫外防护活性.【文献】N. K. Utkina, et al. Tetrahedron Lett., 2004, 45, 7491; N. K. Utkina, et al. JNP, 2005, 68, 1424; A. E. Makarchenko, et al. Chem Nat Compd., 2006, 42, 78.

2047 Zyzzyanone D 波纳佩海绵酮 D*
【基本信息】$C_{20}H_{17}N_3O_4$，微棕红色固体 (三氟乙酸盐).【类型】杂项三环生物碱.【来源】波纳佩海绵* Zyzzya fuliginosa (澳大利亚).【活性】细胞毒 (小鼠埃里希恶性上皮肿瘤细胞, 中等活性); 紫外防护活性.【文献】N. K. Utkina, et al. Tetrahedron Lett., 2004, 45, 7491; N. K. Utkina, et al. JNP, 2005, 68, 1424; A. E. Makarchenko, et al. Chem Nat Compd., 2006, 42, 78.

2048 Aspeverin 变色曲霉菌素*

【基本信息】$C_{22}H_{24}N_4O_2$.【类型】杂项四环及以上生物碱.【来源】海洋导出的真菌变色曲霉菌 Aspergillus versicolor dl-29 来自绿藻刺松藻 Codium fragile (大连, 辽宁, 中国).【活性】植物生长抑制剂 (浮游植物微藻 Heterosigma akashiwo, 中等活性); 有毒的 (盐水丰年虾 Artemia salina); 抗菌 (鱼肠道弧菌 Vibrio ichthyoenteri, 奇异变形杆菌 Proteus mirabilis, 阴沟肠杆菌 Enterobacter cloacae 和蜡样芽孢杆菌 Bacillus cereus).【文献】N. -Y. Ji, et al. Org. Lett., 2013, 15, 2327.

2049 Asporyzin A 稻曲霉菫A*

【基本信息】$C_{28}H_{37}NO_3$.【类型】杂项四环及以上环生物碱.【来源】海洋导出的真菌稻米曲霉 Aspergillus oryzae (内生的), 来自红藻日本异形管藻 Heterosiphonia japonica (烟台, 山东, 中国).【活性】乙酰胆碱酯酶 AChE 调制器 (低活性).【文献】M. -F. Qiao, et al. BoMCL, 2010, 20, 5677.

2050 Asporyzin B 稻曲霉菫B*

【基本信息】$C_{28}H_{37}NO_3$.【类型】杂项四环及以上生物碱.【来源】海洋导出的真菌稻米曲霉 Aspergillus oryzae (内生的), 来自红藻日本异形管藻 Heterosiphonia japonica (烟台, 山东, 中国).【活性】AChE 调制器 (低活性).【文献】M. -F. Qiao, et al. BoMCL, 2010, 20, 5677.

2051 Asporyzin C 稻曲霉菫C*

【基本信息】$C_{28}H_{39}NO_2$.【类型】杂项四环及以上生物碱.【来源】海洋导出的真菌稻米曲霉 (内生的), 来自红藻日本异形管藻 Heterosiphonia japonica (烟台, 山东, 中国).【活性】抗菌 (大肠杆菌 Escherichia coli, 高活性); AChE 调节器 (低活性).【文献】M. -F. Qiao, et al. BoMCL, 2010, 20, 5677.

2052 Auranthine 黄灰青霉因*

【基本信息】$C_{19}H_{14}N_4O_2$, 无定形固体, $[\alpha]_D^{25} = -164°$ ($c=1$, 乙醇).【类型】杂项四环及以上生物碱.【来源】海洋导出的真菌黄灰青霉 Penicillium aurantiogriseum (泥浆, 渤海, 中国), 真菌黄灰青霉 Penicillium aurantiogriseum.【活性】真菌毒素; 对肾脏有毒的.【文献】F. Song, et al. Mar. Drugs, 2012, 10, 1297; S. E. Yeulet, et al. JCS Perkin I, 1986, 1891.

2053　Baculiferin A　有杆绣球海绵素 A*

【基本信息】$C_{40}H_{27}NO_{14}S$，无定形深红色固体.【类型】杂项四环及以上生物碱.【来源】有杆绣球海绵* Iotrochota baculifera* (内珊瑚礁，海南岛，中国，深度 8m, 2005 年 10 月采样).【活性】耐多药逆转活性 (布雷菲德菌 A 在 30μmol/L 生物碱有杆绣球海绵素 A 存在下抗真菌，白色念珠菌 *Candida albicans* 敏感 GU4 菌株，MIC = 12.5μg/mL, 负效应对照 1%二甲亚砜，MIC = 6.3μg/mL; 白色念珠菌 *Candida albicans* 抗性 GU5 菌株，MIC = 50μg/mL, 负效应对照 1%二甲亚砜，MIC = 50μg/mL); 抗 HIV-1 ⅢB 病毒 (p24 抗原检测试验，MT4 细胞，IC_{50} = 7.6μg/mL); 抗 HIV-1 ⅢB 病毒 [MAGI 试验(单一生命循环): MAGI 细胞 (内含 HIV-1 ⅢB 病毒的 Hela-CD4-LTR-β-gal 指示器细胞)，IC_{50} = 3.7μg/mL]; 对 HIV-1 靶标的键合能力 [20μg/mL, 使用 BIACORE 仪器: 重组蛋白 Vif (HIV-1 的病毒性感染因子)，键合能力相应单位 RU (1RU = 1pg/mm²) = 110.7; 重组蛋白人 APOBEC3G (细胞内固有的 v 抗病毒因子)，RU = 170.6; 重组蛋白 gp41 (HIV-1 的反式膜蛋白)，RU = 17.1].【文献】G. Fan, et al. BoMC, 2010, 18, 5466.

2054　Baculiferin B　有杆绣球海绵素 B*

【基本信息】$C_{40}H_{27}NO_{14}S$，无定形深红色固体.【类型】杂项四环及以上生物碱.【来源】有杆绣球海绵* Iotrochota baculifera* (内珊瑚礁，海南岛，中国，深度 8m, 2005 年 10 月采样).【活性】耐多药逆转活性 (布雷菲德菌 A 在 30μmol/L 生物碱有杆绣球海绵素 B 存在下抗真菌，白色念珠菌 *Candida albicans* 敏感 GU4 菌株，MIC = 12.5μg/mL, 负效应对照 1%二甲亚砜，MIC = 6.3μg/mL; 白色念珠菌 *Candida albicans* 抗性 GU5 菌株，MIC = 50μg/mL, 负效应对照 1%二甲亚砜，MIC = 50μg/mL); 抗 HIV-1 ⅢB 病毒 (p24 抗原检测试验，MT4 细胞，IC_{50} = 2.2μg/mL); 抗 HIV-1 ⅢB 病毒 [MAGI 试验 (单一生命循环): MAGI 细胞 (内含 HIV-1 ⅢB 病毒的 Hela-CD4-LTR-β-gal 指示器细胞)，IC_{50} = 1.3μg/mL]; 对 HIV-1 靶标的键合能力 [20μg/mL, 使用 BIACORE 仪器: 重组蛋白 Vif (HIV-1 的病毒性感染因子)，键合能力相应单位 RU (1RU = 1pg/mm²) = 152.4; 重组蛋白人 APOBEC3G (细胞内固有的 v 抗病毒因子)，RU = 89.7; 重组蛋白 gp41 (HIV-1 的反式膜蛋白)，RU = 12.9].【文献】G. Fan, et al. BoMC, 2010, 18, 5466.

2055　Baculiferin C　有杆绣球海绵素 C*

【基本信息】$C_{40}H_{27}NO_{17}S_2$，无定形深红色固体.【类型】杂项四环及以上生物碱.【来源】有杆绣球海绵* Iotrochota baculifera* (内珊瑚礁，海南岛，中国，深度 8m, 2005 年 10 月采样).【活性】抗 HIV-1 ⅢB 病毒 (p24 抗原检测试验，MT4 细胞，IC_{50} = 8.4μg/mL); 抗 HIV-1 ⅢB 病毒 [MAGI 试验 (单一生命循环): MAGI 细胞 (内含 HIV-1ⅢB 病毒的 Hela-CD4-LTR-β-gal 指示器细胞)，IC_{50} = 1.2μg/mL]; 对 HIV-1 靶标的键合能力 [20μg/mL, 使用 BIACORE 仪器: 重组蛋白 Vif (HIV-1 的病毒性感染因子)，键合能力相应单位 RU (1RU = 1pg/mm²) = 296.4; 重组蛋白人 APOBEC3G (细胞内固有的 v 抗病毒因子)，RU = 885.9; 重组蛋白 gp41 (HIV-1 的反式膜蛋白)，RU = 115.8].【文献】G. Fan, et al. BoMC, 2010, 18, 5466.

2056　Baculiferin D　有杆绣球海绵素 D*

【基本信息】$C_{40}H_{27}NO_{17}S_2$, 无定形深红色固体.
【类型】杂项四环及以上生物碱.【来源】有杆绣球海绵* *Iotrochota baculifera* (内珊瑚礁, 海南岛, 中国, 深度 8m, 2005 年 10 月采样).【活性】耐多药逆转活性 (布雷菲德菌 A 在 30μmol/L 生物碱有杆绣球海绵素 D 存在下抗真菌, 白色念珠菌 *Candida albicans* 敏感 GU4 菌株, MIC = 12.5μg/mL, 负效应对照 1%二甲亚砜, MIC = 6.3μg/mL; 白色念珠菌 *Candida albicans* 抗性 GU5 菌株, MIC = 50μg/mL, 负效应对照 1%二甲亚砜, MIC = 50μg/mL).
【文献】G. Fan, et al. BoMC, 2010, 18, 5466.

2057　Baculiferin E　有杆绣球海绵素 E*

【基本信息】$C_{40}H_{27}NO_{17}S_2$, 无定形深红色固体.
【类型】杂项四环及以上生物碱.【来源】有杆绣球海绵* *Iotrochota baculifera* (内珊瑚礁, 海南岛, 中国, 深度 8m, 2005 年 10 月采样).【活性】耐多药逆转活性 (布雷菲德菌 A 在 30μmol/L 生物碱有杆绣球海绵素 E 存在下抗真菌, 白色念珠菌 *Candida albicans* 敏感 GU4 菌株, MIC = 12.5μg/mL, 负效应对照 1%二甲亚砜, MIC = 6.3μg/mL; 白色念珠菌 *Candida albicans* 抗性 GU5 菌株, MIC = 50μg/mL, 负效应对照 1%二甲亚砜, MIC = 50μg/mL); 抗 HIV-1 ⅢB 病毒 (p24 抗原检测试验, MT4 细胞, IC_{50} = 4.6μg/mL); 抗 HIV-1 ⅢB 病毒 [MAGI 试验 (单一生命循环): MAGI 细胞 (内含 HIV-1 ⅢB 病毒的 Hela-CD4-LTR-β-gal 指示器细胞), IC_{50} = 2.7μg/mL]; 对 HIV-1 靶标的键合能力 [20μg/mL, 使用 BIACORE 仪器: 重组蛋白 Vif (HIV-1 的病毒性感染因子), 键合能力相应单位 RU (1RU = 1pg/mm^2) = 361.9; 重组蛋白人 APOBEC3G (细胞内固有的 v 抗病毒因子), RU = 991.5; 重组蛋白 gp41 (HIV-1 的反式膜蛋白), RU = 108.7].【文献】G. Fan, et al. BoMC, 2010, 18, 5466.

2058　Baculiferin F　有杆绣球海绵素 F*

【基本信息】$C_{40}H_{27}NO_{17}S_2$, 无定形深红色固体.
【类型】杂项四环及以上生物碱.【来源】有杆绣球海绵* *Iotrochota baculifera* (内珊瑚礁, 海南岛, 中国, 深度 8m, 2005 年 10 月采样).【活性】耐多药逆转活性 (布雷菲德菌 A 在 30μmol/L 生物碱有杆绣球海绵素 F 存在下抗真菌, 白色念珠菌 *Candida albicans* 敏感 GU4 菌株, MIC = 12.5μg/mL, 负效应对照 1%二甲亚砜, MIC = 6.3μg/mL; 白色念珠菌 *Candida albicans* 抗性 GU5 菌株, MIC = 50μg/mL, 负效应对照 1%二甲亚砜, MIC = 50μg/mL); 抗 HIV-1 ⅢB 病毒 (p24 抗原检测试验, MT4 细胞, IC_{50} = 4.6μg/mL); 抗 HIV-1 ⅢB 病毒 [MAGI 试验(单一生命循环): MAGI 细胞 (内含 HIV-1 ⅢB 病毒的 Hela-CD4-LTR-β-gal 指示器细胞), IC_{50} = 2.7μg/mL]; 对 HIV-1 靶标的键合能力 [20μg/mL, 使用 BIACORE 仪器: 重组蛋白 Vif (HIV-1 的病毒性感染因子), 键合能力相应单位 RU (1RU = 1pg/mm^2) = 361.9; 重组蛋白人 APOBEC3G (细胞

内固有的 v 抗病毒因子), RU = 991.5; 重组蛋白 gp41 (HIV-1 的反式膜蛋白), RU = 108.7].【文献】G. Fan, et al. BoMC, 2010, 18, 5466.

2059　Baculiferin G　有杆绣球海绵素 G*
【基本信息】$C_{40}H_{27}NO_{20}S_3$, 无定形深红色固体.【类型】杂项四环及以上生物碱.【来源】有杆绣球海绵* *Iotrochota baculifera* (内珊瑚礁, 海南岛, 中国, 深度 8m, 2005 年 10 月采样).【活性】抗 HIV-1 IIIB 病毒 (p24 抗原检测试验, MT4 细胞, IC_{50} = 3.2μg/mL); 抗 HIV-1 IIIB 病毒 [MAGI 试验 (单一生命循环): MAGI 细胞 (内含 HIV-1 IIIB 病毒的 Hela-CD4-LTR-β-gal 指示器细胞), IC_{50} = 4.4μg/mL]; 对 HIV-1 靶标的键合能力 [20μg/mL, 使用 BIACORE 仪器: 重组蛋白 Vif (HIV-1 的病毒性感染因子), 键合能力相应单位 RU (1RU = 1pg/mm^2) = 446.8; 重组蛋白人 APOBEC3G (细胞内固有的抗病毒因子), RU = 571.8; 重组蛋白 gp41 (HIV-1 的反式膜蛋白), RU = 125.1); 细胞毒 (HCT8, Bel7402, BGC823, A549 和 A2780, IC_{50} = 19.7μmol/L, 中等活性].【文献】G. Fan, et al. BoMC, 2010, 18, 5466.

2060　Baculiferin H　有杆绣球海绵素 H*
【基本信息】$C_{40}H_{27}NO_{20}S_3$, 无定形深红色固体.【类型】杂项四环及以上生物碱.【来源】有杆绣球海绵* *Iotrochota baculifera* (内珊瑚礁, 海南岛, 中国, 深度 8m, 2005 年 10 月采样).【活性】抗 HIV-1 IIIB 病毒 (p24 抗原检测试验, MT4 细胞, IC_{50} = 1.4μg/mL); 抗 HIV-1 IIIB 病毒 [MAGI 试验(单一生命循环): MAGI 细胞 (内含 HIV-1 IIIB 病毒的 Hela-CD4-LTR-β-gal 指示器细胞), IC_{50} = 1.3μg/mL; 对 HIV-1 靶标的键合能力 [20μg/mL, 使用 BIACORE 仪器: 重组蛋白 Vif (HIV-1 的病毒性感染因子), 键合能力相应单位 RU (1RU = 1pg/mm^2) = 259; 重组蛋白人 APOBEC3G (细胞内固有的抗病毒因子), RU = 578.5; 重组蛋白 gp41 (HIV-1 的反式膜蛋白), RU = 76.2].【文献】G. Fan, et al. BoMC, 2010, 18, 5466.

2061　Baculiferin L　有杆绣球海绵素 L*
【基本信息】$C_{34}H_{21}NO_{12}$, 无定形深红色固体.【类型】杂项四环及以上生物碱.【来源】有杆绣球海绵* *Iotrochota baculifera* (内珊瑚礁, 海南岛, 中国, 深度 8m, 2005 年 10 月采样).【活性】抗 HIV-1 IIIB 病毒 (p24 抗原检测试验, MT4 细胞, IC_{50} = 7.0μg/mL); 抗 HIV-1 IIIB 病毒 [MAGI 试验 (单一生命循环): MAG 细胞 I (内含 HIV-1 IIIB 病毒的 Hela-CD4-LTR-β-gal 指示器细胞), IC_{50} = 4.1μg/mL]; 对 HIV-1 靶标的键合能力 [20μg/mL, 使用 BIACORE 仪器: 重组蛋白 Vif (HIV-1 的病毒性感染因子), 键合能力相应单位 RU (1RU = 1pg/mm^2) = 1983.2; 重组蛋白人 APOBEC3G (细胞内固有的 v 抗病毒因子), RU = 2170.7; 重组蛋白 gp41 (HIV-1 的反式膜蛋白), RU = 469.0].【文献】G. Fan, et al. BoMC, 2010, 18, 5466.

2062　Baculiferin M　有杆绣球海绵素 M*

【基本信息】$C_{34}H_{21}NO_{15}S$, 无定形深红色固体.【类型】杂项四环及以上生物碱.【来源】有杆绣球海绵* *Iotrochota baculifera* (内珊瑚礁, 海南岛, 中国, 深度 8m, 2005 年 10 月采样).【活性】耐多药逆转活性 (布雷菲德菌 A 在 30μmol/L 生物碱有杆绣球海绵素 M 存在下抗真菌, 白色念珠菌 *Candida albicans* 敏感 GU4 菌株, MIC = 12.5μg/mL, 负效应对照 1%二甲亚砜, MIC = 6.3μg/mL; 白色念珠菌 *Candida albicans* 抗性 GU5 菌株, MIC = 50μg/mL, 负效应对照 1%二甲亚砜, MIC = 50μg/mL); 抗 HIV-1 ⅢB 病毒 (p24 抗原检测试验, MT4 细胞, IC_{50} = 5.0μg/mL); 抗 HIV-1 ⅢB 病毒 [MAGI 试验 (单一生命循环): MAGI 细胞 (内含 HIV-1 ⅢB 病毒的 Hela-CD4-LTR-β-gal 指示器细胞), IC_{50} = 0.2μg/mL]; 对 HIV-1 靶标的键合能力 [20μg/mL, 使用 BIACORE 仪器: 重组蛋白 Vif (HIV-1 的病毒性感染因子), 键合能力相应单位 RU (1RU = 1pg/mm²) = 1897.0; 重组蛋白人 APOBEC3G (细胞内固有的 v 抗病毒因子), RU = 2463.5; 重组蛋白 gp41 (HIV-1 的反式膜蛋白), RU = 379.7); 细胞毒 (HCT8, Bel7402, BGC823, A549 和 A2780, IC_{50} = 65.8μmol/L, 中等活性].【文献】G. Fan, et al. BoMC, 2010, 18, 5466.

2063　Baculiferin O　有杆绣球海绵素 O*

【基本信息】$C_{18}H_9NO_{11}S$, 无定形亮黄色固体.【类型】杂项四环及以上生物碱.【来源】有杆绣球海绵* *Iotrochota baculifera* (内珊瑚礁, 海南岛, 中国, 深度 8m, 2005 年 10 月采样).【活性】细胞毒 (HCT8, Bel7402, BGC823, A549 和 A2780, IC_{50} = 33.1μmol/L, 中等活性).【文献】G. Fan, et al. BoMC, 2010, 18, 5466.

2064　Calothrixin A　眉藻新 A*

【基本信息】$C_{19}H_{10}N_2O_3$, 葡萄酒红色长针状结晶 (二甲亚砜).【类型】杂项四环及以上生物碱.【来源】蓝细菌眉藻属 *Calothrix* sp. (土壤).【活性】抗癌细胞效应 (模型: 人 CEM 细胞; 机制: 抑制细胞循环) (Khan, 2009); 细胞毒 (3H-胸腺嘧啶核苷合并试验, HeLa) (Chen, 2003); 细胞毒 (MTT 试验, CEM, IC_{50} = 0.20~5.13μmol/L); DNA 拓扑异构酶 I 毒物; 杀疟原虫的 (抗氯喹的恶性疟原虫 *Plasmodium falciparum*, IC_{50}= 58nmol/L).【文献】R. W. Rickards, et al. Tetrahedron, 1999, 55, 13513; X. X. Chen, et al. J. Appl. Phycol. 2003, 15, 269; Q. A. Khan, et al. JNP 2009, 72, 438.

2065　Calothrixin B　眉藻新 B*

【基本信息】$C_{19}H_{10}N_2O_2$, 无定形橙红色固体.【类型】杂项四环及以上生物碱.【来源】蓝细菌眉藻属 *Calothrix* sp. (土壤). 【活性】抗癌细胞效应 (模型: HeLa 细胞; 机制: 抑制细胞循环; 氧化应激诱导) (Chen, 2003); 细胞毒 (MTT 试验, HeLa); 细胞毒 (MTT 试验, CEM, IC_{50} = 0.20~5.13μmol/L); DNA 拓扑异构酶 I 毒物; 细胞循环效应 (产生 G_1 阶段的中止, 0.1μmol/L); 杀疟原虫

的 (抗氯喹的恶性疟原虫 Plasmodium falciparum, IC_{50} = 180nmol/L).【文献】R. W. Rickards, et al. Tetrahedron, 1999, 55, 13513; X. X. Chen, et al. J. Appl. Phycol. 2003, 15, 269; P. H. Bernardo, et al. BoMCL, 2007, 17, 82; Q. A. Khan, et al. JNP 2009, 72, 438.

2066 (R)-Circumdatin L (R)-环达亭 L*
【基本信息】$C_{17}H_{13}N_3O_3$.【类型】杂项四环及以上生物碱.【来源】深海真菌曲霉菌属 Aspergillus westerdijkiae DFFSCS013 (南海，中国).【活性】抗污剂 (抗船底附着生物总合草苔虫 Bugula neritina 幼虫定居，EC_{50} = 8.81μg/mL, LC_{50} > 200μg/mL, LC_{50}/EC_{50} > 24.7).【文献】X. Zhang, et al. J. Ind. Microbiol. Biotechnol., 2014, 41, 741.

2067 (S)-Circumdatin L (S)-环达亭 L*
【基本信息】$C_{17}H_{13}N_3O_3$.【类型】杂项四环及以上生物碱.【来源】深海真菌曲霉菌属 Aspergillus westerdijkiae DFFSCS013 (南海，中国).【活性】抗污剂 (抗船底附着生物总合草苔虫 Bugula neritina 幼虫定居，EC_{50} = 34.91μg/mL, LC_{50} > 200μg/mL, LC_{50}/EC_{50} > 5.73).【文献】X. Zhang, et al. J. Ind. Microbiol. Biotechnol., 2014, 41, 741.

2068 Citrinadin A 橘青霉定 A*
【基本信息】$C_{35}H_{52}N_4O_6$, 油状物，$[α]_D^{19}$ = −17° (c = 0.4, 甲醇).【类型】杂项四环及以上生物碱.【来源】海洋导出的真菌橘青霉 Penicillium citrinum N-059 (液体培养基)，来自未鉴定的红藻.【活性】细胞毒 无活性.【文献】M. Tsuda, et al. Org. Lett., 2004, 6, 3087; M. Saleem, et al. NPR, 2007,
24, 1142 (Rev.); Z. Bian, et al. JACS, 2013, 135, 10886 (结构修正).

2069 Citrinadin B 橘青霉定 B*
【基本信息】$C_{28}H_{39}N_3O_4$, 浅黄色固体，$[α]_D^{20}$ = +8° (c = 1, 甲醇).【类型】杂项四环及以上生物碱.【来源】海洋导出的真菌橘青霉 Penicillium citrinum N-059，来自棕藻黏皮藻科辐毛藻 Actinotrichia fragilis.【活性】细胞毒 (L_{1210}, IC_{50} = 10μg/mL).【文献】M. Tsuda, et al. Org. Lett., 2004, 6, 3087; T. Mugishima, et al. JOC, 2005, 70, 9430; K. Kong, et al. JACS, 2013, 135, 10890 (structure revised).

2070 Communesin A 青霉新 A*
【别名】Commindoline B; 青霉都林 B*.【基本信息】$C_{28}H_{32}N_4O_2$, 无定形粉末，mp 194~196°C, mp > 300°C, $[α]_D^{20}$ = −174° (c = 1.34, 氯仿).【类型】杂项和四及以上环生物碱.【来源】海洋导出的真菌青霉属 Penicillium sp. OUPS-79，来自绿藻肠浒苔 Enteromorpha intestinalis, 陆地真菌扩展青霉 Penicillium expansum MK-57.【活性】细胞毒 (P_{388}, ED_{50} = 3.5μg/mL); 杀昆虫剂.【文献】A. Numata, et al. Tetrahedron Lett., 1993, 34, 2355; C. Iwamoto, et al. Tetrahedron, 1999, 55, 14353.

2071 Communesin B 青霉新 B*
【别名】Commindoline A; Nomofungin; 青霉都林 A*.【基本信息】$C_{32}H_{36}N_4O_2$, 无定形粉末，mp 165~170°C, mp 152~154°C, $[α]_D^{22}$ = +8.7° (c = 0.2,

氯仿), $[\alpha]_D^{20} = -74.9°$ ($c = 1.5$, 氯仿).【类型】杂项四环及以上生物碱.【来源】海洋导出的真菌青霉属 *Penicillium* sp. OUPS-79, 来自绿藻肠浒苔 *Enteromorpha intestinalis*, 陆地真菌扩展青霉 *Penicillium expansum* MK-57.【活性】细胞毒 (P_{388}, $ED_{50} = 0.45\mu g/mL$); 真菌毒素; 杀昆虫剂.【文献】A. Numata, et al. Tetrahedron Lett., 1993, 34, 2355; C. Iwamoto, et al. Tetrahedron, 1999, 55, 14353; A. S. Ratnayake, et al. JOC, 2001, 66, 8717; 2003, 68, 1640.

2072　Communesin C　青霉新 C*

【基本信息】$C_{31}H_{34}N_4O_2$, $[\alpha]_D = -30°$ ($c = 0.04$, 甲醇).【类型】杂项四环及以上生物碱.【来源】海洋导出的真菌青霉属 *Penicillium* sp., 来自疣突小轴海绵 *Axinella verrucosa* (地中海).【活性】细胞毒 (白血病细胞株 U937, THP-1, NAMALWA, L428, Molt3 和 SUP-B15, 中等活性 抗恶性细胞增生).【文献】R. Jadulco, et al. JNP, 2004, 67, 78; CRC Press, DNP on DVD, 2012, versiom 20.2.

2073　Communesin D　青霉新 D*

【别名】Communesin C‡; 青霉新 C*‡.【基本信息】$C_{32}H_{34}N_4O_3$, 无定形粉末, mp 190~195°C, $[\alpha]_D = +23.3°$ ($c = 0.04$, 甲醇), $[\alpha]_D^{20} = +150°$ ($c = 0.14$, 氯仿).【类型】杂项四环及以上生物碱.【来源】海洋导出的真菌青霉属 *Penicillium* sp., 来自疣突小轴海绵 *Axinella verrucosa* (地中海), 真菌扩展青霉 *Penicillium expansum* Link MK-57 (日本水域).【活性】细胞毒 (白血病细胞株 U937, THP-1, NAMALWA, L428, Molt3 和 SUP-B15, 中等活性 抗恶性细胞增生); 杀昆虫剂 (家蚕幼虫).【文献】R. Jadulco, et al. JNP, 2004, 67, 78; H. Hayashi, et al. Biosci. Biotechnol. Biochem., 2004, 68, 753; CRC Press, DNP on DVD, 2012, versiom 20.2.

2074　Communesin E　青霉新 E*

【别名】Communesin D‡; 青霉新 D*‡.【基本信息】$C_{27}H_{30}N_4O_2$, 无定形粉末, mp 250°C (分解), $[\alpha]_D^{20} = -156°$ ($c = 0.11$, 氯仿).【类型】杂项四环及以上生物碱.【来源】真菌扩展青霉 *Penicillium expansum* Link MK-57 (日本水域).【活性】杀昆虫剂 (家蚕幼虫).【文献】H. Hayashi, et al. Biosci. Biotechnol. Biochem., 2004, 68, 753.

2075　Communesin F　青霉新 F*

【别名】Communesin E‡; 青霉新 E*‡.【基本信息】$C_{28}H_{32}N_4O$, 无定形粉末, mp 144~147°C, $[\alpha]_D^{20} = -264°$ ($c = 0.34$, 氯仿).【类型】杂项四环及以上生物碱.【来源】真菌扩展青霉 *Penicillium expansum* Link MK-57 (日本水域).【活性】杀昆虫剂 (家蚕幼虫).【文献】H. Hayashi, et al. Biosci. Biotechnol. Biochem., 2004, 68, 753.

2076　Cottoquinazoline C　扣投喹唑啉 C*

【基本信息】$C_{26}H_{25}N_5O_4$.【类型】杂项四环及以上生物碱.【来源】海洋导出的真菌变色曲霉菌 *Aspergillus versicolor* MST-MF495 和 LCJ-5-4, 来

自短足软珊瑚属 Cladiella sp. (南海, 中国).【活性】抗真菌 (白色念珠菌 Candida albicans, 适度活性).【文献】L. J. Fremlin, et al. JNP, 2009, 72, 666; Y. Zhuang, et al. Org. Lett., 2011, 13, 1130.

2077 Cottoquinazoline D 扣投喹唑啉 D*
【基本信息】$C_{24}H_{19}N_5O_4$.【类型】杂项四环及以上生物碱.【来源】海洋导出的真菌变色曲霉菌 Aspergillus versicolor MST-MF495 和 LCJ-5-4, 来自短足软珊瑚属 Cladiella sp. (南海, 中国).【活性】抗真菌 (白色念珠菌 Candida albicans, MIC = 22.6μmol/L).【文献】L. J. Fremlin, et al. JNP, 2009, 72, 666; Y. Zhuang, et al. Org. Lett., 2011, 13, 1130.

2078 Cystodimine A 西班牙海鞘亚胺 A*
【基本信息】$C_{18}H_{12}N_4O$.【类型】杂项四环及以上生物碱.【来源】Polycitoridae 科海鞘 Cystodytes dellechiajei (绿色样本, 卡沃德加塔, 南部西班牙, 地中海).【活性】抗菌 (大肠杆菌 Escherichia coli, 藤黄色微球菌 Micrococcus luteus, MIC = 1.1~10.5μg/mL).【文献】N. Bontemps, et al. JNP, 2010, 73, 1044.

2079 Cystodimine B 西班牙海鞘亚胺 B*
【基本信息】$C_{18}H_{12}N_4O_2$.【类型】杂项四环及以上生物碱.【来源】Polycitoridae 科海鞘 Cystodytes dellechiajei (绿色样本, 卡沃德加塔, 南部西班牙, 地中海).【活性】抗菌 (大肠杆菌 Escherichia coli, 藤黄色微球菌 Micrococcus luteus, MIC = 1.1~10.5μg/mL).【文献】N. Bontemps, et al. JNP, 2010, 73, 1044.

2080 N-Deacetylshermilamine B N-去乙酰舍米胺 B*
【基本信息】$C_{19}H_{16}N_4OS$.【类型】杂项四环及以上生物碱.【来源】Polycitoridae 科海鞘 Cystodytes dellechiajei (绿色样本, 卡沃德加塔, 南部西班牙, 地中海; 紫色样本, 加泰罗尼亚, 西北西班牙, 地中海).【活性】抗菌 (大肠杆菌 Escherichia coli, 藤黄色微球菌 Micrococcus luteus, MIC = 1.1~10.5μg/mL).【文献】N. Bontemps, et al. JNP, 2010, 73, 1044.

2081 Densanin A 稠密蜂海绵宁 A*
【基本信息】$C_{33}H_{49}N_2O_3$.【类型】杂项四环及以上生物碱.【来源】稠密蜂海绵* Haliclona densaspicula (科蒙岛, 韩国).【活性】NO 生成抑制剂 (LPS 刺激的 BV2 单神经胶质细胞).【文献】B. S. Hwang, et al. Org. Lett., 2012, 14, 6154.

2082　Densanin B　稠密蜂海绵宁 B*

【基本信息】$C_{33}H_{53}N_2O_3^+$.【类型】杂项四环及以上生物碱.【来源】稠密蜂海绵* Haliclona densaspicula (科蒙岛, 韩国).【活性】NO 生成抑制剂 (LPS 刺激的 BV2 单神经胶质细胞).【文献】B. S. Hwang, et al. Org. Lett., 2012, 14, 6154.

2083　Dictyodendrine A*　树突状素 A*

【基本信息】$C_{43}H_{34}N_2O_{11}S$, 无定形红色固体 (钠盐), $[\alpha]_D^{19} = -4.6°$ (c = 0.01, 甲醇/0.3mol/L $NaClO_4$) (钠盐).【类型】杂项四环及以上生物碱.【来源】日本海绵* Dictyodendrilla verongiformis (日本水域).【活性】端粒酶抑制剂.【文献】K. Warabi, et al. JOC, 2003, 68, 2765.

2084　Dictyodendrine B*　树突状素 B*

【基本信息】$C_{41}H_{30}N_2O_{10}S$, 无定形黄色固体 (钠盐).【类型】杂项四环及以上生物碱.【来源】日本海绵* Dictyodendrilla verongiformis (日本水域).【活性】端粒酶抑制剂.【文献】K. Warabi, et al. JOC, 2003, 68, 2765.

2085　Dictyodendrine C*　树突状素 C*

【基本信息】$C_{34}H_{24}N_2O_9S$, 青黄色固体 (钠盐).【类型】杂项四环及以上生物碱.【来源】日本海绵* Dictyodendrilla verongiformis (日本水域).【活性】端粒酶抑制剂.【文献】K. Warabi, et al. JOC, 2003, 68, 2765.

2086　Dictyodendrine D*　树突状素 D*

【基本信息】$C_{34}H_{24}N_2O_{12}S_2$, 青黄色固体 (钠盐).【类型】杂项四环及以上生物碱.【来源】日本海绵* Dictyodendrilla verongiformis (日本水域).【活性】端粒酶抑制剂.【文献】K. Warabi, et al. JOC, 2003, 68, 2765.

2087　Dictyodendrine E*　树突状素 E*

【基本信息】$C_{41}H_{30}N_2O_9S$, 无定形红色固体 (钠盐).【类型】杂项四环及以上生物碱.【来源】日本海绵* Dictyodendrilla verongiformis (日本水域).【活性】端粒酶抑制剂.【文献】K. Warabi, et al. JOC, 2003, 68, 2765.

2088　Dictyodendrine F*　树突状素 F*
【基本信息】$C_{34}H_{24}N_2O_6$.【类型】杂项四环及以上生物碱.【来源】小紫海绵属 *Ianthella* sp. CMB-01245（巴斯海峡，澳大利亚）.【活性】蛋白酶 β-分泌酶（BACE）抑制剂；细胞毒（SW620 和 P-糖蛋白过度表达的 SW620 Ad300）；抗阿尔兹海默病（有潜力的）.【文献】H. Zhang, et al. RSC Adv., 2012, 2, 4209.

2089　Dictyodendrine G*　树突状素 G*
【基本信息】$C_{35}H_{26}N_2O_6$.【类型】杂项四环及以上生物碱.【来源】小紫海绵属 *Ianthella* sp. CMB-01245（巴斯海峡，澳大利亚）.【活性】细胞毒（SW620 和 P-糖蛋白过度表达的 SW620 Ad300）.【文献】H. Zhang, et al. RSC Adv., 2012, 2, 4209.

2090　Dictyodendrine H*　树突状素 H*
【基本信息】$C_{34}H_{23}BrN_2O_6$.【类型】杂项四环及以上生物碱.【来源】小紫海绵属 *Ianthella* sp. CMB-01245（巴斯海峡，澳大利亚）.【活性】蛋白酶 β-分泌酶（BACE）抑制剂；细胞毒（SW620 和 P-糖蛋白过度表达的 SW620 Ad300）；抗阿尔兹海默病（有潜力的）.【文献】H. Zhang, et al. RSC Adv., 2012, 2, 4209.

2091　Dictyodendrine I*　树突状素 I*
【基本信息】$C_{34}H_{23}IN_2O_6$.【类型】杂项四环及以上生物碱.【来源】小紫海绵属 *Ianthella* sp. CMB-01245（巴斯海峡，澳大利亚）.【活性】蛋白酶 β-分泌酶（BACE）抑制剂；细胞毒（SW620 和 P-糖蛋白过度表达的 SW620 Ad300）；抗阿尔兹海默病（有潜力的）.【文献】H. Zhang, et al. RSC Adv., 2012, 2, 4209.

2092　Dihydroingenamine D　二氢巨大锉海绵胺 D*
【基本信息】$C_{28}H_{44}N_2O$.【类型】杂项四环及以上生物碱.【来源】Haplosclerida 目石海绵科海绵（珊瑚海，昆士兰，澳大利亚）.【活性】杀疟原虫的（恶性疟原虫 *Plasmodium falciparum*，多种菌株，ng/mL 范围低浓度水平就有活性）.【文献】M. Ilias, et al. PM, 2012, 78, 1690.

2093　Divergolide A　木榄内酯 A*
【基本信息】$C_{31}H_{39}NO_8$.【类型】杂项四环及以上生物碱.【来源】红树导出的链霉菌属 *Streptomyces* sp., 来自红树木榄 *Bruguiera gymnorrhiza*（树干）.【活性】细胞毒；抗菌（枯草杆菌 *Bacillus subtilis*, 牡牛分枝杆菌 *Mycobacterium vaccae*）.【文献】L. Ding, et al. Angew. Chem., Int. Ed., 2011, 50, 1630.

2094 Divergolide C 木榄内酯 C*
【基本信息】$C_{31}H_{35}NO_8$.【类型】杂项四环及以上生物碱.【来源】红树导出的链霉菌属 *Streptomyces* sp., 来自红树木榄 *Bruguiera gymnorrhiza* (树干).【活性】细胞毒; 抗菌 (枯草杆菌 *Bacillus subtilis*, 牡牛分枝杆菌 *Mycobacterium vaccae*).【文献】L. Ding, et al. Angew. Chem., Int. Ed., 2011, 50, 1630.

2095 Divergolide D 木榄内酯 D*
【基本信息】$C_{31}H_{35}NO_8$.【类型】杂项四环及以上生物碱.【来源】红树导出的链霉菌属 *Streptomyces* sp., 来自红树木榄 *Bruguiera gymnorrhiza* (树干).【活性】细胞毒; 抗菌 (枯草杆菌 *Bacillus subtilis*, 牡牛分枝杆菌 *Mycobacterium vaccae*).【文献】L. Ding, et al. Angew. Chem., Int. Ed., 2011, 50, 1630.

2096 Granulatimide 星骨海鞘二酰亚胺*
【基本信息】$C_{15}H_8N_4O_2$, 黄色固体.【类型】杂项四环及以上生物碱.【来源】星骨海鞘属 *Didemnum granulatum* (巴西).【活性】特定细胞循环核查点 G_2 抑制剂.【文献】R. G. S. Berlinch, et al. JOC, 1998, 63, 9850.

2097 Grossularine 1 烘焙豆海鞘碱 1*
【基本信息】$C_{23}H_{18}N_6O$, 无定形黄色粉末, mp 350℃.【类型】杂项四环及以上生物碱.【来源】烘焙豆海鞘 *Dendrodoa grossularia*.【活性】细胞毒 (L_{1210}, $IC_{50} = 6\mu g/mL$).【文献】C. Moquin, et al. Tetrahedron Lett., 1984, 25, 5047; C. Moquin-Pattey, et al. Tetrahedron, 1989, 45, 3445; S. Achab, et al. Tetrahedron Lett., 1993, 34, 2127; T. Choshi, et al. Synlett, 1995, 147; T. Choshi, et al. JOC, 1995, 60, 5899.

2098 Grossularine 2 烘焙豆海鞘碱 2*
【基本信息】$C_{21}H_{17}N_5O_2$, 晶体 (四氢呋喃/甲醇), mp 281~283℃; mp 197℃.【类型】杂项四环及以上生物碱.【来源】烘焙豆海鞘 *Dendrodoa grossularia*.【活性】抗肿瘤 (人实体肿瘤: WiDr 和 MCF7); 细胞毒 (L_{1210}, $IC_{50} = 4\mu g/mL$).【文献】C. Moquin-Pattey, et al. Tetrahedron, 1989, 45, 3445; S. Achab, et al. Tetrahedron Lett., 1993, 34, 2127; T. Choshi, et al. Synlett, 1995, 147; T. Choshi, et al. JOC, 1995, 60, 5899.

2099 (−)-Haliclonadiamine (−)-蜂海绵双胺*
【基本信息】$C_{25}H_{40}N_2$, mp 115~117℃, $[\alpha]_D = 18.2°$.【类型】杂项四环及以上生物碱.【来源】蜂海绵属 *Haliclona* sp.【活性】抗微生物.【文献】E. Fahy, et al. Tetrahedron Lett., 1988, 29, 3427; A. G. M. Barrett, et al. J. Chem. Soc., Chem. Commun., 1994, 1881; G. -Y. -S. Wang, et al. Tetrahedron Lett., 1996, 37, 1813.

2100 Haliclonine A 蜂海绵宁 A*

【基本信息】$C_{32}H_{48}N_2O_4$，树胶状物，$[\alpha]_D^{20} = -23.6°$ (c = 0.14, 甲醇).【类型】杂项四环及以上生物碱.【来源】蜂海绵属 *Haliclona* sp. (济州岛, 韩国).【活性】抗菌（金黄色葡萄球菌 *Staphylococcus aureus* ATCC 6538p, MIC = 25μg/mL; 枯草杆菌 *Bacillus subtilis* ATCC 6633, MIC = 6.25μg/mL; 藤黄色微球菌 *Micrococcus luteus* IFO 12708, MIC = 12.5μg/mL; 普通变形杆菌 *Proteus vulgaris* ATCC 3851, MIC = 12.5μg/mL; 大肠杆菌 *Escherichia coli* ATCC 25922, MIC > 100μg/mL); 细胞毒 (K562, IC_{50} = 15.9μg/mL (0.03mmol/L).【文献】K. H. Jang, et al. Org. Lett., 2009, 11, 1713.

2101 Hamigeran D 哈米杰拉海绵素 D*

【基本信息】$C_{21}H_{26}BrNO_2$，浅黄色固体，$[\alpha]_D^{25}$ = -47.1° (c = 0.21, 二氯甲烷).【类型】杂项四环及以上生物碱.【来源】哈米杰拉属海绵* *Hamigera tarangaensis*.【活性】细胞毒.【文献】K. D. Wellington, et al. JNP, 2000, 63, 79.

2102 22-Hydroxyingamine A 22-羟基巨大锉海绵胺 A*

【基本信息】$C_{30}H_{44}N_2O_2$.【类型】杂项四环及以上生物碱.【来源】Haplosclerida 目石海绵科海绵 (珊瑚海, 昆士兰, 澳大利亚).【活性】杀疟原虫的 (恶性疟原虫 *Plasmodium falciparum*, 多种菌株, ng/mL 范围低浓度水平就有活性).【文献】M. Ilias, et al. PM, 2012, 78, 1690.

2103 4-Hydroxy-1′,3,4′-tri(4-hydroxyphenyl)-3′-[2-(4-hydroxyphenyl)ethyl]-7′-(sulfooxy)spiro[furan-2(5H),2′(3′H)-pyrrolo[2,3-c]carbazole]-5,5′(6′H)-dione 4-羟基-1′,3,4′-三(4-羟苯基)-3′-[2-(4-羟苯基)乙基]-7′-(磺基氧)螺[呋喃-2(5H),2′(3′H)-吡咯并[2,3-c]咔唑]-5,5′(6′H)-二酮

【基本信息】$C_{43}H_{30}N_2O_{12}S$，紫色固体（钠盐），mp > 300°C（钠盐），外消旋体.【类型】杂项四环及以上生物碱.【来源】日本海绵属 *Dictyodendrilla* sp. (日本水域).【活性】醛糖还原酶抑制剂.【文献】A. Sato, et al. JOC, 1993, 58, 7632.

2104 Ileabethoxazole 伊丽莎白柳珊瑚唑*

【基本信息】$C_{21}H_{27}NO_2$，浅黄色油状物，$[\alpha]_D^{20}$ = +6.8° (c = 1, 氯仿).【类型】杂项四环及以上生物碱.【来源】伊丽莎白柳珊瑚* *Pseudopterogorgia elisabethae*.【活性】抗结核（结核分枝杆菌 *Mycobacterium tuberculosis* H37Rv, 4μg/mL, InRt = 29%, 8μg/mL InRt = 38%, 16μg/mL InRt = 54%, 32μg/mL, InRt = 73%, 64~128μg/mL InRt = 92%,

MIC = 61μg/mL; 对照利福平, MIC = 0.1μg/mL).
【文献】I. I. Rodríguez, et al. Tetrahedron Lett. 2006, 47, 3229.

新几内亚).【活性】细胞毒.【文献】F. Kong, et al. Tetrahedron Lett., 1994, 35, 1643.

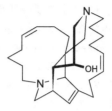

2105　Ingamine A　巨大锉海绵胺 A*
【基本信息】$C_{30}H_{44}N_2O$, 无色玻璃体, $[α]_D$= +131º (c = 0.8, 甲醇).【类型】杂项四环及以上生物碱.【来源】巨大锉海绵* *Xestospongia ingens* (巴布亚新几内亚).【活性】细胞毒.【文献】F. Kong, et al. Tetrahedron, 1994, 50, 6137; 1995, 51, 2895.

2108　Ingenamine G　巨大锉海绵胺 G*
【基本信息】$C_{32}H_{50}N_2O$, 玻璃体, $[α]_D^{29}$ = –59.2º (c = 0.05, 甲醇).【类型】杂项和四及以上环生物碱.【来源】厚指海绵属 *Pachychalina* sp. (巴西).【活性】细胞毒 (HCT8, B16 和 MCF7); 抗菌 (金黄色葡萄球菌 *Staphylococcus aureus* ATCC 25923, 大肠杆菌 *Escherichia coli* ATCC 25922 和四种抗苯唑西林的金黄色葡萄球菌 *Staphylococcus aureus* 菌株); 抗结核 (结核分枝杆菌 *Mycobacterium tuberculosis* H37Rv).【文献】J. H. H. L. De Oliveira, et al. JNP, 2004, 67, 1685.

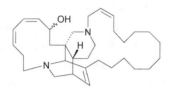

2106　Ingamine B　巨大锉海绵胺 B*
【基本信息】$C_{30}H_{44}N_2$, 玻璃体, $[α]_D$ = +105º (c = 0.5, 甲醇).【类型】杂项四环及以上生物碱.【来源】巨大锉海绵* *Xestospongia ingens*.【活性】细胞毒 (P_{388}).【文献】F. Kong, et al. Tetrahedron, 1994, 50, 6137; 1995, 51, 2895.

2109　Isogranulatimide　异星骨海鞘二酰亚胺*
【基本信息】$C_{15}H_8N_4O_2$, 深紫色晶体 (乙腈水溶液) 或无定形红色固体.【类型】杂项四环及以上生物碱.【来源】星骨海鞘属 *Didemnum conchyliatum* (巴哈马, 加勒比海) 和星骨海鞘属 *Didemnum granulatum* (巴西).【活性】特定细胞循环核查点 G_2 抑制剂 (*in vitro*, IC_{50} = 1.0~1.8μmol/L).【文献】R. G. S. Berlinch, et al. JOC, 1998. 63, 9850; H. C. Vervoort, et al. JNP, 1999, 62, 389; E. Piers, et al. JOC, 2000, 65, 530.

2107　Ingenamine　巨大锉海绵胺*
【基本信息】$C_{26}H_{40}N_2O$, 无定形固体, $[α]_D$ = +62º (c = 0.14, 甲醇).【类型】杂项四环及以上生物碱.【来源】巨大锉海绵* *Xestospongia ingens* (巴布亚

2110 Keramaphidin B 庆良间双御海绵啶 B*

【别名】Deoxyingenamine; 去氧巨大锉海绵胺*.
【基本信息】$C_{26}H_{40}N_2$, 无定形固体, $[\alpha]_D$ = +29.8º (c= 1.1, 甲醇).【类型】杂项四环及以上生物碱.
【来源】巨大锉海绵* *Xestospongia ingens* 和双御海绵属 *Amphimedon* sp. (冲绳, 日本).【活性】细胞毒 (P_{388}, IC_{50} = 0.28μg/mL, KB, IC_{50} = 0.3μg/mL).【文献】J. Kobayashi, et al. Tetrahedron Lett., 1994, 35, 4383; M. Tsuda, et al. Tetrahedron, 1996, 52, 2319; J. Kobayashi, et al. Tetrahedron Lett., 1996, 37, 8203; J. E. Baldwin, et al. Angew. Chem. Int. Ed., 1998, 37, 2661; J. E. Baldwin, et al. Chem. Eur J., 1999, 5, 3154.

2111 Madangamine A 马当胺 A*

【基本信息】$C_{30}H_{44}N_2$, 玻璃体, $[\alpha]_D$ = +319º (c = 1, 乙酸乙酯).【类型】杂项四环及以上生物碱.【来源】巨大锉海绵* *Xestospongia ingens* (巴布亚新几内亚).【活性】细胞毒 (P_{388}, ED_{50} = 0.93μg/mL; 人 肺癌 A549, ED_{50} = 14μg/mL; 脑癌 U373, ED_{50} = 5.1μg/mL; 乳腺癌 MCF7, ED_{50} = 5.17μg/mL).【文献】F. Kong, et al. JACS, 1994, 116, 6007.

2112 37-(Methoxycarbonyl)dictyodendrine E 37-(甲氧基羰基)日本海绵素 E*

【基本信息】$C_{43}H_{32}N_2O_{11}S$, 紫色固体, mp > 300℃.【类型】杂项四环及以上生物碱.【来源】日本海绵属 *Dictyodendrilla* sp. (日本水域).【活性】醛糖还原酶抑制剂.【文献】A. Sato, et al. JOC, 1993, 58, 7632.

2113 *N*-Methoxymethylisocystodamine *N*-甲氧基甲基异海鞘胺*

【基本信息】$C_{20}H_{14}N_4O_2$.【类型】杂项四环及以上生物碱.【来源】蓖麻海绵属 *Biemna* sp. (新曾根大岛, 日本).【活性】红细胞分化诱导剂 (人白血病细胞, 有潜力的).【文献】R. Ueoka, et al. Tetrahedron, 2011, 67, 6679.

2114 N^1-Methyldibromoisophakellin N^1-甲基二溴异扇形海绵素*

【基本信息】$C_{12}H_{13}Br_2N_5O$.【类型】杂项四环及以上生物碱.【来源】Scopalinidae 科海绵 *Stylissa caribica* (巴哈马, 加勒比海).【活性】拒食活性 (暗礁鱼 *Thalassoma bifasciatum*).【文献】M. Assmann, et al. JNP, 2001, 64, 1345.

2115 *N*-Methylisocystodamine *N*-甲基异海鞘胺*

【基本信息】$C_{19}H_{12}N_4O$.【类型】杂项四环及以上

生物碱.【来源】蓖麻海绵属 *Biemna* sp. (新曾根大岛, 日本).【活性】红细胞分化诱导剂 (人白血病细胞, 有潜力的).【文献】R. Ueoka, et al. Tetrahedron, 2011, 67, 6679.

1999, 121, 54; G. Fan, et al. BoMC, 2010, 18, 5466.

2116 Neosurugatoxin 新骏河毒素
【基本信息】$C_{30}H_{34}BrN_5O_{15}$, 棱柱状晶体 (+1分子水) (水), mp 331~335°C (分解).【类型】杂项四环及以上生物碱.【来源】软体动物前鳃 (日本象牙壳) *Babylonia japonica* (消化腺), 细菌棒杆菌属 *Corynebacterium* sp.【活性】治散瞳的 (高活性); 杀昆虫剂; 杀线虫剂.【文献】T. Kosuge, et al. Tetrahedron Lett., 1981, 22, 3417; T. Kosuge, et al. CPB, 1985, 33, 3059; S. Inoue, et al. Tetrahedron, 1994, 50, 2729; S. Inoue, et al. Tetrahedron, 1994, 50, 2753.

2117 Ningalin A 宁嘎林 A*
【基本信息】$C_{18}H_9NO_8$, 无定形黄色固体, $[\alpha]_D = 0°$ (c = 0.5, 10%二甲亚砜/甲醇).【类型】杂项四环及以上生物碱.【来源】有杆绣球海绵* *Iotrochota baculifera* (内部珊瑚礁, 海南岛, 中国, 深度 8m, 2005 年 10 月采样); 星骨海鞘属 *Didemnum* sp. (西澳大利亚).【活性】对 HIV-1 靶标的捆绑键合能力 [20μg/mL, 使用共振设备: 重组蛋白 Vif (HIV-1 的病毒感染因子), 键合能力响应单位 (响应单位, 1RU = 1pg/mm²) = 11.7].【文献】H. Kang, et al. JOC, 1997, 62, 3254; D. L. Boger, et al. JACS,

2118 Ningalin D 宁嘎林 D*
【基本信息】$C_{40}H_{27}NO_{12}$, 深红色固体, $[\alpha]_D = 0°$ (c = 0.025, 甲醇).【类型】杂项四环及以上生物碱.【来源】星骨海鞘属 *Didemnum* sp. (西澳大利亚).【活性】激酶抑制剂 CK1δ, CDK5 和 GSK3β (有潜力的).【文献】H. Kang, et al. JOC, 1997, 62, 3254; F. Plisson, et al. Chem Med Chem, 2012, 7, 983.

2119 Ningalin G 宁嘎林 G*
【基本信息】$C_{40}H_{27}NO_{12}$.【类型】杂项四环及以上生物碱.【来源】星骨海鞘属 *Didemnum* sp. (北部罗特尼斯岛陆架, 西澳大利亚).【活性】激酶抑制剂 CK1δ, CDK5 和 GSK3β (有潜力的).【文献】F. Plisson, et al. Chem Med Chem, 2012, 7, 983.

2120　Norzoanthamine　去甲棕绿纽扣珊瑚胺*

【基本信息】$C_{29}H_{39}NO_5$，晶体，mp 282~285°C，$[α]_D = +1.6°$ ($c = 1$，氯仿).【类型】杂项四环及以上生物碱.【来源】六放珊瑚亚纲棕绿纽扣珊瑚 *Zoanthus* sp. (阿马米岛的阿亚马鲁海岸，日本).【活性】骨质疏松抑制剂（对切除卵巢的小鼠抑制骨重量和骨强度的降低，可能是骨质疏松病药物的候选物）；细胞毒 (P_{388}, IC_{50} = 24μg/mL).【文献】S. Fukuzawa, et al. Heterocycl. Commun., 1995, 1, 207; M. Kuramoto, et al. Bull. Chem. Soc. Jpn., 1998, 71, 771; M. Kuramoto, et al. Mar. Drugs, 2004, 2, 39.

2121　*epi*-Norzoanthamine　*epi*-去甲棕绿纽扣珊瑚胺*

【基本信息】$C_{29}H_{41}NO_5$，无色油状物，$[α]_D = +67.4°$ ($c = 0.19$，氯仿).【类型】杂项四环及以上生物碱.【来源】六放珊瑚亚纲棕绿纽扣珊瑚 *Zoanthus* sp. (阿马米岛的阿亚马鲁海岸，日本).【活性】细胞毒 (P_{388}, IC_{50} = 24μg/mL).【文献】S. Fukuzawa, et al. Heterocycl. Commun., 1995, 1, 207; M. Kuramoto, et al. Bull. Chem. Soc. Jpn., 1998, 71, 771; M. Kuramoto, et al. Mar. Drugs, 2004, 2, 39.

2122　Norzoanthaminone　去甲棕绿纽扣珊瑚胺酮*

【基本信息】$C_{29}H_{37}NO_6$，无色油状物.【类型】杂项四环及以上生物碱.【来源】六放珊瑚亚纲棕绿纽扣珊瑚 *Zoanthus* sp. (阿马米岛的阿亚马鲁海岸，日本).【活性】细胞毒 (P_{388}, IC_{50} = 1.0μg/mL)；白细胞介素-6 (IL-6) 抑制剂；骨质疏松抑制剂.【文献】S. Fukuzawa, et al. Heterocycl. Commun., 1995, 1, 207; M. Kuramoto, et al. Bull. Chem. Soc. Jpn., 1998, 71, 771; M. Kuramoto, et al. Mar. Drugs, 2004, 2, 39.

2123　Oxazinin A　欧科萨兹宁 A*

【基本信息】$C_{58}H_{62}N_2O_{10}$.【类型】杂项四环及以上生物碱.【来源】Eurotiomycetes 纲海洋导出的真菌，来自碟状簇骨海鞘 *Lissoclinum patella* (巴布亚新几内亚).【活性】抗结核分枝杆菌.【文献】Z. Lin, et al. Org. Lett., 2014, 16, 4774.

2124　(−)-Papuamine　(−)-帕普胺*

【基本信息】$C_{25}H_{40}N_2$，mp 167.5~169°C，$[α]_D = -150°$ ($c = 1.5$，甲醇).【类型】杂项四环及以上生物碱.【来源】蜂海绵属 *Haliclona* sp. (太平洋).【活性】抗真菌；抗微生物.【文献】E. Fahy, et al. Tetrahedron Lett., 1988, 29, 3427; A. G. M. Barrett, et al. J. Chem. Soc., Chem. Commun., 1994, 1881.

2125　Prosurugatoxin　预佐贺毒素*

【基本信息】$C_{25}H_{26}BrN_5O_{11}$.【类型】杂项四环及以上生物碱.【来源】软体动物前鳃（日本象牙壳）*Babylonia japonica*.【活性】神经节阻滞剂；藻毒素；扩瞳剂.【文献】T. Kosuge, et al. CPB, 1985, 33, 3059.

2126　Pseudonocardian A　假诺卡氏菌素 A*

【基本信息】$C_{18}H_{18}N_2O_5$，白色固体，$[\alpha]_D^{20} = +1.52º$ ($c = 0.46$, 甲醇).【类型】杂项四环及以上生物碱.【来源】海洋导出的细菌假诺卡氏菌属 *Pseudonocardia* sp. SCSIO 01299 (深海沉积物, 南海, 中国, E120º0.975′ N19º0.664′, 采样深度 3258m).【活性】细胞毒 (SF268, $IC_{50} = 0.028\mu mol/L$, 对照顺铂, $IC_{50} = 3.99\mu mol/L$; MCF7, $IC_{50} = 0.027\mu mol/L$, 顺铂, $IC_{50} = 9.24\mu mol/L$; NCI-H460, $IC_{50} = 0.209\mu mol/L$, 顺铂, $IC_{50} = 1.53\mu mol/L$); 抗菌 (苏云金芽孢杆菌 *Bacillus thuringiensis* SCSIO BT01, MIC = $4\mu g/mL$; 金黄色葡萄球菌 *Staphylococcus aureus* ATCC 29213, MIC = $4\mu g/mL$; 粪肠球菌 *Enterococcus faecalis*, ATCC 29212, MIC = $2\mu g/mL$).【文献】S. Li, et al. Mar. Drugs, 2011, 9, 1428.

2127　Pseudonocardian B　假诺卡氏菌素 B*

【基本信息】$C_{19}H_{20}N_2O_5$，白色固体，$[\alpha]_D^{20} = -1.56º$ ($c = 0.90$, 甲醇).【类型】杂项四环及以上生物碱.【来源】海洋导出的细菌假诺卡氏菌属 *Pseudonocardia* sp. SCSIO 01299 (深海沉积物, 南海, 中国, E120º0.975′ N19º0.664′, 采样深度 3258m).【活性】细胞毒 (SF268, $IC_{50} = 0.022\mu mol/L$, 对照顺铂, $IC_{50} = 3.99\mu mol/L$; MCF7, $IC_{50} = 0.021\mu mol/L$, 顺铂, $IC_{50} = 9.24\mu mol/L$; NCI-H460, $IC_{50} = 0.177\mu mol/L$, 顺铂, $IC_{50} = 1.53\mu mol/L$); 抗菌 (苏云金芽孢杆菌 *Bacillus thuringiensis* SCSIO BT01, MIC = $2\mu g/mL$; 金黄色葡萄球菌 *Staphylococcus aureus* ATCC 29213, MIC = $2\mu g/mL$; 粪肠球菌 *Enterococcus faecalis*, ATCC 29212, MIC = $2\mu g/mL$).【文献】S. Li, et al. Mar. Drugs, 2011, 9, 1428.

2128　Pseudonocardian C　假诺卡氏菌素 C*

【基本信息】$C_{21}H_{24}N_2O_8$，红棕色粉末，$[\alpha]_D^{25} = -25.6º$ ($c = 0.16$, 甲醇).【类型】杂项四环及以上生物碱.【来源】海洋导出的细菌假诺卡氏菌属 *Pseudonocardia* sp. SCSIO 01299 (深海沉积物, 南海, 中国, E120º0.975′ N19º0.664′, 采样深度 3258m).【活性】细胞毒 (SF268, $IC_{50} = 6.70\mu mol/L$, 对照顺铂, $IC_{50} = 3.99\mu mol/L$; MCF7, $IC_{50} = 8.02\mu mol/L$, 顺铂, $IC_{50} = 9.24\mu mol/L$; NCI-H460, $IC_{50} = 43.28\mu mol/L$, 顺铂, $IC_{50} = 1.53\mu mol/L$); 抗菌 (苏云金芽孢杆菌 *Bacillus thuringiensis* SCSIO BT01, MIC > $128\mu g/mL$; 金黄色葡萄球菌 *Staphylococcus aureus* ATCC 29213, MIC > $128\mu g/mL$; 粪肠球菌 *Enterococcus faecalis*, ATCC 29212, MIC > $128\mu g/mL$).【文献】S. Li, et al. Mar. Drugs, 2011, 9, 1428.

2129 Purpurone 绣球海绵绛红酮*

【基本信息】$C_{40}H_{27}NO_{11}$, 紫色玻璃体.【类型】杂项四环及以上生物碱.【来源】有杆绣球海绵* *Iotrochota baculifera* (内部珊瑚礁, 海南岛, 中国, 深度 8m, 2005 年 10 月采样) 和绣球海绵属 *Iotrochota* sp.【活性】耐多药逆转活性 (布雷菲德菌 A 在 30μmol/L 生物碱绣球海绵绛红酮存在下抗真菌, 白色念珠菌 *Candida albicans* 敏感 GU4 菌株, MIC = 12.5μg/mL, 负效应对照 1%二甲亚砜, MIC = 6.3μg/mL; 白色念珠菌 *Candida albicans* 抗性 GU5 菌株, MIC = 25μg/mL, 负效应对照 1%二甲亚砜, MIC = 50μg/mL); 抗 HIV-1 ⅢB 病毒 (p24 抗原检测试验, MT4 细胞, IC_{50} > 25μg/mL); 抗 HIV-1 ⅢB 病毒 [MAGI 试验 (单一生命循环): MAGI 细胞 (内含 HIV-1 ⅢB 病毒的 HeLa-CD4-LTR-β-gal 指示器细胞), IC_{50} > 25μg/mL]; 对 HIV-1 靶标的键合能力 [20μg/mL, 使用 BIACORE 仪器: 重组蛋白 Vif (HIV-1 的病毒性感染因子), 键合能力相应单位 RU (1RU = 1pg/mm²) = –25.7; 重组蛋白人 APOBEC3G (细胞内固有的 v 抗病毒因子), RU = –26.3; 重组蛋白 gp41 (HIV-1 的反式膜蛋白), RU = –23.0]; 脂肪生成抑制剂; ATP-柠檬酸盐裂合酶抑制剂; 抗氧化剂 (DPPH 自由基清除剂, IC_{50} = 7μmol/L).【文献】G. W. Chan, et al. JOC, 1993, 58, 2544; Y. Liu, et al. Z. Naturforsch. C, 2008, 63, 63; G. Fan, et al. BoMC, 2010, 18, 5466.

2130 Thorectandramine 胄甲海绵胺*

【基本信息】$C_{27}H_{24}N_3O_3^+$, 黄色固体 (铵盐), $[α]_D$ = +4.9° (c = 0.08, 甲醇) (铵盐).【类型】杂项四环及以上生物碱.【来源】海绵 *Thorectandra* sp. (帕劳, 大洋洲)【活性】细胞毒 (MCF7, OVCAR-3, A549, 低活性).【文献】R. D. Charan, et al. Tetrahedron Lett., 2002, 43, 5201.

2131 Tsitsikammamine C 寇海绵胺 C*

【基本信息】$C_{20}H_{20}N_3O_2^+$.【类型】杂项四环及以上生物碱.【来源】波纳佩海绵* *Zyzzya* sp., (罗达暗礁, 昆士兰).【活性】杀疟原虫的 (抑制氯喹敏感的恶性疟原虫 *Plasmodium falciparum* 和抗氯喹的恶性疟原虫 *Plasmodium falciparum*, 非常低的 nmol/L 浓度水平就有活性); 细胞毒 (高活性).【文献】R. A. Davis, et al. JMC, 2012, 55, 5851.

2132 Variecolortide A 变色曲霉菌素 A*

【基本信息】$C_{39}H_{35}N_3O_7$, 黄色晶体 (甲醇), mp 182°C (分解), $[α]_D^{25}$ = +5.5° (c = 0.1, 氯仿).【类型】杂项四环及以上生物碱.【来源】真菌变色曲霉菌 *Aspergillus variecolor* B-17 (沉积物, 内蒙古, 吉兰泰盐场, 中国).【活性】细胞毒 (K562, IC_{50} = 61μmol/L); 抗氧化剂 (DPPH 自由基清除剂, 低活性); 半胱氨酸天冬氨酸蛋白酶-3 抑制剂.【文献】W.-L. Wang, et al. Chem. Biodivers., 2007, 4, 2913; G.-D. Chen, et al. Fitoterapia, 2014, 92, 252.

2133 Variecolortide B 变色曲霉菌素 B*
【基本信息】$C_{34}H_{27}N_3O_7$，无定形黄色粉末，$[\alpha]_D^{25}$ = +4.1º (c = 0.1, 氯仿).【类型】杂项四环及以上生物碱.【来源】真菌变色曲霉菌 *Aspergillus variecolor* B-17 (沉积物, 内蒙古, 吉兰泰盐场, 中国).【活性】细胞毒 (K562, IC$_{50}$ = 69μmol/L); 抗氧化剂 (DPPH 自由基清除剂, 低活性); 半胱氨酸天冬氨酸蛋白酶-3 抑制剂.【文献】W. -L. Wang, et al. Chem. Biodivers., 2007, 4, 2913; G. -D. Chen, et al. Fitoterapia, 2014, 92, 252.

2134 Variecolortide C 变色曲霉菌素 C*
【基本信息】$C_{35}H_{29}N_3O_7$，无定形黄色粉末，$[\alpha]_D^{25}$ = +4º (c = 0.1, 氯仿).【类型】杂项四环及以上生物碱.【来源】真菌变色曲霉菌 *Aspergillus variecolor* B-17 (沉积物, 内蒙古, 吉兰泰盐场, 中国).【活性】细胞毒 (K562, IC$_{50}$ = 71μmol/L); 抗氧化剂 (DPPH 自由基清除剂, 低活性); 半胱氨酸天冬氨酸蛋白酶-3 抑制剂.【文献】W. -L. Wang, et al. Chem. Biodivers., 2007, 4, 2913; G. -D. Chen, et al. Fitoterapia, 2014, 92, 252.

2135 Venezueline B 委内瑞拉链霉菌素 B*
【基本信息】$C_{14}H_{14}N_2O_4$.【类型】杂项四环及以上生物碱.【来源】海洋导出的链霉菌委内瑞拉链霉菌 *Streptomyces venezuelae* (沉积物, 关岛, 美国)【活性】细胞毒 (一组 HTCLs 细胞: HCT8, IC$_{50}$ = 5.74μmol/L, 对照 5-氟尿嘧啶, IC$_{50}$ = 5.38μmol/L; BGC823, IC$_{50}$ = 6.78μmol/L, 对照 5-氟尿嘧啶, IC$_{50}$ = 3.84μmol/L; A549, IC$_{50}$ = 7.52μmol/L, 对照 5-氟尿嘧啶, IC$_{50}$ = 1.54μmol/L; A2780, IC$_{50}$ = 6.57μmol/L, 对照 5-氟尿嘧啶, IC$_{50}$ = 5.40μmol/L; Bel7402, IC$_{50}$ > 10μmol/L, 对照 5-氟尿嘧啶, IC$_{50}$ = 3.85μmol/L; NCI-H460, IC$_{50}$ = 9.67μmol/L), 对照 5-氟尿嘧啶, IC$_{50}$ = 7.12μmol/L).【文献】J. Ren, et al. Bioorg. Med. Chem. Lett., 2013, 23, 301.

2136 Waikialoid A 外凯罗类似物 A*
【基本信息】$C_{52}H_{54}N_6O_7$.【类型】杂项四环及以上生物碱.【来源】真菌曲霉菌属 *Aspergillus* sp.【活性】抗真菌 (白色念珠菌 *Candida albicans*, 生物膜抑制实验, 剂量相关, IC$_{50}$ = 1.4μmol/L)【文献】X. R. Wang, et al. JNP, 2012, 75, 707.

2137　Waikialoid B　外凯罗类似物 B*

【基本信息】$C_{52}H_{54}N_6O_9$.【类型】杂项四环及以上生物碱.【来源】真菌曲霉菌属 *Aspergillus* sp.【活性】抗真菌（白色念珠菌 *Candida albicans*，生物膜抑制实验，剂量相关，$IC_{50} = 46.3\mu mol/L$）【文献】X. R. Wang, et al. JNP, 2012, 75, 707.

附　录

附录 1　缩略语和符号表

缩写或符号	名称	缩写或符号	名称
[³H]AMPA	[³H]-1-氨基-3-羟基-5-甲基-4-异噁唑丙酸	ARK5	ARK5 蛋白激酶
		ATCC	美国型培养菌种集
[³H]CGS-19755	N-甲基-D-天冬氨酸 (NMDA) 受体拮抗剂	ATP	腺苷三磷酸
		ATPase	腺苷三磷酸酶
[³H]CPDPX	[³H]-1,3-二丙基-8-环戊基黄嘌呤	Aurora-B	Aurora-B 蛋白激酶
[³H]DPDPE	阿片样肽	AXL	AXL 蛋白激酶
[³H]KA	[³H]-红藻氨酸 (海人草酸; 2-羧甲基-3-异丙烯脯氨酸)	BACE	β-分泌酶
		BACE1	β-分泌酶 1 (被广泛相信是阿尔兹海默病病理学中的中心角色)
‡	同名异物标记	BCG	卡介苗
5-FU	氟尿嘧啶	Bcl-2	细胞存活促进因子
5-HT	5-羟色胺 (血清素)	BoMC	杂志 *Bioorg. Med. Chem.* 的进一步缩写
5-HT2A	5-羟色胺 2A		
5-HT2C	5-羟色胺 2C	BoMCL	杂志 *Bioorg. Med. Chem. Lett.* 的进一步缩写
6-MP	6-巯基嘌呤		
6-OHDA	6-羟基多巴胺	bp	沸点
AAI	抗氧化剂活性指标 (最终 DPPH 浓度/半数有效浓度 EC_{50})	BV2	神经胶质细胞
		c	浓度
ABRCA	耐两性霉素 B 的白色念珠菌 *Candida albicans*	CaMKⅢ	CaMKⅢ 蛋白激酶
		cAMP	环腺苷单磷酸
ABTS·⁺	2,2′-连氮-双-(3-乙基苯噻唑啉-6-磺酸) 阳离子自由基	CAPE	咖啡酸苯乙酯
		Caspase-2	胱天蛋白酶-2
ACAT	酰基辅酶 A: 胆固醇酰基转移酶	Caspase-3	胱天蛋白酶-3
ACE	血管紧张素转换酶	Caspase-8	胱天蛋白酶-8
AChE	乙酰胆碱酯酶	Caspase-9	胱天蛋白酶-9
ADAM10	ADAM 蛋白酶 10	CB	细胞松弛素 B
ADAM9	ADAM 蛋白酶 9	CB1	神经受体
ADM	阿霉素	CB1	中枢类大麻素受体
AGE	改进的糖化作用终端产物	CC_{50}	半数细胞毒浓度
AIDS	获得性免疫缺陷综合征	CCR5	趋化因子受体 5
AKT	核糖体蛋白激酶	CD	使酶 (诱导) 活性加倍所需的浓度
AKT1	AKT1 蛋白激酶	CD-4	细胞分化抗原 CD-4
ALK	ALK 蛋白激酶	CD45	细胞分化抗原 CD45
AP-1	活化蛋白-1 转录因子	Cdc2	细胞分裂周期蛋白 Cdc2, 依赖细胞周期蛋白的激酶
APOBEC3G	人先天细胞内的抗病毒因子 (重组蛋白)		
aq	水溶液		
ARCA	耐两性霉素的白色念珠菌 *Candida albicans*	Cdc25	细胞分裂周期蛋白 Cdc25, 人体的酪氨酸蛋白磷酸酶

缩写或符号	名称	缩写或符号	名称
Cdc25a	细胞分裂周期蛋白 Cdc25a, 人体酪氨酸蛋白磷酸酶	Delta	Δ, 最敏感细胞株 lg GI_{50} (mol/L) 值和 MG-MID 值之差
Cdc25b	细胞分裂周期蛋白 Cdc25b, 人体重组磷酸酶	DGAT	二酰甘油酰基转移酶
		DHFR	二氢叶酸还原酶
CDDP	顺-二胺二氯铂 (顺铂)	DHT	二羟基睾丸素
CDK	细胞周期蛋白依赖激酶	DMSO	二甲亚砜
CDK1	细胞周期蛋白依赖激酶 1	DNA	去氧核糖核酸
CDK2	细胞周期蛋白依赖激酶 2	DPI	二亚苯基碘
CDK4	细胞周期蛋白依赖激酶 4	DPPH	1,1-联苯基-2-间-苦基偕腙肼自由基
CDK4/cyclin D1	在与其活化剂细胞周期蛋白 D1 的复合物中的细胞周期蛋白依赖激酶 4	DRPF	耐药的恶性疟原虫 Plasmodium falciparum
CDK5/p25	细胞周期蛋白依赖激酶 5/p25 蛋白	DRS	耐药的葡萄球菌属细菌 Staphylococcus sp.
CDK7	细胞周期蛋白依赖激酶 7	DSPF	对药物敏感的恶性疟原虫 Plasmodium falciparum
c-erbB-2	c-erbB-2 蛋白激酶		
CETP	胆固醇酯转移蛋白	EBV	爱泼斯坦-巴尔病毒 (Epstein-Barr virus)
cGMP	环鸟苷酸, 环鸟苷一磷酸	EC	有效浓度
CGRP	降钙素基因相关蛋白	EC_{50}	半数有效浓度
ChAT	胆碱乙酰转移酶	ED_{50}	半数有效剂量
CMV	巨细胞病毒	EGF	表皮生长因子
CNS	中枢神经系统	EGFR	表皮生长因子受体
COMPARE	COMPARE 是一种数据分析算法的名称	EL-4	抵抗天然杀手细胞的淋巴肉瘤细胞株
ConA	伴刀豆球蛋白 A	ELISA	和酶相关的免疫吸附剂试验; 细胞有丝分裂率的测定采用的特异性微板免疫分析法
COX-1	环加氧酶-1 (组成型环加氧酶)		
COX-2	环加氧酶-2 (促分裂原诱导性环加氧酶)	EPI	表阿霉素
CPB	杂志 Chem. Pharm. Bull. 的进一步缩写	ERK	细胞外信号调解蛋白激酶
$cPLA_2$	细胞溶质的 85kDa 磷酸酯酶	Erk1	细胞外信号调解蛋白激酶 1
CPT	喜树碱	Erk2	细胞外信号调解蛋白激酶 2
c-Raf	KRAS 肿瘤驱动中最重要的 RAF 亚型	ESBLs	扩展谱 β-内酰胺酶
CRPF	抗氯喹的恶性疟原虫 Plasmodium falciparum	EurJOC	杂志 Eur. J. Org. Chem. 的进一步缩写
		Fab I	Fab I 蛋白
CRPF FcM29	抗氯喹的恶性疟原虫 Plasmodium falciparum FcM29	FAK	黏着斑蛋白激酶
		FBS	牛胎血清
CSF 诱导物	CSF 诱导物	FLT3	FLT3 蛋白质酪氨酸激酶
CSPF	对氯喹敏感的恶性疟原虫 Plasmodium falciparum	Flu	流感病毒
		Flu-A	流感病毒 A
Cyp1A	芳香化酶细胞色素 P450 1A	fMLP/CB	N-甲酰-L-甲硫氨酰-L-亮氨酰-L-苯丙氨酸/细胞松弛素 B
CYP1A	细胞色素 P450 1A		
CYP450 1A	细胞色素 P450 1A	formyl-Met-Leu-Phe	甲酰-甲硫氨酰-亮氨酰-苯丙氨酸
Cytokines	细胞因子		
d	天	FOXO1a	分叉头框蛋白 1a, 是 PTEN 肿瘤抑制基因的下游靶标
D	直径 (mm)		
ddy	ddy 小鼠 (一种自发的人类 IgA 肾病动物模型)	FPT	法尼基蛋白转移酶 (PFT 的抑制作用可能是新的抗癌药物的靶标)

缩写或符号	名称	缩写或符号	名称
FRCA	抗氟康唑的白色念珠菌 Candida albicans	HIV-1-rt	人免疫缺损病毒 1 反转录酶
		HIV-2	人免疫缺损病毒 2
FtsZ	真核生物微管蛋白的结构同系物，一种鸟苷三磷酸酶	HIV-rt	人免疫缺损病毒反转录酶（艾滋病毒逆转录酶）
FXR	法尼醇（胆汁酸）X 受体	HLE	人白细胞弹性蛋白酶
GABA	γ-氨基丁酸	HMG-CoA	3-羟基-3-甲基戊二酰辅酶 A 还原酶
GI_{50}	半数抑制生长浓度	hmn	人
GLUT4	葡萄糖转运蛋白	HNE	人嗜中性粒细胞弹性蛋白酶
GlyR	甘氨酸门控氯离子通道受体	HO$^{\bullet}$	羟基自由基
gp41	一种 HIV-1 的跨膜蛋白（重组蛋白）	hRCE	人 Ras 转换酶
gpg	荷兰猪	hPPARd	人过氧化物酶体增殖物激活受体 δ
GPR12	G 蛋白耦合受体 12（可以是处理多种神经性疾病的重要的分子靶标）	HSV	单纯性疱疹病毒
		HSV-1	单纯性疱疹病毒 1
GRP78	GRP78 分子伴侣	HSV-2	单纯性疱疹病毒 2
GSK3-α	糖原合成激酶-3α	hTopo 1	hTopo 1 异构酶
GSK3-β	糖原合成激酶-3β	HXB2	HXB2 T 细胞湿热病毒株
GST	谷胱甘肽硫转移酶	IC_{100}	绝对抑制浓度
GTP	鸟嘌呤核苷三磷酸盐	IC_{50}	半数抑制浓度
GU4	白色念珠菌 Candida albicans 敏感的 GU4 株	IC_{90}	90%抑制时的浓度
		ICR	印记对照区小鼠
GU5	白色念珠菌 Candida albicans 敏感的 GU5 株	ID	抑制区直径（mm）
		ID_{50}	抑制中剂量
h	小时	IDE	胰岛素降解酶
H1N1	H1N1 流感病毒	IDO	吲哚胺双加氧酶
H3N2	H3N2 流感病毒	IFV	流感病毒
HBV	乙型肝炎病毒	IgE	免疫球蛋白 E
HC_{50}	溶血中浓度	IGF1-R	IGF1-R 蛋白激酶
HCMV	人巨细胞病毒	IgM	免疫球蛋白 M
HCV	丙型肝炎病毒	IL-1β	白介素-1β
HD	一种对照化合物，原始论文（J. Qin, et al. BoMCL, 2010, 20, 7152）中无具体说明	IL-2	白介素-2
		IL-4	白介素-4
		IL-5	白介素-5
hdm2	hdm2 癌基因是鼠基因 mdm2 在人的同源基因	IL-6	白介素-6
		IL-8	白介素-8
HDM2	HDM2 蛋白（主要功能是调节 p53 抑癌基因的活性）	IL-12	白介素-12
		IL-13	白介素-13
HER2	HER2 酪氨酸激酶	IM	免疫调节剂
HF	超敏反应因子	IMP	次黄苷一磷酸
HIF-1	缺氧诱导型因子-1	IMPDH	肌苷单磷酸盐脱氢酶
HIV	人免疫缺损病毒（艾滋病毒）	IN	整合酶
HIV-1	人免疫缺损病毒 1	iNOS	诱导型氮氧化物合酶
HIV-1 ⅢB	人免疫缺损病毒 1 ⅢB	InRt	抑制率
HIV-1 in	人免疫缺损病毒 1 整合酶	ip	腹膜内注射
HIV-1$_{RF}$	人免疫缺损病毒 1 RF		

缩写或符号	名称	缩写或符号	名称
ipr	腹膜内注射	MDRPF	多重耐药恶性疟原虫 Plasmodium falciparum
iv	静脉注射		
ivn	静脉注射	MDRSA	多重耐药金黄色葡萄球菌 Staphylococcus aureus
IZ	抑制区 (mm)		
IZD	抑制区直径 (mm)	MDRSP	多重耐药肺炎链球菌
IZR	抑制区半径 (mm)	MEK1 wt	MEK1 wt 蛋白激酶
JACS	杂志 J. Am. Chem. Soc. 的进一步缩写	MET wt	MET wt 蛋白激酶
Jak2	Janus 激酶 2	MG-MID	对所有细胞株试验的平均 lg GI_{50} 值 (mol/L)
JCS Perkin Trans. I	杂志 J. Chem. Soc., Perkin Trans. I 的进一步缩写		
		MIA	最小抑制量 (μg/盘)
JMC	杂志 J. Med. Chem. 的进一步缩写	MIC	最小抑制浓度
JNK	c-Jun-氨基末端激酶	MIC_{50}	抑制 50%的最低浓度
JNP	杂志 J. Nat. Prod. 的进一步缩写	MIC_{80}	抑制 80%的最低浓度
JOC	杂志 J. Org. Chem.的进一步缩写	MIC_{90}	抑制 90%的最低浓度
KDR	KDR 蛋白酪氨酸激酶	MID	最低抑制剂量
KU-812	人嗜碱性粒细胞	min	分钟
L-6	大白鼠骨骼肌肌母细胞		
LAV	LAV T 细胞湿热病毒株	MLD	最低致死剂量
LC_{50}	细胞生存 50%时的浓度	MLR	混合淋巴细胞反应
LCV	淋巴细胞生存能力	MMP	基质金属蛋白酶类
LD	致死剂量	MMP-2	基质金属蛋白酶-2
LD_{100}	100%致死剂量	MoBY-ORF	分子条形码酵母菌开放阅读框文库方法
LD_{50}	50%致死剂量	mp	熔点
LD_{99}	99%致死剂量	MPtpA	结核分枝杆菌 Mycobacterium tuberculosis 蛋白酪氨酸磷酸酶 A
LDH	乳酸盐脱氢酶		
LOX	脂氧合酶	MPtpB	结核分枝杆菌 Mycobacterium tuberculosis 蛋白酪氨酸磷酸酶 B
LPS	脂多糖		
LTB_4	白三烯 B_4		
LTC_4	白三烯 C_4	MREC	耐甲氧西林的大肠杆菌 (大肠埃希菌) Escherichia coli
LY294002	磷脂酰肌醇-3-激酶抑制剂 (抗炎试验中的阳性对照物)		
		MRSA	耐甲氧西林的金黄色葡萄球菌 Staphylococcus aureus
MABA	微平板阿拉马尔蓝试验 (一种抗结核试验)		
		MRSE	耐甲氧西林的表皮葡萄球菌 Staphylococcus epidermidis
MAGI 试验	也叫单生命周期试验,只反映感染第一轮的情况		
		MSK1	应激活化的激酶
MAPKAPK-2	分裂素活化的蛋白激酶-2	MSR	巨噬细胞清除剂受体
MAPKK	促分裂原活化蛋白激酶激酶	MSSA	对甲氧西林敏感的金黄色葡萄球菌 Staphylococcus aureus
MBC	最低杀菌浓度		
MBC_{90}	杀菌 90%的最低浓度	MSSE	对甲氧西林敏感的表皮葡萄球菌 Staphylococcus epidermidis
$MBEC_{90}$	杀菌 90%最小生物膜清除计数		
MCV	痘病毒 Molluscum contagiosum	MT	金属硫蛋白
MDR	对多种药物的抗性	MT1-MMP	1 型膜基质金属蛋白酶
MDR1	主要促进者超家族 1; 是白色念珠菌 Candida albicans 流出泵的一种类型, 其功能是作为一种氢离子的反向运转体	MT4	含 HIV-1 IIIB 病毒的 MT4 细胞
		MTT	3-(4,5-二甲基噻唑-2-基)-2,5-二苯基四唑溴化物

缩写或符号	名称	缩写或符号	名称
MTT assay	一种基于四唑比色反应的测量体外抗癌（细胞毒）活性的方法（参见 L. V. Rubinstein, et al. Nat. Cancer Inst., 1990, 82, 1113-1118)	PDE5	磷酸二酯酶 5
		PDGF	血小板导出的生长因子
		PfGSK-3	PfGSK-3 激酶
		Pfnek-1	恶性疟原虫 Plasmodium falciparum 和 NIMA 相关的蛋白激酶
mus	小鼠，鼠	PfPK5	PfPK5 激酶
n	平行试验次数	PfPK7	PfPK7 激酶
nACh	烟碱型乙酰胆碱	PGE_2	前列腺素 E_2
NADH	还原型烟酰胺腺嘌呤二核苷酸（还原型辅酶Ⅰ）	P-gp	P-糖蛋白
		PHK	原代人角蛋白细胞
NDM-1	新德里金属-β-内酰胺酶 1	PIM1	PIM1 蛋白激酶
NEK2	NEK2 蛋白激酶	PK	蛋白激酶
NEK6	NEK2 蛋白激酶	PKA	蛋白激酶 A
NF-κB	核转录因子-κB	PKC	蛋白激酶 C
NFRD	NADH-延胡索酸还原酶	PKC-δ	蛋白激酶 C-δ
NGF	神经生长因子	PKC-ε	蛋白激酶 C-ε
NMDA	N-甲基-D-天冬氨酸盐	PKD	PKD 核糖体蛋白
NO$^\bullet$	一氧化氮自由基	PKG	蛋白激酶 G
NPR	杂志 Nat. Prod. Rep. 的进一步缩写	PLA	磷脂酶 A
$O_2^{\bullet-}$	超氧化物自由基	PLA_2	磷脂酶 A_2
ONOO$^-$	过氧亚硝酸盐自由基	PLCγ1	PLCγ1 核糖体蛋白
ORAC	氧自由基吸收能力	PLK1	PLK1 蛋白激酶
orl	口服	PM	杂志 Planta Med. 的进一步缩写
p24	p24 蛋白（一种 24kDa 可溶性视网膜蛋白，新的 EF 手性钙结合蛋白）	PMA (= TPA)	佛波醇-12-豆蔻酸酯-13-乙酸酯
		PMNL	人多形核白细胞
p25	p25 蛋白 [1 型人体免疫缺陷病毒（HIV-1）的核心蛋白]	PMNL	人中性粒细胞白细胞
		PP	蛋白磷酸酶
$P2X_7$	胞外核苷酸 P2 嘌呤受体的离子通道受体（结构和功能和其它亚型相比有显著差异，它在多种病理状态下表达上调，$P2X_7$ 受体及其介导的信号通路在中枢神经系统疾病中发挥关键作用，可能成为中枢神经系统疾病的潜在药物靶点，如帕金森病，阿尔茨海默病，肌肉萎缩侧索硬化，抑郁症和失眠等）	PP1	蛋白磷酸酶 PP1
		PP2A	蛋白磷酸酶 PP2A
		pp60$^{\text{V-SRC}}$	pp60$^{\text{V-SRC}}$ 酪氨酸激酶
		PPAR	过氧化物酶体磷酸盐活化受体
		PPARγ	过氧化物酶体增殖物激活受体 γ
		PPDK	丙酮酸磷酸双激酶
		PR	PR 蛋白酶
P2Y	另一种类型的嘌呤 G 蛋白偶联受体，包括腺苷受体 P1 和 P2 受体	PRK1	PRK1 蛋白激酶
		PRNG	抗盘尼西林奈瑟氏淋球菌 Neisseria gonorrhoeae
$P2Y_{11}$	P2Y 八种亚型之一	PRSP	抗盘尼西林肺炎葡萄球菌 Staphylococcus pneumoniae
P450	细胞色素 P450		
p53	抑癌基因（编码抑癌蛋白 p53）	PTEN	PTEN 肿瘤抑制基因（一种已经识别的位于人的染色体 10q23.3 的肿瘤抑制基因）
p56lck	酪氨酸激酶 p56lck		
PAcF	血小板活化因子	PTK	蛋白酪氨酸激酶（一类催化 ATP 上 γ-磷酸转移到蛋白酪氨酸残基上的激酶，能催化多种底物蛋白质酪氨酸残基磷酸化，在细胞生长、增殖、分化中具有重要作用）
PAF	血小板聚合因子		
PARP	多 ADP-核糖聚合酶（一种 DNA 修复酶）		
pD_2 (= pEC_{50})	把最大响应 EC_{50} 值降低 50%所需要的摩尔浓度的负对数		

续表

缩写或符号	名称	缩写或符号	名称
PTP1B	蛋白酪氨酸磷酸酶 1B (一种处理Ⅱ型糖尿病的靶标)	sp.	物种
		spp.	物种 (复数)
PTPB	蛋白酪氨酸磷酸酶 B	SR	肌浆内质网
PTPS2	蛋白酪氨酸磷酸酶 S2	SRB	磺酰罗丹明 B 试验
PV-1	小儿麻痹病毒,脊髓灰质炎病毒	SRC	SRC 蛋白激酶
PXR	孕甾烷 X 受体	SV40	SV40 病毒
QR	醌还原酶	Syn.	同义词
Range	最敏感细胞株和最不敏感细胞株的 lg GI_{50} (mol/L) 的差值范围	T/C	存活期之比 (处理动物存活时间 T 和对照动物存活时间 C 之比,用百分比表示)
rat	大鼠	TACE	α-分泌酶 (一种丝氨酸蛋白酶)
rbt	兔	*Taq* DNA polymerase	来自耐热细菌 *Thermus aquaticus* 的一种 DNA 聚合酶
RCE	Ras-转换酶		
RI	抗性索引	TBARS	硫代巴比妥酸反应物试验
RLAR	大鼠晶状体醛糖还原酶	TC_{50}	50%细胞毒的浓度
RNA	核糖核酸	TEAC	Trolox (奎诺二甲基丙烯酸酯,6-羟基-2,5,7,8-四甲基色烷-2-羧酸) 当量抗氧化剂能力
ROS	活性氧自由基 (涉及癌、动脉硬化、风湿和衰老的发生)		
RS321	编码为 RS321 的酵母	TGI	100%生长抑制
RSV	呼吸系统多核体病毒	TMV	烟草花叶病毒
RT	逆转录酶	TNF-α	肿瘤坏死因子 α
RU	对 HIV-1 靶标结合力的响应单位,$1RU = 1pg/mm^2$	TPA (= PMA)	佛波醇-12-豆蔻酸酯-13-乙酸酯
		TPK	酪氨酸蛋白激酶
RyR1-FKBP12	RyR1-FKBP12 钙离子通道 (一种约为 2000kDa 的通道蛋白 RyR1 和 12kDa 的免疫亲和蛋白 FKBP12 相关联的四聚体的异二聚体通道蛋白)	TRP	瞬时型受体电位阳离子通道
		TRPA1	A1 亚科瞬时型受体电位阳离子通道
		TRPV1	V1 亚科瞬时型受体电位阳离子通道
		TRPV1	瞬时型受体电位辣椒素-1 通道
S6	S6 核糖体蛋白	TRPV3	V3 亚科瞬时型受体电位阳离子通道
SAK	SAK 蛋白激酶		
SARS	严重急性呼吸系统综合征	TXB_2	凝血噁烷 B_2,血栓素 B_2
SCID	重症联合免疫缺欠	TZM-bl	人免疫缺损病毒 1 中和反应试验中的 TZM-bl 宿主细胞株
ScRt	清除比率		
SF162	SF162 亲巨核细胞的病毒株	USP7	在泛素 C 端水解异构肽键的去泛素化酶 (癌的新靶标)
SI	试验细胞和人脐静脉血管内皮细胞 IC_{50} 值之比		
		VCAM	血管细胞黏附分子
SI	选择性指数: 细胞毒 CC_{50} 值和靶标 EC_{50} 值之比	VCAM-1	血管细胞黏附分子-1
		VCR	长春新碱
SI	选择性指数: 细胞毒 CC_{50} 值和靶标 IC_{50} 值之比	VEGF	血管内皮细胞生长因子
		VEGF-A	血管内皮细胞生长因子 A
SI	选择性指数: 细胞毒 CC_{50} 值和靶标 MIC 值之比	VEGFR2	酪氨酸激酶 VEGFR2
		VE-PTP	VE-PTP 蛋白磷酸酶
SI	选择性指数: 细胞毒 TC_{50} 值和靶标 IC_{50} 值之比	VGSC	电压控制钠通道
		VHR	VHR 蛋白磷酸酶 (人基因编码的双重底物特异性蛋白酪氨酸磷酸酶)
SIRT2	人 2 型去乙酰化酶 (一种依赖于 NAD^+ 的胞浆蛋白,它和 HDAC6 共存于微管处;已经表明 SIRT2 在细胞循环周期中对 α-微管蛋白去乙酰化并控制有丝分裂的退出)		
		Vif	HIV-1 的病毒感染因子

续表

缩写或符号	名称	缩写或符号	名称
VP-16	细胞毒实验阳性对照物依托泊苷	VZV	水痘带状疱疹病毒
VRE	耐万古霉素的肠球菌属 Enterococci sp.	WST-8	(2-(2-甲氧基-4-硝基苯基)-3-(4-硝基苯基)-5-(2,4-二硫-苯基)-2H-四唑单钠盐
VREF	耐万古霉素的粪肠球菌 Enterococcus faecium	XTT	3′-[1-(苯基氨基羰基)-3,4-四唑镓双(4-甲氧基-6-硝基苯)磺酸钠
VSE	万古霉素敏感肠球菌属 Enterococci sp.		
VSSC	电压敏感钠通道	YU2-V3	YU2-V3 病毒株
VSV	水泡口腔炎病毒	YycG/YycF-TCS	植物必需基因 YycG/YycF 双组分系统

附录 2　癌细胞代码表

(含部分正常细胞代码)

细胞代码	细胞名称	细胞代码	细胞名称
293T	肾上皮细胞	BCA-1	人乳腺癌(细胞)
3T3-L1	鼠成纤维细胞	BEAS2B	正常人肺支气管细胞
3Y1	大鼠成纤维细胞	Bel7402	人肝癌(细胞)
5637	表浅膀胱癌(细胞)	BG02	正常人胚胎干细胞
786-0	人肾癌细胞	BGC823	人胃癌(细胞)
9KB	人表皮鼻咽癌细胞	BOWES	人细胞
A-10	大鼠主动脉细胞	BR1	有 DNA 修复能力的中国仓鼠卵巢(细胞)
A2058	人黑色素瘤(细胞)		
A278	人卵巢癌(细胞)	BSC	正常猴肾细胞
A2780	人卵巢癌(细胞)	BSC-1	正常非洲绿猴肾细胞
A2780/DDP	人卵巢癌(细胞)	BSY1	乳腺癌(细胞)
A2780/Tax	人卵巢癌(细胞)	BT-483	人乳腺癌(细胞)
A2780CisR	人卵巢癌(细胞)	BT549	人乳腺癌(细胞)
A375	人黑色素瘤(细胞)	BT-549	人乳腺癌(细胞)
A375-S2	人黑色素瘤(细胞)	BXF-1218L	人膀胱癌(细胞)
A431	人表皮癌(细胞)	BXF-T24	人膀胱癌(细胞)
A498	人肾癌(细胞)	BXPC	人胰腺癌(细胞)
A549	人非小细胞肺癌(细胞)	BXPC3	人胰腺癌(细胞)
A549 NSCL	人非小细胞肺癌(细胞)	C26	人结肠癌(细胞)
A549/ATCC	人非小细胞肺癌	C38	鼠结肠腺癌(细胞)
ACC-MESO-1	人恶性胸膜间皮细胞瘤(细胞)	C6	大鼠神经胶质瘤(细胞)
ACHN	人肾癌(细胞)	CA46	人伯基特淋巴瘤(细胞)
AGS	胃腺癌(细胞)	Ca9-22	人牙龈癌(细胞)
AsPC-1	人胰腺癌(细胞)	CaCo-2	人上皮结直肠癌(细胞)
B16	小鼠黑色素瘤(细胞)	CAKI-1	人肾癌(细胞)
B16F1	小鼠黑色素瘤(细胞)	Calu	前列腺癌(细胞)
B16-F-10	小鼠黑色素瘤(细胞)	Calu3	非小细胞肺癌(细胞)
BC	人乳腺癌(细胞)	CCRF-CEM	人 T 细胞急性淋巴细胞白血病(细胞)
BC-1	人乳腺癌(细胞)	CCRF-CEMT	人 T 细胞急性淋巴细胞白血病(细胞)

续表

细胞代码	细胞名称	细胞代码	细胞名称
CEM	人白血病(细胞)	Fem-X	黑色素瘤(细胞)
CEM-TART	表达 HIV-1 tat 和 rev 的 T 细胞	Fl	人羊膜上皮细胞
CFU-GM	人/鼠造血祖细胞	FM3C	鼠乳腺肿瘤(细胞)
CHO	中国仓鼠卵巢(细胞)	G402	人肾成平滑肌瘤
CHO-K1	正常中国仓鼠卵巢细胞的亚克隆	GM7373	牛血管内皮(细胞)
CML K562	慢性骨髓性白血病(细胞)	GR-Ⅲ	恶性腺瘤(细胞)
CNE	人鼻咽癌(细胞)	GXF-251L	人胃癌(细胞)
CNE2	人鼻咽癌(细胞)	H116	人结直肠癌(细胞)
CNS SF295	人脑肿瘤(细胞)	H125	人结直肠癌(细胞)
CNXF-498NL	人恶性胶质瘤(细胞)	H1299	人肺腺癌(细胞)
CNXF-SF268	人恶性胶质瘤(细胞)	H1325	人非小细胞肺癌(细胞)
Colo320	人结直肠癌(细胞)	H1975	人癌(细胞)
Colo357	人结直肠癌(细胞)	H2122	人非小细胞肺癌(细胞)
Colon205	结直肠癌(细胞)	H2887	人非小细胞肺癌(细胞)
Colon250	结直肠癌(细胞)	H441	人肺腺癌(细胞)
Colon26	结直肠癌(细胞)	H460	人肺癌(细胞)
Colon38	鼠结直肠癌(细胞)	H522	人非小细胞肺癌(细胞)
CV-1	猴肾成纤维细胞	H69AR	多重耐药小细胞肺癌(细胞)
CXF-HCT116	人结肠癌(细胞)	H929	人骨髓瘤(细胞)
CXF-HT29	人结肠癌(细胞)	H9c2	大鼠心肌成纤维细胞
DAMB	人乳腺癌(细胞)	HBC4	乳腺癌(细胞)
DG-75	人 B 淋巴细胞	HBC5	乳腺癌(细胞)
DLAT	道尔顿淋巴腹水肿瘤(细胞)	HBL100	乳腺癌(细胞)
DLD-1	人结直肠腺癌(细胞)	HCC2998	人结直肠癌(细胞)
DLDH	人结直肠腺癌(细胞)	HCC366	人非小细胞肺癌(细胞)
DMS114	人肺癌(细胞)	HCC-S102	肝细胞癌(细胞)
DMS273	人小细胞肺癌(细胞)	HCT	人结直肠癌(细胞)
Doay	人成神经管细胞瘤(细胞)	HCT116	人结直肠癌(细胞)
Dox40	人骨髓瘤(细胞)	HCT116/mdr+	超表达 mdr+人结直肠癌(细胞)
DU145	前列腺癌(细胞)	HCT116/topo	耐依托泊苷结直肠癌(细胞)
DU4475	乳腺癌(细胞)	HCT116/VM46	多重耐药结直肠癌(细胞)
E39	人肾癌(细胞)	HCT15	人结直肠癌(细胞)
EAC	埃里希腹水癌(细胞)	HCT29	人结肠腺癌(细胞)
EKVX	人非小细胞肺癌(细胞)	HCT8	人结直肠癌(细胞)
EM9	拓扑异构酶Ⅰ敏感的中国仓鼠卵巢(细胞)	HEK-293	正常人上皮肾细胞
		HEL	人胚胎肺成纤维细胞
EMT-6	鼠肿瘤细胞	HeLa	人子宫颈恶性上皮肿瘤(细胞)
EPC	鲤鱼上皮组织(细胞)	HeLa-APL	人子宫颈上皮癌(细胞)
EVLC-2	使 SV40 大 t 抗原不朽的人脐部静脉细胞	HeLa-S3	人子宫颈上皮癌(细胞)
		Hep2	人肝癌(细胞)
FADU	咽鳞状细胞癌(细胞)	Hep3B	人肝癌(细胞)
Farage	人淋巴瘤(细胞)	HepA	人肝癌腹水

续表

细胞代码	细胞名称	细胞代码	细胞名称
Hepa1c1c7	人肝癌(细胞)	JB6 CI41	小鼠表皮细胞
HepG	人肝癌(细胞)	JB6 P$^+$CI41	小鼠表皮细胞
HepG2	人肝癌(细胞)	JurKat	人白血病(细胞)
HepG3	人肝癌(细胞)	JurKat-T	人 T-细胞白血病(细胞)
HepG3B	人肝癌(细胞)	K462	人白血病(细胞)
HEY	人卵巢肿瘤(细胞)	K562	人慢性骨髓性白血病(细胞)
HFF	人包皮成纤维细胞	KB	人鼻咽癌(细胞)
HL60	人早幼粒细胞白血病(细胞)	KB16	人鼻咽癌(细胞)
HL7702	人肝肿瘤(细胞)	KB-3	人表皮样癌(细胞)
HLF	人肺成纤维细胞	KB-3-1	人表皮样癌(细胞)
HM02	人胃腺癌(细胞)	KB-C2	人恶性上皮肿瘤(细胞)
HMEC	人微血管内皮细胞	KB-CV60	人恶性上皮肿瘤(细胞)
HMEC1	人微血管内皮细胞	KBV200	多药耐药性鼻咽癌(细胞)
HNXF-536L	人头颈癌(细胞)	Ketr3	人肾癌(细胞)
HOP-18	人非小细胞肺癌(细胞)	KM12	人结直肠癌(细胞)
HOP-62	人非小细胞肺癌(细胞)	KM20L2	人结直肠癌(细胞)
HOP-92	人非小细胞肺癌(细胞)	KMS34	人骨髓瘤(细胞)
Hs578T	人乳腺癌(细胞)	KU812F	人白血病(细胞)
Hs683	人(细胞)	KV/MDR	耐多重药物的癌(细胞)
HSV-1	良性细胞	KYSE180	人食管癌(细胞)
HT	人淋巴癌(细胞)	KYSE30	人食管癌(细胞)
HT1080	人纤维肉瘤(细胞)	KYSE520	人食管癌(细胞)
HT115	人结直肠癌(细胞)	KYSE70	人食管癌(细胞)
HT29	人结直肠癌(细胞)	L$_{1210}$	小鼠淋巴细胞白血病(细胞)
HT460	人肿瘤(细胞)	L$_{1210}$/Dx	耐阿霉素小鼠淋巴细胞白血病(细胞)
HTC116	人急性早幼粒细胞白血病(细胞)	L363	人骨髓瘤(细胞)
HTCLs	人肿瘤(细胞)	L-428	白血病(细胞)
HuCCA-1	人胆管癌(细胞); 人胆管细胞型肝癌(细胞)	L5178	小鼠淋巴肉瘤(细胞)
		L5178Y	小鼠淋巴肉瘤(细胞)
Huh7	人肝癌(细胞)	L-6	大鼠骨骼肌成肌细胞(细胞)
HUVEC	人脐静脉内皮细胞	L929	小鼠成纤维细胞
HUVECs	人脐静脉内皮细胞	LLC-PK$_1$	猪肾细胞
IC-2^{WT}	鼠细胞株	LMM3	小鼠乳腺癌(细胞)
IGR-1	人黑色素瘤(细胞)	LNCaP	人前列腺癌(细胞)
IGROV	人卵巢癌(细胞)	LO2	人肝脏细胞
IGROV1	人卵巢癌(细胞)	LoVo	人结直肠癌(细胞)
IGROV-ET	人卵巢癌(细胞)	LoVo-Dox	人结直肠癌(细胞)
IMR-32	人成神经细胞瘤(细胞)	LOX	人黑色素瘤(细胞)
IMR-90	人双倍体肺成纤维细胞	LOX-IMVI	人黑色素瘤(细胞)
J774	小鼠单核细胞/巨噬细胞(细胞)	LX-1	人肺癌(细胞)
J774.1	小鼠单核细胞/巨噬细胞(细胞)	LXF-1121L	人肺癌(细胞)
J774.A1	小鼠单核细胞/巨噬细胞(细胞)	LXF-289L	人肺癌(细胞)

续表

细胞代码	细胞名称	细胞代码	细胞名称
LXF-526L	人肺癌(细胞)	MEXF-394NL	人黑色素瘤(细胞)
LXF-529L	人肺癌(细胞)	MEXF-462NL	人黑色素瘤(细胞)
LXF-629L	人肺癌(细胞)	MEXF-514L	人黑色素瘤(细胞)
LXFA-629L	肺腺癌(细胞)	MEXF-520L	人黑色素瘤(细胞)
LXF-H460	人肺癌(细胞)	MG63	人骨肉瘤(细胞)
M14	黑色素瘤(细胞)	MGC-803	人癌(细胞)
M16	小鼠结肠腺癌(细胞)	MiaPaCa	人胰腺癌(细胞)
M17	耐阿霉素乳腺癌(细胞)	Mia-PaCa-2	人胰腺癌(细胞)
M17-Adr	耐阿霉素乳腺癌(细胞)	MKN1	人胃癌(细胞)
M21	黑色素瘤(细胞)	MKN28	人胃癌(细胞)
M5076	卵巢肉瘤(细胞)	MKN45	人胃癌(细胞)
MAGI	内含HIV-1 ⅢB病毒的Hela-CD4-LTR-β-gal指示器细胞	MKN7	人胃癌(细胞)
		MKN74	人胃癌(细胞)
MALME-3	黑色素瘤(细胞)	MM1S	人骨髓瘤(细胞)
MALME-3M	黑色素瘤(细胞)	Molt3	白血病(细胞)
MAXF-401	人乳腺癌(细胞)	Molt4	人T淋巴细胞白血病(细胞)
MAXF-401NL	人乳腺癌(细胞)	Mono-Mac-6	单核细胞
MAXF-MCF7	人乳腺癌(细胞)	MPM ACC-MESO-1	人恶性胸膜间皮瘤
MCF	人乳腺癌(细胞)	MRC-5	正常的人双倍体胚胎细胞
MCF-10A	人正常乳腺上皮(细胞)	MRC5CV1	猴空泡病毒40转化的人成纤维细胞
MCF12	人食管癌(细胞)	MS-1	小鼠内皮细胞
MCF7	人乳腺癌(细胞)	MX-1	人乳腺癌异种移植物
MCF7 Adr	耐药人乳腺癌(细胞)	N18-RE-105	神经元杂交瘤(细胞)
MCF7/Adr	耐药人乳腺癌(细胞)	N18-T62	小鼠成神经瘤细胞(细胞)
MCF7/ADR-RES	耐药人乳腺癌(细胞)	NAMALWA	白血病(细胞)
MDA231	人乳腺癌(细胞)	NBT-T2 (BRC-1370)	大鼠膀胱上皮细胞
MDA361	人乳腺癌(细胞)	NCI-ADR	人卵巢肉瘤(细胞)
MDA435	人乳腺癌(细胞)	NCI-ADR-Res	人卵巢肉瘤(细胞)
MDA468	人乳腺癌(细胞)	NCI-H187	人小细胞肺癌(细胞)
MDA-MB	人乳腺癌(细胞)	NCI-H226	人非小细胞肺癌(细胞)
MDA-MB-231	人乳腺癌(细胞)	NCI-H23	人非小细胞肺癌(细胞)
MDA-MB-231/ATCC	人乳腺癌(细胞)	NCI-H322M	人非小细胞肺癌(细胞)
MDA-MB-435	人乳腺癌(细胞)	NCI-H446	人肺癌(细胞)
MDA-MB-435s	人乳腺癌(细胞)	NCI-H460	人非小细胞肺癌(细胞)
MDA-MB-468	人乳腺癌(细胞)	NCI-H510	人肺癌(细胞)
MDA-N	人乳腺癌(细胞)	NCI-H522	人非小细胞肺癌(细胞)
MDCK	犬肾细胞	NCI-H69	人肺癌(细胞)
ME180	子宫颈癌(细胞)	NCI-H82	人肺癌(细胞)
MEL28	人黑色素瘤(细胞)	neuro-2a	成神经细胞瘤(细胞)
MES-SA	人子宫(细胞)	NFF	非恶性新生儿包皮成纤维细胞
MES-SA/DX5	人子宫(细胞)	NHDF	正常的人真皮成纤维细胞
MEXF-276L	人黑色素瘤(细胞)	NIH3T3	非转化成纤维细胞

续表

细胞代码	细胞名称	细胞代码	细胞名称
NIH3T3	正常的成纤维细胞	QGY-7701	人肝细胞性肝癌(细胞)
NMuMG	非转化上皮细胞	QGY-7703	人肝癌(细胞)
NOMO-1	人急性骨髓白血病	Raji	人EBV转化的Burkitt淋巴瘤B细胞
NS-1	小鼠细胞	RAW264.7	小鼠巨噬细胞
NSCLC	人支气管和肺非小细胞肺癌	RB	人前列腺癌(细胞)
NSCLC HOP-92	人非小细胞肺癌(细胞)	RBL-2H3	大鼠嗜碱性细胞
NSCLC-L16	人支气管和肺非小细胞肺癌	RF-24	乳头瘤病毒16 E6/E7无限增殖人脐静脉细胞
NSCLC-N6	人支气管和肺非小细胞肺癌(细胞)		
NSCLC-N6-L16	人支气管和肺非小细胞肺癌	RKO	人结肠癌(细胞)
NUGC-3	人胃癌(细胞)	RKO-E6	人结肠癌(细胞)
OCILY17R	人淋巴瘤(细胞)	RPMI7951	人恶性黑色素瘤(细胞)
OCIMY5	人骨髓瘤(细胞)	RPMI8226	人骨髓瘤(细胞)
OPM2	人骨髓瘤(细胞)	RXF-1781L	肾癌(细胞)
OVCAR-3	卵巢腺癌(细胞)	RXF-393	肾癌(细胞)
OVCAR-4	卵巢腺癌(细胞)	RXF-393NL	肾癌(细胞)
OVCAR-5	卵巢腺癌(细胞)	RXF-486L	肾癌(细胞)
OVCAR-8	卵巢腺癌(细胞)	RXF-631L	肾癌(细胞)
OVXF-1619L	卵巢癌(细胞)	RXF-944L	肾癌(细胞)
OVXF-899L	卵巢癌(细胞)	S_{180}	小鼠肉瘤(细胞)
OVXF-OVCAR3	卵巢癌(细胞)	$S_{180}A$	肉瘤腹水细胞
P_{388}	小鼠淋巴细胞白血病(细胞)	SAS	人口腔癌
P_{388}/ADR	耐阿霉素小鼠淋巴细胞白血病(细胞)	SCHABEL	小鼠淋巴癌(细胞)
P_{388}/Dox	耐阿霉素小鼠淋巴白血病细胞	SF268	人脑癌(细胞)
P_{388}D1	小鼠巨噬细胞	SF295	人脑癌(细胞)
PANC1	人胰腺癌(细胞)	SF539	人脑癌(细胞)
PANC89	胰腺癌(细胞)	SGC7901	人胃癌(细胞)
PAXF-1657L	人胰腺癌(细胞)	SH-SY5Y	人成神经细胞瘤(细胞)
PAXF-PANC1	人胰腺癌(细胞)	SK5-MEL	人黑色素瘤(细胞)
PBMC	正常人周围血单核细胞	SKBR3	人乳腺癌(细胞)
PC12	人肺癌(细胞)	SK-Hep1	人肝癌(细胞)
PC-12	大鼠嗜铬细胞瘤(细胞)(交感神经肿瘤)	SK-MEL-2	人黑色素瘤(细胞)
		SK-MEL-28	人黑色素瘤(细胞)
PC3	人前列腺癌(细胞)	SK-MEL-5	人黑色素瘤(细胞)
PC3M	人前列腺癌(细胞)	SK-MEL-S	人黑色素瘤(细胞)
PC3MM2	人前列腺癌(细胞)	SK-N-SH	成神经细胞瘤(细胞)
PC-9	人肺癌(细胞)	SK-OV-3	卵巢腺癌(细胞)
PRXF-22RV1	人前列腺癌(细胞)	SMMC-7721	人肝癌(细胞)
PRXF-DU145	人前列腺癌(细胞)	SN12C	人肾癌(细胞)
PRXF-LNCAP	人前列腺癌(细胞)	SN12k1	人肾癌(细胞)
PRXF-PC3M	人前列腺癌(细胞)	SNB19	人脑肿瘤(细胞)
PS (= P_{388})	小鼠淋巴细胞白血病P_{388}(细胞)	SNB75	人中枢神经系统癌(细胞)
PV1	良性细胞	SNB78	人脑肿瘤(细胞)
PXF-1752L	间皮细胞癌(细胞)	SNU-C4	人癌(细胞)
QG56	人肺癌(细胞)	SR	白血病(细胞)

续表

细胞代码	细胞名称	细胞代码	细胞名称
St4	胃癌(细胞)	U-87-MG	高加索恶性胶质瘤(细胞)
stromal cell	骨髓基质细胞	U937	人单核细胞白血病(细胞)
SUP-B15	白血病(细胞)	UACC-257	黑色素瘤(细胞)
Sup-T1	T细胞淋巴癌细胞	UACC62	黑色素瘤(细胞)
SW1573	人非小细胞肺癌(细胞)	UO-31	人肾癌(细胞)
SW1736	人甲状腺癌(细胞)	UT7	人白血病(细胞)
SW1990	人胰腺癌(细胞)	UV20	和DNA交联相关的中国仓鼠卵巢(细胞)
SW480	人结直肠癌(细胞)		
SW620	人结直肠癌(细胞)	UXF-1138L	人子宫癌(细胞)
T24	人肝癌(细胞)	V79	中国仓鼠(细胞)
T-24	人膀胱移行细胞癌(细胞)	Vero	绿猴肾肿瘤(细胞)
T47D	人乳腺癌(细胞)	WEHI-164	小鼠纤维肉瘤(细胞)
THP-1	人急性单核细胞白血病(细胞)	WHCO1	人食管癌(细胞)
TK10	人肾癌(细胞)	WHCO5	人食管癌(细胞)
tMDA-MB-231	人乳腺癌(细胞)	WHCO6	人食管癌(细胞)
tsFT210	小鼠癌(细胞)	WI26	人肺成纤维细胞
TSU-Pr1	浸润性膀胱癌(细胞)	WiDr	人结肠腺癌(细胞)
TSU-Pr1-B1	浸润性膀胱癌(细胞)	WMF	人前列腺癌(细胞)
TSU-Pr1-B2	浸润性膀胱癌(细胞)	XF498	人中枢神经系统癌(细胞)
U251	中枢神经系统肿瘤/胶质瘤(细胞)	XRS-6	拓扑异构酶Ⅱ敏感的中国仓鼠卵巢(细胞)
U266	骨髓瘤(细胞)		
U2OS	人骨肉瘤(细胞)	XVS	拓扑异构酶Ⅱ敏感的中国仓鼠卵巢(细胞)
U373	成胶质细胞瘤/星型细胞瘤(细胞)		
U373MG	人脑癌(细胞)	ZR-75-1	人乳腺癌(细胞)

索 引

索引 1 化合物中文名称索引

该化合物中文名称按汉语拼音排序（包括 2338 个中文正名及别名，中文正名 2137 个，中文别名 201 个）。等号（＝）后对应的是化合物在本卷中的唯一代码（1~2137）。化合物名称中表示结构所用的符号 D-、L-、R-、S-、E-、Z-、O-、N-、C-、H-、cis-、trans-、ent-、epi-、meso-、erythro-、threo-、sec-、seco-、m-、o-、p-、n-、α-、β-、γ-、δ-、ε-、κ-、ζ-、ψ-、ω-、Δ-、(+)、(−)、(±) 等，以及 0、1、2、3、4、5、6、7、8、9 等数字及标点符号（如括号、撇、逗号等）等都不参加排序；异、别、正、邻、间、对、移等文字参加排序。标星号（*）的中文名是本书编者命名的。

吖螺酸 1* ＝ 1431
吖螺酸 2* ＝ 1432
吖螺酸 4* ＝ 1433
吖螺酸 5* ＝ 1434
吖螺酸 6* ＝ 1435
阿尔诺海鞘胺 A* ＝ 1551
阿尔诺海鞘胺 B* ＝ 1552
阿尔诺海鞘胺 C* ＝ 1553
阿尔诺海鞘胺 D* ＝ 1554
阿尔辛都林 B* ＝ 724
阿克瑞黄素 A* ＝ 790
阿拉伯沙肉海绵林 1* ＝ 1243
阿拉伯沙肉海绵林 2* ＝ 1244
阿拉伯沙肉海绵林 I* ＝ 1243
阿拉伯沙肉海绵林 II* ＝ 1244
阿拉古锉海绵素 A* ＝ 1468
阿拉古锉海绵素 B* ＝ 1461
(+)-阿拉古锉海绵素 D* ＝ 1462
阿拉古锉海绵素 E* ＝ 1463
阿拉古石海绵新 A* ＝ 1460
阿娄特酰胺* ＝ 1315
阿马明氨醇 A* ＝ 1976
阿马明氨醇 B* ＝ 1977
阿玛噁唑 C* ＝ 1163
阿玛噁唑 D* ＝ 1164
阿瑞可霉素 A* ＝ 1165
阿瑞可霉素 B* ＝ 1166
阿斯波松弛素 A* ＝ 634
阿斯波松弛素 D* ＝ 635
阿斯波松弛素 H* ＝ 636
阿斯波松弛素 I* ＝ 637
阿斯波松弛素 J* ＝ 638
艾赫亚胺 A* ＝ 752

艾赫亚胺 B* ＝ 753
艾克亚胺 A* ＝ 1387
艾克亚胺 B* ＝ 1388
艾克亚胺 C* ＝ 1389
艾克亚胺 D* ＝ 1390
艾拉亭* ＝ 1574
安得二酰亚胺* ＝ 619
安汶岛象耳海绵定* ＝ 310
2-氨基-8-苯甲酰基-6-羟基-3H-吩噁嗪-3-酮 ＝ 1958
3-氨基-1-丙磺酸 ＝ 3
1-氨基迪斯扣哈勃定 D* ＝ 1487
2-氨基-3H-吩噁嗪-3-酮 ＝ 1960
o-氨基酚 ＝ 210
4-氨基米膜萨霉素* ＝ 1602
2-氨基-6-羟基-3H-吩噁嗪-3-酮* ＝ 1959
7-氨基-7-去甲氧基米膜萨霉素* ＝ 1601
4-氨基-5-溴-吡咯并[2,3-d]嘧啶 ＝ 1673
9-氨基异海鞘迪迪姆宁* ＝ 1549
氨基卒安莫宁* ＝ 1124
4-(2-氨乙基)-2-溴苯酚 ＝ 219
昂特宁 A* ＝ 1425
昂特宁 B* ＝ 1426
昂特宁 C* ＝ 1427
澳大利亚海绵新* ＝ 1821
澳大利亚苔藓动物酰胺 A* ＝ 970
澳洲红藻新 A* ＝ 2005
7-[(1,2,3,4,4a,7,8,8a-八氢-1,2,4a,5-四甲基-1-萘基)甲基]-6-苯并噁唑醇* ＝ 1194
巴比妥 ＝ 1648
巴尔巴酰胺* ＝ 1279
巴尔米拉吡咯酮* ＝ 393
巴哈马海绵林 B* ＝ 1488
巴哈马海绵林 C* ＝ 1489

巴哈马链霉菌酰胺 A*	=	1996
巴哈马链霉菌酰胺 D*	=	1469
巴哈马群海绵素*	=	516
巴厘海绵曼扎名胺 A*	=	893
巴厘海绵曼扎名胺 B*	=	894
巴厘海绵曼扎名胺 D*	=	895
巴厘海绵曼扎名胺 E*	=	896
巴姆霉素*	=	544
巴西海鞘宁 A*	=	1586
巴西海鞘宁 B*	=	1587
巴新海绵噁唑 A*	=	1177
巴新金贝湾酰胺 A*	=	145
白色双盘海鞘宾 A*	=	820
白雪海绵胺*	=	41
白雪海绵胺 A*	=	1141
白雪海绵胺 B*	=	1142
白雪海绵脒*	=	1140
白雪海绵乙酰生物碱*	=	1
百慕大乌娄萨海绵素*	=	1161
薄壳海鞘醇 A*	=	419
薄壳海鞘醇 B*	=	420
豹斑褶胃海鞘宁*	=	1584
北海苔藓胺 A*	=	982
北海苔藓胺 B*	=	983
北海苔藓胺 E*	=	984
北海苔藓胺 F*	=	985
北海苔藓胺 I*	=	986
北海苔藓胺 L*	=	987
奔嘎噁唑 A*	=	1167
奔嘎噁唑 B*	=	1168
奔嘎噁唑 C*	=	1169
奔嘎噁唑 C_4*	=	1170
奔嘎噁唑 C_6*	=	1171
奔嘎噁唑 D*	=	1172
奔嘎噁唑 E*	=	1173
奔嘎噁唑 F*	=	1174
奔嘎噁唑 G*	=	1175
奔嘎噁唑 Z*	=	1176
苯并科萨西斯醇*	=	1956
I-苯酚派若津*	=	628
N-(2-苯基乙基)-9-羟基十六烷基甲酰胺	=	233
N-(2-苯基乙基)-9-氧代十六烷基甲酰胺	=	234
苯乙基 5-氧代-L-脯氨酸	=	208
比苏卡波林*	=	198
吡啶诺得碱 A*	=	1414
吡啶诺得碱 B*	=	1415
吡啶诺得碱 C*	=	1416
吡啶诺得碱 D*	=	1417
吡啶甜菜碱 A*	=	1413
N-α-L-吡喃鼠李糖基-单歧藻吡咯 D*	=	807
蓖麻海绵啶*	=	1556
蓖麻海绵尼啶*	=	1683
碧玉海绵酰胺 A*	=	1210
碧玉海绵酰胺 B*	=	1211
碧玉海绵酰胺 C*	=	1212
扁板海绵刺桐碱 B*	=	978
扁板海绵刺桐碱 C*	=	979
扁板海绵刺桐碱 D*	=	980
扁板海绵啶 A*	=	572
扁形虫胺 A*	=	576
扁形虫胺 B*	=	577
变色曲霉素*	=	2048
变色曲霉菌素 A*	=	2132
变色曲霉菌素 B*	=	2133
变色曲霉菌素 C*	=	2134
髌骨海鞘胺 A*	=	1599
髌骨海鞘胺 B*	=	1600
柄孢壳酰胺 A*	=	617
柄孢壳酰胺 B*	=	618
波合母胺*	=	624
波纳佩海绵酮 A*	=	2044
波纳佩海绵酮 B*	=	2045
波纳佩海绵酮 C*	=	2046
波纳佩海绵酮 D*	=	2047
钵海绵啶 A*	=	601
钵海绵莫明 A*	=	746
钵海绵莫明 D*	=	747
钵海绵莫明 E*	=	748
钵海绵莫明 F*	=	749
钵海绵莫明 G*	=	750
钵海绵那啶 A*	=	751
补身烯亭 G*	=	1872
不列颠哥伦比亚海洋真菌酸 A*	=	1000
不列颠哥伦比亚海洋真菌酸 B*	=	1001
不列颠哥伦比亚海洋真菌酸 C*	=	1002
不同群海绵酰胺 A*	=	478
不同群海绵酰胺 B*	=	479
不同群海绵酰胺 C*	=	480
不同群海绵酰胺 D*	=	481
布洛卡青霉素类似物 C*	=	809
布若韦安酰胺 M*	=	2004
苍白双盘海鞘啶 A*	=	821
苍白双盘海鞘啶 B*	=	822
苍白双盘海鞘啶 C*	=	823

苍白双盘海鞘啶 D* = 824
苍白双盘海鞘啶 G* = 825
苍白双盘海鞘啶 J* = 826
(−)-草吲哚 A* = 684
(+)-草吲哚 A* = 685
(−)-草吲哚 B* = 686
(+)-草吲哚 B* = 687
(−)-草吲哚 C* = 688
(+)-草吲哚 C* = 689
查恩得拉那尼霉素 C* = 1962
查恩得拉那尼霉素 D* = 1963
产黄青霉真菌素* = 1635
冲绳海绵胺 A* = 312
冲绳海绵胺 B* = 313
冲绳海绵素 A* = 1369
冲绳海绵素 B* = 1370
冲绳海绵素 C* = 1371
冲绳美达胺 A* = 1691
冲绳美达胺 B* = 1692
稠密蜂海绵宁 A* = 2081
稠密蜂海绵宁 B* = 2082
雏海绵噁唑 A* = 1230
雏海绵噁唑 B* = 1231
雏海绵新 A* = 1151
雏海绵新 B* = 1152
雏海绵新 C* = 1153
纯洁沙肉海绵里定 A* = 1154
纯洁沙肉海绵里定 B* = 1267
纯洁沙肉海绵里定 C* = 300
纯洁沙肉海绵里定 D* = 1155
纯洁沙肉海绵里定 E* = 1156
纯洁沙肉海绵里定 F* = 301
纯洁沙肉海绵里定 G* = 235
纯洁沙肉海绵里定 J* = 1268
纯洁沙肉海绵里定 K* = 1269
纯洁沙肉海绵里定 L* = 1270
纯洁沙肉海绵里定 M* = 1157
纯洁沙肉海绵里定 N* = 1158
纯洁沙肉海绵里定 P* = 1271
纯洁沙肉海绵里定 Q* = 1272
纯洁沙肉海绵里定 R* = 1273
纯洁沙肉海绵里定 S* = 1274
粗枝海绵吲哚 A* = 1032
粗枝海绵吲哚 B* = 1033
粗枝海绵吲哚 C* = 1034
粗枝海绵吲哚 D* = 1035
粗枝海绵吲哚 E* = 1036

粗枝海绵吲哚 F* = 1037
簇海鞘啶 A* = 1473
(−)-簇海鞘啶 B* = 1474
簇海鞘弗明* = 1454
脆弱马滕斯红藻素 A* = 1185
锉海绵环胺 A* = 935
锉海绵环胺 B* = 1440
锉海绵曼扎名胺 A* = 890
锉海绵曼扎名胺 B* = 891
锉海绵霉素* = 1780
锉海绵素 A* = 1462
锉海绵素 C* = 1463
达尔文海绵宁 A* = 1957
达尔文海绵宁 B* = 950
大麦芽碱 = 229
大洋海绵胺* = 1871
大洋海绵喹诺酮生物碱 = 1259
大洋海绵溴酪氨酸生物碱* = 35
单齿螺酰胺 A* = 26
单齿螺酰胺 B* = 27
单齿螺酰胺 C* = 28
单齿螺酰胺 D* = 29
单齿螺酰胺 E* = 30
单齿螺酰胺 F* = 1638
单锚海绵啶* = 95
单锚海绵啶 A* = 95
单锚海绵啶 B* = 96
单锚海绵啶 C* = 97
单锚海绵啶 D* = 98
单锚海绵啶 E* = 99
单锚海绵麦卡林 A* = 2018
单锚海绵麦卡林 B* = 2019
单锚海绵麦卡林 C* = 63
单锚海绵宁 A* = 67
单锚海绵宁 B* = 68
单锚海绵宁 C* = 69
单歧藻吡咯 A_1^* = 806
单歧藻吡咯 A_2^* = 807
单歧藻聚吡咯 A* = 531
单歧藻聚吡咯 B* = 532
单歧藻聚吡咯 C* = 533
单歧藻聚吡咯 D* = 534
单歧藻聚吡咯 E* = 535
单歧藻聚吡咯 F* = 536
单歧藻聚吡咯 G* = 537
单歧藻聚吡咯 H* = 538
单歧藻聚吡咯 I* = 539

单溴异扇形海绵素* = 490
胆绿素 = 522
胆绿素Ⅸα = 522
稻曲霉董 A* = 2049
稻曲霉董 B* = 2050
稻曲霉董 C* = 2051
迪迪麦尔酰胺 A* = 1368
迪克特海绵唑 A* = 476
迪斯科吡咯 A* = 2009
迪斯科吡咯 B* = 2010
迪斯科吡咯 C* = 1987
迪斯科吡咯 D* = 2011
迪斯扣哈勃定 A* = 1499
迪斯扣哈勃定 B* = 1500
迪斯扣哈勃定 C* = 1501
(+)-(2S,6R,8S)-迪斯扣哈勃定 D* = 1502
迪斯扣哈勃定 E* = 1503
迪斯扣哈勃定 G* = 1504
迪斯扣哈勃定 G*‡ = 1505
(+)-迪斯扣哈勃定 I* = 1505
(−)-迪斯扣哈勃定 L* = 1506
(−)-(1R,2S,6R,8S)-迪斯扣哈勃定 N* = 1507
迪斯扣哈勃定 P* = 1508
(−)-(6S,8R)-迪斯扣哈勃定 Q* = 1509
迪斯扣哈勃定 R* = 1510
迪斯扣哈勃定 S* = 1511
迪斯扣哈勃定 T* = 1512
迪斯扣哈勃定 U* = 1513
迪斯扣哈勃定 V* = 1514
(S,S)-迪斯扣哈勃定 W* = 1515
(R,R)-迪斯扣哈勃定 W* = 1516
迪斯扣哈勃定 Y* = 1517
(−)-迪斯扣哈勃定 Z* = 1518
地中海海鞘酰胺* = 170
蒂壳海绵波瑞* = 1621
蒂壳海绵啶 A* = 1421
蒂壳海绵啶 B* = 1422
蒂壳海绵啶 C* = 1423
蒂壳海绵啶 D* = 1424
蒂壳海绵唑内酯 A* = 1333
蒂壳海绵唑内酯 B* = 1334
蒂壳海绵唑内酯 C* = 1335
碟状簇骨海鞘噻唑 A* = 1319
碟状簇骨海鞘噻唑 B* = 1320
碟状簇骨海鞘噻唑 C* = 1321
碟状簇骨海鞘素* = 1320
碟状簇骨海鞘酰胺 1* = 1325

碟状簇骨海鞘酰胺 4* = 1326
碟状簇骨海鞘酰胺 5* = 1327
碟状簇骨海鞘酰胺 6* = 1328
斗牟克酸* = 550
毒素 B_1 = 116
毒素 B_2 = 117
毒素 C_1 = 121
毒素 C_2 = 118
毒素 C_3 = 122
毒素 C_4 = 123
GB4 毒素 = 1979
毒素 PX1 = 121
毒素 PX_2 = 118
短密青霉宁 A* = 989
短密青霉宁 B* = 990
短密青霉宁 C* = 991
短密青霉宁 E* = 992
短密青霉宁 H* = 993
短指软珊瑚砜* = 162
短指软珊瑚酰胺* = 42
短指软珊瑚亚砜* = 163
断巴采拉海绵素 A* = 1119
断巴采拉海绵素 B* = 1120
断青甲海绵酸* = 886
盾壳霉二酰亚胺* = 1086
多巴胺 = 227
多板海绵胺 A* = 1946
多板海绵胺 B* = 1947
多板海绵胺 C* = 1948
多板海绵胺 D* = 1949
多板海绵胺 E* = 1950
多板海绵胺 F* = 1951
多板海绵胺 I* = 1952
多板海绵胺 J* = 1953
多板海绵胺 K* = 1954
多板海绵胺 M* = 1955
多果海鞘硫胺 A* = 1323
多节海鞘胺* = 734
俄斯拉霉素* = 1337
恩交阿米尼 A*712 = 1408
恩交阿米尼 B* = 1409
恩交阿米尼 C* = 1410
二叉黑角珊瑚素 A* = 778
1,5-二氮杂环二十一烷* = 1986
3-(3,5-二碘-4-甲氧苯基)-3′-(3-碘-4-甲氧苯基)-N,N'-(1,5-戊烷二基)双(2-二甲氨基丙酰胺) = 278
2-(3,3-二甲基丙-1-烯)-肋麦角碱 = 1102

2-(3,3-二甲基丙-1-烯)-epi-肋麦角碱 = 1103
N,N-二甲基-5,6-二溴色胺 = 958
N,N-二甲基-5-溴色胺 = 957
3,7-二甲基异鸟嘌呤 = 1811
1,3-二甲基异鸟嘌呤 (1997) = 1812
4,7-二羟基-8-甲氧基喹啉 = 1470
3-二氢迪斯扣哈勃定 B* = 1497
二氢迪斯扣哈勃定 C* = 1498
24,25-二氢多板海绵胺 A* = 1942
二氢多板海绵胺 K* = 1941
5,10-二氢酚扣霉素甲酯* = 1735
二氢巨大锉海绵胺 D* = 2092
9,10-二氢克拉玛啶* = 477
3,4-二氢曼扎名胺 A* = 899
3,4-二氢曼扎名胺 A N-氧化物* = 900
3,4-二氢曼扎名胺 J N-氧化物* = 901
二氢片螺素 B = 405
8,9-二氢-11-羟基海鞘得明* = 1570
3,4-二氢-6-羟基-10,11-环氧曼扎名胺 A* = 898
二氢去氧溴软海绵亭* = 736
二氢软海绵酰胺* = 1200
二去甲巴采拉海绵啶 A* = 89
二去甲去氢巴采拉海绵啶 B* = 90
9,10-二去氯-N-甲基掘海绵噻唑* = 1288
17,29-二去氢-圆筒软海绵酰胺镁盐 (2:1)* = 601
(3S,5R)-6′,6″-二去溴-3,4-二氢同眼海绵素 B* = 1680
(S)-6′,6″-二去溴同眼海绵素 A* = 1681
(R)-6′,6″-二去溴同眼海绵素 B* = 1682
3,4-二溴-1H-吡咯-2,5-二酮 = 343
4,5-二溴-1H-吡咯-2-甲酰胺 = 345
二溴吡咯酸 = 344
4,5-二溴-1H-吡咯-2-羧酸 = 344
二溴扁海绵他汀* = 473
3-(2,3-二溴-4,5-二羟苯基)吡咯烷-2,5-二酮 = 620
4-(2,3-二溴-4,5-二羟基苄氨基)-4-氧代丁酸 = 133
4-(2,3-二溴-4,5-二羟基苄氨基)-4-氧代丁酸甲酯 = 149
5,6-二溴-L-海帕刺桐碱* = 955
4,5-二溴-N^2-甲氧基甲基-1H-吡咯-2-甲酰胺 = 134
3,4-二溴马来二酰亚胺 = 343
4,5-二溴帕劳软海绵胺* = 472
2,2′-二溴球果群海绵素* = 471
(8E)-5,6-二溴-2′-N-去甲基-西沙海绵新* = 1011
(8Z)-5,6-二溴-2′-N-去甲基-西沙海绵新* = 1012
二溴群海绵素* = 470
二溴群海绵素* = 474
2,3-二溴软海绵胍* = 475

5,6-二溴色胺 = 956
2,6-二溴-4-乙酰胺基-4-羟基环己二烯酮 = 132
3,6-二溴-1H-吲哚 = 680
3,5-二溴真海绵醌醇* = 132
9,10-二异戊二烯蕈青霉素 = 1065
2,2-二-3-吲哚基-3-吲哚酮 = 737
法聂糖苷 A* = 1871
放线菌迷新 A* = 754
放线菌迷新 B* = 755
放线菌迷新 C* = 756
放线菌迷新 D* = 757
放线菌迷新 E* = 758
菲律宾海鞘酰胺 A* = 1196
菲律宾海鞘酰胺 C* = 1197
菲律宾海鞘酰胺 D* = 1198
菲律宾海鞘酰胺 E* = 1199
斐济蒂壳海绵酸 A* = 151
斐济蒂壳海绵酸 B* = 152
斐济蒂壳海绵酸 C* = 153
斐济蒂壳海绵酸 E* = 154
1,6-吩嗪二甲醇 = 1747
吩嗪生物碱 1 = 1743
吩嗪生物碱 2 = 1744
吩嗪生物碱 3 = 1745
吩嗪生物碱 4 = 1746
粉蝶霉素苷 C* = 1372
丰肉海绵定 C* = 6
蜂海绵 3-烷基吡啶二聚体* = 1375
蜂海绵 3-烷基吡啶三聚体* = 1376
蜂海绵胺 C* = 1373
蜂海绵胺 D* = 1374
蜂海绵环胺 A* = 1438
蜂海绵环胺 B* = 1439
蜂海绵林* = 1471
蜂海绵宁 A* = 2100
(-)-蜂海绵双胺* = 2099
蜂海绵新* = 1990
N-1-β-D-呋喃核糖基达米酮 C* = 1542
N-1-β-D-呋喃核糖基马卡鲁斯 I* = 1543
弗氏链霉菌咔唑* = 792
弗氏链霉菌咔唑 B* = 793
弗氏链霉菌咔唑 C* = 794
伏马毒素 C* = 1796
福拉别海绵吡咯 A* = 433
福拉别海绵吡咯 B* = 432
钙质海绵内酯 A* = 1182
甘氨酸基伊马喹酮* = 1896

甘蓝海绵定 800*	=	84
甘蓝海绵定 816*	=	9
甘蓝海绵定 826*	=	85
甘蓝海绵定 830*	=	86
甘蓝海绵定 844*	=	87
甘蓝海绵素 B*	=	1652
甘蓝海绵新 A_1*	=	1650
甘蓝海绵新 A_2*	=	1651
甘蓝海绵新 B*	=	1652
甘蓝海绵新 B_1*	=	1653
甘蓝海绵新 C_1*	=	1654
橄榄绿双盘海鞘明 A*	=	827
橄榄绿双盘海鞘明 B*	=	828
橄榄绿双盘海鞘明 C*	=	829
橄榄绿双盘海鞘明 D*	=	830
橄榄绿双盘海鞘明 E*	=	831
橄榄绿双盘海鞘明 F*	=	832
橄榄绿双盘海鞘明 G*	=	833
橄榄绿双盘海鞘明 H*	=	834
橄榄绿双盘海鞘明 I*	=	835
橄榄绿双盘海鞘明 J*	=	836
橄榄绿双盘海鞘明 K*	=	837
橄榄绿双盘海鞘明 L*	=	838
橄榄绿双盘海鞘明 M*	=	839
橄榄绿双盘海鞘明 N*	=	840
橄榄绿双盘海鞘明 O*	=	841
橄榄绿双盘海鞘明 P*	=	842
橄榄绿双盘海鞘明 Q*	=	843
橄榄绿双盘海鞘明 U*	=	844
橄榄绿双盘海鞘明 Y_1*	=	845
橄榄绿双盘海鞘明 Y_2*	=	846
橄榄绿双盘海鞘明 Y_3*	=	847
橄榄绿双盘海鞘明 Y_4*	=	848
橄榄绿双盘海鞘明 Y_5*	=	849
橄榄绿双盘海鞘明 Y_6*	=	850
橄榄绿双盘海鞘明 Y_7*	=	851
冈田软海绵素*	=	1457
高甘蓝海绵新 A_2*	=	1657
高甘蓝海绵新 B_1*	=	1658
高甘蓝海绵新 C_1*	=	1659
高秒色海绵宁*	=	1253
高牛磺酸	=	3
高牛磺酸	=	3
高箱鲀毒素	=	2
高胃甲海绵新 A*	=	856
格海绵酸*	=	83
格林纳达酰胺 B*	=	138
格林纳达酰胺 C*	=	139
格色欧鲁替克酸*	=	1737
个萨西啶 A*	=	853
共生甲藻亚胺*	=	2034
构巢曲霉喹唑啉 A*	=	1632
构巢曲霉喹唑啉 B*	=	1633
构巢曲霉喹唑啉 C*	=	1634
构巢曲霉喹唑啉 D*	=	1781
关岛皮提酰胺 A*	=	157
关岛怡宝酰胺*	=	578
光色素	=	1829
6-(1,3-癸二烯基)八氢-4-甲基-2H-喹嗪-3-醇	=	1456
棍海鞘啶 B*	=	768
棍海鞘啶 C*	=	769
哈尔满	=	855
哈米杰拉海绵素 D*	=	2101
哈尼申外消旋甲酯*	=	1722
哈其久啶 C*	=	1356
海放射孢菌咔啉 A*	=	867
海放射孢菌咔啉 B*	=	868
海放射孢菌咔啉 C*	=	869
海放射孢菌咔啉 D*	=	870
海湖放线菌霉素 A*	=	1329
海湖放线菌他汀 A*	=	1329
海壳科真菌内酰胺*	=	574
海葵酮*		1809
海葵新 391*	=	1010
海绵麦卡林 A*	=	105
海南直立钵海绵胺 B*	=	683
海南直立钵海绵胺 C*	=	854
海牛裸鳃定 A*	=	1888
海牛裸鳃定 B*	=	1889
海牛咪唑 A*	=	1131
海泡石海绵素*	=	1993
海鞘胺*	=	1559
海鞘胺 A*	=	1997
海鞘得明*	=	1555
海鞘啶*	=	1581
海鞘噁唑啉酮 C*	=	1189
海鞘素 583	=	1759
海鞘素 594	=	1760
海鞘素 729	=	1761
海鞘素 736	=	1762
海鞘素 743	=	1763
海鞘素 745	=	1764
海鞘素 759B	=	1765
海鞘素 770	=	1766

海鞘亭 A* = 1560		烘焙豆海鞘碱 2* = 2098
海鞘亭 B* = 1561		红海海绵素 A* = 1275
海鞘亭 J* = 1562		红色杆菌唑 B* = 1307
海兔胺酮* = 220		红色糖苷 A* = 608
海洋放线菌吡咯 A* = 423		红色糖苷 B* = 609
海洋放线菌吡咯 B* = 424		红色糖苷 C* = 610
(-)-海洋放线菌吡咯 C* = 425		红色糖苷 D* = 611
(±)-海洋放线菌吡咯 F* = 426		红色糖苷 E* = 612
海洋喹啉 A* = 1475		红色糖苷 F* = 613
海洋欧新 A* = 421		红色糖苷 G* = 614
海洋欧新 B* = 422		红色糖苷 H* = 615
(-)-海洋曲霉酰胺* = 1118		红树酰胺 C* = 1110
海洋细菌霉素 A* = 1740		弧菌亭* = 34
海洋细菌霉素 B* = 1741		滑皮海绵酰胺 A* = 1223
海洋细菌霉素 C* = 1742		滑皮海绵酰胺 B* = 1224
海萤荧光素 = 60		环达亭 C* = 171
含硫山海绵内酯 A* = 1232		环达亭 F* = 172
含硫山海绵内酯 B* = 1233		环达亭 G* = 173
含羞草霉素 = 1614		环达亭 I* = 174
(-)-合恩噁唑 A* = 1178		(R)-环达亭 L* = 2066
合恩噁唑 B* = 1179		(S)-环达亭 L* = 2067
和米象耳海绵定 11 的 1-O-硫酸酯* = 318		环噁唑啉* = 1195
和米象耳海绵定 1 的 1-O-硫酸酯* = 316		环庚内酰胺 A* = 184
和米象耳海绵定 1 的 4-O-硫酸酯* = 316		环庚内酰胺 B* = 185
和米象耳海绵定 2 = 280		环庚内酰胺 C* = 186
和米象耳海绵定 2 的 1-O-硫酸酯* = 317		环庚内酰胺 D* = 187
和米象耳海绵定 2 的 4-O-硫酸酯* = 317		环庚内酰胺 E* = 188
河豚毒素 = 108		环庚内酰胺 F* = 189
4-epi-河豚毒素 = 109		环庚内酰胺 G* = 190
6-epi-河豚毒素 = 110		环庚内酰胺 M* = 191
赫伦岛吡咯 A* = 346		环庚内酰胺 N* = 192
赫伦岛吡咯 B* = 347		环庚内酰胺 O* = 193
赫伦岛吡咯 C* = 348		环庚内酰胺 P* = 194
赫伦岛酰胺 C* = 206		环庚内酰胺 Q* = 195
赫米特酰胺 A* = 228		环庚内酰胺 Y* = 196
赫米特酰胺 B* = 965		环庚内酰胺 Z* = 197
褐色培克海星新* = 62		环里西定 = 629
黑斑海兔缩醛胺* = 183		α-环匹阿尼酸 = 1046
黑边海兔欧外林* = 521		5-epi-α-环匹阿尼酸* = 1057
黑扁板海绵胺 A* = 882		环深水海绵亭* = 1558
黑扁板海绵胺 B* = 883		环双沙肉海绵林 A* = 274
黑扁板海绵胺 C* = 884		环西沙海绵新 C* = 465
黑扁板海绵胺 D* = 885		环象耳海绵定 1* = 248
黑曲霉嗪 988		环象耳海绵定 2* = 249
黑曲霉菌素 B* = 1342		环象耳海绵定 3* = 250
烘焙豆海鞘碱* = 1322		环象耳海绵定 4* = 251
烘焙豆海鞘碱 1* = 2097		环星骨海鞘丝氨醇* = 1978

环星芒海绵胺 A* = 1362	基若林* = 1134
环星芒海绵胺 B* = 1363	极长群海绵素* = 1339
环星芒海绵胺 C* = 1364	(S)-极长群海绵酰胺 A* = 1723
环星芒海绵胺 D* = 1365	极长群海绵酰胺 B* = 1724
环星芒海绵胺 E* = 1366	棘网海绵磺酸 A* = 739
环星芒海绵胺 F* = 1367	棘网海绵磺酸 B* = 740
黄杆菌酰胺 A* = 135	棘网海绵磺酸 C* = 741
黄杆菌酰胺 B* = 136	棘网海绵甜菜碱 B* = 1133
黄灰青霉胺 A* = 1642	加勒比海绵啶 A* = 75
黄灰青霉胺 B* = 1643	加勒比海绵啶 B* = 76
黄灰青霉胺 C* = 1644	加勒比海绵啶 D* = 77
黄灰青霉因* = 2052	加勒比海绵啶 E* = 78
黄青霉素 X = 334	加勒比海绵啶 F* = 79
黄曲霉毒素 = 1675	加勒比海绵啶 L* = 80
磺酰巴新 A* = 136	加勒比海绵啶 M* = 81
秒色海绵胺 2* = 240	3′-甲氨基贪婪掘海绵酮* = 1874
秒色海绵胺 3* = 241	4′-甲氨基贪婪掘海绵酮* = 1875
秒色海绵胺 4* = 242	27-O-甲基阿斯坡如金 C* = 1074
秒色海绵胺 5* = 243	2-甲基苯并噻唑酮 = 1309
秒色海绵胺 6* = 221	3-甲基-N-(2′-苯乙基)-丁酰胺 = 150
秒色海绵胺 7* = 244	2-甲基-9H-吡啶并[3,4-b]吲哚-3-羧酸* = 874
秒色海绵林 3* = 1251	β-甲基-3-吡啶十二醛-O-甲基肟 = 1388
11-epi-秒色海绵林 3* = 1252	4-甲基-3H-吡咯并[2,3-c]喹啉 = 1475
秒色海绵宁* = 1238	3-((6-甲基吡嗪-2-基)甲基)-1H-吲哚 = 712
火蠕虫宁* = 131	N^{13}-甲基迪斯扣哈勃定 C* = 1508
矶海绵醇 = 1617	33-甲基二氢软海绵酰胺* = 1225
矶海绵霉素 A* = 1768	N-甲基-5,6-二溴色胺 = 976
矶海绵霉素 B* = 1769	N^{1}-甲基二溴异扇形海绵素* = 2116
矶海绵霉素 C* = 1770	N^{2}-甲基橄榄绿双盘海鞘明 D* = 872
矶海绵霉素 D* = 1771	N^{2}-甲基橄榄绿双盘海鞘明 J* = 873
矶海绵霉素 G* = 1772	N-甲基掘海绵噻唑* = 1297
矶海绵霉素 H* = 1758	1-甲基-β-咔啉 = 855
矶海绵霉素 I* = 1773	1-甲基-9H-咔唑 = 784
矶海绵霉素 M* = 1774	24-甲基雷海鞘嗪 D* = 1698
矶海绵霉素 N* = 1775	3-O-甲基马萨定氯化物* = 489
矶海绵霉素 O* = 1776	N^{1}-甲基曼扎名斯定 C* = 1668
矶海绵霉素 Q* = 1777	甲基喷多霉素-14-O-α-葡萄糖苷* = 1111
矶海绵霉素 R* = 1778	4′-N-甲基-5′-羟基星形孢菌素 = 798
矶海绵霉素 S* = 1779	N-甲基去甲猪毛菜酚 = 1613
矶海绵素 1* = 1459	33R-甲基软海绵酰胺* = 1212
矶海绵酮 = 1618	1-甲基-2,3,5-三溴吲哚 = 713
鸡心螺亭 A* = 1300	O^{10}-(12-甲基十三烷酰)-去酰基奔嘎噁唑 C* = 1172
鸡心螺亭 B* = 1301	5-(13-甲基十四烷基)-1H-吡咯-2-甲醛 = 353
鸡心螺亭 C* = 1302	5-(14-甲基十五烷基)-1H-吡咯-2-甲醛 = 352
鸡心螺亭 D* = 1303	O^{10}-(13-甲基十五烷酰)-去酰基奔嘎噁唑 C* = 1174
鸡心螺亭 E* = 1304	N^{4}-甲基疏海绵胺* = 1626
基若扣咪唑* = 1134	N^{14}-甲基双盘海鞘啶 C* = 871

N^{30}-甲基-23ξ,24ξ,25,30-四氢多板海绵胺 A* = 1945
$N^{3'}$-甲基四氢亮红海绵林 B* = 2017
N^{1}-甲基苔藓动物酰胺 B* = 940
$N^{3'}$-甲基西沙海绵新* = 1030
22-O-(N-甲基-L-缬氨酰)-21-epi-黄曲喹诺酮 B* = 1476
1-甲基-6-亚氨基嘌呤 = 1818
N^{3}-甲基-4-氧代-3-epi-多板海绵胺 B* = 1944
N-甲基异海鞘胺* = 2115
5-甲基-1H-吲哚-4,7-二酮 = 711
1-甲基吲哚-3-甲酰胺 = 710
4-甲酰氨基桉烷-7-烯 = 1834
5-甲酰基-1H-吡咯-2-二十一烷腈 = 376
5-甲酰基-1H-吡咯-2-十八烷腈 = 375
(–)-N-甲酰基-1,2-二氢矾海绵酮* = 1610
N-甲酰基沙肉海绵新 A* = 1246
N-甲酰-2-(4-羟苯基)乙酰胺 = 137
N-甲氧基-16-(3-吡啶基)-7-十六(碳)炔-1-胺 = 1406
N-甲氧基-16-(3-吡啶基)-5-十六(碳)炔-1-胺 = 1407
7-甲氧基-1,6-二甲基-5,8-异喹啉二酮 = 1612
5-甲氧基-2,6-二甲基-2H-异吲哚-4,7-二酮 = 1093
N-甲氧基甲基异海鞘胺* = 2113
4-甲氧基-5-[(3-甲氧基-5-吡咯-2-基-2H-吡咯-2-亚基)甲基]-2,2'-二吡咯 = 427
37-(甲氧基羰基)日本海绵素 E* = 2112
22α-甲氧基-希尔正青霉宁 A* = 1083
N-[4-(甲氧基酰胺)-2-氧代丁基]-7,9-二溴-10-羟基-8-甲氧基-1-氧杂-2-氮杂螺[4.5]十(碳)-2,6,8-三烯-3-酰胺 = 1258
5-甲氧基-1H-吲哚-4,7-二酮 = 708
6-甲氧基-1H-吲哚-4,7-二酮 = 709
假诺卡氏菌素 A* = 2126
假诺卡氏菌素 B* = 2127
假诺卡氏菌素 C* = 2128
尖端凝聚海绵亭* = 1820
坚挺双盘海鞘素* = 1674
江瑟拉酰胺 A* = 143
交替单胞菌酰胺 A* = 582
胶须藻素 C* = 774
胶须藻素 D_1* = 770
胶须藻素 D_3* = 775
角骨海绵硫酸酯* = 1911
角骨海绵赛啶 A* = 513
角骨海绵赛啶 B* = 514
角骨海绵赛啶 C* = 466
角骨海绵赛啶 D* = 453
(±)-结海绵新 A* = 959

(±)-结海绵新 B* = 960
(±)-结海绵新 C* = 961
(±)-结海绵新 D* = 962
(±)-结海绵新 E* = 963
(±)-结海绵新 F* = 964
今归仁胺 A* = 2020
今归仁胺 B* = 2021
今归仁胺 C* = 1189
今归仁胺 E* = 1190
今归仁胺 F* = 2022
今归仁醇 B* = 1193
今归仁醇 B 二乙酸酯* = 1876
今归仁醌 A* = 1877
今归仁醌 B* = 1878
今归仁醌 C* = 1879
今归仁醌 D* = 1880
今归仁醌 G* = 1881
今归仁醌 H* = 1882
今归仁醌 I* = 1883
今归仁醌 N* = 1884
今归仁醌 O* = 1885
今归仁醌 P* = 1886
今归仁醌 R* = 1887
金巴新 A* = 1912
金巴新 B* = 1913
茎点霉色亭* = 607
茎型秒色海绵新 I* = 1240
茎型秒色海绵新 II* = 1241
茎型秒色海绵新 III* = 1242
精囊海鞘咪唑酮* = 1162
(±)-精囊海鞘酰胺 D* = 1031
局部巴采拉海绵啶 A* = 93
局部巴采拉海绵啶 B* = 94
橘青霉定 A* = 2071
菊海鞘嗪 B* = 1677
菊海鞘酰胺 D* = 270
菊海鞘酰胺 G* = 271
巨大巴厘海绵内酰胺* = 892
巨大锉海绵胺* = 2107
巨大锉海绵胺 A* = 2105
巨大锉海绵胺 B* = 2106
巨大锉海绵胺 G* = 2108
锯齿海绵新 A* = 1499
锯齿海绵新 B* = 1541
锯齿海绵新 D* = 1502
聚球藻菌亭 A* = 165
(4E,S)-掘海绵吖丙因* = 1988

(4E,R)-(−)-掘海绵吖丙因* = 1989	抗生素 PF 1140 = 1340
掘海绵吡咯烷酮* = 552	抗生素 ZHD-0501 = 789
掘海绵定* = 212	抗生素 ZZF 51 = 1341
掘海绵宁* = 1292	考鲁胺* = 911
掘海绵宁 A* = 1132	可疑飞氏藻素 H 异腈* = 1044
掘海绵宁 B* = 817	(−)-I-可疑拟薄海鞘胺 B* = 975
掘海绵噻唑* = 1291	克阿里宁 A* = 1139
掘海绵酰胺* = 551	克拉玛啶* = 485
蕨藻红素 = 729	克拉玛明 B* = 913
蕨藻氯 = 728	克拉色群海绵啶* = 464
骏河毒素 = 1123	克拉色群海绵酰胺 A* = 460
卡毕酰胺 A* = 1213	克拉色群海绵酰胺 B* = 461
卡毕酰胺 B* = 1214	克拉色群海绵酰胺 C* = 462
卡毕酰胺 C* = 1215	克拉色群海绵酰胺 D* = 463
卡毕酰胺 C 乙酸酯* = 1216	扣恩布阿斯啶 A* = 486
卡毕酰胺 D* = 1217	扣坡沃啶* = 781
卡毕酰胺 E* = 1218	扣投喹唑啉 C* = 2076
卡毕酰胺 G* = 1219	扣投喹唑啉 D* = 2077
卡毕酰胺 J* = 1220	寇巴米定* = 969
卡毕酰胺 K* = 1221	寇海绵胺 A* = 1545
卡毕酰胺 L* = 1222	寇海绵胺 B* = 1546
卡尔开毒素* = 1295	寇海绵胺 C* = 2131
卡坡拉克亭 A* = 200	寇海绵库林 A* = 1310
卡坡拉克亭 B* = 201	寇海绵库林 B* = 1311
卡萨林* = 1690	寇海绵库林 C* = 1312
卡色斯他汀 A* = 177	寇海绵库林 D* = 1313
卡色斯他汀 B* = 178	寇海绵库林 S* = 1314
卡色斯他汀 C* = 7	寇塔海鞘酰胺 A* = 971
卡特海绵胺 A* = 458	寇塔海鞘酰胺 B* = 972
抗生素 B 5354A = 211	寇塔海鞘酰胺 C* = 973
抗生素 B 5354B = 216	寇塔海鞘酰胺 D* = 974
抗生素 B 5354C = 217	寇替斯他汀海绵素 A* = 1915
抗生素 BE 18591 = 413	寇替斯他汀海绵素 B* = 1916
抗生素 JBIR 03 = 1059	寇替斯他汀海绵素 C* = 1917
抗生素 JBIR 102 = 630	寇替斯他汀海绵素 D* = 1918
抗生素 JBIR 31 = 1040	寇替斯他汀海绵素 J* = 1919
抗生素 JBIR 34 = 1180	库阿诺尼胺 A* = 1576
抗生素 JBIR 35 = 1181	库阿诺尼胺 B* = 1577
抗生素 JBIR 44 = 282	库阿诺尼胺 C* = 1578
抗生素 JBIR 66 = 144	库阿诺尼胺 D* = 1579
抗生素 JBIR 81 = 967	库拉索蓝细菌新 A* = 1280
抗生素 JBIR 82 = 968	库拉索蓝细菌新 B* = 1281
抗生素 M 146791 = 629	库拉索蓝细菌新 C* = 1282
抗生素 NI 15501A = 124	库拉索蓝细菌新 D* = 1283
抗生素 NP 25302 = 626	喹那都林 B* = 1805
抗生素 PF 1126A = 177	昆士兰海绵啶 C* = 1248
抗生素 PF 1126B = 178	昆士兰海绵啶 D* = 1249

昆士兰海绵啶 E*	= 1250	类角海绵胺 A*	= 205
拉布阿宁 A*	= 1580	类角海绵胺 B*	= 38
拉丝海绵二醇*	= 1900	类角海绵啶*	= 39
(1″S,3″S)-拉丝海绵素 A*	= 720	类角海绵宁 A*	= 321
(1″R,3″S)-拉丝海绵素 A*	= 721	类角海绵宁 B*	= 322
cis-拉丝海绵素 B*	= 722	类角海绵宁 D*	= 323
拉万多赛阿宁*	= 1739	类角海绵素 A*	= 298
喇叭毒棘海胆亭 B*	= 1412	类角海绵素 B*	= 299
濑良垣岛钵海绵胺 A*	= 1688	类角海绵酰胺 A*	= 1246
濑良垣岛钵海绵胺 B*	= 1689	类角海绵酰胺 B*	= 1247
兰瑟里科海绵胺 A*	= 22	利马则平 G*	= 176
兰瑟里科海绵胺 B*	= 23	连茎海鞘啶*	= 1585
兰瑟里科海绵胺 C*	= 24	链霉菌吩嗪 A*	= 1748
兰瑟里科海绵酰胺 A*	= 327	链霉菌吩嗪 B*	= 1749
蓝灰异壁放线菌素 A*	= 1359	链霉菌吩嗪 C*	= 1750
蓝灰异壁放线菌素 B*	= 1360	链霉菌吩嗪 D*	= 1751
蓝灰异壁放线菌素 C*	= 1361	链霉菌吩嗪 E*	= 1752
蓝灰异壁放线菌酰胺*	= 1100	链霉菌吩嗪 H*	= 1753
蓝细菌酰胺 D*	= 1293	链霉菌咔唑 A*	= 805
雷海鞘嗪 A*	= 1694	链霉菌扣啶*	= 1418
雷海鞘嗪 B*	= 1695	链霉菌色亭 A*	= 616
雷海鞘嗪 C*	= 1696	亮红海绵林 A*	= 2041
雷海鞘嗪 D*	= 1697	亮红海绵林 B*	= 2042
雷海鞘嗪 E*	= 1698	列克叟他汀*	= 40
雷海鞘嗪 F*	= 1699	灵菌红素	= 530
雷海鞘嗪 G*	= 1700	1-硫甲基迪斯扣哈泊啶 I*	= 1544
雷海鞘嗪 H*	= 1701	9-硫氰酸根合普普基烷*	= 1864
雷海鞘嗪 I*	= 1702	9-epi-硫氰酸根合普普基烷*	= 1865
雷海鞘嗪 J*	= 1703	2-硫氰酸根合新普普基烷*	= 1863
雷海鞘嗪 K*	= 1704	柳珊瑚酰胺 A*	= 681
雷海鞘嗪 L*	= 1705	柳珊瑚酰胺 B*	= 682
雷海鞘嗪 M*	= 1706	六放海绵亭*	= 1808
雷海鞘嗪 N*	= 1707	10,11,15,16,32,33-六氢-8-羟基曼扎名胺 A*	= 902
雷海鞘嗪 O*	= 1708	六乙酰基隐居穿贝海绵酰胺 A*	= 1106
雷海鞘嗪 P*	= 1709	六乙酰基隐居穿贝海绵酰胺 B*	= 1107
雷海鞘嗪 Q*	= 1710	龙虾肌碱	= 1386
雷海鞘嗪 R*	= 1711	娄豆吡啶酮*	= 1296
雷海鞘嗪 S*	= 1712	娄凯甾醇胺 A*	= 1942
雷海鞘嗪 T*	= 1713	娄凯甾醇胺 B*	= 1943
雷海鞘嗪 U*	= 1714	娄尼酰胺 A*	= 147
雷海鞘嗪 V*	= 1715	娑海绵啶 A*	= 1129
雷海鞘嗪 W*	= 1716	娑海绵啶 C*	= 1130
雷海鞘嗪 X*	= 1717	鹿仔海绵酮 B*	= 1494
雷海鞘嗪 Y*	= 1718	鹿仔海绵酮 C*	= 1495
雷海鞘嗪 Z*	= 1719	螺印地霉素 B*	= 771
肋麦角碱	1099	螺印地霉素 C*	= 772
类角海绵胺*	= 273	螺印地霉素 D*	= 773

裸甲藻亚胺* = 2013
裸甲藻亚胺 B* = 2014
裸壳孢米啶 A* = 1087
裸壳孢米啶 B* = 1088
裸壳孢吲哚 DA* = 1066
裸壳孢吲哚 SB* = 1067
裸壳孢吲哚 SB β-曼诺糖苷* = 1068
裸鳃啶 A* = 36
裸鳃啶 B* = 37
裸鳃霉素* = 1767
裸鳃它姆加胺 A* = 434
裸鳃它姆加胺 B* = 435
裸鳃它姆加胺 C* = 436
裸鳃它姆加胺 D* = 437
裸鳃它姆加胺 E* = 438
裸鳃它姆加胺 F* = 439
裸鳃它姆加胺 G* = 440
裸鳃它姆加胺 H* = 441
裸鳃它姆加胺 I* = 442
裸鳃它姆加胺 J* = 443
裸鳃它姆加胺 K* = 444
5-氯海洋曲霉酰胺* = 1098
12-氯-11-羟基二溴异扇形海绵素* = 459
12-氯-11-羟基二溴异扇形海绵素* = 1128
氯日兹啶 A* = 625
氯-双吲哚 = 730
氯西阿霉素* = 780
氯叶酮 a* = 524
3-氯-1H-吲哚 = 675
马达加斯加海鞘啶 A* = 1619
马达加斯加海鞘啶 B* = 1620
马达明 A* = 1691
马当胺 A* = 2111
马海绵内酯 A* = 1910
马卡鲁胺 A* = 1525
马卡鲁胺 B* = 1526
马卡鲁胺 C* = 1527
马卡鲁胺 D* = 1528
马卡鲁胺 E* = 1529
马卡鲁胺 F* = 1530
马卡鲁胺 G* = 1531
马卡鲁胺 H* = 1532
马卡鲁胺 I* = 1533
马卡鲁胺 J* = 1534
马卡鲁胺 K* = 1535
马卡鲁胺 L* = 1536
马卡鲁胺 M* = 1537

马卡鲁胺 N* = 1538
马卡鲁胺 P* = 1539
马卡鲁酮* = 1540
马那多曼扎名胺 A* = 915
马那多曼扎名胺 B* = 916
马萨定二聚体* = 432
马约特岛酰胺 A* = 1316
马约特岛酰胺 B* = 1317
玛叶伽内啶 A* = 914
3-(4-吗啉基)去甲基氧代疏海绵胺* = 1627
麦它根二吲哚 A* = 759
麦它根三吲哚 A* = 760
鳗弧菌巴科亭* = 1277
曼扎名 Y* = 905
曼扎名胺 A* = 917
曼扎名胺 A N-氧化物* = 918
曼扎名胺 B* = 919
曼扎名胺 C* = 866
曼扎名胺 D* = 920
曼扎名胺 E* = 921
曼扎名胺 F* = 913
ent-曼扎名胺 F* = 922
曼扎名胺 G* = 903
ent-曼扎名胺 G* = 904
曼扎名胺 H* = 923
曼扎名胺 J* = 924
曼扎名胺 J N-氧化物* = 900
曼扎名胺 L* = 925
曼扎名胺 X* = 926
毛壳二酮* = 2006
毛壳素 = 988
毛壳新 A* = 639
毛里塔尼亚群海绵胺* = 488
毛里塔尼亚群海绵酰胺 A* = 487
牻牛儿基吩嗪二醇 = 1736
没勒阿各碱* = 1026
没勒阿各碱 B* = 1027
没勒阿各碱 D* = 1028
没勒阿各碱 E* = 1029
玫瑰小双孢菌宁* = 1278
眉藻新 A* = 2064
眉藻新 B* = 2065
镁菌素 = 602
米尔酰胺 A* = 875
密克罗尼西亚海鞘素* = 1453
(10Z)-膜海绵笛新* = 482
膜海绵定* = 483

(–)-膜海绵宁‡ = 484
莫洛凯阿齐特酰胺* = 328
莫洛凯胺* = 329
莫马思赫海鞘宁 E* = 690
莫马思赫海鞘宁 I* = 691
莫马思赫海鞘宁 J* = 692
莫马思赫海鞘宁 K* = 693
莫马思赫海鞘宁 K* = 1021
莫马思赫海鞘宁 L* = 694
莫桑比克烯酮 A* = 1814
莫桑比克烯酮 B* = 1146
莫桑比克烯酮 D* = 1815
莫桑比克烯酮 E* = 1816
莫桑比克烯酮 F* = 1147
莫桑比克烯酮 G* = 1148
莫桑比克烯酮 I* = 1817
莫桑比克烯酮 J* = 1818
莫桑比克烯酮 K* = 148
默突坡胺 A* = 31
默突坡胺 B* = 32
默突坡胺 C* = 33
默伊尔酰胺 B* = 621
木果楝吡啶 A* = 1430
木卡纳啶 A* = 481
木卡纳啶 F* = 491
木榄内酯 A* = 2093
木榄内酯 B* = 2012
木榄内酯 C* = 2094
木榄内酯 D* = 2095
木霉酰胺 A* = 168
木霉酰胺 B* = 169
epi-那尔啶 A* = 1519
epi-那尔啶 C* = 1520
那卡多马林 A* = 927
那马岛酰胺* = 182
那米啶 A* = 1149
那米啶 F* = 1150
那托象耳海绵定 11 15-O-硫酸酯 = 318
(E)-纳拉因 = 65
(Z)-纳拉因 = 66
南极海绵素 A* = 1661
南极海绵素 B* = 1665
南极海绵素 C* = 1662
尼莫特林* = 1394
泥两面神菌喹啉* = 1472
拟薄海鞘酮* = 1555
拟草掘海绵定* = 553

拟茎点霉素 A‡ = 1611
拟裸海绵宁 A* = 1572
拟裸海绵宁 B* = 1573
拟诺卡氏菌嗪 A* = 999
黏丝蜂海绵胺* = 1429
黏丝蜂海绵林* = 1428
黏着杆菌亭 A* = 44
黏着杆菌亭 B* = 45
黏着杆菌亭 C* = 46
黏着杆菌亭 D* = 47
黏帚霉啶 C* = 994
念珠藻环酰胺* = 1331
念珠藻环酰胺 M* = 1332
念珠藻新* = 2007
宁嘎林 A* = 2117
宁嘎林 B* = 2023
宁嘎林 C* = 2024
宁嘎林 D* = 2118
宁嘎林 G* = 2119
牛胆碱 = 4
牛磺酸 = 4
诺卡放线菌素 A* = 1187
诺卡放线菌素 B* = 1188
21-欧得乙酰基细胞松弛素 Q* = 658
欧科萨兹宁 A* = 2123
欧科思平酰胺 A = 2025
欧兰特糖苷 A* = 587
欧兰特糖苷 B* = 588
欧兰特糖苷 C* = 589
欧兰特糖苷 D* = 590
欧兰特糖苷 E* = 591
欧兰特糖苷 F* = 592
欧兰特糖苷 K* = 593
欧西阿霉素* = 785
帕劳胺* = 508
帕劳扣罗尔霉素 A* = 146
(–)-帕普胺* = 2124
(–)-帕特胺 A* = 1318
帕沃亭* = 879
派柔他汀 B* = 1671
派瑞克西宁* = 70
佩纳海绵硫酸盐 A* = 1443
佩纳海绵因 A* = 2030
佩纳海绵因 B* = 2031
佩纳海绵因 C* = 2032
皮泊新 A* = 1116
皮泊新 B* = 1117

皮耐克酸* = 1444
皮柔那米啶 9-N-甲基亚胺* = 1159
皮生球菌嗪 A* = 1728
皮生球菌嗪 B* = 1729
皮生球菌嗪 C* = 1730
皮生球菌嗪 D* = 1731
皮生球菌嗪 E* = 1732
皮生球菌嗪 F* = 1733
皮生球菌嗪 G* = 1734
皮网海绵亭 A* = 1967
皮网海绵亭 A_1* = 1968
皮网海绵亭 A_2* = 1969
皮网海绵亭 A_3* = 1970
皮网海绵亭 A_4* = 1971
皮网海绵亭 A_5* = 1972
皮网海绵亭 A_6* = 1973
皮网海绵亭 A_7* = 1974
皮网海绵亭 B* = 1975
片螺素 A = 397
片螺素 A_1 = 398
片螺素 A_2 = 399
片螺素 A_3 = 400
片螺素 A_4 = 401
片螺素 A_5 = 402
片螺素 A_6 = 403
片螺素 B = 404
片螺素 C = 405
片螺素 D = 406
片螺素 I = 407
片螺素 J = 408
片螺素 K = 409
片螺素 M = 410
片螺素 R = 351
片螺素 α 20-硫酸酯 = 411
片螺素 β = 412
坡修柔亭 A* = 573
葡萄穗霉福林* = 1095
葡萄穗霉素 B* = 1058
葡萄穗霉因 D* = 1094
前鳃夜光蝾螺毒素 A* = 236
前鳃夜光蝾螺毒素 B* = 237
前新考鲁胺* = 931
N-[2-(4-羟苯基)乙基]-3-甲基-2-十二烯酰胺 = 232
2-(4-羟苯甲酰基)-4(5)-(4-羟苯基)-1H-咪唑* = 1135
羟基阿卡酮* = 1660
19-羟基阿拉伯沙肉海绵林 N^{20}-磺酰胺* = 1255
(S)-p-羟基苯酚派若津* = 627

2-(4-羟基苯基)喹唑啉-4(3H)-酮 = 1655
2-(4-羟基苯甲酰基)喹唑啉-4(3H)-酮 = 1639
5S-羟基-5,6-二氢软海绵酰胺* = 1210
22-羟基蜂海绵环胺 B* = 1441
3-羟基格里安特里平* = 1797
11-羟基海鞘得明* = 1559
2-羟基环达亭 C* = 175
6-羟基环达亭 C* = 175
11-羟基秒色海绵宁* = 1254
2-羟基-1′-甲基玉蜀黍嘌呤 = 1813
N-[2-(4-羟基-3-甲氧苯基)乙基]-3-甲基-2-十二烯酰胺 = 230
N-[2-(3-羟基-4-甲氧苯基)乙基]-3-甲基-2-十二烯酰胺 = 231
22-羟基巨大锉海绵胺 A* = 2102
羟基酪胺 = 227
8-羟基曼扎名胺 A* = 903
6-羟基曼扎名胺 A* = 905
ent-8-羟基曼扎名胺 A* = 904
8-羟基曼扎名胺 B* = 906
6-羟基曼扎名胺 E* = 907
8-羟基曼扎名胺 J* = 904
羟基摩洛卡胺* = 326
36R-羟基-坡替娄麦卡林 A* = 82
4-羟基-1-(3-羟苯基)-3(2H)-异喹啉酮 = 1611
4-羟基-7-[1-羟基-2-(甲氨基)乙基]-2(3H)-苯并噻唑酮 = 1308
19-羟基青霉震颤素 A = 1070
19-羟基青霉震颤素 E = 1071
(11S)-羟基曲霉真菌酸* = 1687
22S-羟基软海绵酰胺* = 1211
4-羟基-1′,3,4′-三(4-羟苯基)-3′-[2-(4-羟苯基)乙基]-7′-(磺基氧)螺[呋喃-2(5H),2′(3′H)-吡咯并[2,3-c]咔唑]-5,5′(6′H)-二酮 = 2103
19-羟基沙肉海绵新 E* = 1257
32-羟基山海绵内酯 A* = 1206
30-羟基山海绵内酯 A* = 1207
38-羟基山海绵内酯 B* = 1208
N-羟基-6-epi-斯泰哈斯定 A* = 1108
22α-羟基-希尔正青霉宁 A* = 1081
11-羟基星形孢菌素 = 795
5′-羟基星形孢菌素 = 796
2′-羟基覃青霉素 = 1069
12R-羟基-11-氧代秒色海绵宁* = 1256
2-羟基-7-氧代星形孢菌素 = 800
3-羟基-7-氧代星形孢菌素 = 801
3-(2-羟基乙基)-6-异戊二烯吲哚 = 699

3-(3-(2-羟基乙基)-(1H-吲哚-2-基)-3-(1H-吲哚-3-基)丙烷-1,2-二醇) = 744
8-羟基-1-乙烯基-β-咔啉* = 857
9-羟基异海鞘迪迪姆宁* = 1575
2-(2-(3-羟基-1-(1H-吲哚-3-基)-2-甲氧基丙基)-1H-吲哚-3-基)乙酸 = 745
6-羟基圆皮海绵吲哚* = 1022
30-羟基褶胃海鞘酰胺 A* = 1983
6-(羟甲基)-1-吩嗪甲酰胺 = 1738
N-(1'R-羟甲基-2-甲氧乙基)-7S-甲氧基-4E-二十烯酰胺 = 141
3-(羟乙酰基)-1H-吲哚 = 698
青兰霉素 = 1343
青兰霉素 A = 1343
青兰霉素 C = 1345
青兰霉素 F = 1346
青兰霉素 G = 1347
青兰霉素 H = 1348
青兰霉素 I = 1349
青兰霉素 J = 1350
青兰霉素 K = 1351
青兰霉素腈 = 1352
青兰霉素酰胺 = 1344
青霉都林 A* = 2071
青霉都林 B* = 2070
青霉嗪* = 168
青霉属螺环化合物 A* = 1480
青霉属真菌麦得 B* = 1998
青霉属真菌酮* = 1479
青霉属真菌酰胺 C* = 1999
青霉松弛素 A* = 659
青霉松弛素 B* = 660
青霉松弛素 C* = 661
青霉松弛素 D* = 662
青霉松弛素 E* = 663
青霉松弛素 F* = 664
青霉松弛素 G* = 665
青霉松弛素 H* = 666
青霉烯醇 A_1* = 603
青霉烯醇 A_2* = 604
青霉烯醇 B_1* = 605
青霉烯醇 B_2* = 606
青霉新 A* = 2070
青霉新 B* = 2071
青霉新 C* = 2072
青霉新 C*‡ = 2073
青霉新 D* = 2073

青霉新 D*‡ = 2074
青霉新 E* = 2074
青霉新 E*‡ = 2075
青霉新 F* = 2075
5-(23-氰基-16-二十三烯基)-1H-吡咯-2-甲醛 = 383
5-(19-氰基十九烷基)-1H-吡咯-2-甲醛 = 340
庆良间双御海绵啶 B* = 2110
庆良间双御海绵啶 C* = 1992
丘海绵亭 B* = 736
球孢枝孢新 C* = 594
球孢枝孢新 C 次要成分* = 596
球孢枝孢新 C 主要成分* = 595
球孢枝孢新 F* = 597
球孢枝孢新 G* = 598
球果群海绵素* = 449
球毛壳菌素 = 639
去环氧波合母胺* = 626
去甲巴采拉海绵啶 A* = 103
去甲巴采拉海绵啶 L* = 104
去甲斗牟克酸* = 570
去甲甘蓝海绵新 B_1* = 1669
去甲甘蓝海绵新 C_1* = 1670
11-去甲河豚毒素 = 107
11-去甲河豚毒素-6S-醇 = 107
4-O-去甲基巴尔巴酰胺* = 1286
O-去甲基矶海绵醇乙酸酯* = 1608
O-去甲基矶海绵酮* = 1609
13-N-去甲基-甲基喷多霉素* = 1101
4a-去甲基雀稗灵-3,4,4a-三醇 = 1063
4a-去甲基雀稗灵-4a-羧酸 = 1062
4-O-去甲基髯毛波纹藻酰胺* = 1286
N^{13}-去甲基杀鱼菌素 A_1 = 1038
9-去-O-甲基疏海绵胺* = 1623
去甲基苔藓素* = 1810
去甲基氧代疏海绵胺* = 1624
去甲基异掘海绵宁* = 1287
去甲喹那都林 A* = 1802
15-去甲坡修柔亭 A* = 571
去甲软海绵亭 A* = 762
去甲软海绵亭 B* = 763
去甲软海绵亭 C* = 764
去甲软海绵亭 D* = 765
去甲深水海绵亭* = 1583
去甲酰基苔藓素溴盐* = 953
去甲酰基苔藓素溴盐 B* = 954
去甲棕绿纽扣珊瑚胺* = 2120
epi-去甲棕绿纽扣珊瑚胺* = 2121

去甲棕绿纽扣珊瑚胺酮*	= 2122	雀稗麦角颤素 A	= 1076
10-去氯-*N*-甲基掘海绵噻唑*	= 1285	雀稗麦角生物碱 A	= 1076
10-去氯掘海绵噻唑*	= 1284	(–)-群海绵斯他汀 A*	= 446
去羟基覃青霉素	1061	群海绵斯他汀 C*	= 447
去氢库阿诺尼胺 B*	= 1564	群海绵斯他汀 D*	= 448
去氢库阿诺尼胺 F*	= 1565	群海绵素*	= 509
2-去溴不同群海绵酰胺 A*	= 479	群海绵他汀 1*	= 1645
16-去溴秒色海绵胺 4*	= 275	群海绵他汀 2*	= 1646
(10*Z*)-去溴膜海绵笛新*	= 467	群海绵他汀 3*	= 1647
去溴群海绵素*	= 469	群海绵新 A*	= 335
(*R*)-6-去溴同眼海绵素 B*	= 1678	群海绵新 B*	= 336
(*R*)-6″-去溴同眼海绵素 B*	= 1679	群海绵新 C*	= 337
(*Z*)-去溴小轴海绵欧亥丹托因*	= 466	群海绵新 D*	= 338
去溴氧代群海绵素*	= 468	髯毛波纹藻酰胺*	= 1279
N-(6-去氧-*β*-D-吡喃葡萄糖基)-单歧藻吡咯 D*	= 806	热带盐水孢菌酰胺 C*	= 2029
1-去氧断青甲海绵新 A*	= 812	2-壬基-4-喹啉	= 1478
13-去氧甘蓝海绵定 816*	= 84	2-壬基-4-羟基喹啉 *N*-氧化物	= 1477
12-去氧海鞘得明*	= 1567	日本阿布拉图博内酰胺 A*	= 579
11-去氧河豚毒素	106	日本阿布拉图博内酰胺 B*	= 580
11-去氧秒色海绵林 3*	= 276	日本阿布拉图博内酰胺 C*	= 581
1″-去氧棘网海绵磺酸 C*	= 742	日本海绵啶 A*	= 735
去氧茎点霉素	655	日本群海绵酰胺 A*	= 492
去氧巨大锉海绵胺*	= 2112	日本群海绵酰胺 B*	= 493
6-去氧曼扎名胺 X*	= 897	日本群海绵酰胺 C*	= 494
去氧尼波醌*	= 2008	日本群海绵酰胺 D*	= 495
3-去氧-4b-去羟基覃青霉素	= 1064	日本群海绵酰胺 E*	= 496
去氧去甲色胺喹瓦林*	= 1636	日本群海绵酰胺 F*	= 497
去氧色胺喹瓦林*	= 1637	日本群海绵酰胺 G*	= 498
1′-去氧沙肉海绵新 D*	= 1247	日本群海绵酰胺 H*	= 499
3′-去氧石珊瑚胺*	= 61	日本群海绵酰胺 O*	= 500
去氧双御海绵啶*	= 1566	日本群海绵酰胺 U*	= 64
18-去氧细胞松弛素 Q	= 656	日本群海绵酰胺 W*	= 501
7-去氧细胞松弛素 Z_7	= 657	日本群海绵酰胺 X*	= 502
去氧展青霉类化合物 C*	= 1655	日本群海绵酰胺 Y*	= 503
N-去乙酰库阿诺尼胺 D*	= 1563	日本群海绵酰胺 Z*	= 1330
N-去乙酰舍米胺 B*	= 2080	绒柳珊瑚素 A*	= 889
泉生软管藻吲哚 A*	= 1047	6-*epi*-绒扇藻酰胺*	= 1097
12-*epi*-泉生软管藻吲哚 C*	= 1048	柔却佛亭 C*	= 1003
12-*epi*-泉生软管藻吲哚 E*	= 1049	柔却佛亭 F*	= 1004
12-*epi*-泉生软管藻吲哚 G*	= 1050	柔却佛亭 G*	= 1005
12-*epi*-泉生软管藻吲哚 H*	= 1051	柔却佛亭 H*	= 1006
12-*epi*-泉生软管藻吲哚 J*	= 1052	柔却佛亭 I*	= 1007
12-*epi*-泉生软管藻吲哚 Q*	= 1053	(*E*)-乳清群海绵定	506
泉生软管藻吲哚 T*	= 1054	乳清群海绵素 A*	= 238
泉生软管藻吲哚酮 A*	= 1055	乳清群海绵素 B*	= 239
泉生软管藻吲哚酮 B*	= 1056	软海绵定 F*	= 1853
雀稗灵	1075	软海绵定 C*	= 1835

软海绵胍* = 515
软海绵罗姆 A* = 743
软海绵素 C* = 1839
软海绵素 D* = 1840
软海绵素 E* = 1841
软海绵亭* = 776
软海绵亭 B_2* = 777
软海绵西伽酰胺 A* = 1202
软海绵西伽酰胺 B* = 1203
软海绵西伽酰胺 C* = 1204
软海绵西伽酰胺 D* = 1205
软海绵酰胺* = 1201
软海绵亚胺 A* = 1868
软海绵亚胺 B* = 1869
软海绵亚胺 C* = 1870
软柳珊瑚素 A* = 695
软柳珊瑚素 B* = 696
软柳珊瑚素 C* = 697
萨鲁新* = 1420
塞内加尔海绵糖苷 A* = 126
塞内加尔海绵糖苷 B* = 127
塞内加尔海绵糖苷 C* = 128
赛格林 A* = 1588
N',N'',N'''-三甲基-N-(3-甲基-2Z,4E-十二(碳)二烯酰)亚精胺 = 49
N',N',N'-三甲基-N-(3-甲基-2,4-十二(碳)二烯酰)亚精胺 = 50
N',N',N'-三甲基-N-(3-甲基十二酰基)亚精胺 = 51
N',N'',N'''-三甲基-N-(3-甲基-2Z-十二酰基)亚精胺 = 52
N',N',N'-三甲基-N-(3-甲基-2E-十二酰基)亚精胺 = 53
N',N'',N'''-三甲基-N-(5-甲基-3-十四(碳)烯酰基)亚精胺 = 54
三甲基鸟嘌呤 = 1819
3,4,5-三甲氧基-2-[2-(烟酰氨基)苄酰氨基]苯甲酸甲酯* = 1392
4,4,4-三氯-3-甲基-N-[4,4,4-三氯-3-甲基-1-(2-噻唑基)丁基]丁酰胺 = 1291
4,5,8-三羟基-2-喹啉羧酸 = 1482
5,6,11-三去氧河豚毒素 = 111
2,3,4-三溴-1H-吡咯 = 396
2,5,6-三溴-N-甲基芦竹胺* = 717
2,5,6-三溴-N-甲基芦竹胺 N-氧化物* = 718
2,3,6-三溴-1-甲基-1H-吲哚 = 719
色胺喹瓦林* = 1641
色斯巴尼二酰亚胺* = 1451
色斯巴尼二酰亚胺 A* = 1451
色斯培宁* = 1906

杀鱼菌素 A_1 = 1041
沙肉海绵林 A* = 287
沙肉海绵林 A 硫酸酯钠盐* = 311
沙肉海绵林 A 硫酸盐双胍盐* = 277
沙肉海绵林 B* = 288
沙肉海绵林 D* = 289
沙肉海绵林 E* = 290
沙肉海绵林 F* = 291
沙肉海绵林 G* = 292
沙肉海绵林 I* = 293
沙肉海绵烯 A* = 294
沙肉海绵烯 B* = 295
沙肉海绵烯 C* = 296
沙肉海绵烯 D* = 297
沙肉海绵新 A* = 1261
沙肉海绵新 B* = 1262
沙肉海绵新 C* = 1263
沙肉海绵新 D* = 1264
沙肉海绵新 E* = 1265
沙肉海绵新 H* = 1266
筛皮海绵内酰胺 A* = 1905
筛皮海绵内酰胺 B* = 1906
山海绵吡咯醇 1* = 363
山海绵吡咯醇 10* = 372
山海绵吡咯醇 11* = 373
山海绵吡咯醇 12* = 374
山海绵吡咯醇 2* = 364
山海绵吡咯醇 3* = 365
山海绵吡咯醇 4* = 366
山海绵吡咯醇 5* = 367
山海绵吡咯醇 6* = 368
山海绵吡咯醇 7* = 369
山海绵吡咯醇 8* = 370
山海绵吡咯醇 9* = 371
山海绵吡咯腈 1* = 375
山海绵吡咯腈 10* = 383
山海绵吡咯腈 11* = 384
山海绵吡咯腈 12* = 385
山海绵吡咯腈 13* = 386
山海绵吡咯腈 14* = 387
山海绵吡咯腈 2* = 376
山海绵吡咯腈 4* = 377
山海绵吡咯腈 5* = 378
山海绵吡咯腈 6* = 379
山海绵吡咯腈 7* = 380
山海绵吡咯腈 8* = 381
山海绵吡咯腈 9* = 382

山海绵吡咯醛 14*	= 356	2,7-十四(碳)二烯基-4-氨基-3-羟基苯甲酸酯	= 216
山海绵吡咯醛 15*	= 357	(2S,3E,5Z)-3,5,13-十四(碳)三烯-2-胺	= 5
山海绵吡咯醛 16*	= 358	O^4-十四烷酰-奔嘎噁唑 Z*	= 1170
山海绵吡咯醛 17*	= 359	O^6-十四烷酰-奔嘎噁唑 Z*	= 1171
山海绵吡咯醛 18*	= 360	O^{10}-十四烷酰-去酰基奔嘎噁唑 C*	= 1167
山海绵吡咯醛 19*	= 361	7Z-十四烯基-4-氨基-3-羟基苯甲酸酯	= 217
山海绵吡咯醛 2*	= 354	5-十五烷基-1H-吡咯-2-甲醛	= 395
山海绵吡咯醛 20*	= 362	O^{10}-十五烷酰-去酰基奔嘎噁唑 C*	= 1173
山海绵吡咯醛 3*	= 355	2-十一烷基-4-喹啉酮	= 1485
山海绵多醇 A*	= 564	2-十一烯-18-基-4-喹诺酮	= 1484
山海绵多醇 B*	= 565	石房蛤毒素	= 120
山海绵多醇 C*	= 566	石海绵新*	= 1464
山海绵多醇 D*	= 567	石海绵新 A*	= 1465
山海绵多醇 E*	= 568	石海绵新 B*	= 1466
山海绵多醇 F*	= 569	石珊瑚胺*	= 71
山海绵林 B*	= 73	石珊瑚吲哚 B*	= 520
山海绵内酯 A*	= 1226	似雪海绵胺氧化物 A*	= 1357
山海绵内酯 C*	= 1227	似雪海绵胺氧化物 B*	= 1358
山海绵内酯 D*	= 1228	似雪海绵毒素 A*	= 1404
山海绵内酯 E*	= 1229	似雪海绵毒素 B*	= 1405
珊瑚海绵亭 A*	= 525	似雪海绵碱 A*	= 1356
扇形海绵素*	= 1725	似雪海绵炔 A*	= 1406
稍大鞘丝藻毒素 A*	= 1041	似雪海绵炔 B*	= 1407
稍大鞘丝藻毒素 B*	= 1042	似雪海绵他汀 1*	= 1603
稍大鞘丝藻毒素 C*	= 1043	似雪海绵他汀 2*	= 1604
舍米胺 B*	= 1589	似雪海绵他汀 3*	= 1605
舍米胺 C*	= 1590	似雪海绵他汀 4*	= 1758
舍米胺 D*	= 1591	似雪海绵他汀 5*	= 1606
舍米胺 E*	= 1592	似雪海绵他汀 6*	= 1607
舍米胺 F*	= 1593	似雪海绵新 A*	= 1396
深海青霉林 A*	= 880	似雪海绵新 B*	= 1397
深海青霉林 B*	= 881	(S)-似雪海绵新 C*	= 1398
深海青霉林 C*	= 714	似雪海绵新 D*	= 1399
深海展青霉酸 A*	= 214	似雪海绵新 E*	= 1400
深海展青霉酸 E*	= 215	似雪海绵新 F*	= 1401
深蓝褶胃海鞘宁 B*	= 55	似雪海绵新 G*	= 1402
深蓝褶胃海鞘宁 D*	= 56	似雪海绵新 H*	= 1403
深蓝褶胃海鞘宁 E*	= 57	匙蠕虫素*	= 523
深蓝褶胃海鞘宁 F*	= 58	疏海绵胺*	= 1622
深水海绵胺*	= 1568	疏海绵亭 A*	= 1628
深水海绵亭*	= 1569	疏海绵亭 B*	= 1629
深水海绵酰胺*	= 1578	疏海绵亭 C*	= 1630
6-(1,3,5,9-十二(碳)四烯基)-2-甲基-3-哌啶醇	= 1436	疏海绵亭 D*	= 1631
5-十二(碳)烯基-4-氨基-3-羟基苯甲酸盐	= 211	疏海绵新*	= 1995
5-十六烷基-1H-吡咯-2-甲醛	= 349	束海绵素 A*	= 1907
O^{10}-十六烷酰-去酰基奔嘎噁唑 C*	= 1175	束海绵素 B*	= 1908
O^{10}-十三烷酰-去酰基奔嘎噁唑 C*	= 1169	束海绵素 C*	= 1909

树突状素 A*	=	2083	斯托尔尼酰胺 A*	= 428
树突状素 B*	=	2084	斯托尔尼酰胺 B*	= 429
树突状素 C*	=	2085	斯托尔尼酰胺 C*	= 430
树突状素 D*	=	2086	斯托尔尼酰胺 D*	= 431

树突状素 E* = 2087　　O,O,O',O'-四丙基 2,2′-(1,2-二甲基-1,2-联二亚甲基)双
树突状素 F* = 2088　　　(偶磷联氨基硫代磷酰酯)* = 1985
树突状素 G* = 2089　　四噁唑噻唑霉素 A* = 1720
树突状素 H* = 2090　　四噁唑噻唑霉素 B* = 1721
树突状素 I* = 2091　　1,2,3,4-四氢-1,1-二甲基-β-咔啉-3β-羧酸* = 887
树突状素 J* = 414　　2,3,4,5-四氢-3,5-二羟基-6H-1,5-苯并噁唑辛-6-酮 = 209
树枝软骨藻酰胺 A* = 731　　1,2,3,4-四氢-2-N-甲基-8-羟基曼扎名胺 A* = 932
树枝软骨藻酰胺 B* = 732　　1β,2,3,4-四氢曼扎名胺 B* = 934
树枝软骨藻酰胺 C* = 733　　3,4,5,6-四氢-6-羟基甲基-3,6-二甲基喹啶-4-羧酸 = 1672
双草霉素 α1* = 1754　　1,2,3,4-四氢-8-羟基曼扎名胺 A* = 933
双草霉素 α2* = 1755　　5,6,9,10-四羧基苯并[b][1,8]萘二啶(1+) = 2037
双草霉素 β1* = 1756　　2,3,5,7-四溴-1H-苯并呋喃[3,2-b]吡咯 = 2036
双草霉素 β2* = 1757　　2,2′,5,5′-四溴-3,3′-二-1H-吲哚 = 774
(3,5-双-碘代-4-甲氧苯基)乙胺 = 226　　2,3,5,6-四溴-1-甲基-1H-吲哚 = 716
3,3′-双(4,6-二溴-2-甲基亚硫酰基)吲哚 = 725　　(+)-2,3′,5,5′-四溴-7′-甲氧基-3,4′-二-1H-吲哚 = 775
双腐烂锂海绵新* = 268　　2,3,5,6-四溴-1H-吲哚 = 715
双高去氢巴采拉海绵啶 C* = 88　　四乙酰基穿贝海绵酰胺* = 981
3,3′-双(2′-甲基亚硫酰基-2-甲硫基-4,6,4′,6′-四溴)吲哚 = 727　　羧基噁唑啉霉素* = 1190
双盘海鞘新 B* = 865　　2-羧基-1-甲基吡啶* = 1386
7,8-双去氢-3-二氢迪斯扣哈勃定 C* = 1496　　1-羧基甲基烟酸 = 1353
双去氢甘蓝海绵新 A₁* = 1656　　羧基脱落氮酮* = 1961
双沙肉海绵林 A* = 269　　索莫司汀酰胺甲* = 164
双烷基吡啶碱 A* = 1414　　苔藓动物林 A* = 2027
双烷基吡啶碱 B* = 1415　　苔藓动物林 B* = 2028
双烷基吡啶碱 C* = 1416　　苔藓动物酰胺 A* = 940
双烷基吡啶碱 D* = 1417　　苔藓动物酰胺 B* = 941
双西阿霉素 A* = 782　　苔藓动物酰胺 C* = 942
双西阿霉素 B* = 783　　苔藓动物酰胺 D* = 943
7,7-双(3-吲哚基)-p-甲苯酚 = 726　　苔藓迈德 E* = 1676
4-[(双-1H-吲哚-3-基)甲基]苯酚 = 726　　苔藓平* = 1828
2,2-双(3-吲哚基)吲哚酚 = 737　　苔藓素 A* = 1615
双御海绵啶* = 1550　　苔藓素 B* = 1616
水螅胺 A* = 1436　　泰柔科拉啶 B (2009)* = 1483
水螅胺 B* = 1437　　炭角菌吡啶 A* = 2043
丝氨醇酰胺 A* = 160　　炭角菌新* = 668
丝氨醇酰胺 B* = 161　　炭角菌新 A* = 668
斯卡鲁斯酰胺 A* = 575　　汤加硬丝海绵噻唑* = 1298
斯雷格宁 A* = 510　　陶洛阿西啶 A* = 517
斯雷格宁 B* = 511　　陶洛阿西啶 B* = 518
斯雷格宁 C* = 512　　陶洛第斯帕克酰胺 A* = 519
斯泰里海绵萨啶 A* = 432　　陶柔皮那克酸* = 1452
斯泰里海绵萨啶 B* = 433　　替如迁杜胺* = 888
　　　　　　　　　　　　　　亭它胺* = 1598

(S)-同眼海绵素 A* = 1685	外凯罗类似物 A* = 2136
(S)-同眼海绵素 B* = 1686	外凯罗类似物 B* = 2137
11-酮基烟管秽色海绵林 3* = 283	(+)-外轴海绵新 = 1857
头卡拉定 C* = 48	外轴海绵新 B* = 1855
头卡拉啶 A* = 319	外轴海绵新硫脲 B* = 1856
头卡拉啶 B* = 320	微丝解聚剂拉春库林 A = 1310
头盘虫他汀 1* = 1920	韦日蒂卡特醇* = 1486
头盘虫他汀 2* = 1921	为乌特胺* = 1547
头盘虫他汀 3* = 1922	维生素 B_3 = 1395
头盘虫他汀 4* = 1923	维生素 B_4 = 1806
头盘虫他汀 5* = 1924	伪二气孔海鞘啶 D* = 808
头盘虫他汀 6* = 1925	伪二气孔海鞘咔啉 A* = 876
头盘虫他汀 7* = 1926	伪二气孔海鞘咔啉 B* = 877
头盘虫他汀 8* = 1927	伪二气孔海鞘素 A* = 1445
头盘虫他汀 9* = 1928	伪二气孔海鞘素 B* = 1446
头盘虫他汀 10* = 1929	伪二气孔海鞘素 C* = 1447
头盘虫他汀 11* = 1930	伪二气孔海鞘素 D* = 1448
头盘虫他汀 12* = 1931	伪二气孔海鞘素 E* = 1449
头盘虫他汀 13* = 1932	伪二气孔海鞘素 F* = 1450
头盘虫他汀 14* = 1933	伪掘海绵宁* = 1299
头盘虫他汀 15* = 1934	伪枝藻明* = 2033
头盘虫他汀 16* = 1935	尾海兔林* = 1289
头盘虫他汀 17* = 1936	尾海兔素 18 = 1290
头盘虫他汀 18* = 1937	尾海兔素 E = 1324
头盘虫他汀 19* = 1938	委内瑞拉链霉菌素 A* = 1965
头足类醇 1* = 1377	委内瑞拉链霉菌素 B* = 2135
头足类醇 2* = 1378	委内瑞拉链霉菌素 E* = 1966
头足类醇 3* = 1379	3-肟基-乙基-6-异戊二烯基吲哚 = 977
头足类醇 4* = 1380	乌拉普阿内酯 A* = 1234
头足类醇 5* = 1381	乌拉普阿内酯 B* = 1235
头足类醇 6* = 1382	乌鲁萨培尔他汀 A* = 1336
头足类醇 A* = 1383	乌柔抽得胺 A* = 1830
头足类醇 B* = 1384	乌柔抽得胺 B* = 1831
头足类醇 C* = 1385	乌萨湾霉素 A* = 2038
头足类酮 A* = 1393	乌萨湾霉素 B* = 2039
土壤杆菌车林* = 1276	乌萨湾霉素 C* = 2040
土色曲霉酮* = 2035	五溴假单胞菌林* = 394
土色曲霉酰胺 A* = 166	五乙酰基隐居穿贝海绵酰胺 C* = 1115
土色曲霉酰胺 B* = 167	2-n-戊基-4(1H)-喹啉醇 = 1481
脱落氮酮* = 1964	N,N'-(1,5-戊烷二基)双[3-(3,5-二碘-4-甲氧苯基)-2-二甲氨基-丙酰胺] = 286
脱镁叶绿甲酯一酸 a = 528	
脱镁叶绿素 A = 527	西阿霉素* = 786
脱镁叶绿素 a = 529	西阿霉素 A* = 786
脱镁叶绿素 A5 = 527	西阿霉素 A 甲酯* = 787
哇卡因 = 1548	西阿霉素 B* = 788
瓦它斯霉素 A* = 1305	西班牙海鞘亚胺 A* = 2078
瓦它斯霉素 B* = 1306	西班牙海鞘亚胺 B* = 2079

西奈海星麦卡林*	= 82	象耳海绵定 20*	= 262
西沙海绵新*	= 1008	象耳海绵定 21*	= 263
西沙仙掌藻啶*	= 1991	象耳海绵定 22*	= 264
西瓦氏菌林 C*	= 1640	象耳海绵定 24*	= 265
西西星骨海鞘醇 A*	= 332	象耳海绵定 25*	= 266
西西星骨海鞘醇 B*	= 333	象耳海绵定 26*	= 267
希尔正青霉宁 A*	= 1078	象耳海绵定 3*	= 247
希尔正青霉宁 B*	= 1079	象耳海绵定 3 10-O-硫酸酯*	= 314
希尔正青霉宁 C*	= 1080	象耳海绵定 4*	= 248
22α-希尔正青霉宁 D*	= 1081	象耳海绵定 5*	= 249
希尔正青霉宁 E* (Smetanina, 2007)	= 1082	象耳海绵定 6*	= 250
希尔正青霉宁 E* (Xu, 2007)	= 1083	象耳海绵定 7*	= 251
希尔正青霉宁 F* (Smetanina, 2007)	= 1084	象耳海绵定 7 15,34-二-O-硫酸酯*	= 279
希尔正青霉宁 G*	= 1085	象耳海绵定 8*	= 252
膝沟藻毒素Ⅰ	= 112	象耳海绵定 9*‡	= 253
膝沟藻毒素Ⅱ	= 113	象耳海绵定 10*	= 254
膝沟藻毒素Ⅲ	= 114	象耳海绵定 11*	= 255
膝沟藻毒素Ⅳ	= 115	象耳海绵定 12*	= 256
膝沟藻毒素Ⅴ	= 116	象耳海绵定 13*	= 257
膝沟藻毒素Ⅵ	= 117	象耳海绵定 13 34-O-硫酸酯*	= 315
膝沟藻毒素Ⅷ	= 118	象耳海绵定 14*	= 258
细胞毛壳新 C*	= 653	象耳海绵定 15*	= 259
细胞毛壳新 D*	= 654	象耳海绵定 16*	= 260
细胞松弛素 B_2	= 640	(E,E)-象耳海绵定 19*	= 261
细胞松弛素 E	= 641	硝孢链霉菌新 A*	= 622
细胞松弛素 K	= 642	硝孢链霉菌新 B*	= 623
细胞松弛素 Q	= 643	硝基吡咯林 A*	= 388
细胞松弛素 Z_{11}	= 647	硝基吡咯林 B*‡	= 389
细胞松弛素 Z_{12}	= 648	硝基吡咯林 C*	= 390
细胞松弛素 Z_{16}	= 649	硝基吡咯林 D*	= 391
细胞松弛素 Z_{17}	= 650	硝基吡咯林 E*	= 392
细胞松弛素 Z_{18}	= 651	小锉海绵素 B*	= 1467
细胞松弛素 Z_{19}	= 652	小锉海绵素 D*	= 1468
细胞松弛素 Z_7	= 644	小海鞘亭*	= 1419
细胞松弛素 Z_8	= 645	小裸囊菌他汀 Q*	= 140
细胞松弛素 Z_9	= 646	小锚海绵糖苷 A*	= 583
夏威夷蓝细菌酰胺*	= 1195	小锚海绵糖苷 B*	= 584
纤毛虫新 A_1*	= 415	小锚海绵糖苷 C*	= 585
纤毛虫新 A_2*	= 416	小锚海绵糖苷 D*	= 586
纤毛虫新 B_1*	= 417	小球腔菌新 O*	= 995
纤毛虫新 B_2*	= 418	小球腔菌新 P*	= 996
N-酰胺基-星形孢菌素*	= 791	小轴海绵胺 A*	= 450
腺嘌呤	= 1806	小轴海绵胺 B*	= 451
香豆精 A	= 766	小轴海绵胺 C*	= 452
香豆精 B	= 767	小轴海绵啶*	= 1683
象耳海绵定 1*	= 245	小轴海绵啶 D*	= 738
象耳海绵定 2*	= 246	小轴海绵啶 E*	= 1684

(+)-小轴海绵林* = 74
(Z)-小轴海绵欧亥丹托因* = 453
小轴海绵哌啶* = 341
小轴海绵水苏碱* = 342
(+)-小轴海绵异腈 3* = 1849
(−)-小轴海绵异腈 3* = 1850
10-epi-小轴海绵异腈 3* = 1851
小轴海绵异硫氰酸酯 2* = 1855
(+)-小轴海绵异硫氰酸酯 3* = 1852
新佛理替斯帕海绵素 1* = 100
新佛理替斯帕海绵素 2* = 101
新佛理替斯帕海绵素 3* = 102
新海兔胺酮* = 284
新海兔胺酮硫酸酯* = 285
新灰绿曲霉素 A* = 997
新灰绿曲霉素 B* = 998
新火螨虫宁 A* = 155
新火螨虫宁 B* = 156
新骏河毒素 = 2116
新喀里多尼亚海绵内酯 L* = 1411
新考鲁胺* = 912
新坡头西海绵胺 A* = 1442
新曲霉真菌酸* = 1693
新双御海绵啶* = 1582
新岩蛤毒素 = 119
星骨海鞘胺* = 1571
星骨海鞘啶 A* = 10
星骨海鞘啶 B* = 11
星骨海鞘二酰亚胺* = 2096
星骨海鞘二酰亚胺 A* = 1013
星骨海鞘二酰亚胺 B* = 1014
星骨海鞘二酰亚胺 C* = 1015
星骨海鞘二酰亚胺 D* = 1016
星骨海鞘林 A* = 813
星骨海鞘林 B* = 814
星骨海鞘林 C* = 815
星骨海鞘林 D* = 816
星芒海绵酰胺 B* = 633
星芒海绵唑 D* = 1160
星形孢菌素 = 803
星形孢菌素糖苷配基 = 804
绣球海绵绛红酮* = 2129
绣球海绵酰胺 A* = 180
绣球海绵酰胺 B* = 181
5-溴巴哈马海绵胺* = 1127
3-溴-1H-吡咯-2,5-二酮 = 339
(+)-7-溴揣帕进* = 59

溴达尔文海绵宁 B* = 944
14-溴迪斯扣哈勃定 C* = 1493
(−)-5-溴-N,N-二甲基色胺酸* = 945
6-溴-4,5-二羟基吲哚 = 670
6-溴-4,7-二羟基吲哚 = 671
14-溴二氢迪斯扣哈勃定 C* = 1491
4-溴二氢迪斯扣哈勃定 C* = 1492
3-溴高胄海绵新 A* = 811
(+)-5-溴海帕刺桐碱* = 947
7-溴秽色海绵酮* = 199
2-溴-5-(2-甲基-2-丁烯)吩嗪酮 = 1727
6-溴-N^b-甲基-N^a-异戊二烯基色胺* = 949
6-溴-1'-甲氧基-1',8-二氢西沙海绵新* = 948
2-溴拉万多赛阿宁* = 1726
(Z)-3-溴膜海绵笛新* = 455
(E)-3-溴膜海绵笛新* = 513
2-溴拟薄海鞘酮* = 1557
4-溴帕劳软海绵胺* = 456
6-溴-1'-羟基-1',8-二氢西沙海绵新* = 946
2-(3-溴-5-羟基-4-甲氧基苯基)乙酰胺 = 130
3-溴-5-羟基-4-甲氧基苯甲酰胺 = 129
6-溴-5-羟基-1H-吲哚 = 672
6-溴青霉震颤素 B = 1060
2-溴球果群海绵素* = 454
溴去氧软海绵素* = 1126
3-溴软海绵胍* = 457
6-溴软海绵素 A* = 1023
21-溴软海绵素 A* = 1126
溴软海绵亭* = 777
溴沙肉海绵林 A* = 272
14-溴-7,8-双去氢-3-二氢迪斯扣哈勃定 C* = 1490
6-溴星骨海鞘酰亚胺 A* = 1014
7-溴-1-(6-溴-1H-吲哚-3-基)-9H-咔唑* = 779
2-溴羊毛麦角碱* = 1116
6-溴-1'-乙氧基-1',8-二氢西沙海绵新 = 1009
6-溴吲哚-3-甲醛 = 673
6-溴-1H-吲哚-3-羧酸甲酯 = 674
3-溴青甲海绵新* = 810
旋花愚苔虫胺 A* = 222
旋花愚苔虫胺 B* = 223
旋花愚苔虫胺 C* = 224
旋花愚苔虫胺 D* = 324
旋花愚苔虫胺 E* = 325
旋花愚苔虫胺 F* = 225
旋花愚苔虫胺 I* = 8
旋花愚苔虫胺 J* = 1649
旋花愚苔虫麦啶 A* = 676

旋花愚苔虫麦啶 B* = **677**	烟曲霉菌喹唑啉 E* = **1788**
旋花愚苔虫麦啶 C* = **678**	烟曲霉菌喹唑啉 F* = **1789**
旋花愚苔虫麦啶 D* = **679**	烟曲霉菌喹唑啉 G* = **1790**
旋花愚苔虫酰胺 A* = **545**	烟曲霉菌喹唑啉 H* = **1791**
旋花愚苔虫酰胺 B* = **546**	烟曲霉菌喹唑啉 I* = **1792**
旋花愚苔虫酰胺 D* = **547**	烟曲霉菌喹唑啉 J* = **1793**
旋花愚苔虫酰胺 E* = **548**	烟曲霉菌喹唑啉 L* (Zhou, 2013) = **1794**
旋花愚苔虫酰胺 F* = **549**	烟曲霉菌喹唑啉 S* = **1795**
蕈青霉素 = **1077**	烟曲霉肋麦角碱 B = **1104**
蕈状海鞘素 A = **827**	烟曲霉肋麦角碱 C = **1105**
蕈状海鞘素 B = **828**	烟酰胺 = **1395**
蕈状海鞘素 C = **829**	岩屑海绵内酯* = **1186**
蕈状海鞘素 D = **830**	盐角草壳二孢真菌酰胺 A* = **1368**
蕈状海鞘素 E = **831**	盐酸环灵菌红素 = **526**
蕈状海鞘素 F = **832**	羊海绵胺* = **555**
蕈状海鞘素 G = **833**	羊海绵胺 B* = **350**
蕈状海鞘素 H = **834**	羊海绵醇 A* = **910**
蕈状海鞘素 I = **835**	羊海绵醛 A* = **908**
蕈状海鞘素 J = **836**	羊海绵醛 B* = **909**
蕈状海鞘素 K = **837**	7-氧代-8,9-二羟基-4′-N-去甲基星形孢菌素 = **799**
蕈状海鞘素 L = **838**	(14R)-氧代格里安特里平* = **1803**
蕈状海鞘素 M = **839**	(14S)-氧代格里安特里平* = **1804**
蕈状海鞘素 N = **840**	11-氧代秒色海绵林 3* = **283**
蕈状海鞘素 O = **841**	11-氧代秒色海绵宁* = **1260**
蕈状海鞘素 P = **842**	7-氧代-2-羟基星形孢菌素 = **800**
蕈状海鞘素 Q = **843**	7-氧代-3-羟基星形孢菌素 = **801**
蕈状海鞘素 U = **844**	氧代群海绵素* = **507**
蕈状海鞘素 Y_1 = **845**	7-氧代-3,8,9-三羟基星形孢菌素 = **802**
蕈状海鞘素 Y_2 = **846**	2-氧代杀鱼菌素 A_1 = **1040**
蕈状海鞘素 Y_3 = **847**	19-氧代束海绵素 A* = **1914**
蕈状海鞘素 Y_4 = **848**	α-氧代-1H-吲哚-3-乙酸甲酯 = **704**
蕈状海鞘素 Y_5 = **849**	6-氧代青甲海绵新* = **878**
蕈状海鞘素 Y_6 = **850**	12,28-氧杂曼扎名胺 E* = **930**
蕈状海鞘素 Y_7 = **851**	12,28-氧杂-8-羟基曼扎名胺 A* = **928**
鸭毛藻定 G* = **43**	12,34-氧杂-6-羟基曼扎名胺 E* = **929**
牙买加酰胺 A* = **561**	叶海鞘酰胺* = **14**
牙买加酰胺 B* = **562**	叶海鞘酰胺 A* = **14**
牙买加酰胺 C* = **563**	叶海鞘酰胺 B* = **15**
芽孢杆菌酰胺 A* = **1278**	ent-叶海鞘酰胺 B* = **16**
3,3′-亚甲基双吲哚 = **761**	叶海鞘酰胺 C* = **17**
烟管秒色海绵林* = **1245**	叶海鞘酰胺 D* = **18**
烟管秒色海绵生物碱 = **1239**	叶海鞘酰胺 E* = **19**
烟曲霉毒素 C = **1796**	叶海鞘酰胺 F* = **20**
烟曲霉菌喹唑啉 A* = **1784**	伊快霉素 = **600**
烟曲霉菌喹唑啉 B* = **1785**	伊丽莎白柳珊瑚唑* = **2104**
烟曲霉菌喹唑啉 C* = **1786**	伊坡拉克它烯* = **554**
烟曲霉菌喹唑啉 D* = **1787**	伊他汀 A* = **12**

伊他汀 B* = 13
贻贝酰胺 A* = 1112
(−)-贻贝酰胺 B* = 1113
贻贝酰胺 I* = 1114
1-乙基-β-咔啉 = 818
1-乙基-β-咔啉-3-羧酸 = 819
N-3′-乙基西沙海绵新* = 1018
1-乙烯基-β-咔啉 = 879
N-{1-[4-(乙酰氨基)苯基]-3-羟基-1-(1H-炭角菌新-3-基)丙-2-基}-2,2-二氯乙酰胺* = 669
2-[(2-乙酰氨基丙酰)氨基]苯甲酰胺 = 124
2-乙酰氨基-8-(羟基甲基)-3H-吩噁嗪-3-酮 = 1965
4-乙酰基-6-甲基-2(1H)-吡啶酮 = 1418
N-乙酰酪胺 = 218
14-O-(N-乙酰葡萄糖胺基)杀鱼菌素 A* = 1096
4-乙酰氧基多板海绵胺 B* = 1940
N-(1-乙酰氧基甲基-2-甲氧基乙基)-7-甲氧基-4-二十烯酰胺 = 125
异巴采拉海绵林 A* = 1521
异巴采拉海绵林 B* = 1522
异巴采拉海绵林 C* = 1523
异巴采拉海绵林 D* = 1524
异斗牟克酸 A* = 556
异斗牟克酸 B* = 557
异斗牟克酸 C* = 558
异斗牟克酸 G* = 559
异斗牟克酸 H* = 560
异甘蓝海绵啶 800* = 92
异橄榄绿双盘海鞘明 U* = 865
异环庚内酰胺 E* = 207
异-α-环匹阿尼酸* = 1057
异秽色海绵 3* = 281
异秽色海绵林 A* = 1025
异矶海绵素 1* = 1458
异腈可疑飞氏藻素 I* = 1045
异掘海绵宁* = 1294
异-trans-拉丝海绵素 B* = 707
11-异硫氰基-7βH-桉烷-5-烯 = 1838
(1R,4S,5S,6R,7S,10R)-(+)-异硫氰基别香木兰烷 = 1854
4-异硫氰酸根合-7α-桉烷-11-烯 = 1836
4-异硫氰酸根合-7β-桉烷-11-烯 = 1837
4-异硫氰酸根合-9-杜松烯 = 1847
(−)-9-异硫氰酸根合普普基烷* = 1861
9-异硫氰酸根合普普基烷* = 1862
10-异硫氰酸根合-4,6-紫穗槐二醇* = 1845
(−)-10-异硫氰酸根合-4-紫穗槐烯 = 1846
4-异硫氰酸根合-9-紫穗槐烯 = 1847

10-异硫氰酸根合紫穗槐-5-烯-4-醇* = 1848
异毛壳宁 A* = 1798
异毛壳宁 B* = 1799
异毛壳宁 C* = 1800
14-epi-异毛壳宁 C* = 1801
异那米啶 C* = 1136
异那米啶 D* = 1137
异那米啶 E* = 1138
异帕劳软海绵胺* = 515
(−)-异普娄泊酮 = 1391
3-异氰基蒂壳海绵林* = 1866
(−)-(1S,2R,5S,8R)-2-异氰基丁香烷 = 1901
(−)-(1S,5S,8R)-2-异氰基丁香烯 = 1902
10-异氰基-4-杜松烯 = 1843
(1S*,4S*,7R*,10S*)-10-异氰基-5-杜松烯-4-醇 = 1844
9-异氰基普普基烷* = 1858
9-epi-9-异氰基普普基烷* = 1859
2-异氰基普普基烷* = 1860
2-异氰基特拉赤欧坡烷* = 1903
(−)-10-异氰基-4-紫穗槐烯 = 1842
异软海绵酰胺* = 1209
异疏海绵胺* = 1625
3′-L-异鼠李糖基次磺酸盐 = 1743
2′-L-异鼠李糖基次磺酸盐 = 1744
9-异戊二烯覃青霉素 = 1073
21-异戊二烯覃青霉素 = 1073
异象耳海绵定 4* = 258
异小轴海绵林* = 72
异星骨海鞘二酰亚胺* = 2111
异溴去氧软海绵素* = 1023
异溴软海绵素* = 1024
异贻贝酰胺 B* = 1109
因地米辛 B* = 797
因多赛斯烯* = 1873
3-(3-吲哚基)丙烯酰胺 = 142
6-(1H-吲哚-3-基)-5-甲基-3,5-庚二烯-2-酮 = 705
2-(3-吲哚基)-6-(3,4,5-三甲氧基苯基)吗啉 = 1957
(6S,7R,10E,14E)-16-(1H-吲哚-3-基)-2,6,10,14-四甲基十六(碳)-2,10,14-三烯-6,7-二醇 = 1072
(1H-吲哚-3-基)氧代乙酰胺 = 966
2-(1H-吲哚-3-基)乙基-2-羟基丙酸酯 = 702
2-(1H-吲哚-3-基)乙基-5-羟基戊酸酯 = 701
3-吲哚基乙醛酸 = 703
3-吲哚基乙醛酸甲酯 = 704
(1H-吲哚-3-基)乙醛酸甲酯 = 706
吲哚内酰胺 V = 1039
1H-吲哚-3-羧酸甲酯 = 700

吲哚乙醇	=	723
隐居穿贝海绵酰胺*	=	951
印度曲霉西啶 A*	=	1121
印度曲霉西啶 B*	=	1122
有杆绣球海绵素 A*	=	2053
有杆绣球海绵素 B*	=	2054
有杆绣球海绵素 C*	=	2055
有杆绣球海绵素 D*	=	2056
有杆绣球海绵素 E*	=	2057
有杆绣球海绵素 F*	=	2058
有杆绣球海绵素 G*	=	2059
有杆绣球海绵素 H*	=	2060
有杆绣球海绵素 I*	=	2000
有杆绣球海绵素 J*	=	2001
有杆绣球海绵素 K*	=	2002
有杆绣球海绵素 L*	=	2061
有杆绣球海绵素 M*	=	2062
有杆绣球海绵素 N*	=	2003
有杆绣球海绵素 O*	=	2063
有网脉钵海绵咔啉*	=	858
有网脉钵海绵林 B*	=	863
有网脉钵海绵林 E*	=	864
鱼腥藻毒素 a(S)	=	1125
愚苔虫螺酰胺 A*	=	542
愚苔虫螺酰胺 E*	=	543
愚苔虫酰胺 C*	=	540
愚苔虫酰胺 H*	=	541
芋海鞘胺 A*	=	1019
芋海鞘胺 B*	=	1020
预佐贺毒素*	=	2125
原多甲藻酸 1	=	1431
原多甲藻酸 2	=	1432
原多甲藻酸 4	=	1433
原多甲藻酸 5	=	1434
原多甲藻酸 6	=	1435
圆皮海绵吲哚*	=	1017
圆筒软海绵酰胺*	=	599
圆锥形褶胃海鞘胺*	=	952
杂星海绵新*	=	1984
扎兹新*	=	1994
展青霉素类似物 A*	=	1338
展青霉素类似物 B*	=	2026
展青霉素类似物 C*	=	1639
褶胃海鞘胺 A*	=	2015
褶胃海鞘胺 B*	=	2016
褶胃海鞘酰胺 A*	=	1980
褶胃海鞘酰胺 A 26Z-异构体*	=	1981

褶胃海鞘酰胺 A 24E-异构体*	=	1982
褶胃海鞘酰胺 B*	=	1981
褶胃海鞘酰胺 C*	=	1982
褶胃海鞘酰胺 D*	=	1983
着色簇海鞘亭 A*	=	1455
着色簇海鞘亭 B*	=	1456
着色簇海鞘文 B*	=	631
着色簇海鞘文 C*	=	632
真丛柳珊瑚素 A*	=	1823
真丛柳珊瑚素 B*	=	1824
真丛柳珊瑚素 C*	=	1825
真丛柳珊瑚素 D*	=	1826
真丛柳珊瑚素 E*	=	1827
真海绵宾 1*	=	1236
真海绵宾 2*	=	1237
真菌松弛素*	=	667
正午褶胃海鞘宁 A*	=	1661
正午褶胃海鞘宁 B*	=	1662
正午褶胃海鞘宁 C*	=	1663
正午褶胃海鞘宁 D*	=	1664
正午褶胃海鞘宁 E*	=	1665
正午褶胃海鞘宁 F*	=	1666
正午褶胃海鞘宁 G*	=	1667
枝孢喹唑啉*	=	1782
epi-枝孢喹唑啉*	=	1783
脂纯洁沙肉海绵林 A*	=	1143
脂纯洁沙肉海绵林 B*	=	1144
脂纯洁沙肉海绵林 C*	=	1145
脂噁唑里定酮 A*	=	1183
脂噁唑里定酮 B*	=	1184
脂格拉米斯亭 A*	=	25
直立钵海绵曼扎名*	=	862
直立钵海绵亭 D*	=	859
直立钵海绵亭 E*	=	860
直立钵海绵亭 F*	=	861
指轮枝孢素 A_1*	=	1089
指轮枝孢素 A_2*	=	1090
指轮枝孢素 B*	=	1091
指轮枝孢素 C*	=	1092
智利穿贝海绵酰胺*	=	179
中村群海绵定 A*	=	445
中村群海绵酸*	=	504
中村群海绵酸甲酯*	=	505
(−)-中村群海绵肟 D*	=	1807
(−)-中空棘头海绵 7-异硫氰酸根合-11-反位烯*	=	1833
(−)-中空棘头海绵硫氰酸酯*	=	1832
肯甲海绵胺*	=	2130

胄甲海绵今*	=	1894
5-*epi*-胄甲海绵今*	=	1895
胄甲海绵今 B*	=	1896
胄甲海绵今 C*	=	1897
胄甲海绵今阿林*	=	1890
5-*epi*-胄甲海绵今阿林*	=	1891
胄甲海绵今定*	=	1892
5-*epi*-胄甲海绵今定*	=	1893
胄甲海绵素*	=	1898
5-*epi*-胄甲海绵素*	=	1899
胄甲海绵新*	=	852
珠海星麦卡林*	=	91
珠海星生物碱	=	21
砖红叶海鞘胺 A*	=	1594
砖红叶海鞘胺 B*	=	1595
砖红叶海鞘胺 C*	=	1596
砖红叶海鞘胺 D*	=	1597
鳎鱼霉菌素 A*	=	202
鳎鱼霉菌素 C*	=	203
鳎鱼霉菌素 D*	=	204
子囊霉素	=	1276
紫色沙肉海绵胺 A*	=	330
紫色沙肉海绵胺 B*	=	331
紫色沙肉海绵胺 C*	=	302
紫色沙肉海绵胺 D*	=	303
紫色沙肉海绵胺 E*	=	304
紫色沙肉海绵胺 F*	=	305
紫色沙肉海绵胺 G*	=	306
紫色沙肉海绵胺 H*	=	241
紫色沙肉海绵胺 I*	=	307
紫色沙肉海绵胺 J*	=	308
紫色沙肉海绵里定 B*	=	309
总状花序蕨藻新 A*	=	766
总状花序蕨藻新 B*	=	767
座间味啶*	=	936
座间味啶 B*	=	937
座间味啶 C*	=	938
座间味非啶 A*	=	939

索引 2 化合物英文名称索引

化合物英文名称按英文字母排序，等号（=）后对应的是该化合物在本卷中的唯一代码（**1~2137**）。化合物名称中表示结构所用的 D-、L-、R-、S-、E-、Z-、O-、N-、C-、H-、*cis*-、*trans*-、*ent*-、*epi*-、*meso*-、*erythro*-、*threo*-、*sec*-、*seco*-、*m*-、*o*-、*p*-、*n*-、α-、β-、γ-、δ-、ε-、κ-、ξ-、ψ-、ω-、(+)、(−)、(±) 等，以及 0、1、2、3、4、5、6、7、8、9 等数字及标点符号（如括号、撇、逗号等）都不参加排序；标星号（*）的中文名是本书编者命名的。

Aaptamine = **1622**
Aaptosine = **1995**
Aburatubolactam A = **579**
Aburatubolactam B = **580**
Aburatubolactam C = **581**
Acantholactam = **892**
Acanthomanzamine A = **893**
Acanthomanzamine B = **894**
Acanthomanzamine D = **895**
Acanthomanzamine E = **896**
Acarnidine C = **6**
2-Acetamido-8-(hydroxymethyl)-3*H*-phenoxazin-3-one = **1964**
2-[(2-Acetamidopropanoyl)amino]benzamide = **124**
N-(1-Acetoxymethyl-2-methoxyethyl)-7-methoxy-4-eicosenamide = **125**
4-Acetoxyplakinamine B = **1939**
N-{1-[4-(Acetylamino)phenyl]-3-hydroxy-1-(1*H*-indol-3-yl)propan-2-yl}-2,2-dichloroacetamide = **669**
14-*O*-(*N*-Acetylglucosaminyl) teleocidin A = **1096**
4-Acetyl-6-methyl-2(1*H*)-pyridinone = **1418**
N-Acetyltyramine = **218**
Adenine = **1806**
Aerophobin 1 = **1236**
Aerophobin 2 = **1237**
Aerothionin = **1238**
Aflatoxin = **1675**
Ageladine A = **445**
Agelanesin A = **335**
Agelanesin B = **336**
Agelanesin C = **337**
Agelanesin D = **338**
(−)-Agelastatin A = **446**
Agelastatin C = **447**
Agelastatin D = **448**
Ageliferin = **449**
Agelongine = **1339**
Agelorin A = **238**
Agelorin B = **239**

(−)-Ageloxime D = **1805**
Agrochelin = **1276**
Almazole C = **1163**
Almazole D = **1164**
Alotamide A = **1315**
Alteramide A = **582**
Alternatamide A = **940**
Alternatamide B = **941**
Alternatamide C = **942**
Alternatamide D = **943**
Amaminol A = **1976**
Amaminol B = **1977**
Amathamide C = **540**
Amathamide H = **541**
Amathaspiramide A = **542**
Amathaspiramide E = **543**
Ambiguine H isonitrile = **1044**
Ambiguine I isonitrile = **1045**
2-Amino-8-benzoyl-6-hydroxy-3*H*-phenoxazin-3-one = **1958**
4-Amino-5-bromo-pyrrolo[2,3-d]pyrimidine = **1673**
7-Amino-7-demethoxymimosamycin = **1601**
1-Aminodiscorhabdin D = **1487**
4-(2-Aminoethyl)-2-bromophenol = **219**
Aminoethylsulfonic acid = **4**
2-Amino-6-hydroxy-3*H*-phenoxazin-3-one = **1959**
9-Aminoisoascididemnin = **1549**
4-Aminomimosamycin = **1602**
o-Aminophenol = **210**
2-Amino-3*H*-phenoxazin-3-one = **1960**
3-Amino-1-propanesulfonic acid = **3**
Aminozooanemonin = **1124**
Ammosamide A = **1996**
Ammosamide D = **1469**
Amphimedine = **1550**
Anatoxin a(*S*) = **1125**
Ancorinoside A = **583**
Ancorinoside B = **584**
Ancorinoside C = **585**

Ancorinoside D = **586**
Andrimide = **619**
Anguibactin = **1277**
Aniquinazoline A = **1632**
Aniquinazoline B = **1633**
Aniquinazoline C = **1634**
Aniquinazoline D = **1781**
Antibiotics B 5354A = **211**
Antibiotics B 5354B = **216**
Antibiotics B 5354C = **217**
Antibiotics BE 18591 = **413**
Antibiotics JBIR 03 = **1059**
Antibiotics JBIR 102 = **630**
Antibiotics JBIR 31 = **1040**
Antibiotics JBIR 34 = **1180**
Antibiotics JBIR 35 = **1181**
Antibiotics JBIR 44 = **282**
Antibiotics JBIR 66 = **144**
Antibiotics JBIR 81 = **967**
Antibiotics JBIR 82 = **968**
Antibiotics M 146791 = **629**
Antibiotics NI 15501A = **124**
Antibiotics NP 25302 = **626**
Antibiotics PF 1126A = **177**
Antibiotics PF 1126B = **178**
Antibiotics PF 1140 = **1340**
Antibiotics ZHD-0501 = **789**
Antibiotics ZZF 51 = **1341**
Antipathine A = **778**
Aphrocallistin = **1808**
Aplaminal = **183**
Aplaminone = **220**
Aplicyanin B = **55**
Aplicyanin D = **56**
Aplicyanin E = **57**
Aplicyanin F = **58**
Aplidiopsamine A = **1997**
Aplysamine 2 = **240**
Aplysamine 3 = **241**
Aplysamine 4 = **242**
Aplysamine 5 = **243**
Aplysamine 6 = **221**
Aplysamine 7 = **244**
Aplysina archeri Alkaloid = **1239**
Aplysinamisine Ⅰ = **1240**
Aplysinamisine Ⅱ = **1241**
Aplysinamisine Ⅲ = **1242**

Aplysinopsin = **1008**
Aplysioviolin = **521**
Ar11 = **1853**
Ar4 = **1855**
Ar9 = **1854**
Aragupetrosine A = **1460**
Araguspongine A = **1468**
Araguspongine B = **1461**
(+)-Araguspongine D = **1462**
Araguspongine E = **1463**
Araplysillin 1 = **1243**
Araplysillin 2 = **1244**
Araplysillin Ⅰ = **1243**
Araplysillin Ⅱ = **1244**
Arborescidine D = **808**
Archerine = **1245**
Arcyriaflavin A = **790**
Ariakemicin A = **1165**
Ariakemicin B = **1166**
Arnoamine A = **1551**
Arnoamine B = **1552**
Arnoamine C = **1553**
Arnoamine D = **1554**
Arsindoline B = **724**
Arundine = **761**
Ascididemin = **1555**
Asperazine = **988**
Aspernigrin B = **1342**
Aspeverin = **2048**
Aspidostomide E = **1676**
Aspochalasin A = **634**
Aspochalasin D = **635**
Aspochalasin H = **636**
Aspochalasin I = **637**
Aspochalasin J = **638**
Asporyzin A = **2049**
Asporyzin B = **2050**
Asporyzin C = **2051**
Auranomide A = **1642**
Auranomide B = **1643**
Auranomide C = **1644**
Auranthine = **2052**
Aurantiomide B = **1998**
Aurantiomide C = **1999**
Aurantoside A = **587**
Aurantoside B = **588**
Aurantoside C = **589**

Aurantoside D	=	590	Baculiferin M	= 2062
Aurantoside E	=	591	Baculiferin N	= 2003
Aurantoside F	=	592	Baculiferin O	= 2063
Aurantoside K	=	593	Barbamide	= 1279
6-*epi*-Avrainvillamide	=	1097	Barbital	= 1648
Ax10	=	1832	Barmumycin	= 544
Ax9	=	1833	Bastadin 1	= 245
Axidjiferoside A	=	126	Bastadin 10	= 254
Axidjiferoside B	=	127	Bastadin 11	= 255
Axidjiferoside C	=	128	Bastadin 12	= 256
Axinellamine A	=	450	Bastadin 13	= 257
Axinellamine B	=	451	Bastadin 14	= 258
Axinellamine C	=	452	Bastadin 15	= 259
(*Z*)-Axinohydantoin	=	453	Bastadin 16	= 260
Axinyssimide A	=	1867	(*E*,*E*)-Bastadin 19	= 261
Axinyssimide B	=	1868	Bastadin 2	= 246
Axinyssimide C	=	1869	Bastadin 20	= 262
Axiplyn C	=	1839	Bastadin 21	= 263
Axiplyn D	=	1840	Bastadin 22	= 264
Axiplyn E	=	1841	Bastadin 24	= 265
(+)-Axisonitrile 3	=	1849	Bastadin 25	= 266
(−)-Axisonitrile 3	=	1850	Bastadin 26	= 267
10-*epi*-Axisonitrile 3	=	1851	Bastadin 3	= 247
Axisothiocyanate 2	=	1855	Bastadin 4	= 248
(+)-Axisothiocyanate 3	=	1852	Bastadin 5	= 249
Axistatin 1	=	1645	Bastadin 6	= 250
Axistatin 2	=	1646	Bastadin 7	= 251
Axistatin 3	=	1647	Bastadin 8	= 252
(*Z*)-Azacyclo-6-undecene	=	1992	Bastadin 9‡	= 253
Azaspiracid 1	=	1431	Batzelladine A	= 75
Azaspiracid 2	=	1432	Batzelladine B	= 76
Azaspiracid 4	=	1433	Batzelladine D	= 77
Azaspiracid 5	=	1434	Batzelladine E	= 78
Azaspiracid 6	=	1435	Batzelladine F	= 79
Bacillamide A	=	1278	Batzelladine L	= 80
Baculiferin A	=	2053	Batzelladine M	= 81
Baculiferin B	=	2054	Batzelline B	= 1488
Baculiferin C	=	2055	Batzelline C	= 1489
Baculiferin D	=	2056	BDS 391	= 1010
Baculiferin E	=	2057	Bengamide A	= 184
Baculiferin F	=	2058	Bengamide B	= 185
Baculiferin G	=	2059	Bengamide C	= 186
Baculiferin H	=	2060	Bengamide D	= 187
Baculiferin I	=	2000	Bengamide E	= 188
Baculiferin J	=	2001	Bengamide F	= 189
Baculiferin K	=	2002	Bengamide G	= 190
Baculiferin L	=	2061	Bengamide M	= 191

Bengamide N	=	**192**	
Bengamide O	=	**193**	
Bengamide P	=	**194**	
Bengamide Q	=	**195**	
Bengamide Y	=	**196**	
Bengamide Z	=	**197**	
Bengazole A	=	**1167**	
Bengazole B	=	**1168**	
Bengazole C	=	**1169**	
Bengazole C_4	=	**1170**	
Bengazole C_6	=	**1171**	
Bengazole D	=	**1172**	
Bengazole E	=	**1173**	
Bengazole F	=	**1174**	
Bengazole G	=	**1175**	
Bengazole Z	=	**1176**	
Benzoxacystol	=	**1956**	
Bi2	=	**1866**	
Biemnadin	=	**1556**	
Biemnidin	=	**1683**	
Biliverdin	=	**522**	
Biliverdin IXα	=	**522**	
Bioxalomycin α1	=	**1754**	
Bioxalomycin α2	=	**1755**	
Bioxalomycin β1	=	**1756**	
Bioxalomycin β2	=	**1757**	
Bisaprasin	=	**268**	
3,3′-Bis(4,6-dibromo-2-methylsulfinyl)indole	=	**725**	
7,7-Bis(3-indolyl)-*p*-cresol	=	**726**	
2,2-Bis(3-indolyl)indoxyl	=	**737**	
3,3′-Bis(2′-methylsulfinyl-2-methylthio-4,6,4′,6′-tetrabromo)indole	=	**727**	
Bispsammaplin A	=	**269**	
Bisucaberin	=	**198**	
Bohemamine	=	**624**	
Bonellin	=	**523**	
Botryllamide D	=	**270**	
Botryllamide G	=	**271**	
Botryllazine B	=	**1677**	
Brevianamide M	=	**2004**	
Brevicompanine A	=	**989**	
Brevicompanine B	=	**990**	
Brevicompanine C	=	**991**	
Brevicompanine E	=	**992**	
Brevicompanine H	=	**993**	
Brocaeloid C	=	**809**	
2-Bromoageliferin	=	**454**	

7-Bromo-1-(6-bromo-1*H*-indol-3-yl)-9*H*-carbazole	=	**779**	
7-Bromocavernicolenone	=	**199**	
Bromochelonin B	=	**944**	
Bromodeoxytopsentin	=	**1126**	
14-Bromo-7,8-didehydro-3-dihydrodiscorhabdin C	=	**1490**	
6-BromodidemnimideA	=	**1014**	
14-Bromodihydrodiscorhabdin C	=	**1491**	
4-Bromodihydrodiscorhabdin C	=	**1492**	
6-Bromo-4,5-dihydroxyindole	=	**670**	
6-Bromo-4,7-dihydroxyindole	=	**671**	
(−)-5-Bromo-*N*,*N*-dimethyltryptophan	=	**945**	
14-Bromodiscorhabdin C	=	**1493**	
6-Bromo-1′-ethoxy-1′,8-dihydroaplysinopsin	=	**1009**	
3-Bromofascaplysin	=	**810**	
2-Bromofestuclavin	=	**1116**	
3-Bromohomofascaplysin A	=	**811**	
6-Bromo-1′-hydroxy-1′,8-dihydroaplysinopsin	=	**946**	
6-Bromo-5-hydroxy-1*H*-indole	=	**672**	
3-Bromo-5-hydroxy-4-methoxybenzamide	=	**129**	
2-(3-Bromo-5-hydroxy-4-methoxyphenyl)acetamide	=	**130**	
(*Z*)-3-Bromohymenialdisine	=	**455**	
(*E*)-3-Bromohymenialdisine	=	**513**	
(+)-5-Bromohypaphorine	=	**947**	
6-Bromoindole-3-carbaldehyde	=	**673**	
6-Bromo-1*H*-indole-3-carboxylic acid methyl ester	=	**674**	
2-Bromolavanducyanin	=	**1726**	
2-Bromoleptoclinidinone	=	**1557**	
6-Bromo-1′-methoxy-1′,8-dihydroaplysinopsin	=	**948**	
2-Bromo-5-(2-methyl-2-butylene)phenazinone	=	**1727**	
6-Bromo-N^b-methyl-N^a-prenyltryptamine	=	**949**	
4-Bromopalauamine	=	**456**	
6-Bromopenitrem B	=	**1060**	
Bromopsammaplin A	=	**272**	
3-Bromo-1*H*-pyrrole-2,5-dione	=	**339**	
3-Bromostyloguanidine	=	**457**	
Bromotopsentin	=	**777**	
6-Bromotopsentin A	=	**1023**	
21-Bromotopsentin A	=	**1126**	
(+)-7-Bromotrypargine	=	**59**	
5-Bromoverongamine	=	**1127**	
Bunodosine 391	=	**1010**	
Ca13	=	**1843**	
Ca2	=	**1842**	
Ca21	=	**1844**	
Ca22	=	**1848**	
Ca3	=	**1846**	
Ca34	=	**1839**	

Caboxamycin = **1190**
Caerulomycin = **1343**
Caerulomycin A = **1343**
Caerulomycinamide = **1344**
Caerulomycin C = **1345**
Caerulomycin F = **1346**
Caerulomycin G = **1347**
Caerulomycin H = **1348**
Caerulomycin I = **1349**
Caerulomycin J = **1350**
Caerulomycin K = **1351**
Caerulomycinonitrile = **1352**
Caissarone = **1809**
Calcareous sponge*Leucetta* Acetylenic Alkaloid = **1**
Callophycin A = **2005**
Calothrixin A = **2064**
Calothrixin B = **2065**
Caprolactin A = **200**
Caprolactin B = **201**
N-Carboxamido-staurosporine = **791**
Carboxyexfoliazone = **1961**
1-Carboxymethylnicotinic acid = **1353**
2-Carboxy-1-methylpyridinium = **1386**
Carteramine A = **458**
Cathestatin A = **177**
Cathestatin B = **178**
Cathestatin C = **7**
Caulerchlorin = **728**
Caulerpin = **729**
(−)-Caverno-7-Isothiocyanato-11-oppositene = **1833**
(−)-Cavernothiocyanate = **1832**
Celenamide E = **179**
Celeromycalin = **82**
Cephalimysin A = **202**
Cephalimysin C = **203**
Cephalimysin D = **204**
Cephalostatin 1 = **1920**
Cephalostatin 10 = **1929**
Cephalostatin 11 = **1930**
Cephalostatin 12 = **1931**
Cephalostatin 13 = **1932**
Cephalostatin 14 = **1933**
Cephalostatin 15 = **1934**
Cephalostatin 16 = **1935**
Cephalostatin 17 = **1936**
Cephalostatin 18 = **1937**
Cephalostatin 19 = **1938**
Cephalostatin 2 = **1921**
Cephalostatin 3 = **1922**
Cephalostatin 4 = **1923**
Cephalostatin 5 = **1924**
Cephalostatin 6 = **1925**
Cephalostatin 7 = **1926**
Cephalostatin 8 = **1927**
Cephalostatin 9 = **1928**
Ceratamine A = **205**
Ceratinamide A = **1246**
Ceratinamide B = **1247**
Ceratinamine = **273**
Ceratinine A = **321**
Ceratinine B = **322**
Ceratinine D = **323**
Chaetocin = **988**
Chaetoglobosin A = **639**
Chaetominedione = **2006**
Chandrananimycin C = **1962**
Chandrananimycin D = **1963**
Chelonin A = **1957**
Chelonin B = **950**
Chlorizidine A = **625**
Chlorobisindole = **730**
12-Chloro-11-hydroxydibromoisophakellin = **1128**
12-Chloro-11-hydroxyldibromoisophakellin = **459**
3-Chloro-1*H*-indole = **675**
Chlorophyllone a = **524**
5-Chlorosclerotiamide = **1098**
Chloroxiamycin = **780**
Chondriamide A = **731**
Chondriamide B = **732**
Chondriamide C = **733**
Chrysogine = **1635**
Circumdatin C = **171**
Circumdatin F = **172**
Circumdatin G = **173**
Circumdatin I = **174**
(*R*)-Circumdatin L = **2066**
(*S*)-Circumdatin L = **2067**
Citorellamine = **734**
Citrinadin A = **2068**
Citrinadin B = **2069**
Cladoquinazoline = **1782**
epi-Cladoquinazoline = **1783**
Cladosin C = **594**
Cladosin Cmajor = **595**

Cladosin Cminor =	596	Convolutamydine D =	679
Cladosin F =	597	Coproverdine =	781
Cladosin G =	598	Corallistin A =	525
Clathramide A =	460	Cortistatin A =	1915
Clathramide B =	461	Cortistatin B =	1916
Clathramide C =	462	Cortistatin C =	1917
Clathramide D =	463	Cortistatin D =	1918
Clathriadic acid =	83	Cortistatin J =	1919
Clathridine A =	1129	Corydendramine A =	1436
Clathridine C =	1130	Corydendramine B =	1437
Clathrodine =	464	Coscinolactam A =	1905
Clavatadine C =	1248	Coscinolactam B =	1906
Clavatadine D =	1249	Costaclavine =	1099
Clavatadine E =	1250	Cottoquinazoline C =	2076
Clavepictine A =	1455	Cottoquinazoline D =	2077
Clavepictine B =	1456	CPB48-974-7 =	1354
Clionamide =	951	CPB48-974-8 =	1355
Commindoline A =	2071	Crambescidin 800 =	84
Commindoline B =	2070	Crambescidin 816 =	9
Communesin A =	2070	Crambescidin 826 =	85
Communesin B =	2071	Crambescidin 830 =	86
Communesin C =	2072	Crambescidin 844 =	87
Communesin C‡ =	2073	Crambescin A_1 =	1650
Communesin D =	2073	Crambescin A_2 =	1651
Communesin D‡ =	2074	Crambescin B =	1652
Communesin E =	2074	Crambescin B_1 =	1653
Communesin E‡ =	2075	Crambescin C_1 =	1654
Communesin F =	2075	Crambine B =	1652
Complanine =	131	Cribrochalinamine oxide A =	1357
Conicamine =	952	Cribrochalinamine oxide B =	1358
Conioimide =	1086	Cribrochaline A =	1356
Convalutamydine A =	676	Cribrostatin 1 =	1603
Convolutamide A =	545	Cribrostatin 2 =	1604
Convolutamide B =	546	Cribrostatin 3 =	1605
Convolutamide D =	547	Cribrostatin 4 =	1758
Convolutamide E =	548	Cribrostatin 5 =	1606
Convolutamide F =	549	Cribrostatin 6 =	1607
Convolutamine A =	222	Curacin A =	1280
Convolutamine B =	223	Curacin B =	1281
Convolutamine C =	224	Curacin C =	1282
Convolutamine D =	324	Curacin D =	1283
Convolutamine E =	325	Cyanogramide =	1100
Convolutamine F =	225	Cyanogriside A =	1359
Convolutamine I =	8	Cyanogriside B =	1360
Convolutamine J =	1649	Cyanogriside C =	1361
Convolutamydine B =	677	5-(19-Cyanononadecyl)-1H-pyrrole-2-carboxaldehyde = 340	
Convolutamydine C =	678		

5-(23-Cyano-16-tricosenyl)-1H-pyrrole-2-carboxaldehyde = **383**
Cyclizidine = **629**
Cycloaplysinopsin C = **465**
Cyclobastadin 1 = **248**
Cyclobastadin 2 = **249**
Cyclobastadin 3 = **250**
Cyclobastadin 4 = **251**
Cyclobispsammaplin A = **274**
Cyclodercitine = **1558**
Cyclodidemniserinol = **1978**
α-Cyclopiazonic acid = **1046**
5-epi-α-Cyclopiazonic acid = **1057**
Cycloprodigiosin hydrochloride = **526**
Cyclostellettamine A = **1362**
Cyclostellettamine B = **1363**
Cyclostellettamine C = **1364**
Cyclostellettamine D = **1365**
Cyclostellettamine E = **1366**
Cyclostellettamine F = **1367**
Cycloxazoline = **1195**
Cylindramide = **599**
Cylindrospermopsin = **2007**
Cypridina Luciferin = **60**
Cystodamine = **1559**
Cystodimine A = **2078**
Cystodimine B = **2079**
Cystodytin A = **1560**
Cystodytin B = **1561**
Cystodytin J = **1562**
Cytochalasin B_2 = **640**
Cytochalasin E = **641**
Cytochalasin K = **642**
Cytochalasin Q = **643**
Cytochalasin Z_{11} = **647**
Cytochalasin Z_{12} = **648**
Cytochalasin Z_{16} = **649**
Cytochalasin Z_{17} = **650**
Cytochalasin Z_{18} = **651**
Cytochalasin Z_{19} = **652**
Cytochalasin Z_7 = **644**
Cytochalasin Z_8 = **645**
Cytochalasin Z_9 = **646**
Cytoglobosin C = **653**
Cytoglobosin D = **654**
Damipipecoline = **341**
Damirone B = **1494**

Damirone C = **1495**
Damituricine = **342**
N-Deacetylkuanoniamine D = **1563**
N-Deacetylshermilamine B = **2080**
16-Debromoaplysamine 4 = **275**
(Z)-Debromoaxinohydantoin = **466**
2-Debromodispacamide A = **479**
(R)-6-Debromohamacanthin B = **1678**
(R)-6″-Debromohamacanthin B = **1679**
(10Z)-Debromohymenialdisine = **467**
Debromooxysceptrine = **468**
Debromosceptrine = **469**
6-(1,3-Decadienyl)octahydro-4-methyl-2H-quinolizin-3-ol = **1456**
10-Dechlorodysideathiazole = **1284**
10-Dechloro-N-methyldysideathiazole = **1285**
Deepoxybohemamine = **626**
Deformylflustrabromine = **953**
Deformylflustrabromine B = **954**
Dehydrokuanoniamine B = **1564**
Dehydrokuanoniamine F = **1565**
Dehydroxypaxilline = **1061**
9-De-O-methylaaptamine = **1623**
4-O-Demethylbarbamide = **1286**
Demethylisodysidenin = **1287**
13-N-Demethyl-methylpendolmycin = **1101**
Demethyloxyaaptamine = **1624**
4a-Demethylpaspaline-4a-carboxylic acid = **1062**
4a-Demethylpaspaline-3,4,4a-triol = **1063**
O-Demethylrenierol acetate = **1608**
O-Demethylrenierone = **1609**
N^{13}-Demethylteleocidin A_1 = **1038**
Dendridine A = **735**
Dendrodoine = **1322**
Densanin A = **2081**
Densanin B = **2082**
Deoxaphomin C = **655**
3-Deoxo-4b-dehedroxypaxilline = **1064**
Deoxyamphimedine = **1566**
12-Deoxyascididemin = **1567**
13-Deoxycrambescidin 816 = **84**
18-Deoxycytochalasin Q = **656**
7-Deoxycytochalasin Z_7 = **657**
11-Deoxyfistularin 3 = **276**
N-(6-Deoxy-β-D-gulopyranosyl)-tjipanazole D = **806**
Deoxyingenamine = **2110**
6-Deoxymanzamine X = **897**

Deoxynortryptoquivaline = **1636**
Deoxynyboquinone = **2008**
Deoxy-penipanoid C = **1655**
1′-Deoxypsammaplysin D = **1247**
1-Deoxysecofascaplysin A = **812**
11-Deoxytetrodotoxin = **106**
Deoxytryptoquivaline = **1637**
3′-Deoxytubastrine = **61**
Dercitamide = **1578**
Dercitamine = **1568**
Dercitin = **1569**
Dermacozine A = **1728**
Dermacozine B = **1729**
Dermacozine C = **1730**
Dermacozine D = **1731**
Dermacozine E = **1732**
Dermacozine F = **1733**
Dermacozine G = **1734**
Desmethylphidolopin = **1810**
1,5-Diazacycloheneicosane = **1986**
Diazonamide A = **1196**
Diazonamide C = **1197**
Diazonamide D = **1198**
Diazonamide E = **1199**
2,6-Dibromo-4-acetamido-4-hydroxycyclohexadienone = **132**
Dibromoagelaspongin = **470**
2,2′-Dibromoageliferin = **471**
(8E)-5,6-Dibromo-2′-N-demethyl-aplysinopsin = **1011**
(8Z)-5,6-Dibromo-2′-N-demethyl-aplysinopsin = **1012**
4-(2,3-Dibromo-4,5-dihydroxybenzylamino)-4-oxobutanoic acid = **133**
3-(2,3-Dibromo-4,5-dihydroxybenzyl)pyrrolidine-2,5-dione = **620**
5,6-Dibromo-L-hypaphorine = **955**
3,6-Dibromo-1H-indole = **680**
3,4-Dibromomaleimide = **343**
4,5-Dibromo-N^2-methoxymethyl-1H-pyrrole-2-carboxamide = **134**
4,5-Dibromopalauamine = **472**
Dibromophakellstatin = **473**
Dibromopyrrole acid = **344**
4,5-Dibromo-1H-pyrrole-2-carboxamide = **345**
4,5-Dibromo-1H-pyrrole-2-carboxylic acid = **344**
3,4-Dibromo-1H-pyrrole-2,5-dione = **343**
Dibromosceptrine = **474**
2,3-Dibromostyloguanidine = **475**

5,6-Dibromotryptamine = **956**
3,5-Dibromoverongiaquinol = **132**
Dictazole A = **476**
Dictyodendrine A* = **2083**
Dictyodendrine B* = **2084**
Dictyodendrine C* = **2085**
Dictyodendrine D* = **2086**
Dictyodendrine E* = **2087**
Dictyodendrine F* = **2088**
Dictyodendrine G* = **2089**
Dictyodendrine H* = **2090**
Dictyodendrine I* = **2091**
Dictyodendrine J = **414**
(3S,5R)-6′,6″-Didebromo-3,4-dihydrohamacanthin B = **1680**
(S)-6′,6″-Didebromohamacanthin A = **1681**
(R)-6′,6″-Didebromohamacanthin B = **1682**
9,10-Didechloro-N-methyldysideathiazole = **1288**
Didehydrocrambescin A_1 = **1656**
17,29-Didehydro-cylindramide Mg salt (2:1) = **601**
7,8-Didehydro-3-dihydrodiscorhabdin C = **1496**
Didemnidine A = **10**
Didemnidine B = **11**
Didemnimide A = **1013**
Didemnimide B = **1014**
Didemnimide C = **1015**
Didemnimide D = **1016**
Didemnoline A = **813**
Didemnoline B = **814**
Didemnoline C = **815**
Didemnoline D = **816**
Didymellamide A = **1368**
Diguanidium salt of psammaplin A sulfate = **277**
Dihomodehydrobatzelladine C = **88**
Dihydrodeoxybromotopsentin = **736**
3-Dihydrodiscorhabdin B = **1497**
Dihydrodiscorhabdin C = **1498**
Dihydrohalichondramide = **1200**
8,9-Dihydro-11-hydroxyascididemin = **1570**
3,4-Dihydro-6-hydroxy-10,11-epoxymanzamine A = **898**
Dihydroingenamine D = **2092**
9,10-Dihydrokeramadine = **477**
3,4-Dihydrokeramamine A = **899**
Dihydrolamellarin B = **405**
3,4-Dihydromanzamine A = **899**
3,4-Dihydromanzamine A N-oxide = **900**
3,4-Dihydromanzamine J N-oxide = **901**

4ξ,5-Dihydroodiline = **484**
5,10-Dihydrophencomycin methyl ester = **1735**
24,25-Dihydroplakinamine A = **1940**
Dihydroplakinamine K = **1941**
4,7-Dihydroxy-8-methoxyquinoline = **1470**
2,2-Di-3-indolyl-3-indolone = **737**
4-[(Di-1H-indol-3-yl)methyl]phenol = **726**
(3,5-Di-iodo-4-methoxyphenyl)ethylamine = **226**
3-(3,5-Diiodo-4-methoxyphenyl)-3′-(3-iodo-4-methoxyphenyl)-N,N′-(1,5-pentanediyl)bis(2-dimethylaminopropanamide) = **278**
9,10-Diisopentenylpaxilline = **1065**
Dimer of Massadine = **432**
N,N-Dimethyl-5-bromotryptamine = **957**
N,N-Dimethyl-5,6-dibromotryptamine = **958**
3,7-Dimethylisoguanine = **1811**
1,3-Dimethylisoguanine (1997) = **1812**
2-(3,3-Dimethylprop-1-ene)-costaclavine = **1102**
2-(3,3-Dimethylprop-1-ene)-epi-costaclavine = **1103**
Dinorbatzelladine A = **89**
Dinordehydrobatzelladine B = **90**
Diplamine = **1571**
Discodermindole = **1017**
Discoipyrrole A = **2009**
Discoipyrrole B = **2010**
Discoipyrrole C = **1987**
Discoipyrrole D = **2011**
Discorhabdin A = **1499**
Discorhabdin B = **1500**
Discorhabdin C = **1501**
(+)-(2S,6R,8S)-Discorhabdin D = **1502**
Discorhabdin E = **1503**
Discorhabdin G = **1504**
Discorhabdin G‡ = **1505**
(+)-Discorhabdin I = **1505**
(−)-Discorhabdin L = **1506**
(−)-(1R,2S,6R,8S)-Discorhabdin N = **1507**
Discorhabdin P = **1508**
(−)-(6S,8R)-Discorhabdin Q = **1509**
Discorhabdin R = **1510**
Discorhabdin S = **1511**
Discorhabdin T = **1512**
Discorhabdin U = **1513**
Discorhabdin V = **1514**
(S,S)-Discorhabdin W = **1515**
(R,R)-Discorhabdin W = **1516**
Discorhabdin Y = **1517**
(−)-Discorhabdin Z = **1518**
Dispacamide A = **478**
Dispacamide B = **479**
Dispacamide C = **480**
Dispacamide D = **481**
15,34-Di-O-sulfatobastadin 7 = **279**
Divergolide A = **2093**
Divergolide B = **2012**
Divergolide C = **2094**
Divergolide D = **2095**
Dixiamycin A = **782**
Dixiamycin B = **783**
6-(1,3,5,9-Dodecatetraenyl)-2-methyl-3-piperidinol = **1436**
5-Dodecenyl-4-amino-3-hydroxybenzoate = **211**
Dolabellin = **1289**
Dolastatin 18 = **1290**
Dolastatin E = **1324**
Domoic acid = **550**
Dopamine = **227**
Dorimidazole A = **1131**
Dragmacidin = **1683**
Dragmacidin D = **738**
Dragmacidin E = **1684**
Drimentine G = **1873**
Dysidamide = **551**
(4E,S)-Dysidazirine = **1988**
(4E,R)-(−)-Dysidazirine = **1989**
Dysideanin A = **1132**
Dysideanin B = **817**
Dysideapyrrolidone = **552**
Dysideathiazole = **1291**
Dysidenin = **1292**
Dysidine (1977) = **553**
Dysidine (2001) = **212**
Echinobetaine B = **1133**
Echinoclathrine A = **1369**
Echinoclathrine B = **1370**
Echinoclathrine C = **1371**
Echinosulfonic acid A = **739**
Echinosulfonic acid B = **740**
Echinosulfonic acid C = **741**
Echinosulfonic acid C 1″-deoxy = **742**
Ecionine A = **1572**
Ecionine B = **1573**
Ecteinascidin 583 = **1759**
Ecteinascidin 594 = **1760**
Ecteinascidin 729 = **1761**

Ecteinascidin 736 = **1762**
Ecteinascidin 743 = **1763**
Ecteinascidin 745 = **1764**
Ecteinascidin 759B = **1765**
Ecteinascidin 770 = **1766**
Eilatin = **1574**
Emerimidine A = **1087**
Emerimidine B = **1088**
Emindole DA = **1066**
Emindole SB = **1067**
Emindole SB β-mannoside = **1068**
Enigmazole A = **1177**
Ep5 = **1857**
Epiphoneolasinthiourea B = **1856**
(+)-Epipolasin A = **1857**
Epipolasin B = **1855**
Epolactaene = **554**
Equisetin = **600**
Erythrazole B = **1307**
Essramycin = **1337**
Estatin A = **12**
Estatin B = **13**
N-3′-Ethylaplysinopsin = **1018**
1-Ethyl-β-carboline = **818**
1-Ethyl-β-carboline-3-carboxylic acid = **819**
Eu11 = **1835**
Eu17 = **1838**
Eu20 = **1836**
Eu24 = **1837**
Eu27 = **1834**
Eudisin B = **865**
Eudistalbin A = **820**
Eudistomidin A = **821**
Eudistomidin B = **822**
Eudistomidin C = **823**
Eudistomidin D = **824**
Eudistomidin G = **825**
Eudistomidin J = **826**
Eudistomin A = **827**
Eudistomin B = **828**
Eudistomin C = **829**
Eudistomin D = **830**
Eudistomin E = **831**
Eudistomin F = **832**
Eudistomin G = **833**
Eudistomin H = **834**
Eudistomin I = **835**

Eudistomin J = **836**
Eudistomin K = **837**
Eudistomin L = **838**
Eudistomin M = **839**
Eudistomin N = **840**
Eudistomin O = **841**
Eudistomin P = **842**
Eudistomin Q = **843**
Eudistomin U = **844**
Eudistomin Y_1 = **845**
Eudistomin Y_2 = **846**
Eudistomin Y_3 = **847**
Eudistomin Y_4 = **848**
Eudistomin Y_5 = **849**
Eudistomin Y_6 = **850**
Eudistomin Y_7 = **851**
Eusynstyelamide = **14**
Eusynstyelamide A = **14**
Eusynstyelamide B = **15**
ent-Eusynstyelamide B = **16**
Eusynstyelamide C = **17**
Eusynstyelamide D = **18**
Eusynstyelamide E = **19**
Eusynstyelamide F = **20**
Exfoliazone = **1964**
Farneside A = **1870**
Fascaplysin = **852**
Fasciospongine A = **1907**
Fasciospongine B = **1908**
Fasciospongine C = **1909**
Fascularine = **1453**
Fistularin 3 = **1251**
11-epi-Fistularin 3 = **1252**
Flabellazole A = **433**
Flabellazole B = **432**
Flavochristamide A = **135**
Flavochristamide B = **136**
Flustramine A = **982**
Flustramine B = **983**
Flustramine E = **984**
Flustramine F = **985**
Flustramine I = **986**
Flustramine L = **987**
4-Formamidoeudesm-7-ene = **1834**
(−)-N-Formyl-1,2-dihydrorenierone = **1610**
N-Formyl-2-(4-hydroxyphenyl)acetamide = **137**
N-Formylpsammaplysin A = **1246**

5-Formyl-1*H*-pyrrole-2-heneicosanenitrile = **376**
5-Formyl-1*H*-pyrrole-2-octadecanenitrile = **375**
Fradcarbazole A = **792**
Fradcarbazole B = **793**
Fradcarbazole C = **794**
Fromia monilis Alkaloid = **21**
Fromiamycalin = **91**
Fu1 = **1905**
Fu12 = **1904**
Fu13 = **1903**
Fu16 = **1840**
Fu17 = **1841**
Fumigaclavine B = **1104**
Fumigaclavine C = **1105**
Fumiquinazoline A = **1784**
Fumiquinazoline B = **1785**
Fumiquinazoline C = **1786**
Fumiquinazoline D = **1787**
Fumiquinazoline E = **1788**
Fumiquinazoline F = **1789**
Fumiquinazoline G = **1790**
Fumiquinazoline H = **1791**
Fumiquinazoline I = **1792**
Fumiquinazoline J = **1793**
Fumiquinazoline L (Zhou, 2013) = **1794**
Fumiquinazoline S = **1795**
Fumitremorgin C = **1796**
Fuscusine = **62**
GB4 toxin = **1979**
(±)-Gelliusine A = **959**
(±)-Gelliusine B = **960**
(±)-Gelliusine C = **961**
(±)-Gelliusine D = **962**
(±)-Gelliusine E = **963**
(±)-Gelliusine F = **964**
Geodin A = **601**
Geranylphenazinediol = **1736**
Gesashidine A = **853**
Giracodazole = **1134**
Girolline = **1134**
GlcNAc-TA = **1096**
Gliocladine C = **994**
Glucopiericidin C = **1372**
Gonyautoxin Ⅰ = **112**
Gonyautoxin Ⅱ = **113**
Gonyautoxin Ⅲ = **114**
Gonyautoxin Ⅳ = **115**
Gonyautoxin Ⅴ = **116**
Gonyautoxin Ⅵ = **117**
Gonyautoxin Ⅷ = **118**
Granulatamide A = **681**
Granulatamide B = **682**
Granulatimide = **2096**
Grenadamide B = **138**
Grenadamide C = **139**
Griseoluteic acid = **1737**
Grossularine 1 = **2097**
Grossularine 2 = **2098**
GTX1 = **112**
GTX2 = **113**
GTX3 = **114**
GTX4 = **115**
GTX5 = **116**
GTX6 = **117**
GTX8 = **118**
Gymnastatin Q = **140**
Gymnodimine = **2013**
Gymnodimine B = **2014**
Hachijodine C = **1356**
Hainanerectamine B = **683**
Hainanerectamine C = **854**
Halichlorine = **1457**
Halichonadin C = **1835**
Halichondramide = **1201**
Halichrome A = **743**
Haliclamine C = **1373**
Haliclamine D = **1374**
Haliclona 3-Alkylpyridinium dimer = **1375**
Haliclona 3-Alkylpyridinium trimer = **1376**
Haliclonacyclamine A = **1438**
Haliclonacyclamine B = **1439**
(−)-Haliclonadiamine = **2099**
Haliclonine A = **2100**
Haliclorensin = **1990**
Halicyclamine B = **1440**
Halimedin = **1991**
Halishigamide A = **1202**
Halishigamide B = **1203**
Halishigamide C = **1204**
Halishigamide D = **1205**
Halochonadin F = **1853**
Halocyamine A = **1019**
Halocyamine B = **1020**
Halytulin = **1471**

(S)-Hamacanthin A = **1685**
(S)-Hamacanthin B = **1686**
Hamigeran D = **2101**
Haminol 1 = **1377**
Haminol 2 = **1378**
Haminol 3 = **1379**
Haminol 4 = **1380**
Haminol 5 = **1381**
Haminol 6 = **1382**
Haminol A = **1383**
Haminol B = **1384**
Haminol C = **1385**
Hanishin racemic methyl ester = **1722**
Haouamine A = **2015**
Haouamine B = **2016**
Hapalindole A = **1047**
12-*epi*-Hapalindole C = **1048**
12-*epi*-Hapalindole E = **1049**
12-*epi*-Hapalindole G = **1050**
12-*epi*-Hapalindole H = **1051**
12-*epi*-Hapalindole J = **1052**
12-*epi*-Hapalindole Q = **1053**
Hapalindole T = **1054**
Hapalindolinone A = **1055**
Hapalindolinone B = **1056**
Harman = **855**
Helquinoline = **1472**
Hemibastadin 2 = **280**
(−)-Hennoxazole A = **1178**
Hennoxazole B = **1179**
(−)-Herbindole A = **684**
(+)-Herbindole A = **685**
(−)-Herbindole B = **686**
(+)-Herbindole B = **687**
(−)-Herbindole C = **688**
(+)-Herbindole C = **689**
Herdmanine E = **690**
Herdmanine I = **691**
Herdmanine J = **692**
Herdmanine K = **693**
Herdmanine K = **1021**
Herdmanine L = **694**
Hermitamide A = **228**
Hermitamide B = **965**
Heronamide C = **206**
Heronapyrrole A = **346**
Heronapyrrole B = **347**

Heronapyrrole C = **348**
Hexaacetylcelenamide A = **1106**
Hexaacetylcelenamide B = **1107**
O^{10}-Hexadecanoyl-deacylbengazole C = **1175**
5-Hexadecyl-1*H*-pyrrole-2-carboxaldehyde = **349**
10,11,15,16,32,33-Hexahydro-8-hydroxymanzamine A = **902**
Hicksoane A = **695**
Hicksoane B = **696**
Hicksoane C = **697**
Hippolide A = **1910**
Hoiamide D = **1293**
Homarine = **1386**
Homoaerothionin = **1253**
Homocrambescin A_2 = **1657**
Homocrambescin B_1 = **1658**
Homocrambescin C_1 = **1659**
Homofascaplysin A = **856**
Homopahutoxin = **2**
Homotaurine = **3**
Hordenine = **229**
3-(Hydroxyacetyl)-1*H*-indole = **698**
11-Hydroxyaerothionin = **1254**
Hydroxyakalone = **1660**
19-Hydroxyaraplysillin N^{20}-sulfamate = **1255**
11-Hydroxyascididemin = **1559**
2-(4-Hydroxybenzoyl)-4(5)-(4-hydroxyphenyl)-1*H*-imidazole = **1135**
2-(4-Hydroxybenzoyl) quinazolin-4(3*H*)-one = **1639**
2-(4-Hydroxybenzyl) quinazolin-4(3*H*)-one = **1655**
2-Hydroxycircumdatin C = **175**
6-Hydroxycircumdatin C = **175**
5*S*-Hydroxy-5,6-dihydrohalichondramide = **1210**
6-Hydroxydiscodermindole = **1022**
3-(3-(2-Hydroxyethyl)-(1*H*-indol-2-yl)-3-(1*H*-indol-3-yl) propane-1,2-diol) = **744**
3-(2-Hydroxyethyl)-6-prenylindole = **699**
3-Hydroxyglyantrypine = **1797**
22*S*-Hydroxyhalichondramide = **1211**
22-Hydroxyhaliclonacyclamine B = **1441**
4-Hydroxy-7-[1-hydroxy-2-(methylamino)ethyl]-2(3*H*)-benzothiazolone = **1308**
4-Hydroxy-1-(3-hydroxyphenyl)-3(2*H*)-isoquinolinone = **1611**
2-(2-(3-Hydroxy-1-(1*H*-indol-3-yl)-2-methoxypropyl)-1*H*-indol-3-yl) acetic acid = **745**
22-Hydroxyingamine A = **2102**

9-Hydroxyisoascididemnin = **1575**
(11*S*)-Hydroxyl aspergillic acid = **1687**
30-Hydroxy-lobatamide A = **1983**
8-Hydroxymanzamine A = **903**
6-Hydroxymanzamine A = **905**
ent-8-Hydroxymanzamine A = **904**
8-Hydroxymanzamine B = **906**
6-Hydroxymanzamine E = **907**
8-Hydroxymanzamine J = **904**
N-[2-(4-Hydroxy-3-methoxyphenyl)ethyl]-3-methyl-2-dodecenamide = **230**
N-[2-(3-Hydroxy-4-methoxyphenyl)ethyl]-3-methyl-2-dodecenamide = **231**
N-(1′*R*-Hydroxymethyl-2-methoxyethyl)-7*S*-methoxy-4*E*-eicosenamide = **141**
6-(Hydroxymethyl)-1-phenazinecarboxamide = **1738**
2-Hydroxy-1′-methylzeatin = **1813**
Hydroxymoloka'iamine = **326**
32-Hydroxymycalolide A = **1206**
30-Hydroxymycalolide A = **1207**
38-Hydroxymycalolide B = **1208**
12*R*-Hydroxy-11-oxoaerothionin = **1256**
2-Hydroxy-7-oxostaurosporine = **800**
3-Hydroxy-7-oxostaurosporine = **801**
2′-Hydroxypaxilline = **1069**
19-Hydroxypenitrem A = **1070**
19-Hydroxypenitrem E = **1071**
(*S*)-*p*-Hydroxyphenopyrrozin = **627**
N-[2-(4-Hydroxyphenyl)ethyl]-3-methyl-2-dodecenamide = **232**
19-Hydroxypsammaplysin E = **1257**
36*R*-Hydroxy-ptilomycalin A = **82**
22*α*-Hydroxy-shearinine A = **1081**
11-Hydroxystaurosporine = **795**
5′-Hydroxystaurosporine = **796**
N-Hydroxy-6-*epi*-stephacidin A = **1108**
4-Hydroxy-1′,3,4′-tri(4-hydroxyphenyl)-3′-[2-(4-hydroxyphenyl)ethyl]-7′-(sulfooxy)spiro[furan-2(5*H*),2′(3′*H*)-pyrrolo[2,3-*c*]carbazole]-5,5′(6′*H*)-dione = **2105**
Hydroxytyramine = **227**
8-Hydroxy-1-vinyl-*β*-carboline = **857**
(10*Z*)-Hymenialdisine = **482**
(−)-Hymenine‡ = **484**
Hyrtimomine A = **746**
Hyrtimomine D = **747**
Hyrtimomine E = **748**
Hyrtimomine F = **749**

Hyrtimomine G = **750**
Hyrtinadine A = **751**
Hyrtiocarboline = **858**
Hyrtioerectine D = **859**
Hyrtioerectine E = **860**
Hyrtioerectine F = **861**
Hyrtiomanzamine = **862**
Hyrtioreticulin B = **863**
Hyrtioreticulin E = **864**
Hyrtioseragamine A = **1688**
Hyrtioseragamine B = **1689**
Ianthellamide A = **327**
Ianthelliformisamine A = **22**
Ianthelliformisamine B = **23**
Ianthelliformisamine C = **24**
Iheyamine A = **752**
Iheyamine B = **753**
Ikimine A = **1387**
Ikimine B = **1388**
Ikimine C = **1389**
Ikimine D = **1390**
Ileabethoxazole = **2104**
Indimicin B = **797**
Indolactam V = **1039**
1*H*-Indole-3-carboxylic acid methyl ester = **700**
3-(3-Indolyl)acrylamide = **142**
2-(1*H*-Indol-3-yl)ethyl-5-hydroxypentanoate = **701**
2-(1*H*-Indol-3-yl)ethyl-2-hydroxypropanoate = **702**
3-Indolylglyoxylic acid = **703**
3-Indolylglyoxylic acid methyl ester = **704**
6-(1*H*-Indol-3-yl)-5-methyl-3,5-heptadien-2-one = **705**
(1*H*-indol-3-yl) oxoacetamide = **966**
(1*H*-Indol-3-yl) oxoacetic acid methyl ester = **706**
(6*S*,7*R*,10*E*,14*E*)-16-(1*H*-Indol-3-yl)-2,6,10,14-tetramethylhexadeca-2,10,14-triene-6,7-diol = **1072**
2-(3-Indolyl)-6-(3,4,5-trimethoxyphenyl)morpholine = **1957**
Indosespene = **1873**
Ingamine A = **2105**
Ingamine B = **2106**
Ingenamine = **2107**
Ingenamine G = **2108**
Iotrochamide A = **180**
Iotrochamide B = **181**
Ircinal A = **908**
Ircinal B = **909**
Ircinamine = **555**
Ircinamine B = **350**

Ircinol A = **910**
Irregularasulfate = **1911**
Isoaaptamine = **1625**
Isobastadin 4 = **258**
Isobatzelline A = **1521**
Isobatzelline B = **1522**
Isobatzelline C = **1523**
Isobatzelline D = **1524**
Isobengamide E = **207**
Isobromodeoxytopsentin = **1023**
Isobromotopsentin = **1024**
Isochaetominine A = **1798**
Isochaetominine B = **1799**
Isochaetominine C = **1800**
14-*epi*-Isochaetominine C = **1801**
Isocrambescidin 800 = **92**
(−)-10-Isocyano-4-amorphene = **1842**
10-Isocyano-4-cadinene = **1843**
(1S^*,4S^*,7R^*,10S^*)-10-Isocyano-5-cadinen-4-ol = **1844**
(−)-(1S,2R,5S,8R)-2-Isocyanoclovane = **1901**
(−)-(1S,5S,8R)-2-Isocyanoclovene = **1902**
9-Isocyanopupukeanane = **1858**
9-*epi*-9-Isocyanopupukeanane = **1859**
2-Isocyanopupukeanane = **1860**
3-Isocyanotheonellin = **1865**
2-Isocyanotrachyopsane = **1903**
Iso-α-cyclopiazonic acid = **1057**
Isodomoic acid A = **556**
Isodomoic acid B = **557**
Isodomoic acid C = **558**
Isodomoic acid G = **559**
Isodomoic acid H = **560**
Isodysidenin = **1294**
Isoeudistomin U = **865**
Isofistularin 3 = **281**
Isogranulatimide = **2109**
Isohalichondramide = **1209**
Isonaamidine C = **1136**
Isonaamidine D = **1137**
Isonaamidine E = **1138**
Isonotoamide B = **1109**
Isopalauamine = **515**
21-Isopentenylpaxilline = **1073**
9-Isopentenylpaxilline = **1073**
Isoplysin A = **1025**
Isoptilocaulin = **72**
(−)-Isopuloupone = **1391**

Isosaraine 1 = **1458**
(1R,4S,5S,6R,7S,10R)-(+)-Isothiocyanatoalloaromadendrane = **1854**
10-Isothiocyanato-4,6-amorphadiene = **1845**
(−)-10-Isothiocyanato-4-amorphene = **1846**
4-Isothiocyanato-9-amorphene = **1847**
10-Isothiocyanatoamorph-5-en-4-ol = **1848**
4-Isothiocyanato-9-cadinene = **1847**
4-Isothiocyanato-7α-eudesm-11-ene = **1836**
4-Isothiocyanato-7β-eudesm-11-ene = **1837**
(−)-9-Isothiocyanatopupukeanane = **1861**
9-Isothiocyanatopupukeanane = **1862**
11-Isothiocyano-7βH-eudesm-5-ene = **1838**
Iso-*trans*-trikentrin B = **707**
Jamaicamide A = **561**
Jamaicamide B = **562**
Jamaicmide C = **563**
Janthielamide A = **143**
Jaspisamide A = **1210**
Jaspisamide B = **1211**
Jaspisamide C = **1212**
Jorumycin = **1767**
Kabiramide A = **1213**
Kabiramide B = **1214**
Kabiramide C = **1215**
Kabiramide C acetate = **1216**
Kabiramide D = **1217**
Kabiramide E = **1218**
Kabiramide G = **1219**
Kabiramide J = **1220**
Kabiramide K = **1221**
Kabiramide L = **1222**
Kalkitoxin = **1295**
Kasarin = **1690**
Kauluamine = **911**
Kealiinine A = **1139**
Keramadine = **485**
Keramamine B = **913**
Keramaphidin B = **2110**
Keramaphidin C = **1992**
Keronopsin A_1 = **415**
Keronopsin A_2 = **416**
Keronopsin B_1 = **417**
Keronopsin B_2 = **418**
11-Ketofistularin 3 = **283**
Killarytoxin 3 = **1431**
Kimbasine A = **1912**

Kimbasine B	=	1913
Kimbeamide A	=	145
Konbamidin	=	969
Konbuacidin A	=	486
Kororamide A	=	970
Korormicin A	=	146
Kottamide A	=	971
Kottamide B	=	972
Kottamide C	=	973
Kottamide D	=	974
Kuanoniamine A	=	1576
Kuanoniamine B	=	1577
Kuanoniamine C	=	1578
Kuanoniamine D	=	1579
Labuanine A	=	1580
Lamellarin A	=	397
Lamellarin A_1	=	398
Lamellarin A_2	=	399
Lamellarin A_3	=	400
Lamellarin A_4	=	401
Lamellarin A_5	=	402
Lamellarin A_6	=	403
Lamellarin B	=	404
Lamellarin C	=	405
Lamellarin D	=	406
Lamellarin I	=	407
Lamellarin J	=	408
Lamellarin K	=	409
Lamellarin M	=	410
Lamellarin R	=	351
Lamellarin α 20-sulfate	=	411
Lamellarin β	=	412
Latrunculin A	=	1310
Latrunculin B	=	1311
Latrunculin C	=	1312
Latrunculin D	=	1313
Latrunculin S	=	1314
Lavanducyanin	=	1739
Leiodelide A	=	1223
Leiodelide B	=	1224
Leiodolide A	=	1223
Leiodolide B	=	1224
Lepadin A	=	1473
(−)-Lepadin B	=	1474
Lepadoformine	=	1454
(−)-(R)-Leptoclinidamine B	=	975
Leptoclinidinone	=	1555
Leptosin O	=	995
Leptosin P	=	996
Leucascandrolide A	=	1182
Leucettamidine	=	1140
Leucettamine A	=	1141
Leucettamine B	=	1142
Limazepine G	=	176
Lipogrammistin A	=	25
Lipopurealin A	=	1143
Lipopurealin B	=	1144
Lipopurealin C	=	1145
Lipoxazolidinone A	=	1183
Lipoxazolidinone B	=	1184
Lissoclinamide 1	=	1325
Lissoclinamide 4	=	1326
Lissoclinamide 5	=	1327
Lissoclinamide 6	=	1328
Lobatamide A	=	1980
Lobatamide A 26Z-isomer	=	1981
Lobatamide A 24E-isomer	=	1982
Lobatamide B	=	1981
Lobatamide C	=	1982
Lobatamide D	=	1983
Lodopyridone	=	1296
Lokysterolamine A	=	1942
Lokysterolamine B	=	1943
(S)-Longamide A	=	1723
Longamide B	=	1724
Lorneamide A	=	147
Lukianol A	=	419
Lukianol B	=	420
Lumichrome	=	1829
Lynamicin A	=	754
Lynamicin B	=	755
Lynamicin C	=	756
Lynamicin D	=	757
Lynamicin E	=	758
Lyngbyatoxin A	=	1041
Lyngbyatoxin B	=	1042
Lyngbyatoxin C	=	1043
Madangamine A	=	2111
Maedamine A	=	1691
Ma'edamine A	=	1691
Maedamine B	=	1692
Maeganedin A	=	914
Magnesidin	=	602
Makaluvamine A	=	1525

Makaluvamine B = **1526**
Makaluvamine C = **1527**
Makaluvamine D = **1528**
Makaluvamine E = **1529**
Makaluvamine F = **1530**
Makaluvamine G = **1531**
Makaluvamine H = **1532**
Makaluvamine I = **1533**
Makaluvamine J = **1534**
Makaluvamine K = **1535**
Makaluvamine L = **1536**
Makaluvamine M = **1537**
Makaluvamine N = **1538**
Makaluvamine P = **1539**
Makaluvone = **1540**
Malonganenone A = **1814**
Malonganenone B = **1146**
Malonganenone D = **1815**
Malonganenone E = **1816**
Malonganenone F = **1147**
Malonganenone G = **1148**
Malonganenone I = **1817**
Malonganenone J = **1818**
Malonganenone K = **148**
Manadomanzamine A = **915**
Manadomanzamine B = **916**
Mangrovamide C = **1110**
Manzamine A = **917**
Manzamine A N-oxide = **918**
Manzamine B = **919**
Manzamine C = **866**
Manzamine D = **920**
Manzamine E = **921**
Manzamine F = **913**
ent-Manzamine F = **922**
Manzamine G = **903**
ent-Manzamine G = **904**
Manzamine H = **923**
Manzamine J = **924**
Manzamine J N-oxide = **900**
Manzamine L = **925**
Manzamine X = **926**
Manzamine Y = **905**
Mariline A$_1$ = **1089**
Mariline A$_2$ = **1090**
Mariline B = **1091**
Mariline C = **1092**

Marinacarboline A = **867**
Marinacarboline B = **868**
Marinacarboline C = **869**
Marina carboline D = **870**
Marineosin A = **421**
Marineosin B = **422**
Marinopyrrole A = **423**
Marinopyrrole B = **424**
(−)-Marinopyrrole C = **425**
(±)-Marinopyrrole F = **426**
Marinoquinoline A = **1475**
Martefragine A = **1185**
Mauritamide A = **487**
Mauritiamine = **488**
Mayotamide A = **1316**
Mayotamide B = **1317**
MD113068-6 = **213**
Mechercharmycin A = **1329**
Mechercharstatin A = **1329**
Meleagrin = **1026**
Meleagrin B = **1027**
Meleagrin D = **1028**
Meleagrin E = **1029**
Menidine = **483**
Meridianin A = **1661**
Meridianin B = **1662**
Meridianin C = **1663**
Meridianin D = **1664**
Meridianin E = **1665**
Meridianin F = **1666**
Meridianin G = **1667**
Meridine = **1581**
Merobatzelladine A = **93**
Merobatzelladine B = **94**
Metagenediindole A = **759**
Metagenetriindole A = **760**
N-[4-(Methoxycarbonylamino)-2-oxobutyl]-7,9-dibromo-
    10-hydroxy-8-methoxy-1-oxa-2-azaspiro[45]deca-
    2,6,8-triene-3-carboxylic acid amide = **1258**
37-(Methoxycarbonyl)dictyodendrine E = **2116**
5-Methoxy-2,6-dimethyl-2H-isoindole-4,7-dione = **1093**
7-Methoxy-1,6-dimethyl-5,8-isoquinolinedione = **1612**
5-Methoxy-1H-indole-4,7-dione = **708**
6-Methoxy-1H-indole-4,7-dione = **709**
4-Methoxy-5-[(3-methoxy-5-pyrrol-2-yl-2H-pyrrol-2-
    ylidene)methyl]-2,2′-bipyrrole = **427**
N-Methoxy-16-(3-pyridinyl)-5-hexadecyn-1-amine = **1407**

N-Methoxy-16-(3-pyridinyl)-7-hexadecyn-1-amine = **1406**
22α-Methoxy-shearinine A = **1083**
N^4-Methylaaptamine = **1626**
5-Methylaeruginol = **1302**
N^1-Methylalternatamide B = **940**
3′-Methylaminoavarone = **1874**
4′-Methylaminoavarone = **1875**
N-3′-Methylaplysinopsin = **1030**
27-O-Methylasporyzine C = **1074**
2-Methylbenzothiazole = **1309**
1-Methyl-9H-carbazole = **784**
1-Methyl-β-carboline = **855**
Methyl 4-(2,3-dibromo-4,5-dihydroxybenzylamino)-4-oxobutanoate = **149**
N-Methyl-5,6-dibromotryptamine = **976**
33-Methyldihydrohalichondramide = **1225**
N^{13}-Methyl-discorhabdin C = **1508**
N-Methyldysideathiazole = **1297**
3,3′-Methylenebisindole = **761**
N^{14}-Methyleudistomidin C = **871**
N^2-Methyleudistomin D = **872**
N^2-Methyleudistomin J = **873**
33R-Methylhalichondramide = **1212**
1-Methylherbipoline = **1819**
4′-N-Methyl-5′-hydroxystaurosporine = **798**
1-Methyl-6-iminopurine = **1820**
1-Methyl indole-3-carboxamide = **710**
5-Methyl-1H-indole-4,7-dione = **711**
N^1-Methylmanzacidin C = **1668**
3-O-Methylmassadine chloride = **489**
N-Methylnorsalsolinol = **1613**
N^3-Methyl-4-oxo-3-epi-plakinamine B = **1944**
2-(1-Methyl-2-oxopropylidene)phosphorohydrazidothioate oxime = **1979**
Methylpendolmycin-14-O-α-glucoside = **1111**
O^{10}-(13-Methylpentadecanoyl)-deacylbengazole C = **1174**
5-(14-Methylpentadecyl)-1H-pyrrole-2-carboxaldehyde = **352**
3-Methyl-N-(2′-phenylethyl)-butyramide = **150**
3-((6-Methylpyrazin-2-yl)methyl)-1H-indole = **712**
β-Methyl-3-pyridinedodecanal O-methyloxime = **1388**
2-Methyl-9H-pyrido[3,4-b]indole-3-carboxylic acid = **874**
4-Methyl-3H-pyrrolo[2,3-c]quinoline = **1475**
24-Methylritterazine D = **1698**
5-(13-Methyltetradecyl)-1H-pyrrole-2-carboxaldehyde = **353**
N^{30}-Methyl-23ξ,24ξ,25,30-tetrahydroplakinamine A = **1947**
$N^{3′}$-Methyltetrahydrovariolin B = **2019**
1-Methyl-2,3,5-tribromoindole = **713**
O^{10}-(12-Methyltridecanoyl)-deacylbengazole C = **1172**
Methyl-3,4,5-trimethoxy-2-(2-(nicotinamido)benzamido) benzoate = **1392**
22-O-(N-Me-L-valyl)-21-epi-Aflaquinolone B = **1476**
Microbiaeratinin = **1278**
Microxine = **1821**
Milnamide A = **875**
Mimosamycin = **1614**
Mirabilin B = **73**
Moiramide B = **621**
Molokaiakitamide = **328**
Molokaiamine = **329**
Monanchocidin = **95**
Monanchocidin A = **95**
Monanchocidin B = **96**
Monanchocidin C = **97**
Monanchocidin D = **98**
Monanchocidin E = **99**
Monanchomycalin A = **2018**
Monanchomycalin B = **2019**
Monanchomycalin C = **63**
Monobromoisophakellin = **490**
Monodontamide A = **26**
Monodontamide B = **27**
Monodontamide C = **28**
Monodontamide D = **29**
Monodontamide E = **30**
Monodontamide F = **1638**
3-(4-Morpholinyl)demethyloxyaaptamine = **1627**
Motualevic acid A = **151**
Motualevic acid B = **152**
Motualevic acid C = **153**
Motualevic acid E = **154**
Motuporamine A = **31**
Motuporamine B = **32**
Motuporamine C = **33**
Mucanadine A = **481**
Mucronatine = **1822**
Mukanadine F = **491**
Mycalazal 14 = **356**
Mycalazal 15 = **357**
Mycalazal 16 = **358**
Mycalazal 17 = **359**
Mycalazal 18 = **360**

Mycalazal 19	=	361
Mycalazal 2	=	354
Mycalazal 20	=	362
Mycalazal 3	=	355
Mycalazol 1	=	363
Mycalazol 10	=	372
Mycalazol 11	=	373
Mycalazol 12	=	374
Mycalazol 2	=	364
Mycalazol 3	=	365
Mycalazol 4	=	366
Mycalazol 5	=	367
Mycalazol 6	=	368
Mycalazol 7	=	369
Mycalazol 8	=	370
Mycalazol 9	=	371
Mycalenitrile 1	=	375
Mycalenitrile 10	=	383
Mycalenitrile 11	=	384
Mycalenitrile 12	=	385
Mycalenitrile 13	=	386
Mycalenitrile 14	=	387
Mycalenitrile 2	=	376
Mycalenitrile 4	=	377
Mycalenitrile 5	=	378
Mycalenitrile 6	=	379
Mycalenitrile 7	=	380
Mycalenitrile 8	=	381
Mycalenitrile 9	=	382
Mycalolide A	=	1226
Mycalolide C	=	1227
Mycalolide D	=	1228
Mycalolide E	=	1229
Mycapolyol A	=	564
Mycapolyol B	=	565
Mycapolyol C	=	566
Mycapolyol D	=	567
Mycapolyol E	=	568
Mycapolyol F	=	569
Mycothiazole	=	1298
N^1-Methyldibromoisophakellin	=	2114
Naamidine A	=	1149
Naamidine F	=	1150
Nagelamide A	=	492
Nagelamide B	=	493
Nagelamide C	=	494
Nagelamide D	=	495
Nagelamide E	=	496
Nagelamide F	=	497
Nagelamide G	=	498
Nagelamide H	=	499
Nagelamide O	=	500
Nagelamide U	=	64
Nagelamide W	=	501
Nagelamide X	=	502
Nagelamide Y	=	503
Nagelamide Z	=	1330
Nakadomarin A	=	927
Nakamuric acid	=	504
Nakamuric acid methyl ester	=	505
Nakijinamine A	=	2020
Nakijinamine B	=	2021
Nakijinamine C	=	1191
Nakijinamine E	=	1192
Nakijinamine F	=	2022
Nakijinol B	=	1193
Nakijinol B diacetate	=	1876
Nakijiquinone A	=	1877
Nakijiquinone B	=	1878
Nakijiquinone C	=	1879
Nakijiquinone D	=	1880
Nakijiquinone G	=	1881
Nakijiquinone H	=	1882
Nakijiquinone I	=	1883
Nakijiquinone N	=	1884
Nakijiquinone O	=	1885
Nakijiquinone P	=	1886
Nakijiquinone R	=	1887
Namalide	=	182
(E)-Narain	=	65
(Z)-Narain	=	66
epi-Nardine A	=	1519
epi-Nardine C	=	1520
Navenone A	=	1393
Neamphine	=	1993
Nemertelline	=	1394
Neoamphimedine	=	1582
Neoaplaminone	=	284
Neoaplaminone sulfate	=	285
Neocomplanine A	=	155
Neocomplanine B	=	156
Neoechinulin A	=	997
Neoechinulin B	=	998
Neofolitispate 1	=	100

Neofolitispate 2	=	101		
Neofolitispate 3	=	102		
Neokauluamine	=	912		
Neopeltolide	=	1186		
Neopetrosiamine A	=	1442		
Neosaxitoxin	=	119		
Neosurugatoxin	=	2116		
New Aspergillic acid	=	1693		
Nicotinamide	=	1395		
Nigribactin	=	34		

Neofolitispate 2 = 101
Neofolitispate 3 = 102
Neokauluamine = 912
Neopeltolide = 1186
Neopetrosiamine A = 1442
Neosaxitoxin = 119
Neosurugatoxin = 2116
New Aspergillic acid = 1693
Nicotinamide = 1395
Nigribactin = 34
Ningalin A = 2117
Ningalin B = 2023
Ningalin C = 2024
Ningalin D = 2118
Ningalin G = 2119
Niphatesine A = 1396
Niphatesine B = 1397
(S)-Niphatesine C = 1398
Niphatesine D = 1399
Niphatesine E = 1400
Niphatesine F = 1401
Niphatesine G = 1402
Niphatesine H = 1403
Niphatoxin A = 1404
Niphatoxin B = 1405
Niphatyne A = 1406
Niphatyne B = 1407
Nitropyrrolin A = 388
Nitropyrrolin B‡ = 389
Nitropyrrolin C = 390
Nitropyrrolin D = 391
Nitropyrrolin E = 392
Nitrosporeusine A = 622
Nitrosporeusine B = 623
Njaoaminium A = 1408
Njaoaminium B = 1409
Njaoaminium C = 1410
N-Methoxymethylisocystodamine = 2115
N-Methylisocystodamine = 2117
Nocardichelin A = 1187
Nocardichelin B = 1188
Nomofungin = 2071
2-Nonyl-4-hydroxyquinoline N-oxide = 1477
2-Nonyl-4-quinolone = 1478
Norbatzelladine A = 103
Norbatzelladine L = 104
Norcardioazine A = 999

Norcrambescin B_1 = 1669
Norcrambescin C_1 = 1670
Nordercitin = 1583
Nordomoic acid = 570
15-Norpseurotin A = 571
Norquinadoline A = 1802
11-Nortetrodotoxin = 107
11-Nortetrodotoxin-6S-ol = 107
Nortopsentin A = 762
Nortopsentin B = 763
Nortopsentin C = 764
Nortopsentin D = 765
Norzoanthamine = 2120
epi-Norzoanthamine = 2121
Norzoanthaminone = 2122
Nostocyclamide = 1331
Nostocyclamide M = 1332
Notoamide A = 1112
(−)-Notoamide B = 1113
Notoamide I = 1114
Nuttingine A = 1823
Nuttingine B = 1824
Nuttingine C = 1825
Nuttingine D = 1826
Nuttingine E = 1827
Oceanapamine = 1871
Oceanapia Bromotyrosine alkaloid = 35
Oceanapia Quinolone alkaloid = 1259
7-[(1,2,3,4,4a,7,8,8a-Octahydro-1,2,4a,5-tetramethyl-1-naphthalenyl)methyl]-6-benzoxazolol = 1194
21-Odeacetylcytochalasin Q = 658
Opacaline A = 876
Opacaline B = 877
(E)-Oroidin = 506
12,28-Oxa-8-hydroxymanzamine A = 928
12,34-Oxa-6-hydroxymanzamine E = 929
12,28-Oxamanzamine E = 930
Oxazinin A = 2123
Oxepinamide A = 2025
Oxiamycin = 785
3-Oximido-ethyl-6-prenylindole = 977
11-Oxoaerothionin = 1260
7-Oxo-8,9-dihydroxy-4′-N-demethylstaurosporine = 799
6-Oxofascaplysin = 878
19-Oxofasciospongine A = 1914
11-Oxofistularin 3 = 283
(14R)-Oxoglyantrypine = 1803

(14S)-Oxoglyantrypine	= 1804	Penochalasin G	= 665
7-Oxo-2-hydroxystaurosporine	= 800	Penochalasin H	= 666
7-Oxo-3-hydroxystaurosporine	= 801	Pentaacetylcelenamide C	= 1115
α-Oxo-1H-indole-3-acetic acid methyl ester	= 704	Pentabromopseudilin	= 394
2-Oxoteleocidin A_1	= 1040	O^{10}-Pentadecanoyl-deacylbengazole C	= 1173
7-Oxo-3,8,9-trihydroxystaurosporine	= 802	5-Pentadecyl-1H-pyrrole-2-carboxaldehyde	= 395
Oxysceptrin	= 507	N,N′-(1,5-Pentanediyl)bis[3-(3,5-diiodo-4-methoxyphenyl)-2-dimethylamino-propanamide]	= 286
Oxysceptrine	= 507		
Palauamine	= 508	2-n-Pentyl-4(1H)-quinolinol	= 1481
Palau'amine	= 508	Perfragilin A	= 1615
Palmyrrolinone	= 393	Perfragilin B	= 1616
Pantherinine	= 1584	Perophoramidine	= 1585
(−)-Papuamine	= 2124	Petrosaspongiolide L	= 1411
Paspaline	= 1075	Petrosine	= 1464
Paspalitrem A	= 1076	Petrosine A	= 1465
(−)-Pateamine A	= 1318	Petrosine B	= 1466
Patellazole A	= 1319	Phaeophytin A	= 527
Patellazole B	= 1320	Phakellin	1725
Patellazole C	= 1321	Phenazine Alkaloid 1	= 1743
Patellide	= 1320	Phenazine Alkaloid 2	= 1744
Pavettine	= 879	Phenazine Alkaloid 3	= 1745
Paxilline	= 1077	Phenazine Alkaloid 4	= 1746
Pelagiomicin A	= 1740	1,6-Phenazinedimethanol	= 1747
Pelagiomicin B	= 1741	Phenethyl 5-oxo-L-prolinate	= 208
Pelagiomicin C	= 1742	(R)-Phenopyrrozin	= 628
Penasulfate A	= 1443	N-(2-Phenylethyl)-9-hydroxyhexadecacarboxamide	= 233
Penicillazine	= 168	N-(2-Phenylethyl)-9-oxohexadecacarboxamide	= 234
Penicillenol A_1	= 603	Pheophorbide a	= 528
Penicillenol A_2	= 604	Pheophytin A	= 527
Penicillenol B_1	= 605	Pheophytin a	= 529
Penicillenol B_2	= 606	Pheophytin A5	= 527
Penicinolone	= 1479	Phidianidine A	= 36
Penipacid A	= 214	Phidianidine B	= 37
Penipacid E	= 215	Phidolopin	= 1828
Penipaline A	= 880	Phloeodictine A	= 1967
Penipaline B	= 881	Phloeodictine A_1	= 1968
Penipaline C	= 714	Phloeodictine A_2	= 1969
Penipanoid A	= 1338	Phloeodictine A_3	= 1970
Penipanoid B	= 2026	Phloeodictine A_4	= 1971
Penipanoid C	= 1639	Phloeodictine A_5	= 1972
Penispirolloid A	= 1480	Phloeodictine A_6	= 1973
Penochalasin A	= 659	Phloeodictine A_7	= 1974
Penochalasin B	= 660	Phloeodictyne B	= 1975
Penochalasin C	= 661	Phomasetin	= 607
Penochalasin D	= 662	Phorbatopsin A	= 1151
Penochalasin E	= 663	Phorbatopsin B	= 1152
Penochalasin F	= 664	Phorbatopsin C	= 1153

Phorboxazole A	=	1230
Phorboxazole B	=	1231
Pibocine A	=	1116
Pibocine B	=	1117
Piclavine B	=	631
Piclavine C	=	632
Pileotin B	=	1412
Pinnaic acid	=	1444
Pitiamide A	=	157
Plakinamine A	=	1946
Plakinamine B	=	1947
Plakinamine C	=	1948
Plakinamine D	=	1949
Plakinamine E	=	1950
Plakinamine F	=	1951
Plakinamine I	=	1952
Plakinamine J	=	1953
Plakinamine K	=	1954
Plakinamine M	=	1955
Plakohyphaphorine B	=	978
Plakohyphaphorine C	=	979
Plakohyphaphorine D	=	980
Plakoridine A	=	572
Plakortamine A	=	882
Plakortamine B	=	883
Plakortamine C	=	884
Plakortamine D	=	885
Plectosphaeroic acid A	=	1000
Plectosphaeroic acid B	=	1001
Plectosphaeroic acid C	=	1002
PM050489	=	158
PM060184	=	159
Poecillanosine	=	1984
(±)-Polyandrocarpamide D	=	1031
Polycarpathiamine A	=	1323
Preneokauluamine	=	931
Prianosin A	=	1499
Prianosin B	=	1541
Prianosin D	=	1502
Prodigiosin	=	530
Prosurugatoxin	=	2125
Protogonyautoxin 2	=	118
Protogonyautoxin 3	=	122
Psammaplin A	=	287
Psammaplin B	=	288
Psammaplin D	=	289
Psammaplin E	=	290
Psammaplin F	=	291
Psammaplin G	=	292
Psammaplin I	=	293
Psammaplysene A	=	294
Psammaplysene B	=	295
Psammaplysene C	=	296
Psammaplysene D	=	297
Psammaplysin A	=	1261
Psammaplysin B	=	1262
Psammaplysin C	=	1263
Psammaplysin D	=	1264
Psammaplysin E	=	1265
Psammaplysin H	=	1266
Psammopemmin A	=	1661
Psammopemmin B	=	1665
Psammopemmin C	=	1662
Pseudoceramine	=	273
Pseudoceramine B	=	38
Pseudoceratidine	=	39
Pseudoceratin A	=	298
Pseudoceratin B	=	299
Pseudodistomin A	=	1445
Pseudodistomin B	=	1446
Pseudodistomin C	=	1447
Pseudodistomin D	=	1448
Pseudodistomin E	=	1449
Pseudodistomin F	=	1450
Pseudodysidenin	=	1299
Pseudonocardian A	=	2126
Pseudonocardian B	=	2127
Pseudonocardian C	=	2128
Pseurotin A	=	573
Pterocellin A	=	2027
Pterocellin B	=	2028
(+)-Ptilocaulin	=	74
Ptilomycalin A	=	105
Pu2	=	1858
Pu3	=	1859
Pu4	=	1862
Pu5	=	1864
Pu6	=	1865
Pu7	=	1860
Pu12	=	1863
Pulchellalactam	=	574
Pulchranin A	=	67
Pulchranin B	=	68
Pulchranin C	=	69

Pulicatin A = 1300
Pulicatin B = 1301
Pulicatin C = 1302
Pulicatin D = 1303
Pulicatin E = 1304
Purealidin A = 1154
Purealidin B = 1267
Purealidin C = 300
Purealidin D = 1155
Purealidin E = 1156
Purealidin F = 301
Purealidin G = 235
Purealidin J = 1268
Purealidin K = 1269
Purealidin L = 1270
Purealidin M = 1157
Purealidin N = 1158
Purealidin P = 1271
Purealidin Q = 1272
Purealidin R = 1273
Purealidin S = 1274
Purpuramine A = 330
Purpuramine B = 331
Purpuramine C = 302
Purpuramine D = 303
Purpuramine E = 304
Purpuramine F = 305
Purpuramine G = 306
Purpuramine H = 241
Purpuramine I = 307
Purpuramine J = 308
Purpurealidin B = 309
Purpurone = 2129
Pyraxinine = 70
Pyridinebetaine A = 1413
Pyrinodemin A = 1414
Pyrinodemin B = 1415
Pyrinodemin C = 1416
Pyrinodemin D = 1417
Pyronaamidine 9-N-methylimine = 1159
Pyrostatin B = 1671
Questiomycin A = 1960
Quinadoline B = 1805
3′-L-Quinovosyl saphenate = 1743
2′-L-Quinovosyl saphenate = 1744
Racemosin A = 766
Racemosin B = 767

Renieramycin A = 1768
Renieramycin B = 1769
Renieramycin C = 1770
Renieramycin D = 1771
Renieramycin G = 1772
Renieramycin H = 1758
Renieramycin I = 1773
Renieramycin M = 1774
Renieramycin N = 1775
Renieramycin O = 1776
Renieramycin Q = 1777
Renieramycin R = 1778
Renieramycin S = 1779
Renierol = 1617
Renierone = 1618
Reticulidin A = 1888
Reticulidin B = 1889
Rexostatine = 40
N-α-L-Rhamnopyranosyl-tjipanazole D = 807
Rhapsamine = 41
Rhopaladin B = 768
Rhopaladin C = 769
N-1-β-D-Ribofuranosyldamirone C = 1542
N-1-β-D-Ribofuranosylmakaluvamine I = 1543
Rigidin = 1674
Ritterazine A = 1694
Ritterazine B = 1695
Ritterazine C = 1696
Ritterazine D = 1697
Ritterazine E = 1698
Ritterazine F = 1699
Ritterazine G = 1700
Ritterazine H = 1701
Ritterazine I = 1702
Ritterazine J = 1703
Ritterazine K = 1704
Ritterazine L = 1705
Ritterazine M = 1706
Ritterazine N = 1707
Ritterazine O = 1708
Ritterazine P = 1709
Ritterazine Q = 1710
Ritterazine R = 1711
Ritterazine S = 1712
Ritterazine T = 1713
Ritterazine U = 1714
Ritterazine V = 1715

Ritterazine W = **1716**
Ritterazine X = **1717**
Ritterazine Y = **1718**
Ritterazine Z = **1719**
Rivularin C = **774**
Rivularin D_1 = **770**
Rivularin D_3 = **775**
Roquefortine C = **1003**
Roquefortine F = **1004**
Roquefortine G = **1005**
Roquefortine H = **1006**
Roquefortine I = **1007**
Rosellichalasin = **667**
Rubroside A = **608**
Rubroside B = **609**
Rubroside C = **610**
Rubroside D = **611**
Rubroside E = **612**
Rubroside F = **613**
Rubroside G = **614**
Rubroside H = **615**
Saldedine A = **1619**
Saldedine B = **1620**
Salinosporamide C = **2028**
Saraine 1 = **1459**
Saxitoxin = **120**
Scalusamide A = **575**
Sceptrine = **509**
Schulzeine A = **2029**
Schulzeine B = **2030**
Schulzeine C = **2031**
(−)-Sclerotiamide = **1118**
Scytonemin = **2032**
Sebastianine A = **1586**
Sebastianine B = **1587**
Secobatzelline A = **1119**
Secobatzelline B = **1120**
Secofascaplysic acid = **886**
Segoline A = **1588**
Serinolamide A = **160**
Serinolamide B = **161**
Sesbanimide = **1451**
Sesbanimide A = **1451**
Sespenine = **1904**
Sesquibastadin = **310**
Shearinine A = **1078**
Shearinine B = **1079**

Shearinine C = **1080**
22α-Shearinine D = **1081**
Shearinine E (Smetanina, 2007) = **1082**
Shearinine E (Xu, 2007) = **1083**
Shearinine F (Smetanina, 2007) = **1084**
Shearinine G = **1085**
Shermilamine B = **1589**
Shermilamine C = **1590**
Shermilamine D = **1591**
Shermilamine E = **1592**
Shermilamine F = **1593**
Shewanelline C = **1640**
Shishididemniol A = **332**
Shishididemniol B = **333**
Sinulamide = **42**
Sinulasulfone = **162**
Sinulasulfoxide = **163**
Slagenine A = **510**
Slagenine B = **511**
Slagenine C = **512**
Smenospongiarine = **1890**
5-*epi*-Smenospongiarine = **1891**
Smenospongidine = **1892**
5-*epi*-Smenospongidine = **1893**
Smenospongine = **1894**
5-*epi*-Smenospongine = **1895**
Smenospongine B = **1896**
Smenospongine C = **1897**
Smenospongorine = **1898**
5-*epi*-Smenospongorine = **1899**
Sodium salt of psammaplin A sulfate = **311**
Somocystinamide A = **164**
Sp2 = **1849**
Sp3 = **1852**
Sp6 = **1850**
Sp8 = **1851**
Spiroindimicin B = **771**
Spiroindimicin C = **772**
Spiroindimicin D = **773**
Spongiacidin A = **513**
Spongiacidin B = **514**
Spongiacidin C = **466**
Spongiacidin D = **453**
Spongotine B = **736**
Stachybotrin D = **1094**
Stachyflin = **1095**
Stachyin B = **1058**

Staurosporine = 803
Staurosporine aglycone = 804
Stellettamide B = 633
Stellettazole D = 1160
Stephacidin A = 1121
Stephacidin B = 1122
Storniamide A = 428
Storniamide B = 429
Storniamide C = 430
Storniamide D = 431
Streptocarbazole A = 805
Streptokordin = 1418
Streptophenazine A = 1748
Streptophenazine B = 1749
Streptophenazine C = 1750
Streptophenazine D = 1751
Streptophenazine E = 1752
Streptophenazine H = 1753
Streptosetin A = 616
Styelsamine A = 1594
Styelsamine B = 1595
Styelsamine C = 1596
Styelsamine D = 1597
Stylissadine A = 432
Stylissadine B = 433
Styloguanidine = 515
Subereamolline A = 1275
Suberedamine A = 312
Suberedamine B = 313
Suberitine A = 1628
Suberitine B = 1629
Suberitine C = 1630
Suberitine D = 1631
Sulcatin = 1419
34-Sulfabastadin 13 = 315
1-O-Sulfahemibastadin 1 = 316
4-O-Sulfahemibastadin 1 = 316
1-O-Sulfahemibastadin 2 = 317
4-O-Sulfahemibastadin 2 = 317
15-O-Sulfanatobastadin 11 = 318
10-O-Sulfatobastadin 3 = 314
Sulfobacin = 136
Surugatoxin = 1123
Sventrine = 516
Symbioimine = 2034
Symphyocladin G = 43
Synechobactin A = 165

Synoxazolidinone C = 1189
Tambjamine A = 434
Tambjamine B = 435
Tambjamine C = 436
Tambjamine D = 437
Tambjamine E = 438
Tambjamine F = 439
Tambjamine G = 440
Tambjamine H = 441
Tambjamine I = 442
Tambjamine J = 443
Tambjamine K = 444
Taurine = 4
Tauroacidin A = 517
Tauroacidin B = 518
Taurodispacamide A = 519
Tauropinnaic acid = 1452
Teleocidin A_1 = 1041
Tenacibactin A = 44
Tenacibactin B = 45
Tenacibactin C = 46
Tenacibactin D = 47
Terremide A = 166
Terremide B = 167
Terreusinone = 2035
Tetraacetylclionamide = 981
2,3,5,7-Tetrabromo-1H-benzofuro[3,2-b]pyrrole = 2036
2,2′,5,5′-Tetrabromo-3,3′-bi-1H-indole = 774
2,3,5,6-Tetrabromo-1H-indole = 715
(+)-2,3′,5,5′-Tetrabromo-7′-methoxy-3,4′-bi-1H-indole = 775
2,3,5,6-Tetrabromo-1-methyl-1H-indole = 716
5,6,9,10-Tetracarboxybenzo[b][1,8]naphthyridinium(1+) = 2036
2,7-Tetradecadienyl-4-amino-3-hydroxybenzoate = 216
O^4-Tetradecanoyl-bengazole Z = 1170
O^6-Tetradecanoyl-bengazole Z = 1171
O^{10}-Tetradecanoyl-deacylbengazole C = 1167
(2S,3E,5Z)-3,5,13-Tetradecatrien-2-amine = 5
7Z-Tetradecenyl-4-amino-3-hydroxybenzoate = 217
2,3,4,5-Tetrahydro-3,5-dihydroxy-6H-1,5-benzoxazocin-6-one = 209
1,2,3,4-Tetrahydro-1,1-dimethyl-β-carboline-3β-carboxylic acid = 887
1,2,3,4-Tetrahydro-8-hydroxymanzamine A = 933
3,4,5,6-Tetrahydro-6-hydroxymethyl-3,6-dimethylpyrimidine-4-carboxylic acid = 1672

1β,2,3,4-Tetrahydromanzamine B = **934**
1,2,3,4-Tetrahydro-2-*N*-methyl-8-hydroxymanzamine A = **932**
O,O,O',O'-Tetrapropyl 2,2'-(1,2-dimethyl-1,2-ethanediylidene) bis(phosphorohydrazidothioate) = **1985**
Tetroazolemycin A = **1720**
Tetroazolemycin B = **1721**
Tetrodotoxin = **108**
4-*epi*-Tetrodotoxin = **109**
6-*epi*-Tetrodotoxin = **110**
Thallusin = **1420**
Theoneberine = **1621**
Theonelladine A = **1421**
Theonelladine B = **1422**
Theonelladine C = **1423**
Theonelladine D = **1424**
Theonezolide A = **1333**
Theonezolide B = **1334**
Theonezolide C = **1335**
2-Thiocyanatoneopupukeanane = **1863**
9-Thiocyanatopupukeanane = **1864**
9-*epi*-Thiocyanatopupukeanane = **1865**
1-Thiomethyldiscorhabdin I = **1544**
Thiomycalolide A = **1230**
Thiomycalolide B = **1231**
Thorectandramine = **2130**
Tintamine = **1598**
Tiruchanduramine = **888**
Tjipanazole A_1 = **806**
Tjipanazole A_2 = **807**
Tokaradine A = **319**
Tokaradine B = **320**
Tokaradine C = **48**
Tolyporphin A = **531**
Tolyporphin B = **532**
Tolyporphin C = **533**
Tolyporphin D = **534**
Tolyporphin E = **535**
Tolyporphin F = **536**
Tolyporphin G = **537**
Tolyporphin H = **538**
Tolyporphin I = **539**
Topsentin = **776**
Topsentin B_2 = **777**
Toxin B_1 = **116**
Toxin B_2 = **117**
Toxin C_1 = **121**
Toxin C_2 = **118**
Toxin C_3 = **122**
Toxin C_4 = **123**
Toxin PX_1 = **121**
Toxin PX_2 = **118**
Trachycladindole A = **1032**
Trachycladindole B = **1033**
Trachycladindole C = **1034**
Trachycladindole D = **1035**
Trachycladindole E = **1036**
Trachycladindole F = **1037**
Tramiprosate = **3**
2,5,6-Tribromo-*N*-methylgramine = **717**
2,5,6-Tribromo-*N*-methylgramine *N*-oxide = **718**
2,3,6-Tribromo-1-methyl-1*H*-indole = **719**
2,3,4-Tribromo-1*H*-pyrrole = **396**
4,4,4-Trichloro-3-methyl-*N*-[4,4,4-trichloro-3-methyl-1-(2-thiazolyl)butyl]butanamide = **1291**
Trichodermamide A = **168**
Trichodermamide B = **169**
O^{10}-Tridecanoyl-deacylbengazole C = **1169**
5,6,11-Trideoxytetrodotoxin = **111**
4,5,8-Trihydroxy-2-quinolinecarboxylic acid = **1482**
Trikendiol = **1902**
(1''*S*,3''*S*)-Trikentrin A = **720**
(1''*R*,3''*S*)-Trikentrin A = **721**
cis-Trikentrin B = **722**
N',N'',N'''-Trimethyl-*N*-(3-methyl-2*Z*,4*E*-dodecadienoyl) spermidine = **49**
N',N',N'-Trimethyl-*N*-(3-methyl-2,4-dodecadienoyl) spermidine = **50**
N',N',N'-Trimethyl-*N*-(3-methyldodecanoyl)spermidine = **51**
N',N'',N'''-Trimethyl-*N*-(3-methyl-2*Z*-dodecenoyl)spermidine = **52**
N',N',N'-Trimethyl-*N*-(3-methyl-2*E*-dodecenoyl)spermidine = **53**
N',N'',N'''-Trimethyl-*N*-(5-methyl-3-tetradecenoyl)spermidine = **54**
Tryptophol = **723**
Tryptoquivaline = **1641**
Tryptoquivalines = **1797**
Tsitsikammamine A = **1545**
Tsitsikammamine B = **1546**
Tsitsikammamine C = **2131**
TTX = **108**
Tubastrindole B = **520**

Tubastrine	=	**71**
Turbinamide	=	**170**
Turbotoxin A	=	**236**
Turbotoxin B	=	**237**
Tyrokeradine B (2009)	=	**1483**
Ulapualide A	=	**1234**
Ulapualide B	=	**1235**
Ulosantoin		**1161**
2-Undecen-18-yl-4-quinolone	=	**1484**
2-Undecyl-4-quinolone	=	**1485**
Untenine A	=	**1425**
Untenine B	=	**1426**
Untenine C	=	**1427**
Urochordamine A	=	**1830**
Urochordamine B	=	**1831**
Urukthapelstatin A	=	**1336**
Usabamycin A	=	**2038**
Usabamycin B	=	**2039**
Usabamycin C	=	**2040**
Varamine A	=	**1599**
Varamine B	=	**1600**
Variecolortide A	=	**2132**
Variecolortide B	=	**2133**
Variecolortide C	=	**2134**
Variolin A	=	**2041**
Variolin B	=	**2042**
Veiutamine	=	**1547**
Venezueline A	=	**1965**
Venezueline B	=	**2135**
Venezueline E	=	**1966**
Villagorgin A	=	**889**
Villatamine A	=	**576**
Villatamine B	=	**577**
1-Vinyl-β-carboline	=	**879**
Viridicatol	=	**1486**
Viscosaline	=	**1428**
Viscosamine	=	**1429**
Vitamin B_3	=	**1395**
Vitamin B_4	=	**1806**
Waikialoid A	=	**2136**
Waikialoid B	=	**2137**
Wakayin	=	**1548**
Watasemycin A	=	**1305**
Watasemycin B	=	**1306**
Westiellamide	=	**1195**
Xanthocillin X	=	**334**
Xestocyclamine A	=	**935**
Xestomanzamine A	=	**890**
Xestomanzamine B	=	**891**
Xestomycin	=	**1780**
Xestospongin A	=	**1462**
Xestospongin B	=	**1467**
Xestospongin C	=	**1463**
Xestospongin D	=	**1468**
Xiamycin	=	**786**
Xiamycin A	=	**786**
Xiamycin A methyl ester	=	**787**
Xiamycin B	=	**788**
Xylarisin	=	**668**
Xylarisin A	=	**668**
Xylogranatopyridine A	=	**1430**
Xylopyridine A	=	**2043**
Ypaoamide	=	**578**
Zamamidine A	=	**936**
Zamamidine B	=	**937**
Zamamidine C	=	**938**
Zamamiphidin A	=	**939**
Zarzissine	=	**1994**
Zopfiellamide A	=	**617**
Zopfiellamide B	=	**618**
Zorrimidazolone	=	**1162**
Zyzzyanone A	=	**2044**
Zyzzyanone B	=	**2045**
Zyzzyanone C	=	**2046**
Zyzzyanone D	=	**2047**

索引 3 化合物分子式索引

本索引按照 Hill 约定顺序制作，在分子式后面，紧接着出现的是所有有关化合物在本卷中的唯一代码。

C₂
$C_2H_7NO_3S$ 4

C₃
$C_3H_9NO_3S$ 3

C₄
$C_4H_2Br_3N$ 396
$C_4H_2BrNO_2$ 339
$C_4HBr_2NO_2$ 343

C₅
$C_5H_3Br_2NO_2$ 344
$C_5H_4Br_2N_2O$ 345
$C_5H_5N_5$ 1806, 1994
$C_5H_5N_5O_2$ 1660
$C_5H_9N_2O_5P$ 1161

C₆
$C_6H_5BrN_4$ 1673
$C_6H_5N_3OS$ 1993
$C_6H_6N_2O$ 1395
$C_6H_7N_5$ 1820
C_6H_7NO 210
$C_6H_8N_4$ 70
$C_6H_{10}N_2O_2$ 1671
$C_6H_{11}ClN_4O$ 1134

C₇
$C_7H_6Br_2N_2O_2$ 1723
$C_7H_7NO_2$ 1386
$C_7H_8Br_2N_2O_2$ 134
$C_7H_9N_5O$ 1811, 1812, 1822
$C_7H_{11}N_3O_2$ 1124
$C_7H_{17}N_4O_4P$ 1125

C₈
$C_8H_3Br_4N$ 715
$C_8H_5Br_2N$ 680
C_8H_6BrNO 672
$C_8H_6BrNO_2$ 670, 671

C_8H_6ClN 675
$C_8H_7Br_2NO_3$ 132
$C_8H_7NO_4$ 1353
C_8H_7NS 1309
$C_8H_8BrNO_3$ 129
$C_8H_8BrNO_4$ 199
$C_8H_9NO_2$ 1418
$C_8H_9NO_3$ 1413
$C_8H_{10}BrNO$ 219
$C_8H_{11}N_5O$ 1809
$C_8H_{11}N_5O_4S$ 1821
$C_8H_{11}NO_2$ 227
$C_8H_{12}N_2O_3$ 1133, 1648
$C_8H_{12}N_5O^+$ 1819
$C_8H_{14}N_2O_3$ 1672
$C_8H_{14}N_3O_2S^+$ 1132

C₉
$C_9H_5Br_4N$ 716
$C_9H_6Br_3N$ 713, 719
C_9H_6BrNO 673
$C_9H_7Br_2NO_2$ 678
$C_9H_7N_3O_2S$ 1323
$C_9H_7NO_2$ 711
$C_9H_7NO_3$ 708, 709
$C_9H_8Br_2N_2O_3$ 1724
$C_9H_9NO_3$ 137
$C_9H_{10}BrNO_3$ 130
$C_9H_{11}I_2NO$ 226
$C_9H_{11}N_3O_2$ 71
$C_9H_{12}N_3O^+$ 61
$C_9H_{13}NO$ 574

C₁₀
$C_{10}H_3Br_4NO$ 2036
$C_{10}H_4Br_5NO$ 394
$C_{10}H_6Br_2N_2O_2$ 966
$C_{10}H_7Br_2N_5$ 445
$C_{10}H_7Br_2NO_2$ 679
$C_{10}H_7NO_3$ 703
$C_{10}H_7NO_5$ 1482
$C_{10}H_8BrNO_2$ 674

$C_{10}H_8Br_2ClNO_2$ 677
$C_{10}H_8N_2O_2$ 1495
$C_{10}H_9BrN_3O^+$ 1538
$C_{10}H_9ClN_2O_4$ 1120
$C_{10}H_9NO_2$ 698, 700
$C_{10}H_9NO_3$ 1470
$C_{10}H_9N_3O_2$ 1151
$C_{10}H_{10}BrN_3O$ 435
$C_{10}H_{10}Br_2N_2$ 956
$C_{10}H_{10}Br_2N_2O_3$ 1722
$C_{10}H_{10}Br_2N_2O_4$ 1273
$C_{10}H_{10}ClN_3O_3$ 1119
$C_{10}H_{10}N_2O$ 710
$C_{10}H_{10}N_2O_2$ 1635
$C_{10}H_{10}N_3O^+$ 1533
$C_{10}H_{11}NO$ 723
$C_{10}H_{11}NO_4$ 209, 1087, 1088
$C_{10}H_{11}N_3O$ 434
$C_{10}H_{11}N_3O_2$ 1153
$C_{10}H_{11}N_3O_3$ 1152
$C_{10}H_{12}Br_3NO$ 225
$C_{10}H_{12}N_2O_3S$ 1308
$C_{10}H_{13}NO_2$ 218, 1419, 1613
$C_{10}H_{15}NO$ 229
$C_{10}H_{15}N_3O_7$ 107
$C_{10}H_{16}N_6O$ 1992
$C_{10}H_{17}N_7O_4$ 120
$C_{10}H_{17}N_7O_7S$ 116
$C_{10}H_{17}N_7O_8S$ 113, 114
$C_{10}H_{17}N_7O_9S$ 112, 115, 117
$C_{10}H_{17}N_7O_{11}S_2$ 118
$C_{10}H_{17}N_7O_{12}S_2$ 122, 123
$C_{10}H_{19}N$ 1992
$C_{10}H_{19}N_7O_5^{2+}$ 119
$C_{10}H_{22}N_3O_3PS$ 1979

C₁₁
$C_{11}H_7BrN_2$ 840, 841
$C_{11}H_7BrN_2O$ 830, 836
$C_{11}H_7Br_2NO_3$ 706
$C_{11}H_9BrN_2O_2$ 1540
$C_{11}H_9BrN_4O_3$ 453

$C_{11}H_9Br_2NO_3$ 676
$C_{11}H_9Br_2NO_4$ 620
$C_{11}H_9Br_2N_5O_2$ 455, 513
$C_{11}H_9ClN_2O_2$ 1489
$C_{11}H_9ClN_2O_2S$ 1488
$C_{11}H_9NO_2S$ 1303
$C_{11}H_9NO_3$ 704
$C_{11}H_9N_3O_2$ 1348
$C_{11}H_{10}BrN_5O_2$ 482, 514
$C_{11}H_{10}Br_2ClN_5O_2$ 459, 1128
$C_{11}H_{10}Br_2N_4$ 1017
$C_{11}H_{10}Br_2N_4O$ 1022
$C_{11}H_{10}Br_2N_4O_2$ 473
$C_{11}H_{10}Br_2N_4O_4$ 491
$C_{11}H_{10}ClN_3O$ 1523
$C_{11}H_{10}N_2O$ 142
$C_{11}H_{10}N_2O_2$ 1494, 1603
$C_{11}H_{10}N_2O_2S$ 1304
$C_{11}H_{10}N_2O_3$ 1601
$C_{11}H_{10}N_2O_3S$ 1615
$C_{11}H_{10}N_3O^+$ 1526
$C_{11}H_{10}N_4O_3$ 466
$C_{11}H_{11}BrN_4O_3$ 448
$C_{11}H_{11}Br_2NO_5$ 133
$C_{11}H_{11}Br_2N_5O$ 484, 506
$C_{11}H_{11}Br_2N_5O_2$ 470, 478, 1725
$C_{11}H_{11}Br_2N_5O_3$ 480
$C_{11}H_{11}NO_2S$ 1302
$C_{11}H_{11}NO_3$ 213, 1093
$C_{11}H_{11}N_5O_2$ 467
$C_{11}H_{12}BrN_5O$ 483, 490
$C_{11}H_{12}BrN_5O_2$ 479
$C_{11}H_{12}BrN_5O_3$ 481
$C_{11}H_{12}Br_2N_2$ 976
$C_{11}H_{12}N_3O^+$ 1525, 1527
$C_{11}H_{13}BrN_2O_4$ 341
$C_{11}H_{13}BrN_4O_4$ 510
$C_{11}H_{13}NO_2S$ 1300, 1301
$C_{11}H_{13}NO_3$ 1092
$C_{11}H_{13}N_3O$ 1131
$C_{11}H_{13}N_3O_4$ 1162
$C_{11}H_{13}N_5O$ 464
$C_{11}H_{15}N_5O_2$ 1813
$C_{11}H_{16}Br_2N_2O$ 329
$C_{11}H_{16}Br_2N_2O_2$ 326
$C_{11}H_{17}N_3O_5$ 111
$C_{11}H_{17}N_3O_6S$ 65, 66

$C_{11}H_{17}N_3O_7$ 106
$C_{11}H_{17}N_3O_8$ 108, 109, 110
$C_{11}H_{17}N_7O_{11}S_2$ 121

C_{12}
$C_{12}H_8Br_2N_4$ 1666
$C_{12}H_8N_2O_2$ 1624, 1960
$C_{12}H_8N_2O_3$ 1959
$C_{12}H_9BrN_2O$ 824
$C_{12}H_9BrN_4$ 1663, 1664
$C_{12}H_9BrN_4O$ 1662, 1665
$C_{12}H_9ClN_4O_4$ 1469
$C_{12}H_9N_3O$ 1352
$C_{12}H_{10}BrN_2O^+$ 872, 873
$C_{12}H_{10}ClN_3OS$ 1524
$C_{12}H_{10}ClN_5OS$ 1996
$C_{12}H_{10}N_2$ 855, 1475
$C_{12}H_{10}N_2O_2$ 1623
$C_{12}H_{10}N_2O_3$ 215
$C_{12}H_{10}N_4$ 1667
$C_{12}H_{10}N_4O$ 1661
$C_{12}H_{10}N_4O_2$ 1829
$C_{12}H_{11}NO_2$ 683
$C_{12}H_{11}NO_3$ 1612
$C_{12}H_{11}NO_3S_2$ 1616
$C_{12}H_{11}NO_4$ 1614, 1617
$C_{12}H_{11}N_3O_2$ 1343, 1344
$C_{12}H_{11}N_3O_3$ 1031, 1142
$C_{12}H_{12}BrN_3O_3S$ 288
$C_{12}H_{12}ClN_3OS$ 1521
$C_{12}H_{12}N_2O_2$ 1346
$C_{12}H_{12}N_2O_4$ 1602
$C_{12}H_{13}BrN_4O_3$ 446
$C_{12}H_{13}BrN_4O_4$ 447
$C_{12}H_{13}Br_2N_5O$ 516, 2114
$C_{12}H_{13}Br_2NO_5$ 149
$C_{12}H_{13}Br_3N_2$ 717
$C_{12}H_{13}Br_3N_2O$ 718
$C_{12}H_{13}N_3OS$ 1522
$C_{12}H_{14}BrN_3O$ 440
$C_{12}H_{14}BrN_5O$ 485
$C_{12}H_{14}Br_2N_2$ 958
$C_{12}H_{14}N_3O^+$ 1532
$C_{12}H_{15}BrN_2$ 957
$C_{12}H_{15}BrN_2O_4$ 342
$C_{12}H_{15}BrN_2O_5S$ 293
$C_{12}H_{15}BrN_4O_3$ 462, 463

$C_{12}H_{15}BrN_4O_4$ 511, 512
$C_{12}H_{15}NO_3$ 1472
$C_{12}H_{15}NO_4$ 393
$C_{12}H_{15}N_3O$ 438
$C_{12}H_{15}N_3O_3$ 124
$C_{12}H_{16}BrN_5O$ 477
$C_{12}H_{16}Br_2N_8O^{2+}$ 501
$C_{12}H_{16}Br_3NO_2$ 224
$C_{12}H_{18}Br_2N_2O_2$ 321
$C_{12}H_{20}N_2O$ 1675
$C_{12}H_{20}N_2O_2$ 1693
$C_{12}H_{20}N_2O_3$ 1687
$C_{12}H_{25}N_3O$ 69

C_{13}
$C_{13}H_9BrN_2$ 883
$C_{13}H_{10}Br_2N_4O$ 1011, 1012
$C_{13}H_{10}N_2$ 879
$C_{13}H_{10}N_2O$ 857
$C_{13}H_{10}N_2O_2$ 874
$C_{13}H_{11}BrN_2O_4$ 1339
$C_{13}H_{11}N$ 784
$C_{13}H_{11}NO_5$ 1608
$C_{13}H_{11}N_5O_5$ 1810
$C_{13}H_{12}N_2$ 818
$C_{13}H_{12}N_2O_2$ 1351, 1622, 1625, 1995
$C_{13}H_{12}N_4OS$ 1322
$C_{13}H_{13}BrN_4O_2$ 1032
$C_{13}H_{13}BrN_4O_3$ 1034
$C_{13}H_{13}NO_2$ 628
$C_{13}H_{13}NO_3$ 627
$C_{13}H_{13}NO_4$ 1604
$C_{13}H_{13}N_3O_2$ 1350
$C_{13}H_{13}N_3O_3$ 1345, 1349
$C_{13}H_{14}Br_2N_4O$ 57
$C_{13}H_{14}N_2O_3$ 864, 1347
$C_{13}H_{14}N_2O_4$ 969
$C_{13}H_{15}BrN_2O_2$ 945
$C_{13}H_{15}Br_2N_3O_2$ 273
$C_{13}H_{15}NO_3$ 208, 702
$C_{13}H_{16}BrN_3O$ 441
$C_{13}H_{16}BrN_3O_4$ 1668
$C_{13}H_{16}Br_2N_2O_2$ 322
$C_{13}H_{16}Br_2N_6O_4S$ 519
$C_{13}H_{16}Br_2N_6O_5S$ 517
$C_{13}H_{16}Br_3NO_2$ 324
$C_{13}H_{16}Cl_6N_2OS$ 1291

$C_{13}H_{17}Br_2N_3O_3$ 328
$C_{13}H_{17}BrN_4O_3$ 460, 461
$C_{13}H_{17}BrN_6O_5S$ 518
$C_{13}H_{17}Cl_5N_2OS$ 1284
$C_{13}H_{17}N_2^+$ 952
$C_{13}H_{18}Br_2N_2O_6S$ 327
$C_{13}H_{18}Br_2N_6O_5S$ 64
$C_{13}H_{18}Br_3NO_2$ 222
$C_{13}H_{18}N_2O_3$ 214, 594~596
$C_{13}H_{18}N_2O_6$ 1176
$C_{13}H_{19}Br_2NO_2$ 223
$C_{13}H_{19}NO$ 150
$C_{13}H_{20}N_2O_4$ 597
$C_{13}H_{20}N_4O_2$ 62
$C_{13}H_{27}N_3O$ 68
$C_{13}H_{28}N_2$ 1990

C_{14}
$C_{14}H_9NO_4$ 1190
$C_{14}H_{10}N_2O_3$ 1479
$C_{14}H_{11}N_3O_2$ 1738
$C_{14}H_{11}N_7O$ 2042
$C_{14}H_{12}N_2O_2$ 1747
$C_{14}H_{12}N_2O_2$ 819
$C_{14}H_{12}N_4O_2$ 1337
$C_{14}H_{13}NO_5S$ 622, 623
$C_{14}H_{13}N_3$ 712
$C_{14}H_{13}N_5O_5$ 1828
$C_{14}H_{14}N_2O_2$ 1626
$C_{14}H_{14}N_2O_4$ 2135
$C_{14}H_{14}N_4O$ 1008, 1025
$C_{14}H_{15}BrN_4O$ 55
$C_{14}H_{15}BrN_4O_2$ 946, 1033
$C_{14}H_{15}BrN_4O_3$ 1035, 1036
$C_{14}H_{15}BrN_4O_4$ 1037
$C_{14}H_{15}NO_2$ 714
$C_{14}H_{16}BrN_3OS$ 837, 838
$C_{14}H_{16}BrN_3O_2S$ 829, 831
$C_{14}H_{16}Br_2N_2O_2$ 955
$C_{14}H_{16}I_2N_2O_2$ 978~980
$C_{14}H_{16}N_2O_2$ 887
$C_{14}H_{16}N_3O^+$ 817
$C_{14}H_{17}BrN_2O_2$ 947
$C_{14}H_{17}Br_2N_3O_4$ 323
$C_{14}H_{17}Br_2N_5O_3$ 1248
$C_{14}H_{17}NO$ 1481
$C_{14}H_{18}BrN_3O$ 437, 442

$C_{14}H_{18}BrN_5O_3$ 1250
$C_{14}H_{18}Br_3N_2O^+$ 1649
$C_{14}H_{18}ClNO_3$ 2029
$C_{14}H_{18}Cl_6N_2OS$ 1297
$C_{14}H_{18}N_2O_3$ 624
$C_{14}H_{19}Cl_5N_2OS$ 1285
$C_{14}H_{19}NO_6$ 570
$C_{14}H_{19}N_3O$ 436
$C_{14}H_{20}Cl_4N_2OS$ 1288
$C_{14}H_{20}N_2O_2$ 626
$C_{14}H_{21}Br_3N_2O$ 8
$C_{14}H_{22}Br_2N_2O$ 235, 301
$C_{14}H_{22}Br_2O_2$ 154
$C_{14}H_{22}N_2O_4$ 598
$C_{14}H_{25}N$ 5
$C_{14}H_{26}N_2O_5$ 45
$C_{14}H_{29}N_3O$ 67
$C_{14}H_{31}N_2O_2$ 156

C_{15}
$C_{15}H_8BrN_3O$ 1584
$C_{15}H_8N_4O_2$ 2097, 2109
$C_{15}H_9BrN_4O_2$ 1014
$C_{15}H_{10}BrN_3O$ 827
$C_{15}H_{10}Br_6N_2O_5$ 43
$C_{15}H_{10}N_2O_3$ 1639
$C_{15}H_{10}N_2O_5$ 1961
$C_{15}H_{10}N_4O_2$ 1013
$C_{15}H_{11}NO_3$ 1486, 1611
$C_{15}H_{11}NO_6$ 781
$C_{15}H_{11}N_3O$ 839
$C_{15}H_{12}BrN_3$ 833, 834
$C_{15}H_{12}BrN_3O$ 821, 842
$C_{15}H_{12}N_2O_2$ 1655
$C_{15}H_{12}N_2O_4$ 1737, 1964, 2008
$C_{15}H_{12}N_2O_5$ 1963
$C_{15}H_{13}N_3$ 835
$C_{15}H_{13}N_3O$ 843
$C_{15}H_{13}N_7O_2$ 2041
$C_{15}H_{14}BrN_3O$ 885
$C_{15}H_{14}N_2O_3$ 1607
$C_{15}H_{14}N_4O_2$ 1728
$C_{15}H_{15}Br_2ClN_4O_3$ 1189
$C_{15}H_{15}NO$ 1393
$C_{15}H_{15}NO_4$ 1086
$C_{15}H_{15}N_5O_3$ 1130
$C_{15}H_{16}BrN_3$ 882

$C_{15}H_{16}BrN_3OS$ 823
$C_{15}H_{16}BrN_3O_2S$ 826
$C_{15}H_{16}Br_2N_4O_2$ 58
$C_{15}H_{16}Br_2N_4O_4$ 1158, 1236
$C_{15}H_{16}N_2O_3Br_2$ 543
$C_{15}H_{16}N_4O$ 1030
$C_{15}H_{16}N_4O_4S$ 1277
$C_{15}H_{17}BrN_4O_2$ 56, 948
$C_{15}H_{17}BrN_4O_3$ 1127
$C_{15}H_{17}Br_2N_5O_4$ 1157, 1268
$C_{15}H_{17}Br_2N_5O_5$ 1269
$C_{15}H_{17}N_7O$ 2017
$C_{15}H_{18}BrN_3O_6S_2$ 291
$C_{15}H_{18}N_2O$ 977, 2040
$C_{15}H_{18}N_2O_2$ 2039
$C_{15}H_{18}N_2O_6$ 1542
$C_{15}H_{19}BrN_4O_5S_2$ 290
$C_{15}H_{19}Br_2N_5O_3$ 1249
$C_{15}H_{19}N$ 684, 685, 720, 721
$C_{15}H_{19}NO$ 699
$C_{15}H_{19}NO_3$ 701
$C_{15}H_{19}NO_4$ 544
$C_{15}H_{20}BrN_3O$ 443
$C_{15}H_{20}BrN_3O_5S_2$ 289
$C_{15}H_{20}BrN_5$ 59
$C_{15}H_{20}BrN_5O_5S_2$ 292
$C_{15}H_{20}Br_3NO_3$ 325
$C_{15}H_{20}N_4O_4$ 691
$C_{15}H_{21}Br_2N_5O_4$ 1270
$C_{15}H_{21}Cl_6NO_3$ 551
$C_{15}H_{21}NO_6$ 550, 556~560
$C_{15}H_{21}NO_7$ 1451
$C_{15}H_{21}N_3O$ 444
$C_{15}H_{21}N_3O_3$ 692
$C_{15}H_{21}N_3O_5$ 1543
$C_{15}H_{21}N_5O_7S$ 2007
$C_{15}H_{22}Br_2N_6O_5S$ 487
$C_{15}H_{23}N$ 1858, 1859
$C_{15}H_{23}N_3$ 73
$C_{15}H_{23}N_3O_5$ 1690
$C_{15}H_{25}N_3$ 72, 74
$C_{15}H_{27}N$ 1853
$C_{15}H_{27}N_5O_5$ 40
$C_{15}H_{28}N_2O_2$ 200, 201
$C_{15}H_{28}N_2O_5$ 44

C_{16}
$C_{16}H_7N_3OS$ 1576

$C_{16}H_8Br_4N_2$ 774
$C_{16}H_9N_2O_8^+$ 2037
$C_{16}H_{10}Br_5N_3O_2$ 1676
$C_{16}H_{10}N_4O_4$ 858
$C_{16}H_{11}BrN_4O_2$ 1016
$C_{16}H_{11}N_2O_2^+$ 1596
$C_{16}H_{11}N_3O_3$ 1640
$C_{16}H_{12}N_2O_3$ 1135
$C_{16}H_{12}N_4O$ 890
$C_{16}H_{12}N_4O_2$ 1015
$C_{16}H_{13}BrN_4OS$ 815
$C_{16}H_{13}BrN_4S$ 813
$C_{16}H_{13}N_3O_2$ 2026
$C_{16}H_{13}N_3O_2$ 778
$C_{16}H_{13}N_3O_3$ 1338
$C_{16}H_{14}N_2O_4$ 1735
$C_{16}H_{14}N_4O$ 891
$C_{16}H_{14}N_4O_5$ 693, 1021
$C_{16}H_{14}N_4OS$ 816
$C_{16}H_{14}N_4S$ 814
$C_{16}H_{15}BrN_4O_3$ 1010
$C_{16}H_{15}NO_5$ 694, 1609
$C_{16}H_{15}N_3O_2S$ 1278
$C_{16}H_{15}N_3O_3$ 1627
$C_{16}H_{15}N_5O_4$ 1129
$C_{16}H_{16}N_2O_3$ 176, 2027
$C_{16}H_{16}N_2O_4$ 1605
$C_{16}H_{16}N_4$ 889
$C_{16}H_{16}N_4O_3$ 854, 863
$C_{16}H_{16}N_6O$ 888
$C_{16}H_{17}Br_2N_5O_4$ 1240
$C_{16}H_{17}NO$ 705
$C_{16}H_{18}BrN_3$ 820
$C_{16}H_{18}BrN_3OS$ 871
$C_{16}H_{18}BrN_3O_4S$ 832
$C_{16}H_{18}N_4O$ 1018
$C_{16}H_{18}N_6O_2$ 1688
$C_{16}H_{19}BrN_2$ 1116
$C_{16}H_{19}BrN_2O$ 808
$C_{16}H_{19}BrN_4O_2$ 1009
$C_{16}H_{19}Br_2N_5O_4$ 1237
$C_{16}H_{19}N_3O_5$ 183
$C_{16}H_{19}N_3O_7Br_2$ 1258
$C_{16}H_{19}N_5O_5$ 975
$C_{16}H_{20}BrN_5^{2+}$ 876
$C_{16}H_{20}BrN_5O^{2+}$ 877
$C_{16}H_{20}Br_2N_2O_3$ 542

$C_{16}H_{20}Br_3N_2O_2^+$ 540, 541
$C_{16}H_{20}N_2$ 1099
$C_{16}H_{20}N_2O$ 1104
$C_{16}H_{20}N_2O_2$ 2039
$C_{16}H_{20}N_2O_3S_2$ 1305, 1306
$C_{16}H_{21}BrN_2$ 949, 953, 954, 984
$C_{16}H_{21}BrN_2O$ 986
$C_{16}H_{21}N$ 686, 687
$C_{16}H_{22}Cl_3NO$ 1888, 1889
$C_{16}H_{22}Cl_3NO_4$ 553
$C_{16}H_{23}Br_2N_5O_4$ 1241
$C_{16}H_{23}N$ 1903
$C_{16}H_{23}NO_3$ 1340
$C_{16}H_{23}NS$ 1845
$C_{16}H_{24}Cl_3NO$ 1867
$C_{16}H_{25}Br_2NO_3$ 151
$C_{16}H_{25}N$ 1835, 1842, 1843, 1849~1851, 1858~1860, 1866, 1901, 1903
$C_{16}H_{25}NO$ 1844
$C_{16}H_{25}NOS$ 1839, 1848
$C_{16}H_{25}NO_3$ 605, 606
$C_{16}H_{25}NO_3S$ 1840, 1841
$C_{16}H_{25}NS$ 1832, 1833, 1836~1838, 1846, 1847, 1852, 1854, 1855, 1857, 1861~1865
$C_{16}H_{26}Br_2NO_3$ 152
$C_{16}H_{26}Br_2N_2O_2$ 153
$C_{16}H_{26}Cl_3NO_2$ 1868, 1869
$C_{16}H_{27}NO$ 1834
$C_{16}H_{27}NO_3$ 575
$C_{16}H_{27}NO_4$ 603, 604
$C_{16}H_{28}I_2N_2O^{2+}$ 237
$C_{16}H_{35}N_2O_2$ 155
$C_{16}H_{36}N_4O_4P_2S_2$ 1985

C_{17}

$C_{17}H_9N_3O$ 1586
$C_{17}H_{10}Br_4N_2O$ 775
$C_{17}H_{10}N_2O$ 1551
$C_{17}H_{11}Br_3N_2O$ 770
$C_{17}H_{12}N_2O_3$ 1677
$C_{17}H_{12}N_2O_4$ 2006
$C_{17}H_{13}N_3O_2$ 172
$C_{17}H_{13}N_3O_3$ 171, 173, 2066, 2067
$C_{17}H_{13}N_3O_4$ 174, 175
$C_{17}H_{13}N_7$ 1997

$C_{17}H_{14}N_2$ 761
$C_{17}H_{15}BrN_2O$ 1727
$C_{17}H_{15}Br_3N_2O_4$ 280
$C_{17}H_{15}Br_3N_2O_7S$ 317
$C_{17}H_{15}N_3O_5$ 1742
$C_{17}H_{16}BrN_3O_2$ 828
$C_{17}H_{16}Br_2N_2O_7S$ 316
$C_{17}H_{16}Br_2N_4O_2$ 205
$C_{17}H_{16}N_2O_3$ 1962
$C_{17}H_{16}N_3O^+$ 1597
$C_{17}H_{16}N_3O_2^+$ 1547, 1594
$C_{17}H_{17}NO_5$ 1618
$C_{17}H_{18}N_2O_4$ 1606
$C_{17}H_{18}N_2O_6S$ 1956
$C_{17}H_{20}Br_2ClN_9O_2$ 472, 475
$C_{17}H_{20}N_2O_2$ 880
$C_{17}H_{21}BrClN_9O_2$ 456, 457
$C_{17}H_{21}BrN_2O$ 1117
$C_{17}H_{21}Br_4N_5O_2$ 39
$C_{17}H_{21}N$ 707, 722
$C_{17}H_{21}N_3O_5$ 2025
$C_{17}H_{22}BrN_7O$ 36
$C_{17}H_{22}Br_2N_6O_3$ 1154
$C_{17}H_{22}Br_3N_3O$ 941
$C_{17}H_{22}ClN_9O_2$ 508, 515
$C_{17}H_{22}Cl_6N_2O_2S$ 1287
$C_{17}H_{22}Cl_6N_2O_4$ 552
$C_{17}H_{22}N_2O$ 809
$C_{17}H_{23}Br_2N_3O$ 942, 943
$C_{17}H_{23}Br_2N_3O_6$ 1275
$C_{17}H_{23}Cl_2NO$ 145
$C_{17}H_{23}Cl_6N_3O_2S$ 1292, 1294, 1299
$C_{17}H_{23}NO$ 1377, 1381, 1383
$C_{17}H_{23}NO_2$ 147
$C_{17}H_{23}N_3O_2$ 1039
$C_{17}H_{23}N_3O_5$ 177
$C_{17}H_{23}N_3O_6$ 178
$C_{17}H_{23}N_7O$ 37
$C_{17}H_{25}BrN_4O_2^{2+}$ 11
$C_{17}H_{25}Br_2N_3O_2$ 23, 48
$C_{17}H_{25}NO$ 1379
$C_{17}H_{25}NO_3$ 629
$C_{17}H_{26}Br_2N_6O_3$ 35
$C_{17}H_{26}N_4O_2^{2+}$ 10
$C_{17}H_{28}N_2O$ 1355
$C_{17}H_{28}N_2O_2$ 1426
$C_{17}H_{30}I_2N_2O^{2+}$ 236

$C_{17}H_{30}N_2O_6$ 188, 207
$C_{17}H_{30}N_2O_7$ 196

C_{18}
$C_{18}H_8BrN_3O$ 1557
$C_{18}H_9Br_3N_2O_2$ 850, 851
$C_{18}H_9NO_{11}S$ 2063
$C_{18}H_9NO_8$ 2117
$C_{18}H_9N_3O$ 1555
$C_{18}H_9N_3O_2$ 1559, 1575, 1581
$C_{18}H_{10}BrN_2O^+$ 810
$C_{18}H_{10}BrN_3O_2S$ 1509
$C_{18}H_{10}Br_2N_2O_2$ 848, 849
$C_{18}H_{10}Cl_4N_2O_3$ 625
$C_{18}H_{10}N_2O_3$ 878
$C_{18}H_{10}N_4O$ 1549
$C_{18}H_{11}BrN_2O_2$ 846, 847
$C_{18}H_{11}N_2O^+$ 852
$C_{18}H_{11}N_3$ 1567
$C_{18}H_{11}N_3O_2$ 1570, 1580
$C_{18}H_{12}BrN_3O_2S$ 1500, 1541
$C_{18}H_{12}Br_3N_3O_2$ 1490, 1493
$C_{18}H_{12}Br_4N_2OS_2$ 727
$C_{18}H_{12}Br_4N_2O_2S_2$ 725
$C_{18}H_{12}N_2O$ 1552
$C_{18}H_{12}N_2O_2$ 334, 845
$C_{18}H_{12}N_2O_4$ 886
$C_{18}H_{12}N_4O$ 1572, 2078
$C_{18}H_{12}N_4O_2$ 1573, 2079
$C_{18}H_{13}Br_2N_3O_2$ 1496, 1501
$C_{18}H_{13}N_3O_2$ 1545
$C_{18}H_{13}N_3O_2S$ 1505
$C_{18}H_{13}N_3O_3S$ 1510
$C_{18}H_{14}BrN_3O_2$ 1503
$C_{18}H_{14}BrN_3O_2S$ 1497, 1499
$C_{18}H_{14}Br_3N_3O_2$ 1491
$C_{18}H_{14}N_3O_2S^+$ 1502
$C_{18}H_{14}N_3O_3S^+$ 1506
$C_{18}H_{14}N_4S$ 1563
$C_{18}H_{14}BrN_3O_2$ 1504
$C_{18}H_{15}BrN_3O_2S^+$ 1530
$C_{18}H_{15}Br_2NO_3$ 418
$C_{18}H_{15}Br_2NO_4$ 271
$C_{18}H_{15}Br_2NO_6S$ 416
$C_{18}H_{15}Br_2N_3O_2$ 1498, 1520
$C_{18}H_{15}Br_3N_3O_2^+$ 1492
$C_{18}H_{15}N_3O_3$ 2004

$C_{18}H_{15}N_4O_2S^+$ 1487
$C_{18}H_{16}BrNO_3$ 417
$C_{18}H_{16}BrNO_6S$ 415
$C_{18}H_{16}BrN_3O_2$ 1517
$C_{18}H_{16}Br_4N_2O_4$ 282
$C_{18}H_{16}N_2O$ 743, 759
$C_{18}H_{16}N_2O_5$ 1967
$C_{18}H_{16}N_3O_2^+$ 1537
$C_{18}H_{17}BrN_3O_2^+$ 1514
$C_{18}H_{17}Br_2NO_3$ 1619
$C_{18}H_{17}N_4O_2S^+$ 862
$C_{18}H_{18}N_2O_5$ 2126
$C_{18}H_{18}N_3O_2^+$ 1528
$C_{18}H_{18}N_3O_3^+$ 1519
$C_{18}H_{18}N_3O_5^+$ 1518
$C_{18}H_{19}Br_2NO_3$ 1620
$C_{18}H_{19}NO_6$ 1610
$C_{18}H_{19}N_3O$ 439
$C_{18}H_{19}N_3O_7$ 1361
$C_{18}H_{19}N_4OS^+$ 853
$C_{18}H_{20}N_4O_3$ 1999
$C_{18}H_{21}Br_3N_3O^+$ 970
$C_{18}H_{22}Br_2IN_3O_2$ 338
$C_{18}H_{22}Br_3N_3O_2$ 337
$C_{18}H_{22}N_2O_4$ 2035
$C_{18}H_{22}N_4O_4$ 1998
$C_{18}H_{23}BrIN_3O_2$ 336
$C_{18}H_{23}BrN_2O$ 985
$C_{18}H_{23}Br_2N_3O_2$ 335
$C_{18}H_{23}N$ 688, 689
$C_{18}H_{24}Br_3N_3O$ 940
$C_{18}H_{25}NO$ 1478
$C_{18}H_{25}NO_2$ 1477
$C_{18}H_{25}N_3O_6$ 7
$C_{18}H_{25}N_5O_5$ 12
$C_{18}H_{25}N_5O_6$ 13
$C_{18}H_{28}ClNO$ 143
$C_{18}H_{28}N_3O_2^+$ 83
$C_{18}H_{29}N$ 576, 632
$C_{18}H_{29}NO$ 1436, 1437
$C_{18}H_{30}N_2O$ 1354
$C_{18}H_{31}N$ 631
$C_{18}H_{31}NO$ 1474, 1976, 1977
$C_{18}H_{32}N_2$ 1398, 1423
$C_{18}H_{32}N_2O_6$ 189
$C_{18}H_{32}N_2O_7$ 197
$C_{18}H_{32}N_4O_6$ 198

$C_{18}H_{33}N$ 577
$C_{18}H_{33}N_2$ 1399
$C_{18}H_{34}N_2O$ 1445, 1446, 1448, 1449
$C_{18}H_{35}N_2O_2^+$ 131
$C_{18}H_{39}N_3$ 31

C_{19}
$C_{19}H_{10}N_2O_2$ 2065
$C_{19}H_{10}N_2O_3$ 2064
$C_{19}H_{11}N_3O_2$ 1550, 1582
$C_{19}H_{11}N_3O_2$ 746
$C_{19}H_{12}Br_2N_4$ 762
$C_{19}H_{12}N_2O_4$ 1958
$C_{19}H_{12}N_3O^+$ 1566
$C_{19}H_{12}N_4O$ 2115
$C_{19}H_{13}BrN_4$ 763, 764
$C_{19}H_{13}N_3$ 844
$C_{19}H_{13}N_3O$ 752
$C_{19}H_{13}N_3O_5$ 1674
$C_{19}H_{14}Br_2N_2O_5S$ 742
$C_{19}H_{14}Br_2N_2O_6S$ 741
$C_{19}H_{14}N_2O_3$ 2028
$C_{19}H_{14}N_3S^+$ 1558
$C_{19}H_{14}N_4O_2$ 2052
$C_{19}H_{15}Br_2N_3O_2$ 1508
$C_{19}H_{15}N_2O_2^+$ 812
$C_{19}H_{15}N_3$ 865
$C_{19}H_{15}N_3O_2$ 1546, 1562
$C_{19}H_{15}N_3O_2S_2$ 1544
$C_{19}H_{16}N_4OS$ 2080
$C_{19}H_{16}N_4O_3$ 1642, 1644
$C_{19}H_{16}N_4S$ 1568
$C_{19}H_{17}N_3O_3$ 2045
$C_{19}H_{18}BrNO_4$ 270
$C_{19}H_{18}BrN_3O_4$ 951
$C_{19}H_{18}N_2O_3$ 2005
$C_{19}H_{18}N_3O_2^+$ 1529, 1536, 1595
$C_{19}H_{18}N_4O_2$ 427
$C_{19}H_{19}NO_5$ 180
$C_{19}H_{19}N_3O_2$ 998
$C_{19}H_{20}Br_2N_2O_2$ 944
$C_{19}H_{20}Br_2N_4O_2$ 974
$C_{19}H_{20}N_2O_5$ 2127
$C_{19}H_{20}N_3O_2^+$ 1534, 1535
$C_{19}H_{21}BrN_2O_2$ 950
$C_{19}H_{21}Cl_3N_2O_2S$ 1286
$C_{19}H_{21}N_3O_2$ 997

$C_{19}H_{21}N_3O_7$ 1359
$C_{19}H_{22}N_2O_7$ 1360
$C_{19}H_{23}NO_5S$ 2034
$C_{19}H_{24}N_2O_2$ 881
$C_{19}H_{25}NO_2$ 1378, 1382, 1384, 1385
$C_{19}H_{25}NO_5$ 616
$C_{19}H_{27}NO_2$ 1380
$C_{19}H_{28}N_2O_2$ 1427
$C_{19}H_{28}N_2O_3$ 389, 391
$C_{19}H_{29}ClN_2O_3$ 390
$C_{19}H_{29}NO_3$ 211
$C_{19}H_{30}N_2$ 1396
$C_{19}H_{30}N_2O_2$ 1425
$C_{19}H_{30}N_2O_4$ 388
$C_{19}H_{30}N_2O_6$ 348
$C_{19}H_{31}ClN_2O_5$ 392
$C_{19}H_{31}ClO_7$ 1
$C_{19}H_{31}NO_3$ 1183
$C_{19}H_{32}N_2$ 1421
$C_{19}H_{32}N_2O$ 1387, 1388
$C_{19}H_{32}N_2O_4$ 144
$C_{19}H_{32}N_2O_6$ 347
$C_{19}H_{33}NO$ 356
$C_{19}H_{33}NO_2$ 1988, 1989
$C_{19}H_{33}NO_2S$ 555
$C_{19}H_{34}N_2$ 1424
$C_{19}H_{34}N_2O$ 1356, 1389
$C_{19}H_{35}NO$ 1454
$C_{19}H_{36}N_3^+$ 94
$C_{19}H_{38}N_2O_4$ 1984
$C_{19}H_{40}N_2$ 1986
$C_{19}H_{41}N_3$ 32

C_{20}

$C_{20}H_{11}Cl_4N_3$ 756
$C_{20}H_{11}N_3O_2$ 790
$C_{20}H_{12}Br_2N_2$ 779
$C_{20}H_{13}BrN_4O$ 1023, 1126
$C_{20}H_{13}BrN_4O_2$ 777, 1024
$C_{20}H_{13}N_3O$ 804
$C_{20}H_{13}N_3O_4$ 859
$C_{20}H_{13}N_3O_5$ 749
$C_{20}H_{14}BrN_2O_3^+$ 811
$C_{20}H_{14}BrN_3O_2S$ 1512
$C_{20}H_{14}Br_2N_4O$ 1685, 1686
$C_{20}H_{14}N_2O_2$ 767
$C_{20}H_{14}N_2O_4$ 766

$C_{20}H_{14}N_4$ 1394
$C_{20}H_{14}N_4O$ 1548
$C_{20}H_{14}N_4O_2$ 751, 776, 2113
$C_{20}H_{14}N_4O_3$ 861, 1803, 1804
$C_{20}H_{15}BrN_4O$ 736, 1678, 1679
$C_{20}H_{16}BrN_3O_2S$ 1511, 1513
$C_{20}H_{16}Br_2N_2O_6S$ 740
$C_{20}H_{16}NO_4S$ 1579
$C_{20}H_{16}N_2O_6$ 750
$C_{20}H_{16}N_4O$ 1681, 1682
$C_{20}H_{16}N_4O_3$ 1797
$C_{20}H_{17}N_3O_2S$ 1571
$C_{20}H_{17}N_3O_4$ 2047
$C_{20}H_{17}N_4O_4S^+$ 1507
$C_{20}H_{18}N_3O_2^+$ 1531
$C_{20}H_{18}N_4O$ 1680
$C_{20}H_{18}N_4S$ 1583
$C_{20}H_{19}ClN_2O_8$ 169
$C_{20}H_{19}N_3O_3$ 1139, 2044
$C_{20}H_{19}N_3O_4$ 1141
$C_{20}H_{19}N_4O_3^+$ 1643
$C_{20}H_{20}Br_2N_4$ 964
$C_{20}H_{20}Br_2N_4O_2$ 735
$C_{20}H_{20}N_2O_3$ 1046, 1057
$C_{20}H_{20}N_2O_9$ 168
$C_{20}H_{20}N_3O_2^+$ 2131
$C_{20}H_{21}BrN_4O$ 962, 963
$C_{20}H_{21}Br_2N_7O_4$ 504
$C_{20}H_{21}NO_4$ 1987
$C_{20}H_{21}N_3O_2S$ 1598
$C_{20}H_{21}N_3O_5$ 1741
$C_{20}H_{21}N_3O_6$ 1740
$C_{20}H_{22}Br_3N_3O_4$ 305
$C_{20}H_{22}N_3O_2^+$ 1539
$C_{20}H_{22}N_6O_4S_2$ 1331
$C_{20}H_{22}N_6O_4S_3$ 1332
$C_{20}H_{23}Br_2N_3O_3$ 303, 330
$C_{20}H_{23}ClN_4O_7$ 1181
$C_{20}H_{23}Cl_3N_2O_2S$ 1279
$C_{20}H_{23}N_3O$ 526
$C_{20}H_{23}N_3O_5$ 1756
$C_{20}H_{24}BrN_3O_3$ 331
$C_{20}H_{24}Br_2N_6O_2$ 1808
$C_{20}H_{24}CuN_2O_4$ 1341
$C_{20}H_{25}N_3O$ 530
$C_{20}H_{25}N_3O_3$ 1185
$C_{20}H_{25}N_3O_5$ 1754

$C_{20}H_{27}NO$ 1484
$C_{20}H_{29}Br_2N_6O_3^+$ 1156
$C_{20}H_{29}NO$ 1485
$C_{20}H_{29}NO_5S$ 1311
$C_{20}H_{30}N_2O$ 1400
$C_{20}H_{31}NO_5S$ 1312
$C_{20}H_{32}Br_2N_4O_2$ 22
$C_{20}H_{32}N_2O$ 1390, 1403
$C_{20}H_{33}NO_3$ 1184, 1473
$C_{20}H_{33}N_3$ 1871
$C_{20}H_{34}N_2$ 1422
$C_{20}H_{34}N_2O$ 1402, 1447, 1450
$C_{20}H_{34}N_2O_6$ 346
$C_{20}H_{34}N_2S$ 1453
$C_{20}H_{35}NO$ 353, 395, 1456
$C_{20}H_{41}N_3$ 33

C_{21}

$C_{21}H_{13}BrN_4O_2$ 769
$C_{21}H_{14}N_4O_3$ 768
$C_{21}H_{15}N_3O_4$ 167, 860
$C_{21}H_{17}BrCl_2N_4$ 1585
$C_{21}H_{17}N_2O_2^+$ 856
$C_{21}H_{17}N_3O$ 731, 733
$C_{21}H_{17}N_3O_2$ 732
$C_{21}H_{17}N_3O_5$ 166
$C_{21}H_{17}N_5O_2$ 2098
$C_{21}H_{18}Br_2N_2O_6S$ 739
$C_{21}H_{18}N_4O_2$ 1789, 1790
$C_{21}H_{18}N_4O_2S$ 1589
$C_{21}H_{18}N_4OS$ 1578
$C_{21}H_{19}BrN_2O_4$ 181
$C_{21}H_{19}Br_3N_4O$ 1683
$C_{21}H_{19}N_3O_4$ 2046
$C_{21}H_{19}N_5O_4$ 1137
$C_{21}H_{20}N_4OS$ 1591
$C_{21}H_{20}N_4O_2S$ 1592
$C_{21}H_{20}N_4S$ 1569
$C_{21}H_{21}ClN_2O$ 1055
$C_{21}H_{21}Cl_2N_3O_3$ 669
$C_{21}H_{21}N_3O$ 1163
$C_{21}H_{21}N_3O_2S$ 1600
$C_{21}H_{21}N_5O_2$ 1480
$C_{21}H_{22}N_2O$ 1056
$C_{21}H_{22}N_2O_3$ 744
$C_{21}H_{22}N_2O_7$ 1743~1746
$C_{21}H_{23}Br_2N_7O_4$ 505

$C_{21}H_{23}Br_3N_2O_3$ 221
$C_{21}H_{23}Br_4N_3O_4$ 242
$C_{21}H_{23}Br_4N_3O_5$ 1243
$C_{21}H_{23}Br_4N_3O_6$ 1261
$C_{21}H_{23}Br_4N_3O_7$ 1262
$C_{21}H_{23}Br_4N_3O_9S$ 1255
$C_{21}H_{23}ClN_2$ 1047, 1049, 1050
$C_{21}H_{23}ClN_2OS$ 1054
$C_{21}H_{23}NO_8$ 571
$C_{21}H_{24}BrN_3$ 822, 825
$C_{21}H_{24}Br_2N_4O_2$ 971
$C_{21}H_{24}Br_3N_3O_4$ 241, 275, 306
$C_{21}H_{24}N_2$ 1048, 1051~1053
$C_{21}H_{24}N_2O_4$ 1957
$C_{21}H_{24}N_2O_8$ 2128
$C_{21}H_{25}BrN_4O_2$ 972, 973
$C_{21}H_{25}Br_2N_3O_3$ 304
$C_{21}H_{25}ClN_4O_7$ 1180
$C_{21}H_{25}N_3O_5$ 1757
$C_{21}H_{26}BrNO_2$ 2101
$C_{21}H_{26}N_6O_4S_2$ 1324
$C_{21}H_{27}NO$ 1391
$C_{21}H_{27}NO_2$ 2104
$C_{21}H_{27}NO_6$ 554
$C_{21}H_{27}N_3O_2$ 991
$C_{21}H_{27}N_3O_5$ 1755
$C_{21}H_{28}N_2$ 1102, 1103
$C_{21}H_{29}BrN_2$ 982, 983
$C_{21}H_{29}BrN_2O$ 987
$C_{21}H_{29}NO_3$ 1894, 1895
$C_{21}H_{31}NO_3$ 216
$C_{21}H_{31}NO_5S$ 1313
$C_{21}H_{33}NO_2$ 232
$C_{21}H_{33}NO_3$ 217
$C_{21}H_{34}N_2$ 1397
$C_{21}H_{34}N_2O$ 386
$C_{21}H_{35}Cl_2NO_2$ 139
$C_{21}H_{35}NO$ 358, 359
$C_{21}H_{35}NO_2$ 148
$C_{21}H_{36}ClNO_2$ 138
$C_{21}H_{36}N_2O$ 1357
$C_{21}H_{37}NO$ 349, 352
$C_{21}H_{38}N_2OS$ 1295

C_{22}
$C_{22}H_{11}BrCl_4N_2O_4$ 424
$C_{22}H_{11}Cl_3N_2O_4$ 426

$C_{22}H_{11}Cl_5N_2O_4$ 425
$C_{22}H_{12}Cl_4N_2O_4$ 423
$C_{22}H_{14}Cl_3N_3O_2$ 755
$C_{22}H_{15}ClN_2O_2$ 728, 730
$C_{22}H_{15}Cl_2N_3O_2$ 754, 772
$C_{22}H_{16}N_4O_3$ 994
$C_{22}H_{17}N_3O_2$ 1553, 1554
$C_{22}H_{17}N_3O_4$ 1730
$C_{22}H_{18}N_4O_3$ 1729
$C_{22}H_{18}N_4O_4$ 1798
$C_{22}H_{19}N_3O_2$ 869, 1560, 1561
$C_{22}H_{19}N_3O_3$ 868, 1587
$C_{22}H_{20}Br_4N_4O_9$ 1239
$C_{22}H_{20}Br_4N_{10}O_2$ 494
$C_{22}H_{20}Br_4N_{10}O_3$ 488
$C_{22}H_{21}Br_4ClN_{10}O_3$ 458
$C_{22}H_{21}NO_7$ 203, 204
$C_{22}H_{21}N_3O_3$ 1164
$C_{22}H_{22}BrN_5O_6$ 690
$C_{22}H_{22}Br_3ClN_{10}O_3$ 486
$C_{22}H_{22}Br_3N_3O_3$ 1692
$C_{22}H_{22}Br_4N_{10}O_2$ 471, 474, 492, 498
$C_{22}H_{22}Br_4N_{10}O_3$ 493
$C_{22}H_{22}N_2O_2$ 724
$C_{22}H_{22}N_2O_4$ 745
$C_{22}H_{23}Br_2N_4O_9S_3^-$ 311
$C_{22}H_{23}Br_3N_4O_6S_2$ 272
$C_{22}H_{23}Br_3N_{10}O_2$ 454, 497
$C_{22}H_{23}Br_4ClN_{10}O_4$ 450, 451
$C_{22}H_{23}BrN_2O$ 1726
$C_{22}H_{23}Br_4N_3O_7$ 1246
$C_{22}H_{23}N_3O_2S$ 1599
$C_{22}H_{23}N_5O_2$ 1003
$C_{22}H_{24}Br_2N_4O_6S_2$ 287
$C_{22}H_{24}Br_2N_4S$ 734
$C_{22}H_{24}Br_2N_{10}O_2$ 449, 496, 509
$C_{22}H_{24}Br_2N_{10}O_3$ 507
$C_{22}H_{24}Br_3ClN_{10}O_4$ 500
$C_{22}H_{24}Br_3N_3O_4$ 309
$C_{22}H_{24}Br_4N_{10}O_2$ 495
$C_{22}H_{24}N_2O$ 1739
$C_{22}H_{24}N_2O_2$ 1736
$C_{22}H_{24}N_2O_5$ 1752
$C_{22}H_{24}N_4O_2$ 2048
$C_{22}H_{25}BrN_{10}O_2$ 469
$C_{22}H_{25}BrN_{10}O_3$ 468
$C_{22}H_{25}Br_2N_6O_3^+$ 1155

$C_{22}H_{25}Br_4N_3O_5$ 1274
$C_{22}H_{25}Br_4N_3O_7$ 1263
$C_{22}H_{25}NO_6$ 202
$C_{22}H_{25}NO_8$ 573
$C_{22}H_{25}N_3O_3$ 1796
$C_{22}H_{26}BrN_7O$ 1830, 1831
$C_{22}H_{26}Br_3N_3O_4$ 307
$C_{22}H_{26}Br_4N_{10}O_2^{2+}$ 1330
$C_{22}H_{27}N_7O$ 60
$C_{22}H_{29}NO_2$ 1194
$C_{22}H_{29}NO_3$ 1193
$C_{22}H_{29}N_3O_2$ 989, 990
$C_{22}H_{30}N_2O_2$ 1369
$C_{22}H_{31}NO_2$ 1874, 1875
$C_{22}H_{31}NO_4$ 600
$C_{22}H_{31}NO_5S$ 1310
$C_{22}H_{31}N_3O_2$ 1101
$C_{22}H_{32}N_2O_3S$ 1298
$C_{22}H_{33}ClO_4$ 630
$C_{22}H_{33}NO$ 361
$C_{22}H_{33}NOS$ 1283
$C_{22}H_{33}NO_5$ 668
$C_{22}H_{33}NO_5S$ 1314
$C_{22}H_{34}N_2O$ 1401
$C_{22}H_{35}NO$ 360
$C_{22}H_{35}NO_3$ 230, 231
$C_{22}H_{35}N_3O$ 413
$C_{22}H_{36}ClNO_2$ 157
$C_{22}H_{36}N_2O$ 1406, 1407
$C_{22}H_{37}NO$ 357
$C_{22}H_{37}NO_2$ 1455
$C_{22}H_{37}N_4O^+$ 1160
$C_{22}H_{41}N_5O$ 1971, 1972
$C_{22}H_{43}NO_3$ 161

C_{23}
$C_{23}H_{15}N_3O_4$ 1733
$C_{23}H_{15}N_3O_5$ 1734
$C_{23}H_{16}N_4O_3$ 1732
$C_{23}H_{17}Br_2N_7O$ 765
$C_{23}H_{17}Cl_2N_3O_2$ 771
$C_{23}H_{18}N_2O$ 726
$C_{23}H_{18}N_6O$ 2097
$C_{23}H_{19}N_3O_3$ 1588
$C_{23}H_{19}N_3O_4$ 1793
$C_{23}H_{20}N_4OS$ 1564, 1565
$C_{23}H_{20}N_4O_4$ 1799

$C_{23}H_{21}ClN_4O_4S_2$ 1296
$C_{23}H_{21}N_3O_3$ 867
$C_{23}H_{22}N_4OS$ 1577
$C_{23}H_{22}N_4O_4$ 1782, 1783
$C_{23}H_{23}N_3O_3$ 1136
$C_{23}H_{23}N_5O_4$ 1026, 1149
$C_{23}H_{24}Br_3N_3O_3$ 1691
$C_{23}H_{24}ClNO_3$ 780
$C_{23}H_{25}Br_4ClN_8O_5$ 489
$C_{23}H_{25}Br_4ClN_{10}O_4$ 452
$C_{23}H_{25}Br_4N_3O_7$ 1242
$C_{23}H_{25}NO_3$ 786
$C_{23}H_{25}NO_4$ 785, 788
$C_{23}H_{25}N_5O_3$ 1004, 1007
$C_{23}H_{26}N_2O_5$ 1750, 1751
$C_{23}H_{27}Br_4N_3O_5$ 1271, 1272
$C_{23}H_{28}Br_3N_3O_4$ 240
$C_{23}H_{28}Br_3N_3O_5$ 244, 308
$C_{23}H_{28}Br_4N_4O_4$ 300
$C_{23}H_{29}I_2NO_2$ 697
$C_{23}H_{29}NO_3$ 1873
$C_{23}H_{29}NO_4$ 1904
$C_{23}H_{29}N_3$ 866
$C_{23}H_{30}Br_3N_3O_3$ 312
$C_{23}H_{30}INO_2$ 695, 696
$C_{23}H_{30}N_2O_2$ 1105
$C_{23}H_{31}NO_4$ 1095
$C_{23}H_{31}NO_5$ 1877, 1896
$C_{23}H_{32}ClNO_3$ 1457
$C_{23}H_{33}NO_4$ 1091
$C_{23}H_{33}NO_6S$ 212, 1888
$C_{23}H_{34}N_2O$ 681
$C_{23}H_{34}N_2O_4S_2$ 1276
$C_{23}H_{35}NOS$ 1280, 1281, 1282
$C_{23}H_{36}ClNO_4$ 1444
$C_{23}H_{37}NO_2$ 228
$C_{23}H_{38}N_2O$ 375, 1358
$C_{23}H_{41}NO_2$ 369
$C_{23}H_{42}N_3^+$ 93
$C_{23}H_{42}N_4O_8$ 46
$C_{23}H_{43}N_5O$ 1971
$C_{23}H_{45}NO_3$ 160
$C_{23}H_{45}N_3O$ 49, 50
$C_{23}H_{47}NO_2S$ 163
$C_{23}H_{47}NO_3S$ 162
$C_{23}H_{47}N_3O$ 52, 53
$C_{23}H_{49}N_3O$ 51

$C_{23}H_{49}N_3O_3$ 21

C_{24}
$C_{24}H_{12}N_4$ 1574
$C_{24}H_{14}N_2O_2$ 2043
$C_{24}H_{17}Cl_2N_3O_4$ 757
$C_{24}H_{17}N_3O$ 737
$C_{24}H_{18}ClN_3O_4$ 758
$C_{24}H_{18}N_2O_4$ 729
$C_{24}H_{19}NO_5$ 351
$C_{24}H_{19}N_3O_5$ 1731
$C_{24}H_{19}N_5O_4$ 2077
$C_{24}H_{20}Cl_2N_2O_4$ 806, 807
$C_{24}H_{20}N_4O_2$ 870
$C_{24}H_{21}Cl_2N_3$ 797
$C_{24}H_{21}N_3O_4$ 1100
$C_{24}H_{21}N_3O_6$ 1965
$C_{24}H_{21}N_5O_4$ 1786, 1787
$C_{24}H_{22}Br_2N_6O_8$ 1259
$C_{24}H_{22}N_4O_2S$ 1590, 1593
$C_{24}H_{22}N_4O_4$ 1781, 1800, 1801
$C_{24}H_{23}N_3O_7$ 1392
$C_{24}H_{23}N_5O_4$ 1784, 1785
$C_{24}H_{24}Br_4N_4O_9$ 1260
$C_{24}H_{24}Br_4N_4O_{10}$ 1256
$C_{24}H_{25}BrN_4O_2^{2+}$ 2021
$C_{24}H_{25}Br_4N_{11}O_5S$ 499
$C_{24}H_{25}N_5O_5$ 1138
$C_{24}H_{26}Br_4N_4O_8$ 1238
$C_{24}H_{26}Br_4N_4O_9$ 1254
$C_{24}H_{26}N_4O_2^{2+}$ 2021
$C_{24}H_{27}NO_3$ 787
$C_{24}H_{28}Br_4N_{11}O_5S^+$ 503
$C_{24}H_{28}Br_4N_{11}O_6S^+$ 502
$C_{24}H_{28}N_2O_5$ 1748, 1749
$C_{24}H_{28}N_2O_6$ 1753
$C_{24}H_{29}NO_7$ 1368
$C_{24}H_{30}Br_4N_3O_5^+$ 1267
$C_{24}H_{30}Br_4N_3O_6^+$ 1266
$C_{24}H_{31}NO_4$ 634
$C_{24}H_{31}N_3O_3$ 993
$C_{24}H_{32}Br_3N_3O_3$ 313
$C_{24}H_{32}Cl_2N_2O_8S_2$ 1289
$C_{24}H_{33}NO_5$ 1897
$C_{24}H_{33}NO_6$ 1879
$C_{24}H_{34}N_2O$ 682
$C_{24}H_{34}N_4O_3$ 967

$C_{24}H_{35}Br_2NO_4$ 545
$C_{24}H_{35}Cl_2NO_5$ 140
$C_{24}H_{35}NO_2$ 1411
$C_{24}H_{35}NO_4$ 635, 638
$C_{24}H_{35}NO_5$ 636, 637
$C_{24}H_{36}N_2S$ 1856
$C_{24}H_{37}NO$ 362
$C_{24}H_{38}N_2O_7$ 1871
$C_{24}H_{39}NO_2$ 234
$C_{24}H_{40}N_2O$ 387
$C_{24}H_{41}NO_2$ 233, 366
$C_{24}H_{41}N_2O^+$ 633
$C_{24}H_{43}NO_2$ 373
$C_{24}H_{45}N_5O$ 1970
$C_{24}H_{47}N_6O_3^+$ 1669, 1670
$C_{24}H_{48}NO_4^+$ 2

C_{25}
$C_{25}H_{16}INO_5$ 420
$C_{25}H_{17}NO_5$ 419
$C_{25}H_{17}NO_8$ 401
$C_{25}H_{19}Cl_2N_3O_4$ 773
$C_{25}H_{19}NO_8$ 2023
$C_{25}H_{20}BrN_7O_2$ 1684
$C_{25}H_{21}BrN_7O_2^+$ 738
$C_{25}H_{21}N_5O_3$ 1805
$C_{25}H_{23}N_3O_3$ 753
$C_{25}H_{23}N_5O_5$ 1794
$C_{25}H_{24}N_6O_5$ 1140
$C_{25}H_{25}N_5O_5$ 1788
$C_{25}H_{25}N_5O_7$ 1150
$C_{25}H_{26}BrN_5O_{11}$ 2125
$C_{25}H_{26}BrN_5O_{13}$ 1123
$C_{25}H_{26}Br_2N_3O_3^+$ 302
$C_{25}H_{27}N_5O_5$ 1638
$C_{25}H_{28}Br_4N_4O_8$ 1253
$C_{25}H_{30}N_4O_5$ 26
$C_{25}H_{31}NO_7$ 1420
$C_{25}H_{31}N_3O_5$ 621
$C_{25}H_{32}N_2$ 1044
$C_{25}H_{32}N_2O_2S$ 1371
$C_{25}H_{32}N_4O_6$ 28
$C_{25}H_{33}NO_5$ 647
$C_{25}H_{33}N_3O_3$ 992
$C_{25}H_{35}NO_4$ 607
$C_{25}H_{35}NO_5$ 648
$C_{25}H_{35}NO_6$ 617, 1881

$C_{25}H_{35}N_3O_2$　421, 422
$C_{25}H_{37}NO_3$　1885, 1896, 1899
$C_{25}H_{37}NO_4$　1910
$C_{25}H_{37}NO_4S$　1883
$C_{25}H_{38}N_2O$　379
$C_{25}H_{38}N_2O_2$　965
$C_{25}H_{39}NO_5$　146
$C_{25}H_{40}N_2$　2099, 2124
$C_{25}H_{40}N_2O$　381
$C_{25}H_{41}ClN_2O_6S$　1452
$C_{25}H_{42}N_2O$　340
$C_{25}H_{45}N_6O_2^+$　1656
$C_{25}H_{46}N_6O_2$　77
$C_{25}H_{47}N_5O$　1968
$C_{25}H_{47}N_6O_2^+$　1650, 1651
$C_{25}H_{48}N_6O_3$　1652
$C_{25}H_{49}NO_4$　141
$C_{25}H_{49}N_5O$　1974
$C_{25}H_{49}N_6O_3^+$　1653, 1654
$C_{25}H_{51}N_3O$　54

C_{26}
$C_{26}H_{17}NO_8$　402
$C_{26}H_{17}NO_{10}$　2003
$C_{26}H_{19}NO_8$　412
$C_{26}H_{19}N_3O$　760
$C_{26}H_{20}N_4O_5$　1629, 1631
$C_{26}H_{24}BrN_8O_2^+$　476
$C_{26}H_{24}N_4O_5$　537, 538
$C_{26}H_{24}N_8O_3$　1689
$C_{26}H_{25}BrN_5O_4S^+$　1191
$C_{26}H_{25}N_5O_4$　1632, 1800, 2076
$C_{26}H_{27}Br_2N_7O_7$　1483
$C_{26}H_{27}N_3O_4$　1114
$C_{26}H_{27}N_5O_4$　1633
$C_{26}H_{27}N_5O_5$　1634
$C_{26}H_{28}ClN_3O_5$　1098
$C_{26}H_{29}N_3O_3$　1121
$C_{26}H_{29}N_3O_4$　1097, 1108, 1109, 1113
$C_{26}H_{29}N_3O_5$　1112, 1118
$C_{26}H_{30}N_2O_2$　1045
$C_{26}H_{30}N_6O_5$　1159
$C_{26}H_{31}N_5O_4$　30
$C_{26}H_{32}N_4O_7$　27
$C_{26}H_{33}Br_4N_3O_3$　295
$C_{26}H_{33}NO_5$　1876
$C_{26}H_{35}NO_5$　1094

$C_{26}H_{35}N_3O_3$　1881
$C_{26}H_{36}N_2O$　927
$C_{26}H_{36}N_2O_5$　578
$C_{26}H_{37}Br_2NO_4$　546
$C_{26}H_{37}NO_5$　1880
$C_{26}H_{37}NO_6$　618
$C_{26}H_{37}N_3O_2$　1038
$C_{26}H_{38}N_2O_2$　908
$C_{26}H_{38}N_4O$　1818
$C_{26}H_{38}N_4O_2$　1814~1817
$C_{26}H_{39}NO_3$　1884, 1890, 1891
$C_{26}H_{40}BrNO_3$　220
$C_{26}H_{40}BrNO_4$　284
$C_{26}H_{40}BrNO_7S$　285
$C_{26}H_{40}N_2$　2110
$C_{26}H_{40}N_2O$　935, 2107
$C_{26}H_{40}N_2O_2$　909, 910
$C_{26}H_{40}N_4O_3$　1882
$C_{26}H_{40}N_5O^+$　1807
$C_{26}H_{41}NO$　355
$C_{26}H_{41}NO_2$　364
$C_{26}H_{41}N_5O$　1645, 1646
$C_{26}H_{42}N_2$　1440
$C_{26}H_{42}N_2O_8$　1169
$C_{26}H_{43}NO_2$　368
$C_{26}H_{44}N_2O$　376
$C_{26}H_{45}NO_2$　372
$C_{26}H_{48}N_4O_9$　165
$C_{26}H_{49}NOS$　350
$C_{26}H_{49}N_5O$　1967
$C_{26}H_{49}N_5O_2$　6
$C_{26}H_{49}N_6O_2^+$　1657
$C_{26}H_{51}N_5O$　1973
$C_{26}H_{51}N_6O_3^+$　1658, 1659

C_{27}
$C_{27}H_{19}N_5O$　1556
$C_{27}H_{21}NO_8$　398
$C_{27}H_{22}N_4O_6$　799
$C_{27}H_{23}Br_2N_5$　884
$C_{27}H_{23}NO_4$　2010
$C_{27}H_{23}NO_5$　2009
$C_{27}H_{24}N_2O_5$　1342
$C_{27}H_{24}N_3O_3^+$　2130
$C_{27}H_{25}Br_4NO_6$　1621
$C_{27}H_{25}Br_4N_3O_8$　1265
$C_{27}H_{26}BrN_3O_8$　981

$C_{27}H_{27}Br_4N_3O_9$　1257
$C_{27}H_{27}N_5O_4$　1791
$C_{27}H_{28}BrN_7O_5$　1019
$C_{27}H_{29}NO_6$　1430
$C_{27}H_{29}N_5O_4$　1792
$C_{27}H_{30}N_2O_9$　1767, 1780
$C_{27}H_{30}N_4O_2$　2074
$C_{27}H_{31}N_5O_5$　29
$C_{27}H_{32}N_2O_8$　1980~1982
$C_{27}H_{32}N_2O_9$　1983
$C_{27}H_{33}NO_3$　1061
$C_{27}H_{33}NO_4$　1077
$C_{27}H_{33}NO_5$　1063, 1069
$C_{27}H_{33}N_3O_3$　1110
$C_{27}H_{33}N_3O_5$　619
$C_{27}H_{34}N_2O_5$　599
$C_{27}H_{35}Br_4N_3O_3$　294
$C_{27}H_{35}NO_2$　1064
$C_{27}H_{36}BrClN_2O_4$　561
$C_{27}H_{37}ClN_2O_4$　562
$C_{27}H_{38}N_2O_3S$　1370
$C_{27}H_{39}ClN_2O_4$　563
$C_{27}H_{39}N_3O_2$　1041
$C_{27}H_{39}N_3O_3$　1040, 1042, 1043
$C_{27}H_{40}N_4O_3$　1823, 1824
$C_{27}H_{41}NO_5$　1913
$C_{27}H_{41}NO_7S$　1905, 1906
$C_{27}H_{41}N_2^+$　939
$C_{27}H_{42}N_2O$　380
$C_{27}H_{42}N_2O_2$　1825~1827
$C_{27}H_{42}N_2O_3$　1146~1148
$C_{27}H_{42}N_6O_6$　1195
$C_{27}H_{44}N_2O$　382, 384
$C_{27}H_{44}N_2O_7$　1170, 1171
$C_{27}H_{44}N_2O_8$　1167, 1172
$C_{27}H_{46}N_6O_2$　78
$C_{27}H_{51}NO_5$　125
$C_{27}H_{53}N_8OS^{3+}$　1975

C_{28}
$C_{28}H_{21}NO_8$　406
$C_{28}H_{22}N_4O_4$　789
$C_{28}H_{22}N_5O_3S^+$　747
$C_{28}H_{23}NO_8$　403
$C_{28}H_{23}NO_9$　399
$C_{28}H_{23}N_3O_5$　805
$C_{28}H_{24}N_4O_5$　800, 801

$C_{28}H_{24}N_4O_7$ 802
$C_{28}H_{25}BrN_4O_7$ 179
$C_{28}H_{26}N_4O_3$ 803
$C_{28}H_{26}N_4O_4$ 795, 796
$C_{28}H_{26}N_4O_6$ 539, 1628, 1630
$C_{28}H_{28}N_4O_6$ 1636
$C_{28}H_{28}N_8O_2$ 520
$C_{28}H_{28}N_8O_3$ 465
$C_{28}H_{31}Br_4N_4O_4^+$ 319, 320
$C_{28}H_{32}N_4O$ 2076
$C_{28}H_{32}N_4O_2$ 2070
$C_{28}H_{33}NO_5$ 649, 650, 667
$C_{28}H_{33}NO_7$ 641, 642
$C_{28}H_{33}N_5O_3$ 1006
$C_{28}H_{35}NO_4$ 657
$C_{28}H_{35}NO_5$ 644~646, 658
$C_{28}H_{37}Br_4N_3O_3$ 297
$C_{28}H_{37}NO$ 1059
$C_{28}H_{37}NO_3$ 2049, 2050
$C_{28}H_{37}NO_4$ 1062
$C_{28}H_{38}Br_3N_3O_3$ 296
$C_{28}H_{39}NO$ 1066, 1067
$C_{28}H_{39}NO_2$ 1075, 2052
$C_{28}H_{39}N_3O_4$ 2069
$C_{28}H_{41}Br_2NO_4$ 547
$C_{28}H_{41}NO_2$ 1072
$C_{28}H_{43}Br_2NO_4$ 548
$C_{28}H_{43}NO_2$ 365
$C_{28}H_{44}N_2O$ 2092
$C_{28}H_{45}NO_2$ 370
$C_{28}H_{46}N_2O$ 385
$C_{28}H_{46}N_2O_8$ 1168, 1173
$C_{28}H_{47}NO_2$ 374
$C_{28}H_{48}N_2O_{12}$ 186
$C_{28}H_{50}N_2O_2$ 1461~1463
$C_{28}H_{50}N_2O_3$ 1468
$C_{28}H_{54}N_6O_8$ 47

C_{29}

$C_{29}H_{22}N_5O_5S^+$ 748
$C_{29}H_{23}NO_9$ 410
$C_{29}H_{23}NO_{11}S$ 411
$C_{29}H_{25}NO_8$ 400, 408
$C_{29}H_{25}NO_9$ 409
$C_{29}H_{25}N_5O_3$ 794
$C_{29}H_{26}Br_6N_4O_{11}$ 238, 239
$C_{29}H_{27}N_5O_3S$ 793

$C_{29}H_{27}N_5O_4$ 791
$C_{29}H_{28}N_4O_4$ 798
$C_{29}H_{30}N_4O_3$ 999
$C_{29}H_{30}N_4O_6$ 1637
$C_{29}H_{30}N_4O_7$ 1641
$C_{29}H_{31}N_5O_5$ 1795
$C_{29}H_{32}BrN_7O_6$ 1020
$C_{29}H_{34}BrN_5O_2^{2+}$ 2022
$C_{29}H_{35}N_3O_9S$ 1759
$C_{29}H_{35}N_5O_4$ 1005
$C_{29}H_{37}NO_3$ 655, 1886, 1892, 1893
$C_{29}H_{37}NO_5$ 640
$C_{29}H_{37}NO_6$ 2122
$C_{29}H_{37}NO_8$ 652
$C_{29}H_{38}N_2O_6$ 582
$C_{29}H_{39}NO_3$ 206
$C_{29}H_{39}NO_5$ 2120
$C_{29}H_{40}I_4N_4O_4$ 286
$C_{29}H_{41}I_3N_4O_4$ 278
$C_{29}H_{41}NO_2$ 1074
$C_{29}H_{41}NO_5$ 2121
$C_{29}H_{41}N_7O_4S_4$ 1317
$C_{29}H_{42}N_2O_6$ 1178
$C_{29}H_{42}N_4O_3$ 968
$C_{29}H_{43}N_3O_7$ 1111
$C_{29}H_{45}NO_5$ 1912
$C_{29}H_{46}NO_{10}P$ 1177
$C_{29}H_{46}N_2$ 1946
$C_{29}H_{46}N_2O$ 377, 378
$C_{29}H_{47}N_5O$ 1647
$C_{29}H_{48}N_2$ 1940
$C_{29}H_{48}N_2O$ 383
$C_{29}H_{48}N_2O_8$ 1174, 1175
$C_{29}H_{50}N_2O_{12}$ 187
$C_{29}H_{51}N_6O_2^+$ 88
$C_{29}H_{52}N_2O_3$ 1467

C_{30}

$C_{30}H_{25}NO_9$ 404
$C_{30}H_{27}NO_9$ 405
$C_{30}H_{27}NO_{10}$ 397
$C_{30}H_{28}BrN_7O_2^{2+}$ 1192
$C_{30}H_{30}Br_2N_6O$ 959, 960, 961
$C_{30}H_{30}N_2O_{10}$ 1758
$C_{30}H_{31}N_3O_8$ 1779
$C_{30}H_{32}N_2O_{10}$ 1770
$C_{30}H_{32}N_2O_{10}S$ 1760

$C_{30}H_{32}N_2O_9$ 1772
$C_{30}H_{32}N_4O_9$ 34
$C_{30}H_{33}NO_7$ 1412
$C_{30}H_{34}BrN_5O_{15}$ 2116
$C_{30}H_{34}N_2O$ 1919
$C_{30}H_{34}N_2O_4$ 1917
$C_{30}H_{34}N_2O_5$ 1918
$C_{30}H_{34}N_2O_9$ 1768
$C_{30}H_{36}Br_2N_6O_4$ 18
$C_{30}H_{36}N_2O_3$ 1915
$C_{30}H_{36}N_2O_4$ 1916
$C_{30}H_{37}NO_5$ 656
$C_{30}H_{37}NO_6$ 643
$C_{30}H_{38}Br_2N_8O_4$ 19, 20
$C_{30}H_{38}Br_4N_4O_4$ 24
$C_{30}H_{40}N_2O_5$ 579, 581
$C_{30}H_{40}N_2O_6$ 580
$C_{30}H_{43}NO_2$ 363
$C_{30}H_{43}N_7O_4S_4$ 1316
$C_{30}H_{44}N_2$ 2106, 2111
$C_{30}H_{44}N_2^{2+}$ 1408
$C_{30}H_{44}N_2O$ 2105
$C_{30}H_{44}N_2O_2$ 2102
$C_{30}H_{44}N_2O_6$ 1179
$C_{30}H_{45}Br_2NO_4$ 549
$C_{30}H_{45}NO$ 354
$C_{30}H_{45}NO_2$ 367
$C_{30}H_{45}NO_8$ 1372
$C_{30}H_{45}N_3O_6S$ 1914
$C_{30}H_{47}NO_2$ 371
$C_{30}H_{47}N_3O_5S$ 1907, 1908
$C_{30}H_{50}N_2$ 1953
$C_{30}H_{50}N_2O_2$ 1464, 1465, 1466
$C_{30}H_{51}NO_5S$ 1911
$C_{30}H_{52}N_2$ 1442, 1945
$C_{30}H_{52}N_2O_2$ 1460
$C_{30}H_{52}N_4O_5S$ 1909
$C_{30}H_{54}N_2$ 1373
$C_{30}H_{54}N_2O_8$ 190

C_{31}

$C_{31}H_{28}Br_6N_4O_{11}$ 283
$C_{31}H_{29}NO_9$ 407
$C_{31}H_{30}Br_6N_4O_{10}$ 276
$C_{31}H_{30}Br_6N_4O_{11}$ 281, 1251, 1252
$C_{31}H_{32}N_2O_{10}$ 1773
$C_{31}H_{33}N_3O_8$ 1774

$C_{31}H_{33}N_3O_9$ 1776, 1777
$C_{31}H_{34}N_4O_2$ 2072
$C_{31}H_{34}N_4O_4$ 523
$C_{31}H_{35}Cl_3N_2O_9$ 615
$C_{31}H_{35}NO_8$ 2094, 2095
$C_{31}H_{35}N_3O_9$ 1775
$C_{31}H_{37}NO_7$ 2012
$C_{31}H_{39}NO_8$ 2093
$C_{31}H_{41}N_5O_6$ 182
$C_{31}H_{43}NO_9$ 651
$C_{31}H_{44}BrNO_9$ 1224
$C_{31}H_{44}ClN_3O_7$ 158
$C_{31}H_{45}NO_9$ 1223
$C_{31}H_{45}N_3O_4S$ 1318
$C_{31}H_{45}N_3O_7$ 159
$C_{31}H_{46}N_2^{2+}$ 1410
$C_{31}H_{46}N_2O_9$ 1186
$C_{31}H_{46}N_4O_4$ 875
$C_{31}H_{48}Br_2N_6O_4$ 1143
$C_{31}H_{48}N_2O$ 1951
$C_{31}H_{48}N_2O_2$ 1943
$C_{31}H_{50}N_2$ 1947, 1952
$C_{31}H_{50}N_2O$ 1458, 1459, 1942
$C_{31}H_{50}N_2O_2$ 1950
$C_{31}H_{56}N_2$ 1374
$C_{31}H_{56}N_2O_7$ 194
$C_{31}H_{56}N_2O_8$ 184, 192

C_{32}

$C_{32}H_{23}NO_9$ 2002
$C_{32}H_{23}NO_{10}$ 2024
$C_{32}H_{23}NO_{12}S$ 2000, 2001
$C_{32}H_{27}NO_4$ 2015
$C_{32}H_{27}NO_5$ 2016
$C_{32}H_{34}N_4O_3$ 2073
$C_{32}H_{34}N_4O_4$ 525
$C_{32}H_{34}N_4O_7$ 536
$C_{32}H_{35}N_3O_3$ 659~661
$C_{32}H_{35}N_3O_9$ 1778
$C_{32}H_{36}Br_4N_{10}O_8$ 1245
$C_{32}H_{36}N_2O_5$ 639
$C_{32}H_{36}N_2O_{10}$ 1771
$C_{32}H_{36}N_4O_2$ 2071
$C_{32}H_{37}N_3O_3$ 662
$C_{32}H_{37}N_5O_5$ 1028
$C_{32}H_{38}N_2O_4$ 654, 665
$C_{32}H_{38}N_2O_5$ 653, 663, 664, 666

$C_{32}H_{38}N_2O_9$ 1769
$C_{32}H_{38}N_4O_7$ 1165, 1166
$C_{32}H_{39}NO_4$ 1076
$C_{32}H_{39}N_5O_6$ 1029
$C_{32}H_{40}Br_2N_{10}O_4$ 14~17
$C_{32}H_{41}NO_4$ 1073
$C_{32}H_{42}N_2O_6$ 1476
$C_{32}H_{44}MgN_2O_8$ 602
$C_{32}H_{44}N_2O_2$ 1872
$C_{32}H_{45}NO_4$ 2013
$C_{32}H_{45}NO_5$ 2014
$C_{32}H_{48}Br_2N_8O_{10}S_4$ 277
$C_{32}H_{48}N_2^{2+}$ 1375, 1409
$C_{32}H_{48}N_2O_4$ 2100
$C_{32}H_{49}N_3O_5S$ 1315
$C_{32}H_{50}Br_2N_6O_4$ 1144
$C_{32}H_{50}N_2O$ 1944, 2108
$C_{32}H_{52}N_2O_2$ 1954
$C_{32}H_{54}N_2O_2$ 1941
$C_{32}H_{56}N_2$ 1438, 1439
$C_{32}H_{56}N_2O$ 1441
$C_{32}H_{58}N_2O_7$ 195
$C_{32}H_{58}N_2O_8$ 185, 193
$C_{32}H_{65}NO_{12}S$ 170

C_{33}

$C_{33}H_{32}N_4O_3$ 524
$C_{33}H_{34}N_4O_6$ 522
$C_{33}H_{36}N_6O_7S_2$ 995, 996
$C_{33}H_{38}Cl_2N_2O_9$ 614
$C_{33}H_{43}ClN_2O_{15}$ 593
$C_{33}H_{43}NO_5$ 1089, 1090
$C_{33}H_{44}N_2O_7S$ 1307
$C_{33}H_{48}Br_4N_6O_5$ 38
$C_{33}H_{49}N_2O_3$ 2081
$C_{33}H_{52}Br_2N_6O_4$ 1145
$C_{33}H_{52}N_2O_2$ 1939
$C_{33}H_{53}N_2O_3^+$ 2082
$C_{33}H_{54}N_2O_2$ 1948, 1949
$C_{33}H_{58}N_2O$ 1955
$C_{33}H_{60}N_2O_8$ 191

C_{34}

$C_{34}H_{21}NO_{12}$ 2061
$C_{34}H_{21}NO_{15}S$ 2062
$C_{34}H_{23}BrN_2O_6$ 2090
$C_{34}H_{23}IN_2O_6$ 2091

$C_{34}H_{24}Br_6N_4O_8$ 264
$C_{34}H_{24}N_2O_{12}S_2$ 2086
$C_{34}H_{24}N_2O_6$ 2088
$C_{34}H_{24}N_2O_8$ 2092
$C_{34}H_{24}N_2O_8$ 414
$C_{34}H_{24}N_2O_9S$ 2085
$C_{34}H_{25}Br_5N_4O_8$ 248, 258
$C_{34}H_{26}Br_4N_4O_8$ 251, 255
$C_{34}H_{26}Br_4N_4O_{11}S$ 318
$C_{34}H_{26}Br_4N_4O_{12}S$ 266
$C_{34}H_{26}Br_4N_4O_{14}S_2$ 279
$C_{34}H_{26}Br_6N_4O_8$ 250
$C_{34}H_{26}Br_6N_4O_9$ 265
$C_{34}H_{27}Br_5N_4O_8$ 249, 259~261
$C_{34}H_{27}Br_5N_4O_9$ 252, 256
$C_{34}H_{27}N_3O_7$ 2133
$C_{34}H_{28}Br_4N_4O_8$ 253, 257, 262
$C_{34}H_{28}Br_4N_4O_9$ 254
$C_{34}H_{28}Br_4N_4O_{13}S$ 267
$C_{34}H_{29}Br_3N_4O_8$ 263
$C_{34}H_{29}Br_3N_4O_{11}S$ 315
$C_{34}H_{29}Br_5N_4O_8$ 246
$C_{34}H_{30}Br_4N_4O_8$ 245, 247
$C_{34}H_{30}Br_4N_4O_{11}S$ 314
$C_{34}H_{30}N_8O_6S_2$ 1336
$C_{34}H_{36}N_4O_8$ 535
$C_{34}H_{40}N_4O_6$ 521
$C_{34}H_{40}N_6O_6S_4$ 1720, 1721
$C_{34}H_{47}N_3O_3$ 893, 894
$C_{34}H_{56}N_2^{2+}$ 1362
$C_{34}H_{60}N_4O_2$ 41
$C_{34}H_{66}N_4O^{2+}$ 42
$C_{34}H_{67}NO_6S$ 135
$C_{34}H_{69}NO_6S$ 136

C_{35}

$C_{35}H_{26}N_2O_6$ 2089
$C_{35}H_{29}N_3O_7$ 2134
$C_{35}H_{32}N_8O_7S$ 1329
$C_{35}H_{36}Br_4N_6O_{14}$ 298, 299
$C_{35}H_{36}N_4O_5$ 528
$C_{35}H_{40}N_4O_4$ 1471
$C_{35}H_{43}N_7O_5S_2$ 1325
$C_{35}H_{44}Cl_2N_2O_{15}$ 588
$C_{35}H_{46}N_4O_4S$ 1290
$C_{35}H_{48}N_3^+$ 1404
$C_{35}H_{51}NO_5$ 1068

$C_{35}H_{52}N_4O_6$ 2068
$C_{35}H_{52}N_4O_7$ 1096
$C_{35}H_{57}NO_5$ 572
$C_{35}H_{58}N_2^{2+}$ 1363
$C_{35}H_{58}N_4O_7S_3$ 1293
$C_{35}H_{58}N_6O_2$ 81
$C_{35}H_{66}N_4O_3$ 25

C_{36}
$C_{36}H_{20}N_2O_4$ 2033
$C_{36}H_{22}Br_2N_6O_4S_2$ 1515, 1516
$C_{36}H_{27}Cl_3N_6O_4$ 1198
$C_{36}H_{28}Cl_2N_6O_4$ 1199
$C_{36}H_{42}N_4O_2$ 930
$C_{36}H_{42}N_4O_3$ 929
$C_{36}H_{42}N_4O_4$ 892
$C_{36}H_{42}N_4O_8$ 534
$C_{36}H_{44}N_4O$ 917
$C_{36}H_{44}N_4O_2$ 897, 903, 904, 918, 921
$C_{36}H_{44}N_4O_3$ 907, 913, 922, 926
$C_{36}H_{45}N_4O_3^+$ 931
$C_{36}H_{46}Cl_2N_2O_{15}$ 587
$C_{36}H_{46}N_4O$ 899, 919, 924
$C_{36}H_{46}N_4O_2$ 898, 900, 906
$C_{36}H_{48}N_4O$ 920
$C_{36}H_{48}N_4O_2$ 901, 933
$C_{36}H_{50}N_3^+$ 1405
$C_{36}H_{50}N_4O$ 923, 925, 934
$C_{36}H_{50}N_4O_2$ 902
$C_{36}H_{51}Br_4N_3O_6$ 1244
$C_{36}H_{51}Br_4N_3O_7$ 1247
$C_{36}H_{51}Br_4N_3O_8$ 1264
$C_{36}H_{52}Br_3N_3O_5$ 243
$C_{36}H_{57}N_3O$ 1417
$C_{36}H_{60}N_2^{2+}$ 1364, 1365
$C_{36}H_{69}NO_{11}S_2$ 1443

C_{37}
$C_{37}H_{26}N_6O_{10}S_3$ 1002
$C_{37}H_{43}NO_6$ 1085
$C_{37}H_{44}BrNO_5$ 1060
$C_{37}H_{44}ClNO_7$ 1070
$C_{37}H_{44}N_4O_2$ 928
$C_{37}H_{45}NO_5$ 1078
$C_{37}H_{45}NO_6$ 1081, 1082, 1084
$C_{37}H_{45}NO_7$ 1071
$C_{37}H_{46}Cl_2N_2O_{15}$ 589, 590
$C_{37}H_{46}N_4O$ 895
$C_{37}H_{47}NO_5$ 1079
$C_{37}H_{47}NO_7$ 1080
$C_{37}H_{47}N_4O_2$ 905
$C_{37}H_{49}NO_4$ 1065
$C_{37}H_{50}N_4O_2$ 932
$C_{37}H_{52}N_4O_2$ 914
$C_{37}H_{57}N_3O$ 1416
$C_{37}H_{59}N_3O$ 1415
$C_{37}H_{62}N_2^{2+}$ 1366
$C_{37}H_{64}N_6O_2$ 79

C_{38}
$C_{38}H_{34}N_2O_7$ 2011
$C_{38}H_{41}N_3O_{11}S$ 1761
$C_{38}H_{41}N_7O_5S_2$ 1327
$C_{38}H_{43}N_7O_5S_2$ 1326, 1328
$C_{38}H_{44}N_4O_9$ 532, 533
$C_{38}H_{46}N_2O_4$ 1900
$C_{38}H_{47}NO_6$ 1083
$C_{38}H_{48}Cl_2N_2O_{15}$ 591
$C_{38}H_{48}N_4O$ 896
$C_{38}H_{56}N_2O_{10}$ 1182
$C_{38}H_{59}N_3O$ 1414
$C_{38}H_{61}N_5O_8$ 1188
$C_{38}H_{62}N_9O_4^+$ 90
$C_{38}H_{63}N_3O_6$ 102
$C_{38}H_{64}N_2^{2+}$ 1367
$C_{38}H_{66}N_2O_{19}S_3$ 1977
$C_{38}H_{66}N_6O_2$ 104

C_{39}
$C_{39}H_{32}N_6O_3S$ 792
$C_{39}H_{32}N_6O_9S_2$ 1001
$C_{39}H_{32}N_6O_{10}S_2$ 1000
$C_{39}H_{35}N_3O_7$ 2132
$C_{39}H_{43}N_3O_{10}S$ 1764
$C_{39}H_{43}N_3O_{11}S$ 1763
$C_{39}H_{43}N_3O_{12}S$ 1765
$C_{39}H_{54}N_4O_2$ 915, 916
$C_{39}H_{65}N_3O_2$ 1428
$C_{39}H_{65}N_3O_6$ 101
$C_{39}H_{68}N_6O_2$ 80

C_{40}
$C_{40}H_{27}NO_{11}$ 2129
$C_{40}H_{27}NO_{12}$ 2118, 2119
$C_{40}H_{27}NO_{14}S$ 2053, 2054
$C_{40}H_{27}NO_{17}S_2$ 2055~2058
$C_{40}H_{27}NO_{20}S_3$ 2059, 2060
$C_{40}H_{34}Cl_2N_6O_6$ 1196
$C_{40}H_{35}Cl_2N_7O_5$ 1197
$C_{40}H_{36}N_6O_4$ 988
$C_{40}H_{42}N_4O_9S$ 1762
$C_{40}H_{42}N_4O_{10}S$ 1766
$C_{40}H_{46}N_4O_{10}$ 531
$C_{40}H_{50}Cl_2N_2O_{15}$ 592
$C_{40}H_{65}N_5O_8$ 1187
$C_{40}H_{67}N_3O_6$ 100
$C_{40}H_{67}N_9O_4$ 76
$C_{40}H_{69}N_9O_4$ 89

C_{41}
$C_{41}H_{30}N_2O_9S$ 2087
$C_{41}H_{30}N_2O_{10}S$ 2084
$C_{41}H_{51}Cl_3N_2O_{16}$ 612
$C_{41}H_{67}NO_{17}$ 586
$C_{41}H_{67}N_2O_{16}S_3$ 2031, 2032
$C_{41}H_{69}NO_{17}$ 583, 584
$C_{41}H_{71}N_9O_4$ 103

C_{42}
$C_{42}H_{35}N_3O_{11}$ 428
$C_{42}H_{35}N_3O_{12}$ 429, 430
$C_{42}H_{35}N_3O_{13}$ 431
$C_{42}H_{53}Cl_3N_2O_{16}$ 613
$C_{42}H_{54}Cl_2N_2O_{16}$ 608, 610
$C_{42}H_{70}N_4O_4S_2$ 164
$C_{42}H_{71}NO_{17}$ 585
$C_{42}H_{72}N_2O_{16}S_3$ 2029
$C_{42}H_{73}N_9O_4$ 75

C_{43}
$C_{43}H_{30}N_2O_{12}S$ 2103
$C_{43}H_{32}N_2O_{11}S$ 2112
$C_{43}H_{34}N_2O_{11}S$ 2083
$C_{43}H_{53}N_5O_6$ 1027
$C_{43}H_{54}Cl_2N_2O_{16}$ 609
$C_{43}H_{60}N_4O_{13}$ 1203

C_{44}
$C_{44}H_{44}Br_4N_8O_{12}S_4$ 274
$C_{44}H_{46}BrN_5O_{12}$ 1115
$C_{44}H_{46}Br_4N_8O_{12}S_4$ 268, 269

$C_{44}H_{46}Br_8N_{20}O_9$ 432, 433
$C_{44}H_{56}Cl_2N_2O_{16}$ 611
$C_{44}H_{60}N_4O_{12}$ 1201, 1209
$C_{44}H_{60}N_4O_{13}$ 1211
$C_{44}H_{62}N_4O_{12}$ 1200
$C_{44}H_{62}N_4O_{13}$ 1210
$C_{44}H_{63}N_5O_{12}$ 1202
$C_{44}H_{64}N_4O_{14}$ 1204, 1205

C_{45}

$C_{45}H_{46}BrN_5O_{14}$ 1107
$C_{45}H_{60}N_4O_{12}$ 1212
$C_{45}H_{62}N_4O_{13}$ 1206
$C_{45}H_{64}N_4O_{12}$ 1222, 1225
$C_{45}H_{74}N_2O_{13}$ 569
$C_{45}H_{78}N_6O_5$ 91
$C_{45}H_{78}N_6O_8$ 96, 98
$C_{45}H_{80}N_6O_5$ 105
$C_{45}H_{80}N_6O_6$ 82, 84, 92
$C_{45}H_{80}N_6O_7$ 9
$C_{45}H_{81}N_3O_{11}$ 332
$C_{45}H_{81}N_6O_5^+$ 2019
$C_{45}H_{82}ClN_3O_{11}$ 333

C_{46}

$C_{46}H_{48}BrN_5O_{14}$ 1106
$C_{46}H_{48}N_2O_6$ 782, 783
$C_{46}H_{61}NO_8$ 1058
$C_{46}H_{62}N_4O_{13}$ 1229
$C_{46}H_{64}N_4O_{13}$ 1234
$C_{46}H_{65}N_5O_{13}$ 1220
$C_{46}H_{66}N_4O_{12}$ 1221
$C_{46}H_{69}NO_{13}$ 1433, 1434
$C_{46}H_{80}N_6O_8$ 97, 99
$C_{46}H_{82}N_6O_7$ 86

C_{47}

$C_{47}H_{64}N_4O_{14}$ 1226
$C_{47}H_{66}N_4O_{14}$ 1207
$C_{47}H_{67}N_5O_{13}$ 1219
$C_{47}H_{69}N_5O_{14}$ 1214
$C_{47}H_{70}N_4O_{13}$ 1217
$C_{47}H_{71}NO_{12}$ 1431, 1435
$C_{47}H_{78}N_2O_{14}$ 568
$C_{47}H_{82}N_6O_6$ 85
$C_{47}H_{82}N_6O_8$ 95
$C_{47}H_{84}N_6O_7$ 87

$C_{47}H_{85}N_6O_5^+$ 63, 2018

C_{48}

$C_{48}H_{71}N_5O_{14}$ 1215
$C_{48}H_{71}N_5O_{15}$ 1213
$C_{48}H_{72}N_3^{3+}$ 1376
$C_{48}H_{73}NO_{12}$ 1432
$C_{48}H_{93}NO_9$ 127

C_{49}

$C_{49}H_{58}N_6O$ 938
$C_{49}H_{60}N_6O$ 936, 937
$C_{49}H_{72}N_4O_{14}$ 1218
$C_{49}H_{77}NO_{11}S$ 1319
$C_{49}H_{77}NO_{12}S$ 1320
$C_{49}H_{77}NO_{13}S$ 1321
$C_{49}H_{82}N_2O_{15}$ 567
$C_{49}H_{95}NO_9$ 126

C_{50}

$C_{50}H_{72}N_4O_{17}$ 1228
$C_{50}H_{73}N_5O_{15}$ 1216
$C_{50}H_{97}NO_9$ 128

C_{51}

$C_{51}H_{44}Br_6N_6O_{12}$ 310
$C_{51}H_{72}N_4O_{16}$ 1227
$C_{51}H_{72}N_4O_{17}$ 1208
$C_{51}H_{74}N_4O_{16}$ 1235
$C_{51}H_{86}N_2O_{16}$ 566

C_{52}

$C_{52}H_{54}N_6O_7$ 2136
$C_{52}H_{54}N_6O_8$ 1122
$C_{52}H_{54}N_6O_9$ 2137

C_{53}

$C_{53}H_{70}N_2O_{10}$ 1925
$C_{53}H_{71}BrN_2O_{13}$ 1230, 1231
$C_{53}H_{90}N_2O_{17}$ 565

C_{54}

$C_{54}H_{62}MgN_4O_{10}$ 601
$C_{54}H_{72}N_2O_{10}$ 1924
$C_{54}H_{72}N_2O_{12}$ 1933
$C_{54}H_{74}N_2O_{10}$ 1920, 1935, 1936
$C_{54}H_{74}N_2O_{11}$ 1921

$C_{54}H_{74}N_2O_{12}$ 1923
$C_{54}H_{76}N_2O_8$ 1707, 1708, 1713, 1716, 1717
$C_{54}H_{76}N_2O_9$ 1700, 1701, 1705, 1706, 1714, 1715
$C_{54}H_{76}N_2O_{10}$ 1694, 1697, 1702, 1704
$C_{54}H_{76}N_2O_{11}$ 1703, 1926, 1928
$C_{54}H_{76}N_2O_{12}$ 1932
$C_{54}H_{76}N_2O_{13}$ 1933
$C_{54}H_{78}N_2O_7$ 1709, 1710, 1718
$C_{54}H_{78}N_2O_9$ 1695, 1696, 1699
$C_{54}H_{80}N_2O_6$ 1711, 1712
$C_{54}H_{90}N_3^{3+}$ 1429

C_{55}

$C_{55}H_{74}N_2O_{12}$ 1934
$C_{55}H_{74}N_4O_5$ 527, 529
$C_{55}H_{76}N_2O_{11}$ 1922, 1936, 1937
$C_{55}H_{76}N_2O_{12}$ 1929, 1930
$C_{55}H_{78}N_2O_9$ 1719
$C_{55}H_{78}N_2O_{10}$ 1698, 1927
$C_{55}H_{94}N_2O_{18}$ 564

C_{57}

$C_{57}H_{81}N_7O_{20}S$ 1232

C_{58}

$C_{58}H_{62}N_2O_{10}$ 2123

C_{62}

$C_{62}H_{91}N_7O_{23}S$ 1233

C_{72}

$C_{72}H_{88}N_8O_6$ 912
$C_{72}H_{94}N_8O_3$ 911

C_{77}

$C_{77}H_{136}N_4O_{22}S_2$ 1334

C_{79}

$C_{79}H_{140}N_4O_{22}S_2$ 1333

C_{81}

$C_{81}H_{144}N_4O_{22}S_2$ 1335

索引4 化合物药理活性索引

按照汉语拼音排序，在药理活性术语中，开头的阿拉伯数字1,2,3,…等，英文字母A,B,C,…等及希腊字母α, β, γ,…不参加排序。本索引使用了一套格式化的药理活性数据代码，特别对所有类型的癌细胞，详见两个附录："缩略语和符号表"和"癌细胞的代码"。请读者注意，代码"细胞毒"代表体外实验结果，而代码"抗肿瘤"表示体内抗癌实验结果。

δ-阿片类药物受体亲和力 (豚鼠，从细胞膜中 δ-阿片受体取代阿片肽[^{3}H]DPDPE，选择性的 267
δ-阿片类药物受体亲和力 (豚鼠，抑制阿片肽[^{3}H]DPDPE 的结合 266, 318
μ-阿片样物质受体配体，选择性的和有潜力的 36, 37
阿扑吗啡拮抗剂 573
艾滋病 AIDS 条件感染病原体 80, 81
安眠药 1648
氨基肽酶抑制剂 394
螯合剂 1579
螯合铁的活性 46, 47
白介素结合抑制剂 76
白三烯 B_4 受体拮抗剂 1140, 1141
白三烯 B_4 受体结合活性 1140, 1141
白三烯 B_4 受体结合活性，人完整 U937 细胞受体结合试验，高亲和力 1141
白细胞介素-6 (IL-6) 抑制剂 2122
白细胞介素-8 Rα (IL-8 Rα) 受体抑制剂 484, 486, 506
白细胞介素-8 Rα (IL-8 Rα) 受体抑制剂 无活性 483, 485
白细胞介素-8 Rβ (IL-8 Rβ) 受体抑制剂 483~486, 506
半胱氨酸代谢的中间体 4
半胱氨酸蛋白酶抑制剂 1353
    木瓜蛋白酶 177, 178
    木瓜蛋白酶，组织蛋白酶 B 和组织蛋白酶 L 7
    组织蛋白酶 B 177, 178
    组织蛋白酶 L 177, 178
半胱氨酸天冬氨酸蛋白酶-3 抑制剂 2132~2134
半数致死剂量 LD_{50} 157
胞外核苷酸 P2 嘌呤受体的离子通道受体 $P2X_7$ 受体抑制剂 432, 433
胞外信号控制的激酶 ERK1/2 活化抑制剂 36
保护渗透的 1671
报警信息素 1377~1385, 1393
贝类毒素 1431
贝类中毒的原因 117
贝类中毒的原因，是已知最有毒的物质之一 120
被半胱氨酸天冬氨酸蛋白酶-8，半胱氨酸天冬氨酸蛋白酶-9，半胱氨酸天冬氨酸蛋白酶-3 调节其细胞凋亡 810

表皮生长因子受体 EGFR 激酶抑制剂 1268, 1269, 1271, 1272, 1879
表皮生长因子受体 EGFR 拮抗剂 1149
表皮生长因子受体 EGFR 酪氨酸激酶抑制剂 1886, 1887
表皮生长因子受体 EGFR 抑制剂 517, 518
丙酮酸磷酸双激酶 PPDK 抑制剂 14, 15
丙酮酸磷酸双激酶 PPDK 抑制剂，非选择性的 1255
病毒性基因表达调节，金黄色葡萄球菌 Staphylococcus aureus 34
哺乳动物蛋白合成抑制剂 1258
超氧化物自由基的重要生物来源 1539
成纤维细胞抑制剂 641
除草剂 1280, 1488, 1489
刺激神经的 1300~1304
促进海鞘 Ciona savignyi 幼虫定居和变形 1830, 1831
促进幼虫变态的活性 345
催产卵因子，海盘车 Asterias sp. 1820
大麻酚模拟物，减少毛喉素诱导的 cAMP 积累 161
大麻素受体 CB1 激动剂，选择性的 160
大麻素受体 CB2 拮抗剂 1068
代谢调节器 4
带浓硝酸/氯仿给出格梅林反应 522
带人细胞株 BOWES 的甘丙肽键合试验 959
单胺氧化酶抑制剂 573, 1030
胆固醇酯积累抑制剂，巨噬细胞 893~896, 917
胆甾醇酯合成抑制剂 641
弹性蛋白酶抑制剂 394
蛋白 L-1R 拮抗剂 218
蛋白激酶 C 1310, 1879
蛋白激酶 C 无活性 1877, 1878, 1880
蛋白激酶 c-erbB-2 抑制剂 768
蛋白激酶 Cα 抑制剂 792~794
蛋白激酶 C 活化剂 1039
    Ca^{2+} 存在下表现低活性 155, 156
    TPA 存在下以剂量相关方式提高活性 155, 156
蛋白激酶 C 抑制剂 453, 466, 467, 482~486, 506, 790, 795, 804, 935
蛋白激酶 C 抑制剂 无活性，ζ-PKC 804
蛋白激酶 C 抑制剂, 8 种克隆 PKC 同工酶中的 7 种:

α-PKC, β_I-PKC, β_{II}-PKC, δ-PKC, ε-PKC, η-PKC, γ-PKC 804

蛋白激酶抑制剂 757
  24 种不同的酶 310
  25 种不同的酶 1665
  c-Jun-氨基末端激酶 JNK 1665
  c-Raf 1665
  促分裂原活化蛋白激酶 MAPKK 1665
  蛋白激酶 A PKA 1661~1664, 1666
  蛋白激酶 Cα 1665
  蛋白激酶 Cβ1 1665
  蛋白激酶 Cβ2 1665
  蛋白激酶 Cγ 1665
  蛋白激酶 Cδ 1665
  蛋白激酶 Cε 1665
  蛋白激酶 Cη 1665
  蛋白激酶 Cξ 1665
  蛋白激酶 G PKG 1662~1664, 1666
  酪蛋白激酶 1 1665
  酪蛋白激酶 2 1665
  酪蛋白激酶 CK1 1662, 1663
  糖原合成激酶 GSK3-α 1665
  糖原合成激酶 GSK3-β 1661~1666
  细胞外信号调解蛋白激酶 Erk1 1665
  细胞外信号调解蛋白激酶 Erk2 1665
  细胞周期蛋白依赖激酶 CDK1/细胞周期素 B 1661~1666
  细胞周期蛋白依赖激酶 CDK2/细胞周期素 A 1665
  细胞周期蛋白依赖激酶 CDK2/细胞周期素 E 1665
  细胞周期蛋白依赖激酶 CDK4/细胞周期素 D1 1665
  细胞周期蛋白依赖激酶 CDK5/p25 蛋白 1661~1666
  依赖 cAMP 的蛋白激酶 1665
  胰岛素受体酪氨酸激酶 1665
蛋白激酶抑制剂, 无活性
  蛋白激酶 A PKA 1667
  蛋白激酶 G PKG 1661, 1667
  酪蛋白激酶 CK1 1664
  糖原合成激酶 GSK3-β 1667
  细胞周期蛋白依赖激酶 CDK5/p25 蛋白 1667
  细胞周期蛋白依赖激酶 CDK1/细胞周期素 B 1667
蛋白酪氨酸激酶 PTK 抑制剂 487
蛋白酪氨酸磷酸酶 1B (PTP1B) 抑制剂 212, 1430, 1910
蛋白酪氨酸磷酸酶 1B (PTP1B) 抑制剂, 胰岛素信号转导负调节因子 1910
蛋白磷酸酶 2A 抑制剂 492, 498, 499
蛋白磷酸酶 2A 抑制剂 无活性 449, 454, 471, 477, 493, 494, 506
蛋白磷酸酶抑制剂 1557
蛋白酶 β-分泌酶 BACE 抑制剂 2088, 2090, 2091
蛋白酶体抑制剂 893~896, 917, 931
蛋白酶抑制剂
  半胱氨酸蛋白酶, 菠萝蛋白酶 12, 13, 40, 177, 178
  半胱氨酸蛋白酶, 木瓜蛋白酶 12, 13, 40, 177, 178
  半胱氨酸蛋白酶, 无花果蛋白酶 12, 13, 40, 177, 178
  半胱氨酸蛋白酶, 组织蛋白酶 B 12, 13, 40, 177, 178
  半胱氨酸蛋白酶, 组织蛋白酶 L 12, 13, 40, 177, 178
蛋白酶抑制剂 无活性
  金属蛋白酶, 嗜热菌蛋白酶 12, 13, 40, 177, 178
  丝氨酸蛋白酶, 人胰蛋白酶 12, 13, 40, 177, 178
  丝氨酸蛋白酶, 胰凝乳蛋白酶 12, 13, 40, 177, 178
  天冬氨酸蛋白酶, 组织蛋白酶 D 12, 13, 40, 177, 178
G-蛋白耦合受体 18 (N-花生酰基甘氨酸受体) 拮抗剂 1074
蛋白质合成抑制剂 1759~1761, 1763
蛋白质生物合成抑制剂 1134
导致较早细胞凋亡, 人急性单核细胞白血病细胞 THP-1 95
低血压的 803
第一个天然来源的 USP7 抑制剂 466
碘转运抑制剂 1292, 1294
电压敏感钠通道阻滞剂, neuro-2a 1295
毒害神经的, 金鱼毒性试验 561, 562, 563
毒素 107, 111, 122, 123, 1310, 1433~1435, 1979
端粒酶抑制剂 2083~2087
对 P-糖蛋白上的 azidopine 键位的键合比 10μmol/L 维拉帕米差 531
对 5-HT2A 和 5-HT2C 受体有亲和力, 高活性, 和抑郁症有关 1018
对 GABA$_A$ 受体的苯二氮䓬键位的亲和力 1579
对 GABA$_A$ 受体的苯二氮䓬键位的亲和力, 强烈亲和 1578
对 HIV-1 靶标的键合能力 2000, 2001, 2117
对 HIV-1 靶标的键合能力, 对重组蛋白 gp41 (HIV-1 的反式膜蛋白) 2053, 2054, 2057, 2058, 2062, 2129
对 HIV-1 靶标的键合能力, 对重组蛋白 Vif (HIV-1 的病毒性感染因子) 2053, 2054, 2057, 2058, 2062, 2129
对 HIV-1 靶标的键合能力, 对重组蛋白人 APOBEC3G (细胞内固有的 v 抗病毒因子) 2053, 2054, 2057,

2058, 2062, 2129
对 HIV-1 靶标的键合能力, 重组蛋白 gp41　2000~2003, 2053~2055, 2057~2062, 2129
对苯二氮卓类 GABA$_A$ 受体键合位有高亲和力　1563
对哺乳动物细胞形态有显著可逆的非细胞毒效应　206
对多种药物的抗性 MDR 逆转剂　419
对多种药物的抗性 MDR 抑制剂　397, 407
对神经元烟碱乙酰胆碱受体有亲和力, 放射性配体键合试验　949
对肾脏有毒的　2052
对腺嘌呤核苷受体的亲和力, 强烈亲和 A$_1$-腺嘌呤核苷受体　1579
对腺嘌呤核苷受体的亲和力, 强烈亲和 A$_2$-腺嘌呤核苷受体　1579
对烟碱乙酰胆碱 nACh 受体有亲和力, 高活性和亚型选择性　953, 954
对植物有毒, 蒋森草　1915
对植物有毒的　705
多巴胺转运蛋白 DAT 抑制剂　36, 37
多药耐药性翻转剂　2023
多药耐药性翻转剂, 和维拉帕米相比在 P-糖蛋白上的 azidopine 键合位不那么有效　532, 533, 536
多药耐药性翻转剂, 和维拉帕米相比在 P-糖蛋白上的 azidopine 键合位更加有效　534, 537, 538
多药耐药性翻转剂, 和维拉帕米相比在 P-糖蛋白上的 azidopine 键合位效果很差　535, 539
多药耐药因子 P 糖蛋白抑制剂　999
多种钠通道 (Ⅰ, Ⅱ, Ⅲ, μ1 和 h1) 阻滞剂　108
多种钠通道 (Ⅰ, Ⅱ, Ⅲ和 h1) 阻滞剂　120
多重抗药性翻转剂　531
二氢链霉素拮抗剂　1485
二氢叶酸还原酶抑制剂　258
发展有潜力的流感病毒抑制剂的一个新的先导化合物　998
法呢基蛋白转移酶抑制剂　268
翻转抗阿霉素效应, 多药耐药性 MDR Ad300 细胞　999
翻转抗阿霉素效应, 多药耐药性 MDR SW620 细胞　999
反迁移活性, 创伤修复试验, 高度转移性的 MDA-MB-231 人乳腺癌细胞　321~323, 326, 328, 329, 1238, 1253, 1275
反式激活 PPAR-γ, 基于细胞的荧光素酶报道试验　975, 1021
泛素活化酶 E1 抑制剂　863, 864
芳香化酶抑制剂　1962

芳香酶 P450　757
防御性分泌　521
防止细胞增殖和诱导细胞凋亡　1661
β-分泌酶 BACE 抑制剂　414
佛波醇-12-豆蔻酸酯-13-乙酸酯 TPA 结合抑制剂　1042, 1043
腹泻性贝毒　1431
钙离子拮抗剂　9, 84
钙离子释放剂　1555, 1560
钙释放活性　1561
钙释放诱导剂, 肌质网, 比咖啡因活性高 20 倍　1421~1424
钙调蛋白拮抗剂　1445, 1446, 1674
钙调蛋白拮抗剂, 钙调蛋白是生物细胞内一种重要的调控蛋白, 通过其与靶酶的相互作用, 控制细胞正常的生长和发育　821, 823, 889
钙调磷酸酶 CaN 抑制剂, 有值得注意的活性, 文献中极少有化合物在纳摩尔浓度水平抑制钙调磷酸酶 CaN 或肽酶 CPP32 者　1120
钙调磷酸酶抑制剂　1911
钙通道 RyR1-FKBP12 拮抗剂, 结合利阿诺定, 和象耳海绵定 5 的效应相反　316, 317
钙通道 RyR1-FKBP12 是一种四聚异二聚通道蛋白 (约 2000 kDa), 与较小的 12kDa 免疫亲和蛋白 FKBP12 有关　249
钙通道激动剂, 肌质网 SR　249, 262, 279, 314
钙通道调节剂　261
钙通道阻滞剂　1463
甘氨酸键合试验, NMDA 受体的标准位　959
甘氨酸门控氯离子通道受体 α1 GlyR 拮抗剂, 有潜力的和选择性的　520
肝毒素　2007
高胆固醇血症处理中的助剂　4
高度发炎和发泡药　1041
高度有毒的, 哺乳动物、鸟类、爬行动物、两栖动物和鱼类　108
高活性毒素, 非蛋白, 低分子量高活性神经毒素, 每年导致许多人中毒和死亡　108
睾酮 5α-氧化还原酶抑制剂　1739
各种激酶抑制剂, 表皮生长因子受体 EGFR 激酶抑制剂, 激酶 c-erbB-2 抑制剂, 酪氨酸激酶 VEGFR2 抑制剂　1879
谷氨酸受体的使君子氨酸位, AMPA 键合试验　959
谷胱甘肽还原酶抑制剂　278, 286
谷胱甘肽合成抑制剂　2007
骨质疏松抑制剂　2122
骨质疏松抑制剂, 对切除卵巢的小鼠抑制骨重量和骨强

度的降低 2118
光敏剂, EMT-6 细胞 531
光学治疗剂 525
过氧化物酶体增殖物受体 PPAR-γ 激动活性 690
过氧化物酶体增殖物受体 PPAR-γ 激动活性, 基于细胞的荧光素酶报道试验 691~694
海洋半索动物 Ptychodera flava laysanica 主要的香味组分 675
海藻形态发生诱导物 1420
含血清素的神经传递电位器 1030
核酸劈裂性 1952, 1953
核糖核酸 RNA 合成抑制剂 1759~1761, 1763
核糖核酸 RNA 聚合酶抑制剂 1759~1761, 1763
黑素原生成抑制剂 637
红色色素 1900
红细胞分化诱导剂, 人白血病细胞, 有潜力的 2113, 2115
化学防御物质 415~418
环庚内酰胺活性可能是由于抑制某种新的靶标 184
环加氧酶-2 抑制剂 2034
环加氧酶 COX 抑制剂, 人环加氧酶 COX-2 1726, 1727, 1739
环加氧酶 COX 抑制剂, 羊环加氧酶 COX-1 1726, 1727, 1739
环腺苷单磷酸 cAMP 抑制剂 1601, 1602
黄嘌呤氧化酶抑制剂 1660
昏睡病 93, 94
肌醇三磷酸盐 Ins(1,4,5)P$_3$ 受体拮抗剂 1463
肌动球蛋白 ATPase 酶活化剂 1811
肌动球蛋白腺苷三磷酸酶 ATPase 活化剂 449, 454, 471, 507
肌苷 5′-磷酸脱氢酶抑制剂 254
肌肉松弛剂 982, 983
基序趋化因子 12 抑制剂, C-X-C 基序趋化因子 12 诱发的 DNA 合成 36
基于斑马鱼表现型的试验, 引起斑马鱼胚胎一种表现型 1550
基质金属蛋白酶 1 型膜 MT1-MMP 抑制剂, 小锚海绵糖苷的效力比 FN-439 弱 10 倍 584~586
基质金属蛋白酶-2 (MMP-2) 抑制剂 584
激活酪氨酸激酶 p56lck-CD4 的解离实验 79
激酶 c-erbB-2 抑制剂 513, 514, 517, 518, 1691, 1879
激酶 c-erbB-2 抑制剂 无活性 1877, 1878, 1880
激酶 EGFR 抑制剂 无活性 1877, 1878, 1880
激酶 GSK-3β 的 ATP 键合抑制剂, 特定的非竞争性的 917
激酶 HER2 抑制剂 1881~1883

MAP 激酶 MEK 抑制剂 467, 482
激酶抑制剂, 激酶 CK1δ 2024, 2118, 2119
激酶抑制剂, 激酶 c-Met 1815
激酶抑制剂, 糖原合成激酶-3β (GSK-3β) 2024, 2118, 2119
激酶抑制剂, 细胞周期蛋白依赖激酶 5 (CDK5) 2024, 2118, 2119
急性毒性 508
几丁质合成酶抑制剂 573
几丁质酶抑制剂 287, 457, 475, 515
记忆缺失性贝毒 550
钾通道大电导钙激活抑制剂 1078, 1081, 1083, 1085
钾通道阻断活性 982
碱性磷酸酶抑制剂 394
键合亲和力, 对金属离子 Fe^{3+}, Cu^{2+} 和 Zn^{2+} 1720, 1721
降低哺乳动物中的胆红素 522
降钙素基因相关蛋白 CGRP 键合试验 959
降血糖, 醛糖还原酶抑制剂, 大鼠眼晶状体醛糖还原酶 RLAR 528, 529
降血糖, 抑制改进的糖化作用终端产物 AGE 的形成 528, 529
胶原蛋白酶抑制剂, 溶组织梭状芽孢杆菌 Clostridium histolyticum 胶原蛋白酶 1819
拮抗剂, 大麻素受体 CB2 1091, 1092
拮抗作用, 组胺受体 H2, 多巴胺受体 DAT, 肾上腺素能受体 β3 1090
金鱼 LD$_{50}$ 228, 965
拒食活性 344, 396, 438, 439, 552, 1118, 1209, 1284, 1285, 1288, 1291, 1297
　暗礁鱼 Thalassoma bifasciatum 2114
　端足目 Anonyx nugax 和海星 1429
　对主要的南极海绵捕食者 1504
　遏制捕食 1013, 1014
　海鞘拒食 345
　珊瑚礁鱼双带锦鱼 Thalassoma bifasciatum 516
　使海洋生物拒食 1386
　鱼类 684, 686, 688, 1014~1016, 1436, 1437
　作用广泛 578
绝对抑制浓度 IC$_{100}$ 1425~1427
抗 5-羟色胺, 原噬菌体诱导 509
抗 HIV 125, 141, 600, 607
　CEM-4 HIV-1 感染试验 1900
　海地 HIV-I 的 RF 菌株 1264
　抑制病毒封套和核内体的融合 1095
抗 HIV-1 915, 916, 1485
抗 HIV-1 ⅢB 病毒, MAGI 试验, MAGI 细胞 2002,

抗 HIV-1 ⅢB 病毒, p24 抗原检测试验, MT4 细胞　2002, 2003, 2053~2055, 2057~2062, 2129

抗 HIV-1 ⅢB 病毒, 对 HIV-1 靶标的键合能力, 重组蛋白 Vif　2002, 2003, 2053~2055, 2057~2062, 2117, 2129

抗 HIV-1 ⅢB 病毒, 对 HIV-1 靶标的键合能力, 重组蛋白人 APOBEC3G（细胞内固有的抗病毒因子）　2000, 2001, 2053~2055, 2057~2062, 2129

抗 HIV-1, HIV-1 感染的 CEM 4 细胞　21, 82, 84, 91, 105

抗 HIV-1, ⅢB 病毒, MAGI 试验, Hela-CD4-LTR-β-gal 指示器细胞　2001, 2002, 2053~2055, 2057~2062, 2129

抗 HIV-1, 抑制用靶标逆转录酶复制 HIV-1 和阻断非核苷逆转录酶抑制剂抗性菌株　1094

抗阿尔茨海默病
　　临床前试验　1142
　　临床试验, 2007 年 7 月贝尔鲁斯健康公司　3
　　抑制淀粉样蛋白 A 原纤维形成和沉积, 用于处理阿尔茨海默病和大脑淀粉样蛋白血管病　3
　　有潜力的　414, 2088, 2090, 2091

抗癌细胞效应　228, 965, 1280, 1295, 1315, 2064, 2065
抗丙型肝炎病毒 HCV　1497, 1517
抗病毒　6, 71, 86, 105, 468, 507, 736, 777, 832, 839, 971, 1024, 1569, 1591, 1592, 1598, 1626, 1806
抗病毒
　　无活性, HSV-2　200, 201
　　HN/1222H3N2 病毒　998
　　HSV-1 病毒　776, 827~831, 833~838, 842, 843, 1178
　　HSV-1 病毒, 完全抑制弥漫细胞毒　9, 84, 87
　　HSV-2 病毒　731, 903
　　IFV H1N1 病毒　1087, 1088
　　LN/1109 H1N1 病毒　998
　　冠状病毒 A-59　776
　　呼吸系统多核体病毒 RSV　1476
　　脊髓灰质炎病毒 Polio sp.　543
　　流感 A H1N1 病毒　594~596, 1061~1065, 1067, 1069, 1072, 1073, 1075, 1077, 1636, 1637, 1641, 1782, 1783, 1797, 1802~1805
　　流感 A/WSN/33 病毒　998
　　疱疹性口炎病毒 Vesicular stomatitis virus　776
　　选择性的抗 HIV 剂, 通过阻断 r5 热带病毒, 而不影响 x4 热带 HIV-1 感染　786
　　烟草花叶病毒 TMV　1655
　　抑制肝炎 B 病毒　100~102
　　抑制感染的 MDCK 细胞中 H1N1 病毒　622, 623

抑制猫白血病病毒的复制　738
抑制猫白血病病毒的生长　283, 1251
诱导爱泼斯坦-巴尔病毒的早期抗原　1039
抗病毒/细胞毒, BSC 细胞　857, 879
抗病毒/细胞毒, HSV-1 病毒在 BSC 细胞上生长　857, 879
抗病毒/细胞毒, Polio 病毒, Pfizer vacine 株, 生长在 BSC 细胞上　857, 879
抗代谢的　974
抗低血压药　227
抗低血压药, 大剂量时　229
抗毒蕈碱　483, 506, 509
抗恶性细胞增生　1281, 1963, 2072, 2073
　　MDA-MB-435　184, 188, 189, 191, 193, 194
　　哺乳动物细胞　1280
　　小鼠成纤维细胞　1956
　　小鼠单核细胞/巨噬细胞 J774　1419
　　小鼠纤维肉瘤细胞 WEHI-164　1419
抗恶性细胞增殖的　190, 196, 197
抗分枝杆菌, Mycobacterium vaccae　1442, 2012, 2093~2095, 2123
抗分枝杆菌, 引起肺结核病 TB 的包皮垢分枝杆菌 Mycobacterium smegmatis 和牛型分枝杆菌 Mycobacterium bovis　1439, 1441
抗高血压药　483, 1287
抗弓形虫, 刚地弓形虫 Toxoplasma gondii　904
抗弓形虫, 刚地弓形虫 Toxoplasma gondii, 无细胞毒性　917, 922
抗过敏剂　775
抗寄生虫　184, 185, 803, 1131
抗结核　1955
抗结核, 结核分枝杆菌 Mycobacterium tuberculosis　616, 903, 906, 907, 915~917, 919, 929, 930
抗结核, 结核分枝杆菌 Mycobacterium tuberculosis H37Rv　483, 490, 866, 897, 899, 904, 905, 913, 920~922, 933, 934, 1254, 1256, 2104, 2108
抗菌　199, 238, 239, 280, 396, 468, 488, 489, 507, 673, 680, 715, 716, 719, 737, 739~741, 809, 817, 900, 918, 944, 950, 1020, 1031, 1047, 1054, 1132, 1189, 1252, 1386, 1387, 1428, 1429, 1497, 1517, 1607~1609, 1690, 1769~1771, 1780, 1830, 1831
　　4 种细菌　1341
in vitro 非体内实验, 革兰氏阳性菌和革兰氏阴性菌　956, 976
MREC　621
MRSA　15, 18~20, 80, 81, 151, 388, 389, 423~426, 619, 621, 668, 754~758, 788, 1058, 1059, 1873, 1904,

2036
VREF   619, 621, 754~758, 788, 1873, 1904
白色葡萄球菌 *Staphylococcus albus*   1045
棒状杆菌属 *Corynebacterium insidiosum*   617
表皮葡萄球菌 *Staphylococcus epidermidis*   674, 845~851, 940~942, 945~948, 1009, 1058
草分枝杆菌 *Mycobacterium phlei*   617
产气肠杆菌 *Enterobacter aerogenes*   167
产气荚膜梭菌 *Clostridium perfringens*   1743, 1744
肠球菌属 *Enterococcus faecelis*   940~942
肠炎沙门氏菌 *Salmonella enteritidis*   1744
迟缓爱德华菌 *Edwardsiella tarda*   1070
大肠杆菌 *Escherichia coli*   15, 18~20, 309, 334, 449, 454, 471, 492~499, 502, 503, 506, 509, 571, 573, 708, 709, 711, 738, 829, 830, 837, 838, 840, 841, 852, 856, 1070, 1240~1242, 1330, 1338, 1343, 1345, 1440, 1501, 1503, 1510, 1618, 1639, 1655, 1744, 1871, 1991, 2004, 2026, 2051, 2078~2080
大肠杆菌 *Escherichia coli* ATCC 11775   433, 483, 489, 506, 517, 519, 986, 987
大肠杆菌 *Escherichia coli* ATCC 25922   449, 509, 782~874, 2110
大肠杆菌 *Escherichia coli* ESS K-12   1045
大肠杆菌 *Escherichia coli* HB101   449, 509
大肠杆菌 *Escherichia coli* NIJ JC2   1414
大肠杆菌 *Escherichia coli*, 渗透率突变   619, 621
大肠杆菌 *Escherichia coli* 和金黄色葡萄球菌 *Staphylococcus aureus*   953
大肠杆菌 *Escherichia coli* 和藤黄色微球菌 *Micrococcus luteus*   1555
地衣芽孢杆菌 *Bacillus licheniformis*   617
短芽孢杆菌 *Bacillus brevis*   617
肺炎链球菌 *Streptococcus pneumoniae*   74, 1183, 1184
分枝杆菌属 *Mycobacterium* sp.   925, 1621
粪肠球菌 *Enterococcus faecalis*   1183, 1184
粪肠球菌 *Enterococcus faecalis* ATCC 29212   2008, 2126, 2127
粪链球菌 *Streptococcus faecalis*   509
革兰氏阳性菌   179, 245~248, 346~348, 394, 427, 723, 828, 1093, 1124, 1261, 1262, 1400~1402, 1413, 1612, 1621, 1767
革兰氏阳性菌, 特别是孢子携带者   602
革兰氏阳性菌和革兰氏阴性菌   506, 917, 1305, 1306, 1624, 1742, 1967, 1975
革兰氏阳性菌和革兰氏阴性菌, 有潜力的广谱抗生素   1645~1647

革兰氏阳性菌结膜干燥棒状杆菌 *Corynebacterium xerosis*   927
革兰氏阳性菌枯草杆菌 *Bacillus subtilis*   542, 543, 2027, 2028
革兰氏阴性菌铜绿假单胞菌 *Pseudomonas aeruginosa*   1988, 1989
革兰氏阴性菌黏质沙雷氏菌 *Serratia marcescens*   1164, 1510
谷氨酸棒杆菌 *Corynebacterium glutamicum*   15, 18~20
海氏肠球菌 *Enterococcus hirae*   1738, 1747
海洋细菌假单胞菌属 *Pseudomonas* spp.   1093
弧菌属 *Vibrio* sp.   1481
缓慢葡萄球菌 *Staphylococcus lentus*   1748, 1750
霍乱弧菌 *Vibrio cholera*   309
节杆菌 *Arthrobacter citreus*   617
结膜干燥棒状杆菌 *Corynebacterium xerosis*   769, 914
结膜干燥棒状杆菌 *Corynebacterium xerosis* IFM 2057   1354, 1355, 1414
金黄色链球菌 *Streptococcus aureus* 285   1678
金黄色链球菌 *Streptococcus aureus* 503   1678
金黄色链球菌 *Streptococcus aureus* SG 511   1678
金黄色葡萄球菌 *Staphylococcus aureus*   15, 16, 18~20, 80, 81, 151, 152, 166, 241, 242, 300, 302~307, 309, 330, 331, 334, 500, 502, 503, 668, 708, 709, 711, 747, 748, 852, 859, 860, 861, 925, 939, 1026, 1044, 1070, 1124, 1165, 1166, 1240~1242, 1267, 1330, 1337, 1338, 1392, 1413, 1472, 1477, 1481, 1510, 1614, 1618, 1621, 1639, 1655, 1768, 1871, 1912, 1946, 1947, 1958~1960, 1991, 2004, 2020, 2026
金黄色葡萄球菌 *Staphylococcus aureus* 209P   1354, 1355, 1414
金黄色葡萄球菌 *Staphylococcus aureus* 6538ATCC   509
金黄色葡萄球菌 *Staphylococcus aureus* ATCC 25923   433, 449, 483, 489, 506, 509, 517, 519, 712, 2108
金黄色葡萄球菌 *Staphylococcus aureus* ATCC 29213   782, 783, 2008, 2126, 2127
金黄色葡萄球菌 *Staphylococcus aureus* ATCC 6538p   2100
金黄色葡萄球菌 *Staphylococcus aureus* ATCC 9144   433, 483, 489, 506, 517, 519
金黄色葡萄球菌 *Staphylococcus aureus* ATCC6538   485, 1724
金黄色葡萄球菌 *Staphylococcus aureus*, 耐苯唑西林   619, 621

金黄色葡萄球菌 *Staphylococcus aureus*, 耐苯唑西林, 耐庆大霉素, 耐环丙沙星　　619, 621

金黄色葡萄球菌 *Staphylococcus aureus*, 作用的分子机制: 分选酶 A 抑制剂和纤维连接蛋白键合　　1625

巨大芽孢杆菌 *Bacillus megaterium*　　856, 1019

抗盘尼西林奈瑟氏淋球菌 *Neisseria gonorrheae* PRNG (临床分离的)　　1603~1606, 1758

枯草杆菌 *Bacillus subtilis*　　147, 300, 449, 454, 471, 492~500, 502, 503, 506, 571, 573, 617, 708, 709, 711, 735, 738, 818, 829~831, 835, 837, 838, 840~843, 845~851, 855, 857, 879, 914, 925, 940~942, 1019, 1045, 1058, 1124, 1194, 1330, 1337, 1413, 1440, 1472, 1491, 1493, 1501, 1503, 1545, 1546, 1548, 1604, 1614, 1618, 1621, 1685, 1686, 1748, 1750~1753, 1759~1761, 1763, 1768, 1871, 1942, 1943, 1958~1960, 2012, 2020, 2093~2095

枯草杆菌 *Bacillus subtilis* 168　　449, 469, 504, 505, 509

枯草杆菌 *Bacillus subtilis* 6633ATCC　　509

枯草杆菌 *Bacillus subtilis* ATCC 6051　　506, 489, 433, 451, 483, 519, 517

枯草杆菌 *Bacillus subtilis* ATCC 6633　　433, 451, 483, 485, 489, 506, 517, 519, 1724, 2100

枯草杆菌 *Bacillus subtilis in vivo*　　1957

枯草杆菌 *Bacillus subtilis* PCI 189　　1354, 1355, 1414

枯草杆菌 *Bacillus subtilis* Presque Isle 620　　1758

枯草杆菌 *Bacillus subtilis* SCSIO BS01　　782, 783

蜡样芽孢杆菌 *Bacillus cereus*　　2048

蜡样芽孢杆菌 *Bacillus cereus* 213PCl　　509

链霉菌属 *Streptomyces* sp. 85E　　1907~1909, 1914

链霉菌属 *Streptomyces* sp.　　617

流感嗜血杆菌 *Hemophilus influenzae*　　1743

绿产色链霉菌 *Streptomyces viridochromogenes*　　791, 1472

铜绿假单胞菌 *Pseudomonas aeruginosa*　　15, 18~20, 509, 859~861, 1240~1242, 1343, 1345, 1871

铜绿假单胞菌 *Pseudomonas aeruginosa* ATCC 10145　　489, 506, 433, 483, 517, 519

铜绿假单胞菌 *Pseudomonas aeruginosa*, 选择性的　　22~24

鳗弧菌 *Vibrio anguillarum*　　1070, 1614

奈瑟氏淋球菌 *Neisseria gonorrheae* ATCC 49226　　1603~1605

酿脓链球菌 *Streptococcus pyogenes*　　72, 74, 940~942

酿脓链球菌 *Streptococcus pyogenes* 308A　　1678

酿脓链球菌 *Streptococcus pyogenes* 77A　　1678

农杆菌属 *Agrobacterium tumfaims*　　844, 865

葡萄球菌属 *Staphylococcus* sp.　　713, 1183, 1184

普通变形杆菌 *Proteus vulgaris* ATCC 3851　　2100

奇异变形杆菌 *Proteus mirabilis*　　2049

强烈抑制两种在同一地区生存的细菌菌株　　1373, 1374

群体感应, 作用的分子机制: 抑制高丝氨酸内酯受体结合　　150

溶壁微球菌 *Micrococcus lysoleikticus*　　571, 573

溶血葡萄球菌 *Staphylococcus haemolyticus*　　940~942

伤寒沙门氏菌 *Salmonella typhi*　　1164

伤寒沙门氏菌 *Salmonella typhi* 1943OATCC　　509

屎肠球菌 *Enterococcus faecium*　　940~942, 1044

水产养殖鱼类, 抗革兰氏阴性菌引起的疾病　　146

苏云金芽孢杆菌 *Bacillus thuringiensis* SCSIO BT01　　782, 783, 2008, 2126, 2127

藤黄八叠球菌 *Sarcina lutea*　　300, 769, 914, 925, 1267

藤黄色微球菌 *Micrococcus luteus*　　312, 313, 449, 454, 471, 492~500, 502, 503, 506, 617, 735, 853, 1330, 1337, 1510, 1738, 1747, 1835, 1853, 2020, 2078~2080

藤黄色微球菌 *Micrococcus luteus* ATCC 49732　　986, 987

藤黄色微球菌 *Micrococcus luteus* IFM 2066　　1354, 1355, 1414

藤黄色微球菌 *Micrococcus luteus* IFO 12708　　2100

藤黄色微球菌 *Micrococcus luteus*, 作用的分子机制: 分选酶 A 抑制剂　　1518

天然的有活性, 合成的无活性　　1337

无活性, 抗盘尼西林肺炎葡萄球菌 *Staphylococcus pneumoniae* PRSP(临床分离的)　　1604, 1758

细菌 B-392　　1614

乙酸钙不动杆菌 *Acinetobacter calcoaceticus*　　617

阴沟肠杆菌 *Enterobacter cloacae*　　2049

引起肺结核病 TB 的包皮垢分枝杆菌 *Mycobacterium smegmatis* 和牛型分枝杆菌 *Mycobacterium bovis*　　1438

鱼病原体细菌鳗弧菌　　332, 333

鱼肠道弧菌 *Vibrio ichthyoenteri*　　2048

抗苯唑西林的金黄色葡萄球菌 *Staphylococcus aureus*, 4 种　　2108

抗菌 无活性

MREC　　619

MRSA　　152~154, 390~392

表皮葡萄球菌 *Staphylococcus epidermidis*　　335~338,

1725, 1807
产气肠杆菌 *Enterobacter aerogenes*　166, 1392
产酸克雷伯菌 *Klebsiella oxytoca* 1082 E　1678, 1681, 1682
大肠杆菌 *Escherichia coli*　72, 74, 275, 307, 477, 818, 829, 831, 835, 842, 843, 855, 857, 859, 860, 861, 879, 1958~1960
大肠杆菌 *Escherichia coli* ATCC 25922　780, 785, 786, 2100
大肠杆菌 *Escherichia coli* DC 2　1678, 1681, 1682
大肠杆菌 *Escherichia coli* NIJ JC2　1354, 1355
肺炎链球菌 *Streptococcus pneumoniae*　72
粪肠球菌 *Enterococcus faecalis* ATCC 29212　2128
粪链球菌 *Streptococcus faecalis*　72, 74
弗氏志贺氏菌 *Shigella flexneri*　309, 464
革兰氏阳性和革兰氏阴性菌　1723
革兰氏阴性菌幽门螺杆菌 *Helicobacter pylori*, 特别和胃癌有关　450, 452
缓慢葡萄球菌 *Staphylococcus lentus*　1749
霍乱弧菌 *Vibrio cholera*　275, 307
金黄色链球菌 *Streptococcus aureus* 285　1681, 1682
金黄色链球菌 *Streptococcus aureus* 503　1681, 1682
金黄色链球菌 *Streptococcus aureus* SG 511　1681, 1682
金黄色葡萄球菌 *Staphylococcus aureus*　72, 74, 153, 154, 167, 275, 307, 428~431, 464
金黄色葡萄球菌 *Staphylococcus aureus* ATCC 29213　780, 785, 786, 2128
巨大芽孢杆菌 *Bacillus megaterium*　1019
枯草杆菌 *Bacillus subtilis*　428~431, 477, 1019, 1190
枯草杆菌 *Bacillus subtilis* SCSIO BS01　780, 785, 786
蜡样芽孢杆菌 *Bacillus cereus*　1019
酿脓链球菌 *Streptococcus pyogenes* 308A　1681, 1682
酿脓链球菌 *Streptococcus pyogenes* 77A　1681, 1682
普通变形杆菌 *Proteus vulgaris*　464
伤寒沙门氏菌 *Salmonella typhi*　275
苏云金芽孢杆菌 *Bacillus thuringiensis* SCSIO BT01　780, 785, 786, 2128
铜绿假单胞菌 *Pseudomonas aeruginosa*　166, 167, 818, 855, 857, 879, 1392, 1501, 1503
铜绿假单胞菌 *Pseudomonas aeruginosa* 1592E　1678, 1681, 1682
铜绿假单胞菌 *Pseudomonas aeruginosa* 1771　1678, 1681, 1682
铜绿假单胞菌 *Pseudomonas aeruginosa* 1771M　1678, 1681, 1682
抗菌
　藤黄八叠球菌 *Sarcina lutea*　1621
　藤黄色微球菌 *Micrococcus luteus*　428~431, 477, 575, 1606
抗溃疡药　42
抗蓝细菌　1331
抗利什曼原虫　340
抗利什曼原虫 无活性, 主要利什曼原虫 *Leishmania major*　1089
抗利什曼原虫, 杜氏利什曼原虫 *Leishmania donovani*　10, 11, 73, 876, 877, 897, 903, 917, 921
抗疟疾　915, 916, 1222, 1497, 1517, 1901, 1902
　CRPF　1266
　CRPF Dd2　1997
　CSPF 3D7　1997
　in vivo　922
　in vivo, 高活性　904
　MRPF K1　1214, 1215, 1217, 1220, 1221
　伯氏疟原虫 *Plasmodium berghei in vivo*, 无表观毒性　913
　伯氏疟原虫 *Plasmodium berghei in vivo*, 有潜力无表观毒性　903, 912
　恶性疟原虫 *Plasmodium falciparum*　643, 1485, 1478, 1484
　恶性疟原虫 *Plasmodium falciparum* K1　506, 876, 877
抗疟疾负面结果, 小鼠模型, *in vivo*, 观察到高水平活性　1498, 1499
抗帕金森病的　227
抗羟色胺　1339
抗侵袭　1060
抗侵袭, 高度转移性的 MDA-MB-231 细胞　1238, 1253, 1275
抗侵袭活性, 高度转移性的 MDA-MB-231 人乳腺癌细胞　321~323, 326, 328, 329
抗青光眼　1310
抗生素　132, 351, 634, 642, 943, 1008, 1617, 1740~1742, 1963
抗生素, 特异青霉菌 *Penicillium notatum*　508
抗微生物　6, 39, 61, 124, 184, 185, 210, 268, 287, 289, 434~437, 631, 632, 707, 720~722, 726, 746, 749, 750, 754, 951, 957, 958, 981, 1106, 1107, 1115~1117, 1129, 1243, 1244, 1403, 1482, 1483, 1492, 1502, 1623, 1735, 1745, 1746, 1754~1757, 1773, 1811, 1875, 1890, 1892, 1893, 1897, 2099, 2124
抗微生物, *in vivo*　49

抗微生物，广谱 755~758
抗微生物，抑制两种常见的从环境水中分离的水体微生物的生长 1504
抗微生物，有潜力的 734
抗微藻，根腐小球藻 Chlorella sorokiniana 791
抗微藻，小球藻 Chlorella vulgaris 791
抗微藻，栅藻属 Scenedesmus subspicatus 791
抗污剂 172, 449, 474, 475, 488, 506, 507, 673, 695~697, 1261, 1265, 1386
 酚氧化酶抑制剂 1822
 甲壳类动物变形抑制剂 1863
 抗船底附着生物总合草苔虫 Bugula neritina 幼虫定居 2067, 2068
 纹藤壶 Balanus amphitrite 39
 纹藤壶 Balanus amphitrite 的腺介虫幼虫 273, 1867~1869
 纹藤壶 Balanus amphitrite 幼虫 1839~1844, 1846, 1850, 1851, 1854, 1855, 1864~1866, 1903
 抑制藤壶金星幼体蜕皮 457, 515
 抑制藤壶幼虫定居和变形 1246, 1247, 1833
 抑制微生物污着 1425~1427
 抑制纹藤壶 Balanus amphitrite 幼虫定居 1672
 抑制纹藤壶 Balanus amphitrite 幼虫定居，高活性 635~638
 幼虫定居抑制剂 1863
 总合草苔虫 Bugula neritina 幼虫 1480
 总合草苔虫 Bugula neritina 幼虫定居 1098
抗血管生成 250
 基质金属蛋白酶抑制剂 445
 HUVECs 1915~1918
 K562 1915~1918
 KB 1915~1918
 neuro-2a 1915~1918
 NHDF 1915~1918
抗血清素 961~964, 1811
抗炎 230~232, 248, 252~255, 280, 467, 482, 580, 581, 770, 774, 775, 1281, 1457, 1905, 1906, 1956
 RTX 诱发的小鼠耳肿试验 2025
 测量 IL-1β 诱导的 PLA$_2$ 分泌炎症疾病模型，HepG$_2$ 1295
 使用活化的人外围血中性粒细胞 974
 脂多糖 LPS 激活的脑小胶质细胞的调节，作用的分子机制：TXB2 抑制 902, 904, 917
 中性粒细胞趋化性抑制剂 458
抗氧化剂 524, 1151~1153, 1185
 ABTS^{++} 自由基阳离子清除剂 129, 130, 133, 149, 620
 DPPH 自由基清除剂 129, 130, 133, 137, 149, 175, 620, 701, 702, 859, 860, 861, 1180, 1181, 1728~1731, 2129, 2132~2134
 POV 过氧化物值的方法 670~672
 高度抑制黄嘌呤氧化酶 1539
 高活性 997
 人中性粒细胞，抑制 TPA 诱导的超氧化物阴离子生成 579~581
 氧自由基吸收能力 955, 958
 游离自由基清除剂，对抗 L-谷氨酸毒性保护 N18-RE-105 细胞，比对照物 α-生育酚有相当高的活性 967, 968
 自由基清除剂 628, 1613, 1985
抗有丝分裂 205, 1280~1283, 1875
 HeLa 细胞，细胞有丝分裂率的测定采用特异性微板免疫分析法 ELISA 55~58
 采用特异性有丝分裂标记物 MPM-2 改进的基于细胞的免疫实验 158, 159
抗诱变剂 1875
抗藻 1331
抗增生的 803
抗增殖 173
抗增殖，HeLa 细胞 1258
抗真菌 43, 173, 226, 287, 508, 633, 639, 730, 803, 806, 807, 915, 916, 1024, 1031, 1047, 1054, 1059, 1142, 1201, 1215, 1340, 1357, 1358, 1387, 1400~1402, 1438, 1439, 1472, 1521, 1522, 1524, 1581, 1618, 1675, 1687, 1693, 1810, 1828, 1859, 1950, 1951, 2124
 ARCA 593
 erg6 突变的酿酒酵母 Saccharomyces cerevisiae 生长 339, 343, 459, 1668
 白菜黑斑病菌 Alternaria brassicae 1338, 1639, 1655, 2026
 白色念珠菌 Candida albicans 16, 19, 64, 105, 298, 299, 300, 501~503, 590, 591, 593, 723, 738, 747, 748, 762~764, 788, 818, 852, 855, 857, 859~861, 879, 950, 1167~1169, 1172~1175, 1182, 1186, 1230, 1231, 1234, 1235, 1319~1321, 1330, 1343, 1345, 1503, 1614, 1685, 1686, 1791, 1792, 1871, 1942, 1988, 1989, 2020~2022, 2076, 2077, 2136
 白色念珠菌 Candida albicans ATCC 14503 1356
 白色念珠菌 Candida albicans ATCC 90028 433, 483, 506, 519, 1354, 1414, 1604
 白色念珠菌 Candida albicans UCD-FR1 1356
 孢子囊根霉菌 Rhizopus sporangia 593
 病源真菌 1226

产朊假丝酵母 ATCC 9950　985~987
稻米曲霉 Aspergillus oryzae　732
多变拟青霉菌 Paecilomyces variotii　300
多变拟青霉菌 Paecilomyces variotii YM-1　1354, 1355, 1414
粪壳菌属 Sordaria sp.　593
光滑念珠菌（光滑假丝酵母）Candida glabrata　1356
广谱　593
黑曲霉菌 Aspergillus niger　460~463, 502, 503, 593, 1191, 1192, 1330, 1338, 1639, 1655, 2026
黑曲霉菌 Aspergillus niger ATCC 40406　1354, 1355, 1414
尖孢镰刀菌 Fusarium oxysporium　2026
酵母　828, 852, 1020
抗唑的白色念珠菌 Candida albicans　1368
克鲁斯念珠菌（克鲁斯假丝酵母）Candida krusei　1356
立枯丝核菌*Rhizoctonia solani　984
米黑毛霉 Mucor miehei　1372
棉花枯萎病菌 Fusarium vasinfectum　2026
念珠菌属 Candida sp.　1994
酿酒酵母 Saccharomyces cerevisiae　617, 618, 830, 834, 837, 838, 840~842, 1128, 1988, 1989, 2017
酿酒酵母 Saccharomyces cerevisiae ATCC 9763　986, 987
苹果轮纹病菌 Physalospora piricola　1338, 1639, 1655, 2026
苹果树腐烂菌 Valsa ceratosperma　1964
葡萄白腐病菌 Coniella diplodiella　1338, 1639, 1655, 2026
葡萄孢菌 Botrytis cinerea　984
青霉属 Penicillium sp.　593
球孢枝孢　218
深酒色青霉 Penicillium atrovenetum　829, 830, 837, 838, 840, 841
输精管镰刀菌 Fusarium oxysporium f. sp. vasinfectum　1338, 1639, 1655
突变酿酒酵母 Saccharomyces cerevisiae　298, 299
新型隐球酵母 Cryptococcus neoformans　73, 300, 502, 503, 593, 735, 738, 747, 748, 1853
新型隐球酵母 Cryptococcus neoformans　1330, 1685, 1686, 2020
新型隐球酵母 Cryptococcus neoformans 32609　728
新型隐球酵母 Cryptococcus neoformans ATCC 900112　1354, 1355, 1414
新型隐球酵母 Cryptococcus neoformans ATCC 90112　1604
须发癣菌 Trichophyton mentagrophytes　502, 503, 542, 543, 732, 747, 748, 818, 855, 857, 879, 927, 1194, 1330, 1853, 2020, 2027, 2028
须发癣菌 Trichophyton mentagrophytes ATCC 40769　1355, 1414
针孢酵母属 Nematospora coryli　617, 618
真菌 Cladzspwum resina　857, 879
病源真菌，几种　1368
抗真菌　无活性
　　白菜黑斑病菌 Alternaria brassicae　334
　　白色念珠菌 Candida albicans　166, 167, 421, 422, 587, 588, 627, 710
　　白色念珠菌 Candida albicans　1392, 1501, 1960, 1961, 2137
　　白色念珠菌 Candida albicans ATCC 90028　1355
　　黑曲霉菌 Aspergillus niger　491, 1137, 1688, 1689
　　酿酒酵母 Saccharomyces cerevisiae　829, 831
　　深酒色青霉 Penicillium atrovenetum　829, 831, 834, 842
　　藤黄色微球菌 Micrococcus luteus　1604
　　新型隐球酵母 Cryptococcus neoformans　575, 1019, 1688, 1689
　　新型隐球酵母 Cryptococcus neoformans ATCC 90113　1239
　　须发癣菌 Trichophyton mentagrophytes ATCC 40769　1354
　　烟曲霉菌 Aspergillus fumigatus　587, 588, 590, 591
　　真菌 Cladzspwum resina　818, 855
抗肿瘤　736, 777
抗肿瘤, in vivo　413, 446, 1008, 1024, 1134, 1189, 1234, 1396~1398, 1555, 1569, 1591, 1592, 1598, 1618, 1622, 1625, 1754~1757, 1764, 1765, 1922, 1934
2011 年第一阶段临床试验　159
A549　1455, 1456
B16　1761
Lewis 肺癌　1761
LX-1　1761
M5076　1761
MCF7　2098
MX-1　1761
OVCAR-3　1525, 1527
P$_{388}$　1451, 1455, 1456, 1525, 1527, 1761, 2017
SN12k1　1455, 1456
U251　1455, 1456
WiDr　2100
白血病　1041

人结肠癌 1262
微管蛋白聚合抑制剂 1283
研究了各种人肿瘤的处理, 包括软组织肉瘤, 成骨肉瘤, 黑色素瘤和乳腺癌 1763
在毫微摩尔级剂量抑制人乳腺癌细胞迁移和侵染, 对进一步设计乳腺癌迁移和侵染抑制剂的可能的支架 1275
作用机制包括小凹槽相互作用转录因子的抑制, 二级临床研究 (2003), FDA 处理软组织肉瘤给予孤儿药物的状态 (2004) 1763

抗转移性 1457
抗锥虫
 布氏锥虫 Trypanosoma brucei brucei 8, 93, 94, 901, 936, 938, 1089, 1555, 1567, 1649
 布氏锥虫 Trypanosoma brucei rhodesiense 10, 11, 876, 877
 布氏锥虫 Trypanosoma brucei subsp. rhodesiense 852
 布氏锥虫 Trypanosoma brucei, 选择性的 180, 181
 克氏锥虫 Trypanosoma cruzi 10, 11, 876, 877
抗组胺剂 509, 978~980
 豚鼠回肠 506, 519, 1245
 豚鼠回肠, 显著活性, 特定的可逆的非竞争性的效应 478, 479
 豚鼠回肠, 可逆的非竞争性的效应 480, 481
可能是骨质疏松病药物的候选物 2120
枯草杆菌 Bacillus subtilitis LD$_{99}$ 147
扩瞳剂 2125
酪氨酸激酶 HER2 抑制剂 1884, 1885, 1887
酪氨酸激酶 p56lck 抑制剂 852, 2006
酪氨酸激酶 VEGFR2 抑制剂 1877, 1878, 1880
酪氨酸激酶抑制剂 289, 517
酪氨酸激酶抑制剂, 抑制信号通路 1987, 2009~2011
类似细胞松弛素活性 1310
离子移变的谷氨酸 (海人藻酸) 受体激动剂 550
藜芦定诱导的钠流入拮抗剂, 小鼠大脑外皮神经元 143
利尿的, 用于处理痫疾 229
亮氨酸氨基肽酶抑制剂 268, 287
磷酸二酯酶 PDE 抑制剂 1445, 1446, 1674
磷脂酶 A$_2$ 抑制剂, 蜂毒 PLA$_2$ 673, 706, 955, 956, 958, 966, 976
磷脂酶 A$_2$ 抑制剂, 选择性的 212
硫酸酯酶抑制剂 1960
麻痹性毒药 106, 109
曼扎名胺类生物碱生物起源前体 1992
酶的辅助因子, 用于处理糙皮病 1395

酶抑制剂 855
免疫刺激作用 629, 1811
免疫调节剂 397, 404, 408~410, 1761, 1764, 1766
免疫系统活性, IL-8 释放强化剂 1890, 1892, 1894
免疫系统活性, 白细胞介素-8 抑制剂; 作用的分子机制: 抑制 AP-1 转录因子 526
免疫系统活性, 巨噬细胞 iNOS 抑制剂, 作用的分子机制: 抑制 NF-κB 转录因子 530
免疫抑制剂 344, 456, 662~666, 1264, 1281, 1318, 1371, 1451, 1457, 1568, 1569, 1578, 1583
 B 淋巴细胞反应试验 862
 混合淋巴细胞反应试验 508, 911, 1265, 1369, 1370
 淋巴细胞生存能力 LCV 911
灭螺剂, 海洋无毛双脐螺*Biomphalaria glabrata 393, 1279, 1284
膜基质金属蛋白酶 1 型 MT1-MMP 抑制剂 584, 585, 586
木瓜蛋白酶抑制剂 1353
钠/钾-腺苷三磷酸酶抑制剂 235, 301, 1143~1145, 1154~1156, 1794, 1795, 1798~1801
钠离子通道阻断剂 106, 109, 561~563
钠离子通道阻断剂, 小鼠 Neuro-2a 细胞 143, 145
耐多药逆转活性, 阿霉素诱导的 MCF7/Adr 细胞耐药性 1360
耐多药逆转活性, 阿霉素诱导的 K562/A02 细胞耐药性 1360
耐多药逆转活性, 抗真菌, 白色念珠菌 Candida albicans 抗性 GU5 菌株 2053, 2054, 2056~2058, 2062, 2129
耐多药逆转活性, 抗真菌, 白色念珠菌 Candida albicans 敏感 GU4 菌株 2053, 2054, 2056~2058, 2062, 2129
耐多药逆转活性, 长春新碱诱导的 KB/VCR 细胞耐药性 1360
内皮素 A 受体抑制剂 315
内皮素兴奋剂 803
内皮素转换酶抑制剂 910
能逆转耐多重药物的 K562/A02, MCF7/Adr 和 KB/VCR 细胞株 1100
拟交感神经药 227
尿激酶抑制剂 394
镍螯合剂 1574
凝血因子 XIIIa 抑制剂 218
劈开单链和双链 RNA 633
皮肤刺激剂 1042, 1043
平滑肌收缩剂 483
平滑肌松弛剂 803

破骨细胞分化抑制剂　2034

破坏肌动蛋白细胞骨架　1216

葡聚糖酶抑制剂　470

$β$-葡聚糖酶抑制剂　1625

$α$-葡萄糖苷酶抑制剂　888, 1443, 2030~2032

前列腺素 E_2 (PGE2) 抑制剂　1905, 1906

前列腺素 E_2 生成抑制剂, RAW 2647 细胞　1726, 1727, 1739

强心剂　227, 230~232

5-羟色胺拮抗剂　506, 509

5-羟色胺受体激动剂　959

5-羟色胺受体拮抗剂　463, 483

鞘氨醇激酶抑制剂　211, 216, 217

青鳉鱼 *Oryzias latipes* 细胞 LD　25

氢/钾-腺苷三磷酸酶 ATPase 抑制剂　42

氢/钾-腺苷三磷酸酶是胃的质子泵和主要负责胃内容物酸化的酶　42

球状肌动蛋白（G-肌动蛋白）聚合抑制剂，以反向制动 G-肌动蛋白的 ATP 位阻断聚合　1310, 1311

驱肠虫剂　184, 185, 188, 194, 195, 550, 556, 557, 729, 1131, 1167, 1168, 1298

驱肠虫剂, *in vitro*　189

驱肠虫剂, *in vivo*　189

驱虫剂　142, 186, 187, 197, 207, 731, 733

驱蠕虫药　1173, 1847, 1849, 1850

趋化因子受体 CXCR4 的配体　36

去氧核糖核酸 DNA 合成抑制剂　1759~1761, 1763

去氧核糖核酸 DNA 甲基转移酶抑制剂　268, 287, 292

去氧核糖核酸 DNA-键合亲和力，小牛胸腺 DNA，高活性　2043

去氧核糖核酸 DNA 结合剂　434~439

去氧核糖核酸 DNA 聚合酶 $α$-抑制剂，小牛胸腺　135, 136

去氧核糖核酸 DNA 聚合酶抑制剂　1761, 1763

去氧核糖核酸 DNA 聚合酶抑制剂，哺乳动物　554

去氧核糖核酸 DNA 劈裂剂　1566

去氧核糖核酸 DNA 嵌入剂　1562, 1564, 1571, 1574, 1579, 1589, 1590

去氧核糖核酸 DNA 嵌入剂和劈裂剂　1555

去氧核糖核酸 DNA 损坏活性　1453

去氧核糖核酸 DNA 损坏活性, 酵母试验　1448~1450

去氧核糖核酸 DNA 损伤剂　1737, 1740

去氧核糖核酸 DNA 拓扑异构酶 Ⅱ 抑制剂　554

去氧核糖核酸 DNA 拓扑异构酶 Ⅰ 毒物　2064, 2065

去氧核糖核酸 DNA 黏合剂，色谱纯化过程　844, 865

醛糖还原酶抑制剂　2103, 2112

犬尿氨酸 3-羟化酶抑制剂，选择性的　327

缺氧诱导型因子-1 (HIF-1) 活化抑制剂, 基于人乳腺癌肿瘤 T47D 细胞的 HIF-1 活化报告试验, 抑制线粒体的呼吸作用　340, 349, 352, 353, 355~362, 375~378, 381~387, 395

缺氧诱导型因子-1 (HIF-1) 活化抑制剂, 基于人乳腺癌肿瘤 T47D 细胞的 HIF-1 活化报告试验, 阻断 NADH-泛醌氧化还原酶, 以抑制线粒体的呼吸作用　379, 380

人白细胞弹性蛋白酶选择性抑制剂　1086

人白血球弹性蛋白酶 HLE 是组织被炎症损害的最初源头, 如慢性阻塞性肺病, 囊性纤维化, 和成人呼吸窘迫综合征　1089, 1090

人白血球弹性蛋白酶 HLE 抑制剂　1089, 1090

人免疫缺损病毒 1 (HIV-1) 蛋白酶抑制剂　662~666

人免疫缺损病毒 1 (HIV-1) 反向转录酶 RT 抑制剂　852

人免疫缺损病毒 1 (HIV-1) 整合酶抑制剂, HIV 编码三个酶, 反向转录酶 RT、蛋白酶 PR 和整合酶 IN　411

人免疫缺损病毒 HIV-1 融合抑制剂　85

人免疫缺损病毒 HIV-1 整合酶抑制剂　1978

人免疫缺损病毒 HIVgp-120-人 CD4 结合抑制剂　76~78

溶血的　2

三磷酸腺苷 ATP 柠檬酸盐裂合酶抑制剂　2131

色素, 紫外防晒霜　2033

杀虫剂　777

杀海绵剂　1209

杀昆虫剂　447, 448, 467, 482, 550, 556~558, 570, 784, 917, 1052, 1073, 1078, 1161, 1201, 1311, 1458, 1612, 2070, 2071, 2116

　草地贪夜蛾 *Spodoptera frugiperda*　1078~1080

　多食性害虫棉贪夜蛾 *Spodoptera littoralis* 的幼虫　1578, 1579

　谷实夜蛾 *Helicoverpa zea*　1078~1080

　黄斑露尾甲 *Carpophilus hemipterus*　1078~1080

　家蚕幼虫　2073~2075

　绵蚜虫 *Aphis gossypii*, 小菜蛾 *Plutella xylostella*, 绿棉铃虫（烟芽夜蛾）*Heliothis virescens*, 小麦壳针孢 *Septoria tritici* 以及蚕豆单胞锈菌 *Uromyces fabae*　1479

　杀幼虫剂　1118

　甜菜夜蛾 *Spodoptera exigua*, 边缘活性　138, 139

　甜菜夜蛾 *Spodoptera exigua* 和玉米根叶甲 *Diabrotica undecimpunctata* 的幼虫　446

杀螨剂　1041

杀疟原虫的 无活性, CRPF W2　1837

杀疟原虫的 无活性, CSPF D6 1837
杀疟原虫的
  CRPF 126~128, 540, 541, 970, 2064, 2065
  CRPF FcB1 465
  CRPF W2 1836, 1849, 1852, 1857
  CSPF 540, 541, 970
  CSPF D6 1836, 1849, 1852, 1857
  CSPF F32 465
  CSPF NF54 856
  Dd2 多重抗药株 867~870, 1101, 1111
  恶性疟原虫 *Plasmodium falciparum* 93, 94, 901, 917, 936, 938, 1257, 1870
  恶性疟原虫 *Plasmodium falciparum* 3D7 59
  恶性疟原虫 *Plasmodium falciparum* 3D7 药物敏感株 867~870, 1101, 1111
  恶性疟原虫 *Plasmodium falciparum* D6 905, 1838, 1858, 1861~1863
  恶性疟原虫 *Plasmodium falciparum* Dd2 59
  恶性疟原虫 *Plasmodium falciparum* FcB1 75, 80, 83, 88~90, 103~105
  恶性疟原虫 *Plasmodium falciparum* K1 10, 11, 616, 852, 856, 1846
  恶性疟原虫 *Plasmodium falciparum* NF 54 1846
  恶性疟原虫 *Plasmodium falciparum* W2 905, 1838, 1858, 1861~1863
  恶性疟原虫 *Plasmodium falciparum* W2-Mef, 所有阶段的寄生虫 811, 852, 856
  恶性疟原虫 *Plasmodium falciparum* 多种菌株, ng/mL 范围低浓度水平就有活性 2092, 2102
  肝阶段伯氏疟原虫 *Plasmodium berghei* 1089~1091
  氯喹敏感的恶性疟原虫 *Plasmodium falciparum* NF54 852
  抑制氯喹敏感的恶性疟原虫 *Plasmodium falciparum* 和抗氯喹的恶性疟原虫 *Plasmodium falciparum*, 非常低的 nmol/L 浓度水平就有活性 2131
  在 C-7 处构型的翻转导致激烈的活性降低 1837
杀线虫剂 186, 187, 197, 207, 573, 601, 803, 1041, 1133, 2116
杀幼虫剂 523
杀鱼菌素生物合成中间体 1039
杀藻剂 1828
杀藻剂, 多环旋沟藻 *Cochlodinium polykrikoides* 1278
神经氨酸苷酶抑制剂 176
神经保护, 对抗 Aβ$_{25-35}$ 诱发的 SH-SY5Y 细胞损伤 766, 767
神经保护, 有效地防止谷氨酸引起的神经细胞死亡 1342

神经保护剂, 在 SH-SY5Y 细胞, 抗 Aβ$_{25-35}$, 过氧化氢- 和缺氧缺糖 (OGD) 导致的神经毒性 36, 37
神经毒素 113~119, 121, 474, 550, 551, 559, 560, 1003, 1394
  贝类, 与神经毒性中毒事件有关 2014
  带贝类毒性的病原体 112
  抗胆碱酯酶活性, 高活性 1125
  神经肌肉阻滞剂 119
  提高新西兰牡蛎中的神经毒素贝类毒性 2014
神经毒性, 大鼠神经元, 抑制 NMDA 受体拮抗剂 1295
神经节阻滞剂 2125
神经生长因子 573
神经突起伸长活性, 人成神经细胞瘤细胞 554
神经系统活性, 乙酰胆碱酯酶抑制剂; 作用的分子机制: 混合竞争性抑制 1939
神经系统活性, 抑制 5-羟色胺受体的结合; 作用的分子机制: Ca^{2+} 流入抑制 341, 342
神经系统活性, 轴突生长诱导性; 作用的分子机制: MAP 激酶活化, 促进 PC12 细胞分化 527
神经药理学药剂 1315
神经元的 NO 合成酶 nNOS 抑制剂 14, 15, 17
神经元的 NO 合成酶抑制剂, 选择性的 1011, 1012
神经元分化诱导剂 1549, 1556, 1575, 1580
肾上腺素能 227
肾上腺素能拮抗剂 506, 509
β-肾上腺素能受体激动剂 1308
α-肾上腺素能受体阻滞剂 484, 1622
生物荧光物质 60
生长激素抑制素拮抗剂 449
生长激素抑制素抑制剂 509, 1461
生长抑制剂 540, 541
生长抑制剂和孢子形成抑制剂, 链霉菌属 *Streptomyces* sp. 85E 1907~1909, 1914
食品防腐剂 997
食蚊鱼 *Gambusia affinis* LD$_{50}$ 1391
嗜神经组织的 803
受体键合活性
  AMPA 键合试验, 谷氨酸受体的使君子氨酸位 960, 963, 964
  带人细胞株 BOWES 的甘丙肽键合试验 960, 963, 964
  甘氨酸键合试验, NMDA 受体的标准位 960, 963, 964
  降钙素基因相关蛋白 CGRP 键合试验 960, 963, 964
  人 B2 缓激肽受体位, 抑制配体键合 959, 960, 963, 964

神经降压素 NT 键合试验　959, 960, 963, 964
神经肽 Y 受体位, 抑制配体键合　959, 960, 963, 964
生长激素抑制素受体位, 置换放射活性配体　959, 960, 963, 964
组织血管活性肠肽-VIP 键合试验　959, 960, 963, 964
瞬时型 A1 亚科受体高活性阳离子通道 TRPA1 抑制剂　67
瞬时型 A1 亚科受体高活性阳离子通道 TRPA1 抑制剂 无活性　68, 69
瞬时型 V1 亚科受体高活性阳离子通道 TRPV1 抑制剂　67~69
瞬时型 V3 亚科受体电位阳离子通道 TRPV3 抑制剂　67, 68
瞬时型 V3 亚科受体电位阳离子通道 TRPV3 抑制剂 无活性　69
丝氨酸/苏氨酸激酶 AuroraA 抑制剂, 涉及细胞分裂规则　683, 854
丝氨酸蛋白酶抑制剂　26~30, 1638, 2037
丝氨酸蛋白酶因子 Xia 抑制剂, 低活性　1248~1250
丝氨酸苏氨酸蛋白磷酸酶抑制剂　1684
算法 COMPARE 分析结果相关系数为正值　1922, 1929, 1930, 1937, 1938
算法软件 COMPARE 分析结果为负值, 数据建议环庚内酰胺体外抗癌活性和任何已报道的分子靶标都不相关, 可能是由于抑制某种新的靶标　184
羧酸盐阴离子抑制 p53/MDM2 蛋白的结合　1293
羧肽酶 A 抑制剂　182
肽酶 CPP32 抑制剂　1508
肽酶 CPP32 抑制剂, 文献中极少有化合物在纳摩尔浓度水平抑制 CaN 或 CPP32 者　1119
肽酶 CPP32 抑制剂, 有值得注意的活性　1119
糖原合成激酶 3β 抑制剂　1957
特定细胞循环核查点 G_2 抑制剂　2096, 2109
天冬氨酸蛋白酶 BACE1 抑制剂, 以剂量相关方式抑制 BACE1 调节的淀粉样蛋白前体蛋白 (APP) 卵裂　476
天然变态诱导物, 真海鞘 *Halocynthia roretzi* 幼虫　1829
调节细胞凋亡　810
　铁载体　44, 45, 46, 47, 165, 209, 1277
　铬天青 S 试验, 正反应证实了铁的螯合性能　1187, 1188
　使肿瘤细胞对巨噬细胞介导的溶解作用敏感　198
通过靶向细胞色素 bc1 复合物抑制氧化磷酸化, 从而阻断线粒体 ATP 合成　1186
兔腹膜内注射 LD_{50}　227
兔口服 LD_{50}　120
拓扑异构酶Ⅱ, 组织蛋白酶 K, 细胞色素 P450 3A4, 芳香化酶 P450, 蛋白激酶和组蛋白去乙酰化酶抑制剂, 有潜力的　772, 773
拓扑异构酶Ⅱ抑制剂　258, 757, 1527, 1530, 1533, 1535, 1538, 1550, 1560, 1562, 1564, 1571, 1579, 1589, 1590
拓扑异构酶Ⅱ抑制剂 无活性, 解除连锁抑制试验　1494, 1526, 1540
拓扑异构酶Ⅱ抑制剂, LNCaP 细胞　15
拓扑异构酶Ⅱ抑制剂, 解除连锁抑制试验　1499, 1525, 1528, 1529
拓扑异构酶Ⅱ抑制剂, 连接 DNA　1582
拓扑异构酶Ⅱ抑制剂, 浓度高于 90μmol/L 时抑制拓扑异构酶Ⅱ的催化活性　1551, 1552
拓扑异构酶Ⅰ抑制剂　1531, 1873
拓扑异构酶抑制剂　1548, 1599, 1600
微分细胞毒性, BR1/XRS-6　1562, 1564, 1571, 1579, 1589, 1590
微管蛋白聚合抑制剂, 阻止细胞循环的 G_2/M 阶段　1026
维生素　1806
细胞重聚合抑制剂　1652
细胞凋亡诱导剂　95, 96, 97, 98, 99, 579, 581
细胞凋亡诱导剂, HL60 细胞　1082, 1084
细胞毒　5, 50, 82, 86, 91, 168, 226, 278, 280, 285, 286, 412, 420, 434~437, 447, 456, 576, 579, 580, 581, 597~599, 684~689, 734, 742, 765, 796, 798, 812, 852, 866, 890, 913, 915, 916, 971, 994, 1024, 1134, 1177, 1182, 1195, 1229, 1252, 1290, 1322, 1328, 1403, 1404, 1407, 1418, 1432, 1440, 1442, 1445, 1491, 1493, 1521, 1522, 1524, 1531, 1544~1546, 1550, 1555~1567, 1582, 1607, 1623, 1624, 1650, 1651, 1653~1659, 1668~1670, 1739, 1740~1742, 1913, 1921, 1923, 1933, 1935, 1936, 1950, 1951, 1981~1984, 1993~1995, 2012, 2029, 2093~2095, 2105, 2107
细胞毒
　10 种人癌细胞, 对 5 种有活性, 对另外 5 种无活性　197
　11 种癌细胞, 选择性的　1952~1954
　12 种癌细胞, 微摩尔浓度　544
　14 种癌细胞, 高活性　1505, 1506
　14 种不同的肿瘤细胞　699
　14 种不同的肿瘤细胞, GI_{50} 值在微摩尔浓度范围　977
　19 种癌细胞　1090

26 种人癌细胞株　1812
36 种不同的人癌细胞株　256
36 种不同的人肿瘤细胞，5 种有选择性的活性　265
36 种不同的人肿瘤细胞，平均 $IC_{50}=0.7\mu g/mL$　250
36 种不同的人肿瘤细胞，平均 $IC_{50}=1.8\mu g/mL$　265
36 种不同的人肿瘤细胞，平均 $IC_{50}=2.2\mu g/mL$　249
36 种不同的人肿瘤细胞，平均 $IC_{50}=2.4\mu g/mL$　257
36 种不同的人肿瘤细胞，平均 $IC_{50}=2.9\mu g/mL$　248
36 种不同的人肿瘤细胞，平均 $IC_{50}=3.2\mu g/mL$　251
36 种不同的人肿瘤细胞，平均 $IC_{50}=5.5\mu g/mL$，10μg/mL, 33 种有活性, 3 种无活性　1066
36 种不同的人肿瘤细胞，平均 $IC_{50}=8.7\mu g/mL$　263
37 种不同的人肿瘤细胞，平均 $IC_{50}=0.016\mu g/mL$，平均 $IC_{70}=0.171\mu g/mL$，平均 $IC_{90}=2.35\mu g/mL$，总选择性＝10/37，选择性的占 27%　791
3T3-L1　36, 37, 427, 444
3 种不同的癌细胞株　1341
5637　1556, 1572, 1573, 1581
5 种癌细胞　1089
786-0　184, 185, 194, 1676, 1980
95-D　1479
A2058　18, 19, 20
A2780　240, 307, 308, 1121, 1122, 1272, 1274, 1872, 1964, 2059, 2062, 2135
A2780/DDP　1121, 1122
A2780/Tax　1121, 1122
A375　218
A498　473, 1937, 1938, 1980
A549　55~58, 88~90, 103, 104, 158, 159, 164, 184, 185, 194, 241~243, 268, 269, 272, 274, 277, 287~290, 293, 311, 354, 363~374, 508, 577, 641, 642, 644~654, 657, 667, 681, 682, 714, 724, 738, 752, 753, 776, 781, 789, 792~794, 799, 802, 804, 805, 859, 875, 880, 881, 887, 1004, 1017, 1026, 1027, 1032~1037, 1046, 1097, 1108, 1119, 1120, 1135, 1159, 1186, 1196~1199, 1276, 1299, 1314, 1316, 1317, 1329, 1336, 1343, 1348, 1408~1410, 1471, 1473, 1474, 1508, 1511, 1512, 1551, 1552, 1555, 1642~1644, 1655, 1677~1679, 1681, 1682, 1759, 1760, 1761, 1763, 1793, 1872, 1891, 1893, 1942~1964, 1986, 2059, 2062, 2111, 2130, 2135
A549/ATCC　1980
ACHN　1980, 1642~1644
AGS　1187, 1188
B16　743, 771~773, 1226, 2110
B16-F-10　875, 1891, 1893
BC-1　643

Bel7402　789, 792~794, 1004, 1027, 1046, 1640, 1655, 1793, 1872, 2059, 2062
BGC823　1675, 1687, 1693, 1964, 2059, 2062, 2135
BSC　1501, 1503
BSC-1　542, 543
BSY1　140
BT-549　1981
BXPC3　184, 917, 997, 1167, 1168, 1173, 1605, 1606, 1758
C6　36, 37, 427, 444
CaCo-2　444
CAKI-1　1980
CCRF-CEM　184, 185, 194, 771~773, 1242, 1980
CCRF-CEM，效力显著　1926~1928
CEM　164, 1559, 2064, 2065
CHO-K1　184, 192, 1170, 1171, 1176, 1193, 1876, 1896, 1897, 2005
CNE2　1832
CNS SF295　1606
CNXF-SF268，选择性的　265
Colon205　184, 185, 194, 871~873, 1980
CV-1　1759~1761, 1763
DAMB　1683
DLD-1　810, 1766, 1774, 1775
DMS273，效力显著　1928~1930
DU145　184, 681, 682, 781, 917, 997, 1026, 1167, 1168, 1173, 1605, 1606, 1980
EAC　1116, 1117
EAC　2045~2047
EGF-诱导的小鼠外皮细胞恶性转化抑制剂　1627
EKVX　1980
EMT-6　531
FADU　1758
Fem-X　1875
H1325　1307
H2122　1307
H460　1170, 1171, 1176, 1193, 1876, 1896, 1897, 2005
HCC366　1307
HCT　1562, 1564, 1571, 1574, 1590, 1579, 1589
HCT116　1223, 1224, 1230, 1241, 1242, 1261, 1263, 1295, 1296, 1487, 1490, 1494~1496, 1514, 1525, 1528~1530, 1532~1537, 1547, 1548, 1596, 1597, 1766, 1774~1779, 1941, 1952~1954, 1980, 2017
HCT116，显著活性和选择性　1260
HCT116/mdr+　1121, 1122
HCT116/topo　1121, 1122

HCT15   1678, 1679, 1681, 1682, 1980
HCT8   1872, 1964, 2059, 2062, 2108, 2136
HEK-293   8, 1963, 1997
HeLa   36, 37, 75, 80, 95, 103, 105, 213, 242, 282, 444, 564~569, 681, 682, 805, 810, 893~895, 917, 969, 1114, 1563, 1675, 1687, 1693, 1814, 1815, 1817, 1834, 2064, 2065
HeLa-APL   681, 682
HeLa-S3   183, 220, 284, 1289, 1523
HepG2   771~773, 778, 1026, 1136, 1138, 1187, 1188, 1479, 1642~1644, 1958~1960, 1963
HEY   577, 1473, 1474
HL60   95~99, 202~204, 603~606, 634, 677~779, 789, 792~794, 805, 810, 1026, 1027, 1046, 1097, 1108, 1223, 1343, 1348, 1640, 1675, 1687, 1693, 1793, 1980
HL60, 7-氧代-2/3-羟基星形孢菌素混合物   800, 801, 803
HL60, 效力显著   1926~1928
HL60 细胞分化   676, 679
HM02   1136, 1138, 1958~1960
HMEC1   681, 682, 977
HOP-62   1980
HOP-62, 效力显著   1926~1928
HOP-92   184, 185, 194, 1980
Hs578T   1980
HT29   55~58, 88~90, 103, 104, 158, 159, 184, 189, 192, 241~243, 354, 363~372, 681, 682, 725, 727, 752, 753, 781, 799, 802, 859, 860, 875, 1017, 1032~1037, 1135, 1159, 1170, 1171, 1176, 1193, 1196~1199, 1230, 1276, 1299, 1314, 1316, 1317, 1408~1410, 1454, 1471, 1505, 1506, 1551, 1552, 1555, 1759, 1760, 1761, 1763, 1876, 1891, 1893, 1896, 1897, 1942, 1943, 1980, 1986, 2005
HT29, 选择性活性   2015
Huh7   1136, 1138
IGROV   681, 682
IGROV1   1981
IGROV-ET   681, 682
JB6 CI41   95
JurKat   1329
K562   173, 218, 240, 307, 308, 681, 682, 699, 792, 793, 794, 977, 1023, 1098, 1100, 1126, 1147, 1148, 1237, 1272, 1274, 1345, 1346, 1349, 1350, 1352, 1359, 1361, 1733, 1734, 1814~1817, 1823~1827, 1963, 1980
K562, 100μg/mL   1642~1644, 1675, 1687, 1693

K562, 7-氧代-2/3-羟基星形孢菌素混合物   800, 801
KB   41, 200~224, 241~243, 281, 300, 312, 324, 325, 419, 446, 545~549, 582, 643, 731, 746, 795, 808, 813~816, 820, 826, 891, 898, 899, 901, 905, 908~910, 917, 923, 926, 938, 1100, 1158, 1202~1205, 1210~1212, 1265, 1271, 1272, 1319, 1320, 1333~1335, 1345, 1349, 1350, 1359, 1361, 1387~1389, 1390~1402, 1414~1417, 1422, 1424, 1447, 1451, 1454, 1477, 1484, 1539, 1556, 1570, 1576, 1579, 1589, 1621, 1691, 1692, 1772, 1877~1883, 1888, 1889, 1967~1975, 2110
KM12   1980
KM20L2   184, 917, 997, 1167, 1168, 1173, 1605, 1606, 1937, 1938
KYSE180   1146, 1814
KYSE30   1542, 1543
KYSE520   1146, 1814
KYSE70   1146
L_{1210} 9, 42, 72, 74, 84, 87, 222~224, 300, 312, 313, 324, 325, 339, 343, 459, 511, 512, 545~549, 572, 582, 746, 822~826, 852, 898, 899, 901, 905, 908~910, 914, 923~925, 927, 938, 1128, 1154, 1158, 1200, 1202~1215, 1217, 1218, 1225, 1234, 1235, 1271, 1272, 1325, 1333, 1335, 1399~1402, 1414~1417, 1421~1424, 1446, 1447, 1501, 1519, 1520, 1541, 1556, 1570, 1599, 1600, 1652, 1691, 1692, 1762, 1855, 1877~1883, 1888~1890, 1894, 1985, 1988, 1989, 2097, 2098
L_{1210}/Dx   1519, 1520
L-428   2072, 2073
L5178   897, 900, 918
L5178Y   335~338, 455, 822~824, 1323, 1807
L-6   10, 11, 852, 856, 876, 877
LMM3   1662~1665
LNCaP   681, 682, 878, 886, 977, 1121, 1122
LoVo   200, 201, 577, 681, 682, 731, 795, 977, 1265, 1473, 1474, 1772
LoVo-DOX   681, 682, 977
LOX   196, 197, 871~873
LOX-IMVI   184, 185, 194, 1980
LX-1   1121, 1122
LXFA-629L, 选择性的   265
M14   1980
M21   164
MALME-3M   184, 185, 194, 1980
MAXF-401NL, 选择性的   265
MCF12   1146, 1814

MCF7   184, 189, 192, 577, 797, 917, 1100, 1121, 1122, 1159, 1170, 1171, 1176, 1187, 1188, 1214, 1215, 1217, 1219, 1220, 1221, 1359, 1473, 1474, 1551, 1552, 1876, 1896, 1926~1928, 1958~1960, 1963, 1980, 2005, 2008, 2108, 2111, 2126~2128

MCF7/ADR-RES   1980

MCF7 和 MDA-MB-231   1060

MCF7 依赖雌激素的 ER+   1576, 1578

MDA-MB-231   15, 55~58, 63, 83, 88, 89, 103, 104, 158, 159, 799, 802, 810, 859, 1026, 1032~1035, 1036, 1037, 1196~1199, 1408~1410, 1986

MDA-MB-231/ATCC   1980

MDA-MB-231 依赖雌激素的 ER−   1576, 1578

MDA-MB-435   1980

MDA-MB-435, 7-氧代-2/3-羟基星形孢菌素混合物   800, 801, 803

MDA-N   1982

MDR 细胞株 KB/VCR   1100

MDR 细胞株 K562/A02   1100

MEL28   354, 363~372, 374, 781, 1135, 1276, 1299, 1314, 1316, 1317, 1471, 1677, 1759, 1760, 1761, 1763, 1942, 1943

MEXF-276L, 选择性的   265

Mia-PaCa-2   1469

MKN7   140

Molt3   2072, 2073

Molt4   164, 871, 872, 873, 1004, 1027, 1046, 1980

Molt4, 7-氧代-2/3-羟基星形孢菌素混合物   800, 801, 803

Mono-Mac-6   1563

MPM ACC-MESO-1   629, 630

MRC-5   1576

MS-1   2016

NAMALWA   2072, 2073

NBT-T2   1

NCI 60 种癌细胞   1223, 1227, 1228, 1230, 1231, 1980

NCI 60 种癌细胞, $GI_{50} = 0.5\mu g/mL$ 1509

NCI 60 种癌细胞, 平均 $GI_{50} = 1.2nmol/L$ 1920

NCI 60 种癌细胞, 平均 $GI_{50} = 11.0nmol/L$ 1930

NCI 60 种癌细胞, 平均 $GI_{50} = (16.6\pm9.5)nmol/L$ 1938

NCI 60 种癌细胞, 平均 $GI_{50} = (21.7\pm9.9)nmol/L$ 1937

NCI 60 种癌细胞, 平均 $GI_{50} = 4.1nmol/L$ 1929

NCI 60 种癌细胞, 平均 $GI_{50} = 400nmol/L$ 1931

NCI 60 种癌细胞, 平均 $GI_{50} > 1000nmol/L$ 1932

NCI 60 种癌细胞, 平均 $IC_{50} = 10^{-6}\sim10^{-3}\mu g/mL$ 1319~1321

NCI 60 种癌细胞, 只有 SNl2kl 和 CNS U251 $GI_{50} = 10^{-8}\sim10^{-7}mol/L$ 1924, 1925

NCI-ADR-Res   1186

NCI-H226   1980

NCI-H23   1980

NCI-H322M   1980

NCI-H460   184, 917, 997, 1167, 1168, 1173, 1576, 1605, 1606, 1766, 1774, 1775, 1937, 1938, 1980, 2008, 2126, 2127, 2135

NCI-H522   184, 185, 194, 1223, 1980

NCI 的 60 种癌细胞株, 广谱细胞毒性, 对黑色素瘤和白血病细胞系有相当高的选择性   421

NCI 的 60 种癌细胞株, 平均 $GI_{50} = 1.8\mu mol/L$ 857

NCI 发展治疗程序 60 种细胞实验, 平均 $IC_{50} = 0.011\pm0.001\mu mol/L$ 185

NCI 发展治疗程序 60 种细胞实验, 平均 $IC_{50} = (0.046\pm0.005)\mu mol/L$ 184

NCI 发展治疗程序 60 种细胞实验, 平均 $IC_{50} = (2.70\pm0.23)\mu mol/L$ 194

NCI 筛选试验   1921

neuro-2a   164, 228, 561~563, 965

NFF   878, 886

NIH3T3   1767

nmol/L 浓度水平就有活性   2018, 2019

NSCLC A549   196, 197

NSCLC-N6   1411, 1454, 1940, 1944, 1945, 1948, 1949

OVCAR-3   184, 185, 194, 196, 197, 473, 871, 872, 997, 1167, 1168, 1173, 1223, 1605, 1606, 1758, 1937, 1938, 1980, 2130

OVCAR-5   1980

OVCAR-8   184, 185, 194, 1980

P_{388} 42, 51, 53, 54, 105, 140, 184, 202~204, 222~224, 233, 234, 241, 242, 248, 252, 253, 273, 324, 325, 350, 354, 363~374, 467, 482, 508, 545~549, 582, 584, 590~592, 608~611, 641, 659, 660~666, 725, 727, 738, 752, 753, 762~764, 776, 781, 789, 804, 805, 826, 857, 875, 879, 898, 901, 904, 917, 932, 936~938, 971, 995~997, 1017, 1022, 1099, 1102, 1103, 1105, 1119, 1120, 1167, 1168, 1173, 1186, 1194, 1232, 1233, 1276, 1277, 1314, 1318, 1405, 1406, 1412, 1438, 1439, 1454, 1471, 1473, 1474, 1501, 1503, 1508, 1511, 1512, 1515, 1555, 1558, 1568, 1578, 1583, 1584, 1603~1606, 1615, 1616, 1628~1631, 1662, 1664, 1665, 1683, 1694~1719, 1759~1761, 1763, 1784, 1785, 1787~1790, 1793, 1881~1883, 1891, 1893, 1920, 1937, 1938, 1942, 1943, 1976, 1977,

1990, 2027, 2028, 2041, 2042, 2070, 2071, 2106, 2110, 2111, 2122

P_{388}, 和寇塔海鞘酰胺 B 的混合物　973

P_{388}, 和寇塔海鞘酰胺 C 的混合物　972

P_{388}, 活性低于头盘虫他汀 1~4　1924, 1925

P_{388}, 基于硫酯部分的反应性，期望有显著的生物活性　555

P_{388}, 抗阿霉素的　1454

$p53^{-/-}$ HCT　1586, 1587

$p53^{+/+}$ HCT　1586, 1587

PANC1　681, 682, 977, 1511, 1512

PBMC, 7-氧代-2/3-羟基星形孢菌素混合物　800, 801, 803

PC3　244, 1121, 1122, 1980

PRXF-22RV1, 选择性的　265

QG56　1766, 1774, 1775, 1776~1779

Raji　1963

RKO　214, 215

RPMI8226　1980

RPMI8226, 效力显著　1926~1928

RXF-393　1980

RXF-393, 效力显著　1926~1928

SCHABEL　354, 363~374

SF268　184, 189, 192, 917, 1170, 1171, 1176, 1193, 1576, 1578, 1876, 1896, 1897, 1980, 2005, 2008, 2126~2128

SF295　184, 473, 997, 1167, 1168, 1173, 1605, 1937, 1938, 1980

SF295, 7-氧代-2/3-羟基星形孢菌素混合物　800, 801, 803

SF295, 效力显著　1926~1928

SF539　1980

SGC7901　778

SKBR3　681, 682, 1121, 1122

SK-MEL-2　268, 269, 272, 274, 277, 287~290, 293, 311, 1678, 1679, 1681, 1682, 1980

SK-MEL-28　681, 682, 810, 1555, 1980

SK-MEL-5　473, 1937, 1938, 1980

SK-N-SH　1758

SK-OV-3　268, 269, 272, 274, 277, 287~290, 293, 311, 681, 682, 1678~1682, 1980

SN12C　1982

SNB19　184, 185, 194, 196, 197, 1980

SNB75　184, 185, 194, 1980

SNU-C4　810

SR　1980

SUP-B15　2072, 2073

Sup-T1　250, 256, 258~261, 264

SW620　1980, 2089

SW620 和 P-糖蛋白过度表达的 SW620 Ad300　2088~2091

T24 人肝癌细胞，和 [Me-^{3}H] 胸腺嘧啶核苷结合　1326, 1327

T47D　776, 1980

THP-1　95, 810, 1963, 2072, 2073

TK10　1980

tsFT210　789, 1793

TSU-Pr1　1556, 1572, 1573, 1581

TSU-Pr1-B1　1572, 1573, 1581

TSU-Pr1-B2　1572, 1573, 1581

U251　1981

U251, 效力显著　1926~1928

U266　164

U373　577, 1473, 1474, 2111

U937　225

U937　2072, 2073

UACC-257　1980

UACC62　184, 185, 194, 1576, 1578, 1980

UO-31　184, 185, 194, 196, 197, 1980

UT7　1147, 1148, 1815, 1816, 1823~1827

Vero　77, 819, 917

WHCO1　1146, 1542, 1543, 1814

WHCO6　1542, 1543, 1814

XF498　268, 269, 272, 274, 277, 287~290, 293, 311, 1678, 1679, 1681

XRS-6　1494, 1525~1530, 1562, 1589, 1590

白血病　1383

不同的癌细胞株　1767

低活性　1025, 1130, 1150

对卵巢癌细胞株细胞毒活性最高　1812

对修复缺陷系，特别是 ret A-（重组缺失）品系 GW801, GW802, GW803 和 AB/886 的差异抑制　1913

多种人肿瘤细胞 HTCLs　1372

分化诱导 K562 细胞进入有核红血球细胞　1892~1895, 1898, 1899

高活性　790

各种癌细胞　651

各种人和小鼠的癌细胞株　1645~1647

各种有潜力的抗癌性质　761

海胆卵试验　1200, 1225

海绵 *Psammoclema* sp. 提取物的生物活性是由于沙肉海绵烯 C 和 D 细胞毒，不是 P2X$_7$ 特定的活性　296, 297

活性低于碟状膑骨海鞘酰胺 4 两个数量级　1327
极好的白血病选择性　988
抗阿霉素 L_{1210}/Dx 细胞　1519, 1520
抗多种食管癌　1146
抗增殖活性, 人脐静脉血管内皮细胞 HUVEC　1919
科比特试验, 无选择性细胞毒活性　1319, 1320
两种细胞株　1611
淋巴细胞白血病细胞　1557
耐长春新碱的 KB/VJ-300 细胞　225
人, 类淋巴母细胞类淋巴细胞　144
人癌细胞株, P-糖蛋白超表达变体, 阿霉素　398~403
人白血病 JurKat 细胞　164
人白血病 JurKat 细胞, 7-氧代-2/3-羟基星形孢菌素混合物　800, 801, 803
人成纤维细胞　1214, 1215, 1217, 1219
人肺癌　912
人黑色素瘤　472
人结肠癌　912
人脐静脉血管内皮细胞 HUVEC　1963
人脐静脉血管内皮细胞 HUVECs, SI = 300~1000 倍于其它细胞株　1919
人实体黑色素瘤　31~33
人肿瘤细胞　51~53
三种 HTCLs 细胞　1360
数种癌细胞株, 中等活性　1998, 1999
数种人癌细胞　640, 655
数种人癌细胞, 低活性　700
拓扑异构酶Ⅱ抑制剂敏感的 CHO 细胞株 XVS　1533, 1535
外皮神经元,细胞几乎全死　9
小鼠和人癌细胞株　1500, 1502, 1507, 1513, 1516
小鼠和人癌细胞株, IC_{50} = 1~15μmol/L　1506
小鼠淋巴细胞　508
选择性的　170, 635
选择性的抗恶性细胞增生　858
一组 6 种 HTCLs 细胞, 所有的 IC_{50} > 30μmol/L, 低性　1965, 1966
一组 6 种 HTCLs 细胞, 5 种有活性, 1 种无活性 (IC_{50} > 10μmol/L)　2135
一组 NCI 癌细胞, 平均 GI_{50} = 15.1μmol/L　971
一组人癌细胞　196
一组人癌细胞, 中等活性　625
一组人癌细胞株　1336
一组人癌细胞株, 6 种均无活性　1967
一组人癌细胞株, GI_{50} < 1ng/mL　1937, 1938
一组人癌细胞株, 中等活性　1553, 1554, 1565, 1593

一组人支气管和肺非小细胞肺癌 NSCLC 细胞株　1307
一组试验　786, 787
以依赖于 p53 的方式抗 HCT 细胞　1586, 1587
引起细胞循环 G_1 阶段的中止　1808
有潜力的　1196
作用方式: 皮摩尔效价对某些肿瘤细胞系有效, 而对其他肿瘤细胞系仅具有细胞抑制作用　1186
作用机制涉及 DNA 双键断裂, 是拓扑异构酶Ⅱ抑制剂的活性特征　1527
作用机制涉及 DNA 双键断裂, 是拓扑异构酶Ⅱ抑制剂的活性特征　1525, 1528~1530
作用机制为抑制依赖细胞周期素的激酶 CDK　2041, 2042
作用模型: 在 nmol/L 浓度水平卡毕酰胺是有潜力的化合物, 通过抑制肌动蛋白动力学发生作用　1216
细胞毒/抗病毒, 用 RNA 病毒 PV1 感染的非洲绿猴肾癌细胞 BSC-1　971
细胞毒 无活性
　A2780　1236, 1237, 1243, 1244, 1268, 1961, 1963, 1965, 1966, 2063
　A549　83, 860, 861, 1005~1007, 1028, 1029, 1057, 1344~1352, 1369, 1680, 1961, 1963, 1965, 1966, 2063
　ACC-MESO-1　1040
　Bel7402　759, 760, 1005, 1057, 1961, 1963~1966, 2063, 2136
　BGC823　1961, 1963, 1965, 1966, 2063
　C6　703, 704, 1162
　CaCo-2　36, 37, 427
　CHO-K1　189, 196
　CNE2　759, 760
　DU145　334, 1758
　EAC　2045
　H460　334, 473
　H9c2　427, 703, 704, 1162
　HCT116　390, 392, 422, 1499, 1526, 1527, 1540, 1585, 1594, 1595
　HCT15　196, 197, 277, 288
　HCT15　1680
　HCT8　1961, 1963, 1965, 1966, 2063
　HEK-293　1375, 1376
　HeLa　148, 276, 334, 427, 703, 704, 779, 896, 1026, 1040, 1112, 1113, 1146~1148, 1160, 1162, 1479, 1818, 1963, 2038~2040
　HeLa-S3　1324

Hep2　276, 1479
HepG2　334
HL60　173, 1004~1007, 1028, 1029, 1057, 1344~1347, 1349~1352
HT1080　759, 760
HT29　83, 196, 373, 374, 861, 1369
J774A1　1375, 1376
K562　148, 208, 1098, 1146, 1147, 1148, 1236, 1243, 1244, 1268, 1343, 1351, 1728~1732, 1818, 2100, 2132~2134
KB　225, 313, 924, 925, 936, 937, 1157, 1267~1270, 1273, 1343, 1346, 1351, 1352, 1421, 1423, 1446, 1479, 1485, 1577, 1861
KBV200　1479
KM20L2　473, 1758
KYSE70　1814
L_{1210}　510, 735, 1112, 1113, 1157, 1268~1270, 1273, 1334, 1621, 2069
LO2　1834
LoVo　276
MALME-3　196, 197
MCF7　196, 276, 334, 656, 658, 1193, 1242, 1897
MDA-MB-231　334, 860, 861
MDR 细胞株 MCF7/Adr　1100
MEL28　373
Molt4　1005, 1057
NCI-H460　656, 658, 1026, 1109, 1578, 1758, 1961~1966, 2128
NSCLC HOP-92　196, 197
OVCAR-3　873
P_{388}　134, 219, 243, 577, 587, 588, 642, 644~646, 818, 855, 903, 974, 1160, 1369, 1722, 1758, 1786, 2120, 2121
PS　713
RD　276
SF268　196, 656, 658
SF295　1758
SK-MEL-2　1680
SMMC-7721　1338
SNB75　196, 197
SW1736　1758
SW1990　334, 1635
SW480　464
Vero　1453
WEHI-164　1375, 1376
WHCO5　1146, 1814
WHCO6　1146

X-17　276
XF498　1680, 1682
XRS-6　1499, 1540, 1564, 1571, 1579
培养 KB-3 细胞　1838
小鼠腹膜巨噬细胞　856
一组 HTCLs 细胞　1961, 1963, 1966
正常淋巴细胞　1875
细胞分化抗原 CD45 磷酸酶抑制剂　574
细胞分化抗原 CD45 以脱磷酸的 Src-激酶扮演一个中心信号角色, 是一种有吸引力的药物靶标　574
细胞分化诱导剂, HL60 细胞　677, 678
细胞分裂素　1813
细胞分裂抑制剂, 海胆卵　1876, 1877
细胞分裂抑制剂, 受精海胆卵　405, 406, 717, 1213~1215, 1217, 1218
细胞分裂抑制剂, 受精海胆胚胎试验　1295
细胞分裂周期蛋白 cdc2 激酶抑制剂　1821
细胞迁移抑制剂　36
细胞黏附抑制剂　624, 626
细胞黏附抑制剂, EL-4 细胞株, 在 K562 起泡试验中抑制"质膜出泡"　804
细胞溶解的, 受精海胆卵　25
细胞溶解的, 兔红细胞　25
细胞溶质 85kDa 磷脂酶 $cPLA_2$ 抑制剂　1444, 1452
细胞色素 P450 3A4 抑制剂　757
细胞生存 50%时的浓度 LC_{50}　447
细胞生存 50%时的浓度 LC_{50}　1579
细胞生长抑制剂　9, 140, 1607, 1921~1925, 1933, 1936
细胞循环累进抑制剂　803
细胞循环调节器　1996
细胞循环效应, 产生 G_1 阶段的中止　2065
细胞循环抑制剂　15, 1960
细胞增殖抑制剂　1186, 1234, 1235, 1583, 1588
细胞增殖抑制剂, 哺乳动物　1258
细胞周期性蛋白依赖性激酶 CDK4 抑制剂　486
细胞周期性蛋白依赖性激酶 CDK4 抑制剂, 选择性的　852
腺苷三磷酸酶 ATPase 活化剂, 兔心肌肌动球蛋白　822
腺苷三磷酸酶 ATPase 兴奋剂, 在肌肉收缩研究中用作生化工具化合物　839
腺苷三磷酸酶 ATPase 抑制剂　1243, 1244
腺苷三磷酸柠檬酸裂解酶抑制剂　315
腺苷酸环化酶 Adenylate cyclase 抑制剂　1055, 1056
象耳海绵定 5 通过结合 RyR1-FKBP12 钙通道, 刺激 Ca^{2+} 从 SR 释放　249
像 Polo 的激酶-1 抑制剂　467, 482

小鼠 LD_{50}　550
小鼠 scu LD_{50}　4, 394
小鼠腹膜内注射 LD　2013
小鼠腹膜内注射 LD_{50}　106, 108, 110, 119, 120, 394, 508, 553, 723, 1003, 1076, 1123, 1125, 1309, 1459, 1501
小鼠腹膜内注射 LD_{99}　236, 237
小鼠静注 LD　25
小鼠静注 LD_{50}　108, 120, 394
小鼠口服 LD_{50}　108, 1041, 1648
心脑血管活性　1470
新的分枝杆菌酶真菌硫醇 S-共轭酰胺酶抑制剂　1259
新的抗疟疾药物先导化合物　1997
新类型的多药耐药性翻转剂　2023
性差异化因子　523
选择性 5-羟色胺吸收抑制剂，5-羟色胺受体 5-HT_{2B}　2038~2040
选择性抗原生动物
　对氯喹敏感的恶性疟原虫 Plasmodium falciparum　1498, 1499, 1501
　抗氯喹的恶性疟原虫 Plasmodium falciparum　1498, 1501
　抗氯喹的恶性疟原虫 Plasmodium falciparum，选择性的　1499
选择性抑制 CDK-1 和 CDK-2 超过抑制 CDK-4 和 CDK-7　2042
血管活性肠肽抑制剂　509
血管加压素拮抗剂　1055
血管扩张剂　803, 1460~1463, 1467, 1468
血小板聚集抑制剂　803
炎症性的　155, 156
　以剂量相关的方式在 Ca^{2+} 和 TPA 存在下增强 PKC 的磷酸化　131
盐水丰年虾 Artemia salina LD_{50}　228, 965, 1070, 1391, 1632~1634, 1781
盐水丰年虾 LC_{50}　589
氧释放抑制剂，中性粒细胞爆发试验　804
一氧化氮 NO 生成抑制剂　1905, 1906
一氧化氮 NO 生成抑制剂，LPS 刺激的 BV2 单神经胶质细胞　2081, 2082
一氧化氮 NO 释放抑制剂，LPS 刺激的巨噬细胞　162, 163
一种很有前途的癌症治疗药物　159
依赖电压的钙离子的减少，作用的分子机制：需要亲脂溴化侧链的不可逆作用　432, 433
依赖细胞周期素的激酶 4 抑制剂　768, 927
依赖细胞周期素的激酶 CDK 抑制剂

CDK1/细胞周期素 B，选择性良好　482
CDK2/细胞周期素 A，选择性良好　482
CDK2/细胞周期素 E，选择性良好　482
CDK5/p25，选择性良好　482
肌氨酸激酶 CK1，选择性良好　482
糖原合成酶激酶 3 GSK-3，选择性良好　482
乙酰胆碱酯酶 AChE 调制器，低活性　2049~2051
乙酰胆碱酯酶 AChE 抑制剂　744, 745, 1110, 1475, 1736
以剂量相关方式抑制细胞增殖　1562, 1564, 1571, 1574, 1579, 1589, 1590
异戊烯半胱氨酸羧基甲基转移酶抑制剂　221
异株克生的　1332
抑制 1 型膜基质金属蛋白酶　583
抑制 A549 细胞生长　1683
抑制 EGF 诱导的恶性转化，JB6 P^+ CI41　1083
抑制 EGF 诱导的恶性转化，JB6 P^+ CI41，有潜力的防癌效应　1084
抑制 HIVgp-120-和人 CD4 的结合　75
抑制 LNCaP 细胞增殖，G_2 阶段　15
抑制 LPS 诱导的巨噬细胞 NO 合成酶　70
抑制 TPA 诱导的超氧化物阴离子生成　579~581
抑制白介素-1 刺激类风湿性滑膜成纤维细胞　482
抑制超氧化物生成　974
抑制毒力因子耶尔森氏菌外蛋白 E 的分泌　38
抑制对炎症促进剂 N-甲酰-L-甲硫氨酰-L-亮氨酰-L-苯丙氨酸 (fMLP) 和佛波醇十四酸盐乙酸盐 (PMA) 的响应　974
抑制放射性标记秋水仙碱与纯化微管蛋白的结合　1281, 1282
抑制钙调磷酸酶　1508
抑制钙调磷酸酶 CaN　1119, 1120
抑制海星胚胎囊胚形成　583
抑制海洋细菌生长，但对陆地物种无效　146
抑制结核分枝杆菌 Mycobacterium tuberculosis H37Rv 生长　490
抑制精子受精的能力，表明低活性抑制细胞生长和膜分解效应　1486
抑制巨噬细胞中胆固醇酯的聚集　892
抑制脾脏细胞增殖
　小鼠 ConA 诱导的淋巴细胞 T　446
　小鼠 LPS 诱导的淋巴细胞 B　446
抑制生物膜形成　953
　白色念珠菌 Candida albicans　1081, 1083
抑制藤壶幼虫定居　1127
抑制微管组装　639
抑制纹藤壶 Balanus amphitrite 幼虫定居和变形　39

抑制细胞分裂，受精海胆卵　225, 2044
抑制细胞增殖　1022
抑制血管细胞黏附分子-1 (VCAM-1) 的感应，药物阻断 VCAM-1 可能对处理冠状动脉疾病，心绞痛和非心脑血管炎症疾病有用　1457
抑制血管性血友病因子对 GPIb/IX 受体的竞争性捆绑作用　136
抑制依赖细胞周期素的激酶 CDK 抑制剂　2043
抑制脂多糖 LPS 诱导的一氧化氮的生成，BV2 神经胶质细胞，在抑制浓度下不显示细胞毒效应　992, 993
引起皮炎　1041
引起细胞凋亡
　　改变哺乳动物细胞　1815, 1816, 1823~1827
　　通过多 ADP-核糖聚合酶 PARP 卵裂引起细胞凋亡　1585
吲哚胺 2,3-双加氧酶 IDO 是一种涉及免疫逃逸机制的处理癌症的分子靶标　1000
吲哚胺 2,3-双加氧酶 IDO 抑制剂　1000~1002
由于细胞溶质 85kDa 磷脂酶 (cPLA$_2$) 显示从磷脂膜释放花生四烯酸的特性，抑制 cPLA$_2$ 活性的化合物已经作为抗炎剂的靶标　1444, 1452
有毒的　1123
　　对淡水轮虫 Brachionus calyciflorus　1331
　　对小鼠有剧毒　1298
　　海胆　1201
　　肉球近方蟹 Hemigrapsus sanguineus　48, 319, 320
　　小鼠静注　236, 237
　　盐水丰年虾，致命毒性　1578, 1579
　　盐水丰年虾 Artemia franciscana　446, 447
　　盐水丰年虾 Artemia salina　440~443, 563, 718, 784, 1070, 1071, 1139, 1280, 1281, 1283, 1295, 1619, 1620, 1632~1634, 1781, 1822, 2004, 2048
　　盐水丰年虾和金鱼　228
　　抑制受精海胆卵细胞分裂　1610
　　鱼和淡水海绵 Ephydatia fluviatilis 离体细胞　776
　　致畸剂　1809
有剧毒的　1041
有希望的药物候选物　1695
幼虫变态抑制剂　1832
诱导 Ca^{2+} 离子从肌质网释放　1502
诱导 Ca^{2+} 离子从肌质网释放，比咖啡因活性高 10 倍　824
诱导 CSF　1039
诱导 HL60 细胞凋亡　1027, 1078, 1081, 1083
诱导 MCF7 细胞凋亡　1105
诱导 P 物质的释放，从背部根神经节 DRG 通过 PKC 途径　1096

诱导大岛细胞内空泡，大鼠 3Y1 成纤维细胞　608~615
诱导分化特性的变化，例如阻止生长，对培养盘的黏着性，乳胶颗粒的吞噬作用　676
诱导海鞘幼虫变态　65, 66
诱导细胞凋亡　51~53
诱导细胞凋亡，转化哺乳动物细胞　1147, 1148
鱼毒　9, 25, 84, 92, 509, 777, 1048~1051, 1053, 1055, 1154, 1209, 1292, 1294, 1310~1313, 1391, 1404, 1405, 1464~1466, 1652, 1858~1860
　　金鱼　228, 965
　　金鱼 Carassius auratus　1295
　　南极对鱼最毒的　62
与多药耐药性有关的人转运蛋白 ABCG2 抑制剂　271
预防转移性癌的传播　446
原癌基因 Her-2/Neu 选择性抑制剂　1879
在泛素 C 端水解异构肽键的去泛素化酶 USP7 抑制剂，选择性的　466
在转染细胞中多药耐药性的逆转，抗乳腺癌蛋白　1796
藻毒素　106, 109, 110, 729, 2125
增强心脏功能　1673
长波紫外 UV-A 吸收活性　2035
真菌毒素　1104, 2052
真菌硫醇 S 缀合的酰胺水解酶抑制剂　35
镇静剂　855
镇静剂，长效　1648
镇咳药　1571
镇痛　669, 1179
　　经由 5-羟色胺受体的镇痛效应　1010
　　外周组织　1178
　　用作癌症的镇痛　108
整合酶 IN 抑制剂，终止卵裂　411
正午褶胃海鞘宁中最有潜力的蛋白激酶抑制剂　1662, 1665
支气管扩张药　1673
脂滴形成抑制剂　641
脂多糖 LPS 诱导的 NO 生成抑制剂, RAW 2647 细胞　1726, 1727, 1739
脂肪生成抑制剂　2129
脂质过氧化作用抑制剂　1185
植物生长刺激剂　1813
植物生长素　723
植物生长调节剂　673, 698, 729, 989~991
植物生长抑制剂　855
　　浮游植物微藻 Heterosigma akashiwo　2048
酯酶抑制剂　394

治疗炎症的一个新结构类型　1141
治散瞳的，高活性　2116
致幻剂　855
致肿瘤真菌毒素　775, 1076, 1796
中等活性免疫调节剂　1942, 1943
中枢神经递质和去甲肾上腺素前体　227
中枢神经系统活性　1673, 1163
中枢神经系统兴奋剂　698
中枢神经系统镇静剂　775
肿瘤促进剂　1038, 1039, 1041
肿瘤学治疗的一个新的先导化合物　466
转录因子 FOXO1a 核输出抑制剂　294
　　特定的　295
紫外防护活性　2044~2047

紫外线 A 保护作用
　　对照物商业应用的防晒剂氧苯酮　174
　　作用超过对照物商业应用的防晒剂氧苯酮　171, 173
阻断[^{3}H]-甲基二苯基乙酸奎宁酯 (QNB) 对毒蕈碱受体的键合，M_1 亚型（大鼠大脑），M_2 亚型（大鼠心脏），M_3 亚型（大鼠唾液腺）　1362~1367
组胺 H_3 拮抗剂　1127
组胺拮抗剂　952
组蛋白去乙酰化酶抑制剂　268, 287, 291, 757
组织蛋白酶 K　757
组织血管活性肠肽键合试验，VIP　959, 960
最具活性的吡啶并吖啶生物碱　1555
最强的神经毒素之一，镇痛剂，局麻剂，抗痉挛　1454

索引 5　海洋生物拉丁学名及其成分索引

按拉丁字母顺序列出了第二卷所有海洋生物的拉丁学名、中文名称，最后给出其化学成分的唯一编码序列。本书规定：对蓝细菌、红藻、绿藻、棕藻、甲藻、金藻、红树、半红树、石珊瑚、兰珊瑚等生物类别，把类别名加在中文名称前面。

A

Aaptos aaptos　疏海绵属　1622~1626, 1995

Aaptos sp.　疏海绵属　1627

Aaptos suberitoides　疏海绵属　1628~1631

Acanthella acuta　锐利棘头海绵　1842, 1849

Acanthella aurantiaca　棘头海绵属　467, 482, 506

Acanthella carteri　卡特里棘头海绵　345, 506, 1723, 1724

Acanthella cavernosa　中空棘头海绵　1832, 1833, 1836, 1838, 1848, 1849, 1852, 1854, 1855

Acanthella cf.*cavernosa*　中空棘头海绵　1832, 1833, 1849, 1852

Acanthella klethra　棘头海绵属　1836~1838, 1849, 1852

Acanthella pulcherrima　棘头海绵属　1838

Acanthella sp.　棘头海绵属　1837, 1838, 1849, 1854

Acanthostrongylophora aff. *ingens*　巨大巴厘海绵　917

Acanthostrongylophora ingens　巨大巴厘海绵　892~896, 917, 919, 931

Acanthostrongylophora sp.　巴厘海绵属　903, 904, 906, 907, 913, 915, 916, 919, 921, 928~930

Acanthus ilicifolius　红树老鼠簕　649, 650~652, 667, 1479

Acarnus erithacus　丰肉海绵属　6

Acremonium sp.　海洋导出的真菌枝顶孢属　1791, 1792, 2025

Acrostichum aureum　红树金黄色卤蕨　1097, 1108

Actinoalloteichus cyanogriseus　海洋导出的放线菌蓝灰异壁放线菌（模式种）　1343~1352, 1359~1361

Actinoalloteichus cyanogriseus WH1-2216-6　海洋导出的放线菌蓝灰异壁放线菌（模式种）　1100

Actinomadura sp. 007　海洋导出的放线菌珊瑚状放线菌属　789

Actinomadura sp. BCC 24717　海洋导出的放线菌珊瑚状放线菌属　710, 819

Actinomadura sp. M045　海洋导出的放线菌珊瑚状放线菌属　1962

Actinotrichia fragilis　棕藻黏皮藻科辐毛藻　2069

Adocia sp.　隐海绵属　210

Aegiceras corniculatum　红树桐花树　603~606, 1076, 1081, 1083, 1085, 1087, 1088

Aeromonas sp. CB101　海洋导出的细菌气单胞菌属　724

Agelas axifera　群海绵属　1645~1647

Agelas cf *nemoechinata*　群海绵属　507

Agelas cf,*mauritiana*　群海绵属　449, 454, 471

Agelas clathrodes　克拉色群海绵　344, 460, 461, 464, 468, 474, 478~481, 483, 506, 507, 509, 1339

Agelas conifera　球果群海绵　1339

Agelas conifera　球果群海绵　344, 449, 454, 468, 469, 471, 474, 478~481, 506, 507, 509

Agelas dendromorpha　群海绵属　446

Agelas dispar　群海绵属　462, 463, 478~481, 485, 506, 509, 1124, 1339, 1413, 1723, 1724

Agelas flabelliformis　扇状群海绵　344

Agelas linnaei　群海绵属　335~338

Agelas longissima　极长群海绵　478~481, 506, 509, 1339, 1723, 1724, 1811

Agelas mauritiana　毛里塔尼亚群海绵　345, 468, 487, 488, 506, 507

Agelas nakamurai　群海绵属　445, 449, 469, 481, 504, 505, 509~512, 1807

Agelas novaecaledoniae　群海绵属　449, 509

Agelas oroides　乳清群海绵　238, 239, 344, 345, 506, 519, 1251, 1252

Agelas sceptrum　群海绵属　506, 509

Agelas schmidtii　群海绵属　509

Agelas sp. SS-1003　群海绵属　449, 454, 471, 477, 488, 492~499, 506, 517, 519

Agelas sp.　群海绵属　64, 470, 485, 487, 490, 491, 500~503, 1330, 1725

*Agelas sventre*s　群海绵属　516

Agelas wiedenmayeri　群海绵属　506

Agrobacterium aurantiacum N-81106　海洋细菌土壤杆菌属　1660

Agrobacterium sp. PH-130　海洋细菌土壤杆菌属　1451

Agrobacterium sp.　海洋细菌土壤杆菌属　1276

Aiolochroia crassa　海绵 Aplysinidae 科　1237, 1270

Alexandrium tamarense 亚历山大甲藻属 108, 112~116, 118, 119, 121
Alsidium corallinum 红藻松节藻科 550
Alternaria brassicae 真菌链格孢属 1813
Alteromonas haloplanktis 海洋导出的细菌游海假交替单胞菌游海亚种 198
Alteromonas rubra 海洋细菌红色假交替单胞菌 526
Alteromonas sp. 海洋细菌交替单胞菌属 582
Amathia alternate 苔藓动物交替愚苔虫 940~943
Amathia convoluta 苔藓动物旋花愚苔虫 222~225, 324, 325, 545~549, 676~679
Amathia tortuosa 苔藓动物弯曲愚苔虫 8, 970, 1649
Amathia wilsoni 苔藓动物威氏愚苔虫 540~543
Amphicarpa meridiana 海鞘科海鞘 1581
Amphimedon sp. SS-975 双御海绵属 936, 937
Amphimedon sp. 双御海绵属 898, 899, 901, 905, 908, 910, 914, 917, 920, 923, 925, 927, 934, 938, 939, 1354, 1355, 1414~1417, 1550, 1992, 2110
Amphimedon viridis 绿色双御海绵 1812
Amphiporus angulatus 纽形动物门针纽目端纽虫 1394
Amphiscolops sp. 无腔动物亚门无肠目两柱涡虫属 2034
Anabaena flos-aquae NRC525.17 蓝细菌水华鱼腥藻 1125
Anchinoe paupertas 海绵 Hymedesmiidae 科 1994
Ancorina sp. 小锚海绵属 59, 583
Annella sp. 柳珊瑚海扇 668
Anthosigmella cf. *raromicrosclera* 海绵 Clionaidae 科 1353
Antipathes dichotoma 黑珊瑚二叉黑角珊瑚 778
Aphanizomenon flos-aquae 蓝细菌水华束丝藻 119
Aphrocallistes beatrix 海绵动物门六放海绵亚纲 1808
Aplidiopsis confluata 海鞘 Polyclinidae 科 1997
Aplidium conicum 圆锥形褶胃海鞘 952
Aplidium cyaneum 深蓝褶胃海鞘 55~58
Aplidium haouarianum 褶胃海鞘属 2015, 2016
Aplidium lobatum 褶胃海鞘属 1980~1983
Aplidium meridianum 正午褶胃海鞘 1661~1667
Aplidium orthium 褶胃海鞘属 71
Aplidium pantherinum 豹斑褶胃海鞘 1584
Aplidium sp. 褶胃海鞘属 278, 286, 1980~1983
Aplysia dactylomela 软体动物黑指纹海兔 521, 713
Aplysia kurodai 软体动物黑斑海兔 183, 220, 284, 285, 994
Aplysia limacina 软体动物海兔属 521

Aplysia parvula 软体动物黑边海兔 521
Aplysina aerophoba 秒色海绵属 1238, 1253
Aplysina archeri 烟管秒色海绵 283, 1239, 1245, 1251
Aplysina caissara 秒色海绵属 1254
Aplysina cauliformis 茎型秒色海绵 1240~1242, 1258
Aplysina cavernicola 秒色海绵属 276
Aplysina cavernicola [Syn. *Verongia cavernicola*] 秒色海绵属 199
Aplysina fistularis 秒色海绵属 132, 276, 1238, 1251
Aplysina fistularis f. *fulva* 秒色海绵属 1256
Aplysina insularis 秒色海绵属 276
Aplysina lacunosa 小孔秒色海绵 1254, 1260
Aplysina sp. 秒色海绵属 240, 1025
Aplysina thiona 秒色海绵属 1238
Aplysinella rhax 海绵 Aplysinellidae 科 268, 287, 293
Aplysinella sp. 海绵 Aplysinellidae 科 329, 1261, 1264, 1265
Aplysinella strongylata 海绵 Aplysinellidae 科 1257
Aplysinopsis reticulata 寻常海绵纲网角目西沙海绵 1030
Arenochalina mirabilis 山海绵科海绵 73
Arothron nigropunctatus 鲀形目四齿鲀科黑斑叉鼻鲀 106, 107, 109, 110
Aspergillus effuses H1-1 红树导出的真菌曲霉菌属 998
Aspergillus elegans 海洋导出的真菌曲霉菌属 635~638
Aspergillus flavipes 红树导出的真菌黄柄曲霉 649~652, 667
Aspergillus flavus C-F-3 海洋导出的真菌黄曲霉 1046, 1057
Aspergillus fumigatus 海洋导出的真菌烟曲霉菌 202~204, 218, 573, 1099, 1102, 1103, 1412, 1784~1790, 1793
Aspergillus janus IBT 22274 真菌曲霉菌属 990
Aspergillus nidulans EN-330 海洋导出的真菌构巢曲霉 1070, 1071
Aspergillus nidulans MA-143 红树导出的真菌构巢曲霉 1632~1781
Aspergillus niger 海洋导出的真菌黑曲霉菌 988, 1342
Aspergillus ochraceus 海洋导出的真菌赭曲霉 173, 175
Aspergillus ochraceus WC76466 海洋导出的真菌赭曲霉 1121, 1122
Aspergillus oryzae 海洋导出的真菌稻米曲霉 1059, 1067, 2049~2051

Aspergillus sclerotiorum NRRL 5167 海洋导出的真菌核盘曲霉 1118

Aspergillus sp. 16-02-1 海洋导出的真菌曲霉菌属 1675, 1687, 1693

Aspergillus sp. MF 297-2 海洋导出的真菌曲霉菌属 1114

Aspergillus sp. XS-20090B15 海洋导出的真菌曲霉菌属 1476

Aspergillus sp. 海洋导出的真菌曲霉菌属 967, 968, 1112, 1113, 1794, 1795, 1798~1801, 2136, 2137

Aspergillus sydowi PFW1-13 海洋导出的真菌萨氏曲霉菌 571, 573, 1104, 1105, 1796

Aspergillus taichungensis 红树导出的真菌曲霉菌属 1097, 1108

Aspergillus terreus MFA460 海洋导出的真菌土色曲霉菌 2035

Aspergillus terreus PT06-2 海洋导出的真菌土色曲霉菌 166, 167, 1392

Aspergillus variecolor B-17 真菌变色曲霉菌 2134~2136

Aspergillus versicolor 海洋导出的真菌变色曲霉菌 1486, 2004

Aspergillus versicolor dl-29 海洋导出的真菌变色曲霉菌 2048

Aspergillus versicolor MST-MF495 and LCJ-5-4 海洋导出的真菌变色曲霉菌 2076, 2077

Aspergillus versicolor ZBY-3 深海真菌变色曲霉菌 208

Aspergillus westerdijkiae 深海真菌曲霉菌属 1098

Aspergillus westerdijkiae DFFSCS013 深海真菌曲霉菌属 1098, 1118, 2067, 2068

Aspergillus westerdijkiae SCSIO 05233 深海真菌曲霉菌属 172, 173

Aspidostoma giganteum 苔藓动物裸唇纲 1676

Asterias amurensis 海星多棘海盘车 1820

Asterias rubens 海星红海盘车 1820

Astroides calycularis 石珊瑚目石珊瑚 1008

Astrosclera willeyana 威利星刺海绵 454, 471

Atapozoa sp. 脊索动物们背囊亚门海鞘纲 Holozoidae 科海鞘 434, 438, 439

Atapozoa spp. 脊索动物们背囊亚门海鞘纲 Holozoidae 科海鞘 436

Atergatis floridus 真虾总目十足目扇蟹科花纹爱洁蟹 108

Auletta cf.*constricta* 笛海绵属 875

Avicennia marina 红树马鞭草科海榄雌 809

Axinella brevistyla 短花柱小轴海绵 339, 343, 459, 1128, 1134, 1668

Axinella cannabina 似大麻小轴海绵 1838, 1849, 1852, 1855

Axinella carteri 卡特里小轴海绵 455, 466, 467, 482

Axinella damicornis 鹿角杯型小轴海绵 341, 342, 506, 1339, 1342

Axinella fenestratus 多孔小轴海绵 1848

Axinella sp. 小轴海绵属 344, 433, 450~452, 467, 483, 489, 509, 517, 519, 684~689, 1857

Axinella verrucosa 疣突小轴海绵 458, 467, 481, 482, 506, 2072, 2073

Axinyssa aculeata 软海绵科海绵 1864, 1865

Axinyssa ambrosia 软海绵科海绵 1838

Axinyssa aplysinoides 软海绵科海绵 1840, 1841, 1849, 1855, 1857, 1863

Axinyssa djiferi 软海绵科海绵 126~128

Axinyssa fenestratus 软海绵科海绵 1845, 1847

Axinyssa isabela 软海绵科海绵 1836

Axinyssa sp,nov. 软海绵科海绵 1862

Axinyssa sp. 软海绵科海绵 1834, 1839, 1842, 1855, 1861, 1867~1869

B

Babylonia japonica 软体动物前鳃日本象牙壳 108, 1123

Babylonia japonica 软体动物前鳃日本象牙壳 2116, 2125

Bacillus endophyticus SP31 海洋细菌芽孢杆菌属 1278

Bacillus hunanensis 海洋导出的细菌芽孢杆菌属 1987, 2008~2010

Bacillus sp. SY-1 海洋细菌芽孢杆菌属 1278

Batzella sp. 海绵 Chondropsidae 科 9, 73, 75~78, 84, 105, 1119, 1120, 1488, 1489, 1508, 1511~1513, 1521~1524

Beneckea gazogenes 海洋细菌贝纳克氏菌属 526

Biemna fortis 壮士蒟麻海绵 1549, 1556, 1575, 1580

Biemna sp. 蒟麻海绵属 1556, 1570, 2113, 2115

Bonellia viridis 海洋环节动物匙蠕虫 523

Botrylloides sp. 拟菊海鞘属 1830, 1831

Botrylloides tyreum 拟菊海鞘属 271

Botryllus leachi 菊海鞘 1135, 1677

Botryllus schlosseri 史氏菊海鞘 270

Botryllus sp. 菊海鞘属 270

Brevibacterium sp. KMD 003 海洋导出的细菌短杆菌属 1738, 1747

Bruguiera gymnorrhiza 红树木榄 786, 787, 2012,

2093~2095
Bugula dentata 苔藓动物齿缘草苔虫 427, 440~444
Bugula longissima 苔藓动物极长草苔虫 434
Bugula neritina 苔藓动物多室草苔虫 427
Bulla gouldiana 头甲鱼属 1391
Bunodosoma caissarum 六放珊瑚亚纲海葵 1809
Bunodosoma cangicum 六放珊瑚亚纲海葵 1010

C

Cacospongia mycofijiensis 汤加硬丝海绵 1298
Cadlina luteomarginata 软体动物裸鳃目海牛亚目海牛裸鳃 1837, 1838
Callophycus oppositifolius 红藻斐济红藻属 2005
Callyspongia cf. *flammea* 美丽海绵属 1089~1092
Callyspongia sp. 美丽海绵属 1425~1427, 1738, 1747
Caloglossa leprieurii 红藻鹧鸪菜 729
Calothrix sp. 蓝细菌眉藻属 2064, 2065
Calyx nicaeensis 花萼海绵属 4
Castaniopsis fissa 红树鬻萠栲（裂壳锥）1341
Catenicella cribraria 苔藓动物裸唇纲 857
Caulerpa cupresoides 绿藻柏叶蕨藻 729
Caulerpa okamurai 绿藻岗村蕨藻 4
Caulerpa racemosa 绿藻总状花序蕨藻 4, 728~730, 766, 767
Caulerpa scalpelliformis 绿藻蕨藻属 729
Caulerpa serrulata 绿藻齿形蕨藻 729
Caulerpa sertularioides 绿藻棒叶蕨藻 729
Caulerpa taxifolia 绿藻杉叶蕨藻 729
Celerina heffernani 西奈海星 21, 82, 84, 91, 105
Cephalodiscus gilchristi 半索动物吉氏头盘虫 1920~1938
Chaetomium globosum QEN-14 海洋导出的真菌毛壳属 653, 654
Chaetomium sp. 海洋导出的真菌毛壳属 639, 2007
Chelonaplysilla sp. 达尔文科 Darwinellidae 海绵 944, 950, 1957
Chelynotus semperi 软体动物前鳃 1576~1579, 1589
Chlorodesmis comosa 绿藻绿毛藻 4
Chondria armata 红藻树枝软骨藻 550, 556~560, 570
Chondria atropurpurea 红藻黑紫树枝软骨藻 142, 733
Chondria sp. 红藻树枝软骨藻属 731, 732
Chromobacterium sp. 海洋细菌色杆菌属 394
Chromocleista sp. R721 深海真菌 627, 628
Chromodoris elisaobethina 软体动物裸鳃目海牛亚目多彩海牛属 1310
Chromodoris hamiltoni 软体动物裸鳃目海牛亚目多彩海牛属 1310, 1311
Chromodoris lochi 软体动物裸鳃目海牛亚目多彩海牛属 1298, 1310
Cinachyrella enigmatica 海绵 Tetillidae 科 1177
Ciona savignyi 玻璃海鞘属 1830, 1831
Cladiella sp. 短足软珊瑚属 2076, 2077
Cladophora densa 绿藻稠密刚毛藻 3
Cladosporium sp,PJX-41 红树导出的真菌枝孢属 1636, 1637, 1641, 1782, 1783, 1797, 1802~1805
Cladosporium sphaerospermum 2005-01-E3 深海真菌球孢枝孢 594~598
Clathria calla 格海绵属 83, 104
Clathrina clathrus 篓海绵钙质海绵 1129
Clathrina coriacea 皮质篓海绵钙质海绵 796, 798
Clavelina lepadiformis 簇海鞘属 576, 577, 1374, 1454, 1473, 1474
Clavelina picta 着色簇海鞘 631, 632
Clavelina picta 着色簇海鞘 1455, 1456
Clavelina sp. 簇海鞘属 1548
Cliona celata 隐居穿贝海绵 951, 981, 1106, 1107, 1115
Cliona chilensis 智利穿贝海绵 179
Cliona sp. 穿贝海绵属 428~431
Cnemidocarpa bicornuta 豆海鞘属 219
Codium adhaerens 绿藻匍匐松藻 4
Codium fragile 绿藻刺松藻 4, 2048
Coniothyrium cereale 海洋导出的真菌谷物盾壳霉 1086
Conus pulicarius 软体动物前鳃（鸡心螺）1300~1304
Corallistes sp. 岩屑海绵珊瑚海绵属 525
Corollospora pulchella 海洋导出的海壳真菌科花冠菌属 574
Corticium niger 多板海绵科海绵 1941~1954
Corticium simplex 多板海绵科海绵 1915~1919
Corticium sp. 多板海绵科海绵 1581, 1940~1945, 1948~1951, 1955
Corydendrium parasiticum 水螅纲软水母亚纲 1436, 1437
Corynebacterium sp. 细菌棒杆菌属 2116
Coscinoderma mathewsi 筛皮海绵属 1905, 1906
Costaticella hastata 苔藓动物裸唇纲 818, 855, 879
Crambe crambe 甘蓝海绵 9, 84, 86, 87, 92, 1650~1654, 1656~1659, 1669, 1670
Crassostrea sp. 巨牡蛎属 524
Cribricellina cribraria 苔藓动物极精筛胞苔虫 818, 855, 857, 879
Cribrochalina sp. 似雪海绵属 932, 1356~1358, 1603~

1607, 1609, 1618, 1758
Cristaria plicata 软体动物褶纹冠蚌 135, 136
Cylindrospermopsis raciborskii 蓝细菌念珠藻 Nostocaceae 科 2007
Cymbastela cantharella 小轴海绵科海绵 70, 482
Cymbastela cantharella [Syn. *Pseudaxinyssa cantharella*] 小轴海绵科海绵 1134
Cymbastela sp. 小轴海绵科海绵 446~448
Cynops ensicauda 蝾螈 106, 108~110
Cypridina hilgendorfii 甲壳动物海萤属 60
Cystodytes dellechiajei 海鞘 Polycitoridae 科 1555, 1559~1561, 1586, 1587, 2078~2080
Cystodytes solitus 海鞘 Polycitoridae 科 799, 802
Cystodytes sp. 海鞘 Polycitoridae 科 1551, 1552, 1560, 1562, 1564, 1574, 1578, 1579, 1589, 1590
Cystodytes violatinctus 海鞘 Polycitoridae 科 1553, 1554, 1565, 1591, 1592, 1593, 1598
Cytophaga sp. YM2-23 海洋细菌噬细胞菌属 1420

D

Dactylia sp. 足趾海绵属 350
Dactylospongia elegans 胄甲海绵亚科 Thorectinae 海绵 1193, 1876, 1890~1899
Damiria sp. 鹿仔海绵属 1494
Dendrilla cactos 拟刺枝骨海绵 264, 351
Dendrilla membranosa 膜枝骨海绵 1482
Dendrilla sp. 枝骨海绵属 944
Dendrodoa grossularia 烘焙豆海鞘 71, 1322, 2097, 2098
Dercitus sp. 海绵 Ancorinidae 科 1558, 1569
Dermacoccus abyssi sp,nov. 海洋导出的放线菌深渊皮生球菌 1728~1734
Desmapsamma anchorata 结沙海绵属 340, 352, 353
Diaperoecia californica 苔藓动物窄唇纲 1810
Diazona chinensis 海鞘 Diazonidae 科 1196
Diazona sp. 海鞘 Diazonidae 科 1197~1199
Dichotomomyces cejpii 海洋导出的真菌 1068, 1074
Dichotomomyces cejpii var,*cejpii* NBRC 103559 海洋导出的真菌 1059
Dictyodendrilla sp. 日本海绵 735, 2103, 2112
Dictyodendrilla verongiformis 日本海绵 2083~2087
Didemnum conchyliatum 星骨海鞘属 1013~1016, 2109
Didemnum granulatum 星骨海鞘属 2096, 2109
Didemnum guttatum 星骨海鞘属 1979
Didemnum molle 软毛星骨海鞘 1316, 1317
Didemnum rubeum 星骨海鞘属 1555

Didemnum sp. 星骨海鞘属 10, 11, 226, 398~403, 407~410, 412, 810, 811, 813~816, 852, 856, 1555, 2023, 2024, 2117~2119
Diploprion bifasciatum 肥皂鱼 25
Diplosoma sp. 星骨海鞘科如群体海鞘属 1571
Discodermia polydiscus 岩屑海绵圆皮海绵属 1017, 1022
Distaplia regina 脊索动物门背囊亚门海鞘纲 Holozoidae 科海鞘 680
Dolabella auricularia 软体动物耳形尾海兔 1289, 1290, 1324
Dragmacidon sp. 小轴海绵科海绵 765, 1683
Druinella purpurea [Syn. *Psammaplysilla purpurea*] 紫色沙肉海绵 1261, 1263
Druinella sp. 沙肉海绵属 240, 307, 308, 1236, 1237, 1243, 1244, 1268, 1272, 1274
Drupella fragum 软体动物前鳃 670~672, 708, 709, 711
Dysidea avara 贪婪掘海绵 1874, 1875
Dysidea elegans 雅致掘海绵 1891, 1893
Dysidea fragilis 易碎掘海绵 1988, 1989
Dysidea herbacea 拟草掘海绵 552, 553, 1284, 1285, 1287, 1288, 1291, 1292, 1294, 1297
Dysidea sp. 掘海绵属 212, 817, 1132, 1194, 1308

E

Echinoclathria sp. 海绵 Microcionidae 科 1369~1371, 1432
Echinodictyum sp. 棘网海绵属 739~741, 1133, 1673
Ecionemia geodides 拟裸海绵属 1556, 1572, 1573, 1581
Ecteinascidia thurstoni 海鞘 Perophoridae 科 1766
Ecteinascidia turbinata 海鞘 Perophoridae 科 1451, 1759~1766, 1791, 1792, 2025
Emericella desertorum 海洋导出的真菌裸壳孢属 1066
Emericella nidulans var,*acristata* 海洋导出的真菌裸壳孢属 1066
Emericella sp. 红树导出的真菌裸壳孢属 1087, 1088
Emericella striata 海洋导出的真菌裸壳孢属 1066
Enteromorpha intestinalis 绿藻肠浒苔 659, 662~666, 2070, 2071
Enteromorpha linza 绿藻缘管浒苔 4
Enteromorpha sp. 绿藻浒苔属 1086
Enteromorpha tubulosa 绿藻管浒苔 1046, 1057
Epipolasis kushimotoensis 外轴海绵属 1855~1857
Erythrobacter sp. 红树导出的细菌红色杆菌属 1307

Escherichia coli 深海沉积物宏基因组克隆导出的大肠杆菌 669, 759, 760

Eudistoma album 白色双盘海鞘 820

Eudistoma cf. *rigida* 坚挺双盘海鞘 1674

Eudistoma fragum 双盘海鞘属 957

Eudistoma gilboverde 双盘海鞘属 829~831, 836~838, 871~873

Eudistoma glaucus 苍白双盘海鞘 821~826

Eudistoma olivaceum 橄榄绿双盘海鞘 827~843

Eudistoma sp. 双盘海鞘属 790, 795, 804, 845~851, 1116, 1117, 1555, 1574, 1588, 1589

Eudistoma toealensis 双盘海鞘属 803

Eudistoma vannamei 双盘海鞘属 800, 801, 803

Eunicella granulata 柳珊瑚科柳珊瑚 681, 682

Eupenicillium shearii 希尔正青霉 1078~1080

Euplexaura nuttingi 直真丛柳珊瑚 1146~1148, 1814~1816, 1823~1827

Euplexaura robusta 壮真丛柳珊瑚 148, 1146~1148, 1814~1818

Eurotium rubrum 红树导出的真菌红色散囊菌 998

Eurythoe complanata 海洋环节动物火蠕虫 131, 155, 156

Eusynstyela latericius 砖红叶海鞘 14, 15, 17, 1594~1597

Eusynstyela misakiensis 叶海鞘属 14

Exophiala sp,MFC353-1 海洋导出的真菌外瓶霉属 171, 173

Exophiala sp. 海洋导出的真菌外瓶霉属 174

F

Fascaplysinopsis reticulata 肯甲海绵亚科 Thorectinae 海绵 810, 856

Fascaplysinopsis sp. 肯甲海绵亚科 Thorectinae 海绵 852

Fasciospongia rimosa 多裂缝束海绵 1314

Fasciospongia sp. 空洞束海绵属 1898, 1909, 1911, 1916

Fischerella sp. ATCC43239 蓝细菌非氏藻属 1052

Fischerella sp. 蓝细菌非氏藻属 1044, 1045, 1055, 1056

Flavobacterium sp. NR2993 海洋导出的细菌黄杆菌属 136

Flavobacterium sp. 海洋导出的细菌黄杆菌属 135, 136

Flustra foliacea 藻苔虫属藓苔动物 949, 953, 954, 982~987

Fromia monilis 珠海星 21, 82, 84, 91

Fugu poecilonotus 鲀形目四齿鲀科斑点东方鲀 111

Fugu spp. 鲀形目四齿鲀科东方鲀属河豚 106, 109, 110

Fusarium heterosporum 海洋导出的真菌异形孢子镰孢霉 600

Fusarium sp. 红树导出的真菌镰孢霉属 1341

G

Gellius sp. 结海绵属 959, 960

Geodia exigua 钵海绵属 1851

Geodia gigas 钵海绵属 4, 1820

Geodia sp. 钵海绵属 601

Gersemia antarctica 软珊瑚穗软珊瑚科 1386

Gliocladium roseum OUPS-N132 海洋导出的真菌粉红黏帚霉 994

Glossobalanus sp. 尾索动物舌形虫属 680

Glossodoris quadricolor 软体动物裸鳃目海牛亚目舌尾海牛属 1311

Gonyaulax catenella 甲藻膝沟藻属 120

Gonyaulax spp. 甲藻膝沟藻属 112~116, 118

Gonyaulax tamarensis 甲藻膝沟藻属 119

Grateloupia livida 红藻舌状蜈蚣藻 3

Gymnascella dankaliensis 海洋导出的真菌小裸囊菌属 140

Gymnodinium breve [Syn. *Ptychodiscus brevis*] 甲藻短裸甲藻 1981

Gymnodinium selliforme 裸甲藻属甲藻 2014

Gymnodinium sp. 裸甲藻属甲藻 2013

H

Hahella chejuensis 海洋细菌济州岛霍氏菌（模式种）530

Halichondria cylindrata 圆筒软海绵 599

Halichondria japonica 日本软海绵 140

Halichondria okadai 冈田软海绵 582, 701, 702, 743, 1457

Halichondria panicea 面包软海绵 171, 173, 174

Halichondria sp. 软海绵属 762~764, 1200~1205, 1209, 1225, 1835, 1842, 1846, 1850, 1853

Halichondria spp. 软海绵属 1614

Haliclona cribricutis 蜂海绵属 1758, 1773

Haliclona densaspicula 稠密蜂海绵 2081, 2082

Haliclona sp. 蜂海绵属 866, 905, 908, 910, 917, 920, 1040, 1180, 1181, 1201, 1375, 1376, 1438, 1439, 1441, 2099, 2100, 2124

Haliclona tulearensis 蜂海绵属 1471, 1990

Haliclona viscosa 粘丝蜂海绵 1373, 1428, 1429

Halimeda sp. 绿藻仙掌藻属 146

Halimeda xishaensis 绿藻西沙仙掌藻 1991

Halobacillus salinus 海洋细菌盐渍洗盐芽孢杆菌 150

Halocynthia roretzi 芋海鞘科海鞘 1019, 1020, 1829

Halomonas sp. GWS-BW-H8hM 海洋细菌盐单胞菌属 1958~1960, 1962

Halorosellinia oceanica BCC5149 海洋导出的真菌炭角菌科 643

Hamacantha sp. 同眼海绵属 1685, 1686

Haminoea fusari 软体动物头足目葡萄螺属 1377~1382

Haminoea navicula 软体动物头足目葡萄螺属 1383~1385

Haminoea orbignyana 软体动物头足目葡萄螺属 1377, 1378

Haminoea ortea 软体动物头足目葡萄螺属 1383~1385

Hapalosiphon fontinalis 蓝细菌泉生软管藻 1047

Hapalosiphon fontinalis ATCC39964 蓝细菌泉生软管藻 1054

Hapalosiphon laingii 蓝细菌软管藻属 1048~1051, 1053, 1055

Hapalosiphon welwitschii 蓝细菌软管藻属 1048, 1049

Haraldiophyllum sp. 红藻门真红藻纲红叶藻科 1164

Heliopora coerulea 珊瑚纲八放珊瑚亚纲苍珊瑚（蓝珊瑚）522

Hemimycale sp. 寻常海绵纲异骨海绵目海绵 105

Herdmania momus 莫马思赫海鞘 690~694, 975, 1021

Hermidium alipes (preferred genus name *Mirabilis*) 紫茉莉属（属名可为 *Mirabilis*）227

Heterosiphonia japonica 红藻日本异形管藻 2049~2051

Hexabranchus sanguineus 软体动物裸鳃目海牛亚目六鳃属 1200, 1234, 1235

Hexabranchus sp. 软体动物裸鳃目海牛亚目六鳃属 1213~1215, 1217, 1218

Hexadella sp. 小紫海绵属海绵 777

Himerometra magnipinna 棘皮动物门海百合纲羽星目句翅美羽枝 1238

Hipposponiga lachne 马海绵属 1910

Hipposponiga sp. 马海绵属 1890, 1892, 1894

Histodermella sp. 马海绵属 1531

Homarus americanus 龙虾 1386

Homarus vulgaris 龙虾 1386

Homaxinella sp. 海绵 Suberitidae 科 134, 1722

Homophymia conferta 岩屑海绵 Neopeltidae 科同形虫属 589

Homophymia sp. 岩屑海绵 Neopeltidae 科同形虫属 1477, 1478, 1484, 1485

Hormoscilla spp. 蓝细菌颤藻 Oscillatoriaceae 科 393

Hyatella sp. 格形海绵属 619, 726, 1310

Hymeniacidon aldis 膜海绵属 467, 482

Hymeniacidon sanguinea 膜海绵属 1820

Hymeniacidon sp. 膜海绵属 453, 466, 483, 484, 486, 506, 509, 513, 514, 517, 518, 1625, 1858, 1860

Hymeniacidon spp. 膜海绵属 467

Hyphomycetes sp. 海洋导出的真菌丝孢菌属 1690

Hyrtios cf. *erecta* 南海海绵 852, 856

Hyrtios erecta 南海海绵 862, 1011, 1012

Hyrtios erectus 南海海绵 683, 854

Hyrtios proteus 冲绳海绵 988

Hyrtios reticulatus 有网脉钵海绵 858, 863, 864

Hyrtios sp. SS-1127 冲绳海绵 751

Hyrtios sp. 冲绳海绵 746~750, 859~861, 878, 886, 955, 956, 958, 976, 1688, 1689

I

Ianthella basta 小紫海绵属 245~257, 260~262, 279, 280, 310, 314, 316, 317

Ianthella cf. *reticulata* 小紫海绵属 261

Ianthella flabelliformis 小紫海绵属 266, 267, 318, 1255

Ianthella quadrangulata 小紫海绵属 248, 249~251, 256, 257, 263, 265, 327

Ianthella sp. CMB-01245 小紫海绵属 2088~2091

Ianthella sp. 小紫海绵属 259, 315, 414

Igernella notabilis 海绵 Dictyodendrillidae 科 1912, 1913

Iotrochota baculifera 有杆绣球海绵 2000~2003, 2053~2063, 2117, 2129

Iotrochota sp. 绣球海绵属 180, 181, 2129

Ircinia sp. 羊海绵属 555, 908~910, 917, 920, 923, 924, 969

Ishige okamurae 棕藻铁钉菜 137

J

Janibacter limosus HeL 1 海洋导出的细菌泥两面神菌（模式种）1472

Japsis cf. *coriacea* 革质碧玉海绵 184, 185, 188~191, 193~197, 1170, 1171

Jaspis carteri 卡特里碧玉海绵 184, 190

Jaspis duoaster 碧玉海绵属 1160

Jaspis sp. 碧玉海绵属 65, 66, 184, 185, 197, 268, 269, 272, 274, 277, 287~290, 293, 311, 1167~1169, 1172~1176, 1200, 1201, 1209~1212, 1819

Jorunna funebris 软体动物裸鳃目海牛亚目 1767

K

Kandelia candel 红树秋茄树 788, 1873, 1904
Kirkpatrickia variolosa 亮红海绵 2017, 2041, 2042

L

Lamellaria sp. 软体动物前鳃片螺属 397, 404~406, 408, 410, 411
Lamellodysidea herbacea 掘海绵科 Dysideidae 海绵 551
Laminaria japonica 棕藻海带 528, 529
Lanthella basta 小紫海绵属 257
Latrunculia apicalis 陀螺寇海绵 1501, 1504
Latrunculia bellae 寇海绵属 1487, 1490, 1496, 1507, 1514
Latrunculia brevis 短枝寇海绵 1502, 1505, 1506
Latrunculia corticata 树皮寇海绵 1310, 1311
Latrunculia fiordensis 寇海绵属 1500, 1516
Latrunculia magnifica 宏伟寇海绵 1310~1313
Latrunculia purpurea 紫色寇海绵 1509
Latrunculia sp. 寇海绵属 1497~1499, 1501, 1503, 1510, 1515~1517
Latrunculia trivetricillata 寇海绵属 1502
Latrunculia wellingtonensis 惠灵顿寇海绵 1500, 1502, 1507, 1544
Laurencia brongniartii 红藻凹顶藻属 713, 715, 716, 719, 725, 727
Laurencia majuscula 红藻略大凹顶藻 729
Laurencia sp. 红藻凹顶藻属 713
Laxosuberites sp. 膜海绵属 349, 395
Leiodermatium sp. 岩屑海绵滑皮海绵属 1223, 1224
Leptoclinides dubius 可疑拟薄海鞘 975
Leptoclinides sp. 拟薄海鞘属 1557, 1559
Leptogorgia gilchristi 柳珊瑚科柳珊瑚 1146, 1814
Leptogorgia setacea 柳珊瑚科柳珊瑚 1386
Leptogorgia virgulata 柳珊瑚科柳珊瑚 1386
Leptosphaeria sp. OUPS-N80 海洋导出的真菌小球腔菌属 995, 996
Leucascandra caveolata 珊瑚海新属钙质海绵 1182
Leucetta cf, *chagosensis* 钙质海绵白雪海绵属 1137, 1159
Leucetta chagosensis 钙质海绵白雪海绵属 1138, 1139, 1149
Leucetta leptorhaphis 钙质海绵白雪海绵属 41
Leucetta microraphis 钙质海绵白雪海绵属 1140~1142

Leucetta sp. 钙质海绵白雪海绵属 1, 1130, 1136, 1150
Lignincola laevis 海洋导出的真菌光滑海木生菌 1985
Lignopsis spongiosum 软珊瑚三爪珊瑚科 874
Lipastrotethya ana 海绵 Dictyonellidae 科 1867
Lissoclinum fragile 易碎髌骨海鞘 844, 865
Lissoclinum patella 碟状髌骨海鞘 1319~1321, 1326~1328, 2123
Lissoclinum vareau 髌骨海鞘属 1599, 1600
Lithoplocamia lithistoides 石毛海绵属 158, 159
Luffariella geometrica 几何小瓜海绵 723
Lyngbya bouillonii 蓝细菌鞘丝藻属 1315
Lyngbya majuscula 蓝细菌稍大鞘丝藻 160
Lyngbya majuscula 蓝细菌稍大鞘丝藻 138, 139, 157, 164, 228, 561~563, 578, 965, 1041~1043, 1279~1283, 1295, 1299
Lyngbya sp. 蓝细菌鞘丝藻属 161, 2033

M

Macrocallista nimbosa 真瓣鳃 4
Marinactinospora thermotolerans SCSIO 00652 海洋导出的细菌耐高温海放射孢菌 867~870, 1101, 1111
Marinispora sp. NPS008920 海洋导出的放线菌 1183, 1184
Marinospora sp. NPS12745 海洋放线菌 754~758
Marseniopsis mollis 软体动物门腹足纲 1386
Martensia fragilis 红藻脆弱马滕斯藻 1185
Marthasterias glacialis 海星马天海盘车 1820
Mechercharimyces asporophorigenens YM11-542 海洋导出的放线菌无胞海湖放线菌 1336
Melophlus sp. 海绵 Erylinae 亚科 587, 587, 593
Membranipora perfragilis 苔藓动物门裸唇纲膜孔苔虫科膜孔苔虫属 1615, 1616
Microascus longirostris 海洋导出的真菌小囊菌属 12, 13, 40
Microascus longirostris SF-73 海洋导出的真菌小囊菌属 7, 177, 178
Microbispora aerata IMBAS-11A 海洋细菌玫瑰小双孢菌青铜亚种 1278
Micrococcus sp. 海洋细菌微球菌属 1309
Microcoleus sp. 蓝细菌 Microcoleaceae 科 157
Microcosmus vulgaris 小海鞘属 1419
Micromonospora sp. L-31-CLCO-02 海洋细菌小单孢菌属 796, 798
Microxina sp. 海绵 Niphatidae 科 1821
Monanchora arbuscula 单锚海绵属 79, 88~90, 103
Monanchora pulchra 单锚海绵属 63, 67~69, 95~99,

2018, 2019
Monanchora sp. 单锚海绵属 85, 93, 94
Monanchora unguifera 单锚海绵属 73, 80, 81
Monodonta labio 软体动物腹足纲马蹄螺科单齿螺 26~30, 1638
Monostroma fuscum 绿藻礁膜属 227
Monostroma sp. 绿藻礁膜属 1420
Moorea producens 蓝细菌鞘丝藻属 145, 1286
Mugil cephalus 海洋导出的真菌烟曲霉菌 202~204
Muricea austera 柳珊瑚 Plexauridae 科 232
Musa sapientum 香蕉 227
Mycale cecilia 山海绵属 340, 355, 376
Mycale izuensis 伊豆山海绵 564~568, 569
Mycale magellanica 山海绵属 1206~1208
Mycale micracanthoxea 山海绵属 354, 363~374
Mycale microsigmatosa 山海绵属 340, 352, 353
Mycale plumose 山海绵属 1998, 1999
Mycale sp. 山海绵属 349, 356~362, 377~387, 395, 1226, 1232, 1233, 1318, 1986
Mytilus californianus 贻贝属 120
Mytilus edulis 蓝贻贝 4, 550, 1112~1114, 1431~1435

N

Navanax inermis 软体动物头足目拟海牛科 1384, 1385, 1391, 1393
Neamphius huxleyi 海泡石海绵 Thoosidae 科 1993
Negombata sp. 海绵 Podospongiidae 科 1510
Nembrotha crista 软体动物裸鳃目海牛亚目多角海牛科 434, 438, 439
Nembrotha kubaryana 软体动物裸鳃目海牛亚目多角海牛科 427, 434, 438, 439
Nemopilema nomurai 钵水母纲根口目根口水母科水母属 640, 655
Neofolitispa dianchora 海绵 Crambeidae 科 100~102
Neopetrosia proxima 石海绵科 Petrosiidae 海绵 1442
Nephtheis fascicularis 海鞘 Clavelinidae 科 1453
Niphates sp. 似雪海绵属 1389, 1396~1407
Nitzschia navis-varingica 硅藻菱形藻属 556~558
Nitzschia pungens f. *multiseries* 硅藻尖刺菱形藻多列变种 550
Nocardia sp. Acta 3026 红树导出的放线菌奴卡氏放线菌属 1187, 1188
Nocardia sp. ALAA 海洋导出的放线菌诺卡氏放线菌属 1337
Nocardiopsis sp. CMB-M0232 海洋导出的放线菌拟诺卡氏放线菌属 999
Nostoc sp. 31 蓝细菌念珠藻属 1331, 1332
Notodoris citrina 软体动物裸鳃目海牛亚目柠檬裸枝鳃海牛 1131, 1149
Notodoris gardineri 软体动物裸鳃目海牛亚目香蕉裸枝鳃海牛 1129, 1131, 1136

O

Occurs in animals and plants tissues, in DNA and RNA 存在于动物和植物的组织，在 DNA 和 RNA 中 1806
Occurs in animals, esp, in brain nervous system 存在于各种动物，特别是头部和神经系统中 227
Occurs in blue-green pigment of bile, eggshells and dog placenta, primary product derived from haem *in vivo* 存在于胆汁、蛋壳和狗胎盘的蓝绿色素中，最初在体内产自血红素中 522
Occurs in diatoms 存在于硅藻中 550
Occurs in higher plants, such as broom *Cytisus scoparius*, banana 存在于高等植物中，例如金雀儿，香蕉 227
Occurs in marine animals eg. *Metridium senile* 存在于海洋动物中，例如绣球海葵 *Metridium senile* 227
Occurs in marine organisms 存在于海洋生物中 112~116, 120
Occurs in marine sediments 存在于海洋沉积物中 1735
Occurs in plankton blooms 存在于浮游生物水华中 524
Occurs in plants 存在于植物中 229, 527
Occurs in plants, yeasts and fungi 存在于植物，酵母和真菌中 1395
Occurs in sponges 存在于海绵中 1389
Oceanapia sagittaria 大洋海绵属 1576, 1578
Oceanapia sp. 大洋海绵属 35, 1259, 1563, 1578, 1579, 1614, 1767, 1873
Octopus maculosus 头足类动物章鱼 109
Orina sp. 高山海绵属 959, 960~964
Oscillatoria cf. 蓝细菌颤藻属 393
Oscillatoria sp. 蓝细菌颤藻属 160
Oscillatoria spongeliae 蓝细菌颤藻属 1287
Ostracion cubicus 鲀形目粒突箱鲀 737
Ostracion immaculatus 鲀形目无斑箱鲀 2

P

Pachastrissa nux 厚芒海绵属 1214, 1215, 1217, 1219~1222
Pachastrissa sp. 厚芒海绵属 184, 185, 188
Pachychalina sp. 厚指海绵属 2108
Pachypellina sp. 小条海绵属 903
Paecilomyces variotii EN-291 海洋导出的真菌多变拟

青霉菌 1109
Patinopecten yessoensis 软体动物双壳纲扇贝科虾夷盘扇贝 524
Pelagiobacter variabilis 海洋细菌 1737, 1740~1742
Pellina sp. 皮条海绵属 917
Penaeus orientalis 对虾 176
Penares schulzei 佩纳海绵属 2030~2032
Penares sollasi 佩纳海绵属 583~586
Penares sp. 佩纳海绵属 779, 1443
Penicillium aurantiogriseum 海洋导出的真菌黄灰青霉 1642~1644, 2052
Penicillium aurantiogriseum SP0-16 海洋导出的真菌黄灰青霉 1998, 1999
Penicillium brevicompactum 真菌短密青霉 989~991
Penicillium brocae MA-192 红树导出的真菌布洛卡青霉 809
Penicillium camemberti OUCMDZ-1492 红树导出的真菌沙门柏干酪青霉 1061~1065, 1067, 1069, 1072, 1073, 1075, 1077
Penicillium chrysogenum 海洋导出的产黄青霉真菌 1026
Penicillium citrinum N055 海洋导出的真菌橘青霉 575
Penicillium citrinum N-059 海洋导出的真菌橘青霉 2069
Penicillium commune isolate GS20 海洋导出的真菌普通青霉菌 1060
Penicillium commune SD-118 深海真菌普通青霉菌 334, 1026, 1635
Penicillium expansum Link MK-57 真菌扩展青霉 2073~2075
Penicillium griseofulvum 海洋导出的真菌黄灰青霉 997, 998
Penicillium janthinellum 海洋导出的真菌青霉属 1078, 1081, 1082, 1084
Penicillium oxalicum 0312f1 海洋真菌青霉属 1639, 1655
Penicillium paneum 海洋导出的真菌展青霉 1338, 1639, 1655, 2026
Penicillium paneum SD-44 深海真菌展青霉 213~215, 714, 880, 881, 887
Penicillium sp. 386 海洋导出的真菌青霉属 168
Penicillium sp. BM1689-P 海洋导出的真菌青霉属 554
Penicillium sp. F23-2 深海真菌青霉属 1004~1007, 1026~1029
Penicillium sp. GQ-7 红树导出的真菌青霉属 603~606
Penicillium sp. HKI0459 红树导出的真菌青霉属 1076, 1078, 1081, 1083, 1085

Penicillium sp. N115501 海洋导出的真菌青霉属 124
Penicillium sp. OUPS-79 海洋导出的真菌青霉属 660, 661, 2070, 2071
Penicillium sp. 海洋导出的真菌青霉属 659, 662~666, 992, 993, 1003, 1110, 1340, 1479, 1480, 2072, 2073
Perknaster fuscus antarcticus 褐色培克海星 62
Perna viridis 股贻贝属 2037
Perophora nameii 连茎海鞘属 1585
Petrosaspongia metachromia 胄甲海绵亚科 Thorectinae 海绵 1894, 1895
Petrosaspongia nigra 胄甲海绵亚科 Thorectinae 海绵 1411
Petrosia contignata 石海绵属 932, 933
Petrosia seriata 石海绵属 1464~1466
Petrosia sp. 石海绵属 913, 917, 1601, 1602, 1608
Petrosia spp. 石海绵属 1614
Phakellia flabellata 扁海绵属 467
Phakellia fusca 扁海绵属 345, 453
Phakellia mauritiana 扁海绵属 473
Phidiana militaris 软体动物裸鳃目灰翼科 36, 37
Phidolopora pacifica 苔藓动物裸唇纲 1810, 1828
Phloeodictyon sp. 皮网海绵属 1967~1975
Phoma sp. 海洋导出的真菌茎点霉属 607, 640, 655
Phomopsis sp, ZZ08 红树导出的真菌拟茎点霉属 1611
Phorbas sp. 雏海绵属 1230, 1231
Phorbas topsenti 雏海绵属 1151~1153
Phycopsis terpnis 小轴海绵科海绵 1863
Phyllidia bourguini 软体动物裸鳃目海牛亚目叶海牛属 1859
Phyllidia ocellata 软体动物裸鳃目海牛亚目叶海牛属 1832, 1842, 1849, 1852, 1901, 1902
Phyllidia pustulosa 软体动物裸鳃目海牛亚目叶海牛属 1838, 1843, 1844, 1846, 1849, 1851, 1859, 1863, 1866
Phyllidia sp. 软体动物裸鳃目海牛亚目叶海牛属 1858, 1866
Phyllidia varicosa 软体动物裸鳃目海牛亚目叶海牛属 1843, 1858, 1860, 1864, 1865, 1903
Phyllidiella pustulosa 软体动物裸鳃目海牛亚目小叶海牛属 1846, 1854, 1864~1866
Phyllophora nervosa 红藻育叶藻属 229
Pichia membranifaciens USF-HO-25 海洋导出的真菌毕赤酵母属 701, 702
Plakina sp. 多板海绵属 1946, 1947
Plakortis nigra 黑扁板海绵 882~885
Plakortis simplex 不分支扁板海绵 978~980
Plakortis sp. 扁板海绵属 572

Plectosphaerella cucumerina 海洋导出的真菌 Plectosphaerellaceae 科 1000~1002

Pocockiella variegata 微藻网地藻科 1737, 1740~1742

Poecillastra aff. *tenuilminaris* 杂星海绵 1986

Poecillastra sp. 杂星海绵属 268, 269, 274, 277, 287~290, 293, 311

Poecillastra wondoensis 杂星海绵属 272

Polyandrocarpa sp. 精囊海鞘属 1031

Polyandrocarpa zorritensis 精囊海鞘属 703, 704, 1162

Polycarpa aurata 金点多果海鞘 1323

Polycitorella mariae 多节海鞘科 734

Polycitorella sp. 多节海鞘科 752, 753, 1201

Polyfibrospongia echina 多丝海绵属 957

Polyfibrospongia maynardii 多丝海绵属 956, 976

Polyfibrospongia sp. 多丝海绵属 1178, 1179

Polyphysia crassa 环节动物多毛纲蠕虫 396

Polysyncraton echinatum 星骨海鞘科海鞘 1555, 1567, 1574

Porites cylindrica 硬珊瑚 157

Prianos melanos 锯齿海绵属 1502, 1541

Prianos sp. 锯齿海绵属 911

Prostheceraeus villatus 扁形动物门多肠目海洋扁虫 576, 577, 1374, 1473, 1474

Prosuberites laughlini 原皮海绵属 483, 490

Protogonyaulax acatenella 甲藻膝沟藻科 122, 123

Protogonyaulax sp. 甲藻膝沟藻科 117, 119

Protogonyaulax spp. 甲藻膝沟藻科 112~116, 118

Protogonyaulax tamarensis 甲藻膝沟藻科 120

Protophlitaspongia aga 原柱海绵属 1672

Psammaplysilla arabica 阿拉伯沙肉海绵 1243, 1244

Psammaplysilla purea 纯洁沙肉海绵 235, 300, 301, 1143~1145, 1154~1158, 1267~1273

Psammaplysilla purpurea 紫色沙肉海绵 240~243, 250, 258, 260, 275, 282, 302~307, 309, 330, 331, 1238, 1262, 1272

Psammaplysilla purpurea [Syn. *Druinella purpurea*] 紫色沙肉海绵 1261, 1263

Psammaplysilla sp. 沙肉海绵属 294, 329

Psammoclema sp. 海绵 Chondropsidae 科 295~297, 740, 742

Psammopemma sp 海绵 Chondropsidae 科 1661, 1662, 1665

Pseudaxinella sp. 似轴海绵属 467

Pseudaxinyssa cantharella 假海绵科海绵 506, 1134

Pseudaxinyssa cantharella [Syn. *Cymbastela cantharella*] 假海绵科海绵 1134

Pseudoalteromonas sp. CMMED 290 海洋导出的细菌假交替单胞菌属 2036

Pseudoalteromonas sp. F-420 海洋导出的细菌假交替单胞菌属 146

Pseudoceratina arabica 阿拉伯类角海绵 321~323, 326, 328, 329

Pseudoceratina crassa 肥厚类角海绵 39

Pseudoceratina durissima 类角海绵属 1238, 1251, 1254

Pseudoceratina purpurea 紫色类角海绵 39, 48, 240, 268, 273, 287~293, 298, 299, 319, 320, 329, 345, 1246, 1247, 1265

Pseudoceratina sp. 类角海绵属 38, 205, 221, 1127, 1266

Pseudoceratina verrucosa 多疣状突起类角海绵 244, 1154, 1267

Pseudoceros sp. 扁形动物门多肠目扁形虫 803

Pseudodistoma arborescens 伪二气孔海鞘属 Pseudodistomidae 科 808

Pseudodistoma kanoko 伪二气孔海鞘属 Pseudodistomidae 科 1445~1447

Pseudodistoma megalarva 伪二气孔海鞘属 Pseudodistomidae 科 1446~1450

Pseudodistoma novaezelandiae 伪二气孔海鞘属 Pseudodistomidae 科 5

Pseudodistoma opacum 伪二气孔海鞘属 Pseudodistomidae 科 876, 877

Pseudokeronopsis riccii 原生生物纤毛虫 415~418

Pseudolabrus japonicus 拟隆头鱼 1784~1790

Pseudomonas bromoutilis 海洋细菌假单胞菌属 394

Pseudomonas fluorescens 海洋细菌荧光假单胞菌属 619, 621

Pseudomonas sp. 海洋细菌假单胞菌属 1477, 1478, 1481, 1484, 1485

Pseudonocardia sp. SCSIO 01299 海洋导出的细菌假诺卡氏菌属 2008, 2126~2128

Pseudopterogorgia elisabethae 伊丽莎白柳珊瑚 2104

Pseudosuberites hyalinus 似皮海绵属 673

Pteria muricata 粗糙珍珠贝 1444, 1452

Pterocella vesiculosa 苔藓动物裸唇纲 2027, 2028

Pterocladia capillacea 红藻鸡毛菜属 1386

Ptilocaulis aff. *spiculifer* 小轴海绵科海绵 72, 74

Ptilocaulis spiculifer 小轴海绵科海绵 105

Ptychodera flava 半索动物黄翅翼柱头虫 680

Ptychodera flava laysanica 半索动物黄翅翼柱头虫变种 675

Ptychodiscus brevis [Syn. *Gymnodinium breve*] 甲藻短

裸甲藻 1979
Pycnoclavella kottae 海鞘 Clavelinidae 科 971~974
Pyrodinium sp. 甲藻藻属 119

R

Rapidithrix sp. HC35 海洋细菌速动丝菌属 1165, 1166
Rapidithrix thailandica GB009 海洋导出的细菌速动丝菌属 1475
red algae spp. 多种红藻 3
Reniera sarai 矶海绵属 1458, 1459
Reniera sp. 矶海绵属 1093, 1408~1410, 1609, 1610, 1612, 1618, 1768~1771
Reniera spp. 矶海绵属 1614
Reticulidia fungia 软体动物裸鳃目海牛亚目 1888, 1889
Rhaphisia lacazei 雨点海绵属 736
Rhaphoxya sp. 海绵 Dictyonellidae 科 1866
Rhizophora apiculata 红树鸡笼答 1061~1065, 1067, 1069, 1072, 1073, 1075, 1077
Rhizophora stylosa 红树红海兰 1632~1634, 1781
Rhodomela confervoides 红藻疏松丝状体松节藻 129, 130, 133, 149, 620
Rhopalaea sp. 棍海鞘属 768, 769
Rhopaloeides odorabile 海绵 Spongiidae 科 673, 706, 966
Riftia pachyptila 环节动物多毛纲海洋 vestimentarian 蠕虫 4
Ritterella sigillinoides 雷海鞘属 829, 837, 841
Ritterella tokioka 柄雷海鞘 1694~1719
Rivularia firma 蓝细菌胶须藻属 770, 774, 775
Roboastra tigris 软体动物裸鳃目海牛亚目多角海牛科 434~437
Rubrobacter radiotolerans 海洋放线菌耐辐射红色杆形菌（模式种） 744, 745
Ruditapes philippinarum 软体动物门双壳纲帘蛤科菲律宾蛤仔体 524
Ruegeria sp. SANK 71896 海洋导出的细菌鲁杰氏菌属 211, 216, 217

S

Saccharomonospora sp. CNQ-490 海洋导出的细菌糖单孢菌属 1296
Saccharopolyspora sp. 海洋导出的放线菌糖多孢菌属 144, 629, 630
Saccoglossus kowalevskii 半索动物长吻虫属 396
Salinispora tropica CNB-392 海洋导出的放线菌热带盐水孢菌 2029

Sarcophyton sp. 肉芝软珊瑚属 635~638
Sargassum fulvellum 棕藻微劳马尾藻 527
Sargassum kjellmanianum 棕藻海黍子 175
Sargassum sp. 棕藻马尾藻属 967, 968
Sargassum thunbergii 棕藻鼠尾藻 2004
Sargassum tortile 棕藻易扭转马尾藻 995, 996
Saxidomus giganteus 奶油蛤 119, 120
Sceptrella sp. 寇海绵科海绵 1502, 1506, 1518
Schizothrix sp. 蓝细菌裂须藻属 164
Scytonema sp. 蓝细菌伪枝藻属 2033
Serinicoccus profundi sp. nov. 深海放线菌丝氨酸球菌属 712
Sessibugula sp. 苔藓动物黏草苔虫属 437
Sessibugula spp. 苔藓动物黏草苔虫属 436
Sessibugula translucens 苔藓动物透明黏草苔虫 434, 435
Shewanella piezotolerans WP3 深海细菌耐压西瓦氏菌 1640
Sidnyum turbinatum 海鞘 Polyclinidae 科 170
Siliquariaspongia japonica 岩屑海绵蒂壳海绵 Theonellidae 科 590~592, 608~615
Siliquariaspongia mirabilis 岩屑海绵蒂壳海绵科 182
Siliquariaspongia sp. 岩屑海绵蒂壳海绵 Theonellidae 科 151~154
Sinularia brongersmai 短指软珊瑚属 51, 53
Sinularia flexibilis 短指软珊瑚属 230~232
Sinularia microclavata 短指软珊瑚属 1470
Sinularia polydactyla 多型短指软珊瑚 1470
Sinularia sp. 短指软珊瑚属 42, 49~54, 162, 163
Sinularia sp. (most likely *Sinularia compacya*) 短指软珊瑚属（该样本很像是短指软珊瑚属 *Sinularia compacya*） 50~54
Smenospongia aurea 青甲海绵亚科 Thorectinae 海绵 957, 958, 1018
Smenospongia cerebriformis 青甲海绵亚科 Thorectinae 海绵 476, 520
Smenospongia echina 青甲海绵亚科 Thorectinae 海绵 958
Smenospongia sp. 青甲海绵亚科 Thorectinae 海绵 674, 852, 945~948, 1009, 1890, 1892, 1894, 1898
Sphaeroides oblongus 鲀形目四齿鲀科圆鲀属河豚 1648
Sphoeroides phyreu 鲀形目四齿鲀科圆鲀属河豚 108
Sphoeroides rubripes 鲀形目四齿鲀科棕色圆鲀 108
Sphoeroides vermicularis 鲀形目四齿鲀科蛭石圆鲀 108
Spicaria elegans 海洋导出的真菌曲丽穗霉 634, 635,

641, 642, 644~648, 657
Spongia irregularis 角骨海绵属 1911
Spongia mycofijiensis 角骨海绵属 1310
Spongia sp. 角骨海绵属 1311, 1890
Spongosorites genitrix 丘海绵属 1023, 1126
Spongosorites ruetzleri 丘海绵属 762, 763, 764
Spongosorites sp. 丘海绵属 61, 700, 704, 706, 736, 738, 776, 777, 966, 1024, 1678~1682, 1684
Stachybotrys chartarum 海洋导出的真菌葡萄穗霉属 1094
Stachybotrys sp. MF347 海洋真菌葡萄穗霉属 1058
Stachybotrys sp. RF-7260 海洋导出的真菌葡萄穗霉属 1095
Stachylidium sp. 海洋导出的真菌指轮枝孢属 1089~1092
Stagonosporopsis cucurbitacearum 海洋导出的真菌 1368
Stelleta sp. 星芒海绵属 1568, 1578, 1583
Stelleta splendens 星芒海绵属 184, 1167, 1168, 1173
Stelletta maxima 星芒海绵属 1362~1367
Stelletta sp. 星芒海绵属 184, 189, 192, 196, 633, 1170, 1171, 1176
Stigonema sp. 蓝细菌伪枝藻属 2033
Streptomyces fradiae 007M135 海洋导出的弗氏链霉菌 792~794
Streptomyces griseus 海洋导出的灰色链霉菌 1956
Streptomyces nitrosporeus 海洋导出的链霉菌硝孢链霉菌 622, 623
Streptomyces olivaceus 海洋导出的链霉菌橄榄链霉菌 1720, 1721
Streptomyces seoulensis 海洋导出的链霉菌首尔链霉菌 176
Streptomyces sp. Act8015 海洋导出的链霉菌属 1806
Streptomyces sp. B8251 海洋导出的链霉菌属 1735
Streptomyces sp. BA18591 海洋导出的链霉菌属 413
Streptomyces sp. BL-49-58-005 海洋导出的链霉菌属 699, 977
Streptomyces sp. BOSC-022A 海洋导出的链霉菌属 544
Streptomyces sp. CHQ-64 海洋导出的链霉菌属 1873
Streptomyces sp. CMB-M0406 海洋导出的链霉菌属 206
Streptomyces sp. CMB-M0423 海洋导出的链霉菌属 346~348
Streptomyces sp. CNB-253 海洋导出的链霉菌属 1743~1746
Streptomyces sp. CNQ-418 海洋导出的链霉菌属 423~426
Streptomyces sp. CNQ-583 海洋导出的链霉菌属 624, 626
Streptomyces sp. CNQ-617 海洋导出的链霉菌属 421, 422
Streptomyces sp. CP32 海洋导出的链霉菌属 1300~1306
Streptomyces sp. GT2002/1503 红树导出的链霉菌属 786, 787
Streptomyces sp. HB202 海洋导出的链霉菌属 1748~1753
Streptomyces sp. HKI0595 红树导出的链霉菌属 788, 1873
Streptomyces sp. KORDI-323 海洋导出的链霉菌属 1418
Streptomyces sp. Merv8102 海洋导出的链霉菌属 1337
Streptomyces sp. MM216-87F4 链霉菌属 1096
Streptomyces sp. NBRC 105896 海洋导出的链霉菌属 1038~1041
Streptomyces sp. NPS-698 海洋导出的链霉菌属 1996
Streptomyces sp. NTK 937 海洋导出的链霉菌属 1190
Streptomyces sp. QD518 海洋导出的链霉菌属 791
Streptomyces sp. SA-3501 海洋导出的链霉菌属 1671
Streptomyces sp. SCSIO 02999 海洋导出的链霉菌属 780, 782, 783, 785
Streptomyces sp. SCSIO 03032 深海导出的链霉菌属 771~773, 797
Streptomyces sp. Sp080513GE-23 海洋导出的链霉菌属 1180, 1181
Streptomyces sp. TP-A0597 海洋导出的链霉菌属 1305, 1306
Streptomyces sp. 海洋导出的链霉菌属 579~581, 616, 625, 786, 805, 1372, 1726, 1727, 1736, 1870, 1904, 2012, 2038~2040, 2093~2095
Streptomyces spp. 海洋导出的链霉菌属 1739
Streptomyces variabilis 海洋导出的链霉菌变异链霉菌 1469
Streptomyces venezuelae 海洋导出的链霉菌委内瑞拉链霉菌 1961, 1963~1966, 2136
Streptomyces viridostaticus ssp. *littoralis* LL-31F508 海洋导出的链霉菌属 1754~1757
Strongylodesma algoaensis 寇海绵科海绵 1487, 1490, 1496, 1514
Strongylodesma aliwaliensis 寇海绵科海绵 1542, 1543
Stryphnus mucronatus 尖端凝聚海绵 1822
Stylissa caribica 海绵 Scopalinidae 科 432, 433, 458, 2114

Stylissa carteri 海绵 Scopalinidae 科 458, 513
Stylissa flabellata 海绵 Scopalinidae 科 432, 433, 472
Stylissa flabelliformis 海绵 Scopalinidae 科 467
Stylissa massa 海绵 Scopalinidae 科 466, 482
Stylotella agminata 软海绵科海绵 508
Stylotella aurantium 软海绵科海绵 453, 456, 457, 466, 467, 472, 475, 482, 508, 515
Suberea clavata 海绵 Aplysinellidae 科 1248~1250
Suberea ianthelliformis 海绵 Aplysinellidae 科 22~24
Suberea mollis 海绵 Aplysinellidae 科 1238, 1253, 1275
Suberea sp. 海绵 Aplysinellidae 科 241, 307, 312, 313, 1691, 1692
Subergorgia hicksoni 软柳珊瑚属 695~697
Suberites sp. 皮海绵属 1191, 1192, 1625, 2020~2022
Symbiodinium sp. 甲藻共生藻属 2034
Symphyocladia latiuscula 红藻鸭毛藻 43
Symploca sp. 蓝细菌热带海洋束藻属 143, 145
Symploca sp. 蓝细菌束藻属 1293
Synechococcus sp. PCC 7002 蓝细菌聚球藻属 165
Synoicum macroglossum 海鞘 Polyclinidae 科 888
Synoicum pulmonaria 海鞘 Polyclinidae 科 1189
Synoicum sp. 海鞘 Polyclinidae 科 1661~1663

T

Tambja abdere 软体动物裸鳃目海牛亚目多角海牛科 434~437
Tambja ceutae 软体动物裸鳃目海牛亚目多角海牛科 444
Tambja eliora 软体动物裸鳃目海牛亚目多角海牛科 434~437
Taricha torosa 蝾螈 108
Tedania ignis 居苔海绵 698, 705, 784, 1309
Tegella cf. *spitzbergensis* 苔藓动物丝岛蛛苔虫 16, 18~20
Telesto riisei 珊瑚纲八放珊瑚亚纲匍匐珊瑚目长轴珊瑚 233, 234
Tenacibaculum sp, A4K-17 海洋导出的细菌黏着杆菌属 44~47
Terrestrial bacterium *Nocardiopsis cirriefficiens* 陆地细菌拟诺卡氏菌属 1343
Terrestrial bacterium *Streptomyces caeruleus* 陆地细菌链霉菌属 1345
Terrestrial cyanobacterium *Westiellopsis prolific* 陆地蓝细菌 1195
Terrestrial fungi *Aspergillus flavipes* and *Aspergillus microcysticus* 陆地真菌黄柄曲霉和曲霉属 635
Terrestrial fungi *Penicillium* spp, and *Aspergillus* spp. 陆地真菌青霉属和曲霉属 1046
Terrestrial fungi *Penicillium* spp. 陆地真菌青霉属 1003
Terrestrial fungus *Acremonium lolii* 陆地真菌 723
Terrestrial fungus *Aspergillus clavatus* 陆地真菌曲霉菌属 641
Terrestrial fungus *Aspergillus flavipes* 陆地真菌黄柄曲霉 637, 638
Terrestrial fungus *Aspergillus fumigatus* 陆地真菌烟曲霉菌 573
Terrestrial fungus *Aspergillus ochraceus* 陆地真菌赭曲霉 171
Terrestrial fungus *Aspergillus* sp. AJ117509 陆地真菌曲霉菌属 636
Terrestrial fungus *Drechslera nodulosum* 陆地真菌内脐蠕孢属 723
Terrestrial fungus *Eupenicillium shearii* NRRL3324 陆地真菌 1073
Terrestrial fungus *Eupenicillium* sp. PF1140 陆地真菌 1340
Terrestrial fungus *Isaria farinose* 陆地真菌束孢属 1655
Terrestrial fungus *Penicillium expansum* MK-57 陆地真菌扩展青霉 2070, 2071
Terrestrial fungus *Rosellinia necatrix* 陆地真菌 641
Terrestrial plants 陆地植物 4
Terrestrial streptomycete *Streptomyces caeruleus* 陆地链霉菌属 1343
Terrestrial streptomycete *Streptomyces* sp. 陆地链霉菌属 1961, 1963, 1964
Tethya aurantium 甘橘荔枝海绵 1794
Theonella sp. 岩屑海绵蒂壳海绵属 588, 1333~1335, 1621
Theonella swinhoei 岩屑海绵斯氏蒂壳海绵 1421~1424
Thermoactinomyces sp. TA66-2 海洋放线菌高温放线菌属 1278
Thermoactinomyces sp. YM3-251 海洋导出的放线菌高温放线菌属 1329
Thorecta sp. 青甲海绵属 1008
Thorectandra sp. 青甲海绵亚科 Thorectinae 海绵 2132
Thorectandra sp. 青甲海绵亚科 Thorectinae 海绵 674, 812, 945~948, 1009
Thorectidae sp. SS-1035 青甲海绵科 Thorectidae 海绵 853
Thorectopsamma xana 紫色类角海绵 268, 287
Tolypothrix nodosa 蓝细菌单歧藻属 532~539

Tolypothrix nodosa UH strain HT-58-2　蓝细菌单歧藻属　531

Tolypothrix tjipanasensis　蓝细菌单歧藻属　806, 807

Topsentia genitrix　软海绵科海绵　776, 777

Topsentia sp.　软海绵科海绵　736, 1848, 1849

Toxopneustes pileolus　棘皮动物门真海胆亚纲海胆亚目毒棘海胆科喇叭毒棘海胆　1412

Trachycladus laevispirulifer　粗枝海绵属　1032~1037

Trichoderma virens　海洋导出的真菌木霉属　169

Trididemnum sp.　膜海鞘属　1589

Trikentrion flabelliforme　拉丝海绵科海绵　707, 720~722

Trikentrion loeve　拉丝海绵科海绵　1902

Tsitsikamma favus　寇海绵科海绵　1487, 1490, 1491, 1493, 1496, 1514, 1545, 1546

Tsitsikamma pedunculata　寇海绵科海绵　1487, 1490, 1496, 1514

Tubastraea aurea　石珊瑚华丽筒星珊瑚　71

Tubastraea faulkneri　石珊瑚筒星珊瑚属　1227~1229

Tubastraea sp.　石珊瑚筒星珊瑚属　465, 520

Turbo marmorata　软体动物前鳃夜光蝾螺　236, 237

Turbo stenogyrus　软体动物前鳃蝾螺属　4

Tylodina perversa　软体动物伞螺超科　1236

U

Ulosa ruetzleri　海绵 Esperiopsidae 科　1161

Ulva pertusa　绿藻孔石莼　653, 654

Unidentified ascidian　未鉴定的海鞘　144, 419, 420, 544, 621, 781, 1195, 1325, 1576~1579, 1589, 1619, 1620, 1737, 1740

Unidentified ascidian (family Didemnidae)　未鉴定的海鞘　332, 333

Unidentified ascidian (family Polyclinidae)　未鉴定的海鞘　1976, 1977

Unidentified bryozoan　未鉴定苔藓动物　434, 1616

Unidentified cyanobacterium　未鉴定的蓝细菌　125, 141

Unidentified fish　未鉴定的鱼类　575

Unidentified fungus (Eurotiomycetes 纲)　未鉴定的真菌　2123

Unidentified fungus dz17　未鉴定的真菌　1067

Unidentified green alga　未鉴定的绿藻　1066

Unidentified green alga NIO-143　未鉴定的绿藻　1813

Unidentified lithistid sponge (family Neopeltidae)　未鉴定的 Neopeltidae 科岩屑海绵　1186, 1216

Unidentified mangrove　未鉴定的红树　126~630, 805, 998, 1067, 1307, 1611

Unidentified marine bacterium　未鉴定的海洋细菌　200, 201

Unidentified marine bacterium He159b　未鉴定的海洋细菌 He159b　1395

Unidentified marine bacterium LL-14I352　未鉴定的海洋细菌 LL-14I352　1737, 1740

Unidentified marine fungus　未鉴定的海洋真菌　137

Unidentified marine-derived actinomycete　未鉴定的海洋导出的放线菌　147

Unidentified marine-derived actinomycete CNQ-509　未鉴定的海洋导出的放线菌 CNQ-509　388~392

Unidentified marine-derived actinomycete N96C-47　未鉴定的海洋导出的放线菌 N96C-47　803

Unidentified marine-derived bacterium　未鉴定的海洋导出的细菌　209

Unidentified marine-derived purpre bacterium　未鉴定的海洋导出紫细菌　210

Unidentified mollusk　未鉴定的软体动物　579

Unidentified red alga　未鉴定的红藻　1070, 1071

Unidentified red alga (family Delesseriaceae)　未鉴定的红叶藻科红藻　1163

Unidentified sponge　未鉴定的海绵　7, 12, 13, 40, 177, 178, 467, 1368, 1387~1390, 1519, 1520, 1545, 1546, 1863

Unidentified sponge (family Jaspidae)　未鉴定的 Jaspidae 科海绵　186, 187, 207, 1167, 1168

Unidentified sponge (family Latrunculidae)　未鉴定的 Latrunculidae 科海绵　1492

Unidentified sponge (family Petrosiidae)　未鉴定的石海绵科海绵　903, 913

Unidentified sponge (family Spongiidae)　未鉴定的角骨海绵科海绵　1877~1887

Unidentified sponge (order Haplosclerida, family Petrosiidae)　未鉴定的 Haplosclerida 目石海绵科海绵　2092, 2102

Unidentified sponge (order Haplosclerida, family Petrosiidae)　未鉴定的 Haplosclerida 目石海绵科海绵　897, 902, 904, 912, 917, 921, 922, 924

Unidentified sponge (order Verongida)　未鉴定的真海绵目海绵　1483

V

Verongia aerophoba　真海绵属　281

Verongia aerophoba　真海绵属　1236, 1237, 1251

Verongia cauliformis　真海绵属　132

Verongia cavernicola　真海绵属　1251, 1253, 1260

Verongia cavernicola [Syn. *Aplysina cavernicola*]　真海绵属　199

Verongia fistularis　真海绵属　132

Verongia spengelii 真海绵属 1008
Verongia thiona 真海绵属 1253
Verongula gigantea 海绵 Aplysinidae 科 958, 1127
Verongula rigida 海绵 Aplysinidae 科 1236
Verongula sp. 海绵 Aplysinidae 科 1251, 1273
Vibrio anguillarum 775 海洋导出的细菌鳗弧菌 1277
Vibrio nigripulchritudo 海洋导出的细菌弧菌属 34
Vibrio parahaemolyticus 海洋细菌副溶血弧菌 737
Vibrio parahaemolyticus Bio249 海洋细菌副溶血弧菌 761
Vibrio salmonicida 海洋导出的细菌弧菌属 198
Vibrio sp. M22-1 海洋细菌弧菌属 619
Vibrio sp. 海洋导出的细菌弧菌属 1277
Vibrio sp. 海洋细菌弧菌属 119, 726
Vibrio zagogenes ATCC29988 海洋细菌弧菌属 602
Villogorgia rubra 绒柳珊瑚属 889

W

Westiella intricata 蓝细菌扭曲惠氏藻蓝细菌扭曲惠氏藻 1048, 1049

X

Xestospongia ashmorica 锉海绵属 897, 900, 918
Xestospongia caycedoi 锉海绵属 1617, 1772
Xestospongia cf,carbonaria 炭锉海绵 1550, 1566, 1582
Xestospongia cf. exigua 小锉海绵 1582
Xestospongia exigua 小锉海绵 31~33, 1462, 1463, 1467, 1468

Xestospongia ingens 巨大锉海绵 2105~2107, 2110, 2111
Xestospongia sp. 锉海绵属 449, 890, 891, 913, 917, 921, 926, 935, 1356, 1440, 1460, 1461, 1463~1465, 1612, 1613, 1624, 1774~1780
Xestospongia spp. 锉海绵属 1462, 1566, 1614
Xestospongia testudinaria 似龟锉海绵 1094
Xylaria sp. 2508 红树导出的真菌炭角菌属 2043
Xylaria sp. PSU-F100 海洋导出的真菌炭角菌属 668
Xylaria sp. 海洋导出的真菌炭角菌属 656, 658
Xylocarpus granatum 红树木果棟 1430

Z

Zoanthus sp. 六放珊瑚亚纲棕绿纽扣珊瑚 1690, 2120~2122
Zoobotryon verticillatum 苔藓动物陀螺葡萄苔虫 717, 718
Zopfiella latipes CBS 611.97 海洋导出的真菌柄孢壳属 617, 618
Zyzzya cf. *fuliginosa* 波纳佩属海绵 1531~1536, 1539
Zyzzya fuliginosa 波纳佩属海绵 1494, 1495, 1499, 1525~1530, 1532~1538, 1540, 1547, 1811, 2044~2047
Zyzzya massalis 波纳佩属海绵 1031, 1489, 1525, 1526, 1527~1529
Zyzzya sp. 波纳佩属海绵 2131
Zyzzya spp. 波纳佩属海绵 1509, 1533, 1535

# 索引6 海洋生物中-拉（英）捆绑名称及成分索引

按照汉字拼音顺序列出了第二卷所有海洋生物的中文及拉丁学名捆绑名称，随后给出其化学成分的唯一代码。本书规定：对蓝细菌、红藻、绿藻、棕藻、甲藻、金藻、红树、半红树、石珊瑚、兰珊瑚等生物类别，把类别名加在中文名称前面。

阿拉伯类角海绵 *Pseudoceratina arabica* 321, 322, 323, 326, 328, 329
阿拉伯沙肉海绵 *Psammaplysilla arabica* 1243, 1244
巴厘海绵属 *Acanthostrongylophora* sp. 903, 904, 906, 907, 913, 915, 916, 919, 921, 928~930
白色双盘海鞘 *Eudistoma album* 820
半索动物黄翅翼柱头虫 *Ptychodera flava* 680
半索动物黄翅翼柱头虫变种 *Ptychodera flava laysanica* 675
半索动物吉氏头盘虫 *Cephalodiscus gilchristi* 1921~1939
半索动物长吻虫属 *Saccoglossus kowalevskii* 396
豹斑褶胃海鞘 *Aplidium pantherinum* 1584
蓖麻海绵属 *Biemna* sp. 1556, 1570, 2113, 2115
碧玉海绵属 *Jaspis duoaster* 1160
碧玉海绵属 *Jaspis* sp. 65, 66, 184, 185, 197, 268, 269, 272, 274, 277, 287~290, 293, 311, 1167~1169, 1172~1176, 1200, 1201, 1209~1212, 1819
扁板海绵属 *Plakortis* sp. 572
扁海绵属 *Phakellia flabellata* 467
扁海绵属 *Phakellia mauritiana* 473
扁海绵属 *Phakellia fusca* 345, 453
扁形动物门多肠目扁形虫 *Pseudoceros* sp. 803
扁形动物门多肠目海洋扁虫 *Prostheceraeus villatus* 576, 577, 1374, 1473, 1474
髎骨海鞘属 *Lissoclinum vareau* 1599, 1600
柄雷海鞘 *Ritterella tokioka* 1694~1719
波纳佩属海绵 *Zyzzya* sp. 2131
波纳佩属海绵 *Zyzzya* spp. 1509, 1533, 1535
波纳佩属海绵 *Zyzzya* cf. *fuliginosa* 1531, 1534~1536, 1539
波纳佩属海绵 *Zyzzya massalis* 1031, 1489, 1525~1529
波纳佩属海绵 *Zyzzya fuliginosa* 1494, 1495, 1499, 1525~1530, 1532~1538, 1540, 1547, 1811, 2044~2047
玻璃海鞘属 *Ciona savignyi* 1830, 1831
钵海绵属 *Geodia* sp. 601
钵海绵属 *Geodia exigua* 1851
钵海绵属 *Geodia gigas* 4, 1820
钵水母纲根口目根口水母科水母属 *Nemopilema nomurai* 640, 655
不分支扁板海绵 *Plakortis simplex* 978~980
苍白双盘海鞘 *Eudistoma glaucus* 821~826
冲绳海绵 *Hyrtios* sp. SS-1127 751
冲绳海绵 *Hyrtios proteus* 988
冲绳海绵 *Hyrtios* sp. 746~750, 859~861, 878, 886, 955, 956, 958, 976, 1688, 1689
稠密蜂海绵 *Haliclona densaspicula* 2081, 2082
雏海绵属 *Phorbas* sp. 1228, 1229
雏海绵属 *Phorbas topsenti* 1151~1153
穿贝海绵属 *Cliona* sp. 428~431
纯洁沙肉海绵 *Psammaplysilla purea* 235, 300, 301, 1143~1145, 1154~1158, 1267~1273
粗糙珍珠贝 *Pteria muricata* 1444, 1452
粗枝海绵属 *Trachycladus laevispirulifer* 1032~1037
簇海鞘属 *Clavelina* sp. 1548
簇海鞘属 *Clavelina lepadiformis* 576, 577, 1374, 1454, 1473, 1474
存在于胆汁、蛋壳和狗胎盘的蓝绿色素中，最初在体内产自血红素中 Occurs in blue-green pigment of bile, eggshells and dog placenta, primary product derived from haem *in vivo* 522
存在于动物和植物的组织，在DNA和RNA中. Occurs in animals and plants tissues, in DNA and RNA 1806
存在于浮游生物水华中 Occurs in plankton blooms 524
存在于高等植物中，例如金雀儿，香蕉 Occurs in higher plants, such as broom *Cytisus scoparius*, banana 227
存在于各种动物，特别是头部和神经系统中 Occurs in animals, esp, in brain nervous system 227
存在于硅藻中 Occurs in diatoms 550
存在于海绵中 Occurs in sponges 1389
存在于海洋沉积物中 Occurs in marine sediments 1735
存在于海洋动物中，例如绣球海葵 *Metridium senile* Occurs in marine animals eg, *Metridium senile* 227

存在于海洋生物中 Occurs in marine organisms 112~160, 120
存在于植物,酵母和真菌中 Occurs in plants, yeasts and fungi 1395
存在于植物中 Occurs in plants 229, 527
锉海绵属 Xestospongia caycedoi 1617, 1772
锉海绵属 Xestospongia ashmorica 897, 900, 918
锉海绵属 Xestospongia spp. 1462, 1566, 1614
锉海绵属 Xestospongia sp. 449, 890, 891, 913, 917, 921, 926, 935, 1356, 1440, 1460, 1461, 1463~1465, 1612, 1613, 1624, 1774~1780
达尔文科 Darwinellidae 海绵 Chelonaplysilla sp. 944, 950, 1957
大洋海绵属 Oceanapia sagittaria 1576, 1578
大洋海绵属 Oceanapia sp. 35, 1259, 1563, 1578, 1579, 1614, 1767, 1871
单锚海绵属 Monanchora unguifera 73, 80, 81
单锚海绵属 Monanchora sp. 85, 93, 94
单锚海绵属 Monanchora arbuscula 79, 88~90, 103
单锚海绵属 Monanchora pulchra 63, 67~69, 95~99, 2017, 2018
笛海绵属 Auletta cf. constricta 875
碟状膵骨海鞘 Lissoclinum patella 1319~1321, 1326~1328, 2123
豆海鞘属 Cnemidocarpa bicornuta 219
短花柱小轴海绵 Axinella brevistyla 339, 343, 459, 1128, 1134, 1668
短枝窓海绵 Latrunculia brevis 1502, 1505, 1506
短指软珊瑚属 Sinularia brongersmai 51, 53
短指软珊瑚属 Sinularia microclavata 1470
短指软珊瑚属 Sinularia sp. 42, 49~54, 162, 163
短指软珊瑚属 Sinularia flexibilis 230~232
短指软珊瑚属 (该样本很像是短指软珊瑚属 Sinularia compacya). Sinularia sp. (most likely Sinularia compacya) 50~54
短足软珊瑚属 Cladiella sp. 2076, 2077
对虾 Penaeus orientalis 176
多板海绵科海绵 Corticium niger 1952~1954
多板海绵科海绵 Corticium simplex 1916~1918
多板海绵科海绵 Corticium sp. 1581, 1939, 1940, 1942~1945, 1948~1951, 1955
多板海绵属 Plakina sp. 1946, 1947
多节海鞘科 Polycitorella mariae 734
多节海鞘科 Polycitorella sp. 752, 753, 1201
多孔小轴海绵 Axinella fenestratus 1848
多裂缝束海绵 Fasciospongia rimosa 1314
多丝海绵属 Polyfibrospongia echina 957
多丝海绵属 Polyfibrospongia maynardii 956, 976
多丝海绵属 Polyfibrospongia sp. 1178, 1179
多型短指软珊瑚 Sinularia polydactyla 1470
多疣状突起类角海绵 Pseudoceratina verrucosa 244, 1154, 1267
多种红藻 red algae spp. 3
肥厚类角海绵 Pseudoceratina crassa 39
肥皂鱼 Diploprion bifasciatum 25
丰肉海绵属 Acarnus erithacus 6
蜂海绵属 Haliclona cribricutis 1758, 1773
蜂海绵属 Haliclona tulearensis 1471, 1990
蜂海绵属 Haliclona sp. 866, 905, 908, 910, 917, 920, 1040, 1180, 1181, 1201, 1375, 1376, 1438, 1439, 1441, 2099, 2100, 2124
钙质海绵白雪海绵属 Leucetta leptorhaphis 41
钙质海绵白雪海绵属 Leucetta cf.chagosensis 1137, 1159
钙质海绵白雪海绵属 Leucetta chagosensis 1138, 1139, 1149
钙质海绵白雪海绵属 Leucetta microraphis 1140~1142
钙质海绵白雪海绵属 Leucetta sp. 1, 1130, 1136, 1150
甘橘荔枝海绵 Tethya aurantium 1794
甘蓝海绵 Crambe crambe 9, 84, 86, 87, 92, 1650~1659, 1669, 1670
橄榄绿双盘海鞘 Eudistoma olivaceum 827~843
冈田软海绵 Halichondria okadai 582, 701, 702, 743, 1457
高山海绵属 Orina sp. 959~964
革质碧玉海绵 Japsis cf. coriacea 184, 185, 188~191, 193~197, 1170, 1171
格海绵属 Clathria calla 83, 104
格形海绵属 Hyatella sp. 619, 726, 1310
股贻贝属 Perna viridis 2036
硅藻尖刺菱形藻多列变种 Nitzschia pungens f.multiseries 550
硅藻菱形藻属 Nitzschia navis-varingica 556~558
棍海鞘属 Rhopalaea sp. 768, 769
海绵 Ancorinidae 科 Dercitus sp. 1558, 1569
海绵 Aplysinellidae 科 Suberea ianthelliformis 22~24
海绵 Aplysinellidae 科 Aplysinella strongylata 1257
海绵 Aplysinellidae 科 Aplysinella rhax 268, 287, 293
海绵 Aplysinellidae 科 Suberea mollis 1238, 1253, 1275
海绵 Aplysinellidae 科 Suberea clavata 1248~1250
海绵 Aplysinellidae 科 Aplysinella sp. 329, 1261, 1264, 1265

海绵 Aplysinellidae 科　*Suberea* sp.　241, 307, 312, 313, 1691, 1692
海绵 Aplysinidae 科　*Verongula rigida*　1234
海绵 Aplysinidae 科　*Verongula gigantea*　958, 1127
海绵 Aplysinidae 科　*Aiolochroia crassa*　1235, 1268
海绵 Aplysinidae 科　*Verongula* sp.　1249, 1271
海绵 Chondropsidae 科　*Psammopemma* sp　1661, 1662, 1665
海绵 Chondropsidae 科　*Psammoclema* sp.　295~297, 740, 742
海绵 Chondropsidae 科　*Batzella* sp.　9, 73, 75~78, 84, 105, 1119, 1120, 1488, 1489, 1508, 1511~1513, 1521~1524
海绵 Clionaidae 科　*Anthosigmella* cf. *raromicrosclera*　1353
海绵 Crambeidae 科　*Neofolitispa dianchora*　100~102
海绵 Dictyodendrillidae 科　*Igernella notabilis*　1912, 1913
海绵 Dictyonellidae 科　*Lipastrotethya ana*　1866
海绵 Dictyonellidae 科　*Rhaphoxya* sp.　1866
海绵 Erylinae 亚科　*Melophlus* sp.　587, 593
海绵 Esperiopsidae 科　*Ulosa ruetzleri*　1161
海绵 Hymedesmiidae 科　*Anchinoe paupertas*　1994
海绵 Microcionidae 科　*Echinoclathria* sp.　1369~1371, 1432
海绵 Niphatidae 科　*Microxina* sp.　1821
海绵 Podospongiidae 科　*Negombata* sp.　1510
海绵 Scopalinidae 科　*Stylissa caribica*　432, 433, 458, 2114
海绵 Scopalinidae 科　*Stylissa carteri*　458, 513
海绵 Scopalinidae 科　*Stylissa flabellata*　432, 433, 472
海绵 Scopalinidae 科　*Stylissa flabelliformis*　467
海绵 Scopalinidae 科　*Stylissa massa*　466, 482
海绵 Spongiidae 科　*Rhopaloeides odorabile*　673, 706, 966
海绵 Suberitidae 科　*Homaxinella* sp.　134, 1722
海绵 Tetillidae 科　*Cinachyrella enigmatica*　1177
海绵动物门六放海绵亚纲　*Aphrocallistes beatrix*　1808
海泡石海绵 Thoosidae 科　*Neamphius huxleyi*　1993
海鞘 Clavelinidae 科　*Nephtheis fascicularis*　1453
海鞘 Clavelinidae 科　*Pycnoclavella kottae*　971~974
海鞘 Diazonidae 科　*Diazona chinensis*　1196
海鞘 Diazonidae 科　*Diazona* sp.　1197~1199
海鞘 Perophoridae 科　*Ecteinascidia thurstoni*　1766
海鞘 Perophoridae 科　*Ecteinascidia turbinata*　1451, 1759~1766, 1791, 1792, 2025

海鞘 Polyclinidae 科　*Aplidiopsis confluata*　1997
海鞘 Polycitoridae 科　*Cystodytes dellechiajei*　1555, 1559~1561, 1586, 1587, 2078~2080
海鞘 Polycitoridae 科　*Cystodytes solitus*　799, 802
海鞘 Polycitoridae 科　*Cystodytes* sp.　1551, 1552, 1560, 1562, 1564, 1574, 1578, 1579, 1589, 1590
海鞘 Polycitoridae 科　*Cystodytes violatinctus*　1553, 1554, 1565, 1591~1593, 1598
海鞘 Polyclinidae 科　*Sidnyum turbinatum*　170
海鞘 Polyclinidae 科　*Synoicum macroglossum*　888
海鞘 Polyclinidae 科　*Synoicum pulmonaria*　1189
海鞘 Polyclinidae 科　*Synoicum* sp.　1661~1663
海鞘科海鞘　*Amphicarpa meridiana*　1581
海星多棘海盘车　*Asterias amurensis*　1820
海星红海盘车　*Asterias rubens*　1820
海星马天海盘车　*Marthasterias glacialis*　1820
海洋导出的产黄青霉真菌　*Penicillium chrysogenum*　1026
海洋导出的放线菌　*Marinispora* sp. NPS008920　1183, 1184
海洋导出的放线菌高温放线菌属　*Thermoactinomyces* sp. YM3-251　1329
海洋导出的放线菌蓝灰异壁放线菌（模式种）　*Actinoalloteichus cyanogriseus* WH1-2216-6　1100
海洋导出的放线菌蓝灰异壁放线菌（模式种）　*Actinoalloteichus cyanogriseus*　1343~1352, 1359~1361
海洋导出的放线菌拟诺卡氏放线菌属　*Nocardiopsis* sp. CMB-M0232　999
海洋导出的放线菌诺卡氏放线菌属　*Nocardia* sp. ALAA　1337
海洋导出的放线菌热带盐水孢菌　*Salinispora tropica* CNB-392　2029
海洋导出的放线菌珊瑚状放线菌属　*Actinomadura* sp. 007　789
海洋导出的放线菌珊瑚状放线菌属　*Actinomadura* sp. BCC 24717　710, 819
海洋导出的放线菌珊瑚状放线菌属　*Actinomadura* sp. M045　1962
海洋导出的放线菌深渊皮生球菌　*Dermacoccus abyssi* sp. nov.　1728~1734
海洋导出的放线菌糖多孢菌属　*Saccharopolyspora* sp. 144, 629, 630
海洋导出的放线菌无胞海湖放线菌　*Mechercharimyces asporophorigenens* YM11-542　1336
海洋导出的弗氏链霉菌　*Streptomyces fradiae* 007M135　792~794

海洋导出的海壳真菌科花冠菌属 *Corollospora pulchella* 574
海洋导出的灰色链霉菌 *Streptomyces griseus* 1957
海洋导出的链霉菌变异链霉菌 *Streptomyces variabilis* 1469
海洋导出的链霉菌橄榄链霉菌 *Streptomyces olivaceus* 1720, 1721
海洋导出的链霉菌首尔链霉菌 *Streptomyces seoulensis* 176
海洋导出的链霉菌属 *Streptomyces* sp. 579~581, 616, 625, 786, 805, 1372, 1726, 1727, 1736, 1871, 1904, 2012, 2037~2040, 2093~2095
海洋导出的链霉菌属 *Streptomyces* sp. Act8015 1806
海洋导出的链霉菌属 *Streptomyces* sp. B8251 1735
海洋导出的链霉菌属 *Streptomyces* sp. BA18591 413
海洋导出的链霉菌属 *Streptomyces* sp. BL-49-58-005 699, 977
海洋导出的链霉菌属 *Streptomyces* sp. BOSC-022A 544
海洋导出的链霉菌属 *Streptomyces* sp. CHQ-64 1872
海洋导出的链霉菌属 *Streptomyces* sp. CMB-M0406 206
海洋导出的链霉菌属 *Streptomyces* sp. CMB-M0423 346~348
海洋导出的链霉菌属 *Streptomyces* sp. CNB-253 1743~1746
海洋导出的链霉菌属 *Streptomyces* sp. CNQ-418 423~426
海洋导出的链霉菌属 *Streptomyces* sp. CNQ-617 421, 422
海洋导出的链霉菌属 *Streptomyces* sp. CNQ-583 624, 626
海洋导出的链霉菌属 *Streptomyces* sp. CP32 1300~1306
海洋导出的链霉菌属 *Streptomyces* sp. HB202 1748~1753
海洋导出的链霉菌属 *Streptomyces* sp. KORDI-323 1418
海洋导出的链霉菌属 *Streptomyces* sp. Merv8102 1337
海洋导出的链霉菌属 *Streptomyces* sp. NBRC 105896 1038~1041
海洋导出的链霉菌属 *Streptomyces* sp. NPS-698 1996
海洋导出的链霉菌属 *Streptomyces* sp. NTK 937 1190
海洋导出的链霉菌属 *Streptomyces* sp. QD518 791
海洋导出的链霉菌属 *Streptomyces* sp. SA-3501 1671
海洋导出的链霉菌属 *Streptomyces* sp. SCSIO 02599 780, 782, 783, 785
海洋导出的链霉菌属 *Streptomyces* sp. Sp080513GE-23 1180, 1181
海洋导出的链霉菌属 *Streptomyces* sp. TP-A0597 1305, 1306
海洋导出的链霉菌属 *Streptomyces* spp. 1739
海洋导出的链霉菌属 *Streptomyces viridostaticus* ssp. *littoralis* LL-31F508 1754~1757
海洋导出的链霉菌委内瑞拉链霉菌 *Streptomyces venezuelae* 1961, 1963~1966, 2135
海洋导出的链霉菌硝孢链霉菌 *Streptomyces nitrosporeus* 622, 623
海洋导出的细菌短杆菌属 *Brevibacterium* sp. KMD 003 1738, 1747
海洋导出的细菌弧菌属 *Vibrio nigripulchritudo* 34
海洋导出的细菌弧菌属 *Vibrio salmonicida* 198
海洋导出的细菌弧菌属 *Vibrio* sp. 1277
海洋导出的细菌黄杆菌属 *Flavobacterium* sp. NR2993 136
海洋导出的细菌黄杆菌属 *Flavobacterium* sp. 135, 136
海洋导出的细菌假交替单胞菌属 *Pseudoalteromonas* sp. CMMED 290 2035
海洋导出的细菌假交替单胞菌属 *Pseudoalteromonas* sp. F-420 146
海洋导出的细菌假诺卡氏菌属 *Pseudonocardia* sp. SCSIO 01299 2011, 2130~2132
海洋导出的细菌鲁杰氏菌属 *Ruegeria* sp. SANK 71896 211, 216, 217
海洋导出的细菌鳗弧菌 *Vibrio anguillarum* 775 1277
海洋导出的细菌耐高温海放射孢菌 *Marinactinospora thermotolerans* SCSIO 00652 867~870, 1101, 1111
海洋导出的细菌泥两面神菌(模式种) *Janibacter limosus* HeL 1 1472
海洋导出的细菌黏着杆菌属 *Tenacibaculum* sp. A4K-17 44~47
海洋导出的细菌气单胞菌属 *Aeromonas* sp. CB101 724
海洋导出的细菌速动丝菌属 *Rapidithrix thailandica* GB009 1475
海洋导出的细菌糖单孢菌属 *Saccharomonospora* sp. CNQ-490 1296
海洋导出的细菌芽孢杆菌属 *Bacillus hunanensis* 1987, 2009~2011
海洋导出的细菌游海假交替单胞菌游海亚种 *Alteromonas haloplanktis* 198
海洋导出的真菌 *Dichotomomyces cejpii* var. *cejpii*

海洋导出的真菌 NBRC 103559 **1059**
海洋导出的真菌 *Stagonosporopsis cucurbitacearum* **1368**
海洋导出的真菌 *Dichotomomyces cejpii* **1068, 1074**
海洋导出的真菌 Plectosphaerellaceae 科 *Plectosphaerella cucumerina* **1000~1002**
海洋导出的真菌毕赤酵母属 *Pichia membranifaciens* USF-HO-25 **701, 702**
海洋导出的真菌变色曲霉菌 *Aspergillus versicolor* dl-29 **2048**
海洋导出的真菌变色曲霉菌 *Aspergillus versicolor* MST-MF495 and LCJ-5-4 **2076, 2077**
海洋导出的真菌变色曲霉菌 *Aspergillus versicolor* **1486, 2004**
海洋导出的真菌柄孢壳属 *Zopfiella latipes* CBS 611.97 **617, 618**
海洋导出的真菌稻米曲霉 *Aspergillus oryzae* **1059, 1067, 2049~2051**
海洋导出的真菌多变拟青霉菌 *Paecilomyces variotii* EN-291 **1109**
海洋导出的真菌粉红黏帚霉 *Gliocladium roseum* OUPS-N132 **994**
海洋导出的真菌构巢曲霉 *Aspergillus nidulans* EN-330 **1070, 1071**
海洋导出的真菌谷物盾壳霉 *Coniothyrium cereale* **1086**
海洋导出的真菌光滑海木生菌 *Lignincola laevis* **1985**
海洋导出的真菌核盘曲霉 *Aspergillus sclerotiorum* NRRL 5167 **1118**
海洋导出的真菌黑曲霉菌 *Aspergillus niger* **988, 1342**
海洋导出的真菌黄灰青霉 *Penicillium aurantiogriseum* SP0-16 **1998, 1999**
海洋导出的真菌黄灰青霉 *Penicillium griseofulvum* **997, 998**
海洋导出的真菌黄灰青霉 *Penicillium aurantiogriseum* **1642~1644, 2052**
海洋导出的真菌黄曲霉 *Aspergillus flavus* C-F-3 **1046, 1057**
海洋导出的真菌茎点霉属 *Phoma* sp. **607, 640, 655**
海洋导出的真菌橘青霉 *Penicillium citrinum* N055 **575**
海洋导出的真菌橘青霉 *Penicillium citrinum* N-059 **2069**
海洋导出的真菌裸壳孢属 *Emericella desertorum* **1066**
海洋导出的真菌裸壳孢属 *Emericella nidulans* var. *acristata* **1066**

海洋导出的真菌裸壳孢属 *Emericella striata* **1066**
海洋导出的真菌毛壳属 *Chaetomium globosum* QEN-14 **653, 654**
海洋导出的真菌毛壳属 *Chaetomium* sp. **639, 2006**
海洋导出的真菌木霉属 *Trichoderma virens* **169**
海洋导出的真菌葡萄穗霉属 *Stachybotrys chartarum* **1094**
海洋导出的真菌葡萄穗霉属 *Stachybotrys* sp. RF-7260 **1095**
海洋导出的真菌普通青霉菌 *Penicillium commune* isolate GS20 **1060**
海洋导出的真菌青霉属 *Penicillium janthinellum* **1078, 1081, 1082, 1084**
海洋导出的真菌青霉属 *Penicillium* sp. **659, 662~666, 992, 993, 1003, 1110, 1340, 1479, 1480, 2072, 2073**
海洋导出的真菌青霉属 *Penicillium* sp. 386 **168**
海洋导出的真菌青霉属 *Penicillium* sp. BM1689-P **554**
海洋导出的真菌青霉属 *Penicillium* sp. N115501 **124**
海洋导出的真菌青霉属 *Penicillium* sp. OUPS-79 **660, 661, 2070, 2071**
海洋导出的真菌曲丽穗霉 *Spicaria elegans* **634, 635, 641, 642, 644~648, 657**
海洋导出的真菌曲霉菌属 *Aspergillus elegans* **635~638**
海洋导出的真菌曲霉菌属 *Aspergillus* sp. **967, 968, 1112, 1113, 1794, 1795, 1798~1801, 2136, 2137**
海洋导出的真菌曲霉菌属 *Aspergillus* sp. 16-02-1 **1675, 1687, 1693**
海洋导出的真菌曲霉菌属 *Aspergillus* sp. MF 297-2 **1114**
海洋导出的真菌曲霉菌属 *Aspergillus* sp. XS-20090B15 **1476**
海洋导出的真菌萨氏曲霉菌 *Aspergillus sydowi* PFW1-13 **571, 573, 1104, 1105, 1796**
海洋导出的真菌丝孢菌属 *Hyphomycetes* sp. **1690**
海洋导出的真菌炭角菌科 *Halorosellinia oceanica* BCC5149 **643**
海洋导出的真菌炭角菌属 *Xylaria* sp. **656, 658**
海洋导出的真菌炭角菌属 *Xylaria* sp. PSU-F100 **668**
海洋导出的真菌土色曲霉菌 *Aspergillus terreus* MFA460 **2035**
海洋导出的真菌土色曲霉菌 *Aspergillus terreus* PT06-2 **166, 167, 1392**
海洋导出的真菌外瓶霉属 *Exophiala* sp. **174**
海洋导出的真菌外瓶霉属 *Exophiala* sp. MFC353-1 **171, 173**

海洋导出的真菌小裸囊菌属 *Gymnascella dankaliensis* 140

海洋导出的真菌小囊菌属 *Microascus longirostris* 12, 13, 40

海洋导出的真菌小囊菌属 *Microascus longirostris* SF-73 7, 177, 178

海洋导出的真菌小球腔菌属 *Leptosphaeria* sp. OUPS-N80 995, 996

海洋导出的真菌烟曲霉菌 *Aspergillus fumigatus* 202~204, 218, 573, 1099, 1102, 1103, 1412, 1784~1790, 1793

海洋导出的真菌烟曲霉菌 *Mugil cephalus* 202~204

海洋导出的真菌异形孢子镰孢霉 *Fusarium heterosporum* 600

海洋导出的真菌展青霉 *Penicillium paneum* 1338, 1639, 1655, 2026

海洋导出的真菌赭曲霉 *Aspergillus ochraceus* 173, 175

海洋导出的真菌赭曲霉 *Aspergillus ochraceus* WC76466 1121, 1122

海洋导出的真菌枝顶孢属 *Acremonium* sp. 1791, 1792, 2025

海洋导出的真菌指轮枝孢属 *Stachylidium* sp. 1089~1092

海洋放线菌 *Marinospora* sp,NPS12745 754~758

海洋放线菌高温放线菌属 *Thermoactinomyces* sp. TA66-2 1278

海洋放线菌耐辐射红色杆形菌(模式种) *Rubrobacter radiotolerans* 744, 745

海洋环节动物火蠕虫 *Eurythoe complanata* 131, 155, 156

海洋环节动物匙蠕虫 *Bonellia viridis* 523

海洋细菌 *Pelagiobacter variabilis* 1737, 1740~1742

海洋细菌贝纳克氏菌属 *Beneckea gazogenes* 526

海洋细菌副溶血弧菌 *Vibrio parahaemolyticus* 737

海洋细菌副溶血弧菌 *Vibrio parahaemolyticus* Bio249 761

海洋细菌红色假交替单胞菌 *Alteromonas rubra* 526

海洋细菌弧菌属 *Vibrio zagogenes* ATCC29988 602

海洋细菌弧菌属 *Vibrio* sp,M22-1 619

海洋细菌弧菌属 *Vibrio* sp. 119, 726

海洋细菌济州岛霍氏菌(模式种) *Hahella chejuensis* 530

海洋细菌假单胞菌属 *Pseudomonas bromoutilis* 394

海洋细菌假单胞菌属 *Pseudomonas* sp. 1477, 1478, 1481, 1484, 1485

海洋细菌交替单胞菌属 *Alteromonas* sp. 582

海洋细菌玫瑰小双孢菌青铜亚种 *Microbispora aerata* IMBAS-11A 1278

海洋细菌色杆菌属 *Chromobacterium* sp. 394

海洋细菌噬细胞菌属 *Cytophaga* sp. YM2-23 1420

海洋细菌速动丝菌属 *Rapidithrix* sp. HC35 1165, 1166

海洋细菌土壤杆菌属 *Agrobacterium aurantiacum* N-81106 1660

海洋细菌土壤杆菌属 *Agrobacterium* sp. 1276

海洋细菌土壤杆菌属 *Agrobacterium* sp. PH-130 1451

海洋细菌微球菌属 *Micrococcus* sp. 1309

海洋细菌小单孢菌属 *Micromonospora* sp. L-31-CLCO-02 796, 798

海洋细菌芽孢杆菌属 *Bacillus endophyticus* SP31 1278

海洋细菌芽孢杆菌属 *Bacillus* sp. SY-1 1278

海洋细菌盐单胞菌属 *Halomonas* sp. GWS-BW-H8hM 1958~1960, 1962

海洋细菌盐渍洗盐芽孢杆菌 *Halobacillus salinus* 150

海洋细菌荧光假单胞菌 *Pseudomonas fluorescens* 619, 621

海洋真菌葡萄穗霉属 *Stachybotrys* sp. MF347 1058

海洋真菌青霉属 *Penicillium oxalicum* 0312f1 1639, 1655

褐色培克海星 *Perknaster fuscus antarcticus* 62

黑扁板海绵 *Plakortis nigra* 882~885

黑珊瑚二叉黑角珊瑚 *Antipathes dichotoma* 778

烘焙豆海鞘 *Dendrodoa grossularia* 71, 1322, 2097, 2098

红树导出的放线菌奴卡氏放线菌属 *Nocardia* sp. Acta 3026 1187, 1188

红树导出的链霉菌属 *Streptomyces* sp. GT2002/1503 786, 787

红树导出的链霉菌属 *Streptomyces* sp. HKI0595 788, 1873

红树导出的细菌红色杆菌属 *Erythrobacter* sp. 1307

红树导出的真菌布洛卡青霉 *Penicillium brocae* MA-192 809

红树导出的真菌构巢曲霉 *Aspergillus nidulans* MA-143 1632~1634, 1781

红树导出的真菌红色散囊菌 *Eurotium rubrum* 998

红树导出的真菌黄柄曲霉 *Aspergillus flavipes* 649~652, 667

红树导出的真菌镰孢霉属 *Fusarium* sp. 1341

红树导出的真菌裸壳孢属 *Emericella* sp. 1087, 1088

红树导出的真菌拟茎点霉属 *Phomopsis* sp. ZZ08 1611

红树导出的真菌青霉属 *Penicillium* sp. GQ-7 603~606

红树导出的真菌青霉属 *Penicillium* sp. HKI0459 1076, 1078, 1081, 1083, 1085

红树导出的真菌曲霉菌属 *Aspergillus effuses* H1-1 998

红树导出的真菌曲霉菌属 *Aspergillus taichungensis* 1097, 1108

红树导出的真菌沙门氏柏干酪青霉 *Penicillium camemberti* OUCMDZ-1492 1061~1065, 1067, 1069, 1072, 1073, 1075, 1077

红树导出的真菌炭角菌属 *Xylaria* sp. 2508 2043

红树导出的真菌枝孢属 *Cladosporium* sp. PJX-41 1636, 1637, 1641, 1782, 1783, 1797, 1802~1805

红树红海兰 *Rhizophora stylosa* 1632~1634, 1781

红树鸡笼答 *Rhizophora apiculata* 1061~1065, 1067, 1069, 1072, 1073, 1075, 1077

红树金黄色卤蕨 *Acrostichum aureum* 1097, 1108

红树老鼠簕 *Acanthus ilicifolius* 649~652, 667, 1479

红树鬲蒴栲（裂壳锥）*Castaniopsis fissa* 1341

红树马鞭草科海榄雌 *Avicennia marina* 809

红树木果楝 *Xylocarpus granatum* 1430

红树木榄 *Bruguiera gymnorrhiza* 786, 787, 2012, 2093~2095

红树秋茄树 *Kandelia candel* 788, 1874, 1905

红树桐花树 *Aegiceras corniculatum* 603~606, 1076, 1081, 1083, 1085, 1087, 1088

红藻凹顶藻属 *Laurencia brongniartii* 713, 715, 716, 719, 725, 727

红藻凹顶藻属 *Laurencia* sp. 713

红藻脆弱马滕斯藻 *Martensia fragilis* 1185

红藻斐济红藻属 *Callophycus oppositifolius* 2005

红藻黑紫树枝软骨藻 *Chondria atropurpurea* 142, 733

红藻鸡毛菜属 *Pterocladia capillacea* 1386

红藻略大凹顶藻 *Laurencia majuscula* 729

红藻门真红藻纲红叶藻科 *Haraldiophyllum* sp. 1164

红藻日本异形管藻 *Heterosiphonia japonica* 2049~2051

红藻舌状蜈蚣藻 *Grateloupia livida* 3

红藻疏松丝状体松节藻 *Rhodomela confervoides* 129, 130, 133, 149, 620

红藻树枝软骨藻 *Chondria armata* 550, 556~560, 570

红藻树枝软骨藻属 *Chondria* sp. 731, 732

红藻松节藻科 *Alsidium corallinum* 550

红藻鸭毛藻 *Symphyocladia latiuscula* 43

红藻育叶藻属 *Phyllophora nervosa* 229

红藻鹧鸪菜 *Caloglossa leprieurii* 729

宏伟寇海绵 *Latrunculia magnifica* 1310~1313

厚芒海绵属 *Pachastrissa* sp. 184, 185, 188

厚芒海绵属 *Pachastrissa nux* 1214, 1215, 1217, 1219~1222

厚指海绵属 *Pachychalina* sp. 2108

花萼海绵属 *Calyx nicaeensis* 4

环节动物多毛纲海洋 *Vestimentarian* 蠕虫 *Riftia pachyptila* 4

环节动物多毛纲蠕虫 *Polyphysia crassa* 396

秽色海绵属 *Aplysina aerophoba* 1238, 1253

秽色海绵属 *Aplysina caissara* 1254

秽色海绵属 *Aplysina cavernicola* 276

秽色海绵属 *Aplysina cavernicola* [Syn. *Verongia cavernicola*] 199

秽色海绵属 *Aplysina fistularis* 132, 276, 1238, 1251

秽色海绵属 *Aplysina fistularis* f. *fulva* 1256

秽色海绵属 *Aplysina insularis* 276

秽色海绵属 *Aplysina* sp. 240, 1025

秽色海绵属 *Aplysina thiona* 1238

惠灵顿寇海绵 *Latrunculia wellingtonensis* 1500, 1502, 1507, 1544

矶海绵属 *Reniera sarai* 1458, 1459

矶海绵属 *Reniera* sp. 1093, 1408, 1409, 1410, 1609, 1610, 1612, 1618, 1768~1771

矶海绵属 *Reniera* spp. 1614

极长群海绵 *Agelas longissima* 478~481, 506, 509, 1339, 1723, 1724, 1811

棘皮动物门海百合纲羽星目句翅美羽枝 *Himerometra magnipinna* 1238

棘皮动物门真海胆亚纲海胆亚目毒棘海胆科喇叭毒棘海胆 *Toxopneustes pileolus* 1412

棘头海绵属 *Acanthella aurantiaca* 467, 482, 506

棘头海绵属 *Acanthella klethra* 1834, 1835, 1837, 1849, 1852

棘头海绵属 *Acanthella pulcherrima* 1838

棘头海绵属 *Acanthella* sp. 1835, 1836, 1849, 1854

棘网海绵属 *Echinodictyum* sp. 739, 740, 741, 1133, 1673

几何小瓜海绵 *Luffariella geometrica* 723

脊索动物门背囊亚门海鞘纲 Holozoidae 科海鞘 *Atapozoa* spp. 436

脊索动物门背囊亚门海鞘纲 Holozoidae 科海鞘 *Atapozoa* sp. 434, 438, 439

脊索动物门背囊亚门海鞘纲 Holozoidae 科海鞘 *Distaplia regina* 680

甲壳动物海萤属 *Cypridina hilgendorfii* 60

甲藻短裸甲藻　*Ptychodiscus brevis* [Syn. *Gymnodinium breve*]　1979
甲藻短裸甲藻　*Gymnodinium breve* [Syn. *Ptychodiscus brevis*]　1979
甲藻共生藻属　*Symbiodinium* sp.　2034
甲藻膝沟藻科　*Protogonyaulax acatenella*　122, 123
甲藻膝沟藻科　*Protogonyaulax* sp.　117, 119
甲藻膝沟藻科　*Protogonyaulax* spp.　112~116, 118
甲藻膝沟藻科　*Protogonyaulax tamarensis*　120
甲藻膝沟藻属　*Gonyaulax catenella*　120
甲藻膝沟藻属　*Gonyaulax* spp.　112~116, 118
甲藻膝沟藻属　*Gonyaulax tamarensis*　119
甲藻藻属　*Pyrodinium* sp.　119
假海绵科海绵　*Pseudaxinyssa cantharella* [Syn. *Cymbastela cantharella*]　1134
假海绵科海绵　*Pseudaxinyssa cantharella*　506, 1134
尖端凝聚海绵　*Stryphnus mucronatus*　1822
坚挺双盘海鞘　*Eudistoma* cf. *rigida*　1674
角骨海绵属　*Spongia irregularis*　1911
角骨海绵属　*Spongia mycofijiensis*　1310
角骨海绵属　*Spongia* sp.　1311, 1890
结海绵属　*Gellius* sp.　959, 960
结沙海绵属　*Desmapsamma anchorata*　340, 352, 353
金点多果海鞘　*Polycarpa aurata*　1323
茎型秽色海绵　*Aplysina cauliformis*　1240~1242, 1258
精囊海鞘属　*Polyandrocarpa* sp.　1031
精囊海鞘属　*Polyandrocarpa zorritensis*　703, 704, 1162
居苔海绵　*Tedania ignis*　698, 705, 784, 1309
菊海鞘属　*Botryllus leachi*　1135, 1677
菊海鞘属　*Botryllus* sp.　270
巨大巴厘海绵　*Acanthostrongylophora* aff. *ingens*　917
巨大巴厘海绵　*Acanthostrongylophora ingens*　892~896, 917, 919, 931
巨大锉海绵　*Xestospongia ingens*　2105~2107, 2110, 2111
巨牡蛎属　*Crassostrea* sp.　524
锯齿海绵属　*Prianos melanos*　1502, 1541
锯齿海绵属　*Prianos* sp.　911
掘海绵科 Dysideidae 海绵　*Lamellodysidea herbacea*　551
掘海绵属　*Dysidea* sp.　212, 817, 1132, 1194, 1308
卡特里碧玉海绵　*Jaspis carteri*　184, 190
卡特里棘头海绵　*Acanthella carteri*　345, 506, 1723, 1724
卡特里小轴海绵　*Axinella carteri*　455, 466, 467, 482
可疑拟薄海鞘　*Leptoclinides dubius*　975

克拉色群海绵　*Agelas clathrodes*　344, 460, 461, 464, 468, 474, 478~481, 483, 506, 507, 509, 1339
空洞束海绵属　*Fasciospongia* sp.　1897, 1908~1910, 1915
寇海绵科海绵　*Sceptrella* sp.　1502, 1506, 1518
寇海绵科海绵　*Strongylodesma algoaensis*　1487, 1490, 1496, 1514
寇海绵科海绵　*Strongylodesma aliwaliensis*　1542, 1543
寇海绵科海绵　*Tsitsikamma favus*　1487, 1490, 1491, 1493, 1496, 1514, 1545, 1546
寇海绵科海绵　*Tsitsikamma pedunculata*　1487, 1490, 1496, 1514
寇海绵属　*Latrunculia bellae*　1487, 1490, 1496, 1507, 1514
寇海绵属　*Latrunculia fiordensis*　1500, 1516
寇海绵属　*Latrunculia* sp.　1497~1499, 1501, 1503, 1510, 1515~1517
寇海绵属　*Latrunculia trivetricillata*　1502
拉丝海绵科海绵　*Trikentrion loeve*　1900
拉丝海绵科海绵　*Trikentrion flabelliforme*　707, 720~722
蓝细菌 Microcoleaceae 科　*Microcoleus* sp.　157
蓝细菌颤藻 Oscillatoriaceae 科　*Hormoscilla* spp.　393
蓝细菌颤藻属　*Oscillatoria* cf.　393
蓝细菌颤藻属　*Oscillatoria* sp.　160
蓝细菌颤藻属　*Oscillatoria spongeliae*　1287
蓝细菌单歧藻属　*Tolypothrix nodosa*　532~539
蓝细菌单歧藻属　*Tolypothrix nodosa* UH strain HT-58-2　531
蓝细菌单歧藻属　*Tolypothrix tjipanasensis*　806, 807
蓝细菌非氏藻属　*Fischerella* sp.　1044, 1045, 1055, 1056
蓝细菌非氏藻属　*Fischerella* sp. ATCC43239　1052
蓝细菌胶须藻属　*Rivularia firma*　770, 774, 775
蓝细菌聚球藻属　*Synechococcus* sp. PCC 7002　165
蓝细菌裂须藻属　*Schizothrix* sp.　164
蓝细菌眉藻属　*Calothrix* sp.　2064, 2065
蓝细菌念珠藻 Nostocaceae 科　*Cylindrospermopsis raciborskii*　2007
蓝细菌念珠藻属　*Nostoc* sp. 31　1331, 1332
蓝细菌扭曲惠氏藻蓝细菌扭曲惠氏藻　*Westiella intricata*　1048, 1049
蓝细菌鞘丝藻属　*Lyngbya bouillonii*　1315
蓝细菌鞘丝藻属　*Moorea producens*　145, 1286
蓝细菌鞘丝藻属　*Lyngbya* sp.　161, 2034
蓝细菌泉生软管藻　*Hapalosiphon fontinalis*　1047

蓝细菌泉生软管藻 *Hapalosiphon fontinalis* ATCC39964 1054

蓝细菌热带海洋束藻属 *Symploca* sp. 143, 145

蓝细菌软管藻属 *Hapalosiphon laingii* 1048~1051, 1053, 1055

蓝细菌软管藻属 *Hapalosiphon welwitschii* 1048, 1049

蓝细菌稍大鞘丝藻 *Lyngbya majuscula* 160

蓝细菌稍大鞘丝藻 *Lyngbya majuscula* 138, 139, 157, 164, 228, 561~563, 578, 965, 1041~1043, 1279~1283, 1295, 1299

蓝细菌束藻属 *Symploca* sp. 1293

蓝细菌水华束丝藻 *Aphanizomenon flos-aquae* 119

蓝细菌水华鱼腥藻 *Anabaena flos-aquae* NRC525.17 1125

蓝细菌伪枝藻属 *Scytonema* sp. 2033

蓝细菌伪枝藻属 *Stigonema* sp. 2033

蓝贻贝 *Mytilus edulis* 4, 550, 1112~1114, 1431~1435

雷海鞘属 *Ritterella sigillinoides* 829, 837, 841

类角海绵属 *Pseudoceratina durissima* 1238, 1251, 1254

类角海绵属 *Pseudoceratina* sp. 38, 205, 221, 1127, 1266

连茎海鞘属 *Perophora nameii* 1585

链霉菌属 *Streptomyces* sp. MM216-87F4 1096

亮红海绵 *Kirkpatrickia variolosa* 2017, 2041, 2042

柳珊瑚 Plexauridae 科 *Muricea austera* 232

柳珊瑚海扇 *Annella* sp. 668

柳珊瑚科柳珊瑚 *Eunicella granulata* 681, 682

柳珊瑚科柳珊瑚 *Leptogorgia gilchristi* 1146, 1814

柳珊瑚科柳珊瑚 *Leptogorgia setacea* 1386

柳珊瑚科柳珊瑚 *Leptogorgia virgulata* 1386

六放珊瑚亚纲海葵 *Bunodosoma cangicum* 1010

六放珊瑚亚纲海葵 *Bunodosoma caissarum* 1809

六放珊瑚亚纲棕绿纽扣珊瑚 *Zoanthus* sp. 1690, 2120~2122

龙虾 *Homarus americanus* 1386

龙虾 *Homarus vulgaris* 1386

篓海绵钙质海绵 *Clathrina clathrus* 1129

陆地蓝细菌 Terrestrial cyanobacterium *Westiellopsis prolific* 1195

陆地链霉菌属 Terrestrial streptomycete *Streptomyces caeruleus* 1343

陆地链霉菌属 Terrestrial streptomycete *Streptomyces* sp. 1961, 1963, 1964

陆地细菌链霉菌属 Terrestrial bacterium *Streptomyces caeruleus* 1345

陆地细菌拟诺卡氏菌属 Terrestrial bacterium *Nocardiopsis cirriefficiens* 1343

陆地真菌 Terrestrial fungus *Rosellinia necatrix* 641

陆地真菌 Terrestrial fungus *Acremonium lolii* 723

陆地真菌 Terrestrial fungus *Eupenicillium shearii* NRRL3324 1073

陆地真菌 Terrestrial fungus *Eupenicillium* sp. PF1140 1340

陆地真菌黄柄曲霉 Terrestrial fungus *Aspergillus flavipes* 637, 638

陆地真菌黄柄曲霉和曲霉属 Terrestrial fungi *Aspergillus flavipes* and *Aspergillus microcysticus* 635

陆地真菌扩展青霉 Terrestrial fungus *Penicillium expansum* MK-57 2070, 2071

陆地真菌内脐蠕孢属 Terrestrial fungus *Drechslera nodulosum* 723

陆地真菌青霉属 Terrestrial fungi *Penicillium* spp. 1003

陆地真菌青霉属和曲霉属 Terrestrial fungi *Penicillium* spp. and *Aspergillus* spp. 1046

陆地真菌曲霉菌属 Terrestrial fungus *Aspergillus* sp. AJ117509 636

陆地真菌曲霉菌属 Terrestrial fungus *Aspergillus clavatus* 641

陆地真菌束孢属 Terrestrial fungus *Isaria farinose* 1655

陆地真菌烟曲霉菌 Terrestrial fungus *Aspergillus fumigatus* 573

陆地真菌赭曲霉 Terrestrial fungus *Aspergillus ochraceus* 171

陆地植物 Terrestrial plants 4

鹿角杯型小轴海绵 *Axinella damicornis* 341, 342, 506, 1339, 1342

鹿仔海绵属 *Damiria* sp. 1494

裸甲藻属甲藻 *Gymnodinium* sp. 2013

裸甲藻属甲藻 *Gymnodinium selliforme* 2014

绿色双御海绵 *Amphimedon viridis* 1812

绿藻柏叶蕨藻 *Caulerpa cupresoides* 729

绿藻棒叶蕨藻 *Caulerpa sertularioides* 729

绿藻肠浒苔 *Enteromorpha intestinalis* 659, 662~666, 2070, 2071

绿藻齿形蕨藻 *Caulerpa serrulata* 729

绿藻稠密刚毛藻 *Cladophora densa* 3

绿藻刺松藻 *Codium fragile* 4, 2048

绿藻岗村蕨藻 *Caulerpa okamurai* 4

绿藻管浒苔 *Enteromorpha tubulosa* 1046, 1057

绿藻浒苔属 *Enteromorpha* sp. 1086

绿藻礁膜属 *Monostroma fuscum* 227

绿藻礁膜属	*Monostroma* sp. 1420		皮网海绵属	*Phloeodictyon* sp. 1967~1975
绿藻蕨藻属	*Caulerpa scalpelliformis* 729		皮质篓海绵钙质海绵	*Clathrina coriacea* 796, 798
绿藻孔石莼	*Ulva pertusa* 653, 654		丘海绵属	*Spongosorites genitrix* 1023, 1126
绿藻绿毛藻	*Chlorodesmis comosa* 4		丘海绵属	*Spongosorites ruetzleri* 762~764
绿藻匍匐松藻	*Codium adhaerens* 4		丘海绵属	*Spongosorites* sp. 61, 700, 704, 706, 736, 738, 776, 777, 966, 1024, 1678~1682, 1684
绿藻杉叶蕨藻	*Caulerpa taxifolia* 729		球果群海绵	*Agelas conifera* 344, 449, 454, 468, 469, 471, 474, 478~481, 506, 507, 509, 1339
绿藻西沙仙掌藻	*Halimeda xishaensis* 1991		群海绵属	*Agelas axifera* 1645~1647
绿藻仙掌藻属	*Halimeda* sp. 146		群海绵属	*Agelas* cf. *mauritiana* 449, 454, 471
绿藻缘管浒苔	*Enteromorpha linza* 4		群海绵属	*Agelas* cf. *nemoechinata* 507
绿藻总状花序蕨藻	*Caulerpa racemosa* 4, 728~730, 766, 767		群海绵属	*Agelas dendromorpha* 446
马海绵属	*Hippospongia lachne* 1910		群海绵属	*Agelas dispar* 462, 463, 478~481, 485, 506, 509, 1124, 1339, 1413, 1723, 1724
马海绵属	*Hippospongia* sp. 1890, 1892, 1894		群海绵属	*Agelas linnaei* 335~338
马海绵属	*Histodermella* sp. 1531		群海绵属	*Agelas nakamurai* 445, 449, 469, 481, 504, 505, 509~512, 1807
毛里塔尼亚群海绵	*Agelas mauritiana* 345, 468, 487, 488, 506, 507		群海绵属	*Agelas novaecaledoniae* 449, 509
美丽海绵属	*Callyspongia* cf. *flammea* 1089~1092		群海绵属	*Agelas sceptrum* 506, 509
美丽海绵属	*Callyspongia* sp. 1425~1427, 1738, 1747		群海绵属	*Agelas schmidtii* 509
面包软海绵	*Halichondria panicea* 171, 173, 174		群海绵属	*Agelas* sp. 64, 470, 485, 487, 490, 491, 500~503, 1330, 1725
膜海绵属	*Hymeniacidon sanguinea* 1820		群海绵属	*Agelas* sp. SS-1003 449, 454, 471, 477, 488, 492~499, 506, 517, 519
膜海绵属	*Hymeniacidon* sp. 453, 466, 483, 484, 486, 506, 509, 513, 514, 517, 518, 1625, 1860, 1862		群海绵属	*Agelas sventre*s 516
膜海绵属	*Hymeniacidon* spp. 467		群海绵属	*Agelas wiedenmayeri* 506
膜海绵属	*Laxosuberites* sp. 349, 395		日本海绵	*Dictyodendrilla verongiformis* 2083~2087
膜海绵属	*Hymeniacidon aldis* 467, 482		日本海绵属	*Dictyodendrilla* sp. 735, 2103, 2112
膜海鞘属	*Trididemnum* sp. 1589		日本软海绵	*Halichondria japonica* 140
膜枝骨海绵	*Dendrilla membranosa* 1482		绒柳珊瑚属	*Villogorgia rubra* 889
莫马思赫海鞘	*Herdmania momus* 690~694, 975, 1021		蝾螈	*Taricha torosa* 108
奶油蛤	*Saxidomus giganteus* 119, 120		蝾螈	*Cynops ensicauda* 106, 108~110
南海海绵	*Hyrtios* cf. *erecta* 852, 856		肉芝软珊瑚属	*Sarcophyton* sp. 635~637, 638
南海海绵	*Hyrtios erecta* 862, 1011, 1012		乳清群海绵	*Agelas oroides* 238, 239, 344, 345, 506, 519, 1251, 1252
南海海绵	*Hyrtios erectus* 683, 854		软海绵科海绵	*Axinyssa aculeata* 1864, 1865
拟薄海鞘属	*Leptoclinides* sp. 1557, 1559		软海绵科海绵	*Axinyssa ambrosia* 1838
拟草掘海绵	*Dysidea herbacea* 552, 553, 1284, 1285, 1287, 1288, 1291, 1292, 1294, 1297		软海绵科海绵	*Axinyssa aplysinoides* 1840, 1841, 1849, 1855, 1857, 1863
拟刺枝骨海绵	*Dendrilla cactos* 264, 351		软海绵科海绵	*Axinyssa djiferi* 126~128
拟菊海鞘属	*Botrylloides* sp. 1830, 1831		软海绵科海绵	*Axinyssa fenestratus* 1845, 1847
拟菊海鞘属	*Botrylloides tyreum* 271		软海绵科海绵	*Axinyssa isabela* 1836
拟隆头鱼	*Pseudolabrus japonicus* 1784~1790		软海绵科海绵	*Axinyssa* sp. 1834, 1839, 1842, 1855, 1861, 1867~1869
拟裸海绵属	*Ecionemia geodides* 1556, 1572, 1573, 1581		软海绵科海绵	*Axinyssa* sp. nov. 1862
纽形动物门针纽目端纽虫	*Amphiporus angulatus* 1394		软海绵科海绵	*Stylotella agminata* 508
佩纳海绵属	*Penares schulzei* 2031~2033		软海绵科海绵	*Stylotella aurantium* 453, 456, 457, 466,
佩纳海绵属	*Penares sollasi* 583~586			
佩纳海绵属	*Penares* sp. 779, 1443			
皮海绵属	*Suberites* sp. 1191, 1192, 1625, 2020~2022			
皮条海绵属	*Pellina* sp. 917			

467, 472, 475, 482, 508, 515
软海绵科海绵　*Topsentia genitrix*　776, 777
软海绵科海绵　*Topsentia* sp.　736, 1848, 1849
软海绵属　*Halichondria* sp.　762, 763, 764, 1200~1205, 1209, 1225, 1835, 1842, 1846, 1850, 1853
软海绵属　*Halichondria* spp.　1614
软柳珊瑚属　*Subergorgia hicksoni*　695~697
软毛星骨海鞘　*Didemnum molle*　1316, 1317
软珊瑚三爪珊瑚科　*Lignopsis spongiosum*　874
软珊瑚穗软珊瑚科　*Gersemia antarctica*　1386
软体动物耳形尾海兔　*Dolabella auricularia*　1289, 1290, 1324
软体动物腹足纲马蹄螺科单齿螺　*Monodonta labio*　26~30, 1638
软体动物海兔属　*Aplysia limacina*　521
软体动物黑斑海兔　*Aplysia kurodai*　183, 220, 284, 285, 994
软体动物黑边海兔　*Aplysia parvula*　521
软体动物黑指纹海兔　*Aplysia dactylomela*　521, 713
软体动物裸鳃目海牛亚目　*Jorunna funebris*　1767
软体动物裸鳃目海牛亚目　*Reticulidia fungia*　1888, 1889
软体动物裸鳃目海牛亚目多彩海牛属　*Chromodoris elisaobethina*　1310
软体动物裸鳃目海牛亚目多彩海牛属　*Chromodoris hamiltoni*　1310, 1311
软体动物裸鳃目海牛亚目多彩海牛属　*Chromodoris lochi*　1298, 1310
软体动物裸鳃目海牛亚目多角海牛科　*Nembrotha crista*　434, 438, 439
软体动物裸鳃目海牛亚目多角海牛科　*Nembrotha kubaryana*　427, 434, 438, 439
软体动物裸鳃目海牛亚目多角海牛科　*Roboastra tigris*　434~437
软体动物裸鳃目海牛亚目多角海牛科　*Tambja abdere*　434~437
软体动物裸鳃目海牛亚目多角海牛科　*Tambja ceutae*　444
软体动物裸鳃目海牛亚目多角海牛科　*Tambja eliora*　434~437
软体动物裸鳃目海牛亚目海牛裸鳃　*Cadlina luteomarginata*　1837, 1838
软体动物裸鳃目海牛亚目六鳃属　*Hexabranchus sanguineus*　1200, 1234, 1235
软体动物裸鳃目海牛亚目六鳃属　*Hexabranchus* sp.　1213~1215, 1217, 1218
软体动物裸鳃目海牛亚目柠檬裸枝鳃海牛　*Notodoris citrina*　1131, 1149
软体动物裸鳃目海牛亚目舌尾海牛属　*Glossodoris quadricolor*　1311
软体动物裸鳃目海牛亚目香蕉裸枝鳃海牛　*Notodoris gardineri*　1129, 1131, 1136
软体动物裸鳃目海牛亚目小叶海牛属　*Phyllidiella pustulosa*　1846, 1854, 1864~1866
软体动物裸鳃目海牛亚目叶海牛属　*Phyllidia bourguini*　1859
软体动物裸鳃目海牛亚目叶海牛属　*Phyllidia* sp.　1858, 1866
软体动物裸鳃目海牛亚目叶海牛属　*Phyllidia varicosa*　1843, 1858, 1860, 1864, 1865, 1903
软体动物裸鳃目海牛亚目叶海牛属　*Phyllidia ocellata*　1832, 1842, 1849, 1852, 1901, 1902
软体动物裸鳃目海牛亚目叶海牛属　*Phyllidia pustulosa*　1838, 1843, 1844, 1846, 1849, 1851, 1859, 1863, 1866
软体动物裸鳃目灰翼科　*Phidiana militaris*　36, 37
软体动物门腹足纲　*Marseniopsis mollis*　1386
软体动物门双壳纲帘蛤科菲律宾蛤仔体　*Ruditapes philippinarum*　524
软体动物前鳃　*Chelynotus semperi*　1576~1579, 1589
软体动物前鳃（鸡心螺）　*Conus pulicarius*　1300~1304
软体动物前鳃　*Drupella fragum*　670~672, 708, 709, 711
软体动物前鳃片螺属　*Lamellaria* sp.　397, 404~406, 408, 410, 411
软体动物前鳃日本象牙壳　*Babylonia japonica*　108, 1123
软体动物前鳃日本象牙壳　*Babylonia japonica*　2117, 2126
软体动物前鳃蝾螺属　*Turbo stenogyrus*　4
软体动物前鳃夜光蝾螺　*Turbo marmorata*　236, 237
软体动物伞螺超科　*Tylodina perversa*　1236
软体动物双壳纲扇贝科虾夷盘扇贝　*Patinopecten yessoensis*　524
软体动物头足目拟海牛科　*Navanax inermis*　1384, 1385, 1391, 1393
软体动物头足目葡萄螺属　*Haminoea fusari*　1377~1382
软体动物头足目葡萄螺属　*Haminoea navicula*　1383~1385
软体动物头足目葡萄螺属　*Haminoea orbignyana*　1377, 1378
软体动物头足目葡萄螺属　*Haminoea orteai*　1383~1385

软体动物褶纹冠蚌　Cristaria plicata　135, 136
锐利棘头海绵　Acanthella acuta　1842, 1849
沙肉海绵属　Psammaplysilla sp.　294, 329
沙肉海绵属　Druinella sp.　240, 307, 308, 1236, 1237, 1243, 1244, 1268, 1272, 1274
筛皮海绵属　Coscinoderma mathewsi　1905, 1906
山海绵科海绵　Arenochalina mirabilis　73
山海绵属　Mycale cecilia　340, 355, 376
山海绵属　Mycale magellanica　1206~1208
山海绵属　Mycale microsigmatosa　340, 352, 353
山海绵属　Mycale micracanthoxea　354, 363~374
山海绵属　Mycale plumose　1998, 1999
山海绵属　Mycale sp.　349, 356~362, 377~387, 395, 1226, 1232, 1233, 1318, 1986
珊瑚纲八放珊瑚亚纲苍珊瑚（蓝珊瑚）　Heliopora coerulea　522
珊瑚纲八放珊瑚亚纲匍匐珊瑚目长轴珊瑚　Telesto riisei　233, 234
珊瑚海新属钙质海绵　Leucascandra caveolata　1182
扇状群ralone海绵　Agelas flabelliformis　344
深海沉积物宏基因组克隆导出的大肠杆菌　Escherichia coli　669, 759, 760
深海导出的链霉菌属　Streptomyces sp. SCSIO 03032　771~773, 797
深海放线菌丝氨酸球菌属　Serinicoccus profundi sp. nov.　712
深海细菌耐压西瓦氏菌　Shewanella piezotolerans WP3　1640
深海真菌　Chromocleista sp. R721　627, 628
深海真菌变色曲霉菌　Aspergillus versicolor ZBY-3　208
深海真菌普通青霉菌　Penicillium commune SD-118　334, 1026, 1635
深海真菌青霉属　Penicillium sp. F23-2　1004~1007, 1026~1029
深海真菌球孢枝孢　Cladosporium sphaerospermum 2005-01-E3　594~598
深海真菌曲霉菌属　Aspergillus westerdijkiae　1098
深海真菌曲霉菌属　Aspergillus westerdijkiae DFFSCS013　1098, 1118, 2067, 2068
深海真菌曲霉菌属　Aspergillus westerdijkiae SCSIO 05233　172, 173
深海真菌展青霉　Penicillium paneum SD-44　213~215, 714, 880, 881, 887
深蓝褶胃海鞘　Aplidium cyaneum　55~58
石海绵属　Petrosia contignata　932, 933
石海绵属　Petrosia seriata　1464~1466
石海绵属　Petrosia sp.　913, 917, 1601, 1602, 1608
石海绵属　Petrosia spp.　1614
石海绵科 Petrosiidae 海绵　Neopetrosia proxima　1442
石毛海绵属　Lithoplocamia lithistoides　158, 159
石珊瑚华丽简星珊瑚　Tubastraea aurea　71
石珊瑚简星珊瑚属　Tubastraea sp.　465, 520
石珊瑚简星珊瑚属　Tubastraea faulkneri　1227~1229
石珊瑚目石珊瑚　Astroides calycularis　1008
史氏菊海鞘　Botryllus schlosseri　270
似大麻小轴海绵　Axinella cannabina　1838, 1849, 1852, 1855
似龟锉海绵　Xestospongia testudinaria　1094
似皮海绵属　Pseudosuberites hyalinus　673
似雪海绵属　Niphates sp.　1389, 1396~1407
似雪海绵属　Cribrochalina sp.　932, 1356~1358, 1603~1607, 1609, 1618, 1758
似轴海绵属　Pseudaxinella sp.　467
疏海绵属　Aaptos aaptos　1622~1626, 1995
疏海绵属　Aaptos sp.　1627
疏海绵属　Aaptos suberitoides　1628~1631
树皮寇海绵　Latrunculia corticata　1310, 1311
双盘海鞘属　Eudistoma fragum　957
双盘海鞘属　Eudistoma gilboverde　829~831, 836~838, 871~873
双盘海鞘属　Eudistoma sp.　790, 795, 804, 845~851, 1116, 1117, 1555, 1574, 1588, 1589
双盘海鞘属　Eudistoma toealensis　803
双盘海鞘属　Eudistoma vannamei　800, 801, 803
双御海绵属　Amphimedon sp.　898, 899, 901, 905, 908, 910, 914, 917, 920, 923, 925, 927, 934, 938, 939, 1354, 1355, 1414~1417, 1550, 1992, 2110
双御海绵属　Amphimedon sp. SS-975　936, 937
水螅纲软水母亚纲　Corydendrium parasiticum　1436, 1437
苔藓动物齿缘草苔虫　Bugula dentata　427, 440~444
苔藓动物多室草苔虫　Bugula neritina　427
苔藓动物极精筛胞苔虫　Cribricellina cribraria　818, 855, 857, 879
苔藓动物极长草苔虫　Bugula longissima　434
苔藓动物交替愚苔虫　Amathia alternate　940~943
苔藓动物裸唇纲　Aspidostoma giganteum　1676
苔藓动物裸唇纲　Catenicella cribraria　857
苔藓动物裸唇纲　Costaticella hastata　818, 855, 879
苔藓动物裸唇纲　Phidolopora pacifica　1810, 1828
苔藓动物裸唇纲　Pterocella vesiculosa　2027, 2028
苔藓动物裸唇纲膜孔苔虫科膜孔苔虫属　Membranipora perfragilis　1615, 1616

苔藓动物丝岛蛛苔虫 *Tegella* cf.*spitzbergensis* 16, 18~20

苔藓动物透明黏草苔虫 *Sessibugula translucens* 434, 435

苔藓动物陀螺葡萄苔虫 *Zoobotryon verticillatum* 717, 718

苔藓动物弯曲愚苔虫 *Amathia tortuosa* 8, 970, 1649

苔藓动物旋花愚苔虫 *Amathia convoluta* 222~225, 324, 325, 545~549, 676~679

苔藓动物威氏愚苔虫 *Amathia wilsoni* 540~543

苔藓动物窄唇纲 *Diaperoecia californica* 1810

苔藓动物黏草苔虫属 *Sessibugula* sp. 437

苔藓动物黏草苔虫属 *Sessibugula* spp. 436

贪婪掘海绵 *Dysidea avara* 1875, 1876

炭锉海绵 *Xestospongia* cf. *carbonaria* 1550, 1566, 1582

汤加硬丝海绵 *Cacospongia mycofijiensis* 1298

同眼海绵属 *Hamacantha* sp. 1685, 1686

头甲鱼属 *Bulla gouldiana* 1391

头足类动物章鱼 *Octopus maculosus* 109

鲀形目粒突箱鲀 *Ostracion cubicus* 737

鲀形目四齿鲀科斑点东方鲀 *Fugu poecilonotus* 111

鲀形目四齿鲀科东方鲀属河豚 *Fugu* spp. 106, 109, 110

鲀形目四齿鲀科黑斑叉鼻鲀 *Arothron nigropunctatus* 106, 107, 109, 110

鲀形目四齿鲀科圆鲀属河豚 *Sphaeroides oblongus* 1648

鲀形目四齿鲀科圆鲀属河豚 *Sphoeroides phyreu* 108

鲀形目四齿鲀科棕色圆鲀 *Sphoeroides rubripes* 108

鲀形目四齿鲀科蛭石圆鲀 *Sphoeroides vermicularis* 108

鲀形目无斑箱鲀 *Ostracion immaculatus* 2

陀螺寇海绵 *Latrunculia apicalis* 1501, 1504

外轴海绵属 *Epipolasis kushimotoensis* 1855~1857

威利星刺海绵 *Astrosclera willeyana* 454, 471

微藻网地藻科 *Pocockiella variegata* 1737, 1740~1742

伪二气孔海鞘属 Pseudodistomidae 科 *Pseudodistoma arborescens* 808

伪二气孔海鞘属 Pseudodistomidae 科 *Pseudodistoma kanoko* 1445~1447

伪二气孔海鞘属 Pseudodistomidae 科 *Pseudodistoma megalarva* 1446~1450

伪二气孔海鞘属 Pseudodistomidae 科 *Pseudodistoma novaezelandiae* 5

伪二气孔海鞘属 Pseudodistomidae 科 *Pseudodistoma opacum* 876, 877

尾索动物舌形虫属 *Glossobalanus* sp. 680

未鉴定的 Haplosclerida 目石海绵科海绵 Unidentified sponge (order Haplosclerida, family Petrosiidae) 897, 902, 904, 912, 917, 921, 922, 924, 2092, 2102

未鉴定的 Jaspidae 科海绵 Unidentified sponge (family Jaspidae) 186, 187, 207, 1167, 1168

未鉴定的 Latrunculidae 科海绵 Unidentified sponge (family Latrunculidae) 1492

未鉴定的 Neopeltidae 科岩屑海绵 Unidentified lithistid sponge (family Neopeltidae) 1186, 1216

未鉴定的海绵 Unidentified sponge 7, 12, 13, 40, 177, 178, 467, 1368, 1387, 1388, 1390, 1519, 1520, 1545, 1546, 1863

未鉴定的海鞘 Unidentified ascidian 144, 419, 420, 544, 621, 781, 1195, 1325, 1576~1579, 1589, 1619, 1620, 1737, 1740

未鉴定的海鞘 Unidentified ascidian (family Didemnidae) 332, 333

未鉴定的海鞘 Unidentified ascidian (family Polyclinidae) 1976, 1977

未鉴定的海洋导出的放线菌 Unidentified marine-derived actinomycete 147

未鉴定的海洋导出的放线菌 CNQ-509 Unidentified marine-derived actinomycete CNQ-509 388~392

未鉴定的海洋导出的放线菌 N96C-47 Unidentified marine-derived actinomycete N96C-47 803

未鉴定的海洋导出的细菌 Unidentified marine-derived bacterium 209

未鉴定的海洋导出的紫细菌 Unidentified marine-derived purpre bacterium 210

未鉴定的海洋细菌 Unidentified marine bacterium 200, 201

未鉴定的海洋细菌 He159b Unidentified marine bacterium He159b 1395

未鉴定的海洋细菌 LL-14I352 Unidentified marine bacterium LL-14I352 1737, 1740

未鉴定的海洋真菌 Unidentified marine fungus 137

未鉴定的红树 Unidentified mangrove 126~128, 629, 630, 805, 998, 1067, 1307, 1611

未鉴定的红叶藻科红藻 Unidentified red alga (family Delesseriaceae) 1163

未鉴定的红藻 Unidentified red alga 1070, 1071

未鉴定的角骨海绵科海绵 Unidentified sponge (family Spongiidae) 1877~1887

未鉴定的蓝细菌 Unidentified cyanobacterium 125, 141

未鉴定的绿藻 Unidentified green alga 1066

未鉴定的绿藻 Unidentified green alga NIO-143 1813
未鉴定的软体动物 Unidentified mollusk 579
未鉴定的石海绵科海绵 Unidentified sponge (family Petrosiidae) 903, 913
未鉴定的鱼类 Unidentified fish 575
未鉴定的真海绵目海绵 Unidentified sponge (order Verongida) 1483
未鉴定的真菌 Unidentified fungus dz17 1067
未鉴定的真菌 Unidentified fungus (Eurotiomycetes 纲) 2123
未鉴定苔藓动物 Unidentified bryozoan 434, 1616
无腔动物亚门无肠目两桩涡虫属 Amphiscolops sp. 2034
西奈海星 Celerina heffernani 21, 82, 84, 91, 105
希尔正青霉 Eupenicillium shearii 1078~1080
细菌棒杆菌属 Corynebacterium sp. 2116
香蕉 Musa sapientum 227
小锉海绵 Xestospongia cf. exigua 1582
小锉海绵 Xestospongia exigua 31~33, 1462, 1463, 1467, 1468
小海鞘属 Microcosmus vulgaris 1419
小孔秽色海绵 Aplysina lacunosa 1254, 1260
小锚海绵属 Ancorina sp. 59, 583
小条海绵属 Pachypellina sp. 903
小轴海绵科海绵 Cymbastela cantharella 70, 482
小轴海绵科海绵 Cymbastela cantharella [Syn. Pseudaxinyssa cantharella] 1134
小轴海绵科海绵 Cymbastela sp. 446~448
小轴海绵科海绵 Dragmacidon sp. 765, 1683
小轴海绵科海绵 Phycopsis terpnis 1863, 1864
小轴海绵科海绵 Ptilocaulis aff. spiculifer 72, 74
小轴海绵科海绵 Ptilocaulis spiculifer 105
小轴海绵属 Axinella sp. 344, 433, 450~452, 467, 483, 489, 509, 517, 519, 684~689, 1857
小紫海绵属 Ianthella basta 245~257, 260~262, 279, 280, 310, 314, 316, 317
小紫海绵属 Ianthella cf. reticulata 261
小紫海绵属 Ianthella quadrangulata 248~251, 256, 257, 263, 265, 327
小紫海绵属 Ianthella flabelliformis 266, 267, 318, 1255
小紫海绵属 Ianthella sp. 259, 315, 414
小紫海绵属 Ianthella sp. CMB-01465 2088~2091
小紫海绵属海绵 Hexadella sp. 777
星骨海鞘科海鞘 Polysyncraton echinatum 1555, 1567, 1574
星骨海鞘科如群体海鞘属 Diplosoma sp. 1571

星骨海鞘属 Didemnum conchyliatum 1013~1016, 2109
星骨海鞘属 Didemnum guttatum 1978
星骨海鞘属 Didemnum granulatum 2096, 2109
星骨海鞘属 Didemnum sp. 10, 11, 226, 398~403, 407~410, 412, 810, 811, 813~816, 852, 856, 1555, 2023, 2024, 2117~2119
星骨海鞘属 Didemnum rubeum 1555
星芒海绵属 Stelletta maxima 1362~1367
星芒海绵属 Stelletta sp. 184, 189, 192, 196, 633, 1170, 1171, 1176, 1568, 1578, 1583
星芒海绵属 Stelleta splendens 184, 1167, 1168, 1173
绣球海绵属 Iotrochota sp. 180, 181, 2129
寻常海绵纲网角目西沙海绵 Aplysinopsis reticulata 1030
寻常海绵纲异骨海绵目海绵 Hemimycale sp. 105
雅致掘海绵 Dysidea elegans 1891, 1893
亚历山大甲藻属 Alexandrium tamarense 108, 112~116, 118, 119, 121
烟管秽色海绵 Aplysina archeri 283, 1239, 1245, 1251
岩屑海绵 Neopeltidae 科同形虫属 Homophymia conferta 589
岩屑海绵 Neopeltidae 科同形虫属 Homophymia sp. 1477, 1478, 1484, 1485
岩屑海绵蒂壳海绵 Theonellidae 科 Siliquariaspongia japonica 590~592, 608~615
岩屑海绵蒂壳海绵 Theonellidae 科 Siliquariaspongia sp. 151~154
岩屑海绵蒂壳海绵科 Siliquariaspongia mirabilis 182
岩屑海绵蒂壳海绵属 Theonella sp. 588, 1333~1335, 1621
岩屑海绵滑皮海绵属 Leiodermatium sp. 1223, 1224
岩屑海绵珊瑚海绵属 Corallistes sp. 525
岩屑海绵斯氏蒂壳海绵 Theonella swinhoei 1421~1424
岩屑海绵圆皮海绵属 Discodermia polydiscus 1017, 1022
羊海绵属 Ircinia sp. 555, 908~910, 917, 920, 923, 924, 969
叶海鞘属 Eusynstyela misakiensis 14
伊豆山海绵 Mycale izuensis 564~568, 569
伊丽莎白柳珊瑚 Pseudopterogorgia elisabethae 2104
贻贝属 Mytilus californianus 120
易碎膜骨海鞘 Lissoclinum fragile 844, 865
易碎掘海绵 Dysidea fragilis 1988, 1989
隐海绵属 Adocia sp. 210
隐居穿贝海绵 Cliona celata 951, 981, 1106, 1107,

1115
硬珊瑚　Porites cylindrica　157
疣突小轴海绵　Axinella verrucosa　458, 467, 481, 482, 506, 2072, 2073
有杆绣球海绵　Iotrochota baculifera　2000~2003, 2053~2063, 2117, 2129
有网脉钵海绵　Hyrtios reticulatus　858, 863, 864
雨点海绵属　Rhaphisia lacazei　736
芋海鞘科海鞘　Halocynthia roretzi　1019, 1020, 1829
原皮海绵属　Prosuberites laughlini　483, 490
原生生物纤毛虫　Pseudokeronopsis riccii　415~418
原柱海绵属　Protophlitaspongia aga　1672
圆筒软海绵　Halichondria cylindrata　599
圆锥形褶胃海鞘　Aplidium conicum　952
杂星海绵属　Poecillastra aff. tenuilminaris　1984
杂星海绵属　Poecillastra sp.　268, 269, 274, 277, 287~290, 293, 311
杂星海绵属　Poecillastra wondoensis　272
藻苔虫属藓苔动物　Flustra foliacea　949, 953, 954, 982~987
黏丝蜂海绵　Haliclona viscosa　1373, 1428, 1429
褶胃海鞘属　Aplidium haouarianum　2015, 2016
褶胃海鞘属　Aplidium lobatum　1980~1983
褶胃海鞘属　Aplidium orthium　71
褶胃海鞘属　Aplidium sp.　278, 286, 1982~1985
着色簇海鞘　Clavelina picta　631, 632
着色簇海鞘　Clavelina picta　1455, 1456
真瓣鳃　Macrocallista nimbosa　4
真海绵属　Verongia aerophoba　281, 1236, 1237, 1251
真海绵属　Verongia cauliformis　132
真海绵属　Verongia cavernicola　1251, 1253, 1260
真海绵属　Verongia cavernicola [Syn. Aplysina cavernicola] 199
真海绵属　Verongia fistularis　132
真海绵属　Verongia spengelii　1008
真海绵属　Verongia thiona　1253
真菌变色曲霉菌　Aspergillus variecolor B-17　2132~2134
真菌短密青霉　Penicillium brevicompactum　989~991
真菌扩展青霉　Penicillium expansum Link MK-57　2073~2075
真菌链格孢属　Alternaria brassicae　1813
真菌曲霉菌属　Aspergillus janus IBT 22274　990
真虾总目十足目扇蟹科花纹爱洁蟹　Atergatis floridus 108
正午褶胃海鞘　Aplidium meridianum　1661~1667
枝骨海绵属　Dendrilla sp.　944

直真丛柳珊瑚　Euplexaura nuttingi　1146~1148, 1814~1816, 1823~1827
智利穿贝海绵　Cliona chilensis　179
中空棘头海绵　Acanthella cf,cavernosa　1832, 1833, 1849, 1852
中空棘头海绵　Acanthella cavernosa　1832, 1833, 1836, 1838, 1848, 1849, 1852, 1854, 1855
肯甲海绵科 Thorectidae 海绵　Thorectidae sp. SS-1035 853
肯甲海绵属 Thorecta sp.　1008
肯甲海绵亚科 Thorectinae 海绵　Dactylospongia elegans 1193, 1876, 1890~1899
肯甲海绵亚科 Thorectinae 海绵　Fascaplysinopsis reticulata　810, 856
肯甲海绵亚科 Thorectinae 海绵　Fascaplysinopsis sp. 852
肯甲海绵亚科 Thorectinae 海绵　Petrosaspongia metachromia　1894, 1895
肯甲海绵亚科 Thorectinae 海绵　Petrosaspongia nigra 1411
肯甲海绵亚科 Thorectinae 海绵　Smenospongia aurea 957, 958, 1018
肯甲海绵亚科 Thorectinae 海绵　Smenospongia cerebriformis 476, 520
肯甲海绵亚科 Thorectinae 海绵　Smenospongia echina 958
肯甲海绵亚科 Thorectinae 海绵　Smenospongia sp.　674, 852, 945~948, 1009, 1890, 1892, 1894, 1898
肯甲海绵亚科 Thorectinae 海绵　Thorectandra sp.　674, 812, 945~948, 1009, 2130
珠海星　Fromia monilis　21, 82, 84, 91
砖红叶海鞘　Eusynstyela latericius　14, 15, 17, 1594~1597
壮士蓖麻海绵　Biemna fortis　1549, 1556, 1575, 1580
壮真丛柳珊瑚　Euplexaura robusta　148, 1146~1148, 1814~1818
紫茉莉属（属名可为 Mirabilis). Hermidium alipes (preferred genus name Mirabilis)　227
紫色寇海绵　Latrunculia purpurea　1509
紫色类角海绵　Pseudoceratina purpurea　39, 48, 240, 268, 273, 287~293, 298, 299, 319, 320, 329, 345, 1246, 1247, 1265
紫色类角海绵　Thorectopsamma xana　268, 287
紫色沙肉海绵　Druinella purpurea [Syn. Psammaplysilla purpurea]　1261, 1263
紫色沙肉海绵　Psammaplysilla purpurea　240~243, 250, 258, 260, 275, 282, 302~307, 309~331, 1238,

1262, 1272
紫色沙肉海绵　*Psammaplysilla purpurea* [Syn. *Druinella purpurea*]　1261, 1263
棕藻海带　*Laminaria japonica*　528, 529
棕藻海蒿子　*Sargassum kjellmanianum*　175
棕藻马尾藻属　*Sargassum* sp.　967, 968

棕藻鼠尾藻　*Sargassum thunbergii*　2004
棕藻铁钉菜　*Ishige okamurae*　137
棕藻微劳马尾藻　*Sargassum fulvellum*　527
棕藻易扭转马尾藻　*Sargassum tortile*　995, 996
棕藻黏皮藻科辐毛藻　*Actinotrichia fragilis*　2069
足趾海绵属　*Dactylia* sp.　350

索引 7　化合物取样地理位置索引

本索引的建立是编著者统计天然产物生物来源取样地理位置的一项新的尝试，此项工作过去没有人系统地做过，读者使用本索引可以方便地查找在某一地理位置处发现的全部天然产物化合物，并可进一步通过浏览本索引，从而在统计的意义上知道世界上哪些地方是研究和发现新天然产物的热点地区。

在本卷中 1097 个化合物有取样地理位置信息，分别属于 200 个取样地理位置，这些地理位置都分别归入：亚洲、大洋洲、欧洲、非洲、美洲、太平洋、大西洋以及南北极地区 8 个区域，在每一区域内，按汉语拼音顺序列出全部相关地理位置的详细文本，而相关化合物的代码序列紧跟其后。

亚洲

朝鲜半岛水域　　137, 171, 173, 174, 633, 845~851, 1023, 1126, 1506, 1518
俄罗斯　　1081, 1082, 1084
菲律宾　　589, 897, 900, 918, 1196, 1538, 1585, 1871, 1896, 1980~1983
菲律宾，马克坦岛，宿务　　1300~1304
菲律宾，内格罗斯岛，宿务岛，圣塞巴斯蒂安　　1838
菲律宾，锡基霍尔岛　　270
韩国，韩国南部海岸　　640, 655
韩国，济州岛　　691~694, 975, 1021, 2100
韩国，济州岛岸外　　706, 966
韩国，镜浦　　1738, 1747
韩国，科蒙岛　　2081, 2082
红海　　105, 467, 482, 551, 859, 860, 861, 862, 1149, 1261, 1262, 1310~1312, 1404, 1405, 1574, 1588, 1589
马尔代夫　　1603, 1604, 1609, 1618
马来西亚，北婆罗洲岛，沙巴州　　713
孟加拉湾　　771~773
南海　　168, 656, 658, 778~780, 782, 783, 785~870, 1098, 1110, 1338, 1479, 1639, 1655, 1834, 2008, 2026, 2067, 2068, 2076, 2077, 2126~2128
日本，阿马米岛的阿亚马鲁海岸　　2120~2122
日本，爱媛县，萨达角　　1160
日本，八丈岛　　1849, 1852, 1854, 1855, 1866
日本，冲绳　　235, 241, 301, 307, 312, 313, 453, 466, 467, 481, 482, 485, 486, 491, 500, 513, 517, 518, 572, 749, 750, 752, 753, 768, 769, 821~824, 853, 898, 908~910, 917, 920, 923~925, 927, 969, 1011, 1012, 1025, 1143~1145, 1155~1158, 1202~1205, 1268~1273, 1308, 1314, 1333, 1369~1371, 1399~1403, 1421~1427, 1445~1447, 1460~1468, 1555, 1556, 1570, 1621, 1688, 1689, 1691, 1692, 1863, 1877~1889, 1995, 2110
日本，冲绳，Ie 岛　　510~512, 825, 826
日本，冲绳，金丸湾　　242, 282
日本，冲绳，久米岛　　1
日本，冲绳，濑良垣岛　　1688, 1689
日本，冲绳，濑良垣岛海外　　449, 454, 471, 477, 488, 492~499, 506, 517, 519
日本，冲绳，濑良垣岛　　901, 936~938
日本，冲绳，庆连间群岛　　64, 501~503, 746~748, 899, 905, 1330, 1483, 1992
日本，冲绳，石垣岛　　629, 630, 967, 968
日本，冲绳，石垣岛外海　　1200~1212
日本，冲绳，西表岛　　136
日本，冲绳，卸载港　　1191, 1192, 1853, 2020~2022
日本，冲绳，座间味岛　　939
日本，大阪外海　　140
日本，大岛，鹿儿岛地区　　1851
日本，浮岛岸外，靠近奄美大岛　　584~586
日本，福冈县，津基岛　　1855
日本，高知县乌萨湾　　2038~2040
日本，静冈市，阿塔米温泉　　1368
日本，骏河　　1123
日本，内普湾海底　　554
日本，千叶县，大山市　　144, 1040, 1180, 1181
日本，请岛　　1976, 1977
日本，日本北海　　1116, 1117
日本，日本南部　　48, 319, 320
日本，日本水域　　25~30, 42, 65, 66, 108, 111, 124, 134, 236, 237, 241, 273, 302~307, 330, 331, 339, 343, 559, 560, 583, 590~592, 599, 670~672, 701, 702, 708, 709, 711, 890, 891, 914, 926, 934, 1206~1208, 1226, 1232, 1233, 1246, 1334, 1335, 1353, 1357, 1358, 1362~1367, 1457, 1638, 1668, 1694, 1722, 1819, 1833, 2073~2075, 2083~2087, 2103, 2112
日本，上甑岛，下甑岛　　1843
日本，上甑-吉玛岛　　1842
日本，胜浦湾　　203, 204
日本，胜浦，纪伊-佩宁苏拉　　1844

日本，屋久岛　1846
日本，屋久岛，口永良部岛　1851
日本，屋久岛，口永良部岛，种子岛　1849
日本，下甑岛　1903
日本，新曾根大岛　2115, 2117
日本，奄美大岛　93, 94
日本，种子岛，久枝野寺岛　1863
斯里兰卡，克隆坡　1866
泰国　643, 1774~1779, 1848, 1849, 1891, 1893
泰国，春蓬国家公园　1222
泰国，斯米兰群岛　668
泰国，苏拉特萨尼省，春蓬岛　1214, 1215, 1217, 1219~1221
泰国，苏拉特萨尼省，涛岛　1222
泰国，泰国南部，安达曼海，皮皮岛　1850
泰国，泰国湾　1576, 1578
也门，哈尼什群岛　465
以色列　1044, 1045
印度，安达曼群岛　100~102
印度，曼达帕姆，泰米尔，那度　1272
印度，曼达帕姆海岸　1767
印度，泰米尔纳德邦，曼达帕姆　275, 307, 309
印度尼西亚　466, 892, 903, 906, 907, 911, 913, 915~917, 919, 921, 929~931, 1438~1441, 1531, 1594~1597
印度尼西亚，安汶　310, 449, 469, 504, 505, 509
印度尼西亚，安汶岛　1323
印度尼西亚，巴厘，孟嘉干岛（鹿岛）　1807
印度尼西亚，巴厘岛，图兰本湾　1257
印度尼西亚，北苏拉威西　162, 163, 863, 864
印度尼西亚，北苏拉威西，蓝碧海峡　975
印度尼西亚，普拉穆卡岛　1864, 1865
印度尼西亚，苏拉威西　260, 903, 913, 1942, 1943
印度尼西亚，爪哇　455
印度水域　888, 1121, 1122, 1601, 1602, 1608, 1758, 1773
印度-太平洋　765, 897, 902, 904, 912, 917, 921, 922, 924, 1131
印度洋，南非海岸　1925, 1926, 1929
印度洋，南印度洋　1519, 1520
印度洋，西南印度洋　1720, 1721
越南　1846, 1854, 1864, 1865
越南，万丰湾　1627
中国　1632~1634, 1781
中国，渤海　1642, 1643, 1644, 2052
中国，福建　998
中国，福建，平潭岛　2004

中国，福建，莆田，平海　1046, 1057
中国，福建，厦门海　724
中国，广东，湛江海岸　730
中国，广西，涠洲岛　148, 1146~1148, 1812~1816
中国，广西，涠洲珊瑚礁　635~638
中国，海南，海口　1087, 1088
中国，海南，凌水湾　1866
中国，海南，陵水　817, 1132
中国，海南，三亚　805
中国，海南，文昌市　1061~1065, 1067, 1069, 1072, 1073, 1075, 1077
中国，海南，亚龙湾　1849, 1854
中国，海南岛　36, 37, 683, 854, 1866, 2000~2003, 2053~2063, 2117, 2129
中国，辽宁，大连　129, 130, 133, 149, 620, 2048
中国，南海　867~870
中国，南海，西沙群岛　1094, 1628~1631, 1991
中国，南海，永兴岛　1911
中国，内蒙古，吉兰泰盐场　2133~2135
中国，山东，胶州湾　792~794
中国，山东，青岛　43, 176
中国，山东，青岛海岸　653, 654
中国，山东，威海　1343~1352, 1359~1361
中国，山东，烟台　2049~2051
中国，香港，米埔　2043
中国水域　175, 218, 571, 573, 603~606, 634, 642, 644, 647~651, 657, 728, 1076, 1081, 1083, 1104, 1341, 1611, 1796, 1998, 1999
中国台湾水域　725, 727

大洋洲

澳大利亚　61, 184, 185, 197, 278, 286, 344, 407, 450~452, 684~689, 857, 878, 886, 1167, 1168, 1176, 1259, 1684, 1821, 1890, 1980~1983, 2044~2047
澳大利亚，巴斯海峡　1616, 2091
澳大利亚，北部新南威尔士　970
澳大利亚，北领地，皮尤沙洲　1193, 1876, 1896, 1897, 2005
澳大利亚，波拿巴特群岛，杰米森礁　184, 189, 192, 196, 1170, 1171, 1176
澳大利亚，布里斯班，南莫里岛　999
澳大利亚，达尔文，杂草礁　1836
澳大利亚，大澳大利亚湾　433, 450~452, 467, 483, 489, 517, 519, 739~741
澳大利亚，大堡礁　14, 15, 17, 238, 239, 270, 315, 467, 1129, 1130, 1150, 1169, 1172~1175, 1195, 1252, 1438, 1439, 1836, 1837, 1861, 1862

澳大利亚, 大堡礁, 厄斯金岛　38
澳大利亚, 大堡礁, 利扎得岛　1292
澳大利亚, 基尼灵斯礁, 木卢拉巴镇, 塔尼礁　1849, 1852, 1855
澳大利亚, 昆士兰, 布干维尔礁　1613
澳大利亚, 昆士兰, 钩礁潟湖　244
澳大利亚, 昆士兰, 木基姆巴岛, 木龙拉巴小镇　1836, 1849, 1901, 1902
澳大利亚, 珊瑚海, 霍姆斯礁　1266
澳大利亚, 珊瑚花园, 基尼灵斯礁, 木卢拉巴镇　1838
澳大利亚, 史翠瑞克岛, 蝠鲼湾礁石　22~24
澳大利亚, 塔斯马尼亚, 巴斯海峡　8, 414, 1616, 1649, 2088~2091
澳大利亚, 塔斯马尼亚, 穆里纳湾　1556, 1572, 1573, 1581
澳大利亚, 西澳大利亚, 北部罗特尼斯岛陆架　398~403
澳大利亚, 西塔斯马尼亚, 巴瑟斯特港　1997
澳大利亚, 新南威尔士　259, 351
澳大利亚, 新南威尔士, 黄蜂岛　398~403
澳大利亚, 雅浦海　457, 515
巴布亚新几内亚　31~33, 143, 160, 228, 875, 932, 933, 965, 1050, 1051, 1053, 1170, 1171, 1177, 1290, 1294, 1464, 1466, 1891, 1893, 1911, 2106, 2107, 2111, 2123
巴布亚新几内亚, 巴布亚新几内亚海岸外　935
巴布亚新几内亚, 俾斯麦海　858
巴布亚新几内亚, 卡坡点　1293
巴布亚新几内亚, 凯姆湾, 新不列颠岛　145
巴布亚新几内亚, 科莱奥岛　1293
巴布亚新几内亚, 米尔恩湾　261
巴布亚新几内亚, 新爱尔兰　160
巴布亚新几内亚, 新不列颠岛　1955
斐济　184, 185, 188~191, 193~197, 207, 240, 307, 308, 487, 1129, 1167, 1168, 1173, 1236, 1237, 1243, 1244, 1261, 1268, 1272, 1274, 1494, 1499, 1525~1530, 1540, 1547, 1560, 1562, 1564, 1579, 1589, 1590, 1610, 1617, 1737, 1740, 1772, 1845, 1848
斐济, 靠近起亚岛　955
斐济, 克罗来武　467
斐济, 莫图阿勒乌暗礁　151~154
斐济, 娜库拉岛, 亚萨瓦岛　1870
斐济, 普拉特暗礁　811, 856
斐济, 西西亚, 劳群岛　587, 593
昆士兰, 澳大利亚　1248~1250
昆士兰, 苍鹭岛　206, 346~348, 1834
昆士兰, 法夸森礁　1555, 1567, 1574

昆士兰, 库拉索岛　180, 181
昆士兰, 罗达暗礁　2131
昆士兰, 皮鲁斯岛　1834~1836, 1849, 1852
昆士兰, 珊瑚海　446, 525, 2092, 2102
昆士兰, 汤斯维尔　553
昆士兰, 雪尔本湾　1255
昆士兰, 鹚尖, 奥费斯岛,　327
昆士兰, 棕榈岛　2007
密克罗尼西亚联邦　1261, 1264, 1265, 1387, 1453
密克罗尼西亚联邦, 阿尔诺环礁　1551, 1552
密克罗尼西亚联邦, 安特环礁, 波纳佩岛　1356, 1855, 1857
密克罗尼西亚联邦, 波纳佩岛　258, 795, 1356, 1495, 1532~1537, 1863, 1988
密克罗尼西亚联邦, 楚克环礁　233, 234
密克罗尼西亚联邦, 曼特海峡, 波纳佩岛　1577~1579, 1589
密克罗尼西亚联邦, 木透科海湾, 波纳佩岛　1849, 1863
密克罗尼西亚联邦, 那马岛, 楚克潟湖　182
密克罗尼西亚联邦, 特鲁克　1563, 1578, 1579
密克罗尼西亚联邦, 雅浦岛 (旧称瓜浦)　639
南澳大利亚　147, 601, 1024, 1615, 1616
瑙鲁, 大洋洲　50~54
帕劳, 大洋洲　146, 456, 467, 552, 680, 829~831, 836~838, 872, 882~885, 1140, 1141, 1448~1450, 1672, 1737, 1740~1742, 1907~1909, 1914, 1957, 1978, 2130
帕劳, 大洋洲, 贝里琉岛　574
帕劳, 大洋洲, 靠近克罗尔　397, 404~406
帕劳, 大洋洲, 靠近乌池别鹿礁　1223, 1224
帕劳, 大洋洲, 克罗尔　1645~1647
帕劳, 大洋洲, 乌鲁克萨佩尔群岛　1550, 1566, 1582
帕劳, 大洋洲, 西卡罗林岛　508
所罗门群岛　1553, 1554, 1565, 1593
所罗门群岛, 旺乌努岛　1905, 1906
塔斯马尼亚　440~443
塔斯马尼亚, 瀑布湾　59
塔斯马尼亚, 塔斯曼潘尼苏拉, 佩尔角　540, 541
瓦努阿图　212, 1531, 1534~1536, 1539, 1940, 1944, 1945, 1948, 1949
西澳大利亚　446, 447, 2023, 2024, 2117, 2118
西澳大利亚, 北部罗特尼斯岛陆架　2119
西澳大利亚, 西澳大利亚海岸线　1228, 1229
西北澳大利亚, 乔治王河, 西北澳大利亚　125, 141
新西兰　7, 177, 178, 219, 542, 543, 550, 781, 818, 829, 837, 841, 855, 857, 879, 971~974, 1194, 1318, 1501,

1503, 1515, 2013, 2014
新西兰, 奥克兰　876, 877
新西兰, 惠灵顿　1544
新西兰, 南岛, 蒂瓦伊角　10, 11

欧洲

爱尔兰, 多尼哥郡, 布鲁克里斯蒂　1435
北海　761, 982, 983, 1472
波罗的海, 基尔峡湾　1736
丹麦, 北海　984
德国, 北海, 斯特恩格儒德, 北海海岸　949, 953
德国, 波罗的海, 费马恩岛　1086
地中海　92, 170, 199, 276, 341, 342, 1066, 1459, 1559, 1849, 1994, 2072, 2073
法国, 滨海自由城　1650, 1651, 1653, 1654, 1656~1659, 1669, 1670
法国, 地中海　1822
法国, 马赛　1151~1153
瓜德罗普岛 (法属)　83, 104
克罗地亚, 北亚得里亚海, 里姆斯基运河　1794
南部西班牙, 地中海, 卡沃德加塔　2078~2080
挪威, 卑尔根岸外水域　576, 577
挪威, 北挪威, 特罗姆斯郡　1189
挪威水域, 卑尔根外海　1374, 1473, 1474
欧洲　550
葡萄牙, 亚速尔群岛, 大西洋　444
苏格兰, 苏格兰海岸　544
西班牙　354, 363~374, 1135, 1377, 1378, 1383~1385, 1677
西班牙, 加纳利群岛　796, 798
西北西班牙, 地中海, 加泰罗尼亚　2080
意大利, 地中海, 塔兰托湾　703, 704, 1162
意大利, 富萨罗潟湖, 那不勒斯海湾　1377~1382
意大利, 那不勒斯　1458
意大利, 那不勒斯湾, 蓬塔披萨, 普罗奇达岛　1419
意大利, 塔兰托湾　1849, 1852, 1855
意大利, 塔兰托湾, 靠近波尔托切萨雷奥港　1838

非洲

埃及, 赫尔格达　321~323, 326, 328, 329
科摩罗群岛　1591, 1592, 1598
科摩罗群岛, 马约特岛潟湖　1316, 1317
肯尼亚, 拉姆岛　1987
马达加斯加　158, 159
马达加斯加, 工资湾　1619, 1620
莫桑比克, 靠近马龙嘎尼港　1146, 1814
南非　1471, 1487, 1490~1493, 1496, 1514, 1542, 1543,
1545, 1546, 1935, 1990
南非, 南非南部海岸岸外　1920
塞内加尔　1163, 1900
塞内加尔, 德基佛　126~128
塞舌尔　473, 1555
坦桑尼亚, 奔巴岛　1146~1148
坦桑尼亚, 米萨里岛　1840, 1841
坦桑尼亚, 朋巴岛　1408~1410, 1814~1816, 1823~1827
西非洲　790, 804
西非洲, 西非洲海岸　1277

美洲

阿根廷　731, 732
阿根廷, 巴塔哥尼亚　179, 1676
阿根廷, 凡尔达蓬塔, 靠近圣安东尼奥欧斯特, 里约内格罗　428~431
阿克林岛北点, 大巴哈马岛 大巴哈马岛岸外　1022
巴哈马, 阿克林岛北点　1022
巴哈马, 白鲑礁海外, 巴里群岛　1017
巴哈马, 加勒比海　78, 516, 1013~1016, 1124, 1127, 1256, 1258, 1413, 1488, 1508, 1791, 1792, 1996, 2025, 2109, 2114
巴哈马, 情人礁　1469
巴拿马　476
巴拿马, 科伊巴国家公园　160
巴西　1586, 1587, 1812, 2096, 2108, 2109
巴西, 赛阿拉州西海岸　800, 801, 803
波多黎各　1240~1242
波多黎各 阿瓜迪亚　483, 490
波多黎各, 莫纳岛　1442
哥伦比亚, 圣玛尔塔湾, 加勒比海　1838
加勒比海　75~77, 79, 105, 340, 352, 353, 460, 462, 463, 478~481, 485, 506, 776, 827~844, 865, 956, 978~980, 1119, 1120, 1239, 1245, 1260, 1273, 1279, 1280, 1299, 1339, 1521, 1522, 1724, 1760, 1811
加勒比海, 库拉索岛　143, 1127
加拿大, 不列颠哥伦比亚　1000~1002
加拿大, 不列颠哥伦比亚, 雷诺湾, 格雷厄姆岛, 锥头点　1837, 1838
加拿大, 米纳斯盆地, 芬迪湾　985~987
加拿大, 米纳斯盆地, 新斯科舍省　982, 983
库拉索岛, 荷属安地列斯群岛, 加勒比海　2033
库拉索岛, 加勒比海　1280~1282
马提尼克岛(法属), 加勒比海　88~90, 103
美国, 旧金山, 旧金山湾　616
美国, 阿拉斯加　120
美国, 阿拉斯加, 阿留申群岛, 阿拉斯加海岸　1497~

1499, 1503, 1517
美国，北卡罗来纳州　940~943
美国，得克萨斯州，加尔维斯顿海湾　1987, 2008~2010
美国，得克萨斯州，加尔维斯顿三一湾　1307
美国，俄勒冈州，瓦尔多湖　2034
美国，佛罗里达　222~225, 324, 325, 545~549, 988
美国，佛罗里达，东海岸皮斯堡　1808
美国，佛罗里达，墨西哥湾，佛罗里达海岸　676~679
美国，格林纳达，特鲁兰湾　138, 139
美国，关岛　157, 161, 226, 316, 317, 578, 1183, 1184, 1550, 1950, 1951, 1961, 1963~1966, 2135
美国，关岛，蓝洞　1867
美国，关岛，枪海滩　1842
美国，加利福尼亚湾（科特斯海）　435
美国，加利福尼亚　108, 1857
美国，加利福尼亚，波得伽湾　1743~1746
美国，加利福尼亚，加利福尼亚大学，圣克鲁兹　674, 945~948, 1009
美国，加利福尼亚，拉霍亚　423~426, 1296
美国，加利福尼亚，圣克莱门特　625
美国，维尔京群岛　1283
美国，夏威夷　243, 1041, 1195, 1860
美国，夏威夷，奥胡岛北海岸　1842, 1846
美国，夏威夷，奥胡岛北海岸，普普基亚　1860
墨西哥，加利福尼亚湾　1839
墨西哥，伊萨贝尔岛，那亚里特州　1836
墨西哥湾　627, 1735
墨西哥湾，拉古纳德泰勒米诺斯沿海潟湖　1372
危地马拉，太平洋海岸　1375, 1376
委内瑞拉　276, 340, 352, 353
牙买加　1018, 1216
牙买加，西北海岸外海　1186

太平洋

巴尔米拉环礁，北部海滩　393

俄罗斯，鄂霍次克海　2018, 2019
俄罗斯，南鄂霍次克海，靠近乌鲁普岛　95~99
俄罗斯，南鄂霍次克海，乌鲁普岛　67
俄罗斯，千岛群岛　63, 67~69
俄罗斯，萨哈林湾，鄂霍次克海　1486
克里多尼亚　1477, 1478, 1484, 1485
太平洋　1310, 2124
太平洋，北马里亚纳群岛，罗塔岛　813~816, 1159
太平洋，法属波利尼西亚，胡阿西内岛　2033
太平洋，马里亚纳海沟　1728~1734
太平洋，太平洋岛　1284, 1285, 1288, 1291, 1297
太平洋，沿中北美洲太平洋海岸　550
新喀里多尼亚(法属)　21, 70, 82, 84, 91, 105, 190, 820, 889, 957, 959~964, 1182, 1411, 1967~1975
中太平洋，巴尔米拉环礁　419, 420

大西洋

百慕大　1161, 1812
北大西洋，熊岛　16~20
大西洋，加纳利海盆　1957
大西洋，南乔治岛　874
南大西洋，靠近南乔治亚岛　1661~1665
南大西洋，南乔治亚岛　1666, 1667

南北极地区

北冰洋，北极地区，楚克其海　622, 623
北极地区　1373
南极地区　41, 62, 434, 1386, 1482, 1501, 1504, 1665, 2017, 2041, 2042
南极地区，帕尔默站　1661
南极地区，普里兹湾　1510
南极洲　55, 56, 57, 58
挪威，北冰洋，斯瓦尔巴群岛，斯匹次卑尔根岛的西海岸进口，康斯峡湾　1428, 1429